编写委员会

主　　任　闫子江

副 主 任　赵慧宏　郭秉堂

委　　员　刘　磊　荆　涛　李瑞娜　陆娅静

主　　编　赵慧宏　李瑞娜

编写人员　郭秉堂　刘　磊　荆　涛　陆娅静　薛青花

马新月　王煜钧　曾姿涵　马忠誉

固体废物

环境管理手册

（上　册）

甘肃省固体废物与化学品中心　编

兰州大学出版社
LANZHOU UNIVERSITY PRESS

图书在版编目（CIP）数据

固体废物环境管理手册 / 甘肃省固体废物与化学品中心编. -- 兰州 : 兰州大学出版社, 2024.4
ISBN 978-7-311-06553-9

Ⅰ. ①固… Ⅱ. ①甘… Ⅲ. ①固体废物管理－环境管理－手册 Ⅳ. ①X32-62

中国国家版本馆CIP数据核字(2023)第199035号

责任编辑 王曦莹 朱茜阳
封面设计 雷们起

书　　名 固体废物环境管理手册(上、下)
作　　者 甘肃省固体废物与化学品中心 编
出版发行 兰州大学出版社 (地址:兰州市天水南路222号 730000)
电　　话 0931-8912613(总编办公室) 0931-8617156(营销中心)
网　　址 http://press.lzu.edu.cn
电子信箱 press@lzu.edu.cn
印　　刷 兰州银声印务有限公司
开　　本 787 mm×1092 mm 1/16
总 印 张 72.25(插页6)
总 字 数 1290千
版　　次 2024年4月第1版
印　　次 2024年4月第1次印刷
书　　号 ISBN 978-7-311-06553-9
定　　价 266.00元(上、下)

前　言

环境与发展仍是当今全球关注的两大热点。怎样发展，如何发展，发展为了什么，是我国进入新时代后，应该研究和解决的重大问题。生态文明建设和环境保护是关系全面建设社会主义现代化国家全局、造福当代、惠及子孙的大事。中国在2020年9月宣布，力争于2030年前二氧化碳排放达到峰值，2060年前实现碳中和。为此，坚定不移贯彻创新、协调、绿色、开放、共享的新发展理念，到2035年广泛形成绿色生产生活方式，碳排放达峰后稳中有降，生态环境根本好转，美丽中国建设目标基本实现。

国内外发展经验表明，环境保护对经济发展具有优化和促进作用。大多数发达国家的发展历程，都是通过不断严格生态环境保护法规、标准和各项政策措施，有效改善环境质量，优化经济发展方式，产生新的经济增长点。树立既要金山银山也要绿水青山，绿水青山就是金山银山的观点，对于科学认识环境保护对经济的作用机理，形成公众、社会和各级政府共识，更好推进经济社会高质量发展至关重要。“十四五”时期，全国上下正在以习近平生态文明思想为指导，立足新发展阶段，坚持生态环境保护方向不变、力度不减，更加突出以实现减污降碳协同增效为总抓手，统筹污染治理、生态保护、应对气候变化，深入打好污染防治攻坚战，促进经济社会发展全面绿色转型，向现代化国家环境质量目标迈进。

固体废物污染防治一头连着减污降碳，一头连着协同增效，是生态文明建设的重要内容，也是打好污染防治攻坚战的重要任务。固体废物既是废水、废气、粉尘治理后的“终态物”，又是污染水体、大气、土壤的“源头”。固体废物来源广、种类多、数量大，成分复杂，自净分解能力差，潜伏期长，对环境危害大。固体废物污染防治和风险防控作为环境治理不可或缺的重要一环，与大气、水和土壤污染防治息息相关，相互影响、相互作用，密不可分，并贯穿于固体废物产生、收集、贮存、运输、利用、处置的全过程。妥善处置固体废物，既是改善大气、水、土壤环境质量和防范环境风险的客观要求，又是深化环境保护工作的重要保障，更是确保公众健康和环境安全的现实需要，同时，也是不断提高精准治污、科学治污、依法治污水平的内在要求。

为系统学习、全面了解和熟练掌握固体废物环境管理政策法规，更好指导工作，服务实践，我们系统梳理了国家和甘肃省近年来出台的固体废物、危险废物、医疗废物、电子废物、重金属和危险化学品等环境管理相关政策法规、司法解释、导则标准、技术规范等，组织编写了《固体废物环境管理手册》一书。本书按综合类政策法规、固体废物管理、电子废物管理、医疗废物管理、危险废物管理、化学品环境管理设置六章，可作为经济建设、社会发展和生态环境保护，尤其是固体废物与化学品环境管理者、执法者、研究者、教学者、学习者和其他从业者，以及管理部门、执法机构、企事业单位和大专院校不可或缺的工具书。它的实用性决定了价值所在，相信本书的面世，对于切实加强固体废物污染环境防治与风险防范，提高相关人员的素质和水平具有极大的帮助和裨益。

本书由赵慧宏、李瑞娜主编；框架设计、第一章编写、统稿、主审由赵慧宏负责；编排、审稿及第二章、第五章的编写由李瑞娜负责；第三章、第四章、第六章的编写由陆娅静负责。参加编写人员还有荆涛、薛青花、马新月等。

本书编写中，得到甘肃省生态环境厅、生态环境部固体司、生态环境部固体废物与化学品管理技术中心、中国环境科学研究院等部门和单位的大力支持、指导和帮助，在此一并致谢！

本书力求准确、全面、详尽、清晰、实用，限于时间、人力和水平，难免有不妥和疏漏之处，敬请读者提出宝贵意见。

编　者

2023 年 12 月 22 日

目 录

上 册

第一篇 综合类政策法规

第二篇 固体废物管理

第四篇　医疗废物管理

第一篇

综合类政策法规

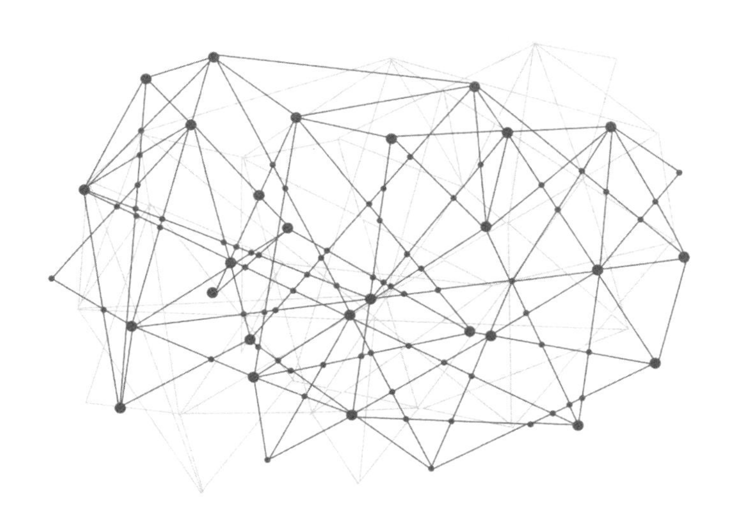

中华人民共和国环境保护法

（1989年12月26日第七届全国人民代表大会常务委员会第十一次会议通过，2014年4月24日第十二届全国人民代表大会常务委员会第八次会议修订通过，2014年4月24日中华人民共和国主席令第九号公布，自2015年1月1日起施行）

第一章　总　则

第一条　为保护和改善环境，防治污染和其他公害，保障公众健康，推进生态文明建设，促进经济社会可持续发展，制定本法。

第二条　本法所称环境，是指影响人类生存和发展的各种天然的和经过人工改造的自然因素的总体，包括大气、水、海洋、土地、矿藏、森林、草原、湿地、野生生物、自然遗迹、人文遗迹、自然保护区、风景名胜区、城市和乡村等。

第三条　本法适用于中华人民共和国领域和中华人民共和国管辖的其他海域。

第四条　保护环境是国家的基本国策。

国家采取有利于节约和循环利用资源、保护和改善环境、促进人与自然和谐的经济、技术政策和措施，使经济社会发展与环境保护相协调。

第五条　环境保护坚持保护优先、预防为主、综合治理、公众参与、损害担责的原则。

第六条　一切单位和个人都有保护环境的义务。

地方各级人民政府应当对本行政区域的环境质量负责。

企业事业单位和其他生产经营者应当防止、减少环境污染和生态破坏，对所造成的损害依法承担责任。

公民应当增强环境保护意识，采取低碳、节俭的生活方式，自觉履行环境保护义务。

第七条　国家支持环境保护科学技术研究、开发和应用，鼓励环境保护产业发展，促进环境保护信息化建设，提高环境保护科学技术水平。

第八条　各级人民政府应当加大保护和改善环境、防治污染和其他公害的财政投入，提高财政资金的使用效益。

第九条　各级人民政府应当加强环境保护宣传和普及工作，鼓励基层群众性自治组织、社会组织、环境保护志愿者开展环境保护法律法规和环境保护知识的宣传，营造保护环境的良好风气。

教育行政部门、学校应当将环境保护知识纳入学校教育内容，培养学生的环境保护意识。

新闻媒体应当开展环境保护法律法规和环境保护知识的宣传，对环境违法行为进行舆论监督。

第十条　国务院环境保护主管部门，对全国环境保护工作实施统一监督管理；县级以上地方人民政府环境保护主管部门，对本行政区域环境保护工作实施统一监督管理。

县级以上人民政府有关部门和军队环境保护部门，依照有关法律的规定对资源保护和污染防治等环境保护工作实施监督管理。

第十一条　对保护和改善环境有显著成绩的单位和个人，由人民政府给予奖励。

第十二条　每年6月5日为环境日。

第二章　监督管理

第十三条　县级以上人民政府应当将环境保护工作纳入国民经济和社会发展规划。

国务院环境保护主管部门会同有关部门，根据国民经济和社会发展规划编制国家环境保护规划，报国务院批准并公布实施。

县级以上地方人民政府环境保护主管部门会同有关部门，根据国家环境保护规划的要求，编制本行政区域的环境保护规划，报同级人民政府批准并公布实施。

环境保护规划的内容应当包括生态保护和污染防治的目标、任务、保障措施等，并与主体功能区规划、土地利用总体规划和城乡规划等相衔接。

第十四条 国务院有关部门和省、自治区、直辖市人民政府组织制定经济、技术政策，应当充分考虑对环境的影响，听取有关方面和专家的意见。

第十五条 国务院环境保护主管部门制定国家环境质量标准。

省、自治区、直辖市人民政府对国家环境质量标准中未作规定的项目，可以制定地方环境质量标准；对国家环境质量标准中已作规定的项目，可以制定严于国家环境质量标准的地方环境质量标准。地方环境质量标准应当报国务院环境保护主管部门备案。

国家鼓励开展环境基准研究。

第十六条 国务院环境保护主管部门根据国家环境质量标准和国家经济、技术条件，制定国家污染物排放标准。

省、自治区、直辖市人民政府对国家污染物排放标准中未作规定的项目，可以制定地方污染物排放标准；对国家污染物排放标准中已作规定的项目，可以制定严于国家污染物排放标准的地方污染物排放标准。地方污染物排放标准应当报国务院环境保护主管部门备案。

第十七条 国家建立、健全环境监测制度。国务院环境保护主管部门制定监测规范，会同有关部门组织监测网络，统一规划国家环境质量监测站（点）的设置，建立监测数据共享机制，加强对环境监测的管理。

有关行业、专业等各类环境质量监测站（点）的设置应当符合法律法规规定和监测规范的要求。

监测机构应当使用符合国家标准的监测设备，遵守监测规范。监测机构及其负责人对监测数据的真实性和准确性负责。

第十八条 省级以上人民政府应当组织有关部门或者委托专业机构，对环境状况进行调查、评价，建立环境资源承载能力监测预警机制。

第十九条 编制有关开发利用规划，建设对环境有影响的项目，应当依法进行环境影响评价。

未依法进行环境影响评价的开发利用规划，不得组织实施；未依法进行环境影响评价的建设项目，不得开工建设。

第二十条　国家建立跨行政区域的重点区域、流域环境污染和生态破坏联合防治协调机制，实行统一规划、统一标准、统一监测、统一的防治措施。

前款规定以外的跨行政区域的环境污染和生态破坏的防治，由上级人民政府协调解决，或者由有关地方人民政府协商解决。

第二十一条　国家采取财政、税收、价格、政府采购等方面的政策和措施，鼓励和支持环境保护技术装备、资源综合利用和环境服务等环境保护产业的发展。

第二十二条　企业事业单位和其他生产经营者，在污染物排放符合法定要求的基础上，进一步减少污染物排放的，人民政府应当依法采取财政、税收、价格、政府采购等方面的政策和措施予以鼓励和支持。

第二十三条　企业事业单位和其他生产经营者，为改善环境，依照有关规定转产、搬迁、关闭的，人民政府应当予以支持。

第二十四条　县级以上人民政府环境保护主管部门及其委托的环境监察机构和其他负有环境保护监督管理职责的部门，有权对排放污染物的企业事业单位和其他生产经营者进行现场检查。被检查者应当如实反映情况，提供必要的资料。实施现场检查的部门、机构及其工作人员应当为被检查者保守商业秘密。

第二十五条　企业事业单位和其他生产经营者违反法律法规规定排放污染物，造成或者可能造成严重污染的，县级以上人民政府环境保护主管部门和其他负有环境保护监督管理职责的部门，可以查封、扣押造成污染物排放的设施、设备。

第二十六条　国家实行环境保护目标责任制和考核评价制度。县级以上人民政府应当将环境保护目标完成情况纳入对本级人民政府负有环境保护监督管理职责的部门及其负责人和下级人民政府及其负责人的考核内容，作为对其考核评价的重要依据。考核结果应当向社会公开。

第二十七条　县级以上人民政府应当每年向本级人民代表大会或者人民代表大会常务委员会报告环境状况和环境保护目标完成情况，对发生的重大环境事件应当及时向本级人民代表大会常务委员会报告，依法接受监督。

第三章　保护和改善环境

第二十八条　地方各级人民政府应当根据环境保护目标和治理任务，采取有效措施，改善环境质量。

未达到国家环境质量标准的重点区域、流域的有关地方人民政府，应当制定限期达标规划，并采取措施按期达标。

第二十九条　国家在重点生态功能区、生态环境敏感区和脆弱区等区域划定生态保护红线，实行严格保护。

各级人民政府对具有代表性的各种类型的自然生态系统区域，珍稀、濒危的野生动植物自然分布区域，重要的水源涵养区域，具有重大科学文化价值的地质构造、著名溶洞和化石分布区、冰川、火山、温泉等自然遗迹，以及人文遗迹、古树名木，应当采取措施予以保护，严禁破坏。

第三十条　开发利用自然资源，应当合理开发，保护生物多样性，保障生态安全，依法制定有关生态保护和恢复治理方案并予以实施。

引进外来物种以及研究、开发和利用生物技术，应当采取措施，防止对生物多样性的破坏。

第三十一条　国家建立、健全生态保护补偿制度。

国家加大对生态保护地区的财政转移支付力度。有关地方人民政府应当落实生态保护补偿资金，确保其用于生态保护补偿。

国家指导受益地区和生态保护地区人民政府通过协商或者按照市场规则进行生态保护补偿。

第三十二条　国家加强对大气、水、土壤等的保护，建立和完善相应的调查、监测、评估和修复制度。

第三十三条　各级人民政府应当加强对农业环境的保护，促进农业环境保护新技术的使用，加强对农业污染源的监测预警，统筹有关部门采取措施，防治土壤污染和土地沙化、盐渍化、贫瘠化、石漠化、地面沉降以及防治植被破坏、水土流失、水体富营养化、水源枯竭、种源灭绝等生态失调现象，推广植物病虫害的综合防治。

县级、乡级人民政府应当提高农村环境保护公共服务水平，推动农村环境综合整治。

第三十四条　国务院和沿海地方各级人民政府应当加强对海洋环境的保护。向海洋排放污染物、倾倒废弃物，进行海岸工程和海洋工程建设，应当符合法律法规规定和有关标准，防止和减少对海洋环境的污染损害。

第三十五条　城乡建设应当结合当地自然环境的特点，保护植被、水域和自然景观，加强城市园林、绿地和风景名胜区的建设与管理。

第三十六条　国家鼓励和引导公民、法人和其他组织使用有利于保护环境的产品和再生产品，减少废弃物的产生。

国家机关和使用财政资金的其他组织应当优先采购和使用节能、节水、节材等有利于保护环境的产品、设备和设施。

第三十七条　地方各级人民政府应当采取措施，组织对生活废弃物的分类处置、回收利用。

第三十八条　公民应当遵守环境保护法律法规，配合实施环境保护措施，按照规定对生活废弃物进行分类放置，减少日常生活对环境造成的损害。

第三十九条　国家建立、健全环境与健康监测、调查和风险评估制度；鼓励和组织开展环境质量对公众健康影响的研究，采取措施预防和控制与环境污染有关的疾病。

第四章　防治污染和其他公害

第四十条　国家促进清洁生产和资源循环利用。

国务院有关部门和地方各级人民政府应当采取措施，推广清洁能源的生产和使用。

企业应当优先使用清洁能源，采用资源利用率高、污染物排放量少的工艺、设备以及废弃物综合利用技术和污染物无害化处理技术，减少污染物的产生。

第四十一条　建设项目中防治污染的设施，应当与主体工程同时设计、同时施工、同时投产使用。防治污染的设施应当符合经批准的环境影响评价文件的要求，不得擅自拆除或者闲置。

第四十二条　排放污染物的企业事业单位和其他生产经营者，应当采取措施，防治在生产建设或者其他活动中产生的废气、废水、废渣、医疗废物、粉尘、恶臭气体、放射性物质以及噪声、振动、光辐射、电磁辐射等对环境的污染和危害。

排放污染物的企业事业单位，应当建立环境保护责任制度，明确单位负责人和相关人员的责任。

重点排污单位应当按照国家有关规定和监测规范安装使用监测设备，保证监测设备正常运行，保存原始监测记录。

严禁通过暗管、渗井、渗坑、灌注或者篡改、伪造监测数据，或者不正常运行防治污染设施等逃避监管的方式违法排放污染物。

第四十三条 排放污染物的企业事业单位和其他生产经营者，应当按照国家有关规定缴纳排污费。排污费应当全部专项用于环境污染防治，任何单位和个人不得截留、挤占或者挪作他用。

依照法律规定征收环境保护税的，不再征收排污费。

第四十四条 国家实行重点污染物排放总量控制制度。重点污染物排放总量控制指标由国务院下达，省、自治区、直辖市人民政府分解落实。企业事业单位在执行国家和地方污染物排放标准的同时，应当遵守分解落实到本单位的重点污染物排放总量控制指标。

对超过国家重点污染物排放总量控制指标或者未完成国家确定的环境质量目标的地区，省级以上人民政府环境保护主管部门应当暂停审批其新增重点污染物排放总量的建设项目环境影响评价文件。

第四十五条 国家依照法律规定实行排污许可管理制度。

实行排污许可管理的企业事业单位和其他生产经营者应当按照排污许可证的要求排放污染物；未取得排污许可证的，不得排放污染物。

第四十六条 国家对严重污染环境的工艺、设备和产品实行淘汰制度。任何单位和个人不得生产、销售或者转移、使用严重污染环境的工艺、设备和产品。

禁止引进不符合我国环境保护规定的技术、设备、材料和产品。

第四十七条 各级人民政府及其有关部门和企业事业单位，应当依照《中华人民共和国突发事件应对法》的规定，做好突发环境事件的风险控制、应急准备、应急处置和事后恢复等工作。

县级以上人民政府应当建立环境污染公共监测预警机制，组织制定预警方案；

环境受到污染，可能影响公众健康和环境安全时，依法及时公布预警信息，启动应急措施。

企业事业单位应当按照国家有关规定制定突发环境事件应急预案，报环境保护主管部门和有关部门备案。在发生或者可能发生突发环境事件时，企业事业单位应当立即采取措施处理，及时通报可能受到危害的单位和居民，并向环境保护主管部门和有关部门报告。

突发环境事件应急处置工作结束后，有关人民政府应当立即组织评估事件造成的环境影响和损失，并及时将评估结果向社会公布。

第四十八条　生产、储存、运输、销售、使用、处置化学物品和含有放射性物质的物品，应当遵守国家有关规定，防止污染环境。

第四十九条　各级人民政府及其农业等有关部门和机构应当指导农业生产经营者科学种植和养殖，科学合理施用农药、化肥等农业投入品，科学处置农用薄膜、农作物秸秆等农业废弃物，防止农业面源污染。

禁止将不符合农用标准和环境保护标准的固体废物、废水施入农田。施用农药、化肥等农业投入品及进行灌溉，应当采取措施，防止重金属和其他有毒有害物质污染环境。

畜禽养殖场、养殖小区、定点屠宰企业等的选址、建设和管理应当符合有关法律法规规定。从事畜禽养殖和屠宰的单位和个人应当采取措施，对畜禽粪便、尸体和污水等废弃物进行科学处置，防止污染环境。

县级人民政府负责组织农村生活废弃物的处置工作。

第五十条　各级人民政府应当在财政预算中安排资金，支持农村饮用水水源地保护、生活污水和其他废弃物处理、畜禽养殖和屠宰污染防治、土壤污染防治和农村工矿污染治理等环境保护工作。

第五十一条　各级人民政府应当统筹城乡建设污水处理设施及配套管网，固体废物的收集、运输和处置等环境卫生设施，危险废物集中处置设施、场所以及其他环境保护公共设施，并保障其正常运行。

第五十二条　国家鼓励投保环境污染责任保险。

第五章　信息公开和公众参与

第五十三条　公民、法人和其他组织依法享有获取环境信息、参与和监督环境保护的权利。

各级人民政府环境保护主管部门和其他负有环境保护监督管理职责的部门，应当依法公开环境信息、完善公众参与程序，为公民、法人和其他组织参与和监督环境保护提供便利。

第五十四条　国务院环境保护主管部门统一发布国家环境质量、重点污染源监测信息及其他重大环境信息。省级以上人民政府环境保护主管部门定期发布环境状况公报。

县级以上人民政府环境保护主管部门和其他负有环境保护监督管理职责的部门，应当依法公开环境质量、环境监测、突发环境事件以及环境行政许可、行政处罚、排污费的征收和使用情况等信息。

县级以上地方人民政府环境保护主管部门和其他负有环境保护监督管理职责的部门，应当将企业事业单位和其他生产经营者的环境违法信息记入社会诚信档案，及时向社会公布违法者名单。

第五十五条　重点排污单位应当如实向社会公开其主要污染物的名称、排放方式、排放浓度和总量、超标排放情况，以及防治污染设施的建设和运行情况，接受社会监督。

第五十六条　对依法应当编制环境影响报告书的建设项目，建设单位应当在编制时向可能受影响的公众说明情况，充分征求意见。

负责审批建设项目环境影响评价文件的部门在收到建设项目环境影响报告书后，除涉及国家秘密和商业秘密的事项外，应当全文公开；发现建设项目未充分征求公众意见的，应当责成建设单位征求公众意见。

第五十七条　公民、法人和其他组织发现任何单位和个人有污染环境和破坏生态行为的，有权向环境保护主管部门或者其他负有环境保护监督管理职责的部门举报。

公民、法人和其他组织发现地方各级人民政府、县级以上人民政府环境保护主管部门和其他负有环境保护监督管理职责的部门不依法履行职责的，有权向其上级机关或者监察机关举报。

接受举报的机关应当对举报人的相关信息予以保密，保护举报人的合法权益。

第五十八条　对污染环境、破坏生态，损害社会公共利益的行为，符合下列条件的社会组织可以向人民法院提起诉讼：

（一）依法在设区的市级以上人民政府民政部门登记；

（二）专门从事环境保护公益活动连续五年以上且无违法记录。

符合前款规定的社会组织向人民法院提起诉讼，人民法院应当依法受理。

提起诉讼的社会组织不得通过诉讼牟取经济利益。

第六章　法律责任

第五十九条　企业事业单位和其他生产经营者违法排放污染物，受到罚款处罚，被责令改正，拒不改正的，依法作出处罚决定的行政机关可以自责令改正之日的次日起，按照原处罚数额按日连续处罚。

前款规定的罚款处罚，依照有关法律法规按照防治污染设施的运行成本、违法行为造成的直接损失或者违法所得等因素确定的规定执行。

地方性法规可以根据环境保护的实际需要，增加第一款规定的按日连续处罚的违法行为的种类。

第六十条　企业事业单位和其他生产经营者超过污染物排放标准或者超过重点污染物排放总量控制指标排放污染物的，县级以上人民政府环境保护主管部门可以责令其采取限制生产、停产整治等措施；情节严重的，报经有批准权的人民政府批准，责令停业、关闭。

第六十一条　建设单位未依法提交建设项目环境影响评价文件或者环境影响评价文件未经批准，擅自开工建设的，由负有环境保护监督管理职责的部门责令停止建设，处以罚款，并可以责令恢复原状。

第六十二条　违反本法规定，重点排污单位不公开或者不如实公开环境信息的，由县级以上地方人民政府环境保护主管部门责令公开，处以罚款，并予以公告。

第六十三条　企业事业单位和其他生产经营者有下列行为之一，尚不构成犯罪的，除依照有关法律法规规定予以处罚外，由县级以上人民政府环境保护主管部门或者其他有关部门将案件移送公安机关，对其直接负责的主管人员和其他直接责任人员，处十日以上十五日以下拘留；情节较轻的，处五日以上十日以下拘留：

（一）建设项目未依法进行环境影响评价，被责令停止建设，拒不执行的；

（二）违反法律规定，未取得排污许可证排放污染物，被责令停止排污，拒不执行的；

（三）通过暗管、渗井、渗坑、灌注或者篡改、伪造监测数据，或者不正常运行防治污染设施等逃避监管的方式违法排放污染物的；

（四）生产、使用国家明令禁止生产、使用的农药，被责令改正，拒不改正的。

第六十四条 因污染环境和破坏生态造成损害的，应当依照《中华人民共和国侵权责任法》的有关规定承担侵权责任。

第六十五条 环境影响评价机构、环境监测机构以及从事环境监测设备和防治污染设施维护、运营的机构，在有关环境服务活动中弄虚作假，对造成的环境污染和生态破坏负有责任的，除依照有关法律法规规定予以处罚外，还应当与造成环境污染和生态破坏的其他责任者承担连带责任。

第六十六条 提起环境损害赔偿诉讼的时效期间为三年，从当事人知道或者应当知道其受到损害时起计算。

第六十七条 上级人民政府及其环境保护主管部门应当加强对下级人民政府及其有关部门环境保护工作的监督。发现有关工作人员有违法行为，依法应当给予处分的，应当向其任免机关或者监察机关提出处分建议。

依法应当给予行政处罚，而有关环境保护主管部门不给予行政处罚的，上级人民政府环境保护主管部门可以直接作出行政处罚的决定。

第六十八条 地方各级人民政府、县级以上人民政府环境保护主管部门和其他负有环境保护监督管理职责的部门有下列行为之一的，对直接负责的主管人员和其他直接责任人员给予记过、记大过或者降级处分；造成严重后果的，给予撤职或者开除处分，其主要负责人应当引咎辞职：

（一）不符合行政许可条件准予行政许可的；

（二）对环境违法行为进行包庇的；

（三）依法应当作出责令停业、关闭的决定而未作出的；

（四）对超标排放污染物、采用逃避监管的方式排放污染物、造成环境事故以及不落实生态保护措施造成生态破坏等行为，发现或者接到举报未及时查处的；

（五）违反本法规定，查封、扣押企业事业单位和其他生产经营者的设施、设备的；

（六）篡改、伪造或者指使篡改、伪造监测数据的；

（七）应当依法公开环境信息而未公开的；

（八）将征收的排污费截留、挤占或者挪作他用的；

（九）法律法规规定的其他违法行为。

第六十九条　违反本法规定，构成犯罪的，依法追究刑事责任。

第七章　附　则

第七十条　本法自 2015 年 1 月 1 日起施行。

中华人民共和国固体废物污染环境防治法

（1995年10月30日第八届全国人民代表大会常务委员会第十六次会议通过，2004年12月29日第十届全国人民代表大会常务委员会第十三次会议第一次修订，根据2013年6月29日第十二届全国人民代表大会常务委员会第三次会议《关于修改〈中华人民共和国文物保护法〉等十二部法律的决定》第一次修正，根据2015年4月24日第十二届全国人民代表大会常务委员会第十四次会议《关于修改〈中华人民共和国港口法〉等七部法律的决定》第二次修正，根据2016年11月7日第十二届全国人民代表大会常务委员会第二十四次会议《关于修改〈中华人民共和国对外贸易法〉等十二部法律的决定》第三次修正，2020年4月29日第十三届全国人民代表大会常务委员会第十七次会议第二次修订）

第一章　总　则

第一条　为了保护和改善生态环境，防治固体废物污染环境，保障公众健康，维护生态安全，推进生态文明建设，促进经济社会可持续发展，制定本法。

第二条　固体废物污染环境的防治适用本法。

固体废物污染海洋环境的防治和放射性固体废物污染环境的防治不适用本法。

第三条　国家推行绿色发展方式，促进清洁生产和循环经济发展。

国家倡导简约适度、绿色低碳的生活方式，引导公众积极参与固体废物污染环境防治。

第四条　固体废物污染环境防治坚持减量化、资源化和无害化的原则。

任何单位和个人都应当采取措施，减少固体废物的产生量，促进固体废物的综合利用，降低固体废物的危害性。

第五条　固体废物污染环境防治坚持污染担责的原则。

产生、收集、贮存、运输、利用、处置固体废物的单位和个人，应当采取措施，防止或者减少固体废物对环境的污染，对所造成的环境污染依法承担责任。

第六条　国家推行生活垃圾分类制度。

生活垃圾分类坚持政府推动、全民参与、城乡统筹、因地制宜、简便易行的原则。

第七条　地方各级人民政府对本行政区域固体废物污染环境防治负责。

国家实行固体废物污染环境防治目标责任制和考核评价制度，将固体废物污染环境防治目标完成情况纳入考核评价的内容。

第八条　各级人民政府应当加强对固体废物污染环境防治工作的领导，组织、协调、督促有关部门依法履行固体废物污染环境防治监督管理职责。

省、自治区、直辖市之间可以协商建立跨行政区域固体废物污染环境的联防联控机制，统筹规划制定、设施建设、固体废物转移等工作。

第九条　国务院生态环境主管部门对全国固体废物污染环境防治工作实施统一监督管理。国务院发展改革、工业和信息化、自然资源、住房和城乡建设、交通运输、农业农村、商务、卫生健康、海关等主管部门在各自职责范围内负责固体废物污染环境防治的监督管理工作。

地方人民政府生态环境主管部门对本行政区域固体废物污染环境防治工作实施统一监督管理。地方人民政府发展改革、工业和信息化、自然资源、住房和城乡建设、交通运输、农业农村、商务、卫生健康等主管部门在各自职责范围内负责固体废物污染环境防治的监督管理工作。

第十条　国家鼓励、支持固体废物污染环境防治的科学研究、技术开发、先进技术推广和科学普及，加强固体废物污染环境防治科技支撑。

第十一条　国家机关、社会团体、企业事业单位、基层群众性自治组织和新闻媒体应当加强固体废物污染环境防治宣传教育和科学普及，增强公众固体废物污染环境防治意识。

学校应当开展生活垃圾分类以及其他固体废物污染环境防治知识普及和教育。

第十二条　各级人民政府对在固体废物污染环境防治工作以及相关的综合利用

活动中作出显著成绩的单位和个人，按照国家有关规定给予表彰、奖励。

第二章　监督管理

第十三条　县级以上人民政府应当将固体废物污染环境防治工作纳入国民经济和社会发展规划、生态环境保护规划，并采取有效措施减少固体废物的产生量、促进固体废物的综合利用、降低固体废物的危害性，最大限度降低固体废物填埋量。

第十四条　国务院生态环境主管部门应当会同国务院有关部门根据国家环境质量标准和国家经济、技术条件，制定固体废物鉴别标准、鉴别程序和国家固体废物污染环境防治技术标准。

第十五条　国务院标准化主管部门应当会同国务院发展改革、工业和信息化、生态环境、农业农村等主管部门，制定固体废物综合利用标准。

综合利用固体废物应当遵守生态环境法律法规，符合固体废物污染环境防治技术标准。使用固体废物综合利用产物应当符合国家规定的用途、标准。

第十六条　国务院生态环境主管部门应当会同国务院有关部门建立全国危险废物等固体废物污染环境防治信息平台，推进固体废物收集、转移、处置等全过程监控和信息化追溯。

第十七条　建设产生、贮存、利用、处置固体废物的项目，应当依法进行环境影响评价，并遵守国家有关建设项目环境保护管理的规定。

第十八条　建设项目的环境影响评价文件确定需要配套建设的固体废物污染环境防治设施，应当与主体工程同时设计、同时施工、同时投入使用。建设项目的初步设计，应当按照环境保护设计规范的要求，将固体废物污染环境防治内容纳入环境影响评价文件，落实防治固体废物污染环境和破坏生态的措施以及固体废物污染环境防治设施投资概算。

建设单位应当依照有关法律法规的规定，对配套建设的固体废物污染环境防治设施进行验收，编制验收报告，并向社会公开。

第十九条　收集、贮存、运输、利用、处置固体废物的单位和其他生产经营者，应当加强对相关设施、设备和场所的管理和维护，保证其正常运行和使用。

第二十条　产生、收集、贮存、运输、利用、处置固体废物的单位和其他生产经营者，应当采取防扬散、防流失、防渗漏或者其他防止污染环境的措施，不得擅自倾倒、堆放、丢弃、遗撒固体废物。

禁止任何单位或者个人向江河、湖泊、运河、渠道、水库及其最高水位线以下的滩地和岸坡以及法律法规规定的其他地点倾倒、堆放、贮存固体废物。

第二十一条　在生态保护红线区域、永久基本农田集中区域和其他需要特别保护的区域内，禁止建设工业固体废物、危险废物集中贮存、利用、处置的设施、场所和生活垃圾填埋场。

第二十二条　转移固体废物出省、自治区、直辖市行政区域贮存、处置的，应当向固体废物移出地的省、自治区、直辖市人民政府生态环境主管部门提出申请。移出地的省、自治区、直辖市人民政府生态环境主管部门应当及时商经接受地的省、自治区、直辖市人民政府生态环境主管部门同意后，在规定期限内批准转移该固体废物出省、自治区、直辖市行政区域。未经批准的，不得转移。

转移固体废物出省、自治区、直辖市行政区域利用的，应当报固体废物移出地的省、自治区、直辖市人民政府生态环境主管部门备案。移出地的省、自治区、直辖市人民政府生态环境主管部门应当将备案信息通报接受地的省、自治区、直辖市人民政府生态环境主管部门。

第二十三条　禁止中华人民共和国境外的固体废物进境倾倒、堆放、处置。

第二十四条　国家逐步实现固体废物零进口，由国务院生态环境主管部门会同国务院商务、发展改革、海关等主管部门组织实施。

第二十五条　海关发现进口货物疑似固体废物的，可以委托专业机构开展属性鉴别，并根据鉴别结论依法管理。

第二十六条　生态环境主管部门及其环境执法机构和其他负有固体废物污染环境防治监督管理职责的部门，在各自职责范围内有权对从事产生、收集、贮存、运输、利用、处置固体废物等活动的单位和其他生产经营者进行现场检查。被检查者应当如实反映情况，并提供必要的资料。

实施现场检查，可以采取现场监测、采集样品、查阅或者复制与固体废物污染环境防治相关的资料等措施。检查人员进行现场检查，应当出示证件。对现场检查中知悉的商业秘密应当保密。

第二十七条　有下列情形之一，生态环境主管部门和其他负有固体废物污染环境防治监督管理职责的部门，可以对违法收集、贮存、运输、利用、处置的固体废物及设施、设备、场所、工具、物品予以查封、扣押：

（一）可能造成证据灭失、被隐匿或者非法转移的；

（二）造成或者可能造成严重环境污染的。

第二十八条 生态环境主管部门应当会同有关部门建立产生、收集、贮存、运输、利用、处置固体废物的单位和其他生产经营者信用记录制度，将相关信用记录纳入全国信用信息共享平台。

第二十九条 设区的市级人民政府生态环境主管部门应当会同住房和城乡建设、农业农村、卫生健康等主管部门，定期向社会发布固体废物的种类、产生量、处置能力、利用处置状况等信息。

产生、收集、贮存、运输、利用、处置固体废物的单位，应当依法及时公开固体废物污染环境防治信息，主动接受社会监督。

利用、处置固体废物的单位，应当依法向公众开放设施、场所，提高公众环境保护意识和参与程度。

第三十条 县级以上人民政府应当将工业固体废物、生活垃圾、危险废物等固体废物污染环境防治情况纳入环境状况和环境保护目标完成情况年度报告，向本级人民代表大会或者人民代表大会常务委员会报告。

第三十一条 任何单位和个人都有权对造成固体废物污染环境的单位和个人进行举报。

生态环境主管部门和其他负有固体废物污染环境防治监督管理职责的部门应当将固体废物污染环境防治举报方式向社会公布，方便公众举报。

接到举报的部门应当及时处理并对举报人的相关信息予以保密；对实名举报并查证属实的，给予奖励。

举报人举报所在单位的，该单位不得以解除、变更劳动合同或者其他方式对举报人进行打击报复。

第三章　工业固体废物

第三十二条 国务院生态环境主管部门应当会同国务院发展改革、工业和信息化等主管部门对工业固体废物对公众健康、生态环境的危害和影响程度等作出界定，制定防治工业固体废物污染环境的技术政策，组织推广先进的防治工业固体废物污染环境的生产工艺和设备。

第三十三条　国务院工业和信息化主管部门应当会同国务院有关部门组织研究开发、推广减少工业固体废物产生量和降低工业固体废物危害性的生产工艺和设备，公布限期淘汰产生严重污染环境的工业固体废物的落后生产工艺、设备的名录。

生产者、销售者、进口者、使用者应当在国务院工业和信息化主管部门会同国务院有关部门规定的期限内分别停止生产、销售、进口或者使用列入前款规定名录中的设备。生产工艺的采用者应当在国务院工业和信息化主管部门会同国务院有关部门规定的期限内停止采用列入前款规定名录中的工艺。

列入限期淘汰名录被淘汰的设备，不得转让给他人使用。

第三十四条　国务院工业和信息化主管部门应当会同国务院发展改革、生态环境等主管部门，定期发布工业固体废物综合利用技术、工艺、设备和产品导向目录，组织开展工业固体废物资源综合利用评价，推动工业固体废物综合利用。

第三十五条　县级以上地方人民政府应当制定工业固体废物污染环境防治工作规划，组织建设工业固体废物集中处置等设施，推动工业固体废物污染环境防治工作。

第三十六条　产生工业固体废物的单位应当建立健全工业固体废物产生、收集、贮存、运输、利用、处置全过程的污染环境防治责任制度，建立工业固体废物管理台账，如实记录产生工业固体废物的种类、数量、流向、贮存、利用、处置等信息，实现工业固体废物可追溯、可查询，并采取防治工业固体废物污染环境的措施。

禁止向生活垃圾收集设施中投放工业固体废物。

第三十七条　产生工业固体废物的单位委托他人运输、利用、处置工业固体废物的，应当对受托方的主体资格和技术能力进行核实，依法签订书面合同，在合同中约定污染防治要求。

受托方运输、利用、处置工业固体废物，应当依照有关法律法规的规定和合同约定履行污染防治要求，并将运输、利用、处置情况告知产生工业固体废物的单位。

产生工业固体废物的单位违反本条第一款规定的，除依照有关法律法规的规定予以处罚外，还应当与造成环境污染和生态破坏的受托方承担连带责任。

第三十八条 产生工业固体废物的单位应当依法实施清洁生产审核，合理选择和利用原材料、能源和其他资源，采用先进的生产工艺和设备，减少工业固体废物的产生量，降低工业固体废物的危害性。

第三十九条 产生工业固体废物的单位应当取得排污许可证。排污许可的具体办法和实施步骤由国务院规定。

产生工业固体废物的单位应当向所在地生态环境主管部门提供工业固体废物的种类、数量、流向、贮存、利用、处置等有关资料，以及减少工业固体废物产生、促进综合利用的具体措施，并执行排污许可管理制度的相关规定。

第四十条 产生工业固体废物的单位应当根据经济、技术条件对工业固体废物加以利用；对暂时不利用或者不能利用的，应当按照国务院生态环境等主管部门的规定建设贮存设施、场所，安全分类存放，或者采取无害化处置措施。贮存工业固体废物应当采取符合国家环境保护标准的防护措施。

建设工业固体废物贮存、处置的设施、场所，应当符合国家环境保护标准。

第四十一条 产生工业固体废物的单位终止的，应当在终止前对工业固体废物的贮存、处置的设施、场所采取污染防治措施，并对未处置的工业固体废物作出妥善处置，防止污染环境。

产生工业固体废物的单位发生变更的，变更后的单位应当按照国家有关环境保护的规定对未处置的工业固体废物及其贮存、处置的设施、场所进行安全处置或者采取有效措施保证该设施、场所安全运行。变更前当事人对工业固体废物及其贮存、处置的设施、场所的污染防治责任另有约定的，从其约定；但是，不得免除当事人的污染防治义务。

对 2005 年 4 月 1 日前已经终止的单位未处置的工业固体废物及其贮存、处置的设施、场所进行安全处置的费用，由有关人民政府承担；但是，该单位享有的土地使用权依法转让的，应当由土地使用权受让人承担处置费用。当事人另有约定的，从其约定；但是，不得免除当事人的污染防治义务。

第四十二条 矿山企业应当采取科学的开采方法和选矿工艺，减少尾矿、煤矸石、废石等矿业固体废物的产生量和贮存量。

国家鼓励采取先进工艺对尾矿、煤矸石、废石等矿业固体废物进行综合利用。

尾矿、煤矸石、废石等矿业固体废物贮存设施停止使用后，矿山企业应当按照国家有关环境保护等规定进行封场，防止造成环境污染和生态破坏。

第四章　生活垃圾

第四十三条　县级以上地方人民政府应当加快建立分类投放、分类收集、分类运输、分类处理的生活垃圾管理系统，实现生活垃圾分类制度有效覆盖。

县级以上地方人民政府应当建立生活垃圾分类工作协调机制，加强和统筹生活垃圾分类管理能力建设。

各级人民政府及其有关部门应当组织开展生活垃圾分类宣传，教育引导公众养成生活垃圾分类习惯，督促和指导生活垃圾分类工作。

第四十四条　县级以上地方人民政府应当有计划地改进燃料结构，发展清洁能源，减少燃料废渣等固体废物的产生量。

县级以上地方人民政府有关部门应当加强产品生产和流通过程管理，避免过度包装，组织净菜上市，减少生活垃圾的产生量。

第四十五条　县级以上人民政府应当统筹安排建设城乡生活垃圾收集、运输、处理设施，确定设施厂址，提高生活垃圾的综合利用和无害化处置水平，促进生活垃圾收集、处理的产业化发展，逐步建立和完善生活垃圾污染环境防治的社会服务体系。

县级以上地方人民政府有关部门应当统筹规划，合理安排回收、分拣、打包网点，促进生活垃圾的回收利用工作。

第四十六条　地方各级人民政府应当加强农村生活垃圾污染环境的防治，保护和改善农村人居环境。

国家鼓励农村生活垃圾源头减量。城乡接合部、人口密集的农村地区和其他有条件的地方，应当建立城乡一体的生活垃圾管理系统；其他农村地区应当积极探索生活垃圾管理模式，因地制宜，就近就地利用或者妥善处理生活垃圾。

第四十七条　设区的市级以上人民政府环境卫生主管部门应当制定生活垃圾清

扫、收集、贮存、运输和处理设施、场所建设运行规范，发布生活垃圾分类指导目录，加强监督管理。

第四十八条 县级以上地方人民政府环境卫生等主管部门应当组织对城乡生活垃圾进行清扫、收集、运输和处理，可以通过招标等方式选择具备条件的单位从事生活垃圾的清扫、收集、运输和处理。

第四十九条 产生生活垃圾的单位、家庭和个人应当依法履行生活垃圾源头减量和分类投放义务，承担生活垃圾产生者责任。

任何单位和个人都应当依法在指定的地点分类投放生活垃圾。禁止随意倾倒、抛撒、堆放或者焚烧生活垃圾。

机关、事业单位等应当在生活垃圾分类工作中起示范带头作用。

已经分类投放的生活垃圾，应当按照规定分类收集、分类运输、分类处理。

第五十条 清扫、收集、运输、处理城乡生活垃圾，应当遵守国家有关环境保护和环境卫生管理的规定，防止污染环境。

从生活垃圾中分类并集中收集的有害垃圾，属于危险废物的，应当按照危险废物管理。

第五十一条 从事公共交通运输的经营单位，应当及时清扫、收集运输过程中产生的生活垃圾。

第五十二条 农贸市场、农产品批发市场等应当加强环境卫生管理，保持环境卫生清洁，对所产生的垃圾及时清扫、分类收集、妥善处理。

第五十三条 从事城市新区开发、旧区改建和住宅小区开发建设、村镇建设的单位，以及机场、码头、车站、公园、商场、体育场馆等公共设施、场所的经营管理单位，应当按照国家有关环境卫生的规定，配套建设生活垃圾收集设施。

县级以上地方人民政府应当统筹生活垃圾公共转运、处理设施与前款规定的收集设施的有效衔接，并加强生活垃圾分类收运体系和再生资源回收体系在规划、建设、运营等方面的融合。

第五十四条 从生活垃圾中回收的物质应当按照国家规定的用途、标准使用，不得用于生产可能危害人体健康的产品。

第五十五条 建设生活垃圾处理设施、场所，应当符合国务院生态环境主管部门和国务院住房和城乡建设主管部门规定的环境保护和环境卫生标准。

鼓励相邻地区统筹生活垃圾处理设施建设，促进生活垃圾处理设施跨行政区域共建共享。

禁止擅自关闭、闲置或者拆除生活垃圾处理设施、场所；确有必要关闭、闲置或者拆除的，应当经所在地的市、县级人民政府环境卫生主管部门商所在地生态环境主管部门同意后核准，并采取防止污染环境的措施。

第五十六条　生活垃圾处理单位应当按照国家有关规定，安装使用监测设备，实时监测污染物的排放情况，将污染排放数据实时公开。监测设备应当与所在地生态环境主管部门的监控设备联网。

第五十七条　县级以上地方人民政府环境卫生主管部门负责组织开展厨余垃圾资源化、无害化处理工作。

产生、收集厨余垃圾的单位和其他生产经营者，应当将厨余垃圾交由具备相应资质条件的单位进行无害化处理。

禁止畜禽养殖场、养殖小区利用未经无害化处理的厨余垃圾饲喂畜禽。

第五十八条　县级以上地方人民政府应当按照产生者付费原则，建立生活垃圾处理收费制度。

县级以上地方人民政府制定生活垃圾处理收费标准，应当根据本地实际，结合生活垃圾分类情况，体现分类计价、计量收费等差别化管理，并充分征求公众意见。生活垃圾处理收费标准应当向社会公布。

生活垃圾处理费应当专项用于生活垃圾的收集、运输和处理等，不得挪作他用。

第五十九条　省、自治区、直辖市和设区的市、自治州可以结合实际，制定本地方生活垃圾具体管理办法。

第五章　建筑垃圾、农业固体废物等

第六十条　县级以上地方人民政府应当加强建筑垃圾污染环境的防治，建立建筑垃圾分类处理制度。

县级以上地方人民政府应当制定包括源头减量、分类处理、消纳设施和场所布局及建设等在内的建筑垃圾污染环境防治工作规划。

第六十一条 国家鼓励采用先进技术、工艺、设备和管理措施，推进建筑垃圾源头减量，建立建筑垃圾回收利用体系。

县级以上地方人民政府应当推动建筑垃圾综合利用产品应用。

第六十二条 县级以上地方人民政府环境卫生主管部门负责建筑垃圾污染环境防治工作，建立建筑垃圾全过程管理制度，规范建筑垃圾产生、收集、贮存、运输、利用、处置行为，推进综合利用，加强建筑垃圾处置设施、场所建设，保障处置安全，防止污染环境。

第六十三条 工程施工单位应当编制建筑垃圾处理方案，采取污染防治措施，并报县级以上地方人民政府环境卫生主管部门备案。

工程施工单位应当及时清运工程施工过程中产生的建筑垃圾等固体废物，并按照环境卫生主管部门的规定进行利用或者处置。

工程施工单位不得擅自倾倒、抛撒或者堆放工程施工过程中产生的建筑垃圾。

第六十四条 县级以上人民政府农业农村主管部门负责指导农业固体废物回收利用体系建设，鼓励和引导有关单位和其他生产经营者依法收集、贮存、运输、利用、处置农业固体废物，加强监督管理，防止污染环境。

第六十五条 产生秸秆、废弃农用薄膜、农药包装废弃物等农业固体废物的单位和其他生产经营者，应当采取回收利用和其他防止污染环境的措施。

从事畜禽规模养殖应当及时收集、贮存、利用或者处置养殖过程中产生的畜禽粪污等固体废物，避免造成环境污染。

禁止在人口集中地区、机场周围、交通干线附近以及当地人民政府划定的其他区域露天焚烧秸秆。

国家鼓励研究开发、生产、销售、使用在环境中可降解且无害的农用薄膜。

第六十六条 国家建立电器电子、铅蓄电池、车用动力电池等产品的生产者责任延伸制度。

电器电子、铅蓄电池、车用动力电池等产品的生产者应当按照规定以自建或者委托等方式建立与产品销售量相匹配的废旧产品回收体系，并向社会公开，实现有效回收和利用。

国家鼓励产品的生产者开展生态设计，促进资源回收利用。

第六十七条 国家对废弃电器电子产品等实行多渠道回收和集中处理制度。

禁止将废弃机动车船等交由不符合规定条件的企业或者个人回收、拆解。

拆解、利用、处置废弃电器电子产品、废弃机动车船等，应当遵守有关法律法规的规定，采取防止污染环境的措施。

第六十八条　产品和包装物的设计、制造，应当遵守国家有关清洁生产的规定。国务院标准化主管部门应当根据国家经济和技术条件、固体废物污染环境防治状况以及产品的技术要求，组织制定有关标准，防止过度包装造成环境污染。

生产经营者应当遵守限制商品过度包装的强制性标准，避免过度包装。县级以上地方人民政府市场监督管理部门和有关部门应当按照各自职责，加强对过度包装的监督管理。

生产、销售、进口依法被列入强制回收目录的产品和包装物的企业，应当按照国家有关规定对该产品和包装物进行回收。

电子商务、快递、外卖等行业应当优先采用可重复使用、易回收利用的包装物，优化物品包装，减少包装物的使用，并积极回收利用包装物。县级以上地方人民政府商务、邮政等主管部门应当加强监督管理。

国家鼓励和引导消费者使用绿色包装和减量包装。

第六十九条　国家依法禁止、限制生产、销售和使用不可降解塑料袋等一次性塑料制品。

商品零售场所开办单位、电子商务平台企业和快递企业、外卖企业应当按照国家有关规定向商务、邮政等主管部门报告塑料袋等一次性塑料制品的使用、回收情况。

国家鼓励和引导减少使用、积极回收塑料袋等一次性塑料制品，推广应用可循环、易回收、可降解的替代产品。

第七十条　旅游、住宿等行业应当按照国家有关规定推行不主动提供一次性用品。

机关、企业事业单位等的办公场所应当使用有利于保护环境的产品、设备和设施，减少使用一次性办公用品。

第七十一条　城镇污水处理设施维护运营单位或者污泥处理单位应当安全处理污泥，保证处理后的污泥符合国家有关标准，对污泥的流向、用途、用量等进行跟踪、记录，并报告城镇排水主管部门、生态环境主管部门。

县级以上人民政府城镇排水主管部门应当将污泥处理设施纳入城镇排水与污水处理规划，推动同步建设污泥处理设施与污水处理设施，鼓励协同处理，污水处理费征收标准和补偿范围应当覆盖污泥处理成本和污水处理设施正常运营成本。

第七十二条 禁止擅自倾倒、堆放、丢弃、遗撒城镇污水处理设施产生的污泥和处理后的污泥。

禁止重金属或者其他有毒有害物质含量超标的污泥进入农用地。

从事水体清淤疏浚应当按照国家有关规定处理清淤疏浚过程中产生的底泥，防止污染环境。

第七十三条 各级各类实验室及其设立单位应当加强对实验室产生的固体废物的管理，依法收集、贮存、运输、利用、处置实验室固体废物。实验室固体废物属于危险废物的，应当按照危险废物管理。

第六章 危险废物

第七十四条 危险废物污染环境的防治，适用本章规定；本章未作规定的，适用本法其他有关规定。

第七十五条 国务院生态环境主管部门应当会同国务院有关部门制定国家危险废物名录，规定统一的危险废物鉴别标准、鉴别方法、识别标志和鉴别单位管理要求。国家危险废物名录应当动态调整。

国务院生态环境主管部门根据危险废物的危害特性和产生数量，科学评估其环境风险，实施分级分类管理，建立信息化监管体系，并通过信息化手段管理、共享危险废物转移数据和信息。

第七十六条 省、自治区、直辖市人民政府应当组织有关部门编制危险废物集中处置设施、场所的建设规划，科学评估危险废物处置需求，合理布局危险废物集中处置设施、场所，确保本行政区域的危险废物得到妥善处置。

编制危险废物集中处置设施、场所的建设规划，应当征求有关行业协会、企业事业单位、专家和公众等方面的意见。

相邻省、自治区、直辖市之间可以开展区域合作，统筹建设区域性危险废物集中处置设施、场所。

第七十七条　对危险废物的容器和包装物以及收集、贮存、运输、利用、处置危险废物的设施、场所，应当按照规定设置危险废物识别标志。

第七十八条　产生危险废物的单位，应当按照国家有关规定制订危险废物管理计划；建立危险废物管理台账，如实记录有关信息，并通过国家危险废物信息管理系统向所在地生态环境主管部门申报危险废物的种类、产生量、流向、贮存、处置等有关资料。

前款所称危险废物管理计划应当包括减少危险废物产生量和降低危险废物危害性的措施以及危险废物贮存、利用、处置措施。危险废物管理计划应当报产生危险废物的单位所在地生态环境主管部门备案。

产生危险废物的单位已经取得排污许可证的，执行排污许可管理制度的规定。

第七十九条　产生危险废物的单位，应当按照国家有关规定和环境保护标准要求贮存、利用、处置危险废物，不得擅自倾倒、堆放。

第八十条　从事收集、贮存、利用、处置危险废物经营活动的单位，应当按照国家有关规定申请取得许可证。许可证的具体管理办法由国务院制定。

禁止无许可证或者未按照许可证规定从事危险废物收集、贮存、利用、处置的经营活动。

禁止将危险废物提供或者委托给无许可证的单位或者其他生产经营者从事收集、贮存、利用、处置活动。

第八十一条　收集、贮存危险废物，应当按照危险废物特性分类进行。禁止混合收集、贮存、运输、处置性质不相容而未经安全性处置的危险废物。

贮存危险废物应当采取符合国家环境保护标准的防护措施。禁止将危险废物混入非危险废物中贮存。

从事收集、贮存、利用、处置危险废物经营活动的单位，贮存危险废物不得超过一年；确需延长期限的，应当报经颁发许可证的生态环境主管部门批准；法律、行政法规另有规定的除外。

第八十二条　转移危险废物的，应当按照国家有关规定填写、运行危险废物电子或者纸质转移联单。

跨省、自治区、直辖市转移危险废物的，应当向危险废物移出地省、自治区、直辖市人民政府生态环境主管部门申请。移出地省、自治区、直辖市人民政府生态环境主管部门应当及时商经接受地省、自治区、直辖市人民政府生态环境主管部门同意后，在规定期限内批准转移该危险废物，并将批准信息通报相关省、自治区、直辖市人民政府生态环境主管部门和交通运输主管部门。未经批准的，不得转移。

危险废物转移管理应当全程管控、提高效率，具体办法由国务院生态环境主管部门会同国务院交通运输主管部门和公安部门制定。

第八十三条 运输危险废物，应当采取防止污染环境的措施，并遵守国家有关危险货物运输管理的规定。

禁止将危险废物与旅客在同一运输工具上载运。

第八十四条 收集、贮存、运输、利用、处置危险废物的场所、设施、设备和容器、包装物及其他物品转作他用时，应当按照国家有关规定经过消除污染处理，方可使用。

第八十五条 产生、收集、贮存、运输、利用、处置危险废物的单位，应当依法制定意外事故的防范措施和应急预案，并向所在地生态环境主管部门和其他负有固体废物污染环境防治监督管理职责的部门备案；生态环境主管部门和其他负有固体废物污染环境防治监督管理职责的部门应当进行检查。

第八十六条 因发生事故或者其他突发性事件，造成危险废物严重污染环境的单位，应当立即采取有效措施消除或者减轻对环境的污染危害，及时通报可能受到污染危害的单位和居民，并向所在地生态环境主管部门和有关部门报告，接受调查处理。

第八十七条 在发生或者有证据证明可能发生危险废物严重污染环境、威胁居民生命财产安全时，生态环境主管部门或者其他负有固体废物污染环境防治监督管理职责的部门应当立即向本级人民政府和上一级人民政府有关部门报告，由人民政府采取防止或者减轻危害的有效措施。有关人民政府可以根据需要责令停止导致或者可能导致环境污染事故的作业。

第八十八条 重点危险废物集中处置设施、场所退役前，运营单位应当按照国家有关规定对设施、场所采取污染防治措施。退役的费用应当预提，列入投资概算或者生产成本，专门用于重点危险废物集中处置设施、场所的退役。具体提取和管理办法，由国务院财政部门、价格主管部门会同国务院生态环境主管部门规定。

第八十九条 禁止经中华人民共和国过境转移危险废物。

第九十条　医疗废物按照国家危险废物名录管理。县级以上地方人民政府应当加强医疗废物集中处置能力建设。

县级以上人民政府卫生健康、生态环境等主管部门应当在各自职责范围内加强对医疗废物收集、贮存、运输、处置的监督管理，防止危害公众健康、污染环境。

医疗卫生机构应当依法分类收集本单位产生的医疗废物，交由医疗废物集中处置单位处置。医疗废物集中处置单位应当及时收集、运输和处置医疗废物。

医疗卫生机构和医疗废物集中处置单位，应当采取有效措施，防止医疗废物流失、泄漏、渗漏、扩散。

第九十一条　重大传染病疫情等突发事件发生时，县级以上人民政府应当统筹协调医疗废物等危险废物收集、贮存、运输、处置等工作，保障所需的车辆、场地、处置设施和防护物资。卫生健康、生态环境、环境卫生、交通运输等主管部门应当协同配合，依法履行应急处置职责。

第七章　保障措施

第九十二条　国务院有关部门、县级以上地方人民政府及其有关部门在编制国土空间规划和相关专项规划时，应当统筹生活垃圾、建筑垃圾、危险废物等固体废物转运、集中处置等设施建设需求，保障转运、集中处置等设施用地。

第九十三条　国家采取有利于固体废物污染环境防治的经济、技术政策和措施，鼓励、支持有关方面采取有利于固体废物污染环境防治的措施，加强对从事固体废物污染环境防治工作人员的培训和指导，促进固体废物污染环境防治产业专业化、规模化发展。

第九十四条　国家鼓励和支持科研单位、固体废物产生单位、固体废物利用单位、固体废物处置单位等联合攻关，研究开发固体废物综合利用、集中处置等的新技术，推动固体废物污染环境防治技术进步。

第九十五条　各级人民政府应当加强固体废物污染环境的防治，按照事权划分的原则安排必要的资金用于下列事项：

（一）固体废物污染环境防治的科学研究、技术开发；

（二）生活垃圾分类；

（三）固体废物集中处置设施建设；

（四）重大传染病疫情等突发事件产生的医疗废物等危险废物应急处置；

（五）涉及固体废物污染环境防治的其他事项。

使用资金应当加强绩效管理和审计监督，确保资金使用效益。

第九十六条 国家鼓励和支持社会力量参与固体废物污染环境防治工作，并按照国家有关规定给予政策扶持。

第九十七条 国家发展绿色金融，鼓励金融机构加大对固体废物污染环境防治项目的信贷投放。

第九十八条 从事固体废物综合利用等固体废物污染环境防治工作的，依照法律、行政法规的规定，享受税收优惠。

国家鼓励并提倡社会各界为防治固体废物污染环境捐赠财产，并依照法律、行政法规的规定，给予税收优惠。

第九十九条 收集、贮存、运输、利用、处置危险废物的单位，应当按照国家有关规定，投保环境污染责任保险。

第一百条 国家鼓励单位和个人购买、使用综合利用产品和可重复使用产品。

县级以上人民政府及其有关部门在政府采购过程中，应当优先采购综合利用产品和可重复使用产品。

第八章 法律责任

第一百零一条 生态环境主管部门或者其他负有固体废物污染环境防治监督管理职责的部门违反本法规定，有下列行为之一，由本级人民政府或者上级人民政府有关部门责令改正，对直接负责的主管人员和其他直接责任人员依法给予处分：

（一）未依法作出行政许可或者办理批准文件的；

（二）对违法行为进行包庇的；

（三）未依法查封、扣押的；

（四）发现违法行为或者接到对违法行为的举报后未予查处的；

（五）有其他滥用职权、玩忽职守、徇私舞弊等违法行为的。

依照本法规定应当作出行政处罚决定而未作出的，上级主管部门可以直接作出行政处罚决定。

第一百零二条　违反本法规定，有下列行为之一，由生态环境主管部门责令改正，处以罚款，没收违法所得；情节严重的，报经有批准权的人民政府批准，可以责令停业或者关闭：

（一）产生、收集、贮存、运输、利用、处置固体废物的单位未依法及时公开固体废物污染环境防治信息的；

（二）生活垃圾处理单位未按照国家有关规定安装使用监测设备、实时监测污染物的排放情况并公开污染排放数据的；

（三）将列入限期淘汰名录被淘汰的设备转让给他人使用的；

（四）在生态保护红线区域、永久基本农田集中区域和其他需要特别保护的区域内，建设工业固体废物、危险废物集中贮存、利用、处置的设施、场所和生活垃圾填埋场的；

（五）转移固体废物出省、自治区、直辖市行政区域贮存、处置未经批准的；

（六）转移固体废物出省、自治区、直辖市行政区域利用未报备案的；

（七）擅自倾倒、堆放、丢弃、遗撒工业固体废物，或者未采取相应防范措施，造成工业固体废物扬散、流失、渗漏或者其他环境污染的；

（八）产生工业固体废物的单位未建立固体废物管理台账并如实记录的；

（九）产生工业固体废物的单位违反本法规定委托他人运输、利用、处置工业固体废物的；

（十）贮存工业固体废物未采取符合国家环境保护标准的防护措施的；

（十一）单位和其他生产经营者违反固体废物管理其他要求，污染环境、破坏生态的。

有前款第一项、第八项行为之一，处五万元以上二十万元以下的罚款；有前款第二项、第三项、第四项、第五项、第六项、第九项、第十项、第十一项行为之一，处十万元以上一百万元以下的罚款；有前款第七项行为，处所需处置费用一倍以上三倍以下的罚款，所需处置费用不足十万元的，按十万元计算。对前款第十一项行为的处罚，有关法律、行政法规另有规定的，适用其规定。

第一百零三条　违反本法规定，以拖延、围堵、滞留执法人员等方式拒绝、阻挠监督检查，或者在接受监督检查时弄虚作假的，由生态环境主管部门或者其他负有固体废物污染环境防治监督管理职责的部门责令改正，处五万元以上二十万元以下的罚款；对直接负责的主管人员和其他直接责任人员，处二万元以上十万元以下的罚款。

第一百零四条 违反本法规定，未依法取得排污许可证产生工业固体废物的，由生态环境主管部门责令改正或者限制生产、停产整治，处十万元以上一百万元以下的罚款；情节严重的，报经有批准权的人民政府批准，责令停业或者关闭。

第一百零五条 违反本法规定，生产经营者未遵守限制商品过度包装的强制性标准的，由县级以上地方人民政府市场监督管理部门或者有关部门责令改正；拒不改正的，处二千元以上二万元以下的罚款；情节严重的，处二万元以上十万元以下的罚款。

第一百零六条 违反本法规定，未遵守国家有关禁止、限制使用不可降解塑料袋等一次性塑料制品的规定，或者未按照国家有关规定报告塑料袋等一次性塑料制品的使用情况的，由县级以上地方人民政府商务、邮政等主管部门责令改正，处一万元以上十万元以下的罚款。

第一百零七条 从事畜禽规模养殖未及时收集、贮存、利用或者处置养殖过程中产生的畜禽粪污等固体废物的，由生态环境主管部门责令改正，可以处十万元以下的罚款；情节严重的，报经有批准权的人民政府批准，责令停业或者关闭。

第一百零八条 违反本法规定，城镇污水处理设施维护运营单位或者污泥处理单位对污泥流向、用途、用量等未进行跟踪、记录，或者处理后的污泥不符合国家有关标准的，由城镇排水主管部门责令改正，给予警告；造成严重后果的，处十万元以上二十万元以下的罚款；拒不改正的，城镇排水主管部门可以指定有治理能力的单位代为治理，所需费用由违法者承担。

违反本法规定，擅自倾倒、堆放、丢弃、遗撒城镇污水处理设施产生的污泥和处理后的污泥的，由城镇排水主管部门责令改正，处二十万元以上二百万元以下的罚款，对直接负责的主管人员和其他直接责任人员处二万元以上十万元以下的罚款；造成严重后果的，处二百万元以上五百万元以下的罚款，对直接负责的主管人员和其他直接责任人员处五万元以上五十万元以下的罚款；拒不改正的，城镇排水主管部门可以指定有治理能力的单位代为治理，所需费用由违法者承担。

第一百零九条 违反本法规定，生产、销售、进口或者使用淘汰的设备，或者采用淘汰的生产工艺的，由县级以上地方人民政府指定的部门责令改正，处十万元以上一百万元以下的罚款，没收违法所得；情节严重的，由县级以上地方人民政府指定的部门提出意见，报经有批准权的人民政府批准，责令停业或者关闭。

第一百一十条　尾矿、煤矸石、废石等矿业固体废物贮存设施停止使用后，未按照国家有关环境保护规定进行封场的，由生态环境主管部门责令改正，处二十万元以上一百万元以下的罚款。

第一百一十一条　违反本法规定，有下列行为之一，由县级以上地方人民政府环境卫生主管部门责令改正，处以罚款，没收违法所得：

（一）随意倾倒、抛撒、堆放或者焚烧生活垃圾的；

（二）擅自关闭、闲置或者拆除生活垃圾处理设施、场所的；

（三）工程施工单位未编制建筑垃圾处理方案报备案，或者未及时清运施工过程中产生的固体废物的；

（四）工程施工单位擅自倾倒、抛撒或者堆放工程施工过程中产生的建筑垃圾，或者未按照规定对施工过程中产生的固体废物进行利用或者处置的；

（五）产生、收集厨余垃圾的单位和其他生产经营者未将厨余垃圾交由具备相应资质条件的单位进行无害化处理的；

（六）畜禽养殖场、养殖小区利用未经无害化处理的厨余垃圾饲喂畜禽的；

（七）在运输过程中沿途丢弃、遗撒生活垃圾的。

单位有前款第一项、第七项行为之一，处五万元以上五十万元以下的罚款；单位有前款第二项、第三项、第四项、第五项、第六项行为之一，处十万元以上一百万元以下的罚款；个人有前款第一项、第五项、第七项行为之一，处一百元以上五百元以下的罚款。

违反本法规定，未在指定的地点分类投放生活垃圾的，由县级以上地方人民政府环境卫生主管部门责令改正；情节严重的，对单位处五万元以上五十万元以下的罚款，对个人依法处以罚款。

第一百一十二条　违反本法规定，有下列行为之一，由生态环境主管部门责令改正，处以罚款，没收违法所得；情节严重的，报经有批准权的人民政府批准，可以责令停业或者关闭：

（一）未按照规定设置危险废物识别标志的；

（二）未按照国家有关规定制订危险废物管理计划或者申报危险废物有关资料的；

（三）擅自倾倒、堆放危险废物的；

（四）将危险废物提供或者委托给无许可证的单位或者其他生产经营者从事经营活动的；

（五）未按照国家有关规定填写、运行危险废物转移联单或者未经批准擅自转移危险废物的；

（六）未按照国家环境保护标准贮存、利用、处置危险废物或者将危险废物混入非危险废物中贮存的；

（七）未经安全性处置，混合收集、贮存、运输、处置具有不相容性质的危险废物的；

（八）将危险废物与旅客在同一运输工具上载运的；

（九）未经消除污染处理，将收集、贮存、运输、处置危险废物的场所、设施、设备和容器、包装物及其他物品转作他用的；

（十）未采取相应防范措施，造成危险废物扬散、流失、渗漏或者其他环境污染的；

（十一）在运输过程中沿途丢弃、遗撒危险废物的；

（十二）未制定危险废物意外事故防范措施和应急预案的；

（十三）未按照国家有关规定建立危险废物管理台账并如实记录的。

有前款第一项、第二项、第五项、第六项、第七项、第八项、第九项、第十二项、第十三项行为之一，处十万元以上一百万元以下的罚款；有前款第三项、第四项、第十项、第十一项行为之一，处所需处置费用三倍以上五倍以下的罚款，所需处置费用不足二十万元的，按二十万元计算。

第一百一十三条 违反本法规定，危险废物产生者未按照规定处置其产生的危险废物被责令改正后拒不改正的，由生态环境主管部门组织代为处置，处置费用由危险废物产生者承担；拒不承担代为处置费用的，处代为处置费用一倍以上三倍以下的罚款。

第一百一十四条 无许可证从事收集、贮存、利用、处置危险废物经营活动的，由生态环境主管部门责令改正，处一百万元以上五百万元以下的罚款，并报经有批准权的人民政府批准，责令停业或者关闭；对法定代表人、主要负责人、直接负责的主管人员和其他责任人员，处十万元以上一百万元以下的罚款。

未按照许可证规定从事收集、贮存、利用、处置危险废物经营活动的，由生态环境环境主管部门责令改正，限制生产、停产整治，处五十万元以上二百万元以下的罚款；对法定代表人、主要负责人、直接负责的主管人员和其他责任人员，处五万元以上五十万元以下的罚款；情节严重的，报经有批准权的人民政府批准，责令停业或者关闭，还可以由发证机关吊销许可证。

第一百一十五条 违反本法规定，将中华人民共和国境外的固体废物输入境内的，由海关责令退运该固体废物，处五十万元以上五百万元以下的罚款。

承运人对前款规定的固体废物的退运、处置，与进口者承担连带责任。

第一百一十六条 违反本法规定，经中华人民共和国过境转移危险废物的，由海关责令退运该危险废物，处五十万元以上五百万元以下的罚款。

第一百一十七条 对已经非法入境的固体废物，由省级以上人民政府生态环境主管部门依法向海关提出处理意见，海关应当依照本法第一百一十五条的规定作出处罚决定；已经造成环境污染的，由省级以上人民政府生态环境主管部门责令进口者消除污染。

第一百一十八条 违反本法规定，造成固体废物污染环境事故的，除依法承担赔偿责任外，由生态环境主管部门依照本条第二款的规定处以罚款，责令限期采取治理措施；造成重大或者特大固体废物污染环境事故的，还可以报经有批准权的人民政府批准，责令关闭。

造成一般或者较大固体废物污染环境事故的，按照事故造成的直接经济损失的一倍以上三倍以下计算罚款；造成重大或者特大固体废物污染环境事故的，按照事故造成的直接经济损失的三倍以上五倍以下计算罚款，并对法定代表人、主要负责人、直接负责的主管人员和其他责任人员处上一年度从本单位取得的收入百分之五十以下的罚款。

第一百一十九条 单位和其他生产经营者违反本法规定排放固体废物，受到罚款处罚，被责令改正的，依法作出处罚决定的行政机关应当组织复查，发现其继续实施该违法行为的，依照《中华人民共和国环境保护法》的规定按日连续处罚。

第一百二十条 违反本法规定，有下列行为之一，尚不构成犯罪的，由公安机关对法定代表人、主要负责人、直接负责的主管人员和其他责任人员处十日以上十五日以下的拘留；情节较轻的，处五日以上十日以下的拘留：

（一）擅自倾倒、堆放、丢弃、遗撒固体废物，造成严重后果的；

（二）在生态保护红线区域、永久基本农田集中区域和其他需要特别保护的区域内，建设工业固体废物、危险废物集中贮存、利用、处置的设施、场所和生活垃圾填埋场的；

（三）将危险废物提供或者委托给无许可证的单位或者其他生产经营者堆放、利用、处置的；

（四）无许可证或者未按照许可证规定从事收集、贮存、利用、处置危险废物经营活动的；

（五）未经批准擅自转移危险废物的；

（六）未采取防范措施，造成危险废物扬散、流失、渗漏或者其他严重后果的。

第一百二十一条 固体废物污染环境、破坏生态，损害国家利益、社会公共利益的，有关机关和组织可以依照《中华人民共和国环境保护法》《中华人民共和国民事诉讼法》《中华人民共和国行政诉讼法》等法律的规定向人民法院提起诉讼。

第一百二十二条 固体废物污染环境、破坏生态给国家造成重大损失的，由设区的市级以上地方人民政府或者其指定的部门、机构组织与造成环境污染和生态破坏的单位和其他生产经营者进行磋商，要求其承担损害赔偿责任；磋商未达成一致的，可以向人民法院提起诉讼。

对于执法过程中查获的无法确定责任人或者无法退运的固体废物，由所在地县级以上地方人民政府组织处理。

第一百二十三条 违反本法规定，构成违反治安管理行为的，由公安机关依法给予治安管理处罚；构成犯罪的，依法追究刑事责任；造成人身、财产损害的，依法承担民事责任。

第九章　附　则

第一百二十四条 本法下列用语的含义：

（一）固体废物，是指在生产、生活和其他活动中产生的丧失原有利用价值或者虽未丧失利用价值但被抛弃或者放弃的固态、半固态和置于容器中的气态的物品、物质以及法律、行政法规规定纳入固体废物管理的物品、物质。经无害化加工处理，并且符合强制性国家产品质量标准，不会危害公众健康和生态安全，或者根据固体废物鉴别标准和鉴别程序认定为不属于固体废物的除外。

（二）工业固体废物，是指在工业生产活动中产生的固体废物。

（三）生活垃圾，是指在日常生活中或者为日常生活提供服务的活动中产生的固体废物，以及法律、行政法规规定视为生活垃圾的固体废物。

（四）建筑垃圾，是指建设单位、施工单位新建、改建、扩建和拆除各类建筑物、构筑物、管网等，以及居民装饰装修房屋过程中产生的弃土、弃料和其他固体废物。

（五）农业固体废物，是指在农业生产活动中产生的固体废物。

（六）危险废物，是指列入国家危险废物名录或者根据国家规定的危险废物鉴别标准和鉴别方法认定的具有危险特性的固体废物。

（七）贮存，是指将固体废物临时置于特定设施或者场所中的活动。

（八）利用，是指从固体废物中提取物质作为原材料或者燃料的活动。

（九）处置，是指将固体废物焚烧和用其他改变固体废物的物理、化学、生物特性的方法，达到减少已产生的固体废物数量、缩小固体废物体积、减少或者消除其危险成分的活动，或者将固体废物最终置于符合环境保护规定要求的填埋场的活动。

第一百二十五条　液态废物的污染防治，适用本法；但是，排入水体的废水的污染防治适用有关法律，不适用本法。

第一百二十六条　本法自 2020 年 9 月 1 日起施行。

甘肃省环境保护条例

（2019年9月26日甘肃省第十三届人民代表大会常务委员会第十二次会议通过）

第一章 总 则

第一条 为了保护和改善环境，防治污染和其他公害，保障公众健康，推进生态文明建设，促进经济社会可持续发展，根据《中华人民共和国环境保护法》等法律、行政法规，结合本省实际，制定本条例。

第二条 本条例适用于本省行政区域内的环境保护及其监督管理活动。

法律、行政法规对环境保护及其监督管理活动已有规定的，依照其规定执行。

第三条 环境保护坚持保护优先、预防为主、综合治理、公众参与、损害担责的原则。

第四条 各级人民政府应当对本行政区域的环境质量负责，贯彻落实绿色发展理念，统筹推进生态文明建设，鼓励发展循环经济和低碳经济，推进发展方式转变和产业结构调整，促进经济社会发展与环境保护相协调。

县级以上人民政府应当将环境保护工作纳入国民经济和社会发展规划，加大保护和改善环境、防治污染和其他公害的财政投入，提高财政资金的使用效益。

第五条 省人民政府生态环境主管部门对本省环境保护工作实施统一监督管理。

市（州）人民政府生态环境主管部门及其派出机构分别对本市（州）、县（区）环境保护工作实施统一监督管理。

县级以上人民政府发展和改革、工业和信息化、公安、财政、自然资源、住房和城乡建设、交通运输、水利、农业农村、商务、文化和旅游、卫生健康、应急管理、林业和草原、市场监督管理、审计等有关部门在各自职责范围内对资源保护和污染防治等环境保护工作实施监督管理。

第六条　企业事业单位和其他生产经营者应当防止、减少环境污染和生态破坏，履行环境保护义务，对所造成的损害依法承担责任。

第七条　任何单位和个人都有保护和改善环境的义务，并依法享有获取环境信息、参与和监督环境保护的权利。

第八条　各级人民政府应当加强环境保护宣传教育，鼓励基层群众性自治组织、社会组织、环保志愿者开展环境保护法律法规和环境保护知识的宣传，营造保护环境的良好风气。

教育行政部门、学校应当将环境保护知识纳入学校教育内容，培养学生的环境保护意识。

新闻媒体应当开展环境保护法律法规和环境保护知识、环境保护先进典型的宣传，对环境违法行为进行舆论监督。

第二章　监督管理

第九条　省、市（州）人民政府生态环境主管部门应当会同有关部门编制环境保护规划，报本级人民政府批准，并公布实施。

环境保护规划应当包括生态保护、污染防治、环境质量改善的目标任务、保障措施等内容，并与国土空间规划相衔接。

环境保护规划需要修改或者调整的，应当按照原批准程序报批。修改或者调整的内容不得降低上级人民政府批准的环境保护规划的要求。

第十条　组织编制土地利用有关规划和区域、流域的建设、开发利用规划以及有关专项规划时，应当充分考虑环境资源承载能力，听取有关方面和专家的意见，并依据《中华人民共和国环境影响评价法》及国务院《规划环境影响评价条例》等法律法规开展规划环境影响评价；未进行环境影响评价的，不得组织实施。

前款所列规划应当与环境保护规划、生态保护红线、环境质量底线、资源利用上线和环境准入负面清单的要求相衔接。

第十一条　本省环境质量和污染物排放严格执行国家标准。

对国家环境质量标准和污染物排放标准中已作规定的项目，省人民政府依照法律规定可以制定严于国家标准的环境质量标准和污染物排放标准。对国家环境质量标准和污染物排放标准中未作规定的项目，省人民政府可以根据本省环境质量状况和经济、技术条件，制定环境质量标准和污染物排放标准。

省人民政府制定环境质量标准和污染物排放标准，应当组织专家进行审查和论证，征求有关部门、行业协会、企业事业单位、公众和社会团体等方面的意见。

省人民政府环境质量标准和污染物排放标准应当报国务院生态环境主管部门备案，并适时进行评估和修订。

第十二条 省人民政府应当将国家确定的重点污染物排放总量控制指标，分解落实到市（州）人民政府。

市（州）人民政府应当根据本行政区域重点污染物排放总量控制指标，结合区域环境质量状况和重点污染物削减要求，将重点污染物总量控制指标进行分解落实。

第十三条 未达到国家环境质量标准的重点区域、流域的有关地方人民政府，应当制订限期达标规划，并采取措施按期达标。

环境质量限期达标规划应当向社会公开，并根据环境治理的要求和经济、技术条件适时进行评估、修改。

第十四条 本省依法实行排污许可管理制度。实行排污许可管理的企业事业单位和其他生产经营者应当按照排污许可证的要求排放污染物；未取得排污许可证的，不得排放污染物。

第十五条 建设单位可以委托技术单位对其建设项目开展环境影响评价，具备环境影响评价技术能力的，可以自行对其建设项目开展环境影响评价。

建设项目对环境可能造成重大影响的，应当编制环境影响报告书，对建设项目产生的污染和对环境的影响进行全面、详细的评价；建设项目对环境可能造成轻度影响的，应当编制环境影响报告表，对建设项目产生的污染和对环境的影响进行分析或者专项评价；建设项目对环境影响很小，不需要进行环境影响评价的，应当填报环境影响登记表。

建设单位应当在开工建设前，向有审批权的生态环境主管部门报批建设项目环境影响评价报告书、环境影响报告表。依法应当填报环境影响登记表的建设项目，建设单位应当按照国家有关规定向生态环境主管部门备案。

未依法进行环境影响评价的建设项目，不得开工建设。

第十六条　对超过国家重点污染物排放总量控制指标或者未完成国家确定的环境质量目标的地区，省人民政府生态环境主管部门应当依法暂停审批其新增重点污染物排放总量的建设项目环境影响评价文件。

第十七条　省人民政府生态环境主管部门所属的环境监测机构承担环境质量监测、污染源监督性监测、执法监测和突发环境污染事件应急监测等工作。

依法成立的社会监测机构在其监测业务范围内，可以接受公民、法人和其他组织的委托，开展相应的监测服务。

第十八条　环境监测机构应当按照环境监测规范从事环境监测活动，接受行政管理部门和行业监管部门的监督，对监测数据的真实性、准确性负责，并按规定保存原始监测记录。不得弄虚作假，隐瞒、伪造、篡改环境监测数据。

任何单位和个人不得伪造、变造或者篡改环境监测机构的环境监测报告。

第十九条　省、市（州）人民政府生态环境主管部门按照国家有关规定，会同有关部门确定重点排污单位名录，并适时调整，向社会公布。

重点排污单位应当安装自动监测设备，与生态环境主管部门联网，保证监测设备正常运行，并对数据的真实性和准确性负责。

排污单位应当按照国家有关规定，对污染物排放未实行自动监测或者自动监测未包含的污染物，定期进行排污监测，保存原始监测记录，并对数据的真实性和准确性负责。

自动监测数据以及环境监测机构的监测数据，可以作为环境执法和管理的依据。

严禁通过暗管、渗井、渗坑、灌注或者篡改、伪造监测数据，或者不正常运行防治污染设施等逃避监管的方式违法排放污染物。

第二十条　省、市（州）人民政府生态环境主管部门应当加强环境管理信息化建设，实现环境质量信息、环境监测数据以及环境行政许可、行政处罚、突发环境事件应急处置等信息的共享。

第二十一条　省、市（州）人民政府应当组织建立环境污染联防联控机制，划定环境污染防治重点流域、区域，实施流域、区域联动防治措施，开展环境污染联合防治。

第二十二条　县级以上人民政府及其有关部门应当编制突发环境事件应急预

案，加强应急演练和培训，做好环境风险防控。

县级以上人民政府应当建立环境污染公共监测预警机制，组织制定预警方案；环境受到污染，可能影响公众健康和环境安全时，依法及时公布预警信息，启动应急措施。

突发环境事件发生后，事发地县级以上人民政府按照分级响应的原则，立即启动应急响应，组织开展应急救援、应急处置和事后恢复等工作。

第二十三条 企业事业单位和其他生产经营者应当定期排查环境安全隐患，开展环境风险评估，依法编制突发环境事件应急预案，报所在地生态环境主管部门和有关部门备案，并定期组织演练。

突发环境事件发生后，企业事业单位和其他生产经营者应当立即启动应急预案，采取应急措施，控制污染、减轻损害，及时通报可能受到危害的单位和居民，并向所在地生态环境主管部门和有关部门报告。

第二十四条 省、市（州）人民政府生态环境主管部门应当对重点排污单位进行环境信用评价，并向社会公开评价结果。

省、市（州）人民政府生态环境主管部门应当会同发展和改革、中国人民银行、银行业监管机构及其他有关部门，建立环境保护信用约束机制。在行政许可、公共采购、金融支持、资质等级评定等工作中将环境信用评价结果作为重要的考量因素。

第二十五条 县级以上人民政府应当每年向本级人民政府负有环境保护监督管理职责的部门和下级人民政府逐级分解和下达环境保护目标，将环境保护目标完成情况纳入考核内容，作为对有关部门和下级人民政府及其负责人考核评价的重要依据。考核结果应当向社会公开。

第二十六条 实行生态环境保护督察制度，定期对市（州）、县（区）人民政府，承担环境保护监督管理职责的部门和对生态环境影响较大的有关企业履行环境保护职责情况、环境保护目标完成情况、环境质量改善情况、突出环境问题整治情况进行督察。

第二十七条 对重大生态环境违法案件和查处不力或者社会反映强烈的突出生态环境问题，省、市（州）人民政府生态环境主管部门应当挂牌督办，责成有关人民政府或者部门限期查处、整改。挂牌督办情况应当向社会公开。

第二十八条　省、市（州）人民政府及其生态环境主管部门对未履行生态环境保护职责或者履行职责不到位的下级人民政府、本级人民政府派出机构及本级有关部门负责人，应当进行约谈。约谈可以由生态环境主管部门单独实施，也可以邀请监察机关、其他有关部门和机构共同实施。

第二十九条　县级以上人民政府应当每年向本级人民代表大会或者人民代表大会常务委员会报告环境状况和环境保护目标完成情况，对发生的重大环境事件应当及时向本级人民代表大会常务委员会报告，依法接受监督。

第三章　保护和改善环境

第三十条　省人民政府生态环境主管部门应当会同有关部门，根据不同区域功能、经济社会发展需要和国家环境质量标准，编制全省环境功能区划，经省人民政府批准后公布实施。

第三十一条　省、市（州）人民政府生态环境主管部门应当会同有关部门组织开展环境质量调查和评估。对重点生态功能区定期开展环境质量监测、评价与考核，作为划定生态保护红线、编制环境保护规划、制定生态保护补偿政策的重要依据。

第三十二条　省人民政府在具有重要水源涵养、生物多样性保护、水土保持、防风固沙等重点生态功能区，以及水土流失、土地沙化、石漠化、盐渍化等生态环境敏感区和脆弱区划定生态保护红线，实行严格保护并向社会公布。

各级人民政府对具有代表性的各种类型的自然生态系统区域，珍稀、濒危的野生动植物自然分布区域，重要的水源涵养区域，具有重大科学文化价值的地质构造、著名溶洞和化石分布区、冰川、火山、温泉等自然遗迹，以及人文遗迹、古树名木，应当采取措施予以保护，严禁破坏。

市（州）、县（区）人民政府负责编制本行政区域生态保护红线控制性详细规划。

生态保护红线的调整和修改，应当按照原制定程序进行，任何单位和个人不得擅自变更。

第三十三条　省人民政府及其有关部门应当按照相关规定划定生态保护红线、环境质量底线、资源利用上线，制定实施环境准入负面清单，构建环境分区管控体系。

划定的生态保护红线、环境质量底线、资源利用上线是各级人民政府实施环境目标管理和推动建设项目准入的依据。

第三十四条 各级人民政府应当加强生物多样性保护，保护珍稀、濒危野生动植物，对重要生态系统、生物物种及遗传资源实施有效保护，促进生物多样性保护与利用技术研发和推广，科学合理有序地利用生物资源。

引进外来物种以及研究、开发和利用生物技术，应当采取措施，防止对生物多样性的破坏。

禁止任何单位和个人从事非法猎捕、毒杀、采伐、采集、加工、收购、出售野生动植物等活动。

第三十五条 县级以上人民政府应当建立水资源合理开发利用和节水制度。实行区域流域用水总量和强度控制，根据国家和本省用水定额标准，组织有关部门制定工农业生产用水和城乡居民生活用水定额。

县级以上人民政府有关部门应当加强农业灌溉机井的管理，严格控制粗放型灌溉用水，维护河流的合理流量和湖泊、水库以及地下水体的合理水位。普及农田节水技术，推广农艺节水技术以及生物节水技术。

第三十六条 实行饮用水水源地保护制度。县级以上人民政府应当加强饮用水水源环境综合整治，依法清理饮用水水源一级、二级保护区内的违法建筑和生产项目，确保饮用水安全。

饮用水水源和其他特殊水体保护依照《中华人民共和国水污染防治法》的规定执行。

第三十七条 省、市（州）、县（区）、乡（镇）建立四级河长制，分级分段组织领导本行政区域内江河、湖泊等的水资源保护、水域岸线管理、水污染防治、水环境治理等工作。鼓励建立村级河长制或者巡河员制。

第三十八条 沙化土地所在地区的各级人民政府应当采取有效措施，预防土地沙化，治理沙化土地，保护和改善本行政区域的生态质量。

在规划期内不具备治理条件的以及因保护生态的需要不宜开发利用的连片沙化土地，应当规划为沙化土地封禁保护区，实行封禁保护。

第三十九条 各级人民政府及其有关部门和机构应当统筹农村生产、生活和生态空间，优化种植和养殖生产布局、规模和结构，强化农业农村环境监管，加强农业农村污染治理。指导农业生产经营者科学种植和养殖，科学合理施用农药、化肥等农业投入品，科学处置农用薄膜、农作物秸秆等农业废弃物，防止农业面源污染。

禁止将不符合农用标准和环境保护标准的固体废物、废水施入农田。施用农药、化肥等农业投入品及进行灌溉，应当采取措施，防止重金属和其他有毒有害物质污染环境。

畜禽养殖场、养殖小区、定点屠宰企业等的选址、建设和管理应当符合有关法律法规规定。从事畜禽养殖和屠宰的单位和个人应当对畜禽粪便、尸体和污水等废弃物进行科学处置，防止污染环境。

县（市、区）、乡（镇）人民政府应当采取集中连片与分散治理相结合的方式，开展农村环境综合整治，推进农村厕所粪污治理、生活污水处理和生活垃圾处置等基础设施建设，保护和改善农村人居环境，实现村庄环境干净、整洁、有序。

第四十条　各级人民政府应当采取措施，组织对生活垃圾进行分类、收集、处置、回收利用和无害化处理，推广废旧商品回收利用、焚烧发电、生物处理等生活垃圾资源化利用方式，建立与本区域生活垃圾分类处理相适应的垃圾投放与收运模式。

单位和个人应当对生活垃圾进行分类投放，减少日常生活垃圾对环境造成的损害。

第四十一条　鼓励采用易回收利用、易处置或者易消纳降解的包装物和容器，对可回收利用的包装物、容器、废油和废旧电池等资源应当按规范进行回收利用。

鼓励开发、生产和使用可循环利用的绿色环保包装材料。鼓励经营快递业务的企业使用可降解、可重复利用的环保包装材料，并采取措施回收包装材料。

餐饮、娱乐、宾馆等服务性企业应当采取措施减少一次性用品的使用，并鼓励和引导消费者节约资源、绿色消费。

第四十二条　塑料制品的生产、销售、使用应当遵循减量化、资源化、再利用的原则，符合国家有关标准，降低资源消耗，减少废弃物的产生。

第四十三条　实行生态保护补偿制度。县级以上人民政府要逐步建立健全森林、草原、湿地、荒漠、水流、耕地等重点领域和禁止开发区域、重点生态功能区等重要区域生态补偿机制，统筹整合各类补偿资金，确保其用于生态保护补偿。

第四章　防治环境污染

第四十四条　县级以上人民政府应当根据产业结构调整和产业布局优化的要求，引导工业企业入驻工业园区。新建化工石化、有色冶金、制浆造纸以及国家有明确要求的工业项目，应当进入工业园区或者工业集聚区。

第四十五条　各级人民政府应当统筹城乡发展，建设污水处理设施及配套管网，固体废物的收集、运输和处置等环境卫生设施，危险废物集中处置设施、场所以及其他环境保护公共设施，并保障其正常运行。

第四十六条　对严重污染环境的工艺、设备和产品实行淘汰制度。任何单位和个人不得生产、销售或者转移、使用严重污染环境的工艺、设备和产品。

禁止引进不符合我国环境保护规定的技术、设备、材料和产品。

第四十七条　新建、改建、扩建建设项目，建设单位应当按照经批准的环境影响评价文件的要求建设防治污染设施、落实环境保护措施。防治污染设施应当与主体工程同时设计、同时施工、同时投入使用。

排污单位应当保障防治污染设施的正常运行，建立台账，如实记录防治污染设施的运行、维护、更新和污染物排放等情况及相应的主要参数，对台账的真实性和完整性负责。

排污单位不得擅自拆除、闲置防治污染设施。确需拆除、闲置的，应当提前向所在地生态环境主管部门书面申请，经批准后方可拆除、闲置。

第四十八条　市（州）、县（区）人民政府实行网格化环境监督管理制度，形成排查摸底、联动执法、考核问责的长效工作机制。

乡（镇）人民政府和街道办事处应当在上一级生态环境主管部门和其他有关部门的指导下，依托网格化管理体系，对辖区内社区商业、生产生活活动中产生的大气、水、噪声、固体废物等污染防治工作进行综合协调和监督；发现其他生产经营活动中存在的环境污染问题，应当及时向生态环境主管部门报告。

第四十九条　企业事业单位和其他生产经营者可以委托第三方环境服务机构运营其防治污染设施或者开展污染物集中处理。

排污单位委托运营防治污染设施的，应当加强对第三方运营情况及台账记录的监督检查。

企业事业单位和其他生产经营者委托环境服务机构治理的，不免除其自身的污染防治义务。

生态环境主管部门应当加强对第三方运营的监督管理。

第五十条　县级以上人民政府应当建立土壤污染的风险管控和修复制度，建立分类管理、利用与保护制度。

省、市（州）人民政府生态环境主管部门应当公布并适时更新土壤污染重点监管单位名录，会同有关部门定期开展土壤和地下水环境质量调查、污染源排查。

排污单位应当制定相应的风险防控方案，并采取防范措施。对土壤和地下水造成污染的，排污单位或者个人应当承担修复责任。

第五十一条　各级人民政府及其有关部门应当加强重金属污染防治，加强对涉铅、镉、汞、铬和类金属砷等重金属行业企业的环境监管。

第五十二条　县级以上人民政府及其有关部门应当依法加强固体废物综合利用、无害化处置，减少污染。

固体废弃物产生者应当按照国家规定对固体废弃物进行资源化利用或者无害化处置。

省、市（州）人民政府生态环境主管部门和其他负有环境保护监督管理职责的部门应当建立危险废物产生、贮存、收集、运输、利用、处置全过程环境监督管理体系。

第五十三条　环境噪声污染的防治依照《中华人民共和国环境噪声污染防治法》的规定执行。

第五十四条　大气污染的防治依照《中华人民共和国大气污染防治法》等法律、法规的规定执行。

第五章　信息公开和公众参与

第五十五条　省、市（州）人民政府生态环境主管部门和其他负有环境保护监督管理职责的部门应当建立健全环境信息公开制度，依法公开以下环境信息：

（一）本行政区域的环境质量状况；

（二）环境质量监测情况，重点排污单位监测及不定期抽查、检查、明察暗访等情况；

（三）突发环境事件信息；

（四）环境行政许可、行政处罚、行政强制等行政执法情况；

（五）环境违法企业名单；

（六）环境保护目标完成情况的考核结果；

（七）环境保护督察、挂牌督办情况；

（八）其他依法应当公开的信息。

第五十六条 省人民政府生态环境主管部门应当定期发布环境状况公报。

省、市（州）人民政府生态环境主管部门和县级以上其他负有环境保护监督管理职责的部门应当通过政府网站、政府公报、新闻发布会以及报刊、广播、电视、电子显示屏和移动互联网媒体等便于公众知晓的方式主动公开环境信息。

第五十七条 除政府有关部门主动公开的环境信息外，公民、法人和其他组织可以依法申请获取相关环境信息，相关部门收到申请后应当依法予以答复。

第五十八条 重点排污单位应当接受社会监督，如实向社会公开以下环境信息：

（一）主要污染物的名称、排放方式、排放浓度和总量、超标排放情况；

（二）防治污染设施的建设和运行情况；

（三）其他依法应当公开的信息。

鼓励非重点排污单位和其他生产经营者主动公开前款所列的环境信息。

第五十九条 除依法需要保密的情形外，各级人民政府及其有关部门编制环境保护规划、制定环境行政政策和审批建设项目环评文件等与公众环境权益密切相关的重大事项，应当采取听证会、论证会、座谈会等形式广泛听取公众意见，并反馈意见采纳情况。

公民、法人和其他组织可以通过电话、信函、传真、网络等方式向生态环境主管部门及其他负有环境保护监督管理职责的部门提出意见和建议。

第六十条 公民、法人和其他组织发现任何单位和个人有污染环境和破坏生态的行为，可以通过信函、传真、电子邮件等途径，向负有环境保护监督管理职责的部门举报，有关部门应当依法受理。

公民、法人和其他组织发现各级人民政府及其负有环境保护监督管理职责的部门不依法履行职责的，有权向其上级机关或者监察机关举报。

受理举报的有关部门应当对举报人的相关信息予以保密。

第六章　法律责任

第六十一条　企业事业单位和其他生产经营者有下列行为之一，受到罚款处罚，被责令改正，拒不改正的，依法作出处罚决定的行政机关可以自责令改正之日的次日起，按照原处罚数额按日连续处罚：

（一）超过国家或者地方规定的污染物排放标准，或者超过重点污染物排放总量控制指标排放污染物的；

（二）通过暗管、渗井、渗坑、灌注或者篡改、伪造监测数据，或者不正常运行防治污染设施等逃避监管的方式排放污染物的；

（三）排放法律、法规规定禁止排放的污染物的；

（四）违法倾倒危险废物的；

（五）其他法律、行政法规规定可以按日连续处罚的行为。

第六十二条　违反本条例规定，企业事业单位和其他生产经营者超过污染物排放标准或者超过重点污染物排放总量控制指标排放污染物的，生态环境主管部门可以责令其采取限制生产、停产整治等措施；情节严重的，报经有批准权的人民政府批准，责令停业、关闭。

第六十三条　建设单位未依法提交建设项目环境影响评价文件或者环境影响评价文件未经批准，擅自开工建设的，由负有环境保护监督管理职责的部门依法责令停止建设，处以罚款，并可以责令恢复原状。

第六十四条　环境影响评价机构、环境监测机构以及从事环境监测设备和防治污染设施维护、运营的机构，在有关环境服务活动中弄虚作假，对造成的环境污染和生态破坏负有责任的，除依照有关法律法规规定予以处罚外，还应当与造成环境污染和生态破坏的其他责任者承担连带责任。

第六十五条　违反本条例规定，重点排污单位不公开或者不如实公开环境信息的，由生态环境主管部门责令公开，处以罚款，并予以公告。

第六十六条　各级人民政府及其生态环境主管部门和其他负有环境保护监督管

理职责的部门违反本条例规定，有下列情形之一的，对直接负责的主管人员和其他直接责任人员给予记过、记大过或者降级处分；造成严重后果的，给予撤职或者开除处分，其主要负责人应当引咎辞职：

（一）不符合行政许可条件准予行政许可的；

（二）对环境违法行为进行包庇的；

（三）依法应当作出责令停业、关闭的决定而未作出的；

（四）对超标排放污染物、采用逃避监管的方式排放污染物、造成环境事故以及不落实生态保护措施造成生态破坏等行为，发现或者接到举报未及时查处的；

（五）违法查封、扣押企业事业单位和其他生产经营者的设施、设备的；

（六）篡改、伪造或者指使篡改、伪造监测数据的；

（七）应当依法公开环境信息而未公开的；

（八）法律法规规定的其他违法行为。

第六十七条 违反本条例第十四条、第十八条、第十九条、第二十三条、第四十七条规定的行为，依照《中华人民共和国大气污染防治法》《中华人民共和国水污染防治法》《中华人民共和国固体废物污染防治法》《中华人民共和国土壤污染防治法》的处罚规定执行；违反本条例规定的其他行为，法律、行政法规已有处罚规定的，依照其规定执行。

第七章 附 则

第六十八条 本条例自2020年1月1日起施行。1994年8月3日甘肃省第八届人民代表大会常务委员会第十次会议通过，1997年9月29日甘肃省第八届人民代表大会常务委员会第二十九次会议第一次修正，2004年6月4日甘肃省第十届人民代表大会常务委员会第十次会议第二次修正的《甘肃省环境保护条例》;2007年12月20日甘肃省第十届人民代表大会常务委员会第三十二次会议通过的《甘肃省农业生态环境保护条例》同时废止。

甘肃省固体废物污染环境防治条例

（2021年11月26日甘肃省第十三届人民代表大会常务委员会第二十七次会议通过，自2022年1月1日起施行）

第一章　总　则

第一条　为了防治固体废物污染环境，节约和合理利用资源，保障公众健康，维护生态安全，推进生态文明建设，促进经济社会高质量和可持续发展，根据《中华人民共和国固体废物污染环境防治法》《中华人民共和国环境保护法》等法律、行政法规，结合本省实际，制定本条例。

第二条　本省行政区域内固体废物污染环境的防治，适用本条例。

放射性固体废物污染环境的防治不适用本条例。

液态废物的污染防治，适用本条例；但是，排入水体的废水的污染防治适用有关法律法规，不适用本条例。

法律、行政法规对固体废物污染环境防治已有规定的，依照其规定执行。

第三条　固体废物污染环境防治坚持减量化、资源化和无害化的原则。

任何单位和个人都应当采取措施，减少固体废物的产生量，促进固体废物的综合利用，降低固体废物的危害性。

第四条　固体废物污染环境防治坚持污染担责的原则。

产生、收集、贮存、运输、利用、处置固体废物的单位和个人，应当采取措施，防止或者减少固体废物对环境的污染，对所造成的环境污染依法承担责任。

第五条　各级人民政府对本行政区域内固体废物污染环境防治负责，应当加强对固体废物污染环境防治工作的领导，组织、协调、督促有关部门依法履行固体废物污染环境防治监督管理职责，将固体废物污染环境防治目标完成情况纳入年度考核，落实固体废物污染环境防治目标责任制和考核评价制度。

县级以上人民政府应当将固体废物污染环境防治纳入国民经济和社会发展规划、生态环境保护规划，制定和实施有利于固体废物污染环境防治的经济、技术政策和措施。

鼓励和支持固体废物资源化利用和无害化处置，提高固体废物综合利用率，最大限度降低固体废物填埋量和危险性。

鼓励和支持固体废物污染环境防治的科学研究、技术开发、信息化建设，推广先进的防治技术、生产工艺和设备。

鼓励和支持社会各类投资主体参与固体废物处理处置项目投资、建设和运营。

第六条 生态环境主管部门对本行政区域内固体废物污染环境防治工作实施统一监督管理。

县级以上人民政府发展改革、工业和信息化、公安、自然资源、住房和城乡建设、交通运输、水利、农业农村、商务、卫生健康、应急管理、市场监管、教育、环境卫生、邮政等主管部门，在各自的职责范围内负责固体废物污染环境防治的监督管理工作。

第七条 倡导绿色低碳生活方式和消费方式，引导公众增强生态环境保护意识，做好生活垃圾分类，参与固体废物污染环境防治。

第八条 省人民政府可以与相关省、自治区、直辖市人民政府建立跨区域固体废物污染环境的联防联控机制，统筹协调固体废物污染防治跨区域合作，推动固体废物污染防治。

省人民政府相关部门可以与相关省、自治区、直辖市人民政府有关部门建立固体废物污染环境沟通协调机制，协商解决固体废物污染环境防治跨区域合作的具体事宜。

鼓励本省行政区域内的市（州）、县（市、区），按照就近原则，开展区域合作，建立固体废物污染环境的联防联控机制，统筹建设固体废物集中处置设施和场所，加强固体废物管理信息共享与联动执法。

第九条 各级人民政府应当加强固体废物污染环境的防治，按照事权划分的原则安排必要的资金用于下列事项：

（一）固体废物污染环境防治的科学研究、技术开发；

（二）生活垃圾分类；

（三）固体废物集中处置设施建设；

（四）重大传染病疫情等突发事件产生的医疗废物等危险废物应急处置；

（五）涉及固体废物污染环境防治的其他事项。

使用资金应当加强绩效管理和审计监督，确保资金使用效益。

第十条　生态环境主管部门和其他负有固体废物污染环境防治监督管理职责的部门应当向社会公布举报投诉方式和渠道。

任何单位和个人都有权对非法倾倒、转移、处置和贮存固体废物等造成环境污染的违法行为进行投诉举报。

接到举报的部门应当及时处理并对举报人的相关信息予以保密；对实名举报并查证属实的，给予奖励。

举报人举报所在单位的，该单位不得以解除、变更劳动合同或者其他方式对举报人进行打击报复。

第二章　工业固体废物

第十一条　省人民政府工业和信息化主管部门应当会同发展改革、生态环境等主管部门，定期发布本省工业固体废物综合利用技术、工艺、设备和产品导向目录，组织开展工业固体废物资源综合利用评价，推动提高工业固体废物综合利用率。

鼓励和支持工业固体废物资源化利用和无害化处置。

列入限期淘汰名录被淘汰的设备，不得转让给他人使用。

第十二条　产生工业固体废物的单位应当建立健全工业固体废物产生、收集、贮存、运输、利用、处置全过程的污染环境防治责任制度，建立工业固体废物管理台账，如实记录产生工业固体废物的种类、数量、流向、贮存、利用、处置等信息，实现工业固体废物可追溯、可查询，采取措施防治工业固体废物污染环境。

产生工业固体废物的单位应当每年将管理台账的内容和有关资料向所在地生态

环境主管部门如实申报登记；申报登记事项发生改变的，应当在发生改变之日起七个工作日内重新申报登记。

禁止向生活垃圾收集设施中投放工业固体废物。

第十三条 产生工业固体废物的单位应当依法实施清洁生产审核，统筹生产发展和环境风险防控；对其生产过程中产生的工业固体废物加以科学利用，对暂时不利用或者不能利用的，应当按照国家规定建设贮存设施、场所，安全分类存放，或者采取无害化处置措施；制订相关计划，及时消纳工业固体废物历史存量。

贮存工业固体废物的防护措施和建设工业固体废物贮存、处置的设施、场所，应当符合国家环境保护标准。

第十四条 产生工业固体废物的单位终止的，应当在终止前对工业固体废物的贮存、处置的设施、场所采取污染防治措施，并对未处置的工业固体废物作出妥善处置，防止污染环境。

产生工业固体废物的单位发生变更的，变更后的单位应当按照国家有关环境保护的规定对未处置的工业固体废物及其贮存、处置的设施、场所进行安全处置或者采取有效措施保证该设施、场所安全运行。变更前当事人对工业固体废物及其贮存、处置的设施、场所的污染防治责任另有约定的，从其约定；但是，不得免除当事人的污染防治义务。

对 2005 年 4 月 1 日前已经终止的单位未处置的工业固体废物及其贮存、处置的设施、场所进行安全处置的费用，由有关人民政府承担；但是，该单位享有的土地使用权依法转让的，应当由土地使用权受让人承担处置费用。当事人另有约定的，从其约定；但是，不得免除当事人的污染防治义务。

第十五条 矿山企业应当采取先进的生产工艺和综合利用设施，减少尾矿、煤矸石、废石等矿业固体废物的产生量和贮存量，并开展资源化利用。尾矿、煤矸石、废石等矿业固体废物贮存设施停止使用后，应当按照国家有关规定、技术规范和标准进行封场。

县级以上人民政府相关部门应当按照各自职责对封场后的矿业固体废物贮存设施进行监督管理。

第三章　生活垃圾

第十六条　本省推行生活垃圾分类制度。县级以上人民政府应当采取符合本地实际的分类方式，加快建立生活垃圾分类投放、分类收集、分类运输、分类处理的垃圾管理系统，统筹安排建设城乡生活垃圾收集、运输、处理设施，提高生活垃圾的综合利用和无害化处置水平，促进生活垃圾收集、处理的产业化发展，实现生活垃圾全分类、全收集、全处置的有效覆盖。鼓励支持各类社会资本参与生活垃圾处理设施建设和运营。

乡（镇）人民政府、街道办事处和村民委员会、居民委员会协助有关部门做好生活垃圾收集处置的组织、宣传、引导等日常管理工作。

第十七条　省、市（州）人民政府环境卫生主管部门应当制定生活垃圾清扫、收集、贮存、运输和处理设施、场所建设运行规范，发布生活垃圾分类指导目录，加强监督管理。

县级以上人民政府有关部门应当科学布局回收分拣网点，促进生活垃圾的回收利用。

第十八条　产生生活垃圾的单位、家庭和个人应当依法履行生活垃圾源头减量和分类投放义务，承担生活垃圾产生者责任。

生活垃圾应当在指定的地点分类投放。投放点和投放容器应当按照投放方便、收运便捷、实用性强的原则设置，生活垃圾分类引导提醒标志应当清晰可见，投放容器容量合理，颜色、标识规范统一。已经分类投放的生活垃圾，应当按照规定分类收集、分类运输、分类处理。

禁止随意倾倒、抛撒、堆放或者焚烧生活垃圾。

第十九条　建设生活垃圾处理处置设施、场所，应当符合国家环境保护和环境卫生标准。

禁止擅自关闭、闲置或者拆除生活垃圾处置设施、场所；确有必要关闭、闲置或者拆除的，应当经所在地市（州）、县（市、区）人民政府环境卫生主管部门商所在地生态环境主管部门同意后核准，并采取措施防止环境污染。

第二十条　生活垃圾处理处置单位应当按照相关规定监测污染物的排放情况，实时公开监测信息，监测设备应当与所在地生态环境主管部门的监控设备联网。生活垃圾卫生填埋场应当做好入场垃圾的检测和分类，分区填埋。鼓励对已填埋的垃圾进行焚烧再处置。

从生活垃圾中回收的物质应当按照国家规定的用途、标准使用，不得用于生产可能危害人体健康的产品。

生态环境主管部门应当按照规定对生活垃圾处置设施周边土壤、地下水、环境空气进行监测；监测结果不符合标准的，应当督促生活垃圾处置设施运营单位及时进行整改。

县级以上人民政府应当按照国家规定建立生活垃圾处理收费制度，依法制定符合本地实际的生活垃圾处理费标准。生活垃圾处理费应当专项用于生活垃圾的收集、运输和处理等，不得挪作他用。

第二十一条　县级以上人民政府环境卫生主管部门负责厨余垃圾资源化、无害化处理工作。厨余垃圾应当按照国家规定收集、运输和处置。

产生、收集厨余垃圾的单位和其他生产经营者，应当将厨余垃圾交由具备相应资质的单位进行无害化处理。厨余垃圾运输应当采用密闭的专用车辆。

禁止畜禽养殖场、养殖小区利用未经无害化处理的厨余垃圾饲喂畜禽。

第二十二条　生活垃圾分类收集的废药品、废杀虫剂和消毒剂及其包装物、废油漆和溶剂及其包装物、废矿物油及其包装物、废胶片及废相纸、废荧光灯管、废含汞温度计、废含汞血压计、废铅蓄电池、废镍镉电池和氧化汞电池以及电子类危险废物等有害垃圾，应当按照国家危险废物的相关规定管理和处置。有害垃圾的范围根据《国家危险废物名录》更新调整。

第二十三条　农村生活垃圾的分类、投放、收集、运输、处理、监督管理，依照法律法规和国家有关规定执行。

第四章　建筑垃圾

第二十四条　县级以上人民政府应当建立建筑垃圾分类处理制度，制定包括源头减量、分类处理、消纳设施、场所布局及建设等在内的建筑垃圾污染环境防治工作规划，推动建筑垃圾综合利用。

第二十五条　县级以上人民政府环境卫生主管部门负责建筑垃圾污染环境防治

工作，建立建筑垃圾全过程管理制度，规范建筑垃圾产生、收集、贮存、运输、利用、处置行为，推进综合利用，加强建筑垃圾处置设施、场所建设，保障处置安全，防止污染环境。

第二十六条　工程施工单位应当编制建筑垃圾处理方案，将建筑垃圾产生时间、地点、种类、数量、处置方式等事项报所在地县级人民政府环境卫生主管部门备案；采取污染防治措施，及时清运施工过程中产生的建筑垃圾等固体废物，并按照规定进行利用或者处置，不得擅自倾倒、抛撒或者堆放工程施工过程中产生的建筑垃圾。

第二十七条　家庭装饰装修过程中产生的建筑垃圾应当与生活垃圾分别收集、定点堆放，并按照有关规定及时清运、利用或者处置。

第五章　农业固体废物

第二十八条　各级人民政府应当完善农业固体废物监管机制体制。

县级以上人民政府农业农村主管部门负责指导农业固体废物回收利用体系建设，加强全过程监督管理。鼓励和引导有关单位和其他生产经营者依法收集、贮存、运输、利用、处置农业固体废物，防止污染环境。

省、市（州）人民政府生态环境主管部门和县级人民政府农业农村、市场监管、工业和信息化主管部门应当按照职责加强化肥、农药、农用薄膜生产流通过程的管理和使用指导，规范处置化肥、农药包装废弃物，做好废旧农膜回收利用的相关工作。

乡（镇）人民政府应当协助相关部门做好农业固体废物污染环境防治工作。

第二十九条　产生废弃农用薄膜和化肥、农药包装废弃物等农业固体废物的单位和其他生产经营者，应当采取回收利用和其他防止污染环境的措施。

鼓励化肥、农药、农用薄膜生产者研究开发先进的生产工艺，减少废弃物排放量，防止对环境造成污染。

鼓励单位和个人设立回收网点，开展农业包装废弃物回收与资源化利用。

农业固体废物应当分类收集，属于危险废物的按照国家危险废物的相关规定管理。

第三十条 从事畜禽养殖的单位和个人应当按照国家规定及时收集、贮存、利用或者处置养殖过程中产生的畜禽粪污等固体废物，避免造成环境污染。

生态环境主管部门应当会同农业农村主管部门规范畜禽养殖禁养区管理，加强畜禽养殖污染防治，将规模以上畜禽养殖场纳入重点污染源管理，推动畜禽养殖场建立畜禽粪污处理台账，记录粪污处理、运输和资源化利用情况，防止粪污偷运偷排，提升畜禽粪污综合利用率。

鼓励社会资本开展畜禽粪污专业化集中处理，达到肥料利用有关要求后，进行还田利用。

第三十一条 产生秸秆的单位和其他生产经营者，应当采取回收利用和其他防止污染环境的措施。

鼓励秸秆肥料化、饲料化、燃料化利用，鼓励秸秆还田和以秸秆为原料的沼气、燃料乙醇、发电、饲料、食用菌等产业发展。

禁止在人口集中地区、机场周围、交通干线附近以及当地人民政府划定的其他区域露天焚烧秸秆。

第六章 危险废物

第三十二条 各级人民政府应当完善危险废物监管体制机制，制定危险废物源头管控措施，促进危险废物利用处置企业规模化发展、专业化运营，按照规划统筹建设辖区危险废物集中处置设施、场所，确保危险废物及时妥善处置。

转移危险废物的应当全程管控、提高效率，依照法律、行政法规和国家有关规定办理相关手续。未经有权机关批准的，不得转移。

第三十三条 产生固体废物的单位应当落实危险废物鉴别的主体责任，依照法律、行政法规及国家有关规定主动开展危险废物鉴别。对不明确是否具有危险特性的固体废物，应当按照国家规定的危险废物鉴别标准和鉴别方法予以认定。对需要开展危险废物鉴别的固体废物，产生固体废物的单位以及其他相关单位可以委托第三方开展危险废物鉴别，也可以自行开展危险废物鉴别。危险废物鉴别单位对鉴别报告内容和鉴别结论负责并承担相应责任。

历史遗存无法查明责任主体的固体废物，由所在地县级人民政府负责鉴别和依法处置。

第三十四条　从事危险废物收集、贮存、利用、处置经营活动的单位，应当按照国家有关规定取得许可证。

禁止无许可证或者未按照许可证规定从事危险废物收集、贮存、利用、处置的经营活动。

禁止将危险废物提供或者委托给无许可证的单位或者其他生产经营者从事收集、贮存、利用、处置活动。

第三十五条　产生危险废物的单位，应当依照法律、法规和国家有关规定及环境保护标准要求收集、贮存、利用、处置、运输危险废物，不得擅自倾倒、堆放。

禁止混合收集、贮存、运输、处置性质不相容而未经安全性处置的危险废物。

禁止将危险废物混入非危险废物中。

禁止将危险废物与旅客在同一运输工具上载运。

从事危险废物经营活动的单位，贮存危险废物不得超过一年，确需延长期限的，应当报经颁发许可证的生态环境主管部门批准；法律、行政法规另有规定的除外。

第三十六条　新建危险废物集中焚烧处置设施的处置能力应当符合国家规定，控制可焚烧减量的危险废物填埋量，适度发展水泥窑协同处置危险废物。使用危险废物综合利用产物应当符合国家规定的用途和标准。

第三十七条　产生危险废物的单位应当按照国家规定制订危险废物管理计划，并依照法定程序进行备案。产生危险废物的单位已经取得排污许可证的，执行排污许可管理制度的规定。

产生危险废物的单位应当建立危险废物管理台账，如实记录有关信息，保存相关环境监测记录，并通过危险废物信息管理系统向所在地生态环境主管部门申报危险废物的种类、产生数量、来源、流向、利用、贮存、处置等有关信息。

危险废物产生和经营单位应当将危险废物管理台账或者经营记录簿保存十年以上，以填埋方式处置危险废物的应当永久保存。

危险废物相关企业依照法律、行政法规和国家有关规定投保环境污染责任保险。

第三十八条　危险废物产生和经营单位终止危险废物收集、贮存、利用、处置等生产活动时，或者危险废物集中处置设施、场所退役前，应当按照国家有关规定对剩余的危险废物妥善处置，对其设施、场所、用地采取污染防治措施；其设施、场所、设备和容器、包装物及其他物品转做他用时，应当作消除污染处理，并将危险废物环境监测记录、管理台账或者经营记录交所在地市（州）人民政府生态环境主管部门存档，按程序向原发证机关申请注销许可证。

危险废物填埋场应当采取封场措施，设置永久标记，并按国家相关标准要求，做好封场后管理工作。县级以上人民政府有关主管部门按照职责对封场后的危险废物填埋场进行监督管理。

第三十九条 县级以上人民政府应当将涉及危险废物突发环境事件应急处置纳入政府应急响应体系，加强危险废物环境应急反应能力建设，为危险废物应急处置提供保障。

产生、收集、贮存、运输、利用、处置危险废物的单位，应当依法制定危险废物污染环境防范措施和应急预案，并向所在地市（州）生态环境主管部门和其他负有固体废物污染环境防治监督管理职责的部门备案，相关责任部门应当对防范措施和应急预案落实情况进行检查。

第四十条 应急管理主管部门和生态环境主管部门以及其他相关部门应当建立废弃危险化学品监管协作和联合执法工作机制，加强废弃危险化学品安全监管，依法打击非法排放、倾倒、收集、贮存、转移、利用、处置危险废物等环境违法犯罪行为。

第四十一条 对涉及危险废物环境违法案件频发、处置能力严重不足并造成环境污染或者恶劣社会影响的地方和单位，应当开展专项督察。

第四十二条 生态环境主管部门应当会同有关部门建立危险废物和医疗废物运输车辆备案制度，完善常备通行路线，实现危险废物和医疗废物运输车辆规范有序、安全便捷通行。根据企业环境信用记录和环境风险可控程度等，简化危险废物跨省转移审批程序。

第四十三条 从事机动车经营、维修、拆解的单位拆解、利用、处置废弃电器电子产品、废弃机动车船等，应当采取污染防治措施，依照法律法规和国家有关规定分类收集、贮存、转移、处置危险废物。

第四十四条 医疗废物按照国家危险废物名录管理。

县级以上人民政府卫生健康、交通运输和省、市（州）人民政府生态环境等主管部门应当在各自职责范围内加强医疗废物监督管理，防止危害公众健康、污染环境。

省人民政府生态环境主管部门应当推进医疗废物产生、收集、贮存、运输、处置等信息互通共享，实现全过程信息化管理。

第四十五条　医疗卫生机构、医疗废物集中处置单位应当依照法律、行政法规和国家有关规定向县级以上人民政府卫生健康、交通运输和省、市（州）人民政府生态环境等主管部门报送医疗废物产生、收集、贮存、运输、处置等信息，并采取有效措施，防止医疗废物流失、泄漏、渗漏、扩散。

医疗卫生机构应当依法分类收集本单位产生的医疗废物，交由医疗废物集中处置单位处置。医疗废物集中处置单位应当合理配备收集、转运设施和车辆，按照国家规定收集、贮存、运输、处置医疗废物。

感染性医疗废物应当按照国家规定收集、贮存、消毒杀菌、运输、处置、留存资料等。

第四十六条　县级以上人民政府应当根据本行政区域内的医疗废物产生情况，统筹建设医疗废物收集、集中处置设施和场所，保证医疗废物集中处置工艺和能力满足需求。

县（市、区）人民政府应当建成医疗废物收集转运处置体系，县级以上城市建成区医疗废物无害化处置率应当达到国家相关规定。

鼓励医疗废物集中处置单位跨行政区域就近收集和集中处置医疗废物。

第四十七条　医疗废物集中处置单位应当按照国家规定在处置设施上安装在线监测装置或者监控装置，并保证其正常运行。医疗废物处置过程中产生的残余物、飞灰、废活性炭等固体废物，依照法律、行政法规和国家有关规定管理。

第四十八条　重大传染病疫情等突发事件发生时，县级以上人民政府应当统筹协调医疗废物等危险废物收集、贮存、运输、处置等工作，保障所需的车辆、场地、处置设施和防护物资。卫生健康、生态环境、环境卫生、交通运输等主管部门应当协同配合，依法履行应急处置职责。

相邻市（州）、县（市、区）应当建立医疗废物应急协同集中处置合作机制，确保应急和重大疫情状态下的医疗废物及时安全处置。

第四十九条 生态环境主管部门应当加强危险废物和医疗废物产生、收集、贮存、运输、利用、处置相关人员法律法规和专业知识的培训。

危险废物经营许可证持证单位应当对本单位从事相关工作的人员进行培训。

第七章 其他固体废物

第五十条 县级以上人民政府应当将废弃电器电子产品回收处理基础设施建设纳入国土空间规划，引导电子废物回收处理企业向工业产业园区聚集。加强宣传引导，提高公民电子废物回收处理和环境污染防治意识。

电子废物回收、利用、处理和监督管理依照法律、行政法规和国家有关规定执行。

第五十一条 落实国家电器电子、铅蓄电池、车用动力电池等产品的生产者责任延伸制度。

电器电子、铅蓄电池、车用动力电池等产品的生产者应当按照规定以自建或者委托等方式建立与产品销售量相匹配的废旧产品回收体系，向社会公开回收渠道和相关信息，实现废旧产品有效回收和利用。

禁止将废弃机动车船等交由不符合规定条件的企业或者个人回收、拆解。

第五十二条 县级以上人民政府城镇排水主管部门和省、市（州）人民政府生态环境主管部门应当加强对污泥产生、处理的监督管理。

污泥产生单位、污泥处理单位应当建立台账，按照有关规定如实记录污泥产生的数量、成分、流向，以及污泥处理的数量、方式、去向、利用等信息，并报告城镇排水主管部门、生态环境主管部门。

鼓励开展污泥资源化利用。

禁止擅自倾倒、堆放、丢弃、遗撒城镇污水处理设施产生的污泥和处理后的污泥。

禁止重金属或者其他有毒有害物质含量超标的污泥进入农用地。

从事水体清淤疏浚应当按照国家有关规定处理清淤疏浚过程中产生的底泥，防止污染环境。

第五十三条 县级以上人民政府应当加强对限制商品过度包装工作的统一领

导，积极引导企业节约资源、保护环境，倡导合理消费。

生产经营者应当遵守国家限制商品过度包装的强制性标准，避免过度包装。县级以上人民政府市场监督管理部门和有关部门应当按照各自职责，加强对过度包装的监督管理。

生产、销售、进口依法被列入强制回收目录的产品和包装物的企业，应当按照国家有关规定对该产品和包装物进行回收。

电子商务、快递、外卖等行业应当优先采用可重复使用、易回收利用的包装物，优化物品包装，减少包装物的使用，并积极回收利用包装物。县级以上人民政府商务、邮政等主管部门应当加强监督管理。

鼓励和引导消费者使用绿色包装和减量包装。

鼓励商品包装减量化，降低包装成本，在国家规定允许的范围内利用可循环、可再生、可回收的包装材料。

第五十四条 禁止、限制生产、销售和使用不可降解塑料袋等一次性塑料制品。

商品零售场所开办单位、电子商务平台企业和快递企业、外卖企业应当按照国家有关规定向商务、邮政等主管部门报告塑料袋等一次性塑料制品的使用、回收情况。

鼓励和引导减少使用、积极回收塑料袋等一次性塑料制品，推广应用可循环、易回收、可降解的替代产品。

第五十五条 各级各类实验室及其设立单位应当依法加强对实验室产生的固体废物的管理，依法收集、贮存、运输、利用、处置实验室固体废物。实验室固体废物属于危险废物的，应当按照危险废物管理。

第八章 监督管理与保障措施

第五十六条 省人民政府生态环境主管部门应当会同有关部门建立和完善全省固体废物污染环境防治信息化平台，部门之间应当实现数据对接和信息共享，推进固体废物产生、收集、贮存、转移、利用、处置等全过程监控和信息化追溯。

工业固体废物跨省转移贮存、利用、处置的相关信息应当纳入全省固体废物污染环境防治信息化平台。

危险废物的产生、管理、转移以及危险废物经营单位经营情况等信息，应当纳入全省固体废物污染环境防治信息化平台。

鼓励有条件的危险废物产生、经营、监管单位使用视频监控、电子标签等集成智能监控手段，实现对危险废物信息化管理，并与相关部门实现信息互通共享。

第五十七条 市（州）人民政府生态环境主管部门应当会同住房和城乡建设、农业农村、卫生健康等主管部门，定期向社会发布固体废物的种类、产生量、处置能力、利用处置状况等信息。

产生、收集、贮存、运输、利用、处置固体废物的单位，应当依法及时公开固体废物污染环境防治信息，主动接受社会监督。

利用、处置固体废物的单位，应当依法向公众开放设施、场所，提高公众环境保护意识和参与程度。

第五十八条 产生、收集、贮存、运输、利用、处置固体废物的单位和其他生产经营者，应当采取防扬散、防流失、防渗漏或者其他防止污染环境的措施，不得擅自倾倒、堆放、丢弃、遗撒固体废物。

禁止任何单位或者个人向江河、湖泊、渠道、水库及其最高水位线以下的滩地和岸坡以及法律法规规定的其他地点倾倒、堆放、贮存固体废物。

第五十九条 在生态保护红线区域、永久基本农田集中区域和其他需要特别保护的区域内，禁止建设工业固体废物、危险废物集中贮存、利用、处置的设施、场所和生活垃圾填埋场。

第六十条 市（州）人民政府生态环境主管部门应当会同相关部门，在每年6月5日（世界环境日）前向社会发布上一年度本辖区固体废物的种类、产生量以及贮存、利用、处置方式、数量、能力等信息。

第六十一条 产生、收集、贮存、利用、处置固体废物的单位终止活动或者搬迁前，应当依照《中华人民共和国土壤污染防治法》有关规定对其所使用土地开展土壤污染状况调查。对土壤及地下水造成污染的，应当依法进行风险管控和修复。相关信息应当主动向社会公布，接受社会监督。

第六十二条 县级以上人民政府应当将工业固体废物、生活垃圾、危险废物等固体废物污染环境防治情况纳入环境状况和环境保护目标完成情况年度报告，向本级人民代表大会或者其常务委员会报告，依法接受监督。

第六十三条　县级以上人民政府应当建立与环境污染管控、环境风险防控相匹配的固体废物监管体系，加强固体废物监管能力与应急处置技术支撑能力建设，强化生态环境保护综合执法队伍和能力建设，提高固体废物环境监管和风险防控能力。

第九章　法律责任

第六十四条　生态环境主管部门和有关部门的工作人员在固体废物污染环境防治工作中滥用职权、玩忽职守、徇私舞弊的，由所在单位或者上级行政主管机关对直接负责的主管人员和其他直接责任人员依法给予处分；构成犯罪的，依法追究刑事责任。

第六十五条　法律、行政法规对固体废物污染环境防治违法行为已有处罚规定的，依照其规定执行。

第十章　附　则

第六十六条　本条例自 2022 年 1 月 1 日起施行。

最高人民法院　最高人民检察院
关于办理环境污染刑事案件适用法律若干问题的解释

（2023 年 3 月 27 日最高人民法院审判委员会第 1882 次会议、2023 年 7 月 27 日最高人民检察院第十四届检察委员会第十次会议通过，自 2023 年 8 月 15 日起施行）

为依法惩治环境污染犯罪，根据《中华人民共和国刑法》《中华人民共和国刑事诉讼法》《中华人民共和国环境保护法》等法律的有关规定，现就办理此类刑事案件适用法律的若干问题解释如下：

第一条　实施刑法第三百三十八条规定的行为，具有下列情形之一的，应当认定为“严重污染环境”：

（一）在饮用水水源保护区、自然保护地核心保护区等依法确定的重点保护区域排放、倾倒、处置有放射性的废物、含传染病病原体的废物、有毒物质的；

（二）非法排放、倾倒、处置危险废物三吨以上的；

（三）排放、倾倒、处置含铅、汞、镉、铬、砷、铊、锑的污染物，超过国家或者地方污染物排放标准三倍以上的；

（四）排放、倾倒、处置含镍、铜、锌、银、钒、锰、钴的污染物，超过国家或者地方污染物排放标准十倍以上的；

（五）通过暗管、渗井、渗坑、裂隙、溶洞、灌注、非紧急情况下开启大气应急排放通道等逃避监管的方式排放、倾倒、处置有放射性的废物、含传染病病原体的废物、有毒物质的；

（六）二年内曾因在重污染天气预警期间，违反国家规定，超标排放二氧化硫、氮氧化物等实行排放总量控制的大气污染物受过二次以上行政处罚，又实施此类行为的；

（七）重点排污单位、实行排污许可重点管理的单位篡改、伪造自动监测数据或者干扰自动监测设施，排放化学需氧量、氨氮、二氧化硫、氮氧化物等污染物的；

（八）二年内曾因违反国家规定，排放、倾倒、处置有放射性的废物、含传染病病原体的废物、有毒物质受过二次以上行政处罚，又实施此类行为的；

（九）违法所得或者致使公私财产损失三十万元以上的；

（十）致使乡镇集中式饮用水水源取水中断十二小时以上的；

（十一）其他严重污染环境的情形。

第二条 实施刑法第三百三十八条规定的行为，具有下列情形之一的，应当认定为“情节严重”：

（一）在饮用水水源保护区、自然保护地核心保护区等依法确定的重点保护区域排放、倾倒、处置有放射性的废物、含传染病病原体的废物、有毒物质，造成相关区域的生态功能退化或者野生生物资源严重破坏的；

（二）向国家确定的重要江河、湖泊水域排放、倾倒、处置有放射性的废物、含传染病病原体的废物、有毒物质，造成相关水域的生态功能退化或者水生生物资源严重破坏的；

（三）非法排放、倾倒、处置危险废物一百吨以上的；

（四）违法所得或者致使公私财产损失一百万元以上的；

（五）致使县级城区集中式饮用水水源取水中断十二小时以上的；

（六）致使永久基本农田、公益林地十亩以上，其他农用地二十亩以上，其他土地五十亩以上基本功能丧失或者遭受永久性破坏的；

（七）致使森林或者其他林木死亡五十立方米以上，或者幼树死亡二千五百株以上的；

（八）致使疏散、转移群众五千人以上的；

（九）致使三十人以上中毒的；

（十）致使一人以上重伤、严重疾病或者三人以上轻伤的；

（十一）其他情节严重的情形。

第三条 实施刑法第三百三十八条规定的行为，具有下列情形之一的，应当处七年以上有期徒刑，并处罚金：

（一）在饮用水水源保护区、自然保护地核心保护区等依法确定的重点保护区域排放、倾倒、处置有放射性的废物、含传染病病原体的废物、有毒物质，具有下列情形之一的：

1. 致使设区的市级城区集中式饮用水水源取水中断十二小时以上的；

2. 造成自然保护地主要保护的生态系统严重退化，或者主要保护的自然景观损毁的；

3. 造成国家重点保护的野生动植物资源或者国家重点保护物种栖息地、生长环境严重破坏的；

4. 其他情节特别严重的情形。

（二）向国家确定的重要江河、湖泊水域排放、倾倒、处置有放射性的废物、含传染病病原体的废物、有毒物质，具有下列情形之一的：

1. 造成国家确定的重要江河、湖泊水域生态系统严重退化的；

2. 造成国家重点保护的野生动植物资源严重破坏的；

3. 其他情节特别严重的情形。

（三）致使永久基本农田五十亩以上基本功能丧失或者遭受永久性破坏的；

（四）致使三人以上重伤、严重疾病，或者一人以上严重残疾、死亡的。

第四条　实施刑法第三百三十九条第一款规定的行为，具有下列情形之一的，应当认定为“致使公私财产遭受重大损失或者严重危害人体健康”：

（一）致使公私财产损失一百万元以上的；

（二）具有本解释第二条第五项至第十项规定情形之一的；

（三）其他致使公私财产遭受重大损失或者严重危害人体健康的情形。

第五条　实施刑法第三百三十八条、第三百三十九条规定的犯罪行为，具有下列情形之一的，应当从重处罚：

（一）阻挠环境监督检查或者突发环境事件调查，尚不构成妨害公务等犯罪的；

（二）在医院、学校、居民区等人口集中地区及其附近，违反国家规定排放、倾倒、处置有放射性的废物、含传染病病原体的废物、有毒物质或者其他有害物质的；

（三）在突发环境事件处置期间或者被责令限期整改期间，违反国家规定排放、倾倒、处置有放射性的废物、含传染病病原体的废物、有毒物质或者其他有害物质的；

（四）具有危险废物经营许可证的企业违反国家规定排放、倾倒、处置有放射性的废物、含传染病病原体的废物、有毒物质或者其他有害物质的；

（五）实行排污许可重点管理的企业事业单位和其他生产经营者未依法取得排污许可证，排放、倾倒、处置有放射性的废物、含传染病病原体的废物、有毒物质或者其他有害物质的。

第六条 实施刑法第三百三十八条规定的行为，行为人认罪认罚，积极修复生态环境，有效合规整改的，可以从宽处罚；犯罪情节轻微的，可以不起诉或者免予刑事处罚；情节显著轻微危害不大的，不作为犯罪处理。

第七条 无危险废物经营许可证从事收集、贮存、利用、处置危险废物经营活动，严重污染环境的，按照污染环境罪定罪处罚；同时构成非法经营罪的，依照处罚较重的规定定罪处罚。

实施前款规定的行为，不具有超标排放污染物、非法倾倒污染物或者其他违法造成环境污染的情形的，可以认定为非法经营情节显著轻微危害不大，不认为是犯罪；构成生产、销售伪劣产品等其他犯罪的，以其他犯罪论处。

第八条 明知他人无危险废物经营许可证，向其提供或者委托其收集、贮存、利用、处置危险废物，严重污染环境的，以共同犯罪论处。

第九条 违反国家规定，排放、倾倒、处置含有毒害性、放射性、传染病病原体等物质的污染物，同时构成污染环境罪、非法处置进口的固体废物罪、投放危险物质罪等犯罪的，依照处罚较重的规定定罪处罚。

第十条 承担环境影响评价、环境监测、温室气体排放检验检测、排放报告编制或者核查等职责的中介组织的人员故意提供虚假证明文件，具有下列情形之一的，应当认定为刑法第二百二十九条第一款规定的“情节严重”：

（一）违法所得三十万元以上的；

（二）二年内曾因提供虚假证明文件受过二次以上行政处罚，又提供虚假证明文件的；

（三）其他情节严重的情形。

实施前款规定的行为，在涉及公共安全的重大工程、项目中提供虚假的环境影响评价等证明文件，致使公共财产、国家和人民利益遭受特别重大损失的，应当依照刑法第二百二十九条第一款的规定，处五年以上十年以下有期徒刑，并处罚金。

实施前两款规定的行为，同时索取他人财物或者非法收受他人财物构成犯罪的，依照处罚较重的规定定罪处罚。

第十一条 违反国家规定，针对环境质量监测系统实施下列行为，或者强令、指使、授意他人实施下列行为，后果严重的，应当依照刑法第二百八十六条的规定，以破坏计算机信息系统罪定罪处罚：

（一）修改系统参数或者系统中存储、处理、传输的监测数据的；

（二）干扰系统采样，致使监测数据因系统不能正常运行而严重失真的；

（三）其他破坏环境质量监测系统的行为。

重点排污单位、实行排污许可重点管理的单位篡改、伪造自动监测数据或者干扰自动监测设施，排放化学需氧量、氨氮、二氧化硫、氮氧化物等污染物，同时构成污染环境罪和破坏计算机信息系统罪的，依照处罚较重的规定定罪处罚。

从事环境监测设施维护、运营的人员实施或者参与实施篡改、伪造自动监测数据、干扰自动监测设施、破坏环境质量监测系统等行为的，依法从重处罚。

第十二条 对于实施本解释规定的相关行为被不起诉或者免予刑事处罚的行为人，需要给予行政处罚、政务处分或者其他处分的，依法移送有关主管机关处理。有关主管机关应当将处理结果及时通知人民检察院、人民法院。

第十三条 单位实施本解释规定的犯罪的，依照本解释规定的定罪量刑标准，对直接负责的主管人员和其他直接责任人员定罪处罚，并对单位判处罚金。

第十四条 环境保护主管部门及其所属监测机构在行政执法过程中收集的监测数据，在刑事诉讼中可以作为证据使用。

公安机关单独或者会同环境保护主管部门，提取污染物样品进行检测获取的数据，在刑事诉讼中可以作为证据使用。

第十五条 对国家危险废物名录所列的废物，可以依据涉案物质的来源、产生过程、被告人供述、证人证言以及经批准或者备案的环境影响评价文件、排污许可证、排污登记表等证据，结合环境保护主管部门、公安机关等出具的书面意见作出认定。

对于危险废物的数量，依据案件事实，综合被告人供述，涉案企业的生产工艺、物耗、能耗情况，以及经批准或者备案的环境影响评价文件等证据作出认定。

第十六条　对案件所涉的环境污染专门性问题难以确定的，依据鉴定机构出具的鉴定意见，或者国务院环境保护主管部门、公安部门指定的机构出具的报告，结合其他证据作出认定。

第十七条　下列物质应当认定为刑法第三百三十八条规定的“有毒物质”：

（一）危险废物，是指列入国家危险废物名录，或者根据国家规定的危险废物鉴别标准和鉴别方法认定的，具有危险特性的固体废物；

（二）《关于持久性有机污染物的斯德哥尔摩公约》附件所列物质；

（三）重金属含量超过国家或者地方污染物排放标准的污染物；

（四）其他具有毒性，可能污染环境的物质。

第十八条　无危险废物经营许可证，以营利为目的，从危险废物中提取物质作为原材料或者燃料，并具有超标排放污染物、非法倾倒污染物或者其他违法造成环境污染的情形的行为，应当认定为“非法处置危险废物”。

第十九条　本解释所称“二年内”，以第一次违法行为受到行政处罚的生效之日与又实施相应行为之日的时间间隔计算确定。

本解释所称“重点排污单位”，是指设区的市级以上人民政府环境保护主管部门依法确定的应当安装、使用污染物排放自动监测设备的重点监控企业及其他单位。

本解释所称“违法所得”，是指实施刑法第二百二十九条、第三百三十八条、第三百三十九条规定的行为所得和可得的全部违法收入。

本解释所称“公私财产损失”，包括实施刑法第三百三十八条、第三百三十九条规定的行为直接造成财产损毁、减少的实际价值，为防止污染扩大、消除污染而采取必要合理措施所产生的费用，以及处置突发环境事件的应急监测费用。

本解释所称“无危险废物经营许可证”，是指未取得危险废物经营许可证，或者超出危险废物经营许可证的经营范围。

第二十条　本解释自2023年8月15日起施行。本解释施行后，《最高人民法院、最高人民检察院关于办理环境污染刑事案件适用法律若干问题的解释》（法释〔2016〕29号）同时废止；之前发布的司法解释与本解释不一致的，以本解释为准。

最高人民法院关于审理环境民事公益诉讼案件适用法律若干问题的解释

（2014年12月8日最高人民法院审判委员会第1631次会议通过，自2015年1月7日起施行）

为正确审理环境民事公益诉讼案件，根据《中华人民共和国民事诉讼法》《中华人民共和国侵权责任法》《中华人民共和国环境保护法》等法律的规定，结合审判实践，制定本解释。

第一条　法律规定的机关和有关组织依据民事诉讼法第五十五条、环境保护法第五十八条等法律的规定，对已经损害社会公共利益或者具有损害社会公共利益重大风险的污染环境、破坏生态的行为提起诉讼，符合民事诉讼法第一百一十九条第二项、第三项、第四项规定的，人民法院应予受理。

第二条　依照法律、法规的规定，在设区的市级以上人民政府民政部门登记的社会团体、民办非企业单位以及基金会等，可以认定为环境保护法第五十八条规定的社会组织。

第三条　设区的市，自治州、盟、地区，不设区的地级市，直辖市的区以上人民政府民政部门，可以认定为环境保护法第五十八条规定的“设区的市级以上人民政府民政部门”。

第四条　社会组织章程确定的宗旨和主要业务范围是维护社会公共利益，且从事环境保护公益活动的，可以认定为环境保护法第五十八条规定的“专门从事环境保护公益活动”。

社会组织提起的诉讼所涉及的社会公共利益，应与其宗旨和业务范围具有关联性。

第五条　社会组织在提起诉讼前五年内未因从事业务活动违反法律、法规的规定受过行政、刑事处罚的，可以认定为环境保护法第五十八条规定的“无违法记录”。

第六条 第一审环境民事公益诉讼案件由污染环境、破坏生态行为发生地、损害结果地或者被告住所地的中级以上人民法院管辖。

中级人民法院认为确有必要的，可以在报请高级人民法院批准后，裁定将本院管辖的第一审环境民事公益诉讼案件交由基层人民法院审理。

同一原告或者不同原告对同一污染环境、破坏生态行为分别向两个以上有管辖权的人民法院提起环境民事公益诉讼的，由最先立案的人民法院管辖，必要时由共同上级人民法院指定管辖。

第七条 经最高人民法院批准，高级人民法院可以根据本辖区环境和生态保护的实际情况，在辖区内确定部分中级人民法院受理第一审环境民事公益诉讼案件。

中级人民法院管辖环境民事公益诉讼案件的区域由高级人民法院确定。

第八条 提起环境民事公益诉讼应当提交下列材料：

（一）符合民事诉讼法第一百二十一条规定的起诉状，并按照被告人数提出副本；

（二）被告的行为已经损害社会公共利益或者具有损害社会公共利益重大风险的初步证明材料；

（三）社会组织提起诉讼的，应当提交社会组织登记证书、章程、起诉前连续五年的年度工作报告书或者年检报告书，以及由其法定代表人或者负责人签字并加盖公章的无违法记录的声明。

第九条 人民法院认为原告提出的诉讼请求不足以保护社会公共利益的，可以向其释明变更或者增加停止侵害、恢复原状等诉讼请求。

第十条 人民法院受理环境民事公益诉讼后，应当在立案之日起五日内将起诉状副本发送被告，并公告案件受理情况。

有权提起诉讼的其他机关和社会组织在公告之日起三十日内申请参加诉讼，经审查符合法定条件的，人民法院应当将其列为共同原告；逾期申请的，不予准许。

公民、法人和其他组织以人身、财产受到损害为由申请参加诉讼的，告知其另行起诉。

第十一条 检察机关、负有环境保护监督管理职责的部门及其他机关、社会组织、企业事业单位依据民事诉讼法第十五条的规定，可以通过提供法律咨询、提交书面意见、协助调查取证等方式支持社会组织依法提起环境民事公益诉讼。

第十二条　人民法院受理环境民事公益诉讼后，应当在十日内告知对被告行为负有环境保护监督管理职责的部门。

第十三条　原告请求被告提供其排放的主要污染物名称、排放方式、排放浓度和总量、超标排放情况以及防治污染设施的建设和运行情况等环境信息，法律、法规、规章规定被告应当持有或者有证据证明被告持有而拒不提供，如果原告主张相关事实不利于被告的，人民法院可以推定该主张成立。

第十四条　对于审理环境民事公益诉讼案件需要的证据，人民法院认为必要的，应当调查收集。

对于应当由原告承担举证责任且为维护社会公共利益所必要的专门性问题，人民法院可以委托具备资格的鉴定人进行鉴定。

第十五条　当事人申请通知有专门知识的人出庭，就鉴定人作出的鉴定意见或者就因果关系、生态环境修复方式、生态环境修复费用以及生态环境受到损害至恢复原状期间服务功能的损失等专门性问题提出意见的，人民法院可以准许。

前款规定的专家意见经质证，可以作为认定事实的根据。

第十六条　原告在诉讼过程中承认的对己方不利的事实和认可的证据，人民法院认为损害社会公共利益的，应当不予确认。

第十七条　环境民事公益诉讼案件审理过程中，被告以反诉方式提出诉讼请求的，人民法院不予受理。

第十八条　对污染环境、破坏生态，已经损害社会公共利益或者具有损害社会公共利益重大风险的行为，原告可以请求被告承担停止侵害、排除妨碍、消除危险、恢复原状、赔偿损失、赔礼道歉等民事责任。

第十九条　原告为防止生态环境损害的发生和扩大，请求被告停止侵害、排除妨碍、消除危险的，人民法院可以依法予以支持。

原告为停止侵害、排除妨碍、消除危险采取合理预防、处置措施而发生的费用，请求被告承担的，人民法院可以依法予以支持。

第二十条　原告请求恢复原状的，人民法院可以依法判决被告将生态环境修复到损害发生之前的状态和功能。无法完全修复的，可以准许采用替代性修复方式。

人民法院可以在判决被告修复生态环境的同时，确定被告不履行修复义务时应承担的生态环境修复费用；也可以直接判决被告承担生态环境修复费用。

生态环境修复费用包括制定、实施修复方案的费用和监测、监管等费用。

第二十一条　原告请求被告赔偿生态环境受到损害至恢复原状期间服务功能损失的，人民法院可以依法予以支持。

第二十二条　原告请求被告承担检验、鉴定费用，合理的律师费以及为诉讼支出的其他合理费用的，人民法院可以依法予以支持。

第二十三条　生态环境修复费用难以确定或者确定具体数额所需鉴定费用明显过高的，人民法院可以结合污染环境、破坏生态的范围和程度、生态环境的稀缺性、生态环境恢复的难易程度、防治污染设备的运行成本、被告因侵害行为所获得的利益以及过错程度等因素，并可以参考负有环境保护监督管理职责的部门的意见、专家意见等，予以合理确定。

第二十四条　人民法院判决被告承担的生态环境修复费用、生态环境受到损害至恢复原状期间服务功能损失等款项，应当用于修复被损害的生态环境。

其他环境民事公益诉讼中败诉原告所需承担的调查取证、专家咨询、检验、鉴定等必要费用，可以酌情从上述款项中支付。

第二十五条　环境民事公益诉讼当事人达成调解协议或者自行达成和解协议后，人民法院应当将协议内容公告，公告期间不少于三十日。

公告期满后，人民法院审查认为调解协议或者和解协议的内容不损害社会公共利益的，应当出具调解书。当事人以达成和解协议为由申请撤诉的，不予准许。

调解书应当写明诉讼请求、案件的基本事实和协议内容，并应当公开。

第二十六条　负有环境保护监督管理职责的部门依法履行监管职责而使原告诉讼请求全部实现，原告申请撤诉的，人民法院应予准许。

第二十七条　法庭辩论终结后，原告申请撤诉的，人民法院不予准许，但本解释第二十六条规定的情形除外。

第二十八条　环境民事公益诉讼案件的裁判生效后，有权提起诉讼的其他机关和社会组织就同一污染环境、破坏生态行为另行起诉，有下列情形之一的，人民法院应予受理：

（一）前案原告的起诉被裁定驳回的；

（二）前案原告申请撤诉被裁定准许的，但本解释第二十六条规定的情形除外。

环境民事公益诉讼案件的裁判生效后，有证据证明存在前案审理时未发现的损害，有权提起诉讼的机关和社会组织另行起诉的，人民法院应予受理。

第二十九条 法律规定的机关和社会组织提起环境民事公益诉讼的，不影响因同一污染环境、破坏生态行为受到人身、财产损害的公民、法人和其他组织依据民事诉讼法第一百一十九条的规定提起诉讼。

第三十条 已为环境民事公益诉讼生效裁判认定的事实，因同一污染环境、破坏生态行为依据民事诉讼法第一百一十九条规定提起诉讼的原告、被告均无需举证证明，但原告对该事实有异议并有相反证据足以推翻的除外。

对于环境民事公益诉讼生效裁判就被告是否存在法律规定的不承担责任或者减轻责任的情形、行为与损害之间是否存在因果关系、被告承担责任的大小等所作的认定，因同一污染环境、破坏生态行为依据民事诉讼法第一百一十九条规定提起诉讼的原告主张适用的，人民法院应予支持，但被告有相反证据足以推翻的除外。被告主张直接适用对其有利的认定的，人民法院不予支持，被告仍应举证证明。

第三十一条 被告因污染环境、破坏生态在环境民事公益诉讼和其他民事诉讼中均承担责任，其财产不足以履行全部义务的，应当先履行其他民事诉讼生效裁判所确定的义务，但法律另有规定的除外。

第三十二条 发生法律效力的环境民事公益诉讼案件的裁判，需要采取强制执行措施的，应当移送执行。

第三十三条 原告交纳诉讼费用确有困难，依法申请缓交的，人民法院应予准许。

败诉或者部分败诉的原告申请减交或者免交诉讼费用的，人民法院应当依照《诉讼费用交纳办法》的规定，视原告的经济状况和案件的审理情况决定是否准许。

第三十四条 社会组织有通过诉讼违法收受财物等牟取经济利益行为的，人民法院可以根据情节轻重依法收缴其非法所得、予以罚款；涉嫌犯罪的，依法移送有关机关处理。

社会组织通过诉讼牟取经济利益的，人民法院应当向登记管理机关或者有关机关发送司法建议，由其依法处理。

第三十五条 本解释施行前最高人民法院发布的司法解释和规范性文件，与本解释不一致的，以本解释为准。

中共中央　国务院关于深入打好污染防治攻坚战的意见

（2021年11月2日）

良好生态环境是实现中华民族永续发展的内在要求，是增进民生福祉的优先领域，是建设美丽中国的重要基础。党的十八大以来，以习近平同志为核心的党中央全面加强对生态文明建设和生态环境保护的领导，开展了一系列根本性、开创性、长远性工作，推动污染防治的措施之实、力度之大、成效之显著前所未有，污染防治攻坚战阶段性目标任务圆满完成，生态环境明显改善，人民群众获得感显著增强，厚植了全面建成小康社会的绿色底色和质量成色。同时应该看到，我国生态环境保护结构性、根源性、趋势性压力总体上尚未根本缓解，重点区域、重点行业污染问题仍然突出，实现碳达峰、碳中和任务艰巨，生态环境保护任重道远。为进一步加强生态环境保护，深入打好污染防治攻坚战，现提出如下意见。

一、总体要求

（一）指导思想

习近平新时代中国特色社会主义思想为指导，全面贯彻党的十九大和十九届二中、三中、四中、五中全会精神，深入贯彻习近平生态文明思想，坚持以人民为中心的发展思想，立足新发展阶段，完整、准确、全面贯彻新发展理念，构建新发展格局，以实现减污降碳协同增效为总抓手，以改善生态环境质量为核心，以精准治污、科学治污、依法治污为工作方针，统筹污染治理、生态保护、应对气候变化，保持力度、延伸深度、拓宽广度，以更高标准打好蓝天、碧水、净土保卫战，以高水平保护推动高质量发展、创造高品质生活，努力建设人与自然和谐共生的美丽中国。

（二）工作原则

——坚持方向不变、力度不减。保持战略定力，坚定不移走生态优先、绿色发展之路，巩固拓展“十三五”时期污染防治攻坚成果，继续打好一批标志性战役，接续攻坚、久久为功。

——坚持问题导向、环保为民。把人民群众反映强烈的突出生态环境问题摆上重要议事日程，不断加以解决，增强广大人民群众的获得感、幸福感、安全感，以生态环境保护实际成效取信于民。

——坚持精准科学、依法治污。遵循客观规律，抓住主要矛盾和矛盾的主要方面，因地制宜、科学施策，落实最严格制度，加强全过程监管，提高污染治理的针对性、科学性、有效性。

——坚持系统观念、协同增效。推进山水林田湖草沙一体化保护和修复，强化多污染物协同控制和区域协同治理，注重综合治理、系统治理、源头治理，保障国家重大战略实施。

——坚持改革引领、创新驱动。深入推进生态文明体制改革，完善生态环境保护领导体制和工作机制，加大技术、政策、管理创新力度，加快构建现代环境治理体系。

（三）主要目标

到 2025 年，生态环境持续改善，主要污染物排放总量持续下降，单位国内生产总值二氧化碳排放比 2020 年下降 18%，地级及以上城市细颗粒物（$PM_{2.5}$）浓度下降 10%，空气质量优良天数比率达到 87.5%，地表水Ⅰ～Ⅲ类水体比例达到 85%，近岸海域水质优良（一、二类）比例达到 79% 左右，重污染天气、城市黑臭水体基本消除，土壤污染风险得到有效管控，固体废物和新污染物治理能力明显增强，生态系统质量和稳定性持续提升，生态环境治理体系更加完善，生态文明建设实现新进步。

到 2035 年，广泛形成绿色生产生活方式，碳排放达峰后稳中有降，生态环境根本好转，美丽中国建设目标基本实现。

二、加快推动绿色低碳发展

（四）深入推进碳达峰行动

处理好减污降碳和能源安全、产业链供应链安全、粮食安全、群众正常生活的关系，落实 2030 年应对气候变化国家自主贡献目标，以能源、工业、城乡建设、交通运输等领域和钢铁、有色金属、建材、石化化工等行业为重点，深入开展碳达峰行动。在国家统一规划的前提下，支持有条件的地方和重点行业、重点企业率先达峰。统筹建立二氧化碳排放总量控制制度。建设完善全国碳排放权交易市场，有序扩大覆盖范围，丰富交易品种和交易方式，并纳入全国统一公共资源交易平台。加强甲烷等非二氧化碳温室气体排放管控。制定国家适应气候变化战略2035。大力推进低碳和适应气候变化试点工作。健全排放源统计调查、核算核查、监管制度，将温室气体管控纳入环评管理。

（五）聚焦国家重大战略打造绿色发展高地

强化京津冀协同发展生态环境联建联防联治，打造雄安新区绿色高质量发展“样板之城”。积极推动长江经济带成为我国生态优先绿色发展主战场，深化长三角地区生态环境共保联治。扎实推动黄河流域生态保护和高质量发展。加快建设美丽粤港澳大湾区。加强海南自由贸易港生态环境保护和建设。

（六）推动能源清洁低碳转型

在保障能源安全的前提下，加快煤炭减量步伐，实施可再生能源替代行动。“十四五”时期，严控煤炭消费增长，非化石能源消费比重提高到20%左右，京津冀及周边地区、长三角地区煤炭消费量分别下降10%、5%左右，汾渭平原煤炭消费量实现负增长。原则上不再新增自备燃煤机组，支持自备燃煤机组实施清洁能源替代，鼓励自备电厂转为公用电厂。坚持“增气减煤”同步，新增天然气优先保障居民生活和清洁取暖需求。提高电能占终端能源消费比重。重点区域的平原地区散煤基本清零。有序扩大清洁取暖试点城市范围，稳步提升北方地区清洁取暖水平。

（七）坚决遏制高耗能高排放项目盲目发展

严把高耗能高排放项目准入关口，严格落实污染物排放区域削减要求，对不符合规定的项目坚决停批停建。依法依规淘汰落后产能和化解过剩产能。推动高炉—转炉长流程炼钢转型为电炉短流程炼钢。重点区域严禁新增钢铁、焦化、水泥熟料、平板玻璃、电解铝、氧化铝、煤化工产能，合理控制煤制油气产能规模，严控新增炼油产能。

（八）推进清洁生产和能源资源节约高效利用

引导重点行业深入实施清洁生产改造，依法开展自愿性清洁生产评价认证。大力推行绿色制造，构建资源循环利用体系。推动煤炭等化石能源清洁高效利用。加强重点领域节能，提高能源使用效率。实施国家节水行动，强化农业节水增效、工业节水减排、城镇节水降损。推进污水资源化利用和海水淡化规模化利用。

（九）加强生态环境分区管控

衔接国土空间规划分区和用途管制要求，将生态保护红线、环境质量底线、资源利用上线的硬约束落实到环境管控单元，建立差别化的生态环境准入清单，加强“三线一单”成果在政策制定、环境准入、园区管理、执法监管等方面的应用。健全以环评制度为主体的源头预防体系，严格规划环评审查和项目环评准入，开展重大经济技术政策的生态环境影响分析和重大生态环境政策的社会经济影响评估。

（十）加快形成绿色低碳生活方式

把生态文明教育纳入国民教育体系，增强全民节约意识、环保意识、生态意识。因地制宜推行垃圾分类制度，加快快递包装绿色转型，加强塑料污染全链条防治。深入开展绿色生活创建行动。建立绿色消费激励机制，推进绿色产品认证、标识体系建设，营造绿色低碳生活新时尚。

三、深入打好蓝天保卫战

（十一）着力打好重污染天气消除攻坚战

聚焦秋冬季细颗粒物污染，加大重点区域、重点行业结构调整和污染治理力度。京津冀及周边地区、汾渭平原持续开展秋冬季大气污染综合治理专项行动。东北地区加强秸秆禁烧管控和采暖燃煤污染治理。天山北坡城市群加强兵地协作，钢铁、有色金属、化工等行业参照重点区域执行重污染天气应急减排措施。科学调整大气污染防治重点区域范围，构建省市县三级重污染天气应急预案体系，实施重点行业企业绩效分级管理，依法严厉打击不落实应急减排措施行为。到2025年，全国重度及以上污染天数比率控制在1%以内。

（十二）着力打好臭氧污染防治攻坚战

聚焦夏秋季臭氧污染，大力推进挥发性有机物和氮氧化物协同减排。以石化、化工、涂装、医药、包装印刷、油品储运销等行业领域为重点，安全高效推进挥发性有机物综合治理，实施原辅材料和产品源头替代工程。完善挥发性有机物产品标准体系，建立低挥发性有机物含量产品标识制度。完善挥发性有机物监测技术和排放量计算方法，在相关条件成熟后，研究适时将挥发性有机物纳入环境保护税征收范围。推进钢铁、水泥、焦化行业企业超低排放改造，重点区域钢铁、燃煤机组、燃煤锅炉实现超低排放。开展涉气产业集群排查及分类治理，推进企业升级改造和区域环境综合整治。到 2025 年，挥发性有机物、氮氧化物排放总量比 2020 年分别下降 10% 以上，臭氧浓度增长趋势得到有效遏制，实现细颗粒物和臭氧协同控制。

（十三）持续打好柴油货车污染治理攻坚战

深入实施清洁柴油车（机）行动，全国基本淘汰国三及以下排放标准汽车，推动氢燃料电池汽车示范应用，有序推广清洁能源汽车。进一步推进大中城市公共交通、公务用车电动化进程。不断提高船舶靠港岸电使用率。实施更加严格的车用汽油质量标准。加快大宗货物和中长途货物运输“公转铁”“公转水”，大力发展公铁、铁水等多式联运。“十四五”时期，铁路货运量占比提高 0.5 个百分点，水路货运量年均增速超过 2%。

（十四）加强大气面源和噪声污染治理

强化施工、道路、堆场、裸露地面等扬尘管控，加强城市保洁和清扫。加大餐饮油烟污染、恶臭异味治理力度。强化秸秆综合利用和禁烧管控。到 2025 年，京津冀及周边地区大型规模化养殖场氨排放总量比 2020 年下降 5%。深化消耗臭氧层物质和氢氟碳化物环境管理。实施噪声污染防治行动，加快解决群众关心的突出噪声问题。到 2025 年，地级及以上城市全面实现功能区声环境质量自动监测，全国声环境功能区夜间达标率达到 85%。

四、深入打好碧水保卫战

（十五）持续打好城市黑臭水体治理攻坚战

统筹好上下游、左右岸、干支流、城市和乡村，系统推进城市黑臭水体治理。加强农业农村和工业企业污染防治，有效控制入河污染物排放。强化溯源整治，杜绝污水直接排入雨水管网。推进城镇污水管网全覆盖，对进水情况出现明显异常的污水处理厂，开展片区管网系统化整治。因地制宜开展水体内源污染治理和生态修复，增强河湖自净功能。充分发挥河长制、湖长制作用，巩固城市黑臭水体治理成效，建立防止返黑返臭的长效机制。2022 年 6 月底前，县级城市政府完成建成区内黑臭水体排查并制定整治方案，统一公布黑臭水体清单及达标期限。到 2025 年，县级城市建成区基本消除黑臭水体，京津冀、长三角、珠三角等区域力争提前 1 年完成。

（十六）持续打好长江保护修复攻坚战

推动长江全流域按单元精细化分区管控。狠抓突出生态环境问题整改，扎实推进城镇污水垃圾处理和工业、农业面源、船舶、尾矿库等污染治理工程。加强渝湘黔交界武陵山区“锰三角”污染综合整治。持续开展工业园区污染治理、“三磷”行业整治等专项行动。推进长江岸线生态修复，巩固小水电清理整改成果。实施好长江流域重点水域十年禁渔，有效恢复长江水生生物多样性。建立健全长江流域水生态环境考核评价制度并抓好组织实施。加强太湖、巢湖、滇池等重要湖泊蓝藻水华防控，开展河湖水生植被恢复、氮磷通量监测等试点。到2025年，长江流域总体水质保持为优，干流水质稳定达到Ⅱ类，重要河湖生态用水得到有效保障，水生态质量明显提升。

（十七）着力打好黄河生态保护治理攻坚战

全面落实以水定城、以水定地、以水定人、以水定产要求，实施深度节水控水行动，严控高耗水行业发展。维护上游水源涵养功能，推动以草定畜、定牧。加强中游水土流失治理，开展汾渭平原、河套灌区等农业面源污染治理。实施黄河三角洲湿地保护修复，强化黄河河口综合治理。加强沿黄河城镇污水处理设施及配套管网建设，开展黄河流域“清废行动”，基本完成尾矿库污染治理。到2025年，黄河干流上中游（花园口以上）水质达到Ⅱ类，干流及主要支流生态流量得到有效保障。

（十八）巩固提升饮用水安全保障水平

加快推进城市水源地规范化建设，加强农村水源地保护。基本完成乡镇级水源保护区划定、立标并开展环境问题排查整治。保障南水北调等重大输水工程水质安全。到2025年，全国县级及以上城市集中式饮用水水源水质达到或优于Ⅲ类比例总体高于93%。

（十九）着力打好重点海域综合治理攻坚战

巩固深化渤海综合治理成果，实施长江口—杭州湾、珠江口邻近海域污染防治行动，“一湾一策”实施重点海湾综合治理。深入推进入海河流断面水质改善、沿岸直排海污染源整治、海水养殖环境治理，加强船舶港口、海洋垃圾等污染防治。推进重点海域生态系统保护修复，加强海洋伏季休渔监管执法。推进海洋环境风险排查整治和应急能力建设。到2025年，重点海域水质优良比例比2020年提升2个百分点左右，省控及以上河流入海断面基本消除劣Ⅴ类，滨海湿地和岸线得到有效保护。

（二十）强化陆域海域污染协同治理

持续开展入河入海排污口“查、测、溯、治”，到2025年，基本完成长江、黄河、渤海及赤水河等长江重要支流排污口整治。完善水污染防治流域协同机制，深化海河、辽河、淮河、松花江、珠江等重点流域综合治理，推进重要湖泊污染防治和生态修复。沿海城市加强固定污染源总氮排放控制和面源污染治理，实施入海河流总氮削减工程。建成一批具有全国示范价值的美丽河湖、美丽海湾。

五、深入打好净土保卫战

（二十一）持续打好农业农村污染治理攻坚战

注重统筹规划、有效衔接，因地制宜推进农村厕所革命、生活污水治理、生活垃圾治理，基本消除较大面积的农村黑臭水体，改善农村人居环境。实施化肥农药减量增效行动和农膜回收行动。加强种养结合，整县推进畜禽粪污资源化利用。规范工厂化水产养殖尾水排污口设置，在水产养殖主产区推进养殖尾水治理。到2025年，农村生活污水治理率达到40%，化肥农药利用率达到43%，全国畜禽粪污综合利用率达到80%以上。

（二十二）深入推进农用地土壤污染防治和安全利用

实施农用地土壤镉等重金属污染源头防治行动。依法推行农用地分类管理制度，强化受污染耕地安全利用和风险管控，受污染耕地集中的县级行政区开展污染溯源，因地制宜制定实施安全利用方案。在土壤污染面积较大的100个县级行政区推进农用地安全利用示范。严格落实粮食收购和销售出库质量安全检验制度和追溯制度。到2025年，受污染耕地安全利用率达到93%左右。

（二十三）有效管控建设用地土壤污染风险

严格建设用地土壤污染风险管控和修复名录内地块的准入管理。未依法完成土壤污染状况调查和风险评估的地块，不得开工建设与风险管控和修复无关的项目。从严管控农药、化工等行业的重度污染地块规划用途，确需开发利用的，鼓励用于拓展生态空间。完成重点地区危险化学品生产企业搬迁改造，推进腾退地块风险管控和修复。

（二十四）稳步推进“无废城市”建设

健全“无废城市”建设相关制度、技术、市场、监管体系，推进城市固体废物精细化管理。“十四五”时期，推进100个左右地级及以上城市开展“无废城市”建设，鼓励有条件的省份全域推进“无废城市”建设。

（二十五）加强新污染物治理

制定实施新污染物治理行动方案。针对持久性有机污染物、内分泌干扰物等新污染物，实施调查监测和环境风险评估，建立健全有毒有害化学物质环境风险管理制度，强化源头准入，动态发布重点管控新污染物清单及其禁止、限制、限排等环境风险管控措施。

（二十六）强化地下水污染协同防治

持续开展地下水环境状况调查评估，划定地下水型饮用水水源补给区并强化保护措施，开展地下水污染防治重点区划定及污染风险管控。健全分级分类的地下水环境监测评价体系。实施水土环境风险协同防控。在地表水、地下水交互密切的典型地区开展污染综合防治试点。

六、切实维护生态环境安全

（二十七）持续提升生态系统质量

实施重要生态系统保护和修复重大工程、山水林田湖草沙一体化保护和修复工程。科学推进荒漠化、石漠化、水土流失综合治理和历史遗留矿山生态修复，开展大规模国土绿化行动，实施河口、海湾、滨海湿地、典型海洋生态系统保护修复。推行草原森林河流湖泊休养生息，加强黑土地保护。有效应对气候变化对冰冻圈融化的影响。推进城市生态修复。加强生态保护修复监督评估。到2025年，森林覆盖率达到24.1%，草原综合植被盖度稳定在57%左右，湿地保护率达到55%。

（二十八）实施生物多样性保护重大工程

加快推进生物多样性保护优先区域和国家重大战略区域调查、观测、评估。完善以国家公园为主体的自然保护地体系，构筑生物多样性保护网络。加大珍稀濒危野生动植物保护拯救力度。加强生物遗传资源保护和管理，严格外来入侵物种防控。

（二十九）强化生态保护监管

用好第三次全国国土调查成果，构建完善生态监测网络，建立全国生态状况评估报告制度，加强重点区域流域海域、生态保护红线、自然保护地、县域重点生态功能区等生态状况监测评估。加强自然保护地和生态保护红线监管，依法加大生态破坏问题监督和查处力度，持续推进“绿盾”自然保护地强化监督专项行动。深入推动生态文明建设示范创建、“绿水青山就是金山银山”实践创新基地建设和美丽中国地方实践。

（三十）确保核与辐射安全

坚持安全第一、质量第一，实行最严格的安全标准和最严格的监管，持续强化在建和运行核电厂安全监管，加强核安全监管制度、队伍、能力建设，督促营运单位落实全面核安全责任。严格研究堆、核燃料循环设施、核技术利用等安全监管，积极稳妥推进放射性废物、伴生放射性废物处置，加强电磁辐射污染防治。强化风险预警监测和应急响应，不断提升核与辐射安全保障能力。

（三十一）严密防控环境风险

开展涉危险废物涉重金属企业、化工园区等重点领域环境风险调查评估，完成重点河流突发水污染事件“一河一策一图”全覆盖。开展涉铊企业排查整治行动。加强重金属污染防控，到 2025 年，全国重点行业重点重金属污染物排放量比 2020 年下降 5%。强化生态环境与健康管理。健全国家环境应急指挥平台，推进流域及地方环境应急物资库建设，完善环境应急管理体系。

七、提高生态环境治理现代化水平

（三十二）全面强化生态环境法治保障

完善生态环境保护法律法规和适用规则，在法治轨道上推进生态环境治理，依法对生态环境违法犯罪行为严惩重罚。推进重点区域协同立法，探索深化区域执法协作。完善生态环境标准体系，鼓励有条件的地方制定出台更加严格的标准。健全生态环境损害赔偿制度。深化环境信息依法披露制度改革。加强生态环境保护法律宣传普及。强化生态环境行政执法与刑事司法衔接，联合开展专项行动。

（三十三）健全生态环境经济政策

扩大环境保护、节能节水等企业所得税优惠目录范围，完善绿色电价政策。大力发展绿色信贷、绿色债券、绿色基金，加快发展气候投融资，在环境高风险领域依法推行环境污染强制责任保险，强化对金融机构的绿色金融业绩评价。加快推进排污权、用能权、碳排放权市场化交易。全面实施环保信用评价，发挥环境保护综合名录的引导作用。完善市场化多元化生态保护补偿，推动长江、黄河等重要流域建立全流域生态保护补偿机制，建立健全森林、草原、湿地、沙化土地、海洋、水流、耕地等领域生态保护补偿制度。

（三十四）完善生态环境资金投入机制

各级政府要把生态环境作为财政支出的重点领域，把生态环境资金投入作为基础性、战略性投入予以重点保障，确保与污染防治攻坚任务相匹配。加快生态环境领域省以下财政事权和支出责任划分改革。加强有关转移支付分配与生态环境质量改善相衔接。综合运用土地、规划、金融、税收、价格等政策，引导和鼓励更多社会资本投入生态环境领域。

（三十五）实施环境基础设施补短板行动

构建集污水、垃圾、固体废物、危险废物、医疗废物处理处置设施和监测监管能力于一体的环境基础设施体系，形成由城市向建制镇和乡村延伸覆盖的环境基础设施网络。开展污水处理厂差别化精准提标。优先推广运行费用低、管护简便的农村生活污水治理技术，加强农村生活污水处理设施长效化运行维护。推动省域内危险废物处置能力与产废情况总体匹配，加快完善医疗废物收集转运处置体系。

（三十六）提升生态环境监管执法效能

全面推行排污许可“一证式”管理，建立基于排污许可证的排污单位监管执法体系和自行监测监管机制。建立健全以污染源自动监控为主的非现场监管执法体系，强化关键工况参数和用水用电等控制参数自动监测。加强移动源监管能力建设。深入开展生活垃圾焚烧发电行业达标排放专项整治。全面禁止进口“洋垃圾”。依法严厉打击危险废物非法转移、倾倒、处置等环境违法犯罪，严肃查处环评、监测等领域弄虚作假行为。

（三十七）建立完善现代化生态环境监测体系

构建政府主导、部门协同、企业履责、社会参与、公众监督的生态环境监测格局，建立健全基于现代感知技术和大数据技术的生态环境监测网络，优化监测站网布局，实现环境质量、生态质量、污染源监测全覆盖。提升国家、区域流域海域和地方生态环境监测基础能力，补齐细颗粒物和臭氧协同控制、水生态环境、温室气体排放等监测短板。加强监测质量监督检查，确保数据真实、准确、全面。

（三十八）构建服务型科技创新体系

组织开展生态环境领域科技攻关和技术创新，规范布局建设各类创新平台。加快发展节能环保产业，推广生态环境整体解决方案、托管服务和第三方治理。构建智慧高效的生态环境管理信息化体系。加强生态环境科技成果转化服务，组织开展百城千县万名专家生态环境科技帮扶行动。

八、加强组织实施

（三十九）加强组织领导

全面加强党对生态环境保护工作的领导，进一步完善中央统筹、省负总责、市县抓落实的攻坚机制。强化地方各级生态环境保护议事协调机制作用，研究推动解决本地区生态环境保护重要问题，加强统筹协调，形成工作合力，确保日常工作机构有场所、有人员、有经费。加快构建减污降碳一体谋划、一体部署、一体推进、一体考核的制度机制。研究制定强化地方党政领导干部生态环境保护责任有关措施。

（四十）强化责任落实

地方各级党委和政府要坚决扛起生态文明建设政治责任，深入打好污染防治攻坚战，把解决群众身边的生态环境问题作为“我为群众办实事”实践活动的重要内容，列出清单、建立台账，长期坚持、确保实效。各有关部门要全面落实生态环境保护责任，细化实化污染防治攻坚政策措施，分工协作、共同发力。各级人大及其常委会加强生态环境保护立法和监督。各级政协加大生态环境保护专题协商和民主监督力度。各级法院和检察院加强环境司法。生态环境部要做好任务分解，加强调度评估，重大情况及时向党中央、国务院报告。

（四十一）强化监督考核

完善中央生态环境保护督察制度，健全中央和省级两级生态环境保护督察体制，将污染防治攻坚战任务落实情况作为重点，深化例行督察，强化专项督察。深入开展重点区域、重点领域、重点行业监督帮扶。继续开展污染防治攻坚战成效考核，完善相关考核措施，强化考核结果运用。

（四十二）强化宣传引导

创新生态环境宣传方式方法，广泛传播生态文明理念。构建生态环境治理全民行动体系，发展壮大生态环境志愿服务力量，深入推动环保设施向公众开放，完善生态环境信息公开和有奖举报机制。积极参与生态环境保护国际合作，讲好生态文明建设“中国故事”。

（四十三）强化队伍建设

完善省以下生态环境机构监测监察执法垂直管理制度，全面推进生态环境监测监察执法机构能力标准化建设。将生态环境保护综合执法机构列入政府行政执法机构序列，统一保障执法用车和装备。持续加强生态环境保护铁军建设，锤炼过硬作风，严格对监督者的监督管理。注重选拔在生态文明建设和生态环境保护工作中敢于负责、勇于担当、善于作为、成绩突出的干部。按照有关规定表彰在污染防治攻坚战中成绩显著、贡献突出的先进单位和个人。

第二篇

固体废物管理

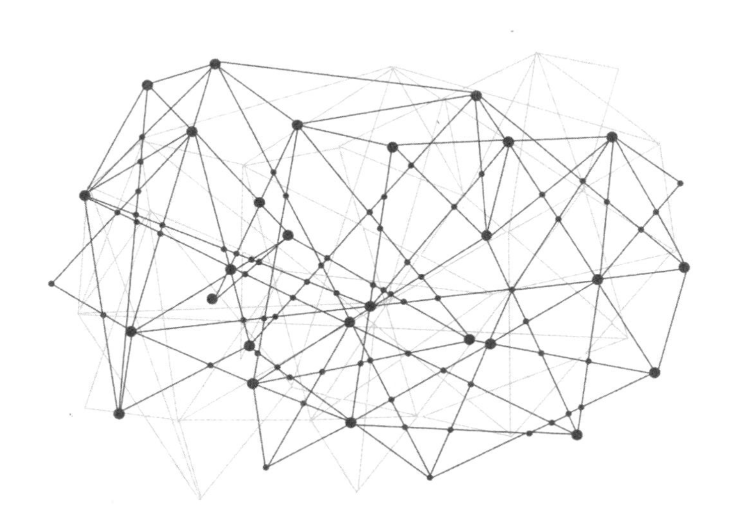

尾矿污染环境防治管理办法

（2022年3月15日由生态环境部2022年第二次部务会议审议通过，自2022年7月1日起施行）

第一章　总　则

第一条　为了防治尾矿污染环境，保护和改善生态环境，根据《中华人民共和国环境保护法》《中华人民共和国固体废物污染环境防治法》《中华人民共和国土壤污染防治法》等有关法律法规，制定本办法。

第二条　本办法适用于中华人民共和国境内尾矿的污染环境防治（以下简称污染防治）及其监督管理。

伴生放射性矿开发利用活动中产生的铀（钍）系单个核素活度浓度超过1 Bq/g的尾矿，以及铀（钍）矿尾矿的污染防治及其监督管理，适用放射性污染防治有关法律法规的规定，不适用本办法。

第三条　尾矿污染防治坚持预防为主、污染担责的原则。

产生、贮存、运输、综合利用尾矿的单位，以及尾矿库运营、管理单位，应当采取措施，防止或者减少尾矿对环境的污染，对所造成的环境污染依法承担责任。

对产生尾矿的单位和尾矿库运营、管理单位实施控股管理的企业集团，应当加强对其下属企业的监督管理，督促、指导其履行尾矿污染防治主体责任。

第四条　国务院生态环境主管部门对全国尾矿污染防治工作实施监督管理。

地方各级生态环境主管部门负责本行政区域尾矿污染防治工作的监督管理。

国务院生态环境主管部门所属的流域生态环境监督管理机构依据法律法规规定的职责或者国务院生态环境主管部门的委托，对管辖范围内的尾矿污染防治工作进行指导、协调和监督。

第五条　尾矿库污染防治实行分类分级环境监督管理。

国务院生态环境主管部门负责制定尾矿库分类分级环境监督管理技术规程，根据尾矿所属矿种类型、尾矿库周边环境敏感程度、尾矿库环境保护水平等因素，将尾矿库分为一级、二级和三级环境监督管理尾矿库，并明确不同等级的尾矿库环境监督管理要求。

省级生态环境主管部门负责确定本行政区域尾矿库分类分级环境监督管理清单，并加强监督管理。

设区的市级生态环境主管部门根据省级生态环境主管部门确定的尾矿库分类分级环境监督管理清单，对尾矿库进行分类分级管理。

第二章　污染防治

第六条　产生尾矿的单位应当建立健全尾矿产生、贮存、运输、综合利用等全过程的污染防治责任制度，确定承担污染防治工作的部门和专职技术人员，明确单位负责人和相关人员的责任。

第七条　产生尾矿的单位和尾矿库运营、管理单位应当建立尾矿环境管理台账。

产生尾矿的单位应当在尾矿环境管理台账中如实记录生产运营中产生尾矿的种类、数量、流向、贮存、综合利用等信息；尾矿库运营、管理单位应当在尾矿环境管理台账中如实记录尾矿库的污染防治设施建设和运行情况、环境监测情况、污染隐患排查治理情况、突发环境事件应急预案及其落实情况等信息。

尾矿环境管理台账保存期限不得少于五年，其中尾矿库运营、管理单位的环境管理台账信息应当永久保存。

产生尾矿的单位和尾矿库运营、管理单位应当于每年1月31日之前通过全国固体废物污染环境防治信息平台填报上一年度产生的相关信息。

第八条　产生尾矿的单位委托他人贮存、运输、综合利用尾矿，或者尾矿库运营、管理单位委托他人运输、综合利用尾矿的，应当对受托方的主体资格和技术能力进行核实，依法签订书面合同，在合同中约定污染防治要求。

第九条　新建、改建、扩建尾矿库的，应当依法进行环境影响评价，并遵守国家有关建设项目环境保护管理的规定，落实尾矿污染防治的措施。

尾矿库选址，应当符合生态环境保护有关法律法规和强制性标准要求。禁止在生态保护红线区域、永久基本农田集中区域、河道湖泊行洪区和其他需要特别保护的区域内建设尾矿库以及其他贮存尾矿的场所。

第十条 新建、改建、扩建尾矿库的，应当根据国家有关规定和尾矿库实际情况，配套建设防渗、渗滤液收集、废水处理、环境监测、环境应急等污染防治设施。

第十一条 尾矿库防渗设施的设计和建设，应当充分考虑地质、水文等条件，并符合相应尾矿属性类别管理要求。

尾矿库配套的渗滤液收集池、回水池、环境应急事故池等设施的防渗要求应当不低于该尾矿库的防渗要求，并设置防漫流设施。

第十二条 新建尾矿库的排尾管道、回水管道应当避免穿越农田、河流、湖泊；确需穿越的，应当建设管沟、套管等设施，防止渗漏造成环境污染。

第十三条 采用传送带方式输送尾矿的，应当采取封闭等措施，防止尾矿流失和扬散。

通过车辆运输尾矿的，应当采取遮盖等措施，防止尾矿遗撒和扬散。

第十四条 依法实行排污许可管理的产生尾矿的单位，应当申请取得排污许可证或者填报排污登记表，按照排污许可管理的规定排放尾矿及污染物，并落实相关环境管理要求。

第十五条 尾矿库运营、管理单位应当采取防扬散、防流失、防渗漏或者其他防止污染环境的措施，加强对尾矿库污染防治设施的管理和维护，保证其正常运行和使用，防止尾矿污染环境。

第十六条 尾矿库运营、管理单位应当采取库面抑尘、边坡绿化等措施防止扬尘污染，美化环境。

第十七条 尾矿水应当优先返回选矿工艺使用；向环境排放的，应当符合国家和地方污染物排放标准，不得与尾矿库外的雨水混合排放，并按照有关规定设置污染物排放口，设立标志，依法安装流量计和视频监控。

污染物排放口的流量计监测记录保存期限不得少于五年，视频监控记录保存期限不得少于三个月。

第十八条 尾矿库运营、管理单位应当按照国家有关标准和规范，建设地下水水质监测井。

尾矿库上游、下游和可能出现污染扩散的尾矿库周边区域，应当设置地下水水质监测井。

第十九条　尾矿库运营、管理单位应当按照国家有关规定开展地下水环境监测以及土壤污染状况监测和评估。

排放尾矿水的，尾矿库运营、管理单位应当在排放期间，每月至少开展一次水污染物排放监测；排放有毒有害水污染物的，还应当每季度对受纳水体等周边环境至少开展一次监测。

尾矿库运营、管理单位应当依法公开污染物排放监测结果等相关信息。

第二十条　尾矿库运营、管理单位应当建立健全尾矿库污染隐患排查治理制度，组织开展尾矿库污染隐患排查治理；发现污染隐患的，应当制定整改方案，及时采取措施消除隐患。

尾矿库运营、管理单位应当于每年汛期前至少开展一次全面的污染隐患排查。

第二十一条　尾矿库运营、管理单位在环境监测等活动中发现尾矿库周边土壤和地下水存在污染物渗漏或者含量升高等污染迹象的，应当及时查明原因，采取措施及时阻止污染物泄漏，并按照国家有关规定开展环境调查与风险评估，根据调查与风险评估结果采取风险管控或者治理修复等措施。

生态环境主管部门在监督检查中发现尾矿库周边土壤和地下水存在污染物渗漏或者含量升高等污染迹象的，应当及时督促尾矿库运营、管理单位采取相应措施。

第二十二条　尾矿库运营、管理单位应当按照国务院生态环境主管部门有关规定，开展尾矿库突发环境事件风险评估，编制、修订、备案尾矿库突发环境事件应急预案，建设并完善环境风险防控与应急设施，储备环境应急物资，定期组织开展尾矿库突发环境事件应急演练。

第二十三条　发生突发环境事件时，尾矿库运营、管理单位应当立即启动尾矿库突发环境事件应急预案，采取应急措施，消除或者减轻事故影响，及时通报可能受到危害的单位和居民，并向本行政区域县级生态环境主管部门报告。

县级以上生态环境主管部门在发现或者得知尾矿库突发环境事件信息后，应当按照有关规定做好应急处置、环境影响和损失调查、评估等工作。

第二十四条　尾矿库运营、管理单位应当在尾矿库封场期间及封场后，采取措施保证渗滤液收集设施、尾矿水排放监测设施继续正常运行，并定期开展水污染物排放监测，确保污染物排放符合国家和地方排放标准。

尾矿库的渗滤液收集设施、尾矿水排放监测设施应当正常运行至尾矿库封场后连续两年内没有渗滤液产生或者产生的渗滤液不经处理即可稳定达标排放。

尾矿库运营、管理单位应当在尾矿库封场后，采取措施保证地下水水质监测井继续正常运行，并按照国家有关规定持续进行地下水水质监测，直到下游地下水水质连续两年不超出上游地下水水质或者所在区域地下水水质本底水平。

第二十五条 开展尾矿充填、回填以及利用尾矿提取有价组分和生产建筑材料等尾矿综合利用单位，应当按照国家有关规定采取相应措施，防止造成二次环境污染。

第三章 监督管理

第二十六条 国务院生态环境主管部门应当加强尾矿污染防治工作信息化建设，强化环境管理信息系统对接与数据共享。

第二十七条 省级生态环境主管部门应当加强对新建、改建、扩建尾矿库建设项目环境影响评价审批程序、审批结果的监督与评估；发现设区的市、县级生态环境主管部门不具备尾矿库建设项目环境影响评价审批能力，或者在审批过程中存在突出问题的，应当依法调整上收环境影响评价审批权限。

第二十八条 设区的市级生态环境主管部门应当将一级和二级环境监督管理尾矿库的运营、管理单位列入重点排污单位名录，实施重点管控。

第二十九条 鼓励地方各级生态环境主管部门综合利用远程视频监控、无人机、遥感、地理信息系统等手段进行尾矿污染防治监督管理。

第四章 罚 则

第三十条 产生尾矿的单位或者尾矿库运营、管理单位违反本办法规定，有下列行为之一的，依照《中华人民共和国固体废物污染环境防治法》《中华人民共和国水污染防治法》《中华人民共和国土壤污染防治法》等法律法规的规定予以处罚：

（一）未建立尾矿环境管理台账并如实记录的；

（二）超过水污染物排放标准排放水污染物的；

（三）未依法报批建设项目环境影响评价文件，擅自开工建设的；

（四）未按规定开展土壤和地下水环境监测的；

（五）未依法开展尾矿库突发环境事件应急处置的；

（六）擅自倾倒、堆放、丢弃、遗撒尾矿，或者未采取相应防范措施，造成尾矿扬散、流失、渗漏或者其他环境污染的；

（七）其他违反法律法规规定的行为。

第三十一条　产生尾矿的单位或者尾矿库运营、管理单位违反本办法规定，未按时通过全国固体废物污染环境防治信息平台填报上一年度产生的相关信息的，由设区的市级以上地方生态环境主管部门责令改正，给予警告；拒不改正的，处三万元以下的罚款。

第三十二条　违反本办法规定，向环境排放尾矿水，未按照国家有关规定设置污染物排放口标志的，由设区的市级以上地方生态环境主管部门责令改正，给予警告；拒不改正的，处五万元以下的罚款。

第三十三条　尾矿库运营、管理单位违反本办法规定，未按要求组织开展污染隐患排查治理的，由设区的市级以上生态环境主管部门责令改正，给予警告；拒不改正的，处十万元以下的罚款。

第五章　附　则

第三十四条　本办法中下列用语的含义：

（一）尾矿，是指金属非金属矿山开采出的矿石，经选矿厂选出有价值的精矿后产生的固体废物。

（二）尾矿库，是指用以贮存尾矿的场所。

（三）封场，是指尾矿库停止使用后，对尾矿库采取关闭的措施，也称闭库。

（四）尾矿库运营、管理单位，包括尾矿库所属企业和地方人民政府指定的尾矿库管理维护单位。

第三十五条　本办法自 2022 年 7 月 1 日起施行。《防治尾矿污染环境管理规定》（国家环境保护局令第 11 号）同时废止。

国务院办公厅关于印发
“无废城市”建设试点工作方案的通知

（国办发〔2018〕128号）

各省、自治区、直辖市人民政府，国务院各部委、各直属机构：

《“无废城市”建设试点工作方案》已经国务院同意，现印发给你们，请认真贯彻执行。

国务院办公厅

2018年12月29日

“无废城市”建设试点工作方案

“无废城市”是以创新、协调、绿色、开放、共享的新发展理念为引领，通过推动形成绿色发展方式和生活方式，持续推进固体废物源头减量和资源化利用，最大限度减少填埋量，将固体废物环境影响降至最低的城市发展模式。“无废城市”并不是没有固体废物产生，也不意味着固体废物能完全资源化利用，而是一种先进的城市管理理念，旨在最终实现整个城市固体废物产生量最小、资源化利用充分、处置安全的目标，需要长期探索与实践。现阶段，要通过“无废城市”建设试点，统筹经济社会发展中的固体废物管理，大力推进源头减量、资源化利用和无害化处置，坚决遏制非法转移倾倒，探索建立量化指标体系，系统总结试点经验，形成可复制、可推广的建设模式。为指导地方开展“无废城市”建设试点工作，制定本方案。

一、总体要求

（一）重大意义

党的十八大以来，党中央、国务院深入实施大气、水、土壤污染防治行动计划，把禁止洋垃圾入境作为生态文明建设标志性举措，持续推进固体废物进口管理制度改革，加快垃圾处理设施建设，实施生活垃圾分类制度，固体废物管理工作迈出坚实步伐。同时，我国固体废物产生强度高、利用不充分，非法转移倾倒事件仍呈高发频发态势，既污染环境，又浪费资源，与人民日益增长的优美生态环境需要还有较大差距。开展“无废城市”建设试点是深入落实党中央、国务院决策部署的具体行动，是从城市整体层面深化固体废物综合管理改革和推动“无废社会”建设的有力抓手，是提升生态文明、建设美丽中国的重要举措。

（二）指导思想

以习近平新时代中国特色社会主义思想为指导，全面贯彻党的十九大和十九届二中、三中全会精神，紧紧围绕统筹推进“五位一体”总体布局和协调推进“四个全面”战略布局，深入贯彻习近平生态文明思想和全国生态环境保护大会精神，认真落实党中央、国务院决策部署，坚持绿色低碳循环发展，以大宗工业固体废物、主要农业废弃物、生活垃圾和建筑垃圾、危险废物为重点，实现源头大幅减量、充分资源化利用和安全处置，选择典型城市先行先试，稳步推进“无废城市”建设，为全面加强生态环境保护、建设美丽中国作出贡献。

（三）基本原则

坚持问题导向，注重创新驱动。着力解决当前固体废物产生量大、利用不畅、非法转移倾倒、处置设施选址难等突出问题，统筹解决本地实际问题与共性难题，加快制度、机制和模式创新，推动实现重点突破与整体创新，促进形成“无废城市”建设长效机制。

坚持因地制宜，注重分类施策。试点城市根据区域产业结构、发展阶段，重点识别主要固体废物在产生、收集、转移、利用、处置等过程中的薄弱点和关键环节，紧密结合本地实际，明确目标，细化任务，完善措施，精准发力，持续提升城市固体废物减量化、资源化、无害化水平。

坚持系统集成，注重协同联动。围绕“无废城市”建设目标，系统集成固体废物领域相关试点示范经验做法。坚持政府引导和市场主导相结合，提升固体废物综合管理水平与推进供给侧结构性改革相衔接，推动实现生产、流通、消费各环节绿色化、循环化。

坚持理念先行，倡导全民参与。全面增强生态文明意识，将绿色低碳循环发展作为“无废城市”建设重要理念，推动形成简约适度、绿色低碳、文明健康的生活方式和消费模式。强化企业自我约束，杜绝资源浪费，提高资源利用效率。充分发挥社会组织和公众监督作用，形成全社会共同参与的良好氛围。

（四）试点目标

到2020年，系统构建“无废城市”建设指标体系，探索建立“无废城市”建设综合管理制度和技术体系，试点城市在固体废物重点领域和关键环节取得明显进展，大宗工业固体废物贮存处置总量趋零增长、主要农业废弃物全量利用、生活垃圾减量化资源化水平全面提升、危险废物全面安全管控，非法转移倾倒固体废物事件零发生，培育一批固体废物资源化利用骨干企业。通过在试点城市深化固体废物综合管理改革，总结试点经验做法，形成一批可复制、可推广的“无废城市”建设示范模式，为推动建设“无废社会”奠定良好基础。

（五）试点范围

在全国范围内选择10个左右有条件、有基础、规模适当的城市，在全市域范围内开展“无废城市”建设试点。综合考虑不同地域、不同发展水平及产业特点、地方政府积极性等因素，优先选取国家生态文明试验区省份具备条件的城市、循环经济示范城市、工业资源综合利用示范基地、已开展或正在开展各类固体废物回收利用无害化处置试点并取得积极成效的城市。

二、主要任务

（一）强化顶层设计引领，发挥政府宏观指导作用

建立“无废城市”建设指标体系，发挥导向引领作用。2019年6月底前，研究建立以固体废物减量化和循环利用率为核心指标的“无废城市”建设指标体系，并与绿色发展指标体系、生态文明建设考核目标体系衔接融合。健全固体废物统计制度，统一工业固体废物数据统计范围、口径和方法，完善农业废弃物、建筑垃圾统计方法。（生态环境部牵头，国家发展改革委、工业和信息化部、住房和城乡建设部、

农业农村部、国家统计局参与）

优化固体废物管理体制机制，强化部门分工协作。根据城市经济社会发展实际，以深化地方机构改革为契机，建立部门责任清单，进一步明确各类固体废物产生、收集、转移、利用、处置等环节的部门职责边界，提升监管能力，形成分工明确、权责明晰、协同增效的综合管理体制机制。（生态环境部指导，试点城市政府负责落实。以下均需试点城市政府落实，不再列出）

加强制度政策集成创新，增强试点方案系统性。落实《生态文明体制改革总体方案》相关改革举措，围绕“无废城市”建设目标，集成目前已开展的有关循环经济、清洁生产、资源化利用、乡村振兴等方面改革和试点示范政策、制度与措施。在继承与创新基础上，试点城市制定“无废城市”建设试点实施方案，和城市建设与管理有机融合，明确改革试点的任务措施，增强相关领域改革系统性、协同性和配套性。（生态环境部、国家发展改革委、工业和信息化部、财政部、自然资源部、住房和城乡建设部、农业农村部、商务部、国家卫生健康委、国家统计局指导）

统筹城市发展与固体废物管理，优化产业结构布局。组织开展区域内固体废物利用处置能力调查评估，严格控制新建、扩建固体废物产生量大、区域难以实现有效综合利用和无害化处置的项目。构建工业、农业、生活等领域间资源和能源梯级利用、循环利用体系。以物质流分析为基础，推动构建产业园区企业内、企业间和区域内的循环经济产业链运行机制。明确规划期内城市基础设施保障能力需求，将生活垃圾、城镇污水污泥、建筑垃圾、废旧轮胎、危险废物、农业废弃物、报废汽车等固体废物分类收集及无害化处置设施纳入城市基础设施和公共设施范围，保障设施用地。（国家发展改革委、工业和信息化部、自然资源部、生态环境部、住房和城乡建设部、农业农村部、商务部指导）

（二）实施工业绿色生产，推动大宗工业固体废物贮存处置总量趋零增长

全面实施绿色开采，减少矿业固体废物产生和贮存处置量。以煤炭、有色金属、黄金、冶金、化工、非金属矿等行业为重点，按照绿色矿山建设要求，因矿制宜采用充填采矿技术，推动利用矿业固体废物生产建筑材料或治理采空区和塌陷区等。到2020年，试点城市的大中型矿山达到绿色矿山建设要求和标准，其中煤矸石、煤泥等固体废物实现全部利用。（自然资源部、工业和信息化部指导）

开展绿色设计和绿色供应链建设，促进固体废物减量和循环利用。大力推行绿色设计，提高产品可拆解性、可回收性，减少有毒有害原辅料使用，培育一批绿色设计示范企业；大力推行绿色供应链管理，发挥大企业及大型零售商带动作用，培育一批固体废物产生量小、循环利用率高的示范企业。（工业和信息化部、商务部、生态环境部指导）以铅酸蓄电池、动力电池、电器电子产品、汽车为重点，落实生产者责任延伸制，到2020年，基本建成废弃产品逆向回收体系。（国家发展改革委、工业和信息化部、生态环境部、商务部、市场监管总局指导）

健全标准体系，推动大宗工业固体废物资源化利用。以尾矿、煤矸石、粉煤灰、冶炼渣、工业副产石膏等大宗工业固体废物为重点，完善综合利用标准体系，分类别制定工业副产品、资源综合利用产品等产品技术标准。（市场监管总局、工业和信息化部负责）推广一批先进适用技术装备，推动大宗工业固体废物综合利用产业规模化、高值化、集约化发展。（工业和信息化部指导）

严格控制增量，逐步解决工业固体废物历史遗留问题。以磷石膏等为重点，探索实施“以用定产”政策，实现固体废物产消平衡。全面摸底调查和整治工业固体废物堆存场所，逐步减少历史遗留固体废物贮存处置总量。（生态环境部、工业和信息化部指导）

（三）推行农业绿色生产，促进主要农业废弃物全量利用

以规模养殖场为重点，以建立种养循环发展机制为核心，逐步实现畜禽粪污就近就地综合利用。在肉牛、羊和家禽等养殖场鼓励采用固体粪便堆肥或建立集中处置中心生产有机肥，在生猪和奶牛等养殖场推广快速低排放的固体粪便堆肥技术、粪便垫料回用和水肥一体化施用技术，加强二次污染管控。推广“果沼畜”“菜沼畜”“茶沼畜”等畜禽粪污综合利用、种养循环的多种生态农业技术模式。到2020年，规模养殖场粪污处理设施装备配套率达到95%以上，畜禽粪污综合利用率达到75%以上。（农业农村部指导）

以收集、利用等环节为重点，坚持因地制宜、农用优先、就地就近原则，推动区域农作物秸秆全量利用。以秸秆就地还田，生产秸秆有机肥、优质粗饲料产品、固化成型燃料、沼气或生物天然气、食用菌基料和育秧、育苗基料，生产秸秆板材和墙体材料为主要技术路线，建立肥料化、饲料化、燃料化、基料化、原料化等多途径利用模式。到2020年，秸秆综合利用率达到85%以上。（国家发展改革委、农业农村部指导）

以回收、处理等环节为重点，提升废旧农膜及农药包装废弃物再利用水平。建立政府引导、企业主体、农户参与的回收利用体系。推广一膜多用、行间覆盖等技术，减少地膜使用。推广应用标准地膜，禁止生产和使用厚度低于0.01毫米的地膜。有条件的城市，将地膜回收作为生产全程机械化的必要环节，全面推进机械化回收。到2020年，重点用膜区当季地膜回收率达到80%以上。（农业农村部、市场监管总局指导）按照“谁购买谁交回、谁销售谁收集”原则，探索建立农药包装废弃物回收奖励或使用者押金返还等制度，对农药包装废弃物实施无害化处理。（生态环境部、农业农村部、财政部指导）

（四）践行绿色生活方式，推动生活垃圾源头减量和资源化利用

以绿色生活方式为引领，促进生活垃圾减量。通过发布绿色生活方式指南等，引导公众在衣食住行等方面践行简约适度、绿色低碳的生活方式。（生态环境部、住房和城乡建设部指导）支持发展共享经济，减少资源浪费。限制生产、销售和使用一次性不可降解塑料袋、塑料餐具，扩大可降解塑料产品应用范围。加快推进快递业绿色包装应用，到2020年，基本实现同城快递环境友好型包装材料全面应用。（国家发展改革委、商务部、国家邮政局、市场监管总局指导）推动公共机构无纸化办公。在宾馆、餐饮等服务性行业，推广使用可循环利用物品，限制使用一次性用品。创建绿色商场，培育一批应用节能技术、销售绿色产品、提供绿色服务的绿色流通主体。（商务部、文化和旅游部、国管局指导）

多措并举，加强生活垃圾资源化利用。全面落实生活垃圾收费制度，推行垃圾计量收费。建设资源循环利用基地，加强生活垃圾分类，推广可回收物利用、焚烧发电、生物处理等资源化利用方式。（国家发展改革委、住房和城乡建设部指导）垃圾焚烧发电企业实施“装、树、联”（垃圾焚烧企业依法依规安装污染物排放自动监测设备、在厂区门口竖立电子显示屏实时公布污染物排放和焚烧炉运行数据、自动监测设备与生态环境部门联网），强化信息公开，提升运营水平，确保达标排放。（生态环境部指导）以餐饮企业、酒店、机关事业单位和学校食堂等为重点，创建绿色餐厅、绿色餐饮企业，倡导“光盘行动”。促进餐厨垃圾资源化利用，拓宽产品出路。（国家发展改革委、商务部、国管局指导）

开展建筑垃圾治理，提高源头减量及资源化利用水平。摸清建筑垃圾产生现状和发展趋势，加强建筑垃圾全过程管理。强化规划引导，合理布局建筑垃圾转运调配、消纳处置和资源化利用设施。加快设施建设，形成与城市发展需求相匹配的建筑垃圾处理体系。开展存量治理，对堆放量比较大、比较集中的堆放点，经评估达到安全稳定要求后，开展生态修复。在有条件的地区，推进资源化利用，提高建筑垃圾资源化再生产品质量。（住房和城乡建设部、国家发展改革委、工业和信息化部指导）

（五）提升风险防控能力，强化危险废物全面安全管控

筑牢危险废物源头防线。新建涉危险废物建设项目，严格落实建设项目危险废物环境影响评价指南等管理要求，明确管理对象和源头，预防二次污染，防控环境风险。以有色金属冶炼、石油开采、石油加工、化工、焦化、电镀等行业为重点，实施强制性清洁生产审核。（生态环境部指导）

夯实危险废物过程严控基础。开展排污许可"一证式"管理，探索将固体废物纳入排污许可证管理范围，掌握危险废物产生、利用、转移、贮存、处置情况。严格落实危险废物规范化管理考核要求，强化事中事后监管。（生态环境部指导）全面实施危险废物电子转移联单制度，依法加强道路运输安全管理，及时掌握流向，大幅提升危险废物风险防控水平。（生态环境部、交通运输部指导）开展废铅酸蓄电池等危险废物收集经营许可证制度试点。（生态环境部指导）落实《医疗废物管理条例》，强化地方政府医疗废物集中处置设施建设责任，推动医疗废物集中处置体系覆盖各级各类医疗机构。加强医疗废物分类管理，做好源头分类，促进规范处置。（生态环境部、国家卫生健康委指导）

完善危险废物相关标准规范。以全过程环境风险防控为基本原则，明确危险废物处置过程二次污染控制要求及资源化利用过程环境保护要求，规定资源化利用产品中有毒有害物质含量限值，促进危险废物安全利用。（生态环境部、市场监管总局指导）建立多部门联合监管执法机制，将危险废物检查纳入环境执法"双随机"监管，严厉打击非法转移、非法利用、非法处置危险废物。（生态环境部指导）

（六）激发市场主体活力，培育产业发展新模式

提高政策有效性。将固体废物产生、利用处置企业纳入企业环境信用评价范围，根据评价结果实施跨部门联合惩戒。（生态环境部、国家发展改革委、人民银行、银保监会指导）落实好现有资源综合利用增值税等税收优惠政策，促进固体废物综合利用。（财政部、税务总局指导）构建工业固体废物资源综合利用评价机制，制定国家工业固体废物资源综合利用产品目录，对依法综合利用固体废物、符合国家和地方环境保护标准的，免征环境保护税。（工业和信息化部、财政部、税务总局指导）按照市场化和商业可持续原则，探索开展绿色金融支持畜禽养殖业废弃物处置和无害化处理试点，支持固体废物利用处置产业发展。到2020年，在试点城市危险废物经营单位全面推行环境污染责任保险。（人民银行、财政部、国家发展改革委、生态环境部、农业农村部、银保监会指导）在农业支持保护补贴中，加大对畜禽粪污、秸秆综合利用生产有机肥的补贴力度，同步减少化肥补贴。（农业农村部、财政部指导）增加政府绿色采购中循环利用产品种类，加大采购力度。（财政部、国家发展改革委、生态环境部指导）加快建立有利于促进固体废物减量化、资源化、无害化处理的激励约束机制。在政府投资公共工程中，优先使用以大宗工业固体废物等为原料的综合利用产品，推广新型墙材等绿色建材应用；探索实施建筑垃圾资源化利用产品强制使用制度，明确产品质量要求、使用范围和比例。（国家发展改革委、工业和信息化部、住房和城乡建设部、市场监管总局、国管局指导）

发展“互联网+”固体废物处理产业。推广回收新技术新模式，鼓励生产企业与销售商合作，优化逆向物流体系建设，支持再生资源回收企业建立在线交易平台，完善线下回收网点，实现线上交废与线下回收有机结合。（商务部指导，供销合作总社参与）建立政府固体废物环境管理平台与市场化固体废物公共交易平台信息交换机制，充分运用物联网、全球定位系统等信息技术，实现固体废物收集、转移、处置环节信息化、可视化，提高监督管理效率和水平。（生态环境部指导）

积极培育第三方市场。鼓励专业化第三方机构从事固体废物资源化利用、环境污染治理与咨询服务，打造一批固体废物资源化利用骨干企业。（工业和信息化部指导）以政府为责任主体，推动固体废物收集、利用与处置工程项目和设施建设运行，在不增加地方政府债务前提下，依法合规探索采用第三方治理或政府和社会资本合作（PPP）等模式，实现与社会资本风险共担、收益共享。（财政部、国家发展改革委、生态环境部指导）

三、实施步骤

（一）确定试点城市

试点城市由省级有关部门推荐，生态环境部会同国家发展改革委、工业和信息化部、财政部、自然资源部、住房和城乡建设部、农业农村部、商务部、文化和旅游部、国家卫生健康委、国家统计局、国家邮政局等部门筛选确定。

（二）制定实施方案

试点城市负责编制“无废城市”建设试点实施方案，明确试点目标，确定任务清单和分工，做好年度任务分解，明确每项任务的目标成果、进度安排、保障措施等。实施方案按程序报送生态环境部，经生态环境部会同有关部门组织专家评审通过后实施。2019 年上半年，试点城市政府印发实施方案。

（三）组织开展试点

试点城市政府是“无废城市”建设试点责任主体，要围绕试点内容，有力有序开展试点，确保实施方案规定任务落地见效。生态环境部会同有关部门对试点工作进行指导和成效评估，发现问题及时调整和改进，适时组织开展“无废城市”建设试点经验交流。

（四）开展评估总结

2021 年 3 月底前，试点城市政府对本地区试点总体情况、主要做法和成效、存在的问题及建议等进行评估总结，形成试点工作总结报告报送生态环境部。生态环境部会同有关部门组织开展“无废城市”建设试点工作成效评估，对成效突出的城市给予通报表扬，把试点城市行之有效的改革创新举措制度化。

四、保障措施

（一）加强组织领导

生态环境部会同有关部门组建协调小组和专家委员会，建立工作协调机制，共同指导推进“无废城市”建设试点工作，统筹研究重大问题，协调重大政策，指导各地试点实践，确保试点工作取得实效。各试点城市政府要高度重视，把试点工作列为政府年度重点工作任务，作为深化城市管理体制改革的重要内容，成立领导小组，健全工作机制，明确部门职责，强化激励措施。正在开展固体废物相关领域试点工作的，要做好与“无废城市”建设试点工作的统筹衔接，加强系统集成，发挥综合效益。

（二）加大资金支持

鼓励地方政府统筹运用相关政策，支持建设固体废物处置等公共设施。试点城市政府要加大各级财政资金统筹整合力度，明确“无废城市”建设试点资金范围和规模。加大科技投入，加快固体废物减量化、高质化利用关键技术、工艺和设备研发制造。鼓励金融机构在风险可控前提下，加大对“无废城市”建设试点的金融支持力度。

（三）严格监管执法

强化对试点城市绿色矿山建设、建筑垃圾处置、固体废物资源化利用工作的督导检查。鼓励试点城市制定相关地方性法规和规章。依法严厉打击各类固体废物非法转移、倾倒行为，以及无证从事危险废物收集、利用与处置经营活动。持续打击非法收集和拆解废铅酸蓄电池、报废汽车、废弃电器电子产品行为。加大对生产和销售超薄塑料购物袋、农膜的查处力度。加强固体废物集散地综合整治。对固体废物监管责任落实不到位、工作任务未完成的，依纪依法严肃追究责任。

（四）强化宣传引导

面向学校、社区、家庭、企业开展生态文明教育，凝聚民心、汇集民智，推动生产生活方式绿色化。加大固体废物环境管理宣传教育，有效化解“邻避效应”，引导形成“邻利效应”。将绿色生产生活方式等内容纳入有关教育培训体系。依法加强固体废物产生、利用与处置信息公开，充分发挥社会组织和公众监督作用。

生态环境部固体废物与化学品管理技术中心关于发布《固体废物信息化管理通则》的公告

为贯彻落实《固体废物污染环境防治法》，推进固体废物收集、贮存、运输、利用、处置等全过程监控和信息化追溯，促进固体废物环境管理信息互联互通和共建共享，我中心组织编制了《固休废物信息化管理通则》，供各地在开展固体废物环境信息化管理系统建设和应用过程中参考。

通则内容可在生态环境部固体废物与化学品管理技术中心网站（http://www.meescc.cn）查询。

附件：固体废物信息化管理通则（略）

生态环境部固体废物与化学品管理技术中心

2021 年 4 月 21 日

生态环境部办公厅关于印发《尾矿库环境监管分类分级技术规程（试行）》的通知

（环办固体函〔2021〕613号）

各省、自治区、直辖市生态环境厅（局），新疆生产建设兵团生态环境局：

为加强尾矿库分类分级环境监管，提升尾矿库环境监管效能，我部组织编制了《尾矿库环境监管分类分级技术规程（试行）》。现印发给你们，请遵照执行。

生态环境部办公厅

2021年12月29日

尾矿库环境监管分类分级技术规程（试行）

为强化尾矿库分类分级环境监管，筑牢防范尾矿库环境风险的底线，按照精准治污、科学治污、依法治污的要求，指导各地精准划分尾矿库环境监管等级，制定本技术规程。

一、基本原则

坚持分类分级，因地制宜，实施差异化环境监管；坚持突出重点，精准防控，集中力量优先抓好环境风险突出的尾矿库；坚持科学合理，简便易行，便于操作和实施，提升尾矿库环境监管效能。

二、适用范围

适用对象为除贮存放射性尾矿以外的运营（含在用、停用）、封场（闭库）的尾矿库。

赤泥库、锰渣库、磷石膏库等的环境监管分类分级工作可以参考本规程。

三、工作流程

尾矿库环境监管分类分级采用定性与定量相结合的方式，首先依据尾矿所属矿种类型和尾矿库周边环境敏感程度定性分类，再按尾矿库生产状态选取关键指标进行定量分析，确定尾矿库环境监管优先序。

（一）定性分类

按照尾矿所属矿种类型与周边环境敏感程度进行矩阵分析。

1. 尾矿库所属矿种类型

根据不同矿种及采选工艺的尾矿特征污染物情况，将尾矿库按照尾矿所属矿种类型分为 A、B、C 三类：铅锌矿尾矿库、铜矿尾矿库、汞矿尾矿库为 A 类；镍矿尾矿库、锡矿尾矿库、涉氰金矿尾矿库、钨钼矿尾矿库、锑矿尾矿库为 B 类；浮选金矿尾矿库、铁矿尾矿库、其他金属及非金属矿尾矿库为 C 类。

2. 尾矿库周边环境敏感程度

根据尾矿库周边环境敏感目标情况，将尾矿库分为高敏感、中敏感、低敏感三个程度。

（1）高敏感：尾矿库库址位于长江和黄河干流岸线 3 公里、重要支流岸线 1 公里范围内；跨国境河流 10 公里范围内；365 个水质较好湖泊与市、县级集中式地表水饮用水水源地上游 10 公里区域内。

（2）中敏感：尾矿库库址位于长江和黄河干流岸线 3 ～ 10 公里、重要支流岸线 1 ～ 10 公里范围内；365 个水质较好湖泊与市、县级集中式地表水饮用水水源地上游 10 ～ 30 公里区域内。

（3）低敏感：其他区域内的尾矿库。

3. 矩阵定性分类

综合进行矩阵分析，将尾矿库分为Ⅰ、Ⅱ、Ⅲ三类（见表 1）。对尾矿库定性分类赋基础分，Ⅰ、Ⅱ、Ⅲ三类分别赋值60、50、40分。

表1 尾矿库环境监管定性分类表

类别＼矿种 敏感程度	A类			B类					C类		
	铅锌矿	铜矿	汞矿	镍矿	锡矿	涉氰金矿	钨钼矿	锑矿	浮选金矿	铁矿	其他金属及非金属矿
高敏感	Ⅰ			Ⅰ					Ⅱ		
中敏感	Ⅰ			Ⅱ					Ⅲ		
低敏感	Ⅱ			Ⅲ					Ⅲ		

（二）定量分析

按照尾矿库的生产状态分为在用、停用、封场（闭库）三类，对各类尾矿库确定5项环境监管评价指标。5项评价指标分为共性评价指标和差异性评价指标，分别选取关键的环境监管评价指标进行定量赋分。

共性评价指标为“尾矿库等别”“尾矿库启用时间”“环境风险控制”“主要污染防治设施”4项，共性评价指标赋分最高30分。差异性评价指标1项，在用尾矿库选取“尾矿入库形式”，停用尾矿库选取“是否为无主库”，封场（闭库）尾矿库选取“是否通过闭库验收”；差异性评价指标赋分最高10分。

1. 共性评价指标与赋分

（1）尾矿库等别（10分、5分、0分）

一等、二等、三等尾矿库赋值10分；四等尾矿库赋值5分；五等尾矿库赋值0分。

（2）尾矿库启用时间（5分、0分）

尾矿库启用时间为2005年以前的尾矿库，赋值5分；启用时间为2005年（含）以后的尾矿库，赋值0分。

（3）环境风险控制（5分、0分）

近3年内存在被处罚的环境违法行为，或因环境问题与周边存在纠纷，或近3年内发生过较大及以上等级的生产安全事故或突发环境事件的尾矿库赋值5分；其他的，赋值0分。

（4）主要污染防治设施（0分、5分、10分）

尾矿废水达标排放或不外排，地下水水质监测井、渗滤液收集设施正常运行的，赋值 0 分；尾矿废水达标排放或不外排，两项污染防治设施缺失或不正常运行的，赋值 5 分；其他的，赋值 10 分。

2. 差异性指标与赋分

（1）在用尾矿库尾矿入库形式（10 分、5 分）

尾矿湿排入库的尾矿库赋值 10 分；干堆入库的赋值 5 分。

（2）停用尾矿库是否为无主库（10 分、5 分）

无主库赋值 10 分；有生产经营主体或政府指定单位能够正常维护的尾矿库赋值 5 分。

（3）封场（闭库）尾矿库是否通过闭库验收（0 分、10 分）

按照有关规定完成闭库并通过闭库验收的尾矿库赋值 0 分；未验收的赋值 10 分。

（三）划分环境监管等级

1. 定性分类与定量分析赋分汇总

将尾矿库定性分类基础分与定量指标赋分加和汇总，确定尾矿库分类分级总分值（见表 2）。

表 2　尾矿库赋分汇总表

赋分 / 生产状态 / 分类指标		在用	停用	封场（闭库）
一、定性分值（Ⅰ、Ⅱ、Ⅲ）		60、50、40		
二、定量分值		40		
共性指标	1. 尾矿库等别	10、5、0		
	2. 启用时间	5、0		
	3. 环境风险防控	5、0		
	4. 主要污染防治设施	0、5、10		
差异性指标	1. 尾矿入库形式	10、5	—	—
	2. 是否为无主库	—	10、5	—
	3. 是否通过闭库验收	—	—	0、10

2. 划分等级

按尾矿库分类分级总分值从高到低排序，划分尾矿库的环境监管等级。总分85分（含）以上为一级环境监管尾矿库;65分（含）至85分为二级环境监管尾矿库;65分以下为三级环境监管尾矿库。原则上对一级和二级环境监管尾矿库实施重点管控。

（四）其他

1. 尾矿库当年新投入运营的，应测算划分其环境监管等级。

2. 尾矿库环境监管评价指标信息发生变化的，应重新测算划分其环境监管等级。

3. 尾矿库主要污染防治设施缺失或应急预案中相关措施未落实，且拒不整改或拖延整改的；经有关部门通报或企业自查发现存在重大安全隐患的；经专家研判需提高环境监管等级的；应调高其环境监管等级。

4. 尾矿库封场（闭库）后，连续两年没有渗滤液产生或产生的渗滤液未经处理即可稳定达标排放，且地下水水质连续两年不超出上游监测井水质或区域地下水本底水平，可不再划分其环境监管等级。

生态环境部关于发布《一般工业固体废物管理台账制定指南（试行）》的公告

（公告〔2021〕82号）

为落实《中华人民共和国固体废物污染环境防治法》第三十六条关于建立工业固体废物管理台账的有关规定，指导产生工业固体废物的单位做好台账管理相关工作，我部制定了《一般工业固体废物管理台账制定指南（试行）》。现予以发布，自发布之日起施行。

特此公告。

附件：一般工业固体废物管理台账制定指南（试行）

生态环境部

2021年12月30日

附件

一般工业固体废物管理台账制定指南（试行）

1 目的和依据

台账制度是规范工业固体废物流向的重要抓手，是实现工业固体废物全过程管理的基础性、保障性制度。产生工业固体废物的单位（以下简称产废单位）建立工业固体废物管理台账，如实记录工业固体废物的种类、数量、流向、贮存、利用、处置等信息，可以实现工业固体废物可追溯、可查询的目的，推动企业提升固体废物管理水平。

为落实《中华人民共和国固体废物污染环境防治法》第三十六条关于建立工业固体废物管理台账的要求，规范一般工业固体废物管理台账制定工作，制定本指南。

2 适用范围

本指南适用于规范产废单位制定一般工业固体废物管理台账。工业危险废物管理台账制定不适用本指南。

3 前期准备工作

（1）分析一般工业固体废物的产生情况。从原辅材料与产品、生产工艺等方面分析固体废物的产生情况，确定固体废物的种类，了解并熟悉所产生固体废物的基本特性。

（2）明确负责人及相关设施、场地。明确固体废物产生部门、贮存部门、自行利用部门和自行处置部门负责人，为固体废物产生设施、贮存设施、自行利用设施和自行处置设施编码。

（3）确定接受委托的利用处置单位。委托他人利用、处置的，应当按照《中华人民共和国固体废物污染环境防治法》第三十七条要求，选择有资格、有能力的利用处置单位。

4 台账管理要求

（1）一般工业固体废物管理台账实施分级管理。附表1至附表3为必填信息，主要用于记录固体废物的基础信息及流向信息，所有产废单位均应当填写。附表1按年填写，应当结合环境影响评价、排污许可等材料，根据实际生产运营情况记录固体废物产生信息，生产工艺发生重大变动等原因导致固体废物产生种类等发生变化的，应当及时另行填写附表1；附表2按月填写，记录固体废物的产生、贮存、利用、处置数量和利用、处置方式等信息；附表3按批次填写，每一批次固体废物的出厂以及转移信息均应当如实记录。

（2）附表4至附表7为选填信息，主要用于记录固体废物在产废单位内部的贮存、利用、处置等信息。附表4至附表7、根据地方及企业管理需要填写，省级生态环境主管部门可根据工作需要另行规定具体适用范围和记录要求。填写时应确保固体废物的来源信息、流向信息完整准确；根据固体废物产生周期，可按日或按班次、批次填写。

（3）产废单位填写台账记录表时，应当根据自身固体废物产生情况，从附表8中选择对应的固体废物种类和代码，并根据固体废物种类确定固体废物的具体名称。

（4）鼓励产废单位采用国家建立的一般工业固体废物管理电子台账，简化数据填写、台账管理等工作。地方和企业自行开发的电子台账要实现与国家系统对接。建立电子台账的产废单位，可不再记录纸质台账。

（5）台账记录表各表单的负责人对记录信息的真实性、完整性和规范性负责。

（6）产废单位应当设立专人负责台账的管理与归档，一般工业固体废物管理台账保存期限不少于5年。

（7）鼓励有条件的产废单位在固体废物产生场所、贮存场所及磅秤位置等关键点位设置视频监控，提高台账记录信息的准确性。

附表：1. 一般工业固体废物产生清单（　年度）

2. 一般工业固体废物流向汇总表（　年　月）

3. 一般工业固体废物出厂环节记录表

4. 一般工业固体废物产生环节记录表

5. 一般工业固体废物贮存环节记录表

6.1 一般工业固体废物自行利用环节记录表（接收）

6.2 一般工业固体废物自行利用环节记录表（运出）

7. 一般工业固体废物自行处置环节记录表

8. 一般工业固体废物分类表

附表 1

一般工业固体废物产生清单（　年度）

负责人签字：　　　　填表人签字：　　　　填表日期：

序号	代码	名称	类别	产生环节	物理性状	主要成分	污染特性	产废系数 / 年产生量
1								
2								
…								

注：1. 代码：根据实际情况从附表 8 中选择对应的代码。

2. 名称：结合附表 8 中的废物种类确定具体的名称。以尾矿为例，应当依据采选的主要矿种命名尾矿的具体名称，如铁尾矿、铜尾矿、铅尾矿、铅锌尾矿等。

3. 类别：选择第 I 类一般工业固体废物或第 II 类一般工业固体废物。

4. 产生环节：说明固体废物的产生来源，例如在某个设施以某种原辅材料生产某种产物时产生的废物，明确产生废物的生产设施编码。

5. 物理性状：选择固态、半固态、液态、气态或其他形态。

6. 主要成分：固体废物含有的典型物质成分，如磷石膏的主要成分为硫酸钙。

7. 污染特性：描述固体废物的特征污染物，以及其释放迁移对大气、水、土壤环境造成的影响。

8. 产废系数 / 年产生量：单位产品或单位原料所产生的固体废物量，或者填写固体废物的年度产生量。

附表 2

一般工业固体废物流向汇总表（ 年 月）

负责人签字： 填表人签字： 填表日期：

代码	名称	类别	产生量	贮存量	累计贮存量	自行利用方式	自行利用数量	委托利用方式	委托利用数量	自行处置方式	自行处置数量	委托处置方式	委托处置数量

注：1. 产生量、贮存量、利用量、处置量：均为填表期间内的实际发生数量。

2. 累计贮存量：截止到填表当月月底，累计实际贮存总量，包括本指南实施之前发生的贮存量。

3. 自行 / 委托利用方式：根据实际情况。简要描述利用技术路线和利用产物。

4. 自行 / 委托处置方式：根据实际情况，选择焚烧、填埋、其他处置方式。

5. 利用 / 处置数量：原则上应以“吨”为单位计量，如以其他单位计量则应说明计量单位，并通过估算换算成以“吨”计量。

附表 3

一般工业固体废物出厂环节记录表

记录表编号：　　　　负责人签字：　　　　填表日期：

代码	名称	出厂时间	出厂数量（单位）	出厂环节经办人	运输单位	运输信息	运输方式	接收单位	流向类型

注：1. 记录表编号：可采用“出厂”首字母加年月日再加编号的方式设计，例如“CC20210731001”，也可根据需要自行设计。

2. 出厂时间：原则上应精确至“分”。

3. 出厂数量：原则上应以“吨”为单位计量，如以其他单位计量则应说明计量单位，并通过估算换算成以“吨”计量。

4. 运输信息：填写运输车辆车牌号码、驾驶员姓名及联系方式。

5. 运输方式：选择公路、铁路、水路。

6. 流向类型：选择省内转移、跨省转移、越境转移。

附表 4

一般工业固体废物产生环节记录表

记录表编号：　　　　生产设施编码：　　　　废物产生部门负责人：　　　　填表日期：

代码	名称	产生时间	产生数量（单位）	转移时间	转移去向	产生部门经办人	运输经办人

注：1. 记录表编号：可采用“产生”首字母加年月日再加编号的方式设计，例如“CS20210731001”，也可根据需要自行设计。

2. 生产设施编码：填写排污许可证载明的设施编码，无编码的依据 HJ 608 自行编码。无固定产生环节的固体废物，可不填写编码。

3. 转移去向：是指固体废物在厂内的转移去向，如不经过贮存、利用等环节直接出厂则填写“出厂”。

4. 运输经办人：是指固体废物在厂内的运输经办人员。

5. 对于废物连续产生的情况，产生时间可按日或按班次计，“转移时间”填写“连续产生”，“运输经办人”项可不填写。

附表 5

一般工业固体废物贮存环节记录表

记录表编号：　　　　贮存设施编码：　　　　贮存部门负责人：　　　　填表日期：

入库情况								出库情况				
废物来源	前序表单编号	代码	名称	入库时间	入库数量（单位）	运输经办人	贮存部门经办人	出库时间	出库数量（单位）	废物去向	贮存部门经办人	运输经办人

注：1. 记录表编号：可采用“贮存”首字母加年月日再加编号的方式设计，例如“ZC20210731001”，也可根据需要自行设计。

2. 贮存设施编码：填写排污许可证载明的设施编码，无编码的依据 HJ 608 自行编码。

3. 废物来源：填写废物移出设施（废物产生设施或贮存设施）的编码和名称。

4. 前序表单编号：如废物来自生产环节，则填写附表 4 的记录表编号；如废物来自贮存环节，则填写其他贮存场地附表 5 的记录表编号。

5. 如废物为连续产生且经过皮带、管道等方式自动入库而无废物运输经办人，则运输经办人可不填，入库时间可按日计。

附表 6.1

一般工业固体废物自行利用环节记录表（接收）

记录表编号：　　　　自行利用设施编码：　　　　自行利用部门负责人：　　　　填表日期：

废物来源	前序表单编号	代码	名称	接收时间	接收数量（单位）	运输经办人	自行利用部门经办人

注：1. 记录表编号：可采用“接收”首字母加年月日再加编号的方式设计，例如“JS20210731001”，也可根据需要自行设计。

2. 自行利用设施编码：填写排污许可证载明的设施编码，无编码的依据 HJ 608 自行编码。

3. 前序表单编号：如废物来自生产环节，则填写附表 4 的记录表编号；如废物来自贮存环节，则填写附表 5 的记录表编号。

4. 运输经办人：是指固体废物在厂内的运输经办人员。

附表 6.2

一般工业固体废物自行利用环节记录表（运出）

记录表编号：　　自行利用设施编码：　　自行利用部门负责人：　　填表日期：

利用产物名称	运出时间	运出数量（单位）	运出去向	自行利用部门经办人	运输经办人

注：1. 记录表编号：可采用“运出”首字母加年月日再加编号的方式设计，例如“YC20210731001”，也可根据需要自行设计。

2. 运出去向：根据实际情况填写，利用产物可企业自用，也可对外销售等。

3. 运输经办人：可根据实际情况，填写厂内运输经办人或出厂运输经办人。

附表 7

一般工业固体废物自行处置环节记录表

记录表编号：　　　　自行处置设施编码：　　　　自行处置部门负责人：　　　　填表日期：

废物来源	前序表单编号	代码	名称	接收时间	接收数量（单位）	处置方式	自行处置部门经办人

注：1. 记录表编号：可采用“处置”首字母加年月日再加编号的方式设计，例如“CZ20210731001”，也可根据需要自行设计。

2. 自行处置设施编码：填写排污许可证载明的设施编码，无编码的依据 HJ 608 自行编码。

3. 前序表单编号：如废物来自生产环节，则填写附表 4 的记录表编号；如废物来自贮存环节，则填写附表 5 的记录表编号。

附表 8

一般工业固体废物分类表

废物代码	废物种类	废物描述
SW01	冶炼废渣	黑色金属冶炼、有色金属冶炼、贵金属冶炼等产生的固体废物（不含赤泥），包括炼铁产生的高炉渣、炼钢产生的钢渣、电解锰产生的锰渣等
SW02	粉煤灰	从燃煤过程产生烟气中收捕下来的细微固体颗粒物，不包括从燃煤设施炉膛排出的灰渣，主要来自火力发电和其他使用燃煤设施的行业
SW03	炉渣	燃烧设备从炉膛排出的灰渣（不含冶炼废渣），不包括燃料燃烧过程中产生的烟尘
SW04	煤矸石	煤炭开采、洗选产生的矸石以及煤泥等固体废物
SW05	尾矿	金属、非金属矿山开采出的矿石，经选矿厂选出有价值的精矿后产生的固体废物，包括铁矿、铜矿、铅矿、铅锌矿、金矿（涉氰或浮选）、钨钼矿、硫铁矿、萤石矿、石墨矿等矿石选矿后产生的尾矿
SW06	脱硫石膏	废气脱硫的湿式石灰石/石膏法工艺中，吸收剂与烟气中 SO_2 等反应后生成的副产物
SW07	污泥	各类污水处理产生的固体沉淀物
SW09	赤泥	从铝土矿中提炼氧化铝后排出的污染性废渣，一般含氧化铁量大，外观与赤色泥土相似
SW10	磷石膏	在磷酸生产中用硫酸分解磷矿时产生的二水硫酸钙、酸不溶物，未分解磷矿及其他杂质的混合物。主要来自磷肥制造业
SW11	工业副产石膏	工业生产活动中产生的以硫酸钙为主要成分的石膏类废物，包括氟石膏、硼石膏、钛石膏、芒硝石膏、盐石膏、柠檬酸石膏等，不含脱硫石膏、磷石膏
SW12	钻井岩屑	石油、天然气开采活动以及其他采矿业产生的钻井岩屑等矿业固体废物，不包括煤矸石、尾矿
SW13	食品残渣	农副食品加工、食品制造等产生的有机类固体废物，包括各类农作物、牲畜、水产品加工残余物等
SW14	纺织皮革业废物	纺织、皮革、服装等行业产生的固体废物，包括丝、麻、棉边角废料等
SW15	造纸印刷业废物	造纸业、印刷业产生的固体废物，包括造纸白泥等
SW16	化工废物	石油煤炭加工、化工行业、医药制造业产生的固体废物，包括气化炉渣、电石渣等
SW17	可再生类废物	工业生产加工活动中产生的废钢铁、废有色金属、废纸、废塑料、废玻璃、废橡胶、废木材等

续表 8

废物代码	废物种类	废物描述
SW59	其他工业固体废物	除上述种类以外的其他工业固体废物

说明：

①本表的目的是为固体废物环境管理提供便利，不是固体废物或危险废物鉴别的依据。

②列入本表的一般工业固体废物，是指按照国家规定的标准和程序判定不属于危险废物的工业固体废物。

生态环境部关于
进一步加强重金属污染防控的意见

（环固体〔2022〕17号）

各省、自治区、直辖市生态环境厅（局），新疆生产建设兵团生态环境局：

“十三五”时期，重金属污染防控取得积极成效。同时应该看到，一些地区重金属污染问题仍然突出，威胁生态环境安全和人民群众健康，重金属污染防控任重道远。根据《中共中央　国务院关于深入打好污染防治攻坚战的意见》，为进一步强化重金属污染物排放控制，有效防控涉重金属环境风险，制定本意见。

一、指导思想

以习近平新时代中国特色社会主义思想为指导，全面贯彻落实党的十九大和十九届历次全会精神，深入贯彻落实习近平生态文明思想，立足新发展阶段，完整、准确、全面贯彻新发展理念，服务构建新发展格局，把握减污降碳协同增效总要求，以改善生态环境质量为核心，以有效防控重金属环境风险为目标，以重点重金属污染物减排为抓手，坚持稳中求进工作总基调，坚持精准治污、科学治污、依法治污，深入开展重点行业重金属污染综合治理，有效管控重点区域重金属污染，切实维护生态环境安全和人民群众健康。

二、防控重点

重点重金属污染物。重点防控的重金属污染物是铅、汞、镉、铬、砷、铊和锑，并对铅、汞、镉、铬和砷五种重点重金属污染物排放量实施总量控制。

重点行业。包括重有色金属矿采选业（铜、铅锌、镍钴、锡、锑和汞矿采选），重有色金属冶炼业（铜、铅锌、镍钴、锡、锑和汞冶炼），铅蓄电池制造业，电镀行业，化学原料及化学制品制造业〔电石法（聚）氯乙烯制造、铬盐制造、以工业固体废物为原料的锌无机化合物工业〕，皮革鞣制加工业等6个行业。

重点区域。依据重金属污染物排放状况、环境质量改善和环境风险防控需求，划定重金属污染防控重点区域。

鼓励地方根据本地生态环境质量改善目标和重金属污染状况，确定上述要求以外的重点重金属污染物、重点行业和重点区域。

三、主要目标

到2025年，全国重点行业重点重金属污染物排放量比2020年下降5%，重点行业绿色发展水平较快提升，重金属环境管理能力进一步增强，推进治理一批突出历史遗留重金属污染问题。

到2035年，建立健全重金属污染防控制度和长效机制，重金属污染治理能力、环境风险防控能力和环境监管能力得到全面提升，重金属环境风险得到全面有效管控。

四、分类管理，完善重金属污染物排放管理制度

完善全口径清单动态调整机制。各地生态环境部门全面排查以工业固体废物为原料的锌无机化合物工业企业信息，将其纳入全口径涉重金属重点行业企业清单（以下简称全口径清单）；梳理排查以重点行业企业为主的工业园区，建立涉重金属工业园区清单；及时增补新、改、扩建企业信息和漏报企业信息，动态更新全口径清单，并在省（区、市）生态环境厅（局）网站上公布。依法将重点行业企业纳入重点排污单位名录。

加强重金属污染物减排分类管理。根据各省（区、市）重金属污染物排放量基数和减排潜力，分档确定减排目标；按重点区域、重点行业以及重点重金属，实施差别化减排政策。各地生态环境部门应进一步摸排企业情况，挖掘减排潜力，以结构调整、升级改造和深度治理为主要手段，将减排目标任务落实到具体企业，推动实施一批重金属减排工程，持续减少重金属污染物排放。

推行企业重金属污染物排放总量控制制度。依法将重点行业企业纳入排污许可管理。对于实施排污许可重点管理的企业，排污许可证应当明确重金属污染物排放种类、许可排放浓度、许可排放量等。各地生态环境部门探索将重点行业减排企业

重金属污染物排放总量要求落实到排污许可证，减排企业在执行国家和地方污染物排放标准的同时，应当遵守分解落实到本单位的重金属排放总量控制要求。重点行业企业适用的污染物排放标准、重点污染物总量控制要求发生变化，需要对排污许可证进行变更的，审批部门可以依法对排污许可证相应事项进行变更，并载明削减措施、减排量，作为总量替代来源的还应载明出让量和出让去向。到2025年，企业排污许可证环境管理台账、自行监测和执行报告数据基本实现完整、可信，有效支撑重点行业企业排放量管理。

探索重金属污染物排放总量替代管理豁免。在统筹区域环境质量改善目标和重金属环境风险防控水平、高标准落实重金属污染治理要求并严格审批前提下，对实施国家重大发展战略直接相关的重点项目，可在环评审批程序实行重金属污染物排放总量替代管理豁免。对利用涉重金属固体废物的重点行业建设项目，特别是以历史遗留涉重金属固体废物为原料的，在满足利用固体废物种类、原料来源、建设地点、工艺设备和污染治理水平等必要条件并严格审批前提下，可在环评审批程序实行重金属污染物排放总量替代管理豁免。

五、严格准入，优化涉重金属产业结构和布局

严格重点行业企业准入管理。新、改、扩建重点行业建设项目应符合“三线一单”、产业政策、区域环评、规划环评和行业环境准入管控要求。重点区域的新、改、扩建重点行业建设项目应遵循重点重金属污染物排放“减量替代”原则，减量替代比例不低于1.2∶1；其他区域遵循“等量替代”原则。建设单位在提交环境影响评价文件时应明确重点重金属污染物排放总量及来源。无明确具体总量来源的，各级生态环境部门不得批准相关环境影响评价文件。总量来源原则上应是同一重点行业内企业削减的重点重金属污染物排放量，当同一重点行业内企业削减量无法满足时可从其他重点行业调剂。严格重点行业建设项目环境影响评价审批，审慎下放审批权限，不得以改革试点为名降低审批要求。

依法推动落后产能退出。根据《产业结构调整指导目录》《限期淘汰产生严重污染环境的工业固体废物的落后生产工艺设备名录》等要求，推动依法淘汰涉重金属落后产能和化解过剩产能。严格执行生态环境保护等相关法规标准，推动经整改仍达不到要求的产能依法依规关闭退出。

优化重点行业企业布局。推动涉重金属产业集中优化发展，禁止低端落后产能向长江、黄河中上游地区转移。禁止新建用汞的电石法（聚）氯乙烯生产工艺。新建、扩建的重有色金属冶炼、电镀、制革企业优先选择布设在依法合规设立并经规划环评的产业园区。广东、江苏、辽宁、山东、河北等省份加快推进专业电镀企业入园，力争到2025年底专业电镀企业入园率达到75%。

六、突出重点，深化重点行业重金属污染治理

加强重点行业企业清洁生产改造。加强重点行业清洁生产工艺的开发和应用。重点行业企业“十四五”期间依法至少开展一轮强制性清洁生产审核。到2025年底，重点行业企业基本达到国内清洁生产先进水平。加强重金属污染源头防控，减少使用高镉、高砷或高铊的矿石原料。加大重有色金属冶炼行业企业生产工艺设备清洁生产改造力度，积极推动竖罐炼锌设备替代改造和铜冶炼转炉吹炼工艺提升改造。电石法（聚）氯乙烯生产企业生产每吨聚氯乙烯用汞量不得超过49.14克，并确保持续稳中有降。

推动重金属污染深度治理。自2023年起，重点区域铅锌冶炼和铜冶炼行业企业，执行颗粒物和重点重金属污染物特别排放限值。根据排放标准相关规定和重金属污染防控需求，省级人民政府可增加执行特别排放限值的地域范围。上述执行特别排放限值的地域范围，由省级人民政府通过公告或印发相关文件等适当方式予以公布。重有色金属冶炼企业应加强生产车间低空逸散烟气收集处理，有效减少无组织排放。重有色金属矿采选企业要按照规定完善废石堆场、排土场周边雨污分流设施，建设酸性废水收集与处理设施，处理达标后排放。采用洒水、旋风等简易除尘治理工艺的重有色金属矿采选企业，应加强废气收集，实施过滤除尘等颗粒物治理升级改造工程。开展电镀行业重金属污染综合整治，推进专业电镀园区、专业电镀企业重金属污染深度治理。排放汞及汞化合物的企业应当采用最佳可行技术和最佳环境实践，控制并减少汞及汞化合物的排放和释放。

开展涉镉涉铊企业排查整治行动。开展农用地土壤镉等重金属污染源头防治行动，持续推进耕地周边涉镉等重金属行业企业排查整治。全面排查涉铊企业，指导督促涉铊企业建立铊污染风险问题台账并制定问题整改方案。开展重有色金属冶炼、钢铁等典型涉铊企业废水治理设施除铊升级改造，严格执行车间或生产设施废

水排放口达标要求。各地生态环境部门构建涉铊企业全链条闭环管理体系，督促企业对矿石原料、主副产品和生产废物中铊成分进行检测分析，实现铊元素可核算可追踪。江西、湖南、广西、贵州、云南、陕西、甘肃等省份要制定铊污染防控方案，强化涉铊企业综合整治，严防铊污染问题发生。

加强涉重金属固体废物环境管理。加强重点行业企业废渣场环境管理，完善防渗漏、防流失、防扬散等措施。推动锌湿法冶炼工艺按有关规定配套建设浸出渣无害化处理系统及硫渣处理设施。加强尾矿污染防控，开展长江经济带尾矿库污染治理"回头看"和黄河流域、嘉陵江上游尾矿库污染治理。严格废铅蓄电池、冶炼灰渣、钢厂烟灰等含重金属固体废物收集、贮存、转移、利用处置过程的环境管理，防止二次污染。

推进涉重金属历史遗留问题治理。全面推动陕西省白河县硫铁矿区污染系统治理，有序推进丹江口库区及上游等地区历史遗留矿山污染排查整治，因地制宜、"一矿一策"，形成一批可复制可推广的污染治理技术模式。推动"锰三角"地区加快锰产业结构调整，系统开展锰污染治理和生态修复，加强全国其他地区涉锰企业污染整治。坚持问题导向，举一反三，推动地方结合农用地土壤镉等重金属污染防治、清废行动等专项工作，开展废渣、底泥等突出历史遗留重金属污染问题排查，以防控环境风险为核心实施分类整治。对问题复杂、短期难以彻底解决的问题，要以保障人体健康为优先目标做好污染阻隔等风险管控措施，防止污染饮用水水源地、耕地等环境敏感目标。鼓励有条件的地方利用卫星遥感、无人机、大数据等手段开展历史遗留重金属污染问题排查。

七、健全标准，加强重金属污染监管执法

完善重金属污染物标准体系。研究修订铅锌、电镀等行业污染物排放标准，加快制定出台废水重金属在线监测系统安装、运行、验收技术规范。修订《重点重金属污染物排放量控制目标完成情况评估细则（试行）》。省级生态环境部门结合本地区突出的重金属污染问题，加强地方排放标准体系建设，对于涉锰、锑、钼等产业分布集中的地区，要加快研究制定地方性生态环境标准，推动解决区域性特色行业污染问题。

强化重金属污染监控预警。加快推进废水、废气重金属在线监测技术、设备的

研发与应用。建立健全重金属污染监控预警体系，提升信息化监管水平。各地生态环境部门在涉铊涉锑行业企业分布密集区域下游，依托水质自动监测站加装铊、锑等特征重金属污染物自动监测系统。排放镉等重金属的企业，应依法对周边大气镉等重金属沉降及耕地土壤重金属进行定期监测，评估大气重金属沉降造成耕地土壤中镉等重金属累积的风险，并采取防控措施。鼓励重点行业企业在重点部位和关键节点应用重金属污染物自动监测、视频监控和用电（能）监控等智能监控手段。

强化涉重金属执法监督力度。将重点行业企业及相关堆场、尾矿库等设施纳入“双随机、一公开”抽查检查对象范围，进行重点监管。加大排污许可证后监管力度，对重金属污染物实际排放量超出许可排放量的企业依法依规处理。将对涉重金属行业专项执法检查纳入污染防治攻坚战监督检查考核工作，依法严厉打击超标排放、不正常运行污染治理设施、非法排放、倾倒、收集、贮存、转移、利用、处置含重金属危险废物等违法违规行为，涉嫌犯罪的，依法移送公安机关依法追究刑事责任。

强化涉重金属污染应急管理。重点行业企业应依法依规完善环境风险防范和环境安全隐患排查治理措施，制定环境应急预案，储备相关应急物资，定期开展应急演练。各地生态环境部门结合“一河一策一图”将涉重金属污染应急处置预案纳入本地突发环境应急预案，加强应急物资储备，定期开展应急演练，不断提升环境应急处置能力。

八、落实责任，促进信息公开和社会共治

分解工作任务。省级生态环境部门明确重金属污染防控责任人，加强组织领导，制定工作方案，明确年度减排目标，细化任务分工，逐项落实工作任务，确保各项工作顺利开展。按照“一区一策”原则，在工作方案中明确各重点区域污染控制、质量改善、风险管控等任务。省级工作方案应于 2022 年 6 月 30 日前报送生态环境部备案。

定期调度进展。省级生态环境部门要加强重金属污染防控工作调度和成效评估，每年 7 月 15 日前将上半年重点行业建设项目总量替代清单、减排工程实施清单，每年 1 月底前将上年重金属污染防控工作进展、减排评估结果和动态更新后的全口径企业清单报送生态环境部。生态环境部根据省级生态环境部门工作情况，加

强工作指导和技术帮扶。对于进展滞后的地区实施预警，对未执行总量替代政策的进行通报。

加强财政金融支持。省级生态环境部门按照土壤污染防控等资金管理相关规定合理使用资金，积极拓宽资金来源渠道，支持涉重金属历史遗留问题治理等工作。收集、贮存、运输、利用、处置涉重金属危险废物的单位，应当按照国家有关规定，投保环境污染责任保险。鼓励各地探索开展重金属污染物排污权交易工作。

鼓励公众参与。重点行业企业应依法披露重金属相关环境信息。有条件的企业可设置企业公众开放日。充分发挥行业协会等社会团体作用，督促企业自觉履行社会责任。支持各地建立完善有奖举报制度，将举报重点行业企业非法生产、不正常运行治理设施、超标排放、倾倒转移含重金属废物等列入重点奖励范围。

生态环境部

2022 年 3 月 3 日

生态环境部关于发布《尾矿库污染隐患排查治理工作指南（试行）》的公告

（公告〔2022〕10号）

为加强和规范尾矿库污染隐患排查治理，防范和化解尾矿库环境风险，我部制定了《尾矿库污染隐患排查治理工作指南（试行）》，现予公布。本指南自公布之日起施行。

特此公告。

附件：尾矿库污染隐患排查治理工作指南（试行）

生态环境部

2022年5月20日

附件

尾矿库污染隐患排查治理工作指南（试行）

1 总则

1.1 编制目的

为贯彻落实尾矿库环境管理制度要求，加强和规范尾矿库污染隐患排查治理，防范和化解尾矿库环境风险，推动尾矿库污染隐患排查治理制度化、常态化，根据相关法律、法规、标准、规范，编制本指南。

1.2 适用范围

本指南适用于指导生态环境部门组织开展尾矿库污染隐患排查治理和监督管理工作，以及指导尾矿库运营、管理单位自行开展尾矿库污染隐患排查治理。

贮存放射性尾矿的尾矿库适用放射性污染防治有关法律法规的规定，不适用本指南。

本指南未作规定事宜，应符合国家和行业有关标准的要求或规定。

1.3 编制依据

本指南内容引用了下列文件或其中的条款，凡是未注明日期的引用文件，其有效版本适用于本指南。

GB 18599　一般工业固体废物贮存和填埋污染控制标准

GB 18598　危险废物填埋污染控制标准

GB 50863　尾矿设施设计规范

HJ 164　地下水环境监测技术规范

HJ 819　排污单位自行监测技术指南　总则

HJ 25.3　建设用地土壤污染风险评估技术导则

《尾矿污染环境防治管理办法》（生态环境部令第 26 号）

《突发环境事件应急管理办法》（原环境保护部令第 34 号）

《环境监测管理办法》(原国家环境保护总局令第39号)

《尾矿库环境监管分类分级技术规程(试行)》

1.4　术语和定义

下列定义和术语适用于本指南。

(1)尾矿

金属非金属矿山开采出的矿石，经选矿厂选出有价值的精矿后产生的固体废物。

(2)尾矿库

用以贮存尾矿的场所。尾矿库的封场也称闭库。

(3)尾矿库污染隐患

由于环境保护及相关措施不到位，导致尾矿库及其附属设施存在发生污染物渗漏、扬散、流失等风险，可能对地表水、地下水、大气、土壤造成潜在的污染。

(4)尾矿库运营、管理单位

包括尾矿库所属企业和地方人民政府指定的尾矿库管理维护单位。

2　排查治理工作要求

坚持精准治污、科学治污、依法治污的工作方针，突出重点、分类施策，形成污染隐患排查、污染隐患治理、治理成效核查的管理闭环，建立尾矿库环境管理台账，不断提升尾矿库污染隐患排查治理规范化、制度化、常态化水平。

2.1　省级生态环境部门

省级生态环境部门统筹协调推进尾矿库污染隐患摸底排查和常态化排查治理工作，建立健全执法监管和指导帮扶长效机制，加强工作调度。重点加强一级环境监管尾矿库的监督管理，并对排查发现存在生态环境问题多、环境风险隐患突出、群众反映强烈的尾矿库开展抽查。结合尾矿库污染隐患排查治理工作同步完善尾矿库分类分级环境监督管理清单。

省级生态环境部门每年1月底前将上年度尾矿库污染隐患排查治理工作情况报送生态环境部。

2.2　地市级生态环境部门

组织开展摸底排查。本指南发布后，对辖区内尾矿库立即组织开展一次污染隐患全面排查工作，对排查发现的尾矿库环境风险问题分类梳理，建立排查问题清单；同时指导尾矿库运营、管理单位建立尾矿库环境管理台账。

督促问题整改。督促尾矿库运营、管理单位对照排查问题清单及时实施治理，消除污染隐患。对未按照要求开展问题整改的，责令限期完成；对问题整改不到位或拒不整改的，依照有关环境保护法律法规进行处罚。

建立常态化执法监管机制。结合摸底排查工作，进一步建立完善常态化执法监管机制，并督促指导尾矿库运营、管理单位建立健全污染隐患排查治理制度。在企业自查的基础上，及时对尾矿库运营、管理单位开展尾矿库污染隐患排查治理情况进行常态化监督指导。对行政区域内一级环境监管尾矿库监督指导每年不少于两次，并至少在汛期前开展一次；对二级环境监管尾矿库每年不少于一次；对三级环境监管尾矿库随机开展抽查，优先抽查生态环境问题多、环境风险隐患突出、群众反映强烈的尾矿库。在汛期、重大活动等重要时段，加大监督检查力度和频次。对于重大环境风险隐患问题，应及时主动逐级上报。

地方生态环境部门在污染隐患排查治理工作过程中若发现尾矿库安全设施存在或可能存在安全风险隐患，应及时通报应急管理部门并做好记录，同时提醒尾矿库运营、管理单位主动向应急管理部门报告，自觉接受监管。

2.3 尾矿库运营、管理单位

履行主体责任。尾矿库运营、管理单位是尾矿库污染隐患排查治理的责任主体，其中，无主尾矿库的污染隐患排查治理由地方人民政府指定的尾矿库管理维护单位组织开展。此外，尾矿库运营、管理单位还应当落实尾矿库安全生产等有关法律法规要求。

建立排查治理制度。建立健全尾矿库污染隐患排查治理制度，强化日常排查治理工作，并在每年汛期前至少开展一次全面排查治理。根据排查问题清单，结合日常排查治理情况，制定治理方案，实施“一库一策”治理，明确具体治理措施、完成时间以及后续管理措施，消除污染隐患。

建立尾矿库环境管理台账。尾矿库环境管理台账实行“一库一档”，包括尾矿库基本信息、尾矿库污染防治设施建设和运行情况、环境监测情况、污染隐患排查治理情况、突发环境事件应急预案及其落实情况等信息。其中，污染隐患排查治理情况包括尾矿库污染隐患排查表及排查问题清单、尾矿库污染隐患治理方案、尾矿库治理成效核查表及相关佐证材料等内容。按照排查治理内容及变化情况及时更新尾矿库环境管理台账。

尾矿库运营、管理单位应当于每年 1 月 31 日之前通过全国固体废物污染环境防治信息平台填报尾矿库环境管理台账。

3　排查治理工作方法及要点

尾矿库污染隐患排查治理工作方法一般包括资料收集、现场排查、治理及成效核查等。

3.1　资料收集

重点收集尾矿库基本信息、环境管理信息、污染防治设施建设和运行情况等资料。收集的资料清单参考附表 1、可根据实际情况增减有关材料。

3.2　现场排查

根据尾矿库生产运行状态，按照运营（含在用、停用）和封场尾矿库污染隐患排查表（附表 2）开展现场排查，逐项记录污染隐患排查情况。

尾矿库污染隐患排查表列出了尾矿库重点设施和重点排查环节可能存在的污染隐患点。每一排查环节中存在任何一个污染隐患点的，应判定该环节存在污染隐患。不涉及的排查环节或污染隐患点可在备注中选填“不涉及”或注明特殊情况，并在判定该环节是否存在污染隐患时予以排除。

尾矿库环境监测中的特征污染因子可在环境影响评价文件及批复有关要求基础上，参考尾矿库特征污染因子汇总表（附表 4）确定。

3.3　治理及成效核查

根据污染隐患排查情况，制定并实施污染隐患治理方案（可参考附表 2 中治理建议）。治理完成后，应当逐项开展现场核验，填写尾矿库治理成效核查表（附表 3），完成一项，核查一项，销号一项。其中尾矿库污染隐患治理关键环节（回水池、环境应急事故池、渗滤液收集设施、尾矿水排放、尾矿水监测、地下水监测与防渗设施等）的治理情况需拍照留存。

附表：1. 建议收集的资料清单（略）

2. 运营和封场尾矿库污染隐患排查表（略）

3. 尾矿库治理成效核查表（略）

4. 尾矿库特征污染因子汇总表（略）

生态环境部关于发布国家固体废物污染控制标准《环境保护图形标志——固体废物贮存（处置）场》（GB 15562.2—1995）修改单的公告

为贯彻《中华人民共和国环境保护法》《中华人民共和国固体废物污染环境防治法》，防治环境污染，改善生态环境质量，现批准《环境保护图形标志——固体废物贮存（处置）场》（GB 15562.2—1995）修改单，并由生态环境部与国家市场监督管理总局联合发布。

依据有关法律规定，以上标准修改单具有强制执行效力。

以上标准修改单自 2023 年 7 月 1 日起实施，内容可在生态环境部网站（http://www.mee.gov.cn）查询。

特此公告。

附件：《环境保护图形标志 —— 固体废物贮存（处置）场》（GB 15562.2—1995）修改单

生态环境部

2023 年 1 月 20 日

生态环境部办公厅 2023 年 2 月 3 日印发

附件

《环境保护图形标志——固体废物贮存（处置）场》（GB 15562.2—1995）修改单

将“4 固体废物贮存、处置场图形标志”表 1 中表示危险废物贮存、处置场的警告图形符号修改为图 1：

图 1　危险废物贮存、处置场警告图形符号

甘肃省生态环境厅关于做好一般工业固体废物跨省转移利用备案有关工作的通知

（环办便函〔2021〕481号）

各市州生态环境局，兰州新区生态环境局，甘肃矿区环保局：

新修订的《中华人民共和国固体废物污染环境防治法》（以下简称“固废法”）第二十二条、第三十七条对固体废物跨省转移利用作出了相关规定。为做好固体废物跨省转移利用备案工作，现将有关事宜通知如下：

一、备案所需资料

（一）甘肃省固体废物跨省转移利用备案表（原件）；

（二）产废单位的营业执照副本（复印件，盖产废单位公章）；

（三）产废单位与接受单位、运输单位签订的书面合同（复印件，盖产废单位、运输单位和利用单位公章）；

（四）与一般工业固体废物利用相关的其他说明材料（原件，盖产废单位和利用单位公章）。

二、备案办理程序

申请单位提交备案申请资料至属地生态环境部门，经属地生态环境部门审核通过后，由申请单位将填写好的备案表及相关备案资料报省生态环境厅备案。备案资料一式4份，1份由申请单位留存，1份由市州生态环境局留存，另外2份交省生态环境厅。

三、其他要求

（一）加强监管。各市州生态环境部门应加强跨省转移利用固体废物企业（转入和转出）日常监管，督促企业落实一般工业固体废物污染防治有关法律法规要求。

（二）严格核查。收到移出地省级生态环境部门向我厅通报固体废物跨省转移利用备案信息后，我厅将备案信息转发给相关市州生态环境部门。相关市州生态环境部门应开展现场核查（检查），核实企业一般工业固体废物利用能力、规范贮存等情况。存在贮存和利用能力不足等问题，应及时终止跨省转移利用。

附件：甘肃省固体废物跨省转移利用备案表

甘肃省生态环境厅

2020 年 12 月 16 日

附件

甘肃省固体废物跨省转移利用备案表

备案号：甘固转利　　　　　　　　　　填报日期：

<table>
<tr><td rowspan="7">产废单位</td><td colspan="4">单位名称：××× 有限公司</td></tr>
<tr><td colspan="4">统一社会信用代码：</td></tr>
<tr><td colspan="2">单位地址：按照固体废物移出地填写，如兰州市永登县树屏镇 ×× 路 ×× 号</td><td colspan="2">邮政编码：××××××</td></tr>
<tr><td colspan="2">法定代表人：×××</td><td colspan="2">联系电话：0931–0000000</td></tr>
<tr><td colspan="2">联系人：×××</td><td colspan="2">联系电话：0931–0000000</td></tr>
<tr><td colspan="4">废物产生环节：</td></tr>
<tr style="display:none"></tr>
<tr><td rowspan="6">接收单位</td><td colspan="4">单位名称：××× 公司</td></tr>
<tr><td colspan="4">统一社会信用代码：×××</td></tr>
<tr><td colspan="2">单位地址：×× 省 ×× 市 ×× 街道 ×× 路（按照实际经营地址填写）</td><td colspan="2">邮政编码：××××××</td></tr>
<tr><td colspan="2">法定代表人：×××</td><td colspan="2">联系电话：×××××××</td></tr>
<tr><td colspan="2">联系人：×××</td><td colspan="2">联系电话：×××××××</td></tr>
<tr><td colspan="4">废物利用方式：</td></tr>
<tr><td rowspan="5">运输单位</td><td colspan="4">单位名称：××× 公司</td></tr>
<tr><td colspan="4">统一社会信用代码：×××</td></tr>
<tr><td colspan="2">单位地址：×× 省 ×× 市 ×× 街道 ×× 路（按照实际经营地址填写）</td><td colspan="2">邮政编码：××××××</td></tr>
<tr><td colspan="2">法定代表人：×××</td><td colspan="2">联系电话：×××××××</td></tr>
<tr><td colspan="2">联系人：×××</td><td colspan="2">联系电话：×××××××</td></tr>
<tr><td>运输路线</td><td colspan="4"></td></tr>
<tr><td>备案期限</td><td colspan="4">自　　年　　月　　日至　　年　　月　　日</td></tr>
<tr><td rowspan="4">备案期限内拟转移固体废物相关情况</td><td>废物名称</td><td>废物数量（吨）</td><td>包装方式</td><td>运输方式</td></tr>
<tr><td></td><td></td><td></td><td></td></tr>
<tr><td></td><td></td><td></td><td></td></tr>
<tr><td></td><td></td><td></td><td></td></tr>
<tr><td colspan="5">申请者声明：
本人声明，我单位已对废物接受者、废物运输者主体资格及技术能力进行了核实，认为废物接受者、废物运输者具备相应的固体废物利用、运输能力，环境保护相关手续齐全。本人申请有关附带材料真实、有效、完整，如有弄虚作假，愿承担相应法律责任。

法定代表人（签名）：　　　　　　申请单位（盖章）

年　月　日</td></tr>
</table>

省生态环境厅意见： 　　你单位提交的备案材料收悉，经审查，符合备案要求和条件，准予备案。现就有关事项说明如下： 　　一、你单位应遵守国家及本省固体废物产生、收集、贮存、运输、利用的法律法规、标准和技术规范，依法开展固体废物跨省转移利用活动； 　　二、你单位应确保提交的备案材料真实、完整、有效，建立完善并妥善保存管理台账； 　　三、若涉及以下情况，你单位应重新备案： 　　1. 超出转移期限； 　　2. 固体废物种类、主要成分与备案信息不符； 　　3. 固体废物运输方式与备案信息不符； 　　4. 固体废物利用去向与备案信息不符； 　　5. 接受地生态环境部门反映不宜进行转移的； 　　6. 执法部门检查发现存在其他不宜进行转移的情况。 甘肃省生态环境厅 备案日期：　年　月　日

中华人民共和国国家环境保护标准

HJ 662—2013

水泥窑协同处置固体废物环境保护技术规范

Environmental protection technical specification for co-processing of Solid wastes in cement kiln

2013-12-27 发布　　2014-03-01 实施

环　境　保　护　部　发布

HJ 662—2013

前　言

为贯彻《中华人民共和国环境保护法》《中华人民共和国固体废物污染环境防治法》《中华人民共和国大污染防治法》《中华人民共和国循环经济促进法》和《国务院关于落实科学发展观加强环境保护的决定》等法律和法规，规范水泥窑协同处置固体废物的管理，防止固体废物协同处置过程及其产品对环境造成二次污染，保护生态环境和人体健康，制定本标准。

本标准规定了利用水泥窑协同处置固体废物的设施选择、设备建设和改造、操作运行以及污染控制等方面的环境保护技术要求。

本标准由环境保护部科技标准司组织制定。

本标准主要起草单位：中国环境科学研究院、中国建筑材料科学研究总院、金隅红树林环保技术有限责任公司、环境保护部环境保护对外合作中心。

本标准环境保护部 2013 年 12 月 27 日批准。

本标准自 2014 年 3 月 1 日实施。

本标准由环境保护部解释。

水泥窑协同处置固体废物环境保护技术规范

1 适用范围

本标准规定了利用水泥窑协同处置固体废物的设施选择、设备建设和改造、操作运行以及污染控制等方面的环境保护技术要求。

本标准适用于危险废物、生活垃圾（包括废塑料、废橡胶、废纸、废轮胎等）、城市和工业污水处理污泥、动植物加工废物、受污染土壤、应急事件废物等固体废物在水泥窑中的协同处置。

利用粉煤灰、钢渣、硫酸渣、高炉矿渣、煤矸石等一般工业固体废物作为替代原料（包括混合材料）、燃料生产的水泥产品参照本标准中第 7.2 条的规定执行。

2 规范性引用文件

本标准内容引用了下列文件中的条款。凡是不注日期的引用文件，其最新版本适用于本标准。

GB 175　通用硅酸盐水泥

GB 4915　水泥工业大气污染物排放标准

GB 5085.1　危险废物鉴别标准　腐蚀性鉴别

GB 5085.4　危险废物鉴别标准　易燃性鉴别

GB 5085.5　危险废物鉴别标准　反应性鉴别

GB 8978　污水综合排放标准

GB 12573　水泥取样方法

GB 14554　恶臭污染物排放标准

GB 15562.2　环境保护图形标志—固体废物贮存（处置）场

GB 18597　危险废物贮存污染控制标准

GB 30485　水泥窑协同处置固体废物污染控制标准

GB 50016　　建筑设计防火规范

GB Z2　　工业场所有害因素职业接触限值

HJ 421　　医疗废物专用包装袋、容器和警示标志标准

HJ/T 20　　工业固体废物采样制样技术规范

HJ/T 76　　固定污染源排放烟气连续监测系统技术要求及检测方法

HJ/T 176　　危险废物集中焚烧处置工程建设技术规范

HJ/T 177　　医疗废物集中焚烧处置工程建设技术规范

HJ/T 298　　危险废物鉴别技术规范

HJ/T 299　　固体废物　浸出毒性浸出方法　硫酸硝酸法

AQ/T 9002　　生产经营单位安全生产事故应急预案编制导则

《危险化学品安全管理条例》(中华人民共和国国务院令第344号)

《危险废物经营单位编制应急预案指南》(国家环境保护总局公告2007年第48号)

《废弃危险化学品污染环境防治办法》(国家环境保护总局令2005年第27号)

《医疗废物集中处置技术规范(试行)》(环发〔2003〕206号)

《关于加强环境应急管理工作的意见》(环发〔2009〕130号)

《突发事件应急预案管理暂行办法》(环发〔2010〕113号)

3　术语和定义

3.1　水泥窑协同处置　co-processing in cement kilns

将满足或经过预处理后满足入窑要求的固体废物投入水泥窑，在进行水泥熟料生产的同时实现对废物的无害化处置的过程。

3.2　固体废物　solid wastes

是指在生产、生活和其他活动中产生的丧失原有利用价值或者虽未丧失利用价值但被抛弃或者放弃的固态、半固态和置于容器中的气态的物品、物质以及法律、行政法规规定纳入固体废物管理的物品、物质，包括液态废物(排入水体的废水除外)。

3.3　危险废物　hazardous wastes

列入国家危险废物名录或者根据国家规定的危险废物鉴别标准和鉴别方法认定的具有腐蚀性、毒性、易燃性、反应性和感染性等一种或一种以上危险特性，以及不排除具有以上危险特性的固体废物。

3.4 应急事件废物 emergency wastes

指由于污染事故、安全事故、重大灾害等事件以及环境保护专项行动中集中产生的固体废物。

3.5 不明性质废物 unknown wastes

指无法通过废物本身所附信息、废物产生源信息等常规渠道获得废物性质信息的废物。

3.6 新型干法水泥窑 new dry process cement kiln

指在窑尾配加了悬浮预热器和分解炉的回转式水泥窑。

3.7 窑磨一体机模式 compound mode

指把水泥窑废气引入物料粉磨系统，利用废气余热烘干物料，窑和磨排出的废气在同一套除尘设备进行处理的窑磨联合运行的模式。

3.8 窑尾余热利用系统 waste heat utilization system of kiln exhaust gas

引入水泥窑尾废气，利用废气余热进行物料干燥、发电等，并对余热利用后的废气进行净化处理的系统。

3.9 预处理 pretreatment

指为了满足水泥窑协同处置要求，对废物进行干燥、破碎、筛分、中和、搅拌、混合、配伍等前期处理的过程。

3.10 投加量（FM） feeding amount

指协同处置过程中，每生产单位质量的熟料或水泥时，某种元素或成分的投加质量（单位：mg/kg-cli 或 mg/kg-cem）。

3.11 投加速率（FR） feeding rate

指协同处置过程中，单位时间内某种元素或成分的投加质量（单位：mg/h）。

3.12 焚毁去除率（DRE） destruction and removal efficiency

指投入窑中的特征有机化合物与残留在排放烟气中的该化合物质量之差，占投入窑中该化合物质量的百分比。DRE 的表达式如下：

$$DRE = \frac{W_{in} - W_g}{W_{in}} \times 100\%$$

其中：W_{in} 为单位时间内投入窑中的特征有机化合物的总量，kg/h；

W_g 为单位时间内随烟气排出的该化合物的总量，kg/h。

3.13 有机标识物 organic marker

指在测试水泥窑对有机化合物的焚毁去除率的试验中向水泥窑内加入的难降解的特征有机化合物。

3.14 标准状态 standard state

指温度为 273 K，压力为 1.01×10^5 Pa 时的状态。本标准规定的大气污染物排放浓度均指标准状态下 O_2 含量 10%的干烟气中的数值。

4 协同处置设施技术要求

4.1 水泥窑

4.1.1 满足以下条件的水泥窑可用于协同处置固体废物：

a）窑型为新型干法水泥窑。

b）单线设计熟料生产规模不小于 2000 吨 / 日。

c）对于改造利用原有设施协同处置固体废物的水泥窑，在改造之前原有设施应连续两年达到 GB 4915 的要求。

4.1.2 用于协同处置固体废物的水泥窑应具备以下功能：

a）采用窑磨一体机模式。

b）配备在线监测设备，保证运行工况的稳定：包括窑头烟气温度、压力；窑表面温度；窑尾烟气温度、压力、O_2 浓度；分解炉或最低一级旋风筒出口烟气温度、压力、O_2 浓度；顶级旋风筒出口烟气温度、压力、O_2 浓度、CO 浓度。

c）水泥窑及窑尾余热利用系统采用高效布袋除尘器作为烟气除尘设施，保证排放烟气中颗粒物浓度满足 GB 30485 的要求。水泥窑及窑尾余热利用系统排气筒配备粉尘、NO_x 浓度、SO_2 浓度在线监测设备，连续监测装置需满足 HJ/T 76 的要求，并与当地监控中心联网，保证污染物排放达标。

d）配备窑灰返窑装置，将除尘器等烟气处理装置收集的窑灰返回送往生料入窑系统。

4.1.3 用于协同处置固体废物的水泥生产设施所在位置应该满足以下条件：

a）符合城市总体发展规划、城市工业发展规划要求。

b）所在区域无洪水、潮水或内涝威胁。设施所在标高应位于重现期不小于 100 年一遇的洪水位之上，并建设在现有和各类规划中的水库等人工蓄水设施的淹没区和保护区之外。

c）协同处置危险废物的设施，经当地环境保护行政主管部门批准的环境影响评价结论确认与居民区、商业区、学校、医院等环境敏感区的距离满足环境保护的需要。

d）协同处置危险废物的，其运输路线应不经过居民区、商业区、学校、医院等环境敏感区。

4.2 固体废物投加设施

4.2.1 固体废物投加设施应该满足以下条件：

a）能实现自动进料，并配置可调节投加速率的计量装置实现定量投料。

b）固体废物输送装置和投加口应保持密闭，固体废物投加口应具有防回火功能。

c）保持进料通畅以防止固体废物搭桥堵塞。

d）配置可实时显示固体废物投加状况的在线监视系统。

e）具有自动联机停机功能。当水泥窑或烟气处理设施因故障停止运转，或者当窑内温度、压力、窑转速、烟气中氧含量等运行参数偏离设定值时，或者烟气排放超过标准设定值时，可自动停止固体废物投加。

f）处理腐蚀性废物时，投加和输送装置应采用防腐材料。

4.2.2 固体废物在水泥窑中投加位置应根据固体废物特性从以下三处选择（参见附录A）：

a）窑头高温段，包括主燃烧器投加点和窑门罩投加点。

b）窑尾高温段，包括分解炉、窑尾烟室和上升烟道投加点。

c）生料配料系统（生料磨）。

4.2.3 不同位置的投加设施应满足以下特殊要求：

a）生料磨投加可借用常规生料投料设施。

b）主燃烧器投加设施应采用多通道燃烧器，并配备泵力或气力输送装置；窑门罩投加设施应配备泵力输送装置，并在窑门罩的适当位置开设投料口。

c）窑尾投加设施应配备泵力、气力或机械传输带输送装置，并在窑尾烟室、上升烟道或分解炉的适当位置开设投料口；可对分解炉燃烧器的气固相通道进行适当改造，使之适合液态或小颗粒状废物的输送和投加。

4.3　固体废物贮存设施

4.3.1　固体废物贮存设施应专门建设，以保证固体废物不与水泥生产原料、燃料和产品混合贮存。

4.3.2　固体废物贮存设施内应专门设置不明性质废物暂存区。不明性质废物暂存区应与其他固体废物贮存区隔离，并设有专门的存取通道。

4.3.3　固体废物贮存设施应符合 GB 50016 等相关消防规范的要求。与水泥窑窑体、分解炉和预热器保持一定的安全距离；贮存设施内应张贴严禁烟火的明显标识；应根据固体废物特性、贮存和卸载区条件配置相应的消防警报设备和灭火药剂；贮存设施中的电子设备应接地，并装备抗静电设备；应设置防爆通信设备并保持通畅完好。

4.3.4　危险废物贮存设施的设计、安全防护、污染防治等应满足 GB 18597 和 HJ/T 176 中的相关要求；危险废物贮存区应标有明确的安全警告和清晰的撤离路线；危险废物贮存区及附近应配备紧急人体清洗冲淋设施，并标明用途。

4.3.5　生活垃圾和城市污水处理厂污泥的贮存设施应有良好的防渗性能并设置污水收集装置；贮存设施应采用封闭措施，保证其中有生活垃圾或污泥存放时处于负压状态；贮存设施内抽取的空气应导入水泥窑高温区焚烧处理，或经过其他处理措施达标后排放。

4.3.6　除第 4.3.4、4.3.5 两条规定之外的其他固体废物贮存设施应有良好的防渗性能，以及必要的防雨、防尘功能。

4.4　固体废物预处理设施

4.4.1　固体废物的破碎、研磨、混合搅拌等预处理设施有较好的密闭性，并保证与操作人员隔离；含挥发性和半挥发性有毒有害成分的固体废物的预处理设施应布置在室内车间，车间内应设置通风换气装置，排出气体应通过处理后排放或导入水泥窑高温区焚烧。

4.4.2　预处理设施所用材料需适应固体废物特性以确保不被腐蚀，并不与固体废物发生任何反应。

4.4.3　预处理设施应符合 GB 50016 等相关消防规范的要求。区域内应配备防火防爆装置，灭火用水储量大于 50 m^3；配备防爆通信设备并保持通畅完好。对易燃性固体废物进行预处理的破碎仓和混合搅拌仓，为防止发生火灾爆炸等事故，应优先配备氮气充入装置。

4.4.4 危险废物预处理区域及附近应配备紧急人体清洗冲淋设施，并标明用途。

4.4.5 应根据固体废物特性及入窑要求，确定预处理工艺流程和预处理设施：

a）从配料系统入窑的固态废物，其预处理设施应具有破碎和配料的功能；也可根据需要配备烘干等装置。

b）从窑尾入窑的固态废物，其预处理设施应具有破碎和混合搅拌的功能；也可根据需要配备分选和筛分等装置。

c）从窑头入窑的固态废物，其预处理设施应具有破碎、分选和精筛的功能。

d）液态废物，其预处理设施应具有混合搅拌功能，若液态废物中有较大的颗粒物，可在混合搅拌系统内配加研磨装置；也可根据需要配备沉淀、中和、过滤等装置。

e）半固态（浆状）废物，其预处理设施应具有混合搅拌的功能；也可根据需要配备破碎、筛分、分选、高速研磨等装置。

4.5 固体废物厂内输送设施

4.5.1 在固体废物装卸场所、贮存场所、预处理区域、投加区域等各个区域之间，应根据固体废物特性和设施要求配备必要的输送设备。

4.5.2 固体废物的物流出入口以及转运、输送路线应远离办公和生活服务设施。

4.5.3 输送设备所用材料应适应固体废物特性，确保不被腐蚀和不与固体废物发生任何反应。

4.5.4 管道输送设备应保持良好的密闭性能，防止固体废物的滴漏和溢出。

4.5.5 非密闭输送设备（如传送带、抓料斗等）应采取防护措施（如加设防护罩），防止粉尘飘散。

4.5.6 移动式输送设备，应采取措施防止粉尘飘散和固体废物遗撒。

4.5.7 厂内输送危险废物的管道、传送带应在显眼处标有安全警告信息。

4.6 分析化验室

4.6.1 从事固体废物协同处置的企业，应在原有水泥生产分析化验室的基础上，增加必要的固体废物分析化验设备。

4.6.2　分析化验室应具备以下检测能力：

a）具备 HJ/T 20 要求的采样制样能力、工具和仪器。

b）所协同处置的固体废物、水泥生产原料中汞（Hg）、镉（Cd）、铊（Tl）、砷（As）、镍（Ni）、铅（Pb）、铬（Cr）、锡（Sn）、锑（Sb）、铜（Cu）、锰（Mn）、铍（Be）、锌（Zn）、钒（V）、钴（Co）、钼（Mo）、氟（F）、氯（Cl）和硫（S）的分析。

c）相容性测试，一般需要配备黏度仪、搅拌仪、温度计、压力计、pH 计、反应气体收集装置等。

d）满足 GB 5085.1 要求的腐蚀性检测；满足 GB 5085.4 要求的易燃性检测；满足 GB 5085.5 要求的反应性检测。

e）满足 GB 4915 和 GB 30485 监测要求的烟气污染物检测。

f）满足其他相关标准中要求的水泥产品环境安全性检测。

4.6.3　分析化验室应设有样品保存库，用于贮存备份样品；样品保存库应可以确保危险固体废物样品贮存 2 年而不使固体废物性质发生变化，并满足相应的消防要求。

4.6.4　本标准第 4.6.2 条 a）、b）以及 c）款为企业必须具备的条件，其他分析项目如果不具备条件，可经当地环保部门许可后委托有资质的分析监测机构进行采样分析监测。

5　固体废物特性要求

5.1　禁止进入水泥窑协同处置的废物

禁止在水泥窑中协同处置以下废物：

a）放射性废物。

b）爆炸物及反应性废物。

c）未经拆解的废电池、废家用电器和电子产品。

d）含汞的温度计、血压计、荧光灯管和开关。

e）铬渣。

f）未知特性和未经鉴定的废物。

5.2　入窑协同处置的固体废物特性要求

5.2.1　入窑固体废物应具有稳定的化学组成和物理特性，其化学组成、理化性质等不应对水泥生产过程和水泥产品质量产生不利影响。

5.2.2 入窑固体废物中如含有表 1 中所列重金属成分，其含量应该满足本标准第 6.6.7 条的要求。

5.2.3 入窑固体废物中氯（Cl）和氟（F）元素的含量不应对水泥生产和水泥产品质量造成不利影响，其含量应该满足本标准第 6.6.8 条的要求。

5.2.4 入窑固体废物中硫（S）元素含量应满足本标准第 6.6.9 条的要求。

5.2.5 具有腐蚀性的固体废物，应经过预处理降低废物腐蚀性或对设施进行防腐性改造，确保不对设施造成腐蚀后方可进行协同处置。

5.3 替代混合材的废物特性要求

5.3.1 作为替代混合材的固体废物应该满足国家或者行业有关标准，并且不对水泥质量产生不利影响。

5.3.2 下列废物不能作为混合材原料：

a）危险废物；

b）有机废物；

国家法律、法规另有规定的除外。

6 协同处置运行操作技术要求

6.1 固体废物的准入评估

6.1.1 为保证协同处置过程不影响水泥生产过程和操作运行安全，确保烟气排放达标，在协同处置企业与固体废物产生企业签订协同处置合同及固体废物运输到协同处置企业之前，应对拟协同处置的固体废物进行取样及特性分析。

6.1.2 在对拟协同处置的固体废物进行取样和特性分析前，应该对固体废物产生过程进行调查分析，在此基础上制定取样分析方案；样品采集完成后，针对本标准第 5 章要求的项目以及确保运输、贮存和协同处置全过程安全、水泥生产安全、烟气排放和水泥产品质量满足标准所要求的项目，开展分析测试。固体废物特性经双方确认后在协同处置合同中注明。取样频率和取样方法应参照 HJ/T 20 和 HJ/T 298 要求执行。

6.1.3 在完成样品分析测试以后，根据下列要求对固体废物是否可以进厂协同处置进行判断：

a）该类固体废物不属于禁止进入水泥窑协同处置的废物类别，危险废物类别符合危险废物经营许可证规定的类别要求，满足国家和当地的相关法律和法规。

b）协同处置企业具有协同处置该类固体废物的能力，协同处置过程中的人员健康和环境安全风险能够得到有效控制。

c）该类固体废物的协同处置不会对水泥的稳定生产、烟气排放、水泥产品质量产生不利影响。

6.1.4　对于同一产废单位同一生产工艺产生的不同批次固体废物，在生产工艺操作参数未改变的前提下，可以仅对首批次固体废物进行采样分析，其后产生的固体废物采样分析在第6.3节制定处置方案时进行。

6.1.5　对入厂前固体废物采集分析的样品，经双方确认后封装保存，用于事故和纠纷的调查。备份样品应该保存到停止协同处置该种固体废物之后。如果在保存期间备份样品的特性发生变化，应更换备份样品，保证备份样品特性与所协同处置固体废物特性一致。

6.2　固体废物的接收与分析

6.2.1　入厂时固体废物的检查

a）在固体废物进入协同处置企业时，首先通过表观和气味，初步判断入厂固体废物是否与签订的合同标注的固体废物类别一致，并对固体废物进行称重，确认符合签订的合同。

b）对于危险废物，还应进行下列各项的检查：

1）检查危险废物标签是否符合要求，所标注内容应与《危险废物转移联单》和签订的合同一致。

2）通过表观和气味初步判断的危险废物类别是否与《危险废物转移联单》一致。

3）对危险废物进行称重的重量是否与《危险废物转移联单》一致。

4）检查危险废物包装是否符合要求，应无破损和泄漏现象。

5）必要时，进行放射性检验。

在完成上述检查并确认符合各项要求时，固体废物方可进入贮存库或预处理车间。

c）按照第6.2.1条a）、b）款的规定进行检查后，如果拟入厂固体废物与转移联单或所签订合同的标注的废物类别不一致，或者危险废物包装发生破损或泄漏，应立即与固体废物产生单位、运输单位和运输责任人联系，共同进行现场判断。拟入厂危险废物与《危险废物转移联单》不一致时还应及时向当地环境保护行政主管部门报告。

如果在协同处置企业现有条件下可以进行协同处置，并确保在固体废物分析、贮存、运输、预处理和协同处置过程中不会对生产安全和环境保护产生不利影响，可以进入协同处置企业贮存库或者预处理车间，经特性分析鉴别后按照常规程序进行协同处置。

如果无法确定废物特性，将该批次废物作为不明性质废物，按照第9.3条规定处理。

如果确定协同处置企业无法处置该批次固体废物，应立即向当地环境保护行政主管部门报告，并退回到固体废物产生单位，或送至有关主管部门指定的专业处置单位。必要时应通知当地安全生产行政主管部门和公安部门。

6.2.2　入厂后固体废物的检验

a）固体废物入厂后应及时进行取样分析，以判断固体废物特性是否与合同注明的固体废物特性一致。如果发现固体废物特性与合同注明的固体废物特性不一致，应参照第6.2.1条c）款的规定进行处理。

b）协同处置企业应对各个产废单位的相关信息进行定期的统计分析，评估其管理的能力和固体废物的稳定性，并根据评估情况适当减少检验频次。

6.2.3　制定协同处置方案

a）以固体废物入厂后的分析检测结果为依据，制定固体废物协同处置方案。固体废物协同处置方案应包括固体废物贮存、输送、预处理和入窑协同处置技术流程、配伍和技术参数，以及安全风险和相应的安全操作提示。

b）制定协同处置方案时应注意以下关键环节：

1）按固体废物特性进行分类，不同固体废物在预处理的混合、搅拌过程中，确保不发生导致急剧增温、爆炸、燃烧的化学反应，不产生有害气体，禁止将不相容的固体废物进行混合。

2）固体废物及其混合物在贮存、厂内运输、预处理和入窑焚烧过程中不对所接触材料造成腐蚀破坏。

3）入窑固体废物中有害物质的含量和投加速率满足本标准相关要求，防止对水泥生产和水泥质量造成不利影响。

c）在制定协同处置方案的过程中，如果无法确认是否可以满足第 6.2.3 条 b）款的要求，应通过相容性测试确认。

6.2.4　固体废物入厂检查和检验结果应该记录备案，与固体废物协同处置方案共同入档保存。入厂检查和检验结果记录及固体废物协同处置方案的保存时间不应低于 3 年。

6.3　固体废物贮存的技术要求

6.3.1　固体废物应与水泥厂常规原料、燃料和产品分开贮存，禁止共用同一贮存设施。

6.3.2　在液态废物贮存区应设置足够数量的砂土等吸附物质，以用于液态废物泄漏后阻止其向外溢出。吸附危险废物后的吸附物质应作为危险废物进行管理和处置。

6.3.3　危险废物贮存设施的操作运行和管理应满足 GB 18597 和 HJ/T 176 中的相关要求。

6.3.4　不明性质废物在水泥厂内的暂存时间不得超过 1 周。

6.4　固体废物预处理的技术要求

6.4.1　应根据入厂固体废物的特性和入窑固体废物的要求，按照固体废物协同处置方案，对固体废物进行破碎、筛分、分选、中和、沉淀、干燥、配伍、混合、搅拌、均质等预处理。

6.4.2　预处理后的固体废物应该具备以下特性：

a）满足本标准第 5 章要求。

b）理化性质均匀，保证水泥窑运行工况的连续稳定。

c）满足协同处置水泥企业已有设施进行输送、投加的要求。

6.4.3　应采取措施，保证预处理操作区域的环境质量满足 GBZ 2 的要求。

6.4.4　应及时更换预处理区域内的过期消防器材和消防材料，以保证消防器材和消防材料的有效性。

6.4.5　预处理区应设置足够数量的砂土或碎木屑，以用于液态废物泄漏后阻止其向外溢出。

6.4.6　危险废物预处理产生的各种废物均应作为危险废物进行管理和处置。

6.5　固体废物厂内输送的技术要求

6.5.1　在进行固体废物的厂内输送时，应采取必要的措施防止固体废物的扬尘、溢出和泄漏。

6.5.2 固体废物运输车辆应定期进行清洗。

6.5.3 采用车辆在厂内运输危险废物时，应按照运输车辆的专用路线行驶。

6.5.4 厂内危险废物输送设施管理、维护产生的各种废物均应作为危险废物进行管理和处置。

6.6 固体废物投加的技术要求

6.6.1 根据固体废物的特性和进料装置的要求和投加口的工况特点，选择适当的固体废物投加位置。

6.6.2 固体废物投加时应保证窑系统工况的稳定。

6.6.3 在主燃烧器投加的技术要求

a）具有以下特性的固体废物宜在主燃烧器投加：

1）液态或易于气力输送的粉状废物；

2）含 POPs 物质或高氯、高毒、难降解有机物质的废物；

3）热值高、含水率低的有机废液。

b）在主燃烧器投加固体废物操作中应满足以下条件：

1）通过泵力输送投加的液态废物不应含有沉淀物，以免堵塞燃烧器喷嘴；

2）通过气力输送投加的粉状废物，从多通道燃烧器的不同通道喷入窑内，若废物灰分含量高，尽可能喷入更远的距离，尽量达到固相反应带。

6.6.4 在窑门罩投加的技术要求

a）窑门罩宜投加不适于在窑头主燃烧器投加的液体废物，如各种低热值液态废物。

b）在窑门罩投加固态废物时应采用特殊设计的投加设施。投加时应确保将固态废物投至固相反应带，确保废物反应完全。

c）在窑门罩投加的液态废物应通过泵力输送至窑门罩喷入窑内。

6.6.5 在窑尾投加的技术要求

a）含 POPs 物质和高氯、高毒、难降解有机物质的固体废物优先从窑头投加。若受物理特性限制需要从窑尾投加时，优先选择从窑尾烟室投加点。

b）含水率高或块状废物应优先选择从窑尾烟室投入。

c）在窑尾投加的液态、浆状废物应通过泵力输送，粉状废物应通过密闭的机械传送装置或气力输送，大块状废物应通过机械传送装置输送。

6.6.6　在生料磨只能投加不含有机物和挥发半挥发性重金属的固态废物。

6.6.7　入窑物料（包括常规原料、燃料和固体废物）中重金属的最大允许投加量不应大于表 1 所列限值，对于单位为 mg/kg-cem 的重金属，最大允许投加量还包括磨制水泥时由混合材带入的重金属。

入窑重金属投加量与固体废物、常规燃料、常规原料中重金属含量以及重金属投加速率的关系如式（1）和式（2）所示。

$$FM_{hm-cli}=\frac{C_w\times m_w+C_f\times m_f+C_r\times m_r}{m_{cli}} \tag{1}$$

$$FR_{hm-cli}=FM_{hm-cli}\times m_{cli}=C_w\times m_w+C_f\times m_f+C_r\times m_r \tag{2}$$

式中：FM_{hm-cli} 为重金属的单位熟料投加量，即入窑重金属的投加量，不包括由混合材带入的重金属，mg/kg-cli；

C_w、C_f 和 C_r 分别为固体废物、常规燃料和常规原料中的重金属含量，mg/kg；

m_w、m_f 和 m_r，分别为单位时间内固体废物、常规燃料和常规原料的投加量，kg/h；

m_{cli} 为单位时间的熟料产量，kg/h；

FR_{hm-cli} 为入窑重金属的投加速率，不包括由混合材带入的重金属，mg/h；

对于表 1 中单位为 mg/kg-cem 的重金属，重金属投加量和投加速率的计算如式（3）和式（4）所示。

$$FM_{hm-ce}=\frac{C_w\times m_w+C_f\times m_f+C_r\times m_r}{m_{cli}}\times R_{cli}+C_{mi}\times R_{mi} \tag{3}$$

$$\begin{aligned}FR_{hm-ce}&=FM_{hm-ce}\times m_{cli}\times\frac{R_{mi}+R_{cli}}{R_{cli}}\\&=C_w\times m_w+C_f\times m_f+C_r\times m_r+C_{mi}\times m_{cli}\times\frac{R_{mi}}{R_{cli}}\\&=FM_{hm-cli}\times m_{cli}+C_{mi}\times m_{cli}\times\frac{R_{mi}}{R_{cli}}\end{aligned} \tag{4}$$

式中：FM_{hm-ce} 为重金属的单位水泥投加量，包括由混合材带入的重金属，mg/kg-cem；

C_w、C_f、C_r 和 C_{mi} 分别为固体废物、常规燃料、常规原料和混合材中的重金属含量，mg/kg；

m_w、m_f 和 m_r 分别为单位时间内固体废物、常规燃料和常规原料的投加量，kg/h；

m_{cli} 为单位时间的熟料产量，kg/h；

R_{cli} 和 R_{mi} 分别为水泥中熟料和混合材的百分比，%；

FR_{hm-ce} 为重金属的投加速率，包括由混合材带入的重金属，mg/h；

FR_{hm-cli} 为入窑重金属的投加速率，不包括由混合材带入的重金属，mg/h。

表 1　重金属最大允许投加量限值

<table>
<tr><th>重金属</th><th>单位</th><th>重金属的最大允许投加量</th></tr>
<tr><td>汞（Hg）</td><td rowspan="3">mg/kg-cli</td><td>0.23</td></tr>
<tr><td>铊＋镉＋铅＋15×砷
（Tl+Cd+Pb+15×As）</td><td>230</td></tr>
<tr><td>铍＋铬＋10×锡＋50×锑＋铜
＋锰＋镍＋钒
（Be+Cr+10Sn+50Sb+Cu+Mn+Ni+V）</td><td>1150</td></tr>
<tr><td>总铬（Cr）</td><td rowspan="5">mg/kg-cem</td><td>320</td></tr>
<tr><td>六价铬（Cr^{6+}）</td><td>10（1）</td></tr>
<tr><td>锌（Zn）</td><td>37760</td></tr>
<tr><td>锰（Mn）</td><td>3350</td></tr>
<tr><td>镍（Ni）</td><td>640</td></tr>
<tr><td>钼（Mo）</td><td rowspan="6">mg/kg-cem</td><td>310</td></tr>
<tr><td>砷（As）</td><td>4280</td></tr>
<tr><td>镉（Cd）</td><td>40</td></tr>
<tr><td>铅（Pb）</td><td>1590</td></tr>
<tr><td>铜（Cu）</td><td>7920</td></tr>
<tr><td>汞（Hg）</td><td>4（2）</td></tr>
<tr><td colspan="3">注（1）：计入窑物料中的总铬和混合材中的六价铬。
注（2）：仅计混合材中的汞。</td></tr>
</table>

6.6.8　协同处置企业应根据水泥生产工艺特点，控制随物料入窑的氯（Cl）和氟（F）元素的投加量，以保证水泥的正常生产和熟料质量符合国家标准。入窑物料中氟元素含量不应大于0.5%，氯元素含量不应大于0.04%。

入窑物料中F元素或Cl元素含量的计算如式（5）所示。

$$C=\frac{C_w\times m_w+C_f\times m_f+C_r\times m_r}{m_w+m_f+m_r} \tag{5}$$

式中：C为入窑物料中F元素或Cl元素的含量，%；

C_w、C_f和C_r分别为固体废物、常规燃料和常规原料中的F元素或Cl元素含量，%；

m_w、m_f和m_r分别为单位时间内固体废物、常规燃料和常规原料的投加量，kg/h。

6.6.9　协同处置企业应控制物料中硫元素的投加量。通过配料系统投加的物料中硫化物硫与有机硫总含量不应大于0.014%；从窑头、窑尾高温区投加的全硫与配料系统投加的硫酸盐硫总投加量不应大于3000mg/kg-cli。

从配料系统投加的物料中硫化物S和有机S总含量的计算如式（6）所示。

$$C=\frac{C_w\times m_w+C_r\times m_r}{m_w+m_r} \tag{6}$$

式中：C为从配料系统投加的物料中硫化物S和有机S总含量，%；

C_w和C_r分别为从配料系统投加的固体废物和常规原料中的硫化物S和有机S总含量，%；

m_w和m_r分别为单位时间内固体废物和常规原料的投加量，kg/h。

从窑头、窑尾高温区投加的全S与配料系统投加的硫酸盐S总投加量的计算如式（7）所示。

$$FM_S=\frac{C_{w1}\times m_{w1}+C_{w2}\times m_{w2}+C_f\times m_f+C_r\times m_r}{m_{cli}} \tag{7}$$

式中：FM_S为从窑头、窑尾高温区投加的全硫与配料系统投加的硫酸盐硫总投加量，mg/kg-cli；

C_{w1} 和 C_f 分别为从高温区投加的固体废物和常规燃料中的全硫含量，%；

C_{w2} 和 C_r 分别为从配料系统投加的固体废物和常规原料中的硫酸盐 S 含量，%；

m_{w1}、m_{w2}、m_f 和 m_r 分别为单位时间内从高温区投加的固体废物、从配料系统投加的固体废物、常规燃料和常规原料的投加量，kg/h；

m_{cli} 为单位时间的熟料产量，kg/h。

7　协同处置污染物排放控制要求

7.1　窑灰排放和旁路放风控制

7.1.1　为避免外循环过程中挥发性元素（Hg、Tl）在窑内的过度累积，协同处置水泥企业在发现排放烟气中 Hg 或 Tl 浓度过高时宜将除尘器收集的窑灰中的一部分排出水泥窑循环系统。

7.1.2　为避免内循环过程中挥发性元素和物质（Pb、Cd、As 和碱金属氯化物、碱金属硫酸盐等）在窑内的过度积累，协同处置企业可定期进行旁路放风。

7.1.3　未经处置的从水泥窑循环系统排出的窑灰和旁路放风收集的粉尘不得再返回水泥窑生产熟料。

7.1.4　从水泥窑循环系统排出的窑灰和旁路放风收集的粉尘若采用直接掺加入水泥熟料的处置方式，应严格控制其掺加比例，确保水泥产品中的氯、碱、硫含量满足要求，水泥产品环境安全性满足相关标准的要求。

7.1.5　水泥窑旁路放风排气筒大气污染物排放限值按照 GB 30485 的要求执行。

7.2　水泥产品环境安全性控制

7.2.1　生产的水泥产品质量应满足 GB 175 的要求。

7.2.2　协同处置固体废物的水泥窑生产的水泥产品中污染物的浸出应满足国家相关标准。

7.2.3　协同处置固体废物的水泥窑生产的水泥产品的检测按照国家相关标准中的规定执行。

7.3　烟气排放控制

7.3.1　水泥窑协同处置固体废物的排放烟气应满足 GB 30485 的要求。

7.3.2　按照 GB 30485 的要求对协同处置固体废物水泥窑排放烟气进行监测。

7.3.3　水泥窑及窑尾余热利用系统排气筒总有机碳（TOC）因协同处置固体废物增加的浓度应满足 GB 30485 的要求。

TOC因协同处置固体废物增加的浓度的测定步骤如下：（1）测定水泥窑未协同处置固体废物时的TOC背景排放浓度；（2）测定水泥窑协同处置固体废物时的TOC排放浓度；（3）水泥窑协同处置固体废物时的TOC排放浓度与未协同处置固体废物时的TOC背景排放浓度之差即为TOC因协同处置固体废物增加的浓度。其中，当水泥生产原料来源未改变时，未协同处置固体废物时的TOC背景排放浓度可采用前次测定的数值。

7.4　废水排放控制

7.4.1　固体废物贮存和预处理设施以及固体废物运输车辆清洗产生的废水应经收集后按照GB 30485的要求进行处理。

7.4.2　危险废物预处理设施和危险废物运输车辆清洗产生的废水处理污泥应作为危险废物进行管理和处置。

7.5　其他污染物排放控制

7.5.1　固体废物贮存、预处理等设施产生的废气应导入水泥窑高温区焚烧；或经过处理达到GB 14554规定的限值后排放。

7.5.2　协同处置固体废物的水泥生产企业厂界恶臭污染物限值应按照GB 14554执行。

8　协同处置危险废物设施性能测试（试烧）要求

8.1　性能测试内容

8.1.1　协同处置企业在首次开展危险废物协同处置之前，应对协同处置设施进行性能测试以检验和评价水泥窑在协同处置危险废物的过程中对有机化合物的焚毁去除能力以及对污染物排放的控制效果。

性能测试包括未投加废物的空白测试和投加危险废物的试烧测试。

8.1.2　空白测试工况为未投加危险废物进行正常水泥生产时的工况，并采用窑磨一体机模式。

8.1.3　进行试烧测试时，应选择危险废物协同处置时的设计工况作为测试工况，采用窑磨一体机模式，按照危险废物设计的最大投加速率稳定投加危险废物，持续时间不小于12小时。

8.1.4　试烧测试时，应根据投加危险废物的特性和第8.1.5条的要求在危险废物中选择适当的有机标识物；如果试烧的危险废物不含有机标识物或其含量不能满足第 8.1.7 条的要求，需要外加有机标识物的化学品来进行试烧测试。

8.1.5　应根据以下原则选择有机标识物：

（1）可以与排放烟气中的有机物有效区分；

（2）具有较高的热稳定性和难降解等化学稳定性。

可以选择的有机标识物包括六氟化硫（SF_6）、二氯苯、三氯苯、四氯苯和氯代甲烷。

8.1.6　在试烧测试时，含有机标识物的危险废物应分别在窑头和窑尾进行投加。若只选择上述两投加点之一进行性能测试，则在实际协同处置运行时，危险废物禁止从未经性能测试的投加点投入水泥窑。

8.1.7　有机标识物的投加速率应满足式（8）的要求。

$$FR_{tr} \geqslant DL_{tr} \times V_g \times 10^{-6} \quad (8)$$

其中：FR_{tr} 为有机标识物的投加速率，kg/h；

DL_{tr} 为试烧测试时所采用的采样分析仪器对该有机标识物的检出限，ng/Nm^3；

V_g 为试烧测试时，单位时间内的烟气产生量，Nm^3/h。

8.1.8　进行空白测试和试烧测试时，应按照 GB 30485 的要求进行烟气排放检测。进行试烧测试时，还应进行烟气中有机标识物的检测。

8.1.9　试烧测试时，开始烟气采样的时间应在含有机标识物的危险废物稳定投加至少 4 小时后进行。

8.2　性能测试结果合格的判定依据

如果性能测试结果符合以下条件，可以认为性能测试合格：

（1）空白测试和试烧测试过程的烟气污染物排放浓度均满足 GB 30485 要求。

（2）水泥窑及窑尾余热利用系统排气筒总有机碳（TOC）因协同处置固体废物增加的浓度满足 GB 30485 的要求。

（3）有机标识物的焚毁率（DRE）不小于 99.9999%，以连续 3 次测定结果的算术平均值作为判断依据。焚毁率（DRE）计算方法见式（9）。

$$DRE_{tr} = \left(1 - \frac{C_{tr} \times V_g}{FR_{tr} \times 10^{12}}\right) \times 100\% \quad (9)$$

其中：DRE_{tr} 为有机标识物的焚毁去除率，%；

C_{tr} 为排放烟气中有机标识物的浓度，ng/Nm^3；

V_g 为单位时间内的烟气体积流量，Nm^3/h；

FR_{tr} 为有机标识物的投加速率，kg/h。

9　特殊废物协同处置技术要求

9.1　医疗废物

9.1.1　医疗废物在水泥窑中协同处置，除应满足本标准上述要求外，还应满足本节的特殊要求。

9.1.2　医疗废物的接收、贮存、输送和投加应该在专用隔离区内进行，不得与其他废物进行混合处理。

9.1.3　禁止在水泥窑中协同处置《医疗废物分类目录》中的易爆和含汞化学性废物。

9.1.4　医疗废物在入窑前禁止破碎等预处理，应与初级包装（包装袋和利器盒）一同直接入窑。

9.1.5　医疗废物的投加点优先选择窑尾烟室；投加装置和投加口应与医疗废物的包装尺寸相配备，不得损坏包装；投加口应配置保持气密性的装置，可采用双层折板门控制。

9.1.6　医疗废物的收集、运输、贮存和投加设施建设和运行应执行 HJ/T 177、HJ 421 和《医疗废物集中处置技术规范（试行）》的相关要求。清洗污水除了可按照上述规范中的要求进行处理外，也可收集导入水泥窑高温区。

9.2　应急事件废物

9.2.1　协同处置应急事件废物应经当地省级环境保护主管部门的批准并接受其技术指导。

9.2.2　在对应急事件废物进行协同处置之前，应该根据废物产生源特性对废物进行必要的检测，确定废物特性后按照本标准要求确定协同处置方案。

9.2.3　如果应急事件废物难以确定特性，应将该废物作为不明性质废物，按照第 9.3 节规定处理。

9.2.4　应优先选择具有危险废物经营许可证的水泥窑设施对应急事件废物进行协同处置。如果受条件限制，经当地省级环境保护主管部门批准，可选择不具有危险废物经营许可证的水泥窑设施，该设施及相应的协同处置过程应满足本标准危险废物协同处置的相关要求，但第4.1.1条b）款、第10.1条除外。

9.2.5　如果预计协同处置时间不超过3个月，可以不经性能测试直接进行协同处置。如果预计协同处置时间超过3个月，则应按照协同处置方案确定的工况参数进行性能测试。性能测试时的试烧废物可采用拟协同处置的应急事件废物，有机标识物及其投加不受第8.1.4、8.1.5、8.1.7条的限制。标识物可采用废物本身含有物质，按照设计的废物投加速率和废物本身含量投加。其他性能测试要求按照本标准第8章的相关规定执行。

9.2.6　如果应急事件废物的协同处置时间超过1年，则不适用第9.2.4、9.2.5条的特殊规定，按常规危险废物协同处置的相关要求进行管理。

9.3　不明性质废物

9.3.1　在接收不明性质废物后，应立即报告当地环境保护行政主管部门，必要时应报告当地安全生产行政主管部门和公安部门。

9.3.2　在确认不明性质废物不具有爆炸性后，可采取常规分析方法取样分析，确认废物性质后按照本标准的相关要求进行协同处置。

9.3.3　如果不明性质废物可能具有爆炸性，或者无法判断不明性质废物是否具有爆炸性，或者协同处置企业不具有对不明性质废物进行取样分析的能力，则不予接收。

9.3.4　不明性质废物在确认其性质之前，应单独贮存。不明性质废物单独贮存时间不得超过一周。

10　人员与制度要求

10.1　专业技术人员配置

10.1.1　具有1名以上具备水泥工艺专业高级以上职称的专业技术人员：主要包括水泥工艺设备选型和水泥工艺布置等专业技术人才。

10.1.2　具有1名以上具备化学与化工专业中级以上职称的专业技术人员：主要包括危险化学品特性和安全处理方面的专业技术人才。

10.1.3　具有3名以上具备环境科学与工程专业中级以上职称的专业技术人员：主要包括固体废物的处理处置和管理技术、环境监测和环境污染控制技术等专业技术人才。

10.1.4　从事处置危险废物的单位应配备依法取得资质的专职安全管理人员。

10.2 人员培训制度

10.2.1 针对水泥窑协同处置技术的特点，企业应建立相应的培训制度，并针对管理人员、技术人员和操作人员分别进行专门的培训。

10.2.2 培训主要内容包括：固体废物管理、危险化学品管理、水泥窑协同处置技术、水泥生产管理技术、现场安全预防和人员防护等。

10.3 安全管理制度

10.3.1 从事固体废物协同处置的水泥企业应遵守水泥生产相关职业健康与安全生产标准和规范。

10.3.2 从事危险废物协同处置的企业应遵守危险化学品的相关安全法规，包括《危险化学品安全管理条例》和《废弃危险化学品污染环境防治办法》，避免危险废物不当操作和管理造成的安全事故。

10.3.3 从事固体废物协同处置的企业应根据企业特点制定相应的安全生产管理制度，针对固体废物收集、贮存、运输、协同处置过程中可能出现的安全问题，建立安全生产守则基本要求、消防安全管理制度、危险作业管理制度、剧毒物品管理制度、事故管理制度及其他安全生产管理制度。

10.4 人员健康管理制度

10.4.1 建立从事危险废物作业人员的劳动保护制度，遵守 HJ/T 176 中有关劳动安全卫生和劳动保护的要求。

10.4.2 协同处置企业应建立从业人员定期体检制度，明确从业人员在上岗前、离岗前和在岗过程中的体检频次和体检内容，并按期体检。

10.4.3 建立从业人员健康档案。

10.5 应急管理制度

10.5.1 协同处置企业应遵守《关于加强环境应急管理工作的意见》和《突发环境事件应急预案管理办法》等相关要求，建立包括安全生产事故和突发环境事件在内的全面应急管理制度。

10.5.2 应急管理制度主要内容包括：应急管理组织体系，生产安全事故应急救援预案管理、突发环境事件应急预案管理、应急管理培训、应急演练、应急物资保障等。

10.5.3 应急管理组织体系包括应急管理领导小组和事故应急管理办公室，以企业主要负责人为组长。

10.5.4 应急管理领导小组负责《安全生产事故应急救援预案》的编制；预案要符合《生产经营单位安全生产事故应急预案编制导则》，危险废物协同处置企业的预案还应符合《危险废物经营单位编制应急预案指南》，并保持与上级部门预案的衔接；根据国家法律法规及实际演练情况，适时修订应急预案，做到科学、易操作。

10.5.5 应急管理领导小组应按照《突发环境事件应急预案管理办法》和相关预案编制指南的要求编制《企业突发环境事件应急预案》，并向环境保护主管部门报备；同时按照《突发环境事件应急预案管理办法》要求，做好预案演练、培训、修订等工作。

10.5.6 协同处置企业每年至少进行一次全员应急管理培训，培训内容包括：事故预防、危险辨识、事故报告、应急响应、各类事故处置方案、基本救护常识、避灾避险、逃生自救等。

10.5.7 协同处置企业应根据年度应急演练计划，每年至少分别安排一次桌面演练和综合演练，强化职工应急意识，提高应急队伍的反应速度和实战能力。

10.5.8 协同处置企业应根据预案做好应急救援设备、器材、防护用品、工具、材料、药品等保障工作；确保经费、物资供应，切实加强应急保障能力，并对应急救援设备、设施定期进行检测、维护、更新，确保性能完好；水泥企业要对电话、对讲机、手机等通信器材进行经常性维护或更新，确保通信畅通。

10.5.9 发生事故时，协同处置企业应立即启动应急预案，以营救遇险人员为重点，开展应急救援工作；要及时组织受威胁群众疏散、转移，做好安置工作。

10.5.10 协同处置企业在应对安全生产事故过程中，应采取必要措施，防止次生突发环境事件。

10.5.11 协同处置企业应按规定及时向相关主管部门报告生产安全事故和突发环境事件信息。

10.5.12 协同处置企业应配合环境保护主管部门对突发环境事件的调查处理和环境污染损害评估，及时落实整改措施。

10.5.13 协同处置企业应充分利用社会应急资源，与地方政府预案、上级主管单位及相关部门的预案和应急组织相衔接；企业应同各级救援中心签订救护协议，一旦发生企业不能自救的事故，请求救援中心支援。

10.6 操作运行记录制度

协同处置水泥企业应建立生产设施运行状况、设施维护和协同处置生产活动等的登记制度，主要记录内容应包括：

（1）性能测试记录（性能测试所用水泥窑基本信息，包括窑型、规模、除尘器类型等；性能测试时所选择的有机有害标识物及其投加速率、投加位置；有机有害标识物的DRE；性能测试时烟气排放物浓度；性能测试时水泥生产工况基本信息，包括窑头、窑尾温度和氧浓度，生料磨运行记录，增湿塔、余热发电锅炉和主除尘器工作状况等）。

（2）固体废物的来源、重量、类别、入厂时间、运输车辆车牌号等。

（3）协同处置日记录（每日贮存、预处理和协同处置的固体废物类别、数量等；固体废物运输车辆消毒记录；预处理和协同处置设施运行工艺控制参数记录，包括有害元素投加速率、废物投加速率、投加位置等；维修情况记录和生产事故的记录；旁路放风和窑灰处置记录）。

（4）环境监测记录（烟气中污染物排放和水泥产品的污染控制监测结果）。

（5）定期检测、评价及评估情况记录（定期对固体废物协同处置效果的评价，以及相关的改进措施记录；定期对固体废物协同处置设施运行及安全情况的检测和评估记录；定期对固体废物协同处置程序和人员操作进行安全评估，以及相关的改进措施记录）。

10.7 环境管理制度

协同处置水泥企业应建立环境管理制度，主要内容包括：

（1）协同处置固体废物单位应与通过相关计量认可认证的环境监测机构签订监测合同，定期开展监测，监测结果以书面形式向环境保护主管部门报告。

（2）协同处置危险废物的单位应按照《危险废物经营许可证管理办法》要求办理《危险废物经营许可证》。

（3）协同处置危险废物的单位应依法及时向环境保护主管部门报告危险废物管理计划。

（4）协同处置危险废物单位的预处理、贮存、处置场所和盛装危险废物的容器等须按照相关标准设立危险废物标识。

（5）协同处置危险废物单位应定期以书面形式向环境保护主管部门报危险废物经营情况报告。

（6）涉及含重金属危险废物处置的，要建立环境信息披露制度，每年向社会发布企业年度环境报告，公布主要重金属污染物排放和环境管理情况。

附录 A
（资料性附录）

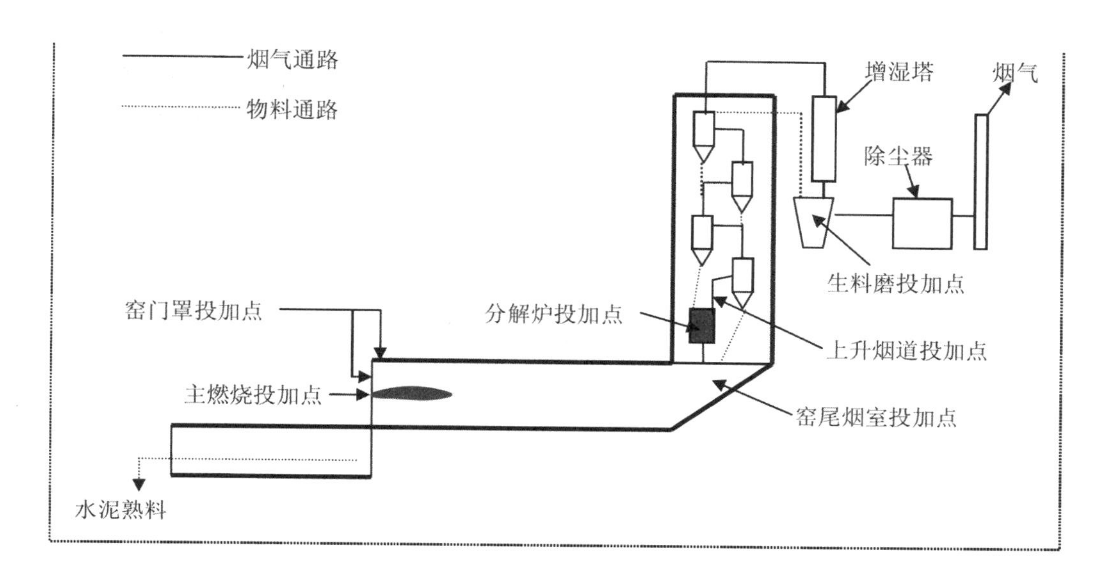

图 A.1　新型干法水泥窑固体废物投加点示意图

中华人民共和国国家标准

GB 34330—2017

固体废物鉴别标准　通则

Identification standards for solid wastes

General rules

2017-08-31 发布　　2017-10-01 实施

环境保护部
国家质量监督检验检疫总局　发布

GB 34330—2017

前　言

为贯彻《中华人民共和国环境保护法》《中华人民共和国固体废物污染环境防治法》，加强对固体废物的管理，保护环境，保障人体健康，制定本标准。

本标准由环境保护部土壤环境管理司、科技标准司组织制定。

本标准起草单位：中国环境科学研究院。

本标准由环境保护部 2017 年 5 月 27 日批准。

本标准自 2017 年 10 月 1 日起实施。

本标准由环境保护部解释。

固体废物鉴别标准　通则

1　适用范围

本标准规定了依据产生来源的固体废物鉴别准则、在利用和处置过程中的固体废物鉴别准则、不作为固体废物管理的物质、不作为液态废物管理的物质以及监督管理要求。

本标准适用于物质（或材料）和物品（包括产品、商品）（以下简称物质）的固体废物鉴别。

液态废物的鉴别，适用于本标准。

本标准不适用于放射性废物的鉴别。

本标准不适用于固体废物的分类。

对于有专用固体废物鉴别标准的物质的固体废物鉴别，不适用于本标准。

2　规范性引用文件

本标准内容引用了下列文件中的条款。凡是不注明日期的引用文件，其最新版本适用于本标准。

GB 18599　　一般工业固体废物贮存、处置场污染控制标准

3　术语和定义

下列术语和定义适用于本标准。

3.1　固体废物　solid wastes

是指在生产、生活和其他活动中产生的丧失原有利用价值或者虽未丧失利用价值但被抛弃或者放弃的固态、半固态和置于容器中的气态的物品、物质以及法律、行政法规规定纳入固体废物管理的物品、物质。

3.2　固体废物鉴别　solid waste identification

是指判断物质是否属于固体废物的活动。

3.3　利用　recycle

是指从固体废物中提取物质作为原材料或者燃料的活动。

3.4　处理　treatment

是指通过物理、化学、生物等方法，使固体废物转化为适合于运输、贮存、利用和处置的活动。

3.5　处置　disposal

是指将固体废物焚烧和用其他改变固体废物的物理、化学、生物特性的方法，达到减少已产生的固体废物数量、缩小固体废物体积、减少或者消除其危险成分的活动，或者将固体废物最终置于符合环境保护规定要求的填埋场的活动。

3.6　目标产物　target products

是指在工艺设计、建设和运行过程中，希望获得的一种或多种产品，包括副产品。

3.7　副产物　by-products

是指在生产过程中伴随目标产物产生的物质。

4　依据产生来源的固体废物鉴别

下列物质属于固体废物（章节 6 包括的物质除外）。

4.1　丧失原有使用价值的物质，包括以下种类：

a）在生产过程中产生的因为不符合国家、地方制定或行业通行的产品标准（规范），或者因为质量原因，而不能在市场出售、流通或者不能按照原用途使用的物质，如不合格品、残次品、废品等。但符合国家、地方制定或行业通行的产品标准中等外品级的物质以及在生产企业内进行返工（返修）的物质除外；

b）因为超过质量保证期，而不能在市场出售、流通或者不能按照原用途使用的物质；

c）因为沾染、掺入、混杂无用或有害物质使其质量无法满足使用要求，而不能在市场出售、流通或者不能按照原用途使用的物质；

d）在消费或使用过程中产生的，因为使用寿命到期而不能继续按照原用途使用的物质；

e）执法机关查处没收的需报废、销毁等无害化处理的物质，包括（但不限于）假冒伪劣产品、侵犯知识产权产品、毒品等禁用品；

f）以处置废物为目的生产的，不存在市场需求或不能在市场上出售、流通的物质；

g）因为自然灾害、不可抗力因素和人为灾难因素造成损坏而无法继续按照原用途使用的物质；

h）因丧失原有功能而无法继续使用的物质；

i）由于其他原因而不能在市场出售、流通或者不能按照原用途使用的物质。

4.2 生产过程中产生的副产物，包括以下种类：

a）产品加工和制造过程中产生的下脚料、边角料、残余物质等；

b）在物质提取、提纯、电解、电积、净化、改性、表面处理以及其他处理过程中产生的残余物质，包括（但不限于）以下物质：

1）在黑色金属冶炼或加工过程中产生的高炉渣、钢渣、轧钢氧化皮、铁合金渣、锰渣；

2）在有色金属冶炼或加工过程中产生的铜渣、铅渣、锡渣、锌渣、铝灰（渣）等火法冶炼渣，以及赤泥、电解阳极泥、电解铝阳极炭块残极、电积槽渣、酸（碱）浸出渣、净化渣等湿法冶炼渣；

3）在金属表面处理过程中产生的电镀槽渣、打磨粉尘。

c）在物质合成、裂解、分馏、蒸馏、溶解、沉淀以及其他过程中产生的残余物质，包括（但不限于）以下物质：

1）在石油炼制过程中产生的废酸液、废碱液、白土渣、油页岩渣；

2）在有机化工生产过程中产生的酸渣、废母液、蒸馏釜底残渣、电石渣；

3）在无机化工生产过程中产生的磷石膏、氨碱白泥、铬渣、硫铁矿渣、盐泥。

d）金属矿、非金属矿和煤炭开采、选矿过程中产生的废石、尾矿、煤矸石等；

e）石油、天然气、地热开采过程中产生的钻井泥浆、废压裂液、油泥或油泥砂、油脚和油田溅溢物等；

f）火力发电厂锅炉、其他工业和民用锅炉、工业窑炉等热能或燃烧设施中，燃料燃烧产生的燃煤炉渣等残余物质：

g）在设施设备维护和检修过程中，从炉窑、反应釜、反应槽、管道、容器以及其他设施设备中清理出的残余物质和损毁物质；

h）在物质破碎、粉碎、筛分、碾磨、切割、包装等加工处理过程中产生的不能直接作为产品或原材料或作为现场返料的回收粉尘、粉末；

i）在建筑、工程等施工和作业过程中产生的报废料、残余物质等建筑废物；

j）畜禽和水产养殖过程中产生的动物粪便、病害动物尸体等；

k）农业生产过程中产生的作物秸秆、植物枝叶等农业废物；

l）教学、科研、生产、医疗等实验过程中，产生的动物尸体等实验室废弃物质；

m）其他生产过程中产生的副产物。

4.3　环境治理和污染控制过程中产生的物质，包括以下种类：

a）烟气和废气净化、除尘处理过程中收集的烟尘、粉尘，包括粉煤灰；

b）烟气脱硫产生的脱硫石膏和烟气脱硝产生的废脱硝催化剂；

c）煤气净化产生的煤焦油；

d）烟气净化过程中产生的副产硫酸或盐酸；

e）水净化和废水处理产生的污泥及其他废弃物质；

f）废水或废液（包括固体废物填埋场产生的渗滤液）处理产生的浓缩液；

g）化粪池污泥、厕所粪便；

h）固体废物焚烧炉产生的飞灰、底渣等灰渣；

i）堆肥生产过程中产生的残余物质；

j）绿化和园林管理中清理产生的植物枝叶；

k）河道、沟渠、湖泊、航道、浴场等水体环境中清理出的漂浮物和疏浚污泥；

l）烟气、臭气和废水净化过程中产生的废活性炭、过滤器滤膜等过滤介质；

m）在污染地块修复、处理过程中，采用下列任何一种方式处置或利用的污染土壤：

1）填埋；

2）焚烧；

3）水泥窑协同处置；

4）生产砖、瓦、筑路材料等其他建筑材料。

n）在其他环境治理和污染修复过程中产生的各类物质。

4.4　其他

a）法律禁止使用的物质；

b）国务院环境保护行政主管部门认定为固体废物的物质。

5 利用和处置过程中的固体废物鉴别

5.1 在任何条件下，固体废物按照以下任何一种方式利用或处置时，仍然作为固体废物管理（但包含在6.2条中的除外）：

a）以土壤改良、地块改造、地块修复和其他土地利用方式直接施用于土地或生产施用于土地的物质（包括堆肥），以及生产筑路材料；

b）焚烧处置（包括获取热能的焚烧和垃圾衍生燃料的焚烧），或用于生产燃料，或包含于燃料中；

c）填埋处置；

d）倾倒、堆置；

e）国务院环境保护行政主管部门认定的其他处置方式。

5.2 利用固体废物生产的产物同时满足下述条件的，不作为固体废物管理，按照相应的产品管理（按照5.1条进行利用或处置的除外）：

a）符合国家、地方制定或行业通行的被替代原料生产的产品质量标准；

b）符合相关国家污染物排放（控制）标准或技术规范要求，包括该产物生产过程中排放到环境中的有害物质限值和该产物中有害物质的含量限值；

当没有国家污染控制标准或技术规范时，该产物中所含有害成分含量不高于利用被替代原料生产的产品中的有害成分含量，并且在该产物生产过程中，排放到环境中的有害物质浓度不高于利用所替代原料生产产品过程中排放到环境中的有害物质浓度，当没有被替代原料时，不考虑该条件；

c）有稳定、合理的市场需求。

6 不作为固体废物管理的物质

6.1 以下物质不作为固体废物管理：

a）任何不需要修复和加工即可用于其原始用途的物质，或者在产生点经过修复和加工后满足国家、地方制定或行业通行的产品质量标准并且用于其原始用途的物质；

b）不经过贮存或堆积过程，而在现场直接返回到原生产过程或返回其产生过程的物质；

c）修复后作为土壤用途使用的污染土壤；

d）供实验室化验分析用或科学研究用固体废物样品。

6.2　按照以下方式进行处置后的物质，不作为固体废物管理：

a）金属矿、非金属矿和煤炭采选过程中直接留在或返回到采空区的符合GB 18599中第Ⅰ类一般工业固体废物要求的采矿废石、尾矿和煤矸石。但是带入除采矿废石、尾矿和煤矸石以外的其他污染物质的除外；

b）工程施工中产生的按照法规要求或国家标准要求就地处置的物质。

6.3　国务院环境保护行政主管部门认定不作为固体废物管理的物质。

7　不作为液态废物管理的物质

7.1　满足相关法规和排放标准要求可排入环境水体或者市政污水管网和处理设施的废水、污水。

7.2　经过物理处理、化学处理、物理化学处理和生物处理等废水处理工艺处理后，可以满足向环境水体或市政污水管网和处理设施排放的相关法规和排放标准要求的废水、污水。

7.3　废酸、废碱中和处理后产生的满足7.1或7.2条要求的废水。

8　实施与监督

本标准由县级以上环境保护行政主管部门负责监督实施。

中华人民共和国国家标准

GB/T 39198—2020

一般固体废物分类与代码

Classification and code for general solid waste

2020-10-11 发布　　2021-05-01 实施

国家市场监督管理总局
国家标准化管理委员会　发布

GB/T 39198—2020

前　言

本标准按照 GB/T 1.1—2009 给出的规则起草。

本标准由全国产品回收利用基础与管理标雅化技术委员会（SAC/TC 415）提出并归口。

本标准起草单位：中国标准化研究院、中国科学院过程工程研究所、清华大学、山东琦泉能源科技有限公司、天能电池集团股份有限公司、东江环保股份有限公司、深圳市能源环保有限公司、绿色动力环保集团股份有限公司、广州环保投资集团有限公司、大连易舜绿色科技有限公司、徐州徐工环境技术有限公司、启迪桑德环境资源股份有限公司、北京臻成伟业标准化技术服务有限公司。

本标准主要起草人：李强、付允、张文娟、林翎、石磊、朱艺、石靖靖、高东峰、董统玺、赵琬莹、邢斌、毛书彦、胡玖坤、罗璐琴、钟日钢、邓军、乔德卫、张卫、刘先荣、张焕亨、郭易之、张建强、程磊、文一波、李天增、张明丽。

一般固体废物分类与代码

1 范围

本标准规定了一般固体废物的分类、分类代码编制规则、分类代码示例。

本标准适用于一般固体废物收集、贮存、包装、运输、处理、利用、处置及相关管理过程。

本标准不适用于一般固体废物中未分类的生活垃圾、建筑固体废物的相关管理过程。

2 规范性引用文件

下列文件对于本文件的应用是必不可少的。凡是注日期的引用文件，仅注日期的版本适用于本文件。凡是不注日期的引用文件，其最新版本（包括所有的修改单）适用于本文件。

GB/T 4754　国民经济行业分类

GB 5085.7　危险废物鉴别标准　通则

GB 5086.1　固体废物　浸出毒性浸出方法　翻转法

GB/T 15555.1　固体废物　总汞的测定　冷原子吸收分光光度法

GB/T 15555.3　固体废物　砷的测定　二乙基二硫代氨基甲酸银分光光度法

GB/T 15555.4　固体废物　六价铬的测定　二苯碳酰二肼分光光度法

GB/T 15555.5　固体废物　总铬的测定　二苯碳酰二肼分光光度法

GB/T 15555.7　固体废物　六价铬的测定　硫酸亚铁铵滴定法

GB/T 15555.8　固体废物　总铬的测定　硫酸亚铁铵滴定法

GB/T 15555.10　固体废物　镍的测定　丁二酮肟分光光度法

GB/T 15555.11　固体废物　氟化物的测定　离子选择性电极法

GB/T 15555.12　固体废物　腐蚀性测定　玻璃电极法

GB/T 27610　　废弃产品分类与代码

HJ 557　　固体废物　浸出毒性浸出方法　水平振荡法

HJ 751　　固体废物　镍和铜的测定　火焰原子吸收分光光度法

HJ 786　　固体废物　铅、锌和镉的测定　火焰原子吸收分光光度法

3　术语和定义

GB/T 27610 界定的以及下列术语和定义适用于本文件。

3.1　固体废物　solid waste

生产、生活和其他活动中产生的丧失原有利用价值或者虽未丧失利用价值但被抛弃或者放弃的固态、半固态和置于容器中的液态和气态的物品、物质，以及法律、行政法规规定纳入固体废物管理的物品、物质。

注：改写 GB 34330—2017，定义 3.1。

3.2　一般固体废物　general solid waste

未被列入《国家危险废物名录》，且根据 GB 5085.7 鉴别标准和 GB 5086.1、HJ 557 及 GB/T 15555.1、GB/T 15555.3、GB/T 15555.4、GB/T 15555.5、GB/T 15555.7、GB/T 15555.8、GB/T 15555.10、GB/T 15555.11、GB/T 15555.12、HJ 751、HJ 786 鉴别方法判定不具有危险特性的固体废物。

注：改写 GB 18599—2001，定义 3.1。

4　分类

依据一般固体废物来源、主要成分进行分类，具体见表 1。

表 1 中的类别、类别代码可随相关标准和法规扩展。

表 1　一般固体废物分类

来源	类别	类别代码	说明
废弃资源	废旧纺织品	01	指从纺织品原材料生产、加工和使用中产生的废物
	废皮革制品	02	指从皮革鞣制、皮革加工和使用中产生的废物
	废木制品	03	指森林或园林采伐废弃物、木材加工废弃物及育林剪枝废弃物，包括废木质家具
	废纸	04	指从造纸、纸制品加工和使用中产生的废物
	废橡胶制品	05	指从橡胶生产、加工和使用中产生的废物，包括废橡胶轮胎及其碎片
	废塑料制品	06	指从塑料生产、加工和使用中产生的废物

续表

来源	类别	类别代码	说明
废弃资源	废复合包装	07	指生产、生活中产生的含纸、塑、金属等材料的报废复合包装物
	废玻璃	08	指从玻璃生产、加工和使用中产生的废物及废弃制品
	废钢铁	09	指铁等黑色金属及其合金在生产、加工和使用时产生的废料和使用过程中产生的废物
	废有色金属	10	指各种有色金属及其合金在生产、加工和使用时产生的废料和使用过程中产生的废物
	废机械产品	11	指生产、生活中产生的报废机械设备
	废交通运输设备	12	指生产、生活中产生的报废车辆、飞机、船舶等交通运输设备
	废电池	13	指生产、生活中产生的报废电池，不包括已确定为危险废物的废铅蓄电池、废镉镍电池、废氧化汞电池
	废电器电子产品	14	指生产、生活中产生的废弃电子产品、电气设备及其废弃零部件、元器件
采矿业产生的一般固体废物	煤矸石	21	指采煤过程和洗煤过程中排放的固体废物，是一种在成煤过程中与煤层伴生的一种含碳量较低、比煤坚硬的黑灰色岩石。包括巷道掘进过程中的掘进矸石，采掘过程中从顶板、底板及夹层里采出的矸石以及洗煤过程中挑出的洗矸石
	其他尾矿	29	指选矿中分选作业产生的有用目标组分含量较低而无法用于生产的部分矿石，和破碎分选过程产生的废渣，包括洗煤过程产生的煤泥，不包括表中已提到的煤矸石
食品、饮料等行业产生的一般固体废物	植物残渣	31	指植物在种植、加工、使用过程中产生的剩余残物，包括植物饲料残渣，不包括表中已提到的林木废物、粮食及食品加工废物
	动物残渣	32	指动物原材料（如：猪肉、鱼肉等）加工、使用过程中产生的剩余残物
	禽畜粪肥	33	指养殖等过程产生的动物粪便、尿液和相应污水
	粮食及食品加工废物	34	指粮食在食品加工过程中产生的废物
	其他食品加工废物	39	指食品、饮料、烟草等行业生产过程中产生的其他废物，不包括表中已提到的植物残渣、动物残渣、禽畜粪肥、粮食及食品加工废物

续表

来源	类别	类别代码	说明
轻工、化工、医药、建材等行业产生的一般固体废物	硼泥	41	指生产硼酸、硼砂等产品产生的废渣，为灰白色、黄白色粉状固体，呈碱性，含氧化硼和氧化镁等组分
	盐泥	42	指制碱生产中以食盐为主要原料用电解方法制取氯、氢、烧碱过程中排出的废渣和泥浆，主要含有镁、铁、铝、钙等的硅酸盐和碳酸盐
	磷石膏	43	指生产磷酸过程中用硫酸处理磷矿时产生的固体废渣
	含钙废物	44	指工业生产中产生的电石渣、废石、造纸白泥、氧化钙等废物，不包括磷石膏、脱硫石膏
	中药残渣	45	指从中药生产中产生的植物残渣
	矿物型废物	46	指废陶瓷、铸造型砂、金刚砂等无机矿物型废物，不包括表中已提到的废玻璃
	其他轻工化工废物	49	指轻工、化工、医药、建材等行业生产过程中产生的其他废物，不包括表中已提到的硼泥、盐泥、磷石膏、含钙废物、中药残渣、矿物型废物
钢铁、有色冶金等行业产生的一般固体废物	高炉渣	51	指在高炉炼铁过程中由矿石中的脉石、燃料中的灰分和溶剂（一般是石灰石）形成的固体废物，包括炼铁和化铁冲天炉产生的废渣
	钢渣	52	指在炼钢过程中排出的固体废物，包括转炉渣、平炉渣、电炉渣
	赤泥	53	指生产氧化铝过程中产生的含氧化铝、二氧化硅、氧化铁等的废物，一般因含有大量氧化铁而呈红色
	金属氧化物废物	54	指生产中产生的主要含铁、镁、铝等金属氧化物的废物，包括铁泥，不包括表中已提到的硼泥、赤泥
	其他冶炼废物	59	指金属冶炼（干法和湿法）过程中产生的其他废物，不包括表中已提到的高炉渣、钢渣、赤泥和含金属氧化物的废物
非特定行业生产过程中产生的一般固体废物	无机废水污泥	61	指含无机污染物质废水经处理后产生的污泥
	有机废水污泥	62	指含有机污染物废水经处理后产生的污泥，包括城市污水处理厂的生化活性污泥，渔业养殖产生的污泥等，不包括表中已提到的禽畜粪肥
	粉煤灰	63	指从煤燃烧后的烟气中收捕下来的细灰，是燃煤发电过程特别是燃煤电厂排出的主要固体废物
	锅炉渣	64	指工业和民用锅炉及其他设备燃烧煤或其他燃料所排出的废渣（灰），包括煤渣、稻壳灰等
	脱硫石膏	65	指废气脱硫过程中产生的以石膏为主要成分的废物
	工业粉尘	66	指各种除尘设施收集的工业粉尘，不包括粉煤灰
	其他废物	99	不能与本表中上述各类对应的其他废物

5 分类代码编制规则

5.1 分类代码结构

一般固体废物分类代码由四段代码组成，代码结构图如图 1 所示。

5.2 来源行业代码

来源行业代码为第 1 位～第 3 位数字，由废物来源行业确定，按照 GB/T 4754 编码，其中第三位数字为 0 时代表整个行业大类。对于已确定类别代码的一般固体废物，如其来源行业未确定，其来源行业代码取 900。

5.3 顺序代码

顺序代码为第 4 位～第 6 位数字，由来源行业代码在 GB/T 4754 中的排序确定，具体见表 2。对于已确定类别代码的一般固体废物，如其来源行业在表 2 中未列出，其顺序代码取 999。

5.4 类别代码

类别代码为第 7 位～第 8 位数字，具体见表 1。对于没有具体分类的废物，其废物类别代码取 99。

5.5 类别细分代码

类别细分代码为第 9 位以后的数字，由各行业内部自行确定，作为类别代码的可扩展部分。

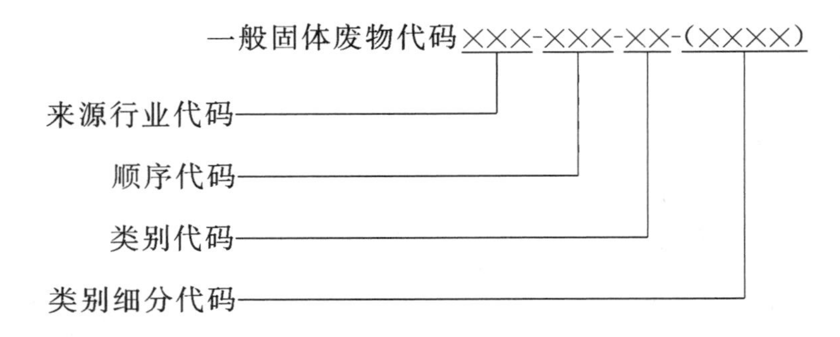

图 1 分类代码结构图

6 分类代码示例

一般固体废物分类代码示例如表 2 所示。如需细分，则按照分类代码编制规则，增加类别细分代码。

表 2　一般固体废物分类代码示例

行业来源	类别代码	代码	名称
			I　废弃资源
	01		废旧纺织品
		170-001-01	纺织业生产过程中产生的废旧纺织品
		……	……
	02		废皮革制品
		190-001-02	皮革、毛皮、羽毛及其制品加工过程中产生的废皮革制品
		……	……
	03		废木制品
		020-001-03	林业生产过程中产生的废木制品
		……	……
	04		废纸
		220-001-04	造纸和纸制品生产过程中产生的废纸
		……	……
	05		废橡胶制品
		265-001-05	合成材料制造过程中产生的废橡胶制品
		……	……
	06		废塑料制品
		292-001-06	塑料制品业产生的废塑料制品
		……	……
	07		废复合包装
		223-001-07	纸制品制造过程中产生的废复合包装
		……	……
	08		废玻璃
		300-001-08	玻璃及其制品制造过程中产生的废玻璃
		……	……
	09		废钢铁

续表

行业来源	类别代码	代码	名称
		213-001-09	金属家具制造过程中产生的废钢铁
		……	……
	10		废有色金属
		320-001-10	有色金属冶炼和压延加工过程中产生的废有色金属
		……	……
	11		废机械产品
		381-001-11	电机制造过程中产生的废机械产品
		……	……
	12		废交通运输设备
		360-001-12	汽车制造过程中产生的废交通运输设备
		……	……
	13		废电池
		350-001-13	专用设备制造过程中产生的废电池
		……	……
	14		废电器电子产品
		380-001-14	电气器械和器材制造过程中产生的废电器电子产品
		……	……
Ⅱ 采矿业产生的一般固体废物			
	21		煤矸石
		061-001-21	烟煤和无烟煤的开采洗选过程中产生的煤矸石
		……	……
	29		其他尾矿
		080-001-29	黑色金属矿采选过程中产生的尾矿
		……	……
Ⅲ 食品、饮料等行业产生的一般固体废物			
	31		植物残渣
		010-001-17	农业生产过程中产生的植物残渣

续表

行业来源	类别代码	代码	名称
		……	……
	32		动物残渣
		130-001-32	农副食品加工过程中产生的动物残渣
		……	……
	33		禽畜粪肥
		030-001-33	畜牧业生产过程中产生的禽畜粪肥
		……	……
	34		粮食及食品加工废物
		130-001-34	农副食品加工过程中产生的粮食及食品加工废物
		……	……
	39		其他食品加工废物
		130-001-39	农副食品加工过程中产生的其他食品加工废物
		……	……
Ⅳ　轻工、化工、医药、建材等行业产生的一般固体废物			
	41		硼泥
		261-001-41	基础化学原料制造过程中产生的硼泥
		……	……
	42		盐泥
		261-001-42	基础化学原料制造过程中产生的盐泥
		……	……
	43		磷石膏
		261-001-43	基础化学原料制造过程中产生的磷石膏
		……	……
	44		含钙废物
		221-001-44	纸浆制造过程中产生的含钙废物
		……	……
	45		中药残渣

续表

行业来源	类别代码	代码	名称
		017-001-45	中药材种植过程中产生的中药残渣
		……	……
	46		矿物型废物
		300-001-46	非金属矿物制品制造过程中产生的矿物型废物
		……	……
	49		其他轻工化工废物
		170-001-49	纺织业生产过程中产生的其他轻工化工废物
		……	……
V　钢铁、有色冶金等行业产生的一般固体废物			
	51		高炉渣
		311-001-51	炼铁过程中产生的高炉渣
		……	……
	52		钢渣
		312-001-52	炼钢过程中产生的钢渣
		……	……
	53		赤泥
		321-001-53	常用有色金属冶炼过程中产生的赤泥
		……	……
	54		金属氧化物废物
		260-001-54	化学原料和化学制品制造过程中产生的金属氧化物废物
		……	……
	59		其他冶炼废物
		310-001-59	黑色金属冶炼和压延加工过程中产生的其他冶炼废物
		……	……
Ⅵ　非特定行业生产过程中产生的一般固体废物			
	61		无机废水污泥
		441-001-61	电力生产过程中产生的无机废水污泥

续表

行业来源	类别代码	代码	名称
		……	……
		900-999-61	非特定行业生产过程中产生的无机废水污泥
	62		有机废水污泥
		462-001-62	污水处理及其再生利用过程中产生的有机废水污泥
		……	……
		900-999-62	非特定行业生产过程中产生的有机废水污泥
	63		粉煤灰
		441-001-63	电力生产过程中产生的粉煤灰
		……	……
		900-999-63	非特定行业生产过程中产生的粉煤灰
	64		锅炉渣
		441-001-64	电力生产过程中产生的锅炉渣
		……	……
		900-999-64	非特定行业生产过程中产生的锅炉渣
	65		脱硫石膏
		441-001-65	电力生产过程中产生的脱硫石膏
		……	……
		900-999-65	非特定行业生产过程中产生的脱硫石膏
	66	工业粉尘	
		060-001-66	煤炭开采洗选过程中产生的工业粉尘
		……	……
		900-999-66	非特定行业生产过程中产生的工业粉尘
	99		其他废物
		900-999-99	非特定行业生产过程中产生的其他废物

中华人民共和国国家标准

GB 18599—2020

代替 GB 18599—2001

一般工业固体废物贮存和填埋污染控制标准

Standard for pollution control on the non-hazardous industrial solid waste storage and landfill

2020-11-26 发布　　　　2021-07-01 实施

生态环境部
国家市场监督管理总局　发布

GB 18599—2020

前　言

为贯彻《中华人民共和国环境保护法》《中华人民共和国固体废物污染环境防治法》《中华人民共和国水污染防治法》《中华人民共和国大气污染防治法》《中华人民共和国土壤污染防治法》等法律法规，防治环境污染，改善生态环境质量，推动一般工业固体废物贮存、填埋技术进步，制定本标准。

本标准规定了一般工业固体废物贮存场、填埋场的选址、建设、运行、封场、土地复垦等过程的环境保护要求，以及替代贮存、填埋处置的一般工业固体废物充填及回填利用环境保护要求，以及监测要求和实施与监督等内容。

本标准为强制性标准。

本标准首次发布于2001年，本次为首次修订。

此次修订的主要内容：

——修改标准名称为《一般工业固体废物贮存和填埋污染控制标准》；

——明确了一般工业固体废物贮存场、填埋场的定义；

——明确了第Ⅰ类及第Ⅱ类一般工业固体废物的定义；

——细化了一般工业固体废物贮存场、填埋场的选址要求；

——增加了一般工业固体废物充填、回填利用污染控制技术要求；

——完善了一般工业固体废物贮存场、填埋场运行期，封场及后期管理污染控制技术要求；

——增加了一般工业固体废物贮存场、填埋场土地复垦污染控制技术要求。

本标准附录A是资料性附录。

本标准规定的污染物排放限值为基本要求。省级人民政府对本标准中未作规定的大气、水污染物控制项目，可以制定地方污染物排放标准；对本标准已作规定的大气、水污染物控制项目，可以制定严于本标准的地方污染物排放标准。

本标准由生态环境部固体废物与化学品司、法规与标准司组织制定。

本标准主要起草单位：中国环境科学研究院、上海交通大学、中节能清洁技术发展有限公司、生态环境部固体废物与化学品管理技术中心。

本标准生态环境部2020年11月26日批准。

本标准自2021年7月1日起实施。自本标准实施之日起，《一般工业固体废物贮存、处置场污染控制标准》（GB 18599—2001）废止。各地可根据当地生态环境保护的需要和经济、技术条件，由省级人民政府批准提前实施本标准。

本标准由生态环境部解释。

一般工业固体废物贮存和填埋污染控制标准

1　适用范围

本标准规定了一般工业固体废物贮存场、填埋场的选址、建设、运行、封场、土地复垦等过程的环境保护要求，以及替代贮存、填埋处置的一般工业固体废物充填及回填利用环境保护要求，以及监测要求和实施与监督等内容。

本标准适用于新建、改建、扩建的一般工业固体废物贮存场和填埋场的选址、建设、运行、封场、土地复垦的污染控制和环境管理，现有一般工业固体废物贮存场和填埋场的运行、封场、土地复垦的污染控制和环境管理，以及替代贮存、填埋处置的一般工业固体废物充填及回填利用的污染控制及环境管理。

针对特定一般工业固体废物贮存和填埋发布的专用国家环境保护标准的，其贮存、填埋过程执行专用环境保护标准。

采用库房、包装工具（罐、桶、包装袋等）贮存一般工业固体废物过程的污染控制，不适用本标准，其贮存过程应满足相应防渗漏、防雨淋、防扬尘等环境保护要求。

2　规范性引用文件

下列文件对于本标准的应用是必不可少的。凡是注日期的引用文件，仅注日期的版本适用于本标准。凡是不注日期的引用文件，其最新版本（包括所有的修改单）适用于本标准。

GB 8978　污水综合排放标准

GB 12348　工业企业厂界环境噪声排放标准

GB 14554　恶臭污染物排放标准

GB 15562.2　环境保护图形标志 — 固体废物贮存（处置）场

GB 15618　土壤环境质量　农用地土壤污染风险管控标准（试行）

GB 16297　大气污染物综合排放标准

GB 16889　生活垃圾填埋场污染控制标准

GB 36600　土壤环境质量　建设用地土壤污染风险管控标准（试行）

GB/T 14848　地下水质量标准

GB/T 15432　环境空气　总悬浮颗粒物的测定　重量法

GB/T 17643　土工合成材料　聚乙烯土工膜

HJ 25.3　建设用地土壤污染风险评估技术导则

HJ 91.1　污水监测技术规范

HJ/T 164　地下水环境监测技术规范

HJ 557　固体废物浸出毒性浸出方法　水平振荡法

HJ 761　固体废物　有机质的测定　灼烧减量法

HJ 819　排污单位自行监测技术指南　总则

NY/T 1121.16　土壤检测　第16部分：土壤水溶性盐总量的测定

TD/T 1036　土地复垦质量控制标准

《企业事业单位环境信息公开办法》（原国家环境保护总局令第31号）

《环境监测管理办法》（原国家环境保护总局令第39号）

3　术语和定义

3.1　一般工业固体废物　non-hazardous industrial solid waste

企业在工业生产过程中产生且不属于危险废物的工业固体废物。

3.2　贮存　storage

将固体废物临时置于特定设施或者场所中的活动。

3.3　填埋　landfill

将固体废物最终置于符合环境保护规定要求的填埋场的活动。

3.4　一般工业固体废物贮存场　non-azardous industrial solid waste storage facility

用于临时堆放一般工业固体废物的土地贮存设施。封场后的贮存场按照填埋场进行管理。

3.5　一般工业固体废物填埋场　non-hazardous industrial solid waste landfill

用于最终处置一般工业固体废物的填埋设施。

3.6　第Ⅰ类一般工业固体废物　class Ⅰ non-hazardous industrial solid waste

按照HJ 557规定方法获得的浸出液中任何一种特征污染物浓度均未超过GB 8978最高允许排放浓度（第二类污染物最高允许排放浓度按照一级标准执行），且pH在6～9范围之内的一般工业固体废物。

3.7　第Ⅱ类一般工业固体废物　class Ⅱ non-hazardous industrial solid waste

按照HJ 557规定方法获得的浸出液中有一种或一种以上的特征污染物浓度超过GB 8978最高允许排放浓度（第二类污染物最高允许排放浓度按照一级标准执行），或pH在6～9范围之外的一般工业固体废物。

3.8　Ⅰ类场　class Ⅰ non-hazardous industrial solid waste storage and landfill facility

可接受本标准6.1条规定的各类一般工业固体废物并符合本标准相关污染控制技术要求规定的一般工业固体废物贮存场及填埋场。

3.9　Ⅱ类场　class Ⅱ non-hazardous industrial solid waste storage and landfill facility

可接受本标准6.2条、6.3条规定的各类一般工业固体废物并符合本标准相关污染控制技术要求规定的一般工业固体废物贮存场及填埋场。

3.10　充填　mining with backfilling

为满足采矿工艺需要，以支撑围岩、防止岩石移动、控制地压为目的，利用一般工业固体废物为充填材料填充采空区的活动。

3.11　回填　backfilling

在复垦、景观恢复、建设用地平整、农业用地平整以及防止地表塌陷的地貌保护等工程中，以土地复垦为目的，利用一般工业固体废物替代土、砂、石等生产材料填充地下采空空间、露天开采地表挖掘区、取土场、地下开采塌陷区以及天然坑洼区的活动。

3.12　天然基础层　native foundation

位于防渗衬层下部，未经扰动的岩土层。

3.13　人工防渗衬层　artificial liner

人工构筑的防止渗滤液进入土壤及地下水的隔水层。

3.14　单人工复合衬层　single composite liner system

由一层人工合成材料衬层和黏土类衬层构成的防渗衬层，其结构参见附录A。

3.15 相容性 compatibility

某种固体废物同其他固体废物接触时不会产生有害物质，不会燃烧或爆炸，不发生其他可能对贮存、填埋产生不利影响的化学反应和物理变化。

3.16 人工防渗衬层完整性检测 artificial liner integrity testing

采用电法及其他方法对高密度聚乙烯膜等人工合成材料衬层是否发生破损及破损位置进行检测。

3.17 封场 closure

贮存场及填埋场停止使用后，对其采取关闭的措施。尾矿库的封场也称闭库。

4 贮存场和填埋场选址要求

4.1 一般工业固体废物贮存场、填埋场的选址应符合环境保护法律法规及相关法定规划要求。

4.2 贮存场、填埋场的位置与周围居民区的距离应依据环境影响评价文件及审批意见确定。

4.3 贮存场、填埋场不得选在生态保护红线区域、永久基本农田集中区域和其他需要特别保护的区域内。

4.4 贮存场、填埋场应避开活动断层、溶洞区、天然滑坡或泥石流影响区以及湿地等区域。

4.5 贮存场、填埋场不得选在江河、湖泊、运河、渠道、水库最高水位线以下的滩地和岸坡，以及国家和地方长远规划中的水库等人工蓄水设施的淹没区和保护区之内。

4.6 上述选址规定不适用于一般工业固体废物的充填和回填。

5 贮存场和填埋场技术要求

5.1 一般规定

5.1.1 根据建设、运行、封场等污染控制技术要求不同，贮存场、填埋场分为Ⅰ类场和Ⅱ类场。

5.1.2 贮存场、填埋场的防洪标准应按重现期不小于50年一遇的洪水位设计，国家已有标准提出更高要求的除外。

5.1.3 贮存场和填埋场一般应包括以下单元：

a）防渗系统、渗滤液收集和导排系统；

b）雨污分流系统；

c）分析化验与环境监测系统；

d）公用工程和配套设施；

e）地下水导排系统和废水处理系统（根据具体情况选择设置）。

5.1.4 贮存场及填埋场施工方案中应包括施工质量保证和施工质量控制内容，明确环保条款和责任，作为项目竣工环境保护验收的依据，同时可作为建设环境监理的主要内容。

5.1.5 贮存场及填埋场在施工完毕后应保存施工报告、全套竣工图、所有材料的现场及实验室检测报告。采用高密度聚乙烯膜作为人工合成材料衬层的贮存场及填埋场还应提交人工防渗衬层完整性检测报告。上述材料连同施工质量保证书作为竣工环境保护验收的依据。

5.1.6 贮存场及填埋场渗滤液收集池的防渗要求应不低于对应贮存场、填埋场的防渗要求。

5.1.7 贮存场除应符合本标准规定污染控制技术要求之外，其设计、施工、运行、封场等还应符合相关行政法规规定、国家及行业标准要求。

5.1.8 食品制造业、纺织服装和服饰业、造纸和纸制品业、农副食品加工业等为日常生活提供服务的活动中产生的与生活垃圾性质相近的一般工业固体废物，以及有机质含量超过5%的一般工业固体废物（煤矸石除外），其直接贮存、填埋处置应符合GB 16889要求。

5.2 Ⅰ类场技术要求

5.2.1 当天然基础层饱和渗透系数不大于1.0×10^{-5} cm/s，且厚度不小于0.75 m时，可以采用天然基础层作为防渗衬层。

5.2.2 当天然基础层不能满足5.2.1条防渗要求时，可采用改性压实黏土类衬层或具有同等以上隔水效力的其他材料防渗衬层，其防渗性能应至少相当于渗透系数为1.0×10^{-5} cm/s且厚度为0.75 m的天然基础层。

5.3 Ⅱ类场技术要求

5.3.1 Ⅱ类场应采用单人工复合衬层作为防渗衬层，并符合以下技术要求：

a）人工合成材料应采用高密度聚乙烯膜，厚度不小于1.5 mm，并满足GB/T 17643规定的技术指标要求。采用其他人工合成材料的，其防渗性能至少相当于 1.5 mm 高密度聚乙烯膜的防渗性能。

b）黏土衬层厚度应不小于 0.75 m，且经压实、人工改性等措施处理后的饱和渗透系数不应大于 1.0×10^{-7} cm/s。使用其他黏土类防渗衬层材料时，应具有同等以上隔水效力。

5.3.2 Ⅱ类场基础层表面应与地下水年最高水位保持 1.5 m 以上的距离。当场区基础层表面与地下水年最高水位距离不足 1.5 m 时，应建设地下水导排系统。地下水导排系统应确保Ⅱ类场运行期地下水水位维持在基础层表面 1.5 m 以下。

5.3.3 Ⅱ类场应设置渗漏监控系统，监控防渗衬层的完整性。渗漏监控系统的构成包括但不限于防渗衬层渗漏监测设备、地下水监测井。

5.3.4 人工合成材料衬层、渗滤液收集和导排系统的施工不应对黏土衬层造成破坏。

6 入场要求

6.1 进入Ⅰ类场的一般工业固体废物应同时满足以下要求：

a）第Ⅰ类一般工业固体废物（包括第Ⅱ类一般工业固体废物经处理后属于第Ⅰ类一般工业固体废物的）；

b）有机质含量小于 2%（煤矸石除外），测定方法按照 HJ 761 进行；

c）水溶性盐总量小于 2%，测定方法按照 NY/T 1121.16 进行。

6.2 进入Ⅱ类场的一般工业固体废物应同时满足以下要求：

a）有机质含量小于 5%（煤矸石除外），测定方法按照 HJ 761 进行；

b）水溶性盐总量小于 5%，测定方法按照 NY/T 1121.16 进行。

6.3 5.1.8 条所规定的一般工业固体废物经处理并满足 6.2 条要求后仅可进入Ⅱ类场贮存、填埋。

6.4 不相容的一般工业固体废物应设置不同的分区进行贮存和填埋作业。

6.5 危险废物和生活垃圾不得进入一般工业固体废物贮存场及填埋场。国家及地方有关法律法规、标准另有规定的除外。

7 贮存场和填埋场运行要求

7.1 贮存场、填埋场投入运行之前，企业应制定突发环境事件应急预案或在突发事件应急预案中制定环境应急预案专章，说明各种可能发生的突发环境事件情景及应急处置措施。

7.2 贮存场、填埋场应制订运行计划，运行管理人员应定期参加企业的岗位培训。

7.3　贮存场、填埋场运行企业应建立档案管理制度，并按照国家档案管理等法律法规进行整理与归档，永久保存。档案资料主要包括但不限于以下内容：

a）场址选择、勘察、征地、设计、施工、环评、验收资料；

b）废物的来源、种类、污染特性、数量、贮存或填埋位置等资料；

c）各种污染防治设施的检查维护资料；

d）渗滤液、工艺水总量以及渗滤液、工艺水处理设备工艺参数及处理效果记录资料；

e）封场及封场后管理资料；

f）环境监测及应急处置资料。

7.4　贮存场、填埋场的环境保护图形标志应符合 GB 15562.2 的规定，并应定期检查和维护。

7.5　易产生扬尘的贮存或填埋场应采取分区作业、覆盖、洒水等有效抑尘措施防止扬尘污染。尾矿库应采取均匀放矿、洒水抑尘等措施防止干滩扬尘污染。

7.6　污染物排放控制要求

7.6.1　贮存场、填埋场产生的渗滤液应进行收集处理，达到 GB 8978 要求后方可排放。已有行业、区域或地方污染物排放标准规定的，应执行相应标准。

7.6.2　贮存场、填埋场产生的无组织气体排放应符合 GB 16297 规定的无组织排放限值的相关要求。

7.6.3　贮存场、填埋场排放的环境噪声、恶臭污染物应符合 GB 12348、GB 14554 的规定。

8　充填及回填利用污染控制要求

8.1　第Ⅰ类一般工业固体废物可按下列途径进行充填或回填作业：

a）粉煤灰可在煤炭开采矿区的采空区中充填或回填；

b）煤矸石可在煤炭开采矿井、矿坑等采空区中充填或回填；

c）尾矿、矿山废石等可在原矿开采区的矿井、矿坑等采空区中充填或回填。

8.2　第Ⅱ类一般工业固体废物以及不符合 8.1 条充填或回填途径的第Ⅰ类一般工业固体废物，其充填或回填活动前应开展环境本底调查，并按照 HJ 25.3 等相关标准进行环境风险评估，重点评估对地下水、地表水及周边土壤的环境污染风险，确保环境风险可以接受。充填或回填活动结束后，应根据风险评估结果对可能受到影响的土壤、地表水及地下水开展长期监测，监测频次至少每年 1 次。

8.3 不应在充填物料中掺加除充填作业所需要的添加剂之外的其他固体废物。

8.4 一般工业固体废物回填作业结束后应立即实施土地复垦（回填地下的除外），土地复垦应符合本标准 9.9 条的规定。

8.5 食品制造业、纺织服装和服饰业、造纸和纸制品业、农副食品加工业等为日常生活提供服务的活动中产生的与生活垃圾性质相近的一般工业固体废物以及其他有机物含量超过 5% 的一般工业固体废物（煤矸石除外）不得进行充填、回填作业。

9 封场及土地复垦要求

9.1 当贮存场、填埋场服务期满或不再承担新的贮存、填埋任务时，应在 2 年内启动封场作业，并采取相应的污染防治措施，防止造成环境污染和生态破坏。封场计划可分期实施。尾矿库的封场时间和封场过程还应执行闭库的相关行政法规和管理规定。

9.2 贮存场、填埋场封场时应控制封场坡度，防止雨水侵蚀。

9.3 I 类场封场一般应覆盖土层，其厚度视固体废物的颗粒度大小和拟种植物种类确定。

9.4 Ⅱ类场的封场结构应包括阻隔层、雨水导排层、覆盖土层。覆盖土层的厚度视拟种植物种类及其对阻隔层可能产生的损坏确定。

9.5 封场后，仍需对覆盖层进行维护管理，防止覆盖层不均匀沉降、开裂。

9.6 封场后的贮存场、填埋场应设置标志物，注明封场时间以及使用该土地时应注意的事项。

9.7 封场后渗滤液处理系统、废水排放监测系统应继续正常运行，直到连续 2 年内没有渗滤液产生或产生的渗滤液未经处理即可稳定达标排放。

9.8 封场后如需对一般工业固体废物进行开采再利用，应进行环境影响评价。

9.9 贮存场、填埋场封场完成后，可依据当地地形条件、水资源及表土资源等自然环境条件和社会发展需求并按照相关规定进行土地复垦。土地复垦实施过程应满足 TD/T 1036 规定的相关土地复垦质量控制要求。土地复垦后用作建设用地的，还应满足 GB 36600 的要求；用作农用地的，还应满足 GB 15618 的要求。

9.10 历史堆存一般工业固体废物场地经评估确保环境风险可以接受时，可进行封场或土地复垦作业。

10 污染物监测要求

10.1 一般规定

10.1.1 企业应按照有关法律和《环境监测管理办法》《企业事业单位环境信息公开办法》等规定，建立企业监测制度，制定监测方案，对污染物排放状况及对周边环境质量的影响开展自行监测，并公开监测结果。

10.1.2 企业安装、运维污染源自动监控设备的要求，按照相关法律法规规章及标准的规定执行。

10.1.3 企业应按照环境监测管理规定和技术规范的要求，设计、建设、维护永久性采样口、采样测试平台和排污口标志。

10.2 废水污染物监测要求

10.2.1 采样点的设置与采样方法，按 HJ 91.1 的规定执行。

10.2.2 渗滤液及其处理后排放废水污染物的监测频次，应根据废物特性、覆盖层和降水等条件加以确定，至少每月 1 次。废水污染物的监测分析方法按照 GB 8978 的规定执行。

10.3 地下水监测要求

10.3.1 贮存场、填埋场投入使用之前，企业应监测地下水本底水平。

10.3.2 地下水监测井的布置应符合以下要求：

a）在地下水流场上游应布置 1 个监测井，在下游至少应布置 1 个监测井，在可能出现污染扩散区域至少应布置 1 个监测井。设置有地下水导排系统的，应在地下水主管出口处至少布置 1 个监测井，用以监测地下水导排系统排水的水质；

b）岩溶发育区以及环境影响评价文件中确定地下水评价等级为一级的贮存场、填埋场，应根据环境影响评价结论加大下游监测井布设密度；

c）当地下水含水层埋藏较深或地下水监测井较难布设的基岩山区，经环境影响评价确认地下水不会受到污染时，可减少地下水监测井的数量；

d）监测井的位置、深度应根据场区水文地质特征进行针对性布置；

e）监测井的建设与管理应符合 HJ/T 164 的技术要求；

f）已有的地下水取水井、观测井和勘测井，如果满足上述要求可以作为地下水监测井使用。

10.3.3 贮存场、填埋场地下水监测频次应符合以下要求：

a）运行期间，企业自行监测频次至少每季度1次，每两次监测之间间隔不少于1个月，国家另有规定的除外；如周边有环境敏感区应增加监测频次，具体监测点位和频次依据环境影响评价结论确定。当发现地下水水质有被污染的迹象时，应及时查找原因并采取补救措施，防止污染进一步扩散；

b）封场后，地下水监测系统应继续正常运行，监测频次至少每半年1次，直到地下水水质连续2年不超出地下水本底水平。

10.3.4 地下水监测因子由企业根据贮存及填埋废物的特性提出，必须具有代表性且能表征固体废物特性。常规测定项目应至少包括：浑浊度、pH、溶解性总固体、氯化物、硝酸盐（以N计）、亚硝酸盐（以N计）。地下水监测因子分析方法按照GB/T 14848执行。

10.4 地表水监测要求

10.4.1 应在满足废水排放标准与环境管理要求基础上，针对项目建设、运行、封场后等不同阶段可能造成地表水环境影响制订地表水监测计划。

10.4.2 地表水监测点位、分析方法、监测频次应按照HJ 819执行，岩溶地区应增加地表水的监测频次。

10.5 大气监测要求

10.5.1 无组织气体排放的监测因子由企业根据贮存及填埋废物的特性提出，必须具有代表性且能表征固体废物特性。采样点布设、采样及监测方法按GB 16297的规定执行，污染源下风方向应为主要监测范围。

10.5.2 运行期间，企业自行监测频次至少每季度1次。如监测结果出现异常，应及时进行重新监测，间隔时间不得超过1周。

10.5.3 企业周边应安装总悬浮颗粒物（TSP）浓度监测设施，并保存1年以上数据记录。总悬浮颗粒物（TSP）浓度的测定方法按照GB/T 15432执行。

10.6 土壤监测要求

10.6.1 贮存场、填埋场投入使用之前，企业应监测土壤本底水平。

10.6.2 应布设1个土壤监测对照点，对照点应尽量保证不受企业生产过程影响，对照点作为土壤背景值。

10.6.3 依据地形特征、主导风向和地表径流方向，在可能产生影响的土壤环境敏感目标处布设土壤监测点。

10.6.4　运行期间，土壤监测点的自行监测频次一般每3年1次，采样深度根据可能影响的深度适当调整，以表层土壤为重点采样层。

10.6.5　土壤监测因子由企业根据贮存及填埋废物的特性提出，必须具有代表性且能表征固体废物特性。土壤监测因子的分析方法按照GB 36600的规定执行。

11　实施与监督

11.1　本标准由县级以上生态环境主管部门负责监督实施。

11.2　在任何情况下，企业均应遵守本标准的污染物排放控制要求，采取必要措施保证污染防治设施正常运行。各级生态环境主管部门在对其进行监督检查时，对于水污染物，可以现场即时采样或监测的结果，作为判定排污行为是否符合排放标准以及实施相关生态环境保护管理措施的依据；对于无组织排放的大气污染物，可以采用手工监测并按照监测规范要求测得的任意1小时平均浓度值，作为判定排污行为是否符合排放标准以及实施相关生态环境保护管理措施的依据。

附录 A

（资料性附录）

单人工复合衬层系统说明

单人工复合衬层系统（HDPE 土工膜 + 黏土）结构如图 A.1 所示，部分结构说明如下：

a）渗滤液导排层：宜采用卵石，厚度不应小于 30 cm，卵石下可增设土工复合排水网；

b）人工防渗衬层：采用 HDPE 土工膜时厚度不应小于 1.5 mm；

c）黏土衬层：渗透系数不应大于 1.0×10^{-7} cm/s，厚度不宜小于 75 cm；

d）保护层：可采用非织造土工布、保护黏土层及粉末状尾矿；

e）地下水导排层（可选）：采用卵（砾）石等石料；

f）基础层：具有承载填埋堆体负荷的天然岩土层或经过地基处理的稳定岩土层。

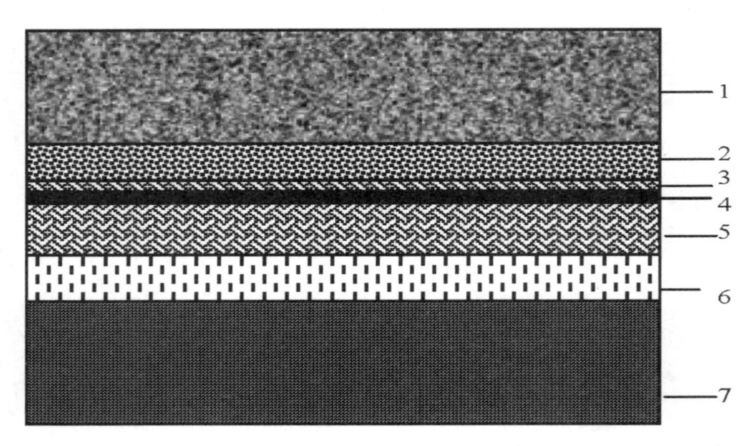

1：一般工业固体废物；2：渗滤液导排层；3：保护层；4：人工防渗衬层（高密度聚乙烯膜）；5：黏土衬层；6：地下水导排层（可选）；7：基础层

图 A.1　单人工复合衬层系统示意图

中华人民共和国国家生态环境标准

HJ 364—2022

代替 HJ/T 364—2007

废塑料污染控制技术规范

Technical specification for pollution control of plastic waste

2022-05-31 发布　　2022-05-31 实施

生　态　环　境　部 发布

HJ 364—2022

前 言

为贯彻《中华人民共和国环境保护法》《中华人民共和国固体废物污染环境防治法》等法律法规，防治环境污染，改善生态环境质量，规范和指导废塑料的污染控制制定本标准。

本标准规定了废塑料产生、收集、运输、贮存、预处理、再生利用和处置等过程的污染控制和环境管理要求。

本标准是对《废塑料回收与再生利用污染控制技术规范（试行）》（HJ/T 364—2007）的修订。

本标准首次发布于2007年，本次为第一次修订。

本次修订的主要内容：

——修订了标准的名称；

——调整了标准的适用范围；

——更新了标准的规范性引用文件；

——增加了产生环节污染控制要求；

——调整了部分环节污染控制指标与技术要求。

自本标准实施之日起，《废塑料回收与再生利用污染控制技术规范（试行）》（HJ/T 364—2007）废止。

本标准由生态环境部固体废物与化学品司、法规与标准司组织制定。

本标准主要起草单位：中国环境科学研究院、清华大学、生态环境部固体废物与化学品管理技术中心、重庆市固体废物管理中心。

本标准生态环境部2022年5月31日批准。

本标准自2022年5月31日起实施。

本标准由生态环境部解释。

废塑料污染控制技术规范

1　适用范围

本标准规定了废塑料产生、收集、运输、贮存、预处理、再生利用和处置等过程的污染控制技术要求。

本标准适用于废塑料产生、收集、运输、贮存、预处理、再生利用和处置过程的污染控制与环境管理，可作为废塑料再生利用和处置等建设项目的环境影响评价、环境保护设施设计、竣工环保验收、排污许可管理和清洁生产审核等的技术依据。

本标准不适用于废弃可降解塑料。

2　规范性引用文件

本标准引用了下列文件或其中的条款。凡是注明日期的引用文件，仅注日期的版本适用于本标准。凡是未注日期的引用文件，其最新版本（包括所有的修改单）适用于本标准。

GB 5085.7　危险废物鉴别标准　通则

GB 12348　工业企业厂界环境噪声排放标准

GB 14554　恶臭污染物排放标准

GB 15562.2　环境保护图形标志—固体废物贮存（处置）场

GB 16297　大气污染物综合排放标准

GB 16889　生活垃圾填埋场污染控制标准

GB/T 19001　质量管理体系　要求

GB/T 24001　环境管理体系　要求及使用指南

GB 31572　合成树脂工业污染物排放标准

GB 34330　固体废物鉴别标准　通则

GB/T 37547　废塑料分类及代码

GB 37822　挥发性有机物无组织排放控制标准

GB/T 45001　职业健康安全管理体系　要求及使用指南

HJ 662　水泥窑协同处置固体废物环境保护技术规范

HJ 819　排污单位自行监测技术指南　总则

《医疗废物管理条例》(中华人民共和国国务院令第588号)

《产业结构调整指导目录》(国家发展和改革委员会令第29号)

《清洁生产审核办法》(国家发展和改革委员会、环境保护部令第38号)

《农药包装废弃物回收处理管理办法》(农业农村部、生态环境部令第6号)

3　术语和定义

下列术语和定义适用于本标准。

3.1　废塑料　plastic waste

废弃的各种塑料制品及塑料材料。

3.2　预处理　pre-treatment

废塑料在再生利用和处置前的分选、破碎、清洗和干燥等处理工序或行为。

3.3　再生利用　recycling

从废塑料中获取或使其转化为可利用物质的活动，一般包括物理再生和化学再生。

3.4　物理再生　mechanical recycling

将废塑料通过物理方式加工为再生原料的过程。

3.5　化学再生　chemical recycling

利用化学方法使废塑料重新转化为树脂单体、低聚物、裂解产物或合成气的过程。

4　总体要求

4.1　应加强塑料制品的绿色设计，以便于重复使用和利用处置。

4.2　宜以提高资源利用率和减少环境影响为原则，按照重复使用、再生利用和处置的顺序，选择合理可行的废塑料利用处置技术路线。

4.3　涉及废塑料的产生、收集、运输、贮存、利用、处置的单位和其他生产经营者，应根据产生的污染物采取防扬散、防流失、防渗漏或者其他防止污染环境的措施，并执行国家和地方相关排放标准。

4.4　废塑料的产生、收集、贮存、预处理和再生利用企业内应单独划分贮存场地，不同种类的废塑料宜分开贮存，贮存场地应具有防雨、防扬散、防渗漏等措施，并按 GB 15562.2 的要求设置标识。

4.5　含卤素废塑料的预处理与再生利用，宜与其他废塑料分开进行。

4.6　废塑料的收集、再生利用和处置企业，应建立废塑料管理台账，内容包括废塑料的来源、种类、数量、去向等，相关台账应保存至少 3 年。

4.7　属于危险废物的废塑料，按照危险废物进行管理和利用处置。

4.8　废塑料的产生、收集、再生利用和处置过程除应满足生态环境保护相关要求外，还应符合国家安全生产、职业健康、交通运输、消防等法规、标准的相关要求。

5　产生环节污染控制要求

5.1　工业源废塑料污染控制要求

废塑料产生企业应根据材质特性以及再生利用和处置方式，对下脚料、边角料、残次品、废弃塑料制品、废弃塑料包装物等进行分类收集、贮存，并建立废塑料管理台账，内容包括废塑料的种类、数量、去向等，相关台账应保存至少 3 年。

5.2　生活源废塑料污染控制要求

5.2.1　废塑料类可回收物应按照当地生活垃圾分类管理要求投放至可回收物垃圾桶或专用回收设施内，或交给再生资源回收企业。

5.2.2　投入有害垃圾收集设施集中收集的废塑料类有害垃圾，应交由有资质的单位进行利用处置。

5.3　农业源废塑料污染控制要求

5.3.1　废弃的非全生物降解塑料农膜，应进行回收，不得丢弃、掩埋或者露天焚烧。

5.3.2　废弃的非全生物降解渔网、渔具、网箱等废塑料，应进行回收，不得丢弃、掩埋或者露天焚烧。

5.3.3　废弃的肥料包装袋（桶或瓶）等废塑料，应进行回收，不得丢弃、掩埋或者露天焚烧。

5.4 医疗机构可回收物中废塑料污染控制要求

5.4.1 医疗机构中废塑料等可回收物，应投放至专门容器中，严禁与医疗废物混合。

5.4.2 医疗机构可回收物中废塑料的收集容器、包装物应有明显标识。

5.4.3 医疗机构可回收物中废塑料的收集、搬运、暂存、转运等操作过程，应与医疗废物分开进行。

6 收集和运输污染控制要求

6.1 收集要求

6.1.1 废塑料收集企业应参照 GB/T 37547、根据废塑料来源、特性及使用过程对废塑料进行分类收集。

6.1.2 废塑料收集过程中应避免扬散，不得随意倾倒残液及清洗。

6.2 运输要求

废塑料及其预处理产物的装卸及运输过程中，应采取必要的防扬散、防渗漏措施，应保持运输车辆的洁净，避免二次污染。

7 预处理污染控制要求

7.1 一般性要求

7.1.1 应根据废塑料的来源、特性、污染情况以及后续再生利用或处置的要求，选择合理的预处理方式。

7.1.2 废塑料的预处理应控制二次污染。大气污染物排放应符合 GB 31572 或 GB 16297、GB 37822 等标准的规定。恶臭污染物排放应符合 GB 14554 的规定。废水控制应根据出水受纳水体的功能要求或纳管要求，执行国家和地方相关排放标准，重点控制的污染物指标包括石油类和化学需氧量、悬浮物、pH、色度、可吸附有机卤化物等。噪声排放应符合 GB 12348 的规定。

7.2 分选要求

7.2.1 应采用预分选工艺，将废塑料与其他废物分开，提高下游自动化分选的效率。

7.2.2 废塑料分选应遵循稳定、二次污染可控的原则，根据废塑料特性，宜采用气流分选、静电分选、X 射线荧光分选、近红外分选、熔融过滤分选、低温破碎分选及其他新型的自动化分选等单一或集成化分选技术。

7.3　破碎要求

废塑料的破碎方法可分为干法破碎和湿法破碎。使用干法破碎时，应配备相应的防尘、防噪声设备。使用湿法破碎时，应有配套的污水收集和处理设施。

7.4　清洗要求

7.4.1　宜采用节水的自动化清洗技术，宜采用无磷清洗剂或其他绿色清洗剂，不得使用有毒有害的清洗剂。

7.4.2　应根据清洗废水中污染物的种类和浓度，配备相应的废水收集和处理设施，清洗废水处理后宜循环使用。

7.5　干燥要求

宜选择闭路循环式干燥设备。干燥环节应配备废气收集和处理设施，防止二次污染。

8　再生利用和处置污染控制要求

8.1　一般性要求

8.1.1　应根据废塑料材质特性、混杂程度、洁净度、当地环境和产业情况，选择适当的利用处置工艺。

8.1.2　应在符合《产业结构调整指导目录》的前提下，综合考虑所在区域废塑料产生情况、社会经济发展水平、产业布局及规划、再生利用产品市场需求、再生利用技术污染防治水平等因素，合理确定再生利用设施的生产规模与技术路线。

8.1.3　应根据废塑料再生利用过程产生的废水中污染物种类和浓度，配备相应的废水收集和处理设施，处理后的废水宜进行循环使用，排放的废水应根据出水受纳水体功能要求或纳管要求，执行国家和地方相关排放标准，重点控制的污染物指标包括石油类和化学需氧量、悬浮物、pH、色度、可吸附有机卤化物等。

8.1.4　应加强新污染物和优先控制化学品的监测评估与治理。

8.1.5　应收集并处理废塑料再生利用过程中产生的废气，大气污染物排放应符合 GB 31572 或 GB 16297、GB 37822 等标准的规定，恶臭污染物排放应符合 GB 14554 的规定。

8.1.6　废塑料再生利用过程中应控制噪声污染，噪声排放应符合 GB 12348 的规定。

8.1.7　废塑料中的金属、橡胶、纤维、渣土、油脂等夹杂物，以及废塑料再生利用过程中产生的不可利用废物应建立台账，不得擅自丢弃、倾倒、焚烧与填埋，属于危险废物的应交由有相关资质单位进行利用处置。

8.1.8 再生塑料制品或材料在生产过程中不得使用全氯氟烃作发泡剂；制造人体接触的再生塑料制品或材料时，不得添加有毒有害的化学助剂。

8.2 物理再生要求

8.2.1 废塑料的物理再生工艺中，熔融造粒车间应安装废气收集及处理装置，挤出工艺的冷却废水宜循环使用。

8.2.2 宜采用节能熔融造粒技术，含卤素废塑料宜采用低温熔融造粒工艺。

8.2.3 宜使用无丝网过滤器造粒机，减少废滤网产生。采用焚烧方式处理塑料挤出机过滤网片时，应配备烟气净化装置。

8.3 化学再生要求

8.3.1 含有聚氯乙烯等含卤素塑料的混合废塑料进行化学再生时，应进行适当的脱氯、脱硅及脱除金属等处理，以满足生产及产品质量和污染防治要求。

8.3.2 化学再生过程不宜使用含重金属添加剂。

8.3.3 化学再生过程使用的含重金属催化剂应优先循环使用，废弃的催化剂应委托有资质的单位进行利用或处置。

8.3.4 废塑料化学再生裂解设施应使用连续生产设备（包含连续进料系统、连续裂解系统和连续出料系统）。

8.3.5 废塑料化学再生产物，应按照 GB 34330 进行鉴别，经鉴别属于固体废物的，应按照固体废物管理并按照 GB 5085.7 进行鉴别，经鉴别属于危险废物的，应按照危险废物管理。

8.4 处置要求

8.4.1 使用生活垃圾等焚烧设施处置废塑料时，污染物排放应执行相应设施的排放标准。使用水泥窑等工业窑炉协同处置含卤素废塑料时，应按照 HJ 662 的要求严格控制入窑卤素元素含量。

8.4.2 进入生活垃圾填埋场处置时，废塑料应当满足 GB 16889 中对填埋废物的入场要求。

9　运行环境管理要求

9.1　一般性要求

9.1.1　废塑料的产生、收集、运输、贮存和再生利用企业，应按照 GB/T 19001、GB/T 24001、GB/T 45001 等标准建立管理体系，设置专门的部门或者专（兼）职人员，负责废塑料收集和再生利用过程中的相关环境管理工作。

9.1.2　废塑料的产生和再生利用企业，应按照排污许可证规定严格控制污染物排放。

9.1.3　废塑料的产生、收集、运输、贮存和再生利用企业，应对从业人员进行环境保护培训。

9.2　项目建设的环境管理要求

9.2.1　废塑料的再生利用项目应严格执行环境影响评价和“三同时”制度。

9.2.2　新建和改扩建废塑料再生利用项目的选址应符合当地城市总体发展规划、用地规划、生态环境分区管控方案、规划环评及其他环境保护要求。

9.2.3　废塑料再生利用项目应按功能划分厂区，包括管理区、原料贮存区、生产区、产品贮存区、不可利用废物的贮存和处理区等，各功能区应有明显的界线或标识。

9.3　清洁生产要求

9.3.1　新建和改扩建的废塑料再生利用企业，应严格按照国家清洁生产相关规定等确定的生产工艺及设备指标、资源和能源消耗指标、资源综合利用指标、产品特征指标、污染物产生指标（末端处理前）、清洁生产管理指标等进行建设和生产。

9.3.2　实施强制性清洁生产审核的废塑料再生利用企业，应按照《清洁生产审核办法》的要求开展清洁生产审核，逐步淘汰技术落后、能耗高、资源综合利用率低和环境污染严重的工艺和设备。

9.3.3　废塑料的再生利用企业，应积极推进工艺、技术和设备提升改造，积极应用先进的清洁生产技术。

9.4　监测要求

9.4.1　废塑料的再生利用和处置企业，应按照排污许可证、HJ 819 以及本标准的要求，制定自行监测方案，对废塑料的利用处置过程污染物排放状况及周边环境质量的影响开展自行监测，保存原始监测记录，并依规进行信息公开。

9.4.2　不同污染物的采样监测方法和频次执行相关国家和行业标准，保留监测记录以及特殊情况记录。

10　属于危险废物的废塑料的特殊要求

10.1　医疗废物中的废塑料按照《医疗废物管理条例》要求进行收集和处置。

10.2　农药包装废弃物按照《农药包装废弃物回收处理管理办法》要求进行收集、利用、处置。

10.3　含有或者沾染危险废物的塑料类包装物，应处理并符合相关标准要求后，优先用于原始用途，不能再次使用的按照危险废物相关规定利用处置。

中华人民共和国国家生态环境标准

HJ 348—2022
代替 HJ 348—2007

报废机动车拆解企业污染控制技术规范

Technical specification for pollution control for end-of-life vehicles dismantling enterprises

2022-07-07 发布　　2022-10-01 实施

生　态　环　境　部 发布

HJ 348—2022

前 言

为贯彻《中华人民共和国环境保护法》《中华人民共和国固体废物污染环境防治法》《报废机动车回收管理办法》等法律法规，防治报废机动车拆解过程的环境污染，规范报废机动车拆解环境管理工作，制定本标准。

本标准规定了报废机动车拆解总体要求，企业基础设施和拆解过程污染控制要求，污染物排放要求环境管理要求以及环境监测与突发环境事件应急预案要求。

本标准首次发布于2007年，本次是对《报废机动车拆解环境保护技术规范》（HJ 348—2007）的第一次修订。本次修订的主要内容有：

——标准名称修改为《报废机动车拆解企业污染控制技术规范》；

——修改完善了报废机动车拆解过程中的相关术语定义；

——细化了报废机动车回收拆解企业基础设施和拆解过程污染控制要求及污染物排放要求；

——增加了报废机动车回收拆解企业管理、企业环境监测与突发环境事件应急预案要求；

——增加了附录A报废机动车主要拆解产物特性及去向。

本标准的附录A为资料性附录。

自本标准实施之日起，《报废机动车拆解环境保护技术规范》（HJ 348—2007）废止。

本标准由生态环境部固体废物与化学品司、法规与标准司组织制定。

本标准主要起草单位：生态环境部固体废物与化学品管理技术中心、中国物资再生协会、中国再生资源回收利用协会、中国环境科学研究院、中国汽车技术研究中心有限公司、中国循环经济协会。

本标准生态环境部2022年7月7日批准。

本标准自2022年10月1日起实施。

本标准由生态环境部解释。

报废机动车拆解企业污染控制技术规范

1　适用范围

本标准规定了报废机动车拆解总体要求，企业基础设施和拆解过程污染控制要求，污染物排放要求，环境管理要求以及环境监测与突发环境事件应急预案要求。

本标准适用于报废机动车回收拆解企业的污染控制要求及环境管理。非道路移动机械拆解可参照本标准执行。

2　规范性引用文件

本标准引用了下列文件或其中的条款。凡是注明日期的引用文件，仅注日期的版本适用于本标准。凡是未注日期的引用文件，其最新版本（包括所有的修改单）适用于本标准。

GB 12348　工业企业厂界环境噪声排放标准

GB 14554　恶臭污染物排放标准

GB 16297　大气污染物综合排放标准

GB 18597　危险废物贮存污染控制标准

GB 18599　一般工业固体废物贮存和填埋污染控制标准

GB 22128　报废机动车回收拆解企业技术规范

GB 37822　挥发性有机物无组织排放控制标准

GB 50037　建筑地面设计规范

GB/T 50483　化工建设项目环境保护工程设计标准

HJ 519　废铅蓄电池处理污染控制技术规范

HJ 819　排污单位自行监测技术指南 总则

HJ 1034　排污许可证申请与核发技术规范 废弃资源加工工业

HJ 1186　废锂离子动力蓄电池处理污染控制技术规范（试行）

HJ 1200　排污许可证申请与核发技术规范　工业固体废物（试行）

HJ 1259　危险废物管理计划和管理台账制定技术导则

《消耗臭氧层物质管理条例》

《国家危险废物名录》

《危险废物转移管理办法》

《报废机动车回收管理办法实施细则》

《一般工业固体废物管理台账制定指南（试行）》

《中国受控消耗臭氧层物质清单》

3　术语和定义

下列术语和定义适用于本标准。

3.1　报废机动车　end-of-life vehicles; ELVs

达到国家机动车强制报废标准规定的机动车和机动车所有人自愿作报废处理的机动车。

3.2　电动汽车　electric vehicle; EV

纯电动汽车、混合动力（电动）汽车、燃料电池电动汽车的总称。

3.3　非道路移动机械　non-road mobile machinery

用于非道路上的各类移动机械（包括工程机械和农用机械等），包括既能自驱动又能进行其他功能操作的机械，也包括不能自驱动，但被设计成能够从一个地方移动或被移动到另一个地方的机械。

3.4　拆解　dismantling

报废机动车进行预处理后，拆除主要总成和回用件，并对车体和结构件等逐一拆除使之分离出来的过程。

3.5　拆卸　removing

将动力蓄电池和铅蓄电池从车上拆除并卸下的过程。

3.6　破碎　shredding

对报废机动车拆解产物采取挤压、剪切、撕裂、冲击等机械方式进行处理的过程。

3.7　回用件　reused parts

从报废机动车上拆解的能够再使用的零部件。

3.8　动力蓄电池　traction battery

为电动汽车动力系统提供能量的蓄电池，不包含铅蓄电池。

3.9　报废机动车破碎残余物　automobile shredding residue；ASR

报废机动车拆解废料经过破碎分选后的残渣。

4　总体要求

4.1　报废机动车的拆解应遵循减量化、资源化和无害化的原则。报废机动车回收拆解企业应优先采用资源回收率高、污染物排放量少的工艺和设备，防范二次污染，实现减污降碳协同增效。

4.2　报废机动车拆解建设项目选址不应位于国务院和国务院有关主管部门及省、自治区、直辖市人民政府划定的生态保护红线区域、永久基本农田和其他需要特别保护的区域内。

4.3　报废机动车回收拆解企业应具备集中的运营场地，并实行封闭式规范管理。

4.4　报废机动车回收拆解企业应根据 HJ 1034、HJ 1200 等规定取得排污许可证，并按照排污许可证管理要求进行规范排污。产生的废气、废水、噪声、固体废物等排放应满足国家和地方的污染物排放标准与排污许可要求，产生的固体废物应按照国家有关环境保护规定和标准要求妥善贮存、利用和处置。

4.5　报废机动车回收拆解企业应依照《报废机动车回收管理办法实施细则》等相关要求向机动车生产企业获取报废机动车拆解指导手册等相关技术信息，依规开展报废机动车拆解工作。

4.6　报废机动车回收拆解企业应依据 GB 22128 等相关规定开展拆解作业。不应露天拆解报废机动车，拆解产物不应露天堆放，不应对大气、土壤、地表水和地下水造成污染。

4.7　报废机动车回收拆解企业应具备与生产规模相匹配的环境保护设施，环境保护设施的设计、施工与运行应遵守“三同时”环境管理制度。

4.8　报废机动车回收拆解及贮存过程除满足环境保护相关要求外，还应符合国家安全生产、职业健康、交通运输、消防等法规标准的相关要求。

5　基础设施污染控制要求

5.1　报废机动车回收拆解企业应划分不同的功能区，包括办公区和作业区。作业区应包括：

a）整车贮存区（分为传统燃料机动车区和电动汽车区）；

b）动力蓄电池拆卸区；

c）铅蓄电池拆卸区；

d）电池分类贮存区；

e）拆解区；

f）产品（半成品；不包括电池）贮存区；

g）破碎分选区；

h）一般工业固体废物贮存区；

i）危险废物贮存区。

5.2　报废机动车回收拆解企业厂区内功能区的设计和建设应满足以下要求：

a）作业区面积大小和功能区划分应满足拆解作业的需要；

b）不同的功能区应具有明显的标识；

c）作业区应具有防渗地面和油水收集设施，地面应符合 GB 50037 的防油渗地面要求；

d）作业区地面混凝土强度等级不低于 C20，厚度不低于 150 mm，其中物流通道路面和拆解作业区域强度不低于 C30，厚度不低于 200 mm。大型拆解设备承重区域的硬化标准参照设备工艺要求执行；

e）拆解区应为封闭或半封闭建筑物；

f）破碎分选区应设在封闭区域内，控制工业废气、粉尘和噪声污染；

g）危险废物贮存区应设置液体导流和收集装置，地面应无液体积聚，如有冲洗废水应纳入废水收集处理设施处理；

h）不同种类的危险废物应单独收集、分类存放，中间有明显间隔；贮存场所应设置警示标识，同时还应满足 GB 18597 中其他相关要求；

i）铅蓄电池的拆卸、贮存区的地面应做防酸、防腐、防渗及硬化处理，同时还应满足 HJ 519 中其他相关要求；

j）动力蓄电池拆卸、贮存区应满足 HJ 1186 中的相关要求，地面应采用环氧地坪等硬化措施，地面应做防酸、防腐、防渗、硬化及绝缘处理；

k）各贮存区应在显著位置设置标识，标明贮存物的类别、名称、规格、注意事项等，根据其特性合理划分贮存区域，采取必要的隔离措施。

5.3　报废机动车回收拆解企业内的道路应采取硬化措施，如出现破损应及时维修。

5.4　报废机动车回收拆解企业应做到雨污分流，在作业区内产生的初期雨水、清洗水和其他非生活废水应设置专门的收集设施和污水处理设施。厂区内应按照GB/T 50483的要求设置初期雨水收集池。

6　拆解过程污染控制要求

6.1　传统燃料报废机动车在开展拆解作业前，应抽排下列气体及液体：燃油、发动机油、变速器/齿轮箱（包括后差速器和/或分动器）油、动力转向油、制动液等石油基油或者液态合成润滑剂、冷却液、挡风玻璃清洗液、制冷剂等，并使用专用容器回收贮存。操作场所应有防漏、截流和清污措施，抽排挥发性油液时应通过油气回收装置吸收拆解区域内的挥发性气体。防止上述气体及液体遗撒或泄漏。

6.2　报废电动汽车进场检测时，受损变形以及漏液、漏电、电源供应工作不正常或其他的事故车辆应进行明显标识，及时隔离并优先处理，避免造成环境风险。

6.3　报废电动汽车在开展拆解作业前，应采用防静电设备彻底抽排制冷剂，并用专用容器回收储存，避免电解质和有机溶剂泄漏。拆卸下来的动力蓄电池存在漏液、冒烟、漏电、外壳破损等情形的，应及时处理并采用专用容器单独存放，避免动力蓄电池自燃引起的环境风险。

6.4　动力蓄电池不应与铅蓄电池混合贮存。

6.5　报废机动车回收拆解企业不应在未完成各项拆解作业前对报废机动车进行破碎处理或者直接进行熔炼处理。

6.6　报废机动车回收拆解企业不应焚烧报废机动车拆解过程中产生的废电线电缆、废轮胎和其他废物。

6.7　报废机动车拆解产生的废旧玻璃、报废机动车破碎残余物、引爆后的安全气囊等应避免危险废物的沾染，未沾染危险废物的应按一般工业固体废物进行管理。

6.8　报废机动车拆解产生的废铅蓄电池、废矿物油、废电路板、废尾气净化催化剂以及含有或沾染危险废物的废弃包装物、容器等依据《国家危险废物名录》属于危险废物的，应按照危险废物贮存管理相关要求进行分区、分类贮存。废弃含油抹布和劳保用品宜集中收集。

6.9　报废机动车回收拆解企业不应倾倒铅蓄电池内的电解液、铅块和铅膏等废物。对于破损的铅蓄电池，应单独贮存，并采取防止电解液泄漏的措施。

6.10　报废机动车拆解产生的产物和固体废物应合理分类，不能自行利用处置的，分别委托具有相关资质、相应处理能力或经营范围的单位利用和处置。

6.11　报废机动车拆解产物应符合国家及地方处理处置要求，其中主要拆解产物特性及去向见附录 A。如报废机动车回收拆解企业具备与报废机动车拆解处理相关的深加工或二次加工经营业务，应当符合其他相关污染控制要求。

6.12　报废机动车油箱中的燃料（汽油、柴油、天然气、液化石油气、甲醇等）应分类收集。

7　企业污染物排放要求

7.1　水污染物排放要求

报废机动车回收拆解企业厂区收集的初期雨水、清洗水和其他非生活废水等应通过收集管道（井）等收集后进入污水处理设施进行处理，达到国家和地方的污染物排放标准后方可排放。

7.2　大气污染物排放要求

7.2.1　报废机动车回收拆解企业排放废气中颗粒物、挥发性有机物（VOCs）等应符合 GB 16297、GB 37822 规定的排放要求。地方污染物排放标准有更严格要求的，从其规定。

7.2.2　报废机动车回收拆解企业应在厂区及易产生粉尘的生产环节采取有效防尘、降尘、集尘措施，拆解过程产生的粉尘等应收集净化后排放。

7.2.3　报废机动车回收拆解企业的恶臭污染物排放应满足 GB 14554 中的相关要求。

7.2.4　报废机动车回收拆解企业应依照《消耗臭氧层物质管理条例》，对消耗臭氧层物质和氢氟碳化物进行分类回收，并交由专业单位进行利用或无害化处置，不应直接排放。涉及《中国受控消耗臭氧层物质清单》所列的废制冷剂应按照国家相关规定进行管理。

7.3　噪声排放控制要求

7.3.1　报废机动车回收拆解企业应采取隔音降噪措施，减小厂界噪声，满足 GB 12348 中的相关要求。

7.3.2　对于破碎机、分选机、风机等机械设备，应采用合理的降噪、减噪措施。如选用低噪声设备，安装隔振元件、柔性接头、隔振垫等。

7.3.3　在空压机、风机等的输气管道或在进气口、排气口上安装消声元件，采取屏蔽隔声措施等。

7.3.4　对于搬运、手工拆解、车辆运输等非机械噪声产生环节，宜采取可减少固体振动和碰撞过程噪声产生的管理措施，如使用手动运输车辆、车间地面涂刷防护地坪、使用软性传输装置等措施；加强工人的防噪声劳动保护措施，如使用耳塞等。

7.4　固体废物污染控制要求

一般工业固体废物中不应混入危险废物。拆解过程中产生的一般工业固体废物应满足 GB 18599 的其他相关要求；危险废物应满足 GB 18597 中的其他相关要求。

8　企业环境管理要求

8.1　固体废物管理要求

8.1.1　企业应建立、健全一般工业固体废物污染环境防治责任制度，采取以下措施防止造成环境污染：

a）建立一般工业固体废物台账记录，应满足一般工业固体废物管理台账制定指南相关要求；

b）分类收集后贮存应设置标识标签，注明拆解产物的名称、贮存时间、数量等信息；贮存过程应采取防止货物和包装损坏或泄漏。

8.1.2　企业应建立、健全污染环境防治责任制度，采取以下措施严格控制危险废物造成环境污染：

a）制定危险废物管理计划和建立危险废物台账记录，应满足 HJ 1259 相关要求；

b）交由持有危险废物经营许可证并具有相关经营范围的企业进行处理，并签订委托处理合同；

c）拆解过程产生的固体废物危险特性不明时，按照相关要求开展危险废物鉴别工作；

d）转移危险废物时，应严格执行《危险废物转移管理办法》有关要求。

8.2 环境监测要求

8.2.1 报废机动车回收拆解企业应按照HJ 819等规定，建立企业监测制度，制定自行监测方案，对污染物排放状况及其周边环境质量的影响开展自行监测，保存原始监测记录，并公布监测结果，监测报告记录应至少保存3年。

8.2.2 自行监测方案应包括企业基本情况、监测点位、监测频次、监测指标（含特征污染物）、执行排放标准及其限值、监测方法和仪器、监测质量控制、监测点位示意图、监测结果信息公开时限、应急监测方案等。

8.2.3 报废机动车回收拆解企业不具备自行监测能力的，应委托具有监测服务资质的单位监测。

8.3 技术人员管理要求

报废机动车回收拆解企业应对操作人员、技术人员及管理人员进行环境保护相关的法律法规、环境应急处理等理论知识和操作技能培训。培训应包含以下内容：

a）有关环境保护法律法规要求；

b）企业生产的工艺流程、污染物的产生环节和污染防治措施；

c）环境污染物的排放限值；

d）污染防治设备设施的运行维护要求；

e）发生突发环境事件的处理措施等。

8.4 突发环境事件应急预案

报废机动车回收拆解企业应健全企业突发环境事件应对工作机制，包括编制突发环境事件应急预案、制定突发环境事件应急预案培训演练制度、定期开展培训演练等。发生突发环境事件时，企业立即启动相应突发环境事件应急预案，并按突发环境事件应急预案要求向生态环境等部门报告。

附录 A

（资料性附录）

报废机动车主要拆解产物特性及去向

报废机动车主要拆解产物特性及去向见表 A. 1。

表 A.1　报废机动车主要拆解产物特性及去向

序号	产物名称	来源	环境特性	去向
1	废有机溶剂与含有机溶剂废物	拆解或零部件清洗过程产生的废有机溶剂、专用清洗剂、防冻液和动力电池冷却液等	属于危险废物，按HW06管理	交由持有相应类别危险废物经营许可证的单位处理
2	废矿物油与含矿物油废物	拆解过程产生的机油、刹车油、液压油、润滑油、过滤介质（汽油、机油过滤器）；零部件清洗过程产生的废汽油、柴油、煤油等；拆解过程中产生的废油泥	属于危险废物，按HW08管理	交由持有相应类别危险废物经营许可证的单位处理
3	含汞废物	拆解过程产生的废水银开关、含汞荧光灯管及其他废含汞电光源	属于危险废物，按HW29管理	交由持有相应类别危险废物经营许可证的单位处理
4	废铅蓄电池	拆解过程产生的废铅蓄电池	属于危险废物，按HW31管理	交由持有相应类别危险废物经营许可证的单位处理
5	石棉废物	拆解报废机动车制动器衬片产生的石棉废物	属于危险废物，按HW36管理	交由持有相应类别危险废物经营许可证的单位处理

续表

序号	产物名称	来源	环境特性	去向
6	废活性炭	VOCs 治理过程产生的废活性炭	属于危险废物，按 HW49 管理	交由持有相应类别危险废物经营许可证的单位处理
7	废电路板	拆解过程产生的废电路板及其元器件	属于危险废物，按 HW49 管理	交由持有相应类别危险废物经营许可证的单位处理
8	废尾气催化剂	拆解过程产生的废催化剂	属于危险废物，按 HW50 管理	交由持有相应类别危险废物经营许可证的单位处理
9	废弃车用电子零部件	拆解过程产生的车控电子零部件和车载电子零部件	具有环境风险	交由具有相应废弃电器电子产品处理资格企业、电子废物拆解利用处置单位名录内企业
10	废安全气囊	拆解过程产生的安全气囊	具有环境风险	交由具有相应处理能力或经营范围的单位利用和处置
11	废制冷剂	拆解过程产生的废制冷剂 (CFCs、HFCs 等)	具有环境风险	交由具有相应资质的单位利用和处置
12	废旧动力蓄电池（不包含铅蓄电池）	报废电动汽车拆卸下来的废旧动力蓄电池	具有高电压、燃爆、含氟电解液泄漏等安全或环境风险	交售给新能源汽车生产企业建立的动力蓄电池回收服务网点，或符合国家对动力蓄电池梯次利用管理有关要求的梯次利用企业，或者从事废旧动力蓄电池综合利用的企业
13	液化气罐	使用液化气的机动车	具有环境风险	交由具有相应资质的单位利用和处置
14	废旧轮胎	拆解过程产生的废旧轮胎	具有环境风险	交由具有相应处理能力或经营范围的单位利用和处置
15	海绵及座椅材料	拆解过程产生的座椅海绵和布艺、皮具等	具有环境风险	交由具有相应处理能力或经营范围的单位利用和处置

续表

序号	产物名称	来源	环境特性	去向
16	内饰材料	拆解过程产生的机动车内饰材料	具有环境风险	交由具有相应处理能力或经营范围的单位利用和处置
17	废旧玻璃	拆解过程产生的废旧玻璃	具有环境风险	交由具有相应处理能力或经营范围的单位利用和处置
18	报废机动车破碎残余物	报废机动车拆解废料经过破碎分选后的残渣	具有环境风险	交由具有相应处理能力或经营范围的单位利用和处置
19	安全带及相关纺织品	拆解过程产生的汽车编织物、安全带、纺织品等	具有环境风险	交由具有相应处理能力或经营范围的单位利用和处置
20	轻质物料	拆解过程产生的泡沫、皮革、细小塑料、棉絮等混合物	具有环境风险	交由具有相应处理能力或经营范围的单位利用和处置

注：本表中所提“主要拆解产物”不包含回用件等可再制造零部件，因设计特点不含表中部分拆解产物的，按实际拆解产物对照执行。

第三篇

电子废物管理

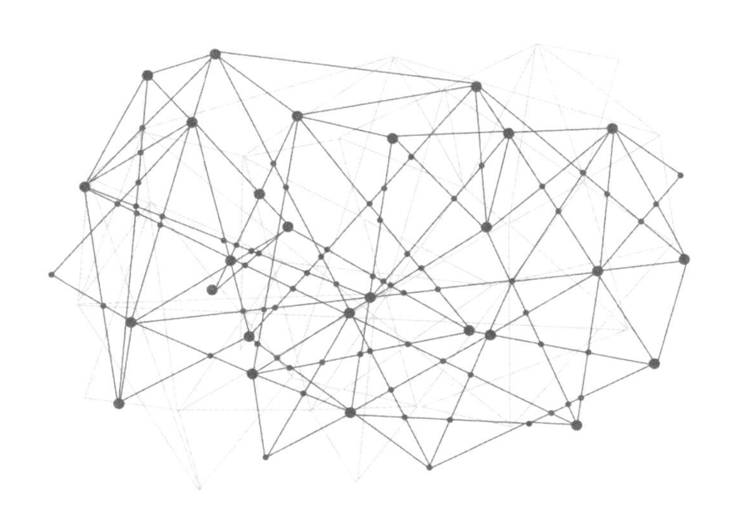

废弃电器电子产品回收处理管理条例

（2009年2月25日中华人民共和国国务院令第551号公布，根据2019年3月2日《国务院关于修改部分行政法规的决定》修订）

第一章 总 则

第一条 为了规范废弃电器电子产品的回收处理活动，促进资源综合利用和循环经济发展，保护环境，保障人体健康，根据《中华人民共和国清洁生产促进法》和《中华人民共和国固体废物污染环境防治法》的有关规定，制定本条例。

第二条 本条例所称废弃电器电子产品的处理活动，是指将废弃电器电子产品进行拆解，从中提取物质作为原材料或者燃料，用改变废弃电器电子产品物理、化学特性的方法减少已产生的废弃电器电子产品数量，减少或者消除其危害成分，以及将其最终置于符合环境保护要求的填埋场的活动，不包括产品维修、翻新以及经维修、翻新后作为旧货再使用的活动。

第三条 列入《废弃电器电子产品处理目录》（以下简称《目录》）的废弃电器电子产品的回收处理及相关活动，适用本条例。

国务院资源综合利用主管部门会同国务院生态环境、工业信息产业等主管部门制定和调整《目录》，报国务院批准后实施。

第四条 国务院生态环境主管部门会同国务院资源综合利用、工业信息产业主管部门负责组织拟订废弃电器电子产品回收处理的政策措施并协调实施，负责废弃电器电子产品处理的监督管理工作。国务院商务主管部门负责废弃电器电子产品回收的管理工作。国务院财政、市场监督管理、税务、海关等主管部门在各自职责范围内负责相关管理工作。

第五条　国家对废弃电器电子产品实行多渠道回收和集中处理制度。

第六条　国家对废弃电器电子产品处理实行资格许可制度。设区的市级人民政府生态环境主管部门审批废弃电器电子产品处理企业（以下简称处理企业）资格。

第七条　国家建立废弃电器电子产品处理基金，用于废弃电器电子产品回收处理费用的补贴。电器电子产品生产者、进口电器电子产品的收货人或者其代理人应当按照规定履行废弃电器电子产品处理基金的缴纳义务。

废弃电器电子产品处理基金应当纳入预算管理，其征收、使用、管理的具体办法由国务院财政部门会同国务院生态环境、资源综合利用、工业信息产业主管部门制定，报国务院批准后施行。

制定废弃电器电子产品处理基金的征收标准和补贴标准，应当充分听取电器电子产品生产企业、处理企业、有关行业协会及专家的意见。

第八条　国家鼓励和支持废弃电器电子产品处理的科学研究、技术开发、相关技术标准的研究以及新技术、新工艺、新设备的示范、推广和应用。

第九条　属于国家禁止进口的废弃电器电子产品，不得进口。

第二章　相关方责任

第十条　电器电子产品生产者、进口电器电子产品的收货人或者其代理人生产、进口的电器电子产品应当符合国家有关电器电子产品污染控制的规定，采用有利于资源综合利用和无害化处理的设计方案，使用无毒无害或者低毒低害以及便于回收利用的材料。

电器电子产品上或者产品说明书中应当按照规定提供有关有毒有害物质含量、回收处理提示性说明等信息。

第十一条　国家鼓励电器电子产品生产者自行或者委托销售者、维修机构、售后服务机构、废弃电器电子产品回收经营者回收废弃电器电子产品。电器电子产品销售者、维修机构、售后服务机构应当在其营业场所显著位置标注废弃电器电子产品回收处理提示性信息。

回收的废弃电器电子产品应当由有废弃电器电子产品处理资格的处理企业处理。

第十二条 废弃电器电子产品回收经营者应当采取多种方式为电器电子产品使用者提供方便、快捷的回收服务。

废弃电器电子产品回收经营者对回收的废弃电器电子产品进行处理，应当依照本条例规定取得废弃电器电子产品处理资格；未取得处理资格的，应当将回收的废弃电器电子产品交有废弃电器电子产品处理资格的处理企业处理。

回收的电器电子产品经过修复后销售的，必须符合保障人体健康和人身、财产安全等国家技术规范的强制性要求，并在显著位置标识为旧货。具体管理办法由国务院商务主管部门制定。

第十三条 机关、团体、企事业单位将废弃电器电子产品交有废弃电器电子产品处理资格的处理企业处理的，依照国家有关规定办理资产核销手续。

处理涉及国家秘密的废弃电器电子产品，依照国家保密规定办理。

第十四条 国家鼓励处理企业与相关电器电子产品生产者、销售者以及废弃电器电子产品回收经营者等建立长期合作关系，回收处理废弃电器电子产品。

第十五条 处理废弃电器电子产品，应当符合国家有关资源综合利用、环境保护、劳动安全和保障人体健康的要求。

禁止采用国家明令淘汰的技术和工艺处理废弃电器电子产品。

第十六条 处理企业应当建立废弃电器电子产品处理的日常环境监测制度。

第十七条 处理企业应当建立废弃电器电子产品的数据信息管理系统，向所在地的设区的市级人民政府生态环境主管部门报送废弃电器电子产品处理的基本数据和有关情况。废弃电器电子产品处理的基本数据的保存期限不得少于3年。

第十八条 处理企业处理废弃电器电子产品，依照国家有关规定享受税收优惠。

第十九条 回收、储存、运输、处理废弃电器电子产品的单位和个人，应当遵守国家有关环境保护和环境卫生管理的规定。

第三章 监督管理

第二十条 国务院资源综合利用、市场监督管理、生态环境、工业信息产业等主管部门，依照规定的职责制定废弃电器电子产品处理的相关政策和技术规范。

第二十一条　省级人民政府生态环境主管部门会同同级资源综合利用、商务、工业信息产业主管部门编制本地区废弃电器电子产品处理发展规划，报国务院生态环境主管部门备案。

地方人民政府应当将废弃电器电子产品回收处理基础设施建设纳入城乡规划。

第二十二条　取得废弃电器电子产品处理资格，依照《中华人民共和国公司登记管理条例》等规定办理登记并在其经营范围中注明废弃电器电子产品处理的企业，方可从事废弃电器电子产品处理活动。

除本条例第三十四条规定外，禁止未取得废弃电器电子产品处理资格的单位和个人处理废弃电器电子产品。

第二十三条　申请废弃电器电子产品处理资格，应当具备下列条件：

（一）具备完善的废弃电器电子产品处理设施；

（二）具有对不能完全处理的废弃电器电子产品的妥善利用或者处置方案；

（三）具有与所处理的废弃电器电子产品相适应的分拣、包装以及其他设备；

（四）具有相关安全、质量和环境保护的专业技术人员。

第二十四条　申请废弃电器电子产品处理资格，应当向所在地的设区的市级人民政府生态环境主管部门提交书面申请，并提供相关证明材料。受理申请的生态环境主管部门应当自收到完整的申请材料之日起60日内完成审查，作出准予许可或者不予许可的决定。

第二十五条　县级以上地方人民政府环境保护主管部门应当通过书面核查和实地检查等方式，加强对废弃电器电子产品处理活动的监督检查。

第二十六条　任何单位和个人都有权对违反本条例规定的行为向有关部门检举。有关部门应当为检举人保密，并依法及时处理。

第四章　法律责任

第二十七条　违反本条例规定，电器电子产品生产者、进口电器电子产品的收货人或者其代理人生产、进口的电器电子产品上或者产品说明书中未按照规定提供有关有毒有害物质含量、回收处理提示性说明等信息的，由县级以上地方人民政府市场监督管理部门责令限期改正，处5万元以下的罚款。

第二十八条 违反本条例规定，未取得废弃电器电子产品处理资格擅自从事废弃电器电子产品处理活动的，由县级以上人民政府生态环境主管部门责令停业、关闭，没收违法所得，并处5万元以上50万元以下的罚款。

第二十九条 违反本条例规定，采用国家明令淘汰的技术和工艺处理废弃电器电子产品的，由县级以上人民政府生态环境主管部门责令限期改正；情节严重的，由设区的市级人民政府生态环境主管部门依法暂停直至撤销其废弃电器电子产品处理资格。

第三十条 处理废弃电器电子产品造成环境污染的，由县级以上人民政府生态环境主管部门按照固体废物污染环境防治的有关规定予以处罚。

第三十一条 违反本条例规定，处理企业未建立废弃电器电子产品的数据信息管理系统，未按规定报送基本数据和有关情况或者报送基本数据、有关情况不真实，或者未按规定期限保存基本数据的，由所在地的设区的市级人民政府生态环境主管部门责令限期改正，可以处5万元以下的罚款。

第三十二条 违反本条例规定，处理企业未建立日常环境监测制度或者未开展日常环境监测的，由县级以上人民政府生态环境主管部门责令限期改正，可以处5万元以下的罚款。

第三十三条 违反本条例规定，有关行政主管部门的工作人员滥用职权、玩忽职守、徇私舞弊，构成犯罪的，依法追究刑事责任；尚不构成犯罪的，依法给予处分。

第五章 附 则

第三十四条 经省级人民政府批准，可以设立废弃电器电子产品集中处理场。废弃电器电子产品集中处理场应当具有完善的污染物集中处理设施，确保符合国家或者地方制定的污染物排放标准和固体废物污染环境防治技术标准，并应当遵守本条例的有关规定。

废弃电器电子产品集中处理场应当符合国家和当地工业区设置规划，与当地土地利用规划和城乡规划相协调，并应当加快实现产业升级。

第三十五条 本条例自2011年1月1日起施行。

环境保护部关于发布《废弃电器电子产品处理企业建立数据信息管理系统及报送信息指南》的公告

（公告〔2010〕84号）

为贯彻落实《废弃电器电子产品回收处理管理条例》，指导和规范废弃电器电子产品处理企业建立数据信息管理系统和报送信息，我部制定了《废弃电器电子产品处理企业建立数据信息管理系统及报送信息指南》。现予以发布，请废弃电器电子产品处理企业参照执行。

附件：废弃电器电子产品处理企业建立数据信息管理系统及报送信息指南

环境保护部

2010年11月16日

附件

废弃电器电子产品处理企业建立数据信息管理系统及报送信息指南

一、依据和目的

为贯彻落实《废弃电器电子产品回收处理管理条例》(以下简称《条例》)关于“处理企业应当建立废弃电器电子产品的数据信息管理系统，向所在地的设区的市级人民政府环境保护主管部门报送废弃电器电子产品处理的基本数据和有关情况”的规定，指导和规范处理企业建立数据信息管理系统和报送信息，制定本指南。

二、建立数据信息管理系统的基本要求

数据信息管理系统应当跟踪记录废弃电器电子产品在处理企业内部运转的整个流程，包括记录每批废弃电器电子产品接收的时间、来源、类别、重量和数量；运输者的名称和地址；贮存的时间和地点；拆解处理的时间、类别、重量和数量；拆解产物(包括最终废弃物)的类别、重量或者数量，去向等。

三、数据信息管理系统的基本内容

(一)基础信息

1. 处理资格的信息。

2. 各类废弃电器电子产品接收和处理流程图。

3. 各类废弃电器电子产品及其拆解产物(包括最终废弃物)一览表，包括名称、贮存容器、包装物及计量单位等(见附一)。

处理企业应当在企业内部对所接收的废弃电器电子产品及其拆解产物确定唯一的编号(见附二)，处理企业可根据自身实际情况扩充编号表内容。

废弃电器电子产品及其拆解产物的容器和包装物应当统一规范并设置相关标识。

废弃电器电子产品入库或接收，拆解产物（包括最终废弃物）出库或出厂时，应当称重。

4. 拆解产物（包括最终废弃物）产生工序图。

5. 拆解产物（包括最终废弃物）销售或委托处理合同。

6. 废弃电器电子产品拆解处理的规章制度、工作流程和要求，如废弃电器电子产品及其拆解产物出入库的交接和登记等规定，拆解处理班组的工作制度等。

7. 年度环境监测计划。

（二）基本记录信息

根据废弃电器电子产品的处理流程，在废弃电器电子产品的接收、贮存、处理，拆解产物的出入库和销售，最终废弃物的出入库等环节建立有关数据信息的基础记录表（生产日志）。有关基础记录表样式见附三。

有关记录要求分解落实到处理企业内部的运输、贮存（或物流）、拆解处理和安全环保等相关部门。各项记录应由相关经办人签字。各项记录的原始单据或凭证应当及时分类装订成册后存档，由专人管理，防止遗失，保存时间不得少于 3 年。

（三）汇总信息

拆解处理企业应当按日汇总拆解处理情况形成报表，包括废弃电器电子产品入库和出库记录报表，拆解处理记录报表，拆解产物（包括最终废弃物）出库和入库记录报表。报表样式见附四。

四、处理情况报告的基本要求和内容

（一）即时报告

1. 设备设施故障报告

废弃电器电子产品处理设施、贮存设施及相应的污染防治设施不能正常工作时，处理企业应当立即报告所在地县级以上地方环境保护主管部门。处理企业应当每日确认计量设备（如磅秤）、电表以及监控设备等是否运转正常，如不能正常工作超过 1 小时，应当立即报告所在地县级以上地方环境保护主管部门。

2. 突发环境事件报告

日常环境监测数据异常或发生突发环境事件时，处理企业应当立即启动污染防治应急预案并立即报告当地环境保护主管部门。

3. 设备设施改造报告

处理设备、设施进行重大改造或对处理工艺流程进行重大调整时，应当及时上报当地环境保护主管部门。

（二）定期报告

处理企业应当将废弃电器电子产品入库和出库，拆解处理，拆解产物（包括最终废弃物）出库和入库等记录的日报表（见附四）于次日报市级环境保护主管部门；并根据环境保护主管部门的要求，定期（可按周、月、季或年）汇总废弃电器电子产品及其拆解产物（包括最终废弃物）处理情况并对贮存场地进行盘点，有关报表（见附五）定期上报。

处理企业日常环境监测数据应当按照所在地环境保护主管部门的要求定期上报。

所有书面报告，均应由处理企业法定代表人或其指定的负责人签字，并加盖公章。

环境保护部建立统一的废弃电器电子产品处理数据信息管理系统后，处理企业应当通过国家统一的数据信息管理系统填写并按日报送废弃电器电子产品入库和出库记录报表，拆解处理记录报表，拆解产物（包括最终废弃物）出库和入库记录报表。

附一

______废弃电器电子产品及其拆解产物（包括最终废弃物）一览表

编号	名称/描述	产生工序	产生源/车间	形态	贮存方式	计量单位	流向	委托或提供外单位利用/处置情况				上年度产生量
								企业名称及危险废物经营许可证号	合同号	联系人	联系方式	

单位负责人：（盖章）

审核人：　　　　　　　　填报人：

联系电话：　　　　　　　填报日期：　　年　月　日

注：1. 表头横线处填写企业名称；本表每年填写一张，不同工序产生相同类别的拆解产品（包括最终废弃物），需分别记录以示区别。

2. 形态指固态、半固态、液态或气态。

3. 贮存方式指圆桶、编织袋贮存，或其他（请简要描述）。

4. 流向：内部自行利用处置的，填写“0”。委托或提供外单位利用处置的，填写“1”；同时填写“委托或提供外单位利用/处置的企业名称及危险废物经营许可证号”和“合同号”栏。最终废弃物不属于危险废物的，可不填写危险废物经营许可证号。

5. 联系人及联系方式：填写拆解产物（包括最终废弃物）利用/处置单位的联系人及其联系方式。

附二

编号表

编号由3部分组成：分别代表类别、子类和具体拆解产物（包括最终废弃物）的名称。如下所示：

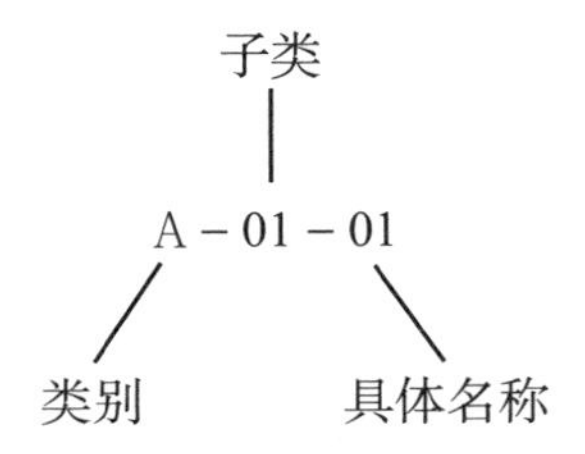

类别	子类	具体名称	编号	备注
A 废弃电器电子产品	01 电视机	CRT 黑白电视机	A–01–01	CRT：阴极射线管
		CRT 彩色电视机	A–01–02	
		背投电视机	A–01–03	
		液晶电视机	A–01–04	
		等离子电视机	A–01–05	
		其他	A–01–06	用于接收信号并还原出图像及伴音的终端设备
	02 电冰箱	电冰箱	A–02–01	
		冰柜	A–02–02	
		迷你电冰箱	A–02–03	
		其他	A–02–04	具有制冷系统、消耗能量以获取冷量的隔热箱体
	03 房间空调器	窗式空调器	A–03–01	
		柜式空调器	A–03–02	
		壁挂式空调	A–03–03	
		吊顶式空调	A–03–04	
		嵌入式空调	A–03–05	

续表

类别	子类	具体名称	编号	备注
A 废弃电器电子产品	04 洗衣机	单缸洗衣机	A-04-01	包括迷你洗衣机、脱水机
		双缸洗衣机	A-04-02	
		全自动洗衣机	A-04-03	
		滚筒式洗衣机	A-04-04	
	05 微型计算机	分体式台式电脑	A-05-01	指电脑主机
		一体式台式电脑	A-05-02	
		键盘	A-05-03	
		鼠标	A-05-04	
		笔记本电脑	A-05-05	
		CRT 显示器	A-05-06	
		液晶显示器	A-05-07	
B 金属类	01 有色金属	铜及其合金	B-01-01	
		铝及其合金	B-01-02	
		锌及其合金	B-01-03	
		锡及其合金	B-01-04	
	02 黑色金属	铁及其合金	B-02-01	
	03 贵金属	贵金属富集物	B-03-01	包括：金、银、钯、铟等
C 塑料类	01 热塑性塑料	聚乙烯（PE）	C-01-01	
		聚丙烯（PP）	C-01-02	电视机（收录机）壳体
		聚氯乙烯（PVC）	C-01-03	电缆包皮、绝缘层等
		聚苯乙烯（PS）	C-01-04	灯罩、透明窗；电工绝缘材料等
		ABS 塑料	C-01-05	冰箱衬里
		聚酰胺（PA）	C-01-06	尼龙 610、66、6 等，制造小型零件；芳香尼龙制作高温下耐磨的零件，绝缘材料等。
		聚碳酸酯（PC）	C-01-07	垫圈、垫片、套管、电容器等绝缘件；仪表外壳、护罩；
		聚四氟乙烯（PTFE）	C-01-08	
		聚甲基丙烯酸甲酯（PMMA）	C-01-09	电视的屏幕、仪器设备的防护罩等

续表

类别	子类	具体名称	编号	备注
C 塑料类	02 热固性塑料	酚醛塑料（PE）	C-02-01	插头、开关、电话机、仪表盒等
		环氧塑料（EP）	C-02-02	灌封电器、印刷线路等
	03 其他塑料	聚氨酯	C-03-01	
	04 混合塑料		C-04-01	指以上两种或两种以上塑料废物的混合物
D 液态废物	01 液态废物	制冷剂	D-01-01	《制冷剂编号方法和安全性分类》见 GB 7778
		润滑油	D-01-02	危险废物类别:HW08
		废酸液	D-01-03	危险废物类别:HW34
E 玻璃类	01 玻璃类废物	CRT 黑白电视机玻璃	E-01-01	
		CRT 彩色电视机锥玻璃	E-01-02	危险废物类别:HW49
		CRT 彩色电视机屏玻璃	E-01-03	
		LCD 显示器玻璃	E-01-04	
		混合玻璃	E-01-05	指以上两种或两种以上玻璃废物的混合物。混有 CRT 彩色电视机锥玻璃的，作为危险废物管理。类别:HW49
		其他玻璃	E-01-06	
F 废弃零（部）件	01 废弃零（部）件	阴极射线管	F-01-01	危险废物类别:HW49 由彩色 CRT 电视机和电脑 CRT 显示器拆解产生
		线圈	F-01-02	
		压缩机	F-01-03	
		电动机	F-01-04	
		电容器	F-01-05	
		电脑中央处理器（CPU）	F-01-06	

续表

类别	子类	具体名称	编号	备注
F 废弃零（部）件	01 废弃零（部）件	内存	F-01-07	
		硬盘	F-01-08	
		印刷电路板	F-01-09	危险废物类别:HW49
		电池	F-01-10	
		扬声器	F-01-11	
G 其他	01 其他	印刷电路板非金属组分	G-01-01	
		玻璃纤维	G-01-02	
		电线电缆	G-01-03	
		冰箱保温层材料	G-01-04	
		橡胶	G-01-05	
		木材	G-01-06	

附三：基础记录表

表 3.1　废弃电器电子产品入库（接收）基础记录表

编号________________

序号	名称	编号	货物来源	回收企业/出货单位或个人名称	入库日期（时间）	单价（元）	金额（元）	发票号	数量	重量	运输车型/牌号	存放位置	关键部件检查	简要描述	交货人签字	交货人联系电话	收货人/贮存部门经办人签字
1	电视机	A–01	企业回收	×× 回收公司	2010-04-01（13:30）	20	100	×××	5 台	50kg	厢式货车/京 A0007	A 库 03 区	阴极射线管完好	12 英寸	×××		×××
2	……																
3	……																

注:1. 入库时间精确到分钟；运输工具需标明车辆类型及车牌号；将未填写的单元格用 1/4 线画掉。

2. 货物来源包括“以旧换新”、行政事业单位交投、社会回收、企业回收、电器电子产品生产企业残次品或报废品、个人交投及其他来源等。

表 3.2　废弃电器电子产品出库基础记录表

编号________

序号	名称	编号	出库日期（时间）	存放地点	废物状态	规格	数量	重量	废物去向	贮存部门经办人签字	废物运送部门/接收单位经办人（签字）
1	CRT 彩色电视机	A−01−02	2010-04-02（13:00）	A 库 03 区	裸机	21 英寸	20 台	500 kg	作业班组 1	×××	×××
2	……										
3	……										

表 3.3　废弃电器电子产品拆解产物（包括最终废弃物）入库基础记录表

编号________

序号	名称	编号	存放地点	来源	入库日期（时间）	数量 / 重量	贮存部门经办人签字	交货部门经办人签字
1	印刷电路板	F−01−09	B 库 03 区	作业班组	2010-04-02（08:30）	1 t	×××	×××
2	……							
3	……							

表 3.4　废弃电器电子产品拆解产物（包括最终废弃物）出库（出厂）基础记录表

编号________________

去向：资源化利用												
序号	名称	编号	原存放地点	出厂日期（时间）	数量 / 重量	单价（元 / 吨）	金额（元）	发票号	运输车型 / 牌号	接收方	贮存部门经办人签字	收货经办人签字
1	印刷电路板	F–01–09	B 库 03 区	2010-04-02（08:30）	1 t	3000	3000	×××	厢式货车 / 京 A0007	XXX 废物处理公司	×××	×××
2	……											
3	……											

注：去向包括资源化利用、焚烧处置、填埋处置或其他。填写其他的，请简要描述等。

表 3.5 废弃电器电子产品拆解处理基础记录表 1

（以 CRT 彩色电视机为例）

编号：________

名称：CRT 彩色电视机　　作业班组：1　　作业日期：　年　月　日

规　格	数量（台）	拆前重量（公斤）
21 英寸	50	1000
25 英寸	20	600
……		
小　计		
拆解产物名称	编号	重量
CRT 彩色电视机锥玻璃	E–01–02	800kg
CRT 黑白电视机玻璃	E–01–01	……
印刷电路板	F–01–09	
铁及其合金	B–02–01	
铜及其合金	B–01–01	
铝及其合金	B–01–02	
锌及其合金	B–01–03	
压缩机	F–01–03	
电动机	F–01–04	
电容器	F–01–05	
扬声器	F–01–11	
塑料	……	
……		
总　计		

审核人：　　记录人：　　填表日期：　年　月　日

注：拆解处理不同种类的废弃电器电子产品，应分别填写记录表。拆解同一种类，但规格不一样的，应分别注明不同规格的数量和重量。

表 3.6 废弃电器电子产品拆解处理基础记录表 2
（以 CRT 彩色电视机为例）

编号:____________________

名称: CRT 彩色电视机　　作业班组: 1

拆解数量（台）: 70

拆前重量（公斤）: 1600　　作业日期:　　年　　月　　日

序号	姓名 / 分工	计件数量			工资小计（元）	备注
		规格	完成量（台）	计件工资（元）		
1	×××/×××	4～9 英寸	……			
		12 英寸				
		14 英寸				
		17 英寸				
		21 英寸				
		……				
		小计				
2	×××/×××	4～9 英寸	……			
		12 英寸				
		14 英寸				
		17 英寸				
		21 英寸				
		……				
		小计				
3	……	……				
合计						

审核人:　　　　记录人:　　　　填表日期:　　年　　月　　日

注：拆解处理不同种类的废弃电器电子产品，应分别填写记录表。CRT 黑白电视机和 CRT 彩色电视机分别记录。班组以流水方式作业的，应注明各人的分工。

表 3.7　废弃电器电子产品拆解处理：生产设备用电量记录表

编号：____________________

设施名称：<u>CRT 屏锥分离设备</u>；　设施编号：<u>×××</u>

规格型号：<u>加热带加热分离</u>；　处理能力：<u>10 台 / 分钟</u>；　功率：<u>2 kW</u>

日　期	操　作　时　间	电表读数	抄表时间	抄表人签字
月　日	时　分—　时　分		时　分	
……				

审核人：　　　　　　　　　　　　　　　　填表日期：　　年　月　日

附四

日报表

表 4.1　废弃电器电子产品入库出库日报表

填报单位：（盖章）　　　　日期：　年　月　日　　　　编号：＿＿＿＿

名称	前日存量		本日入库（进厂）			本日处理（出库）			本日结存		备注
	台	吨	台	吨	基础记录表号段	台	吨	基础记录表号段	台	吨	
CRT 黑白电视机	600	××	100	××	×× – ××	200	××	×× – ××	500	××	
CRT 彩色电视机	……										
电冰箱											
洗衣机											
房间空调器											
微型计算机											
合计											

单位负责人（盖章）：　　　　审核人：　　　　填报人：　　　　填表日期：　年　月　日

表 4.2　废弃电器电子产品拆解产物（包括最终废弃物）入库出库日报表

填报单位：（盖章）　　　　日期：　　年　月　日　　　　编号：________

名　称	编号	前日存量	本　日　入　库		本日出库（出厂）		本日结存	备注
		吨	吨	基础记录表号段	吨	基础记录表号段	吨	
CRT 彩色电视机锥玻璃	E-01-02	1	0.5	××－××	0	××－××	1.5	
……								
……								

单位负责人（盖章）：　　　　审核人：　　　　填报人：　　　　填表日期：　年　月　日

表 4.3　视频监控系统运行情况日报表

填报单位：（盖章）　　　　日期：　　年　月　日　　　　编号：________

监控系统是否正常：（1）检查时间：上午 8:00　□是　□否　；（2）检查时间：下午 17:00　□是　□否
备注：

单位负责人（盖章）：　　　　审核人：　　　　填报人：　　　　填表日期：　年　月　日

表 4.4　废弃电器电子产品（如 CRT 彩色电视机）关键拆解产物日报表

填报单位：（盖章）　　　　日期：____年__月__日　　　　编号：__________

项　目	规　格	数量：台	重量：吨	备　注
CRT 彩色电视机拆解量	21 英寸	500	10	
	……			
	……			
	合　计			
关键拆解产物产生量	CRT 彩色电视机锥玻璃	—	5	
	印刷电路板	—	……	
	合　计	—		
CRT 彩色电视机锥玻璃占拆解总重比例:%		50%		
印刷电路板占拆解总重比例（%）		……		
关键拆解产物处理量	CRT 彩色电视机锥玻璃	—	5	出售给玻壳生产企业利用
	印刷电路板	—	……	……
	合　计	—		

单位负责人（盖章）：　　　　　　　　审核人：

填报人：　　　　　　　　　　　　　　填表日期：　年　月　日

表 4.4-1 关键拆解产物表

产品名称	关键拆解产物
CRT 黑白电视机	CRT 玻璃、印刷电路板
CRT 彩色电视机	CRT 锥玻璃、印刷电路板
电冰箱	保温层材料、压缩机
洗衣机	电动机
电脑显示器	CRT 锥玻璃、印刷电路板
电脑主机	印刷电路板

表 4.5　废弃电器电子产品拆解处理日报

填报单位：（盖章）　　　　日期：____年__月__日　　　　编号：__________

拆前重量：__________（公斤）

序号	名　称	作业班组	完成量：台	计件工资：元	基础记录表号　段	备　注
1	CRT 彩色电视机	×××				
		×××				
		……				
		小计				
2	CRT 黑白电视机	×××				
		×××				
		……				
		小计				
3	电冰箱	×××				
		×××				
		……				
		小计				
4	洗衣机	×××				
		×××				
		……				
		小计				
5	房间空调器	×××				
		×××				
		……				
		小计				
6	微型计算机	×××				
		×××				
		……				
		小计				

单位负责人（盖章）：　　　　　　　　审核人：

填报人：　　　　　　　　　　　　　　填表日期：　　年　月　日

注：拆解种类不同的废弃电器电子产品，应分别填写（CRT 黑白电视机和 CRT 彩色电视机分别记录）。班组以流水方式作业的，应注明各人的分工。

附五：报表

表 5.1　废弃电器电子产品处理情况报表

填报单位：（盖章）

报表时段：____年__月__日至__月__日　　　　　　　　　　　　编号：__________

项目	本时段内接收数量		本时段内拆解处理数量		累计接收数量		累计拆解处理数量		目前库存数量	
	台	吨	台	吨	台	吨	台	吨	台	吨
CRT 黑白电视机										
CRT 彩色电视机										
电冰箱										
洗衣机										
房间空调器										
微型计算机										
合计										

单位负责人（盖章）：　　　　　　　　　　　　审核人：

填报人：　　　　　　　　　　　　　　　　　　填表日期：　　年　月　日

表 5.2　废弃电器电子产品拆解产物报表

填报单位：（盖章）

报表时段：____年__月__日至__月__日　　　　　　　　　编号：__________

<table>
<tr><th colspan="3">名称</th><th>本时段产生量（吨）</th><th>本时段处理量（吨）</th><th>累计产生总量（吨）</th><th>累计处理总量（吨）</th><th>目前库存量（吨）</th></tr>
<tr><td rowspan="4">金属类</td><td>铜及其合金</td><td>B-01-01</td><td></td><td></td><td></td><td></td><td></td></tr>
<tr><td>铝及其合金</td><td>B-01-02</td><td></td><td></td><td></td><td></td><td></td></tr>
<tr><td>铁及其合金</td><td>B-02-01</td><td></td><td></td><td></td><td></td><td></td></tr>
<tr><td>……</td><td>……</td><td></td><td></td><td></td><td></td><td></td></tr>
<tr><td colspan="3">金属类小计</td><td></td><td></td><td></td><td></td><td></td></tr>
<tr><td rowspan="4">塑料类</td><td>PP</td><td>C-01-02</td><td></td><td></td><td></td><td></td><td></td></tr>
<tr><td>PVC</td><td>C-01-03</td><td></td><td></td><td></td><td></td><td></td></tr>
<tr><td>PS</td><td>C-01-04</td><td></td><td></td><td></td><td></td><td></td></tr>
<tr><td>……</td><td>……</td><td></td><td></td><td></td><td></td><td></td></tr>
<tr><td colspan="3">塑料类小计</td><td></td><td></td><td></td><td></td><td></td></tr>
<tr><td rowspan="3">液态废物</td><td>制冷剂</td><td>D-01-01</td><td></td><td></td><td></td><td></td><td></td></tr>
<tr><td>润滑油</td><td>D-01-02</td><td></td><td></td><td></td><td></td><td></td></tr>
<tr><td>……</td><td>……</td><td></td><td></td><td></td><td></td><td></td></tr>
<tr><td colspan="3">液态废物小计</td><td></td><td></td><td></td><td></td><td></td></tr>
<tr><td rowspan="3">玻璃类</td><td>CRT 彩色电视机锥玻璃</td><td>E-01-02</td><td></td><td></td><td></td><td></td><td></td></tr>
<tr><td>CRT 彩色电视机屏玻璃</td><td>E-01-03</td><td></td><td></td><td></td><td></td><td></td></tr>
<tr><td>……</td><td>……</td><td></td><td></td><td></td><td></td><td></td></tr>
<tr><td colspan="3">玻璃类小计</td><td></td><td></td><td></td><td></td><td></td></tr>
<tr><td rowspan="4">废弃零（部）件</td><td>压缩机</td><td>F-01-03</td><td></td><td></td><td></td><td></td><td></td></tr>
<tr><td>电动机</td><td>F-01-04</td><td></td><td></td><td></td><td></td><td></td></tr>
<tr><td>印刷电路板</td><td>F-01-09</td><td></td><td></td><td></td><td></td><td></td></tr>
<tr><td>……</td><td>……</td><td></td><td></td><td></td><td></td><td></td></tr>
<tr><td colspan="3">废弃零（部）件小计</td><td></td><td></td><td></td><td></td><td></td></tr>
<tr><td rowspan="2">其他</td><td>电线电缆</td><td>G-01-03</td><td></td><td></td><td></td><td></td><td></td></tr>
<tr><td>……</td><td>……</td><td></td><td></td><td></td><td></td><td></td></tr>
<tr><td colspan="3">其他小计</td><td></td><td></td><td></td><td></td><td></td></tr>
<tr><td colspan="3">总计</td><td></td><td></td><td></td><td></td><td></td></tr>
</table>

单位负责人（盖章）：　　　　　　　　　　审核人：

填报人：　　　　　　　　　　　　　　　　填表日期：　　年　月　日

表 5.3　贮存场地盘点情况报表

填报单位:(盖章)

报表时段:____年__月__日至__月__日　　　　　　　　　　编号:__________

序号	废物名称	编号	前期库存		本期入库		本期出库		本期库存		备注
			台	吨	台	吨	台	吨	台	吨	
1	CRT 黑白电视机	A–01–01	100	1	50	0.5	100	1	50	0.5	
2	CRT 彩色电视机	A–01–02									
3	电冰箱	A–02									
4	洗衣机	A–03									
5	房间空调器	A–04									
6	微型计算机	A–05									
7	CRT 彩色电视机锥玻璃	E–01–02									
8	印刷电路板	F–01–09									
9	……										

单位负责人(盖章):　　　　　　　　　　　　审核人:

填报人:　　　　　　　　　　　　　　　　　填表日期:　　年　月　日

环境保护部关于发布《废弃电器电子产品处理企业资格审查和许可指南》的公告

（公告〔2010〕90号）

为贯彻落实《中华人民共和国固体废物污染环境防治法》《废弃电器电子产品回收处理管理条例》《废弃电器电子产品处理资格许可管理办法》，指导和规范地方人民政府环境保护主管部门对申请废弃电器电子产品处理资格企业的审查和许可工作，我部制定了《废弃电器电子产品处理企业资格审查和许可指南》。现予以发布，请各设区的市级环境保护行政主管部门参照执行。

附件：废弃电器电子产品处理企业资格审查和许可指南

环境保护部

2010年12月9日

附件

废弃电器电子产品处理企业资格审查和许可指南

一、依据和目的

为贯彻落实《中华人民共和国固体废物污染环境防治法》《废弃电器电子产品回收处理管理条例》《废弃电器电子产品处理资格许可管理办法》，指导和规范地方人民政府环境保护主管部门对申请废弃电器电子产品处理资格（以下简称“处理资格”）企业的审查和许可工作，制定本指南。

二、适用范围

本指南针对列入《目录（第一批）》的产品，即电视机、电冰箱、洗衣机、房间空调器、微型计算机而制定。

处理未列入《目录》的废弃电器电子产品及其他电子废物的单位，应当依据《电子废物污染环境防治管理办法》（原环境保护总局令第40号），申请列入电子废物拆解利用处置单位（包括个体工商户）名录（包括临时名录）。

废弃电器电子产品拆解处理产生危险废物相关活动污染环境的防治，适用《中华人民共和国固体废物污染环境防治法》有关危险废物管理的规定。

三、许可条件

申请企业应当依法成立，符合本地区废弃电器电子产品处理发展规划的要求，并具有增值税一般纳税人企业法人资格，同时具备下列条件：

（一）具备完善的废弃电器电子产品处理设施

1.具有集中和独立的厂区

厂区必须为集中、独立的一整块场地。2011年1月1日以后新建的处理企业应当拥有该厂区的土地使用权。2010 年 12 月 31 日以前已经从事废弃电器电子产品处理活动的企业，如无该厂区的土地使用权，则应当签订该厂区的土地租赁合同，合同有效期自申请之日起算不少于五年。

中东部省（区、市）申请企业的总设计处理能力不低于 10000 吨 / 年，厂区面积（建筑面积）不低于 20000 平方米；其中，生产加工区（指处理废电器电子产品的操作区域和贮存区域，不包括深加工区、行政办公场所、道路以及绿地等其他与直接处理电器电子产品无关区域）的面积（建筑面积）不低于 10000 平方米。西部省（区、市）申请企业的总设计处理能力不低于 5000 吨 / 年，厂区面积不低于 10000 平方米；其中，生产加工区的面积不低于 5000 平方米。

仅处理含阴极射线管（以下简称 CRT）的废弃电器电子产品（如电视机、微型计算机显示器等）的，设计处理能力不低于 5000 吨 / 年，厂区面积不低于 10000 平方米。其中，生产加工区面积不低于 5000 平方米。

厂区不得混杂于饮用水源保护区、基本农田保护区和其他需要特别保护的区域。

2. 贮存场地

（1）具有用于贮存废弃电器电子产品及其拆解产物（包括最终废弃物）的场地。

（2）贮存场地的容量应不低于日处理能力的 10 倍。

（3）贮存场地周边应设置围栏，以利于监控货物和人员的进出；并配备现场闭路电视（以下简称“CCTV”）监控设备。

（4）贮存场地应具有防渗的水泥硬化地面。

（5）贮存场地应具有可防止废液或废油类等液体积存、泄漏的排水和污水收集系统。

（6）位于室外的贮存场地应具有防止雨淋的遮盖措施，如安装防雨棚等。

（7）不同类别的废弃电器电子产品及其拆解产物（包括最终废弃物）应当分区贮存。各分区应在显著位置设置标识，标明贮存物的名称、贮存时间、注意事项等。如 CRT 电视机应当单独分区贮存并采取相应的固定措施，防止碰撞和散落。

（8）贮存场地附近不得有明火或热源，如焚烧炉、蒸汽管道、加热盘管等。

3. 处理场地

（1）具有处理废弃电器电子产品的专用场地。

（2）处理场地应位于室内，具有防止水、油类等液体渗透的水泥硬化地面。

（3）具有对处理场地地面的冲洗水、处理过程中产生的废水或废油等液体物质的截流、收集设施和油水分离设施。

（4）处理场地应当分区。不同类型的废弃电器电子产品应当在不同的区域处理。各处理区域之间应有明显的界限，并在显著位置设置提示性标志和操作流程图，有潜在危险的处理区应设置警示标志。各处理区应分别配备现场 CCTV 监控设备。

4. 处理设备

（1）基本要求

处理 CRT 电视机的，应当将锥、屏玻璃分离，并收集荧光粉等粉尘。

处理电冰箱的，应当依据《消耗臭氧层物质管理条例》（国务院令第 573 号）的有关规定，对消耗臭氧层物质进行回收、循环利用或者交由从事消耗臭氧层物质回收、再生利用、销毁等经营活动的单位进行无害化处置。

处理 CRT 显示器微型计算机的，应当将锥、屏玻璃分离，并收集荧光粉等粉尘。

（2）设备要求

具有与所处理废弃电器电子产品相适应的处理设备（见附一）。涉及拆解小型电器电子产品或元（器）件、（零）部件（如电路板、汞开关等）的，应具有负压工作台。

5. 废弃电器电子产品数据信息管理系统

申请企业应当建立数据信息管理系统，跟踪记录废弃电器电子产品在企业内部运转的整个流程，包括记录废弃电器电子产品接收的时间、来源、类别、重量和数量；运输者的名称和地址；贮存的时间和地点；拆解处理的时间、类别、重量和数量；拆解产物（包括最终废弃物）的类别、重量或数量，去向等。相关资料应至少保存 3 年。

环境保护部建立统一的废弃电器电子产品处理数据信息管理系统后，处理企业应当通过国家统一的数据信息管理系统填写并按日报送废弃电器电子产品入库和出库记录报表，拆解处理记录报表，拆解产物（包括最终废弃物）出库和入库记录报表。

有关要求另行制定并发布。

6. 污染防治设施

具有与所处理废弃电器电子产品相配套的污染防治设施、设备并通过环境保护竣工验收（具体监测指标参见附二）。

污水排放应当符合《污水综合排放标准》（GB 8978）或地方标准。采用非焚烧方式处理废弃电器电子产品及其元（器）件、（零）部件的设施或设备，废气排放应当符合《大气污染物综合排放标准》（GB 16297）或地方标准；采用焚烧方式处理废弃电器电子产品及其元（器）件、（零）部件的设施或设备，废气排放应当符合《危险废物焚烧污染控制标准》（GB 18484）中危险废物焚烧炉大气污染物排放标准或地方标准。噪声应当符合《工业企业厂界环境噪声标准》（GB 12348）或地方标准。

（二）具有与所处理废弃电器电子产品相适应的分拣、包装及其他设备

1. 具有运输车辆或委托具有相关资质单位运输，车厢周围有栏板等防散落及遮雨布等防雨措施。

2. 具有能够搬运较重物品的设备，如叉车等。

3. 具有压缩打包的设备，如打包机等。

4. 具有专用容器。

（1）具有存放废弃电器电子产品及其拆解产物（包括最终废弃物）的专用容器，特别要具有存放含液体物质的零部件（如压缩机等）、电池、电容器以及腐蚀性液体（如废酸等）的专用容器。

（2）废弃电器电子产品应当整齐存放在统一规格的铁筐或其他牢固且易于识别内装物品的容器中，容器上应当贴有标识其内装废弃电器电子产品种类、数量和重量等基本特征的标签。

（3）拆解产物应当整齐存放在容器中，同种拆解产物的容器应当一致。容器上应当贴有标识其内装废弃电器电子产品种类、数量或者重量等基本特征的标签。

（4）需要多层存放的，应当配置牢固的分层存放架，并将容器整齐存放在架上。

5. 具有中央监控设备。

（1）具有与电脑联网的现场 CCTV 监控设备及中控室。

（2）厂区所有进出口处（须能清楚辨识人员及车辆进出）、地磅及磅秤、处理设备与处理生产线（包含待处理区）、贮存区域、处理区域、可能产生污染的区域（含制冷剂抽取区、荧光粉吸取及破碎分选等作业区）以及处理设施所在地县级以上人民政府环境保护主管部门指定的其他区域，应当设置现场 CCTV 监控设备。贮存场地等范围较大的区域可根据实际情况，选择带云台的摄像机。

（3）设置的现场 CCTV 监控设备应能连续录下 24 小时作业情形，包含录制日期及时间显示，每一监视画面所录下影带不得有时间间隔，其录像画面的录像间隔时间至少以 1 秒 1 画面为原则。

视频监视画面在任何时间均以 4 个分割为原则，视频内容应为彩色视频，并包含日期及时间显示，视频必须清晰，并可清楚看见物体、人员外形轮廓，以能达到辨识相关作业人员及作业状况为原则。

夜间厂区出入口处摄影范围须有足够的光源（或增设红外线照摄器）以供辨识，若厂方在夜间进行拆解处理作业时，其处理设备投入口及处理线的镜头应当有足够的光源以供画面辨识。

（4）所有摄像机视频信号应通过网络硬盘录像机进行压缩、存储和网络远传，以方便集中联网监控。

（5）录像应采用硬盘方式存储，并确保每路视频图像均可全天 24 小时不间断录像，录像保存时间至少为 1 年。

6. 具有计量设备。

（1）具有量程 30 吨以上（将废弃电器电子产品装入托盘分别称重的，量程可低于 30 吨）与电脑联网的电子地磅，能够自动记录并打印每批次废弃电器电子产品、拆解产物（包括最终废弃物）进出量。

（2）计量设备应当设置于厂区所有进出口处以及贮存区域的进出口处。计量设备应经检验部门度量衡检定合格。计量设备过磅时间不得与现场 CCTV 监视录像记录的时间相差超过 3 分钟以上。

7. 应配置专用电表。废弃电器电子产品的每条拆解处理生产线及专用处理设备（见附一），应具有专用电表，并保证数据准确。无专用电表的，应保证处理设备所在车间电表的数据准确。每日的专用电表或车间电表读数应记录，并注明是专用电表或具体车间电表。

8. 具有事故应急救援和处理设备。配置相应的应急救援和处理设施，如灭火器等，并定期开展应急预案演练。

9. 具有相应的环境监测仪器、设备；不具备自行监测能力的，应当与有监测资质的单位签订的委托监测合同。

10. 按照国家对劳动安全和人体健康的相关要求为操作工人提供的服装、防尘口罩、安全帽、安全鞋、防护手套、护目镜等防护用品。如从事 CRT 锥屏玻璃分离设备操作的工人，应当配戴防尘口罩、护目镜等防护用品。

（三）具有健全的环境管理制度和措施

1.具有对不能完全处理的废弃电器电子产品的妥善利用或处置方案。

（1）应当设立样品室，对所申请处理的废弃电器电子产品及其拆解产物（包括最终废弃物）须有样品或者照片用于存放或展示；

（2）对不能完全处理的拆解产物（包括最终废弃物），如印刷电路板、电池以及一些无利用价值的残余物等，应制定并组织实施妥善利用或者处置方案，签订合同委托给具有相应能力和资格的单位利用或者处置。比如：

黑白电视机拆解产生的CRT玻璃和彩色电视机拆解产生的CRT屏玻璃作为一般工业固体废物，可提供或委托给CRT玻壳生产企业利用，进入生活垃圾填埋场填埋，或以其他环境无害化的方式利用处置。

彩色电视机拆解产生的CRT锥玻璃应提供或委托给CRT玻壳生产企业回收利用或交由持危险废物经营许可证并具有相应经营范围的单位利用或处置。

有关危险废物应当交由持有危险废物经营许可证并具有相应经营范围的企业进行处理，如润滑油、含汞电池、镉镍电池、含汞灯管、汞开关、含多氯联苯（PCB）的电容器、废机油、废印刷电路板；处理阴极射线管产生的荧光粉、粉尘及失效的吸附剂、废液、污泥及废渣；等等。

自行处理废印刷电路板的，产生的非金属组分应当自行或委托符合环保要求的单位进行最终无害化利用或处置。

压缩机、电动机、电线电缆等应提供或委托给环境保护部核定的进口废五金电器、废电线电缆和废电机定点加工利用单位或其他符合环保要求的单位拆解处理。

电冰箱或房间空调器的制冷剂应当回收并提供或委托给依据《消耗臭氧层物质管理条例》（国务院令第573号）经所在地省（区、市）环境保护主管部门备案的单位进行回收、再生利用或者委托给持有危险废物经营许可证并具有相应经营范围的单位销毁。

电冰箱保温层材料作为一般工业固体废物，应当送至生活垃圾处理设施填埋或焚烧，或以其他环境无害化的方式利用处置，禁止随意丢弃。

涉及湿法或化学法处理废弃电器电子产品以及废水处理产生的废液、污泥、粉尘和清洗残渣等，应进行危险特性鉴别，不具有危险特性的按一般工业固体废物有关规定进行利用或处置，属于危险废物的应按危险废物有关规定进行利用或处置。

2. 经县级人民政府环境保护主管部门同意的年度监测计划，定期对排入大气和水体中的污染物以及厂界噪声及附近敏感点进行监测。

3. 突发环境事件的防范措施和应急预案

申请企业应参考《危险废物经营单位编制应急预案指南》（原国家环境保护总局公告 2007 年第 46 号）编制突发环境事件的防范措施和应急预案。

（四）人员规定

1. 申请企业具有至少 3 名中级以上职称专业技术人员，其中相关安全、质量和环境保护的专业技术人员至少各 1 名。

2. 负责安全的专业人员应具有注册安全工程师资格，并按照《中华人民共和国安全生产法》的要求制定安全操作管理手册。负责环保的专业技术人员应至少参加过一次市级以上地方环境保护主管部门组织的环境保护工作培训。

四、处理资格许可程序

（一）申请

1. 申请企业应当向废弃电器电子产品处理设施所在地设区的市级人民政府环境保护主管部门（以下称为“许可机关”）提出处理一类或多类废弃电器电子产品申请。

2. 申请企业应填写《废弃电器电子产品处理资格申请书》（附三）并提交相应证明材料（附四）。申请材料应当内容完整、格式规范、装订整齐。

3. 申请企业具有多处废弃电器电子产品处理设施的，应就各处的设施分别申请处理资格许可。各处的处理设施均应符合本指南的要求。

（二）受理和审批

1. 受理。许可机关自收到申请材料之日起 5 个工作日内完成对申请材料的形式审查，并作出受理或不予受理的决定。申请材料不完整的，应当要求申请人限期补交。

2. 公示。许可机关应当在受理之日起 3 个工作日内对受理申请进行公示，征求公众意见，公示期限不得少于 10 个工作日。公示可采取以下一种或者多种方式：

（1）在申请企业所在地的公共媒体上公示；

（2）在许可机关网站上公示；

（3）其他便利公众知情的公示方式。

公众可以在公示期内以信函、传真、电子邮件或者按照公示要求的其他方式，向许可机关提交书面意见。

对公众意见，受理申请的环境保护主管部门应当进行核实。

3. 审查。许可机关应当自受理申请之日起60日内，对申请企业提交的证明材料进行审查，并对申请企业是否具备许可条件进行现场核查。

许可机关对申请企业提交的证明材料进行审查前，应当核实申请企业是否符合本地区废弃电器电子产品处理发展规划的要求。

许可机关应组织相关专家对申请企业进行评审。专家人数不少于5人。专家应当掌握和熟悉废弃电器电子产品、固体废物特别是危险废物管理的法律法规和标准规范，了解废弃电器电子产品处理技术和设备、环境监测和安全等相关知识。专家组中至少有1名所在地省级环保部门推荐的专家和1名所在地县级环保部门推荐的专家。专家组长应当具有高级职称，5年以上固体废物相关工作经验。

4. 审批。经书面审查和现场核查符合条件，授予处理资格，并予以公告；不符合条件的，书面通知申请企业并说明理由。

5. 废弃电器电子产品处理资格许可证书可分为正本和副本，正本为一份，副本可为多份（格式见附五）。证书应包括下列主要内容：

（1）法人名称、法定代表人、住所；

（2）处理设施地址；

（3）处理的废弃电器电子产品类别；

（4）主要处理设施、设备及运行参数；

（5）处理能力；

（6）有效期限；

（7）颁发日期和证书编号。

6. 申请企业取得处理资格后，应当在经营范围内注明处理的废弃电器电子产品类别。

7. 废弃电器电子产品处理资格许可证书编号由一个英文字母E与七位阿拉伯数字组成。第一位、第二位数字为废弃电器电子产品处理设施所在地的省级行政区划代码，第三位、第四位数字为省辖市级行政区划代码，第五位、第六位数字为县级政府行政区划代码，最后一位数字为流水号。

附一

废弃电器电子产品处理设备要求

序号	产品类别	类 型	关键部件	具体设备要求	备 注
1	废弃电视机	CRT电视机	阴极射线管	1）具有锥屏玻璃分离或锥玻璃拣出设备或装置，如CRT切割机	*
				2）具备防止含铅玻璃散落的措施，如带有围堰的作业区域、作业区域地面平整等使含铅玻璃易于收集	*
				3）具有荧光粉收集装置，如粉尘抽取装置	*
				4）采用干法进行处理的，应具有玻璃干洗设备如干式研磨清洗机等	
				5）采用湿法进行处理的，应具有废水回收处理装置及超声清洗机	
				6）不自行利用铅玻璃的，应具有将含铅玻璃交由有能力利用的玻壳厂或其他企业处理的证明，包括委托合同及受托方的危险废物经营许可证复印件	*根据所用处理工艺，须满足6）或7）两项要求中的一项；如根据7）项要求自行利用铅玻璃的，满足此项所列任意一种设施或装置即可
				7）自行利用铅玻璃的，应具有铅提取设备或装置；或联合冶炼设备或装置；或将锥玻璃加工成资源化产品的设备	
		液晶电视机	液晶显示器、背光灯	1）具有背光灯的拆除装置或设备，如带有抽风系统、尾气净化装置的负压工作台	*
				2）具有液晶分离设备或装置，如带有废水循环利用的超声清洗设备	
				3）具有面板玻璃与有机薄膜分离设备或装置，如热冲击设备或装置使面板玻璃与有机薄膜分离	
2	废弃电冰箱	/	制冷剂、润滑油以及聚氨酯泡沫塑料	1）具有将制冷系统中的制冷剂和润滑油抽提和分离的专用设备	*
				2）具有存放制冷剂的密闭压力钢瓶或装置	*
				3）具有存放润滑油的密闭容器	*
				4）采取粉碎、分选方法处理废弃电冰箱保温层时，应具有专用负压密闭设备及聚氨酯泡沫塑料减容设备	*

续表

序号	产品类别	类 型	关键部件	具体设备要求	备 注
3	废弃房间空调器	/	制冷剂、润滑油	1）具有将制冷系统中的制冷剂和润滑油抽提和分离的专用设备	*
				2）具有存放制冷剂的密闭压力钢瓶或装置	*
				3）具有存放润滑油的密闭容器	*
4	废弃微型计算机	阴极射线管（CRT）显示器计算机	阴极射线管显示器	1）具有锥屏玻璃分离或锥玻璃拣出设备或装置，如CRT切割机	*
				2）具备防止含铅玻璃散落的措施，如带有围堰的作业区域、作业区域地面平整等使含铅玻璃易于收集	*
				3）具有荧光粉收集装置，如粉尘抽取装置	*
				4）采用干法进行处理的，应具有玻璃干洗设备	
				5）采用湿法进行处理的，应具有废水回收处理装置及超声清洗机	
				6）不自行利用铅玻璃的，应具有将含铅玻璃交由有能力利用的玻壳厂或其他企业进行无害化处理的证明，包括委托合同及受托方的危险废物经营许可证复印件	*根据所用处理工艺，须满足6）或7）两项要求中的一项；如根据7）项要求自行利用铅玻璃的，满足此项所列任意一种设施或装置即可
				7）自行利用铅玻璃的，应具有铅提取设备或装置；或联合冶炼设备或装置；或将锥玻璃加工成资源化产品的设备	
		带有液晶显示器的计算机	液晶显示器	1）具有背光灯的拆除装置或设备，如带有抽风系统、尾气净化装置的负压工作台	*
				2）具有液晶分离设备或装置，如带有废水循环利用的超声清洗设备	
				3）具有面板玻璃与有机薄膜分离设备或装置，如热冲击设备或装置使面板玻璃与有机薄膜分离	
		笔记本电脑或一体机	液晶显示器	1）具有背光灯的拆除装置或设备，如带有抽风系统、尾气净化装置的负压工作台	*
				2）具有液晶分离设备或装置，如带有废水循环利用的超声清洗设备	
				3）具有面板玻璃与有机薄膜分离设备或装置，如热冲击设备或装置使面板玻璃与有机薄膜分离	

续表

序号	产品类别	类 型	关键部件	具体设备要求	备 注
5	废弃电视机、电冰箱、房间空调器、洗衣机或微型计算机	/	印刷电路板	1）采用火法处理电路板的，应具有满足危险废物焚烧装置运行条件和污染控制要求的热处理设备	* 根据所用处理工艺，须具备相应的设备或装置、设施
				2）采用湿法处理电路板的，应具有元器件拆解以及能够将铅、铜、金提取出来的，符合相关污染控制要求的湿法处理装置	
				3）采用机械方法处理电路板的，应具有元器件拆解以及电路板破碎、分选以回收铅、铜等金属的机械处理装置	* 根据所用处理工艺，须具备相应的设备或装置、设施
				4）涉及湿法处理电路板的，应具备污泥处理方案或利用设施	
				5）涉及湿法处理电路板的，应具备具有防化学药液外溢措施，如设置围堰或底部做防渗处理等措施	
				6）涉及机械方法处理电路板的，应具有电路板分离产生的环氧树脂等非金属材料利用的设备或装置；或环氧树脂处置设施，如填埋或焚烧	
				7）不自行利用或处置的，应委托给持有危险废物经营许可证并具有相应经营范围的单位利用或处置	

注：“*”为所申请处理的废弃电器电子产品必须具备的处理设备。

附二

废弃电器电子产品处理的主要污染物

序号	处理方式	主要污染物	介质
1	阴极射线管干法处理	铅、粉尘	大气
2	阴极射线管湿法处理	铅、镉、镍	水体
3	聚氨酯泡沫塑料的处理	粉尘	大气
4	液晶显示器背光灯的拆除	汞	大气
5	液晶分离（湿法处理）	汞	水体
6	液晶显示器面板玻璃与有机薄膜分离	粉尘、苯系物、酚类、挥发性卤代烃	大气
7	电路板火法处理的	二噁英、铜、铅、锑、锡、苯系物、酚类、挥发性卤代烃	大气
8	电路板湿法处理的	pH、锑、铜、铅、砷、铬、铍、镉、锡	水体
9	电路板机械方法处理电路板的	铜、锡、铅	大气
10	电路板处理产生的非金属材料热处理	二噁英、锑	大气
11	电线电缆焚烧	二噁英、铅、苯系物、酚类、挥发性卤代烃	大气
12	开关，灯管拆除处理	汞	大气
13	镍镉电池处理	粉尘、镉	大气
14	铅酸蓄电池处理	铅、pH	大气、水体
15	锂电池处理	pH	水体
16	含 PCB 的电容器处理	多氯联苯	水体

注：1. 苯系物包括苯、甲苯、二甲苯。

2. 废水排放处除应当监测上述特征污染物外，还应当监测悬浮物（SS）、化学需氧量（COD）、氨氮等。

3. 对表中未列明的情形，应当根据处理产品类型，生产工艺及污染物特征情况进行监测。

附三

废弃电器电子产品处理资格申请书

申请单位________________________________（章）

申请原因：

1. 新建废弃电器电子产品处理设施 □

2. 改建或者扩建废弃电器电子产品处理设施 □

3. 增加废弃电器电子产品类别 □

4. 其他____________________ □

联系人姓名____________________联系电话____________________

申请日期____________________

许可机关受理人____________________

受理日期____________________

受理意见__受理□________退回□

申请者声明：我声明，本申请书及有关附带资料是完整的、真实的和正确的。

法定代表人姓名：　　　　签字：

日期：　　　　印章：

<table>
<tr><td colspan="8">一、基本情况</td></tr>
<tr><td rowspan="12">申请单位基本资料</td><td colspan="6">法人名称（中文）：</td><td rowspan="3">（企业法人章）</td></tr>
<tr><td colspan="6">法人名称（英文）：</td></tr>
<tr><td colspan="6">住所：　　省（区、市）　　市县（区）　　镇　　街　　号
邮编：</td></tr>
<tr><td colspan="2">注册资本（百万）：</td><td colspan="5">固定资产投资（百万）：</td></tr>
<tr><td colspan="7">资本组成：</td></tr>
<tr><td colspan="2">企业法人营业执照号：</td><td colspan="5">组织机构代码证号：</td></tr>
<tr><td colspan="7">增值税一般纳税人资格证书（国税税务登记证）号：</td></tr>
<tr><td rowspan="3">法定代表人：（章）</td><td colspan="3">身份证号：</td><td colspan="3">文化程度：</td></tr>
<tr><td colspan="3">电话：</td><td colspan="3">传真：</td></tr>
<tr><td colspan="3">手机：</td><td colspan="3">电子邮箱：</td></tr>
<tr><td>管理人员数量（人）</td><td>高级工程师数量（人）</td><td colspan="2">工程师数量（人）</td><td colspan="2">技术人员数量（人）</td><td>操作人员数量（人）</td></tr>
<tr><td></td><td></td><td colspan="2"></td><td colspan="2"></td><td></td></tr>
<tr><td rowspan="4">处理厂（场）</td><td colspan="7">省（区、市）　　地（区、市、州、盟）　　县（区、市、旗）　　乡（镇）
街（村）、门牌号　　邮编：</td></tr>
<tr><td colspan="2">厂区面积：　　m^2</td><td colspan="5">生产加工区面积：　　m^2</td></tr>
<tr><td colspan="7">场地性质：租赁□ 有土地使用权□（国有土地使用权证书号　　）其他□</td></tr>
<tr><td colspan="2">建设日期：</td><td colspan="5">运行日期：</td></tr>
<tr><td rowspan="2">联系人</td><td colspan="2">身份证号：</td><td colspan="5">电子邮箱：</td></tr>
<tr><td colspan="2">电话：</td><td colspan="2">传真：</td><td colspan="3">手机：</td></tr>
<tr><td rowspan="7">处理对象</td><td colspan="3">名称</td><td colspan="2">年处理能力（8 小时 / 日工作时间）</td><td colspan="2">年处理能力（12 小时 / 日工作时间）</td></tr>
<tr><td colspan="3">1.CRT 电视机</td><td colspan="2">40 万台 /1 万吨</td><td colspan="2">60 万台 /1.5 万吨</td></tr>
<tr><td colspan="3">……</td><td colspan="2"></td><td colspan="2"></td></tr>
<tr><td colspan="3"></td><td colspan="2"></td><td colspan="2"></td></tr>
<tr><td colspan="3"></td><td colspan="2"></td><td colspan="2"></td></tr>
<tr><td colspan="3"></td><td colspan="2"></td><td colspan="2"></td></tr>
<tr><td colspan="3">合计</td><td colspan="2"></td><td colspan="2"></td></tr>
</table>

<table>
<tr><td colspan="4">二、废弃电器电子产品处理设施与设备清单</td></tr>
<tr><td colspan="4">填写主要处理设施或设备的名称、数量及详细规格参数（包括尺寸、处理能力等），并粘附处理设施或设备的照片</td></tr>
<tr><td>编号</td><td>名称</td><td>数量</td><td>详细规格</td></tr>
<tr><td>1</td><td>CRT 显示器锥屏分离设备</td><td>1 台</td><td>加热带加热分离；
处理能力:10 台 / 分钟；
功率:2 kW</td></tr>
<tr><td>……</td><td>……</td><td>……</td><td>……</td></tr>
</table>

<table>
<tr><td>三、处理工艺流程说明</td></tr>
<tr><td>对不同处理对象，详细说明处理工艺流程及产污环节，并附工艺流程图</td></tr>
<tr><td></td></tr>
</table>

<table>
<tr><td>四、污染防治设施与设备清单</td></tr>
<tr><td>填写主要污染防治设施或设备的名称、数量及详细规格参数，并粘附处理设施或设备的照片</td></tr>
<tr><td></td></tr>
</table>

五、污染防治措施说明及工艺流程图

六、拆解产物（包括最终废弃物）的处理、处置或再利用方式说明
危险废物： 一般废物：

七、计量与监控设备
计量设备的详细参数并附照片及检验合格证书复印件;24 小时连续监控，监控记录至少保存 1 年，详细说明监控设备的数量并附监控点位置图

八、消防与安全设备
详细的消防设施的名称、数量、规格及使用方法，并附照片；详细的安全防护设施的名称、数量、规格及使用方法，并附照片

九、环境监测计划
如果为委托监测，请在下方横线上填写受托方的名称

十、场地土壤、地表水及地下水功能和监测本底

附四

证明材料

一、基本材料

1. 新成立企业从事废弃电器电子产品处理的，应提供企业名称核准的相关证明文件。现有企业从事废弃电器电子产品处理的，应提供《企业法人营业执照》正、副本复印件。

2. 企业法定代表人身份证明文件复印件。

3. 建设项目工程竣工环境保护“三同时”验收报告复印件。

4. 建设项目工程质量、消防和安全验收的证明材料。

5. 土地使用证或有关租赁合同。

6. 现有企业从事废弃电器电子产品处理的，还需提交所在地县级环保部门出具的经营期间守法证明和监督性检测报告。

二、具备完善的废弃电器电子产品处理设施的证明材料

1. 申请企业土地使用证明文件复印件。

2. 厂区平面布置图（应绘出：设施法定边界；进货和出货装置地点；各处理设施、贮存设施、配套污染防治设施以及事故应急池、排污口位置的位置等）。

3. 贮存场地、分类贮存区的照片及文字说明，说明包括各分类区占地面积、贮存物品名称及相应的防护设施等信息。

4. 处理场地区域分布的说明及相应区域的照片，说明包括各区域占地面积和建筑面积、用途及配套设施情况等信息。

5. 处理设施、设备，以及配套污染防治设施的照片、设计文件及文字说明。

6. 详细描述处理工艺及操作要求，包括工艺流程图、产污环节和文字说明等信

息。

7. 主要处理设备的名称、规格型号、设计能力、数量、其他技术参数。

8. 主要处理设备处理对象名称、类别、形态和危险特性。

9. 现有企业从事废弃电器电子产品处理的，应提供最近一年内的监督性监测报告的复印件。提供企业自行监测报告的，应当提供关于其符合相关监测质量要求的证明材料。

10. 噪声监测报告复印件。

11. 废弃电器电子产品数据信息管理系统的所涵盖信息的文字说明及截图照片。

三、具有与所处理废弃电器电子产品相适应的分拣、包装及其他设备的证明材料

1. 运输车辆的照片及文字说明。

2. 运输车辆牌照证明复印件。

3. 委托其他单位运输的，应提供委托合同及受托单位相关资质证明等材料。

4. 场内搬运设备的照片或图样及文字说明。

5. 包装工具的照片或图样及文字说明。

6. 存放废弃电器电子产品及其拆解产物（包括最终废弃物）的容器的照片及文字说明，包括存放含液体物质的零部件、电池、电容器以及腐蚀性液体的专用容器的照片及文字说明。

7. 视频监控设备检验合格证书（若有）复印件、照片及文字说明，说明包括监控设备的详细参数、设备数量、监控点位置、存储介质容量及保存期限等情况。

8. 电子地磅的照片及文字说明，包括地磅数量、量程、场区分布情况等信息。

9. 专业电表检验合格证书（若有）复印件、照片及文字说明。

10. 有关应急装备、设施和器材的清单，包括种类、名称、数量、存放位置、规格、性能、用途和用法等信息。

11. 环境监测仪器、设备清单，包括种类、名称、数量、规格、性能、用途等；不具备自行监测能力的，应当出具与有监测资质的单位签订的委托监测合同复印件。

四、具有健全的环境管理制度和措施的证明材料

1. 详细说明不能完全处理的废弃电器电子产品拆解产物（包括最终废弃物）的名称、类别、形态、危险特性、数量。

2. 委托处理企业的名称、处理类别、处理数量及处理资质证明材料。其中，危险废物委托处理的，应提供所委托处理企业的危险废物经营许可证复印件。

3. 委托处理合同复印件或其他证明文件。

4. 样品室照片及文字说明，说明包括废弃电器电子产品、拆解产物（包括最终废弃物）及不能自行处理的元（器）件、（零）部件等信息。

5. 详细描述日常监测方案，对废水处理、废气排放、噪声等定期监测，使用湿法或化学法处理废弃电器电子产品的，应当对地下水定期监测。日常监测方案应确定监测指标和频率。企业自行监测的，应有省级环境保护部门认可的实验室及人员资质，并制定监测仪器的维护和标定方案，定期维护、标定并记录结果。

6. 详细描述处理环境污染事件的防范措施和应急预案。

7. 详细描述作业过程中按照国家对劳动安全和人体健康的相关要求为操作工人提供的防护措施。

五、人员规定的证明材料

1. 安全、质量和环境保护等的专业技术人员的职称及其他相关资格证书复印件。

2. 技术人员与申请企业签订的劳动合同等能证明劳动关系的证明材料，如合同聘用文本及聘期、合同期间社保证明等。

3. 与所处理产品相适应的安全管理操作手册。

4. 详细描述人员培训制度。处理企业应当清晰描述涉及危险废物管理的每个岗位的职责，并依此制订各个岗位从业人员的培训计划，培训计划应当包括针对该岗位的危险类废物管理程序和应急预案的实施等。培训可分为课堂培训和现场操作培训。

应急培训应当使得受训人员能够有效地应对紧急状态。这要求受训人员熟悉：（1）应急程序、应急设备、应急系统，包括使用、检查、修理和更换设施内应急及

监测设备的程序；（2）通信联络或警报系统；（3）火灾或爆炸的应对；（4）地表水污染事件的应对等。

5. 负责环保的专业技术人员参加县级以上地方环保部门组织的环境保护工作培训证明材料，如培训记录等。

附五

废弃电器电子产品处理资格证书

废弃电器电子产品处理

资格证书

编　　号：
发证机关：
发证日期：　　　年　　月　　日

法人名称：
法定代表人：
住　　所：
处理设施地址：
处理废弃电器电子产品类别：
处理能力：
有效期限：

— 1 —

废弃电器电子产品处理

资格证书

（副本X）

法人名称：
法定代表人：
住　　所：
处理设施地址：
处理废弃电器电子产品类别：
各类别废弃电器电子产品处理能力：
主要处理设施、设备及运行参数：
有效期限：

说　明

1. 废弃电器电子产品处理资格证书是经营单位取得废弃电器电子产品处理资格的法律文件。
2. 废弃电器电子产品处理资格证书的正本和副本具有同等法律效力，资格证书正本应放在经营设施的醒目位置。
3. 禁止伪造、变造、转让废弃电器电子产品处理资格证书。除发证机关外，任何其他单位和个人不得扣留、收缴或者吊销。
4. 废弃电器电子产品处理企业变更法人名称、法定代表人或者住所的，应当自工商变更登记之日起15个工作日内，向原发证机关申请办理处理资格变更手续。
5. 增加废弃电器电子产品处理类别、新建处理设施、改建或者扩建原有处理设施、处理废弃电器电子产品超过资格证书处理能力20%以上的，废弃电器电子产品处理单位应当重新申请领取废弃电器电子产品处理资格证书。
6. 废弃电器电子产品处理企业拟终止处理活动的，应当对经营设施、场所采取污染防治措施，对未处置的废弃电器电子产品作出妥善处理，并在采取上述措施之日起20日内向原发证机关提出注销申请，由原发证机关进行现场核查合格后注销处理企业处理资格。

编　　号：
发证机关：
发证日期：　　　年　　月　　日

— 2 —

环境保护部等2部门关于发布《废弃电器电子产品规范拆解处理作业及生产管理指南（2015年版）》的公告

（公告〔2014〕82号）

为贯彻《废弃电器电子产品回收处理管理条例》，提高废弃电器电子产品处理基金补贴企业生产作业和环境管理水平，我们制定了《废弃电器电子产品规范拆解处理作业及生产管理指南（2015年版）》，现予以公布，自2015年1月1日起施行。

附件：废弃电器电子产品规范拆解处理作业及生产管理指南（2015年版）

环境保护部

工业和信息化部

2014年12月5日

附件

废弃电器电子产品规范拆解处理作业及生产管理指南（2015年版）

1　依据和目的

为贯彻《废弃电器电子产品回收处理管理条例》（国务院令第551号）、《电子废物污染环境防治管理办法》（原国家环境保护总局令第40号）及《废弃电器电子产品处理基金征收使用管理办法》（财综〔2012〕34号），提高废弃电器电子产品处理基金补贴企业规范生产作业和环境管理水平，保护环境，防治污染，制定本指南。

2　适用范围

本指南适用于列入《废弃电器电子产品处理基金补贴企业名单》（以下简称《名单》）的废弃电器电子产品处理企业（以下简称处理企业）。

其他具有废弃电器电子产品处理资格的企业可以参考本指南的内容合理安排有关生产作业和环境管理工作。

3　适用性

本指南中描述为“应当”“确保”或者“不得”的内容为规范性要求，处理企业应当遵守；其他内容为指导性内容，处理企业可以结合实际情况参考借鉴。

4　基本要求

本部分规定了处理企业开展废弃电器电子产品拆解处理活动应当具备的基本要求。

4.1　符合法律法规的要求

处理企业应当符合《废弃电器电子产品处理资格许可管理办法》（环境保护部令第13号）、《废弃电器电子产品处理企业资格审查和许可指南》（环境保护部公告2010年第90号）、《关于完善废弃电器电子产品处理基金等政策的通知》（财综

〔2013〕110 号）等有关政策法规的要求。

4.2　处理资格和基金补贴资格

处理企业应当取得《废弃电器电子产品处理资格证书》（以下简称《证书》），并经财政部、环境保护部会同发展改革委、工业和信息化部审查合格，方可列入《名单》。

列入《名单》的处理企业，可以对所处理的列入《废弃电器电子产品处理目录（第一批）》（国家发展和改革委员会、环境保护部、工业和信息化部公告 2010 年第 24 号）（以下简称《目录》）的废弃电器电子产品申请基金补贴。

处理企业拆解处理废弃电器电子产品应当符合国家有关资源综合利用、环境保护的要求和相关技术规范，并经环境保护部按照制定的审核办法核定废弃电器电子产品拆解处理数量后，方可获得基金补贴。

4.3　处理能力和处理数量

处理企业各类废弃电器电子产品的年许可处理能力不得高于环境影响评价和竣工环境保护验收批复的年处理能力，年实际拆解处理量应当至少达到年许可处理能力的 20%，但最高不得高于年许可处理能力。

许可处理能力在一个自然年内发生变化的，各类废弃电器电子产品的年许可处理能力按如下公式计算：

$$年许可处理能力=\sum_{i=1}^{n}\frac{《证书》i^{年许可处理能力}}{12}\times《证书》i^{实际有效期月数}$$

原则上，各省（区、市）全部处理企业的年许可处理能力之和应当控制在本地区废弃电器电子产品处理发展规划的能力范围之内。

4.4　基金补贴业务独立管理

厂区基金补贴范围产品的业务区域应当为集中、独立的一整块场地，布局合理，与实际处理能力匹配，只设一个货物进出口。

处理企业同时从事基金补贴范围产品拆解处理之外的其他业务的（如：危险废物处理等），应当确保基金补贴范围内废弃电器电子产品的业务区域与其他业务的业务区域相独立。

基金补贴范围外的废弃电器电子产品的物流、拆解处理、信息系统、视频监控、贮存、财务管理等，可以参照基金补贴范围内的废弃电器电子产品管理要求设置，但应当单独管理，不得与基金补贴范围内的废弃电器电子产品混杂；与基金补贴范围内废弃电器电子产品的拆解处理业务共用生产线的，应当明确划分不同的拆解处理作业时间，不得混拆。

4.5 基金补贴范围的废弃电器电子产品

纳入基金补贴范围的废弃电器电子产品应当同时符合以下条件：

a. 按《废弃电器电子产品处理基金征收使用管理办法》享受补贴的产品；

b. 满足废弃电器电子产品处理企业补贴审核相关要求规定的废弃电器电子产品无害化处理数量核定原则。

基金补贴范围内的废弃电器电子产品不包括以下类别的废弃电器电子产品：

a. 工业生产过程中产生的残次品或报废品；

b. 海关、工商、质监等部门罚没并委托处置的电器电子产品；

c. 处理企业接收和处理的废弃电器电子产品不具有主要零部件的；

d. 处理企业不能提供相关处理数量的基础生产台账、视频资料等证明材料的，包括因故遗失相关原始凭证，或原始凭证损毁的；

e. 在运输、搬运、贮存等过程中严重破损，造成上线拆解处理时不具有主要零部件，或无法以整机形式进行拆解处理作业的。例如：采用屏锥分离工艺处理 CRT 电视机的，CRT 在屏锥分离前破碎，无法按完整 CRT 正常进行屏锥分离作业；

f. 非法进口产品；

g. 电器电子产品模型，以及出于其他目的而拼装制作的不具备电器电子产品正常使用功能的仿制品。

4.6 主要零部件

纳入基金补贴范围的废弃电器电子产品，应当具备以下主要零部件（见表 1）：

表 1 主要零部件

产品名称	主要零部件
CRT 黑白电视机	CRT、机壳、电路板
CRT 彩色电视机	CRT、机壳、电路板
平板电视机（液晶电视机、等离子电视机）	液晶屏（等离子屏）、机壳、电路板
电冰箱	箱体（含门）、压缩机

续表 1

产品名称	主要零部件
洗衣机	电机、机壳、桶槽
房间空调器	机壳、压缩机、冷凝器（室内机及室外机）、蒸发器（室内机及室外机）
台式电脑 CRT 黑白显示器	CRT、机壳、电路板
台式电脑 CRT 彩色显示器	CRT、机壳、电路板
台式电脑液晶显示器	液晶屏、机壳、电路板
电脑主机	机壳、主板、电源
一体机、笔记本电脑	机壳、电路板、液晶屏、光源

4.7 关键拆解产物

纳入基金补贴范围的废弃电器电子产品拆解处理后应当得到的拆解产物（见表 2）。

表 2 关键拆解产物

产品名称	关键拆解产物
CRT 黑白电视机	CRT 玻璃、电路板
CRT 彩色电视机	CRT 锥玻璃、电路板
平板电视机（液晶电视机、等离子电视机）	液晶面板（等离子面板）、电路板、光源
电冰箱	保温层材料、压缩机
洗衣机	电动机
房间空调器	压缩机、冷凝器（室内机及室外机）、蒸发器（室内机及室外机）
台式电脑 CRT 黑白显示器	CRT 玻璃、电路板
台式电脑 CRT 彩色显示器	CRT 锥玻璃、电路板
台式电脑液晶显示器	电路板、液晶面板、光源
电脑主机	电路板、电源
一体机、笔记本电脑	电路板、液晶面板、光源

4.8 负压环境

处理企业应当根据《废弃电器电子产品处理工程设计规范》的要求，参照其他相关规范，针对不同位置粉尘及其他废气中污染物的特点和污染控制需求等情况，合理确定除尘设备的集气罩风速、风量、风压、尺寸等各项参数，进行负压设计。

4.9 专业技术人员

处理企业应当具有至少 3 名中级以上职称专业技术人员，其中相关安全、质量和环境保护的专业技术人员至少各 1 名。负责安全的专业人员建议具有注册安全工程师资格，并按照《中华人民共和国安全生产法》的要求制定安全操作管理手册。

5 管理制度

本部分对处理企业开展废弃电器电子产品拆解处理活动的有关管理制度进行了规范和指导。

5.1 管理体系构成

处理企业应当具有负责废弃电器电子产品处理相应的运营管理和环境管理类职能部门，划分清晰的组织结构，并明确职责分工。其中，应当指定部门负责废弃电器电子产品处理基金补贴申请的内审自查工作。

5.2 运营管理制度

宜建立健全废弃电器电子产品处理的各项运营管理制度，主要包括生产管理、物流管理、仓储管理、记录管理、设备管理、供应链管理、人员管理和培训、财务管理、统计管理、安保管理、职业健康安全管理、应急预案等制度。

5.2.1 生产管理

生产管理制度的重点是完善与废弃电器电子产品拆解处理过程有关的生产计划、作业规程、生产现场管理等规定。

5.2.1.1 生产计划

宜根据《证书》核准的处理能力以及市场实际情况，合理安排制订生产计划（如：年度计划、月或季度计划、日计划等），建立生产计划执行监督机制。

a. 年度计划要点

·确定各类废弃电器电子产品年度拆解处理总量。

·确保各类废弃电器电子产品拆解处理量达到年许可处理能力的 20% 以上，但不得高于年许可处理能力。

b. 月或季度计划要点

·合理确定各类废弃电器电子产品月或季度拆解处理总量。

·合理安排各类拆解产物（主要拆解产物见附件 1）销售、委托处理等事项。

c. 日计划要点

·制订每日废弃电器电子产品入厂计划，有利于提高贮存、拆解处理各种资源的利用率。

·制订每日拆解作业计划，明确拆解作业的废弃电器电子产品种类、作业班组、生产线安排、生产工具安排等。当天产生的拆解产物应当当天入库（日产日清）。当天是指处理企业生产安排的一个生产日周期，在该生产日周期内拆解处理的废弃电器电子产品应当与其产生的拆解产物相对应，以下同。

·制订拆解产物出厂计划，拆解产物运输车辆应当当天进厂当天出厂。确实无法当天出厂的，应当在视频监控范围内的固定区域停放，并建立运输车辆过夜管理记录。

·每条拆解生产线，当天拆解作业尽量安排同种类别、同规格废弃电器电子产品拆解；如确实需要安排变换拆解处理对象，应当将同类别、同规格的废弃电器电子产品集中拆解完毕、将拆解产物计量称重后再变换类别、规格。

5.2.1.2　作业规程

根据本指南有关规范拆解处理过程的规定，结合工艺设备、人员特点等实际情况，编制生产作业规程，明确各环节、各工位生产操作标准。

5.2.1.3　作业现场管理

a. 建立生产作业监督机制，对各环节生产作业情况进行检查监督，及时纠正不规范操作。

b. 建立生产异常情况反应和处理机制：

·视频监控设备故障或停电时，应当立即通知生产线暂停相应点位拆解处理作业，待故障排除或恢复供电后再恢复作业。

·拆解生产线停电或设备故障无法完成拆解作业时，应当停止作业，维持现状，待故障排除或恢复供电后再恢复作业。

·因停电、视频监控设备故障、拆解生产线或设备故障等原因造成的已出库但尚未进入拆解处理作业环节的废弃电器电子产品，应当待故障排除或恢复供电后再继续拆解处理作业；对于已经开始手工拆解部分的废弃电器电子产品，可以暂停生产活动，也可以组织手持录像设备对手工拆解作业环节进行录像；对于已经完成手工拆解，但尚未进行后续处理的中间拆解品，应当停止生产作业，维持现状，直到排除故障或恢复供电。

·建立异常情况记录。

5.2.2 物流和仓储管理

5.2.2.1 进出厂管理

a. 货物运输车辆宜由唯一的货物进出口按指定线路进出厂，能从视频中明显识别车辆的路线情况。

b. 登记进出厂车辆基本信息，过磅并查验运输货物情况。

c. 货物运输车辆进出厂应当过磅，并能同时打印磅单。

d. 货物运输车辆应当当天入厂、当天出厂，避免运输车辆在厂内停留过夜。确实无法当天出厂的，应当在视频监控范围内的固定区域停放，并建立运输车辆过夜管理记录。

e. 运输车辆进出厂过程中应当防止货物和包装损坏、遗撒或泄漏。

5.2.2.2 厂内运输管理

a. 合理安排厂内运输车辆，优化行车路线，尽量缩短转运路线。

b. 生产车间、库房及其他厂区范围内宜明确标识车辆、人员通道及其行进方向。

c. 装载和卸载废弃电器电子产品及其拆解产物的区域应当固定。

d. 运输、装载和卸载废弃电器电子产品及其拆解产物时，应当采取防止发生碰撞或跌落的措施。

5.2.2.3 废弃电器电子产品分类检查入库

入库前，应当分类检查入厂废弃电器电子产品是否属于基金补贴范围，是否完整，主要零部件是否齐全。经检查确定符合基金补贴范围的废弃电器电子产品，应当按基金补贴管理要求组织称重，分类别、分规格入库并登记入库信息（入库台账）。对缺少主要零部件等不属于基金补贴范围的废弃电器电子产品，应当作为非基金补贴业务单独管理，不宜拒收。

a. 电视机分类入库要求

·检查主要零部件情况。

·CRT 电视机按黑白电视机、彩色电视机、背投电视机的类别，分尺寸分别入库。

·平板电视机按液晶电视机、等离子电视机的类别，分尺寸分别入库。

b. 电冰箱（含冰柜）分类入库要求

·检查主要零部件情况，分类、分规格入库。

·有条件时，建议检查制冷剂、保温层发泡剂的种类。通过冰箱标示或者压缩机上标示辨识制冷剂、保温层发泡剂种类。无法通过标示辨识发泡剂类型的，建议使用专业仪器检测是否含有环戊烷发泡剂，并分别标明。

·建议按是否含有易燃易爆物质对冰箱进行分类、分尺寸竖直放入周转筐入库，登记制冷剂、发泡剂种类、容积等信息。其中，制冷剂及发泡剂均为氟利昂类物质的可归为同一类，进入室内贮存场地贮存；制冷剂及发泡剂为非氟利昂类的易燃易爆物质的可归为同一类，进入专用的室外贮存场地贮存。

c. 洗衣机分类入库要求

检查主要零部件情况，分类、分规格入库。

d. 房间空调器分类入库要求

检查主要零部件情况，分类、分规格入库。

e. 微型计算机分类入库要求

·台式微型计算机显示器分类入库要求同电视机分类入库要求。

·一体式和便携式微型计算机检查主要零部件情况，分类、分规格入库。

5.2.2.4 仓储管理

仓储管理应当作到各类货物按区域划分、安全堆放、标识清楚明确、进出账目准确。

a. 废弃电器电子产品及其拆解产物（包括最终废弃物）应当按类别分区存放；各分区应当在显著位置设置标识，标明贮存物的类别、编号、名称、规格、注意事项等。废弃电器电子产品、一般拆解产物、危险废物不得混用贮存区域，应当根据其特性合理划分贮存区域，采取必要的隔离措施。

b. 使用专用容器。具有存放废弃电器电子产品及其拆解产物（包括最终废弃物）的专用容器或者包装物。废弃电器电子产品应当整齐存放在统一规格的笼筐、托盘或者其他牢固且易于识别内装物品的容器或者包装物中；需要多层存放的，采取防止跌落、倾倒措施，如配置牢固的分层存放架等。关键拆解产物和危险废物应当使用专用容器或者包装存放，塑料、金属等其他拆解产物可以打包存放。同种拆解产物的容器宜一致，不同类别拆解产物不得混装。含液体物质的零部件（如尚未滤油的压缩机等）、部分种类的电池、电容器以及腐蚀性液体（如废酸等）应当存放在防泄漏的专用容器中。无法放入常用容器的危险废物可用防漏胶袋等盛装。容器材质应当与危险废物相容（不发生化学反应）。不得将不相容（相互反应）的危险废物放在同一容器。

c. 每个专用容器（包括以打包形式存放的拆解产物）均应当配置标注其内装物的种类或类别、数量、重量、计量称重时间、入库时间等基本信息的标签。贮存危险废物的容器，其标识应当符合《危险废物贮存污染控制标准》（GB 18597）。

d. 注意采取防止货物和包装损坏或泄漏的措施。

e. 属于危险废物或要求按危险废物进行管理的拆解产物，应当贮存于危险废物贮存场地。

f. 贮存使用环戊烷发泡剂、异丁烷制冷剂（600a 制冷剂）等的电冰箱，应注意贮存环境的通风。宜在专用的、具有防雨棚的室外贮存场地贮存，或在具有地面强制排风、防爆燃等措施的室内贮存场地贮存；贮存区有足够的安全防护距离；做好防雷、防静电、保护和工作接地设计，满足有关规范要求。不具备安全收集异丁烷、环戊烷设备条件（如浓度监测、氮气保护、可燃气体稀释等措施）的处理企业，含该类物质的冰箱贮存前应当剪断压缩机和蒸发器的连接管，在具有良好通风条件处贮存，确保压缩机中的异丁烷放空。

5.2.2.5 拆解产物入库

拆解产物应当分类、打包、称重、入库。

除日产生量较小的荧光粉、制冷剂等物质外，当天产生拆解产物应当当天入库。

直接使用拆解产生的废塑料进行造粒等加工，不添加其他原料，且在加工过程中不发生物质重量、化学特性等变化的，可以将加工后的产物作为拆解产物称重入库管理。

采用 CRT 玻璃整体破碎、清洗方式收集荧光粉的，以清洗后的玻璃、含荧光粉污泥或粉尘作为拆解产物称重入库。

涉及印刷电路板破碎分选金属和非金属的，废压缩机、废电机二次拆解或破碎分选金属的，加入其他原料进行塑料深加工的，应当进行拆解产物称重入库操作后再出库进行二次加工。

5.2.2.6　出库管理

a. 根据生产计划安排废弃电器电子产品出库，出库时核对出库与领料信息匹配情况；拆解产物出库时，核对出库与销售信息匹配情况。

b. 根据生产计划安排产成品出库，出库时验核容器标签与所装物品匹配情况，登记出库信息。

5.2.2.7　库房盘点

a. 定期开展库房盘点，并建立完善库房盘点记录，确保各库房存放物品与台账相符。

b. 危险废物贮存应当按照国家危险废物有关要求进行管理。

5.2.3　设备管理

a. 生产设备、污染防治设备宜定期进行设备点检、运行维护。制定生产设备的日常维护保养要求、操作规程、设备使用手册等，建立主要设备运行记录。

b. 宜建立设备维修保养制度，明确日常点检、维修保养的要求与内容，明确专人管理，按操作规程操作，做好运行记录与维修保养记录。设备的保养一般可分为三个类别：日常保养、预修保养、大修，保养建议见下表：

表 3　设备保养建议

保养类别	保养时间	保养内容	保养者	保养及记录
日常保养	每天例行保养	班前班后认真检查清洗设备，发现问题或故障及时排除，并做好交接班记录	设备操作工	填写运行设备交接 / 日常保养记录
预修保养	根据年度保养计划，结合生产和设备情况，对设备进行检修	对设备易损部位进行局部解体清洗，检查排除故障及定期维护	维修工为主操作工为辅	根据设备预修实施计划要求申请执行，并填写设备保养记录
大修	根据年度保养计划，设备使用状况，紧急申请大修	对设备全面进行全方位大修，更换到期部件和受损部件，恢复最佳性能，满足正常运转	承接单位及维修工	填写大修 / 改造申请报批，完成后填写大修 / 改造验收鉴定记录

c. 当发生以下情况时，处理企业应当及时向当地县级和设区的市级环境保护主管部门报告，并做好工作记录。

主要生产处理设施设备、污染防治设施设备、视频监控设备故障。

处理设施、设备进行长期停产维护、重大改造或对处理工艺流程进行重大调整时，应当事先报告。

5.2.4 供应链管理

供应链管理包括对废弃电器电子产品供应商和拆解产物接收单位的管理。处理企业应当根据所在地环境保护主管部门的要求对与本企业有业务往来的废弃电器电子产品供应商、拆解产物接收单位名称、所在地、联系人及联系方式、许可经营情况等信息做好记录。

5.2.4.1 废弃电器电子产品供应商管理

a. 建立供应商信息档案管理，确保回收的废弃电器电子产品来源于合法途径，并可实现回收信息追溯。

b. 签署规范回收合同，结合生产计划，合理安排废弃电器电子产品回收。

5.2.4.2 拆解产物销售单位管理

a. 制定拆解产物销售单位标准，确保拆解产物进入符合环境保护要求、技术路线合理的利用处置单位。

b. 危险废物应当进入具有危险废物经营许可资质，并具有相关经营范围的利用处置单位。

c. 建立接收单位信息管理制度，并可实现转移信息追溯。

5.2.5 人员管理和培训

a. 宜建立人员管理记录制度，如考勤、工资、奖惩等记录。

b. 宜建立岗前培训、日常培训制度。如：管理制度培训、岗位业务培训规范、主要设备使用规程、职业健康安全规范、劳动保护规范、应急预案培训等。

5.2.6 职业健康安全管理

建议根据职业健康、安全生产等主管部门的要求，建立健全职业健康安全管理有关制度，如：

a. 宜通过正确的设计、工程技术和管理控制、预防保养、安全操作程序（包括锁死 / 标出）和持续性的安全知识培训，控制员工在工作场所和生产过程中会遇到的各类可能导致人身伤害的潜在危险。

b. 对于易发生人身伤害危险的环节，为员工提供有针对性的、有效的个人防护装备和用品。如：建议按照《劳动防护用品配备标准（试行）》（国经贸安全〔2000〕189 号），为操作工人提供必要的防护用品：

·为操作工人提供服装、防尘口罩、安全帽、安全鞋、防护手套、耳塞、护目镜等防护用品；

·从事 CRT 除胶、拆除防爆带、锥屏玻璃分离设备操作的工人，应当穿 / 佩戴防护服装、防尘口罩、护目镜、隔热手套等防护用品；

·拆解异丁烷（600a）制冷剂的电冰箱时，工人应当穿着防静电工作服；

·从事搬运大件废弃电器电子产品的工人应当穿硬头安全鞋；

·消耗品（如防尘口罩滤芯等）定期更换；

·配备应急灯和事故柜，必要时配备氧气呼吸器和过滤式防毒面具及相应型号的滤毒罐，由气防站的专职人员定期检查和更换；

c. 合理安排工作制度，包括人工搬运材料和重复提举重物、长时间站立和高度重复或强力的装配工作。

d. 对生产设备和其他机器作危险性评估。为可能对工人造成伤害的机械提供物理防护装置、联动装置以及屏障。

e. 主要负责人和安全生产管理人员具备与本单位所从事的生产经营活动相应的安全生产知识和管理能力，并负责督促操作人员按规定穿佩戴防护服装和用品、执行安全生产要求，对违规者有处罚措施。

5.2.7　应急预案管理

建议根据相关主管部门的要求，制定环境、防汛、消防、职业健康等应急预案。定期组织对各类应急预案进行评估和完善，落实各类应急预案相关责任人及其工作任务。定期开展演练并做好演练记录。

5.2.7.1　环境应急预案

参照《危险废物经营单位编制应急预案指南》（原国家环境保护总局公告 2007 年第 48 号）编制突发环境事件的防范措施和应急预案。应急预案内容包括总则、应急组织指挥体系与职责、预防与预警机制、应急处置、后期处置、应急保障和监督管理等。

5.2.7.2 防汛、消防应急预案

建议根据有关主管部门要求，制定防汛应急预案，准备沙袋、防水板等防汛物资。

如：依据《机关、团体、企业、事业单位消防安全管理规定》（公安部令第61号）的要求组织制定符合本企业实际的灭火和应急疏散预案。

落实逐级防汛、消防安全责任制和岗位防汛、消防安全责任制，明确逐级岗位职责，确定各级、各岗位的安全责任人。

5.2.7.3 安全应急预案

建议根据有关主管部门要求，编制突发安全生产事故的防范措施和应急预案。如：参照《生产经营单位安全生产事故应急预案编制导则》（GB/T 29639），应急预案内容包括总则、生产经营单位的危险性分析、组织机构及职责、预防与预警、应急响应、信息发布、后期处置、保障措施、培训与演练等。

5.2.7.4 应急预案的培训、演练

宜制定应急预案演练制度，定期开展演练，演练后做好总结。

明确每个岗位的职责，并依此制订各个岗位从业人员的培训计划，培训计划包括针对该岗位的管理程序和应急预案的实施等。培训可分为课堂培训和现场操作培训，主要包括：

a. 应急程序、应急设备、应急系统，包括使用、检查、修理和更换设施内应急及监测设备的程序。

b. 通信联络或警报系统。

c. 火灾或爆炸时的应对，包括对消防器材的使用。

d. 环境污染事件的应对等。

5.2.7.5 突发环境事件报告

发生突发环境事件时，处理企业立即启动相应应急预案，并按应急预案要求向相关主管部门报告。

5.3 环境保护管理制度

环境保护管理制度包括正常生产活动过程中的污染防治措施、危险废物管理、日常环保设施的运行维护、环境排放监测等内容。

5.3.1 通用要求

5.3.1.1 排放标准

污水排放应当符合《污水综合排放标准》(GB 8978)或地方标准。采用非焚烧方式处理废弃电器电子产品元(器)件、(零)部件的设施或设备，废气排放应当符合《大气污染物综合排放标准》(GB 16297)或地方标准；采用焚烧方式处理废弃电器电子产品及其元(器)件、(零)部件的设施或设备，废气排放应当符合《危险废物焚烧污染控制标准》(GB 18484)中危险废物焚烧炉大气污染物排放标准或地方标准。噪声应当符合《工业企业厂界环境噪声标准》(GB 12348)或地方标准。

5.3.1.2 主要污染防治措施

a. 废气污染控制措施

应当在厂区及易产生粉尘的工位采取有效防尘、降尘、集尘措施，收集手工拆解过程产生的扬尘、粉尘等，废气通过除尘过滤系统净化引至高处达标排放。

破碎分选、CRT 除胶、CRT 屏锥分离等生产环节或设备产生的废气等，应当通过除尘过滤系统净化引至高处排放。

使用含汞荧光灯管的平板电视机及显示器、液晶电视机及显示器应当在负压环境下拆解背光源，拆卸荧光灯管时应当使用具有汞蒸气收集措施的专用负压工作台，并配备具有汞蒸气收集能力的废气收集装置(如：载硫活性炭过滤装置)。收集的含汞荧光灯管，应当采取防止汞蒸气逸散的措施进行暂存。

冰箱、空调制冷剂预先抽取等环节产生的有机废气应当经活性炭吸附净化后引至高处排放。

对于制冷剂为消耗臭氧层物质的，应当按照《消耗臭氧层物质管理条例》的要求对消耗臭氧层物质进行回收、循环利用或者交由从事消耗臭氧层物质回收、再生利用、销毁等经营活动的单位进行无害化处置，或具有相关处理能力的焚烧设施处置(如工业固体废物焚烧设施或危险废物焚烧设施)，不得直接排放。

使用整体破碎设备拆解含环戊烷发泡剂冰箱的，应当具备环戊烷气体收集措施，收集后的气体通过强排风措施稀释，并引至高处排放。环戊烷收集环节应当具备环戊烷检测、喷雾和喷氮等措施，并设置自动报警装置。

荧光粉收集操作台应当设置集气罩；荧光粉应当在负压环境下收集并保存在密闭容器内。

b. 废水污染控制措施

洗衣机平衡盐水收集后，宜稀释经废水处理设施处理后达标排放，或委托专业处置单位处置。

c. 固体废物污染控制措施

处理企业生产经营过程中产生的各类固体废物，应当按危险废物、一般工业固体废物、生活垃圾等进行合理分类，不能自行利用处置的，分别委托具有相关资质、经营范围或具有相应处理能力的单位利用或处置。

d. 噪声污染控制措施

对于破碎机、分选机、风机、空压机、CRT 屏锥分离设备等机械设备，应当采用合理的降噪、减噪措施。如选用低噪声设备，安装隔振元件、柔性接头、隔振垫等，在空压机、风机等的输气管道或在进气口、排气口上安装消声元件，采取屏蔽隔声措施等。

对于搬运、手工拆解、车辆运输等非机械噪声产生环节，宜采取可减少固体振动和碰撞过程噪声产生的管理措施，如使用手动运输车辆、车间地面涂刷防护地坪、使用软性传输装置等措施；加强工人的防噪声劳动保护措施，如使用耳塞等。

5.3.2 危险废物管理

危险废物的收集、贮存、转移、利用、处置活动应当遵守国家关于危险废物环境管理的有关法律法规和标准，满足关于产生单位危险废物规范化管理的危险废物识别标志、危险废物管理计划、危险废物申报登记、转移联单、应急预案备案、危险废物经营许可等相关要求（参见附 2）。

5.3.2.1 厂内管理

企业应当制订危险废物管理计划，建立、健全污染环境防治责任制度，严格控制危险废物污染环境。

a. 制订危险废物管理计划，并向所在地县级以上地方环境保护主管部门申报，包括减少危险废物产生量和危害性的措施以及危险废物贮存、利用、处置措施。管理计划内容有重大改变的，应当及时申报。

b. 建立危险废物台账记录，跟踪记录危险废物在厂内运转的整个流程，包括各危险废物的贮存数量、贮存地点，利用和处置数量、时间和方式等情况，以及内部整个运转流程中，相关保障经营安全的规章制度、污染防治措施和事故应急救援措施的实施情况。有关记录分类装订成册，由专人管理，防止遗失，以备环保部门检查。

c. 危险废物单独收集贮存，包装容器、标识标签及贮存要求符合《危险废物贮存污染控制标准》（GB 18597）及相关规定。不得将危险废物堆放在露天场地。

5.3.2.2 转移利用处置

制定危险废物利用或处置方案，确保危险废物无害化利用或处置。

a. 自行利用或处置危险废物，应当符合企业环评批复及竣工环境保护验收的要求。对不能自行利用或处置的危险废物，应当交由持有危险废物经营许可证并具有相关经营范围的企业进行处理，并签订委托处理合同。

b. 处理过程产生的固体废物危险性不明时，应当进行危险特性鉴别，不属于危险废物的按一般工业固体废物有关规定进行利用或处置，属于危险废物的按危险废物有关规定进行利用或处置。

c. 危险废物转移应当办理危险废物转移手续。在进行危险废物转移时，应当对所交接的危险废物如实进行转移联单的填报登记，并按程序和期限向环境保护主管部门报告。

d. 危险废物的转移运输应当使用危险货物运输车辆。运输 CRT 含铅玻璃的车辆可豁免危险货物运输资质要求，但应当使用具有防遗撒、防散落以及合理安全保障措施的厢式货车或高栏货车进行运输。使用高栏货车时，装载的货物不得超过栏板高度并采取围板、防雨等防掉落措施。

5.3.3 一般拆解产物污染控制

5.3.3.1 厂内管理

企业应当建立、健全污染环境防治责任制度，采取措施防止一般拆解产物污染环境。

a. 建立一般拆解产物台账记录，包括种类、产生量、流向、贮存、利用处置等情况。有关记录应当分类装订成册，由专人管理，防止遗失，以备环保部门检查。

b. 分类收集包装后贮存，并应当设置标识标签，注明拆解产物的名称、贮存时间、数量等信息。贮存场所应当具备水泥硬化地面以及防止雨淋的遮盖措施。

c. 一般拆解产物中不得混入危险废物。

5.3.3.2　转移利用处置

妥善处理一般拆解产物，并采取相应防范措施，防止转移过程污染环境。

a. 一般拆解产物的转移应当与接收单位签订销售合同并开具正规销售发票。

b. 一般拆解产物可以作为原材料再利用或者作为一般工业固体废物进行无害化处置。

c. 黑白电视机拆解产生的 CRT 玻璃和彩色电视机拆解产生的 CRT 屏玻璃作为一般工业固体废物，以环境无害化的方式利用处置。

d. 压缩机、电动机、电线电缆等废五金机电拆解产物，处理企业不能自行加工利用的，应当委托环境保护部门核定的具有相应拆解处理能力的废弃电器电子产品处理企业、电子废物拆解利用处置单位名录内企业或者进口废五金电器、电线电缆和电机定点加工利用单位处理。

e. 电脑主机拆解产生的电源、光驱、软驱、硬盘等电子废物类拆解产物，处理企业不自行进一步拆解加工利用的，应当委托环境保护部门核定的具有相应处理能力的废弃电器电子产品处理企业、电子废物拆解利用处置单位名录内企业或者危险废物经营企业进行处理。

f. 废弃电器电子产品中含有消耗臭氧层物质的制冷剂应当回收，并提供或委托给依据《消耗臭氧层物质管理条例》（国务院令第 573 号）经所在地省（区、市）环境保护主管部门备案的单位进行回收、再生利用，或委托给持有危险废物经营许可证、具有销毁技术条件的单位销毁。绝热层发泡材料应当进入消耗臭氧层物质再生利用或销毁企业处置备案单位处置，或作为一般工业固体废物送至生活垃圾处理设施、危险废物处置设施填埋或焚烧，或以其他环境无害化的方式利用处置，不得随意处理和丢弃。

g. 拆解产物宜以减容打包包装形态出厂。电视机外壳、电脑主机机壳等主要拆解产物未进行毁形破坏的，不得出厂（见附 1）。

5.3.4　环境监测

处理企业应按照有关法律和《环境监测管理办法》等规定，建立企业监测制度，制定自行监测方案，对污染物排放状况及其周边环境质量的影响开展自行监测，保存原始监测记录，并公布监测结果。

自行监测方案应当包括企业基本情况、监测点位、监测频次、监测指标（含特征污染物）、执行排放标准及其限值、监测方法和仪器、监测质量控制、监测点位示意图、监测结果信息公开时限、应急监测方案等。

处理企业不具备自行监测能力的，应当与具有监测服务资质的单位签订委托监测合同。

6　数据信息管理

本部分对处理企业废弃电器电子产品拆解处理数据信息管理进行了规范和指导，其中涉及条码设置的内容为建议性内容，有关条码系统的建设要求由财政部、环境保护部废弃电器电子产品回收处理信息管理系统建设要求另行规定。

处理企业应当建立数据信息管理系统，并能够与环境保护主管部门数据信息管理系统对接。数据信息管理系统应当跟踪记录废弃电器电子产品在处理企业内部运转的整个流程，以及生产作业情况等。

根据废弃电器电子产品的处理流程，建立有关数据信息的基础记录表。有关记录要求分解落实到处理企业内部的运输、贮存（或物流）、拆解处理和安全等相关部门。各项记录应当由相关经办人签字。各项记录的原始单据或凭证应当及时分类装订成册后存档，由专人管理，防止遗失，保存时间不得少于 3 年。

6.1　废弃电器电子产品进厂

6.1.1　管理要求

根据生产计划，安排废弃电器电子产品入厂。系统采集、汇总废弃电器电子产品进厂情况。

6.1.2　信息记录内容

废弃电器电子产品入厂时间、回收企业 / 个人名称、运输车牌号、毛重、皮重、净重、毛重称重时间、皮重称重时间、交货人姓名、司磅员姓名等。

6.2　废弃电器电子产品入库

6.2.1　管理要求

按种类、规格分别计重、入库。入库时，按标准容器或逐台进行称重、计数，系统自动生成磅单，打印废弃电器电子产品识别条码。

单台称重的废弃电器电子产品，可以称重后再使用专用标准容器周转、贮存，每一容器内应当装载同种类、同规格的废弃电器电子产品。

6.2.2　信息记录内容

废弃电器电子产品识别条码、废弃电器电子产品编号、名称、规格、数量、重量、入库数量、入库重量、入库时间、库位、库管人姓名等。

6.3　废弃电器电子产品出库

6.3.1　管理要求

使用专用标准容器或逐台出库，出库时扫描废弃电器电子产品识别条码、确认识别条码信息。系统记录领料明细，采集、汇总废弃电器电子产品出库情况。

6.3.2　信息记录内容

出库单编号、领料班组、领料时间、废弃电器电子产品识别条码、废弃电器电子产品编号。废弃产品名称、规格、入库数量、入库重量、出库数量、出库重量、出库时间、库位、发料人姓名、领料人姓名等。

6.4　废弃电器电子产品退库

6.4.1　管理要求

出现废弃电器电子产品出库后未能处理、出库产品与实际处理产品不符、出库产品不符合基金补贴产品要求等情况时，应当在系统中设置于产品出库当日进行退库处理。系统退库时扫描废弃电器电子产品识别条码、确认识别条码信息，记录退库明细，采集、汇总废弃电器电子产品退库情况。

6.4.2　信息记录内容

废弃电器电子产品识别条码、领料单编号、废弃电器电子产品类别、废弃电器电子产品编号、名称、规格、退库数量、退库重量、退库时间、退库原因、库位、退库班组、退库人姓名、库管人姓名等。

6.5　废弃电器电子产品库存

6.5.1　管理要求

每天汇总当日的出入库信息，核对信息系统中的库存废弃电器电子产品的名称、规格、重量、数量等信息。

定期盘点，不少于每三个月一次核对库存的废弃电器电子产品重量、数量等实物信息与系统记录的信息是否相符。

6.5.2　信息记录内容

a. 废弃电器电子产品类别、废弃电器电子产品编号、名称、规格，当日的入库数量、入库重量、出库数量、出库重量、退库数量、退库重量，当前的库存数量、库存重量等。

b. 盘点库存明细

废弃电器电子产品类别、废弃电器电子产品识别条码、废弃电器电子产品编号、废弃电器电子产品名称、规格、入库数量、入库重量、入库时间、出库数量、出库重量、退库数量、退库重量、库位、库管人姓名等。

6.6　废弃电器电子产品拆解处理

6.6.1　管理要求

宜按班组或生产线、按工位、按时间段记录生产情况。同一时间段内一条生产线只能拆解同一类型、同一规格的废弃电器电子产品，不得混拆。

废弃电器电子产品当天领料、当天拆解完毕；当天未拆解的废弃电器电子产品，在信息系统中做当天退库处理。

废弃电器电子产品上线拆解，扫描废弃电器电子产品识别条码。拆解产物当日称重入库，不同种类、不同规格的废弃电器电子产品拆解产物不可合并称重，但日产生量较少的荧光粉、制冷剂等除外。拆解产物称重时系统自动打印磅单，打印拆解产物识别条码。

共用生产线的，应当集中拆解同类同规格废弃电器电子产品。更换不同种类或规格的废弃电器电子产品前，应当清空拆解线，将拆解产物计量称重完毕。

6.6.2　信息记录内容

a. 生产信息：生产日期、拆解线、生产班组、生产负责人、实到人数、作业时间、废弃电器电子产品识别条码、领料单编号、废弃电器电子产品类别、废弃电器电子产品编号、名称、规格、数量、重量、拆解开始时间、拆解完成时间。

b. 拆解产物信息：生产日期、拆解线、生产班组、生产负责人、领料单编号、拆解产物识别条码、拆解产物类别、拆解产物编号、拆解产物名称、称重数量、称重重量、称重时间、称重人姓名等。

6.7　拆解产物入库

6.7.1　管理要求

扫描拆解产物识别条码、核对拆解产物识别条码信息、重量。当天产生的拆解产物，当天称重后入库。

涉及到深加工的，应当在加工前进行拆解产物称重入库。如果直接使用拆解产生的物料进行二次加工，不添加其他原料的，且二次加工中不发生物质重量和化学特性等变化的，可以将产成品作为拆解产物入库。

6.7.2 信息记录内容

拆解线、生产班组、生产负责人、领料单编号、拆解产物识别条码、拆解产物编码、拆解产物名称、入库数量、入库重量、库位、入库时间、贮存部门经办人、交货部门经办人等。

6.8 拆解产物出库

6.8.1 管理要求

出库时使用专用容器转移，扫描识别条码、审核容器标识卡信息，系统汇总出库情况。

6.8.2 信息记录内容

拆解产物出库单号、领料单编号、拆解产物识别条码、拆解产物编号、拆解产物名称、入库数量、入库重量、出库数量、出库重量、出库时间、库位、贮存部门经办人、收货经办人等。

6.9 拆解产物库存

6.9.1 管理要求

每天汇总当日的出入库信息，核对信息系统中的库存拆解产物的名称、重量、数量等信息。

定期盘点，不少于每三个月一次核对库存的拆解产物重量、数量等信息。

6.9.2 信息记录内容

a. 拆解产物类别、拆解产物识别条码、拆解产物编号、名称、规格、当日入库数量、入库重量、出库数量、出库重量、当前库存数量、当前库存重量等。

b. 盘点库存明细

拆解产物条码、拆解产物类别、拆解产物编号、拆解产物名称、称重数量、称重重量、入库数量、入库重量、入库时间、库位、库管人姓名等。

6.10 拆解产物出厂

6.10.1 管理要求

拆解产物出厂时，保持包装、标签完好，系统采集、汇总拆解产物出厂情况。

危险废物到达接收单位后，应当将危险废物转移联单返回处理企业，处理企业将相关信息录入信息系统，并保留相关票据。处理企业可以要求接收单位提供磅单复印件、接收回执等证明材料，磅单复印件、接收回执加盖收货单位收货章。根据回执、有效财务单据在系统内确认危险废物转移处置量。

6.10.2　信息记录内容

出厂记录单编号、车次、出厂时间、领料单编号、拆解产物出库单编号、拆解产物识别条码、拆解产物类别、拆解产物编号、拆解产物名称、毛重、皮重、净重、毛重称重时间、皮重称重时间、接收单位、车号、发货单条码或编号、转移联单编号等。

7　视频监控设置及要求

本部分规定了处理企业废弃电器电子产品拆解处理视频监控系统设置的基本要求。未能达到本部分规范性要求的处理企业，经所在地省级环保部门批准后，应当在 2015 年 3 月 31 日前完成所有改造。

7.1　基本要求

7.1.1　视频监控设备及其管理

应当具有联网的现场视频监控系统及中控室，备用电源、视频备份等保障措施。

7.1.2　视频监控点位

厂区所有进出口处、磅秤、处理设备与处理生产线、处理区域、贮存区域、中控室、视频录像保存区域、可能产生污染的区域以及处理设施所在地县级以上环境保护主管部门指定的其他区域，应当设置现场视频监控系统，并确保画面清晰。

厂界内视频监控应当覆盖从废弃电器电子产品入厂到拆解产物出厂的全过程，并规范摄像头角度、监控范围。

监控画面应当可清楚辨识数据信息管理系统信息采集内容的生产操作过程。

7.1.3　视频监控画质

设置的现场视频监控系统应当能连续录下作业情形，包含录制日期及时间显示，每一监视画面所录下影像应当连贯。夜间厂区出入口处监控范围须有足够的光源（或增设红外线照摄器）以供辨识，夜间进行拆解处理作业时，其处理设备投入口及处理区域的镜头应当有足够的光源以供画面辨识。所有监控设备的设置应当避免人员、设备、建筑物等的遮挡，清楚辨识拆解、处理、信息采集全过程。

关键点位的视频监控应当确保画面清晰。关键点位包括：厂区进出口、货物装卸区、上料口、投料口、关键产物拆解处理工位、计量设备监控点位、包装区域、贮存区域及进出口、中控室、视频录像保存区，以及数据信息管理系统信息采集工位。

上料口、投料口、关键拆解产物拆解处理工位的摄像头距离监控对象的位置不宜超过 3 米，视频录像帧率应当不少于 24 帧 / 秒（fps），以达到连贯辨识动作、清晰辨识物品的效果；其他关键点位的视频录像帧率应当不少于 10 帧 / 秒（fps），以达到连贯辨识动作、清晰辨识数字的效果；其他非关键点位的视频录像帧率应当不少于 1 帧 / 秒（fps）。

7.1.4 视频监控储存

视频记录应当保持连贯完整，录像画面的清晰度应当达到 640 × 360 以上。不得对原始文件进行拼接、剪辑、编辑。视频记录可以采用硬盘或者其他安全的方式存储。关键点位视频记录保存时间至少为 3 年，其他点位视频记录保存时间至少为 1 年。

7.2 厂区进出口处

a. 厂区所有进出口均应当设置全景视频监控，能够清楚辨识车辆前后牌，清楚辨识人员及车辆进出厂的过程，画面覆盖每个进出口的全景。

b. 贮存区域、处理区域出入口，应当清楚辨识人员、货物进出情况。

7.3 计量设备

a. 进出厂磅秤，应当清楚辨识车辆前后车牌及称重显示数据。

b. 磅房内部，画面应当覆盖司磅员操作过程，磅房外部未设置重量显示装置的，磅房内部应当清楚辨识称重显示数据。

c. 废弃电器电子产品称重磅秤，应当清楚辨识称重货物种类（采用封闭包装的，见包装区域点位要求）和货物称重显示数据，货物和称重数据显示在同一监视画面内。

d. 拆解产物称重磅秤，应当清楚辨识称重货物种类（采用封闭包装的，见包装区域点位要求）和显示数据，货物和称重数据显示在同一监视画面内。

7.4 货物装卸区

a. 废弃电器电子产品卸货区，应当清楚辨识卸货过程、卸货种类（采用封闭包装的，见包装区域点位要求）。

b. 拆解产物装车区，应当清楚辨识装货过程、关键拆解产物种类（采用封闭包装的，见包装区域视频要求）。

7.5 包装区域

a. 入厂的废弃电器电子产品采用封闭包装的，应当在拆卸包装的区域设置视频监控点位，并能够清楚辨识拆卸包装后废弃电器电子产品的种类和数量。

b. 拆解产物采用封闭包装的，应当在包装区域设置视频监控点位，并能够清楚辨识关键拆解产物的种类。

7.6 贮存区域

a. 废弃电器电子产品贮存库、拆解产物贮存库和危险废物贮存库，均应当辨识所贮存物品的整体情况。

b. 贮存区域面积较大的，应当设置足够的监控点位，实现对贮存区域的全景覆盖。

7.7 拆解、处理区域

a. 废弃电器电子产品拆解、处理区域，应当设置足够的监控点位，实现对拆解、处理区域的全景覆盖，并辨识废弃电器电子产品拆解处理区域的整体情况。

b. 不同种类的废弃电器电子产品及拆解产物的处理区域，应当分别设置全景监控点位。

c. 整机拆解处理区域，应当全景辨识各类废弃电器电子产品整机拆解处理区域及拆解产出物处理区域的整体运行情况，无遮挡、无死角。

d. 待处理区，应当清楚辨识货物流转过程及待处理货物数量、状态。

e. 废弃电器电子产品拆解处理线上料端，应当清楚辨识废弃电器电子产品拆解线上料数量及废弃电器电子产品的完整性。

f. 废弃电器电子产品人工拆解处理线，每个视频监控画面覆盖的工位以 2 个以内为宜，最多不超过 4 个，且应当清楚辨识每个工位工人操作全过程。

g. 废弃电器电子产品拆解处理线下料端，应当清楚辨识拆解产物的出料情况。

h.CRT 屏锥分离工位，应当清楚辨识工人屏锥分离操作过程及屏锥分离效果，无遮挡、无死角。

i. 荧光粉吸取工位（有的与 CRT 屏锥分离工位相同或紧邻，可使用同一个摄像头），应当清楚辨识工人吸取荧光粉操作全过程及荧光粉吸取的效果，无遮挡、无死角。

j. 制冷剂抽取工位，应当清楚辨识工人的操作全过程，无遮挡、无死角。

k. 压缩机打孔和电机破坏工位，应当清楚辨识拆解产物数量及工人的操作全过程和处理效果。

l. 拆解微型计算机主机（含便携式微型计算机）、空调、液晶显示屏背光模组过程，应当清楚辨识工人的操作全过程，视频监控画面连续，至少有 1 个监控画面完整覆盖生产线。

m. 应当清楚辨识其他废弃电器电子产品拆解处理关键环节的操作全过程和处理效果。

7.8　通道和露天区域

废弃电器电子产品进厂至进出厂磅秤通道；进出厂磅秤至废弃电器电子产品贮存库通道；废弃电器电子产品贮存库至拆解处理区域通道；拆解处理区域至拆解产物库通道；拆解产物库至进出厂磅秤通道；具有拆解产物深加工作业的，拆解产物库至深加工车间通道；以及厂区内其他与废弃电器电子产品拆解处理相关的通道和露天区域，均应当能辨识车辆及货物流转全过程。

7.9　深加工区

a. 深加工区应当设置视频监控设备，并与现场视频监控系统联网。

b. 深加工区应当能清楚辨识处理区域的整体运行情况，无遮挡、无死角。

8　设施、设备要求

本部分对处理企业废弃电器电子产品拆解处理设施、设备进行了规范和指导。

处理废弃电器电子产品使用的各种设备和相配套的设施要配备完整，可正常使用和按要求保养。

8.1　拆解处理设备

a. 配备与所处理废弃电器电子产品相适应的拆解处理设备。

b. 处理彩色 CRT 电视机、微型计算机的 CRT 彩色显示器，应当具有能将阴极射线管锥、屏玻璃有效分离的设备或装置，如 CRT 切割机等。具备防止含铅玻璃散落的措施，如带有围堰的作业区域、作业区域地面平整等使含铅玻璃易于收集。

处理CRT电视机、微型计算机的CRT显示器，应当具有荧光粉收集装置。

采用干法进行处理CRT玻璃的，具有玻璃干洗设备如干式研磨清洗机等。

采用湿法进行处理CRT玻璃的，具有清洗设备及废水回收处理装置等。

自行利用含铅玻璃的，具有铅提取设备或装置，或将含铅玻璃加工成资源化、无害化产品的设备。

处理液晶电视机或微型计算机的液晶显示器，应当具有背光源的拆除装置或设备，如带有抽风系统、防泄漏、尾气净化装置的负压工作台。

c. 处理含消耗臭氧层物质的电冰箱、空调，符合下列设备规定：

·应当具有将制冷系统中的制冷剂和润滑油抽提和分离的专用设备。

·应当具有存放制冷剂的密闭压力钢瓶或装置，具有存放润滑油的专用容器。

·采取粉碎、分选方法处理绝热层时，应当在专用的负压密闭设备中进行，处理后废气排放应当符合《大气污染物综合排放标准》（GB 16297）的控制要求。

d. 以整机破碎、分选方法处理含有环戊烷发泡剂类的电冰箱，符合下列设备规定：

·设施宜布置在单层厂房靠外墙区域，在废弃冰箱处理车间内，注意采取防止环戊烷发泡剂积存的措施，并在其周围设立禁止烟火的警示标志。

·在负压密闭的专用处理设备内进行，专用处理设备设置可燃气体检漏装置，注意采取检测、通风、防爆等相应的安全措施。

·回收环戊烷的，处理设施设置专用的环戊烷回收装置，回收装置应当密闭和负压；不回收环戊烷的，设置大风量稀释装置，采用保护气体，环戊烷稀释后浓度低于爆炸浓度，处理设施的排风管道周边设置可燃气体检漏装置和应急措施；在排放口周围20米内不应有明火出现，并设立禁止烟火的警示标志。

·专用处理设备及环戊烷的回收装置周围的电气设计，符合现行国家标准《爆炸和火灾危险环境电力装置设计规范》GB 50058的有关规定。

·设置除尘系统，除尘系统与排风系统和报警系统连锁。

e. 以加热等方式拆解电路板上元（器）件、（零）部件、汞开关等的，使用负压工作台，设置能够有效收集铅烟（尘）、有害气体的废气收集处理系统。

f. 废弃电路板处理设备应当符合下列规定：

·采用热解法工艺时，处理设备设置废气处理系统。

·采用化学方法处理废弃电路板时，处理设施设置废气处理系统、废液回收装置和污水处理系统，还应当采用自动化程度高、密闭性良好、具有防化学药液外溢措施的设备；对贮存化学品或其他具有较强腐蚀性液体的设备、贮罐，采取必要的防溢出、防渗漏、事故报警装置、紧急事故贮液池等安全措施。

g. 拆解处理作业生产线配备应急关闭（紧急制动）系统。

8.2 搬运、包装、贮存设备

具有与所处理废弃电器电子产品相适应的搬运、包装及贮存设备，并定期进行检查。

具有运输车辆或委托具有相关资质的单位运输，车厢周围有栏板等防散落及遮雨布等防雨措施。

具有能够搬运较重物品的设备，如叉车等。厂内运输采取防雨措施。

具有压缩打包的设备，如打包机等。

具有专用容器（具体要求见 5.2.2 物流和仓储管理）。

8.3 计量设备

配备与拆解处理相适应的计量设备，符合国家的有关计量法规要求并定期检定。厂内计量设备均应当采用与数据信息管理系统联网的电子计量设备，具有自动打印磅单等功能。

8.3.1 计量设备设置

a. 运输车辆的计量设备量程在 30 吨以上（将废弃电器电子产品装入托盘或其他专用容器分别称重的，量程可低于 30 吨）与电脑联网的电子磅秤，能够自动记录并打印每批次废弃电器电子产品、拆解产物（包括最终废弃物）称重结果。

b. 运输车辆计量设备宜设置于厂区进出口处，废弃电器电子产品及拆解产物进出库计量设备宜设置于生产、贮存区域的进出口处。不能设置于进出口处的，应当规定清晰的运输路线。

c. 配置专用电表。废弃电器电子产品的每条拆解处理生产线及专用处理设备，应当具有专用电表；无专用电表的，应当保证处理设备所在车间电表的数据准确。

d. 在用水量较大的场所，宜配置专用水表。

8.3.2 设备精度要求

量程10吨（不含10吨）以上的计量设备的最小计量单位应当不大于20千克，量程10吨（含10吨）以下的计量设备的最小计量单位应当不大于1千克。

8.3.3 日常维护、校准

a.应当定期校准、检定称重计量设备，确保设备运转正常。

b.应当定期核对确认计量设备计量时间与现场视频监控系统记录的时间，确保相差不超过3分钟以上。

8.4 劳动保护装备

按照国家对劳动安全和人体健康的相关要求，为操作工人提供服装、防尘口罩、安全帽、安全鞋、防护手套、耳塞、护目镜等防护用品。消耗品（如防尘口罩滤芯等）定期更换。

8.5 应急救援和处置设备

按照国家对应急救援和处置的相关要求，配置相应的应急救援和处置设施、设备，如应急灯、消防器材、急救箱、冲洗设备等。

定期检查，更新应急救援和处置设施、设备，及时补充消耗品和更换过期药品。

8.6 拆解产物深加工或二次加工设施设备

如处理企业具备与废弃电器电子产品拆解处理相关的深加工或二次加工经营业务，如印刷电路板破碎分选，废塑料制备塑木，废电机、压缩机拆解等深加工和废塑料造粒，CRT玻璃清洗处理等二次加工过程，应当针对处理的拆解产物建立生产记录表，并纳入数据信息管理系统。

8.6.1 印刷电路板深加工

a.采用物理破碎分选方法分离金属和非金属材料时，破碎在具有降噪措施的封闭设施中进行，并设置粉尘及有害气体收集处理系统。

采用湿法分离金属和非金属材料时，在封闭设施中进行分选，并设置废水、废气收集处理系统。

b.采用溶蚀、酸洗、电解及精炼等化学方法提取金属时，采用密闭性良好；配备符合环保要求的废水、有害气体等处理装置，具备污泥处理方案或利用设施。具备防化学药液外溢、渗漏措施，如设置围堰或底部做防渗处理等措施。

不得采用无环保措施的简易酸浸工艺提取金、银、钯等贵重金属，不得随意倾倒废酸液和残渣。

c. 采用火法处理电路板提炼金属的，配备符合环保要求的有害气体等处理装置。

d. 处置环氧树脂等非金属材料的，有符合环保要求的填埋或焚烧设施。

8.6.2　废塑料二次加工或深加工

将拆解产生的废塑料进行破碎造粒、生产塑料颗粒产品的，具有造粒机等相应的塑料二次加工设备，并配备废气净化处理装置。

将拆解产生的废塑料进行木塑等塑料制品深加工过程的，具有相应的产品生产设备和配套的污染防治措施。

8.7　样品室

应当设立可供员工培训或对外环保宣传的样品室，用于存放或展示所申请处理的废弃电器电子产品及其拆解产物（包括最终废弃物）样品或者照片。

9　拆解处理过程

本部分对处理企业废弃电器电子产品拆解处理过程进行了规范和指导。

拆解时，使用手工、机械等物理工艺将废弃电器电子产品分解，形成材料或零部件等拆解产物。除使用自动破碎分选设备外，手工拆解以手动、气动、电动工具将可直接拆卸的元器件、零部件、线缆等全部拆除。拆解产物分类收集。

拆解过程确保按照环保要求管理，如果某一部件在手工或机械处理工艺中会造成环境或健康安全危害，在进行手工或机械处理工艺之前将该元器件取出。

采用机械设备的，应当根据设备设计、操作规程以及拆解处理要求合理设定设备技术参数。

除有特殊说明的步骤外，本部分所列各步骤的顺序不作为处理企业实际拆解处理操作流程的固定工艺顺序，处理企业可以根据实际需要确定拆解处理工艺流程和操作规程。

9.1　电视机

9.1.1　阴极射线管（CRT）电视机

9.1.1.1　物料准备

a. 工作内容：将待拆解的物料搬运到拆解线物料入口处或工位，将待拆解的电视机搬上拆解台或上料口。

b. 工具设备：叉车、专用容器、传送带等。

c. 主要拆解产物：无。

d. 注意事项：

·搬运过程中注意防止物料滑落。

·核对物料规格数量并记录。

·检查主要零部件有无破损、缺失，如:CRT 是否完整，外壳、CRT 或电路板是否缺失等。否则应当按照非基金业务单独管理。

9.1.1.2　拆除电源线

a. 工作内容：检查电视机电源线并拆除。

b. 工具设备：剪刀、钳等。

c. 主要拆解产物：电源线。

d. 注意事项：

应当于机体侧根部整齐剪切、分离电源线。

9.1.1.3　拆除后壳、机内清理

a. 工作内容：检查电视机后壳上相连部件并拆除，拆除后壳，清理机内积尘。

b. 工具设备：螺丝刀、钳等。

c. 主要拆解产物：电视机后壳及相连部件，如天线等。

d. 注意事项：

·分离所有金属部件，保持基本完整。

9.1.1.4　CRT 解除真空

a. 工作内容：取下电子枪端电路板，钳裂管颈管上端玻璃，拆除高压帽。

b. 工具设备：钳子。

c. 主要拆解产物：电路板、高压帽等。

d. 注意事项：

·应当防止粗暴拆解造成 CRT 和管颈管爆裂。

9.1.1.5　拆除电路板

a. 工作内容：切断电线，取下电路板。

b. 工具设备：螺丝刀、钳等。

c. 主要拆解产物：电路板、电线等。

d. 注意事项：

·应当保持电路板独立完整，拆除电源线。

9.1.1.6 拆除喇叭

a. 工作内容：拧开螺丝，剪除连接线，取出喇叭。

b. 工具设备：螺丝刀、剪刀等。

c. 主要拆解产物：喇叭等。

d. 注意事项：

·完整拆除，不连带其他金属附着物。

9.1.1.7 拆除偏光调节圈、偏转线圈

a. 工作内容：拧开螺丝，拆下偏光调节圈，拆下偏转线圈。

b. 工具设备：螺丝刀、剪刀等。

c. 主要拆解产物：偏光调节圈、偏转线圈等。

d. 注意事项：

·完整分离，防止粗暴拆解造成 CRT 爆裂。

9.1.1.8 拆除前壳，取出 CRT

a. 工作内容：拧开前壳螺丝，将前壳与 CRT 分离。

b. 工具设备：螺丝刀、剪刀等。

c. 主要拆解产物:CRT、前壳等。

d. 注意事项：

·分离所有金属部件。

·搬运 CRT 时小心滑落。

9.1.1.9 拆除消磁线、接地线、变压器、高频头等

a. 工作内容：拆下消磁线、接地线、变压器、高频头等。

b. 工具设备：螺丝刀、剪刀、钳等。

c. 主要拆解产物：消磁线、接地线、变压器、高频头等。

d. 注意事项：

·应当于机体侧根部整齐剪切、分离消磁线、接地线。

·操作前确认已经泄压（拆除高压帽，解除真空）。

9.1.1.10 拆除管颈管

a. 工作内容：拆除管颈管。

b. 工具设备：套管、砂轮片或切割器等专用设备。

c. 主要拆解产物：电子枪、玻璃管。

d. 注意事项：

·应当防止粗暴拆解造成 CRT 和管颈管爆裂。

·管颈管玻璃为含铅玻璃，应当妥善处理处置。

9.1.1.11　切割防爆带

a. 工作内容：切割防爆带。

b. 工具设备：切割设备等。

c. 主要拆解产物：防爆带。

d. 注意事项：

·操作前确认高压帽、电子枪已经拆除。

·勿切到玻璃。

·注意防止 CRT 滑落。

9.1.1.12　清理 CRT

a. 工作内容：除胶，清理金属及橡胶件。

b. 工具设备：除胶设备等。

c. 主要拆解产物：橡胶及胶带。

d. 注意事项：

·注意防止 CRT 滑落。

·勿切到玻璃。

9.1.1.13　屏锥分离

a. 工作内容：使用加热、机械切割、激光、等离子等方法将屏玻璃与锥玻璃分离。

b. 工具设备：加热、机械切割、激光、等离子等分离设备。

c. 主要拆解产物：含铅玻璃（锥玻璃）、屏玻璃、阴极罩、销钉、阳极帽。

d. 注意事项：

·应当在负压环境下操作，控制粉尘无组织排放。

·应当防止锥玻璃混入屏玻璃。

·屏锥分离（包括以屏锥分离方式处理黑白 CRT）时应当主要依靠分离设备进

行。分离设备应当通电工作。不得使用摔、砸、敲等粗暴作业方式。特殊情况下使用分离设备无法完全分离时，可以使用辅助工具进行人工分离，并应当将粘连在屏玻璃上的锥玻璃取下。

·使用分离设备进行屏锥分离时，合理设置分离设备的电压、电流、分离时间等参数，小心操作，防止屏面、锥体破碎。屏面玻璃破碎（分离成两块及以上）的比例应当控制在20%以内。为了控制破屏率，分离设备的常规工作时间和最短工作时间参考下表：

表4　屏锥分离工序工作耗时参考

设备类型	操作时间	尺寸			
		14英寸及以下	17～21英寸	25～29英寸	32英寸及以上
刀片式	常规时间	20～30秒	30～40秒	30～50秒	40～60秒
	最短时间	15秒	15秒	25秒	40秒
电加热	常规时间	30～50秒	30～60秒	40～100秒	60～150秒
	最短时间	20秒	25秒	35秒	50秒

注：1. 常规时间指常见主流设备正常工况条件下的操作时间范围，不同品牌、型号的设备在不同电压、电流条件下的操作时间会有一定差异。
2. 最短时间指高性能设备在较理想工况条件下的操作时间，有的设备可能性能更优。

·为了进一步避免彩色CRT屏锥分离时屏玻璃中混入含铅玻璃，建议现有设备的分离位置在屏玻璃与锥玻璃结合部向屏玻璃方向适当下移。为方便屏玻璃与含铅玻璃分离，可在分离位置提前作出划痕。本指南实施后新、改、扩建的CRT切割机设备，应当将分离位置设置于屏玻璃与锥玻璃结合部向屏玻璃方向适当下移的位置。

·根据需要拆除销钉与阳极帽。

·操作中注意防止玻璃飞溅伤人。

9.1.1.14　收集荧光粉

a. 工作内容：用专用吸尘器吸取屏玻璃内面、四角及四侧边荧光粉。

b. 工具设备：专用吸取设备、专用贮存容器。

c. 主要拆解产物：荧光粉、屏玻璃。

d. 注意事项：

·应当在负压环境下操作。

·使用专用容器贮存荧光粉。

·应当完全收集荧光粉。

9.1.1.15 其他工艺

使用其他工艺的，如CRT整体破碎法分离含铅玻璃、湿法清洗收集荧光粉、高压吹吸法回收废黑白阴极射线管中荧光粉等，应当具有相应的环保手续。应当能保证分离含铅玻璃，完全收集荧光粉。

9.1.2 平板电视机

9.1.2.1 物料准备

a. 工作内容：将待拆解的物料搬运到拆解线物料入口处，将待拆解的电视机搬上拆解台。

b. 工具设备：叉车、物料笼、传送带等。

c. 主要拆解产物：无。

d. 注意事项：

·搬运过程中注意防止物料滑落。

·核对物料数量并记录。

·检查主要零部件是否完整、缺失，能否以整机形式搬运。否则应当按照非基金业务单独管理。

9.1.2.2 拆除电源线

a. 工作内容：检查电视机电源线并拆除。

b. 工具设备：剪刀、钳等。

c. 主要拆解产物：电源线。

d. 注意事项：

·应当于机体侧根部整齐剪切、分离电源线。

9.1.2.3 拆除底座和后壳

a. 工作内容：检查电视机底座和后壳上相连部件并拆除，拆除底座和后壳。

b. 工具设备：螺丝刀、钳等。

c. 主要拆解产物：电视机底座和后壳及其上相连部件。

d. 注意事项：

·应当分离所有金属部件，保持基本完整。

·当使用强力拆除后壳及相连部件时注意安全。

9.1.2.4　拆除音箱喇叭

a. 工作内容：拆下音箱喇叭。

b. 工具设备：螺丝刀、剪刀。

c. 主要拆解产物：喇叭等。

d. 注意事项：

·完整拆除，不连带其他金属附着物。

9.1.2.5　拆除主电路板

a. 工作内容：切断电线，取下主电路板。

b. 工具设备：螺丝刀、钳等。

c. 主要拆解产物：电路板等。

d. 注意事项：

·应当保持电路板独立完整，拆除电源线等相关附件。

9.1.2.6　拆除高压电路板、控制电路板、背光模组

a. 工作内容：拧开螺丝，拆下高压电路板，拆控制电路板。

b. 工具设备：螺丝刀、剪刀等。

c. 主要拆解产物：高压电路板、控制电路板等。

d. 注意事项：

·应当保持电路板独立完整，拆除电源线等相关附件。

9.1.2.7　拆解使用荧光灯管的背光模组

a. 工作内容：拆除背光源。

b. 工具设备：螺丝刀。

c. 主要拆解产物：背光灯管等。

d. 注意事项：

·拆解背光模组应当在负压环境下小心操作，保证背光源完整无损。

·荧光灯管应当放入专用密闭容器里，防止汞蒸气挥发。

·具备能防止汞蒸汽泄漏的装置（如：吸风装置、载硫活性炭吸附等）。

9.1.2.8　拆解使用非荧光灯管的背光模组

a. 工作内容：拆解背光源。

b. 工具设备：螺丝刀。

c. 主要拆解产物：LED 灯等背光源、电源线等。

d. 注意事项：

·分离光源与电源线。

9.1.2.9　拆卸前壳，取出液晶面板

a. 工作内容：将液晶面板与前壳分离。

b. 工具设备：螺丝刀、剪子等。

c. 主要拆解产物：液晶面板和前壳等。

d. 注意事项：

·小心操作，保证液晶面板完整。

·完整拆除，不连带其他金属附着物。

9.1.3　其他电视机

参考平板电视机和 CRT 电视机内容。

9.2　电冰箱

9.2.1　拆除压缩机盖板，检查冰箱主要零部件

a. 工作内容：检查冰箱主要零部件是否完整、缺失。

b. 工具设备：螺丝刀、传送带、起重设备等。

c. 主要拆解产物：盖板。

d. 注意事项：

·检查冰箱铭牌，确认制冷剂类别。

·搬运过程中注意防止物料滑落。

·对于以消耗臭氧层物质为制冷剂的电冰箱，检查机壳、压缩机是否完整、缺失。否则应当按照非基金业务单独管理。

9.2.2　预处理

a. 工作内容：

·对含有有害物质的部件进行回收：确认含有有害部件的地方，使用规定的用具，防止拆离时损坏，拆下后放在专用容器内保存。

·电器部分的回收：取下风扇、定时器等部件放入容器内。

·冰箱箱体内塑料部件的回收：取下塑料制品附带的异物（金属、橡胶、玻

璃），对塑料部件的材质、颜色等进行分类并放入容器内。

·密封圈的回收：将贴敷在冰箱门内侧的密封圈取出放入回收容器中。

·电路板的回收：取下电路板，剪下周围的电线，分别放入不同容器内。

·投入氟利昂回收工序：将冰箱箱体横放至传送带。

b. 工具设备：螺丝刀、传送带、起重设备等。

c. 主要拆解产物：风扇、定时器、塑料、密封圈、电路板、电线、铜管等，部分冰箱可能含有汞开关、荧光灯管等含汞部件。

d. 注意事项：

·有害部件：拆解时确认是否有含汞部件（汞开关、荧光灯管等）、灯泡等，灯类的部件容易破碎，需小心拆解。

·未拆除密封圈前不得投入破碎机。

·将冰箱放置于传送带时，压缩机吸油管的位置管口朝下，便于回收制冷剂。

9.2.3　制冷剂回收

a. 工作内容：收集制冷剂系统完好的压缩机中属于消耗臭氧层物质的制冷剂。

b. 工具设备：制冷剂回收机、钳等。

c. 主要拆解产物：制冷剂。

d. 注意事项：

·确认制冷剂类别。

·属于消耗臭氧层物质的制冷剂应当回收。

·异丁烷制冷剂处理注意事项：

·配备消防器材和警示标志，采取防火措施，如禁烟、禁火等；异丁烷具有刺激性，注意手眼防护；保持车间良好通风，设置专用排风设备，工作时开启；由于异丁烷比重大于空气，排风口要设在接近地面处，排放区域不设置沟槽及凹坑；通风设备及场地内电器建议使用防爆型。

9.2.4　拆除压缩机座、散热器

a. 工作内容：拆除压缩机座、散热器。

b. 工具设备：钳、螺丝刀等。

c. 主要拆解产物：散热器管、压缩机座。

d. 注意事项：

·防止压缩机润滑油泄漏，防止压缩机滑落伤人。

9.2.5 拆解压缩机座、电器元件

a. 工作内容：拆解压缩机座、散热器。

b. 工具设备：钳、扳手等。

c. 主要拆解产物：压缩机、电线、橡胶、金属、电路板等。

d. 注意事项：

·拆解压缩机应当在有防泄漏的工作台上进行。

·拆解时防止压缩机滑落伤人。

9.2.6 箱体破碎分选

a. 工作内容：用手工拆除箱体上的固定件，逐台进入破碎设备。

b. 工具设备：钳、扳手、螺丝刀、专用破碎设备等。

c. 主要拆解产物：橡胶、塑料、氟利昂、保温层材料、铁、非铁金属等。

d. 注意事项：

·上线前确认发泡剂种类。

·采用破碎、分选方法时，不得用手工方式分离保温层泡沫和箱体外壳。

·机械拆解过程中注意防火防爆。

9.2.7 回收压缩机油

a. 工作内容：将压缩机打孔，用专用容器回收储存压缩机油。

b. 工具设备：打孔机等。

c. 主要拆解产物：压缩机。

d. 注意事项：

·操作场所有防漏截流措施，防止压缩机油泄漏。

·使用专用容器回收储存压缩机油。

·含有异丁烷制冷剂的压缩机于自然通风贮存环境下放置两周后再进行打孔作业并做好打孔记录。

9.2.8 其他拆解处理方式

分类收集各类材料。

9.3 洗衣机

检查主要零部件是否完整，缺失。

9.3.1 拆除外壳

a. 工作内容：把原材料放在生产线上，取下外壳上面的螺丝，取下外壳，剪下相连电线。

b. 工具设备：螺丝刀、传送带等。

c. 主要拆解产物：外壳、电线等。

d. 注意事项：

·将紧固螺丝完全取出。

9.3.2 拆除分离机体小配件

a. 工作内容：取下机体上的螺丝，卸下塑胶板、开关、变压器、皮带等配件，并分别放入对应储物盒内，拔下或剪下电线，电线放入对应储物盒内。

b. 工具设备：螺丝刀、钳等。

c. 主要拆解产物：印刷电路板、控制面板、塑胶板、开关、变压器、皮带、电线等。

d. 注意事项：

·将紧固螺丝完全取出。

·配件不可有电线残留。

9.3.3 拆解主机体

a. 工作内容：取下内桶护圈，排出圈内废水于废水储存桶内，卸下电机、排水管、与机体底座，卸下波轮。

b. 工具设备：钳、螺丝刀等。

c. 主要拆解产物：塑胶圈、电机、排水管、底座、波轮等。

d. 注意事项：

·将紧固螺丝完全取出。

·配件不可有电线残留。

9.4 房间空调器

9.4.1 分体房间空调器室内机

9.4.1.1 拆除面板部件

a. 工作内容：检查主要零部件是否完整、缺失。拆下面板支撑杆，拆下面板，卸下面板上的显示板。

b. 工具设备：螺丝刀、传送带等。

c. 主要拆解产品：面板等。

d. 注意事项：

·将紧固螺丝完全取出。

·配件不可有电线残留。

9.4.1.2 拆除导风板、过滤网、电器盒盖

a. 工作内容：拆下导风板中间轴套，拆下过滤网，拆下导风板，卸下电器盒盖。

b. 工具设备：螺丝刀、钳等。

c. 主要拆解产品：过滤网、导风板等。

d. 注意事项：

·将紧固螺丝完全取出。

·配件不可有电线残留。

9.4.1.3 拆除面板体部件

a. 工作内容：从面板体卡槽中取出环境感温包，卸下面板体。

b. 工具设备：钳、螺丝刀等。

c. 主要拆解产品：面板、海绵、泡沫等。

d. 注意事项：

·将紧固螺丝完全取出。

·撕除塑料件表面的泡沫与海绵。

9.4.1.4 拆除挡水胶片和步进电机等

a. 工作内容：取下挡水胶片，卸下电器盒上的接地螺钉，卸下电器盒与底壳之间的固定螺钉，拆下环境感温包，拆下电器盒盖，卸下步进电机。

b. 工具设备：螺丝刀、钳、扳手等。

c. 主要拆解产品：挡水胶片、步进电机、电器盒等。

d. 注意事项：

·将紧固螺丝完全取出。

·配件不可有电线残留。

9.4.1.5 拆解电器盒部件

a. 工作内容：拆下电机线、导风电机线、左右扫风电机线等，卸下电器盒屏蔽

盒，卸下固线夹、取出电源连接线，卸下变压器与接线板，取出主板，卸下主板上的螺钉，卸下电器盒屏蔽盒。

b. 工具设备：钳、扳手、螺丝刀、专用机械等。

c. 主要拆解产品：电器盒、电器盒盖、固线夹、连接线、主板等。

d. 注意事项：

·将紧固螺丝完全取出。

·将连接线完全拆下。

9.4.1.6　拆卸接水盘部件

a. 工作内容：卸下接水盘。

b. 工具设备：钳、扳手、螺丝刀等。

c. 主要拆解产品：接水盘、海绵泡沫等。

d. 注意事项：

·将紧固螺丝完全取出。

9.4.1.7　拆卸连接管压板、蒸发器支架、电机压板

a. 工作内容：从底壳背面卸下连接管压板，卸下蒸发器组件左右的蒸发器左支架和电机压板。

b. 工具设备：钳、扳手、螺丝刀等。

c. 主要拆解产品：连接管压板、支架、电机压板等。

d. 注意事项：

·将紧固螺丝完全取出。

9.4.1.8　拆卸换热组件

a. 工作内容：卸下蒸发器组件与电机压板螺钉，拆出换热器组件。

b. 工具设备：钳、扳手、螺丝刀等。

c. 主要拆解产品：塑料件、换热器组件等。

d. 注意事项：

·将紧固螺丝完全取出。

9.4.1.9　拆卸贯流风叶

a. 工作内容：拆下电机，拆出轴承胶圈座，分离出承芯，拆除贯流风叶，并用铁锤分离转轴与叶体。

b. 工具设备：钳、扳手、螺丝刀、铁锤等。

c. 主要拆解产品：塑料件、电机。

d. 注意事项：

·将紧固螺丝完全取出。

9.4.1.10　拆卸底壳

a. 工作内容：撕除底壳上的泡沫、海绵、绒布。

b. 工具设备：钳、扳手、螺丝刀等。

c. 主要拆解产品：塑料件、泡沫、海绵、绒布等。

d. 注意事项：

·将紧固螺丝完全取出。

·撕除塑料件表面的泡沫与海绵。

9.4.2　分体房间空调器室外机

9.4.2.1　拆除外壳，检查室外机主要零部件

a. 工作内容：检查室外机主要零部件是否完整。

b. 工具设备：螺丝刀、传送带、起重设备等。

c. 主要拆解产品：外壳。

d. 注意事项：

·检查房间空调器室外机铭牌，确认制冷剂类别。

·搬运过程中注意防止物料滑落。

·对于以消耗臭氧层物质为制冷剂的房间空调器室外机，检查压缩机是否完整、缺失。否则应当按非基金业务单独管理。

9.4.2.2　制冷剂回收

a. 工作内容：回收压缩机中的制冷剂。

b. 工具设备：制冷剂回收机、钳等。

c. 主要拆解产品：制冷剂。

d. 注意事项：回收属于消耗臭氧层物质的制冷剂。

9.4.2.3　拆除冷凝器

a. 工作内容：拆除压缩机座、冷凝器。

b. 工具设备：钳、螺丝刀等。

c. 主要拆解产品：冷凝器。

d. 注意事项：无。

9.4.2.4　拆解压缩机、电机、机座，拆除电器元件

a. 工作内容：拆解压缩机座、散热器等。

b. 工具设备：钳、扳手等。

c. 主要拆解产品：电机、压缩机、电线、橡胶、金属、电路板等。

d. 注意事项

·防止压缩机油泄漏。

9.4.2.5　回收压缩机油

a. 工作内容：将压缩机打孔，用专用容器回收储存压缩机油。

b. 工具设备：打孔机等。

c. 主要拆解产物：压缩机、压缩机油。

d. 注意事项：

·操作场所有防漏截流措施，防止压缩机油泄漏。

·使用专用容器回收储存压缩机油。

9.4.2.6　其他工艺

使用其他工艺的，应当能保证分离压缩机，回收并分类储存压缩机油和其中的制冷剂。

9.4.3　窗式房间空调器

参照分体式房间空调器室内机和室外机的操作。

9.5　微型计算机

9.5.1　台式微型计算机主机

检查主要零部件是否完整、缺失。

9.5.1.1　拆除外壳

a. 工作内容：卸下固定主机外壳四周的螺丝，取下外壳，拆除外壳上零部件。

b. 工具设备：螺丝刀、传送带等。

c. 主要拆解产物：外壳、塑料件、金属件等。

d. 注意事项：

·注意防止塑料碎片四溅。

·塑料壳避免混入其他非塑料杂物。

9.5.1.2　拆除电源盒

a. 工作内容：去除固定电源盒螺丝，推出电源盒，拔掉连接在电源盒与光驱、软驱的连接线，取出电源盒。

b. 工具设备：螺丝刀、钳等。

c. 主要拆解产物：电源盒、电线等。

d. 注意事项：

·电源盒外露的电源线应当齐根剪切。

9.5.1.3　拆除光驱、软驱、硬盘

a. 工作内容：卸下光驱、软驱、硬盘固定螺丝，取下光驱、软驱、硬盘。

b. 工具设备：钳、螺丝刀等。

c. 主要拆解产物：光驱、软驱、硬盘等。

d. 注意事项：

·对于锈蚀的固定螺丝要割除，以方便将物件取下。

·对光驱、软驱、硬盘自行进行进一步拆解处理的，应当按照二次加工管理，建议根据客户需要采取必要的信息消除措施，如消磁等。

9.5.1.4　拆除排线

a. 工作内容：拔掉主板与光驱、硬盘、软驱等连接的排线。

b. 工具设备：钳、螺丝刀等。

c. 主要拆解产物：电源线、数据线等。

d. 注意事项：无。

9.5.1.5　拆除网卡、声卡、显卡、内存条等板卡（如有）

a. 工作内容：拆除螺丝，拔掉网卡、声卡、显卡及其他板卡。

b. 工具设备：钳、螺丝刀等。

c. 主要拆解产物：网卡、声卡、显卡等。

d. 注意事项：无。

9.5.1.6　拆除主板

a. 工作内容：拆除固定主板螺丝，取下主板，拆下 CPU、散热风扇、纽扣电池等。

b. 工具设备：钳、螺丝刀等。

c. 主要拆解产物：主板、CPU、散热风扇、纽扣电池等。

d. 注意事项：

·CPU参照印刷电路板管理。

主板上的散热器、风扇、CPU、内存条、显卡、网卡、声卡等外接组件应当拆除，将连接导线、排线拔出或剪断。

9.5.2 台式微型计算机阴极射线管（CRT）显示器

本章节内容请参考9.1.1的内容。

9.5.3 台式微型计算机平板显示器

本章节内容请参考9.1.2的内容。

9.5.4 一体式台式微型计算机

本章节内容请参考9.1.2的内容。

9.5.5 便携式微型计算机

本章节内容请参考9.1.2的内容。

附 1

主要拆解产物清单（规范性附录）

1. 电视机

序号	名称	危险特性	场内管理要求	场外处理要求
1	外壳	不属于危险废物，但可能含有多溴联苯、多溴二苯醚，有环境风险	毁形、分类集中贮存	按《废塑料污染控制技术规范》综合利用，不能利用的焚烧处置
2	电源线外皮	不属于危险废物，但可能含有多溴联苯、多溴二苯醚，有环境风险	分类集中贮存	按《废塑料污染控制技术规范》综合利用，不能利用的焚烧处置
3	电路板	属于危险废物，按 HW 49 管理	分类集中贮存	交由持有危险废物经营许可证且具有相应经营范围的单位处理
4	管颈管（电子枪）玻璃	含铅，属于危险废物，按 HW 49 管理	分类集中贮存	交由持有危险废物经营许可证且具有相应经营范围的单位处理
5	锥玻璃	含铅，属于危险废物，按 HW 49 管理	分类集中贮存	交由持有危险废物经营许可证且具有相应经营范围的单位处理
6	屏玻璃	一般工业固体废物，但可能因分离不干净而混入少量含铅玻璃	分类集中贮存	综合利用或处置
7	CRT 荧光粉	按照 HW 49 类危险废物管理	封装贮存	交由持有危险废物经营许可证且具有相应经营范围的单位处理
8	含汞背光灯管	属于危险废物，按 HW 29 管理	单独密闭贮存，防止灯管破损	交由持有危险废物经营许可证且具有相应经营范围的单位处理
9	液晶面板	—	分类集中贮存	综合利用、填埋或焚烧，可进入生活垃圾焚烧炉、工业固体废物焚烧炉或危险废物焚烧炉
10	电容	—	分类集中贮存	综合利用

2. 电冰箱

序号	名称	危险特性	场内管理要求	场外处理要求
1	电源线外皮、电器盒、开关控制盒、压缩机后盖等	不属于危险废物，但可能含有多溴联苯、多溴二苯醚，有环境风险	分类集中贮存	按《废塑料污染控制技术规范》综合利用，不能利用的焚烧处置
2	含有消耗臭氧层物质的制冷剂	不属于危险废物，但消耗臭氧层物质有环境风险	制冷剂使用专用容器密封贮存	含有消耗臭氧层物质的制冷剂应当提供或委托给依据《消耗臭氧层物质管理条例》（国务院令　第573号）经所在地省级环境保护主管部门备案的单位进行回收、再生利用，或委托给持有危险废物经营许可证、具有销毁技术条件的单位销毁
3	异丁烷制冷剂	易燃易爆	贮存使用异丁烷（600a）制冷剂的电冰箱应当注意贮存环境的通风	收集的碳氢类制冷剂 R600a 等应当在具有强制排风的环境下稀释放空
4	压缩机、电动机、电线电缆	不属于危险废物，但部分含有残留机油等危险废物成分或可能含有多溴联苯、多溴二苯醚，有环境风险	分类放置，防止残留机油泄漏	委托具有相应拆解处理能力的废弃电器电子产品处理企业、电子废物拆解利用处置单位名录内企业或者进口废五金电器、电线电缆和电机定点加工利用单位处理
5	润滑油	属于危险废物，按 HW　08 管理	专用容器回收储存	交由持有危险废物经营许可证且具有相应经营范围的单位处理
6	电路板	属于危险废物，按 HW　49 管理	分类集中贮存	交由持有危险废物经营许可证且具有相应经营范围的单位处理
7	使用非环戊烷发泡剂的保温层材料	不属于危险废物，但含有消耗臭氧层物质，有环境风险	注意采取防火措施	填埋或焚烧
8	使用环戊烷发泡剂的保温层材料	可能具有燃爆风险	采用破碎、分选方法处理使用环戊烷发泡剂的保温层材料时，注意采取检测、通风和防爆等相应的安全措施	去除发泡剂的保温层材料可作为一般工业固体废物进行填埋或焚烧；未去除发泡剂的保温层材料委托具有相应处理能力的单位处理
9	电动机电容	—	分类集中贮存	综合利用

3. 洗衣机

序号	名称	危险特性	场内管理要求	场外处理要求
1	电动机、排水电机、电线电缆	不属于危险废物，但部分含有机油等危险废物成分或可能含有多溴联苯、多溴二苯醚，有环境风险	分类集中贮存	委托具有相应拆解处理能力的废弃电器电子产品处理企业、电子废物拆解利用处置单位名录内企业或者进口废五金电器、电线电缆和电机定点加工利用单位处理
2	电路板	属于危险废物，按 HW 49 管理	分类集中贮存	交由持有危险废物经营许可证且具有相应经营范围的单位处理
3	电源线外皮、电器盒、显示板盖板等	不属于危险废物，但可能含有多溴联苯、多溴二苯醚，有环境风险	分类集中贮存	按《废塑料污染控制技术规范》综合利用，不能利用的焚烧处置
4	平衡环内盐水	含盐工业废水		稀释后达标排放
5	电动机电容	—	分类集中贮存	综合利用

4. 房间空调器

序号	名称	危险特性	场内管理要求	场外处理要求
1	电源线外皮、电器盒、显示板盖板等	不属于危险废物，但含溴代阻燃剂，有环境风险	分类集中贮存	按《废塑料污染控制技术规范》综合利用，不能利用的焚烧处置
2	制冷剂	不属于危险废物，但主要是氟利昂类R22、R410a，是消耗臭氧层物质，有环境风险	制冷剂使用专用容器密封贮存	氟利昂类制冷剂应委托给所在地省级环境保护主管部门备案的单位进行回收、再生利用，或委托给持有危险废物经营许可证、具有销毁技术条件的单位销毁

续表

序号	名称	危险特性	场内管理要求	场外处理要求
3	压缩机、电动机（包含风扇用电动机）、电线电缆	不属于危险废物，但部分含有残留机油等危险废物成分或可能含有多溴联苯、多溴二苯醚，有环境风险	分类放置，防止残留机油泄漏	委托具有相应拆解处理能力的废弃电器电子产品处理企业、电子废物拆解利用处置单位名录内企业或者进口废五金电器、电线电缆和电机定点加工利用单位处理
4	润滑油	属于危险废物，按 HW 08 管理	专用容器回收储存	交由持有危险废物经营许可证且具有相应经营范围的单位处理
5	电路板	属于危险废物，按 HW 49 管理	分类集中贮存	交由持有危险废物经营许可证且具有相应经营范围的单位处理
6	电机电容	—	分类集中贮存	综合利用

5. **微型计算机**

序号	名称	危险特性	场内管理要求	场外处理要求
1	主机外壳、显示器外壳	不属于危险废物，但可能含有多溴联苯、多溴二苯醚，有环境风险	毁形、分类集中贮存	按《废塑料污染控制技术规范》综合利用，不能利用的焚烧处置
2	电源线外皮	不属于危险废物，但可能含有多溴联苯、多溴二苯醚，有环境风险	分类集中贮存	按《废塑料污染控制技术规范》综合利用，不能利用的焚烧处置
3	电动机（包含风扇用电动机）、电线电缆	不属于危险废物，但部分含有机油等危险废物成分或可能含有多溴联苯、多溴二苯醚，有环境风险	分类集中贮存	委托具有相应拆解处理能力的废弃电器电子产品处理企业、电子废物拆解利用处置单位名录内企业或者进口废五金电器、电线电缆和电机定点加工利用单位处理
4	锂电池	可能具有爆炸风险	存放前宜放电处理，远离明火和热源	委托具有相应处理能力的单位处理

续表

序号	名称	危险特性	场内管理要求	场外处理要求
5	电源、光驱、软驱、硬盘等电子废物类拆解部件	属于电子废物，不属于危险废物，但含有电路板等危险废物成分，有环境风险	硬盘等信息存储介质建议根据客户要求进行信息消除或破坏处理，防止信息泄漏；涉密设备应当按照保密管理相关规定处理	委托给具有相应拆解处理能力的废弃电器电子产品处理企业或者电子废物拆解利用处置单位名录内企业进行进一步拆解处理，不能利用的进行填埋或焚烧
6	主板、网卡、声卡、显卡、内存条、CPU 及其他电路板	属于危险废物，按 HW 49 管理	分类集中贮存	交由持有危险废物经营许可证且具有相应经营范围的单位处理

注:1. 各表格中所指场外处理要求是指处理企业对相关拆解产物不能自行利用处置时，需要交由其他单位利用处置的要求。处理企业自行利用处置的，应当符合相应的环境保护要求。

2. 属于危险废物的拆解产物，其场外委托综合利用或处置单位必须具有相应类别危险废物经营许可证。不属于危险废物的拆解产物，其场外处理要求为“委托具有相应处理能力的单位进行处理”的，处理企业在确定委托处理单位时，应当与所委托的处理单位明确相应的处理技术方案，包括处理方法、工艺设施、污染控制措施、处理效果等内容。

附 2

工业危险废物产生单位规范化管理主要指标及管理内容

项目	主要内容	达标标准
一、污染环境防治责任制度（《固体废物污染环境防治法》，简称"《固废法》"第三十条）	1. 产生工业固体废物的单位应当建立、健全污染环境防治责任制度，采取防治工业固体废物污染环境的措施	建立了责任制，负责人明确、责任清晰，负责人熟悉危险废物管理相关法规、制度、标准、规范
二、标识制度（《固废法》第五十二条）	2. 危险废物的容器和包装物必须设置危险废物识别标志	依据《危险废物贮存污染控制标准》（GB 18597—2001）附录 A 和《环境保护图形标志—固体废物贮存（处置）场》（GB 15562.2—1995）所示标签设置危险废物识别标志的为达标；已设置但不规范的为基本达标；未设置的为不达标
	3. 收集、贮存、运输、利用、处置危险废物的设施、场所，必须设置危险废物识别标志	
三、管理计划制度（《固废法》第五十三条）	4. 危险废物管理计划包括减少危险废物产生量和危害性的措施	制订了危险废物管理计划；内容齐全，危险废物的产生环节、种类、危害特性、产生量、利用处置方式描述清晰；报环保部门备案；及时申报了重大改变
	5. 危险废物管理计划包括危险废物贮存、利用、处置措施	
	6. 报所在地县级以上地方人民政府环境保护行政主管部门备案。危险废物管理计划内容有重大改变的，应当及时申报	
四、申报登记制度（《固废法》第五十三条）	7. 如实地向所在地县级以上地方人民政府环境保护行政主管部门申报危险废物的种类、产生量、流向、贮存、处置等有关资料	如实申报（可以是专门的危险废物申报或纳入排污申报中一并申报）；内容齐全；能提供证明材料，证明所申报数据的真实性和合理性，如关于危险废物产生和处理情况的日常记录等
	8. 申报事项有重大改变的，应当及时申报	及时申报了重大改变
五、源头分类制度（《固废法》第五十八条）	9. 按照危险废物特性分类进行收集、贮存	危险废物包装容器上标识明确；危险废物按种类分别存放，且不同类废物间有明显的间隔（如过道等）

续表

项目	主要内容	达标标准
六、转移联单制度（《固废法》第五十九条）	10. 在转移危险废物前，向环保部门报批危险废物转移计划，并得到批准	有获得环保部门批准的转移计划
	11. 转移危险废物的，按照《危险废物转移联单管理办法》有关规定，如实填写转移联单中产生单位栏目，并加盖公章	按照实际转移的危险废物，如实填写危险废物转移联单
	12. 转移联单保存齐全	当年截至检查日期前的危险废物转移联单齐全
七、经营许可证制度（《固废法》第五十七条）	13. 转移的危险废物，全部提供或委托给持危险废物经营许可证的单位从事收集、贮存、利用、处置的活动	除贮存和自行利用处置的，全部提供或委托给持危险废物经营许可证的单位
	14. 有与危险废物经营单位签订的委托利用、处置危险废物合同	有与持危险废物经营许可证的单位签订的合同
八、应急预案备案制度（《固废法》第六十二条）	15. 制定了意外事故的防范措施和应急预案	有意外事故应急预案（综合性应急预案有要求或有专门应急预案）
	16. 向所在地县级以上地方人民政府环境保护行政主管部门备案	在当地环保部门备案
	17. 按照预案要求每年组织应急演练	上年度组织应急预案演练
九、贮存设施管理（《固废法》第十三条、第五十八条）	18. 依法进行环境影响评价，完成“三同时”验收	有环评材料，并完成“三同时”验收
	19. 符合《危险废物贮存污染控制标准》的有关要求	贮存场所地面须作硬化处理，场所应有雨棚、围堰或围墙；设置废水导排管道或渠道，将冲洗废水纳入企业废水处理设施处理；贮存液态或半固态废物的，还设置泄漏液体收集装置；场所应当设置警示标志装载危险废物的容器完好无损
	20. 贮存期限不超过一年；延长贮存期限的，报经环保部门批准	危险废物贮存不超过一年；超过一年的经环保部门批准

续表

项目	主要内容	达标标准
九、贮存设施管理(《固废法》第十三条、第五十八条)	21. 未混合贮存性质不相容而未经安全性处置的危险废物	做到分类贮存
	22. 未将危险废物混入非危险废物中贮存	做到分类贮存
	23. 建立危险废物贮存台账，并如实记录危险废物贮存情况	有台账，并如实记录危险废物贮存情况
十、利用设施管理(《固废法》第十三条)	24. 依法进行环境影响评价，完成“三同时”验收	有环评材料，并完成“三同时”验收
	25. 建立危险废物利用台账，并如实记录危险废物利用情况	有台账，并如实记录危险废物利用情况
	26. 定期对利用设施污染物排放进行环境监测，并符合相关标准要求	监测频次符合要求，有定期环境监测报告，并且污染物排放符合相关标准要求者为达标监测频次不符合要求，有当年环境监测报告(年初检查的，有上年度报告)，并且污染物排放符合相关标准要求者为基本达标其余为不达标
十一、处置设施管理(《固废法》第十三条、五十五条)	27. 依法进行环境影响评价，完成“三同时”验收	有环评材料，并完成“三同时”验收
	28. 建立危险废物处置台账，并如实记录危险废物处置情况	有台账，并如实记录危险废物处置情况
	29. 定期对处置设施污染物排放进行环境监测，并符合《危险废物焚烧污染控制标准》《危险废物填埋污染控制标准》等相关标准要求	有环境监测报告，并且污染物排放符合相关标准要求
十二、业务培训(《关于进一步加强危险废物和医疗废物监管工作的意见》(环发〔2011〕19号)第(五)条)	30. 危险废物产生单位应当对本单位工作人员进行培训	相关管理人员和从事危险物收集、运送、暂存、利用和处置等工作的人员掌握国家相关法律法规、规章和有关规范性文件的规定；熟悉本单位制定的危险废物管理规章制度、工作流程和应急预案等各项要求；掌握危险废物分类收集、运送、暂存的正确方法和操作程序

生态环境部关于发布《废弃电器电子产品拆解处理情况审核工作指南（2019年版）》的公告

（国环规固体〔2019〕1号）

为贯彻落实《废弃电器电子产品回收处理管理条例》和《废弃电器电子产品基金征收使用管理办法》，促进废弃电器电子产品妥善回收处理，规范和指导废弃电器电子产品拆解处理情况审核工作，保障基金使用安全，我部制定了《废弃电器电子产品拆解处理情况审核工作指南（2019年版）》[以下简称《审核指南（2019年版）》]，现予公布，自2019年10月1日起施行。《废弃电器电子产品拆解处理情况审核工作指南（2015年版）》（环境保护部公告2015年第33号）同时废止。

附件：废弃电器电子产品拆解处理情况审核工作指南（2019年版）

生态环境部

2019年6月24日

附件

废弃电器电子产品拆解处理情况审核工作指南（2019年版）

一、目的和依据

（一）目的

为了贯彻落实《废弃电器电子产品回收处理管理条例》（以下简称《条例》）和《废弃电器电子产品处理基金征收使用管理办法》（以下简称《办法》），促进废弃电器电子产品的妥善回收处理，规范和指导废弃电器电子产品拆解处理情况审核工作，保障基金使用安全，制定本指南。

（二）适用范围

本指南适用于对废弃电器电子产品处理基金补贴名单内处理企业（以下简称处理企业）废弃电器电子产品拆解处理种类和数量的审核工作。

（三）依据

《废弃电器电子产品回收处理管理条例》（国务院令第551号）

《废弃电器电子产品处理目录（2014年版）》（国家发展改革委、环境保护部、工业和信息化部、财政部、海关总署、税务总局公告第5号）

《〈废弃电器电子产品处理目录（2014年版）〉释义》（发改办环资〔2016〕1050号）

《废弃电器电子产品处理资格许可管理办法》（环境保护部令第13号）

《电子废物污染环境防治管理办法》（国家环境保护总局令第40号）

《废弃电器电子产品处理基金征收使用管理办法》（财综〔2012〕34号）

《关于组织开展废弃电器电子产品拆解处理情况审核工作的通知》（环发〔2012〕110号）

《关于完善废弃电器电子产品处理基金等政策的通知》（财综〔2013〕110号）

《废弃电器电子产品处理企业建立数据信息管理系统及报送信息指南》（环境保护部公告2010年第84号）

《废弃电器电子产品处理企业资格审查和许可指南》（环境保护部公告2010年第90号）

《关于进一步明确废弃电器电子产品处理基金征收产品范围的通知》（财综〔2012〕80号）

《废弃电器电子产品规范拆解处理作业及生产管理指南（2015年版）》（环境保护部、工业和信息化部公告2014年第82号）

二、各方职责

处理企业是废弃电器电子产品拆解处理活动和享受基金补贴的第一责任人，对废弃电器电子产品拆解处理的规范性和基金补贴申报的真实性、准确性承担责任。处理企业拆解处理废弃电器电子产品应当符合国家有关资源综合利用、生态环境保护的要求和相关技术规范，并按照本指南提出的审核要求和所在地省级生态环境主管部门的有关规定，如实申报废弃电器电子产品规范处理情况。处理企业篡改、伪造材料或者提供虚假材料的，按照涉嫌骗取基金补贴行为调查处理。

省级生态环境主管部门负责组织本地区处理企业废弃电器电子产品拆解处理情况的审核工作，对审核结论负责。省级审核工作宜采取购买社会服务的方式，委托或邀请有能力的第三方专业审核机构承担审核工作。不具备第三方审核条件的，也可自行组织审核工作。生态环境主管部门自行审核应当充分发挥有关部门、行业协会和专家的作用，可邀请财政、审计、税务、会计、废弃电器电子产品处理技术等方面的专家和机构参加。受委托的第三方专业审核机构应当独立开展审核工作，并对审核过程和出具的审核报告负责，同时接受社会各方监督。

省级生态环境主管部门应当制定审核工作方案和日常监管工作方案，明确审核工作和日常监管工作的工作机制、流程、时限等内容，并根据实施情况修订完善。要建立健全纪律监督机制，确保审核工作公平、公正。对审核、监管工作人员不履行、违法履行、不当履行职责以及串通处理企业骗取基金补贴等行为，要追究当事人责任。对已经按照审核工作方案、监管方案和法律、法规、规章规定的方式、程序履行职责的审核、监管人员，依法免予追究责任。

生态环境部负责组织制定废弃电器电子产品规范处理的生态环境保护要求、技术规范、指南以及拆解处理情况的审核办法并组织实施，对各省级生态环境主管部门报送的审核情况汇总确认后提交财政部。

财政部负责核定每个处理企业的补贴金额，按照国库集中支付制度有关规定支付资金。

处理企业以虚报、冒领等手段骗取基金补贴的，依照《财政违法行为处罚处分条例》（国务院令第 427 号）等法律法规，由县级以上人民政府财政部门、审计机关依法作出处理、处罚决定。

三、审核程序和要点

（一）处理企业自查和申报

处理企业应当建立基金补贴申报的自查内审制度，在申报补贴前，对基础记录、原始凭证、视频录像等进行自查，扣除不属于基金补贴范围和不符合规范拆解处理要求的废弃电器电子产品拆解处理数量，并形成详细的自查记录。

处理企业应当对每个季度完成拆解处理的废弃电器电子产品种类和数量情况进行统计，填写《废弃电器电子产品拆解处理情况表》及所在地省级生态环境主管部门规定的其他材料，在每个季度结束次月的 5 日前，将上述材料及自查记录报送所在地省级生态环境主管部门及其规定的有关机构，遇法定节假日可顺延报送。逾期 1 个月未报送的，视为放弃申请基金补贴。

处理企业自查和申报要点见附 1。

（二）审核

省级生态环境主管部门组织对行政区域内处理企业的申请进行审核，工作内容及方法参考附 2。审核工作可以按季度集中开展，也可以结合本地区实际情况采取按月分期审核、与日常监管工作相结合审核等其他形式开展。

审核以随机抽查为主，即随机抽取审核时段（一般是一个季度，如 1 月 1 日至 3 月 31 日）内的一定天数（以下简称抽查日）进行审核。抽查率（抽查率 = 抽查的天数 / 审核时段内的实际拆解处理天数 ×100%）原则上不低于 10%，且覆盖审核时段内实际拆解处理的各种类废弃电器电子产品，种类按照废电视机 -1、废电视机 -2、废冰箱、废洗衣机 -1、废洗衣机 -2、废空调、废电脑划分。

（三）核算规范拆解处理数量

审核核实的规范拆解处理数量不低于处理企业申报的规范处理数量的，认可企业申报的规范处理数量；审核核实的规范处理数量低于处理企业申报的规范处理数量的，不认可企业的自查情况，依据附 3 对处理企业申报的规范处理数量进行扣减。

新纳入补贴名单的处理企业首次申报基金补贴时，其拆解处理种类和数量从获得废弃电器电子产品处理许可证之日开始计算。已纳入补贴名单的处理企业搬迁至新址的，其新址设施的拆解处理种类和数量可以从旧址设施停产之后，且新址获得废弃电器电子产品处理资格证书之日起开始计算。

（四）结果报送

省级生态环境主管部门或者其授权的生态环境主管部门，结合第三方审核机构提交的审核报告和地方生态环境主管部门的日常监管情况，形成《废弃电器电子产品拆解处理情况审核工作报告》（行政区域内一个企业一个报告，格式和内容可参考附 4）。

省级生态环境主管部门应当在每个季度结束次月的月底前以正式文件将审核情况报送生态环境部，并附《废弃电器电子产品拆解处理情况表》《废弃电器电子产品拆解处理情况审核工作报告》。

省级生态环境主管部门报送审核情况的纸件应当抄送生态环境部固体废物与化学品管理技术中心（以下简称部固管中心），电子件（包括与纸件内容一致的 word 版和纸件扫描 PDF 版）发送至 weee@mepscc.cn。

（五）结果确认

生态环境部委托部固管中心分批次组织对省级生态环境主管部门报送的废弃电器电子产品拆解处理情况审核结果进行技术复核工作。技术复核包括材料接收、书面审核、现场抽查和专家评审等环节。每批次技术复核工作对省级生态环境主管部门审核情况材料的接收截至时间为每季度次月月底，逾期报送则归入下一批次技术复核。

部固管中心将技术复核情况在生态环境部废弃电器电子产品处理信息管理系统网站（http://weee.mepscc.cn）公示，将技术复核报告报送生态环境部。

生态环境部根据省级废弃电器电子产品拆解处理情况审核结果、部固管中心的技术复核意见，确认每个处理企业废弃电器电子产品的规范拆解处理种类和数量，并对审核工作存在重大问题或逾期半年未报送处理企业审核情况的地方生态环境主管部门进行通报。

四、审核资料的管理

各相关方需要保存的资料清单及要求见附5。

五、审核工作要求

审核工作应当秉承“公开、公平、廉洁、高效”的原则，具体工作要求见附6。

六、信息公开

处理企业的废弃电器电子产品拆解处理情况，除向生态环境主管部门报送外，应当定期向社会公开（如：通过处理企业网站、行业协会网站、相关新闻媒体或者其他社会公众可以了解的方式等）。

设区的市级以上地方生态环境主管部门应当在政府网站上显著位置向社会公开行政区域内处理企业相关情况，包括法人名称、地址、处理种类、处理能力等，并定期公开各处理企业拆解处理的审核情况及基金补贴情况，接受公众监督。

附 1

处理企业申报废弃电器电子产品
处理基金补贴要点

一、资料汇总

（一）基本生产情况汇编

处理企业应当建立基本生产情况及经营制度资料汇编，以便审核工作参考：

1. 基本生产能力情况，如每类废弃电器电子产品的主要拆解处理工艺、设备拆解处理能力、生产班次安排、主要设备能耗等情况。

2. 基本管理制度情况，如废弃电器电子产品接收质量控制标准、拆解处理质量控制标准、库房管理、拆解处理作业管理、拆解产物销售、作业人员工资核算、基金业务有关的财务票据管理、资金拨付管理制度等。

3. 拆解产物（包括最终废弃物）的基本情况，如拆解产物种类、产生工序、安全处理注意事项、处理方式和情况（如委托处理去向、深加工情况）等。

4. 台账管理制度，如各环节生产台账设置、主要流转及管制制度等。

5. 视频监控点位设置清单。

6. 处理、贮存场地及主要设备布置图等现场审核所需的说明性材料。

（二）基础资料整理

处理企业将审核时段内反映各环节生产信息的全部台账、原始凭证等基础资料按种类、生成时间汇总：

1. 废弃电器电子产品入厂、入库情况的全部基础记录及原始凭证（如：入库基础记录表、交接记录单、购销合同、资金往来凭证、销售票据等）；明细汇总（包括时间、交售者名称、联系方式、回收种类、规格、数量、重量、价格等）。

2. 废弃电器电子产品拆解处理情况的全部基础记录（如：出库基础记录表、拆解处理生产线领料单、生产线或工位作业记录等）；明细汇总（包括时间、拆解处理车间、生产线或工位、种类、规格、数量、重量等）。

3. 拆解产物入库情况的全部基础记录（如：入库基础记录表、库房交接记录、二次加工的出库及入库基础记录等）；明细汇总。

4. 拆解产物处理情况的全部基础记录及原始凭证（如：出库、出厂基础记录表、库房交接记录、购销合同、销售发票、资金往来凭证、危险废物转移联单等）；明细汇总（包括时间、接收单位名称、联系方式、拆解产物种类、规格、数量、重量、价格等）。

5. 废弃电器电子产品和拆解产物的全部称重地磅单。

6. 工人考勤记录、工资清单或凭证。

7. 主要生产设备运行记录、污染防治设备运行记录、视频监控系统运行记录、电表运行记录等设备运行情况记录。

二、自查

申报前，处理企业应当对废弃电器电子产品拆解处理情况进行自查。自查工作可以结合日常生产活动按日、周或者月开展，也可以在每季度提交申报材料前集中开展。

（一）台账和资金自查

1. 对审核时段内的原始台账、资金往来凭证等书面资料，应当核实拆解处理的废弃电器电子产品种类和数量、拆解产物处理情况；对于发现的问题，应当查找原因，作出说明，并附必要的证明材料。

2. 对各种类、各规格废弃电器电子产品及其拆解产物，应当进行物料核算自查，验证拆解处理废弃电器电子产品的数量是否合理；对于物料核算产生的偏差，应当查找原因，作出说明，并附必要的证明材料。

3. 对关键拆解产物、消耗臭氧层物质和危险废物类拆解产物的转移或处理情况，应当对下游企业主体资格和技术能力进行核实，在书面合同中明确污染防治和处理要求，不得进行二次转移。

（二）视频录像自查

处理企业应当根据原始生产台账情况，对审核时段内视频录像进行自查，核对视频录像反映的拆解处理数量与台账记录是否相符，拆解处理过程是否规范。

（三）库房盘点

为校准审核的基准数据，处理企业应至少每个月对原料库房、拆解产物库房进行一次抽查盘点，确定库房记录情况与实物是否相符（账物相符），以及库房记录情况与财务记录情况是否相符（账账相符）。

（四）自查扣减

通过台账和资金自查、视频录像自查、库房盘点等自查工作，按日统计不属于基金补贴范围的废弃电器电子产品和不符合规范拆解处理要求的废弃电器电子产品的拆解处理数量（详见本指南附3），对所对应的废弃电器电子产品种类、规格、数量、所在位置、存在的问题等进行汇总，形成自查记录，样式见附表1。其中，通过视频录像自查扣减的，应记录视频录像对应的点位或工位名称、问题发生的时间（具体到秒）、对应废弃电器电子产品的种类、规格、数量等信息。自查记录必须由企业法定代表人或其委托人签字并加盖单位公章（受委托人签字须同时提交书面授权委托书）。

三、提交补贴申报资料

起草补贴申请报告，填写《废弃电器电子产品拆解处理情况表》（见附表2），向所在地省级生态环境主管部门及其规定的有关单位报送申报基金补贴的废弃电器电子产品拆解种类和数量。

根据省级生态环境主管部门规定的审核工作要求，准备审核时段内所需的其他工作资料，如原始生产台账、汇总信息、原始凭证、视频录像、自查情况记录等，做好迎接审核的准备。

附表 1

________年________季度自查记录汇总表(示例)

日期	扣减情形	产品类别	扣减数量(台)	产品规格	问题说明	所在位置	发生时间	备注
2018.3.9	基金范围之外的产品	废电视机 -2	2	19 寸液晶显示器	缺少线路板	液晶拆解线 2 号工位	09:08:07/11:08:36/……	
	拆解处理过程不规范	废电视机 -1	3	25 英寸 CRT 电视机	荧光粉收集不完全	CRT 拆解线 1 号工位	13:01:34/15:08:09/……	
……	……	……	……	……	……	……	……	
总计	—	废电视机 -1		—	—	—	—	
		废电视机 -2(CRT)		—	—	—	—	
		废电视机 -2(非 CRT)		—	—	—	—	
		废冰箱		—	—	—	—	
		废洗衣机 -1		—	—	—	—	
		废洗衣机 -2		—	—	—	—	
		废空调		—	—	—	—	
		废台式电脑主机		—	—	—	—	
		废 CRT 电脑显示器						
		废液晶电脑显示器						
		其他废电脑						

处理企业名称(公章):

法定代表人或其委托人(签字):

附表 2

废弃电器电子产品拆解处理情况表

（正面）

申报审核时段：　　年　月　日至　　年　月　日

<table>
<tr><td colspan="4">一、企业基本情况</td></tr>
<tr><td>单位名称</td><td></td><td>资格证书编号</td><td></td></tr>
<tr><td>发证机关</td><td></td><td>资格证书有效期</td><td></td></tr>
<tr><td>处理设施地址</td><td colspan="3"></td></tr>
<tr><td>法定代表人</td><td></td><td>联系电话</td><td></td></tr>
<tr><td>联系人</td><td></td><td>联系电话</td><td></td></tr>
</table>

<table>
<tr><td colspan="6">二、处理企业资格许可年处理能力</td></tr>
<tr><td>废电视机 / 台</td><td>废冰箱 / 台</td><td>废洗衣机 / 台</td><td>废空调 / 台</td><td>废电脑 / 套</td><td>合计处理能力 / 台</td></tr>
<tr><td></td><td></td><td></td><td></td><td></td><td></td></tr>
<tr><td colspan="6">许可年处理能力变更情况：</td></tr>
</table>

<table>
<tr><td colspan="5">三、拆解处理数量</td></tr>
<tr><td>类别</td><td>回收量 / 台</td><td>实际拆解处理量 / 台</td><td>自查扣减量 / 台</td><td>申报补贴的规范拆解处理量 / 台</td></tr>
<tr><td>废电视机 –1</td><td></td><td></td><td></td><td></td></tr>
<tr><td>废电视机 –2（CRT）</td><td></td><td></td><td></td><td></td></tr>
<tr><td>废电视机 –2（非 CRT）</td><td></td><td></td><td></td><td></td></tr>
<tr><td>废冰箱</td><td></td><td></td><td></td><td></td></tr>
<tr><td>废洗衣机 –1</td><td></td><td></td><td></td><td></td></tr>
<tr><td>废洗衣机 –2</td><td></td><td></td><td></td><td></td></tr>
<tr><td>废空调</td><td></td><td></td><td></td><td></td></tr>
<tr><td>废台式电脑主机</td><td></td><td></td><td></td><td></td></tr>
<tr><td>废 CRT 电脑显示器</td><td></td><td></td><td></td><td></td></tr>
<tr><td>废液晶电脑显示器</td><td></td><td></td><td></td><td></td></tr>
<tr><td>其他废电脑</td><td></td><td></td><td></td><td></td></tr>
<tr><td colspan="5">我公司申请废弃电器电子产品处理基金补贴所提供的上述申报材料真实、准确，对申报材料的真实性、准确性负全部责任。特此承诺。

法定代表人或其委托人：
公章：
年　月　日</td></tr>
</table>

（反面）

四、省级生态环境主管部门意见	
种类	核定规范拆解处理量 / 台（套）
废电视机 –1	
废电视机 –2	
废冰箱	
废洗衣机 –1	
废洗衣机 –2	
废空调	
废电脑	
备注：	
省级生态环境主管部门确认： 经办人： 公章： 年　　月　　日	

填写说明：

1.“废电视机 –1”指 14 英寸及以上且 25 寸以下阴极射线管（黑白、彩色）电视机；“废电视机 –2”指 25 英寸及以上阴极射线管（黑白、彩色）电视机，各尺寸等离子电视机、液晶电视机、OLED 电视机和背投电视机；“废电视机 –2（CRT）”指属于“废电视机 –2”的 CRT 电视机；“废电视机 –2（非 CRT）”指属于“废电视机 –2”的非 CRT 电视机。

2.“废洗衣机 –1”指单桶洗衣机和脱水机（3kg ＜干衣量≤ 10kg）；“废洗衣机 –2”指双桶洗衣机、波轮式全自动洗衣机、滚筒式全自动洗衣机（3kg ＜干衣量≤ 10kg）。

3.“其他废电脑”指主机显示器一体形式的台式微型计算机和便携式微型计算机；“废电脑”的核定规范拆解处理量指主机显示器分体形式的台式微型计算机（以套数计）及“其他废电脑”的数量之和。

附 2

审核工作内容及方法要点

一、总体审查

了解处理企业基本情况，梳理处理企业生产流程。查看台账等基础记录和原始凭证是否齐全，申报信息、汇总报表等与相应的基础记录、原始凭证是否相符。

要注重审核基础记录和原始凭证，分析处理企业申报拆解处理种类和数量的真实性。相关基础记录和原始凭证应编号，其日期应在拟审核的时段内，有相关人员（如交接人、经办人、审核人）的签字等。接收废弃电器电子产品和销售、委托处理拆解产物应当具有合同、发票或者银行资金往来凭证、交接记录等证明文件；属于危险废物的，应当具有转移联单等证明材料；拆解产物含有消耗臭氧层物质的，应当具有物质种类、数量及处置方式等详细记录。

二、信息系统数据比对

将生态环境部废弃电器电子产品处理信息系统记录的数据同处理企业申报的拆解处理数据以及抽查日的基础记录数据进行对比，分析系统数据与企业记录、申报数据的差异性。

三、信息流（台账）逻辑分析

对处理企业提供的台账进行逻辑分析，分析台账信息中时间、数量和重量以及不同数据间的逻辑关系。

时间逻辑关系，如：废弃电器电子产品入厂与废弃电器电子产品入库、废弃电器电子产品入库与废弃电器电子产品出库、废弃电器电子产品出库与领料拆解、领料拆解与拆解产物入库、拆解产物入库与拆解产物出库、拆解产物出库与拆解产物出厂等环节的时间逻辑关系。

数量和重量逻辑关系（总量衡算），如：废弃电器电子产品入厂与废弃电器电子产品入库、废弃电器电子产品入库与废弃电器电子产品出库、废弃电器电子产品出库与领料拆解、领料拆解与拆解产物入库、拆解产物入库与拆解产物出库、拆解产物出库与拆解产物出厂、拆解产物二次加工与二次加工产物入库等环节的数量和重量逻辑关系。

不同数据间逻辑关系，如：危险废物转移联单上的数据信息与拆解产物出库出厂记录的逻辑关系，企业库房盘点数据、收购数据、拆解处理数据与财务核算数据的逻辑关系，处理企业实际拆解处理数量、自查扣减数量、申报补贴的拆解处理数量等数据的逻辑关系。

四、通过物料平衡系数法核算拆解处理数量

（一）物料核算

1. 核定废弃电器电子产品处理数量（A1）

核定处理企业记录的各种类、各规格废弃电器电子产品处理数量。

审核资料：废弃电器电子产品拆解处理日报表、拆解产物出入库日报表、拆解处理基础记录表、拆解产物出入库基础记录表及相关原始凭证等。

2. 核定关键拆解产物的产生量

核定处理企业记录的各种类、各规格废弃电器电子产品产生的关键拆解产物产生量。

审核资料：关键拆解产物日报表、拆解产物出入库日报表，拆解产物出入库基础记录表和拆解处理基础记录表等。

3. 根据物料平衡计算处理数量（A2）

采用物料平衡系数核算方法（单台平均重量和关键拆解产物物料系数见表2–1），核算各种类、各规格废弃电器电子产品处理数量。对有多种关键拆解产物的，对每种关键拆解产物计算后取其最小值。计算公式如下：

A2= 关键拆解产物产生量 ÷（单台平均重量 × 关键拆解产物物料系数）

举例如下：

项目	单台平均重量（公斤）	物料系数（关键拆解产物占总重量比例）	CRT 玻璃产生重量（公斤）	物料平衡核算处理量 A2（台）
CRT 黑白电视机	10	CRT 玻璃:0.5	1500	1500 ÷ （10 × 0.5）=300

表 2-1　关键拆解产物物料系数

种类	规格	单台平均重量（公斤）	物料系数（拆解产物占总重量比例）	备注
CRT 电视机	14 英寸黑白	9	CRT 玻璃:0.45 电路板:0.07	
	14 英寸彩色	10	CRT 玻璃:0.56 电路板:0.09	
	17 英寸黑白	12	CRT 玻璃:0.54 电路板:0.05	包括 18 英寸
CRT 电视机	17 英寸彩色	14	CRT 玻璃:0.56 电路板:0.07	包括 18 英寸
	21 英寸彩色	20	CRT 玻璃:0.66 电路板:0.05	包括 20 英寸和 22 英寸
	25 英寸彩色	30	CRT 玻璃:0.65 电路板:0.06	
	29 英寸彩色	40	CRT 玻璃:0.71 电路板:0.05	
	32 英寸及以上彩色	60	CRT 玻璃:0.67 电路板:0.04	
电冰箱	120 升以下	30	保温层材料:0.16 压缩机:0.19	不包括电冰柜
	120 ～ 220 升	45		
	220 升以上	55		
洗衣机	单缸	5.7	电机:0.38	
	双缸	22	电机:0.23	
	全自动	31	电机:0.13	
	滚筒	65	电机:0.08	
台式电脑	主机	6.6	电路板:0.08	CRT 显示器参考同尺寸电视机；本表中的主机指内部部件齐全的主机。

注:1. 彩色电视机 CRT 的屏玻璃与锥玻璃的重量比为 2 ： 1。

2. 压缩机使用滤油后的重量进行测算。

3. 台式电脑主机电路板包括主板（应当拆除电线、散热片或散热器、风扇等可拆卸部件）、CPU、内存条、显卡、声卡、网卡，但不包括电源、硬盘、光驱、软驱中的电路板。电视机等其他废弃电器电子产品的电路板应当拆除电线、塑料边框、散热器等可拆卸部件。

对只有单台平均重量，但没有关键拆解产物物料系数的废弃电器电子产品种类，计算公式如下：

A2= 所有拆解产物总产生量 / 单台平均重量

对尚无单台平均重量和关键拆解产物物料系数的，暂不采用物料平衡系数法进行核算。必要时，可以将总体物料平衡情况与历史物料平衡情况做比较分析。

（二）物料系数的调整

生态环境部委托部固管中心组织对各地物料平衡系数的变化情况进行统计汇总，对表 2–1 的关键拆解产物物料系数进行动态调整，并及时向社会发布公告。

省级生态环境主管部门不得按照自行调整后的物料系数进行审核工作，可以参考如下程序及方法核算单台平均重量和关键拆解产物物料系数，并及时报部固管中心汇总：

1. 组成物料系数核算工作小组

工作小组至少由 1 名生态环境主管部门或审核机构的代表、1 名处理企业的代表和 1 名专家组成。

2. 选取样品，记录拆解处理重量

原则上，对需要测算校正物料系数的废弃电器电子产品种类或者规格，对本地区每家处理企业选取不少于 100 台进行抽样核算。样品应当是符合基金补贴范围且部件齐全的废弃电器电子产品。

工作小组应当对样品的拆解处理进行全程监督，并记录样品废弃电器电子产品的数量、重量和关键拆解产物的种类、重量，作为测算校正物料系数的依据。

3. 物料系数的测算

物料系数测算公式如下：

单台平均重量 = 样品总重量 / 样品总数量

关键拆解产物校正物料系数 = 样品拆解处理得到的关键拆解产物的总重量 / 样品总重量

五、拆解产物处理情况审核

重点对关键拆解产物和危险废物类拆解产物处理情况进行审核。

拆解产物去向应合理、规范。自行利用处置的，根据生产台账、视频记录审核拆解产物产生量与处理量，处理设施环保手续应当齐全，处理过程应当具有相应的污染防治措施。危险废物管理应符合规范化管理要求；不能自行利用处置的危险废物应交给具有相应危险废物处理资质的企业处理处置，并附有危险废物转移联单。

审核时段末日关键拆解产物的库存量应不大于最近1年内的产生量，计算方法如下：

（一）核定关键拆解产物处理数量

审核资料：关键拆解产物日报表、拆解产物的出入库日报表、基础记录表和原始凭证，如销售合同、销售票据、称重磅单。

（二）计算关键拆解产物最近1年内（如审核时段为10月1日至12月31日，则最近1年为1月1日至12月31日）的累计产生量B。

（三）计算关键拆解产物的累计产生量D（自审核以来至审核时段末日的产生量）和累计处理数量E（自审核以来至审核时段末日的处理量），计算其差值F（即审核时段末日的库存量），即F=D−E。

（四）比较F和B。如果F大于B，则认定为审核时段末日关键拆解产物的库存量大于1年内的产生量。

六、贮存情况审核

在处理企业自查盘点基础上，对审核时段内处理企业废弃电器电子产品、拆解产物等库存情况进行抽查核对，确认标签记录、库房记录情况与实物是否相符（账物相符），以及库房记录情况与财务记录情况是否相符（账账相符）。要点包括：

（一）基金补贴范围内的废弃电器电子产品及其拆解产物，应与不属于基金补贴范围的废弃电器电子产品及其拆解产物，分别抽查。

（二）根据处理企业的贮存场地功能区划图，分类、分区域抽查。

（三）对基金补贴范围内的废弃电器电子产品，至少选择3个种类废弃电器电子产品和3类拆解产物进行抽查。

七、资金流审核

对处理企业业务往来资金账目进行抽查核对，分析废弃电器电子产品来源、数量、价格是否合理。

（一）废弃电器电子产品收购

以收购合同、发票、银行转账凭单、现金提取凭单等资金往来信息、原料入库台账等为主要审核资料。根据收购单价核对收购数量，核算应付收购资金、实际支付收购资金、未付账款情况与收购数量的逻辑关系。

无法提供资金往来证明的（如：捐赠等），需提供原始交接记录凭证，交接凭证等应能提供交售者名称（个人或单位）、联系方式，个人身份证号，单位证明资料等基本信息以备核实。原始交接记录凭证无法核实的，该记录凭证记录的接收数量不予认可。

废弃电器电子产品的送货单位为关联企业的（如处理企业的子公司、分公司等），必要时可以对其资金账目情况进行延伸审核。

（二）拆解处理情况

可以以作业人员工资支付凭单、电费发票等为主要审核资料。

审核人工出勤、工资支付情况，与生产记录拆解情况的逻辑关系；审核电耗与电费缴纳情况的逻辑关系。

（三）拆解产物销售

以销售合同、销售发票、银行入账凭单等资金往来证明、拆解产物出库台账等为审核资料。根据各类拆解产物的销售合同单价，核算拆解产物销售量、应回收资金、实际回收资金、未收款的逻辑关系。

拆解产物的接收单位为关联企业的（如处理企业的子公司、分公司等），必要时可以对其资金账目情况进行延伸审核。

八、物流（视频录像）、信息流（台账）比对审核

对处理企业接收和拆解处理废弃电器电子产品的物流（视频录像）和信息流（台账）进行比对审核，确定抽查日内申请补贴的废弃电器电子产品规范拆解处理数量是否真实、准确，如：视频监控录像反映的拆解处理数量与拆解处理基础记录的数量应当相符。

抽查审核内容包括台账记录真实性、准确性、拆解处理过程规范性等。重点关注以下点位：厂区进出口、货物装卸区、上料口/投料口、关键拆解产物和危险废物类拆解产物拆解处理工位、计量设备监控点位、包装区域、贮存区域以及数据信

息管理系统信息采集工位。

（一）台账记录真实性

在抽查日中，选取一定比例的生产台账记录信息，查看对应生产过程的视频录像，检查台账记录是否真实。

1. 进出厂

（1）从抽查日中随机选取至少1天，对当天厂区进出口的录像进行100%查看，核对所有车辆、货物进出情况是否都有相对应的进出厂台账记录。

（2）对每个抽查日，随机选取一定数量的废弃电器电子产品进厂和拆解产物出厂的原始地磅单，调取对应车辆进出厂视频录像，核对地磅单、废弃电器电子产品进厂或者拆解产物出厂记录等信息与视频录像记录的时间、车辆信息等的一致性。

2. 废弃电器电子产品入库

对进出厂抽查环节选取的废弃电器电子产品进厂车辆，追踪查看该车辆进厂后运输、卸货、废弃电器电子产品入库情况，查找对应卸货、入库、空车出厂的原始台账记录和视频录像，核对台账记录与视频录像的一致性。

3. 废弃电器电子产品领料出库

对每个抽查日，随机选取任意废弃电器电子产品出库单据，调取出库视频，跟踪从出库到拆解处理的运输过程，核对出库信息与视频记录情况的一致性。

4. 拆解产物入库

对每个抽查日，随机选取一定数量的拆解产物入库单据，调取拆解产物入库视频，核对入库信息与视频记录情况的一致性。

5. 拆解产物出库、出厂

对进出厂抽查环节选取的拆解产物出厂车辆，调取对应拆解产物出库、装车台账记录和视频录像，核对台账记录与视频录像的一致性。

（二）台账记录准确性

从抽查日中，选取合适的点位进行视频计数抽查，核对生产台账记录数量与视频录像反映情况的一致性。

确定视频计数抽查范围时，要结合处理企业生产台账记录情况、生产作业安排情况合理进行选择，尽可能分散到拆解处理作业的各个工作阶段。

根据处理企业台账信息的设置特点，可以采用以下方法之一进行抽查：

1. 如果处理企业采用条码扫描系统、计数器、定时手工记录等方法，使生产台账记录的数量能够在一个固定时间段（如每 1 小时或者每 1 个班组记录一次）、一个固定工位范围（如 1 条生产线、1 个班组或者 1 个工位）与其相应的视频录像实现准确对应，则可以对每个抽查日选择一个固定时间段及固定工位范围的台账及其对应视频录像作为一个抽查单元。如：某处理企业有 3 台 CRT 切割机，生产台账记录可以提供每台 CRT 切割机每小时的拆解处理数量，则可以对每个抽查日随机选择某台 CRT 切割机某一个小时的视频录像作为一个抽查单元。

采用此种方法时，抽查日内抽查的累计视频录像长度，建议不少于审核时段内日平均工作时长的 2 倍。如：审核时段内的日平均工作时长为 10 小时，则审核时段内对不同工位的视频录像抽查累计时长不少于 20 小时。按下列公式计算计数差异率：

计数差异率 =（视频抽查对应企业生产台账的记录总数量 ÷ 视频抽查核实的处理总数量 −1）× 100%

注：计算的计数差异率超过 100% 后，取 100%。

2. 如果处理企业生产台账记录的数量与其相应的视频录像只能做到按日对应，则建议选择不少于 3 个抽查日的全天视频录像进行完整计数，按下列公式对每个抽查日分别计算计数差异率，取最大值作为扣减依据：

计数差异率 =（抽查日企业生产台账的记录数量 ÷ 抽查日视频抽查核实的处理总数量 −1）× 100%

注：计算的计数差异率超过 100% 后，取 100%。

（三）拆解处理过程规范性

对每个抽查日，选择关键点位中能够清晰辨识整机拆解、CRT 屏锥分离、荧光粉收集、制冷剂收集等涉及关键拆解产物或者危险废物类拆解产物操作过程的视频监控画面，检查拆解处理的废弃电器电子产品是否属于基金补贴范围、拆解处理操作过程是否规范等情况。

1. 在每个抽查日中查看每种类废弃电器电子产品拆解处理过程时，对每个所选视频监控点位抽选查看的视频录像长度不少于 60 分钟。当发现某个视频监控点位存在须扣减的情形时，可选择对该点位原有查看视频时段前后增加查看长度或抽选该点位其他时段录像等方式进一步核实应扣减的数量。

2. 在查看的所有视频点位录像中截取应扣减数量最多的连续 60 分钟视频录像（如查看某企业 9:00—12:00 视频录像后，发现 A 工位 9:35—10:35 应扣减数量最多，则选择 9:35—10:35 作为计算依据），并采用这 60 分钟内企业申报的规范处理数量和审核核实的规范处理数量计算某个种类废弃电器电子产品的规范差异率，计算公式如下：

规范差异率 =（某 60 分钟内企业申报的规范处理数量 ÷ 某 60 分钟内核实的规范处理数量 −1）×100%

注：1. 计算的规范差异率超过 100% 后，取 100%。

2. 某 60 分钟内企业申报的规范处理数量是指审核人员在某 60 分钟看到的企业实际拆解处理数量与企业在某 60 分钟内对应自查记录中已扣减数量的差值。

规范性抽查可与视频计数抽查结合起来开展。

九、拆解处理数量合理性估算

对拆解处理数量大、处理能力利用率高的处理企业，当对其拆解处理数量的合理性或者规范性存在疑问时，可以分析企业主要拆解处理设备、污染防治设施、人员出勤等运行情况，结合现场操作、视频录像、能耗核算、其他拆解产物产生情况等，辅助估算处理企业审核时段内总拆解处理数量的合理性。

（一）现场操作估算

通过主要设备的现场工人操作，估算拆解处理数量的合理性。如：通过对 CRT 屏锥分离、荧光粉收集等环节熟练工人现场规范操作计时、计数，估算该环节的实际规范处理能力。

同一类废弃电器电子产品有多个处理环节的，重点抽查测算处理能力最小的环节。

（二）视频估算

选取接近平均拆解量的、正常生产状态的 3 ～ 5 个工作时段，查看关键点位视频录像，估算该环节的规范拆解处理能力。

（三）能耗估算

根据处理企业实际运行情况，计算废弃电器电子产品拆解处理过程中主要生产设备、污染控制设备等的能耗与拆解处理数量的关系，分析审核时段内拆解处理数量与能耗之间的关系是否合理。

（四）出勤情况核算

分析考勤记录与拆解处理数量之间的关系是否合理，分析工人工资与拆解处理数量之间的关系是否合理。

十、延伸审核

审核时，如接到举报或存在重大疑问等情况，可以根据相关线索，对相关废弃电器电子产品回收单位、拆解产物接收单位的经营情况进行延伸审核，与处理企业提供的信息进行比对。

例如：向拆解产物接收单位发函询证，或者商请接收单位所在地同级生态环境主管部门及相关主管部门进行联合审查，确认利用处置资质、转移的拆解产物类别、数量或者重量、转移的时间、次数等情况。

附 3

审核结果及数量核定

一、应当予以扣减的情形

（一）情形 1：拆解处理基金补贴范围外的废弃电器电子产品申报规范拆解处理数量的

基金补贴范围内的废弃电器电子产品是指整机，不包括零部件或散件。基金补贴范围外的废弃电器电子产品包括：

1. 工业生产过程中产生的残次品或报废品。

2. 海关、市场监督管理等部门罚没，并委托处置的电器电子产品。

3. 处理企业接收和处理的废弃电器电子产品完整性不足，缺失《废弃电器电子产品规范拆解处理作业及生产管理指南》（以下简称《规范拆解指南》）所列的主要零部件或关键拆解产物的。

4. 在运输、搬运、贮存等过程中严重破损，造成上线拆解处理时不具有主要零部件，或无法以整机形式进行拆解处理作业的。例如：采用屏锥分离工艺处理 CRT 电视机的，CRT 在屏锥分离前破碎，无法按完整 CRT 正常进行屏锥分离作业。

5. 非法进口产品。

6. 电器电子产品模型以及采取假造仿制、拼装零部件等手段制作的不具备电器电子产品正常使用功能、未经正常使用即送交企业处理的仿制品（简称仿制废电器）。

包括但不限于以下情况：以微型计算机显示器 CRT 或者仿造的 CRT 配上机壳、电路板等零部件拼装成的仿制废 CRT 电视机；用液晶面板（等离子面板）和尺寸不相符的机壳等零部件拼装成的仿制废平板电视机或废电脑液晶显示器；采用其他电器电子产品的线路板配上液晶面板（等离子面板）、机壳等零部件拼装成的仿制废平板电视机或废电脑液晶显示器；用箱体或机壳配上压缩机等零部件拼装成的仿制废电冰箱、废空调或废洗衣机；依靠胶带、绳子、螺丝等工具将相互之间毫无关联的零部件、散件以粘连、捆绑、固定的方式拼装的仿制品等。

（二）情形 2：不能提供判断规范拆解处理种类和数量的基础生产台账、视频资料等证明材料的

包括但不限于以下情况：

关键点位视频缺失、视频录像丢失、损坏、被覆盖；视频录像无法清晰确认废弃电器电子产品完整性、内部构造及工人拆解处理的规范性等。

（三）情形 3：各类废弃电器电子产品年实际拆解处理总量超过其核准年处理能力的

（四）情形 4：未在生态环境主管部门核定的场所拆解处理废弃电器电子产品的

（五）情形 5：生产台账记录数量大于视频录像反映情况的

（六）情形 6：通过关键拆解产物物料系数法核算差异率异常的

（七）情形 7：存在拆解处理过程不规范行为的

废弃电器电子产品拆解处理过程不规范是指未按照相关法律法规、《规范拆解指南》规定要求进行规范拆解处理，包括但不限于表 3-1 列举的情况：

表 3-1　拆解处理过程不规范行为列举

情形	拆解处理过程的不规范行为
7.1	废弃电器电子产品采取摔、砸等粗暴操作
7.2	彩色 CRT 电视机 / 显示器未进行屏锥分离或分离不完全的
7.3	审核时段内彩色 CRT 电视机 / 显示器屏锥分离过程中屏面玻璃破碎（分离成两块及以上）的比例超过 20% 的部分
7.4	CRT 电视机 / 显示器未收集荧光粉或荧光粉收集不完全
7.5	微型计算机显示器混入电视机拆解处理
7.6	拆解冰箱、空调拆压缩机前未回收或未有效收集（如存在跑冒、泄漏等现象）属于消耗臭氧层物质的制冷剂
7.7	冰箱、空调的压缩机未做沥油处理

（八）情形 8：拆解产物处理不规范的

拆解产物处理不规范是指未按照相关法律法规及规范性文件要求处理拆解产物

的行为，包括但不限于表 3-2 列举的情况：

表 3-2　拆解产物处理不规范举例

情形	拆解产物处理不规范
8.1	废弃电器电子产品外壳以及国家规定的其他主要零部件出厂前未使用破碎、剪切、挤压等手段进行有效毁形
8.2	危险废物（如电路板、CRT 彩色电视机管颈管玻璃、锥玻璃等含铅玻璃、荧光粉、含汞背光灯管、润滑油等）出厂未交由持有危险废物经营许可证且具有相关经营范围的单位处理，或者未履行危险废物转移联单手续，数量不足三吨的
8.3	含有消耗臭氧层物质的制冷剂出厂未交由专门从事消耗臭氧层物质回收、再生利用或者销毁等经营活动且在所在地省级生态环境主管部门备案的单位处理
8.4	其他拆解产物处理不符合《规范拆解指南》附 1 要求的
8.5	自行处理拆解产物过程不符合相关生态环境保护要求（如：相关处理设施未取得环境影响评价批复及未进行竣工环境保护验收等）
8.6	审核时段末日关键拆解产物的库存量大于 1 年内的产生量

二、规范拆解处理数量核定

规范拆解处理数量核定应严格依据本指南要求进行。

省级生态环境主管部门在核定处理企业各种类规范拆解处理数量时，若在审核时段抽查发现应扣减数量不高于企业对应时段自查扣减数量的，认可企业各种类申报数量；若高于企业对应时段自查扣减数量的，则不认可企业各种类申报数量，并按表 3-3 的省级扣减规则扣减。

生态环境部以随机抽查方式组织开展复核工作，根据实际情况选择与省级生态环境主管部门选定的抽查日部分相同或完全不同的抽查日，对企业开展技术复核。针对应扣减的情形，若复核发现应扣减的数量不高于省级生态环境主管部门扣减数量的，则认可省级审核结论。若高于省级生态环境主管部门扣减数量的，则按表 3-3 的部级扣减规则进行扣减。

表 3-3 扣减规则

情形	审核方法	省级扣减规则	部级扣减规则
情形 1：拆解处理基金补贴范围外的废弃电器电子产品申报规范拆解处理数量的	见附 2 “拆解处理过程规范性”	1. 当规范差异率 < 5% 时，按规范差异率对所在季度相应种类废弃电器电子产品申报数量进行扣减；当 5% ≤规范差异率 < 20% 时，对所在季度企业相应种类废弃电器电子产品申报数量全部扣减；当规范差异率≥ 20%，对所在季度企业全部种类废弃电器电子产品申报数量扣减	1. 当规范差异率 < 5% 时，按规范差异率对所在季度相应种类废弃电器电子产品申报数量进行扣减；当 5% ≤规范差异率 < 20% 时，对所在季度企业全部种类废弃电器电子产品的申报数量全部扣减；当规范差异率≥ 20%，对所在季度企业全部种类废弃电器电子产品申报数量扣减，并对企业接下来一个季度废弃电器电子产品申报数量不再确认，全部扣减
		2. 当再次发现企业出现规范差异率≥ 20% 的，从所在季度起连续四个季度废弃电器电子产品申报数量不再确认，全部扣减	2. 当再次发现企业出现规范差异率≥ 20% 的，从所在季度起连续四个季度废弃电器电子产品申报数量不再确认，全部扣减
情形 2：不能提供判断规范拆解处理种类和数量的基础生产台账、视频资料等证明材料的	结合视频抽查工作	发现关键点位无视频或视频无法判断各种类废弃电器电子产品拆解处理过程规范性和数量情况的累计总时间小于 1 小时的，对所涉及种类的废弃电器电子产品申报数量的 1% 进行扣减；累计总时间大于等于 1 小时且小于 10 小时的，对所涉及种类废弃电器电子产品申报数量的 10% 进行扣减；累计总时间大于等于 10 小时的，对所涉及种类废弃电器电子产品申报数量全部扣减	发现关键点位无视频或视频无法判断各种类废弃电器电子产品拆解处理过程规范性和数量情况的累计总时间小于 1 小时的，对所涉及种类的废弃电器电子产品申报数量的 1% 进行扣减；累计总时间大于等于 1 小时且小于 10 小时的，对所涉及种类废弃电器电子产品申报数量的 10% 进行扣减；累计总时间大于等于 10 小时的，对所涉及种类废弃电器电子产品申报数量全部扣减
情形 3：各类废弃电器电子产品年实际拆解处理总量超过其核准年处理能力的	每年第四季度核实	按超过部分的数量对企业第四季度相应种类废弃电器电子产品申报数量进行扣减	按超过部分的数量对企业第四季度相应种类废弃电器电子产品申报数量进行扣减
情形 4：未在生态环境主管部门核定的场所拆解处理的废弃电器电子产品	结合日常监管或现场审核工作	扣除未在生态环境主管部门核定的场所拆解处理的废弃电器电子产品数量，并对所在季度企业全部种类废弃电器电子产品申报数量的 10% 进行扣减	扣除未在生态环境主管部门核定的场所拆解处理的废弃电器电子产品数量，并对所在季度企业全部种类废弃电器电子产品申报数量的 10% 进行扣减

续表 3-3

情形	审核方法	省级扣减规则	部级扣减规则
情形 5：生产台账记录数量大于视频录像反映情况的	见附 2“台账记录准确性”	按计数差异率，对所在季度企业申报的相应种类废弃电器电子产品申报数量进行扣减	
情形 6：通过关键拆解产物物料系数法核算差异率异常的	见附 2“物料核算”	若 A1 超出 A2 的 25% 以后，处理数量取 A2	
情形 7：存在拆解处理过程不规范行为的	见附 2“拆解处理过程规范性”	按计算的规范差异率，对所在季度企业相应种类废弃电器电子产品申报数量进行扣减	
情形 8：拆解产物处理不规范的	见附 2“信息流（台账）逻辑分析”“拆解产物处理情况审核”“资金流审核”“物流（视频录像）信息流（台账）比对审核”“延伸审核”	1. 发生情形 8.2 及 8.3 的，对所在季度相应种类废弃电器电子产品全部扣减 2. 发生情形 8.6 的，对所在季度相应种类废弃电器电子产品申报数量的 5% 进行扣减 3. 除情形 8.2、8.3 及 8.6 外，发生其他情形的，计算出处理不符合要求的拆解产物重量占抽样审核样本中同种类拆解产物处理重量的比例，以该比例的 3 倍作为相应种类废弃电器电子产品的扣减比例，其中：（1）同种类拆解产物对应多个种类废弃电器电子产品且无法区分的，对所对应的每个种类废弃电器电子产品申报数量均按同一扣减比例进行扣减；（2）同种类废弃电器电子产品有多个种类拆解产物处理不规范的，取最高扣减比例对相应种类废弃电器电子产品申报数量进行扣减	

注：1. 扣减的相应种类是指废电视机 –1、废电视机 –2、废冰箱、废洗衣机 –1、废洗衣机 –2、废空调、废电脑。

2. 企业自查已经扣减的，不适用本表扣减规则。

3. 同一种类废弃电器电子产品同时出现 1 ～ 8 多种扣减情形时，累加扣减。

4. 因关键点位视频录像模糊不清不能认定规范性时，按情形 1 的审核方法及扣减规则计算规范差异率进行相应扣减。

5. 点位视频录像存在短暂跳帧、黑屏等问题不影响规范性的认定时，相应时间不计入情形 2 中的累计时间中。

6. 企业申报规范拆解处理种类和数量后，出现不可抗力等特殊原因造成视频丢失、损坏的，不以情形 2 扣减。企业应提供相应证明材料以及丢失损坏视频对应的申报种类和数量，由省级生态环境主管部门核实后扣减，但最终须经生态环境部确认。

三、暂缓审核结果确认的情形

（一）生态环境部在复核期间收到举报或发生其他情况需要进一步核实的，暂缓对相关处理企业相关批次审核结果确认，书面通知省级生态环境主管部门暂缓后续审核工作，必要时可请省级生态环境主管部门进一步调查核实。在情况核实清楚后，生态环境部及时恢复对相关处理企业相关批次及后续审核情况的确认工作。

（二）处理企业涉嫌犯罪被立案侦查的（以相关主管部门提供的信息为准），省级生态环境主管部门应当及时暂缓审核工作并告知生态环境部，生态环境部暂缓对其相关批次及后续的审核结果确认。法院判定其构成犯罪的，从犯罪行为发生所在季度起的拆解处理种类和数量不再审核确认。如不构成犯罪，生态环境部恢复审核确认。

四、终止审核的情形

处理企业被取消废弃电器电子产品处理基金补贴资格或被发证机关注销或收回废弃电器电子产品处理资格证书的，各级生态环境主管部门应当终止审核工作，从发生之日起的拆解处理数量不再审核确认。

附 4

废弃电器电子产品拆解处理情况审核工作报告

（参考格式）

企业名称：________________________________

生态环境主管部门（章）：____________________

年　　月　　日

一、基本情况

（一）企业基本情况

1. 企业基本信息、人员、处理废弃电器电子产品（以下简称废电器）种类和能力（包括总能力及各类废电器的处理能力）等。

在本指南实施后首次报送时填写完整信息，后续报送时需要对发生变更的情况作出说明。

2. 处理工艺

根据环境影响评价报告、资格许可证书等资料，说明企业各类废电器拆解处理工艺流程和主要拆解处理设备等情况。

建议尽量采用拆解处理工艺流程图表示，配以简洁文字说明处理工艺特点或优于同行业设备工艺的特色等。

在本指南实施后首次报送时填写完整信息，后续报送时需要对发生变更的情况作出说明。

3. 环境保护措施

说明环境监测计划执行情况（如委托的监测结果、监测频次等），污染防治设施运行情况，拆解产物委托处理情况等环境保护措施情况。

4. 接受公众监督情况

企业是否按照要求，向社会公开废电器拆解处理情况及其公示公告形式。

（二）监管情况

审核时段内各级生态环境主管部门监管分工情况、现场抽查、通过远程视频和生态环境部信息系统日常查看的频次以及完善检查记录情况、处罚情况等。审核时段内的监管情况填入下表。

审核时段内生态环境主管部门日常监管情况表

单位	现场检查次数（次）	远程视频检查次数（次）	登录生态环境部信息系统查看频次	是否完善检查记录	处罚次数	处罚原因
需要补充说明的情况	如：各级生态环境主管部门企业监管分工情况等					

二、拆解处理情况审核评价

（一）回收数量和收购来源

重点关注：审核时段企业废电器实际回收量、其中缺少主要零部件等需要单独管理的非基金业务的废电器的数量和原因、审核时段企业确认符合要求的废电器的回收量和回收来源情况。

（二）拆解处理过程评价

根据书面审核和现场审核工作情况，说明审核时段内企业拆解处理生产过程情况。包括：生产管理规范性、台账规范性、拆解处理过程规范性、信息系统及视频监控系统运行情况等。对不符合生态环境保护要求的处理情况作出说明。

（三）拆解产物去向评价

1. 重点关注：关键拆解产物是否及时处理，关键拆解产物未及时处理完毕的解决方案等。关键拆解产物去向是否符合生态环境要求，对不符合生态环境保护要求的处理方式作出说明。

2. 审核时段其他拆解产物的产生量、处理量、库存量、处理情况和去向评价。

关键拆解产物产生、处理情况表

关键拆解产物	审核时段产生量 / 吨	累计产生量 D/ 吨	累计处理量 E/ 吨	库存量 F=D−E/ 吨	1 年内累计产生量 B/ 吨	是否在 1 年内处理完毕
CRT 玻璃						
CRT 锥玻璃						
保温层材料						
压缩机						
电动机						
印刷电路板						
液晶面板						
光源						
冷凝器						
蒸发器						
……						

三、审核情况

（一）审核资料

在本指南实施后首次报送时，说明书面审核、现场审核采用的审核资料情况，后续报送时需要对发生变更的情况作出说明。

如果开展了延伸审核、扩展审核，需说明所使用的资料情况及其原因。

（二）审核方式、审核程序、审核要点和工作规范

在本指南实施后首次报送时，根据本地区审核工作方案，说明审核的工作形式、审核程序、审核要点、工作规范和审核校验等内容。后续报送时，对当次审核的要点、校验等内容进行说明。

（三）对拆解处理种类和数量的审核

重点关注：

1. 台账、资金往来规范性审核情况

明确抽查范围和抽查比例，对抽查的台账、资金往来等情况的规范性给出评价。

2. 物料核算情况

对抽查日的抽样样本进行物料核算，对有无异常情况作出说明。有异常情况的，应当说明处理的方式和结果。

3. 视频抽查情况

说明视频抽查的点位、时间，对有无异常情况作出说明。有异常情况的，应当说明处理的方式和结果。

四、审核结论

按照国家废电器拆解处理数量核定原则，给出审核认定结论。对拆解处理数量进行扣减的，应当说明按照何种扣减规则进行扣减。

五、存在问题

审核过程中发现的日常管理、污染防治措施、生态环境主管部门监管等方面的其他问题。

废弃电器电子产品拆解处理种类和数量审核情况表

废弃电器电子产品名称	审核时段实际拆解天数（天）	抽查比例（%）	抽查天数（天）	抽查视频总时长（小时）	是否超年许可能力生产	拆解处理企业申报情况					审核情况		
						回收数量（台/套）	实际拆解量（台/套）	信息系统记录拆解量（台/套）	自查扣减量（台/套）	申请补贴量（台/套）	扣减拆解量（台/套）	扣减原因	核定拆解量（台/套）
1.1 废电视机 -1		—	—	—									
1.2 废电视机 -2		—	—	—									
其中：1.2.1 CRT 电视机													
其中：1.2.2 非 CRT 电视机													
2. 废冰箱		—	—	—									
3.1 废洗衣机 -1		—	—	—									
3.2 废洗衣机 -2													
4. 废空调		—	—	—									
5.1 废台式电脑（套）		—	—	—		—	—	—	—				
其中：5.1.1 台式电脑主机（台）		—	—	—									
其中：5.1.2 CRT 电脑显示器（台）		—	—	—									
其中：5.1.3 液晶电脑显示器（台）		—	—	—									
5.2 其他废电脑（台）		—	—	—									
合计													

附 5

应当保存的审核资料清单

序号	项目	保存单位	保存时间	备注
1	回收、拆解处理相关的基础记录、原始台账	处理企业	不少于 5 年	
2	回收、拆解处理相关的原始凭证	处理企业	不少于 5 年	
3	视频监控录像	处理企业	不少于 1 年，关键点位不少于 3 年	关键点位见《规范拆解指南》有关要求，包括厂区进出口、货物装卸区、上料口、投料口、关键产物拆解处理工位、计量设备监控点位、包装区域、贮存区域及进出口、中控室、视频录像保存区，以及数据信息管理系统信息采集工位
4	企业自查记录（包括台账自查、视频自查等）	处理企业	不少于 5 年	
5	基本生产情况及经营制度资料汇编	处理企业	不少于 5 年	
6	企业申报基金补贴材料（纸质版）	省级生态环境主管部门	不少于 5 年	
7	审核原始工作记录、抽查中发现有问题的纸质材料、视频录像	各级生态环境主管部门、第三方审核机构	不少于 5 年	工作记录应制定规范的记录格式，注明时间、地点、事件等内容，由审核人员和当事人签字确认。可建立处理企业信用记录，将处理企业的违法信息计入信用记录
8	第三方书面审核报告	省级生态环境主管部门、第三方审核机构	不少于 5 年	
9	日常监管工作记录（包括现场检查工作记录、远程视频监管工作记录等）	各级生态环境主管部门	不少于 5 年	
10	《废弃电器电子产品拆解处理情况表》及审核工作报告	省级生态环境主管部门、生态环境部	不少于 5 年	

附 6

审核工作要求

一、审核工作应当秉承“公开、公平、廉洁、高效”的原则，遵循以下工作要求：

（一）审核工作人员要严格执行《固体废物管理廉政建设“七不准、七承诺”》等党风廉政建设的有关规定，并接受业务主管部门和纪检部门的监督。

（二）审核工作人员及专家涉及本人利害关系的，以及其他可能影响结果公正性的，应当回避。

（三）审核工作人员及专家不得进行或参与其他妨碍审核工作廉洁、独立、客观、公正的活动；不得向被审核的处理企业索取或收受钱物等不当利益，或推销产品、技术等以谋取私利，或要求处理企业承担应由个人负担的住宿等费用；不向被审核的处理企业提出与审核工作无关的要求或暗示，不接受邀请参加旅游、社会营业性娱乐场所的活动以及任何赌博性质的活动；不得在审核工作期间饮酒。

二、审核工作人员应当接受培训，熟练掌握相关政策法规、审核技术方法和廉政纪律要求，熟悉处理企业回收、拆解处理等生产活动基本流程，掌握审核方式、程序和要点、工作规范等。

三、审核人员应当不少于两人一组。

四、审核工作人员对处理企业生产台账、财务凭证、视频录像等审核时使用的数据和信息负有保密责任。除因法律规定或相关主管部门要求外，未经处理企业及相关主管部门同意，不得以任何形式、在任何场合对外泄露有关信息。

附 7

日常监督管理工作要点

一、现场检查

（一）现场检查内容

现场检查的内容可以事先确定，也可以到现场后根据实际情况确定。现场检查内容可以包括：

操作规范性检查：检查处理企业现场作业和管理的规范性，如库房管理规范性、拆解处理规范性、污染控制措施及设施运行情况等。

货物检查：检查处理企业库存废电器和拆解产物的情况，如是否混入不符合基金补贴范围的废电器、拆解产物是否符合规范拆解处理要求等。

台账检查：检查生产台账情况，如台账规范性、与实际工作情况的匹配性等。

视频检查：检查视频监控系统情况，如视频系统设置规范性、视频录像与台账信息匹配性、视频录像反映的拆解处理规范性情况等。

现场检查时，可以根据实际需要对上述所有检查项进行全面检查，也可以选择一个或者几个检查项进行重点检查。

（二）现场检查结果

现场检查情况应向处理企业反馈，并做好现场检查记录，由检查人员和处理企业代表签字（章）。

现场检查的结果可以作为废电器拆解处理情况审核的依据。

二、远程视频检查

（一）远程视频检查内容

对处理企业与生态环境主管部门联网的实时视频监控情况或者历史视频监控录

像进行抽查。远程视频检查的重点是检查操作规范性，也可以检查拆解处理数量。

（二）远程视频检查结果

生态环境主管部门应做好远程视频检查工作记录。远程视频检查发现问题的，必要时可以向处理企业提出整改意见。远程视频检查的结果可以作为废电器拆解处理情况审核的依据。

三、驻厂监督员

有条件的地方可以建立驻厂监督员工作机制，对处理企业的日常生产情况进行现场监督指导和记录，督促企业规范生产，杜绝违法违规行为。

驻厂监督员制度的实施注意以下几个方面：

（一）建立完善的驻厂监督员管理制度，定期对其进行专业培训、廉洁教育等。

（二）规范驻厂监督员的工作内容，如现场监管事项、工作记录要求等。

（三）明确驻厂监督员的工作职责，如：对日常检查中发现的问题与隐患做好详细记录，及时纠正企业不规范行为，发现企业涉及生态环境违法行为的，报告当地环境主管部门。

（四）定期向生态环境主管部门书面报告监督检查情况。

附 8

第三方审核要点

一、第三方审核机构的选择

受委托承担废电器拆解处理情况审核工作的第三方机构，应当具备相关资质，可以是会计师事务所或者其他具有相关资质的专业核查机构等。

负责组织审核工作的生态环境主管部门（委托方）根据相关规定，可以选择合适的委托方式（如：公开招投标、邀标、竞争性谈判、定向委托等），确定符合审核工作要求和信用良好的专业机构作为第三方审核机构，必要时可要求第三方机构提交信用报告供委托方参考。

委托方应当明确对第三方审核机构的工作内容和责任要求，包括审核工作要求、信息交换机制、责任追究机制、廉政及保密责任等，以管理办法、业务约定书或者合同等形式与第三方审核机构予以确认。可以委托第三方审核机构承担全部废电器拆解处理情况的审核工作任务，也可以只委托部分审核工作任务，如：邀请会计师事务所负责资金流、信息流审核；邀请具有相关资质的专业核查机构负责物流比对审核、规范性审核等。

二、第三方审核机构的工作内容

受委托的第三方审核机构应当独立开展审核工作，并对审核过程和出具的审核报告承担全部责任，同时接受社会各方监督。

（一）审核内容

第三方审核机构应当制定完善的审核方案，严格按照委托方规定的时限、技术要求及工作程序开展审核工作。审核工作内容可以包括：

对处理企业有关废电器接收、贮存、处理以及拆解产物出入库、销售等各个环节的基础记录、汇总报表、合同、发票、转移联单等原始凭证及其他资料进行审核，分析不同数据间的逻辑关系；审核废电器收购、拆解处理的种类及数量；审核拆解产物的种类及数量；对原料仓库和产物仓库进行盘点检查；审核废电器收购、拆解产物销售等的资金往来情况；检查视频监控录像，进行“三流合一”比对；对拆解处理过程和管理规范性的审核；对上下游关联单位开展延伸审核；其他需要审核的内容。

（二）第三方审核工作要点

对所有参加审核工作的人员进行培训。

收集审核资料，了解企业废电器拆解处理的基本情况，编制审核资料目录，并判断审核资料完备性对审核工作的影响。

确定审核范围，采用抽样审核方式，确定抽样比例、抽样样本规则等。

按照经委托方同意的工作方案开展审核工作，实现审核过程的标准化。

制定完善的审核记录格式，将书面审查和现场审核过程完整记录，以备复核。审核记录应当注明时间、地点和事件等内容，并由审核人员和企业当事人签名。

制定审核校验方案，按照一定比例对审核数据进行核验。

出具审核报告。审核报告的内容应当事实清楚，数据确凿，证据充分可靠，项目定性准确，评价和结论恰当，建议具体可行。报告初稿必须经委托方审阅，对在报告初稿中因各种原因未反映的其他监管审核调查情况，应当另附书面说明。

第三方审核人员进行审核时，涉及本人利害关系的，以及其他可能影响结果公正性的，应当回避。

第三方机构遇到难以处理的问题时，应当及时向委托方报告，根据其意见开展工作。

审核工作协议（合同）或者审核方案确定的其他要点。

三、第三方审核机构的监督管理

委托方应当加强对第三方审核机构审核工作的指导和监督管理。例如，可以对第三方审核机构的审核工作进行抽样检查，或者组织第三方审核机构进行互查。

对第三方审核机构违反有关法律法规规定，作出与事实不符的审核结论等情况，应当停止其第三方审核业务，依据合同有关条款进行处理。必要时，通报第三方审核机构所属主管部门依法处理。

生态环境部办公厅关于废弃电器电子产品处理企业发生变更情形后基金补贴审核有关事项的通知

（环办固体函〔2020〕68号）

各省、自治区、直辖市生态环境厅（局）：

为进一步规范废弃电器电子产品处理情况审核管理，根据《废弃电器电子产品回收处理管理条例》《废弃电器电子产品处理基金征收使用管理办法》《废弃电器电子产品处理资格许可管理办法》《废弃电器电子产品拆解处理情况审核工作指南（2019年版）》等规定，经商发展改革委、工业和信息化部、财政部，现就已纳入废弃电器电子产品处理基金补贴名单的处理企业（以下简称处理企业）发生变更情形后，有关审核事项通知如下。

一、发生变更的情形

（一）发生搬迁的处理企业

发生搬迁的处理企业是指因搬迁至新址造成原申请基金补贴的拆解处理条件发生变化的处理企业。

发生搬迁的处理企业应依法注销旧址设施废弃电器电子产品处理资格许可证书，就新址重新申请获得处理资格证书。针对拆解处理场地、拆解处理技术设备、回收处理信息管理系统、视频监控、生产管理及环境污染防控等条件提升情况，应提交说明材料。

（二）变更处理能力的处理企业

变更处理能力的处理企业是指因搬迁，新、改、扩建处理设施或生产经营需要等原因，增加或减少废弃电器电子产品总处理能力和废弃电器电子产品处理种类（指废弃电视机、电冰箱、洗衣机、房间空调器或微型计算机）的处理企业。

增加处理能力并就新增拆解处理数量申请基金补贴的处理企业，应当提交其现有总处理能力不足的说明材料。总处理能力不足是指，该企业变更前回溯连续 8 个自然季度的废弃电器电子产品实际总拆解处理数量达到对应时段总许可处理能力 80% 及以上、连续 8 个自然季度的废弃电器电子产品规范拆解处理数量达到其申报拆解处理总量的 95% 及以上。如不能提供的，对其超过本通知印发前最大许可处理能力的拆解处理数量，不予计入基金补贴审核范围。

增加处理种类并申请基金补贴的处理企业，其拆解处理技术设备、回收处理信息管理系统、视频监控、生产管理及环境污染防控等条件应达到行业中等以上水平。

降低处理能力或减少处理种类的处理企业，应对生产管理及环境污染防控等条件发生变化的情况及时作出说明，对设施停用后的闲置生产场所，应按规定采取污染防治措施。

（三）发生其他申请补贴信息变更的处理企业

其他发生申请补贴信息变更的处理企业，是指除上述两种情形外，因股权变更、合并重组等原因发生名称、法人、法定代表人、工商营业执照等信息变化的处理企业。

二、工作流程

发生上述（一）（二）变更情形的处理企业，应在重新获得处理资格证书后，向省级生态环境主管部门提交说明材料，省级生态环境主管部门核实后上报我部。我部组织现场检查后，通知省级生态环境主管部门依申请对企业拆解处理情况开展审核。

发生上述（三）变更情形的处理企业，应依法变更处理资格证书，向省级生态环境主管部门报告变更事项和原因，省级生态环境主管部门核实并报送我部后，可依申请对企业拆解处理情况开展审核工作。

三、工作要求

督促行政区域内地方各级生态环境主管部门认真落实本通知要求，推动处理企业不断改善拆解处理技术条件，提高无害化资源化深度处理能力和拆解处理规范性，按照本通知印发前规划的总处理能力，核定处理企业处理能力，不得虚增处理能力，避免本地区废弃电器电子产品拆解处理能力总量过剩和结构性过剩。

对于存在技术装备水平无明显提升、生产管理水平不高、不规范拆解处理问题较多等的处理企业，督促市级生态环境主管部门严格审核，严控其虚增处理能力，防止不规范拆解行为造成环境污染。加强对市级生态环境主管部门资格许可工作的监督检查，认真核实有关情况，及时报送我部。

附件：废弃电器电子产品处理企业变更事项说明材料

生态环境部办公厅

2020 年 2 月 18 日

附件

废弃电器电子产品处理企业变更事项说明材料

<table>
<tr><td rowspan="3">基本信息</td><td>企业名称</td><td></td></tr>
<tr><td>企业联系人</td><td></td></tr>
<tr><td>联系人电话</td><td></td></tr>
<tr><td rowspan="3">原处理资格
证书主要信息</td><td>证书编号</td><td></td></tr>
<tr><td>有效起止日期</td><td></td></tr>
<tr><td>处理类别及总处理能力</td><td>（注：填写电视机、洗衣机、电冰箱、空气调节器或微型计算机总处理能力）</td></tr>
<tr><td rowspan="3">现处理资格
证书主要信息</td><td>证书编号</td><td></td></tr>
<tr><td>有效起止日期</td><td></td></tr>
<tr><td>处理类别及总处理能力</td><td>（注：填写电视机、洗衣机、电冰箱、空气调节器或微型计算机总处理能力）</td></tr>
<tr><td>变更事项</td><td colspan="2">1. 搬迁企业□
2. 变更总处理能力□增加　□减少
3. 增加补贴类别□
具体增加补贴类别：（注：填写电视机、洗衣机、电冰箱、空气调节器或微型计算机）
4. 变更其他补贴信息□
具体变更事项：（注：填写名称变更、法人变更等）</td></tr>
<tr><td>情况说明</td><td colspan="2">（注：字数400字以内，材料可附后）</td></tr>
<tr><td colspan="3">申明：以上说明材料及有关附带资料是完整的、真实的和正确的。
法定代表人签字：
单位公章：　　　　　　　　　　　　日期：</td></tr>
</table>

关于“情况说明”栏的填写：

1. 如是搬迁或增加补贴类别企业，需说明变更前后企业条件的改善情况、在同行业内的水平变化。

2. 如是增加总处理能力的企业，连续8个自然季度实际总拆解处理数量依据企业每季度填报的《废弃电器电子产品拆解处理情况表》计算，连续8个自然季度总许可处理能力由对应时段有效期内资格许可证书年处理能力按季度进行折算后加和；规范拆解处理数量以生态环境部固体废物与化学品管理技术中心公示的数据计算，申报拆解处理总量按照企业每自然季度填报的《废弃电器电子产品拆解处理情况表》计算。

生态环境部关于发布《吸油烟机等九类废弃电器电子产品处理环境管理与污染防治指南》的公告

（公告〔2021〕39号）

为贯彻落实《废弃电器电子产品回收处理管理条例》，规范和指导吸油烟机、电热水器、燃气热水器、打印机、复印机、传真机、监视器、移动通信手持机、电话单机等九类废弃电器电子产品的拆解处理工作，我部制定了《吸油烟机等九类废弃电器电子产品处理环境管理与污染防治指南》。现予以发布，供有关单位参照使用。

附件：吸油烟机等九类废弃电器电子产品处理环境管理与污染防治指南

生态环境部

2021年9月7日

附件

吸油烟机等九类废弃电器电子产品处理环境管理与污染防治指南

一、依据和目的

为贯彻落实《废弃电器电子产品回收处理管理条例》，保护环境，防治污染，指导和规范《废弃电器电子产品处理目录（2014年版）》中的吸油烟机、电热水器、燃气热水器、打印机、复印机、传真机、监视器、移动通信手持机、电话单机等废弃电器电子产品（以下简称九类产品）的拆解处理工作，制定本指南。

二、适用范围

本指南适用于九类产品处理企业（以下简称处理企业）的环境管理与污染防治工作，其他类别产品（具有类似拆解产物和处理工艺的）可参照本标准执行。

各设区的市级生态环境主管部门在对提出申请九类废弃电器电子产品处理资格的企业开展材料审查或现场核查中，本指南可提供技术参考。

三、基本要求

处理企业应当依法成立，具有增值税一般纳税人企业法人资格，同时具备下列基本要求：

（一）厂区

处理企业具有集中和独立的一整块厂区，并拥有该厂区的土地使用权或签订该厂区不少于五年的土地租赁合同。厂区面积满足拆解处理生产活动和污染防治设备运行所需，鼓励规模化企业生产加工区面积（或建筑面积）原则上不低于厂区总占地面积的1/2，且不低于5000平方米。

（二）贮存场地

贮存场地应具有硬化地面，容量原则上不低于设计日处理能力的10倍。周边具有围墙或者设置围栏，以利于监控货物和人员进出。可能产生废液或废油等液体积存、泄漏的贮存场地，具有防渗措施和液体收集系统。位于室外的贮存场地应安装防雨棚。具有九类产品的独立仓储区域，不同类别的九类产品和不同类别的拆解产物（包括最终废弃物）应当分区贮存，自动化仓储系统除外。各分区在显著位置设置标识，标明贮存物名称。

（三）处理场地

拆解、利用、处置九类产品的专门处理场地为具有硬化地面的室内场地，并具备处理场地冲洗水、处理过程中产生的废水或废油等液体物质的防渗、截流、收集设施。处理场地分区设置，各处理区域之间界限明显，并在显著位置设置提示性标志和操作流程图。

（四）设备

拆解、利用和处置九类产品的设施设备，应当符合国家制定的有关电子废物污染防治的相关法律、标准、技术规范和技术政策要求。处理企业应具有与所处理九类产品相配套的搬运、贮存、拆解、处理、分拣、包装、计量、劳动保护、污染防治、应急救援等设备。

禁止使用落后的技术、工艺和设备（如使用冲天炉、简易反射炉等设备和简易酸浸工艺等）拆解、利用和处置九类产品；禁止以露天焚烧或直接填埋的方式处理。

（五）人员

处理企业具有至少1名环境保护专业技术人员。负责环保的专业技术人员应具有相关工作经验或相关业务培训背景。

四、环境管理与污染防治措施

处理企业开展拆解、利用和处置九类产品生产活动，应当符合《废弃电器电子产品处理污染控制技术规范》（HJ 527）有关规定。

（一）拆解产物管理

关于主要拆解产物的特性及去向要求见附件1。

其中，危险废物贮存应当符合《危险废物贮存污染控制标准》（GB 18597）的有关规定。贮存危险废物应当采取符合国家环境保护标准的防护措施。禁止将危险废物混入非危险废物中贮存。

对处理企业不能自行处理的拆解产物（包括最终废弃物），制定并组织实施妥善利用或者处置方案，或签订合同委托给具有相应能力或资格的单位利用或者处置（具体处理要求见附件 1）。有关危险废物及《巴塞尔公约》管控的其他废物拟出口的，应按《危险废物出口核准管理办法》的要求向国务院生态环境主管部门提出申请。

（二）污染物排放

污水排放应当符合《污水综合排放标准》（GB 8978）或地方排放标准的有关规定。

废气排放应当符合《大气污染物综合排放标准》（GB 16297）、《挥发性有机物无组织排放标准》（GB 37822）或地方排放标准的有关规定；具有采用焚烧和热解等方式处理废弃电器电子产品及其元（器）件、（零）部件的设施或设备，废气排放应当符合《危险废物焚烧污染控制标准》（GB 18484）中危险废物焚烧设施排放控制要求或地方排放标准的有关规定。

噪声排放应当符合《工业企业厂界环境噪声标准》（GB 12348）的有关规定。

处理企业应按照《废弃电器电子产品处理资格许可管理办法》（环境保护部令第13 号）的有关要求，制订年度监测计划，定期对排入大气和水体中的污染物以及厂界噪声及附近敏感点进行监测。主要污染物见附件 2。

（三）设备运行

采用自动化设备对九类产品进行破碎分选处理的，能够有效分选出各类金属、玻璃及塑料等原材料，并分离出关键部件或避免关键部件中有害物质对环境影响的，可以免除附件 3 中的具体工艺设备要求，但应根据所采用的技术路线，采取相应的废气、废水、污泥等收集、处理措施。

采用人工方式拆解处理九类产品整机或零部件的，应配备废气收集设施或设备（如负压工作台），收集粉尘或其他废气。

拆解过程中，如果某一部件在人工或机械处理工艺中会造成环境或健康安全危害，在进行人工或机械处理工艺前将该部件取出。

关于处理设备和技术的污染防治要求见附件3。

（四）环境应急

处理企业应按照《企业事业单位突发环境事件应急预案备案管理办法（试行）》（环发〔2015〕4号）、参照《危险废物经营单位编制应急预案指南》（原国家环境保护总局公告2007年第48号），编制突发环境事件应急预案。

（五）数据信息管理系统

处理企业应建立数据信息管理系统，可参照生态环境部关于废弃电器电子产品处理信息管理系统要求进行设计、运行和对接。按照县级以上生态环境主管部门要求，报送九类产品回收处理的基本数据和有关经营活动情况。

附件 1

主要拆解产物的特性及去向要求

序号	产物名称	来 源	环境特性	产 物 去 向
1	含铅玻璃	彩色CRT的锥玻璃;CRT的管颈管玻璃	属于危险废物，按HW49管理	交由持有相应类别危险废物许可证的单位处理
2	印刷电路板	所有九类产品	属于危险废物，按HW49管理	交由持有相应类别危险废物许可证的单位处理
3	荧光粉	CRT	属于危险废物，按HW49管理	交由持有相应类别危险废物许可证的单位处理
4	含汞灯管	液晶监视器、打印机、复印机、传真机	属于危险废物，按HW29管理	交由持有相应类别危险废物许可证的单位处理
5	油墨	打印机、复印机、传真机	属于危险废物，按HW12管理	交由持有相应类别危险废物许可证的单位处理
6	电线电缆	所有九类产品	可能含有多溴联苯、多溴二苯醚，有环境风险	委托给具有相应拆解处理能力的废弃电器电子产品处理企业、电子废物拆解利用处置单位名录内企业
7	锂电池	移动通信手持机	具有环境风险	委托给具有相应拆解处理能力的废弃电器电子产品处理企业、电子废物拆解利用处置单位名录内企业或者具有回收处理能力的合法合规企业
8	电源盒、光驱、软驱、硬盘等电子废物类拆解部件	打印机、传真机、复印机	含有印刷电路板等危险废物类部件，有环境风险	委托给具有相应拆解处理能力的废弃电器电子产品处理企业、电子废物拆解利用处置单位名录内企业或者持有相应类别危险废物许可证的单位处理

注：确因设计特点不含表中部分拆解产物的，按实际拆解产物对照执行。

附件 2

九类产品处理的主要污染物

序号	处理方式	主要污染物	介质
1	阴极射线管干法处理	铅及其化合物、颗粒物	大气
2	阴极射线管湿法处理	总铅、总镍、总镉	水体
3	液晶屏含汞灯管、汞开关的拆除	汞及其化合物	大气
4	废液晶热处理（焚烧或热解）	颗粒物、苯系物、酚类	大气
5	印刷电路板火法处理	二噁英、铜及其化合物、铅及其化合物、锑及其化合物、锡及其化合物、苯系物、酚类、挥发性卤代烃	大气
6	印刷电路板湿法处理	pH、总铜、总铅、总砷、总铬、六价铬、总铍、总镉	水体
7	印刷电路板机械方法处理	粉尘、挥发性有机物、锡及其化合物、铅及其化合物	大气
8	印刷电路板处理产生的非金属材料热处理	二噁英、锑及其化合物、苯系物、酚类、挥发性卤代烃	大气
9	电线电缆处理	二噁英、铅及其化合物、苯系物、酚类、挥发性卤代烃	大气
10	镍镉电池处理	颗粒物、镉及其化合物、镍及其化合物、钴及其化合物	大气
11	碱性干电池处理	颗粒物、锌、pH	大气、水体
12	锂电池处理	pH、总镍、总铜、总锰、挥发性有机物、负极材料	大气、水体
13	墨粉盒的干法处理	颗粒物	大气
14	聚氨酯泡沫塑料的处理	粉尘	大气

注：1. 苯系物主要包括苯、甲苯、二甲苯。

2. 废水排放处除应当监测上述特征污染物外，还应当监测悬浮物（SS）、化学需氧量（COD）、氨氮等。

3. 对表中未列明的情形，应当根据处理产品类型，生产工艺及污染物特征情况进行监测。

4. 国家或地方污染物排放（控制）标准中未规定或无监测标准方法的污染物项目，暂不监测。

附件 3

处理设备和技术污染防治要求

产品种类	关键部件	具体设备要求（包含但不限于）	备注
吸油烟机	含油污部件（除电机），如机壳、集烟罩、叶轮、风道（蜗壳）等	1）具有油污收集、清洗处理设施或设备	应当单独设置拆解线
		2）具有防止油污泄漏的装置或设备（如拦油装置、废油收集设备）	
		3）具有含油污水处理设施或设备	
燃气热水器/电热水器	内胆	1）具有储水式电热水器内胆毁型设备	应当单独设置拆解线，燃气热水器和电热水器可共用拆解线
监视器（CRT）	阴极射线管（CRT）	1）具有锥屏玻璃分离或含铅玻璃拣出设备或装置，如 CRT 切割机	已取得电视机等“四机一脑”废弃电器电子产品处理资格的企业，拆解监视器时如使用已有CRT/液晶电视机拆解线的，提前一个季度向设区的市级生态环境主管部门报备。每条拆解线在单个季度内不得同时开展监视器和 CRT/液晶电视机拆解
		2）具备防止含铅玻璃散落的措施，如带有围堰的作业区域、作业区域地面平整等使含铅玻璃易于收集	
	荧光粉	3）具有荧光粉收集装置，如粉尘抽取装置	
监视器（含液晶屏）	荧光灯管	1）具有含汞灯管的拆除装置或设备，如带有下吸式或侧吸式抽风系统、含汞尾气净化装置的负压工作台和含汞灯管专用贮存容器	
	液晶屏	2）针对具有液晶分离、回收设备或装置，如带有废水循环利用的超声清洗设备	
		3）针对具有面板玻璃与偏振片分离设备或装置，如热冲击设备或装置使面板玻璃与偏振片分离	

续表

产品种类	关键部件	具体设备要求（包含但不限于）	备 注
打印机\复印机\传真机	静电成像卡盒、墨粉盒（包括鼓粉一体盒、废粉盒等）、鼓粉组件、定影部件等含有或沾有废墨粉的部件	1）具有将墨粉和零部件有效分离，且防止粉尘泄漏和粉尘浓度超标自动报警等功能的拆解设备，具有粉尘浓度监测装置	应当设置独立拆解线，采用干法处理的，须满足 1）、2）、3）；采用湿法处理的，须满足 4）。打印机、复印机、传真机可共用拆解线
		2）具有能够清除并收集墨粉，具备防静电等防爆措施的墨粉盒（包括鼓粉一体盒、废粉盒等）处理设备	
		3）具有带有抽风系统、尾气净化装置的负压工作台和操作区域	
		4）采用湿法处理的，应去除墨粉，并具有废水收集处理装置 集处理装置	
	充电辊、转印辊、上下定影辊等部件	5）具备有效分离金属轴芯与塑橡胶涂层，以及收集废弃橡胶功能的分离处理设备	
	荧光灯管	6）具有含汞灯管的拆除装置或设备，如带有下吸式抽风系统、防泄漏、含汞尾气净化装置的负压工作台和含汞灯管专用贮存容器	
打印机\复印机\传真机	液晶屏	7）针对具有液晶分离、回收设备或装置，如带有废水循环利用的超声清洗设备	应当设置独立拆解线，采用干法处理的，须满足 1）、2）、3）；采用湿法处理的，须满足 4）。打印机、复印机传真机可共用拆解线

续表

产品种类	关键部件	具体设备要求（包含但不限于）	备　注
打印机\复印机\传真机	液晶屏	8）针对具有面板玻璃与偏振片分离设备或装置，如热冲击设备或装置使面板玻璃与偏振片分离	应当设置独立拆解线，采用干法处理的，须满足 1）、2）、3）；采用湿法处理的，须满足4）。打印机、复印机传真机可共用拆解线
	墨水盒	9）具备墨水收集设备	
	硬盘、电源盒、光驱、软驱	10）具有进一步拆解处理，以分类回收金属、塑料的设备	
移动通信手持机\电话单机	金属、元器件和液晶屏等部件	1）应当配备拆除金属、元器件和液晶屏等部件的设备	应当单独设置拆解线。移动通信手持机和电话单机　可共用拆解线
		2）针对液晶分离、回收设备或装置，应具有废水循环利用的超声清洗设备	
		3）针对面板玻璃与偏振片分离设备或装置，应具有热冲击设备或装置使面板玻璃与偏振片分离	
	电池	4）具有回收塑料，金属铜、铝、镍、钴、锰、锂或其化合物的装置	
		5）具有电池放电装置	
		6）具有抽风系统、尾气净化装置，破碎、烘干系统密闭，配备粉尘、HF 和 VOCs 等有害气体的废气收集处理系统	

续表

产品种类	关键部件	具体设备要求（包含但不限于）	备注
九类产品	印刷电路板	对采用不同技术处理印刷电路板，应具有与工艺相匹配且符合相关污染控制要求的处理设备。例如： 1）采用物理破碎分选方法分离金属和非金属材料时，破碎在具有降噪措施的封闭设施中进行，并设置粉尘及有害气体收集处理系统，鼓励具备元器件拆解以及印刷电路板自动化投料、破碎、分选以回收铜等金属的机械处理装置 2）以加热等方式拆解印刷电路板上元（器）件、（零）部件、汞开关等的，使用负压工作台，设置能够有效收集铅烟（尘）、有毒气体的废气收集处理系统 3）采用化学方法提取金属时，处理设施设置废气处理系统、废液回收装置和污水处理系统，还应当采用自动化程度高、密闭性良好、具有防化学药液外溢措施的设备；配备符合环保要求的废水、有害气体等处理装置，具备污泥处理方案或利用设施；对贮存化学品或其他具有较强腐蚀性液体的设备、贮罐，采取必要的防溢出、防渗漏、事故报警装置、紧急事故贮液池等安全措施，具备防化学药液外溢、渗漏措施，如设置围堰或底部做防渗处理等措施；不得采用无环保措施的简易酸浸工艺提取金、银、钯等贵重金属，不得随意倾倒废酸液和残渣 4）采用火法处理电路板提炼金属的，配备符合环保要求的有害气体等处理装置 5）采用热解法工艺时，处理设备设置废气处理系统	
	塑料	1）针对拆解产生的废塑料进行破碎造粒、生产塑料颗粒产品的，具有造粒机等相应的塑料加工设备，并配备废气净化处理装置； 2）针对拆解产生的废塑料进行木塑等塑料制品深加工的，具有相应的产品生产设备和配套的污染防治措施	

生态环境部办公厅关于印发《废弃电器电子产品处理企业发生变更情形后技术审查工作实施细则》

（环办固体函〔2021〕143号）

各省、自治区、直辖市生态环境厅（局）：

为进一步规范废弃电器电子产品处理企业发生变更情形后审核工作程序、细化工作流程，根据《关于废弃电器电子产品处理企业发生变更情形后基金补贴审核有关事项的通知》（环办固体函〔2020〕68号）等有关规定，我部制定了《废弃电器电子产品处理企业发生变更情形后技术审查工作实施细则》。现印发给你们，请结合工作实际认真执行。

生态环境部办公厅

2021年3月31日

废弃电器电子产品处理企业
发生变更情形后技术审查工作实施细则

第一条　为规范发生变更情形后的废弃电器电子产品处理企业（以下简称处理企业）基金补贴审核工作的审查程序，细化工作流程，根据《关于废弃电器电子产品处理企业发生变更情形后基金补贴审核有关事项的通知》（以下简称《通知》）等有关规定，制定本细则。

第二条　本细则适用于已纳入废弃电器电子产品处理基金补贴名单的处理企业发生搬迁、处理能力变更或其他申请补贴信息变更（企业名称、法定代表人等）等变更情形后基金补贴审核的审查工作。处理能力变更指：增加或减少处理能力、增加或减少处理种类、处理能力总量不变情形下原有种类处理能力调整。

第三条　对发生变更情形的企业，省级生态环境部门自收到处理企业提交的变更事项说明材料之日起，暂缓对其拆解处理情况的后续审核，并对照《通知》及相关政策要求，及时对说明材料进行核实，将核实情况报送生态环境部，同时抄送生态环境部固体废物与化学品管理技术中心（以下简称部固管中心）。

省级生态环境部门在核实过程中，发现处理企业不符合《通知》《废弃电器电子产品处理企业资格审查和许可指南》等相关文件要求的，或发现处理企业相关事项发生变更后未达到变更前技术装备水平和管理条件的，或明显低于行业平均水平的，应明确提出完善或整改要求。在企业完成整改前，暂不上报核实情况。

第四条　生态环境部委托部固管中心对发生变更事项的处理企业开展技术审查工作。部固管中心收到省级生态环境部门报送的说明材料后，根据工作安排及时组织对发生变更事项的处理企业开展技术审查。

第五条　技术审查工作分为书面审查和现场检查两部分，技术审查内容包括企业变更事项、企业发生变更后基本条件、废弃电器电子产品处理设施设备、环境管理制度和措施等。

第六条 对发生搬迁、增加总处理能力或增加处理种类的处理企业，固管中心在对省级生态环境部门的核实情况进行书面审查后，从废弃电器电子产品拆解处理情况技术复核专家库随机选取专家进行现场检查（现场检查表见附件），完成现场检查工作并出具技术审查报告，报送生态环境部后，将审查结论反馈省级生态环境部门技术审核单位。省级生态环境部门根据技术审查情况继续开展后续工作。

第七条 存在其他变更情形的，部固管中心仅对省级生态环境部门的核实情况开展书面审查，在就近批次的废弃电器电子产品拆解处理情况技术复核工作报告中，就处理企业有关变更事项向生态环境部进行说明。

省级生态环境部门在报送核实情况后可继续开展对相关处理企业的审核工作。

第八条 对于《通知》印发之日前已发生搬迁的处理企业，根据《废弃电器电子产品拆解处理情况审核工作指南（2019年版）》对处理企业的废弃电器电子产品拆解处理情况开展审核工作。

第九条 生态环境部及时将处理企业的变更情形技术审查情况及其废弃电器电子产品拆解处理审核情况通报财政部。

第十条 本细则自印发之日起施行。

第四篇

医疗废物管理

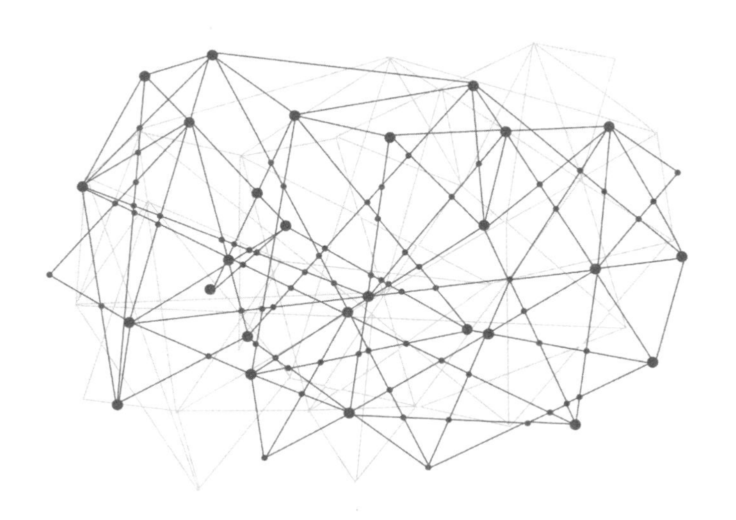

医疗废物管理条例

（2003年6月16日中华人民共和国国务院令第380号公布，根据2011年1月8日《国务院关于废止和修改部分行政法规的决定》修订）

第一章 总 则

第一条 为了加强医疗废物的安全管理，防止疾病传播，保护环境，保障人体健康，根据《中华人民共和国传染病防治法》和《中华人民共和国固体废物污染环境防治法》，制定本条例。

第二条 本条例所称医疗废物，是指医疗卫生机构在医疗、预防、保健以及其他相关活动中产生的具有直接或者间接感染性、毒性以及其他危害性的废物。

医疗废物分类目录，由国务院卫生行政主管部门和环境保护行政主管部门共同制定、公布。

第三条 本条例适用于医疗废物的收集、运送、贮存、处置以及监督管理等活动。

医疗卫生机构收治的传染病病人或者疑似传染病病人产生的生活垃圾，按照医疗废物进行管理和处置。

医疗卫生机构废弃的麻醉、精神、放射性、毒性等药品及其相关的废物的管理，依照有关法律、行政法规和国家有关规定、标准执行。

第四条 国家推行医疗废物集中无害化处置，鼓励有关医疗废物安全处置技术的研究与开发。

县级以上地方人民政府负责组织建设医疗废物集中处置设施。

国家对边远贫困地区建设医疗废物集中处置设施给予适当的支持。

第五条　县级以上各级人民政府卫生行政主管部门，对医疗废物收集、运送、贮存、处置活动中的疾病防治工作实施统一监督管理；环境保护行政主管部门，对医疗废物收集、运送、贮存、处置活动中的环境污染防治工作实施统一监督管理。

县级以上各级人民政府其他有关部门在各自的职责范围内负责与医疗废物处置有关的监督管理工作。

第六条　任何单位和个人有权对医疗卫生机构、医疗废物集中处置单位和监督管理部门及其工作人员的违法行为进行举报、投诉、检举和控告。

第二章　医疗废物管理的一般规定

第七条　医疗卫生机构和医疗废物集中处置单位，应当建立、健全医疗废物管理责任制，其法定代表人为第一责任人，切实履行职责，防止因医疗废物导致传染病传播和环境污染事故。

第八条　医疗卫生机构和医疗废物集中处置单位，应当制定与医疗废物安全处置有关的规章制度和在发生意外事故时的应急方案；设置监控部门或者专（兼）职人员，负责检查、督促、落实本单位医疗废物的管理工作，防止违反本条例的行为发生。

第九条　医疗卫生机构和医疗废物集中处置单位，应当对本单位从事医疗废物收集、运送、贮存、处置等工作的人员和管理人员，进行相关法律和专业技术、安全防护以及紧急处理等知识的培训。

第十条　医疗卫生机构和医疗废物集中处置单位，应当采取有效的职业卫生防护措施，为从事医疗废物收集、运送、贮存、处置等工作的人员和管理人员，配备必要的防护用品，定期进行健康检查；必要时，对有关人员进行免疫接种，防止其受到健康损害。

第十一条　医疗卫生机构和医疗废物集中处置单位，应当依照《中华人民共和国固体废物污染环境防治法》的规定，执行危险废物转移联单管理制度。

第十二条　医疗卫生机构和医疗废物集中处置单位，应当对医疗废物进行登记，登记内容应当包括医疗废物的来源、种类、重量或者数量、交接时间、处置方法、最终去向以及经办人签名等项目。登记资料至少保存 3 年。

第十三条 医疗卫生机构和医疗废物集中处置单位，应当采取有效措施，防止医疗废物流失、泄漏、扩散。

发生医疗废物流失、泄漏、扩散时，医疗卫生机构和医疗废物集中处置单位应当采取减少危害的紧急处理措施，对致病人员提供医疗救护和现场救援；同时向所在地的县级人民政府卫生行政主管部门、环境保护行政主管部门报告，并向可能受到危害的单位和居民通报。

第十四条 禁止任何单位和个人转让、买卖医疗废物。

禁止在运送过程中丢弃医疗废物；禁止在非贮存地点倾倒、堆放医疗废物或者将医疗废物混入其他废物和生活垃圾。

第十五条 禁止邮寄医疗废物。

禁止通过铁路、航空运输医疗废物。

有陆路通道的，禁止通过水路运输医疗废物；没有陆路通道必须经水路运输医疗废物的，应当经设区的市级以上人民政府环境保护行政主管部门批准，并采取严格的环境保护措施后，方可通过水路运输。

禁止将医疗废物与旅客在同一运输工具上载运。

禁止在饮用水源保护区的水体上运输医疗废物。

第三章　医疗卫生机构对医疗废物的管理

第十六条 医疗卫生机构应当及时收集本单位产生的医疗废物，并按照类别分置于防渗漏、防锐器穿透的专用包装物或者密闭的容器内。

医疗废物专用包装物、容器，应当有明显的警示标识和警示说明。

医疗废物专用包装物、容器的标准和警示标识的规定，由国务院卫生行政主管部门和环境保护行政主管部门共同制定。

第十七条 医疗卫生机构应当建立医疗废物的暂时贮存设施、设备，不得露天存放医疗废物；医疗废物暂时贮存的时间不得超过2天。

医疗废物的暂时贮存设施、设备，应当远离医疗区、食品加工区和人员活动区以及生活垃圾存放场所，并设置明显的警示标识和防渗漏、防鼠、防蚊蝇、防蟑螂、防盗以及预防儿童接触等安全措施。

医疗废物的暂时贮存设施、设备应当定期消毒和清洁。

第十八条　医疗卫生机构应当使用防渗漏、防遗撒的专用运送工具，按照本单位确定的内部医疗废物运送时间、路线，将医疗废物收集、运送至暂时贮存地点。

运送工具使用后应当在医疗卫生机构内指定的地点及时消毒和清洁。

第十九条　医疗卫生机构应当根据就近集中处置的原则，及时将医疗废物交由医疗废物集中处置单位处置。

医疗废物中病原体的培养基、标本和菌种、毒种保存液等高危险废物，在交医疗废物集中处置单位处置前应当就地消毒。

第二十条　医疗卫生机构产生的污水、传染病病人或者疑似传染病病人的排泄物，应当按照国家规定严格消毒；达到国家规定的排放标准后，方可排入污水处理系统。

第二十一条　不具备集中处置医疗废物条件的农村，医疗卫生机构应当按照县级人民政府卫生行政主管部门、环境保护行政主管部门的要求，自行就地处置其产生的医疗废物。自行处置医疗废物的，应当符合下列基本要求：

（一）使用后的一次性医疗器具和容易致人损伤的医疗废物，应当消毒并作毁形处理；

（二）能够焚烧的，应当及时焚烧；

（三）不能焚烧的，消毒后集中填埋。

第四章　医疗废物的集中处置

第二十二条　从事医疗废物集中处置活动的单位，应当向县级以上人民政府环境保护行政主管部门申请领取经营许可证；未取得经营许可证的单位，不得从事有关医疗废物集中处置的活动。

第二十三条　医疗废物集中处置单位，应当符合下列条件：

（一）具有符合环境保护和卫生要求的医疗废物贮存、处置设施或者设备；

（二）具有经过培训的技术人员以及相应的技术工人；

（三）具有负责医疗废物处置效果检测、评价工作的机构和人员；

（四）具有保证医疗废物安全处置的规章制度。

第二十四条 医疗废物集中处置单位的贮存、处置设施，应当远离居（村）民居住区、水源保护区和交通干道，与工厂、企业等工作场所有适当的安全防护距离，并符合国务院环境保护行政主管部门的规定。

第二十五条 医疗废物集中处置单位应当至少每2天到医疗卫生机构收集、运送一次医疗废物，并负责医疗废物的贮存、处置。

第二十六条 医疗废物集中处置单位运送医疗废物，应当遵守国家有关危险货物运输管理的规定，使用有明显医疗废物标识的专用车辆。医疗废物专用车辆应当达到防渗漏、防遗撒以及其他环境保护和卫生要求。

运送医疗废物的专用车辆使用后，应当在医疗废物集中处置场所内及时进行消毒和清洁。

运送医疗废物的专用车辆不得运送其他物品。

第二十七条 医疗废物集中处置单位在运送医疗废物过程中应当确保安全，不得丢弃、遗撒医疗废物。

第二十八条 医疗废物集中处置单位应当安装污染物排放在线监控装置，并确保监控装置经常处于正常运行状态。

第二十九条 医疗废物集中处置单位处置医疗废物，应当符合国家规定的环境保护、卫生标准、规范。

第三十条 医疗废物集中处置单位应当按照环境保护行政主管部门和卫生行政主管部门的规定，定期对医疗废物处置设施的环境污染防治和卫生学效果进行检测、评价。检测、评价结果存入医疗废物集中处置单位档案，每半年向所在地环境保护行政主管部门和卫生行政主管部门报告一次。

第三十一条 医疗废物集中处置单位处置医疗废物，按照国家有关规定向医疗卫生机构收取医疗废物处置费用。

医疗卫生机构按照规定支付的医疗废物处置费用，可以纳入医疗成本。

第三十二条 各地区应当利用和改造现有固体废物处置设施和其他设施，对医疗废物集中处置，并达到基本的环境保护和卫生要求。

第三十三条 尚无集中处置设施或者处置能力不足的城市，自本条例施行之日起，设区的市级以上城市应当在1年内建成医疗废物集中处置设施；县级市应当在2年内建成医疗废物集中处置设施。县（旗）医疗废物集中处置设施的建设，由省、自治区、直辖市人民政府规定。

在尚未建成医疗废物集中处置设施期间，有关地方人民政府应当组织制定符合环境保护和卫生要求的医疗废物过渡性处置方案，确定医疗废物收集、运送、处置方式和处置单位。

第五章　监督管理

第三十四条　县级以上地方人民政府卫生行政主管部门、环境保护行政主管部门，应当依照本条例的规定，按照职责分工，对医疗卫生机构和医疗废物集中处置单位进行监督检查。

第三十五条　县级以上地方人民政府卫生行政主管部门，应当对医疗卫生机构和医疗废物集中处置单位从事医疗废物的收集、运送、贮存、处置中的疾病防治工作，以及工作人员的卫生防护等情况进行定期监督检查或者不定期的抽查。

第三十六条　县级以上地方人民政府环境保护行政主管部门，应当对医疗卫生机构和医疗废物集中处置单位从事医疗废物收集、运送、贮存、处置中的环境污染防治工作进行定期监督检查或者不定期的抽查。

第三十七条　卫生行政主管部门、环境保护行政主管部门应当定期交换监督检查和抽查结果。在监督检查或者抽查中发现医疗卫生机构和医疗废物集中处置单位存在隐患时，应当责令立即消除隐患。

第三十八条　卫生行政主管部门、环境保护行政主管部门接到对医疗卫生机构、医疗废物集中处置单位和监督管理部门及其工作人员违反本条例行为的举报、投诉、检举和控告后，应当及时核实，依法作出处理，并将处理结果予以公布。

第三十九条　卫生行政主管部门、环境保护行政主管部门履行监督检查职责时，有权采取下列措施：

（一）对有关单位进行实地检查，了解情况，现场监测，调查取证；

（二）查阅或者复制医疗废物管理的有关资料，采集样品；

（三）责令违反本条例规定的单位和个人停止违法行为；

（四）查封或者暂扣涉嫌违反本条例规定的场所、设备、运输工具和物品；

（五）对违反本条例规定的行为进行查处。

第四十条 发生因医疗废物管理不当导致传染病传播或者环境污染事故，或者有证据证明传染病传播或者环境污染的事故有可能发生时，卫生行政主管部门、环境保护行政主管部门应当采取临时控制措施，疏散人员，控制现场，并根据需要责令暂停导致或者可能导致传染病传播或者环境污染事故的作业。

第四十一条 医疗卫生机构和医疗废物集中处置单位，对有关部门的检查、监测、调查取证，应当予以配合，不得拒绝和阻碍，不得提供虚假材料。

第六章 法律责任

第四十二条 县级以上地方人民政府未依照本条例的规定，组织建设医疗废物集中处置设施或者组织制定医疗废物过渡性处置方案的，由上级人民政府通报批评，责令限期建成医疗废物集中处置设施或者组织制定医疗废物过渡性处置方案；并可以对政府主要领导人、负有责任的主管人员，依法给予行政处分。

第四十三条 县级以上各级人民政府卫生行政主管部门、环境保护行政主管部门或者其他有关部门，未按照本条例的规定履行监督检查职责，发现医疗卫生机构和医疗废物集中处置单位的违法行为不及时处理，发生或者可能发生传染病传播或者环境污染事故时未及时采取减少危害措施，以及有其他玩忽职守、失职、渎职行为的，由本级人民政府或者上级人民政府有关部门责令改正，通报批评；造成传染病传播或者环境污染事故的，对主要负责人、负有责任的主管人员和其他直接责任人员依法给予降级、撤职、开除的行政处分；构成犯罪的，依法追究刑事责任。

第四十四条 县级以上人民政府环境保护行政主管部门，违反本条例的规定发给医疗废物集中处置单位经营许可证的，由本级人民政府或者上级人民政府环境保护行政主管部门通报批评，责令收回违法发给的证书；并可以对主要负责人、负有责任的主管人员和其他直接责任人员依法给予行政处分。

第四十五条 医疗卫生机构、医疗废物集中处置单位违反本条例规定，有下列情形之一的，由县级以上地方人民政府卫生行政主管部门或者环境保护行政主管部门按照各自的职责责令限期改正，给予警告；逾期不改正的，处2000元以上5000元以下的罚款：

（一）未建立、健全医疗废物管理制度，或者未设置监控部门或者专（兼）职人员的；

（二）未对有关人员进行相关法律和专业技术、安全防护以及紧急处理等知识的培训的；

（三）未对从事医疗废物收集、运送、贮存、处置等工作的人员和管理人员采取职业卫生防护措施的；

（四）未对医疗废物进行登记或者未保存登记资料的；

（五）对使用后的医疗废物运送工具或者运送车辆未在指定地点及时进行消毒和清洁的；

（六）未及时收集、运送医疗废物的；

（七）未定期对医疗废物处置设施的环境污染防治和卫生学效果进行检测、评价，或者未将检测、评价效果存档、报告的。

第四十六条　医疗卫生机构、医疗废物集中处置单位违反本条例规定，有下列情形之一的，由县级以上地方人民政府卫生行政主管部门或者环境保护行政主管部门按照各自的职责责令限期改正，给予警告，可以并处5000元以下的罚款；逾期不改正的，处5000元以上3万元以下的罚款：

（一）贮存设施或者设备不符合环境保护、卫生要求的；

（二）未将医疗废物按照类别分置于专用包装物或者容器的；

（三）未使用符合标准的专用车辆运送医疗废物或者使用运送医疗废物的车辆运送其他物品的；

（四）未安装污染物排放在线监控装置或者监控装置未经常处于正常运行状态的。

第四十七条　医疗卫生机构、医疗废物集中处置单位有下列情形之一的，由县级以上地方人民政府卫生行政主管部门或者环境保护行政主管部门按照各自的职责责令限期改正，给予警告，并处5000元以上1万元以下的罚款；逾期不改正的，处1万元以上3万元以下的罚款；造成传染病传播或者环境污染事故的，由原发证部门暂扣或者吊销执业许可证件或者经营许可证件；构成犯罪的，依法追究刑事责任：

（一）在运送过程中丢弃医疗废物，在非贮存地点倾倒、堆放医疗废物或者将医疗废物混入其他废物和生活垃圾的；

（二）未执行危险废物转移联单管理制度的；

（三）将医疗废物交给未取得经营许可证的单位或者个人收集、运送、贮存、处置的；

（四）对医疗废物的处置不符合国家规定的环境保护、卫生标准、规范的；

（五）未按照本条例的规定对污水、传染病病人或者疑似传染病病人的排泄物，进行严格消毒，或者未达到国家规定的排放标准，排入污水处理系统的；

（六）对收治的传染病病人或者疑似传染病病人产生的生活垃圾，未按照医疗废物进行管理和处置的。

第四十八条 医疗卫生机构违反本条例规定，将未达到国家规定标准的污水、传染病病人或者疑似传染病病人的排泄物排入城市排水管网的，由县级以上地方人民政府建设行政主管部门责令限期改正，给予警告，并处 5000 元以上 1 万元以下的罚款；逾期不改正的，处 1 万元以上 3 万元以下的罚款；造成传染病传播或者环境污染事故的，由原发证部门暂扣或者吊销执业许可证件；构成犯罪的，依法追究刑事责任。

第四十九条 医疗卫生机构、医疗废物集中处置单位发生医疗废物流失、泄漏、扩散时，未采取紧急处理措施，或者未及时向卫生行政主管部门和环境保护行政主管部门报告的，由县级以上地方人民政府卫生行政主管部门或者环境保护行政主管部门按照各自的职责责令改正，给予警告，并处 1 万元以上 3 万元以下的罚款；造成传染病传播或者环境污染事故的，由原发证部门暂扣或者吊销执业许可证件或者经营许可证件；构成犯罪的，依法追究刑事责任。

第五十条 医疗卫生机构、医疗废物集中处置单位，无正当理由，阻碍卫生行政主管部门或者环境保护行政主管部门执法人员执行职务，拒绝执法人员进入现场，或者不配合执法部门的检查、监测、调查取证的，由县级以上地方人民政府卫生行政主管部门或者环境保护行政主管部门按照各自的职责责令改正，给予警告；拒不改正的，由原发证部门暂扣或者吊销执业许可证件或者经营许可证件；触犯《中华人民共和国治安管理处罚条例》，构成违反治安管理行为的，由公安机关依法予以处罚；构成犯罪的，依法追究刑事责任。

第五十一条 不具备集中处置医疗废物条件的农村，医疗卫生机构未按照本条例的要求处置医疗废物的，由县级人民政府卫生行政主管部门或者环境保护行政主管部门按照各自的职责责令限期改正，给予警告；逾期不改正的，处1000元以上5000元以下的罚款；造成传染病传播或者环境污染事故的，由原发证部门暂扣或者吊销执业许可证件；构成犯罪的，依法追究刑事责任。

第五十二条　未取得经营许可证从事医疗废物的收集、运送、贮存、处置等活动的，由县级以上地方人民政府环境保护行政主管部门责令立即停止违法行为，没收违法所得，可以并处违法所得1倍以下的罚款。

第五十三条　转让、买卖医疗废物，邮寄或者通过铁路、航空运输医疗废物，或者违反本条例规定通过水路运输医疗废物的，由县级以上地方人民政府环境保护行政主管部门责令转让、买卖双方、邮寄人、托运人立即停止违法行为，给予警告，没收违法所得；违法所得5000元以上的，并处违法所得2倍以上5倍以下的罚款；没有违法所得或者违法所得不足5000元的，并处5000元以上2万元以下的罚款。

承运人明知托运人违反本条例的规定运输医疗废物，仍予以运输的，或者承运人将医疗废物与旅客在同一工具上载运的，按照前款的规定予以处罚。

第五十四条　医疗卫生机构、医疗废物集中处置单位违反本条例规定，导致传染病传播或者发生环境污染事故，给他人造成损害的，依法承担民事赔偿责任。

第七章　附　则

第五十五条　计划生育技术服务、医学科研、教学、尸体检查和其他相关活动中产生的具有直接或者间接感染性、毒性以及其他危害性废物的管理，依照本条例执行。

第五十六条　军队医疗卫生机构医疗废物的管理由中国人民解放军卫生主管部门参照本条例制定管理办法。

第五十七条　本条例自公布之日起施行。

医疗废物管理行政处罚办法

（2004年5月27日卫生部、国家环境保护总局令第21号发布，根据2010年12月22日《环境保护部关于废止、修改部分环保部门规章和规范性文件的决定》修订）

第一条 根据《中华人民共和国传染病防治法》《中华人民共和国固体废物污染环境防治法》和《医疗废物管理条例》（以下简称《条例》），县级以上人民政府卫生行政主管部门和环境保护行政主管部门按照各自职责，对违反医疗废物管理规定的行为实施的行政处罚，适用本办法。

第二条 医疗卫生机构有《条例》第四十五条规定的下列情形之一的，由县级以上地方人民政府卫生行政主管部门责令限期改正，给予警告；逾期不改正的，处2000元以上5000元以下的罚款：

（一）未建立、健全医疗废物管理制度，或者未设置监控部门或者专（兼）职人员的；

（二）未对有关人员进行相关法律和专业技术、安全防护以及紧急处理等知识培训的；

（三）未对医疗废物进行登记或者未保存登记资料的；

（四）对使用后的医疗废物运送工具或者运送车辆未在指定地点及时进行消毒和清洁的；

（五）依照《条例》自行建有医疗废物处置设施的医疗卫生机构未定期对医疗废物处置设施的污染防治和卫生学效果进行检测、评价，或者未将检测、评价效果存档、报告的。

第三条　医疗废物集中处置单位有《条例》第四十五条规定的下列情形之一的，由县级以上地方人民政府环境保护行政主管部门责令限期改正，给予警告；逾期不改正的，处2000元以上5000元以下的罚款：

（一）未建立、健全医疗废物管理制度，或者未设置监控部门或者专（兼）职人员的；

（二）未对有关人员进行相关法律和专业技术、安全防护以及紧急处理等知识培训的；

（三）未对医疗废物进行登记或者未保存登记资料的；

（四）对使用后的医疗废物运送车辆未在指定地点及时进行消毒和清洁的；

（五）未及时收集、运送医疗废物的；

（六）未定期对医疗废物处置设施的污染防治和卫生学效果进行检测、评价，或者未将检测、评价效果存档、报告的。

第四条　医疗卫生机构、医疗废物集中处置单位有《条例》第四十五条规定的情形，未对从事医疗废物收集、运送、贮存、处置等工作的人员和管理人员采取职业卫生防护措施的，由县级以上地方人民政府卫生行政主管部门责令限期改正，给予警告；逾期不改正的，处2000元以上5000元以下的罚款。

第五条　医疗卫生机构有《条例》第四十六条规定的下列情形之一的，由县级以上地方人民政府卫生行政主管部门责令限期改正，给予警告，可以并处5000元以下的罚款，逾期不改正的，处5000元以上3万元以下的罚款：

（一）贮存设施或者设备不符合环境保护、卫生要求的；

（二）未将医疗废物按照类别分置于专用包装物或者容器的；

（三）未使用符合标准的运送工具运送医疗废物的。

第六条　医疗废物集中处置单位有《条例》第四十六条规定的下列情形之一的，由县级以上地方人民政府环境保护行政主管部门责令限期改正，给予警告，可以并处5000元以下的罚款，逾期不改正的，处5000元以上3万元以下的罚款：

（一）贮存设施或者设备不符合环境保护、卫生要求的；

（二）未将医疗废物按照类别分置于专用包装物或者容器的；

（三）未使用符合标准的专用车辆运送医疗废物的；

（四）未安装污染物排放在线监控装置或者监控装置未经常处于正常运行状态

的。

第七条 医疗卫生机构有《条例》第四十七条规定的下列情形之一的，由县级以上地方人民政府卫生行政主管部门责令限期改正，给予警告，并处5000元以上1万元以下的罚款；逾期不改正的，处1万元以上3万元以下的罚款：

（一）在医疗卫生机构内运送过程中丢弃医疗废物，在非贮存地点倾倒、堆放医疗废物或者将医疗废物混入其他废物和生活垃圾的；

（二）未按照《条例》的规定对污水、传染病病人或者疑似传染病病人的排泄物，进行严格消毒的，或者未达到国家规定的排放标准，排入医疗卫生机构内的污水处理系统的；

（三）对收治的传染病病人或者疑似传染病病人产生的生活垃圾，未按照医疗废物进行管理和处置的。

医疗卫生机构在医疗卫生机构外运送过程中丢弃医疗废物，在非贮存地点倾倒、堆放医疗废物或者将医疗废物混入其他废物和生活垃圾的，由县级以上地方人民政府环境保护行政主管部门依照《中华人民共和国固体废物污染环境防治法》第七十五条规定责令停止违法行为，限期改正，处1万元以上10万元以下的罚款。

第八条 医疗废物集中处置单位有《条例》第四十七条规定的情形，在运送过程中丢弃医疗废物，在非贮存地点倾倒、堆放医疗废物或者将医疗废物混入其他废物和生活垃圾的，由县级以上地方人民政府环境保护行政主管部门依照《中华人民共和国固体废物污染环境防治法》第七十五条规定责令停止违法行为，限期改正，处1万元以上10万元以下的罚款。

第九条 医疗废物集中处置单位和依照《条例》自行建有医疗废物处置设施的医疗卫生机构，有《条例》第四十七条规定的情形，对医疗废物的处置不符合国家规定的环境保护、卫生标准、规范的，由县级以上地方人民政府环境保护行政主管部门责令限期改正，给予警告，并处5000元以上1万元以下的罚款；逾期不改正的，处1万元以上3万元以下的罚款。

第十条 医疗卫生机构、医疗废物集中处置单位有《条例》第四十七条规定的下列情形之一的，由县级以上人民政府环境保护行政主管部门依照《中华人民共和国固体废物污染环境防治法》第七十五条规定责令停止违法行为，限期改正，处2万元以上20万元以下的罚款：

（一）未执行危险废物转移联单管理制度的；

（二）将医疗废物交给或委托给未取得经营许可证的单位或者个人收集、运送、贮存、处置的。

第十一条　有《条例》第四十九条规定的情形，医疗卫生机构发生医疗废物流失、泄漏、扩散时，未采取紧急处理措施，或者未及时向卫生行政主管部门报告的，由县级以上地方人民政府卫生行政主管部门责令改正，给予警告，并处 1 万元以上 3 万元以下的罚款。

医疗废物集中处置单位发生医疗废物流失、泄漏、扩散时，未采取紧急处理措施，或者未及时向环境保护行政主管部门报告的，由县级以上地方人民政府环境保护行政主管部门责令改正，给予警告，并处 1 万元以上 3 万元以下的罚款。

第十二条　有《条例》第五十条规定的情形，医疗卫生机构、医疗废物集中处置单位阻碍卫生行政主管部门执法人员执行职务，拒绝执法人员进入现场，或者不配合执法部门的检查、监测、调查取证的，由县级以上地方人民政府卫生行政主管部门责令改正，给予警告；拒不改正的，由原发证的卫生行政主管部门暂扣或者吊销医疗卫生机构的执业许可证件。

医疗卫生机构、医疗废物集中处置单位阻碍环境保护行政主管部门执法人员执行职务，拒绝执法人员进入现场，或者不配合执法部门的检查、监测、调查取证的，由县级以上地方人民政府环境保护行政主管部门依照《中华人民共和国固体废物污染环境防治法》第七十条规定责令限期改正；拒不改正或者在检查时弄虚作假的，处 2 千元以上 2 万元以下的罚款。

第十三条　有《条例》第五十一条规定的情形，不具备集中处置医疗废物条件的农村，医疗卫生机构未按照卫生行政主管部门有关疾病防治的要求处置医疗废物的，由县级人民政府卫生行政主管部门责令限期改正，给予警告；逾期不改正的，处 1000 元以上 5000 元以下的罚款；未按照环境保护行政主管部门有关环境污染防治的要求处置医疗废物的，由县级人民政府环境保护行政主管部门责令限期改正，给予警告；逾期不改正的，处 1000 元以上 5000 元以下的罚款。

第十四条　有《条例》第五十二条规定的情形，未取得经营许可证从事医疗废物的收集、运送、贮存、处置等活动的，由县级以上人民政府环境保护行政主管部门依照《中华人民共和国固体废物污染环境防治法》第七十七条规定责令停止违法行为，没收违法所得，可以并处违法所得3倍以下的罚款。

第十五条 有《条例》第四十七条、第四十八条、第四十九条、第五十一条规定的情形，医疗卫生机构造成传染病传播的，由县级以上地方人民政府卫生行政主管部门依法处罚，并由原发证的卫生行政主管部门暂扣或者吊销执业许可证件；造成环境污染事故的，由县级以上地方人民政府环境保护行政主管部门依照《中华人民共和国固体废物污染环境防治法》有关规定予以处罚，并由原发证的卫生行政主管部门暂扣或者吊销执业许可证件。

医疗废物集中处置单位造成传染病传播的，由县级以上地方人民政府卫生行政主管部门依法处罚，并由原发证的环境保护行政主管部门暂扣或者吊销经营许可证件；造成环境污染事故的，由县级以上地方人民政府环境保护行政主管部门依照《中华人民共和国固体废物污染环境防治法》有关规定予以处罚，并由原发证的环境保护行政主管部门暂扣或者吊销经营许可证件。

第十六条 有《条例》第五十三条规定的情形，转让、买卖医疗废物，邮寄或者通过铁路、航空运输医疗废物，或者违反《条例》规定通过水路运输医疗废物的，由县级以上地方人民政府环境保护行政主管部门责令转让、买卖双方、邮寄人、托运人立即停止违法行为，给予警告，没收违法所得；违法所得5000元以上的，并处违法所得2倍以上5倍以下的罚款；没有违法所得或者违法所得不足5000元的，并处5000元以上2万元以下的罚款。

承运人明知托运人违反《条例》的规定运输医疗废物，仍予以运输的，按照前款的规定予以处罚；承运人将医疗废物与旅客在同一工具上载运的，由县级以上人民政府环境保护行政主管部门依照《中华人民共和国固体废物污染环境防治法》第七十五条规定责令停止违法行为，限期改正，处1万元以上10万元以下的罚款。

第十七条 本办法自2004年6月1日起施行。

国家发展改革委等3部门关于印发《医疗废物集中处置设施能力建设实施方案》的通知

（发改环资〔2020〕696号）

各省、自治区、直辖市、新疆生产建设兵团发展改革委、卫生健康委、生态环境厅（局）：

为认真贯彻落实习近平总书记关于加快补齐医疗废物、危险废物收集处理设施方面短板的重要指示精神，深入贯彻落实党中央、国务院决策部署，加快推进医疗废物处置能力建设，补齐医疗废物处置短板，国家发展改革委、国家卫生健康委、生态环境部研究制定了《医疗废物集中处置设施能力建设实施方案》，现印发给你们，请贯彻执行。

附件：医疗废物集中处置设施能力建设实施方案

国家发展改革委
国家卫生健康委
生态环境部
2020年4月30日

附件

医疗废物集中处置设施能力建设实施方案

为认真贯彻落实习近平总书记关于加快补齐医疗废物、危险废物收集处理设施方面短板的重要指示精神，深入贯彻落实党中央、国务院决策部署，加强医疗废物管理，防止疾病传播，保护生态环境，保障人民群众生命健康，针对当前医疗废物处置能力布局不均衡、处置设备老化和处置标准低等问题，特制定本方案。

一、总体要求

以习近平新时代中国特色社会主义思想为指导，全面贯彻党的十九大和十九届二中、三中、四中全会精神，健全医疗废物收集转运处置体系，推动现有处置能力扩能提质，补齐处置能力缺口，提升治理能力现代化，推动形成与全面建成小康社会相适应的医疗废物处置体系。

二、实施目标

争取1–2年内尽快实现大城市、特大城市具备充足应急处理能力；每个地级以上城市至少建成1个符合运行要求的医疗废物集中处置设施；每个县（市）都建成医疗废物收集转运处置体系，实现县级以上医疗废物全收集、全处理，并逐步覆盖到建制镇，争取农村地区医疗废物得到规范处置。

三、主要任务

（一）加快优化医疗废物集中处置设施布局。2020年5月底前，各地区要全面摸查本地区医疗废物集中处置设施建设情况，掌握各地市医疗废物集中处置设施覆盖辖区内医疗机构情况，以及处置不同类别医疗废物的能力短板。综合考虑地理位置分布、服务人口、城镇化发展速度、满足平时和应急需求等因素，优化本地区医疗废物集中处置设施布局，建立工作台账，明确建设进度要求。

（二）积极推进大城市医疗废物集中处置设施应急备用能力建设。直辖市、省会城市、计划单列市、东中部地区人口1000万以上城市、西部地区人口500万以上城市，对现有医疗废物处置能力进行评估，综合考虑未来医疗废物增长情况、应急备用需求，适度超前谋划、设计、建设。有条件的地区要利用现有危险废物焚烧炉、生活垃圾焚烧炉、水泥窑补足医疗废物应急处置能力短板。

（三）大力推进现有医疗废物集中处置设施扩能提质。各地区要按照医疗废物集中处置技术规范等要求，在对现有医疗废物集中处置设施进行符合性排查基础上，加快推动现有医疗废物集中处置设施扩能提质改造，确保处置设施满足处置要求，并符合环境保护、卫生等相关法律法规要求。医疗废物处置设施超负荷、高负荷的地市要进行医疗废物处置设施提标改造，提升处置能力。2020年底前每个地级以上城市至少建成1个符合运行要求的医疗废物集中处置设施。

（四）加快补齐医疗废物集中处置设施缺口。截至到2020年5月，尚没有医疗废物集中处置设施的（不含规划建设的）地级市，要加快规划选址，推动建设医疗废物集中处置设施，补齐设施缺口。鼓励人口50万以上的县（市）因地制宜建设医疗废物集中处置设施，医疗废物日收集处置量在5吨以上的地区，可以建设以焚烧、高温蒸煮等为主的处置设施。鼓励跨县（市）建设医疗废物集中处置设施，实现设施共享。鼓励为偏远基层地区配置医疗废物移动处置和预处理设施，实现医疗废物就地处置。

（五）健全医疗废物收集转运处置体系。加快补齐县级医疗废物收集转运短板。依托跨区域医疗废物集中处置设施的县（区），要加快健全医疗废物收集转运处置体系。收集处置能力不足的偏远区县要新建收集处置设施。医疗废物集中处置单位要配备数量充足的收集、转运周转设施和具备相关资质的车辆。收集转运能力应当向农村地区延伸。

（六）建立医疗废物信息化管理平台。2021年底前，建立全国医疗废物信息化管理平台，覆盖医疗机构、医疗废物集中贮存点和医疗废物集中处置单位，实现信息互通共享，及时掌握医疗废物产生量、集中处置量、集中处置设施工作负荷以及应急处置需求等信息，提高医疗废物处置现代化管理水平。

四、保障措施

（一）加强组织领导，落实目标责任。各地区要按照国务院《医疗废物管理条例》和国家卫生健康委及有关部门《医疗机构废弃物综合治理工作方案》等要求，加强组织领导，落实目标责任，大力推进医疗废物处置设施建设。医疗机构和医疗废物集中处置单位分别承担医疗废物分类收集、分类贮存和转运处置的主体责任，要按照有关要求做好医疗废物处置工作。

（二）强化资金支持，加快建设进度。国家发展改革委会同有关部门研究出台支持政策，鼓励医疗废物处置设施建设。各地区要健全政策措施，加快推进医疗废物处置和转运设施建设相关工作。

（三）健全体制机制，形成工作合力。各地区要综合考虑区域内医疗机构总量和结构、医疗废物实际产生量及处理成本等因素，合理核定医疗废物处置收费标准。医疗机构按照规定支付的医疗废物处置费用作为医疗成本，在调整医疗服务价格时予以合理补偿。对跨区域建设医疗废物集中处置设施的地区，要建立协作机制和利益补偿机制。各地区发展改革部门要会同卫生健康、生态环境等部门建立工作协调机制，成立工作专班，按职责细化工作举措，及时交换信息，形成工作合力，共同推进医疗废物处置设施建设。

中华人民共和国国家生态环境标准

HJ 276—2021

代替 HJ/T276—2006

医疗废物高温蒸汽消毒集中处理工程技术规范

Technical specifications for centralized treatment engineering of steam disinfection on medical waste

2021-04-30 发布 2021-04-30 实施

生 态 环 境 部 发布

HJ 276—2021

前 言

为贯彻《中华人民共和国环境保护法》《中华人民共和国固体废物污染环境防治法》和《医疗废物管理条例》等法律法规，防治环境污染，改善生态环境质量，规范医疗废物高温蒸汽消毒集中处理工程的建设与运行管理，制定本标准。

本标准规定了医疗废物高温蒸汽消毒集中处理工程的设计、施工、验收和运行维护的技术要求。

本标准首次发布于2006年，本次为第一次修订。修订的主要内容如下：

——补充完善了术语和定义；

——调整了对高温蒸汽消毒集中处理工艺的技术要求；

——修订了高温蒸汽消 毒集中处理工程的建设选址及规模要求；

——优化了高温蒸汽消毒集中处理工程的运行和检测技术要求；

——明确了高温蒸汽消毒集中处理工程的设备及材料技术要求；

——增加了附录A（资料性附录）医疗卫生机构医疗废物产生量估算方法

——增加了附录B（资料性附录）医疗废物高温蒸汽消毒处理效果检测布点与评价要求。

本标准附录A和附录B为资料性附录。

自本标准实施之日起，《医疗废物高温蒸汽集中处理工程技术规范（试行）》（HJ/T 276—2006）废止。

本标准由生态环境部科技与财务司、法规与标准司组织制定。

本标准主要起草单位：生态环境部环境规划院、生态环境部对外合作与交流中心、沈阳环境科学研究院、中国科学院大学、生态环境部环境标准研究所。

本标准生态环境部2021年4月30日批准。

本标准自2021年4月30日起实施。

本标准由生态环境部解释。

医疗废物高温蒸汽消毒集中处理工程技术规范

1　适用范围

本标准规定了医疗废物高温蒸汽消毒集中处理工程的污染物与污染负荷、总体要求、工艺设计、主要工艺设备和材料、检测与过程控制、主要辅助工程、职业卫生、施工与验收、运行与维护等。

本标准适用于医疗废物高温蒸汽消毒集中处理设施新建、改建和扩建工程的设计、施工、验收及运行等全过程，可作为医疗废物高温蒸汽消毒集中处理工程项目的环境影响评价、环境保护设施设计与施工、验收及建成后运行与环境管理的技术依据。

2　规范性引用文件

本标准引用了下列文件或其中的条款。凡是注明日期的引用文件，仅注日期的版本适用于本标准。凡是未注日期的引用文件，其最新版本（包括所有的修改单）适用于本标准。

GB/T 150　压力容器

GB 15562.2　环境保护图形标志——固体废物贮存（处置）场

GB/T 16157　固定污染源排气中颗粒物测定与气态污染物采样方法

GB 16297　大气污染物综合排放标准

GB 18466　医疗机构水污染物排放标准

GB/T 18920　城市污水再生利用城市杂用水水质

GB/T 19923　城市污水再生利用工业用水水质

GB/T 20801　压力管道规范工业管道

GB 39707　医疗废物处理处置污染控制标准

GB 50014　室外排水设计标准

GB 50016　建筑设计防火规范

GB 50019　工业建筑供暖通风与空气调节设计规范

GB 50033　建筑采光设计标准

GB 50034　建筑照明设计标准

GB 50037　建筑地面设计规范

GB 50052　供配电系统设计规范

GB/T 50087　工业企业噪声控制设计规范

GB 50187　工业企业总平面设计规范

GB 50222　建筑内部装修设计防火规范

HJ 354　水污染源在线监测系统（COD_{Cr}、NH_3-N 等）验收技术规范

HJ 421　医疗废物专用包装袋、容器和警示标志标准

HJ 2029　医院污水处理工程技术规范

GBJ 22　厂矿道路设计规范

GBZ 1　工业企业设计卫生标准

GBZ 2.1　工作场所有害因素职业接触限值　第 1 部分：化学有害因素

GBZ 2.2　工作场所有害因素职业接触限值　第 2 部分：物理因素

GBZ 188　职业健康监护技术规范

《医疗废物管理条例》（国务院令第 380 号）

《国家危险废物名录》（生态环境部令第 15 号）

《医疗废物分类目录》（卫医发〔2003〕287 号）

《消毒技术规范》（卫法监发〔2002〕282 号）

3　术语和定义

下列术语和定义适用于本标准。

3.1　医疗废物　medical waste

医疗卫生机构在医疗、预防、保健及其他相关活动中产生的具有直接或间接感染性、毒性以及其他危害性的废物，也包括《医疗废物管理条例》规定的其他按照医疗废物管理和处置的废物。

3.2　高温蒸汽消毒　steam disinfection

利用高温蒸汽杀灭医疗废物中病原微生物，使其消除潜在的感染性危害的处理

方法。

3.3 消毒处理 disinfection treatment

杀灭或消除医疗废物中的病原微生物，使其消除潜在的感染性危害的过程。消毒处理技术主要包括高温蒸汽消毒、化学消毒、微波消毒、高温干热消毒等。

3.4 贮存 storage

将医疗废物存放于符合特定要求的专门场所或设施的活动。

3.5 处置 disposal

将医疗废物焚烧达到减少数量、缩小体积、减少或消除其危险成分的活动，或者将经消毒处理的医疗废物按照相关国家规定进行焚烧或填埋的活动。

3.6 周转箱/桶 transfer container/barrel

医疗废物运送过程中用于盛装经初级包装的医疗废物的专用硬质容器。

3.7 消毒舱 disinfection chamber

高温蒸汽消毒处理设备内部对医疗废物进行蒸汽处理的腔体。

3.8 消毒舱容积 loading volume of disinfection chamber

消毒舱内直接盛装待处理医疗废物的腔体或容器的实际容积。

3.9 消毒温度 disinfection temperature

为达到规定的生物灭活程度而设定的消毒舱内稳定、有效的温度限值。

3.10 消毒时间 disinfection time

消毒舱内升温达到消毒温度后，医疗废物在消毒温度下的持续停留时间，不包括升温时间和降温时间。

3.11 单批次处理时间 single batch processing time

高温蒸汽消毒处理设备连续运行时，从一批医疗废物进入消毒舱到下一批医疗废物进入消毒舱的时间间隔。

3.12 杀灭对数值 killing log value

当生物指示物数量以对数表示时，消毒处理前后生物指示物数量减少的值。计算公式为：

$$KL=N_0-N_x \qquad (1)$$

式中：

KL——杀灭对数值；

N_0——消毒处理前生物指示物数量的对数值；

N_x——消毒处理后生物指示物数量的对数值。

3.13 预真空 pre-vacuum

对医疗废物进行蒸汽消毒处理前，利用抽真空装置使消毒舱内部环境达到某一负压值的过程。

3.14 单次预真空 single pre-vacuum

对消毒舱进行预真空操作时，使消毒舱内部环境1次达到某一负压值。

3.15 脉动预真空 fractionated pre-vacuum

对消毒舱进行预真空操作时，使消毒舱内部环境达到某一负压值，再充入高温蒸汽，该过程连续进行2次以上。

3.16 下排气 gravity exhaust

利用重力置换原理，通过向消毒舱内通入高温蒸汽，迫使消毒舱内的空气从蒸汽消毒处理设备的下排气孔排出的过程。

3.17 废气 exhaust gas

医疗废物高温蒸汽消毒处理过程中从消毒舱内抽（排）出的气体、贮存设施排出的气体以及进料、出料、破碎等环节产生的气体。

3.18 残液 residual liquid

医疗废物高温蒸汽消毒处理过程中蒸汽与医疗废物接触后形成的冷凝液及医疗废物本身携带的渗出液。

3.19 B-D 试验 Bowie-Dick test

采用专用测试包，通过观察测试包内真空测试图的颜色变化来检测高温蒸汽消毒处理设备内热穿透性能的一种测试。

4 污染物与污染负荷

4.1 适用的医疗废物种类

4.1.1 医疗废物高温蒸汽消毒集中处理工程适用于处理《医疗废物分类目录》和《国家危险废物名录》中的感染性废物、损伤性废物及病理切片后废弃的人体组织、病理蜡块等不可辨识的病理性废物。

4.1.2 集中处理工程不适用于处理药物性废物、化学性废物。

4.2 医疗废物产生量

4.2.1 医疗废物高温蒸汽消毒集中处理工程服务区内医疗卫生机构的医疗废物产生量应按可收集和处理的废物实际重量进行统计与核定。无法获得实际产生量的，可对医疗废物产生量进行估算，估算方法参见附录 A。

4.2.2 其他产生源医疗废物的产生量可根据各地实际情况合理估算。

4.3 污染物来源与种类

4.3.1 医疗废物高温蒸汽消毒集中处理过程产生的废气主要来源于高温蒸汽消毒处理及处理前后的抽真空、贮存、进料、出料、破碎等环节。主要污染物为颗粒物、恶臭、挥发性有机物（VOCs）。

4.3.2 集中处理过程产生的废水主要来源于高温蒸汽消毒处理、运输车辆和周转箱/桶清洗消毒、卸料区和贮存区等生产区清洗消毒、高温蒸汽消毒处理和破碎设备清洗消毒等环节，以及生产区和废水处理区的初期雨水、事故废水。主要污染物指标为 pH、生化需氧量（BOD）、化学需氧量（COD）、悬浮物（SS）。

4.3.3 集中处理过程产生的固体废物主要为经消毒处理的医疗废物以及废气处理装置失效的填料、废水处理产生的污泥等固体废物。

4.3.4 集中处理过程产生的噪声污染主要来源于风机、真空泵、破碎机等设备。

5 总体要求

5.1 一般规定

5.1.1 医疗废物高温蒸汽消毒集中处理工程建设应遵守国家传染病防治、生态环境保护、消防、安全生产、职业卫生等相关规定。

5.1.2 集中处理工程运行产生的废气、废水、噪声污染及厂界的大气污染物（不包括臭气浓度）控制应符合 GB 39707 等国家和地方相关污染物排放标准要求。

5.1.3 经消毒处理的医疗废物及其他固体废物应符合国家固体废物管理和处置的相关规定。

5.1.4 集中处理工程应设置围墙、警示标志，并符合 GB 15562.2、HJ 421 的要求。

5.1.5 集中处理工程排气筒的设置应符合 GB 16297 的要求，采样监测应符合 GB/T 16157 的要求。

5.2 厂址选择

5.2.1 医疗废物高温蒸汽消毒集中处理工程厂址选择应符合 GB 39707 的相关规定。

5.2.2 集中处理工程厂址选择还应综合考虑以下条件：

a）厂址应满足工程建设的工程地质条件、水文地质条件和气象条件；

b）厂址所在区域不应受洪水、潮水或内涝的威胁，必须建在该地区时，应有可靠的防洪、排涝措施；

c）厂址附近应有满足生产、生活的供水水源、污水排放、电力供应等条件，并应综合考虑交通条件、运输距离、土地利用状况、基础设施状况等因素；

d）厂址应考虑蒸汽供给条件，如需自建蒸汽供给单元，还应符合大气污染防治的有关规定；

e）厂址宜选择在生活垃圾焚烧或填埋处置场所附近。

5.3 建设规模

5.3.1 医疗废物高温蒸汽消毒集中处理工程的建设规模应综合考虑以下因素：

a）应考虑服务区域内医疗废物产生量、成分特点、变化趋势、医疗废物收运体系等；

b）应考虑高温蒸汽消毒处理技术的适用性；

c）规模设计应根据当地实际情况预留足够的裕量，并考虑检修状况下的备用能力；

d）应考虑所在城市或区域内其他医疗废物处置设施、危险废物焚烧设施等在规模、技术适用性方面的优势互补和资源共享。

5.3.2 单台消毒处理设备规模应根据消毒舱容积及单批次处理时间确定，按以下计算方法转化为额定日处理规模表示：

$$W = V \times \gamma \times \eta \times \frac{T}{T_1} \tag{2}$$

式中：

W——额定日处理量，t/d；

V——消毒舱容积，m^3；

γ——医疗废物容重，t/m^3；

η——装载率，%；

T——日运行时间，h/d；

T_1——单批次处理时间，h。

单台消毒处理设备 V 应不大于 10 m^3，γ 以 0.1 ～ 0.12 t/m^3 计，η 以 90% 计，T 以 16 h/d 计。

5.4　工程构成

5.4.1　医疗废物高温蒸汽消毒集中处理工程由主体工程、主要辅助工程和配套设施构成。

5.4.2　主体工程主要包括：

a）接收贮存系统，该系统由医疗废物计量、卸料、贮存、转运等设施构成；

b）高温蒸汽消毒处理系统，该系统由蒸汽供给单元、进料单元、蒸汽消毒处理单元、破碎单元和自动化控制设施等构成；

c）二次污染控制系统，该系统由清洗消毒单元、废气处理单元和废水处理单元构成。

5.4.3　主要辅助工程包括电气系统、给排水、消防、采暖通风、通信、机械维修、检测等设施。

5.4.4　配套设施主要包括办公用房、食堂、浴室、值班宿舍等设施。

5.5　总平面布置

5.5.1　医疗废物高温蒸汽消毒集中处理工程的总平面布置，应根据厂址所在地区的自然条件，结合生产、运输、生态环境保护、职业卫生、职工生活，以及电力、通信、热力、给水、排水、防洪、排涝、污水处理等因素确定。

5.5.2　集中处理工程人流和物流的出、入口应分开设置，并应便利医疗废物运输车辆的进出。

5.5.3　集中处理工程的平面布置应按照生产和办公生活的功能分区设置。

5.5.4　集中处理工程生产区的平面布置应按照卸料、贮存、处理、清洗消毒的功能分区设置。

5.5.5　集中处理工程的运输车辆及周转箱 / 桶清洗消毒设施宜临近卸料区设置。

5.6　道路

5.6.1　医疗废物高温蒸汽消毒集中处理工程厂区道路的设置，应满足交通运输、消防、绿化及各种管线的铺设要求。

5.6.2 集中处理工程厂区道路路面宜采用水泥混凝土或沥青混凝土，并应符合GB 50187以及GBJ 22的相关要求。

5.7 绿化

5.7.1 医疗废物高温蒸汽消毒集中处理工程厂区绿化布置应按照总图设计要求合理安排绿化用地。

5.7.2 集中处理工程厂区绿化应结合当地的自然条件，选择适宜的植物。

6 工艺设计

6.1 一般规定

6.1.1 医疗废物高温蒸汽消毒集中处理工程建设宜采用成熟稳定的技术、工艺和设备。

6.1.2 集中处理工程在确保消毒处理效果的前提下，优先采用能耗低、污染少的技术、工艺和设备。

6.1.3 高温蒸汽消毒处理效果检测应采用嗜热脂肪杆菌芽孢（ATCC 7953）作为生物指示物，集中处理工程的工艺设计应保证杀灭对数值≥ 4.00。

6.1.4 集中处理工程应尽可能采用机械化和自动化设计，工作人员不得直接接触医疗废物。

6.1.5 集中处理工程的工艺设计应保证各工序的有效衔接以及控制和操作的便利性。

6.1.6 集中处理工程的工艺设计应同时考虑废气、废水、固体废物、噪声等污染控制措施。

6.1.7 集中处理工程的设计与施工应考虑土壤与地下水污染的防范措施。

6.1.8 集中处理工程应设置事故废水、初期雨水、地面清洗废水的导流收集系统。

6.1.9 集中处理工程应设置事故应急池和初期雨水收集池，其设计应符合相关规定。

6.1.10 采用新技术、新工艺前，应由第三方专业机构对技术、工艺、材料、装备、消毒处理效果及污染物排放等进行评估。

6.2 工艺选择

6.2.1 医疗废物高温蒸汽消毒集中处理工艺应至少设置一种工艺环节增强蒸汽

的热穿透性和热均布性，包括但不限于：

a）蒸汽消毒处理前对消毒舱进行预真空；

b）蒸汽消毒处理前对医疗废物进行破碎；

c）蒸汽消毒处理过程中搅拌医疗废物。

6.2.2 医疗废物高温蒸汽消毒集中处理典型工艺流程如图1所示。

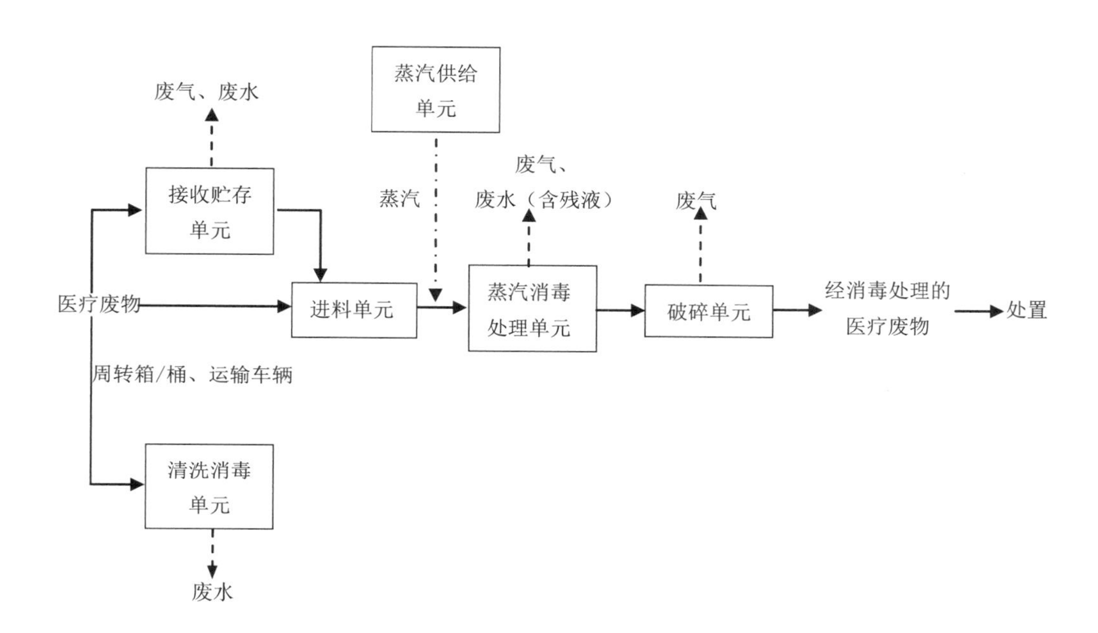

图1 医疗废物高温蒸汽消毒集中处理典型工艺流程

6.3 工艺设计

6.3.1 接收贮存单元

6.3.1.1 医疗废物高温蒸汽消毒集中处理工程应设置计量系统，计量系统应具有称重、记录、传输、打印与数据统计功能。

6.3.1.2 集中处理工程卸料区面积应满足车辆停放、卸料操作要求，地面应硬化并应设置沟渠收集雨水、冲洗水。

6.3.1.3 集中处理工程应设置感染性、损伤性、病理性医疗废物贮存设施，贮存设施应全封闭、微负压设计，并配备制冷、消毒和排风口净化装置。

6.3.1.4 贮存设施贮存能力应综合医疗废物产生量、贮存时间及高温蒸汽消毒处理设备检修期间医疗废物的贮存需求等因素确定，贮存时间应满足GB 39707要求。

6.3.1.5　贮存设施地面和 1.0 m 高的墙裙应进行防渗处理，并应配备清洗水供应和收集系统。

6.3.1.6　贮存设施应根据医疗废物类型和接收时间合理分区，并设置转运通道。

6.3.2　蒸汽供给单元

6.3.2.1　医疗废物高温蒸汽消毒集中处理工程可采用外接蒸汽源或自行配备蒸汽发生系统，所提供的蒸汽应符合如下要求：

a）蒸汽应为饱和蒸汽，其所含的非可凝性气体不应超过 5%（体积分数）；

b）蒸汽供给压力宜在 0.3 ～ 0.6 MPa 范围内；

c）蒸汽供应量应能满足处理工程满负荷运行的需要；

d）年供蒸汽天数不宜低于 350 d，且连续中断供应时间不宜超过 48 h；

e）蒸汽由自备锅炉提供的，锅炉的设计、制作、安装、调试、使用及检验应符合相关标准要求。

6.3.2.2　蒸汽供应系统应设置压力调节装置，减少蒸汽压力扰动对高温蒸汽消毒处理设备的影响。

6.3.3　进料单元

6.3.3.1　医疗废物的装填应为自然堆积，装填体积不宜超过消毒舱容器的 90%。

6.3.3.2　进料口应设置集气装置，收集的废气应经处理后排放。

6.3.3.3　进料口的设计应与 HJ　421 对周转箱 / 桶的相关要求匹配。

6.3.4　蒸汽消毒处理单元

6.3.4.1　单独采用预真空增强蒸汽处理效果的工艺，应符合以下参数要求：

a）采用单次预真空，抽真空结束后消毒舱内真空度应不低于 0.09 MPa，采用脉动预真空，抽真空与充蒸汽的循环次数应不少于 3 次，且每次抽真空结束后消毒舱内真空度应不低于 0.08 MPa；

b）蒸汽消毒处理过程应在消毒温度≥ 134 ℃、压力≥ 0.22 MPa（表压）的条件下进行，相应消毒时间应≥ 45 min。

6.3.4.2　预真空环节收集的废气应经处理后排放。不得采用下排气式处理设备。

6.3.4.3　采用蒸汽消毒处理过程中搅拌医疗废物的工艺，搅拌强度应实现医疗废物外包装袋的有效破损。

6.3.4.4　蒸汽消毒处理后应根据工艺状况对物料进行泄压、冷却处理，有效降低出料温度，出料口应设置集气装置，收集的废气应经处理后排放。

6.3.5　破碎单元

6.3.5.1　医疗废物应破碎毁形，破碎单元可根据处理工艺及后续处置要求合理设置。

6.3.5.2　破碎单元位于蒸汽消毒处理单元之前时，应采用破碎单元和蒸汽消毒处理单元一体化全封闭设备，启动破碎程序后设备舱门不得开启，直至该批次处理程序结束。

6.3.5.3　破碎单元位于蒸汽消毒处理单元之后时，应在蒸汽消毒处理单元和破碎单元之间设置机械输送装置，并应采取措施防止物料洒落和废气逸散。

6.3.6　压缩单元

医疗废物高温蒸汽消毒集中处理工程距离处置场所较远时，可设置压缩单元。

6.3.7　处置

6.3.7.1　经消毒处理的医疗废物处置应符合 GB 39707 的要求。

6.3.7.2　经消毒处理的医疗废物外运处置时，外运车辆应采取防洒落措施。

6.3.7.3　经消毒处理的医疗废物如需厂内贮存，应单独存放于具备防雨、防风、防渗功能的库房。不得将经消毒处理的医疗废物与未处理的医疗废物一起存放。不得使用医疗废物周转箱 / 桶盛装经消毒处理的医疗废物。

6.3.8　清洗消毒单元

6.3.8.1　医疗废物高温蒸汽消毒集中处理工程应设置用于医疗废物运输车辆、周转箱 / 桶，以及卸料区、贮存设施清洗消毒的设施。不得在社会车辆清洗场所清洗医疗废物运输车辆。

6.3.8.2　医疗废物运输车辆、卸料区、贮存设施等的清洗消毒可采取喷洒消毒方式，周转箱 / 桶的清洗消毒可采取浸泡消毒方式或喷洒消毒方式。

6.3.8.3　采用喷洒消毒方式时，可采用有效氯浓度为 1000 mg/L 的消毒液，均匀喷洒，静置作用时间 > 30 min；采用浸泡消毒方式时，可采用有效氯浓度为 500 mg/L 的消毒液，浸泡时间 > 30 min。

6.3.8.4　周转箱 / 桶的清洗消毒宜选用自动化程度较高的设备。

6.3.8.5　清洗消毒场所应设置消毒废水收集设施，收集的废水应排至厂区废水处理设施。

6.3.9 废气处理单元

6.3.9.1 蒸汽消毒处理单元抽真空排气口、贮存设施排气口应设置废气净化装置，废气净化装置应具备除菌、除臭、去除颗粒物和 VOCs 的功能。

6.3.9.2 进料口、出料口、破碎设备集气装置收集的废气，宜导入蒸汽消毒处理单元的废气净化装置，也可单独设置废气净化装置进行处理。

6.3.9.3 废气净化装置可选择活性炭吸附、生物净化等技术，并根据废气特征及排放要求单独或组合设置。

6.3.9.4 废气净化装置应设置进气阀、压力仪表和排气阀，设计流量应与处理规模相匹配。

6.3.9.5 废气处理单元管道之间应保证连接的气密性。

6.3.9.6 排气筒高度设置应符合 GB 16297 的要求。

6.3.10 废水处理单元

6.3.10.1 医疗废物高温蒸汽消毒集中处理工程的生产废水及生活污水应分别设置收集系统。生活污水宜排入市政管网，或单独收集、单独处理，不得与生产废水混合收集、处理。

6.3.10.2 集中处理工程应设置生产废水处理设施，废水处理工艺应根据废水水质特点、处理后的去向等因素确定，宜采用二级处理 + 消毒工艺或二级处理 + 深度处理 + 消毒工艺，工艺设计参见 HJ 2029。

6.3.10.3 高温蒸汽消毒处理过程产生的残液应经消毒处理后排入生产废水处理设施，消毒处理效果应不低于医疗废物高温蒸汽消毒处理要求，可采用热力消毒方式对残液进行消毒处理。

6.3.10.4 集中处理工程初期雨水、事故废水应收集并排入生产废水处理设施。

6.3.10.5 集中处理工程废水处理设施出水宜优先回用。回用于生产，应符合 GB/T 19923 的要求，回用于清洗等，应符合 GB/T 18920 的要求。

6.3.11 固体废物处理处置

6.3.11.1 高温蒸汽消毒处理过程产生的填料、滤料、污泥等固体废物应根据其污染特性分类收集、处理。

6.3.11.2 废气净化装置失效的填料、滤料应经消毒处理后再进行后续处置。

6.3.11.3 废水处理设施产生的污泥应经消毒处理后再进行后续处置，消毒方法参见 HJ 2029。

6.3.12 噪声控制

主要噪声源应采取基础减震和隔声措施，噪声控制设计参见 GB/T 50087。

7 主要工艺设备和材料

7.1 一般规定

7.1.1 高温蒸汽消毒处理设备应根据防腐、耐压要求选择材质。

7.1.2 处理设备宜优先选择通过环保产品认证或环境技术评估的设备。

7.2 设备

7.2.1 高温蒸汽消毒处理设备消毒舱内腔及直接盛装医疗废物的容器应采用高温下耐腐蚀且不产生有毒物质的材料制成，且消毒舱内腔及舱门的选材、设计、制造、检验等应符合 GB/T 150 的相关规定。

7.2.2 处理设备消毒舱内部蒸汽喷口布局应保证消毒舱内温度、压力均衡；消毒舱的进料口和出料口宜分开设置。

7.2.3 处理设备应设置联锁装置，在腔体未密闭时，不能升温、升压；在蒸汽消毒处理周期结束前，腔体不能开启。

7.2.4 包含抽真空环节的处理设备应设置防止抽真空排气孔堵塞和防止设备倒吸水、气的装置。

7.2.5 直接盛装医疗废物的容器的设计应便于处理过程中蒸汽均匀穿透和热传导，并应采取防止冷凝液浸泡医疗废物的相关措施。

7.2.6 直接盛装医疗废物的容器宜标识最大装载量指示线，且其内壁宜进行防粘处理。

7.2.7 蒸汽输送管路的选材、设计、制造、安装、检验等应符合 GB/T 20801 的要求。

7.3 材料

7.3.1 废气净化装置的过滤材料应采用疏水性介孔材料，并应满足≥ 140 ℃的耐温要求，过滤孔径不得大于 0.2 μm。

7.3.2 破碎设备刀片材料应具备耐磨性能，并确保对医疗废物的破碎要求。

8 检测与过程控制

8.1 一般规定

8.1.1 医疗废物高温蒸汽消毒集中处理工程应具备污染物排放的自行检测能力，配备相应的场所、设备、用品。

8.1.2 集中处理工程应定期委托具有相应能力或资质的单位开展消毒处理效果检测。

8.1.3 包含预真空环节的高温蒸汽消毒处理设备应配备蒸汽穿透性能检测和密封性能检测装置及材料。

8.1.4 高温蒸汽消毒处理设备应实现全过程自动控制。

8.2 检测

8.2.1 蒸汽穿透性能检测。

8.2.1.1 包含预真空环节的高温蒸汽消毒处理设备应在空载情况下进行 B ～ D 试验，频率不少于 1 次 / 周。蒸汽消毒处理单元每次检修后，也应进行 B～D 试验。

8.2.1.2 包含预真空环节的高温蒸汽消毒处理设备 B ～ D 试验不合格时，应检查抽真空状况和消毒舱密封性能，并采取相应维修措施。B ～ D 试验合格后方可进行医疗废物蒸汽消毒处理操作。

8.2.2 密封性能检测

8.2.2.1 包含预真空环节的高温蒸汽消毒处理设备应进行密封性能检测，频率不少于 1 次月。消毒舱出现（疑似）泄漏情况或开展与消毒舱密封性能相关的维修后，也应进行密封性能检测。

8.2.2.2 包含预真空环节的高温蒸汽消毒处理设备的密封性能检测方法为：

a）检测应在消毒舱为空载和干燥的情况下进行，消毒舱和外界的温差宜小于 20℃；

b）对消毒舱进行抽真空操作，真空度稳定后，关闭所有与消毒舱相连的阀门；

c）5 min 之后，观察并记录时间和消毒舱内真空度，再经过 10 min 之后，观察并记录时间和消毒舱内真空度；

d）消毒舱真空度变化值不大于 1.3 kPa 时，可判断密封性能检测合格，否则为不合格。

8.2.2.3 包含预真空环节的高温蒸汽消毒处理设备不应在密封性能检测不合格

的情况下进行医疗废物高温蒸汽处理操作。

8.2.3　消毒处理效果检测

8.2.3.1　消毒处理效果应采用生物检测方法，检测频率不少于 1 次季度。高温蒸汽消毒处理设备在运行参数调整、进料量调整、消毒单元维修等情况下，应开展消毒处理效果检测。

8.2.3.2　消毒处理效果检测应在高温蒸汽消毒处理设备的正常工况下进行，具体要求参见附录 B。

8.2.4　污染物排放检测

8.2.4.1　废气应检测颗粒物、非甲烷总烃、恶臭污染物（不含臭气浓度）等指标，限值及检测方法依据 GB 39707。

8.2.4.2　废水应检测 GB 18466 中规定的综合医疗机构和其他医疗机构水污染物排放指标，重大传染病疫情期间应检测 GB 18466 中规定的传染病、结核病医疗机构水污染物排放指标或疫情期间要求检测的相关指标，并执行相应限值要求。

8.2.4.3　废水排放在线监测设备的设置或使用应符合 HJ 354 的要求。

8.3　过程控制

8.3.1　自控系统包括控制面板、传感器和控制调节阀等部件。

8.3.2　消毒舱内的传感器点位设置应能保证所测量点的温度值和压力值能满足最终实现预定消毒处理效果的要求，数量设置应能满足测试温度分布的要求。

8.3.3　自控系统宜设置数据输出接口和通信接口，以便实现参数输出和远程监控功能。

8.3.4　自控系统应满足以下功能要求：

a）空气排出效果和设备密封性能测试功能；

b）运行状况实时显示和存储功能，包括所处阶段、温度、压力、时间等；

c）自控与人工模式的切换功能；

d）超温、超压、断电、断水、断汽等异常情况下的报警和紧急停车功能；

e）操作未完成时，高温蒸汽消毒处理设备进料口（出料口）联锁功能。

8.3.5　自控系统的温度控制应在预设温度的 ±1 ℃ 范围之内。

8.3.6　仪器仪表的配置应满足相关产品标准要求，精度应满足温度为 ±1 ℃、压力为 ±1.6%、时间为 ±1%。

9 主要辅助工程

9.1 电气系统

9.1.1 医疗废物高温蒸汽消毒集中处理工程电气系统的设计应符合 GB 50052 要求，并设置应急电源。

9.1.2 集中处理工程应设置通信设备，保证厂区岗位之间和厂内外联系畅通。

9.1.3 集中处理工程处理设备用电负荷应执行电力设计的有关规定，具体用电要求符合 GB 50052 规定。

9.1.4 集中处理工程照明设计应满足厂区设施运行要求，具体设计应符合 GB 50034 的要求。

9.2 给排水与消防

9.2.1 给排水

9.2.1.1 医疗废物高温蒸汽消毒集中处理工程厂区给水管网应满足生产、生活、消防的要求。

9.2.1.2 集中处理工程排水应采用雨污分流制。

9.2.1.3 集中处理工程雨水量设计重现期应符合 GB 50014 的要求。

9.2.2 消防

9.2.2.1 医疗废物高温蒸汽消毒集中处理工程建筑的防火分区和耐火等级应符合 GB 50016 的要求。

9.2.2.2 集中处理工程的消防设施、疏散通道的设置应符合 GB 50016 的要求。

9.2.2.3 集中处理工程厂房内部装修的防火设计应符合 GB 50222 的要求。

9.3 采暖通风与空调

9.3.1 医疗废物高温蒸汽消毒集中处理工程建筑物的采暖通风和空调设计应符合 GB 50019 的要求。

9.3.2 集中处理工程车间及贮存间应设置排风装置，排出的气体应净化处理后排放。

9.4 建筑与结构

9.4.1 医疗废物高温蒸汽消毒集中处理工程厂房楼（地）面的设计，除满足工艺使用要求外，还应符合 GB 50037 的要求。贮存设施墙面应方便进行清洗消毒，控制室地面应采取防静电措施。

9.4.2　集中处理工厂房采光设计应符合 GB 50033 的要求。

9.4.3　寒冷和严寒地区的建筑结构及给排水管道应采取保温防冻措施。

10　职业卫生

10.1　医疗废物高温蒸汽消毒集中处理工程在设计、建设和运行的各个阶段，应采取卫生防护措施，并在相关区域的醒目位置设置警示标志。

10.2　集中处理工程应按照相关规定对管理和运行人员进行职业卫生培训。

10.3　集中处理工程的职业卫生管理应符合 GBZ 1、GBZ 2.1 和 GBZ 2.2 等国家职业卫生法规等管理要求。

10.4　集中处理工程应在清洁区和污染区之间设置过渡区，并应设置必要的消毒清洗设施。

10.5　集中处理工程运营单位应按照 GBZ 188 的相关规定开展职业健康监护。

11　施工与验收

11.1　施工

11.1.1　医疗废物高温蒸汽消毒集中处理工程应执行规划许可的有关规定。

11.1.2　集中处理工程应系统保存建设、施工、安装及设备的文件资料，并按有关建设要求存档、备案。

11.2　验收

11.2.1　医疗废物高温蒸汽消毒集中处理工程验收工作应包括工程建设与设计文件的匹配情况、设备运行状况、工程档案资料完整性和规范性、各专项验收完成情况、对工程遗留问题提出处理意见等内容。

11.2.2　集中处理工程的竣工环境保护验收过程应对集中处理工程的消毒处理效果、运行工况和污染物排放情况进行检测。

12　运行与维护

12.1　制度与执行

12.1.1　医疗废物高温蒸汽消毒集中处理工程运营单位应建立完善的运行管理制度体系。

12.1.2　集中处理工程运营单位应建立运行操作规程和环境应急预案。

12.1.3　集中处理工程运营单位应定期组织员工培训和突发环境事件应急演练。

12.1.4　集中处理工程运营单位应建立档案信息系统，数据保存期限应符合相关要求。

12.2 人员配置

12.2.1 医疗废物高温蒸汽消毒集中处理工程运营单位应根据生产需要，设置岗位并配备人员。

12.2.2 集中处理工程运营单位的工作人员应接受专业培训。

12.3 运行管理

12.3.1 医疗废物的收集、贮存、转移应执行危险废物转移联单管理制度，并应准确填写医疗废物的重量、种类、去向等信息。

12.3.2 医疗废物高温蒸汽消毒集中处理工程运营单位应定期对设施、设备运行状况进行检查、校验，及时排除故障和隐患。

12.3.3 集中处理工程运营单位应定期检查污染治理设施运行状况，检查频率为不少于1次/月。

12.3.4 集中处理工程运营单位应及时更换污染治理设施的消耗材料，补充应急物资。

12.3.5 工艺参数异常情况下处理的医疗废物应重新进行高温蒸汽消毒处理。

12.4 检测

12.4.1 医疗废物高温蒸汽消毒集中处理工程运营单位应定期对消毒处理效果、运行工况和污染物排放情况进行检测，并记录相关信息和数据。

12.4.2 消毒处理效果检测结果为不合格的，应及时查找原因、消除故障，并再次进行检测。

12.4.3 集中处理工程配备的仪器仪表应至少每年检测、校验1次，并记录相关情况。

12.4.4 集中处理工程运营单位在投入运行前或蒸汽消毒处理单元维修后，应对医疗废物消毒处理效果及污染物排放情况进行检测。

12.5 环境应急

12.5.1 医疗废物高温蒸汽消毒集中处理工程应根据环境应急预案要求配备应急物资。

12.5.2 事故发生时应及时启动相应的环境应急响应，采取应急措施。

附录 A

（资料性附录）

医疗卫生机构医疗废物产生量估算方法

医疗卫生机构的医疗废物产生量包括固定病床的医疗废物产生量和门诊的医疗废物产生量，医疗废物产生系数可根据集中处理工程所在地的实际情况合理确定。产生量的估算方法如下：

A.1　固定病床的医疗废物产生量可按以下方法计算及预测：

$$Q_b = \alpha_b \times B_b \times p_b \qquad (A.1)$$

式中：

Q_b——病床医疗废物产生量，kg/d；

α_b——病床床位医疗废物产生系数，kg/（床·d）；

B_b——病床床位数，床；

p_b——病床床位使用率，%。

A.2　门诊医疗废物产生量可按以下方法计算及预测：

$$Q_m = \alpha_m \times N_m \qquad (A.2)$$

式中：

Q_m——门诊医疗废物产生量，kg/d；

α_m——门诊医疗废物产生系数，kg/（人·d）；

N_m——门诊人数，人次。

A.3　无床位的小型门诊的医疗废物产生量可按医务人员就业数量和单位医务人员医疗废物产生率计算和预测：

$$Q_x = \alpha_x \times N_x \quad (A.3)$$

式中：

Q_x——无床位的小型门诊医疗废物产生量，kg/ 月；

α_x——无床位的小型门诊单位医务人员医疗废物产生系数，kg/（人·月）；

N_x——医务人员数，人次。

附录 B

（资料性附录）

医疗废物高温蒸汽消毒处理效果检测布点与评价要求

B.1　生物指示物种选择要求

B.1.1　高温蒸汽消毒处理效果检测应采用嗜热脂肪杆菌芽孢（ATCC 7953）作为生物指示物，生物指示物选择参见《消毒技术规范》和卫生学评价的相关要求。

B.1.2　嗜热脂肪杆菌芽孢载体含量应为 1×10^6 ～ 5×10^6 CFU/ 载体。

B.2　染菌载体选择要求

B.2.1　破碎单元位于蒸汽消毒处理单元之前时，可使用输液管作为载体。

B.2.2　破碎单元位于蒸汽消毒处理单元之后时，可使用不锈钢针作为载体。

B.3　染菌载体布点要求

B.3.1　染菌载体个数可根据消毒舱容积确定：

a）消毒舱容积＜ 5 m^3 时，应至少放置 10 个染菌载体于不同点位；

b）消毒舱容积为 5 ～ 10 m^3 时，每增加 1 m^3，增加 1 个点位；

c）消毒舱容积＞ 10 m^3 时，每增加 2 m^3，增加 1 个点位。

B.3.2　布点位置应包含消毒舱内最难消毒的位置，该位置可由高温蒸汽消毒处理设备厂商提供或经试验确定。

B.4　消毒处理效果检测要求

B.4.1　实验器材

a）实验菌株：嗜热脂肪杆菌芽孢（ATCC 7953）；

b）洗脱液：含 0.1% 吐温 80 的磷酸盐缓冲液（0.03 mol/L，pH=7.2）；

c）培养基：嗜热脂肪杆菌恢复琼脂培养基；

d）载体：输液管，内径为 3 mm，长度一般不大于 50 mm；不锈钢针，直径为 0.4 mm，长度为 20 mm；

e）模拟医疗废物管腔：一次性使用输液器去掉针头部分，直径为 3 mm、长度为 1900mm；

f）刻度吸管：刻度为 1.0 mL、5.0 mL、10.0 mL；

g）移液器：刻度为 10 μL、20 μL 及配套的塑料吸头；

h）无菌平皿：直径 90 mm；

i）培养箱:56 ℃ 恒温培养箱；

j）模拟医疗废物：选择质量分数为 5% 的有机材料（如：汉堡包、肉包子、馒头等）和质量分数为 95% 的塑料、纤维和玻璃等材料。

B.4.2　染菌载体的制备

B.4.2.1　芽孢悬液的制备

从有资质的生产企业购买或自制嗜热脂肪杆菌芽孢（ATCC 7953）悬液，芽孢含量为 $10^8 \sim 10^9$ CFU/mL。

B.4.2.2　输液管染菌载体的制备

用移液器吸取 10 μL 芽孢悬液，置入用作载体的输液管内，轻轻挤压，使其均匀分布于管腔内，将载体放入无菌平皿内，置于 56 ℃ 恒温培养箱中干燥，制成染菌载体备用，每个染菌载体的芽孢回收数量应为 $1 \times 10^6 \sim 5 \times 10^6$ CFU/ 载体。

B.4.2.3　不锈钢针染菌载体的制备

用两个小铁夹子夹住用作载体的不锈钢针两端，将其横向支撑起来，用 10 μL 移液器吸取芽孢悬液并滴染不锈钢针，每根不锈钢针滴染 5 滴，在室温自然晾干制成染菌载体，每个染菌载体的芽孢回收数量应为 $1 \times 10^6 \sim 5 \times 10^6$ CFU/ 载体。将染菌载体放置于 1900 mm 长的模拟医疗废物管腔的中间部位，然后盘起该管腔（以防止不锈钢针染菌载体移动），放入 180 mm × 120 mm 的无菌布袋内备用。

B.4.3　消毒处理效果检测

B.4.3.1　破碎单元位于蒸汽消毒处理单元之前工艺的检测要求

a）将适量输液管染菌载体（消毒处理后可获取至少 10 个染菌载体）或自含式生物指示物与模拟医疗废物均匀混合，一并置入高温蒸汽消毒处理设备，在满载的条件下，按照说明书要求的消毒处理程序进行消毒处理；

b）消毒处理过程结束后，立即在处理设备出口处的医疗废物中收集输液管染菌载体或打开消毒舱取出染菌载体，以无菌操作方式获取至少 10 个染菌载体，分别用无菌剪刀剪碎后放入含有 5 mL 洗脱液的试管中，将试管在手掌上振打 200 次，做 10 倍系列稀释，选择适宜稀释度，分别吸取 1 mL，以倾注法接种于两个平皿中，置 56 ℃ 恒温培养箱中培养 72 h，计数存活菌数，作为试验组，使用自含式生物指示物按说明书要求培养；

c）分别取 2 个输液管染菌载体放在室温下，不经消毒处理，待试验组达到规定作用时间后，分别用无菌剪刀将该染菌载体剪碎后，放入含 5 mL 洗脱液的试管中，其余试验步骤与上述试验组相同，作为阳性对照组；

d）分别取洗脱液各 1 mL，接种至 2 个无菌平皿，倒入 15 ～ 20 mL 同批次的培养基，并与试验组做同样培养，作为阴性对照组；

e）以上试验重复 3 次。

B.4.3.2　破碎单元位于蒸汽消毒处理单元之后工艺的检测要求

a）将装有不锈钢针染菌载体的布袋与模拟医疗废物混合放入双层黄色医疗废物垃圾袋中，按 B.3.1 和 B.3.2 的要求，将医疗废物垃圾袋放入高温蒸汽消毒处理设备消毒舱内，在满载的条件下，按照说明书要求的消毒处理程序进行消毒处理；

b）消毒处理完毕后，收集装有不锈钢针染菌载体的布袋，以无菌操作方式，将不锈钢针染菌载体分别放入含有 5 mL 洗脱液的试管中，将试管在手掌上振打 200 次，做 10 倍系列稀释，选适宜稀释度，分别吸取 1 mL，以倾注法接种于两个平皿中，放置于 56℃ 恒温培养箱中，培养 72 h，计数存活菌数，作为试验组；

c）分别取 2 个不锈钢针染菌载体放在室温下，不经消毒处理，待试验组达规定作用时间后，立即将该染菌载体分别移入含 5 mL 洗脱液的试管中，其余试验步骤与上述试验组相同，作为阳性对照组；

d）分别取洗脱液各 1 mL，接种至 2 个无菌平皿，倒入 15 ～ 20 mL 同批次的培养基，并与试验组做同样培养，作为阴性对照组。

B.5　处理效果评价方法

B.5.1　每次试验的阳性对照组回收芽孢数量均应为 1×10^6 ～ 5×10^6 CFU/ 载体，阴性对照组应无菌生长，试验组所有染菌载体的杀灭对数值均 ≥ 4.00 时，可判定为消毒合格。

B.5.2　使用自含式生物指示物试验时，按厂家说明书规定的方法进行判定。

中华人民共和国国家生态环境标准

HJ 228—2021

代替 HJ/T 228—2006

医疗废物化学消毒集中处理工程技术规范

Technical specifications for centralized treatment engineering of chemical disinfection on medical waste

2021-04-30 发布　　2021-04-30 实施

生　态　环　境　部　发布

HJ 228—2021

前　言

为贯彻《中华人民共和国环境保护法》《中华人民共和国固体废物污染环境防治法》和《医疗废物管理条例》等法律法规，防治环境污染，改善生态环境质量，规范医疗废物化学消毒集中处理工程的建设和运行，制定本标准。

本标准规定了医疗废物化学消毒集中处理工程的设计、施工、验收和运行维护的技术要求。

本标准首次发布于 2006 年，本次为首次修订。修订的主要内容如下：

——补充完善了术语和定义；

——补充了化学消毒集中处理工艺类型；

——调整了化学消毒集中处理工艺的技术要求和工艺参数；

——修订了化学消毒集中处理工程建设的选址及规模要求；

——优化了化学消毒集中处理工程的运行及检测技术要求；

——增加了化学消毒集中处理工程的设备和材料技术要求；

——增加了附录 A（资料性附录）医疗卫生机构医疗废物产生量估算方法；

——增加了附录 B（资料性附录）医疗废物化学消毒处理效果检测布点与评价要求。

本标准附录 A 和附录 B 为资料性附录。

自本标准实施之日起，《医疗废物化学消毒集中处理工程技术规范（试行）》（HJ/T 228—2006）废止。

本标准由生态环境部科技与财务司、法规与标准司组织制定。

本标准主要起草单位：中国科学院大学、沈阳环境科学研究院、生态环境部对外合作与交流中心、生态环境部环境规划院、生态环境部环境标准研究所。

本标准生态环境部 2021 年 4 月 30 日批准。

本标准自 2021 年 4 月 30 日起实施。

本标准由生态环境部解释。

医疗废物化学消毒集中处理工程技术规范

1 适用范围

本标准规定了医疗废物化学消毒集中处理工程的污染物与污染负荷、总体要求、工艺设计、主要工艺设备和材料、检测与过程控制、主要辅助工程、职业卫生、施工与验收、运行与维护等。

本标准适用于医疗废物化学消毒集中处理设施新建、改建和扩建工程的设计、施工、验收及运行等全过程，可作为医疗废物化学消毒集中处理工程项目的环境影响评价、环境保护设施设计与施工、验收及建成后运行与环境管理的技术依据。

2 规范性引用文件

本标准引用了下列文件或其中的条款。凡是注明日期的引用文件，仅注日期的版本适用于本标准。凡是未注日期的引用文件，其最新版本（包括所有的修改单）适用于本标准。

GB 15562.2　环境保护图形标志——固体废物贮存（处置）场

GB/T 16157　固定污染源排气中颗粒物测定与气态污染物采样方法

GB 16297　大气污染物综合排放标准

GB 18466　医疗机构水污染物排放标准

GB/T 18920　城市污水再生利用　城市杂用水水质

GB/T 19923　城市污水再生利用　工业用水水质

GB 39707　医疗废物处理处置污染控制标准

GB 50014　室外排水设计标准

GB 50016　建筑设计防火规范

GB 50019　工业建筑供暖通风与空气调节设计规范

GB 50033　建筑采光设计标准

GB 50034　建筑照明设计标准

GB 50037　建筑地面设计规范

GB 50052　供配电系统设计规范

GB 50187　工业企业总平面设计规范

GB 50222　建筑内部装修设计防火规范

HJ 354　水污染源在线监测系统（COD_{Cr}、NH_3-N 等）验收技术规范

HJ 421　医疗废物专用包装袋、容器和警示标志标准

HJ 2029　医院污水处理工程技术规范

GBJ 22　厂矿道路设计规范

GBZ 1　工业企业设计卫生标准

GBZ 2.1　工作场所有害因素职业接触限值　第 1 部分：化学有害因素

GBZ 2.2　工作场所有害因素职业接触限值　第 2 部分：物理因素

GBZ 188　职业健康监护技术规范

HG/T 20675　化工企业静电接地设计规程

《医疗废物管理条例》（国务院令第 380 号）

《国家危险废物名录》（生态环境部令第 15 号）

《医疗废物分类目录》（卫医发〔2003〕287 号）

《消毒技术规范》（卫法监发〔2002〕282 号）

3　术语和定义

下列术语和定义适用于本标准。

3.1　医疗废物　medical waste

医疗卫生机构在医疗、预防、保健及其他相关活动中产生的具有直接或间接感染性、毒性以及其他危害性的废物，也包括《医疗废物管理条例》规定的其他按照医疗废物管理和处置的废物。

3.2　化学消毒　chemical disinfection

利用化学消毒剂杀灭医疗废物中病原微生物，使其消除潜在感染性危害的处理方法。

3.3　干化学消毒　dry chemical disinfection

利用氧化钙、含氯消毒剂等复合干式化学消毒剂杀灭医疗废物中病原微生物，

使其消除潜在感染性危害的处理方法。

3.4 化学消毒剂 chemical disinfectant

用于杀灭医疗废物中病原微生物，使其消除潜在感染性危害的化学试剂。

3.5 环氧乙烷消毒 ethylene oxide disinfection

利用环氧乙烷消毒剂杀灭医疗废物中病原微生物，使其消除潜在的感染性危害的处理方法。

3.6 消毒处理 disinfection treatment

杀灭或消除医疗废物中病原微生物，使其消除潜在的感染性危害的过程。消毒处理技术主要包括高温蒸汽消毒、化学消毒、微波消毒、高温干热消毒等。

3.7 贮存 storage

将医疗废物存放于符合特定要求的专门场所或设施的活动。

3.8 处置 disposal

将医疗废物焚烧达到减少数量、缩小体积、减少或消除其危险成分的活动，或者将经消毒处理的医疗废物按照相关国家规定进行焚烧或填埋的活动。

3.9 周转箱/桶 transfer container/barrel

医疗废物运送过程中用于盛装经初级包装的医疗废物的专用硬质容器。

3.10 消毒舱 disinfection chamber

消毒处理设备内部对医疗废物进行化学消毒处理的腔体。

3.11 消毒舱容积 loading volume of disinfection chamber

消毒舱内直接盛装待处理医疗废物的腔体或容器的实际容积。

3.12 消毒温度 disinfection temperature

为达到规定的生物灭活程度而设定的消毒舱内稳定、有效的温度限值。

3.13 消毒时间 disinfection time

消毒舱内升温达到消毒温度后，医疗废物在消毒温度下的持续停留时间，不包括升温时间和降温时间。

3.14 杀灭对数值 killing log value

当生物指示物数量以对数表示时，消毒处理前后生物指示物数量减少的值。计算公式为：

$$KL = N_0 - N_x \qquad (1)$$

式中：

KL——杀灭对数值；

N_0——消毒处理前生物指示物数量的对数值；

N_x——消毒处理后生物指示物数量的对数值。

3.15　废气　exhaust gas

医疗废物化学消毒处理过程中从消毒舱内抽（排）出的气体、贮存设施排出的气体以及进料、破碎、出料等环节产生的气体。

4　污染物与污染负荷

4.1　适用的医疗废物种类

4.1.1　医疗废物化学消毒集中处理工程适用于处理《医疗废物分类目录》和《国家危险废物名录》中的感染性废物、损伤性废物以及病理切片后废弃的人体组织、病理蜡块等不可辨识的病理性废物。

4.1.2　集中处理工程不适用于处理药物性废物、化学性废物。

4.2　医疗废物产生量

4.2.1　医疗废物化学消毒集中处理工程服务区内医疗机构的医疗废物产生量应按可收集和处理的废物实际重量进行统计与核定。无法获得实际产生量的，可对医疗废物产生量进行估算，估算方法参见附录 A。

4.2.2　其他产生源医疗废物的产生量可根据各地实际情况合理估算。

4.3　污染物来源与种类

4.3.1　医疗废物化学消毒集中处理过程产生的废气主要来源于化学消毒处理及处理前后的抽真空、贮存、进卸料、破碎等环节。污染物主要为颗粒物、恶臭、挥发性有机物（VOCs）等。

4.3.2　处理过程产生的废水主要来源于化学消毒处理、运输车辆和周转箱清洗消毒、卸料区和贮存区等作业区清洗消毒、化学消毒处理和破碎设备清洗消毒等环节，以及生产区和废水处理区的初期雨水、事故废水。主要污染物指标为 pH 值、生化需氧量（BOD）、化学需氧量（COD）、悬浮物（SS）。

4.3.3　集中处理过程产生的固体废物主要为经消毒处理的医疗废物以及废气处

理装置失效的填料、废水处理产生的污泥等固体废物。

4.3.4 集中处理过程产生的噪声污染主要来源于风机、真空泵、破碎机等设备。

5 总体要求

5.1 一般规定

5.1.1 医疗废物化学消毒集中处理工程建设应遵守国家传染病防治、生态环境保护、消防、安全生产、职业卫生等相关规定。

5.1.2 集中处理工程运行产生的废气、废水、噪声污染及厂界的大气污染物（不包括臭气浓度）控制应符合 GB 39707 等国家和地方相关污染物排放标准要求。

5.1.3 经消毒处理的医疗废物及其他固体废物应符合国家固体废物管理和处置的相关规定。

5.1.4 集中处理工程应设置围墙、警示标志，并符合 GB 15562.2、HJ 421 的要求。

5.1.5 集中处理工程排气筒的设置应符合 GB 16297 的要求，采样监测应符合 GB/T 16157 的要求。

5.2 厂址选择

5.2.1 医疗废物化学消毒集中处理工程厂址选择应符合 GB 39707 的相关规定。

5.2.2 集中处理工程厂址选择还应综合考虑以下条件：

a）厂址应满足工程建设的工程地质条件、水文地质条件和气象条件；

b）厂址所在区域不应受洪水、潮水或内涝的威胁；必须建在该地区时，应有可靠的防洪、排涝措施；

c）厂址附近应有满足生产、生活的供水水源、污水排放、电力供应等条件，并应综合考虑交通条件、运输距离、土地利用现状、基础设施状况等因素；

d）厂址宜选择在生活垃圾焚烧或填埋处置场所附近。

5.3 建设规模

5.3.1 医疗废物化学消毒集中处理工程的建设规模应综合考虑以下因素：

a）应考虑服务区域内医疗废物产生量、成分特点、变化趋势、医疗废物收运体系等；

b）应考虑化学消毒处理技术的适用性；

c）规模设计应根据当地实际情况预留足够的裕量，并考虑检修状况下的备用能力；

d）应考虑所在城市或区域内其他医疗废物处置设施、危险废物焚烧设施等在规模、技术适用性方面的优势互补和资源共享。

5.3.2　集中处理设备规模表示方法

5.3.2.1　干化学消毒单条生产线日处理规模建议有效工作时间为 16 h，具体时间根据处理量及设备设计要求合理确定。应急期间可适当延长日处理时间。日规模应以 1 小时处理量（t/h）转化为额定日处理量（t/d）表示，计算方法为：

$$W = \lambda \times T \tag{2}$$

式中：

W——额定日处理量，t/d；

λ——1 小时处理量，t/h；

T——日处理时间，h/d。

5.3.2.2　环氧乙烷单台消毒处理设备规模应根据消毒舱容积及单批次处理时间确定，按以下计算方法转化为额定日处理规模表示：

$$W = V \times \gamma \times \eta \times \frac{T}{T_1} \tag{3}$$

式中：

W——额定日处理量，t/d；

V——消毒舱容积，m^3；

γ——医疗废物容重，t/m^3；

η——装载率，%；

T——日运行时间，h/d；

T_1——单批次处理时间，h。

V 可根据实际消毒处理设备确定，（γ 以 0.1 ～ 0.12 t/m^3 计，η 以 90% 计，T 以 16 h/d 计。

5.4 工程构成

5.4.1 医疗废物化学消毒集中处理工程由主体工程、主要辅助工程和配套设施构成。

5.4.2 主体工程主要包括：

a）接收贮存系统，该系统由医疗废物计量、卸料、贮存、转运等设施构成；

b）化学消毒处理系统，该系统由进料单元、破碎单元、化学消毒剂供给单元、消毒处理单元、出料单元和自动化控制设施等构成；

c）二次污染控制系统，该系统由清洗消毒单元、废气处理单元和废水处理单元构成。

5.4.3 主要辅助工程包括电气系统、给排水、消防、采暖通风、通信、机械维修、检测等设施。

5.4.4 配套设施主要包括办公用房、食堂、浴室、值班宿舍等设施。

5.5 总平面布置

5.5.1 医疗废物化学消毒集中处理工程的总平面布置，应根据厂址所在地区的自然条件，结合生产、运输、生态环境保护、职业卫生、职工生活，以及电力、通信、热力、给水、排水、防洪、排涝、污水处理等因素确定。

5.5.2 集中处理工程人流和物流的出、入口应分开设置，并应便利医疗废物运输车辆的进出。

5.5.3 集中处理工程的平面布置应按照生产和办公生活的功能分区设置。

5.5.4 集中处理工程生产区的平面布置应按照卸料、贮存、处理、清洗消毒的功能分区设置。

5.5.5 集中处理工程运输车辆及周转箱/桶清洗消毒设施宜临近卸料区设置。

5.6 道路

5.6.1 医疗废物化学消毒集中处理工程厂区道路的设置，应满足交通运输、消防、绿化及各种管线的铺设要求。

5.6.2 集中处理工程厂区道路路面宜采用水泥混凝土或沥青混凝土，并应符合GB 50187以及GBJ 22的相关要求。

5.7 绿化

5.7.1 医疗废物化学消毒集中处理工程厂区绿化布置应按照总图设计要求合理

安排绿化用地。

5.7.2　集中处理工程厂区绿化应结合当地的自然条件，选择适宜的植物。

6　工艺设计

6.1　一般规定

6.1.1　医疗废物化学消毒集中处理工程建设宜采用成熟稳定的技术、工艺和设备。

6.1.2　集中处理工程在确保消毒处理效果的前提下，优先采用能耗低、污染少的技术、工艺和设备。

6.1.3　化学消毒处理效果检测应采用枯草杆菌黑色变种芽孢（ATCC 9372）作为生物指示物，集中处理工程的工艺设计应保证杀灭对数值≥4.00。

6.1.4　集中处理工程应尽可能采用机械化和自动化设计，工作人员不得直接接触医疗废物。

6.1.5　集中处理工程的工艺设计应保证各工序的有效衔接以及控制和操作的便利性。

6.1.6　集中处理工程的工艺设计应同时考虑废气、废水、固体废物、噪声等污染防治措施。

6.1.7　集中处理工程的设计与施工应考虑土壤与地下水污染的防范措施。

6.1.8　集中处理工程应设置事故废水、初期雨水、地面清洗废水的导流收集系统。

6.1.9　集中处理工程应设置事故应急池和初期雨水收集池，其设计应符合相关规定。

6.1.10　采用新技术、新工艺前，应由第三方专业机构对技术、工艺、材料、装备、消毒处理效果及污染物排放等进行评估。

6.2　工艺选择

6.2.1　医疗废物化学消毒集中处理工程的工艺可选择干化学消毒、环氧乙烷消毒等处理工艺。

6.2.2　干化学消毒处理工艺采用破碎和化学消毒同时进行的工艺流程；环氧乙烷消毒处理工艺采用先消毒后破碎的工艺流程。其典型工艺流程分别如图 1 和图 2 所示。

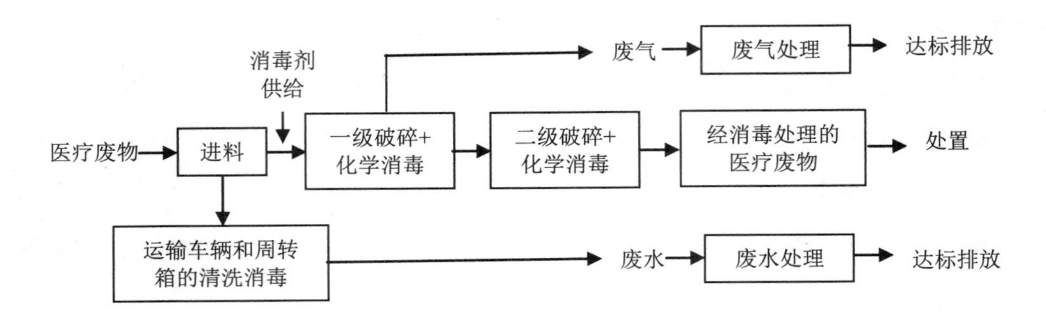

图 1　干化学消毒处理工艺流程

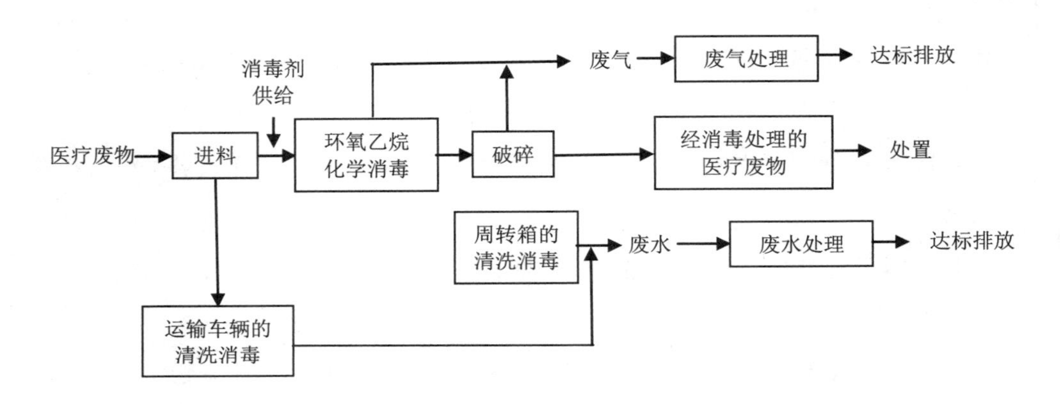

图 2　环氧乙烷消毒处理工艺流程

6.3　工艺设计

6.3.1　接收贮存单元

6.3.1.1　医疗废物化学消毒集中处理工程应设置计量系统，计量系统应具有称重、记录、传输、打印与数据统计功能。

6.3.1.2　集中处理工程卸料区面积应满足车辆停放、卸料操作要求，地面应硬化并应设置沟渠收集雨水、冲洗水。

6.3.1.3　集中处理工程应设置感染性、损伤性、病理性医疗废物贮存设施，贮存设施应全封闭、微负压设计，并配备制冷、消毒和排风口净化装置。

6.3.1.4　贮存设施贮存能力应综合医疗废物产生量、贮存时限及化学消毒处理设备检修期间医疗废物的贮存需求等因素确定，贮存时间应满足 GB 39707 的要求。

6.3.1.5　贮存设施地面和 1.0 m 高的墙裙应进行防渗处理，并应配备清洗水供应和收集系统。

6.3.1.6　贮存设施应根据医疗废物类型和接收时间合理分区，并合理设置转运通道。

6.3.2　进料单元

6.3.2.1　进料方式应根据工艺要求合理设置。干化学消毒集中处理工程应采用进料和破碎、消毒一体化的处理设备，环氧乙烷消毒集中处理工程宜采用自动进料设备。

6.3.2.2　干化学消毒集中处理工程进料点应设置集气装置，收集的废气应经处理后排放。一体化设备进料后应保持气密性。

6.3.2.3　进料口的设计应与 HJ 421 对周转箱 / 桶的相关要求匹配。

6.3.3　破碎单元

6.3.3.1　医疗废物应破碎毁形，破碎单元可根据处理工艺及后续处置要求合理设置。

6.3.3.2　破碎单元应在密闭负压条件下进行，收集的废气应经处理后排放。

6.3.3.3　干化学消毒集中处理工程采用破碎和化学消毒同时进行的工艺，检修前应对破碎设备彻底清洗消毒。

6.3.3.4　环氧乙烷消毒集中处理工程的破碎单元应设在环氧乙烷消毒处理单元之后。

6.3.4　消毒剂供给单元

6.3.4.1　消毒剂供给单元应具备自动计量、自动投加等功能。

6.3.4.2　干化学消毒集中处理工程的消毒剂供给单元由消毒剂添加设备、水添加设备、计量设备构成。

6.3.4.3　环氧乙烷消毒集中处理工程的消毒剂供给单元由环氧乙烷气体储罐、高压阀组、计量设备构成。

6.3.4.4　化学消毒剂产品质量要求如下：

a）干化学消毒剂。所采用的干化学消毒剂中氧化钙的有效浓度应为 90% 以上，氧化钙粒径不宜超过 200 目；

b）环氧乙烷。所采用的环氧乙烷纯度应大于 99.9%。

6.3.5　化学消毒处理单元

6.3.5.1　干化学消毒集中处理工程的工艺参数要求如下：

a）干化学消毒剂投加量应在 0.075 ～ 0.12 kg/kg 医疗废物范围内，喷水比例应在 0.006 ～ 0.013 kg/kg 医疗废物范围内，消毒温度应≥ 90 ℃，反应控制的强碱性环境 pH 应在 11.0 ～ 12.5 范围内；

b）干化学消毒剂与破碎后的医疗废物总计接触反应时间应＞ 120 min。

6.3.5.2 环氧乙烷消毒集中处理工程的工艺参数要求如下：

a）环氧乙烷浓度应≥ 900 mg/L，消毒温度应控制在 54 ℃ ± 2 ℃范围内，消毒时间应≥ 4 h，相对湿度应控制在 60% ～ 80% 范围内，初始压力应为 −80 kPa 的真空环境；

b）消毒后的医疗废物应暂存解析 15 ～ 30 min，暂存解析应在负压状态下运行，环氧乙烷解析室废气应经统一收集处理后达标排放。

6.3.6 出料单元

6.3.6.1 医疗废物化学消毒集中处理工程应设置自动出料装置，干化学消毒集中处理工艺的出料单元还应设置 pH 及温度监测装置。

6.3.6.2 出料单元应设置机械输送装置，可将经消毒处理的医疗废物直接送入接收容器或车辆。

6.3.6.3 集中处理工程距离处置场所较远时，可将经消毒处理的医疗废物压缩后送入接收容器或车辆。

6.3.7 处置

6.3.7.1 经消毒处理的医疗废物处置应符合 GB 39707 的要求。

6.3.7.2 经消毒处理的医疗废物外运处置时，外运车辆应采取防洒落措施。

6.3.7.3 经消毒处理的医疗废物如需厂内贮存，应单独存放于具备防雨、防风、防渗功能的库房。不得将经消毒处理的医疗废物与未处理的医疗废物一起存放。不得使用医疗废物周转箱 / 桶盛装经消毒处理的医疗废物。

6.3.8 清洗消毒单元

6.3.8.1 医疗废物化学消毒集中处理工程应设置用于医疗废物运输车辆、周转箱 / 桶，以及卸料区、贮存设施清洗消毒的设施。不得在社会车辆清洗场所清洗医疗废物运输车辆。

6.3.8.2 医疗废物运输车辆、卸料区、贮存设施等的清洗消毒可采取喷洒消毒方式，周转箱 / 桶的清洗消毒可采取浸泡消毒方式或喷洒消毒方式。

6.3.8.3　采用喷洒消毒方式时，可采用有效氯浓度为 1000 mg/L 的消毒液，均匀喷洒，静置作用时间 > 30 min；采用浸泡消毒方式时，可采用有效氯浓度为 500 mg/L 的消毒液，浸泡时间 > 30 min。

6.3.8.4　周转箱 / 桶的清洗消毒宜选用自动化程度较高的设备。

6.3.8.5　清洗消毒场所应设置消毒废水收集设施，收集的废水应排至厂区废水处理设施。

6.3.9　废气处理单元

6.3.9.1　医疗废物化学消毒集中处理工程化学消毒处理单元和贮存设施排气口应设置废气净化装置，废气净化装置应具备除菌、除臭、去除颗粒物和 VOCs 的功能。

6.3.9.2　进料口、出料口、破碎设备集气装置收集的废气，宜导入化学消毒处理单元的废气净化装置，也可单独设置废气净化装置进行处理。

6.3.9.3　废气净化装置可选择活性炭吸附、生物净化等技术，并根据废气特征及排放要求单独或组合设置。环氧乙烷化学消毒集中处理工程还应设置废气喷淋处理装置。

6.3.9.4　废气净化装置应设置进气阀、压力仪表和排气阀，设计流量应与处理规模相匹配。

6.3.9.5　废气处理单元管道之间应保证连接的气密性。

6.3.9.6　排气筒高度设置应符合 GB 16297 的要求。

6.3.10　废水处理单元

6.3.10.1　医疗废物化学消毒集中处理工程的生产废水及生活污水应分别设置收集系统。生活污水宜排入市政管网，或单独收集、单独处理，不得与生产废水混合收集、处理。

6.3.10.2　集中处理工程应设置生产废水处理设施，废水处理工艺应根据废水水质特点、处理后的去向等因素确定，宜采用二级处理 + 消毒工艺或二级处理 + 深度处理 + 消毒工艺，工艺设计参见 HJ 2029。

6.3.10.3　化学消毒处理过程产生的残液应经消毒处理后排入生产废水处理设施，消毒处理效果不低于医疗废物化学消毒处理的消毒要求，可采用热力消毒方式对残液进行消毒处理。

6.3.10.4　集中处理工程的初期雨水、事故废水应收集并排入生产废水处理设施。

6.3.10.5　集中处理工程废水处理设施出水宜优先回用。回用于生产，应符合GB/T 19923的要求；回用于清洗等，应符合GB/T 18920的要求。

6.3.11　固体废物处理处置

6.3.11.1　化学消毒集中处理过程产生的填料、滤料、污泥等固体废物应根据其污染特性分类收集、处置。

6.3.11.2　废气净化装置失效的填料、滤料应经消毒处理后再进行后续处置。

6.3.11.3　废水处理设施产生的污泥应经消毒处理后再进行后续处置，消毒方法参见HJ 2029。

6.3.12　噪声控制

主要噪声源应采取基础减震和隔声措施。

7　主要工艺设备和材料

7.1　一般规定

7.1.1　化学消毒处理设备应根据防腐、耐压要求选择材质。

7.1.2　处理设备宜优先选择通过环保产品认证或环境技术评估的设备。

7.2　设备

7.2.1　干化学消毒集中处理设备

7.2.1.1　应能够实现对工艺系统pH和温度的连续监测。

7.2.1.2　集中处理系统应设置联锁装置。

7.2.2　环氧乙烷消毒集中处理设备

7.2.2.1　环氧乙烷供给单元、消毒单元、破碎单元、环氧乙烷贮存场所应设置环氧乙烷气体浓度报警装置。

7.2.2.2　消毒剂添加喷口应均匀设置于消毒舱顶部，并配置内循环及保温装置，保证消毒舱内环氧乙烷浓度、温度均衡。

7.2.2.3　消毒舱和破碎空间应通入氮气，置换其中的氧气。

7.2.2.4　消毒舱、管道应符合化工企业静电接地设计规程HG/T 20675的要求。

7.3　材料

7.3.1　废气净化装置的过滤材料应采用疏水性介孔材料，并应满足≥ 140 ℃的耐温要求，过滤孔径不得大于 0.2 μm。

7.3.2　破碎设备的刀片材料应具备耐磨性能。

8　检测与过程控制

8.1　一般规定

8.1.1　医疗废物化学消毒集中处理工程应具备污染物排放的自行检测能力，配备相应的场所、设备、用品。

8.1.2　集中处理工程应定期委托具有相应能力或资质的单位开展消毒处理效果检测。

8.1.3　化学消毒处理设备应实现全过程自动控制。

8.2　检测

8.2.1　消毒处理效果检测

8.2.1.1　消毒处理效果应采用生物检测方法，检测频率不少于 1 次 / 季度。化学消毒处理设备的运行参数调整、进料量调整、消毒单元维修等情况下，应开展消毒处理效果检测。

8.2.1.2　消毒处理效果检测应在化学消毒处理设备的正常工况条件下进行，具体要求参见附录 B。

8.2.2　污染物排放检测

8.2.2.1　废气应检测颗粒物、非甲烷总烃、恶臭污染物（不含臭气浓度）等指标，限值及检测方法参照 GB 39707。

8.2.2.2　废水应检测 GB 18466 中规定的综合医疗机构和其他医疗机构水污染物排放指标，重大传染病疫情期间应检测 GB 18466 中规定的传染病、结核病医疗机构水污染物排放指标或疫情期间要求检测的相关指标，并执行相应限值要求。

8.2.2.3　废水排放在线监测设备的设置或使用应符合 HJ 354 的要求。

8.3　过程控制

8.3.1　自动控制单元应能实现医疗废物供给设施自动启停，应能实现破碎工艺过程以及化学消毒处理工况的自动控制。

8.3.2　自动控制单元应能够实时显示当前运行所处的状态。干化学消毒集中处理工程应能显示、存储消毒温度、消毒时间、消毒剂浓度、pH 等工艺参数，环氧乙烷消毒集中处理工程应能显示、存储消毒温度、消毒时间、消毒剂浓度等工艺参数。

8.3.3 干化学消毒集中处理过程应具有pH实时监测和安全联锁控制功能。pH出现异常时，应实现自动停止医疗废物进料及消毒剂的添加。

8.3.4 自动控制单元应具备自动记录、存储及数据输出功能，并实现远程监控功能。

9 主要辅助工程

9.1 电气系统

9.1.1 医疗废物化学消毒集中处理工程电气系统的设计应符合GB 50052要求，并设置应急电源。

9.1.2 集中处理工程应设置通信设备，保证厂区岗位之间和厂内外联系畅通。

9.1.3 集中处理工程处理设备用电负荷应执行电力设计的有关规定，具体用电要求应符合GB 50052规定。

9.1.4 集中处理工程照明设计应满足厂区设施运行要求，具体设计应符合GB 50034的要求。

9.2 给排水与消防

9.2.1 给排水

9.2.1.1 医疗废物化学消毒集中处理工程厂区给水管网应满足生产、生活、消防的要求。

9.2.1.2 集中处理工程排水应采用雨污分流制。

9.2.1.3 集中处理工程雨水量设计重现期应符合GB 50014的要求。

9.2.2 消防

9.2.2.1 医疗废物化学消毒集中处理工程建筑的防火分区和耐火等级应符合GB 50016 的要求。

9.2.2.2 集中处理工程的消防设施、疏散通道的设置应符合GB 50016的要求。

9.2.2.3 集中处理工程厂房内部装修的防火设计应符合GB 50222的要求。

9.3 采暖通风与空调

9.3.1 医疗废物化学消毒集中处理工程建筑物的采暖通风和空调设计应符合GB 50019的要求。

9.3.2 集中处理工程车间以及贮存间应设置排风装置，排出的气体应净化处理后排放。

9.4　建筑与结构

9.4.1　医疗废物化学消毒集中处理工程厂房楼（地）面的设计，除满足工艺使用要求外，还应符合 GB 50037 的要求。贮存设施墙面应方便进行清洗消毒，控制室地面应采取防静电措施。

9.4.2　集中处理工程厂房采光设计应符合 GB 50033 的要求。

9.4.3　寒冷和严寒地区的建筑结构及给排水管道应采取保温防冻措施。

10　职业卫生

10.1　医疗废物化学消毒集中处理工程在设计、建设和运行的各个阶段，应采取卫生防护措施，并在相关区域的醒目位置设置警示标志。

10.2　集中处理工程应对管理和运行人员进行职业卫生培训。

10.3　医疗废物化学消毒集中处理工程的职业卫生管理应符合 GBZ 1、GBZ 2.1 和 GBZ 2.2 等国家职业卫生法规等管理要求。

10.4　集中处理工程应在清洁区和污染区之间设置过渡区，并应设置必要的消毒清洗设施。

10.5　集中处理工程运营单位应按照 GBZ 188 的相关规定开展职业健康监护。

11　施工与验收

11.1　施工

11.1.1　医疗废物化学消毒集中处理工程应执行规划许可的有关规定。

11.1.2　集中处理工程应系统保存建设、施工、安装及设备的文件资料，并按有关建设要求存档、备案。

11.2　验收

11.2.1　医疗废物化学消毒集中处理工程验收工作应包括工程建设与设计文件的匹配情况、设备运行状况、工程档案资料完整性和规范性、各专项验收完成情况、对工程遗留问题提出处理意见等内容。

11.2.2　集中处理工程竣工环境保护验收过程应对集中处理工程的消毒处理效果、运行工况和污染物排放情况进行检测。

12　运行与维护

12.1　制度与执行

12.1.1　医疗废物化学消毒集中处理工程运营单位应建立完善的运行管理制度

体系。

12.1.2　集中处理工程运营单位应建立运行操作规程和环境应急预案。

12.1.3　集中处理工程运营单位应定期组织员工培训和突发环境事件应急演练。

12.1.4　集中处理工程运营单位应建立档案信息系统，数据保存期限应符合相关要求。

12.2　人员配置

12.2.1　医疗废物化学消毒集中处理工程运营单位应根据生产需要，设置岗位并配备人员。

12.2.2　集中处理工程运营单位的工作人员应接受专业培训。

12.3　运行管理

12.3.1　医疗废物的收集、贮存、转移应执行危险废物转移联单管理制度，并应准确填写医疗废物的数量、种类、去向等信息。

12.3.2　集中处理工程运营单位应定期对设施、设备运行状况进行检查、校验，及时排除故障和隐患。

12.3.3　集中处理工程运营单位应定期检查污染治理设施运行状况，检查频率为不少于 1 次 / 月。

12.3.4　集中处理工程运营单位应及时更换污染治理设施的消耗材料，补充应急物资。

12.3.5　运行工艺参数异常情况下处理的医疗废物应重新进行化学消毒处理。

12.4　检测

12.4.1　医疗废物化学消毒集中处理工程运营单位应定期对消毒处理效果、运行工况和污染物排放情况进行检测，并记录相关信息和数据。

12.4.2　消毒处理效果若检测为不合格，应及时查找原因、排除故障，并再次进行检测。

12.4.3　集中处理工程所配备的仪器仪表应至少每年检测、校验 1 次，并记录相关情况。

12.4.4　集中处理工程运营单位在投入运行前或化学消毒单元维修后，应对医疗废物化学消毒处理效果及污染物排放进行检测。

12.4.5　环氧乙烷消毒集中处理工程，应定期对消毒舱、管道、接头进行测漏检测。

12.5　环境应急

12.5.1　医疗废物化学集中处理工程应根据环境应急预案要求配备应急物资。

12.5.2　事故发生时应及时启动相应的环境应急响应，采取应急措施。（HJ 228—2021）

附录 A

（资料性附录）

医疗卫生机构医疗废物产生量估算方法

医疗卫生机构的医疗废物产生量包括固定病床的医疗废物产生量和门诊的医疗废物产生量，医疗废物产生系数可根据集中处理工程所在地的实际情况合理确定。产生量的估算方法如下：

A.1　固定病床的医疗废物产生量可按以下方法计算及预测：

$$Q_b = \alpha_b \times B_b \times p_b \tag{A.1}$$

式中：

Q_b——病床医疗废物产生量，kg/d；

α_b——病床床位医疗废物产生系数，kg/（床·d）；

B_b——病床床位数，床；

p_b——病床床位使用率，%。

A.2　门诊医疗废物产生量可按以下方法计算及预测：

$$Q_m = \alpha_m \times N_m \tag{A.2}$$

式中：

Q_m——门诊医疗废物产生量，kg/d；

α_m——门诊医疗废物产生系数，kg/（人·d）；

N_m——门诊人数，人次。

A.3 无床位的小型门诊的医疗废物产生量可按医务人员就业数量和单位医务人员医疗废物产生率计算和预测：

$$Q_x = \alpha_x \times N_x \qquad (A.3)$$

式中：

Q_x——无床位的小型门诊医疗废物产生量，kg/ 月；

α_x——无床位的小型门诊单位医务人员医疗废物产生系数，kg/（人·月）；

N_x——医务人员数，人次。

附录 B

（资料性附录）

医疗废物化学消毒处理效果检测布点与评价要求

B.1 消毒用指示菌要求

B.1.1 化学消毒处理效果检测应采用枯草杆菌黑色变种芽孢（ATCC 9372）作为生物指示剂。

B.1.2 枯草杆菌黑色变种芽孢载体含量应为 1×10^6 ～ 5×10^6 CFU/ 载体。

B.1.3 采用环氧乙烷消毒处理设备，在环氧乙烷浓度为 900 mg/L（30 mg/L，作用温度为 54 ℃ ± 2 ℃，相对湿度为 60% 的条件下，枯草杆菌黑色变种芽孢的抗力 D 值应≥ 2.5 min。菌种选择及菌种抗力参见《消毒技术规范》和卫生学评价的有关要求。

B.2 染菌载体选择要求

B.2.1 采用破碎和消毒同时进行的干化学消毒处理设备，可使用输液管作为载体。

B.2.2 采用先消毒后破碎工艺的环氧乙烷消毒处理设备，可使用不锈钢针作为载体。

B.3 染菌载体布点要求

B.3.1 采用干化学消毒处理设备，将适量（以每次消毒后至少找出 10 个染菌载体为准）染菌载体直接与医疗废物混合后放入消毒处理设备内。

B.3.2 采用环氧乙烷消毒处理设备，染菌载体个数可根据消毒舱容积确定：

a）消毒舱容积＜ 5 m^3 时，应至少放置 10 个染菌载体于不同点位；

b）消毒舱容积为 5 ～ 10 m^3 时，每增加 1 m^3，增加 1 个点位；

c）消毒舱容积＞ 10 m^3 时，每增加 2 m^3，增加 1 个点位。

B.3.3 布点位置应包含消毒舱内最难消毒的位置，该位置可由化学消毒处理设备厂商提供或经试验确定。

B.4　**处理效果检测要求**

B.4.1　实验器材

a）实验菌株：枯草杆菌黑色变种芽孢（ATCC 9372）；

b）消毒因子：干化学消毒剂、环氧乙烷；

c）中和剂：不同的化学消毒剂可选择不同的中和剂，中和剂鉴定试验方法可参见《消毒技术规范》；

d）洗脱液：含 0.1% 吐温 80 的磷酸盐缓冲液（0.03 mol/L，pH=7.2）；

e）培养基：胰蛋白胨大豆琼脂培养基（TSA）；

f）载体：输液管，内径为 3 mm，长度一般不大于 50 mm；不锈钢针，直径为 0.4 mm，长度为 20 mm；

g）模拟医疗废物管腔：一次性使用输液器去掉针头部分，直径为 3 mm、长度为 1900 mm；

h）刻度吸管：刻度为 1.0 mL、5.0 mL、10.0 mL；

i）移液器：刻度为 10 μL、20 μL 及配套的塑料吸头；

j）无菌平皿：直径 90 mm；

k）培养箱:37 ℃ 恒温培养箱；

l）模拟医疗废物：采用干化学消毒处理设备，选择 5% 的有机原料（如：汉堡包、肉包子、馒头等）和 95% 塑料、纤维和玻璃等；采用其他化学消毒剂处理设备，可按使用说明书要求准备干净的各种医疗用品。

B.4.2　染菌载体的制备

B.4.2.1　芽孢悬液的制备

参照《消毒技术规范》的方法制备细菌芽孢，用胰蛋白胨大豆肉汤培养基（TSB）稀释制备好的芽孢，制成芽孢悬液，芽孢含量为 10^8 ～ 10^9 CFU/mL。

B.4.2.2　输液管染菌载体的制备用移液器吸取 10 μL 芽孢悬液，置入用作载体的输液管内，轻轻挤压，使其均匀分布于管腔内，将载体放入无菌平皿内，置于 37 ℃ 恒温培养箱中干燥，制成染菌载体备用，每个染菌载体的芽孢回收数量应为 1×10^6 ～ 5×10^6 CFU/ 载体。

B.4.2.3　不锈钢针染菌载体的制备

用两个小铁夹子夹住不锈钢针两端，将其横向支撑起来，用 10 μL 移液器吸取芽孢悬液并滴染不锈钢针，每根不锈钢针滴染 5 滴，在室温自然晾干制成染菌载体，每个染菌载体的芽孢回收数量为 1×10^6 ～ 5×10^6 CFU/ 载体。将染菌载体放置于 1900 mm 长的模拟医疗废物管腔的中间部位，然后盘起该管腔（以防止不锈钢针染菌载体移动），放入 180 mm × 120 mm 的无菌布袋内备用。

B.4.3　消毒处理效果检测

B.4.3.1　干化学消毒工艺的检测要求

a）将适量输液管染菌载体或自含式生物指示物与模拟医疗废物均匀混合，一并置入化学消毒处理设备，在满载的条件下，按照使用说明书要求的消毒处理程序进行消毒处理；

b）消毒处理过程结束后，立即在处理设备出口处经消毒处理的医疗废物中收集输液管染菌载体，以无菌操作方式取至少 10 个染菌载体，分别用无菌剪刀剪碎后放入含有 5 mL 中和剂的试管中，作用 10 min，将试管在手掌上振打 200 次，做 10 倍系列稀释。选择适宜稀释度，分别吸取 1 mL，以倾注法接种于两个平皿中，置 37 ℃ 恒温培养箱中培养 72 h，计数存活菌数，作为试验组，使用自含式生物指示物按使用说明书要求培养；

c）分别取 2 个输液管染菌载体放在室温下，不经消毒处理，待试验组达到规定作用时间后，分别用无菌剪刀将该染菌载体剪碎后，放入含 5 mL 洗脱液的试管中，其余试验步骤与上述试验组相同，作为阳性对照组；

d）分别取中和剂、稀释液各 1 mL，接种 2 个无菌平皿，倾入 15 ～ 20 mL 同批次的培养基，并与试验组做同样培养，作为阴性对照组；

e）以上试验重复 3 次。

B.4.3.2　环氧乙烷消毒工艺的检测要求

a）将放有含染菌载体的模拟医疗废物管腔的布袋与模拟医疗废物混合放入双层黄色医疗废物垃圾袋中，然后按 B.3.1 和 B.3.2 的要求，将该垃圾袋放入化学消毒处理设备消毒舱中，在满载的条件下，按照使用说明书的消毒处理程序进行消毒处理；

b）消毒处理完毕后，收集放有染菌载体的布袋。以无菌操作方式，将不锈钢针染菌载体分别放入含有 5 mL 洗脱液的试管中，将试管在手掌上振打 200 次，做 10 倍系列稀释，选适宜稀释度，分别吸取 1 mL，以倾注法接种于两个平皿中，放置于 37 ℃恒温培养箱中，培养 72 h，计数存活菌数，即为试验组；

c）分别取 2 个不锈钢针染菌载体放在室温下，不经消毒处理，待试验组达规定作用时间后，立即将该染菌载体分别移入含 5 mL 洗脱液的试管中，其余试验步骤与上述试验组相同，作为阳性对照组；

d）分别取洗脱液各 1 mL，接种至 2 个无菌平皿，倾入 15 ～ 20 mL 同批次的培养基，并与试验组做同样培养，作为阴性对照组；

e）以上试验重复 3 次。

B.5　处理效果评价方法

B.5.1　每次试验的阳性对照组回收菌量均应为 1×10^6 ～ 5×10^6 CFU/ 载体，阴性对照组应无菌生长，试验组所有染菌载体的杀灭对数值均≥ 4.00，可判定为消毒合格。

B.5.2　使用自含式生物指示物试验时，按厂家使用说明书规定的方法进行判定。

中华人民共和国国家生态环境标准

HJ 229—2021

代替 HJ/T229—2006

医疗废物微波消毒集中处理工程技术规范

Technical specifications for centralized treatment engineering of microwave disinfection on medical waste

2021-04-30 发布　　2021-04-30 实施

生　态　环　境　部　发布

HJ 229—2021

前　言

为贯彻《中华人民共和国环境保护法》《中华人民共和国固体废物污染环境防治法》和《医疗废物管理条例》等法律法规，防治环境污染，改善生态环境质量，规范医疗废物微波消毒集中处理工程的建设和运行管理，制定本标准。

本标准规定了医疗废物微波消毒集中处理工程的设计、施工、验收和运行维护的技术要求。

本标准首次发布于2006年，本次为第一次修订 。修订的主要内容如下：

—— 完善了术语和定义；

—— 补充了微波与高温蒸汽组合消毒处理工艺的技术要求，并优化了工艺参数；

—— 优化了微波消毒集中处理工程建设选址和规模要求；

—— 细化了微波消毒集中处理工程的运行和检测要求；

—— 明确了微波消毒集中处理工程的设备和材料要求；

—— 增加了附录A（资料性附录）医疗卫生机构医疗废物产生量估算方法；

—— 增加了附录B（资料性附录）医疗废物微波消毒处理效果检测布点与评价要求。

本标准附录A和附录B为资料性附录。

自本标准实施之日起，《医疗废物微波消毒集中处理工程技术规范（试行）》（HJ/T 229—2006）废止。

本标准由生态环境部科技与财务司、法规与标准司组织制定。

本标准主要起草单位：沈阳环境科学研究院、中国科学院大学、生态环境部对外合作与交流中心、生态环境部环境标准研究所、生态环境部环境规划院。

本标准生态环境部2021年4月30日批准。

本标准自2021年4月30日起实施。

本标准由生态环境部解释。

医疗废物微波消毒集中处理工程技术规范

为贯彻《中华人民共和国环境保护法》《中华人民共和国固体废物污染环境防治法》和《医疗废物管理条例》等法律法规，防治环境污染，改善生态环境质量，规范医疗废物微波消毒集中处理工程的建设和运行管理，制定本标准。

1 适用范围

本标准规定了医疗废物微波消毒集中处理工程的污染物与污染负荷、总体要求、工艺设计、主要工艺设备和材料、检测与过程控制、主要辅助工程、职业卫生、施工与验收、运行与维护等。

本标准适用于医疗废物微波消毒集中处理设施新建、改建和扩建工程的设计、施工、验收及运行等全过程，可作为医疗废物微波消毒处理工程项目的环境影响评价、环境保护设施设计与施工、验收及建成后运行与环境管理的技术依据。

2 规范性引用文件

本标准引用了下列文件或其中的条款。凡是注明日期的引用文件，仅注日期的版本适用于本标准。凡是未注日期的引用文件，其最新版本（包括所有的修改单）适用于本标准。

GB/T 150　压力容器

GB 5959.6　电热装置的安全　第6部分：工业微波加热设备的安全规范

GB 12348　工业企业厂界环境噪声排放标准

GB 15562.2　环境保护图形标志——固体废物贮存（处置）场

GB/T 16157　固体污染源排气中颗粒物测定与气态污染物采样方法

GB 16297　大气污染物综合排放标准

GB 18466　医疗机构水污染物排放标准

GB/T 18920　城市污水再生利用　城市杂用水水质

GB/T 19923　城市污水再生利用　工业用水水质

GB 39707　医疗废物处理处置污染控制标准

GB 50014　室外排水设计标准

GB 50016　建筑设计防火规范

GB 50019　工业建筑供暖通风与空气调节设计规范

GB 50033　建筑采光设计标准

GB 50034　建筑照明设计标准

GB 50037　建筑地面设计规范

GB 50052　供配电系统设计规范

GB 50187　工业企业总平面设计规范

GB 50222　建筑内部装修设计防火规范

HJ 354　水污染源在线监测系统（COD_{Cr}、NH_3–N 等）验收技术规范

HJ 421　医疗废物专用包装袋、容器和警示标志标准

HJ 2029　医院污水处理工程技术规范

GBJ 22　厂矿道路设计规范

GBZ 1　工业企业设计卫生标准

GBZ 2.1　工作场所有害因素职业接触限值　第 1 部分：化学有害因素

GBZ 2.2　工作场所有害因素职业接触限值　第 2 部分：物理因素

GBZ 188　职业健康监护技术规范

《医疗废物管理条例》（国务院令第 380 号）

《国家危险废物名录》（生态环境部令第 15 号）

《医疗废物分类目录》（卫医发〔2003〕287 号）

《消毒技术规范》（卫法监发〔2002〕282 号）

3　术语和定义

下列术语和定义适用于本标准。

3.1　医疗废物　medical waste

医疗卫生机构在医疗、预防、保健及其他相关活动中产生的具有直接或间接感染性、毒性以及其他危害性的废物，也包括《医疗废物管理条例》规定的其他按照医疗废物管理和处置的废物。

3.2 微波消毒 microwave disinfection

利用单独微波作用或微波与高温蒸汽组合作用杀灭医疗废物中病原微生物，使其消除潜在感染性危害的处理方法。

3.3 单独微波消毒 independent microwave disinfection

以微波的辐射和加热综合作用杀灭医疗废物中病原微生物的微波消毒处理方法。

3.4 微波与高温蒸汽组合消毒 microwave & steam disinfection

以微波与高温蒸汽组合作用杀灭医疗废物中病原微生物的微波消毒处理方法。

3.5 消毒处理 disinfection treatment

杀灭或消除医疗废物中的病原微生物，使其消除潜在的感染性危害的过程。消毒处理技术主要包括高温蒸汽消毒、化学消毒、微波消毒、高温干热消毒等。

3.6 贮存 storage

将医疗废物存放于符合特定要求的专门场所或设施的活动。

3.7 处置 disposal

将医疗废物焚烧达到减少数量、缩小体积、减少或消除其危险成分的活动，或者将经消毒处理的医疗废物按照相关国家规定进行焚烧或填埋的活动。

3.8 周转箱/桶 transfer container/barrel

医疗废物运送过程中用于盛装经初级包装的医疗废物的专用硬质容器。

3.9 消毒舱 disinfection chamber

消毒处理设备内部对医疗废物进行微波消毒处理的腔体。

3.10 消毒舱容积 loading volume of disinfection chamber

消毒舱内直接盛装待处理医疗废物的腔体或容器的实际容积。

3.11 消毒温度 disinfection temperature

为达到规定的生物灭活程度而设定的消毒舱内稳定、有效的温度限值。

3.12 消毒时间 disinfection time

消毒舱内升温达到消毒温度后，医疗废物在消毒温度下的持续停留时间，不包括升温时间和降温时间。

3.13 杀灭对数值 killing log value

当生物指示物数量以对数表示时，消毒处理前后生物指示物数量减少的值。计算公式为：

$$KL = N_0 - N_x \quad (1)$$

式中：

KL——杀灭对数值；

N_0——消毒处理前生物指示物数量的对数值；

N_x——消毒处理后生物指示物数量的对数值。

3.14　废气　exhaust gas

医疗废物微波消毒处理过程中从消毒舱内抽（排）出的气体、贮存设施排出的气体以及进料、破碎、出料等环节产生的气体。

4　污染物与污染负荷

4.1　适用的医疗废物种类

4.1.1　医疗废物微波消毒集中处理工程适用于处理《医疗废物分类目录》和《国家危险废物名录》中的感染性废物、损伤性废物以及病理切片后废弃的人体组织、病理蜡块等不可辨识的病理性废物。

4.1.2　集中处理工程不适用于处理药物性废物、化学性废物。

4.2　医疗废物产生量

4.2.1　医疗废物微波消毒集中处理工程服务区内医疗卫生机构的医疗废物产生量应按可收集和处理的废物实际重量进行统计与核定。无法获得实际产生量的，可对医疗废物产生量进行估算，估算方法参见附录A。

4.2.2　其他产生源医疗废物产生量可根据各地实际情况合理估算。

4.3　污染物来源与种类

4.3.1　医疗废物微波消毒集中处理过程产生的废气主要来源于微波消毒处理及贮存、进卸料、破碎等环节，污染物主要为颗粒物、恶臭、挥发性有机物（VOCs）等。

4.3.2　集中处理过程产生的废水主要来源于微波消毒处理、运输车辆和周转箱/桶清洗消毒、卸料区和贮存区等生产区清洗消毒、微波消毒处理和破碎设备清洗消毒等环节，以及生产区和废水处理区的初期雨水、事故废水。主要污染物指标为pH值、生化需氧量（BOD）、化学需氧量（COD）、悬浮物（SS）。

4.3.3　集中处理过程产生的固体废物主要为经消毒处理的医疗废物以及废气处

理装置失效的填料、废水处理产生的污泥等固体废物。

4.3.4 集中处理过程产生的噪声污染主要来自风机、泵、破碎机等设备。

5 总体要求

5.1 一般规定

5.1.1 医疗废物微波消毒集中处理工程建设应遵守国家传染病防治、生态环境保护、消防、安全生产、职业卫生等相关规定。

5.1.2 集中处理工程运行产生的废气、废水、噪声污染及厂界的大气污染物（不包括臭气浓度）控制应符合 GB 39707 等国家和地方相关污染物排放标准要求。

5.1.3 经消毒处理的医疗废物及其他固体废物应符合国家固体废物管理和处置的相关规定。

5.1.4 集中处理工程应设置围墙、警示标志，并符合 GB 15562.2、HJ 421 的要求。

5.1.5 集中处理工程排气筒的设置应符合 GB 16297 的要求，采样监测应符合 GB/T 16157 的要求。

5.2 厂址选择

5.2.1 医疗废物微波消毒集中处理工程厂址选择应符合 GB 39707 的相关规定。

5.2.2 集中处理工程厂址选择还应综合考虑以下条件：

a）厂址应满足工程建设的工程地质条件、水文地质条件和气象条件；

b）厂址所在区域不应受洪水、潮水或内涝的威胁；必须建在该地区时，应有可靠的防洪、排涝措施；

c）厂址附近应有满足生产、生活的供水水源、污水排放、电力供应等条件，并应综合考虑交通条件、运输距离、土地利用现状、基础设施状况等因素；

d）厂址应考虑蒸汽供给条件（如有蒸汽消毒环节）；如需自建蒸汽供给单元，还应符合大气污染防治的相关规定；

e）厂址宜选择在生活垃圾焚烧或填埋处置场所附近。

5.3 建设规模

5.3.1 医疗废物微波消毒集中处理工程的建设规模应综合考虑以下因素：

a）应考虑服务区域内医疗废物产生量、成分特点、变化趋势、医疗废物收运体系等；

b）应考虑微波消毒处理技术的适用性；

c）规模设计应根据当地实际情况预留足够的裕量，并考虑检修状况下的备用能力；

d）应考虑所在城市或区域内其他医疗废物处置设施、危险废物焚烧设施等在规模、技术适用性方面的优势互补和资源共享。

5.3.2 微波消毒处理设备的单条生产线日处理规模建议有效工作时间为 16 h，具体时间根据处理量及设备设计要求合理确定。应急期间可适当延长日处理时间。日规模应以 1 小时处理量（t/h）转化为额定日处理量（t/d）表示，计算方法为：

$$W = \lambda \times T \tag{2}$$

式中：

W——额定日处理量，t/d；

λ——1 小时处理量，t/h；

T——日处理时间，h/d。

5.3.3 微波与高温蒸汽组合消毒处理工艺处理设备规模应以消毒舱容积（m^3）转化为额定日处理量（t/d）表示，计算方法为：

$$W = V \times \gamma \times \eta \times f \tag{3}$$

式中：

W——额定日处理量，t/d；

V——消毒舱容积，m^3；

γ——医疗废物容重，t/m^3；

η——装载率，%；

f——日处理频次，d^{-1}。

V 应不大于 2 m^3，γ 以 0.1 ～ 0.12 t/m^3 计，η 以 90% 计，f 可根据单批次处理时间和处理厂日运行时间确定。

5.4 工程构成

5.4.1 医疗废物微波消毒集中处理工程一般由主体工程、主要辅助工程和配套设施构成。

5.4.2 主体工程主要包括：

a）接收贮存系统，该系统由医疗废物计量、卸料、贮存、转运等设施构成；

b）微波消毒处理系统，该系统由进料单元、破碎单元、消毒处理单元、出料单元和自动化控制设施等构成；

c）二次污染控制系统，该系统由清洗消毒单元、废气处理单元和废水处理单元构成。

5.4.3 主要辅助工程包括电气系统、给排水、蒸汽供给、消防、采暖通风、通信、机械维修、检测等设施。

5.4.4 配套设施主要包括办公用房、食堂、浴室、值班宿舍等设施。

5.5 总平面布置

5.5.1 医疗废物微波消毒集中处理工程的总平面布置，应根据厂址所在地区的自然条件，结合生产、运输、生态环境保护、职业卫生、职工生活，以及电力、通信、热力、给水、排水、防洪、排涝、污水处理等因素确定。

5.5.2 集中处理工程人流和物流的出、入口应分开设置，并应便利医疗废物运输车辆的进出。

5.5.3 集中处理工程平面布置应按照生产和办公生活的功能分区设置。

5.5.4 集中处理工程生产区的平面布置应按照卸料、贮存、处理、清洗消毒的功能分区设置。

5.5.5 集中处理工程运输车辆及周转箱/桶清洗消毒设施宜临近卸料区设置。

5.6 道路

5.6.1 医疗废物微波消毒集中处理工程厂区道路的设置，应满足交通运输、消防、绿化及各种管线的铺设要求。

5.6.2 集中处理工程厂区道路路面宜采用水泥混凝土或沥青混凝土，并应符合GB 50187以及GBJ 22的相关要求。

5.7 绿化

5.7.1 医疗废物微波消毒集中处理工程厂区绿化布置应符合总图设计要求合理

安排绿化用地。

5.7.2　集中处理工程厂区绿化应结合当地的自然条件，选择适宜的植物。

6　工艺设计

6.1　一般规定

6.1.1　医疗废物微波消毒集中处理工程建设宜采用成熟稳定的技术、工艺和设备。

6.1.2　集中处理工程在确保处理效果的前提下，优先采用能耗低、污染少的技术、工艺和设备。

6.1.3　单独微波消毒处理效果检测应采用枯草杆菌黑色变种芽孢（ATCC 9372）作为生物指示物，集中处理工程的工艺设计应保证杀灭对数值≥4.00。

6.1.4　微波与高温蒸汽组合消毒处理工艺应同时采用嗜热脂肪杆菌芽孢（ATCC 7953）和枯草杆菌黑色变种芽孢（ATCC 9372）作为生物指示物，集中处理工程的工艺设计应保证杀灭对数值≥4.00。

6.1.5　集中处理工程应尽可能采用机械化和自动化设计，工作人员不得直接接触医疗废物。

6.1.6　集中处理工程的工艺设计应保证各工序的有效衔接以及控制和操作的便利性。

6.1.7　集中处理工程的工艺设计应同时考虑废气、废水、固体废物、噪声等污染防治措施。

6.1.8　集中处理工程的设计与施工应考虑土壤与地下水污染的防范措施。

6.1.9　集中处理工程应设置事故废水、初期雨水、地面清洗废水的导流收集系统。

6.1.10　集中处理工程应设置事故应急池和初期雨水收集池，其设计应符合相关规定。

6.1.11　采用新技术、新工艺前，应由第三方专业机构对技术、工艺、材料、装备、消毒处理效果及污染物排放等进行评估。

6.2　工艺选择

6.2.1　医疗废物微波消毒集中处理工程的工艺可选择单独微波消毒处理工艺或微波与高温蒸汽组合消毒处理工艺。典型处理工艺流程分别如图 1、图 2 所示。

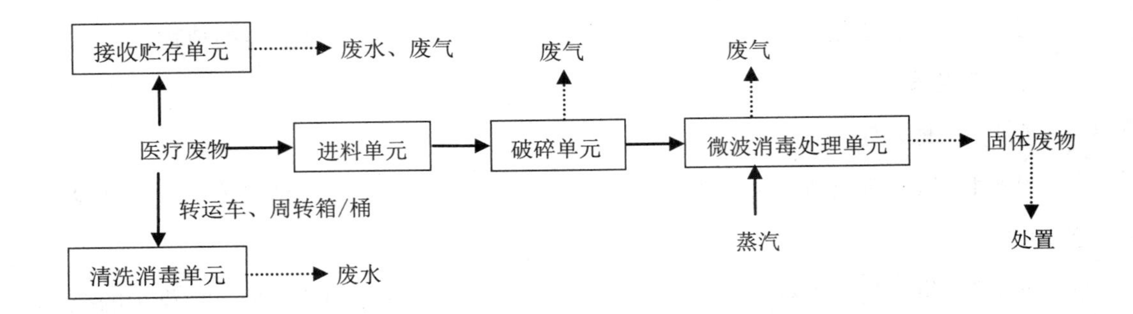

图 1　单独微波消毒处理工艺流程

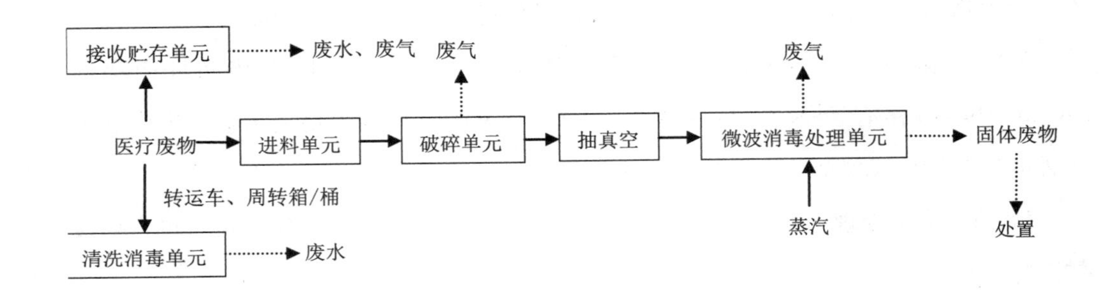

图 2　微波与高温蒸汽组合消毒处理工艺流程

6.2.2　集中处理工程应根据处理规模和处理工艺合理配置微波发生器的数量、功率及蒸汽供给量，确保达到消毒处理效果。

6.3　**工艺设计**

6.3.1　接收贮存单元

6.3.1.1　医疗废物微波消毒集中处理工程应设置计量系统，计量系统应具有称重、记录、传输、打印与数据统计功能。

6.3.1.2　集中处理工程卸料区面积应满足车辆停放、卸料操作要求，地面应硬化并应设置沟渠收集雨水、冲洗水。

6.3.1.3　集中处理工程应设置感染性、损伤性、病理性医疗废物贮存设施，贮存设施应全封闭、微负压设计，并配备制冷、消毒和排风口净化装置。

6.3.1.4　贮存设施贮存能力应综合医疗废物产生量、贮存时限及微波消毒处理设备检修期间的医疗废物贮存需求等因素确定，贮存时间满足 GB 39707 要求。

6.3.1.5　贮存设施地面和 1.0 m 高的墙裙应进行防渗处理，并应配备清洗水供应和收集系统。

6.3.1.6　贮存设施应根据医疗废物类型和接收时间合理分区，并设置转运通道。

6.3.2　进料单元

6.3.2.1　医疗废物微波消毒集中处理工程的进料方式应与消毒处理工艺相匹配，宜采用自动化程度高进料设施，并应满足 HJ 421 要求。

6.3.2.2　集中处理工程进料点应设置集气装置，收集的废气应经处理后排放，一体化装置进料后应保持气密性。

6.3.3　破碎单元

6.3.3.1　医疗废物微波消毒集中处理工程破碎医疗废物应在密闭负压条件下进行，收集的废气应经处理后排放。

6.3.3.2　集中处理工程的破碎工艺选择宜根据处理工艺和后续处置要求确定，应做到破碎毁形。

6.3.3.3　集中处理工程的破碎单元应定期进行消毒，破碎设备检修之前也应进行消毒。

6.3.4　微波消毒处理单元

6.3.4.1　医疗废物微波消毒集中处理工程工艺参数要求如下：

a）采用单独微波消毒处理工艺时，微波频率应采用（915 ± 25）MHz 或（2450 ± 50）MHz，消毒温度应≥ 95 ℃，消毒时间应≥ 45 min；

b）采用微波与高温蒸汽组合消毒处理工艺时，微波频率应采用（2450 ± 50）MHz，压力应≥ 0.33 MPa，消毒温度应≥ 135 ℃时，消毒时间应≥ 5 min。

6.3.4.2　集中处理工程单独微波消毒处理工艺应在微负压下运行；微波与高温蒸汽组合消毒处理工艺应配备处理过程中防止消毒舱舱门开启设施。

6.3.5　出料单元

6.3.5.1　医疗废物微波消毒集中处理工程应设置自动出料装置，微波与高温蒸汽组合消毒处理工艺出料单元还应设置安全连锁装置。

6.3.5.2　出料单元应设置机械输送装置，可将经消毒处理的医疗废物直接送入接收容器或车辆。

6.3.6 处置

6.3.6.1 经消毒处理的医疗废物处置应符合 GB 39707 的要求。

6.3.6.2 经消毒处理的医疗废物外运处置时，外运车辆应采取防洒落措施。

6.3.6.3 经消毒处理的医疗废物如需厂内贮存，应单独存放于具备防雨、防风、防渗功能的库房。不得将经消毒处理的医疗废物与未处理的医疗废物一起存放。不得使用医疗废物周转箱 / 桶盛装经消毒处理的医疗废物。

6.3.7 清洗消毒单元

6.3.7.1 医疗废物微波消毒集中处理工程应设置用于医疗废物运输车辆、周转箱 / 桶，以及卸料区、贮存设施清洗消毒的设施。不得在社会车辆清洗场所清洗医疗废物运输车辆。

6.3.7.2 集中处理工程周转箱 / 桶的清洗消毒场所应尽量靠近生产区，并应分别设置清洗前和清洗后周转箱 / 桶的存放区。清洗消毒设备宜选用自动化设备，消毒场所应做好防渗措施。

6.3.7.3 集中处理工程运输车辆的清洗消毒场所应设置在卸料区或车辆出口附近，并采取避免清洗消毒废水外溢措施及地面防渗措施。

6.3.7.4 医疗废物运输车辆、卸料区、贮存设施等的清洗消毒可采取喷洒消毒方式，周转箱 / 桶的清洗消毒可采取浸泡消毒方式或喷洒消毒方式。

6.3.7.5 采用喷洒消毒方式时，可采用有效氯浓度为 1000 mg/L 的消毒液，均匀喷洒，静置作用时间 > 30 min；采用浸泡消毒方式时，可采用有效氯浓度为 500 mg/L 的消毒液，浸泡时间 > 30 min。

6.3.7.6 清洗消毒场所应设置消毒废水收集设施，收集的废水应排至厂区废水处理设施。

6.3.8 废气处理单元

6.3.8.1 医疗废物微波消毒集中处理工程消毒处理单元和贮存设施排气口应设置废气净化装置，废气净化装置应具备除菌、除臭、去除颗粒物和 VOCs 的功能。

6.3.8.2 进料口、出料口、破碎设备集气装置收集的废气，宜与消毒处理单元产生的废气一并处理，也可单独设置废气净化装置进行处理。

6.3.8.3 废气净化装置可选择活性炭吸附、生物净化等技术，并根据废气特征和排放要求单独或组合设置。

6.3.8.4　废气净化装置应设置进气阀、压力仪表和排气阀，设计流量应与处理规模相匹配。

6.3.8.5　废气处理单元管道之间应保证连接的气密性。

6.3.8.6　排气筒高度设置应符合 GB 16297 的要求。

6.3.9　废水处理单元

6.3.9.1　医疗废物微波消毒集中处理工程生产废水及生活污水应分别设置收集系统。生活污水宜排入市政管网，或单独收集、单独处理，不得与生产废水混合收集、处理。

6.3.9.2　集中处理工程应设置生产废水处理设施，废水处理工艺应根据废水水质特点、处理后的去向等因素确定，宜采用二级处理 + 消毒工艺或二级处理 + 深度处理 + 消毒工艺，工艺设计参见 HJ 2029。

6.3.9.3　集中处理工程初期雨水、事故废水应收集并排入厂区生产废水处理设施。

6.3.9.4　集中处理工程废水处理设施出水宜优先回用。回用于生产，应符合 GB/T 19923 的要求；回用于清洗，应符合 GB/T 18920 的要求。

6.3.10　固体废物处理处置

6.3.10.1　医疗废物微波消毒集中处理工程产生的填料、滤料、污泥等固体废物应根据其污染特性分类收集、处理。

6.3.10.2　废气净化装置失效的填料、滤料应经消毒处理再进行后续处置。

6.3.10.3　废水处理设施产生的污泥应经消毒处理再进行后续处置，消毒方法参见 HJ 2029。

6.3.11　噪声控制

6.3.11.1　医疗废物微波消毒集中处理工程主要噪声源应采取基础减震和隔声措施。

6.3.11.2　集中处理工程厂界噪声应符合 GB 12348 的要求。

7　主要工艺设备和材料

7.1　一般规定

7.1.1　医疗废物微波消毒集中处理设备宜优先选择通过环保产品认证或环境技术评估的设备。

7.1.2　集中处理设备应根据防腐要求选择材质，采用微波与高温蒸汽组合消毒处理工艺的设备还应根据耐压要求选择材质。

7.2 设备

7.2.1 微波消毒处理设备宜采用可实现自动化运行控制的设备。微波发生器与设备选型和规模相匹配。

7.2.2 采用微波与高温蒸汽组合消毒处理工艺的消毒舱内腔的选材、设计、制造、检验等应符合 GB/T 150 的相关规定。

7.3 材料

7.3.1 医疗废物微波消毒集中处理设备应采用反射性和吸收性的材料；消毒舱内腔应采用高温下耐腐蚀和防粘处理材料制成。

7.3.2 废气净化装置的过滤材料应采用疏水性介孔材料，并应满足≥ 140 ℃的耐温要求，过滤孔径不得大于 0.2 μm。

7.3.3 破碎设备的刀片材料应具备耐磨性能。

8 检测与过程控制

8.1 一般规定

8.1.1 医疗废物微波消毒集中处理工程应具备污染物排放的自行检测能力，配备相应的场所、设备、用品。

8.1.2 集中处理工程应定期委托具有相应能力或资质的单位开展消毒处理效果检测。

8.1.3 集中处理设备应配备微波泄漏自动检测设备，并应定期校准；微波辐射检测应符合 GB 5959.6 的要求。

8.1.4 集中处理设备应实现全过程的自动控制。

8.1.5 微波消毒处理设备周围应设置屏蔽阻挡微波扩散，并应设置具有自动报警功能的即时监测装置，防止微波泄漏对操作人员造成人身伤害。

8.2 检测

8.2.1 消毒处理效果检测

8.2.1.1 消毒处理效果应采用生物检测方法，检测频率不少于 1 次 / 季度。微波消毒处理设备的运行参数调整、进料量调整、消毒单元维修等情况下，应开展消毒处理效果检测。

8.2.1.2 消毒处理效果检测应在微波消毒处理设备的正常工况下进行，具体要求参见附录 B。

8.2.2　污染物排放检测

8.2.2.1　废气应检测颗粒物、非甲烷总烃、恶臭污染物（不含臭气浓度）等指标，限值及检测方法参照 GB 39707。

8.2.2.2　废水应检测 GB 18466 中规定的综合医疗机构和其他医疗机构水污染物排放指标，重大传染病疫情期间应检测 GB 18466 中规定的传染病、结核病医疗机构水污染物排放指标或疫情期间要求检测的相关指标，并执行相应限值要求。

8.2.2.3　废水排放在线监测设备的设置或使用应符合 HJ 354 的规定。

8.3　过程控制

8.3.1　医疗废物微波消毒集中处理工程自动控制单元应能实现废物供给设施自动启停。应能实现破碎工艺过程以及微波输出功率、温度、时间等工况的自动控制。

8.3.2　集中处理工程自动控制单元应能够实时显示当前运行所处的状态，并能显示、存储微波输出功率、消毒时间、温度、压力、电磁辐射漏失率等工艺参数。

8.3.3　集中处理工程自动控制单元应具备安全互锁功能，确保进料室在与外界隔绝之前粉碎窗口不能打开。确保进料口关闭情况下，消毒舱所有操作参数达到设定值才能将出料舱门打开。

8.3.4　集中处理工程自动控制单元应具备自动记录、数据输出功能，宜设置数据输出接口和通信接口，以便实现参数输出和远程监控功能。

8.3.5　集中处理工程自动控制单元应具有自我检测功能和自动报警功能，在人员和设备因较严重的异常情况而受损伤的异常情况下，可实现紧急停车。

9　主要辅助工程

9.1　蒸汽供应

9.1.1　医疗废物微波消毒集中处理工程应根据工艺选择配备相应的蒸汽供给单元。

9.1.2　集中处理工程需外接蒸汽供给时，其压力应符合工艺设备要求，并满足压力容器的有关管理规定。

9.2　电气系统

9.2.1　医疗废物微波消毒集中处理工程电气系统的设计应符合 GB 50052 要

求，并设置应急电源。

9.2.2 集中处理工程应设置通信设备，保证厂区岗位之间和厂内外联系畅通。

9.2.3 集中处理工程处理设备用电负荷应执行电力设计的有关规定，具体用电要求符合 GB 50052 规定。

9.2.4 集中处理工程照明设计应满足厂区设施运行要求，具体设计应符合 GB 50034 的要求。

9.3 给排水与消防

9.3.1 给排水

9.3.1.1 医疗废物微波消毒集中处理工程厂区给水管网应满足生产、生活、消防的要求。

9.3.1.2 集中处理工程厂区排水应采用雨污分流制。

9.3.1.3 集中处理工程雨水量设计重现期应符合 GB 50014 的要求。

9.3.2 消防

9.3.2.1 医疗废物微波消毒集中处理工程建筑的防火分区和耐火等级应符合 GB 50016 的要求。

9.3.2.2 集中处理工程的消防设施、疏散通道的设置应符合 GB 50016 的要求。

9.3.2.3 集中处理工程厂房内部装修的防火设计应符合 GB 50222 的要求。

9.4 采暖通风与空调

9.4.1 医疗废物微波消毒集中处理工程建筑物的采暖通风与空调设计应符合 GB 50019 的要求。

9.4.2 集中处理工程车间以及贮存间应设置排风装置，排出的气体应净化处理后排放。

9.5 建筑与结构

9.5.1 医疗废物微波消毒集中处理工程厂房楼（地）面的设计，除满足工艺使用要求外，还应符合 GB 50037 的相关规定。贮存设施墙面应方便进行清洗消毒，控制室地面应采取防静电措施。

9.5.2 集中处理工程厂房采光设计应符合 GB 50033 的要求。

9.5.3 寒冷和严寒地区的建筑结构及给排水管道应采取保温防冻措施。

10　职业卫生

10.1　医疗废物微波消毒集中处理工程在设计、建设和运行的各个阶段，应采取卫生防护措施，并在相关区域的醒目位置设置警示标志。

10.2　集中处理工程应按照相关规定对管理和运行人员进行职业卫生培训。

10.3　集中处理工程的职业卫生管理应符合GBZ 1、GBZ 2.1和GBZ 2.2等国家职业卫生法规等管理要求。

10.4　集中处理工程应在清洁区和污染区之间设置过渡区，并应设置必要的消毒清洗设施。

10.5　集中处理工程运营单位应按照GBZ 188的相关规定开展职业健康监护。

11　施工与验收

11.1　施工

11.1.1　医疗废物微波消毒集中处理工程应执行规划许可的有关规定。

11.1.2　集中处理工程应系统保存建设、施工、安装及设备的文件资料，并按有关建设要求存档、备案。

11.2　验收

11.2.1　医疗废物微波消毒集中处理工程验收工作包括工程建设与设计文件的匹配情况、设备运行状况、工程档案资料完整性和规范性、各专项验收完成情况、对工程遗留问题提出处理意见等内容。

11.2.2　集中处理工程的竣工环境保护验收过程应对集中处理工程的消毒处理效果、运行工况、污染物排放和微波泄漏情况进行检测。

12　运行与维护

12.1　制度与执行

12.1.1　医疗废物微波消毒集中处理工程运营单位应建立完善的运行管理制度体系。

12.1.2　集中处理工程运营单位应建立运行操作规程和环境应急预案。

12.1.3　集中处理工程运营单位应定期组织员工培训和突发环境事件应急演练。

12.1.4　集中处理工程运营单位应建立档案信息系统，数据保存期限应符合相关要求。

12.2 人员配置

12.2.1 医疗废物微波消毒集中处理工程运营单位应根据生产需要，设置岗位并配备人员。

12.2.2 集中处理工程运营单位的工作人员应接受专业培训。

12.3 运行管理

12.3.1 医疗废物收集、贮存、转移应执行危险废物转移联单管理制度，并应准确填写医疗废物的重量、种类、去向等信息。

12.3.2 集中处理工程运营单位应定期对设施、设备运行状况进行检查、校验，及时排除故障和隐患。

12.3.3 集中处理工程运营单位应定期检查污染治理设施运行状况，检查频率为不少于1次/月。

12.3.4 集中处理工程运营单位应及时更换污染治理设施的消耗材料，补充应急物资。

12.3.5 运行工艺参数异常情况下处理的医疗废物应重新进行微波消毒处理。

12.4 检测

12.4.1 医疗废物微波消毒集中处理工程运营单位应定期对消毒处理效果、运行工况和污染物排放情况进行检测，并记录相关信息和数据。

12.4.2 消毒处理效果检测结果为不合格的，应及时查找原因、消除故障，并再次进行检测。

12.4.3 集中处理工程所配备的仪器仪表应至少每年检测、校验1次，并记录相关情况。

12.4.4 集中处理工程运营单位在投入运行前或微波消毒单元维修后，应对医疗废物消毒处理效果及污染物排放情况进行检测，还应进行微波泄漏检测。

12.5 环境应急

12.5.1 医疗废物微波消毒集中处理工程应根据环境应急预案要求配备应急物资。

12.5.2 事故发生时应及时启动相应的环境应急响应，采取应急措施。

附录 A

（资料性附录）

医疗卫生机构医疗废物产生量估算方法

医疗卫生机构的医疗废物产生量包括固定病床的医疗废物产生量和门诊的医疗废物产生量，医疗废物产生系数可根据集中处理工程所在地的实际情况合理确定。产生量的估算方法如下：

A.1 固定病床的医疗废物产生量可按以下方法计算及预测：

$$Q_b = \alpha_b \times B_b \times p_b \quad (A.1)$$

式中：

Q_b——病床医疗废物产生量，kg/d；

α_b——病床床位医疗废物产生系数，kg/（床·d）；

B_b——病床床位数，床；

p_b——病床床位使用率，%。

A.2 门诊医疗废物产生量可按以下方法计算及预测：

$$Q_m = \alpha_m \times N_m \quad (A.2)$$

式中：

Q_m——门诊医疗废物产生量，kg/d；

α_m——门诊医疗废物产生系数，kg/（人·d）；

N_m——门诊人数，人次。

A.3　无床位的小型门诊的医疗废物产生量可按医务人员就业数量和单位医务人员医疗废物产生率计算和预测：

$$Q_x = \alpha_x \times N_x \tag{A.3}$$

式中：

Q_x——无床位的小型门诊医疗废物产生量，kg/ 月；

α_x——无床位的小型门诊单位医务人员医疗废物产生系数，kg/（人·月）；

N_x——医务人员数，人次。

附录 B

（资料性附录）

医疗废物微波消毒处理效果检测布点与评价要求

B.1　指示菌的选择及菌量抗力要求

B.1.1　单独微波消毒工艺选择枯草杆菌黑色变种芽孢（ATCC 9372）作为生物指示物，微波与高温蒸汽组合消毒处理工艺选择嗜热性脂肪杆菌芽孢（ATCC 7953）和枯草杆菌黑色变种芽孢（ATCC 9372）作为生物指示物。

B.1.2　细菌芽孢及含量要求：嗜热脂肪杆菌芽孢载体含量应为 1×10^6 ～ 5×10^6 CFU/ 载体，枯草杆菌黑色变种芽孢应为 1×10^6 ～ 5×10^6 CFU/ 载体，自含式的生物指示物应符合说明书的要求。

B.1.3　细菌芽孢抗力的要求：嗜热脂肪杆菌芽孢，在 121 ℃条件下，D ≥ 1.5 min。菌种选择及菌种抗力参见《消毒技术规范》和卫生学评价的有关要求。

B.2　染菌载体选择要求

B.2.1　单独微波消毒处理工艺载体为输液管（内径 3 mm、长度为破碎设备说明书中规定的最长破碎长度）。

B.2.2　微波与高温蒸汽组合消毒处理工艺载体为输液管（内径 3 mm、长度为破碎设备说明书中规定的最长破碎长度）或使用自含式生物指示物。

B.2.3　按《消毒技术规范》或相应的消毒检测方法制备染菌载体。

B.3　染菌载体布点要求

B.3.1　单独微波消毒处理工艺每次试验应在设备进料口连续等间距加入至少 10 个染菌载体。

B.3.2　微波与高温蒸汽组合消毒处理工艺消毒舱（＜ 5 m^3）内至少放置 10 个染菌载体于不同的位置。

B.3.3　以上情况均应包括舱内或连续消毒处理线上最难消毒的位置，该位置应由厂商提供，如果厂商不能提供，应先进行预试验找出舱内或连续消毒处理线上最难消毒的部位。

B.4　消毒处理效果检测要求

B.4.1　试验器材

a）试验菌株：按 B.1.1 进行选择。

b）洗脱液：含 0.1% 吐温 80 的磷酸盐缓冲液（0.03 mol/L，pH=7.2）。

c）培养基：嗜热脂肪杆菌芽孢可使用嗜热脂肪杆菌恢复琼脂培养基，枯草杆菌黑色变种芽孢可使用胰蛋白胨大豆琼脂培养基。

d）载体：单独微波消毒处理工艺载体为输液管（内径 3 mm、长度为破碎设备说明书中规定的最长破碎长度）；微波与高温蒸汽组合消毒处理工艺载体为输液管（内径 3 mm、长度为破碎设备说明书中规定的最长破碎长度）或使用自含式生物指示物。

e）模拟医疗废物管腔：一次性使用输液器去掉针头部分，直径为 3 mm、长度为 1.9m。

f）刻度吸管：刻度为 1.0 mL、5.0 mL、10.0 mL。

g）移液器：刻度为 10 μL、20 μL 及配套的塑料吸头。

h）无菌平皿：直径 90 mm。

i）培养箱：枯草杆菌黑色变种芽孢应采用 37 ℃ 恒温培养箱。嗜热脂肪杆菌芽孢应采用 56 ℃ 恒温培养箱。

j）模拟医疗废物：按厂家说明书的要求，准备干净的各种医疗用品，数量应符合满载的要求。

B.4.2　染菌载体的制备

B.4.2.1　芽孢悬液的制备

按《消毒技术规范》的方法制备枯草杆菌黑色变种芽孢（ATCC 9372）悬液，芽孢含量为 10^8 ～ 10^9 CFU/mL。从有资质的生产企业购买或自制嗜热性脂肪杆菌芽孢（ATCC 7953）悬液，芽孢含量为 1×10^8 ～ 1×10^9 CFU/mL，在 121℃ 条件下，D ≥ 1.5 min。

B.4.2.2　输液管染菌载体的制备

用移液器吸取 10 μL 芽孢悬液，置入用作载体的输液管内，轻轻挤压，使其均匀分布于管腔内，将载体放入无菌平皿内，置于 37 ℃ 恒温培养箱或 56 ℃ 恒温培养箱中干燥，制成染菌载体备用，每个染菌载体的芽孢回收数量应为 $1 \times 10^6 \sim 5 \times 10^6$ CFU/ 载体。

B.4.2.3　不锈钢针染菌载体的制备

用两个小铁夹子夹住用作载体的不锈钢针两端，将其横向支撑起来，用 10 μL 移液器吸取芽孢悬液并滴染不锈钢针，每根不锈钢针滴染 5 滴，在室温自然晾干制成染菌载体，每个染菌载体的芽孢回收数量应为 $1 \times 10^6 \sim 5 \times 10^6$ CFU/ 载体。将染菌载体放置于 1.9 m 长的模拟医疗废物管腔的中间部位，然后盘起该管腔（以防止不锈钢针染菌载体移动），放入 180 mm × 120 mm 的无菌布袋内备用。

B.4.3　消毒处理效果检测

B.4.3.1　将至少 10 个染菌载体，按 B.3 的要求放入消毒处理设备中，在满载的条件下，按说明书的消毒处理程序进行消毒处理。

B.4.3.2　消毒处理过程结束后，立即在消毒处理设备出口处的医疗废物中收集输液管染菌载体或打开消毒舱取出染菌载体，以无菌操作方式获取至少 10 个染菌载体，分别用无菌剪刀剪碎后放入含有 5 mL 洗脱液的试管中，将试管在手掌上振打 200 次，做 10 倍系列稀释。选择适宜稀释度，分别吸取 1 mL，以倾注法接种于两个平皿中，置 37 ℃ 恒温培养箱或 56 ℃ 恒温培养箱中培养 72 h，计数存活菌数，作为实验组，使用自含式生物指示物按说明书要求培养。

B.4.3.3　分别取 2 个输液管染菌载体放在室温下，不经消毒处理，待实验组达到规定作用时间后，分别用无菌剪刀将该染菌载体剪碎后，放入含 5 mL 洗脱液的试管中，其余试验步骤与上述实验组相同，作为阳性对照组。

B.4.3.4　分别取洗脱液各 1 mL，接种至 2 个无菌平皿，倒入 15 ～ 20 mL 同批次的培养基，并与实验组做同样培养，作为阴性对照组。

B.4.3.5　以上试验重复 3 次。

B.5　评价规定

B.5.1　经 3 次重复试验，每次试验的阳性对照组回收菌量均应为 $1 \times 10^6 \sim 5 \times 10^6$ CFU/ 载体，阴性对照组应无菌生长，实验组所有染菌载体的杀灭对数值均 ≥ 4.00，可判定为消毒合格。

B.5.2　使用自含式生物指示物试验时，按厂家说明书规定的方法进行判定。

中 华 人 民 共 和 国 国 家 标 准

GB 39707—2020

医疗废物处理处置污染控制标准

Standard for pollution control on medical waste treatment and disposal

2020-11-26 发布　　2021-07-01 实施

生　态　环　境　部
国家市场监督管理总局　发布

GB 39707—2020

前　言

为贯彻《中华人民共和国环境保护法》《中华人民共和国固体废物污染环境防治法》《中华人民共和国水污染防治法》《中华人民共和国土壤污染防治法》《中华人民共和国大气污染防治法》和《医疗废物管理条例》等法律法规，防治环境污染，改善生态环境质量，制定本标准。

本标准规定了医疗废物处理处置设施的选址、运行、监测和废物接收、贮存及处理处置过程的生态环境保护要求，以及实施与监督等内容。

本标准为强制性标准。

本标准为首次发布。

本标准附录 A 是规范性附录，附录 B 是资料性附录。

本标准规定的污染物排放限值为基本要求。地方省级人民政府对本标准中未作规定的大气、水污染物控制项目，可以制定地方污染物排放标准；对本标准已作规定的大气、水污染物控制项目，可制定严于本标准的地方污染物排放标准。

本标准由生态环境部固体废物与化学品司、法规与标准司组织制定。

本标准起草单位：沈阳环境科学研究院、生态环境部固体废物与化学品管理技术中心、生态环境部对外合作与交流中心、中国科学院大学、生态环境部环境规划院、国家环境保护危险废物处置工程技术（天津）中心。

本标准生态环境部 2020 年 11 月 26 日批准。

本标准自 2021 年 7 月 1 日起实施。各地可根据当地生态环境保护的需要和经济、技术条件，由省级人民政府批准提前实施本标准。

本标准由生态环境部解释。

医疗废物处理处置污染控制标准

1 适用范围

本标准规定了医疗废物处理处置设施的选址、运行、监测和废物接收、贮存及处理处置过程的生态环境保护要求，以及实施与监督等内容。

本标准适用于现有医疗废物处理处置设施的污染控制和环境管理，以及新建医疗废物处理处置设施建设项目的环境影响评价、医疗废物处理处置设施的设计与施工、竣工验收、排污许可管理及建成后运行过程中的污染控制和环境管理。

本标准不适用于协同处置医疗废物的处理处置设施。

2 规范性引用文件

下列文件对于本标准的应用是必不可少的。凡是注日期的引用文件，仅注日期的版本适用于本标准。凡是不注日期的引用文件，其最新版本（包括所有的修改单）适用于本标准。

GB 12348　工业企业厂界环境噪声排放标准

GB 14554　恶臭污染物排放标准

GB 16297　大气污染物综合排放标准

GB 16889　生活垃圾填埋场污染控制标准

GB 18466　医疗机构水污染物排放标准

GB 18484　危险废物焚烧污染控制标准

GB 18485　生活垃圾焚烧污染控制标准

GB 18597　危险废物贮存污染控制标准

GB 19217　医疗废物转运车技术要求（试行）

GB 30485　水泥窑协同处置固体废物污染控制标准

GB 37822　挥发性有机物无组织排放控制标准

GB/T 16157　固定污染源排气中颗粒物测定与气态污染物采样方法

HJ/T 20　工业固体废物采样制样技术规范

HJ/T 27　固定污染源排气中氯化氢的测定　硫氰酸汞分光光度法

HJ/T 42　固定污染源排气中氮氧化物的测定　紫外分光光度法

HJ/T 43　固定污染源排气中氮氧化物的测定　盐酸萘乙二胺分光光度法

HJ/T 44　固定污染源排气中一氧化碳的测定　非色散红外吸收法

HJ/T 55　大气污染物无组织排放监测技术导则

HJ/T 56　固定污染源排气中二氧化硫的测定　碘量法

HJ 57　固定污染源废气　二氧化硫的测定　定电位电解法

HJ/T 63.1　大气固定污染源　镍的测定　火焰原子吸收分光光度法

HJ/T 63.2　大气固定污染源　镍的测定　石墨炉原子吸收分光光度法

HJ/T 63.3　大气固定污染源　镍的测定　丁二酮肟－正丁醇萃取分光光度法

HJ/T 64.1　大气固定污染源　镉的测定　火焰原子吸收分光光度法

HJ/T 64.2　大气固定污染源　镉的测定　石墨炉原子吸收分光光度法

HJ/T 64.3　大气固定污染源　镉的测定　对－偶氮苯重氮氨基偶氮苯磺酸分光光度法

HJ/T 65　大气固定污染源　锡的测定　石墨炉原子吸收分光光度法

HJ 75　固定污染源废气（SO_2、NO_x、颗粒物）排放连续监测技术规范

HJ 77.2　环境空气和废气　二噁英类的测定　同位素稀释高分辨气相色谱－高分辨质谱法

HJ 91.1　污水监测技术规范

HJ 212　污染物在线监控（监测）系统数据传输标准

HJ/T 365　危险废物（含医疗废物）焚烧处置设施二噁英排放监测技术规范

HJ/T 397　固定源废气监测技术规范

HJ 421　医疗废物专用包装袋、容器和警示标志标准

HJ 540　固定污染源废气　砷的测定　二乙基二硫代氨基甲酸银分光光度法

HJ 543　固定污染源废气　汞的测定　冷原子吸收分光光度法（暂行）

HJ 548　固定污染源废气　氯化氢的测定　硝酸银容量法

HJ 549　环境空气和废气　氯化氢的测定　离子色谱法

HJ 561　危险废物（含医疗废物）焚烧处置设施性能测试技术规范

HJ 604　环境空气总烃、甲烷和非甲烷总烃的测定　直接进样－气相色谱法

HJ 629　固定污染源废气　二氧化硫的测定　非分散红外吸收法

HJ 657　空气和废气　颗粒物中铅等金属元素的测定电感耦合等离子体质谱法

HJ 685　固定污染源废气　铅的测定　火焰原子吸收分光光度法

HJ 688　固定污染源废气　氟化氢的测定　离子色谱法

HJ 692　固定污染源废气　氮氧化物的测定　非分散红外吸收法

HJ 693　固定污染源废气　氮氧化物的测定　定电位电解法

HJ 819　排污单位自行监测技术指南　总则

HJ 836　固定污染源废气　低浓度颗粒物的测定　重量法

HJ 916　环境二噁英类监测技术规范

HJ 973　固定污染源废气　一氧化碳的测定　定电位电解法

HJ 1012　环境空气和废气总烃、甲烷和非甲烷总烃便携式监测仪技术要求及检测方法

HJ 1024　固体废物　热灼减率的测定　重量法

《国家危险废物名录》

《医疗废物管理条例》（国务院令第 380 号）

《环境监测管理办法》（原国家环境保护总局令第 39 号）

《污染源自动监控管理办法》（原国家环境保护总局令第 28 号）

《生活垃圾焚烧发电厂自动监测数据应用管理规定》（生态环境部令第 10 号）

3　术语和定义

下列术语和定义适用于本标准。

3.1　医疗废物　medical waste

医疗卫生机构在医疗、预防、保健及其他相关活动中产生的具有直接或间接感染性、毒性以及其他危害性的废物，也包括《医疗废物管理条例》规定的其他按照医疗废物管理和处置的废物。

3.2　消毒处理　disinfection treatment

杀灭或消除医疗废物中的病原微生物，使其消除潜在的感染性危害的过程。消毒处理技术主要包括高温蒸汽消毒、化学消毒、微波消毒、高温干热消毒等。

3.3　处置　disposal

将医疗废物焚烧达到减少数量、缩小体积、减少或消除其危险成分的活动，或者将经消毒处理的医疗废物按照相关国家规定进行焚烧或填埋的活动。

3.4　贮存　storage

将医疗废物存放于符合特定要求的专门场所或设施的活动。

3.5　医疗废物处理处置设施　medical waste treatment and disposal facility

通过消毒处理或者焚烧处置，消除医疗废物潜在的感染性危害或危险成分的消毒处理设施或焚烧设施。

3.6　消毒处理设施　disinfection treatment facility

以消毒处理方式杀灭医疗废物中病原微生物的医疗废物处理装置，包括配套的附属设备及设施。

3.7　焚烧设施　incineration facility

以焚烧方式处置医疗废物，达到减少数量、缩小体积、消除其危险成分目的的装置，包括进料装置、焚烧炉、烟气净化装置和控制系统等。

3.8　高温蒸汽消毒　steam disinfection

利用高温蒸汽杀灭医疗废物中病原微生物，使其消除潜在的感染性危害的处理方法

3.9　化学消毒　chemical disinfection

利用化学消毒剂杀灭医疗废物中病原微生物，使其消除潜在的感染性危害的处理方法。

3.10　微波消毒　microwave disinfection

利用微波或微波与高温蒸汽组合作用杀灭医疗废物中病原微生物，使其消除潜在的感染性危害的处理方法。

3.11　高温干热消毒　dry heat disinfection

利用高温干热空气杀灭医疗废物中病原微生物，使其消除潜在的感染性危害的处理方法。

3.12　焚烧　incineration

医疗废物在高温条件下发生热分解、燃烧等反应，实现无害化和减量化的过程。

3.13 焚烧处理能力 incineration capacity

单位时间焚烧设施焚烧医疗废物的设计能力。

3.14 焚烧残渣 incineration slag

医疗废物焚烧后从焚烧炉排出的炉渣。

3.15 焚烧炉高温段 high temperature section of incinerator

焚烧炉燃烧室出口及出口上游，燃烧所产生的烟气温度处于≥ 850 ℃的区间段。

3.16 烟气停留时间 flue gas residence time

燃烧所产生的烟气处于高温段（≥ 850 ℃）的持续时间，可通过焚烧炉高温段有效容积和烟气流量的比值计算。

3.17 焚烧炉高温段温度 temperature of high temperature section of incinerator

焚烧炉燃烧室出口及出口上游保证烟气停留时间满足规定要求的区域内的平均温度。以焚烧炉炉膛内热电偶测量温度的 5 分钟平均值计，即出口断面及出口上游断面各自热电偶测量温度中位数算术平均值的 5 分钟平均值。

3.18 热灼减率 loss on ignition

焚烧残渣经灼烧减少的质量与原焚烧残渣质量的百分比。根据公式（1）计算：

$$P=\frac{(A-B)}{A}\times 100\% \tag{1}$$

式中：

P——热灼减率，%；

A——（105 ± 25）℃干燥 1 h 后的原始焚烧残渣在室温下的质量，g；

B——焚烧残渣经（600 ± 25）℃灼烧 3 h 后冷却至室温的质量，g。

3.19 燃烧效率 combustion efficiency（CE）

烟道排出气体中二氧化碳浓度与二氧化碳和一氧化碳浓度之和的百分比。根据公式（2）计算：

$$\mathrm{CE}=\frac{C_{CO_2}}{C_{CO_2}+C_{CO}} \tag{2}$$

式中：

C_{CO_2}——为燃烧后排气中 CO_2 的浓度；

C_{CO}——为燃烧后排气中 CO 的浓度。

3.20　周转箱 / 桶　transfer container/barrel

医疗废物运送过程中用于盛装经初级包装的医疗废物的专用硬质容器。

3.21　标准状态　standard conditions

温度在 273.15 K，压力在 101.325 kPa 时的气体状态。本标准规定的大气污染物排放浓度限值均以标准状态下的干气体为基准。

3.22　二噁英类　dibenzo-*p*-dioxins and dibenzofurans

多氯代二苯并－对－二噁英（PCDDs）和多氯代二苯并呋喃（PCDFs）类物质的总称。

3.23　毒性当量因子　toxic equivalency factor（TEF）

二噁英类同类物与 2，3，7，8- 四氯代二苯并－对－二噁英对芳香烃受体（Ah 受体）的亲和性能之比。典型二噁英类同类物的毒性当量因子见附录 A。

3.24　毒性当量　toxic equivalent quantity（TEQ）

各二噁英类同类物浓度折算为相当于 2，3，7，8- 四氯代二苯并－对－二噁英毒性的等价浓度，毒性当量为实测浓度与该异构体的毒性当量因子的乘积。根据公式（3）计算：

$$TEQ = \sum(\text{二噁英毒性同类物浓度} \times TEF) \quad (3)$$

式中：

TEQ——毒性当量；

TEF——毒性当量因子。

3.25　非甲烷总烃　non-methane hydrocarbons（NMHC）

采用规定的监测方法，氢火焰离子化检测器有响应的除甲烷外的气态化合物的总和，以碳的质量浓度计。

3.26　测定均值　average value

在一定时间内采集的一定数量样品中污染物浓度测试值的算术平均值。二噁英类的监测应在 6 ～ 12 个小时内完成不少于 3 个样品的采集；重金属类污染物的监测应在 0.5 ～ 8 个小时内完成不少于 3 个样品的采集。

3.27 1小时均值 1-hour average value

任何1小时污染物浓度的算术平均值；或在1小时内，以等时间间隔采集3～4个样品测试值的算术平均值。

3.28 24小时均值 24-hour average value

连续24小时内的1小时均值的算术平均值，有效小时均值数不应少于20个。

3.29 日均值 daily average value

利用烟气排放连续监测系统（CEMS）测量的1小时均值，按照《污染物在线监控（监测）系统数据传输标准》相关规定换算得到的污染物日均质量浓度。根据公式（4）计算：

$$\bar{c}_{Qd}=\frac{\sum_{h=1}^{m}\bar{c}_{Qh}}{\mathrm{m}} \tag{4}$$

式中：

$\bar{c}_{Qd}$——CEMS第d天测量污染物排放干基标态质量浓度日均值，mg/m^3；

$\bar{c}_{Qh}$——CEMS第h次测量的污染物排放干基标态质量浓度1小时均值，mg/m^3；

m——CEMS在该天内有效测量的小时均值数（$m\geqslant 20$）。

3.30 基准氧含量排放浓度 emission concentration at baseline oxygen content

以11% O_2（干烟气）作为基准，将实测获得的标准状态下的大气污染物浓度换算后获得的大气污染物排放浓度，不适用于纯氧燃烧。根据公式（5）换算：

$$\rho=\frac{\rho'(21-11)}{\varphi_0(O_2)-\varphi'(O_2)} \tag{5}$$

式中：

ρ——大气污染物基准氧含量排放浓度，mg/m^3；

ρ'——实测的大气污染物排放浓度，mg/m^3；

$\varphi_0(O_2)$——助燃空气初始氧含量（%），采用空气助燃时为21；

$\varphi'(O_2)$——实测的烟气氧含量（%）。

3.31 现有焚烧设施 existing incineration facility

标准实施之日前，已建成投入使用或环境影响评价文件已获批准的医疗废物焚烧设施。

3.32 新建焚烧设施 new incineration facility

标准实施之日后，环境影响评价文件获批准的新建、改建和扩建的医疗废物焚烧设施。

4 选址要求

4.1 医疗废物处理处置设施选址应符合生态环境保护法律法规及相关法定规划要求，并应综合考虑设施服务区域、交通运输、地质环境等基本要素，确保设施处于长期相对稳定的环境。鼓励医疗废物处理处置设施选址临近生活垃圾集中处置设施，依托生活垃圾集中处置设施处置医疗废物焚烧残渣和经消毒处理的医疗废物。

4.2 处理处置设施选址不应位于国务院和国务院有关主管部门及省、自治区、直辖市人民政府划定的生态保护红线区域、永久基本农田集中区域和其他需要特别保护的区域内。

4.3 处理处置设施厂址应与敏感目标之间设置一定的防护距离，防护距离应根据厂址条件、处理处置技术工艺、污染物排放特征及其扩散因素等综合确定，并应满足环境影响评价文件及审批意见要求。

5 污染控制技术要求

5.1 收集

5.1.1 医疗废物处理处置单位收集的医疗废物包装应符合 HJ 421 的要求。

5.1.2 处理处置单位应采用周转箱/桶收集、转移医疗废物，并应执行危险废物转移联单管理制度。

5.2 运输

5.2.1 医疗废物运输使用车辆应符合 GB 19217 的要求。

5.2.2 运输过程应按照规定路线行驶，行驶过程中应锁闭车厢门，避免医疗废物丢失、遗撒。

5.3 接收

5.3.1 医疗废物处理处置单位应设置计量系统。

5.3.2 处理处置单位应划定卸料区，卸料区地面防渗应满足国家和地方有关重点污染源防渗要求，并应设置废水导流和收集设施。

5.4 贮存

5.4.1 医疗废物处理处置单位应设置感染性、损伤性、病理性废物的贮存设施；若收集化学性、药物性废物还应设置专用贮存设施。贮存设施内应设置不同类别医疗废物的贮存区。

5.4.2 贮存设施地面防渗应满足国家和地方有关重点污染源防渗要求。墙面应做防渗处理，感染性、损伤性、病理性废物贮存设施的地面、墙面材料应易于清洗和消毒。

5.4.3 贮存设施应设置废水收集设施，收集的废水应导入废水处理设施。

5.4.4 感染性、损伤性、病理性废物贮存设施应设置微负压及通风装置、制冷系统和设备，排风口应设置废气净化装置。

5.4.5 医疗废物不能及时处理处置时，应置于贮存设施内贮存。感染性、损伤性、病理性废物应盛装于医疗废物周转箱/桶内一并置于贮存设施内暂时贮存。

5.4.6 处理处置单位对感染性、损伤性、病理性废物的贮存应符合以下要求：

a）贮存温度≥ 5 ℃，贮存时间不得超过 24 小时；

b）贮存温度 < 5 ℃，贮存时间不得超过 72 小时；

c）偏远地区贮存温度 < 5 ℃，并采取消毒措施时，可适当延长贮存时间，但不得超过 168 小时。

5.4.7 化学性、药物性废物贮存应符合 GB 18597 的要求。

5.5 清洗消毒

5.5.1 医疗废物处理处置单位应设置医疗废物运输车辆、转运工具、周转箱/桶的清洗消毒场所，并应配置废水收集设施。

5.5.2 运输车辆、转运工具、周转箱/桶每次使用后应及时（24 小时内）清洗消毒，周转箱/桶清洗消毒宜选用自动化程度高的设施设备。

5.6 消毒处理

5.6.1 医疗废物消毒处理工艺参数可参见附录 B。

5.6.2 消毒处理设施应配备尾气净化装置。排气筒高度参照 GB 16297 执行，一般不应低于 15 m，并应按 GB/T 16157 设置永久性采样孔。

5.6.3 应依据《国家危险废物名录》和国家危险废物鉴别标准等规定判定经消毒处理的医疗废物和消毒处理产生的其他固体废物的危险废物属性，属于危险废物的，其贮存和处置应符合危险废物有关要求。

5.6.4　经消毒处理的医疗废物应破碎毁形，并与未经消毒处理的医疗废物分开存放。

5.6.5　经消毒处理的医疗废物进入生活垃圾焚烧厂进行焚烧处置应满足 GB 18485 规定的入炉要求；进入生活垃圾填埋场处置应满足 GB 16889 规定的入场要求；进入水泥窑协同处置应满足 GB 30485 规定的入窑要求。

5.7　焚烧

5.7.1　一般规定

5.7.1.1　焚烧设施应采取负压设计或其他技术措施，防止运行过程中有害气体逸出。

5.7.1.2　焚烧设施应配置具有自动联机、停机功能的进料装置，烟气净化装置以及集成烟气在线自动监测、运行工况在线监测等功能的运行监控装置。

5.7.1.3　焚烧设施竣工环境保护验收前，应进行技术性能测试，测试方法按照 HJ 561 执行，性能测试合格后方可通过验收。

5.7.1.4　医疗废物中的化学性、药物性废物焚烧处置应符合 GB 18484 的要求。

5.7.1.5　采用危险废物焚烧设施协同处置医疗废物应符合 GB 18484 的要求。

5.7.1.6　由遗体火化装置焚烧处置病理性废物，执行国家殡葬管理及其相关污染控制的要求。

5.7.2　进料装置

5.7.2.1　进料装置应保证进料通畅、均匀，并采取防堵塞和清堵塞设计。

5.7.2.2　进料口应采取气密性和防回火设计。

5.7.3　焚烧炉

5.7.3.1　医疗废物焚烧炉的技术性能指标应符合表 1 的要求。

表 1　医疗废物焚烧炉的技术性能指标

指标	焚烧高温段温度（℃）	烟气留时间（s）	烟气含氧量（干烟气，烟囱取样口）	烟气一氧化碳浓度（mg/m^3）（烟囱取样口）		燃烧效率	热灼减率
限值	≥ 850	≥ 2.0	6% ～ 15%	1 小时均值	24 小时均值或日均值	≥ 99.9%	< 5%
				≤ 100	≤ 80		

5.7.3.2 焚烧炉应配置辅助燃烧器，在启、停炉时以及炉膛内温度低于表 1 要求时使用，并应保证焚烧炉的运行工况符合表 1 要求。

5.7.4 烟气净化装置

5.7.4.1 焚烧烟气净化装置至少应具备除尘、脱硫、脱硝、脱酸、去除二噁英类及重金属类污染物的功能。

5.7.4.2 每台焚烧炉宜单独设置烟气净化装置。

5.7.5 排气筒

5.7.5.1 排气筒高度不得低于表 2 规定的高度，具体高度及设置应根据环境影响评价文件及其审批意见确定，并应按 GB/T 16157 设置永久性采样孔。

表 2 焚烧炉排气筒高度

焚烧处理能力（kg/h）	排气筒最低允许高度（m）
≤ 300	20
300 ～ 2000	35
2000 ～ 2500	45
≥ 2500	50

5.7.5.2 排气筒周围 200 米半径距离内存在建筑物时，排气筒高度应至少高出这一区域内最高建筑物 5 米以上。

5.7.5.3 如有多个排气源，可集中到一个排气筒排放或采用多筒集合式排放，并应在集中或合并前的各分管上设置采样孔。

6 排放控制要求

6.1 自本标准实施之日起，医疗废物消毒处理设施及新建焚烧设施污染控制执行本标准规定的限值要求；现有医疗废物焚烧设施，除烟气污染物以外的其他大气污染物以及水污染物和噪声污染物控制等，执行本标准 6.5、6.6、6.7 和 6.8 相关要求。

6.2 现有焚烧设施烟气污染物排放，2021 年 12 月 31 日前执行 GB 18484—2001 表 3 规定的限值要求，自 2022 年 1 月 1 日起应执行本标准表 4 规定的限值要求。

6.3 消毒处理设施废气污染物排放应符合表 3 的规定。

表 3 消毒处理设施排放废气污染物浓度限值

序号	污染物项目	限值
1	非甲烷总烃	20 mg/m^3
2	颗粒物	执行 GB 16297 中颗粒物排放限值

6.4 除 6.2 规定的条件外，焚烧设施烟气污染物排放应符合表 4 的规定。

表 4 焚烧设施烟气污染物排放浓度限值

单位：mg/m^3

序号	污染物项目	限值	取值时间
1	颗粒物	30	1 小时均值
		20	24 小时均值或日均值
2	一氧化碳（CO）	100	1 小时均值
		80	24 小时均值或日均值
3	氮氧化物（NO_X）	300	1 小时均值
		250	24 小时均值或日均值
4	二氧化硫（SO_2）	100	1 小时均值
		80	24 小时均值或日均值
5	氟化氢（HF）	4.0	1 小时均值
		2.0	24 小时均值或日均值
6	氯化氢（HCl）	60	1 小时均值
		50	24 小时均值或日均值
7	汞及其化合物（以 Hg 计）	0.05	测定均值
8	铊及其化合物（以 Tl 计）	0.05	测定均值
9	镉及其化合物（以 Cd 计）	0.05	测定均值
10	铅及其化合物（以 Pb 计）	0.5	测定均值
11	砷及其化合物（以 As 计）	0.5	测定均值
12	铬及其化合物（以 Cr 计）	0.5	测定均值
13	锡、锑、铜、锰、镍及其化合物（以 Sn+Sb+Cu+Mn+Ni 计）	2.0	测定均值
14	二噁英类（ng TEQ/Nm^3）	0.5	测定均值

注：表中污染物限值为基准氧含量排放浓度。

6.5 除医疗废物消毒处理设施、焚烧设施外的其他生产设施及厂界的大气污染物（不包括臭气浓度）排放应符合 GB 16297、GB 14554、GB 37822 的相关规定。

6.6 焚烧设施产生的焚烧残渣、焚烧飞灰、废水处理污泥及其他固体废物，应根据《国家危险废物名录》和国家规定的危险废物鉴别标准等进行属性判定。属于危险废物的，其贮存和利用处置应符合国家和地方危险废物有关规定。

6.7 处理处置设施产生的废水排放应符合 GB 18466 规定的综合医疗机构和其他医疗机构水污染物排放要求；疫情期间废水排放应符合 GB 18466 规定的传染病、结核病医疗机构污染物排放要求或疫情期间的相关要求。

6.8 厂界噪声应符合 GB 12348 的控制要求。

7 运行环境管理要求

7.1 一般规定

7.1.1 医疗废物处理处置设施运行期间，应建立运行情况记录制度，如实记载运行情况。运行记录至少应包括医疗废物来源、种类、数量、贮存和处理处置信息，设施运行及工艺参数信息，环境监测数据，残渣、残余物和经消毒处理的医疗废物的去向及其数量等。

7.1.2 处理处置单位应建立处理处置设施全部档案，包括设计、施工、验收、运行、监测及应急等，档案应按国家档案管理的法律法规进行整理与归档。

7.1.3 医疗废物在进入消毒处理设施或焚烧设施前不应进行开包或破碎。

7.1.4 处理处置单位应编制环境应急预案，并定期组织应急演练。

7.1.5 处理处置单位应依据国家和地方有关要求，建立土壤和地下水污染隐患排查治理制度，并定期开展隐患排查，发现隐患应及时采取措施消除隐患，并建立档案。

7.1.6 处理处置设施运行期间应对医疗废物接收区域、转运通道及其他接触医疗废物的场所进行定期清洗消毒。医疗废物处理处置的卫生学效果检测与评价应符合国家疾病防治有关法律法规和标准的规定。

7.2 消毒处理设施

7.2.1 消毒处理设施运行过程中，应保证消毒处理系统处于封闭或微负压状态。

7.2.2 消毒处理设施运行过程中，应实时监控消毒处理系统运行参数。

7.2.3 清洗消毒后的周转箱 / 桶应与待清洗消毒的周转箱 / 桶分区存放。

7.3 焚烧设施

7.3.1 焚烧设施启动时，应先将炉膛内温度升至表 1 规定的温度后再投入医疗废物。自焚烧设施启动开始投入医疗废物后，应逐渐增加投入量，并应在 6 小时内达到稳定工况。

7.3.2 焚烧设施停炉时，应通过助燃装置保证炉膛内温度符合表 1 规定的要求，直至炉内剩余医疗废物完全燃烧。

7.3.3 焚烧设施在运行过程中发生故障无法及时排除时，应立即停止投入医疗废物，并应按照 7.3.2 要求停炉。单套焚烧设施因启炉、停炉、故障及事故排放污染物的持续时间每个自然年度累计不应超过 60 小时，炉内投入医疗废物前的烘炉升温时段不计入启炉时长，炉内医疗废物燃尽后的停炉降温时段不计入停炉时长。

7.3.4 在 7.3.1、7.3.2 和 7.3.3 规定的时间内，在线自动监测数据不作为评定是否达到本标准排放限值的依据，但烟气颗粒物排放浓度的 1 小时均值不得大于 150 mg/m^3。

7.3.5 应确保正常工况下焚烧炉炉膛内热电偶测量温度的 5 分钟均值不低于 850 ℃。

8 环境监测要求

8.1 一般规定

8.1.1 医疗废物处理处置单位应依据有关法律、《环境监测管理办法》和 HJ 819 等规定，建立企业监测制度，制定监测方案，对污染物排放状况及其对周边环境质量的影响开展自行监测，保存原始监测记录，并公布监测结果。

8.1.2 处理处置设施安装污染物排放自动监控设备，应依据有关法律和《污染源自动监控管理办法》的规定执行。

8.1.3 本标准实施后国家发布的污染物监测方法标准，如适用性满足要求，同样适用于本标准相应污染物的测定。

8.2 大气污染物监测

8.2.1 应根据监测大气污染物的种类，在规定的污染物排放监控位置进行采样；有废气处理设施的，应在该设施后检测。排气筒中大气污染物的监测采样应按 GB/T 16157、HJ 916、HJ/T 397、HJ/T 365 或 HJ 75 的规定进行。

8.2.2 对大气污染物中重金属类污染物的监测应每月至少 1 次；对大气污染物中二噁英类的监测应每年至少 2 次，浓度为连续 3 次测定值的算术平均值。

8.2.3 大气污染物浓度监测应采用表 5 所列的测定方法。

表 5 大气污染物浓度测定方法

序号	污染物项目	方法标准名称	方法标准编号
1	颗粒物	固定污染源排气中颗粒物测定与气态污染物采样方法	GB/T 16157
		固定污染源废气 低浓度颗粒物的测定 重量法	HJ 836
2	一氧化碳（CO）	固定污染源排气中一氧化碳的测定 非色散红外吸收法	HJ/T 44
		固定污染源废气 一氧化碳的测定 定电位电解法	HJ 973
3	氮氧化物（NO_x）	固定污染源排气中氮氧化物的测定 紫外分光光度法	HJ/T 42
		固定污染源排气中氮氧化物的测定 盐酸萘乙二胺分光光度法	HJ/T 43
		固定污染源废气 氮氧化物的测定 非分散红外吸收法	HJ 692
		固定污染源废气 氮氧化物的测定 定电位电解法	HJ 693
4	二氧化硫（SO_2）	固定污染源排气中二氧化硫的测定 碘量法	HJ/T 56
		固定污染源废气 二氧化硫的测定 定电位电解法	HJ 57
		固定污染源废气 二氧化硫的测定 非分散红外吸收法	HJ 629
5	氟化氢（HF）	固定污染源排气 氟化氢的测定 离子色谱法	HJ 688
6	氯化氢（HCl）	固定污染源排气中氯化氢的测定 硫氰酸汞分光光度法	HJ/T 27
		固定污染源废气 氯化氢的测定 硝酸银容量法	HJ 548
		环境空气和废气 氯化氢的测定 离子色谱法	HJ 549
7	汞	固定污染源废气 汞的测定 冷原子吸收分光光度法（暂行）	HJ 543
8	镉	大气固定污染源 镉的测定 火焰原子吸收分光光度法	HJ/T 64.1
		大气固定污染源 镉的测定 石墨炉原子吸收分光光度法	HJ/T 64.2
8	镉	大气固定污染源 镉的测定 对－偶氮苯重氮氨基偶氮苯磺酸分光光度法	HJ/T 64.3
		空气和废气 颗粒物中铅等金属元素的测定 电感耦合等离子体质谱法	HJ 657
9	铅	固定污染源废气 铅的测定 火焰原子吸收分光光度法	HJ 685
		空气和废气 颗粒物中铅等金属元素的测定 电感耦合等离子体质谱法	HJ 657
10	砷	固定污染源废气 砷的测定 二乙基二硫代氨基甲酸银分光光度法	HJ 540
		空气和废气 颗粒物中铅等金属元素的测定 电感耦合等离子体质谱法	HJ 657

续表 5

序号	污染物项目	方法标准名称	方法标准编号
11	铬	空气和废气 颗粒物中铅等金属元素的测定 电感耦合等离子体质谱法	HJ 657
12	锡	大气固定污染源 锡的测定 石墨炉原子吸收分光光度法	HJ/T 65
		空气和废气 颗粒物中铅等金属元素的测定 电感耦合等离子体质谱法	HJ 657
13	铊、锑、铜、锰	空气和废气 颗粒物中铅等金属元素的测定 电感耦合等离子体质谱法	HJ 657
14	镍	大气固定污染源 镍的测定 火焰原子吸收分光光度法	HJ/T 63.1
		大气固定污染源 镍的测定 石墨炉原子吸收分光光度法	HJ/T 63.2
		大气固定污染源 镍的测定 丁二酮肟 – 正丁醇萃取分光光度法	HJ/T 63.3
		空气和废气 颗粒物中铅等金属元素的测定 电感耦合等离子体质谱法	HJ 657
15	二噁英类	环境空气和废气 二噁英类的测定 同位素稀释高分辨气相色谱 – 高分辨质谱法	HJ 77.2
		环境二噁英类监测技术规范	HJ 916
16	非甲烷总烃	大气污染物无组织排放监测技术导则	HJ/T 55
		环境空气总烃、甲烷和非甲烷总烃的测定 直接进样 - 气相色谱法	HJ 604
		环境空气和废气总烃、甲烷和非甲烷总烃便携式监测仪技术要求及检测方法	HJ 1012

8.2.4 焚烧单位应对焚烧烟气中主要污染物浓度进行在线自动监测，烟气在线自动监测指标应为 1 小时均值及日均值，且应至少包括氯化氢、二氧化硫、氮氧化物、颗粒物、一氧化碳和烟气含氧量等。在线自动监测数据的采集和传输应符合 HJ 75 和 HJ 212 的要求。

8.3 水污染物监测

8.3.1 水污染物的监测按照 GB 18466 和 HJ 91.1 规定的测定方法进行。

8.3.2 应按照国家和地方有关要求设置废水计量装置和在线自动监测设备。

8.4 其他监测

8.4.1 热灼减率的监测应每周至少 1 次，样品的采集和制备方法应按照 HJ/T 20 执行，测试步骤参照 HJ 1024 执行。

8.4.2 焚烧炉运行工况在线监测指标应至少包括炉膛内热电偶测量温度。

9 实施与监督

9.1 本标准由县级以上生态环境主管部门负责监督实施。

9.2 除无法抗拒的灾害和其他应急情况下，医疗废物处理处置设施均应遵守本标准的污染控制要求，并采取必要措施保证污染防治设施正常运行；重大疫情等应急情况下医疗废物的运输和处置，应按事发地的县级以上人民政府确定的处置方案执行。

9.3 各级生态环境主管部门在对医疗废物处理处置设施进行监督性检查时，对于水污染物，可以现场即时采样或监测的结果，作为判定排污行为是否符合排放标准以及实施相关生态环境保护管理措施的依据；对于大气污染物，可以采用手工监测并按照监测规范要求测得的任意 1 小时平均浓度值，作为判定排污行为是否符合排放标准以及实施相关生态环境保护管理措施的依据。

9.4 除 7.3.4 规定的条件外，CEMS 日均值数据可作为判定排污行为是否符合排放标准的依据；炉膛内热电偶测量温度未达到 7.3.5 要求，且一个自然日内累计超过 5 次的，参照《生活垃圾焚烧发电厂自动监测数据应用管理规定》等相关规定判定为“未按照国家有关规定采取有利于减少持久性有机污染物排放措施”，并依照相关法律法规予以处理。

附录 A

（规范性附录）

PCDDs/PCDFs 的毒性当量因子

表 A 给出了不同二噁英类同类物（PCDDs/PCDFs）的毒性当量因子。

表 A　PCDDs/PCDFs 的毒性当量因子

同类物		WHO–TEF（1998）	WHO–TEF（2005）	I–TEF
PCDDs[a]	2，3，7，8–T_4CDD	1	1	1
	1，2，3，7，8–P_5CDD	1	1	0.5
	1，2，3，4，7，8–H_6CDD	0.1	0.1	0.1
	1，2，3，6，7，8–H_6CDD	0.1	0.1	0.1
	1，2，3，7，8，9–H_6CDD	0.1	0.1	0.1
	1，2，3，4，6，7，8–H_7CDD	0.01	0.01	0.01
	OCDD	0.0001	0.0003	0.001
	其他 PCDDs	0	0	0
PCDFs[b]	2，3，7，8–T_4CDF	0.1	0.1	0.1
	1，2，3，7，8–P_5CDF	0.05	0.03	0.05
	2，3，4，7，8–P_5CDF	0.5	0.3	0.5
	1，2，3，4，7，8–H_6CDF	0.1	0.1	0.1
	1，2，3，6，7，8–H_6CDF	0.1	0.1	0.1
	1，2，3，7，8，9–H_6CDF	0.1	0.1	0.1
	2，3，4，6，7，8–H_6CDF	0.1	0.1	0.1
	1，2，3，4，6，7，8–H_7CDF	0.01	0.01	0.01
	1，2，3，4，7，8，9–H_7CDF	0.01	0.01	0.01
	OCDF	0.0001	0.0003	0.001
	其他 PCDFs	0	0	0

注：（a）多氯代二苯并－对－二噁英；

（b）多氯代二苯并呋喃。

附录 B

（资料性附录）

医疗废物消毒处理主要工艺参数

表 B 给出了医疗废物消毒处理主要工艺参数。

表 B　医疗废物消毒处理主要工艺参数

消毒处理技术名称	工艺控制参数	消毒舱容积（m^3）或小时处理量（t/h）[a]
高温蒸汽消毒	预真空度≥ 0.08 MPa，消毒处理温度≥ 134 ℃，消毒处理压力≥ 220 kPa（表压），消毒时间≥ 45　min	10m^3
化学消毒	a. 石灰粉消毒剂：一级破碎反应室温度为 40 ～ 60 ℃，二级破碎反应室温度为 110 ～ 140 ℃，纯度 > 90%，投加量 > 0.075 kg 石灰粉 /kg 医疗废物，反应 pH=11.0 ～ 12.5，消毒时间≥ 120 min	600kg/h
	b. 环氧乙烷消毒剂：一级破碎反应室温度为 40 ～ 60 ℃，二级破碎反应室温度为 110 ～ 140 ℃，消毒剂浓度≥ 893 mg/L，预真空度≤ −80 kPa，消毒温度 45 ～ 55 ℃，消毒时间≥ 240 min	50 m^3
微波消毒	微波发生频率（915±25）MHz 或（2450±50）MHz，微波处理温度≥ 95 ℃，消毒时间≥ 45min	625 kg/h
微波与高温蒸汽组合消毒	微波发生频率（2450±50）MHz，压力≥ 0.33MPa，温度≥ 135 ℃，消毒时间≥ 5 min	2 m^3
高温干热消毒	温度≥ 170 ℃，内部压力≤ 4.2 ～ 4.6 kPa，消毒时间≥ 20 min	1 m^3
其他消毒技术[b]	应经过测试评价认定	

注：（a）表中技术消毒设备有消毒舱的，以舱的容积计；无消毒舱的按小时处理量计；
（b）工艺参数调整及采用其他新工艺和技术时，应通过第三方机构的测试评价认定。

国家卫生健康委等10部门关于印发医疗机构废弃物综合治理工作方案的通知

（国卫医发〔2020〕3号）

各省、自治区、直辖市人民政府，司法部、交通运输部、税务总局：

经国务院同意，现将《医疗机构废弃物综合治理工作方案》印发给你们，请认真贯彻执行。

国家卫生健康委　生态环境部　国家发展改革委
工业和信息化部　公安部　财政部　住房和城乡建设部
商务部　市场监管总局　国家医保局
2020年2月24日

医疗机构废弃物综合治理工作方案

医疗机构废弃物管理是医疗机构管理和公共卫生管理的重要方面，也是全社会开展垃圾分类和处理的重要内容。为落实习近平总书记关于打好污染防治攻坚战的重要指示精神，加强医疗机构废弃物综合治理，实现废弃物减量化、资源化、无害化，针对当前存在的突出问题，借鉴国际经验，特制定本方案。

一、做好医疗机构内部废弃物分类和管理

（一）加强源头管理。医疗机构废弃物分为医疗废物、生活垃圾和输液瓶（袋）。通过规范分类和清晰流程，各医疗机构内形成分类投放、分类收集、分类贮存、分类交接、分类转运的废弃物管理系统。充分利用电子标签、二维码等信息化技术手段，对药品和医用耗材购入、使用和处置等环节进行精细化全程跟踪管理，鼓励医疗机构使用具有追溯功能的医疗用品、具有计数功能的可复用容器，确保医疗机构废弃物应分尽分和可追溯。（国家卫生健康委牵头，生态环境部参与）

（二）夯实各方责任。医疗机构法定代表人是医疗机构废弃物分类和管理的第一责任人，产生废弃物的具体科室和操作人员是直接责任人。鼓励由牵头医疗机构负责指导实行一体化管理的医联体内医疗机构废弃物分类和管理。实行后勤服务社会化的医疗机构要落实主体责任，加强对提供后勤服务组织的培训、指导和管理。适时将废弃物处置情况纳入公立医疗机构绩效考核。（国家卫生健康委负责）

二、做好医疗废物处置

（一）加强集中处置设施建设。各省份全面摸查医疗废物集中处置设施建设情况，要在2020年底前实现每个地级以上城市至少建成1个符合运行要求的医疗废物集中处置设施；到2022年6月底前，综合考虑地理位置分布、服务人口等因素

设置区域性收集、中转或处置医疗废物设施，实现每个县（市）都建成医疗废物收集转运处置体系。鼓励发展医疗废物移动处置设施和预处理设施，为偏远基层提供就地处置服务。通过引进新技术、更新设备设施等措施，优化处置方式，补齐短板，大幅度提升现有医疗废物集中处置设施的处置能力，对各类医疗废物进行规范处置。探索建立医疗废物跨区域集中处置的协作机制和利益补偿机制。（省级人民政府负责）

（二）进一步明确处置要求。医疗机构按照《医疗废物分类目录》等要求制定具体的分类收集清单。严格落实危险废物申报登记和管理计划备案要求，依法向生态环境部门申报医疗废物的种类、产生量、流向、贮存和处置等情况。严禁混合医疗废物、生活垃圾和输液瓶（袋），严禁混放各类医疗废物。规范医疗废物贮存场所（设施）管理，不得露天存放。及时告知并将医疗废物交由持有危险废物经营许可证的集中处置单位，执行转移联单并做好交接登记，资料保存不少于 3 年。医疗废物集中处置单位要配备数量充足的收集、转运周转设施和具备相关资质的车辆，至少每 2 天到医疗机构收集、转运一次医疗废物。要按照《医疗废物集中处置技术规范（试行）》转运处置医疗废物，防止丢失、泄漏，探索医疗废物收集、贮存、交接、运输、处置全过程智能化管理。对于不具备上门收取条件的农村地区，当地政府可采取政府购买服务等多种方式，由第三方机构收集基层医疗机构的医疗废物，并在规定时间内交由医疗废物集中处置单位。确不具备医疗废物集中处置条件的地区，医疗机构应当使用符合条件的设施自行处置。（国家卫生健康委、生态环境部、交通运输部、地方各级人民政府按职责分工负责）

三、做好生活垃圾管理

医疗机构要严格落实生活垃圾分类管理有关政策，将非传染病患者或家属在就诊过程中产生的生活垃圾，以及医疗机构职工非医疗活动产生的生活垃圾，与医疗活动中产生的医疗废物、输液瓶（袋）等区别管理。做好医疗机构生活垃圾的接收、运输和处理工作。（国家卫生健康委、住房和城乡建设部按职责分工负责）

四、做好输液瓶（袋）回收利用

按照“闭环管理、定点定向、全程追溯”的原则，明确医疗机构处理以及企业回收和利用的工作流程、技术规范和要求，用好用足现有标准，必要时做好标准制修订工作。明确医疗机构、回收企业、利用企业的责任和有关部门的监管职责。在产生环节，医疗机构要按照标准做好输液瓶（袋）的收集，并集中移交回收企业。国家卫生健康委要指导地方加强日常监管。在回收和利用环节，由地方出台政策措施，确保辖区内分别至少有 1 家回收和利用企业或 1 家回收利用一体化企业，确保辖区内医疗机构输液瓶（袋）回收和利用全覆盖。充分利用第三方等平台，鼓励回收和利用企业一体化运作，连锁化、集团化、规模化经营。回收利用的输液瓶（袋）不得用于原用途，不得用于制造餐饮容器以及玩具等儿童用品，不得危害人体健康。商务部要指导地方做好回收企业确定工作。工业和信息化部要指导废塑料综合利用行业组织完善处理工艺，引导行业规范健康发展，培育跨区域骨干企业。（国家卫生健康委、商务部、工业和信息化部、市场监管总局、地方各级人民政府按职责分工负责）

五、开展医疗机构废弃物专项整治

在全国范围内开展为期半年的医疗机构废弃物专项整治行动，重点整治医疗机构不规范分类和存贮、不规范登记和交接废弃物、虚报瞒报医疗废物产生量、非法倒卖医疗废物，医疗机构外医疗废物处置脱离闭环管理、医疗废物集中处置单位无危险废物经营许可证，以及有关企业违法违规回收和利用医疗机构废弃物等行为。国家卫生健康委、生态环境部会同商务部、工业和信息化部、住房和城乡建设部等部门制定具体实施方案，明确部门职责分工。市场监管总局、公安部加强与国家卫生健康委、生态环境部的沟通联系，强化信息共享，依法履行职责。各相关部门在执法检查和日常管理中发现有涉嫌犯罪行为的，及时移送公安机关，并积极为公安机关办案提供必要支持。公开曝光违法医疗机构和医疗废物集中处置单位。（国家卫生健康委、生态环境部牵头，商务部、工业和信息化部、住房和城乡建设部、市场监管总局、公安部参与，2020 年底前完成集中整治）

六、落实各项保障措施

（一）完善信息交流和工作协同机制。建立医疗废物信息化管理平台，覆盖医疗机构、医疗废物集中贮存点和医疗废物集中处置单位，实现信息互通共享。卫生健康部门要及时向生态环境部门通报医疗机构医疗废物产生、转移或自行处置情况。生态环境部门要及时向卫生健康部门通报医疗废物集中处置单位行政审批情况，面向社会公开医疗废物集中处置单位名单、处置种类和联系方式等。住房和城乡建设（环卫）部门要及时提供生活垃圾专业处置单位名单及联系方式。商务、工业和信息化部门要共享有能力回收和利用输液瓶（袋）等可回收物的企业名单、处置种类和联系方式，并及时向卫生健康部门通报和定期向社会公布。医疗机构要促进与医疗废物集中处置单位、回收企业相关信息的共享联动，促进医疗机构产生的各类废弃物得到及时处置。建立健全医疗机构废弃物监督执法结果定期通报、监管资源信息共享、联合监督执法机制，相关部门既要履行职责，也要积极沟通，全面提升医疗机构废弃物的规范管理水平。（国家卫生健康委、生态环境部牵头，商务部、工业和信息化部、市场监管总局、公安部、住房和城乡建设部参与）

（二）落实医疗机构废弃物处置政策。综合考虑区域内医疗机构总量和结构、医疗废物实际产生量及处理成本等因素，鼓励采取按床位和按重量相结合的计费方式，合理核定医疗废物处置收费标准，促进医疗废物减量化。将医疗机构输液瓶（袋）回收和利用所得列入合规收入项目。符合条件的医疗废物集中处置单位和输液瓶（袋）回收、利用企业可按规定享受环境保护税等相关税收优惠政策。医疗机构按照规定支付的医疗废物处置费用作为医疗成本，在调整医疗服务价格时予以合理补偿。（国家发展改革委、财政部、税务总局、国家医保局、国家卫生健康委按职责分工负责）

七、做好宣传引导

统筹城市生活垃圾分类和无废城市宣传工作，充分发挥中央主要媒体、各领域专业媒体和新媒体作用，开展医疗废物集中处置设施、输液瓶（袋）回收和利用企业向公众开放等形式多样的活动，大力宣传医疗机构废弃物科学分类、规范处理的意义和有关知识，引导行业、机构和公众增强对医疗机构废弃物处置的正确认知，重点引导其对输液瓶（袋）回收利用的价值、安全性有更加科学、客观和充分的认识。制修订相关标准规范时，要公开听取各方面意见，既广泛凝聚社会共识，也做好知识普及。加大对涉医疗机构废弃物典型案件的曝光力度，形成对不法分子和机构的强力震慑，营造良好社会氛围。（国家卫生健康委、生态环境部、住房城乡建

设部、商务部、工业和信息化部按职责分工负责，中央宣传部、中央网信办、公安部参与）

八、开展总结评估

相关牵头部门要于2020年底前组织对各牵头工作进行阶段性评估，2022年底前完成全面评估，对任务未完成、职责不履行的地方和有关部门进行通报，存在严重问题的，按程序追究相关人员责任。根据评估情况，适时启动《医疗废物管理条例》修订工作。（国家卫生健康委、生态环境部、国家发展改革委、住房和城乡建设部、商务部、工业和信息化部、司法部等按职责分工负责）

国家卫生健康委、生态环境部关于印发《医疗废物分类目录（2021 年版）》的通知

（国卫医函〔2021〕238 号）

各省、自治区、直辖市及新疆生产建设兵团卫生健康委、生态环境厅（局）：

为进一步规范医疗废物管理，促进医疗废物科学分类、科学处置，国家卫生健康委和生态环境部组织修订了 2003 年《医疗废物分类目录》，形成了《医疗废物分类目录（2021 年版）》。现印发给你们，请遵照执行。

附件：医疗废物分类目录（2021 年版）

国家卫生健康委

生态环境部

2021 年 11 月 25 日

附件

医疗废物分类目录（2021年版）

一、根据《中华人民共和国传染病防治法》《中华人民共和国固体废物污染环境防治法》《医疗废物管理条例》《医疗卫生机构医疗废物管理办法》《国家危险废物名录》等法律法规、部门规章的规定，制定本目录。本目录适用于各级各类医疗卫生机构。

二、医疗废物的分类收集应当根据其特性和处置方式进行，并与当地医疗废物处置的方式相衔接。在保证医疗安全的情况下，鼓励医疗卫生机构逐步减少使用含汞血压计和体温计，鼓励使用可复用的医疗器械、器具和用品替代一次性医疗器械、器具和用品，以实现源头减量。医疗废物分为感染性废物、损伤性废物、病理性废物、药物性废物和化学性废物，医疗废物分类目录见附表1。

三、废弃的麻醉、精神、放射性、毒性等药品及其相关废物的分类与处置，按照国家其他有关法律、法规、标准和规定执行。

四、患者截肢的肢体以及引产的死亡胎儿，纳入殡葬管理。

五、药物性废物和化学性废物可分别按照《国家危险废物名录》中HW03类和HW49类进行处置。

六、列入本目录附表2医疗废物豁免管理清单中的医疗废物，在满足相应的条件时，可以在其所列的环节按照豁免内容规定实行豁免管理。

七、重大传染病疫情等突发事件产生的医疗废物，可按照县级以上人民政府确定的工作方案进行收集、贮存、运输和处置等。

八、本目录自发布之日起施行。2003年10月10日原卫生部、原国家环保总局发布的《医疗废物分类目录》（卫医发〔2003〕287号）同时废止。

附表 1：

医疗废物分类目录

类别	特征	常见组分或废物名称	收集方式
感染性废物	携带病原微生物具有引发感染性疾病传播危险的医疗废物。	1. 被患者血液、体液、排泄物等污染的除锐器以外的废物 2. 使用后废弃的一次性使用医疗器械，如注射器、输液器、透析器等 3. 病原微生物实验室废弃的病原体培养基、标本，菌种和毒种保存液及其容器；其他实验室及科室废弃的血液、血清、分泌物等标本和容器 4. 隔离传染病患者或者疑似传染病患者产生的废弃物	1. 收集于符合《医疗废物专用包装袋、容器和警示标志标准》（HJ 421）的医疗废物包装袋中 2. 病原微生物实验室废弃的病原体培养基、标本，菌种和毒种保存液及其容器，应在产生地点进行压力蒸汽灭菌或者使用其他方式消毒，然后按感染性废物收集处理 3. 隔离传染病患者或者疑似传染病患者产生的医疗废物应当使用双层医疗废物包装袋盛装
损伤性废物	能够刺伤或者割伤人体的废弃的医用锐器	1. 废弃的金属类锐器，如针头、缝合针、针灸针、探针、穿刺针、解剖刀、手术刀、手术锯、备皮刀、钢钉和导丝等 2. 废弃的玻璃类锐器，如盖玻片、载玻片、玻璃安瓿等 3. 废弃的其他材质类锐器	1. 收集于符合《医疗废物专用包装袋、容器和警示标志标准》（HJ 421）的利器盒中 2. 利器盒达到 3/4 满时，应当封闭严密，按流程运送、贮存
病理性废物	诊疗过程中产生的人体废弃物和医学实验动物尸体等	1. 手术及其他医学服务过程中产生的废弃的人体组织、器官 2. 病理切片后废弃的人体组织、病理蜡块 3. 废弃的医学实验动物的组织和尸体 4.16 周胎龄以下或重量不足 500 克的胚胎组织等 5. 确诊、疑似传染病或携带传染病病原体的产妇的胎盘	1. 收集于符合《医疗废物专用包装袋、容器和警示标志标准》（HJ 421）的医疗废物包装袋中 2. 确诊、疑似传染病产妇或携带传染病病原体的产妇的胎盘应使用双层医疗废物包装袋盛装 3. 可进行防腐或者低温保存
药物性废物	过期、淘汰、变质或被污染的废弃的药物	1. 废弃的一般性药物 2. 废弃的细胞毒性药物和遗传毒性药物 3. 废弃的疫苗及血液制品	1. 少量的药物性废物可以并入感染性废物中，但应在标签中注明 2. 批量废弃的药物性废物，收集后应交由具备相应资质的医疗废物处置单位或者危险废物处置单位等进行处置

续表

类别	特征	常见组分或废物名称	收集方式
化学性废物	具有毒性、腐蚀性、易燃性、反应性的废弃的化学物品	列入《国家危险废物名录》中的废弃危险化学品，如甲醛、二甲苯等 非特定行业来源的危险废物，如含汞血压计、含汞体温计，废弃的牙科汞合金材料及其残余物等	1.收集于容器中，粘贴标签并注明主要成分 2.收集后应交由具备相应资质的医疗废物处置单位或者危险废物处置单位等进行处置

说明：因以下废弃物不属于医疗废物，故未列入此表中。如：非传染病区使用或者未用于传染病急者、疑似传染病患者以及采取隔离措施的其他患者的输液瓶（袋），盛装消毒剂、透析液的空容器，一次性医用外包装物，废弃的中草药与中草药煎制后的残渣，盛装药物的药杯、尿杯、纸巾、湿巾、尿不湿、卫生巾、护理垫等一次性卫生用品，医用织物以及使用后的大、小便器等。居民日常生活中废弃的一次性口罩不属于医疗废物。

附表 2：

医疗废物豁免管理清单

序号	名称	豁免环节	豁免条件	豁免内容
1	密封药瓶、安瓿瓶等玻璃药瓶	收集	盛装容器应满足防渗漏、防刺破要求，并有医疗废物标识或者外加一层医疗废物包装袋。标签为损伤性废物，并注明：密封药瓶或者安瓿瓶	可不使用利器盒收集
2	导丝	收集	盛装容器应满足防渗漏、防刺破要求，并有医疗废物标识或者外加一层医疗废物包装袋。标签为损伤性废物，并注明：导丝	可不使用利器盒收集
3	棉签、棉球、输液贴	全部环节	患者自行用于按压止血而未收集于医疗废物容器中的棉签、棉球、输液贴	全过程不按照医疗废物管理
4	感染性废物、损伤性废物以及相关技术可处理的病理性废物	运输、贮存、处置	按照相关处理标准规范，采用高温蒸汽、微波、化学消毒，高温干热或者其他方式消毒处理后，在满足相关入厂（场）要求的前提下，运输至生活垃圾焚烧厂或生活垃圾填埋场等处置	运输、贮存、处置过程不按照医疗废物管理

说明：本附表收录的豁免清单为符合医疗废物定义、但无风险或者风险较低，在满足相关条件时，在部分环节或全部环节可不按医疗废物进行管理的废弃物。

新型冠状病毒感染的肺炎疫情医疗废物应急处置管理与技术指南（试行）

为应对新型冠状病毒感染的肺炎疫情，生态环境部于2020年1月28日印发《新型冠状病毒感染的肺炎疫情医疗废物应急处置管理与技术指南（试行）》（以下简称《指南》），指导各地及时、有序、高效、无害化处置肺炎疫情医疗废物，规范肺炎疫情医疗废物应急处置的管理与技术要求。

《指南》明确了肺炎疫情医疗废物应急处置管理要求。地方各级生态环境主管部门在本级人民政府统一领导下，协同卫生健康等部门完善应急处置协调机制，共同组织好肺炎疫情医疗废物应急处置工作。以设区的市为单位，统筹应急处置设施资源，建立肺炎疫情医疗废物应急处置资源清单。规范肺炎疫情医疗废物应急处置活动，防止疾病传染和环境污染，及时发布应急处置信息。

《指南》提出了肺炎疫情医疗废物应急处置技术路线。各地因地制宜，在确保处置效果的前提下，可以选择可移动式医疗废物处置设施、危险废物焚烧设施、生活垃圾焚烧设施、工业炉窑等设施应急处置肺炎疫情医疗废物，实行定点管理；也可以按照应急处置跨区域协同机制，将肺炎疫情医疗废物转运至邻近地区医疗废物集中处置设施处置。将肺炎疫情防治过程中产生的感染性医疗废物与其他医疗废物实行分类分流管理。为医疗机构自行采用可移动式医疗废物处置设施应急处置肺炎疫情医疗废物提供便利，豁免环境影响评价等手续。

《指南》指出了肺炎疫情医疗废物应急处置技术要点。肺炎疫情防治过程中产生的感染性医疗废物，应严格按照《医疗废物专用包装袋、容器和警示标志标准》包装。医疗废物转运过程可根据当地实际情况运行电子转移联单或者纸质联单，应建立台账。医疗废物处置单位要优先收集和处置肺炎疫情防治过程产生的感染性医疗废物。危险废物焚烧设施、生活垃圾焚烧设施、工业炉窑等应急处置肺炎疫情医疗废物的活动，应按照卫生健康主管部门的要求切实做好卫生防疫工作。医疗废物收集、贮存、转运、处置过程应加强人员卫生防护。

一、总体要求

为应对新型冠状病毒感染的肺炎疫情（以下简称肺炎疫情），及时、有序、高效、无害化处置肺炎疫情医疗废物，规范肺炎疫情医疗废物应急处置的管理与技术要求，保护生态环境和人体健康，特制定本指南。

地方各级生态环境主管部门和医疗废物应急处置单位可参考本指南及相关标准规范，因地制宜确定肺炎疫情期间医疗废物应急处置的技术路线及相应的管理要求。

肺炎疫情期间纳入医疗废物管理的固体废物种类、范围以及收集、贮存、转运、处置过程中的卫生防疫，按照卫生健康主管部门的有关要求执行。

二、编制依据

（一）《中华人民共和国固体废物污染环境防治法》

（二）《中华人民共和国传染病防治法》

（三）《突发公共卫生事件应急条例》（国务院令第 376 号）

（四）《医疗废物管理条例》（国务院令第 380 号）

（五）《危险废物经营许可证管理办法》（国务院令第 408 号）

（六）《国家突发环境事件应急预案》（国办函〔2014〕119 号）

（七）《国家突发公共卫生事件应急预案》

（八）《危险废物经营单位编制应急预案指南》（原国家环境保护总局公告 2007 年第 48 号）

（九）《医疗废物集中处置技术规范（试行）》（环发〔2003〕206 号）

（十）《医疗废物专用包装袋、容器和警示标志标准》（HJ 421—2008）

（十一）《应对甲型 H1N1 流感疫情医疗废物管理预案》（环办〔2009〕65 号）

三、应急处置管理要求

（一）完善应急处置协调机制。地方各级生态环境主管部门在本级人民政府统一领导下，按照“统一管理与分级管理相结合、分工负责与联防联控相结合、集中处置与就近处置相结合”的原则，协同卫生健康、住房和城乡建设、工业和信息化、交通运输、公安等主管部门，共同组织好肺炎疫情医疗废物应急处置工作。

（二）统筹应急处置设施资源。以设区的市为单位摸排调度医疗废物应急处置能力情况，将可移动式医疗废物处置设施、危险废物焚烧设施、生活垃圾焚烧设施、工业炉窑等纳入肺炎疫情医疗废物应急处置资源清单。各设区的市级生态环境主管部门应做好医疗废物处置能力研判，在满足卫生健康主管部门提出的卫生防疫要求的情况下，向本级人民政府提出启动应急处置的建议，经本级人民政府同意后启用应急处置设施。对存在医疗废物处置能力缺口的地市，也可以通过省级疫情防控工作领导小组和联防联控工作机制或者在省级生态环境主管部门指导下，协调本省其他地市或者邻省具有富余医疗废物处置能力的相邻地市建立应急处置跨区域协同机制。

（三）规范应急处置活动。各医疗废物产生、收集、贮存、转运和应急处置单位应在当地人民政府及卫生健康、生态环境、住房和城乡建设、交通运输等主管部门的指导下，妥善管理和处置医疗废物。处置过程应严格按照医疗废物处置相关技术规范操作，保证处置效果，保障污染治理设施正常稳定运行，确保水、大气等污染物达标排放，防止疾病传染和环境污染。应急处置单位应定期向所在地县级以上地方生态环境和卫生健康主管部门报告医疗废物应急处置情况，根据形势的发展和需要可实行日报或周报。

（四）及时发布应急处置信息。地方各级生态环境主管部门应根据本级人民政府的有关要求做好相关信息发布工作。

四、应急处置技术路线

（一）科学选择应急处置方式。各地可根据本地区情况，因地制宜选择肺炎疫情医疗废物应急处置技术路线。新型冠状病毒感染的肺炎患者产生的医疗废物，宜采用高温焚烧方式处置，也可以采用高温蒸汽消毒、微波消毒、化学消毒等非焚烧方式处置，并确保处置效果。

（二）合理确定定点应急处置设施。应急处置医疗废物的，应优先使用本行政区内的医疗废物集中处置设施。当区域内现有处置能力无法满足肺炎疫情医疗废物应急处置需要时，应立即启动应急预案，由列入应急处置资源清单内的应急处置设施处置医疗废物，并实行定点管理，或者按照应急处置跨区域协同机制，转运至邻近地区医疗废物集中处置设施处置。因特殊原因，不具备集中处置条件的，可根据当地人民政府确定的方案对医疗废物进行就地焚烧处置。

（三）推荐分类分流管理和处置医疗废物。应急处置期间，推荐将肺炎疫情防治过程中产生的感染性医疗废物与其他医疗废物实行分类分流管理。医疗废物集中处置设施、可移动式医疗废物处置设施应优先用于处置肺炎疫情防治过程中产生的感染性医疗废物。其他医疗废物可分流至其他应急处置设施进行处置。

（四）便利医疗机构就地应急处置活动。医疗机构自行或在邻近医疗机构采用可移动式医疗废物处置设施应急处置医疗废物，可豁免环境影响评价、医疗废物经营许可等手续，但应合理设置处置地点，避让饮用水水源保护区、集中居住区等环境敏感区，并在设区的市级卫生健康和生态环境主管部门报备。可移动式医疗废物处置设施供应商应确保医疗废物处置效果满足相关标准和技术规范要求。

五、应急处置技术要点

（一）收集与暂存。收治新型冠状病毒感染的肺炎患者的定点医院应加强医疗废物的分类、包装和管理。建议在卫生健康主管部门的指导下，对肺炎疫情防治过程中产生的感染性医疗废物进行消毒处理，严格按照《医疗废物专用包装袋、容器和警示标志标准》包装，再置于指定周转桶（箱）或一次性专用包装容器中。包装表面应印刷或粘贴红色“感染性废物”标识。损伤性医疗废物必须装入利器盒，密闭后外套黄色垃圾袋，避免造成包装物破损。医疗废物需要交由危险废物焚烧设施、生活垃圾焚烧设施、工业炉窑等应急处置设施处置时，包装尺寸应符合相应上料设备尺寸要求。有条件的医疗卫生机构可对肺炎疫情防治过程产生的感染性医疗废物的暂时贮存场所实行专场存放、专人管理，不与其他医疗废物和生活垃圾混放、混装。贮存场所应按照卫生健康主管部门要求的方法和频次消毒，暂存时间不超过 24 小时。贮存场所冲洗液应排入医疗卫生机构内的医疗废水消毒、处理系统处理。

（二）转运。肺炎疫情防治过程产生的感染性医疗废物的运输使用专用医疗废物运输车辆，或使用参照医疗废物运输车辆要求进行临时改装的车辆。医疗废物转运过程可根据当地实际情况运行电子转移联单或者纸质联单。转运前应确定好转运路线和交接要求。运输路线尽量避开人口稠密地区，运输时间避开上下班高峰期。医疗废物应在不超过 48 小时内转运至处置设施。运输车辆每次卸载完毕，应按照卫生健康主管部门要求的方法和频次进行消毒。有条件的地区，可安排固定专用车辆单独运输肺炎疫情防治过程产生的感染性医疗废物，不与其他医疗废物混装、混运，与其他医疗废物分开填写转移联单，并建立台账。

（三）处置。医疗废物处置单位要优先收集和处置肺炎疫情防治过程产生的感染性医疗废物。可适当增加医疗废物的收集频次。运抵处置场所的医疗废物尽可能做到随到随处置，在处置单位的暂时贮存时间不超过 12 小时。处置单位内必须设置医疗废物处置的隔离区，隔离区应有明显的标识，无关人员不得进入。处置单位隔离区必须由专人负责，按照卫生健康主管部门要求的方法和频次对墙壁、地面、物体表面喷洒或拖地消毒。

（四）其他应急处置设施的特殊要求。危险废物焚烧设施、生活垃圾焚烧设施、工业炉窑等非医疗废物专业处置设施开展肺炎疫情医疗废物应急处置活动，应按照卫生健康主管部门的要求切实做好卫生防疫工作。应针对医疗废物划定专门卸料接收区域、清洗消毒区域，增加必要防雨防淋、防泄漏措施，对医疗废物运输车辆规划专用行车路线，并配置专人管理。接收现场应设置警示、警戒限制措施。进料方式宜采用专门输送上料设备，防止医疗废物与其他焚烧物接触造成二次交叉污染。注意做好医疗废物与其他焚烧物的进料配伍，保持工艺设备运行平稳可控。技术操作人员应接受必要的技术培训。

（五）人员卫生防护。医疗废物收集、贮存、转运、处置过程应按照卫生健康主管部门有关要求，加强对医疗废物和相关设施的消毒以及操作人员的个人防护和日常体温监测工作。有条件的地区，可安排医疗废物收集、贮存、转运、处置一线操作人员集中居住。

（六）其他技术要点。肺炎疫情医疗废物应急处置的其他技术要点，可参照《医疗废物集中处置技术规范（试行）》（环发〔2003〕206 号）、《应对甲型 H1N1 流感疫情医疗废物管理预案》（环办〔2009〕65 号）相关要求。

固体废物
环境管理手册

（下 册）

甘肃省固体废物与化学品中心　编

目　录

下　册

第六篇 化学品环境管理

第五篇

危险废物管理

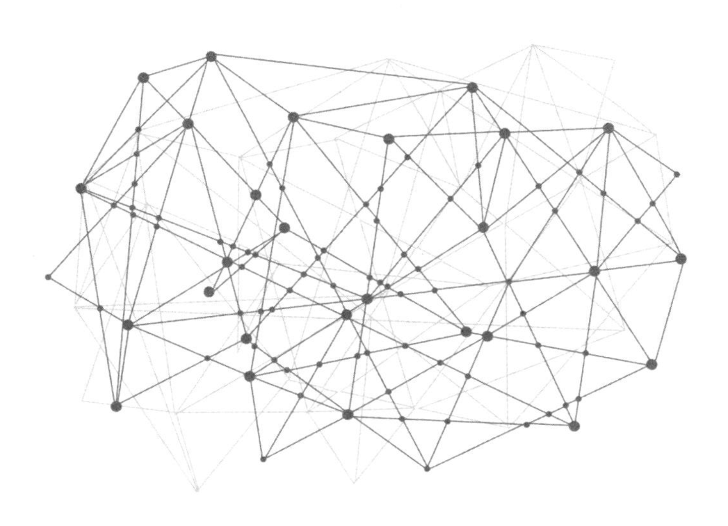

危险废物经营许可证管理办法

（2004 年 5 月 30 日中华人民共和国国务院令第 408 号公布，根据 2013 年 12 月 7 日《国务院关于修改部分行政法规的决定》第一次修订，根据 2016 年 2 月 6 日《国务院关于修改部分行政法规的决定》第二次修订）

第一章　总　则

第一条　为了加强对危险废物收集、贮存和处置经营活动的监督管理，防治危险废物污染环境，根据《中华人民共和国固体废物污染环境防治法》，制定本办法。

第二条　在中华人民共和国境内从事危险废物收集、贮存、处置经营活动的单位，应当依照本办法的规定，领取危险废物经营许可证。

第三条　危险废物经营许可证按照经营方式，分为危险废物收集、贮存、处置综合经营许可证和危险废物收集经营许可证。

领取危险废物综合经营许可证的单位，可以从事各类别危险废物的收集、贮存、处置经营活动；领取危险废物收集经营许可证的单位，只能从事机动车维修活动中产生的废矿物油和居民日常生活中产生的废镉镍电池的危险废物收集经营活动。

第四条　县级以上人民政府环境保护主管部门依照本办法的规定，负责危险废物经营许可证的审批颁发与监督管理工作。

第二章　申请领取危险废物经营许可证的条件

第五条　申请领取危险废物收集、贮存、处置综合经营许可证，应当具备下列条件：

（一）有3名以上环境工程专业或者相关专业中级以上职称，并有3年以上固体废物污染治理经历的技术人员；

（二）有符合国务院交通主管部门有关危险货物运输安全要求的运输工具；

（三）有符合国家或者地方环境保护标准和安全要求的包装工具，中转和临时存放设施、设备以及经验收合格的贮存设施、设备；

（四）有符合国家或者省、自治区、直辖市危险废物处置设施建设规划，符合国家或者地方环境保护标准和安全要求的处置设施、设备和配套的污染防治设施；其中，医疗废物集中处置设施，还应当符合国家有关医疗废物处置的卫生标准和要求；

（五）有与所经营的危险废物类别相适应的处置技术和工艺；

（六）有保证危险废物经营安全的规章制度、污染防治措施和事故应急救援措施；

（七）以填埋方式处置危险废物的，应当依法取得填埋场所的土地使用权。

第六条　申请领取危险废物收集经营许可证，应当具备下列条件：

（一）有防雨、防渗的运输工具；

（二）有符合国家或者地方环境保护标准和安全要求的包装工具，中转和临时存放设施、设备；

（三）有保证危险废物经营安全的规章制度、污染防治措施和事故应急救援措施。

第三章　申请领取危险废物经营许可证的程序

第七条　国家对危险废物经营许可证实行分级审批颁发。

医疗废物集中处置单位的危险废物经营许可证，由医疗废物集中处置设施所在地设区的市级人民政府环境保护主管部门审批颁发。

危险废物收集经营许可证，由县级人民政府环境保护主管部门审批颁发。

本条第二款、第三款规定之外的危险废物经营许可证，由省、自治区、直辖市人民政府环境保护主管部门审批颁发。

第八条 申请领取危险废物经营许可证的单位，应当在从事危险废物经营活动前向发证机关提出申请，并附具本办法第五条或者第六条规定条件的证明材料。

第九条 发证机关应当自受理申请之日起20个工作日内，对申请单位提交的证明材料进行审查，并对申请单位的经营设施进行现场核查。符合条件的，颁发危险废物经营许可证，并予以公告；不符合条件的，书面通知申请单位并说明理由。

发证机关在颁发危险废物经营许可证前，可以根据实际需要征求卫生、城乡规划等有关主管部门和专家的意见。

第十条 危险废物经营许可证包括下列主要内容：

（一）法人名称、法定代表人、住所；

（二）危险废物经营方式；

（三）危险废物类别；

（四）年经营规模；

（五）有效期限；

（六）发证日期和证书编号。

危险废物综合经营许可证的内容，还应当包括贮存、处置设施的地址。

第十一条 危险废物经营单位变更法人名称、法定代表人和住所的，应当自工商变更登记之日起15个工作日内，向原发证机关申请办理危险废物经营许可证变更手续。

第十二条 有下列情形之一的，危险废物经营单位应当按照原申请程序，重新申请领取危险废物经营许可证：

（一）改变危险废物经营方式的；

（二）增加危险废物类别的；

（三）新建或者改建、扩建原有危险废物经营设施的；

（四）经营危险废物超过原批准年经营规模20%以上的。

第十三条 危险废物综合经营许可证有效期为5年；危险废物收集经营许可证有效期为3年。

危险废物经营许可证有效期届满，危险废物经营单位继续从事危险废物经营活动的，应当于危险废物经营许可证有效期届满30个工作日前向原发证机关提出换证申请。原发证机关应当自受理换证申请之日起20个工作日内进行审查，符合条件的，予以换证；不符合条件的，书面通知申请单位并说明理由。

第十四条　危险废物经营单位终止从事收集、贮存、处置危险废物经营活动的，应当对经营设施、场所采取污染防治措施，并对未处置的危险废物作出妥善处理。

危险废物经营单位应当在采取前款规定措施之日起20个工作日内向原发证机关提出注销申请，由原发证机关进行现场核查合格后注销危险废物经营许可证。

第十五条　禁止无经营许可证或者不按照经营许可证规定从事危险废物收集、贮存、处置经营活动。

禁止从中华人民共和国境外进口或者经中华人民共和国过境转移电子类危险废物。

禁止将危险废物提供或者委托给无经营许可证的单位从事收集、贮存、处置经营活动。

禁止伪造、变造、转让危险废物经营许可证。

第四章　监督管理

第十六条　县级以上地方人民政府环境保护主管部门应当于每年3月31日前将上一年度危险废物经营许可证颁发情况报上一级人民政府环境保护主管部门备案。

上级环境保护主管部门应当加强对下级环境保护主管部门审批颁发危险废物经营许可证情况的监督检查，及时纠正下级环境保护主管部门审批颁发危险废物经营许可证过程中的违法行为。

第十七条　县级以上人民政府环境保护主管部门应当通过书面核查和实地检查等方式，加强对危险废物经营单位的监督检查，并将监督检查情况和处理结果予以记录，由监督检查人员签字后归档。

公众有权查阅县级以上人民政府环境保护主管部门的监督检查记录。

县级以上人民政府环境保护主管部门发现危险废物经营单位在经营活动中有不符合原发证条件的情形的，应当责令其限期整改。

第十八条　县级以上人民政府环境保护主管部门有权要求危险废物经营单位定

期报告危险废物经营活动情况。危险废物经营单位应当建立危险废物经营情况记录簿，如实记载收集、贮存、处置危险废物的类别、来源、去向和有无事故等事项。

危险废物经营单位应当将危险废物经营情况记录簿保存10年以上，以填埋方式处置危险废物的经营情况记录簿应当永久保存。终止经营活动的，应当将危险废物经营情况记录簿移交所在地县级以上地方人民政府环境保护主管部门存档管理。

第十九条 县级以上人民政府环境保护主管部门应当建立、健全危险废物经营许可证的档案管理制度，并定期向社会公布审批颁发危险废物经营许可证的情况。

第二十条 领取危险废物收集经营许可证的单位，应当与处置单位签订接收合同，并将收集的废矿物油和废镉镍电池在90个工作日内提供或者委托给处置单位进行处置。

第二十一条 危险废物的经营设施在废弃或者改作其他用途前，应当进行无害化处理。

填埋危险废物的经营设施服役期届满后，危险废物经营单位应当按照有关规定对填埋过危险废物的土地采取封闭措施，并在划定的封闭区域设置永久性标记。

第五章 法律责任

第二十二条 违反本办法第十一条规定的，由县级以上地方人民政府环境保护主管部门责令限期改正，给予警告；逾期不改正的，由原发证机关暂扣危险废物经营许可证。

第二十三条 违反本办法第十二条、第十三条第二款规定的，由县级以上地方人民政府环境保护主管部门责令停止违法行为；有违法所得的，没收违法所得；违法所得超过10万元的，并处违法所得1倍以上2倍以下的罚款；没有违法所得或者违法所得不足10万元的，处5万元以上10万元以下的罚款。

第二十四条 违反本办法第十四条第一款、第二十一条规定的，由县级以上地方人民政府环境保护主管部门责令限期改正；逾期不改正的，处5万元以上10万元以下的罚款；造成污染事故，构成犯罪的，依法追究刑事责任。

第二十五条 违反本办法第十五条第一款、第二款、第三款规定的，依照《中华人民共和国固体废物污染环境防治法》的规定予以处罚。

违反本办法第十五条第四款规定的，由县级以上地方人民政府环境保护主管部门收缴危险废物经营许可证或者由原发证机关吊销危险废物经营许可证，并处5万元以上10万元以下的罚款；构成犯罪的，依法追究刑事责任。

第二十六条　违反本办法第十八条规定的，由县级以上地方人民政府环境保护主管部门责令限期改正，给予警告；逾期不改正的，由原发证机关暂扣或者吊销危险废物经营许可证。

第二十七条　违反本办法第二十条规定的，由县级以上地方人民政府环境保护主管部门责令限期改正，给予警告；逾期不改正的，处1万元以上5万元以下的罚款，并可以由原发证机关暂扣或者吊销危险废物经营许可证。

第二十八条　危险废物经营单位被责令限期整改，逾期不整改或者经整改仍不符合原发证条件的，由原发证机关暂扣或者吊销危险废物经营许可证。

第二十九条　被依法吊销或者收缴危险废物经营许可证的单位，5年内不得再申请领取危险废物经营许可证。

第三十条　县级以上人民政府环境保护主管部门的工作人员，有下列行为之一的，依法给予行政处分；构成犯罪的，依法追究刑事责任：

（一）向不符合本办法规定条件的单位颁发危险废物经营许可证的；

（二）发现未依法取得危险废物经营许可证的单位和个人擅自从事危险废物经营活动不予查处或者接到举报后不依法处理的；

（三）对依法取得危险废物经营许可证的单位不履行监督管理职责或者发现违反本办法规定的行为不予查处的；

（四）在危险废物经营许可证管理工作中有其他渎职行为的。

第六章　附　则

第三十一条　本办法下列用语的含义：

（一）危险废物，是指列入国家危险废物名录或者根据国家规定的危险废物鉴别标准和鉴别方法认定的具有危险性的废物。

（二）收集，是指危险废物经营单位将分散的危险废物进行集中的活动。

（三）贮存，是指危险废物经营单位在危险废物处置前，将其放置在符合环境保护标准的场所或者设施中，以及为了将分散的危险废物进行集中，在自备的临时设施或者场所每批置放重量超过 5000 kg 或者置放时间超过 90 个工作日的活动。

（四）处置，是指危险废物经营单位将危险废物焚烧、煅烧、熔融、烧结、裂解、中和、消毒、蒸馏、萃取、沉淀、过滤、拆解以及用其他改变危险废物物理、化学、生物特性的方法，达到减少危险废物数量、缩小危险废物体积、减少或者消除其危险成分的活动，或者将危险废物最终置于符合环境保护规定要求的场所或者设施并不再回取的活动。

第三十二条 本办法施行前，依照地方性法规、规章或者其他文件的规定已经取得危险废物经营许可证的单位，应当在原危险废物经营许可证有效期届满 30 个工作日前，依照本办法的规定重新申请领取危险废物经营许可证。逾期不办理的，不得继续从事危险废物经营活动。

第三十三条 本办法自 2004 年 7 月 1 日起施行。

危险废物转移管理办法

（2021年11月30日生态环境部、公安部、交通运输部令第23号公布，
自2022年1月1日起施行）

第一章　总　则

第一条　为加强对危险废物转移活动的监督管理，防止污染环境，根据《中华人民共和国固体废物污染环境防治法》等有关法律法规，制定本办法。

第二条　本办法适用于在中华人民共和国境内转移危险废物及其监督管理活动。

转移符合豁免要求的危险废物的，按照国家相关规定实行豁免管理。

在海洋转移危险废物的，不适用本办法。

第三条　危险废物转移应当遵循就近原则。

跨省、自治区、直辖市转移（以下简称跨省转移）处置危险废物的，应当以转移至相邻或者开展区域合作的省、自治区、直辖市的危险废物处置设施，以及全国统筹布局的危险废物处置设施为主。

第四条　生态环境主管部门依法对危险废物转移污染环境防治工作以及危险废物转移联单运行实施监督管理，查处危险废物污染环境违法行为。

各级交通运输主管部门依法查处危险废物运输违反危险货物运输管理相关规定的违法行为。

公安机关依法查处危险废物运输车辆的交通违法行为，打击涉危险废物污染环境犯罪行为。

第五条　生态环境主管部门、交通运输主管部门和公安机关应当建立健全协作机制，共享危险废物转移联单信息、运输车辆行驶轨迹动态信息和运输车辆限制通

行区域信息，加强联合监管执法。

第六条 转移危险废物的，应当执行危险废物转移联单制度，法律法规另有规定的除外。

危险废物转移联单的格式和内容由生态环境部另行制定。

第七条 转移危险废物的，应当通过国家危险废物信息管理系统（以下简称信息系统）填写、运行危险废物电子转移联单，并依照国家有关规定公开危险废物转移相关污染环境防治信息。

生态环境部负责建设、运行和维护信息系统。

第八条 运输危险废物的，应当遵守国家有关危险货物运输管理的规定。未经公安机关批准，危险废物运输车辆不得进入危险货物运输车辆限制通行的区域。

第二章　相关方责任

第九条 危险废物移出人、危险废物承运人、危险废物接受人（以下分别简称移出人、承运人和接受人）在危险废物转移过程中应当采取防扬散、防流失、防渗漏或者其他防止污染环境的措施，不得擅自倾倒、堆放、丢弃、遗撒危险废物，并对所造成的环境污染及生态破坏依法承担责任。

移出人、承运人、接受人应当依法制定突发环境事件的防范措施和应急预案，并报有关部门备案；发生危险废物突发环境事件时，应当立即采取有效措施消除或者减轻对环境的污染危害，并按相关规定向事故发生地有关部门报告，接受调查处理。

第十条 移出人应当履行以下义务：

（一）对承运人或者接受人的主体资格和技术能力进行核实，依法签订书面合同，并在合同中约定运输、贮存、利用、处置危险废物的污染防治要求及相关责任；

（二）制定危险废物管理计划，明确拟转移危险废物的种类、重量（数量）和流向等信息；

（三）建立危险废物管理台账，对转移的危险废物进行计量称重，如实记录、妥善保管转移危险废物的种类、重量（数量）和接受人等相关信息；

（四）填写、运行危险废物转移联单，在危险废物转移联单中如实填写移出人、承运人、接受人信息，转移危险废物的种类、重量（数量）、危险特性等信息，以及突发环境事件的防范措施等；

（五）及时核实接受人贮存、利用或者处置相关危险废物情况；

（六）法律法规规定的其他义务。

移出人应当按照国家有关要求开展危险废物鉴别。禁止将危险废物以副产品等名义提供或者委托给无危险废物经营许可证的单位或者其他生产经营者从事收集、贮存、利用、处置活动。

第十一条　承运人应当履行以下义务：

（一）核实危险废物转移联单，没有转移联单的，应当拒绝运输；

（二）填写、运行危险废物转移联单，在危险废物转移联单中如实填写承运人名称、运输工具及其营运证件号，以及运输起点和终点等运输相关信息，并与危险货物运单一并随运输工具携带；

（三）按照危险废物污染环境防治和危险货物运输相关规定运输危险废物，记录运输轨迹，防范危险废物丢失、包装破损、泄漏或者发生突发环境事件；

（四）将运输的危险废物运抵接受人地址，交付给危险废物转移联单上指定的接受人，并将运输情况及时告知移出人；

（五）法律法规规定的其他义务。

第十二条　接受人应当履行以下义务：

（一）核实拟接受的危险废物的种类、重量（数量）、包装、识别标志等相关信息；

（二）填写、运行危险废物转移联单，在危险废物转移联单中如实填写是否接受的意见，以及利用、处置方式和接受量等信息；

（三）按照国家和地方有关规定和标准，对接受的危险废物进行贮存、利用或者处置；

（四）将危险废物接受情况、利用或者处置结果及时告知移出人；

（五）法律法规规定的其他义务。

第十三条　危险废物托运人（以下简称托运人）应当按照国家危险货物相关标准确定危险废物对应危险货物的类别、项别、编号等，并委托具备相应危险货物运输资质的单位承运危险废物，依法签订运输合同。

采用包装方式运输危险废物的，应当妥善包装，并按照国家有关标准在外包装上设置相应的识别标志。

装载危险废物时，托运人应当核实承运人、运输工具及收运人员是否具有相应经营范围的有效危险货物运输许可证件，以及待转移的危险废物识别标志中的相关信息与危险废物转移联单是否相符；不相符的，应当不予装载。装载采用包装方式运输的危险废物的，应当确保将包装完好的危险废物交付承运人。

第三章　危险废物转移联单的运行和管理

第十四条　危险废物转移联单应当根据危险废物管理计划中填报的危险废物转移等备案信息填写、运行。

第十五条　危险废物转移联单实行全国统一编号，编号由十四位阿拉伯数字组成。第一至四位数字为年份代码；第五、六位数字为移出地省级行政区划代码；第七、八位数字为移出地设区的市级行政区划代码；其余六位数字以移出地设区的市级行政区域为单位进行流水编号。

第十六条　移出人每转移一车（船或者其他运输工具）次同类危险废物，应当填写、运行一份危险废物转移联单；每车（船或者其他运输工具）次转移多类危险废物的，可以填写、运行一份危险废物转移联单，也可以每一类危险废物填写、运行一份危险废物转移联单。

使用同一车（船或者其他运输工具）一次为多个移出人转移危险废物的，每个移出人应当分别填写、运行危险废物转移联单。

第十七条　采用联运方式转移危险废物的，前一承运人和后一承运人应当明确运输交接的时间和地点。后一承运人应当核实危险废物转移联单确定的移出人信息、前一承运人信息及危险废物相关信息。

第十八条　接受人应当对运抵的危险废物进行核实验收，并在接受之日起五个工作日内通过信息系统确认接受。

运抵的危险废物的名称、数量、特性、形态、包装方式与危险废物转移联单填写内容不符的，接受人应当及时告知移出人，视情况决定是否接受，同时向接受地生态环境主管部门报告。

第十九条　对不通过车（船或者其他运输工具），且无法按次对危险废物计量的其他方式转移危险废物的，移出人和接受人应当分别配备计量记录设备，将每天危险废物转移的种类、重量（数量）、形态和危险特性等信息纳入相关台账记录，并根据所在地设区的市级以上地方生态环境主管部门的要求填写、运行危险废物转移联单。

第二十条　危险废物电子转移联单数据应当在信息系统中至少保存十年。

因特殊原因无法运行危险废物电子转移联单的，可以先使用纸质转移联单，并于转移活动完成后十个工作日内在信息系统中补录电子转移联单。

第四章　危险废物跨省转移管理

第二十一条　跨省转移危险废物的，应当向危险废物移出地省级生态环境主管部门提出申请。移出地省级生态环境主管部门应当商经接受地省级生态环境主管部门同意后，批准转移该危险废物。未经批准的，不得转移。

鼓励开展区域合作的移出地和接受地省级生态环境主管部门按照合作协议简化跨省转移危险废物审批程序。

第二十二条　申请跨省转移危险废物的，移出人应当填写危险废物跨省转移申请表，并提交下列材料：

（一）接受人的危险废物经营许可证复印件；

（二）接受人提供的贮存、利用或者处置危险废物方式的说明；

（三）移出人与接受人签订的委托协议、意向或者合同；

（四）危险废物移出地的地方性法规规定的其他材料。

移出人应当在危险废物跨省转移申请表中提出拟开展危险废物转移活动的时间期限。

省级生态环境主管部门应当向社会公开办理危险废物跨省转移需要的申请材料。

危险废物跨省转移申请表的格式和内容，由生态环境部另行制定。

第二十三条　对于申请材料齐全、符合要求的，受理申请的省级生态环境主管部门应当立即予以受理；申请材料存在可以当场更正的错误的，应当允许申请人当场更正；申请材料不齐全或者不符合要求的，应当当场或者在五个工作日内一次性告知移出人需要补正的全部内容，逾期不告知的，自收到申请材料之日起即为受理。

第二十四条　危险废物移出地省级生态环境主管部门应当自受理申请之日起五

个工作日内，根据移出人提交的申请材料和危险废物管理计划等信息，提出初步审核意见。初步审核同意移出的，通过信息系统向危险废物接受地省级生态环境主管部门发出跨省转移商请函；不同意移出的，书面答复移出人，并说明理由。

第二十五条 危险废物接受地省级生态环境主管部门应当自收到移出地省级生态环境主管部门的商请函之日起十个工作日内，出具是否同意接受的意见，并通过信息系统函复移出地省级生态环境主管部门；不同意接受的，应当说明理由。

第二十六条 危险废物移出地省级生态环境主管部门应当自收到接受地省级生态环境主管部门复函之日起五个工作日内作出是否批准转移该危险废物的决定；不同意转移的，应当说明理由。危险废物移出地省级生态环境主管部门应当将批准信息通报移出地省级交通运输主管部门和移入地等相关省级生态环境主管部门和交通运输主管部门。

第二十七条 批准跨省转移危险废物的决定，应当包括批准转移危险废物的名称，类别，废物代码，重量（数量），移出人，接受人，贮存、利用或者处置方式等信息。

批准跨省转移危险废物的决定的有效期为十二个月，但不得超过移出人申请开展危险废物转移活动的时间期限和接受人危险废物经营许可证的剩余有效期限。

跨省转移危险废物的申请经批准后，移出人应当按照批准跨省转移危险废物的决定填写、运行危险废物转移联单，实施危险废物转移活动。移出人可以按照批准跨省转移危险废物的决定在有效期内多次转移危险废物。

第二十八条 发生下列情形之一的，移出人应当重新提出危险废物跨省转移申请：

（一）计划转移的危险废物的种类发生变化或者重量（数量）超过原批准重量（数量）的；

（二）计划转移的危险废物的贮存、利用、处置方式发生变化的；

（三）接受人发生变更或者接受人不再具备拟接受危险废物的贮存、利用或者处置条件的。

第五章 法律责任

第二十九条 违反本办法规定，未填写、运行危险废物转移联单，将危险废物以副产品等名义提供或者委托给无危险废物经营许可证的单位或者其他生产经营者从事收集、贮存、利用、处置活动，或者未经批准擅自跨省转移危险废物的，由生态环境主管部门和公安机关依照《中华人民共和国固体废物污染环境防治法》有关规定进行处罚。

违反危险货物运输管理相关规定运输危险废物的，由交通运输主管部门、公安机关和生态环境主管部门依法进行处罚。

违反本办法规定，未规范填写、运行危险废物转移联单，及时改正，且没有造成危害后果的，依法不予行政处罚；主动消除或者减轻危害后果的，生态环境主管部门可以依法从轻或者减轻行政处罚。

第三十条　违反本办法规定，构成违反治安管理行为的，由公安机关依法进行处罚；构成犯罪的，依法追究刑事责任。

生态环境主管部门、交通运输主管部门在监督检查时，发现涉嫌犯罪的案件，应当按照行政执法和刑事司法相衔接相关规定及时移送公安机关。

第六章　附　则

第三十一条　本办法下列用语的含义：

（一）转移，是指以贮存、利用或者处置危险废物为目的，将危险废物从移出人的场所移出，交付承运人并移入接受人场所的活动。

（二）移出人，是指危险废物转移的起始单位，包括危险废物产生单位、危险废物收集单位等。

（三）承运人，是指承担危险废物运输作业任务的单位。

（四）接受人，是指危险废物转移的目的地单位，即危险货物的收货人。

（五）托运人，是指委托承运人运输危险废物的单位，只能由移出人或者接受人担任。

第三十二条　本办法自2022年1月1日起施行。《危险废物转移联单管理办法》（原国家环境保护总局令第5号）同时废止。

国家危险废物名录（2021年版）

（2020年11月25日生态环境部、国家发展和改革委员会、公安部、交通运输部、国家卫生健康委员会公布，自2021年1月1日起施行）

第一条 根据《中华人民共和国固体废物污染环境防治法》的有关规定，制定本名录。

第二条 具有下列情形之一的固体废物（包括液态废物），列入本名录：

（一）具有毒性、腐蚀性、易燃性、反应性或者感染性一种或者几种危险特性的；

（二）不排除具有危险特性，可能对生态环境或者人体健康造成有害影响，需要按照危险废物进行管理的。

第三条 列入本名录附录《危险废物豁免管理清单》中的危险废物，在所列的豁免环节，且满足相应的豁免条件时，可以按照豁免内容的规定实行豁免管理。

第四条 危险废物与其他物质混合后的固体废物，以及危险废物利用处置后的固体废物的属性判定，按照国家规定的危险废物鉴别标准执行。

第五条 本名录中有关术语的含义如下：

（一）废物类别，是在《控制危险废物越境转移及其处置巴塞尔公约》划定的类别基础上，结合我国实际情况对危险废物进行的分类。

（二）行业来源，是指危险废物的产生行业。

（三）废物代码，是指危险废物的唯一代码，为8位数字。其中，第1—3位为危险废物产生行业代码［依据《国民经济行业分类（GB/T 4754—2017）》确定］，第4—6位为危险废物顺序代码，第7—8位为危险废物类别代码。

（四）危险特性，是指对生态环境和人体健康具有有害影响的毒性（Toxicity，T）、腐蚀性（Corrosivity，C）、易燃性（Ignitability，I）、反应性（Reactivity，R）

和感染性（Infectivity，In）。

第六条　对不明确是否具有危险特性的固体废物，应当按照国家规定的危险废物鉴别标准和鉴别方法予以认定。

经鉴别具有危险特性的，属于危险废物，应当根据其主要有害成分和危险特性确定所属废物类别，并按代码“900-000-××”（“××”为危险废物类别代码）进行归类管理。

经鉴别不具有危险特性的，不属于危险废物。

第七条　本名录根据实际情况实行动态调整。

第八条　本名录自2021年1月1日起施行。原环境保护部、国家发展和改革委员会、公安部发布的《国家危险废物名录》（环境保护部令第39号）同时废止。

附表

国家危险废物名录

废物类别	行业来源	废物代码	危险废物	危险特性[1]
HW01 医疗废物[2]	卫生	841-001-01	感染性废物	In
		841-002-01	损伤性废物	In
		841-003-01	病理性废物	In
		841-004-01	化学性废物	T/C/I/R
		841-005-01	药物性废物	T
HW02 医药废物	化学药品原料药制造	271-001-02	化学合成原料药生产过程中产生的蒸馏及反应残余物	T
		271-002-02	化学合成原料药生产过程中产生的废母液及反应基废物	T
		271-003-02	化学合成原料药生产过程中产生的废脱色过滤介质	T
		271-004-02	化学合成原料药生产过程中产生的废吸附剂	T
		271-005-02	化学合成原料药生产过程中的废弃产品及中间体	T
	化学药品制剂制造	272-001-02	化学药品制剂生产过程中原料药提纯精制、再加工产生的蒸馏及反应残余物	T
		272-003-02	化学药品制剂生产过程中产生的废脱色过滤介质及吸附剂	T
		272-005-02	化学药品制剂生产过程中产生的废弃产品及原料药	T
	兽用药品制造	275-001-02	使用砷或有机砷化合物生产兽药过程中产生的废水处理污泥	T
		275-002-02	使用砷或有机砷化合物生产兽药过程中产生的蒸馏残余物	T
		275-003-02	使用砷或有机砷化合物生产兽药过程中产生的废脱色过滤介质及吸附剂	T
		275-004-02	其他兽药生产过程中产生的蒸馏及反应残余物	T
		275-005-02	其他兽药生产过程中产生的废脱色过滤介质及吸附剂	T
		275-006-02	兽药生产过程中产生的废母液、反应基和培养基废物	T
		275-008-02	兽药生产过程中产生的废弃产品及原料药	T
	生物药品制品制造	276-001-02	利用生物技术生产生物化学药品、基因工程药物过程中产生的蒸馏及反应残余物	T

续表

废物类别	行业来源	废物代码	危险废物	危险特性[1]
HW02 医药废物	生物药品制品制造	276-002-02	利用生物技术生产生物化学药品、基因工程药物（不包括利用生物技术合成氨基酸、维生素、他汀类降脂药物、降糖类药物）过程中产生的废母液、反应基和培养基废物	T
		276-003-02	利用生物技术生产生物化学药品、基因工程药物（不包括利用生物技术合成氨基酸、维生素、他汀类降脂药物、降糖类药物）过程中产生的废脱色过滤介质	T
		276-004-02	利用生物技术生产生物化学药品、基因工程药物过程中产生的废吸附剂	T
		276-005-02	利用生物技术生产生物化学药品、基因工程药物过程中产生的废弃产品、原料药和中间体	T
HW03 废药物、药品	非特定行业	900-002-03	销售及使用过程中产生的失效、变质、不合格、淘汰、伪劣的化学药品和生物制品（不包括列入《国家基本药物目录》中的维生素、矿物质类药，调节水、电解质及酸碱平衡药），以及《医疗用毒性药品管理办法》中所列的毒性中药	T
HW04 农药废物	农药制造	263-001-04	氯丹生产过程中六氯环戊二烯过滤产生的残余物，及氯化反应器真空汽提产生的废物	T
		263-002-04	乙拌磷生产过程中甲苯回收工艺产生的蒸馏残渣	T
		263-003-04	甲拌磷生产过程中二乙基二硫代磷酸过滤产生的残余物	T
		263-004-04	2，4，5-三氯苯氧乙酸生产过程中四氯苯蒸馏产生的重馏分及蒸馏残余物	T
		263-005-04	2，4-二氯苯氧乙酸生产过程中苯酚氯化工段产生的含2，6-二氯苯酚精馏残渣	T
		263-006-04	乙烯基双二硫代氨基甲酸及其盐类生产过程中产生的过滤、蒸发和离心分离残余物及废水处理污泥，产品研磨和包装工序集（除）尘装置收集的粉尘和地面清扫废物	T
		263-007-04	溴甲烷生产过程中产生的废吸附剂、反应器产生的蒸馏残液和废水分离器产生的废物	T
		263-008-04	其他农药生产过程中产生的蒸馏及反应残余物（不包括赤霉酸发酵滤渣）	T

续表

废物类别	行业来源	废物代码	危险废物	危险特性[1]
HW04 农药废物	农药制造	263-009-04	农药生产过程中产生的废母液、反应罐及容器清洗废液	T
		263-010-04	农药生产过程中产生的废滤料及吸附剂	T
		263-011-04	农药生产过程中产生的废水处理污泥	T
		263-012-04	农药生产、配制过程中产生的过期原料和废弃产品	T
	非特定行业	900-003-04	销售及使用过程中产生的失效、变质、不合格、淘汰、伪劣的农药产品，以及废弃的与农药直接接触或含有农药残余物的包装物	T
HW05 木材防腐剂废物	木材加工	201-001-05	使用五氯酚进行木材防腐过程中产生的废水处理污泥，以及木材防腐处理过程中产生的沾染该防腐剂的废弃木材残片	T
		201-002-05	使用杂酚油进行木材防腐过程中产生的废水处理污泥，以及木材防腐处理过程中产生的沾染该防腐剂的废弃木材残片	T
		201-003-05	使用含砷、铬等无机防腐剂进行木材防腐过程中产生的废水处理污泥，以及木材防腐处理过程中产生的沾染该防腐剂的废弃木材残片	T
	专用化学产品制造	266-001-05	木材防腐化学品生产过程中产生的反应残余物、废过滤介质及吸附剂	T
		266-002-05	木材防腐化学品生产过程中产生的废水处理污泥	T
		266-003-05	木材防腐化学品生产、配制过程中产生的过期原料和废弃产品	T
	非特定行业	900-004-05	销售及使用过程中产生的失效、变质、不合格、淘汰、伪劣的木材防腐化学药品	T
HW06 废有机溶剂与含有机溶剂废物	非特定行业	900-401-06	工业生产中作为清洗剂、萃取剂、溶剂或反应介质使用后废弃的四氯化碳、二氯甲烷、1，1-二氯乙烷、1，2-二氯乙烷、1，1，1-三氯乙烷、1，1，2-三氯乙烷、三氯乙烯、四氯乙烯，以及在使用前混合的含有一种或多种上述卤化溶剂的混合/调和溶剂	T，I

续表

废物类别	行业来源	废物代码	危险废物	危险特性[1]
HW06 废有机溶剂与含有机溶剂废物	非特定行业	900-402-06	工业生产中作为清洗剂、萃取剂、溶剂或反应介质使用后废弃的有机溶剂，包括苯、苯乙烯、丁醇、丙酮、正己烷、甲苯、邻二甲苯、间二甲苯、对二甲苯、1，2，4-三甲苯、乙苯、乙醇、异丙醇、乙醚、丙醚、乙酸甲酯、乙酸乙酯、乙酸丁酯、丙酸丁酯、苯酚，以及在使用前混合的含有一种或多种上述溶剂的混合/调和溶剂	T，I，R
		900-404-06	工业生产中作为清洗剂、萃取剂、溶剂或反应介质使用后废弃的其他列入《危险化学品目录》的有机溶剂，以及在使用前混合的含有一种或多种上述溶剂的混合/调和溶剂	T，I，R
		900-405-06	900-401-06、900-402-06、900-404-06中所列废有机溶剂再生处理过程中产生的废活性炭及其他过滤吸附介质	T，I，R
		900-407-06	900-401-06、900-402-06、900-404-06中所列废有机溶剂分馏再生过程中产生的高沸物和釜底残渣	T，I，R
		900-409-06	900-401-06、900-402-06、900-404-06中所列废有机溶剂再生处理过程中产生的废水处理浮渣和污泥（不包括废水生化处理污泥）	T
HW07 热处理含氰废物	金属表面处理及热处理加工	336-001-07	使用氰化物进行金属热处理产生的淬火池残渣	T，R
		336-002-07	使用氰化物进行金属热处理产生的淬火废水处理污泥	T，R
		336-003-07	含氰热处理炉维修过程中产生的废内衬	T，R
		336-004-07	热处理渗碳炉产生的热处理渗碳氰渣	T，R
		336-005-07	金属热处理工艺盐浴槽（釜）清洗产生的含氰残渣和含氰废液	T，R
		336-049-07	氰化物热处理和退火作业过程中产生的残渣	T，R
HW08 废矿物油与含矿物油废物	石油开采	071-001-08	石油开采和联合站贮存产生的油泥和油脚	T，I
		071-002-08	以矿物油为连续相配制钻井泥浆用于石油开采所产生的钻井岩屑和废弃钻井泥浆	T
	天然气开采	072-001-08	以矿物油为连续相配制钻井泥浆用于天然气开采所产生的钻井岩屑和废弃钻井泥浆	T
	精炼石油产品制造	251-001-08	清洗矿物油储存、输送设施过程中产生的油/水和烃/水混合物	T

续表

废物类别	行业来源	废物代码	危险废物	危险特性[1]
HW08 废矿物油与含矿物油废物	精炼石油产品制造	251-002-08	石油初炼过程中储存设施、油－水－固态物质分离器、积水槽、沟渠及其他输送管道、污水池、雨水收集管道产生的含油污泥	T，I
		251-003-08	石油炼制过程中含油废水隔油、气浮、沉淀等处理过程中产生的浮油、浮渣和污泥（不包括废水生化处理污泥）	T
		251-004-08	石油炼制过程中溶气浮选工艺产生的浮渣	T，I
		251-005-08	石油炼制过程中产生的溢出废油或乳剂	T，I
		251-006-08	石油炼制换热器管束清洗过程中产生的含油污泥	T
		251-010-08	石油炼制过程中澄清油浆槽底沉积物	T，I
		251-011-08	石油炼制过程中进油管路过滤或分离装置产生的残渣	T，I
		251-012-08	石油炼制过程中产生的废过滤介质	T
	电子元件及专用材料制造	398-001-08	锂电池隔膜生产过程中产生的废白油	T
	橡胶制品业	291-001-08	橡胶生产过程中产生的废溶剂油	T，I
	非特定行业	900-199-08	内燃机、汽车、轮船等集中拆解过程产生的废矿物油及油泥	T，I
		900-200-08	珩磨、研磨、打磨过程产生的废矿物油及油泥	T，I
		900-201-08	清洗金属零部件过程中产生的废弃煤油、柴油、汽油及其他由石油和煤炼制生产的溶剂油	T，I
		900-203-08	使用淬火油进行表面硬化处理产生的废矿物油	T
		900-204-08	使用轧制油、冷却剂及酸进行金属轧制产生的废矿物油	T
		900-205-08	镀锡及焊锡回收工艺产生的废矿物油	T
		900-209-08	金属、塑料的定型和物理机械表面处理过程中产生的废石蜡和润滑油	T，I
		900-210-08	含油废水处理中隔油、气浮、沉淀等处理过程中产生的浮油、浮渣和污泥（不包括废水生化处理污泥）	T，I
		900-213-08	废矿物油再生净化过程中产生的沉淀残渣、过滤残渣、废过滤吸附介质	T，I
		900-214-08	车辆、轮船及其他机械维修过程中产生的废发动机油、制动器油、自动变速器油、齿轮油等废润滑油	T，I

续表

废物类别	行业来源	废物代码	危险废物	危险特性[1]
HW08 废矿物油与含矿物油废物	非特定行业	900-215-08	废矿物油裂解再生过程中产生的裂解残渣	T，I
		900-216-08	使用防锈油进行铸件表面防锈处理过程中产生的废防锈油	T，I
		900-217-08	使用工业齿轮油进行机械设备润滑过程中产生的废润滑油	T，I
		900-218-08	液压设备维护、更换和拆解过程中产生的废液压油	T，I
		900-219-08	冷冻压缩设备维护、更换和拆解过程中产生的废冷冻机油	T，I
		900-220-08	变压器维护、更换和拆解过程中产生的废变压器油	T，I
		900-221-08	废燃料油及燃料油储存过程中产生的油泥	T，I
		900-249-08	其他生产、销售、使用过程中产生的废矿物油及沾染矿物油的废弃包装物	T，I
HW09 油/水、烃/水混合物或乳化液	非特定行业	900-005-09	水压机维护、更换和拆解过程中产生的油/水、烃/水混合物或乳化液	T
		900-006-09	使用切削油或切削液进行机械加工过程中产生的油/水、烃/水混合物或乳化液	T
		900-007-09	其他工艺过程中产生的油/水、烃/水混合物或乳化液	T
HW10 多氯（溴）联苯类废物	非特定行业	900-008-10	含有多氯联苯（PCBs）、多氯三联苯（PCTs）和多溴联苯（PBBs）的废弃电容器、变压器	T
		900-009-10	含有 PCBs、PCTs 和 PBBs 的电力设备的清洗液	T
		900-010-10	含有 PCBs、PCTs 和 PBBs 的电力设备中废弃的介质油、绝缘油、冷却油及导热油	T
		900-011-10	含有或沾染 PCBs、PCTs 和 PBBs 的废弃包装物及容器	T
HW11 精（蒸）馏残渣	精炼石油产品制造	251-013-11	石油精炼过程中产生的酸焦油和其他焦油	T
	煤炭加工	252-001-11	炼焦过程中蒸氨塔残渣和洗油再生残渣	T
		252-002-11	煤气净化过程氨水分离设施底部的焦油和焦油渣	T
		252-003-11	炼焦副产品回收过程中萘精制产生的残渣	T
		252-004-11	炼焦过程中焦油储存设施中的焦油渣	T
		252-005-11	煤焦油加工过程中焦油储存设施中的焦油渣	T
		252-007-11	炼焦及煤焦油加工过程中的废水池残渣	T
		252-009-11	轻油回收过程中的废水池残渣	T

续表

废物类别	行业来源	废物代码	危险废物	危险特性[1]
HW11 精（蒸）馏残渣	煤炭加工	252-010-11	炼焦、煤焦油加工和苯精制过程中产生的废水处理污泥（不包括废水生化处理污泥）	T
		252-011-11	焦炭生产过程中硫铵工段煤气除酸净化产生的酸焦油	T
		252-012-11	焦化粗苯酸洗法精制过程产生的酸焦油及其他精制过程产生的蒸馏残渣	T
		252-013-11	焦炭生产过程中产生的脱硫废液	T
		252-016-11	煤沥青改质过程中产生的闪蒸油	T
		252-017-11	固定床气化技术生产化工合成原料气、燃料油合成原料气过程中粗煤气冷凝产生的焦油和焦油渣	T
	燃气生产和供应业	451-001-11	煤气生产行业煤气净化过程中产生的煤焦油渣	T
		451-002-11	煤气生产过程中产生的废水处理污泥（不包括废水生化处理污泥）	T
		451-003-11	煤气生产过程中煤气冷凝产生的煤焦油	T
	基础化学原料制造	261-007-11	乙烯法制乙醛生产过程中产生的蒸馏残渣	T
		261-008-11	乙烯法制乙醛生产过程中产生的蒸馏次要馏分	T
		261-009-11	苄基氯生产过程中苄基氯蒸馏产生的蒸馏残渣	T
		261-010-11	四氯化碳生产过程中产生的蒸馏残渣和重馏分	T
		261-011-11	表氯醇生产过程中精制塔产生的蒸馏残渣	T
		261-012-11	异丙苯生产过程中精馏塔产生的重馏分	T
		261-013-11	萘法生产邻苯二甲酸酐过程中产生的蒸馏残渣和轻馏分	T
		261-014-11	邻二甲苯法生产邻苯二甲酸酐过程中产生的蒸馏残渣和轻馏分	T
		261-015-11	苯硝化法生产硝基苯过程中产生的蒸馏残渣	T
		261-016-11	甲苯二异氰酸酯生产过程中产生的蒸馏残渣和离心分离残渣	T
		261-017-11	1，1，1- 三氯乙烷生产过程中产生的蒸馏残渣	T
		261-018-11	三氯乙烯和四氯乙烯联合生产过程中产生的蒸馏残渣	T
		261-019-11	苯胺生产过程中产生的蒸馏残渣	T
		261-020-11	苯胺生产过程中苯胺萃取工序产生的蒸馏残渣	T
		261-021-11	二硝基甲苯加氢法生产甲苯二胺过程中干燥塔产生的反应残余物	T
		261-022-11	二硝基甲苯加氢法生产甲苯二胺过程中产品精制产生的轻馏分	T

续表

废物类别	行业来源	废物代码	危险废物	危险特性[1]
HW11 精（蒸）馏残渣	基础化学原料制造	261-023-11	二硝基甲苯加氢法生产甲苯二胺过程中产品精制产生的废液	T
		261-024-11	二硝基甲苯加氢法生产甲苯二胺过程中产品精制产生的重馏分	T
		261-025-11	甲苯二胺光气化法生产甲苯二异氰酸酯过程中溶剂回收塔产生的有机冷凝物	T
		261-026-11	氯苯、二氯苯生产过程中的蒸馏及分馏残渣	T
		261-027-11	使用羧酸肼生产 1，1- 二甲基肼过程中产品分离产生的残渣	T
		261-028-11	乙烯溴化法生产二溴乙烯过程中产品精制产生的蒸馏残渣	T
		261-029-11	α- 氯甲苯、苯甲酰氯和含此类官能团的化学品生产过程中产生的蒸馏残渣	T
		261-030-11	四氯化碳生产过程中的重馏分	T
		261-031-11	二氯乙烯单体生产过程中蒸馏产生的重馏分	T
		261-032-11	氯乙烯单体生产过程中蒸馏产生的重馏分	T
		261-033-11	1，1，1- 三氯乙烷生产过程中蒸汽汽提塔产生的残余物	T
		261-034-11	1，1，1- 三氯乙烷生产过程中蒸馏产生的重馏分	T
		261-035-11	三氯乙烯和四氯乙烯联合生产过程中产生的重馏分	T
		261-100-11	苯和丙烯生产苯酚和丙酮过程中产生的重馏分	T
		261-101-11	苯泵式硝化生产硝基苯过程中产生的重馏分	T，R
		261-102-11	铁粉还原硝基苯生产苯胺过程中产生的重馏分	T
		261-103-11	以苯胺、乙酸酐或乙酰苯胺为原料生产对硝基苯胺过程中产生的重馏分	T
		261-104-11	对硝基氯苯胺氨解生产对硝基苯胺过程中产生的重馏分	T，R
		261-105-11	氨化法、还原法生产邻苯二胺过程中产生的重馏分	T
		261-106-11	苯和乙烯直接催化、乙苯和丙烯共氧化、乙苯催化脱氢生产苯乙烯过程中产生的重馏分	T
		261-107-11	二硝基甲苯还原催化生产甲苯二胺过程中产生的重馏分	T
		261-108-11	对苯二酚氧化生产二甲氧基苯胺过程中产生的重馏分	T
		261-109-11	萘磺化生产萘酚过程中产生的重馏分	T

续表

废物类别	行业来源	废物代码	危险废物	危险特性[1]
HW11 精（蒸）馏残渣	基础化学原料制造	261-110-11	苯酚、三甲苯水解生产4，4′-二羟基二苯砜过程中产生的重馏分	T
		261-111-11	甲苯硝基化合物羰基化法、甲苯碳酸二甲酯法生产甲苯二异氰酸酯过程中产生的重馏分	T
		261-113-11	乙烯直接氯化生产二氯乙烷过程中产生的重馏分	T
		261-114-11	甲烷氯化生产甲烷氯化物过程中产生的重馏分	T
		261-115-11	甲醇氯化生产甲烷氯化物过程中产生的釜底残液	T
		261-116-11	乙烯氯醇法、氧化法生产环氧乙烷过程中产生的重馏分	T
		261-117-11	乙炔气相合成、氧氯化生产氯乙烯过程中产生的重馏分	T
		261-118-11	乙烯直接氯化生产三氯乙烯、四氯乙烯过程中产生的重馏分	T
		261-119-11	乙烯氧氯化法生产三氯乙烯、四氯乙烯过程中产生的重馏分	T
		261-120-11	甲苯光气法生产苯甲酰氯产品精制过程中产生的重馏分	T
		261-121-11	甲苯苯甲酸法生产苯甲酰氯产品精制过程中产生的重馏分	T
		261-122-11	甲苯连续光氯化法、无光热氯化法生产氯化苄过程中产生的重馏分	T
		261-123-11	偏二氯乙烯氢氯化法生产1，1，1-三氯乙烷过程中产生的重馏分	T
		261-124-11	醋酸丙烯酯法生产环氧氯丙烷过程中产生的重馏分	T
		261-125-11	异戊烷（异戊烯）脱氢法生产异戊二烯过程中产生的重馏分	T
		261-126-11	化学合成法生产异戊二烯过程中产生的重馏分	T
		261-127-11	碳五馏分分离生产异戊二烯过程中产生的重馏分	T
		261-128-11	合成气加压催化生产甲醇过程中产生的重馏分	T
		261-129-11	水合法、发酵法生产乙醇过程中产生的重馏分	T
		261-130-11	环氧乙烷直接水合生产乙二醇过程中产生的重馏分	T
		261-131-11	乙醛缩合加氢生产丁二醇过程中产生的重馏分	T
		261-132-11	乙醛氧化生产醋酸蒸馏过程中产生的重馏分	T
		261-133-11	丁烷液相氧化生产醋酸过程中产生的重馏分	T
		261-134-11	电石乙炔法生产醋酸乙烯酯过程中产生的重馏分	T
		261-135-11	氢氰酸法生产原甲酸三甲酯过程中产生的重馏分	T

续表

废物类别	行业来源	废物代码	危险废物	危险特性[1]
HW11 精（蒸）馏残渣	基础化学原料制造	261-136-11	β-苯胺乙醇法生产靛蓝过程中产生的重馏分	T
	石墨及其他非金属矿物制品制造	309-001-11	电解铝及其他有色金属电解精炼过程中预焙阳极、碳块及其他碳素制品制造过程烟气处理所产生的含焦油废物	T
	环境治理业	772-001-11	废矿物油再生过程中产生的酸焦油	T
	非特定行业	900-013-11	其他化工生产过程（不包括以生物质为主要原料的加工过程）中精馏、蒸馏和热解工艺产生的高沸点釜底残余物	T
HW12 染料、涂料废物	涂料、油墨、颜料及类似产品制造	264-002-12	铬黄和铬橙颜料生产过程中产生的废水处理污泥	T
		264-003-12	钼酸橙颜料生产过程中产生的废水处理污泥	T
		264-004-12	锌黄颜料生产过程中产生的废水处理污泥	T
		264-005-12	铬绿颜料生产过程中产生的废水处理污泥	T
		264-006-12	氧化铬绿颜料生产过程中产生的废水处理污泥	T
		264-007-12	氧化铬绿颜料生产过程中烘干产生的残渣	T
		264-008-12	铁蓝颜料生产过程中产生的废水处理污泥	T
		264-009-12	使用含铬、铅的稳定剂配制油墨过程中，设备清洗产生的洗涤废液和废水处理污泥	T
		264-010-12	油墨生产、配制过程中产生的废蚀刻液	T
		264-011-12	染料、颜料生产过程中产生的废母液、残渣、废吸附剂和中间体废物	T
		264-012-12	其他油墨、染料、颜料、油漆（不包括水性漆）生产过程中产生的废水处理污泥	T
		264-013-12	油漆、油墨生产、配制和使用过程中产生的含颜料、油墨的废有机溶剂	T
	非特定行业	900-250-12	使用有机溶剂、光漆进行光漆涂布、喷漆工艺过程中产生的废物	T，I
		900-251-12	使用油漆（不包括水性漆）、有机溶剂进行阻挡层涂敷过程中产生的废物	T，I
		900-252-12	使用油漆（不包括水性漆）、有机溶剂进行喷漆、上漆过程中产生的废物	T，I

续表

废物类别	行业来源	废物代码	危险废物	危险特性[1]
HW12 染料、涂料废物	非特定行业	900-253-12	使用油墨和有机溶剂进行丝网印刷过程中产生的废物	T，I
		900-254-12	使用遮盖油、有机溶剂进行遮盖油的涂敷过程中产生的废物	T，I
		900-255-12	使用各种颜料进行着色过程中产生的废颜料	T
		900-256-12	使用酸、碱或有机溶剂清洗容器设备过程中剥离下的废油漆、废染料、废涂料	T，I，C
		900-299-12	生产、销售及使用过程中产生的失效、变质、不合格、淘汰、伪劣的油墨、染料、颜料、油漆（不包括水性漆）	T
HW13 有机树脂类废物	合成材料制造	265-101-13	树脂、合成乳胶、增塑剂、胶水/胶合剂合成过程产生的不合格产品（不包括热塑型树脂生产过程中聚合产物经脱除单体、低聚物、溶剂及其他助剂后产生的废料，以及热固型树脂固化后的固化体）	T
		265-102-13	树脂、合成乳胶、增塑剂、胶水/胶合剂生产过程中合成、酯化、缩合等工序产生的废母液	T
		265-103-13	树脂（不包括水性聚氨酯乳液、水性丙烯酸乳液、水性聚氨酯丙烯酸复合乳液）、合成乳胶、增塑剂、胶水/胶合剂生产过程中精馏、分离、精制等工序产生的釜底残液、废过滤介质和残渣	T
		265-104-13	树脂（不包括水性聚氨酯乳液、水性丙烯酸乳液、水性聚氨酯丙烯酸复合乳液）、合成乳胶、增塑剂、胶水/胶合剂合成过程中产生的废水处理污泥（不包括废水生化处理污泥）	T
	非特定行业	900-014-13	废弃的粘合剂和密封剂（不包括水基型和热熔型粘合剂和密封剂）	T
		900-015-13	湿法冶金、表面处理和制药行业重金属、抗生素提取、分离过程产生的废弃离子交换树脂，以及工业废水处理过程产生的废弃离子交换树脂	T
		900-016-13	使用酸、碱或有机溶剂清洗容器设备剥离下的树脂状、黏稠杂物	T
		900-451-13	废覆铜板、印刷线路板、电路板破碎分选回收金属后产生的废树脂粉	T

续表

废物类别	行业来源	废物代码	危险废物	危险特性[1]
HW14 新化学物质废物	非特定行业	900-017-14	研究、开发和教学活动中产生的对人类或环境影响不明的化学物质废物	T/C/I/R
HW15 爆炸性废物	炸药、火工及焰火产品制造	267-001-15	炸药生产和加工过程中产生的废水处理污泥	R，T
		267-002-15	含爆炸品废水处理过程中产生的废活性炭	R，T
		267-003-15	生产、配制和装填铅基起爆药剂过程中产生的废水处理污泥	R，T
		267-004-15	三硝基甲苯生产过程中产生的粉红水、红水，以及废水处理污泥	T，R
HW16 感光材料废物	专用化学产品制造	266-009-16	显（定）影剂、正负胶片、相纸、感光材料生产过程中产生的不合格产品和过期产品	T
		266-010-16	显（定）影剂、正负胶片、相纸、感光材料生产过程中产生的残渣和废水处理污泥	T
	印刷	231-001-16	使用显影剂进行胶卷显影，使用定影剂进行胶卷定影，以及使用铁氰化钾、硫代硫酸盐进行影像减薄（漂白）产生的废显（定）影剂、胶片和废相纸	T
		231-002-16	使用显影剂进行印刷显影、抗蚀图形显影，以及凸版印刷产生的废显（定）影剂、胶片和废相纸	T
	电子元件及电子专用材料制造	398-001-16	使用显影剂、氢氧化物、偏亚硫酸氢盐、醋酸进行胶卷显影产生的废显（定）影剂、胶片和废相纸	T
	影视节目制作	873-001-16	电影厂产生的废显（定）影剂、胶片及废相纸	T
	摄影扩印服务	806-001-16	摄影扩印服务行业产生的废显（定）影剂、胶片和废相纸	T
	非特定行业	900-019-16	其他行业产生的废显（定）影剂、胶片和废相纸	T
HW17 表面处理废物	金属表面处理及热处理加工	336-050-17	使用氯化亚锡进行敏化处理产生的废渣和废水处理污泥	T
		336-051-17	使用氯化锌、氯化铵进行敏化处理产生的废渣和废水处理污泥	T

续表

废物类别	行业来源	废物代码	危险废物	危险特性[1]
HW17 表面处理废物	金属表面处理及热处理加工	336-052-17	使用锌和电镀化学品进行镀锌产生的废槽液、槽渣和废水处理污泥	T
		336-053-17	使用镉和电镀化学品进行镀镉产生的废槽液、槽渣和废水处理污泥	T
		336-054-17	使用镍和电镀化学品进行镀镍产生的废槽液、槽渣和废水处理污泥	T
		336-055-17	使用镀镍液进行镀镍产生的废槽液、槽渣和废水处理污泥	T
		336-056-17	使用硝酸银、碱、甲醛进行敷金属法镀银产生的废槽液、槽渣和废水处理污泥	T
		336-057-17	使用金和电镀化学品进行镀金产生的废槽液、槽渣和废水处理污泥	T
		336-058-17	使用镀铜液进行化学镀铜产生的废槽液、槽渣和废水处理污泥	T
		336-059-17	使用钯和锡盐进行活化处理产生的废渣和废水处理污泥	T
		336-060-17	使用铬和电镀化学品进行镀黑铬产生的废槽液、槽渣和废水处理污泥	T
		336-061-17	使用高锰酸钾进行钻孔除胶处理产生的废渣和废水处理污泥	T
		336-062-17	使用铜和电镀化学品进行镀铜产生的废槽液、槽渣和废水处理污泥	T
		336-063-17	其他电镀工艺产生的废槽液、槽渣和废水处理污泥	T
		336-064-17	金属或塑料表面酸（碱）洗、除油、除锈、洗涤、磷化、出光、化抛工艺产生的废腐蚀液、废洗涤液、废槽液、槽渣和废水处理污泥［不包括：铝、镁材（板）表面酸（碱）洗、粗化、硫酸阳极处理、磷酸化学抛光废水处理污泥，铝电解电容器用铝电极箔化学腐蚀、非硼酸系化成液化成废水处理污泥，铝材挤压加工模具碱洗（煲模）废水处理污泥，碳钢酸洗除锈废水处理污泥］	T/C
		336-066-17	镀层剥除过程中产生的废槽液、槽渣和废水处理污泥	T
		336-067-17	使用含重铬酸盐的胶体、有机溶剂、黏合剂进行漩流式抗蚀涂布产生的废渣和废水处理污泥	T

续表

废物类别	行业来源	废物代码	危险废物	危险特性[1]
HW17 表面处理废物	金属表面处理及热处理加工	336-068-17	使用铬化合物进行抗蚀层化学硬化产生的废渣和废水处理污泥	T
		336-069-17	使用铬酸镀铬产生的废槽液、槽渣和废水处理污泥	T
		336-100-17	使用铬酸进行阳极氧化产生的废槽液、槽渣和废水处理污泥	T
		336-101-17	使用铬酸进行塑料表面粗化产生的废槽液、槽渣和废水处理污泥	T
HW18 焚烧处置残渣	环境治理业	772-002-18	生活垃圾焚烧飞灰	T
		772-003-18	危险废物焚烧、热解等处置过程产生的底渣、飞灰和废水处理污泥	T
		772-004-18	危险废物等离子体、高温熔融等处置过程产生的非玻璃态物质和飞灰	T
		772-005-18	固体废物焚烧处置过程中废气处理产生的废活性炭	T
HW19 含金属羰基化合物废物	非特定行业	900-020-19	金属羰基化合物生产、使用过程中产生的含有羰基化合物成分的废物	T
HW20 含铍废物	基础化学原料制造	261-040-20	铍及其化合物生产过程中产生的熔渣、集（除）尘装置收集的粉尘和废水处理污泥	T
HW21 含铬废物	毛皮鞣制及制品加工	193-001-21	使用铬鞣剂进行铬鞣、复鞣工艺产生的废水处理污泥和残渣	T
		193-002-21	皮革、毛皮鞣制及切削过程产生的含铬废碎料	T
	基础化学原料制造	261-041-21	铬铁矿生产铬盐过程中产生的铬渣	T
		261-042-21	铬铁矿生产铬盐过程中产生的铝泥	T
		261-043-21	铬铁矿生产铬盐过程中产生的芒硝	T
		261-044-21	铬铁矿生产铬盐过程中产生的废水处理污泥	T
		261-137-21	铬铁矿生产铬盐过程中产生的其他废物	T
		261-138-21	以重铬酸钠和浓硫酸为原料生产铬酸酐过程中产生的含铬废液	T
	铁合金冶炼	314-001-21	铬铁硅合金生产过程中集（除）尘装置收集的粉尘	T
		314-002-21	铁铬合金生产过程中集（除）尘装置收集的粉尘	T
		314-003-21	铁铬合金生产过程中金属铬冶炼产生的铬浸出渣	T

续表

废物类别	行业来源	废物代码	危险废物	危险特性[1]
HW21 含铬废物	金属表面处理及热处理加工	336-100-21	使用铬酸进行阳极氧化产生的废槽液、槽渣和废水处理污泥	T
	电子元件及电子专用材料制造	398-002-21	使用铬酸进行钻孔除胶处理产生的废渣和废水处理污泥	T
HW22 含铜废物	玻璃制造	304-001-22	使用硫酸铜进行敷金属法镀铜产生的废槽液、槽渣和废水处理污泥	T
	电子元件及电子专用材料制造	398-004-22	线路板生产过程中产生的废蚀铜液	T
		398-005-22	使用酸进行铜氧化处理产生的废液和废水处理污泥	T
		398-051-22	铜板蚀刻过程中产生的废蚀刻液和废水处理污泥	T
HW23 含锌废物	金属表面处理及热处理加工	336-103-23	热镀锌过程中产生的废助镀熔（溶）剂和集（除）尘装置收集的粉尘	T
	电池制造	384-001-23	碱性锌锰电池、锌氧化银电池、锌空气电池生产过程中产生的废锌浆	T
	炼钢	312-001-23	废钢电炉炼钢过程中集（除）尘装置收集的粉尘和废水处理污泥	T
	非特定行业	900-021-23	使用氢氧化钠、锌粉进行贵金属沉淀过程中产生的废液和废水处理污泥	T
HW24 含砷废物	基础化学原料制造	261-139-24	硫铁矿制酸过程中烟气净化产生的酸泥	T
HW25 含硒废物	基础化学原料制造	261-045-25	硒及其化合物生产过程中产生的熔渣、集（除）尘装置收集的粉尘和废水处理污泥	T
HW26 含镉废物	电池制造	384-002-26	镍镉电池生产过程中产生的废渣和废水处理污泥	T

续表

废物类别	行业来源	废物代码	危险废物	危险特性[1]
HW27 含锑废物	基础化学原料制造	261-046-27	锑金属及粗氧化锑生产过程中产生的熔渣和集（除）尘装置收集的粉尘	T
		261-048-27	氧化锑生产过程中产生的熔渣	T
HW28 含碲废物	基础化学原料制造	261-050-28	碲及其化合物生产过程中产生的熔渣、集（除）尘装置收集的粉尘和废水处理污泥	T
HW29 含汞废物	天然气开采	072-002-29	天然气除汞净化过程中产生的含汞废物	T
	常用有色金属矿采选	091-003-29	汞矿采选过程中产生的尾砂和集（除）尘装置收集的粉尘	T
	贵金属冶炼	322-002-29	混汞法提金工艺产生的含汞粉尘、残渣	T
	印刷	231-007-29	使用显影剂、汞化合物进行影像加厚（物理沉淀）以及使用显影剂、氨氯化汞进行影像加厚（氧化）产生的废液和残渣	T
	基础化学原料制造	261-051-29	水银电解槽法生产氯气过程中盐水精制产生的盐水提纯污泥	T
		261-052-29	水银电解槽法生产氯气过程中产生的废水处理污泥	T
		261-053-29	水银电解槽法生产氯气过程中产生的废活性炭	T
		261-054-29	卤素和卤素化学品生产过程中产生的含汞硫酸钡污泥	T
	合成材料制造	265-001-29	氯乙烯生产过程中含汞废水处理产生的废活性炭	T，C
		265-002-29	氯乙烯生产过程中吸附汞产生的废活性炭	T，C
		265-003-29	电石乙炔法生产氯乙烯单体过程中产生的废酸	T，C
		265-004-29	电石乙炔法生产氯乙烯单体过程中产生的废水处理污泥	T
	常用有色金属冶炼	321-030-29	汞再生过程中集（除）尘装置收集的粉尘，汞再生工艺产生的废水处理污泥	T
		321-033-29	铅锌冶炼烟气净化产生的酸泥	T
		321-103-29	铜、锌、铅冶炼过程中烟气氯化汞法脱汞工艺产生的废甘汞	T
	电池制造	384-003-29	含汞电池生产过程中产生的含汞废浆层纸、含汞废锌膏、含汞废活性炭和废水处理污泥	T

续表

废物类别	行业来源	废物代码	危险废物	危险特性[1]
HW29 含汞废物	照明器具制造	387-001-29	电光源用固汞及含汞电光源生产过程中产生的废活性炭和废水处理污泥	T
	通用仪器仪表制造	401-001-29	含汞温度计生产过程中产生的废渣	T
	非特定行业	900-022-29	废弃的含汞催化剂	T
		900-023-29	生产、销售及使用过程中产生的废含汞荧光灯管及其他废含汞电光源，及废弃含汞电光源处理处置过程中产生的废荧光粉、废活性炭和废水处理污泥	T
		900-024-29	生产、销售及使用过程中产生的废含汞温度计、废含汞血压计、废含汞真空表、废含汞压力计、废氧化汞电池和废汞开关	T
		900-452-29	含汞废水处理过程中产生的废树脂、废活性炭和污泥	T
HW30 含铊废物	基础化学原料制造	261-055-30	铊及其化合物生产过程中产生的熔渣、集（除）尘装置收集的粉尘和废水处理污泥	T
HW31 含铅废物	玻璃制造	304-002-31	使用铅盐和铅氧化物进行显像管玻璃熔炼过程中产生的废渣	T
	电子元件及电子专用材料制造	398-052-31	线路板制造过程中电镀铅锡合金产生的废液	T
	电池制造	384-004-31	铅蓄电池生产过程中产生的废渣、集（除）尘装置收集的粉尘和废水处理污泥	T
	工艺美术及礼仪用品制造	243-001-31	使用铅箔进行烤钵试金法工艺产生的废烤钵	T
	非特定行业	900-052-31	废铅蓄电池及废铅蓄电池拆解过程中产生的废铅板、废铅膏和酸液	T，C
		900-025-31	使用硬脂酸铅进行抗黏涂层过程中产生的废物	T

续表

废物类别	行业来源	废物代码	危险废物	危险特性[1]
HW32 无机氟化物废物	非特定行业	900-026-32	使用氢氟酸进行蚀刻产生的废蚀刻液	T，C
HW33 无机氰化物废物	贵金属矿采选	092-003-33	采用氰化物进行黄金选矿过程中产生的氰化尾渣和含氰废水处理污泥	T
	金属表面处理及热处理加工	336-104-33	使用氰化物进行浸洗过程中产生的废液	T，R
	非特定行业	900-027-33	使用氰化物进行表面硬化、碱性除油、电解除油产生的废物	T，R
		900-028-33	使用氰化物剥落金属镀层产生的废物	T，R
		900-029-33	使用氰化物和双氧水进行化学抛光产生的废物	T，R
HW34 废酸	精炼石油产品制造	251-014-34	石油炼制过程产生的废酸及酸泥	C，T
	涂料、油墨、颜料及类似产品制造	264-013-34	硫酸法生产钛白粉（二氧化钛）过程中产生的废酸	C，T
	基础化学原料制造	261-057-34	硫酸和亚硫酸、盐酸、氢氟酸、磷酸和亚磷酸、硝酸和亚硝酸等的生产、配制过程中产生的废酸及酸渣	C，T
		261-058-34	卤素和卤素化学品生产过程中产生的废酸	C，T
	钢压延加工	313-001-34	钢的精加工过程中产生的废酸性洗液	C，T
	金属表面处理及热处理加工	336-105-34	青铜生产过程中浸酸工序产生的废酸液	C，T

续表

废物类别	行业来源	废物代码	危险废物	危险特性[1]
HW34 废酸	电子元件及电子专用材料制	398-005-34	使用酸进行电解除油、酸蚀、活化前表面敏化、催化、浸亮产生的废酸液	C，T
		398-006-34	使用硝酸进行钻孔蚀胶处理产生的废酸液	C，T
		398-007-34	液晶显示板或集成电路板的生产过程中使用酸浸蚀剂进行氧化物浸蚀产生的废酸液	C，T
	非特定行业	900-300-34	使用酸进行清洗产生的废酸液	C，T
		900-301-34	使用硫酸进行酸性碳化产生的废酸液	C，T
		900-302-34	使用硫酸进行酸蚀产生的废酸液	C，T
		900-303-34	使用磷酸进行磷化产生的废酸液	C，T
		900-304-34	使用酸进行电解除油、金属表面敏化产生的废酸液	C，T
		900-305-34	使用硝酸剥落不合格镀层及挂架金属镀层产生的废酸液	C，T
		900-306-34	使用硝酸进行钝化产生的废酸液	C，T
		900-307-34	使用酸进行电解抛光处理产生的废酸液	C，T
		900-308-34	使用酸进行催化（化学镀）产生的废酸液	C，T
		900-349-34	生产、销售及使用过程中产生的失效、变质、不合格、淘汰、伪劣的强酸性擦洗粉、清洁剂、污迹去除剂以及其他强酸性废酸液和酸渣	C，T
HW35 废碱	精炼石油产品制造	251-015-35	石油炼制过程产生的废碱液和碱渣	C，T
	基础化学原料制造	261-059-35	氢氧化钙、氨水、氢氧化钠、氢氧化钾等的生产、配制中产生的废碱液、固态碱和碱渣	C
	毛皮鞣制及制品加工	193-003-35	使用氢氧化钙、硫化钠进行浸灰产生的废碱液	C，R
	纸浆制造	221-002-35	碱法制浆过程中蒸煮制浆产生的废碱液	C，T
	非特定行业	900-350-35	使用氢氧化钠进行煮炼过程中产生的废碱液	C
		900-351-35	使用氢氧化钠进行丝光处理过程中产生的废碱液	C
		900-352-35	使用碱进行清洗产生的废碱液	C，T
		900-353-35	使用碱进行清洗除蜡、碱性除油、电解除油产生的废碱液	C，T

续表

废物类别	行业来源	废物代码	危险废物	危险特性[1]
HW35 废碱	非特定行业	900-354-35	使用碱进行电镀阻挡层或抗蚀层的脱除产生的废碱液	C，T
		900-355-35	使用碱进行氧化膜浸蚀产生的废碱液	C，T
		900-356-35	使用碱溶液进行碱性清洗、图形显影产生的废碱液	C，T
		900-399-35	生产、销售及使用过程中产生的失效、变质、不合格、淘汰、伪劣的强碱性擦洗粉、清洁剂、污迹去除剂以及其他强碱性废碱液、固态碱和碱渣	C，T
HW36 石棉废物	石棉及其他非金属矿采选	109-001-36	石棉矿选矿过程中产生的废渣	T
	基础化学原料制造	261-060-36	卤素和卤素化学品生产过程中电解装置拆换产生的含石棉废物	T
	石膏、水泥制品及类似制品制造	302-001-36	石棉建材生产过程中产生的石棉尘、废石棉	T
	耐火材料制品制造	308-001-36	石棉制品生产过程中产生的石棉尘、废石棉	T
	汽车零部件及配件制造	367-001-36	车辆制动器衬片生产过程中产生的石棉废物	T
	船舶及相关装置制造	373-002-36	拆船过程中产生的石棉废物	T
	非特定行业	900-030-36	其他生产过程中产生的石棉废物	T
		900-031-36	含有石棉的废绝缘材料、建筑废物	T
		900-032-36	含有隔膜、热绝缘体等石棉材料的设施保养拆换及车辆制动器衬片的更换产生的石棉废物	T

续表

废物类别	行业来源	废物代码	危险废物	危险特性[1]
HW37 有机磷化合物废物	基础化学原料制造	261-061-37	除农药以外其他有机磷化合物生产、配制过程中产生的反应残余物	T
		261-062-37	除农药以外其他有机磷化合物生产、配制过程中产生的废过滤吸附介质	T
		261-063-37	除农药以外其他有机磷化合物生产过程中产生的废水处理污泥	T
	非特定行业	900-033-37	生产、销售及使用过程中产生的废弃磷酸酯抗燃油	T
HW38 有机氰化物废物	基础化学原料制造	261-064-38	丙烯腈生产过程中废水汽提器塔底的残余物	T，R
		261-065-38	丙烯腈生产过程中乙腈蒸馏塔底的残余物	T，R
		261-066-38	丙烯腈生产过程中乙腈精制塔底的残余物	T
		261-067-38	有机氰化物生产过程中产生的废母液和反应残余物	T
		261-068-38	有机氰化物生产过程中催化、精馏和过滤工序产生的废催化剂、釜底残余物和过滤介质	T
		261-069-38	有机氰化物生产过程中产生的废水处理污泥	T
		261-140-38	废腈纶高温高压水解生产聚丙烯腈—铵盐过程中产生的过滤残渣	T
HW39 含酚废物	基础化学原料制造	261-070-39	酚及酚类化合物生产过程中产生的废母液和反应残余物	T
		261-071-39	酚及酚类化合物生产过程中产生的废过滤吸附介质、废催化剂、精馏残余物	T
HW40 含醚废物	基础化学原料制造	261-072-40	醚及醚类化合物生产过程中产生的醚类残液、反应残余物、废水处理污泥（不包括废水生化处理污泥）	T
HW45 含有机卤化物废物	基础化学原料制造	261-078-45	乙烯溴化法生产二溴乙烯过程中废气净化产生的废液	T
		261-079-45	乙烯溴化法生产二溴乙烯过程中产品精制产生的废吸附剂	T
		261-080-45	芳烃及其衍生物氯代反应过程中氯气和盐酸回收工艺产生的废液和废吸附剂	T
		261-081-45	芳烃及其衍生物氯代反应过程中产生的废水处理污泥	T
		261-082-45	氯乙烷生产过程中的塔底残余物	T

续表

废物类别	行业来源	废物代码	危险废物	危险特性[1]
HW45 含有机卤化物废物	基础化学原料制造	261-084-45	其他有机卤化物的生产过程（不包括卤化前的生产工段）中产生的残液、废过滤吸附介质、反应残余物、废水处理污泥、废催化剂（不包括上述 HW04、HW06、HW11、HW12、HW13、HW39 类别的废物）	T
		261-085-45	其他有机卤化物的生产过程中产生的不合格、淘汰、废弃的产品（不包括上述 HW06、HW39 类别的废物）	T
		261-086-45	石墨作阳极隔膜法生产氯气和烧碱过程中产生的废水处理污泥	T
HW46 含镍废物	基础化学原料制造	261-087-46	镍化合物生产过程中产生的反应残余物及不合格、淘汰、废弃的产品	T
	电池制造	384-005-46	镍氢电池生产过程中产生的废渣和废水处理污泥	T
	非特定行业	900-037-46	废弃的镍催化剂	T，I
HW47 含钡废物	基础化学原料制造	261-088-47	钡化合物（不包括硫酸钡）生产过程中产生的熔渣、集（除）尘装置收集的粉尘、反应残余物、废水处理污泥	T
	金属表面处理及热处理加工	336-106-47	热处理工艺中产生的含钡盐浴渣	T
HW48 有色金属采选和冶炼废物	常用有色金属矿采选	091-001-48	硫化铜矿、氧化铜矿等铜矿物采选过程中集（除）尘装置收集的粉尘	T
		091-002-48	硫砷化合物（雌黄、雄黄及硫砷铁矿）或其他含砷化合物的金属矿石采选过程中集（除）尘装置收集的粉尘	T
	常用有色金属冶炼	321-002-48	铜火法冶炼过程中烟气处理集（除）尘装置收集的粉尘	T
		321-031-48	铜火法冶炼烟气净化产生的酸泥（铅滤饼）	T
		321-032-48	铜火法冶炼烟气净化产生的污酸处理过程产生的砷渣	T
		321-003-48	粗锌精炼加工过程中湿法除尘产生的废水处理污泥	T

续表

废物类别	行业来源	废物代码	危险废物	危险特性[1]
HW48 有色金属采选和冶炼废物	常用有色金属冶炼	321-004-48	铅锌冶炼过程中，锌焙烧矿、锌氧化矿常规浸出法产生的浸出渣	T
		321-005-48	铅锌冶炼过程中，锌焙烧矿热酸浸出黄钾铁矾法产生的铁矾渣	T
		321-006-48	硫化锌矿常压氧浸或加压氧浸产生的硫渣（浸出渣）	T
		321-007-48	铅锌冶炼过程中，锌焙烧矿热酸浸出针铁矿法产生的针铁矿渣	T
		321-008-48	铅锌冶炼过程中，锌浸出液净化产生的净化渣，包括锌粉—黄药法、砷盐法、反向锑盐法、铅锑合金锌粉法等工艺除铜、锑、镉、钴、镍等杂质过程中产生的废渣	T
		321-009-48	铅锌冶炼过程中，阴极锌熔铸产生的熔铸浮渣	T
		321-010-48	铅锌冶炼过程中，氧化锌浸出处理产生的氧化锌浸出渣	T
		321-011-48	铅锌冶炼过程中，鼓风炉炼锌锌蒸气冷凝分离系统产生的鼓风炉浮渣	T
		321-012-48	铅锌冶炼过程中，锌精馏炉产生的锌渣	T
		321-013-48	铅锌冶炼过程中，提取金、银、铋、镉、钴、铟、锗、铊、碲等金属过程中产生的废渣	T
		321-014-48	铅锌冶炼过程中，集（除）尘装置收集的粉尘	T
		321-016-48	粗铅精炼过程中产生的浮渣和底渣	T
		321-017-48	铅锌冶炼过程中，炼铅鼓风炉产生的黄渣	T
		321-018-48	铅锌冶炼过程中，粗铅火法精炼产生的精炼渣	T
		321-019-48	铅锌冶炼过程中，铅电解产生的阳极泥及阳极泥处理后产生的含铅废渣和废水处理污泥	T
		321-020-48	铅锌冶炼过程中，阴极铅精炼产生的氧化铅渣及碱渣	T
		321-021-48	铅锌冶炼过程中，锌焙烧矿热酸浸出黄钾铁矾法、热酸浸出针铁矿法产生的铅银渣	T
		321-022-48	铅锌冶炼烟气净化产生的污酸除砷处理过程产生的砷渣	T
		321-023-48	电解铝生产过程电解槽阴极内衬维修、更换产生的废渣（大修渣）	T

续表

废物类别	行业来源	废物代码	危险废物	危险特性[1]
HW48 有色金属采选和冶炼废物	常用有色金属冶炼	321-024-48	电解铝铝液转移、精炼、合金化、铸造过程熔体表面产生的铝灰渣，以及回收铝过程产生的盐渣和二次铝灰	R，T
		321-025-48	电解铝生产过程产生的炭渣	T
		321-026-48	再生铝和铝材加工过程中，废铝及铝锭重熔、精炼、合金化、铸造熔体表面产生的铝灰渣，及其回收铝过程产生的盐渣和二次铝灰	R
		321-034-48	铝灰热回收铝过程烟气处理集（除）尘装置收集的粉尘，铝冶炼和再生过程烟气（包括：再生铝熔炼烟气、铝液熔体净化、除杂、合金化、铸造烟气）处理集（除）尘装置收集的粉尘	T，R
		321-027-48	铜再生过程中集（除）尘装置收集的粉尘和湿法除尘产生的废水处理污泥	T
		321-028-48	锌再生过程中集（除）尘装置收集的粉尘和湿法除尘产生的废水处理污泥	T
		321-029-48	铅再生过程中集（除）尘装置收集的粉尘和湿法除尘产生的废水处理污泥	T
	稀有稀土金属冶炼	323-001-48	仲钨酸铵生产过程中碱分解产生的碱煮渣（钨渣）、除钼过程中产生的除钼渣和废水处理污泥	T
HW49 其他废物	石墨及其他非金属矿物制品制造	309-001-49	多晶硅生产过程中废弃的三氯化硅及四氯化硅	R，C
	环境治理	772-006-49	采用物理、化学、物理化学或生物方法处理或处置毒性或感染性危险废物过程中产生的废水处理污泥、残渣（液）	T/In
	非特定行业	900-039-49	烟气、VOCs 治理过程（不包括餐饮行业油烟治理过程）产生的废活性炭，化学原料和化学制品脱色（不包括有机合成食品添加剂脱色）、除杂、净化过程产生的废活性炭（不包括 900-405-06、772-005-18、261-053-29、265-002-29、384-003-29、387-001-29 类废物）	T
		900-041-49	含有或沾染毒性、感染性危险废物的废弃包装物、容器、过滤吸附介质	T/In

续表

废物类别	行业来源	废物代码	危险废物	危险特性[1]
HW49 其他废物	非特定行业	900-042-49	环境事件及其处理过程中产生的沾染危险化学品、危险废物的废物	T/C/I/R/In
		900-044-49	废弃的镉镍电池、荧光粉和阴极射线管	T
		900-045-49	废电路板（包括已拆除或未拆除元器件的废弃电路板），及废电路板拆解过程产生的废弃 CPU、显卡、声卡、内存、含电解液的电容器、含金等贵金属的连接件	T
		900-046-49	离子交换装置（不包括饮用水、工业纯水和锅炉软化水制备装置）再生过程中产生的废水处理污泥	T
		900-047-49	生产、研究、开发、教学、环境检测（监测）活动中，化学和生物实验室（不包含感染性医学实验室及医疗机构化验室）产生的含氰、氟、重金属无机废液及无机废液处理产生的残渣、残液，含矿物油、有机溶剂、甲醛有机废液，废酸、废碱，具有危险特性的残留样品，以及沾染上述物质的一次性实验用品（不包括按实验室管理要求进行清洗后的废弃的烧杯、量器、漏斗等实验室用品）、包装物（不包括按实验室管理要求进行清洗后的试剂包装物、容器）、过滤吸附介质等	T/C/I/R
		900-053-49	已禁止使用的《关于持久性有机污染物的斯德哥尔摩公约》受控化学物质；已禁止使用的《关于汞的水俣公约》中氯碱设施退役过程中产生的汞；所有者申报废弃的，以及有关部门依法收缴或接收且需要销毁的《关于持久性有机污染物的斯德哥尔摩公约》《关于汞的水俣公约》受控化学物质	T
		900-999-49	被所有者申报废弃的，或未申报废弃但被非法排放、倾倒、利用、处置的，以及有关部门依法收缴或接收且需要销毁的列入《危险化学品目录》的危险化学品（不含该目录中仅具有“加压气体”物理危险性的危险化学品）	T/C/I/R
HW50 废催化剂	精炼石油产品制造	251-016-50	石油产品加氢精制过程中产生的废催化剂	T
		251-017-50	石油炼制中采用钝镍剂进行催化裂化产生的废催化剂	T
		251-018-50	石油产品加氢裂化过程中产生的废催化剂	T
		251-019-50	石油产品催化重整过程中产生的废催化剂	T

续表

废物类别	行业来源	废物代码	危险废物	危险特性[1]
HW50 废催化剂	基础化学原料制造	261-151-50	树脂、乳胶、增塑剂、胶水/胶合剂生产过程中合成、酯化、缩合等工序产生的废催化剂	T
		261-152-50	有机溶剂生产过程中产生的废催化剂	T
		261-153-50	丙烯腈合成过程中产生的废催化剂	T
		261-154-50	聚乙烯合成过程中产生的废催化剂	T
		261-155-50	聚丙烯合成过程中产生的废催化剂	T
		261-156-50	烷烃脱氢过程中产生的废催化剂	T
		261-157-50	乙苯脱氢生产苯乙烯过程中产生的废催化剂	T
		261-158-50	采用烷基化反应（歧化）生产苯、二甲苯过程中产生的废催化剂	T
		261-159-50	二甲苯临氢异构化反应过程中产生的废催化剂	T
		261-160-50	乙烯氧化生产环氧乙烷过程中产生的废催化剂	T
		261-161-50	硝基苯催化加氢法制备苯胺过程中产生的废催化剂	T
		261-162-50	以乙烯和丙烯为原料，采用茂金属催化体系生产乙丙橡胶过程中产生的废催化剂	T
		261-163-50	乙炔法生产醋酸乙烯酯过程中产生的废催化剂	T
		261-164-50	甲醇和氨气催化合成、蒸馏制备甲胺过程中产生的废催化剂	T
		261-165-50	催化重整生产高辛烷值汽油和轻芳烃过程中产生的废催化剂	T
		261-166-50	采用碳酸二甲酯法生产甲苯二异氰酸酯过程中产生的废催化剂	T
		261-167-50	合成气合成、甲烷氧化和液化石油气氧化生产甲醇过程中产生的废催化剂	T
		261-168-50	甲苯氯化水解生产邻甲酚过程中产生的废催化剂	T
		261-169-50	异丙苯催化脱氢生产α-甲基苯乙烯过程中产生的废催化剂	T
		261-170-50	异丁烯和甲醇催化生产甲基叔丁基醚过程中产生的废催化剂	T
		261-171-50	以甲醇为原料采用铁钼法生产甲醛过程中产生的废铁钼催化剂	T
		261-172-50	邻二甲苯氧化法生产邻苯二甲酸酐过程中产生的废催化剂	T
		261-173-50	二氧化硫氧化生产硫酸过程中产生的废催化剂	T
		261-174-50	四氯乙烷催化脱氯化氢生产三氯乙烯过程中产生的废催化剂	T

续表

废物类别	行业来源	废物代码	危险废物	危险特性[1]
HW50 废催化剂	基础化学原料制造	261-175-50	苯氧化法生产顺丁烯二酸酐过程中产生的废催化剂	T
		261-176-50	甲苯空气氧化生产苯甲酸过程中产生的废催化剂	T
		261-177-50	羟丙腈氨化、加氢生产 3- 氨基 -1- 丙醇过程中产生的废催化剂	T
		261-178-50	β- 羟基丙腈催化加氢生产 3- 氨基 -1- 丙醇过程中产生的废催化剂	T
		261-179-50	甲乙酮与氨催化加氢生产 2- 氨基丁烷过程中产生的废催化剂	T
		261-180-50	苯酚和甲醇合成 2，6- 二甲基苯酚过程中产生的废催化剂	T
		261-181-50	糠醛脱羰制备呋喃过程中产生的废催化剂	T
		261-182-50	过氧化法生产环氧丙烷过程中产生的废催化剂	T
		261-183-50	除农药以外其他有机磷化合物生产过程中产生的废催化剂	T
	农药制造	263-013-50	化学合成农药生产过程中产生的废催化剂	T
	化学药品原料药制造	271-006-50	化学合成原料药生产过程中产生的废催化剂	T
	兽用药品制造	275-009-50	兽药生产过程中产生的废催化剂	T
	生物药品制品制造	276-006-50	生物药品生产过程中产生的废催化剂	T
	环境治理业	772-007-50	烟气脱硝过程中产生的废钒钛系催化剂	T
	非特定行业	900-048-50	废液体催化剂	T
		900-049-50	机动车和非道路移动机械尾气净化废催化剂	T

注：1. 所列危险特性为该种危险废物的主要危险特性，不排除可能具有其他危险特性；“，”分隔的多个危险特性代码，表示该种废物具有列在第一位代码所代表的危险特性，且可能具有所列其他代码代表的危险特性；“/”分隔的多个危险特性代码，表示该种危险废物具有所列代码所代表的一种或多种危险特性。

2. 医疗废物分类按照《医疗废物分类目录》执行。

附录

危险废物豁免管理清单

本清单各栏目说明：

1.“序号”指列入本目录危险废物的顺序编号；

2.“废物类别/代码”指列入本目录危险废物的类别或代码；

3.“危险废物”指列入本目录危险废物的名称；

4.“豁免环节”指可不按危险废物管理的环节；

5.“豁免条件”指可不按危险废物管理应具备的条件；

6.“豁免内容”指可不按危险废物管理的内容；

7.《医疗废物分类目录》对医疗废物有其他豁免管理内容的，按照该目录有关规定执行；

8. 本清单引用文件中，凡是未注明日期的引用文件，其最新版本适用于本清单。

危险废物豁免管理清单

序号	废物类别/代码	危险废物	豁免环节	豁免条件	豁免内容
1	生活垃圾中的危险废物	家庭日常生活或者为日常生活提供服务的活动中产生的废药品、废杀虫剂和消毒剂及其包装物、废油漆和溶剂及其包装物、废矿物油及其包装物、废胶片及废相纸、废荧光灯管、废含汞温度计、废含汞血压计、废铅蓄电池、废镍镉电池和氧化汞电池以及电子类危险废物等	全部环节	未集中收集的家庭日常生活中产生的生活垃圾中的危险废物	全过程不按危险废物管理
			收集	按照各市、县生活垃圾分类要求，纳入生活垃圾分类收集体系进行分类收集，且运输工具和暂存场所满足分类收集体系要求	从分类投放点收集转移到所设定的集中贮存点的收集过程不按危险废物管理
2	HW01	床位总数在19张以下（含19张）的医疗机构产生的医疗废物（重大传染病疫情期间产生的医疗废物除外）	收集	按《医疗卫生机构医疗废物管理办法》等规定进行消毒和收集	收集过程不按危险废物管理
			运输	转运车辆符合《医疗废物转运车技术要求（试行）》（GB 19217）要求	不按危险废物进行运输
		重大传染病疫情期间产生的医疗废物	运输	按事发地的县级以上人民政府确定的处置方案进行运输	不按危险废物进行运输
			处置	按事发地的县级以上人民政府确定的处置方案进行处置	处置过程不按危险废物管理
3	841-001-01	感染性废物	运输	按照《医疗废物高温蒸汽集中处理工程技术规范（试行）》（HJ/T 276）或《医疗废物化学消毒集中处理工程技术规范（试行）》（HJ/T 228）或《医疗废物微波消毒集中处理工程技术规范（试行）》（HJ/T 229）进行处理后按生活垃圾运输	不按危险废物进行运输

续表

<table>
<tr><th>序号</th><th>废物类别/代码</th><th>危险废物</th><th>豁免环节</th><th>豁免条件</th><th>豁免内容</th></tr>
<tr><td>3</td><td>841-001-01</td><td>感染性废物</td><td>处置</td><td>按照《医疗废物高温蒸汽集中处理工程技术规范（试行）》（HJ/T 276）或《医疗废物化学消毒集中处理工程技术规范（试行）》（HJ/T 228）或《医疗废物微波消毒集中处理工程技术规范（试行）》（HJ/T 229）进行处理后进入生活垃圾填埋场填埋或进入生活垃圾焚烧厂焚烧</td><td>处置过程不按危险废物管理</td></tr>
<tr><td rowspan="2">4</td><td rowspan="2">841-002-01</td><td rowspan="2">损伤性废物</td><td>运输</td><td>按照《医疗废物高温蒸汽集中处理工程技术规范（试行）》（HJ/T 276）或《医疗废物化学消毒集中处理工程技术规范（试行）》（HJ/T 228）或《医疗废物微波消毒集中处理工程技术规范（试行）》（HJ/T 229）进行处理后按生活垃圾运输</td><td>不按危险废物进行运输</td></tr>
<tr><td>处置</td><td>按照《医疗废物高温蒸汽集中处理工程技术规范（试行）》（HJ/T 276）或《医疗废物化学消毒集中处理工程技术规范（试行）》（HJ/T 228）或《医疗废物微波消毒集中处理工程技术规范（试行）》（HJ/T 229）进行处理后进入生活垃圾填埋场填埋或进入生活垃圾焚烧厂焚烧</td><td>处置过程不按危险废物管理</td></tr>
<tr><td>5</td><td>841-003-01</td><td>病理性废物（人体器官除外）</td><td>运输</td><td>按照《医疗废物化学消毒集中处理工程技术规范（试行）》（HJ/T 228）或《医疗废物微波消毒集中处理工程技术规范（试行）》（HJ/T 229）进行处理后按生活垃圾运输</td><td>不按危险废物进行运输</td></tr>
</table>

续表

序号	废物类别/代码	危险废物	豁免环节	豁免条件	豁免内容
5	841-003-01	病理性废物（人体器官除外）	处置	按照《医疗废物化学消毒集中处理工程技术规范（试行）》（HJ/T 228）或《医疗废物微波消毒集中处理工程技术规范（试行）》（HJ/T 229）进行处理后进入生活垃圾焚烧厂焚烧	处置过程不按危险废物管理
6	900-003-04	农药使用后被废弃的与农药直接接触或含有农药残余物的包装物	收集	依据《农药包装废弃物回收处理管理办法》收集农药包装废弃物并转移到所设定的集中贮存点	收集过程不按危险废物管理
			运输	满足《农药包装废弃物回收处理管理办法》中的运输要求	不按危险废物进行运输
			利用	进入依据《农药包装废弃物回收处理管理办法》确定的资源化利用单位进行资源化利用	利用过程不按危险废物管理
			处置	进入生活垃圾填埋场填埋或进入生活垃圾焚烧厂焚烧	处置过程不按危险废物管理
7	900-210-08	船舶含油污水及残油经船上或港口配套设施预处理后产生的需通过船舶转移的废矿物油与含矿物油废物	运输	按照水运污染危害性货物实施管理	不按危险废物进行运输
8	900-249-08	废铁质油桶（不包括900-041-49类）	利用	封口处于打开状态、静置无滴漏且经打包压块后用于金属冶炼	利用过程不按危险废物管理
9	900-200-08 900-006-09	金属制品机械加工行业珩磨、研磨、打磨过程，以及使用切削油或切削液进行机械加工过程中产生的属于危险废物的含油金属屑	利用	经压榨、压滤、过滤除油达到静置无滴漏后打包压块用于金属冶炼	利用过程不按危险废物管理

续表

序号	废物类别/代码	危险废物	豁免环节	豁免条件	豁免内容
10	252-002-11 252-017-11 451-003-11	煤炭焦化、气化及生产燃气过程中产生的满足《煤焦油标准》（YB/T5 075）技术要求的高温煤焦油	利用	作为原料深加工制取萘、洗油、蒽油	利用过程不按危险废物管理
		煤炭焦化、气化及生产燃气过程中产生的高温煤焦油	利用	作为黏合剂生产煤质活性炭、活性焦炭、碳块衬层、自焙阴极、预焙阳极、石墨碳块、石墨电极、电极糊、冷捣糊	利用过程不按危险废物管理
		煤炭焦化、气化及生产燃气过程中产生的中低温煤焦油	利用	作为煤焦油加氢装置原料生产煤基氢化油，且生产的煤基氢化油符合《煤基氢化油》（HG/T 5146）技术要求	利用过程不按危险废物管理
		煤炭焦化、气化及生产燃气过程中产生的煤焦油	利用	作为原料生产炭黑	利用过程不按危险废物管理
11	900-451-13	采用破碎分选方式回收废覆铜板、线路板、电路板中金属后的废树脂粉	运输	运输工具满足防雨、防渗漏、防遗撒要求	不按危险废物进行运输
			处置	满足《生活垃圾填埋场污染控制标准》（GB 16889）要求进入生活垃圾填埋场填埋，或满足《一般工业固体废物贮存、处置场污染控制标准》（GB 18599）要求进入一般工业固体废物处置场处置	填埋处置过程不按危险废物管理
12	772-002-18	生活垃圾焚烧飞灰	运输	经处理后满足《生活垃圾填埋场污染控制标准》（GB 16889）要求，且运输工具满足防雨、防渗漏、防遗撒要求	不按危险废物进行运输
			处置	满足《生活垃圾填埋场污染控制标准》（GB 16889）要求进入生活垃圾填埋场填埋	填埋处置过程不按危险废物管理

续表

序号	废物类别/代码	危险废物	豁免环节	豁免条件	豁免内容
12	772–002–18	生活垃圾焚烧飞灰	处置	满足《水泥窑协同处置固体废物污染控制标准》（GB 30485）和《水泥窑协同处置固体废物环境保护技术规范》（HJ 662）要求进入水泥窑协同处置	水泥窑协同处置过程不按危险废物管理
13	772–003–18	医疗废物焚烧飞灰	处置	满足《生活垃圾填埋场污染控制标准》（GB 16889）要求进入生活垃圾填埋场填埋	填埋处置过程不按危险废物管理
		医疗废物焚烧处置产生的底渣	全部环节	满足《生活垃圾填埋场污染控制标准》（GB 16889）要求进入生活垃圾填埋场填埋	全过程不按危险废物管理
14	772–003–18	危险废物焚烧处置过程产生的废金属	利用	用于金属冶炼	利用过程不按危险废物管理
15	772–003–18	生物制药产生的培养基废物经生活垃圾焚烧厂焚烧处置产生的焚烧炉底渣、经水煤浆气化炉协同处置产生的气化炉渣、经燃煤电厂燃煤锅炉和生物质发电厂焚烧炉协同处置以及培养基废物专用焚烧炉焚烧处置产生的炉渣和飞灰	全部环节	生物制药产生的培养基废物焚烧处置或协同处置过程不应混入其他危险废物	全过程不按危险废物管理
16	193–002–21	含铬皮革废碎料（不包括鞣制工段修边、削匀过程产生的革屑和边角料）	运输	运输工具满足防雨、防渗漏、防遗撒要求	不按危险废物进行运输
			处置	满足《生活垃圾填埋场污染控制标准》（GB 16889）要求进入生活垃圾填埋场填埋，或满足《一般工业固体废物贮存、处置场污染控制标准》（GB 18599）要求进入一般工业固体废物处置场处置	填埋处置过程不按危险废物管理

续表

序号	废物类别/代码	危险废物	豁免环节	豁免条件	豁免内容
16	193-002-21	含铬皮革废碎料	利用	用于生产皮件、再生革或静电植绒	利用过程不按危险废物管理
17	261-041-21	铬渣	利用	满足《铬渣污染治理环境保护技术规范（暂行）》（HJ/T 301）要求用于烧结炼铁	利用过程不按危险废物管理
18	900-052-31	未破损的废铅蓄电池	运输	运输工具满足防雨、防渗漏、防遗撒要求	不按危险废物进行运输
19	092-003-33	采用氰化物进行黄金选矿过程中产生的氰化尾渣	处置	满足《黄金行业氰渣污染控制技术规范》（HJ 943）要求进入尾矿库处置或进入水泥窑协同处置	处置过程不按危险废物管理
20	HW34	仅具有腐蚀性危险特性的废酸	利用	作为生产原料综合利用	利用过程不按危险废物管理
			利用	作为工业污水处理厂污水处理中和剂利用，且满足以下条件：废酸中第一类污染物含量低于该污水处理厂排放标准，其他《危险废物鉴别标准浸出毒性》（GB 5085.3）所列特征污染物含量低于GB 5085.3限值的1/10	利用过程不按危险废物管理
21	HW35	仅具有腐蚀性危险特性的废碱	利用	作为生产原料综合利用	利用过程不按危险废物管理
			利用	作为工业污水处理厂污水处理中和剂利用，且满足以下条件：液态碱或固态碱按HJ/T 299方法制取的浸出液中第一类污染物含量低于该污水处理厂排放标准，其他《危险废物鉴别标准浸出毒性》（GB 5085.3）所列特征污染物低于GB 5085.3限值的1/10	利用过程不按危险废物管理
22	321-024-48 321-026-48	铝灰渣和二次铝灰	利用	回收金属铝	利用过程不按危险废物管理

续表

<table>
<tr><th>序号</th><th>废物类别/代码</th><th>危险废物</th><th>豁免环节</th><th>豁免条件</th><th>豁免内容</th></tr>
<tr><td>23</td><td>323-001-48</td><td>仲钨酸铵生产过程中碱分解产生的碱煮渣（钨渣）和废水处理污泥</td><td>处置</td><td>满足《水泥窑协同处置固体废物污染控制标准》（GB 30485）和《水泥窑协同处置固体废物环境保护技术规范》（HJ 662）要求进入水泥窑协同处置</td><td>处置过程不按危险废物管理</td></tr>
<tr><td>24</td><td>900-041-49</td><td>废弃的含油抹布、劳保用品</td><td>全部环节</td><td>未分类收集</td><td>全过程不按危险废物管理</td></tr>
<tr><td rowspan="2">25</td><td rowspan="2">突发环境事件产生的危险废物</td><td rowspan="2">突发环境事件及其处理过程中产生的HW 900-042-49类危险废物和其他需要按危险废物进行处理处置的固体废物，以及事件现场遗留的其他危险废物和废弃危险化学品</td><td>运输</td><td>按事发地的县级以上人民政府确定的处置方案进行运输</td><td>不按危险废物进行运输</td></tr>
<tr><td>利用、处置</td><td>按事发地的县级以上人民政府确定的处置方案进行利用或处置</td><td>利用或处置过程不按危险废物管理</td></tr>
<tr><td rowspan="4">26</td><td rowspan="4">历史遗留危险废物</td><td rowspan="2">历史填埋场地清理，以及水体环境治理过程产生的需要按危险废物进行处理处置的固体废物</td><td>运输</td><td>按事发地的设区市级以上生态环境部门同意的处置方案进行运输</td><td>不按危险废物进行运输</td></tr>
<tr><td>利用、处置</td><td>按事发地的设区市级以上生态环境部门同意的处置方案进行利用或处置</td><td>利用或处置过程不按危险废物管理</td></tr>
<tr><td rowspan="2">实施土壤污染风险管控、修复活动中，属于危险废物的污染土壤</td><td>运输</td><td>修复施工单位制订转运计划，依法提前报所在地和接收地的设区市级以上生态环境部门</td><td>不按危险废物进行运输</td></tr>
<tr><td>处置</td><td>满足《水泥窑协同处置固体废物污染控制标准》（GB 30485）和《水泥窑处置固体废物环境保护技术规范》（HJ 662）要求进入水泥窑协同处置</td><td>处置过程不按危险废物管理</td></tr>
<tr><td>27</td><td>900-044-49</td><td>阴极射线管含铅玻璃</td><td>运输</td><td>运输工具满足防雨、防渗漏、防遗撒要求</td><td>不按危险废物进行运输</td></tr>
<tr><td>28</td><td>900-045-49</td><td>废弃电路板</td><td>运输</td><td>运输工具满足防雨、防渗漏、防遗撒要求</td><td>不按危险废物进行运输</td></tr>
</table>

续表

序号	废物类别/代码	危险废物	豁免环节	豁免条件	豁免内容
29	772-007-50	烟气脱硝过程中产生的废钒钛系催化剂	运输	运输工具满足防雨、防渗漏、防遗撒要求	不按危险废物进行运输
30	251-017-50	催化裂化废催化剂	运输	采用密闭罐车运输	不按危险废物进行运输
31	900-049-50	机动车和非道路移动机械尾气净化废催化剂	运输	运输工具满足防雨、防渗漏、防遗撒要求	不按危险废物进行运输
32	—	未列入本《危险废物豁免管理清单》中的危险废物或利用过程不满足本《危险废物豁免管理清单》所列豁免条件的危险废物	利用	在环境风险可控的前提下，根据省级生态环境部门确定的方案，实行危险废物“点对点”定向利用，即：一家单位产生的一种危险废物，可作为另外一家单位环境治理或工业原料生产的替代原料进行使用	利用过程不按危险废物管理

中华人民共和国国家标准

GB 5085.7—2019

代替 GB 5085.7—2007

危险废物鉴别标准　通则

Identification standards for hazardous wastes

General rules

2019-11-07 发布　　2020-01-01 实施

生态环境部
国家市场监督管理总局　发布

GB 5085.7—2007

前　言

为贯彻《中华人民共和国环境保护法》《中华人民共和国固体废物污染环境防治法》，防治危险废物造成的环境污染，加强对危险废物的管理，保护生态环境，保障人体健康，制定本标准。

本标准是国家危险废物鉴别标准的组成部分。国家危险废物鉴别标准规定了固体废物危险特性技术指标，危险特性符合标准规定的技术指标的固体废物属于危险废物，须依法按危险废物进行管理。国家危险废物鉴别标准由以下 7 个标准组成：

1. 危险废物鉴别标准　通则
2. 危险废物鉴别标准　腐蚀性鉴别
3. 危险废物鉴别标准　急性毒性初筛
4. 危险废物鉴别标准　浸出毒性鉴别
5. 危险废物鉴别标准　易燃性鉴别
6. 危险废物鉴别标准　反应性鉴别
7. 危险废物鉴别标准　毒性物质含量鉴别

本标准规定了危险废物的鉴别程序和鉴别规则。

本标准首次发布于 2007 年，本次为第一次修订。

此次修订主要内容如下：

—— 进一步明确了鉴别程序；

—— 进一步细化了危险废物混合和利用处置后判定规则。

自本标准实施之日起，《危险废物鉴别标准通则》（GB 5085.7—2007）废止。

本标准由生态环境部固体废物与化学品司、法规与标准司组织制定。

本标准主要起草单位：中国环境科学研究院。

本标准由生态环境部 2019 年 9 月 6 日批准。

本标准自 2020 年 1 月 1 日起实施。

本标准由生态环境部解释。

危险废物鉴别标准　通则

1　适用范围

本标准规定了危险废物的鉴别程序和鉴别规则。

本标准适用于生产、生活和其他活动中产生的固体废物的危险特性鉴别。

本标准适用于液态废物的鉴别。

本标准不适用于放射性废物鉴别。

2　规范性引用文件

本标准内容引用了下列文件中的条款。凡是不注明日期的引用文件，其有效版本适用于本标准。

GB 5085.1　危险废物鉴别标准　腐蚀性鉴别

GB 5085.2　危险废物鉴别标准　急性毒性初筛

GB 5085.3　危险废物鉴别标准　浸出毒性鉴别

GB 5085.4　危险废物鉴别标准　易燃性鉴别

GB 5085.5　危险废物鉴别标准　反应性鉴别

GB 5085.6　危险废物鉴别标准　毒性物质含量鉴别

GB 34330　固体废物鉴别标准　通则

HJ 298　危险废物鉴别技术规范

《国家危险废物名录》（环境保护部令第 39 号）

3. 术语和定义

下列术语和定义适用于本标准。

3.1　固体废物　solid waste

指在生产、生活和其他活动中产生的丧失原有利用价值或者虽未丧失利用价值但被抛弃或者放弃的固态、半固态和置于容器中的气态的物品、物质以及法律、行政法规规定纳入固体废物管理的物品、物质。

3.2　**危险废物**　hazardous waste

指列入国家危险废物名录或者根据国家规定的危险废物鉴别标准和鉴别方法认定的具有危险特性的固体废物。

3.3　**利用**　recycle

指从固体废物中提取物质作为原材料或者燃料的活动。

3.4　**处置**　dispose

指将固体废物焚烧和用其他改变固体废物的物理、化学、生物特性的方法，达到减少已产生的固体废物数量、缩小固体废物体积、减少或者消除其危险成分的活动，或者将固体废物最终置于符合环境保护规定要求的填埋场的活动。

4　**鉴别程序**

危险废物的鉴别应按照以下程序进行：

4.1　依据法律规定和GB 34330，判断待鉴别的物品、物质是否属于固体废物，不属于固体废物的，则不属于危险废物。

4.2　经判断属于固体废物的，则首先依据《国家危险废物名录》鉴别。凡列入《国家危险废物名录》的固体废物，属于危险废物，不需要进行危险特性鉴别。

4.3　未列入《国家危险废物名录》，但不排除具有腐蚀性、毒性、易燃性、反应性的固体废物，依据GB 5085.1、GB 5085.2、GB 5085.3、GB 5085.4、GB 5085.5和GB 5085.6，以及HJ 298进行鉴别。凡具有腐蚀性、毒性、易燃性、反应性中一种或一种以上危险特性的固体废物，属于危险废物。

4.4　对未列入《国家危险废物名录》且根据危险废物鉴别标准无法鉴别，但可能对人体健康或生态环境造成有害影响的固体废物，由国务院生态环境主管部门组织专家认定。

5　**危险废物混合后判定规则**

5.1　具有毒性、感染性中一种或两种危险特性的危险废物与其他物质混合，导致危险特性扩散到其他物质中，混合后的固体废物属于危险废物。

5.2　仅具有腐蚀性、易燃性、反应性中一种或一种以上危险特性的危险废物与其他物质混合，混合后的固体废物经鉴别不再具有危险特性的，不属于危险废物。

5.3　危险废物与放射性废物混合，混合后的废物应按照放射性废物管理。

6 危险废物利用处置后判定规则

6.1 仅具有腐蚀性、易燃性、反应性中一种或一种以上危险特性的危险废物利用过程和处置后产生的固体废物，经鉴别不再具有危险特性的，不属于危险废物。

6.2 具有毒性危险特性的危险废物利用过程产生的固体废物，经鉴别不再具有危险特性的，不属于危险废物。除国家有关法规、标准另有规定的外，具有毒性危险特性的危险废物处置后产生的固体废物，仍属于危险废物。

6.3 除国家有关法规、标准另有规定的外，具有感染性危险特性的危险废物利用处置后，仍属于危险废物。

7 实施与监督

本标准由县级以上生态环境主管部门负责监督实施。

中华人民共和国国家标准

GB 5085.1—2007

代替 GB 5085.1—1996

危险废物鉴别标准　腐蚀性鉴别

Identification standards for hazardous wastes

Identification for corrosivity

2007-04-25 发布　　2007-10-01 实施

国家环境保护总局
国家质量监督检验检疫总局　发布

GB 5085.1—2007

前 言

为贯彻《中华人民共和国环境保护法》《中华人民共和国固体废物污染环境防治法》，防治危险废物造成的环境污染，加强对危险废物的管理，保护生态环境，保障人体健康，制定本标准。

本标准是国家危险废物鉴别标准的组成部分。国家危险废物鉴别标准规定了固体废物危险特性技术指标，危险特性符合标准规定的技术指标的固体废物属于危险废物，须依法按危险废物进行管理。国家危险废物鉴别标准由以下 7 个标准组成：

1. 危险废物鉴别标准　通则
2. 危险废物鉴别标准　腐蚀性鉴别
3. 危险废物鉴别标准　急性毒性初筛
4. 危险废物鉴别标准　浸出毒性鉴别
5. 危险废物鉴别标准　易燃性鉴别
6. 危险废物鉴别标准　反应性鉴别
7. 危险废物鉴别标准　毒性物质含量鉴别

本标准对《危险废物鉴别标准腐蚀性鉴别》（GB 5085.1—1996）进行了修订，主要内容是增加了钢材腐蚀的鉴别标准及检测方法。

按照有关法律规定，本标准具有强制执行的效力。

本标准由国家环境保护总局科技标准司提出。

本标准起草单位：中国环境科学研究院固体废物污染控制技术研究所、环境标准研究所。

本标准国家环境保护总局 2007 年 3 月 27 日批准。

本标准自 2007 年 10 月 1 日起实施，《危险废物鉴别标准腐蚀性鉴别》（GB 5085.1—1996）同时废止。

本标准由国家环境保护总局解释。

危险废物鉴别标准　腐蚀性鉴别

1　范围

本标准规定了腐蚀性危险废物的鉴别标准。

本标准适用于任何生产、生活和其他活动中产生的固体废物的腐蚀性鉴别。

2　规范性引用文件

下列文件中的条款通过 GB 5085 的本部分的引用而成为本标准的条款。凡是不注日期的引用文件，其最新版本适用于本标准。

GB/T 699　优质碳素结构钢

GB/T 15555.12—1995　固体废物　腐蚀性测定　玻璃电极法

HJ/T 298　危险废物鉴别技术规范

JB/T 7901　金属材料实验室均匀腐蚀全浸试验方法

3　鉴别标准

符合下列条件之一的固体废物，属于危险废物。

3.1　按照 GB/T 15555.12—1995 的规定制备的浸出液，pH ≥ 12.5，或者 pH ≤ 2.0。

3.2　在 55℃ 条件下，对 GB/T 699 中规定的 20 号钢材的腐蚀速率≥ 6.35mm/a。

4　实验方法

4.1　采样点和采样方法按照 HJ/T 298 的规定进行。

4.2　第 3.1 条所列的 pH 值测定按照 GB/T 15555.12—1995 的规定进行。

4.3　第 3.2 条所列的腐蚀速率测定按照 JB/T 7901 的规定进行。

5　标准实施

本标准由县级以上人民政府环境保护行政主管部门负责监督实施。

中华人民共和国国家标准

GB 5085.2—2007

代替 GB 5085.2—1996

危险废物鉴别标准　急性毒性初筛

Identification standards for hazardous wastes

Screening test for acute toxicity

2007-04-25 发布　　2007-10-01 实施

国家环境保护总局
国家质量监督检验检疫总局　发布

GB 5085.2—2007

前　言

为贯彻《中华人民共和国环境保护法》和《中华人民共和国固体废物污染环境防治法》，防治危险废物造成的环境污染，加强对危险废物的管理，保护环境，保障人体健康，制定本标准。

本标准是国家危险废物鉴别标准的组成部分。国家危险废物鉴别标准规定了固体废物危险特性技术指标，危险特性符合标准规定的技术指标的固体废物属于危险废物，须依法按危险废物进行管理。国家危险废物鉴别标准由以下 7 个标准组成：

1. 危险废物鉴别标准　通则

2. 危险废物鉴别标准　腐蚀性鉴别

3. 危险废物鉴别标准　急性毒性初筛

4. 危险废物鉴别标准　浸出毒性鉴别

5. 危险废物鉴别标准　易燃性鉴别

6. 危险废物鉴别标准　反应性鉴别

7. 危险废物鉴别标准　毒性物质含量鉴别

本标准对《危险废物鉴别标准急性毒性初筛》（GB 5085.2—1996）进行了修订，主要内容是：

—— 用《化学品测试导则》中指定的急性经口毒性试验、急性经皮毒性试验和急性吸入毒性试验取代了原标准附录中的“危险废物急性毒性初筛试验方法”。

—— 对急性毒性初筛鉴别值进行了调整。

按照有关法律规定，本标准具有强制执行的效力。

本标准由国家环境保护总局科技标准司提出。

本标准起草单位：中国环境科学研究院固体废物污染控制技术研究所、环境标准研究所。

本标准国家环境保护总局 2007 年 3 月 27 日批准。

本标准自 2007 年 10 月 1 日起实施,《危险废物鉴别标准急性毒性初筛》(GB 5085.2—1996)同时废止。

本标准由国家环境保护总局解释。

危险废物鉴别标准 急性毒性初筛

1 范围

本标准规定了急性毒性危险废物的初筛标准。

本标准适用于任何生产、生活和其他活动中产生的固体废物的急性毒性鉴别。

2 规范性引用文件

下列文件中的条款通过 GB 5085 的本部分的引用而成为本标准的条款。凡是不注日期的引用文件，其最新版本适用于本标准。

HJ/T 153 化学品测试导则

HJ/T 298 危险废物鉴别技术规范

3 术语和定义

下列术语和定义适用于本标准。

3.1 口服毒性半数致死量 LD_{50} LD_{50} (median lethal dose) for acute oral toxicity

是经过统计学方法得出的一种物质的单一计量，可使青年白鼠口服后，在 14d 内死亡一半的物质剂量。

3.2 皮肤接触毒性半数致死量 LD_{50} LD_{50} for acute dermal toxicity

是使白兔的裸露皮肤持续接触 24h，最可能引起这些试验动物在 14d 内死亡一半的物质剂量。

3.3 吸入毒性半数致死浓度 LC_{50} LC_{50} for acute toxicity on inhalation

是使雌雄青年白鼠连续吸入 1h，最可能引起这些试验动物在 14d 内死亡一半的蒸气、烟雾或粉尘的浓度。

4 鉴别标准

符合下列条件之一的固体废物，属于危险废物。

4.1 经口摄取：固体 $LD_{50} \leq 200$ mg/kg，液体 $LD_{50} \leq 500$ mg/kg。

4.2 经皮肤接触：$LD_{50} \leqslant 1000$ mg/kg。

4.3 蒸气、烟雾或粉尘吸入：$LC_{50} \leqslant 10$ mg/L。

5 实验方法

5.1 采样点和采样方法按照HJ/T 298的规定进行。

5.2 经口LD_{50}、经皮LD_{50}和吸入LC_{50}的测定按照HJ/T 153中指定的方法进行。

6 标准实施

本标准由县级以上人民政府环境保护行政主管部门负责监督实施。

中华人民共和国国家标准

GB 5085.3—2007

代替 GB 5085.3—1996

危险废物鉴别标准　浸出毒性鉴别

Identification standards for hazardous wastes

Identification for extraction toxicity

2007-04-25 发布　　2007-10-01 实施

国家环境保护总局
国家质量监督检验检疫总局　发布

GB 5085.3—2007

前　言

为贯彻《中华人民共和国环境保护法》和《中华人民共和国固体废物污染环境防治法》，防治危险废物造成的环境污染，加强对危险废物的管理，保护环境，保障人体健康，制定本标准。

本标准是国家危险废物鉴别标准的组成部分。国家危险废物鉴别标准规定了固体废物危险特性技术指标，危险特性符合标准规定的技术指标的固体废物属于危险废物，须依法按危险废物进行管理。国家危险废物鉴别标准由以下 7 个标准组成：

1. 危险废物鉴别标准　通则
2. 危险废物鉴别标准　腐蚀性鉴别
3. 危险废物鉴别标准　急性毒性初筛
4. 危险废物鉴别标准　浸出毒性鉴别
5. 危险废物鉴别标准　易燃性鉴别
6. 危险废物鉴别标准　反应性鉴别
7. 危险废物鉴别标准　毒性物质含量鉴别

本标准对《危险废物鉴别标准—浸出毒性鉴别》（GB 5085.3—1996）进行了修订，主要内容是：

—— 在原标准 14 个鉴别项目的基础上，增加了 37 个鉴别项目。新增项目主要是有机类毒性物质。

——修改了毒性物质的浸出方法。

——修改了部分鉴别项目的分析方法。

按有关法律规定，本标准具有强制执行的效力。

本标准由国家环境保护总局科技标准司提出。

本标准起草单位：中国环境科学研究院固体废物污染控制技术研究所、环境标准研究所。

本标准国家环境保护总局2007年3月27日批准。

本标准自2007年10月1日起实施，《危险废物鉴别标准—浸出毒性鉴别》（GB 5085.3—1996）同时废止。

本标准由国家环境保护总局解释。

危险废物鉴别标准　浸出毒性鉴别

1　范围

本标准规定了以浸出毒性为特征的危险废物鉴别标准。

本标准适用于任何生产、生活和其他活动中产生固体废物的浸出毒性鉴别。

2　规范性引用文件

下列文件中的条款通过 GB 5085 的本部分的引用而成为本标准的条款。凡是不注日期的引用文件，其最新版本适用于本标准。

HJ/T 299　固体废物　浸出毒性浸出方法　硫酸硝酸法

HJ/T 298　危险废物鉴别技术规范

3　鉴别标准

按照 HJ/T 299 制备的固体废物浸出液中任何一种危害成分含量超过表 1 中所列的浓度限值，则判定该固体废物是具有浸出毒性特征的危险废物。

表 1　浸出毒性鉴别标准值

序号	危害成分项目	浸出液中危害成分浓限值（mg/L）	分析方法
无机元素及其化合物			
1	铜（以总铜计）	100	附录 A、B、C、D
2	锌（以总锌计）	100	附录 A、B、C、D
3	镉（以总镉计）	1	附录 A、B、C、D
4	铅（以总铅计）	5	附录 A、B、C、D
5	总铬	15	附录 A、B、C、D
6	铬（六价）	5	GB/T 15555.4—1995
7	烷基汞	不得检出[1]	GB/T 14204—93
8	汞（以总汞计）	0.1	附录 B
9	铍（以总铍计）	0.02	附录 A、B、C、D
10	钡（以总钡计）	100	附录 A、B、C、D

续表

序号	危害成分项目	浸出液中危害成分浓限值（mg/L）	分析方法
11	镍（以总镍计）	5	附录 A、B、C、D
12	总银	5	附录 A、B、C、D
13	砷（以总砷计）	5	附录 C、E
14	硒（以总硒计）	1	附录 B、C、E
15	无机氟化物（不包括氟化钙）	100	附录 F
16	氰化物（以 CN^- 计）	5	附录 G
有机农药类			
17	滴滴涕	0.1	附录 H
18	六六六	0.5	附录 H
19	乐果	8	附录 I
20	对硫磷	0.3	附录 I
21	甲基对硫磷	0.2	附录 I
22	马拉硫磷	5	附录 I
23	氯丹	2	附录 H
24	六氯苯	5	附录 H
25	毒杀芬	3	附录 H
26	灭蚁灵	0.05	附录 H
非挥发性有机化合物			
27	硝基苯	20	附录 J
28	二硝基苯	20	附录 K
29	对硝基氯苯	5	附录 L
30	2，4- 二硝基氯苯	5	附录 L
31	五氯酚及五氯酚钠（以五氯酚计）	50	附录 L
32	苯酚	3	附录 K
33	2，4- 二氯苯酚	6	附录 K
34	2，4，6- 三氯苯酚	6	附录 K
35	苯并（a）芘	0.0003	附录 K、M
36	邻苯二甲酸二丁酯	2	附录 K
37	邻苯二甲酸二辛酯	3	附录 L
38	多氯联苯	0.002	附录 N
挥发性有机化合物			
39	苯	1	附录 O、P、Q
40	甲苯	1	附录 O、P、Q
41	乙苯	4	附录 P
42	二甲苯	4	附录 O、P
43	氯苯	2	附录 O、P
44	1，2- 二氯苯	4	附录 K、O、P、R

续表

序号	危害成分项目	浸出液中危害成分浓限值（mg/L）	分析方法
45	1，4-二氯苯	4	附录 K、O、P、R
46	丙烯腈	20	附录 O
47	三氯甲烷	3	附录 Q
48	四氯化碳	0.3	附录 Q
49	三氯乙烯	3	附录 Q
50	四氯乙烯	1	附录 Q

注 1：“不得检出”指甲基汞＜ 10 ng/L，乙基汞＜ 20 ng/L。

4 实验方法

4.1 采样点和采样方法按照 HJ/T 298 进行。

4.2 无机元素及其化合物的样品（除六价铬、无机氟化物、氰化物外）的前处理方法参照附录 S；六价铬及其化合物的样品的前处理方法参照附录 T。

4.3 有机样品的前处理方法参照附录 U、V、W。

4.4 各危害成分项目的测定，除执行规定的标准分析方法外，暂按附录中规定的方法执行；待适用于测定特定危害成分项目的国家环境保护标准发布后，按标准的规定执行。

5 标准实施

本标准由县级以上人民政府环境保护行政主管部门负责监督实施。

附录：A 固体废物　元素的测定　电感耦合等离子体原子发射光谱法（略）

B 固体废物　元素的测定　电感耦合等离子体质谱法（略）

C 固体废物　金属元素的测定　石墨炉原子吸收光谱法（略）

D 固体废物　金属元素的测定　火焰原子吸收光谱法（略）

E 固体废物　砷、锑、铋、硒的测定　原子荧光法（略）

F 固体废物　氟离子、溴酸根、氯离子、亚硝酸根、氰酸根、溴离子、硝酸根、磷酸根、硫酸根的测定　离子鱼谱法（略）

G 固体废物　氰根离子和硫离子的测定　离子色谱法（略）

H 固体废物　有机氯农药的测定　气相色谱法（略）

I 固体废物　有机磷化合物的测定　气相色谱法（略）

J 固体废物　硝基芳烃和硝基胺的测定　高效液相色谱法（略）

K 固体废物　半挥发性有机化合物的测定　气相色谱 / 质谱法（略）

L 固体废物　非挥发性化合物的测定　高效液相色谱 / 热喷雾 / 质谱或紫外法（略）

M 固体废物　半挥发性有机化合物（PAHs 和 PCBs）的测定　热提取气相色谱质谱法（略）

N 固体废物　多氯联苯的测定（PCBs）　气相色谱法（略）

O 固体废物　挥发性有机化合物的测定　气相色谱 / 质谱法（略）

P 固体废物　芳香族及含卤挥发物的测定　气相色谱法（略）

Q 固体废物　挥发性有机物的测定　平衡顶空法（略）

R 固体废物　含氯烃类化合物的测定　气相色谱法（略）

S 固体废物　金属元素分析的样品前处理　微波辅助酸消解法（略）

T 固体废物　六价铬分析的样品前处理　碱消解法（略）

U 固体废物　有机物分析的样品前处理　分液漏斗液—液萃取法（略）

V 固体废物　有机物分析的样品前处理　索氏提取法（略）

W 固体废物　有机物分析的样品前处理　Florisil（硅酸镁载体）柱净化法（略）

中华人民共和国国家标准

GB 5085.4—2007

危险废物鉴别标准　易燃性鉴别

Identification standards for hazardous wastes

Identification for ignitability

2007-04-25 发布　　　　2007-10-01 实施

国家环境保护总局
国家质量监督检验检疫总局　发布

GB 5085.4—2007

前　言

为贯彻《中华人民共和国环境保护法》和《中华人民共和国固体废物污染环境防治法》，防治危险废物造成的环境污染，加强对危险废物的管理，保护环境，保障人体健康，制定本标准。

本标准是国家危险废物鉴别标准的组成部分。国家危险废物鉴别标准规定了固体废物危险特性技术指标，危险特性符合标准规定的技术指标的固体废物属于危险废物，须依法按危险废物进行管理。国家危险废物鉴别标准由以下 7 个标准组成：

1. 危险废物鉴别标准　通则

2. 危险废物鉴别标准　腐蚀性鉴别

3. 危险废物鉴别标准　急性毒性初筛

4. 危险废物鉴别标准　浸出毒性鉴别

5. 危险废物鉴别标准　易燃性鉴别

6. 危险废物鉴别标准　反应性鉴别

7. 危险废物鉴别标准　毒性物质含量鉴别

本标准为新增部分。

按照有关法律规定，本标准具有强制执行的效力。

本标准由国家环境保护总局科技标准司提出。

本标准起草单位：中国环境科学研究院环境标准研究所、固体废物污染控制技术研究所。

本标准国家环境保护总局 2007 年 3 月 27 日批准。

本标准自 2007 年 10 月 1 日起实施。

本标准由国家环境保护总局解释。

危险废物鉴别标准　易燃性鉴别

1　范围

本标准规定了易燃性危险废物的鉴别标准。

本标准适用于任何生产、生活和其他活动中产生的固体废物的易燃性鉴别。

2　规范性引用文件

下列文件中的条款通过 GB 5085 的本部分的引用而成为本标准的条款。凡是不注日期的引用文件，其最新版本适用于本标准。

GB/T 261　　石油产品闪点测定法（闭口杯法）

GB 19521.1　　易燃固体危险货物危险特性检验安全规范

GB 19521.3　　易燃气体危险货物危险特性检验安全规范

HJ/T 298　　危险废物鉴别技术规范

3　术语和定义

下列术语和定义适用于本标准。

3.1　闪点　flash point

指在标准大气压（101.3 kPa）下，液体表面上方释放出的易燃蒸气与空气完全混合后，可以被火焰或火花点燃的最低温度。

3.2　易燃下限　lower flammable limit

可燃气体或蒸气与空气（或氧气）组成的混合物在点火后可以使火焰蔓延的最低浓度，以 % 表示。

3.3　易燃上限　upper flammable limit

可燃气体或蒸气与空气（或氧气）组成的混合物在点火后可以使火焰蔓延的最高浓度，以 % 表示。

3.4 易燃范围 flammable range

可燃气体或蒸气与空气（或氧气）组成的混合物能被引燃并传播火焰的浓度范围，通常以可燃气体或蒸气在混合物中所占的体积分数表示。

4 鉴别标准

符合下列任何条件之一的固体废物，属于易燃性危险废物。

4.1 液态易燃性危险废物

闪点温度低于 60 ℃（闭杯试验）的液体、液体混合物或含有固体物质的液体。

4.2 固态易燃性危险废物

在标准温度和压力（25 ℃，101.3 kPa）下因摩擦或自发性燃烧而起火，经点燃后能剧烈而持续地燃烧并产生危害的固态废物。

4.3 气态易燃性危险废物

在 20 ℃、101.3 kPa 状态下，在与空气的混合物中体积分数≤13% 时可点燃的气体，或者在该状态下，不论易燃下限如何，与空气混合，易燃范围的易燃上限与易燃下限之差大于或等于 12 个百分点的气体。

5 实验方法

5.1 采样点和采样方法按照 HJ/T 298 的规定进行。

5.2 第 4.1 条按照 CB/T 261 的规定进行。

5.3 第 4.2 条按照 GB 19521.1 的规定进行。

5.4 第 4.3 条按照 CB 19521.3 的规定进行。

6 标准实施

本标准由县级以上人民政府环境保护行政主管部门负责监督实施。

中华人民共和国国家标准

GB 5085.5—2007

危险废物鉴别标准　反应性鉴别

Identification standards for hazardous wastes

Identification for reactivity

2007-04-25 发布　　2007-10-01 实施

国家环境保护总局
国家质量监督检验检疫总局　发布

GB 5085.5—2007

前　言

为贯彻《中华人民共和国环境保护法》和《中华人民共和国固体废物污染环境防治法》，防治危险废物造成的环境污染，加强对危险废物的管理，保护环境，保障人体健康，制定本标准。

本标准是国家危险废物鉴别标准的组成部分。国家危险废物鉴别标准规定了固体废物危险特性技术指标，危险特性符合标准规定的技术指标的固体废物属于危险废物，须依法按危险废物进行管理。国家危险废物鉴别标准由以下 7 个标准组成：

1. 危险废物鉴别标准　通则
2. 危险废物鉴别标准　腐蚀性鉴别
3. 危险废物鉴别标准　急性毒性初筛
4. 危险废物鉴别标准　浸出毒性鉴别
5. 危险废物鉴别标准　易燃性鉴别
6. 危险废物鉴别标准　反应性鉴别
7. 危险废物鉴别标准　毒性物质含量鉴别

本标准为新增部分。

按照有关法律规定，本标准具有强制执行的效力。

本标准由国家环境保护总局科技标准司提出。

本标准起草单位：中国环境科学研究院环境标准研究所、固体废物污染控制技术研究所。

本标准国家环境保护总局 2007 年 3 月 27 日批准。

本标准自 2007 年 10 月 1 日起实施。

本标准由国家环境保护总局解释。

危险废物鉴别标准　反应性鉴别

1　范围

本标准规定了反应性危险废物的鉴别标准。

本标准适用于任何生产、生活和其他活动中产生的固体废物的反应性鉴别。

2　规范性引用文件

下列文件中的条款通过 GB 5085 的本标准的引用而成为本部分的条款。凡是不注日期的引用文件，其最新版本适用于本标准。

GB 19452　氧化性危险货物危险特性检验安全规范

GB 19455　民用爆炸品危险货物危险特性检验安全规范

GB 19521.4—2004　遇水放出易燃气体危险货物危险特性检验安全规范

GB 19521.12　有机过氧化物危险货物危险特性检验安全规范

HJ/T 298　危险废物鉴别技术规范

3　术语和定义

3.1　爆炸　explosion

在极短的时间内，释放出大量能量，产生高温，并放出大量气体，在周围形成高压的化学反应或状态变化的现象。

3.2　爆轰　detonation

以冲击波为特征，以超音速传播的爆炸。冲击波传播速度通常能达到上千到数千米每秒，且外界条件对爆速的影响较小。

4　鉴别标准

符合下列任何条件之一的固体废物，属于反应性危险废物。

4.1　具有爆炸性质

4.1.1　常温常压下不稳定，在无引爆条件下，易发生剧烈变化。

4.1.2　标准温度和压力下（25 ℃，101.3 kPa），易发生爆轰或爆炸性分解反应。

4.1.3　受强起爆剂作用或在封闭条件下加热，能发生爆轰或爆炸反应。

4.2　与水或酸接触产生易燃气体或有毒气体

4.2.1　与水混合发生剧烈化学反应，并放出大量易燃气体和热量。

4.2.2　与水混合能产生足以危害人体健康或环境的有毒气体、蒸气或烟雾。

4.2.3　在酸性条件下，每千克含氰化物废物分解产生≥ 250 mg 氰化氢气体，或者每千克含硫化物废物分解产生≥ 500 mg 硫化氢气体。

4.3　废弃氧化剂或有机过氧化物

4.3.1　极易引起燃烧或爆炸的废弃氧化剂。

4.3.2　对热、震动或摩擦极为敏感的含过氧基的废弃有机过氧化物。

5　实验方法

5.1　采样点和采样方法按照 HJ/T 298 规定进行。

5.2　第 4.1 条爆炸性危险废物的鉴别主要依据专业知识，在必要时可按照 GB 19455 中第 6.2 和 6.4 条规定进行试验和判定。

5.3　第 4.2.1 条按照 GB 19521.4—2004 第 5.5.1 和 5.5.2 条规定进行试验和判定。

5.4　第 4.2.2 条主要依据专业知识和经验来判断。

5.5　第 4.2.3 条按照本部分的附录 1 进行。

5.6　第 4.3.1 条按照 GB 19452 规定进行。

5.7　第 4.3.2 条按照 GB 19521.12 规定进行。

6　标准实施

本标准由县级以上人民政府环境保护行政主管部门负责监督实施。

附录

固体废物遇水反应性的测定

Solid Waste—Determination of the Reactivity with Water

1 范围

本方法规定了与酸溶液接触后氢氰酸和硫化氢的比释放率的测定方法。

本方法适用于遇酸后不会形成爆炸性混合物的所有废物。

本方法只检测在实验条件下产生的氢氰酸和硫化氢。

2 原理

在装有定量废物的封闭体系中加入一定量的酸，将产生的气体吹入洗气瓶，测定被分析物。

3 试剂和材料

3.1 试剂水，不含有机物的去离子水。

3.2 硫酸（0.005 mol/L），加 2.8 mL 浓硫酸于试剂水中，稀释至 1 L。取 100 mL 此溶液稀释至 1 L，制得 0.005 mol/L 硫酸。

3.3 氰化物参比溶液（1000 mg/L），溶解约 2.5 g KOH 和 2.51 g KCN 于 1L 试剂水中，用 0.0192 mol/L $AgNO_3$ 标定，此溶液中氰化物的浓度应为 1 mg/mL。

3.4 NaOH 溶液（1.25 mol/L），溶解 50 g NaOH 于试剂水中，稀释至 1 L。

3.5 NaOH 溶液（0.25 mol/L），用试剂水将 200 mL 1.25 mol/L NaOH 溶液（3.4）稀释至 1 L。

3.6 硝酸银溶液（0.0192 mol/L），研碎约 5 g $AgNO_3$ 晶体，于 40 ℃干燥至恒重。称取 3.265 g 干燥过的 $AgNO_3$，用试剂水溶解并稀释至 1 L。

3.7 硫化物参比溶液（1000 mg/L），溶解 4.02 g $Na_2S·9H_2O$ 于 1 L 试剂水中，此溶液中 H_2S 浓度为 570 mg/L，根据要求的分析范围（100 ～ 570 mg/L）稀释此溶液。

4　仪器、装置

4.1　圆底烧瓶，500 mL，三颈，带 24/40 磨口玻璃接头。

4.2　洗气瓶，50 mL 刻度洗气瓶。

4.3　搅拌装置，转速可达到约 30 r/min，可以将磁转子与搅拌棒联合使用，也可以使用顶置马达驱动的螺旋搅拌器。

4.4　等压分液漏斗，带均压管、24/40 磨口玻璃接头和聚四氟乙烯套管。

4.5　软管，用于连接氮气源与设备。

4.6　氮气，贮于带减压阀的气瓶中。

4.7　流量计，用于监测氮气流量。

4.8　分析天平，可称重至 0.001 g。

实验装置图见图 1。

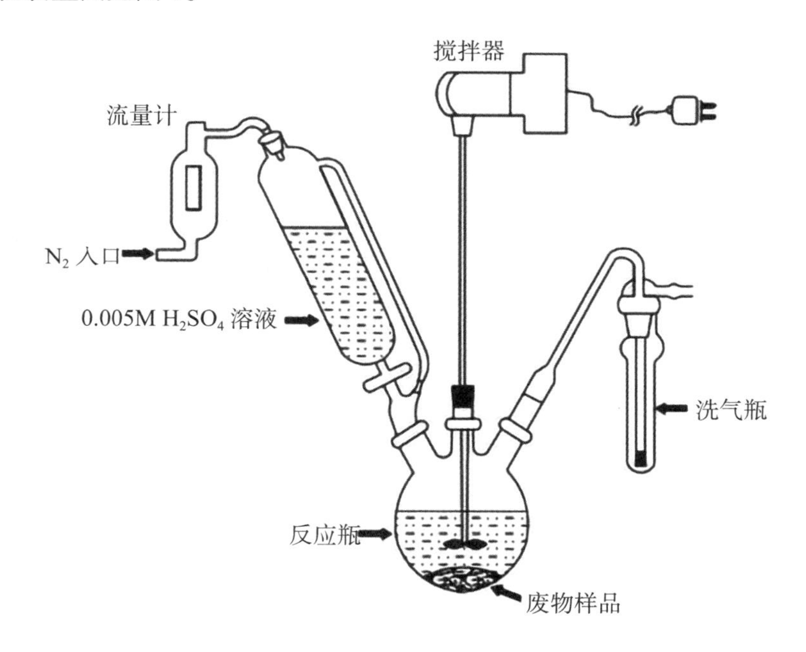

图 1　测定废物中氰化物或硫化物释放的实验装置

5　样品的采集、保存和预处理

采集含有或怀疑含有硫化物或硫化物与氰化物混合物的废物样品时，应尽量避免将样品暴露于空气。样品瓶应完全装满，顶部不留任何空间，盖紧瓶盖。样品应在暗处冷藏保存，并尽快进行分析。

对于含氰化物的废物样品，建议尽快进行分析。尽管可以用强碱将样品调至pH=12进行保存，但这样会使样品稀释，提高离子强度，并有可能改变废物的其他理化性质，影响氢氰酸的释放速率。样品应在暗处冷藏保存。

对于含硫化物的废物样品，建议尽快进行分析。尽管可以用强碱将样品调至pH=12并在样品中加入醋酸锌进行保存，但这样会使样品稀释，提高离子强度，并有可能改变废物的其他理化性质，影响硫化氢的释放速率。样品应在暗处冷藏保存。

实验应在通风橱内进行。

6 分析步骤

6.1 加50 mL 0.25 mol/L的NaOH溶液于刻度洗气瓶中，用试剂水稀释至液面高度。

6.2 封闭测量系统，用转子流量计调节氮气流量，流量应为60 mL/min。

6.3 向圆底烧瓶中加入10 g待测废物。

6.4 保持氮气流量，加入足量硫酸使烧瓶半满，同时开30 min的实验过程。

6.5 在酸进入圆底烧瓶的同时开始搅拌，搅拌速度在整个实验过程应保持不变。

注意：搅拌速度以不产生旋涡为宜。

6.6 30 min后，关闭氮气，卸下洗气瓶，分别测定洗气瓶中氰化物和硫化物的含量。

7 结果计算

固体废物试样中氰化物或硫化物含量由下式计算：

R = 比释放率（$mg \cdot kg^{-1} \cdot s$）= $\frac{X \cdot L}{W \cdot S}$

总有效 HCN/H_2S（mg/kg）=$R \times S$

式中：

X——洗气瓶中HCN的浓度（mg/L），洗气瓶中H_2S的浓度（mg/L）；

L——洗气瓶中溶液的体积（L）；

W——取用的废物重量（kg）；

S——测量时间（s）= 关掉氮气的时间 − 通入氮气的时间。

中华人民共和国国家标准

GB 5085.6—2007

危险废物鉴别标准　毒性物质含量鉴别

Identification standards for hazardous wastes

Identification for toxic substance content

2007-04-25 发布　　　　2007-10-01 实施

国家环境保护总局
国家质量监督检验检疫总局　发布

GB 5085.6—2007

前　言

为贯彻《中华人民共和国环境保护法》和《中华人民共和国固体废物污染环境防治法》，防治危险废物造成的环境污染，加强对危险废物的管理，保护环境，保障人体健康，制定本标准。

本标准是国家危险废物鉴别标准的组成部分。国家危险废物鉴别标准规定了固体废物危险特性技术指标，危险特性符合标准规定的技术指标的固体废物属于危险废物，须依法按危险废物进行管理。国家危险废物鉴别标准由以下 7 个标准组成：

1. 危险废物鉴别标准　通则

2. 危险废物鉴别标准　腐蚀性鉴别

3. 危险废物鉴别标准　急性毒性初筛

4. 危险废物鉴别标准　浸出毒性鉴别

5. 危险废物鉴别标准　易燃性鉴别

6. 危险废物鉴别标准　反应性鉴别

7. 危险废物鉴别标准　毒性物质含量鉴别

本标准为新增部分。

按照有关法律规定，本标准具有强制执行的效力。

本标准由国家环境保护总局科技标准司提出。

本标准起草单位：中国环境科学研究院环境标准研究所、固体废物污染控制技术研究所。

本标准国家环境保护总局 2007 年 3 月 27 日批准。

本标准自 2007 年 10 月 1 日起实施。

本标准由国家环境保护总局解释。

危险废物鉴别标准　毒性物质含量鉴别

1　范围

本标准规定了含有毒性、致癌性、致突变性和生殖毒性物质的危险废物鉴别标准。

本标准适用于任何生产、生活和其他活动中产生的固体废物的毒性物质含量鉴别。

2　规范性引用文件

下列文件中的条款通过 GB 5085 的本标准的引用而成为本标准的条款。凡是不注日期的引用文件，其最新版本适用于本标准。

HJ/T 298　　危险废物鉴别技术规范

3　术语和定义

下列术语和定义适用于本标准。

3.1　剧毒物质　acutely toxic substance

具有非常强烈毒性危害的化学物质，包括人工合成的化学品及其混合物和天然毒素。

3.2　有毒物质　toxic substance

经吞食、吸入或皮肤接触后可能造成死亡或严重健康损害的物质。

3.3　致癌性物质　carcinogenic substance

可诱发癌症或增加癌症发生率的物质。

3.4　致突变性物质　mutagenic substance

可引起人类的生殖细胞突变并能遗传给后代的物质。

3.5　生殖毒性物质　reproductive toxic substance

对成年男性或女性性功能和生育能力以及后代的发育具有有害影响的物质。

3.6 持久性有机污染物 persistent organic pollutants

具有毒性、难降解和生物蓄积等特性，可以通过空气、水和迁徙物种长距离迁移并沉积，在沉积地的陆地生态系统和水域生态系统中蓄积的有机化学物质。

4 鉴别标准

符合下列条件之一的固体废物是危险废物。

4.1 含有本标准附录 A 中的一种或一种以上剧毒物质的总含量≥ 0.1%；

4.2 含有本标准附录 B 中的一种或一种以上有毒物质的总含量≥ 3%；

4.3 含有本标准附录 C 中的一种或一种以上致癌性物质的总含量≥ 0.1%；

4.4 含有本标准附录 D 中的一种或一种以上致突变性物质的总含量≥ 0.1%；

4.5 含有本标准附录 E 中的一种或一种以上生殖毒性物质的总含量≥ 0.5%；

4.6 含有本标准附录 A 至附录 E 中两种及以上不同毒性物质，如果符合下列等式，按照危险废物管理：

$$\sum\left[\left(\frac{P_{T^+}}{L_{T^+}}+\frac{P_T}{L_T}+\frac{P_{Carc}}{L_{Carc}}+\frac{P_{Muta}}{L_{Muta}}+\frac{P_{Tera}}{L_{Tera}}\right)\right] \geqslant 1$$

式中：

P_T^+——固体废物中剧毒物质的含量；

P_T——固体废物中有毒物质的含量；

P_{Carc}——固体废物中致癌物质的含量；

P_{Muta}——固体废物中致突变性物质的含量；

P_{Trea}——固体废物中生殖毒性物质的含量；

L_T^+、L_T、L_{Carc}、L_{Muta}、L_{Tera}——分别为各种毒性物质在 4.1 ～ 4.5 中规定的标准值。

4.7 含有本标准附录 F 中的任何一种持久性有机污染物（除多氯二苯并对二噁英、多氯二苯并呋喃外）的含量≥ 50 mg/kg；

4.8 含有多氯二苯并对二噁英和多氯二苯并呋喃的含量≥ 15 μg TEQ/kg。

5 实验方法

5.1 采样点和采样方法按照 HJ/T 298 进行。

5.2 无机元素及其化合物的样品（除六价铬、无机氟化物、氰化物外）的前处理方法见GB 5085.3附录S；六价铬及其化合物的样品的前处理方法参照GB 5085.3附录T。

5.3　有机样品的前处理方法参照GB 5085.3附录U、附录V、附录W和本标准附录G。

5.4　各毒性物质的测定，除执行规定的标准分析方法外，暂按附录中规定的方法执行；待适用于测定特定毒性物质的国家环境保护标准发布后，按标准的规定执行。

6　标准实施

本标准由县级以上人民政府环境保护行政主管部门负责监督实施。

附录:A 剧毒物质名录（略）

B 有毒物质名录（略）

C 致癌性物质名录（略）

D 致突变性物质名录（略）

E 生殖毒性物质名录（略）

F 持久性有机污染物名录（略）

G 固体废物　半挥发性有机物分析的样品前处理　加速溶剂萃取法（略）

H 固体废物　N- 甲基氨基甲酸酯的测定　高效液相色谱法（略）

I 固体废物　杀草强测定　衍生 – 固相提取 – 液质联用法（略）

J 固体废物　百草枯和敌草快的测定　高效液相色谱紫外法（略）

K 固体废物　苯胺及其选择性衍生物的测定　气相色谱法（略）

L 固体废物　草甘膦的测定　高效液相色谱 – 柱后衍生荧光法（略）

M 固体废物　苯基脲类化合物的测定　固相提取 – 高效液相色谱紫外分析法（略）

N 体废物　氯代除草剂的测定　甲基化或五氟苄基衍生气相色谱法（略）

O 固体废物　可回收石油烃总量的测定　红外光谱法（略）

P 固体废物　羰基化合物的测定　高效液相色谱法（略）

Q 固体废物　多环芳烃类的测定　高效液相色谱法（略）

R 固体废物　丙烯酰胺的测定　气相色谱法（略）

S 固体废物　多氯代二苯并二噁英和多氯代二苯并呋喃的测定　高分辨气相色谱/高分辨质谱法（略）

中华人民共和国国家标准

GB 18598—2019

代替 GB18598—2001

危险废物填埋污染控制标准

Standard for pollution control on the hazardous waste landfill

2019-09-30 发布　　　　2020-06-01 实施

生态环境部
国家市场监督管理总局　发布

GB 18598—2019

前　言

为贯彻《中华人民共和国环境保护法》《中华人民共和国固体废物污染环境防治法》《中华人民共和国土壤污染防治法》，本标准规定了危险废物填埋的入场条件，填埋场的选址、设计、施工、运行、封场及监测的生态环境保护要求。

本标准首次发布于2001年，本次为首次修订。

此次修订的主要内容：

—— 规范了危险废物填埋场场址选择技术要求；

—— 严格了危险废物填埋的入场标准；

—— 收严了危险废物填埋场废水排放控制要求；

—— 完善了危险废物填埋场运行及监测技术要求。

危险废物填埋场排放的恶臭污染物、环境噪声适用相应的国家污染物排放标准。危险废物填埋场的自行监测按照本标准要求执行，待本行业排污单位自行监测指南发布后，从其规定。

本标准附录A为资料性附录，附录B为规范性附录。

自本标准实施之日起，《危险废物填埋污染控制标准》（GB 18598—2001）废止。

省级人民政府对于本标准中未作规定的大气和水污染物项目，可以制定地方污染物排放标准；对于本标准已作规定的大气和水污染物项目，可以制定严于本标准的地方污染物排放标准。

本标准由生态环境部固体废物与化学品司、法规与标准司组织制定。

本标准主要起草单位：中国环境科学研究院、北京高能时代环境技术股份有限公司。

本标准由生态环境部2019年9月12日批准。

本标准自2020年6月1日起实施。

本标准由生态环境部解释。

危险废物填埋污染控制标准

1 适用范围

本标准规定了危险废物填埋的入场条件，填埋场的选址、设计、施工、运行、封场及监测的环境保护要求。

本标准适用于新建危险废物填埋场的建设、运行、封场及封场后环境管理过程的污染控制。现有危险废物填埋场的入场要求、运行要求、污染物排放要求、封场及封场后环境管理要求、监测要求按照本标准执行。本标准适用于生态环境主管部门对危险废物填埋场环境污染防治的监督管理。

本标准不适用于放射性废物的处置及突发事故产生危险废物的临时处置。

2 规范性引用文件

本标准内容引用了下列文件中的条款。凡是不注明日期的引用文件，其有效版本适用于本标准。

GB 5085.3 危险废物鉴别标准 浸出毒性鉴别

GB 6920 水质 pH 的测定 玻璃电极法

GB 7466 水质 总铬的测定（第一篇）

GB 7467 水质 六价铬的测定 二苯碳酰二肼分光光度法

GB 7470 水质 铅的测定 双硫腙分光光度法

GB 7471 水质 镉的测定 双硫腙分光光度法

GB 7472 水质 锌的测定 双硫腙分光光度法

GB 7475 水质 铜、锌、铅、镉的测定 原子吸收分光光度法

GB 7484 水质 氟化物的测定 离子选择电极法

GB 7485 水质 总砷的测定 二乙基二硫代氨基甲酸银分光光度法

GB 8978 污水综合排放标准

GB 11893　水质　总磷的测定　钼酸铵分光光度法

GB 11895　水质　苯并（α）芘的测定　乙酰化滤纸层析荧光分光光度法

GB 11901　水质　悬浮物的测定　重量法

GB 11907　水质　银的测定　火焰原子吸收分光光度法

GB 16297　大气污染物综合排放标准

GB 37822　挥发性有机物无组织排放控制标准

GB 50010　混凝土结构设计规范

GB 50108　地下工程防水技术规范

GB/T 14204　水质　烷基汞的测定　气相色谱法

GB/T 14671　水质　钡的测定　电位滴定法

GB/T 14848　地下水质量标准

GB/T 15555.1　固体废物　总汞的测定　冷原子吸收分光光度法

GB/T 15555.3　固体废物　砷的测定　二乙基二硫代氨基甲酸银分光光度法

GB/T 15555.4　固体废物　六价铬的测定　二苯碳酰二肼分光光度法

GB/T 15555.5　固体废物　总铬的测定　二苯碳酰二肼分光光度法

GB/T 15555.7　固体废物　六价铬的测定　硫酸亚铁铵滴定法

GB/T 15555.10　固体废物　镍的测定　丁二酮肟分光光度法

GB/T 15555.11　固体废物　氟化物的测定　离子选择性电极法

GB/T 15555.12　固体废物　腐蚀性测定　玻璃电极法

HJ 84　水质　无机阴离子（F^-、Cl^-、NO_2^-、Br^-、NO_3^-、PO_4^{3-}、SO_3^{2-}、SO_4^{2-}）的测定　离子色谱法

HJ 478　水质　多环芳烃的测定　液液萃取和固相萃取高效液相色谱法

HJ 484　水质　氰化物的测定　容量法和分光光度法

HJ 485　水质　铜的测定　二乙基二硫代氨基甲酸钠分光光度法

HJ 486　水质　铜的测定　2，9- 二甲基 -1，10- 菲啰啉分光光度法

HJ 487　水质　氟化物的测定　茜素磺酸锆目视比色法

HJ 488　水质　氟化物的测定　氟试剂分光光度法

HJ 489　水质　银的测定　3，5-Br_2-PADAP 分光光度法

HJ 490　水质　银的测定　镉试剂 2B 分光光度法

HJ 501　水质　总有机碳的测定　燃烧氧化－非分散红外吸收法

HJ 505　水质　五日生化需氧量（BOD_5）的测定　稀释与接种法

HJ 535　水质　氨氮的测定　纳氏试剂分光光度法

HJ 536　水质　氨氮的测定　水杨酸分光光度法

HJ 537　水质　氨氮的测定　蒸馏－中和滴定法

HJ 597　水质　总汞的测定　冷原子吸收分光光度法

HJ 602　水质　钡的测定　石墨炉原子吸收分光光度法

HJ 636　水质　总氮的测定　碱性过硫酸钾消解紫外分光光度法

HJ 659　水质　氰化物等的测定　真空检测管－电子比色法

HJ 665　水质　氨氮的测定　连续流动－水杨酸分光光度法

HJ 666　水质　氨氮的测定　流动注射－水杨酸分光光度法

HJ 667　水质　总氮的测定　连续流动－盐酸萘乙二胺分光光度法

HJ 668　水质　总氮的测定　流动注射－盐酸萘乙二胺分光光度法

HJ 670　水质　磷酸盐和总磷的测定　连续流动－钼酸铵分光光度法

HJ 671　水质　总磷的测定　流动注射－钼酸铵分光光度法

HJ 687　固体废物　六价铬的测定　碱消解/火焰原子吸收分光光度法

HJ 694　水质　汞、砷、硒、铋和锑的测定　原子荧光法

HJ 700　水质　65种元素的测定　电感耦合等离子体质谱法

HJ 702　固体废物　汞、砷、硒、铋、锑的测定　微波消解/原子荧光法

HJ 749　固体废物　总铬的测定　火焰原子吸收分光光度法

HJ 750　固体废物　总铬的测定　石墨炉原子吸收分光光度法

HJ 751　固体废物　镍和铜的测定　火焰原子吸收分光光度法

HJ 752　固体废物　铍、镍、铜和钼的测定　石墨炉原子吸收分光光度法

HJ 761　固体废物　有机质的测定　灼烧减量法

HJ 766　固体废物　金属元素的测定　电感耦合等离子体质谱法

HJ 767　固体废物　钡的测定　石墨炉原子吸收分光光度法

HJ 776　水质　32种元素的测定　电感耦合等离子体发射光谱法

HJ 781　固体废物　22种金属元素的测定　电感耦合等离子体发射光谱法

HJ 786　固体废物　铅、锌和镉的测定　火焰原子吸收分光光度法

HJ 787　固体废物　铅和镉的测定　石墨炉原子吸收分光光度法

HJ 823　水质　氰化物的测定　流动注射－分光光度法

HJ 828　水质　化学需氧量的测定　重铬酸盐法

HJ 999　固体废物　氟的测定　碱熔－离子选择电极法

HJ/T 59　水质　铍的测定　石墨炉原子吸收分光光度法

HJ/T 91　地表水和污水监测技术规范

HJ/T 195　水质　氨氮的测定　气相分子吸收光谱法

HJ/T 199　水质　总氮的测定　气相分子吸收光谱法

HJ/T 299　固体废物　浸出毒性浸出方法　硫酸硝酸法

HJ/T 399　水质　化学需氧量的测定　快速消解分光光度法

CJ/T 234　垃圾填埋场用高密度聚乙烯土工膜

CJJ 113　生活垃圾卫生填埋场防渗系统工程技术规范

CJJ 176　生活垃圾卫生填埋场岩土工程技术规范

NY/T 1121.16　土壤检测　第16部分：土壤水溶性盐总量的测定

《污染源自动监控管理办法》（国家环境保护总局令第28号）

3　术语和定义

3.1　危险废物　hazardous waste

列入国家危险废物名录或者根据国家规定的危险废物鉴别标准和鉴别方法认定的具有危险特性的固体废物。

3.2　危险废物填埋场　hazardous waste landfill

处置危险废物的一种陆地处置设施，它由若干个处置单元和构筑物组成，主要包括接收与贮存设施、分析与鉴别系统、预处理设施、填埋处置设施（其中包括：防渗系统、渗滤液收集和导排系统）、封场覆盖系统、渗滤液和废水处理系统、环境监测系统、应急设施及其他公用工程和配套设施。本标准所指的填埋场均指危险废物填埋场。

3.3　相容性　compatibility

某种危险废物同其他危险废物或填埋场中其他物质接触时不产生气体、热量、有害物质，不会燃烧或爆炸，不发生其他可能对填埋场产生不利影响的反应和变化。

3.4　柔性填埋场　flexible landfill

采用双人工复合衬层作为防渗层的填埋处置设施。

3.5　刚性填埋场　concrete landfill

采用钢筋混凝土作为防渗阻隔结构的填埋处置设施。其构成见附录 A 图 A.1。

3.6　天然基础层　nature foundation layer

位于防渗衬层下部，由未经扰动的土壤构成的基础层。

3.7　防渗衬层　landfill liner

设置于危险废物填埋场底部及边坡的由黏土衬层和人工合成材料衬层组成的防止渗滤液进入地下水的阻隔层。

3.8　双人工复合衬层　double artificial composite liner

由两层人工合成材料衬层与黏土衬层组成的防渗衬层。其构成见附录 A 图 A.2。

3.9　渗漏检测层　leak detection layer

位于双人工复合衬层之间，收集、排出并检测液体通过主防渗层的渗漏液体。

3.10　可接受渗漏速率　acceptable leakage rate

渗漏检测层中检测出的可接受的最大渗漏速率，具体计算方式见附录 B。

3.11　水溶性盐　water-soluble salt

固体废物中氯化物、硫酸盐、碳酸盐以及其他可溶性物质。

3.12　防渗层完整性检测　liner leakage detection

采用电法以及其他方法对人工合成材料衬层（如高密度聚乙烯膜）是否发生破损及其破损位置进行检测。防渗层完整性检测包括填埋场施工验收检测以及运行期和封场后的检测。

3.13　填埋场稳定性　landfill stability

填埋场建设、运行、封场期间地基、填埋堆体及封场覆盖系统的有关不均匀沉降、滑坡、塌陷等现象的力学性能。

3.14　公共污水处理系统　public wastewater treatment system

通过纳污管道等方式收集废水，为两家及以上排污单位提供废水处理服务并且排水能够达到相关排放标准要求的企业或机构，包括各种规模和类型的城镇污水处理厂、区域（包括各类工业园区、开发区、工业聚集地等）废水处理厂等，其废水处理程度应达到二级或二级以上。

3.15 直接排放 direct discharge

排污单位直接向环境排放污染物的行为。

3.16 间接排放 in direct discharge

排污单位向公共污水处理系统排放污染物的行为。

3.17 现有危险废物填埋场 existing hazardous waste landfill

本标准实施之日前，已建成投产或环境影响评价文件已通过审批的危险废物填埋场。

3.18 新建危险废物填埋场 new-built hazardous waste landfill

本标准实施之日后，环境影响评价文件通过审批的新建、改建或扩建的危险废物填埋场。

3.19 设计寿命期 designed expect lifetime

进行填埋场设计时，在充分考虑填埋场施工、运行维护等情况下确定的丧失填埋场具有的阻隔废物与环境介质联系功能的预期时间。实现阻隔功能需要通过填埋场的合理选址、规范建设及安全运行等有效措施完成。

4 填埋场场址选择要求

4.1 填埋场选址应符合环境保护法律法规及相关法定规划要求。

4.2 填埋场场址的位置及与周围人群的距离应依据环境影响评价结论确定。

在对危险废物填埋场场址进行环境影响评价时，应重点考虑危险废物填埋场渗滤液可能产生的风险、填埋场结构及防渗层长期安全性及其由此造成的渗漏风险等因素，根据其所在地区的环境功能区类别，结合该地区的长期发展规划和填埋场设计寿命期，重点评价其对周围地下水环境、居住人群的身体健康、日常生活和生产活动的长期影响，确定其与常住居民居住场所、农用地、地表水体以及其他敏感对象之间合理的位置关系。

4.3 填埋场场址不应选在国务院和国务院有关主管部门及省、自治区、直辖市人民政府划定的生态保护红线区域、永久基本农田和其他需要特别保护的区域内。

4.4 填埋场场址不得选在以下区域：破坏性地震及活动构造区，海啸及涌浪影响区；湿地；地应力高度集中，地面抬升或沉降速率快的地区；石灰岩溶洞发育带；废弃矿区、塌陷区；崩塌、岩堆、滑坡区；山洪、泥石流影响地区；活动沙丘区；尚未稳定的冲积扇、冲沟地区及其他可能危及填埋场安全的区域。

4.5　填埋场选址的标高应位于重现期不小于 100 年一遇的洪水位之上，并在长远规划中的水库等人工蓄水设施淹没和保护区之外。

4.6　填埋场场址地质条件应符合下列要求，刚性填埋场除外：

a）场区的区域稳定性和岩土体稳定性良好，渗透性低，没有泉水出露；

b）填埋场防渗结构底部应与地下水有记录以来的最高水位保持 3 m 以上的距离。

4.7　填埋场场址不应选在高压缩性淤泥、泥炭及软土区域，刚性填埋场选址除外。

4.8　填埋场场址天然基础层的饱和渗透系数不应大于 1.0×10^{-5} cm/s，且其厚度不应小于 2 m，刚性填埋场除外。

4.9　填埋场场址不能满足 4.6 条、4.7 条及 4.8 条的要求时，必须按照刚性填埋场要求建设。

5　设计、施工与质量保证

5.1　填埋场应包括以下设施：接收与贮存设施、分析与鉴别系统、预处理设施、填埋处置设施（其中包括：防渗系统、渗滤液收集和导排系统、填埋气体控制设施）、环境监测系统（其中包括人工合成材料衬层渗漏检测、地下水监测、稳定性监测和大气与地表水等的环境检测）、封场覆盖系统（填埋封场阶段）、应急设施及其他公用工程和配套设施。同时，应根据具体情况选择设置渗滤液和废水处理系统、地下水导排系统。

5.2　填埋场应建设封闭性的围墙或栅栏等隔离设施，专人管理的大门，安全防护和监控设施，并且在入口处标识填埋场的主要建设内容和环境管理制度。

5.3　填埋场处置不相容的废物应设置不同的填埋区，分区设计要有利于以后可能的废物回取操作。

5.4　柔性填埋场应设置渗滤液收集和导排系统，包括渗滤液导排层、导排管道和集水井。渗滤液导排层的坡度不宜小于 2%。渗滤液导排系统的导排效果要保证人工衬层之上的渗滤液深度不大于 30 cm，并应满足下列条件：

a）渗滤液导排层采用石料时应采用卵石，初始渗透系数应不小于 0.1 cm/s，碳酸钙含量应不大于 5%；

b）渗滤液导排层与填埋废物之间应设置反滤层，防止导排层淤堵；

c）渗滤液导排管出口应设置端头井等反冲洗装置，定期冲洗管道，维持管道通畅；

d）渗滤液收集与导排设施应分区设置。

5.5 柔性填埋场应采用双人工复合衬层作为防渗层。双人工复合衬层中的人工合成材料采用高密度聚乙烯膜时应满足 CJ/T 234 规定的技术指标要求，并且厚度不小于 2.0 mm。双人工复合衬层中的黏土衬层应满足下列条件：

a）主衬层应具有厚度不小于 0.3 m，且其被压实、人工改性等措施后的饱和渗透系数小于 1.0×10^{-7} cm/s 的黏土衬层；

b）次衬层应具有厚度不小于 0.5 m，且其被压实、人工改性等措施后的饱和渗透系数小于 1.0×10^{-7} cm/s 的黏土衬层。

5.6 黏土衬层施工过程应充分考虑压实度与含水率对其饱和渗透系数的影响，并满足下列条件：

a）每平方米黏土层高度差不得大于 2 cm；

b）黏土的细粒含量（粒径小于 0.075 mm）应大于 20%，塑性指数应大于 10%，不应含有粒径大于 5 mm 的尖锐颗粒物；

c）黏土衬层的施工不应对渗滤液收集和导排系统、人工合成材料衬层、渗漏检测层造成破坏。

5.7 柔性填埋场应设置两层人工复合衬层之间的渗漏检测层，它包括双人工复合衬层之间的导排介质、集排水管道和集水井，并应分区设置。检测层渗透系数应大于 0.1 cm/s。

5.8 刚性填埋场设计应符合以下规定：

a）刚性填埋场钢筋混凝土的设计应符合 GB 50010 的相关规定，防水等级应符合 GB 50108 一级防水标准；

b）钢筋混凝土与废物接触的面上应覆有防渗、防腐材料；

c）钢筋混凝土抗压强度不低于 25 N/mm^2，厚度不小于 35 cm；

d）应设计成若干独立对称的填埋单元，每个填埋单元面积不得超过 50 m^2 且容积不得超过 250 m^3；

e）填埋结构应设置雨棚，杜绝雨水进入；

f）在人工目视条件下能观察到填埋单元的破损和渗漏情况，并能及时进行修补。

5.9　填埋场应合理设置集排气系统。

5.10　高密度聚乙烯防渗膜在铺设过程中要对膜下介质进行目视检测，确保平整性，确保没有遗留尖锐物质与材料。对高密度聚乙烯防渗膜进行目视检测，确保没有质量瑕疵。高密度聚乙烯防渗膜焊接过程中，应满足 CJJ 113 相关技术要求。在填埋区施工完毕后，需要对高密度聚乙烯防渗膜进行完整性检测。

5.11　填埋场施工方案中应包括施工质量保证和施工质量控制内容，明确环保条款和责任，作为项目竣工环境保护验收的依据，同时可作为填埋场建设环境监理的主要内容。

5.12　填埋场施工完毕后应向当地生态环境主管部门提交施工报告、全套竣工图，所有材料的现场和试验室检测报告，采用高密度聚乙烯膜作为人工合成材料衬层的填埋场还应提交防渗层完整性检测报告。

5.13　填埋场应制定到达设计寿命期后的填埋废物的处置方案，并依据 7.10 条的评估结果确定是否启动处置方案。

6　填埋废物的入场要求

6.1　下列废物不得填埋：

a）医疗废物；

b）与衬层具有不相容性反应的废物；

c）液态废物。

6.2　除 6.1 条所列废物，满足下列条件或经预处理满足下列条件的废物，可进入柔性填埋场：

a）根据 HJ/T 299 制备的浸出液中有害成分浓度不超过表 1 中允许填埋控制限值的废物；

b）根据 GB/T 15555.12 测得浸出液 pH 在 7.0 ～ 12.0 之间的废物；

c）含水率低于 60% 的废物；

d）水溶性盐总量小于 10% 的废物，测定方法按照 NY/T 1121.16 执行，待国家发布固体废物中水溶性盐总量的测定方法后执行新的监测方法标准；

e）有机质含量小于 5% 的废物，测定方法按照 HJ 761 执行；

f）不再具有反应性、易燃性的废物。

6.3 除6.1条所列废物，不具有反应性、易燃性或经预处理不再具有反应性、易燃性的废物，可进入刚性填埋场。

6.4 砷含量大于5%的废物，应进入刚性填埋场处置，测定方法按照表1执行。

表1 危险废物允许填埋的控制限值

序号	项目	稳定化控制限值（mg/L）	检测方法
1	烷基汞	不得检出	GB/T 14204
2	汞（以总汞计）	0.12	GB/T 15555.1、HJ 702
3	铅（以总铅计）	1.2	HJ 766、HJ 781、HJ 786、HJ 787
4	镉（以总镉计）	0.6	HJ 766、HJ 781、HJ 786、HJ 787
5	总铬	15	GB/T 15555.5、HJ 749、HJ 750
6	六价铬	6	GB/T 15555.4、GB/T 15555.7、HJ 687
7	铜（以总铜计）	120	HJ 751、HJ 752、HJ 766、HJ 781
8	锌（以总锌计）	120	HJ 766、HJ 781、HJ 786
9	铍（以总铍计）	0.2	HJ 752、HJ 766、HJ 781
10	钡（以总钡计）	85	HJ 766、HJ 767、HJ 781
11	镍（以总镍计）	2	GB/T 15555.10、HJ 751、HJ 752、HJ 766、HJ 781
12	砷（以总砷计）	1.2	GB/T 15555.3、HJ 702、HJ 766
13	无机氟化物（不包括氟化钙）	120	GB/T 15555.11、HJ 999
14	氰化物（以 CN^- 计）	6	暂时按照GB 5085.3附录G方法执行，待国家固体废物氰化物监测方法标准发布实施后，应采用国家监测方法标准

7 填埋场运行管理要求

7.1 在填埋场投入运行之前，企业应制订运行计划和突发环境事件应急预案。突发环境事件应急预案应说明各种可能发生的突发环境事件情景及应急处置措施。

7.2 填埋场运行管理人员，应参加企业的岗位培训，合格后上岗。

7.3 柔性填埋场应根据分区填埋原则进行日常填埋操作，填埋工作面应尽可能小，方便及时得到覆盖。填埋堆体的边坡坡度应符合堆体稳定性验算的要求。

7.4 填埋场应根据废物的力学性质合理选择填埋单元，防止局部应力集中对填埋结构造成破坏。

7.5　柔性填埋场应根据填埋场边坡稳定性要求对填埋废物的含水量、力学参数进行控制，避免出现连通的滑动面。

7.6　柔性填埋场日常运行要采取措施保障填埋场稳定性，并根据 CJJ 176 的要求对填埋堆体和边坡的稳定性进行分析。

7.7　柔性填埋场运行过程中，应严格禁止外部雨水的进入。每日工作结束时，以及填埋完毕后的区域必须采用人工材料覆盖。除非设有完备的雨棚，雨天不宜开展填埋作业。

7.8　填埋场运行记录应包括设备工艺控制参数，入场废物来源、种类、数量，废物填埋位置等信息，柔性填埋场还应当记录渗滤液产生量和渗漏检测层流出量等。

7.9　企业应建立有关填埋场的全部档案，包括入场废物特性、填埋区域、场址选择、勘察、征地、设计、施工、验收、运行管理、封场及封场后管理、监测以及应急处置等全过程所形成的一切文件资料；必须按国家档案管理等法律法规进行整理与归档，并永久保存。

7.10　填埋场应根据渗滤液水位、渗滤液产生量、渗滤液组分和浓度、渗漏检测层渗漏量、地下水监测结果等数据，定期对填埋场环境安全性能进行评估，并根据评估结果确定是否对填埋场后续运行计划进行修订以及采取必要的应急处置措施。填埋场运行期间，评估频次不得低于两年一次；封场至设计寿命期，评估频次不得低于三年一次；设计寿命期后，评估频次不得低于一年一次。

8　填埋场污染物排放控制要求

8.1　废水污染物排放控制要求

8.1.1　填埋场产生的渗滤液（调节池废水）等污水必须经过处理，并符合本标准规定的污染物排放控制要求后方可排放，禁止渗滤液回灌。

8.1.2　2020 年 8 月 31 日前，现有危险废物填埋场废水进行处理，达到 GB 8978 中第一类污染物最高允许排放浓度标准要求及第二类污染物最高允许排放浓度标准要求后方可排放。第二类污染物排放控制项目包括：pH、悬浮物（SS）、五日生化需氧量（BOD_5）、化学需氧量（COD_{Cr}）、氨氮（NH_3-N）、磷酸盐（以 P 计）。

8.1.3　自 2020 年 9 月 1 日起，现有危险废物填埋场废水污染物排放执行表 2 规定的限值。

表 2　危险废物填埋场废水污染物排放限值

（单位：mg/L，pH 除外）

序号	污染物项目	直接排放	间接排放[1]	污染物排放监控位置
1	pH	6～9	6～9	危险废物填埋场废水总排放口
2	生化需氧量（BOD_5）	4	50	
3	化学需氧量（COD_{Cr}）	20	200	
4	总有机碳（TOC）	8	30	
5	悬浮物（SS）	10	100	
6	氨氮	1	30	
7	总氮	1	50	
8	总铜	0.5	0.5	
9	总锌	1	1	
10	总钡	1	1	
11	氰化物（以 CN^- 计）	0.2	0.2	
12	总磷（TP，以 P 计）	0.3	3	
13	氟化物（以 F^- 计）	1	1	
14	总汞	0.001		渗滤液调节池废水排放口
15	烷基汞	不得检出		
16	总砷	0.05		
17	总镉	0.01		
18	总铬	0.1		
19	六价铬	0.05		
20	总铅	0.05		
21	总铍	0.002		
22	总镍	0.05		
23	总银	0.5		
24	苯并（a）芘	0.00003		

注：（1）为工业园区和危险废物集中处置设施内的危险废物填埋场向污水处理系统排放废水时执行间接排放限值。

8.2　填埋场有组织气体和无组织气体排放应满足 GB 16297 和 GB 37822 的规定。监测因子由企业根据填埋废物特性从上述两个标准的污染物控制项目中提出，并征得当地生态环境主管部门同意。

8.3　危险废物填埋场不应对地下水造成污染。地下水监测因子和地下水监测层位由企业根据填埋废物特性和填埋场所处区域水文地质条件提出，必须具有代表性且能表示废物特性的参数，并征得当地生态环境主管部门同意。常规测定项目包括：浑浊度、pH、溶解性总固体、氯化物、硝酸盐（以N计）、亚硝酸盐（以N计）。填埋场地下水质量评价按照GB/T 14848执行。

9　封场要求

9.1　当柔性填埋场填埋作业达到设计容量后，应及时进行封场覆盖。

9.2　柔性填埋场封场结构自下而上为：

——导气层：由砂砾组成，渗透系数应大于0.01 cm/s，厚度不小于30 cm；

——防渗层：厚度1.5 mm以上的糙面高密度聚乙烯防渗膜或线性低密度聚乙烯防渗膜；采用黏土时，厚度不小于30 cm，饱和渗透系数小于1.0×10^{-7} cm/s；

——排水层：渗透系数不应小于0.1 cm/s，边坡应采用土工复合排水网；排水层应与填埋库区四周的排水沟相连；

——植被层：由营养植被层和覆盖支持土层组成；营养植被层厚度应大于15 cm。覆盖支持土层由压实土层构成，厚度应大于45 cm。

9.3　刚性填埋单元填满后应及时对该单元进行封场，封场结构应包括1.5 mm以上高密度聚乙烯防渗膜及抗渗混凝土。

9.4　当发现渗漏事故及发生不可预见的自然灾害使得填埋场不能继续运行时，填埋场应启动应急预案，实行应急封场。应急封场应包括相应的防渗衬层破损修补、渗漏控制、防止污染扩散，以及必要时的废物挖掘后异位处置等措施。

9.5　填埋场封场后，除绿化和场区开挖回取废物进行利用外，禁止在原场地进行开发用作其他用途。

9.6　填埋场在封场后到达设计寿命期的期间内必须进行长期维护，包括：

a）维护最终覆盖层的完整性和有效性；

b）继续进行渗滤液的收集和处理；

c）继续监测地下水水质的变化。

10　监测要求

10.1　污染物监测的一般要求

10.1.1　企业应按照有关法律和排污单位自行监测技术指南等规定，建立企业监测制度，制定监测方案，对污染物排放状况及其对周边环境质量的影响开展自行监测，保存原始监测记录，并公布监测结果。

10.1.2　企业安装污染物排放自动监控设备的要求，按有关法律和《污染源自动监控管理办法》的规定执行。

10.1.3　企业应按照环境监测管理规定和技术规范的要求，设计、建设、维护永久性采样口、采样测试平台和排污口标志。

10.2　柔性填埋场渗漏检测层监测

10.2.1　渗漏检测层集水池可通过自流或设置排水泵将渗出液排出，排水泵的运行水位须保证集水池不会因为水位过高而回流至检测层。

10.2.2　运行期间，企业应对渗漏检测层每天产生的液体进行收集和计量，监测通过主防渗层的渗滤液渗漏速率（根据附录 B 公式 B.1 计算），频率至少一星期一次。

10.2.3　封场后，应继续对渗漏检测层每天产生的液体进行收集和计量，监测通过主防渗层的渗滤液渗漏速率（根据附录 B 公式 B.1 计算），频率至少一月一次；发现渗漏检测层集水池水位高于排水泵的运行水位时，监测频率须提高至一星期一次；当到达设计寿命期后，监测频率须提高至一星期一次。

10.2.4　当监测到的渗滤液渗漏速率大于可接受渗漏速率限值时（根据附录 B 公式 B.2 计算），企业应当按照 9.4 条的相关要求执行。

10.2.5　分区设置的填埋场，应分别监测各分区的渗滤液渗漏速率，并与各分区的可接受渗漏速率进行比较。

10.3　柔性填埋场运行期间，应定期对防渗层的有效性进行评估。

10.4　根据填埋运行的情况，企业应对柔性填埋场稳定性进行监测，监测方法和频率按照 CJJ 176 要求执行。

10.5　企业应对柔性填埋场内的渗滤液水位进行长期监测，监测频率至少为每月一次。对渗滤液导排管道要进行定期检测和清淤，频率至少为每半年一次。

10.6　水污染物监测要求

10.6.1　采样点的设置与采样方法，按 HJ/T 91 的规定执行。

10.6.2　企业对排放废水污染物进行监测的频次，应根据填埋废物特性、覆盖层和降水等条件加以确定，至少每月一次。

10.6.3 填埋场排放废水污染物浓度测定方法采用表3所列的方法标准。如国家发布新的监测方法标准且适用性满足要求，同样适用于表3所列污染物的测定。

10.7 地下水监测

10.7.1 填埋场投入使用之前，企业应监测地下水本底水平。

10.7.2 地下水监测井的布置要求：

a）在填埋场上游应设置1个监测井，在填埋场两侧各布置不少于1个的监测井，在填埋场下游至少设置3个监测井；

b）填埋场设置有地下水收集导排系统的，应在填埋场地下水主管出口处至少设置取样井一眼，用以监测地下水收集导排系统的水质；

c）监测井应设置在地下水上下游相同水力坡度上；

d）监测井深度应足以采取具有代表性的样品。

10.7.3 地下水监测频率

a）填埋场运行期间，企业自行监测频率为每个月至少一次；如周边有环境敏感区应加大监测频次；

b）封场后，应继续监测地下水，频率至少一季度一次；如监测结果出现异常，应及时进行重新监测，并根据实际情况增加监测项目，间隔时间不得超过3天。

10.8 大气监测

10.8.1 采样点布设、采样及监测方法按照GB 16297的规定执行，污染源下风方向应为主要监测范围。

10.8.2 填埋场运行期间，企业自行监测频率为每个季度至少一次。如监测结果出现异常，应及时进行重新监测，间隔时间不得超过一星期。

表3 废水污染物浓度测定方法标准

序号	污染物项目	方法标准名称	方法标准编号
1	pH	水质 pH的测定 玻璃电极法	GB 6920
2	化学需氧量（COD_{Cr}）	水质 化学需氧量的测定 重铬酸盐法	HJ 828
		水质 化学需氧量的测定 快速消解分光光度法	HJ/T 399
3	生化需氧量（BOD_5）	水质 五日生化需氧量（BOD_5）的测定 稀释与接种法	HJ 505
4	总有机碳（TOC）	水质 总有机碳的测定 燃烧氧化－非分散红外吸收法	HJ 501

续表 3

序号	污染物项目	方法标准名称	方法标准编号
5	悬浮物（SS）	水质　悬浮物的测定　重量法	GB 11901
6	氨氮	水质　氨氮的测定　气相分子吸收光谱法	HJ/T 195
		水质　氨氮的测定　纳氏试剂分光光度法	HJ 535
		水质　氨氮的测定　水杨酸分光光度法	HJ 536
		水质　氨氮的测定　蒸馏－中和滴定法	HJ 537
		水质　氨氮的测定　连续流动－水杨酸分光光度法	HJ 665
		水质　氨氮的测定　流动注射－水杨酸分光光度法	HJ 666
7	总氮	水质　总氮的测定　碱性过硫酸钾消解紫外分光光度法	HJ 636
		水质　总氮的测定　连续流动－盐酸萘乙二胺分光光度法	HJ 667
		水质　总氮的测定　流动注射－盐酸萘乙二胺分光光度法	HJ 668
		水质　总氮的测定　气相分子吸收光谱法	HJ/T 199
8	总铜	水质　铜的测定　二乙基二硫代氨基甲酸钠分光光度法	HJ 485
		水质　铜的测定　2，9-二甲基-1，10-菲啰啉分光光度法	HJ 486
		水质　65 种元素的测定　电感耦合等离子体质谱法	HJ 700
		水质　32 种元素的测定　电感耦合等离子体发射光谱法	HJ 776
		水质　铜、锌、铅、镉的测定　原子吸收分光光度法	GB 7475
9	总锌	水质　锌的测定　双硫腙分光光度法	GB 7472
		水质　铜、锌、铅、镉的测定　原子吸收分光光度法	GB 7475
		水质　65 种元素的测定　电感耦合等离子体质谱法	HJ 700
		水质　32 种元素的测定　电感耦合等离子体发射光谱法	HJ 776
10	总钡	水质　钡的测定　电位滴定法	GB/T 14671
		水质　钡的测定　石墨炉原子吸收分光光度法	HJ 602
		水质　65 种元素的测定　电感耦合等离子体质谱法	HJ 700
		水质　32 种元素的测定　电感耦合等离子体发射光谱法	HJ 776

续表 3

序号	污染物项目	方法标准名称	方法标准编号
11	氰化物（以 CN^- 计）	水质　氰化物的测定　容量法和分光光度法	HJ 484
		水质　氰化物等的测定　真空检测管－电子比色法	HJ 659
		水质　氰化物的测定　流动注射－分光光度法	HJ 823
12	总磷	水质　总磷的测定　钼酸铵分光光度法	GB 11893
		水质　磷酸盐和总磷的测定　连续流动－钼酸铵分光光度法	HJ 670
		水质　总磷的测定　流动注射－钼酸铵分光光度法	HJ 671
13	无机氟化物（以 F^- 计）	水质　氟化物的测定　离子选择电极法	GB 7484
		水质　无机阴离子（F^-、Cl^-、NO_2^-、Br^-、NO_3^-、PO_4^{3-}、SO_3^{2-}、SO_4^{2-}）的测定　离子色谱法	HJ 84
		水质　氟化物的测定　茜素磺酸锆目视比色法	HJ 487
		水质　氟化物的测定　氟试剂分光光度法	HJ 488
14	总汞	水质　总汞的测定　冷原子吸收分光光度法	HJ 597
		水质　汞、砷、硒、铋和锑的测定　原子荧光法	HJ 694
15	烷基汞	水质　烷基汞的测定　气相色谱法	GB/T 14204
16	总砷	水质　总砷的测定　二乙基二硫代氨基甲酸银分光光度法	GB 7485
		水质　汞、砷、硒、铋和锑的测定　原子荧光法	HJ 694
		水质　65 种元素的测定　电感耦合等离子体质谱法	HJ 700
17	总镉	水质　镉的测定　双硫腙分光光度法	GB 7471
		水质　65 种元素的测定　电感耦合等离子体质谱法	HJ 700
18	总铬	水质　总铬的测定　（第一篇）	GB 7466
		水质　65 种元素的测定　电感耦合等离子体质谱法	HJ 700
19	六价铬	水质　六价铬的测定　二苯碳酰二肼分光光度法	GB 7467
20	总铅	水质　铅的测定　双硫腙分光光度法	GB 7470
		水质　65 种元素的测定　电感耦合等离子体质谱法	HJ 700
21	总铍	水质　65 种元素的测定　电感耦合等离子体质谱法	HJ 700
		水质　铍的测定　石墨炉原子吸收分光光度法	HJ/T 59
22	总镍	水质　65 种元素的测定　电感耦合等离子体质谱法	HJ 700
		水质　32 种元素的测定　电感耦合等离子体发射光谱法	HJ 776

续表 3

序号	污染物项目	方法标准名称	方法标准编号
23	总银	水质　银的测定　火焰原子吸收分光光度法	GB 11907
		水质　银的测定　3，5-Br_2-PADAP 分光光度法	HJ 489
		水质　银的测定　镉试剂 2B 分光光度法	HJ 490
		水质　65 种元素的测定　电感耦合等离子体质谱法	HJ 700
		水质　32 种元素的测定　电感耦合等离子体发射光谱法	HJ 776
24	苯并（a）芘	水质　苯并（a）芘的测定　乙酰化滤纸层析荧光分光光度法	GB 11895
		水质　多环芳烃的测定　液液萃取和固相萃取高效液相色谱法	HJ 478

11　实施与监督

11.1　本标准由县级以上生态环境主管部门负责监督实施。

11.2　在任何情况下，企业均应遵守本标准的污染物排放控制要求，采取必要措施保证污染防治设施正常运行。各级生态环境主管部门在对其进行监督性检查时，可以现场即时采样，将监测的结果作为判定排污行为是否符合排放标准以及实施相关环境保护管理措施的依据。

附录 A

（资料性附录）

刚性填埋场及双人工复合衬层示意图

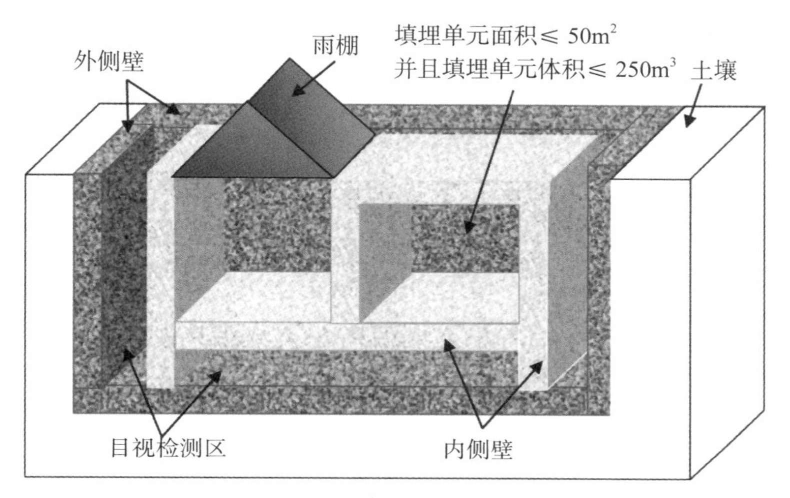

图 A.1　刚性填埋场示意图（地下）

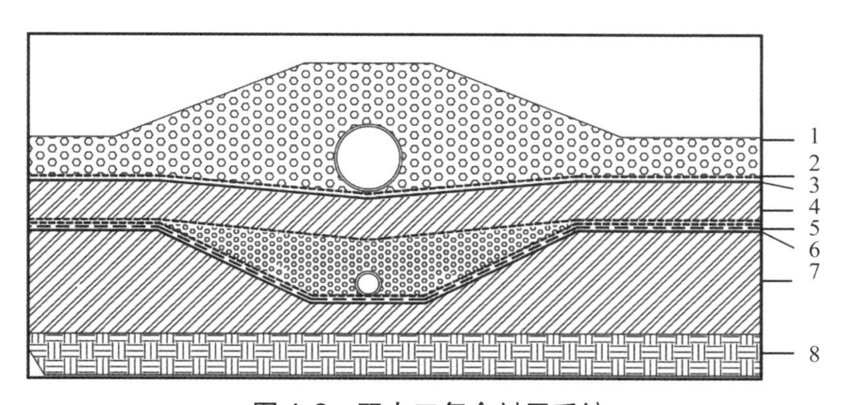

图 A.2　双人工复合衬层系统

1：渗滤液导排层;2：保护层;3：主人工衬层（HDPE）;4：压实黏土衬层;
5：渗漏检测层;6：次人工衬层（HDPE）;7：压实黏土衬层;8：基础层

附录 B

（规范性附录）

主防渗层渗漏速率与可接受渗漏速率计算方法

主防渗层的渗漏速率根据公式 B.1 确定：

$$LR = \frac{\sum_{i=1}^{7} Q_i}{7} \tag{B.1}$$

式中：LR ——主防渗层渗漏速率，L/d；

Q_i ——第 i 天的渗漏检测层液体产生量，L。

主防渗层的可接受渗漏速率根据公式 B.2 计算：

$$ALR=100 \times A_u \tag{B.2}$$

式中：ALR——可接受渗漏速率，L/d；

100——每万 m^2 库底面积可接受渗漏速率，L/（d·万 m^2）；

A_u——填埋场的库底面积，万 m^2。

上式中，当填埋场分区设计时，ALR 指不同分区的可接受渗漏速率，对应的 A_u 为不同分区的库底面积。

中华人民共和国国家标准

GB 18484—2020

代替 GB18484—2001

危险废物焚烧污染控制标准

Standard for pollution control on hazardous waste incineration

2020-11-26 发布　　2021-07-01 实施

生态环境部
国家市场监督管理总局　发布

GB 18484—2020

前　言

为贯彻《中华人民共和国环境保护法》《中华人民共和国固体废物污染环境防治法》《中华人民共和国水污染防治法》《中华人民共和国土壤污染防治法》《中华人民共和国大气污染防治法》等法律法规，防治环境污染，改善生态环境质量，制定本标准。

本标准规定了危险废物焚烧设施的选址、运行、监测和废物贮存、配伍及焚烧处置过程的生态环境保护要求，以及实施与监督等内容。

本标准为强制性标准。

本标准首次发布于1999年，2001年第一次修订，本次为第二次修订。

此次修订的主要内容：

——完善了危险废物的定义；

——增加了焚烧炉高温段、测定均值、1小时均值、24小时均值、日均值、基准氧含量排放浓度、现有焚烧设施和新建焚烧设施的定义；

——修改了焚烧残余物、烟气停留时间、焚烧炉、焚烧炉温度、焚烧量、焚毁去除率等术语和定义；

——优化了危险废物焚烧设施的选址要求；

——调整了危险废物焚烧设施的焚烧物要求以及焚烧设施排放污染物的监测要求；

——增加了焚烧炉烟气一氧化碳浓度技术指标；

——取消了烟气黑度排放限值指标；

——补充了危险废物焚烧设施在线自动监测装置、助燃装置的要求及运行要求；

——取消了对危险废物焚烧设施规模的划分；

—— 完善了污染物控制指标和排放限值要求；

—— 删除了多氯联苯、医疗废物专用焚烧设施污染控制要求。

本标准附录A是规范性附录。

本标准规定的污染物排放限值为基本要求。地方省级人民政府对本标准中未作规定的大气、水污染物控制项目，可以制定地方污染物排放标准；对本标准已作规定的大气、水污染物控制项目，可以制定严于本标准的地方污染物排放标准。

本标准由生态环境部固体废物与化学品司、法规与标准司组织制定。

本标准主要起草单位：沈阳环境科学研究院、中国科学院大学、生态环境部对外合作与交流中心、生态环境部环境标准研究所、国家环境保护危险废物处置工程技术（沈阳）中心。

本标准生态环境部2020年11月26日批准。

本标准自2021年7月1日起实施。自本标准实施之日起，《危险废物焚烧污染控制标准》（GB 18484—2001）废止。各地可根据当地生态环境保护的需要和经济、技术条件，由省级人民政府批准提前实施本标准。

本标准由生态环境部解释。

危险废物焚烧污染控制标准

1 适用范围

本标准规定了危险废物焚烧设施的选址、运行、监测和废物贮存、配伍及焚烧处置过程的生态环境保护要求，以及实施与监督等内容。

本标准适用于现有危险废物焚烧设施（不包含专用多氯联苯废物和医疗废物焚烧设施）的污染控制和环境管理，以及新建危险废物焚烧设施建设项目的环境影响评价、危险废物焚烧设施的设计与施工、竣工验收、排污许可管理及建成后运行过程中的污染控制和环境管理。

已发布专项国家污染控制标准或者环境保护标准的专用危险废物焚烧设施执行其专项标准。

危险废物熔融、热解、气化等高温热处理设施的污染物排放限值，若无专项国家污染控制标准或者环境保护标准的，可参照本标准执行。

本标准不适用于利用锅炉和工业炉窑协同处置危险废物。

2 规范性引用文件

下列文件对于本标准的应用是必不可少的。凡是注日期的引用文件，仅注日期的版本适用于本标准。凡是不注日期的引用文件，其最新版本（包括所有的修改单）适用于本标准。

GB 8978　污水综合排放标准

GB 12348　工业企业厂界环境噪声排放标准

GB 14554　恶臭污染物排放标准

GB 16297　大气污染物综合排放标准

GB 18597　危险废物贮存污染控制标准

GB 37822　挥发性有机物无组织排放控制标准

GB/T 16157　固定污染源排气中颗粒物测定与气态污染物采样方法

HJ/T 20　工业固体废物采样制样技术规范

HJ/T 27　固定污染源排气中氯化氢的测定　硫氰酸汞分光光度法

HJ/T 42　固定污染源排气中氮氧化物的测定　紫外分光光度法

HJ/T 43　固定污染源排气中氮氧化物的测定　盐酸萘乙二胺分光光度法

HJ/T 44　固定污染源排气中一氧化碳的测定　非色散红外吸收法

HJ/T 55　大气污染物无组织排放监测技术导则

HJ/T 56　固定污染源排气中二氧化硫的测定　碘量法

HJ 57　固定污染源废气　二氧化硫的测定　定电位电解法

HJ/T 63.1　大气固定污染源　镍的测定　火焰原子吸收分光光度法

HJ/T 63.2　大气固定污染源　镍的测定　石墨炉原子吸收分光光度法

HJ/T 63.3　大气固定污染源　镍的测定　丁二酮肟－正丁醇萃取分光光度法

HJ/T 64.1　大气固定污染源　镉的测定　火焰原子吸收分光光度法

HJ/T 64.2　大气固定污染源　镉的测定　石墨炉原子吸收分光光度法

HJ/T 64.3　大气固定污染源　镉的测定　对－偶氮苯重氮氨基偶氮苯磺酸分光光度法

HJ/T 65　大气固定污染源　锡的测定　石墨炉原子吸收分光光度法

HJ 75　固定污染源烟气（SO_2、NO_x、颗粒物）排放连续监测技术规范

HJ 77.2　环境空气和废气　二噁英类的测定　同位素稀释高分辨气相色谱－高分辨质谱法

HJ 91.1　污水监测技术规范

HJ 212　污染物在线监控（监测）系统数据传输标准

HJ/T 365　危险废物（含医疗废物）焚烧处置设施二噁英排放监测技术规范

HJ/T 397　固定源废气监测技术规范

HJ 540　固定污染源废气　砷的测定　二乙基二硫代氨基甲酸银分光光度法

HJ 543　固定污染源废气　汞的测定　冷原子吸收分光光度法（暂行）

HJ 548　固定污染源废气　氯化氢的测定　硝酸银容量法

HJ 549　环境空气和废气　氯化氢的测定　离子色谱法

HJ 561　危险废物（含医疗废物）焚烧处置设施性能测试技术规范

HJ 604　环境空气总烃、甲烷和非甲烷总烃的测定　直接进样－气相色谱法

HJ 629　固定污染源废气　二氧化硫的测定　非分散红外吸收法

HJ 657　空气和废气　颗粒物中铅等金属元素的测定　电感耦合等离子体质谱法

HJ 685　固定污染源废气　铅的测定　火焰原子吸收分光光度法

HJ 688　固定污染源废气　氟化氢的测定　离子色谱法

HJ 692　固定污染源废气　氮氧化物的测定　非分散红外吸收法

HJ 693　固定污染源废气　氮氧化物的测定　定电位电解法

HJ 819　排污单位自行监测技术指南　总则

HJ 836　固定污染源废气　低浓度颗粒物的测定　重量法

HJ 916　环境二噁英类监测技术规范

HJ 973　固定污染源废气　一氧化碳的测定　定电位电解法

HJ 1012　环境空气和废气总烃、甲烷和非甲烷总烃便携式监测仪技术要求及检测方法

HJ 1024　固体废物　热灼减率的测定　重量法

HJ 2025　危险废物收集、贮存、运输技术规范

《国家危险废物名录》

《环境监测管理办法》（原国家环境保护总局令第 39 号）

《污染源自动监控管理办法》（原国家环境保护总局令第 28 号）

《生活垃圾焚烧发电厂自动监测数据应用管理规定》（生态环境部令第 10 号）

3　术语和定义

下列术语和定义适用于本标准。

3.1　危险废物　hazardous waste

列入国家危险废物名录或者根据国家规定的危险废物鉴别标准和鉴别方法认定的具有危险特性的固体废物。

3.2　焚烧　incineration

危险废物在高温条件下发生燃烧等反应，实现无害化和减量化的过程。

3.3　焚烧设施　incineration facility

以焚烧方式处置危险废物，达到减少数量、缩小体积、消除其危险特性目的的

装置，包括进料装置、焚烧炉、烟气净化装置和控制系统等。

3.4　**焚烧处理能力**　incineration capacity

单位时间焚烧设施焚烧危险废物的设计能力。

3.5　**焚烧残余物**　incineration residues

焚烧危险废物后排出的焚烧残渣、飞灰及废水处理污泥。

3.6　**热灼减率**　loss on ignition

焚烧残渣经灼烧减少的质量与原焚烧残渣质量的百分比。根据公式（1）计算：

$$P=\frac{(A-B)}{A}\times 100\% \tag{1}$$

式中：

P——热灼减率，%；

A——（105 ± 25）℃ 干燥 1 小时后的原始焚烧残渣在室温下的质量，g；

B——焚烧残渣经（600 ± 25）℃ 灼烧 3 小时后冷却至室温的质量，g。

3.7　**焚烧炉高温段**　high temperature section of incinerator

焚烧炉燃烧室出口及出口上游，燃烧所产生的烟气温度处于≥ 1100 ℃ 的区间段。

3.8　**烟气停留时间**　flue gas residence time

燃烧所产生的烟气处于高温段（≥ 1100 ℃）的持续时间，可通过焚烧炉高温段有效容积和烟气流量的比值计算。

3.9　**焚烧炉高温段温度**　temperature of high temperature section of incinerator

焚烧炉燃烧室出口及出口上游保证烟气停留时间满足规定要求的区域内的平均温度。以焚烧炉炉膛内热电偶测量温度的 5 分钟平均值计，即出口断面及出口上游断面各自热电偶测量温度中位数算术平均值的 5 分钟平均值。

3.10　**燃烧效率**　combustion efficiency（CE）

烟道排出气体中二氧化碳浓度与二氧化碳和一氧化碳浓度之和的百分比。根据公式（2）计算：

$$\mathrm{CE}=\frac{c_{CO_2}}{c_{CO_2}+c_{CO}}\times 100\% \tag{2}$$

式中：

c_{CO_2}——燃烧后排气中 CO_2 的浓度；

c_{CO}——燃烧后排气中 CO 的浓度。

3.11 焚毁去除率 destruction removal efficiency（DRE）

被焚烧的特征有机化合物与残留在排放烟气中的该化合物质量之差与被焚烧的该化合物质量的百分比。根据公式（3）计算：

$$DRE = \frac{W_i - W_0}{W_i} \times 100\% \tag{3}$$

式中：

W_i——为单位时间内被焚烧的特征有机化合物的质量，kg/h；

W_0——为单位时间内随烟气排除的与 W_i 相应的特征有机化合物的质量，kg//h。

3.12 二噁英类 dibenzo-*p*-dioxins and dibenzofurans

多氯代二苯并－对－二噁英（PCDDs）和多氯代二苯并呋喃（PCDFs）的总称。

3.13 毒性当量因子 toxic equivalency factor（TEF）

二噁英类同类物与 2，3，7，8- 四氯代二苯并－对－二噁英对芳香烃受体（Ah 受体）的亲和性能之比。典型二噁英类同类物毒性当量因子见附录 A。

3.14 毒性当量 toxic equivalent quantity（TEQ）

各二噁英类同类物浓度折算为相当于 2，3，7，8- 四氯代二苯并－对－二噁英毒性的等价浓度，毒性当量为实测浓度与该异构体的毒性当量因子的乘积。根据公式（4）计算：

$$TEQ = \sum (\text{二噁英毒性同类物浓度} \times TEF) \tag{4}$$

式中：

TEQ ——毒性当量；

TEF ——毒性当量因子。

3.15 标准状态 standard conditions

温度在 273.15 K，压力在 101.325 kPa 时的气体状态。本标准规定的大气污染物排放浓度限值均以标准状态下的干气体为基准。

3.16　测定均值　average value

在一定时间内采集的一定数量样品中污染物浓度测试值的算术平均值。二噁英类的监测应在 6 ～ 12 小时内完成不少于 3 个样品的采集；重金属类污染物的监测应在 0.5 ～ 8 小时内完成不少于 3 个样品的采集。

3.17　1 小时均值　1-hour average value

任何 1 小时污染物浓度的算术平均值；或在 1 小时内，以等时间间隔采集 3 ～ 4 个样品测试值的算术平均值。

3.18　24 小时均值　24-hour average value

连续 24 小时内的 1 小时均值的算术平均值，有效小时均值数不应小于 20 个。

3.19　日均值　daily average value

利用烟气排放连续监测系统（CEMS）测量的 1 小时均值，按照《污染物在线监控（监测）系统数据传输标准》规定方法换算得到的污染物日均质量浓度。根据公式（5）计算：

$$\overline{c}_{Qd}=\frac{\sum_{h=1}^{m}\overline{c}_{Qh}}{m} \tag{5}$$

式中：

$\overline{c}_{Qd}$——CEMS 第 d 天测量污染物排放干基标态质量浓度平均值，mg/m^3；

$\overline{c}_{Qh}$——CEMS 第 h 次测量的污染物排放干基标态质量浓度 1 小时均值，mg/m^3；

m——CEMS 在该天内有效测量的小时均值数（$m \geqslant 20$）。

3.20　基准氧含量排放浓度　emission concentration at baseline oxygen content

以 11% O_2（干烟气）作为基准，将实测获得的标准状态下的大气污染浓度换算后获得的大气污染物排放浓度，不适用于纯氧燃烧。根据公式（6）换算：

$$\rho=\frac{\rho'(21-11)}{\varphi_0(O_2)-\varphi'(O_2)} \tag{6}$$

式中：

ρ——大气污染物基准氧含量排放浓度，mg/m^3；

ρ'——实测的标准状态下的大气污染物排放浓度，mg/m^3；

φ_0（O_2）——助燃空气初始氧含量（%）；采用空气助燃时为21；

φ'（O_2）——实测的烟气氧含量（%）。

3.21 现有焚烧设施 existing incineration facility

本标准实施之日前，已建成投入使用或环境影响评价文件已通过审批的危险废物焚烧设施。

3.22 新建焚烧设施 new incineration facility

本标准实施之日后，环境影响评价文件通过审批的新建、改建和扩建危险废物焚烧设施。

4 选址要求

4.1 危险废物焚烧设施选址应符合生态环境保护法律法规及相关法定规划要求，并综合考虑设施服务区域、交通运输、地质环境等基本要素，确保设施处于长期相对稳定的环境。鼓励危险废物焚烧设施入驻循环经济园区等市政设施的集中区域，在此区域内各设施功能布局可依据环境影响评价文件进行调整。

4.2 焚烧设施选址不应位于国务院和国务院有关主管部门及省、自治区、直辖市人民政府划定的生态保护红线区域、永久基本农田集中区域和其他需要特别保护的区域内。

4.3 焚烧设施厂址应与敏感目标之间设置一定的防护距离，防护距离应根据厂址条件、焚烧处置技术工艺、污染物排放特征及其扩散因素等综合确定，并应满足环境影响评价文件及审批意见要求。

5 污染控制技术要求

5.1 贮存

5.1.1 贮存设施应符合GB 18597中规定的要求。

5.1.2 贮存设施应设置焚烧残余物暂存设施和分区。

5.2 配伍

5.2.1 入炉危险废物应符合焚烧炉的设计要求。具有易爆性的危险废物禁止进行焚烧处置。

5.2.2 危险废物入炉前应根据焚烧炉的性能要求对危险废物进行配伍，以使其热值、主要有害组分含量、可燃氯含量、重金属含量、可燃硫含量、水分和灰分符合焚烧处置设施的设计要求，应保证入炉废物理化性质稳定。

5.2.3　预处理和配伍车间污染控制措施应符合 GB 18597 中规定的要求，产生的废气应收集并导入废气处理装置，产生的废水应收集并导入废水处理装置。

5.3　焚烧

5.3.1　一般规定

5.3.1.1　焚烧设施应采取负压设计或其他技术措施，防止运行过程中有害气体逸出。

5.3.1.2　焚烧设施应配置具有自动联机、停机功能的进料装置，烟气净化装置，以及集成烟气在线自动监测、运行工况在线监测等功能的运行监控装置。

5.3.1.3　焚烧设施竣工环境保护验收前，应进行技术性能测试，测试方法按照 HJ 561 执行，性能测试合格后方可通过验收。

5.3.2　进料装置

5.3.2.1　进料装置应保证进料通畅、均匀，并采取防堵塞和清堵塞设计。

5.3.2.2　液态废物进料装置应单独设置，并应具备过滤功能和流量调节功能，选用材质应具有耐腐蚀性。

5.3.2.3　进料口应采取气密性和防回火设计。

5.3.3　焚烧炉

5.3.3.1　危险废物焚烧炉的技术性能指标应符合表 1 的要求。

表 1　危险废物焚烧炉的技术性能指标

<table>
<tr><th rowspan="2">指标</th><th rowspan="2">焚烧炉高温段温度（℃）</th><th rowspan="2">烟气停留时间（s）</th><th rowspan="2">烟气含氧量（干烟气，烟囱取样口）</th><th colspan="2">烟气一氧化碳浓度（mg/m³）（烟囱取样口）</th><th rowspan="2">燃烧效率</th><th rowspan="2">焚毁去除率</th><th rowspan="2">热灼减率</th></tr>
<tr><th>1 小时均值</th><th>24 小时均值或日均值</th></tr>
<tr><td>限值</td><td>≥ 1100</td><td>≥ 2.0</td><td>6% ～ 15%</td><td>≤ 100</td><td>≤ 80</td><td>≥ 99.9%</td><td>≥ 99.99%</td><td>＜ 5%</td></tr>
</table>

5.3.3.2　焚烧炉应配置辅助燃烧器，在启、停炉时以及炉膛内温度低于表 1 要求时使用，并应保证焚烧炉的运行工况符合表 1 要求。

5.3.4　烟气净化装置

5.3.4.1　焚烧烟气净化装置至少应具备除尘、脱硫、脱硝、脱酸、去除二噁英类及重金属类污染物的功能。

5.3.4.2 每台焚烧炉宜单独设置烟气净化装置。

5.3.5 排气筒

5.3.5.1 排气筒高度不得低于表 2 规定的高度，具体高度及设置应根据环境影响评价文件及其审批意见确定，并应按 GB/T 16157 设置永久性采样孔。

表 2 焚烧炉排气筒高度

焚烧处理能力（kg/h）	排气筒最低允许高度（m）
≤ 300	25
300 ～ 2000	35
2000 ～ 2500	45
≥ 2500	50

5.3.5.2 排气筒周围 200 米半径距离内存在建筑物时，排气筒高度应至少高出这一区域内最高建筑物 5 米以上。

5.3.5.3 如有多个排气源，可集中到一个排气筒排放或采用多筒集合式排放，并在集中或合并前的各分管上设置采样孔。

6 排放控制要求

6.1 自本标准实施之日起，新建焚烧设施污染控制执行本标准规定的要求；现有焚烧设施，除烟气污染物以外的其他大气污染物以及水污染物和噪声污染物控制等，执行本标准 6.4、6.5、6.6 和 6.7 相关要求。

6.2 现有焚烧设施烟气污染物排放，2021 年 12 月 31 日前执行 GB 18484—2001 表 3 规定的限值要求，自 2022 年 1 月 1 日起应执行本标准表 3 规定的限值要求。

6.3 除 6.2 条规定的条件外，焚烧设施烟气污染物排放应符合表 3 的规定。

表 3 危险废物焚烧设施烟气污染物排放浓度限值

序号	污染物项目	限值	取值时间
1	颗粒物	30	1 小时均值
		20	24 小时均值或日均值
2	一氧化碳（CO）	100	1 小时均值
		80	24 小时均值或日均值
3	氮氧化物（NO_x）	300	1 小时均值
		250	24 小时均值或日均值

续表

序号	污染物项目	限值	取值时间
4	二氧化硫（SO_2）	100	1小时均值
		80	24小时均值或日均值
5	氟化氢（HF）	4.0	1小时均值
		2.0	24小时均值或日均值
6	氯化氢（HCl）	60	1小时均值
		50	24小时均值或日均值
7	汞及其化合物（以Hg计）	0.05	测定均值
8	铊及其化合物（以Tl计）	0.05	测定均值
9	镉及其化合物（以Cd计）	0.05	测定均值
10	铅及其化合物（以Pb计）	0.5	测定均值
11	砷及其化合物（以As计）	0.5	测定均值
12	铬及其化合物（以Cr计）	0.5	测定均值
13	锡、锑、铜、锰、镍、钴及其化合物（以Sn+Sb+Cu+Mn+Ni+Co计）	2.0	测定均值
14	二噁英类（ng TEQ/Nm^3）	0.5	测定均值

注：表中污染物限值为基准氧含量排放浓度。

6.4 除危险废物焚烧炉外的其他生产设施及厂界的大气污染物排放应符合GB 16297和GB 14554的相关规定。属于GB 37822定义的VOCs物料的危险废物，其贮存、运输、预处理等环节的挥发性有机物无组织排放控制应符合GB 37822的相关规定。

6.5 焚烧设施产生的焚烧残余物及其他固体废物，应根据《国家危险废物名录》和国家规定的危险废物鉴别标准等进行属性判定。属于危险废物的，其贮存和利用处置应符合国家和地方危险废物有关规定。

6.6 焚烧设施产生的废水排放应符合GB 8978的要求。

6.7 厂界噪声应符合GB 12348的控制要求。

7 运行环境管理要求

7.1 一般规定

7.1.1 危险废物焚烧单位收集、贮存、运输危险废物应符合HJ 2025的要求。

7.1.2 焚烧设施运行期间，应建立运行情况记录制度，如实记载运行管理情况，运行记录至少应包括危险废物来源、种类、数量、贮存和处置信息，入炉废物理化特征分析结果和配伍方案，设施运行及工艺参数信息，环境监测数据，活性炭品质及用量，焚烧残余物的去向及其数量等。

7.1.3　焚烧单位应建立焚烧设施全部档案，包括设计、施工、验收、运行、监测及应急等，档案应按国家有关档案管理的法律法规进行整理和归档。

7.1.4　焚烧单位应编制环境应急预案，并定期组织应急演练。

7.1.5　焚烧单位应依据国家和地方有关要求，建立土壤和地下水污染隐患排查治理制度，并定期开展隐患排查，发现隐患应及时采取措施消除隐患，并建立档案。

7.2　焚烧设施运行要求

7.2.1　危险废物焚烧设施在启动时，应先将炉膛内温度升至表 1 规定的温度后再投入危险废物。自焚烧设施启动开始投入危险废物后，应逐渐增加投入量，并应在 6 小时内达到稳定工况。

7.2.2　焚烧设施停炉时，应通过助燃装置保证炉膛内温度符合表 1 规定的要求，直至炉内剩余危险废物完全燃烧。

7.2.3　焚烧设施在运行过程中发生故障无法及时排除时，应立即停止投入危险废物并应按照 7.2.2 要求停炉。单套焚烧设施因启炉、停炉、故障及事故排放污染物的持续时间每个自然年度累计不应超过 60 小时，炉内投入危险废物前的烘炉升温时段不计入启炉时长，炉内危险废物燃尽后的停炉降温时段不计入停炉时长。

7.2.4　在 7.2.1、7.2.2 和 7.2.3 规定的时间内，在线自动监测数据不作为评定是否达到本标准排放限值的依据，但排放的烟气颗粒物浓度的 1 小时均值不得大于 150 mg/m^3。

7.2.5　应确保正常工况下焚烧炉炉膛内热电偶测量温度的 5 分钟均值不低于 1100℃。

8　环境监测要求

8.1　一般规定

8.1.1　危险废物焚烧单位应依据有关法律、《环境监测管理办法》和 HJ 819 等规定，建立企业监测制度，制定监测方案，对污染物排放状况及其对周边环境质量的影响开展自行监测，保存原始监测记录，并公布监测结果。

8.1.2　焚烧设施安装污染物排放自动监控设备，应依据有关法律和《污染源自动监控管理办法》的规定执行。

8.1.3　本标准实施后国家发布的污染物监测方法标准，如适用性满足要求，同样适用于本标准相应污染物的测定。

8.2　大气污染物监测

8.2.1　应根据监测大气污染物的种类，在规定的污染物排放监控位置进行采样；有废气处理设施的，应在该设施后检测。排气筒中大气污染物的监测采样应按 GB/T 16157、HJ 916、HJ/T 397、HJ/T 365 或 HJ 75 的规定进行。

8.2.2　对大气污染物中重金属类污染物的监测应每月至少 1 次；对大气污染物中二噁英类的监测应每年至少 2 次，浓度为连续 3 次测定值的算术平均值。

8.2.3　大气污染物浓度监测应采用表 4 所列的测定方法。

表 4　大气污染物浓度测定方法

序号	污染物项目	方法标准名称	方法标准编号
1	颗粒物	固定污染源排气中颗粒物测定与气态污染物采样方法	GB/T 16157
		固定污染源废气　低浓度颗粒物的测定　重量法	HJ 836
2	一氧化碳（CO）	固定污染源排气中一氧化碳的测定　非色散红外吸收法	HJ/T 44
		固定污染源废气　一氧化碳的测定　定电位电解法	HJ 973
3	氮氧化物（NO_x）	固定污染源排气中氮氧化物的测定　紫外分光光度法	HJ/T 42
		固定污染源排气中氮氧化物的测定　盐酸萘乙二胺分光光度法	HJ/T 43
		固定污染源废气　氮氧化物的测定　非分散红外吸收法	HJ 692
		固定污染源废气　氮氧化物的测定　定电位电解法	HJ 693
4	二氧化硫（SO_2）	固定污染源排气中二氧化硫的测定　碘量法	HJ/T 56
		固定污染源废气　二氧化硫的测定　定电位电解法	HJ 57
		固定污染源废气　二氧化硫的测定　非分散红外吸收法	HJ 629
5	氟化氢（HF）	固定污染源废气　氟化氢的测定　离子色谱法	HJ 688
6	氯化氢（HCl）	固定污染源排气中氯化氢的测定　硫氰酸汞分光光度法	HJ/T 27
		固定污染源废气　氯化氢的测定　硝酸银容量法	HJ 548
		环境空气和废气　氯化氢的测定　离子色谱法	HJ 549
7	汞	固定污染源废气　汞的测定　冷原子吸收分光光度法（暂行）	HJ 543
8	镉	大气固定污染源　镉的测定　火焰原子吸收分光光度法	HJ/T 64.1
		大气固定污染源　镉的测定　石墨炉原子吸收分光光度法	HJ/T 64.2
		大气固定污染源　镉的测定　对－偶氮苯重氮氨基偶氮苯磺酸分光光度法	HJ/T 64.3
		空气和废气颗粒物中铅等金属元素的测定　电感耦合等离子体质谱法	HJ 657

续表

序号	污染物项目	方法标准名称	方法标准编号
9	铅	固定污染源 废气铅的测定 火焰原子吸收分光光度法	HJ 685
		空气和废气 颗粒物中铅等金属元素的测定 电感耦合等离子体质谱法	HJ 657
10	砷	固定污染源废气 砷的测定 二乙基二硫代氨基甲酸银分光光度法	HJ 540
		空气和废气 颗粒物中铅等金属元素的测定 电感耦合等离子体质谱法	HJ 657
11	铬	空气和废气 颗粒物中铅等金属元素的测定 电感耦合等离子体质谱法	HJ 657
12	锡	大气固定污染 源锡的测定 石墨炉原子吸收分光光度法	HJ/T 65
		空气和废气 颗粒物中铅等金属元素的测定 电感耦合等离子体质谱法	HJ 657
13	铊、锑、铜、锰、钴	空气和废气 颗粒物中铅等金属元素的测定 电感耦合等离子体质谱法	HJ 657
14	镍	大气固定污染 源镍的测定 火焰原子吸收分光光度法	HJ/T 63.1
		大气固定污染源 镍的测定 石墨炉原子吸收分光光度法	HJ/T 63.2
		大气固定污染源 镍的测定 丁二酮肟－正丁醇萃取分光光度法	HJ/T 63.3
		空气和废气 颗粒物中铅等金属元素的测定 电感耦合等离子体质谱法	HJ 657
15	二噁英类	环境空气和废气 二噁英类的测定 同位素稀释高分辨气相色谱－高分辨质谱法	HJ 77.2
		环境二噁英类监测技术规范	HJ 916
16	非甲烷总烃	大气污染物无组织排放监测技术导则	HJ/T 55
		环境空气总烃、甲烷和非甲烷总烃的测定 直接进样－气相色谱法	HJ 604
		环境空气和废气总烃、甲烷和非甲烷总烃便携式监测仪技术要求及检测方法	HJ 1012

8.2.4 焚烧单位应对焚烧烟气中主要污染物浓度进行在线自动监测，烟气在线自动监测指标应为 1 小时均值及日均值，且应至少包括氯化氢、二氧化硫、氮氧化物、颗粒物、一氧化碳和烟气含氧量等。在线自动监测数据的采集和传输应符合 HJ 75 和 HJ 212 的要求。

8.3 水污染物监测

8.3.1 水污染物的监测按照 GB 8978 和 HJ 91.1 规定的测定方法进行。

8.3.2　应按照国家和地方有关要求设置废水计量装置和在线自动监测设备。

8.4　其他监测

8.4.1　热灼减率的监测应每周至少 1 次，样品的采集和制备方法应按照 HJ/T 20 执行，测试步骤参照 HJ 1024 执行。

8.4.2　焚烧炉运行工况在线自动监测指标应至少包括炉膛内热电偶测量温度。

9　实施与监督

9.1　本标准由县级以上生态环境主管部门负责监督实施。

9.2　除无法抗拒的灾害和其他应急情况下，危险废物焚烧设施均应遵守本标准的污染控制要求，并采取必要措施保证污染防治设施正常运行。

9.3　各级生态环境主管部门在对危险废物焚烧设施进行监督性检查时，对于水污染物，可以现场即时采样或监测的结果，作为判定排污行为是否符合排放标准以及实施相关生态环境保护管理措施的依据；对于大气污染物，可以采用手工监测并按照监测规范要求测得的任意 1 小时平均浓度值，作为判定排污行为是否符合排放标准以及实施相关生态环境保护管理措施的依据。

9.4　除 7.2.4 规定的条件外，CEMS 日均值数据可作为判定排污行为是否符合排放标准的依据；炉膛内热电偶测量温度未达到 7.2.5 要求，且一个自然日内累计超过 5 次的，参照《生活垃圾焚烧发电厂自动监测数据应用管理规定》等相关规定判定为“未按照国家有关规定采取有利于减少持久性有机污染物排放措施”，并依照相关法律法规予以处理。

附录 A

（规范性附录）

PCDDs/PCDFs 的毒性当量因子

表 A 给出了不同二噁英类同类物（PCDDs/PCDFs）的毒性当量因子。

表 A　PCDDs/PCDFs 的毒性当量因子

同类物		WHO-TEF（1998）	WHO-TEF（2005）	I-TEF
PCDDs[a]	2，3，7，8—T_4CDD	1	1	1
	1，2，3，7，8—P_5CDD	1	1	0.5
	1，2，3，4，7，8—H_6CDD	0.1	0.1	0.1
	1，2，3，6，7，8—H_6CDD	0.1	0.1	0.1
	1，2，3，7，8，9—H_6CDD	0.1	0.1	0.1
	1，2，3，4，6，7，8—H_7CDD	0.01	0.01	0.01
	OCDD	0.0001	0.0003	0.001
	其他 PCDDs	0	0	0
PCDFs[b]	2，3，7，8—T_4CDF	0.1	0.1	0.1
	1，2，3，7，8—P_5CDF	0.05	0.03	0.05
	2，3，4，7，8—P_5CDF	0.5	0.3	0.5
	1，2，3，4，7，8—H_6CDF	0.1	0.1	0.1
	1，2，3，6，7，8—H_6CDF	0.1	0.1	0.1
	1，2，3，7，8，9—H_6CDF	0.1	0.1	0.1
	2，3，4，6，7，8—H_6CDF	0.1	0.1	0.1
	1，2，3，4，6，7，8—H_7CDF	0.01	0.01	0.01
	1，2，3，4，7，8，9—H_7CDF	0.01	0.01	0.01
	OCDF	0.0001	0.0003	0.001
	其他 PCDFs	0	0	0

注：（a）为多氯代二苯并－对－二噁英；

（b）为多氯代二苯并呋喃。

中华人民共和国国家标准

GB 18597—2023

代替 GB 18597—2001

危险废物贮存污染控制标准

Standard for pollution control on hazardous waste storage

2023-01-20 发布　　　　2023-07-01 实施

生态环境部
国家市场监督管理总局　发布

GB 18597—2023

前　言

为贯彻《中华人民共和国环境保护法》《中华人民共和国固体废物污染环境防治法》等法律法规，防治环境污染，改善生态环境质量，规范危险废物贮存环境管理，制定本标准。

本标准规定了危险废物贮存污染控制的总体要求、贮存设施选址和污染控制要求、容器和包装物污染控制要求、贮存过程污染控制要求，以及污染物排放、环境监测、环境应急、实施与监督等环境管理要求。

本标准首次发布于2001年，本次为第一次修订。

本次修订的主要内容：

——增补完善了相关术语和定义；

——增加了“总体要求”；

——细化了危险废物贮存设施的分类，补充了贮存点相关环境管理要求；

——完善了危险废物贮存设施的选址和建设要求；

——修订了危险废物贮存设施的污染防治、运行管理和退役要求；

——补充了危险废物贮存设施环境应急要求；

——删除了医疗废物有关要求及附录A和附录B。

本标准由生态环境部固体废物与化学品司、法规与标准司组织制定。

本标准主要起草单位：沈阳环境科学研究院[国家环境保护危险废物处置工程技术（沈阳）中心]、生态环境部固体废物与化学品管理技术中心、中国环境科学研究院、中国科学院大学。

本标准由生态环境部2023年1月20日批准。

本标准自2023年7月1日起实施。自本标准实施之日起，《危险废物贮存污染控制标准》（GB 18597—2001）废止。各地可根据当地生态环境保护的需要和经济、技术条件，由省级人民政府批准提前实施本标准。

本标准由生态环境部解释。

危险废物贮存污染控制标准

1　适用范围

本标准规定了危险废物贮存污染控制的总体要求、贮存设施选址和污染控制要求、容器和包装物污染控制要求、贮存过程污染控制要求，以及污染物排放、环境监测、环境应急、实施与监督等环境管理要求。

本标准适用于产生、收集、贮存、利用、处置危险废物的单位新建、改建、扩建的危险废物贮存设施选址、建设和运行的污染控制和环境管理，也适用于现有危险废物贮存设施运行过程的污染控制和环境管理。

历史堆存危险废物清理过程中的暂时堆放不适用本标准。

国家其他固体废物污染控制标准中针对特定危险废物贮存另有规定的，执行相关规定。

2　规范性引用文件

本标准引用了下列文件或其中的条款。凡是注明日期的引用文件，仅注日期的版本适用于本标准。凡是未注明日期的引用文件，其最新版本（包括所有的修改单）适用于本标准。

GB 8978　污水综合排放标准

GB 12348　工业企业厂界环境噪声排放标准

GB 14554　恶臭污染物排放标准

GB/T 14848　地下水质量标准

GB/T 16157　固定污染源排气中颗粒物测定与气态污染物采样方法

GB 16297　大气污染物综合排放标准

GB 37822　挥发性有机物无组织排放控制标准

HJ/T 55　大气污染物无组织排放监测技术导则

HJ 164　地下水环境监测技术规范

HJ/T 397　固定源废气监测技术规范

HJ 732　固定污染源废气　挥发性有机物的采样　气袋法

HJ 819　排污单位自行监测技术指南　总则

HJ 905　恶臭污染环境监测技术规范

HJ 1250　排污单位自行监测技术指南　工业固体废物和危险废物治理

HJ 1259　危险废物管理计划和管理台账制定技术导则

HJ 1276　危险废物识别标志设置技术规范

《排污许可管理条例》（中华人民共和国国务院令第736号）

3　术语和定义

下列术语和定义适用于本标准。

3.1　危险废物　hazardous waste

列入国家危险废物名录或者根据国家规定的危险废物鉴别标准和鉴别方法认定的具有危险特性的固体废物。

3.2　贮存　storage

将危险废物临时置于特定设施或者场所中的活动。

3.3　贮存设施　storage facility

专门用于贮存危险废物的设施，具体类型包括贮存库、贮存场、贮存池和贮存罐区等。其中，集中贮存设施是用于集中收集、利用、处置危险废物所附设的贮存危险废物的设施。

3.4　贮存库　storage warehouse

用于贮存一种或多种类别、形态危险废物的仓库式贮存设施。

3.5　贮存场　storage site

用于贮存不易产生粉尘、挥发性有机物（VOCs）、酸雾、有毒有害大气污染物和刺激性气味气体的大宗危险废物的，具有顶棚（盖）的半开放式贮存设施。

3.6　贮存池　storage pool

用于贮存单一类别液态或半固态危险废物的，位于室内或具有顶棚（盖）的池体贮存设施。

3.7　贮存罐区　storage tank farm

用于贮存液态危险废物的，由一个或多个罐体及其相关的辅助设备和防护系统构成的固定式贮存设施。

3.8　贮存点　storage spot

HJ 1259 规定的纳入危险废物登记管理单位的，用于同一生产经营场所专门贮存危险废物的场所；或产生危险废物的单位设置于生产线附近，用于暂时贮存以便于中转其产生的危险废物的场所。

3.9　贮存分区　storage subarea

一个贮存设施内划分的分类存放危险废物的区域。

3.10　包装　package

对危险废物进行盛装、打包或捆装等的活动。

3.11　容器和包装物　container and packaging

用于包装危险废物的硬质和柔性物品、包装件的总称。

3.12　相容　compatibility

某种危险废物同其他危险废物或其他物质、材料接触时不会产生有害物质，不发生其他可能对危险废物贮存产生不利影响的化学反应和物理变化。

4　总体要求

4.1　产生、收集、贮存、利用、处置危险废物的单位应建造危险废物贮存设施或设置贮存场所，并根据需要选择贮存设施类型。

4.2　贮存危险废物应根据危险废物的类别、数量、形态、物理化学性质和环境风险等因素，确定贮存设施或场所类型和规模。

4.3　贮存危险废物应根据危险废物的类别、形态、物理化学性质和污染防治要求进行分类贮存，且应避免危险废物与不相容的物质或材料接触。

4.4　贮存危险废物应根据危险废物的形态、物理化学性质、包装形式和污染物迁移途径，采取措施减少渗滤液及其衍生废物、渗漏的液态废物（简称渗漏液）、粉尘、VOCs、酸雾、有毒有害大气污染物和刺激性气味气体等污染物的产生，防止其污染环境。

4.5　危险废物贮存过程产生的液态废物和固态废物应分类收集，按其环境管理要求妥善处理。

4.6 贮存设施或场所、容器和包装物应按 HJ 1276 要求设置危险废物贮存设施或场所标志、危险废物贮存分区标志和危险废物标签等危险废物识别标志。

4.7 HJ 1259 规定的危险废物环境重点监管单位，应采用电子地磅、电子标签、电子管理台账等技术手段对危险废物贮存过程进行信息化管理，确保数据完整、真实、准确；采用视频监控的应确保监控画面清晰，视频记录保存时间至少为 3 个月。

4.8 贮存设施退役时，所有者或运营者应依法履行环境保护责任，退役前应妥善处理处置贮存设施内剩余的危险废物，并对贮存设施进行清理，消除污染；还应依据土壤污染防治相关法律法规履行场地环境风险防控责任。

4.9 在常温常压下易爆、易燃及排出有毒气体的危险废物应进行预处理，使之稳定后贮存，否则应按易爆、易燃危险品贮存。

4.10 危险废物贮存除应满足环境保护相关要求外，还应执行国家安全生产、职业健康、交通运输、消防等法律法规和标准的相关要求。

5 贮存设施选址要求

5.1 贮存设施选址应满足生态环境保护法律法规、规划和“三线一单”生态环境分区管控的要求，建设项目应依法进行环境影响评价。

5.2 集中贮存设施不应选在生态保护红线区域、永久基本农田和其他需要特别保护的区域内，不应建在溶洞区或易遭受洪水、滑坡、泥石流、潮汐等严重自然灾害影响的地区。

5.3 贮存设施不应选在江河、湖泊、运河、渠道、水库及其最高水位线以下的滩地和岸坡，以及法律法规规定禁止贮存危险废物的其他地点。

5.4 贮存设施场址的位置以及其与周围环境敏感目标的距离应依据环境影响评价文件确定。

6 贮存设施污染控制要求

6.1 一般规定

6.1.1 贮存设施应根据危险废物的形态、物理化学性质、包装形式和污染物迁移途径，采取必要的防风、防晒、防雨、防漏、防渗、防腐以及其他环境污染防治措施，不应露天堆放危险废物。

6.1.2 贮存设施应根据危险废物的类别、数量、形态、物理化学性质和污染防治等要求设置必要的贮存分区，避免不相容的危险废物接触、混合。

6.1.3　贮存设施或贮存分区内地面、墙面裙脚、堵截泄漏的围堰、接触危险废物的隔板和墙体等应采用坚固的材料建造，表面无裂缝。

6.1.4　贮存设施地面与裙脚应采取表面防渗措施；表面防渗材料应与所接触的物料或污染物相容，可采用抗渗混凝土、高密度聚乙烯膜、钠基膨润土防水毯或其他防渗性能等效的材料。贮存的危险废物直接接触地面的，还应进行基础防渗，防渗层为至少 1 m 厚黏土层（渗透系数不大于 10^{-7} cm/s），或至少 2 mm 厚高密度聚乙烯膜等人工防渗材料（渗透系数不大于 10^{-10} cm/s），或其他防渗性能等效的材料。

6.1.5　同一贮存设施宜采用相同的防渗、防腐工艺（包括防渗、防腐结构或材料），防渗、防腐材料应覆盖所有可能与废物及其渗滤液、渗漏液等接触的构筑物表面；采用不同防渗、防腐工艺应分别建设贮存分区。

6.1.6　贮存设施应采取技术和管理措施防止无关人员进入。

6.2　贮存库

6.2.1　贮存库内不同贮存分区之间应采取隔离措施。隔离措施可根据危险废物特性采用过道、隔板或隔墙等方式。

6.2.2　在贮存库内或通过贮存分区方式贮存液态危险废物的，应具有液体泄漏堵截设施，堵截设施最小容积不应低于对应贮存区域最大液态废物容器容积或液态废物总储量 1/10（二者取较大者）；用于贮存可能产生渗滤液的危险废物的贮存库或贮存分区应设计渗滤液收集设施，收集设施容积应满足渗滤液的收集要求。

6.2.3　贮存易产生粉尘、VOCs、酸雾、有毒有害大气污染物和刺激性气味气体的危险废物贮存库，应设置气体收集装置和气体净化设施；气体净化设施的排气筒高度应符合 GB 16297 要求。

6.3　贮存场

6.3.1　贮存场应设置径流疏导系统，保证能防止当地重现期不小于 25 年的暴雨流入贮存区域，并采取措施防止雨水冲淋危险废物，避免增加渗滤液量。

6.3.2　贮存场可整体或分区设计液体导流和收集设施，收集设施容积应保证在最不利条件下可以容纳对应贮存区域产生的渗滤液、废水等液态物质。

6.3.3　贮存场应采取防止危险废物扬散、流失的措施。

6.4 贮存池

6.4.1 贮存池防渗层应覆盖整个池体，并应按照6.1.4的要求进行基础防渗。

6.4.2 贮存池应采取措施防止雨水、地面径流等进入，保证能防止当地重现期不小于25年的暴雨流入贮存池内。

6.4.3 贮存池应采取措施减少大气污染物的无组织排放。

6.5 贮存罐区

6.5.1 贮存罐区罐体应设置在围堰内，围堰的防渗、防腐性能应满足6.1.4、6.1.5的要求。

6.5.2 贮存罐区围堰容积应至少满足其内部最大贮存罐发生意外泄漏时所需要的危险废物收集容积要求。

6.5.3 贮存罐区围堰内收集的废液、废水和初期雨水应及时处理，不应直接排放。

7 容器和包装物污染控制要求

7.1 容器和包装物材质、内衬应与盛装的危险废物相容。

7.2 针对不同类别、形态、物理化学性质的危险废物，其容器和包装物应满足相应的防渗、防漏、防腐和强度等要求。

7.3 硬质容器和包装物及其支护结构堆叠码放时不应有明显变形，无破损泄漏。

7.4 柔性容器和包装物堆叠码放时应封口严密，无破损泄漏。

7.5 使用容器盛装液态、半固态危险废物时，容器内部应留有适当的空间，以适应因温度变化等可能引发的收缩和膨胀，防止其导致容器渗漏或永久变形。

7.6 容器和包装物外表面应保持清洁。

8 贮存过程污染控制要求

8.1 一般规定

8.1.1 在常温常压下不易水解、不易挥发的固态危险废物可分类堆放贮存，其他固态危险废物应装入容器或包装物内贮存。

8.1.2 液态危险废物应装入容器内贮存，或直接采用贮存池、贮存罐区贮存。

8.1.3 半固态危险废物应装入容器或包装袋内贮存，或直接采用贮存池贮存。

8.1.4 具有热塑性的危险废物应装入容器或包装袋内进行贮存。

8.1.5 易产生粉尘、VOCs、酸雾、有毒有害大气污染物和刺激性气味气体的危险废物应装入闭口容器或包装物内贮存。

8.1.6 危险废物贮存过程中易产生粉尘等无组织排放的，应采取抑尘等有效措施。

8.2 贮存设施运行环境管理要求

8.2.1 危险废物存入贮存设施前应对危险废物类别和特性与危险废物标签等危险废物识别标志的一致性进行核验，不一致的或类别、特性不明的不应存入。

8.2.2 应定期检查危险废物的贮存状况，及时清理贮存设施地面，更换破损泄漏的危险废物贮存容器和包装物，保证堆存危险废物的防雨、防风、防扬尘等设施功能完好。

8.2.3 作业设备及车辆等结束作业离开贮存设施时，应对其残留的危险废物进行清理，清理的废物或清洗废水应收集处理。

8.2.4 贮存设施运行期间，应按国家有关标准和规定建立危险废物管理台账并保存。

8.2.5 贮存设施所有者或运营者应建立贮存设施环境管理制度、管理人员岗位职责制度、设施运行操作制度、人员岗位培训制度等。

8.2.6 贮存设施所有者或运营者应依据国家土壤和地下水污染防治的有关规定，结合贮存设施特点建立土壤和地下水污染隐患排查制度，并定期开展隐患排查；发现隐患应及时采取措施消除隐患，并建立档案。

8.2.7 贮存设施所有者或运营者应建立贮存设施全部档案，包括设计、施工、验收、运行、监测和环境应急等，应按国家有关档案管理的法律法规进行整理和归档。

8.3 贮存点环境管理要求

8.3.1 贮存点应具有固定的区域边界，并应采取与其他区域进行隔离的措施。

8.3.2 贮存点应采取防风、防雨、防晒和防止危险废物流失、扬散等措施。

8.3.3 贮存点贮存的危险废物应置于容器或包装物中，不应直接散堆。

8.3.4 贮存点应根据危险废物的形态、物理化学性质、包装形式等，采取防渗、防漏等污染防治措施或采用具有相应功能的装置。

8.3.5 贮存点应及时清运贮存的危险废物，实时贮存量不应超过 3 吨。

9 污染物排放控制要求

9.1 贮存设施产生的废水（包括贮存设施、作业设备、车辆等清洗废水，贮存罐区积存雨水，贮存事故废水等）应进行收集处理，废水排放应符合 GB 8978 规定的要求。

9.2 贮存设施产生的废气（含无组织废气）的排放应符合 GB 16297 和 GB 37822 规定的要求。

9.3 贮存设施产生的恶臭气体的排放应符合 GB 14554 规定的要求。

9.4 贮存设施内产生以及清理的固体废物应按固体废物分类管理要求妥善处理。

9.5 贮存设施排放的环境噪声应符合 GB 12348 规定的要求。

10 环境监测要求

10.1 贮存设施的环境监测应纳入主体设施的环境监测计划。

10.2 贮存设施所有者或运营者应依据《大气污染防治法》《水污染防治法》《土壤污染防治法》等有关法律，《排污许可管理条例》等行政法规和 HJ 819、HJ 1250 等规定制定监测方案，对贮存设施污染物排放状况开展自行监测，保存原始监测记录，并公布监测结果。

10.3 贮存设施废水污染物排放的监测方法和监测指标应符合国家相关标准要求。

10.4 HJ 1259 规定的危险废物环境重点监管单位贮存设施地下水环境监测点布设应符合 HJ 164 要求，监测因子应根据贮存废物的特性选择具有代表性且能表征危险废物特性的指标，地下水监测因子分析方法按照 GB/T 14848 执行。

10.5 配有收集净化系统的贮存设施大气污染物排放的监测采样应按 GB/T 16157、HJ/T 397、HJ 732 的规定执行。

10.6 贮存设施无组织气体排放监测因子应根据贮存废物的特性选择具有代表性且能表征危险废物特性的指标；采样点布设、采样及监测方法可按 HJ/T 55 的规定执行，VOCs 的无组织排放监测还应符合 GB 37822 的规定。

10.7 贮存设施恶臭气体的排放监测应符合 GB 14554、HJ 905 的规定。

11 环境应急要求

11.1 贮存设施所有者或运营者应按照国家有关规定编制突发环境事件应急预

案，定期开展必要的培训和环境应急演练，并做好培训、演练记录。

11.2　贮存设施所有者或运营者应配备满足其突发环境事件应急要求的应急人员、装备和物资，并应设置应急照明系统。

11.3　相关部门发布自然灾害或恶劣天气预警后，贮存设施所有者或运营者应启动相应防控措施，若有必要可将危险废物转移至其他具有防护条件的地点贮存。

12　实施与监督

12.1　本标准由县级以上生态环境主管部门负责监督实施。

12.2　本标准实施之日前已建成投入使用或环境影响评价文件已通过审批的贮存设施，自 2024 年 1 月 1 日起执行本标准，其他设施自本标准实施之日起执行本标准。

12.3　突发环境事件产生的危险废物的临时性贮存设施建设、管理和监督等应在县级以上人民政府指导监督下进行，并满足相应防扬散、防流失、防渗漏及其他环境污染防控要求，防止对生态环境产生二次污染。

12.4　除 12.3 之外的任何情况下，企业或相关机构均应遵守本标准的污染物排放控制要求，采取必要措施保证污染防治设施正常运行，根据国家及国家生态环境行业标准评估其环境风险可控并采取适当的风险防控措施和污染防治措施的除外。各级生态环境主管部门现场检查和监测结果，可以作为判定排污行为是否符合排放标准以及是否采取相关生态环境保护管理措施的依据。

环境保护部关于发布《废氯化汞触媒危险废物经营许可证审查指南》的公告

（公告〔2014〕11号）

按照《国务院关于取消和下放一批行政审批项目的决定》（国发〔2013〕44号）要求，为切实加强危险废物经营许可证下放各省（区、市）环保部门后的监管，规范废氯化汞触媒危险废物经营许可证的审批工作，推动提升废氯化汞触媒利用行业的整体水平，促进行业持续健康发展，我部制定《废氯化汞触媒危险废物经营许可证审查指南》，现予发布。

特此公告。

附件：废氯化汞触媒危险废物经营许可证审查指南

环境保护部

2014年2月12日

附件

废氯化汞触媒危险废物经营许可证审查指南

为贯彻落实《中华人民共和国固体废物污染环境防治法》《危险废物经营许可证管理办法》以及《危险废物经营单位审查和许可指南》（环境保护部公告 2009 年第 65 号），进一步规范废氯化汞触媒危险废物经营许可证审批工作，推动提升废氯化汞触媒利用行业的整体水平，制定《废氯化汞触媒危险废物经营许可证审查指南》。

本指南按照《危险废物经营许可证管理办法》第五条的有关许可条件，针对废氯化汞触媒危险废物经营单位的特点和存在的主要问题，进一步细化了相关要求。

本指南由环境保护部污染防治司组织制定，由环境保护部固体废物与化学品管理技术中心起草。

一、适用范围

本指南适用于环境保护行政主管部门对从事废氯化汞触媒利用单位申请危险废物经营许可证（包括新申请、重新申请领取和换证）的审查。

二、审查要点

（一）技术人员方面

1. 有 3 名以上环境工程或者化工、冶金、分析测试等相关专业且具有中级以上职称的技术人员。

2. 技术人员具有 3 年以上废氯化汞触媒利用或相关工作经历。

3. 技术人员和管理人员应参加过省级以上环境保护部门组织的危险废物相关培训。

4. 应设置监控部门，或者应有环境保护相关专业知识和技能的专（兼）职人员，负责检查、督促、落实本单位危险废物的管理工作。

（二）运输方面

1. 应具有交通主管部门颁发的允许从事危险货物道路运输许可证或经营许可证。

2. 无危险货物运输资质的申请单位应提供与相关持有危险货物道路运输经营许可证的单位签订的运输协议或合同。

（三）包装与贮存设施方面

1. 废氯化汞触媒应采用具有一定强度和防水性能的材料密封包装，防止散落和挥发。

2. 具有专门用于贮存废氯化汞触媒的场地，并符合《危险废物贮存污染控制标准》（GB 18597）的要求；贮存场地的容量应不低于日处理能力的10倍。

3. 每批次废氯化汞触媒应分区存放，按批次记录废氯化汞触媒产生单位、数量、接收时间和汞含量等相关信息。存放时间不超过一年，并且配有换气设施和应急处理设施。

（四）废氯化汞触媒利用设施及配套设备方面

1. 厂区

（1）废氯化汞触媒利用项目应当符合国家产业政策、重金属污染防治规划及危险废物污染防治规划的相关要求，且必须纳入地方环境保护或者固体废物相关规划中。

（2）废氯化汞触媒利用项目应通过建设项目环境保护竣工验收，并具有独立法人资格，持有《企业法人营业执照》和《组织机构代码证》等。

（3）废氯化汞触媒利用的新、改、扩建项目应在工业园区内建设，且符合工业园区规划要求和满足区域环境承载力及环境风险防范要求；所有新、改、扩建废氯化汞触媒利用项目必须有明确的重金属污染物排放总量来源，并符合国家及省级重金属污染防治规划要求；禁止在重金属污染防控重点区域内新建、改建、扩建废氯化汞触媒利用项目；电石法聚氯乙烯生产集中的西部地区，可根据实际需求适度增加废低汞触媒回收项目。

（4）厂区必须为集中、独立的一整块场地，并且生产区应与办公区、生活区分开。所有新、改、扩建废氯化汞触媒利用项目的厂区面积（建筑面积）不低于20000平方米；其中，废氯化汞触媒的生产加工区（不包括行政办公场所、道路以及绿地等其他与直接处理废氯化汞触媒无关区域）的面积（建筑面积）不低于10000平方米。所有接触废汞触媒的生产单元、生产设备和库房以及转移通道，必须防雨、防风、防晒。

2. 处理规模

（1）处理能力应达到3000吨/年及以上。

（2）鼓励低汞触媒生产与废氯化汞触媒回收利用一体化；其中，低汞触媒生产应符合国家相关产业政策，低汞触媒产品应符合《氯乙烯合成用低汞触媒》（HG/T 4192）有关要求，各项目的废氯化汞触媒回收利用规模应优先保证自己销售的低汞触媒产品废弃后得到回收利用。

3. 视频监控要求

（1）厂区所有进出口处（须能清楚辨识人员及车辆进出）、地磅及磅秤、贮存区域、废氯化汞触媒利用设施（包含预处理设施和转化场地）、废渣堆存区域、取汞（包括金属汞和氯化汞）区域以及处理设施所在地县级以上人民政府环境保护主管部门指定的其他区域，应当设置现场闭路电视（CCTV）监控设备；厢式货车和用篷布遮盖的货车在出入厂过磅时打开厢门和篷布，视频监控应能够查看车内情况。

（2）设置的现场CCTV监控设备应能连续录下24小时作业情形，包含录制日期及时间显示，每一监视画面所录下影带不得有时间间隔，其录像画面的录像间隔时间至少以1秒1画面为原则。

（3）视频监视画面在任何时间均以4个分割为原则，视频内容应为彩色视频，并包含日期及时间显示，视频必须清晰，并可清楚看见物体、人员外形轮廓，以能达到辨识相关作业人员及作业状况为原则。

（4）夜间厂区出入口处摄影范围须有足够的光源（或增设红外线照摄器）以供辨识，若厂方在夜间进行作业时，所有镜头应当有足够的光源以供画面辨识。

（5）所有摄像机视频信号应通过网络硬盘录像机进行压缩、存储和网络远传，以方便集中联网监控。

（6）录像应采用硬盘方式存储，并确保每路视频图像均可全天24小时不间断录像，录像保存时间至少为5年。

4. 计量设备要求

（1）厂区出入口具有量程50吨以上与电脑联网的电子地磅，能够自动记录并打印每批次废氯化汞触媒的重量。打印记录与相应的危险废物转移联单一同保存。

（2）贮存库出入口应有计量设备，并具有自动打印功能的电子计量设备。

（3）计量设备应经检验部门度量衡检定合格。计量设备过磅时间不得与现场CCTV监视录像记录的时间相差超过3分钟以上。

（五）废氯化汞触媒利用技术与工艺方面——利用废氯化汞触媒提炼金属汞或氯化汞

本指南重点针对当前普遍使用的利用废氯化汞触媒提炼金属汞或氯化汞的技术和工艺提出了相关要求。鼓励研究开发和使用其他环境影响小、汞回收率高的废氯化汞触媒利用技术和工艺，并应通过科学论证与评估。

1. 预处理工艺

（1）利用废氯化汞触媒提炼金属汞应进行预处理。

（2）预处理加热设备应采用带计量装置的密闭式加料机，能准确计量进行预处理的原辅材料的重量，并保证预处理过程处于密闭状态；加热过程应有温度控制系统，自控控制加热温度和时间。

（3）预处理加热设备应保持在负压状态下运行，并有尾气处理装置。

（4）预处理转化场地应符合《危险废物贮存污染控制标准》（GB 18597）中“6.3危险废物的堆放”的相关要求。

（5）预处理转化场地要防风、防雨、防晒，必须有液体收集装置及气体导出口和气体净化装置。

2. 利用工艺

（1）利用废氯化汞触媒提炼金属汞一般采用的是冶炼炉或蒸馏炉。利用废氯化汞触媒提炼氯化汞一般采用的是干馏炉。

（2）冶炼炉、蒸馏炉或干馏炉应采用带计量装置的密闭式加料方式。

（3）冶炼炉、蒸馏炉或干馏炉应具有自动化控制系统和报警系统，能自动控制工艺系统的炉内温度、冶炼（蒸馏或干馏）时间等主要工况参数；工况参数偏离正常运行范围，可自动启动报警系统。炉内温度、冶炼（蒸馏或干馏）时间，应有一年以上的历史数据可查。

（4）单台冶炼炉或蒸馏炉处理能力应达到1000吨/年及以上，冶炼炉或蒸馏炉应保持在负压状态下运行。单台干馏炉处理能力应达到3000吨/年及以上；干馏炉应保持在负压状态和充足的惰性气体情况下运行。

（5）具有完备的汞冷凝回收系统，不断提高汞回收率；应保证冶炼、蒸馏或干馏后的废活性炭根据《危险废物鉴别标准　浸出毒性鉴别》（GB 5085.3）鉴别不属于危险废物。

（6）经冶炼、蒸馏或干馏后的废活性炭，如用于生产新的氯化汞触媒产品，其应符合《触媒载体用煤质颗粒活性炭》（GB/T 7701.3）的技术要求。

3. 污染防治措施

（1）生产废水应全部回用，禁止外排；具有相关设施，收集和处理整个厂区内的初期雨水及因危险废物溢出、泄漏或发生火灾灭火时产生的污水。

（2）尾气应采用活性炭吸附等措施进行处理，多台冶炼炉、蒸馏炉或干馏炉尾气应集中排放，并符合《大气污染物综合排放标准》（GB 16297）有关要求。

（3）经冶炼、蒸馏或干馏后产生的废活性炭应在密闭、缺氧和冷却的条件下从炉内排出。

（4）应有专用的临时堆存场地用于堆存冶炼、蒸馏或干馏后产生的废氯化汞触媒，临时堆存场地应符合《一般工业固体废物贮存、处置场污染控制标准》（GB 18599）有关要求；临时堆存场地周边应设置监测井并每季度进行监测。应妥善利用处置经冶炼、蒸馏或干馏后产生的废氯化汞触媒。

（5）厂区的噪声应符合《工业企业厂界环境噪声排放标准》（GB 12348）有关要求。

（6）污染物排放口必须实行规范化整治，按照国家标准《环境保护图形标志》（GB 15562.1 ～ 2）的规定，设置与之相适应的环境保护图形标志牌。环境保护图形标志牌设置位置应距污染物排放口或采样点较近且醒目处，以设置立式标志牌为主，并应长久保留。

（六）规章制度、污染防治措施和事故应急措施方面

1. 建立汞污染物排放日监测制度，能按照环保部门要求开展自行监测，逐步安装包括汞在内的尾气排放在线监测装置，并与环保部门联网。

2. 建立环境信息披露制度，按时发布自行监测结果，每年向社会发布企业年度环境报告，公布汞污染物排放和环境管理等情况。

3. 依法制定包括危险废物申报登记、转移联单、经营情况记录等相关法律要求的日常管理制度。

4. 环境影响评价确定的卫生防护距离内没有居民等环境敏感点。

5. 建成危险废物分析实验室，配备含汞危险废物和含汞废气等含汞污染分析测试仪器和设备，具备汞的相关分析测试能力。

6. 对危险废物的容器和包装物以及收集、贮存和利用危险废物的设施和场所，根据《环境保护图形标志——固体废物贮存（处置）场》（GB 15562.2）、《危险废物贮存污染控制标准》（GB 18597）等有关标准设置危险废物识别标志；在生产区域配备必要的应急设施设备及急救用品。

7. 参照《危险废物经营单位编制应急预案指南》编制应急预案，按照《中华人民共和国固体废物污染环境防治法》以及《突发环境事件应急预案管理暂行办法》的相关规定备案，并突出周边环境状况、应急组织结构、环境风险防控措施、环境应急准备、现场应急处置措施、应急监测等重点项目，并定期举行应急演练。

8. 厂区应配有备用电源，可以满足厂区内废氯化汞触媒预处理和利用设施、污染防治设施以及现场 CCTV 监控设备等 24 小时正常运行。

9. 在生产或试生产期间无违规经营危险废物行为及环境污染事件发生。

环境保护部关于发布《废烟气脱硝催化剂危险废物经营许可证审查指南》的公告

（公告〔2014〕54号）

为加强对废烟气脱硝催化剂的监管，规范废烟气脱硝催化剂经营许可审批工作，推动提升废烟气脱硝催化剂再生、利用行业的整体水平，促进行业持续健康发展，我部制定了《废烟气脱硝催化剂危险废物经营许可证审查指南》，现予发布。

特此公告。

附件：废烟气脱硝催化剂危险废物经营许可证审查指南

环境保护部

2014年8月19日

附件

废烟气脱硝催化剂危险废物经营许可证审查指南

为贯彻落实《行政许可法》、《固体废物污染环境防治法》、《危险废物经营许可证管理办法》、《危险废物经营单位审查和许可指南》（环境保护部公告2009年第65号）以及《国务院关于加快发展节能环保产业的意见》（国发〔2013〕30号），进一步规范废烟气脱硝催化剂（钒钛系）危险废物经营许可审批工作，提升废烟气脱硝催化剂（钒钛系）再生、利用的整体水平，防止对环境造成二次污染，特制定《废烟气脱硝催化剂危险废物经营许可证审查指南》（以下简称《指南》）。

《指南》按照《危险废物经营许可证管理办法》第五条的有关要求，针对废烟气脱硝催化剂（钒钛系）再生和利用过程中存在的主要问题，对从事废烟气脱硝催化剂（钒钛系）收集、贮存、运输、再生、利用处置活动的经营单位，从技术人员、废物运输、包装与贮存、设施及配套设备、技术与工艺、制度与措施等方面提出了相关审查要求。

一、适用范围

《指南》适用于环境保护行政主管部门对专业从事废烟气脱硝催化剂（钒钛系）再生、利用单位申请危险废物经营许可证的审查。燃煤电厂、水泥厂、钢铁厂等企业自行再生和利用废烟气脱硝催化剂（钒钛系）的建设项目环境保护竣工验收可参考本《指南》。

二、术语定义

1.废烟气脱硝催化剂（钒钛系），是指由于催化剂表面积灰或孔道堵塞、中毒、物理结构破损等原因导致脱硝性能下降而废弃的钒钛系烟气脱硝催化剂。

2. 预处理，是指清除废烟气脱硝催化剂（钒钛系）表面浮尘和孔道内积灰的活动。

3. 再生，是指采用物理、化学等方法使废烟气脱硝催化剂（钒钛系）恢复活性并达到烟气脱硝要求的活动。

4. 利用，是指采用物理、化学等方法从废烟气脱硝催化剂（钒钛系）中提取钒、钨、钛和钼等物质的活动。

三、审查要点

（一）技术人员方面

1. 有 3 名及以上环境工程专业或相关专业（化工、冶金等）中级以上职称的技术人员。

2. 技术人员中至少有 1 名具有 3 年以上从事与脱硝催化剂生产或再生利用等相关的工作经历。

3. 设置生产质量和污染控制监控部门并应有环境保护相关专业知识和技能的专（兼）职人员，负责检查、督促、落实本单位危险废物的环境保护管理工作。

（二）运输方面

1. 应具有交通主管部门颁发的允许从事危险货物道路运输许可证或经营许可证。

2. 无危险货物运输资质的申请单位应提供与相关持有危险货物道路运输经营许可证的单位签订的运输协议（或合同）。

（三）包装与贮存设施方面

1. 废烟气脱硝催化剂（钒钛系）应采用具有一定强度和防水性能的材料密封包装，并有减震措施，防止破碎、散落和浸泡。

2. 具有专门用于贮存废烟气脱硝催化剂（钒钛系）的设施，并符合《危险废物贮存污染控制标准》（GB 18597）的要求，其贮存能力不低于日处理能力的 10 倍。

3. 每批次废烟气脱硝催化剂（钒钛系）应按批次记录废烟气脱硝催化剂（钒钛系）产生单位、数量、接收时间等相关信息。

（四）再生利用设施及配套设备方面

1. 规模

（1）再生、利用能力均应达到 5000 立方米 / 年（或 2500 吨 / 年）及以上。

（2）鼓励烟气脱硝催化剂生产企业开展废烟气脱硝催化剂（钒钛系）再生与利用。

2. 厂区

（1）废烟气脱硝催化剂（钒钛系）再生、利用项目应当符合国家产业政策、《危险废物污染防治技术政策》和危险废物污染防治规划，以及《燃煤电厂污染防治最佳可行技术指南（试行）》（环发〔2010〕23号）和《火电厂烟气脱硝工程技术规范选择性催化还原法》（HJ 562）的相关要求，同时考虑地方环境保护及相关规划内容。

（2）废烟气脱硝催化剂（钒钛系）再生、利用项目应通过建设项目环境保护竣工验收；其设施拥有者或运行者应具有独立法人资格，持有《企业法人营业执照》和《组织机构代码证》等。

（3）厂区必须为集中、独立的一整块场地或车间，并且贮存区、生产区应与办公区、生活区分开。鼓励新建废烟气脱硝催化剂（钒钛系）再生、利用企业进入工业园区。

3. 视频监控要求

（1）厂区所有进出口处（须能清楚辨识人员及车辆进出）、地磅及磅秤、贮存区域、废烟气脱硝催化剂（钒钛系）再生利用设施（包含预处理设施、场地）、废水收集池、废渣堆存区域以及处理设施所在地县级以上人民政府环境保护行政主管部门指定的其他区域，应当设置现场闭路电视（CCTV）监控设备；厢式货车和用篷布遮盖的货车在出入厂过磅时打开厢门和篷布，视频监控应清楚显示车内情况。

（2）夜间厂区出入口处摄影范围须有足够的光源（或增设红外线照摄器）以供辨识，若厂方在夜间进行作业时，所有视频监控区应当有足够的光源以供视频画面辨识。

（3）录像应采用硬盘方式存储，并确保每路视频图像均可全天24小时不间断录像，录像保存时间至少为5年。

（4）视频监控系统应与当地环境保护部门危险废物管理系统联网。

4. 计量设备要求

（1）厂区出入口具有量程50吨以上且与电脑联网的电子地磅，能够自动记录并打印每批次废烟气脱硝催化剂（钒钛系）的重量。打印记录与相应的转移联单一同保存。

（2）贮存库出入口应具有自动打印功能的电子计量设备。

（3）计量设备应经检验部门度量衡检定合格。

（五）工艺与污染防治方面

下列工艺为企业开展废烟气脱硝催化剂（钒钛系）再生、利用等可采用的参考工艺，鼓励企业研发和采用高效洁净的新型再生工艺。

1. 预处理工艺

（1）应在密闭、具备良好通风条件的装置内清除废烟气脱硝催化剂（钒钛系）表面浮尘和孔道内积灰，疏通催化剂淤堵采取必要的防尘、除尘措施，产生的粉尘应集中收集。

（2）预处理场地要防风、防雨、防晒，并具有防渗功能，必须有液体收集装置及气体净化装置。

2. 再生工艺

（1）针对收集的废烟气脱硝催化剂（钒钛系），应以再生为优先原则。再生方法可采用水洗再生、热再生和还原再生。

（2）可采用超声波清洗等技术，清洁废烟气脱硝催化剂（钒钛系）内部孔隙，增大废烟气脱硝催化剂（钒钛系）表面积。

（3）可通过酸洗等措施，深度清除废烟气脱硝催化剂（钒钛系）吸附的有害金属离子或化合物。

（4）可采用浸渍等方法对废烟气脱硝催化剂（钒钛系）进行活性成分植入，浸渍溶液应尽可能重复使用。

（5）应对再生后的烟气脱硝催化剂进行干燥或煅烧，煅烧设备应设有尾气处理装置。

（6）经再生处理后的烟气脱硝催化剂，按照电力行业标准《火电厂烟气脱硝催化剂检测技术规范》（DL/T 1286—2013）进行性能检测，保证其满足烟气脱硝催化剂要求及国家有关要求。

3. 利用工艺

（1）因破碎等原因而不能再生的废烟气脱硝催化剂（钒钛系），应尽可能回收其中的钒、钨、钛和钼等金属。

（2）为提高废烟气脱硝催化剂（钒钛系）中的金属回收率，可对其进行粉碎，粉碎过程中应采取必要的防尘和粉尘收集措施，确保不会造成二次污染。

（3）为去除废烟气脱硝催化剂（钒钛系）中的其他物质或回收其中的二氧化钛等，可对废烟气脱硝催化剂（钒钛系）进行焙烧。

（4）根据不同的生产工艺，可采用浸出、萃取、酸解或焙烧等措施对废烟气脱硝催化剂（钒钛系）中的钒、钨、钛和钼进行分离，分离过程均不得对环境造成二次污染。

4. 污染防治和环境风险防控措施

（1）预处理产生的粉尘等污染物，应当配套建设废气治理设施进行处理，颗粒物以及汞、铅、镉、铍等元素及其化合物等污染物排放应符合《大气污染物综合排放标准》（GB 16297）的相关要求。预处理作业区工人应采取必要的劳动卫生防护措施。

（2）再生和利用过程中产生的清洗废水尽可能回用；如需排放，废水经处理后总钒、总铅、总汞、总砷、总镉、总铬、六价铬等应符合《钒工业污染物排放标准》（GB 26452）的有关要求，总铍应符合《污水综合排放标准》（GB 8978）有关要求。酸洗废水和废浸取液应达标处理后进入废水处理设施与清洗废水混合处理；配备相关设施，收集和处理整个厂区内的初期雨水及因危险废物溢出、泄漏时产生的污水或消防水。

（3）煅烧、干燥或焙烧等工艺环节产生的废气，应当配套建设废气治理设施进行处理，铅、汞、铍及其化合物等污染物应符合《工业炉窑大气污染物综合排放标准》（GB 9078）要求后集中排放。

（4）预处理、再生和利用过程中产生的废酸液、废有机溶剂、废活性炭、污泥、废渣等按照危险废物进行管理。

（5）厂区的噪声应符合《工业企业厂界环境噪声排放标准》（GB 12348）有关要求。

（6）污染物排放口必须实行规范化整治，按照国家标准《环境保护图形标志》（GB 15562.1 ～ 2）的规定，设置与之相适应的环境保护图形标志牌。设置位置应距污染物排放口或采样点较近且醒目处，以设置立式标志牌为主，并应长久保留。

（7）进行环境风险评估，落实各项环境风险防范措施，厂区内的初期雨水，溢出、泄漏的物料或消防水应当收集并妥善处理。厂区周边卫生防护距离内没有居民等环境敏感点。厂区配备必要的应急物资。

（六）规章制度与事故应急

1. 按照环境保护部门要求安装污染物排放在线监测装置，并与环境保护部门联网。

2. 建有环境信息公开制度，按时发布自行监测结果，每年向社会发布企业年度环境报告，公布污染物排放和环境管理等情况。

3. 按电力行业标准《火电厂烟气脱硝催化剂检测技术规范》（DL/T 1286—2013）的要求，建设全套物理与化学性能分析的实验室，配备相应的分析测试仪器和设备，具备相关分析测试能力。应对收集来的每批次废烟气脱硝催化剂（钒钛系）进行分析，并制定再生和利用方案。实验数据记录至少保留 5 年。

4. 对危险废物的容器和包装物以及收集、贮存和利用危险废物的设施和场所，根据《环境保护图形标志——固体废物贮存（处置）场》（GB 15562.2）、《危险废物贮存污染控制标准》（GB 18597）等有关标准设置危险废物识别标志；在生产区域配备必要的应急设施设备及急救用品。

5. 参照《危险废物经营单位编制应急预案指南》编制应急预案，按照《固体废物污染环境防治法》以及《突发环境事件应急预案管理暂行办法》的相关规定备案，并突出周边环境状况、应急组织结构、环境风险防控措施、环境应急准备、现场应急处置措施、应急监测等重点项目。建立企业环境安全隐患排查治理制度，明确突发环境事件的报告流程。

6. 厂区应配有备用电源，可以满足厂区内废烟气脱硝催化剂（钒钛系）预处理和再生利用设施中关键设备、安全设施、污染防治设施以及现场 CCTV 监控设备等 24 小时正常运行。

环境保护部关于发布《水泥窑协同处置危险废物经营许可证审查指南（试行）》的公告

（公告〔2017〕22号）

为贯彻落实《中华人民共和国固体废物污染环境防治法》《危险废物经营许可证管理办法》等法律法规，规范水泥窑协同处置危险废物经营许可证审批工作，提升水泥窑协同处置危险废物行业的整体水平，我部制定了《水泥窑协同处置危险废物经营许可证审查指南（试行）》，现予发布。该公告自发布之日起施行。

特此公告。

附件：水泥窑协同处置危险废物经营许可证审查指南（试行）

环境保护部

2017年5月27日

附件

水泥窑协同处置危险废物
经营许可证审查指南（试行）

为贯彻落实《中华人民共和国固体废物污染环境防治法》《危险废物经营许可证管理办法》等法律法规，进一步规范水泥窑协同处置危险废物经营许可证审批工作，提升水泥窑协同处置危险废物行业的整体水平，制定《水泥窑协同处置危险废物经营许可证审查指南》（以下简称《指南》）。

《指南》按照《危险废物经营许可证管理办法》第五条的有关许可条件，针对水泥窑协同处置危险废物经营单位的特点和存在的主要问题，进一步细化了相关要求。

一、适用范围

《指南》适用于环境保护主管部门对水泥窑协同处置危险废物单位申请危险废物经营许可证（包括新申请、重新申请领取和换证）的审查。

二、术语和定义

（一）水泥窑协同处置危险废物，是指将满足或经预处理后满足入窑（磨）要求的危险废物投入水泥窑或水泥磨，在进行熟料或水泥生产的同时，实现对危险废物的无害化处置的过程。

（二）水泥磨，是指将熟料、石膏和混合材等材料混合研磨生产水泥的设备。

（三）窑灰，是指水泥窑及窑尾余热利用系统烟气（以下简称窑尾烟气）布袋除尘器捕获以及在增湿塔和窑尾余热锅炉沉积的颗粒物。

（四）旁路放风粉尘，是指通过水泥窑窑尾旁路放风设施排出水泥窑系统的颗粒物。

（五）窑尾烟室，是指水泥窑分解炉底部与回转窑尾端（物料入口端）之间的衔接空间（包括上升烟道）。

（六）预处理，是指为了满足水泥窑协同处置的入窑（磨）要求，对危险废物进行干燥、破碎、筛分、中和、搅拌、混合、配伍、预烧等前期处理的过程。

（七）危险废物预处理中心，是指在水泥生产企业厂区外设置的，用于对收集的危险废物进行预处理的专门场所。

（八）分散联合经营模式，是指水泥生产企业和危险废物预处理中心分属不同的法人主体的情况下，危险废物在预处理中心经预处理满足水泥窑协同处置入窑（磨）要求后，运送至水泥生产企业不再进行其他预处理而直接入窑（磨）协同处置的经营模式。

（九）分散独立经营模式，是指水泥生产企业和危险废物预处理中心属于同一法人主体的情况下，危险废物在预处理中心经预处理满足水泥窑协同处置入窑（磨）要求后，运送至水泥生产企业不再进行其他预处理而直接入窑（磨）协同处置的经营模式。

（十）集中经营模式，是指在水泥生产企业厂区内对危险废物进行预处理和协同处置的经营模式，包括危险废物预处理和水泥窑协同处置设施或运营属于同一法人或分属不同法人主体的情况。

（十一）水泥窑协同处置危险废物单位，是指开展水泥窑协同处置危险废物活动和辅助水泥窑协同处置的危险废物预处理活动的独立法人或由独立法人组成的联合体。

（十二）预处理产物，是指经过危险废物预处理中心处理得到的满足水泥窑协同处置入窑（磨）要求的产物。

（十三）新型干法水泥窑，是指在窑尾配加了悬浮（旋风）预热器和分解炉的回转式水泥窑。

（十四）反应性废物，是指经《危险废物鉴别标准　反应性鉴别》（GB 5085.5）鉴别具有爆炸性质的危险废物和废弃氧化剂或有机过氧化剂。

（十五）重金属吨熟料投加量，是指每生产 1 吨熟料，随常规原料、常规燃料、废物投入水泥窑的某种重金属元素的质量，单位为 g/t·熟料。

（十六）重金属吨水泥投加量，是指每生产 1 吨水泥，随常规原料、常规燃料、废物、缓凝剂、混合材投入水泥窑和水泥磨的某种重金属元素的质量，单位为 g/t·水泥。

三、审查要点

（一）技术人员

1. 采用分散独立经营模式和集中经营模式的单位，应有至少有1名具备水泥工艺专业高级职称的技术人员，至少1名具备化学与化工专业中级及以上职称的技术人员，至少3名具备环境科学与工程专业中级及以上职称的技术人员，至少3名具有3年及以上固体废物污染治理经验的技术人员，至少1名依法取得注册助理安全工程师及以上执业资格或安全工程专业中级及以上职称的专职安全管理人员。

2. 采用分散联合经营模式的危险废物预处理中心，应有至少1名具备水泥工艺专业中级及以上职称（或水泥工艺专业大学本科及以上学历或5年及以上在水泥工艺专业工作经历）的技术人员，至少1名具备化学与化工专业中级及以上职称的技术人员，至少3名具备环境科学与工程专业中级及以上职称的技术人员，至少3名具有3年及以上固体废物污染治理经验的技术人员，至少1名依法取得注册助理安全工程师及以上执业资格或安全工程专业中级及以上职称的专职安全管理人员。

3. 采用分散联合经营模式的水泥生产企业，应有至少1名具备水泥工艺专业高级职称的技术人员，至少1名具备化学与化工或环境科学与工程专业中级及以上职称的技术人员。

4. 水泥生产企业应设置水泥窑协同处置危险废物管理部门，负责危险废物的协同处置和安全管理等工作。

（二）危险废物运输

1. 具有交通运输部门颁发的危险货物运输资质；无危险货物运输资质的申请单位应提供与具有危险货物运输资质的单位签订的运输协议或合同。

2. 危险废物运输的其他要求应符合《危险废物收集、贮存、运输技术规范》（HJ 2025）中的相关规定。

3. 预处理产物从预处理中心至水泥生产企业之间的运输应按危险废物进行管理。

（三）协同处置工艺与设施

1. 厂区

（1）协同处置危险废物的水泥生产企业所处位置应当符合城乡总体发展规划、

城市工业发展规划的要求。

（2）水泥窑协同处置危险废物项目应当符合国家和地方产业政策、危险废物污染防治技术政策、危险废物污染防治规划的相关要求，应与地方现有及拟建危险废物处置项目统筹规划。

（3）水泥窑协同处置危险废物项目应提供环境影响评价文件及其批复复印件等项目审批手续相关文件。

（4）危险废物预处理中心和水泥生产企业所在区域无洪水、潮水或内涝威胁，设施所在标高应位于重现期不小于100年一遇的洪水位之上，并建设在现有和各类规划中的水库等人工蓄水设施的淹没区和保护区之外。

（5）危险废物预处理中心和水泥生产企业的危险废物贮存和作业区域周边应设置初期雨水收集池。

（6）危险废物运输至预处理中心和水泥生产企业的运输路线、预处理中心至水泥生产企业的预处理产物运输路线应尽量避开居民区、商业区、学校、医院等环境敏感区，当因危险废物产生单位的位置位于环境敏感区周边导致危险废物运输路线无法避开环境敏感区时，危险废物装车后应及时离开，避免长时间停留。环境影响评价确定的危险废物预处理中心和水泥生产企业的防护距离内没有居民等环境敏感点。

（7）危险废物的贮存区、预处理区、投加区应与办公区、生活区分开。

2. 水泥窑

（1）协同处置危险废物的水泥窑应为设计熟料生产规模不小于2000吨/天的新型干法水泥窑，窑尾烟气采用高效布袋（含电袋复合）除尘器作为除尘设施，水泥窑及窑尾余热利用系统窑尾排气筒（以下简称窑尾排气筒）配备满足《固定污染源烟气排放连续监测系统技术要求及检测方法》（HJ/T 76）要求，并安装与当地环境保护主管部门联网的颗粒物、氮氧化物（NO_x）和二氧化硫（SO_2）浓度在线监测设备。

（2）对于改造利用原有设施协同处置危险废物的水泥窑，在改造之前，原有设施的监督性监测结果应连续两年符合《水泥工业大气污染物排放标准》（GB 4915）的要求，并且无其他环境违法行为。

3. 贮存

（1）危险废物预处理中心和水泥生产企业厂区内应建设危险废物专用贮存

设施，贮存设施的选址、设计及运行管理应满足《危险废物贮存污染控制标准》（GB 18597）和《危险废物收集、贮存、运输技术规范》（HJ 2025）的相关要求。

（2）采用分散联合经营模式和分散独立经营模式时，危险废物预处理中心内的危险废物贮存设施容量应不小于危险废物日预处理能力的15倍，水泥生产企业厂区内的危险废物贮存设施容量应不小于危险废物日协同处置能力的2倍。

（3）采用集中经营模式时，对于仅有一条协同处置危险废物水泥生产线的水泥生产企业，厂区内的危险废物贮存设施容量应不小于危险废物日协同处置能力的10倍；对于有两条及以上协同处置危险废物水泥生产线的水泥生产企业，厂区内的危险废物贮存设施容量应不小于危险废物日协同处置能力的5倍。

（4）贮存挥发性危险废物的贮存设施应具有较好的密闭性，贮存设施内采用微负压抽气设计，排出的废气应导入水泥窑高温区，如篦冷机的靠近窑头端（采用窑门罩抽气作为窑头余热发电热源的水泥窑除外）或分解炉三次风入口处，或经过其他气体净化装置处理后达标排放。采用导入水泥窑高温区的方式处理废气的贮存设施，还应同时配置其他气体净化装置，以备在水泥窑停窑期间使用。

（5）盛装危险废物的容器在再次盛装其他危险废物前应进行清洗。

（6）危险废物贮存的其他要求应符合《水泥窑协同处置固体废物环境保护技术规范》（HJ 662）和《危险废物收集、贮存、运输技术规范》（HJ 2025）中的相关规定。

4. 预处理

（1）针对直接投入水泥窑进行协同处置会对水泥生产和污染控制产生不利影响的危险废物，危险废物预处理中心和采用集中经营模式的协同处置单位应根据其特性和入窑要求设置危险废物预处理设施。

（2）危险废物的预处理设施应布置在室内车间。

（3）含挥发或半挥发性成分的危险废物的预处理车间应具有较好的密闭性，车间内应设置通风换气装置并采用微负压抽气设计，排出的废气应导入水泥窑高温区，如篦冷机的靠近窑头端（采用窑门罩抽气作为窑头余热发电热源的水泥窑除外）或分解炉三次风入口处，或经过其他气体净化装置处理后达标排放。采用导入水泥窑高温区的方式处理废气的预处理车间，还应同时配置其他气体净化装置，以备在水泥窑停窑期间使用。采用独立排气筒的预处理设施（如烘干机、预烧炉等）排放废气应经过气体净化装置处理后达标排放。

（4）对固态危险废物进行破碎和研磨预处理的车间，应配备除尘装置和与之配套的除尘灰处置系统。液态危险废物预处理车间应设置堵截泄漏的裙角和泄漏液体收集装置。

（5）危险废物预处理的消防、防爆、防泄漏等其他要求应符合《水泥窑协同处置固体废物环境保护技术规范》（HJ 662）中的相关规定。

5. 厂内输送

（1）从生料磨或水泥磨投加的危险废物的厂内输送设施可利用水泥生产常规原料、燃料和产品输送设施，其他危险废物厂内输送设施应专门配置，不能用于水泥生产常规原料、燃料和产品的输送。

（2）危险废物的物流出入口以及转运、输送路线应远离办公和生活服务设施。移动式输送设备（如各种运输车辆）在厂内运输危险废物时，应按照专用路线行驶。

（3）危险废物的管道输送设备应保持良好的密闭性，防止危险废物的滴漏和溢出；非密闭输送设备（如传送带、提升机等）和移动式输送设备（如铲斗车等）应采取防护措施（如加设防护罩等），防止粉尘飘散、挥发性气体逸散和危险废物遗撒，移动式输送设备还应定期进行清洗。

（4）输送危险废物的管道、传送带应在显眼处设置安全警告标识。

（5）厂内危险废物输送设备管理、维护产生的各种废物均应作为危险废物进行管理和处置。

6. 投加

（1）应根据危险废物（或预处理产物）的特性在水泥窑中选择合适的投加位置，并设置危险废物投加设施，水泥窑的危险废物投加位置和投加设施参见《指南》附表 1。作为替代混合材向水泥磨投加的危险废物应为不含有机物（有机质含量小于 0.5%，二噁英含量小于 10 ng TEQ/kg，其他特征有机物含量不大于水泥熟料中相应的有机物含量）和氰化物（CN^- 含量小于 0.01 mg/kg）的固态废物，并确保水泥产品满足水泥相关质量标准以及《水泥窑协同处置固体废物环境保护技术规范》（HJ 662）表 1 中规定的“单位质量水泥的重金属最大允许投加量”限值。

（2）含有机卤化物等难降解或高毒性有机物的危险废物优先从窑头（窑头主燃烧器或窑门罩）投加，若受危险废物物理特性限制（如半固态或大粒径固态危险废物）不能从窑头投加时，则优先从窑尾烟室投加，若受危险废物燃烧特性限制（如可燃或有机质含量较高的危险废物）也不能从窑尾烟室投加时，最后再选择从分解炉投加。

（3）采用窑门罩抽气作为窑头余热发电热源的水泥窑禁止从窑门罩投加危险废物。

（4）危险废物从分解炉投加时，投加位置应选择在分解炉的煤粉或三次风入口附近，并在保证分解炉内氧化气氛稳定的前提下，尽可能靠近分解炉下部，以确保足够的烟气停留时间。

（5）危险废物投加设施应能实现自动进料，并配置可调节投加速率的计量装置实现定量投料。在窑尾烟室或分解炉也可设置人工投加口用于临时投加自行产生或接收量少且不易进行预处理的危险废物（如危险废物的包装物、瓶装的实验室废物、专项整治活动中收缴的违禁化学品、不合格产品等）。

（6）危险废物采用非密闭机械输送投加装置（如传送带、提升机等）或人工从分解炉或窑尾烟室投加时，应在分解炉或窑尾烟室的危险废物入口处设置锁风结构（如物料重力自卸双层折板门、程序自动控制双层门、回转锁风门等），防止在投加危险废物过程中向窑内漏风以及水泥窑工况异常时窑内高温热风外溢和回火。

（7）危险废物机械输送投加装置的卸料点应设置防风、防雨棚。含挥发或半挥发性成分的危险废物和固态危险废物的机械输送投加装置卸料点应设置在密闭性较好的室内车间。含挥发或半挥发性成分的危险废物的卸料车间内应设置通风换气装置并采用微负压抽气设计，排出的废气应导入水泥窑高温区，如篦冷机的靠近窑头端（采用窑门罩抽气作为窑头余热发电热源的水泥窑除外）或分解炉三次风入口处，或经过其他气体净化装置处理后达标排放。固态危险废物的卸料车间应配备除尘装置。液态危险废物的卸料区域应设置堵截泄漏的裙角和泄漏液体收集装置。

（8）危险废物非密闭机械输送投加装置（如传送带、提升机等）的入料端口和人工投加口应设置在线监视系统，并将监视视频实时传输至中央控制室显示屏幕。

（9）危险废物向水泥窑投加的其他要求应符合《水泥窑协同处置固体废物环境保护技术规范》（HJ 662）中的相关规定。

7. 协同处置危险废物的类别和规模

（1）水泥窑禁止协同处置放射性废物，爆炸物及反应性废物，未经拆解的电子废物，含汞的温度计、血压仪、荧光灯管和开关，铬渣，未知特性的不明废物。危险废物预处理中心或采用集中经营模式的协同处置单位可以接收未知特性的不明废物，但应满足《水泥窑协同处置固体废物环境保护技术规范》（HJ 662）第9.3节中有关不明性质废物的专门规定。电子废物拆解下来的废树脂可以在水泥窑进行协同处置。

（2）除放射性废物、爆炸物及反应性废物、含汞的温度计、血压仪、荧光灯管和开关、铬渣之外的其他危险废物，若满足或经预处理后满足《水泥窑协同处置固体废物环境保护技术规范》（HJ 662）规定的入窑或替代混合材要求后，均可以进行水泥窑协同处置。

（3）水泥窑协同处置危险废物的规模和类别应与地方危险废物的产生现状和特点，以及地方现有危险废物处置设施的危险废物处置类别和能力相协调。

（4）水泥窑协同处置危险废物的规模不应超过水泥窑对危险废物的最大容量。在保证水泥窑熟料产量不明显降低的条件下，水泥窑对危险废物的最大容量可参考《指南》附表2确定。危险废物作为替代混合材时，水泥磨对危险废物的最大容量不超过水泥生产能力的20%。水泥窑协同处置危险废物的规模还应考虑危险废物中有害元素包括重金属、硫（S）、氯（Cl）、氟（F）和硝酸盐、亚硝酸盐的含量，确保由危险废物带入水泥窑（或水泥磨）的有害元素的总量满足《水泥窑协同处置固体废物环境保护技术规范》（HJ 662）中第6.6.7～6.6.9条的要求，每生产1吨熟料由危险废物带入水泥窑的硝酸盐和亚硝酸盐总量（以N元素计）不超过35 g。

（5）水泥窑同时协同处置可燃危险废物，不可燃的半固态、液态或含水率较高的固态危险废物时，水泥窑对可燃危险废物，不可燃的半固态、液态危险废物的最大容量应在《指南》附表2所示的基础上进行相应的减小。

8. 污染物排放控制

（1）协同处置危险废物的水泥窑可以设置旁路放风设施。旁路放风设施应采用高效布袋除尘器作为烟气除尘设施，若采用独立的排气筒时，其排气筒高度不低于15 m，且高出本体建筑物3 m以上。旁路放风粉尘和窑灰可以作为替代混合材直接投入水泥磨，但应严格控制其掺加比例，确保水泥产品满足相关质量标准以及《水泥窑协同处置固体废物环境保护技术规范》（HJ 662）中表1规定的“单位质量水泥的重金属最大允许投加量”限值。如果窑灰和旁路放风粉尘需要送至水泥生产企业外进行处置，应按危险废物进行管理。

（2）协同处置危险废物的窑尾排气筒和旁路放风设施排气筒（包括独立排气筒和与水泥窑及窑尾余热利用系统、窑头熟料冷却机或煤磨的共用排气筒）大气污染物排放浓度应满足《水泥窑协同处置固体废物污染控制标准》（GB 30485）的要求。危险废物贮存设施、预处理车间和输送投加装置卸料车间有组织排放源的恶臭污染物排放浓度应满足《恶臭污染物排放标准》（GB 14554）的要求，非甲烷总烃排放浓度应满足《大气污染物综合排放标准》（GB 16297）的要求，颗粒物排放浓度应不超过 20 mg/m^3（标准状态下干烟气浓度）。采用独立排气筒的预处理设施（如烘干机、预烧炉等）排气筒大气污染物排放浓度应根据预处理设施类型满足相关大气污染物排放标准要求。

（3）危险废物预处理中心和协同处置危险废物水泥生产企业无组织排放源的恶臭污染物浓度应满足《恶臭污染物排放标准》（GB 14554）的要求，非甲烷总烃排放浓度应满足《大气污染物综合排放标准》（GB 16297）的要求，颗粒物排放浓度满足《水泥工业大气污染物排放标准》（GB 4915）的要求。

（4）协同处置危险废物的窑尾排气筒总有机碳（TOC）排放浓度应满足《水泥窑协同处置固体废物污染控制标准》（GB 30485）的要求。旁路放风设施采用独立的排气筒时，其中的 TOC 排放浓度不应超过 10 mg/m^3，与水泥窑及窑尾余热利用系统、窑头熟料冷却机或煤磨共用排气筒时，协同处置危险废物与未协同处置固体废物的水泥窑常规生产时 TOC 排放浓度的差值不应超过 10 mg/m^3（以上浓度均指标准状态下氧含量 10% 的干烟气浓度）。烟气中 TOC 的测定方法参照《固定污染源排气中非甲烷总烃的测定气相色谱法》（HJ/T 38）中总烃的测定方法。

（5）危险废物预处理中心和水泥生产企业的危险废物贮存和作业区域的初期雨水以及危险废物贮存、预处理设施和危险废物容器、运输车辆清洗产生的废水应收集后按照《水泥窑协同处置固体废物污染控制标准》（GB 30485）的要求进行处理并满足相关水污染物排放标准要求，上述初期雨水和废水处理产生的污泥应作为危险废物进行管理和处置。

（6）水泥窑协同处置危险废物单位涉及废水和废气的污染物排放和管理要求应符合排污许可证的相关规定。

9. 分析化验与质量控制

（1）采用分散联合经营或分散独立经营模式时，危险废物预处理中心和水泥生产企业应制定预处理产物质量标准并在当地质监部门进行备案，预处理产物质量标准中至少应规定预处理产物的重金属包括汞（Hg）、镉（Cd）、铊（Tl）、砷（As）、镍（Ni）、铅（Pb）、铬（Cr）、锡（Sn）、锑（Sb）、铜（Cu）、锰（Mn）、铍（Be）、锌（Zn）、钒（V）、钴（Co）、钼（Mo）以及硫（S）、氯（Cl）、氟（F）含量限值，预处理中心生产的并运送至水泥生产企业进行协同处置的预处理产物应满足预处理产物质量标准。

（2）危险废物预处理中心和采用集中经营模式的协同处置单位的实验室应具备危险废物、预处理产物、水泥生产常规原料和燃料中的重金属以及硫（S）、氯（Cl）、氟（F）含量的分析能力。

（3）采用分散联合经营或分散独立经营模式的水泥生产企业如果不具备危险废物、预处理产物、水泥生产常规原料和燃料中的重金属以及硫（S）、氯（Cl）、氟（F）含量的分析能力，可经当地环保部门许可后，委托其他分析检测机构进行定期送样分析，送样分析频次应不少于每周 1 次，并将预处理产物的送样分析结果与预处理产物质量标准进行比对，评估预处理中心生产的预处理产物的质量可靠性。预处理产物连续 2 个月的送样分析结果与预处理质量标准一致时，送样分析频次可减为每月 1 次，若在此期间出现送样分析结果与预处理产物质量标准不一致，则送样分析频次重新调整为每周 1 次。

（4）协同处置单位分析化验的其他要求应符合《水泥窑协同处置固体废物环境保护技术规范》（HJ 662）中的相关规定。

10. 水泥窑设施性能测试（试烧）

（1）新建水泥窑协同处置危险废物单位在试生产期间应按照《水泥窑协同处置固体废物环境保护技术规范》（HJ 662）的要求对协同处置危险废物的水泥窑设施进行性能测试，性能测试结果合格是试生产结束后领取水泥窑协同处置危险废物经营许可证的必要条件之一。

（2）性能测试结果的有效期为五年。五年期满后，水泥窑协同处置危险废物单位应按《水泥窑协同处置固体废物环境保护技术规范》（HJ 662）的要求重新开展性能测试，性能测试结果合格是重新申请领取水泥窑协同处置危险废物经营许可证或提出换证申请的必要条件之一。

（3）性能测试所需的危险废物或有机标识物不易获得时，可以选择投加含有机标识物的污染土壤，开始烟气采样的时间可以在含有机标识物的危险废物（包括污染土壤）稳定投加至少 2 小时后进行，持续时间不小于 8 小时。

（4）从窑头主燃烧器或窑门罩投加的危险废物为液态时，也可以选择窑尾投加点进行性能测试；从窑头主燃烧器或窑门罩投加的危险废物为固态或半固态时，必须选择窑头或窑门罩投加点进行性能测试，此时熟料中有机标识物的含量应小于 0.3 μg/kg。

（5）当窑尾有多个危险废物投加点时，应选择烟气在分解炉内停留时间最短的投加点进行性能测试。

（6）对煤磨采用水泥窑窑尾烟气作为烘干热源的水泥窑设施进行性能测试时，有机标识物的焚毁去除率（DRE）采用以下公式计算：

$$DRE_{tr}=\left[1-\frac{c_g\times(V_{g1}+V_{g2})}{FR_{tr}\times10^{12}}\right]\times100\%$$

其中：

DRE_{tr} 为有机标识物的焚毁去除率，%；

c_g 为窑尾排气筒烟气中有机标识物的浓度，ng/Nm^3；

V_{g1} 和 V_{g2} 分别为单位时间内的窑尾排气筒和煤磨排气筒烟气体积流量，Nm^3/h；

FR_{tr} 为有机标识物的投加速率，kg/h。

（7）对设置旁路放风的水泥窑设施进行性能测试时，若旁路放风设施未与水泥窑及窑尾余热利用系统共用排气筒，应按《水泥窑协同处置固体废物污染控制标准》（GB 30485）的要求对旁路放风设施排气筒大气污染物排放浓度（包括 TOC）进行检测并满足《指南》三（三）“8. 污染物排放控制”相关要求，此时有机标识物的 DRE 采用以下公式计算：

$$DRE_{tr}=\left[1-\frac{c_{g1}\times V_{g1}+c_{g2}\times V_{g2}}{FR_{tr}\times10^{12}}\right]\times100\%$$

其中：

DRE_{tr} 为有机标识物的焚毁去除率，%；

c_{g1} 和 c_{g2} 分别为窑尾排气筒和旁路放风设施排气筒烟气中有机标识物的浓度，ng/Nm^3；

V_{g1} 和 V_{g2} 分别为单位时间内的窑尾排气筒和旁路放风设施排气筒烟气体积流量，Nm^3/h；

FR_{tr} 为有机标识物的投加速率，kg/h。

（8）当窑尾排气筒烟气中有机物标识物浓度的性能测试检测结果低于采样分析仪器的检出限时，应以采样分析仪器的检出限作为烟气中有机标识物的浓度代入《水泥窑协同处置固体废物环境保护技术规范》（HJ 662）中的 DRE 计算公式求取有机标识物的 DRE 下限值。

（9）仅协同处置不含有机质（有机质含量小于 0.5%，二噁英含量小于 10ng TEQ/kg，其他特征有机物含量不大于常规水泥生料中相应的有机物含量）和氰化物（CN^- 含量小于 0.01 mg/kg）以及仅向水泥磨投加危险废物的危险废物经营许可证申请单位，可不进行性能测试。

（四）规章制度与事故应急

1. 按照《水泥窑协同处置固体废物环境保护技术规范》（HJ 662）《突发环境事件应急管理办法》《企业事业单位突发环境事件应急预案备案管理办法》的要求建立应急管理制度。

2. 按照《水泥窑协同处置固体废物环境保护技术规范》（HJ 662）的要求建立操作运行记录制度，其中，每套投加系统的危险废物小时平均投加速率每小时记录 1 次，重金属吨熟料和吨水泥投加量每 8 小时记录 1 次。

3. 按照《水泥窑协同处置固体废物环境保护技术规范》（HJ 662）的要求建立人员培训制度、安全管理制度、人员健康管理制度和环境管理制度。

四、许可证的颁发

1. 对符合指南要求的申请单位，审批部门按《危险废物经营单位审查和许可指南》要求制作并颁发许可证。

2. 对于采用分散联合经营模式的申请单位，危险废物经营许可证中应注明危险废物预处理中心的法人名称、法定代表人、住所、危险废物预处理设施地址、核准经营危险废物类别和规模，以及接收该预处理中心所生产预处理产物的所有水泥生产企业的法人名称、法定代表人、住所、水泥窑协同处置设施地址、核准接收预处理产物形态（固态、半固态和液态）和规模等信息。

3. 对于采用集中经营模式且危险废物预处理和水泥窑协同处置设施或运营分属不同法人主体的申请单位，危险废物经营许可证中应注明各法人的法人名称、法定代表人、住所，以及水泥窑协同处置设施地址、核准经营危险废物类别和规模等信息。

4. 对于采用分散独立经营模式的申请单位，危险废物经营许可证中应注明法人名称、法定代表人、住所、危险废物预处理设施和水泥窑协同处置设施地址、核准经营危险废物类别和规模等信息。

附表

表 1 水泥窑的危险废物投加位置和投加设施

<table>
<tr><th colspan="3">入窑危险废物特性</th><th>投加位置</th><th>投加设施</th></tr>
<tr><td rowspan="8">可燃</td><td colspan="2" rowspan="3">液态</td><td>窑头主燃烧器</td><td>借用窑头煤粉多通道燃烧器的空闲通道，设置泵力输送装置</td></tr>
<tr><td>窑门罩</td><td>设置泵力输送装置和喷嘴</td></tr>
<tr><td>分解炉</td><td>借用分解炉煤粉多通道燃烧器的空闲通道或在分解炉新增开口，设置泵力输送装置和喷嘴</td></tr>
<tr><td colspan="2">半固态</td><td>分解炉</td><td>设置柱塞泵和输送管道</td></tr>
<tr><td rowspan="4">固态</td><td rowspan="3">小粒径</td><td>窑头主燃烧器</td><td>借用窑头煤粉多通道燃烧器的空闲通道，设置气力输送装置</td></tr>
<tr><td>窑门罩</td><td>设置气力输送装置后，投加方向与回转窑轴线平行</td></tr>
<tr><td>分解炉</td><td>借用分解炉煤粉多通道燃烧器的空闲通道或在分解炉新增开口，设置气力或机械输送装置</td></tr>
<tr><td>大粒径</td><td>分解炉</td><td>在分解炉新增开口，设置气力或机械输送装置</td></tr>
<tr><td rowspan="9">不可燃</td><td colspan="2" rowspan="3">液态</td><td>窑门罩</td><td>设置泵力输送装置和喷嘴</td></tr>
<tr><td>窑尾烟室</td><td>设置泵力输送装置和喷嘴</td></tr>
<tr><td>分解炉</td><td>借用分解炉煤粉多通道燃烧器的空闲通道或在分解炉新增开口，设置泵力输送装置和喷嘴</td></tr>
<tr><td colspan="2" rowspan="2">半固态</td><td>窑尾烟室</td><td>设置柱塞泵和输送管道</td></tr>
<tr><td>分解炉</td><td>设置柱塞泵和输送管道</td></tr>
<tr><td rowspan="4">固态</td><td rowspan="4">含有机质小粒径</td><td>窑头主燃烧器</td><td>借用窑头煤粉多通道燃烧器的空闲通道，设置气力输送装置</td></tr>
<tr><td>窑门罩</td><td>设置气力输送装置后，投加方向与回转窑轴线平行</td></tr>
<tr><td>窑尾烟室</td><td>设置气力或机械输送装置</td></tr>
<tr><td>分解炉</td><td>借用分解炉煤粉多通道燃烧器的空闲通道或在分解炉新增开口，设置气力或机械输送装置</td></tr>
</table>

续表 1

<table>
<tr><th colspan="3">入窑危险废物特性</th><th>投加位置</th><th>投加设施</th></tr>
<tr><td rowspan="3">不可燃</td><td rowspan="3">固态</td><td rowspan="2">含有机质大粒径或大块状</td><td>窑尾烟室</td><td>设置机械输送装置</td></tr>
<tr><td>分解炉</td><td>设置机械输送装置</td></tr>
<tr><td>不含有机质（有机质含量 < 0.5%，二噁英含量 < 10 ng TEQ/kg，其他特征有机物含量≤常规水泥生料中相应的有机物含量）和氰化物（CN^- 含量 < 0.01 mg/kg）</td><td>生料磨</td><td>借用常规生料的空闲输送皮带或新增输送皮带</td></tr>
</table>

表 2　水泥窑对危险废物的最大容量

<table>
<tr><th colspan="3">废物特性和形态</th><th>可投加的危险废物的最大质量</th></tr>
<tr><td colspan="3">可燃</td><td>与废物低位热值相关，参见表 3</td></tr>
<tr><td rowspan="5">不可燃</td><td colspan="2">液态</td><td>一般不超过水泥窑熟料生产能力的 10%</td></tr>
<tr><td rowspan="3">固态</td><td>含有机质或氰化物的小粒径</td><td>一般不超过水泥窑熟料生产能力的 15%</td></tr>
<tr><td>含有机质或氰化物的大粒径或大块状</td><td>一般不超过水泥窑熟料生产能力的 4%</td></tr>
<tr><td>不含有机质（有机质含量 < 0.5%，二噁英含量 < 10 ng TEQ/kg，其他特征有机物含量≤常规水泥生料中相应的有机物含量）和氰化物（CN^- 含量 < 0.01 mg/kg）</td><td>一般不超过水泥窑熟料生产能力的 15%</td></tr>
<tr><td colspan="2">半固态</td><td>一般不超过水泥窑熟料生产能力的 4%</td></tr>
</table>

表 3　水泥窑对可燃危险废物的最大容量与危险废物低位热值的关系

可燃危险废物低位热值（MJ/kg）	3	5	10	15	20	25	30	35	40
可投加的可燃危险废物质量占水泥窑熟料生产能力的百分比（%）	15	16	22	19	18	15	12	10	9

表 4　水泥窑协同处置危险废物经营许可证评审表

危险废物经营许可证申请单位名称：　　　　　　　　　　评审日期：

评审项目		评审指标	评审记录	评审方法	备注
1. 技术人员	1.1 水泥工艺专业技术人员	分散独立和集中经营模式的单位：高级职称≥1人 分散联合经营模式的预处理中心：中级职称（或水泥工艺专业大学本科及以上学历或5年及以上在水泥工艺专业工作经历）≥1人； 分散联合经营模式的水泥生产企业：高级职称≥1人		核查专业职称和劳动关系证明材料	对于分散联合经营模式的水泥生产企业，化学与化工专业中级职称≥1人、环境科学与工程专业中级职称≥1人和3年固体废物污染治理经历≥1人满足其一即可
	1.2 环境科学与工程专业技术人员	分散独立和集中经营模式的单位：中级职称≥3人 分散联合经营模式的预处理中心：中级职称≥3人 分散联合经营模式的水泥生产企业：中级职称≥1人			
	1.3 化学与化工专业技术人员	分散独立和集中经营模式的单位：中级职称≥1人 分散联合经营模式的预处理中心：中级职称≥1人 分散联合经营模式的水泥生产企业：中级职称≥1人			
	1.4 固体废物污染治理经历	分散独立和集中经营模式的单位:3年经历≥3人 分散联合经营模式的预处理中心:3年经历≥3人 分散联合经营模式的水泥生产企业:3年经历≥1人			
	1.5 专职安全管理人员	分散独立和集中经营模式的单位：注册助理安全工程师（或安全工程专业中级职称）≥1人 分散联合经营模式的预处理中心：注册助理安全工程师（或安全工程专业中级职称）≥1人			
	1.6 管理部门设置	水泥生产企业设置水泥窑协同处置危险废物管理部门，负责危险废物的协同处置和安全管理等工作		核查部门设置相关材料	

续表 4

评审项目		评审指标	评审记录	评审方法	备注
2. 危险废物运输	2.1 运输资质	具有交通运输部门颁发的危险货物运输资质，或与具有危险货物运输资质的单位签订的运输协议或合同		核查相关证件或合同、协议	适用于危险废物预处理中心和采用集中经营模式的协同处置单位
	2.2 其他	符合《危险废物收集、贮存、运输技术规范》(HJ 2025)中的相关规定		对照资料现场核查	
	2.3 预处理产物运输	预处理产物从预处理中心至水泥生产企业之间的运输应按危险废物进行管理		核查转移联单或运输记录	适用于分散联合和分散独立经营模式，不适用于新建协同处置单位试生产前申请的情况
3. 厂区	3.1 厂区位置	3.1.1 协同处置危险废物的水泥生产企业所处位置符合城乡总体发展规划、城市工业发展规划的要求		对照环境影响报告现场核查	
		3.1.2 预处理中心和水泥生产企业所在区域无洪水、潮水或内涝威胁，设施所在标高位于重现期不小于 100 年一遇的洪水位之上，并建设在现有和各类规划中的水库等人工蓄水设施的淹没区和保护区之外			
		3.1.3 危险废物运输至预处理中心和水泥生产企业的运输路线、预处理中心至水泥生产企业的预处理产物运输路线能尽量避开居民区、商业区、学校、医院等环境敏感区，当因危险废物产生单位的位置位于环境敏感区周边导致危险废物运输路线无法避开环境敏感区时，危险废物装车后应及时离开，避免长时间停留			
		3.1.4 环境影响评价确定的危险废物预处理中心和水泥生产企业的防护，距离内没有居民等环境敏感点			

续表 4

评审项目		评审指标	评审记录	评审方法	备注
3. 厂区	3.2 项目可行性和合法性	3.2.1 水泥窑协同处置危险废物项目符合国家和地方产业政策、危险废物污染防治技术政策、危险废物污染防治规划的相关要求，与地方现有及拟建危险废物处置项目进行了统筹规划		核查环境影响报告，相关规划；质询企业和地方政府主管人员	
		3.2.2 水泥窑协同处置危险废物项目应提供环境影响评价文件及其批复复印件等项目审批手续相关文件		核查相关证明材料	
		3.2.3 水泥窑协同处置危险废物单位为独立法人或由独立法人组成的联合体			
	3.3 厂区布局	3.3.1 危险废物的贮存区、预处理区、投加区与办公区、生活区分开		对照设计、施工资料现场核查	
		3.3.2 危险废物预处理中心和水泥生产企业的危险废物贮存和作业区域周边应设置初期雨水收集池			
4. 水泥窑	4.1 规模	设计熟料生产规模≥ 2000 吨 / 天		核查水泥窑设计和运行记录资料	
	4.2 窑型	新型干法水泥窑		对照水泥窑设计资料现场核查	
	4.3 配套设施	4.3.1 窑尾烟气采用高效布袋（含电袋复合）除尘器作为除尘设施			
		4.3.2 窑尾排气筒配备满足《固定污染源烟气排放连续监测系统技术要求及检测方法》（HJ/T 76）要求，并安装与当地环境保护主管部门联网的颗粒物、氮氧化物（NO_x）和二氧化硫（SO_2）浓度在线监测设备			
	4.4 污染控制水平	在改造之前原有设施的监督性监测结果连续两年符合《水泥工业大气污染物排放标准》（GB 4915）的要求，并且无其他环境违法行为		核查监测报告	适用于改造利用原有设施协同处置危险废物的水泥窑

续表 4

评审项目		评审指标	评审记录	评审方法	备注
5. 贮存	5.1 贮存设施	5.1.1 危险废物预处理中心和水泥生产企业厂区内建设有危险废物专用贮存设施		对照设计、施工资料现场核查	
		5.1.2 挥发性危险废物的贮存设施具有较好的密闭性，贮存设施内采用微负压抽气设计，排出的废气导入水泥窑高温区，如篦冷机的靠近窑头端（采用窑门罩抽气作为窑头余热发电热源的水泥窑除外）或分解炉三次风入口处，或经过其他气体净化装置处理后达标排放			
		5.1.3 采用导入水泥窑高温区的方式处理废气的贮存设施，还应同时配置其他气体净化装置			
		5.1.4 符合《水泥窑协同处置固体废物环境保护技术规范》《危险废物贮存污染控制标准》（GB 18597）和《危险废物收集、贮存、运输技术规范》（HJ 2025）中的相关规定		对照环境影响报告、设计、施工、监理、项目竣工验收等资料现场核查	
	5.2 贮存能力	5.2.1 危险废物预处理中心内的危险废物贮存设施容量应不小于危险废物日预处理能力的 15 倍，水泥生产企业厂区内的危险废物贮存设施容量应不小于危险废物日协同处置能力的 2 倍		对照设计、施工资料现场核查	适用于分散联合经营模式和分散独立经营模式
		5.2.2 采用集中经营模式时，对于仅有一条协同处置危险废物水泥生产线的水泥生产企业，厂区内的危险废物贮存设施容量应不小于危险废物日协同处置能力的 10 倍；对于有两条及以上协同处置危险废物水泥生产线的水泥生产企业，厂区内的危险废物贮存设施容量应不小于危险废物日协同处置能力的 5 倍			适用于集中经营模式
	5.3 危险废物容器	盛装危险废物的容器在再次盛装其他危险废物前进行清洗		对照设计资料和运行记录现场核查	

续表 4

评审项目		评审指标	评审记录	评审方法	备注
5. 贮存	5.4 其他	符合《水泥窑协同处置固体废物环境保护技术规范》（HJ 662）和《危险废物收集、贮存、运输技术规范》（HJ 2025）中的相关规定		对照环境影响报告、设计、施工、监理、项目竣工验收、运行记录等资料现场核查	
6. 预处理	6.1 预处理设施	6.1.1 针对直接投入水泥窑进行协同处置会对水泥生产和污染控制产生不利影响的危险废物，根据其特性和入窑要求设置危险废物预处理设施		对照设计、施工资料现场核查	适用于危险废物预处理中心和采用集中经营模式的协同处置单位
		6.1.2 预处理设施布置在室内车间			
		6.1.3 含挥发或半挥发性成分的危险废物的预处理车间具有较好的密闭性，车间内设置通风换气装置并采用微负压抽气设计，排出的废气导入水泥窑高温区，如篦冷机的靠近窑头端（采用窑门罩抽气作为窑头余热发电热源的水泥窑除外）或分解炉三次风入口处，或经过其他气体净化装置处理后达标排放。采用独立排气筒的预处理设施（如烘干机、预烧炉等）排放废气经过气体净化装置处理后达标排放			
		6.1.4 采用导入水泥窑高温区的方式处理废气的预处理车间，同时配置其他气体净化装置，以备在水泥窑停窑期间使用			
		6.1.5 对固态危险废物进行破碎和研磨预处理的车间，配备除尘装置和与之配套的除尘灰处置系统			

续表 4

评审项目		评审指标	评审记录	评审方法	备注
6. 预处理	6.2 消防、防爆、防泄漏等	符合《水泥窑协同处置固体废物环境保护技术规范》（HJ 662）中的相关规定		对照环境影响报告、设计、施工、监理、项目竣工验收和消防验收等资料现场核查	适用于危险废物预处理中心和采用集中经营模式的协同处置单位
7. 厂内输送	7.1 输送路线	7.1.1 危险废物的物流出入口以及转运、输送路线远离办公和生活服务设施		对照设计、施工资料现场核查	
		7.1.2 移动式输送设备（如各种运输车辆）在厂内运输危险废物时，按照专用路线行驶			
	7.2 输送设施	7.2.1 危险废物厂内输送设施专门配置，未用于水泥生产常规原料、燃料和产品的输送			不包括从生料磨或水泥磨投加的危险废物
		7.2.2 危险废物的管道输送设备保持良好的密闭性，防止危险废物的滴漏和溢出			
		7.2.3 非密闭输送设备（如传送带、提升机等）和移动式输送设备（如铲斗车等）采取防护措施（如加设防护罩等），防止粉尘飘散、挥发性气体逸散和危险废物遗撒			
		7.2.4 移动式输送设备定期进行清洗		对照设计、施工、清洗记录资料现场核查	
		7.2.5 输送危险废物的管道、传送带在显眼处设置安全警告标识		现场核查	
	7.3 二次废物	厂内危险废物输送设备管理、维护产生的各种废物均作为危险废物进行管理和处置		对照废物管理制度或运行操作记录现场核查	

续表 4

评审项目		评审指标	评审记录	评审方法	备注
8. 投加	8.1 投加位置	8.1.1 根据危险废物特性，按照《指南》附表 1 在水泥窑选择投加位置		对照环境影响报告、设计、施工、协同处置方案、运行操作记录等资料现场核查	
		8.1.2 向水泥磨投加的危险废物为不含有机物和氰化物的固态废物，并确保水泥产品满足相关质量标准，以及《水泥窑协同处置固体废物环境保护技术规范》（HJ 662）中表 1 规定的“单位质量水泥的重金属最大允许投加量”限值			
		8.1.3 含有机卤化物等难降解或高毒性有机物的危险废物优先从窑头（窑头主燃烧器或窑门罩）投加，若受危险废物物理特性限制（如半固态或大粒径固态危险废物）不能从窑头投加时，则优先从窑尾烟室投加，若受危险废物燃烧特性限制（如可燃或有机质含量较高的危险废物）也不能从窑尾烟室投加时，最后再选择从分解炉投加			适用于含有机卤化物的危险废物
		8.1.4 采用窑门罩抽气作为窑头余热发电热源的水泥窑禁止从窑门罩投加危险废物			适用于采用窑门罩抽气作为窑头余热发电热源的水泥窑
		8.1.5 从分解炉投加时，投加位置应选择在分解炉的煤粉或三次风入口附近，并在保证分解炉内氧化气氛稳定的前提下，尽可能靠近分解炉下部，以确保足够的烟气停留时间			适用于从分解炉投加的情况
	8.2 投加设施	8.2.1 根据危险废物特性，按照《指南》附表 1 设置投加设施			窑尾烟室的人工投加口除外
		8.2.2 投加设施能实现自动进料，并配置可调节投加速率的计量装置实现定量投料			

续表 4

评审项目		评审指标	评审记录	评审方法	备注
8. 投加	8.2 投加设施	8.2.3 若有人工投加点，人工投加口设置在窑尾烟室或分解炉用于投加自行产生或接收量少且不易进行预处理的危险废物（如危险废物的包装物、瓶装的实验室废物、专项整治活动中收缴的违禁化学品、不合格产品等）		对照环境影响报告、设计、施工、协同处置方案、运行操作记录等资料现场核查	适用于设置人工投加点的情况
		8.2.4 危险废物采用非密闭机械输送投加装置（如传送带、提升机等）或人工从分解炉或窑尾烟室投加时，在分解炉或窑尾烟室的危险废物入口处设置锁风结构（如物料重力自卸双层折板门、程序自动控制双层门、回转锁风门等），防止在投加危险废物过程中向窑内漏风以及水泥窑工况异常时窑内高温热风外溢和回火			适用于采用非密闭机械输送投加装置或人工从分解炉或窑尾烟室投加的情况
		8.2.5 危险废物机械输送投加装置的卸料点设置防风、防雨棚			
		8.2.6 含挥发或半挥发性成分的危险废物和固态危险废物的机械输送投加装置卸料点设置在密闭性较好的室内车间			适用于含挥发或半挥发性成分的危险废物
		8.2.7 含挥发或半挥发性成分的危险废物的卸料车间内设置通风换气装置并采用微负压抽气设计，排出的废气导入水泥窑高温区，如篦冷机的靠近窑头端（采用窑门罩抽气作为窑头余热发电热源的水泥窑除外）或分解炉三次风入口处，或经过其他气体净化装置处理后排放			
		8.2.8 固态危险废物的卸料车间配备除尘装置			适用于固态危险废物
		8.2.9 危险废物非密闭机械输送投加装置（如传送带、提升机等）的入料端口和人工投加口设置在线监视系统，并将监视视频实时传输至中央控制室显示屏幕			适用于非密闭机械投加装置

续表 4

评审项目		评审指标	评审记录	评审方法	备注
8. 投加	8.3 其他	危险废物向水泥窑投加的其他要求符合《水泥窑协同处置固体废物环境保护技术规范》(HJ662)中的相关规定			
9. 协同处置危险废物的类别和规模	9.1 处置类别	9.1.1 水泥窑禁止协同处置放射性废物，爆炸物及反应性废物，未经拆解的电子废物，含汞的温度计、血压仪、荧光灯管和开关，铬渣，未知特性的不明废物		对照环境影响报告、协同处置方案、运行操作记录等资料现场核查	
		9.1.2 危险废物预处理中心或采用集中经营模式的协同处置单位接收未知特性的不明废物时，满足《水泥窑协同处置固体废物环境保护技术规范》(HJ662)第 9.3 节中有关不明性质废物的专门规定			
		9.1.3 水泥窑协同处置危险废物的类别与地方危险废物的产生现状和特点，以及地方现有危险废物处置设施的危险废物处置类别相协调		核查环境影响报告；质询企业和地方政府主管人员	
	9.2 处置规模	9.2.1 水泥窑协同处置危险废物的规模与地方危险废物的产生现状和特点，以及地方现有危险废物处置设施的危险废物处置能力相协调			
		9.2.2 水泥窑协同处置危险废物的规模不应超过《指南》附表 2 规定的水泥窑对危险废物的最大容量对于可燃、不可燃半固态和不可燃液态这三种形态的危险废物，其中的两种(或三种)形态的危险废物同时在水泥窑协同处置时，《指南》附表 2 所述的水泥窑对该形态危险废物的最大容量进行了相应的减小		对照环境影响报告、协同处置方案、运行操作记录等资料现场核查	
		9.2.3 危险废物作为替代混合材时，水泥磨对危险废物的最大容量不超过水泥生产能力的 20%			

续表 4

评审项目		评审指标	评审记录	评审方法	备注
9. 协同处置危险废物的类别和规模	9.2 处置规模	9.2.4 由危险废物带入水泥窑（或水泥磨）的有害元素的总量满足《水泥窑协同处置固体废物环境保护技术规范》（HJ 662）中的相关要求		对照环境影响报告、协同处置方案、运行操作记录等资料现场核查	
		9.2.5 每生产 1 吨熟料由危险废物带入水泥窑的硝酸盐和亚硝酸盐总量（以 N 元素计）不超过 35g			
10. 污染物排放控制	10.1 旁路放风和窑灰	10.1.1 旁路放风设施烟气采用高效布袋除尘器作为除尘设施		对照设计、施工资料现场核查	
		10.1.2 旁路放风排气筒高度不低于 15 m，且高出本体建筑物 3 m 以上			适用于采用独立排气筒的情况
		10.1.3 旁路放风粉尘和窑灰作为替代混合材直接投入水泥磨时，水泥产品满足相关质量标准，以及《水泥窑协同处置固体废物环境保护技术规范》（HJ 662）表 1 中规定的“单位质量水泥的重金属最大允许投加量”限值		对照环境影响报告、废物管理制度、运行操作记录等资料现场核查	适用于将旁路放风粉尘和窑灰直接投入水泥磨的情况
		10.1.4 窑灰和旁路放风粉尘需要送至水泥生产企业外进行处置时，按危险废物进行管理		对照环境影响报告、废物管理制度、运行操作记录等资料现场核查	适用于将旁路放风粉尘和窑灰送至水泥生产企业外处置的情况
	10.2 大气污染物	10.2.1 协同处置危险废物的窑尾排气筒和旁路放风设施排气筒大气污染物排放浓度满足《水泥窑协同处置固体废物污染控制标准》（GB 30485）的要求		核查环境影响报告、监测报告或性能测试报告	

续表 4

评审项目		评审指标	评审记录	评审方法	备注
10. 污染物排放控制	10.2 大气污染物	10.2.2 危险废物贮存设施、预处理车间和输送投加装置的卸料车间的有组织排放源的恶臭污染物排放浓度满足《恶臭污染物排放标准》（GB 14554）的要求，非甲烷总烃排放浓度满足《大气污染物综合排放标准》（GB 16297）的要求，颗粒物排放浓度应不超过 20 mg/m^3（标准状态下干烟气浓度）采用独立排气筒的预处理设施（如烘干机、预烧炉等）排气筒大气污染物排放浓度根据预处理设施类型满足相关大气污染物排放标准要求		核查环境影响报告、监测报告或性能测试报告	
		10.2.3 危险废物预处理中心和协同处置危险废物的水泥生产企业的无组织排放源的恶臭污染物浓度满足《恶臭污染物排放标准》（GB 14554）的要求，非甲烷总烃排放浓度满足《大气污染物综合排放标准》（GB 16297）的要求，颗粒物排放浓度满足《水泥工业大气污染物排放标准》（GB 4915）的要求			
		10.2.4 协同处置危险废物的窑尾排气筒总有机碳（TOC）排放浓度满足《水泥窑协同处置固体废物污染控制标准》GB 30485）的要求			
		10.2.5 旁路放风设施采用独立的排气筒时，其中的 TOC 排放浓度不超过 10 mg/m^3，与水泥窑及窑尾余热利用系统、窑头熟料冷却机或煤磨共用排气筒时，协同处置危险废物与未协同处置固体废物的水泥窑常规生产时 TOC 排放浓度的差值不应超过 10 mg/m^3（以上浓度均指标准状态下氧含量 10% 的干烟气浓度）			

续表 4

评审项目		评审指标	评审记录	评审方法	备注
10. 污染物排放控制	10.3 废水和污泥	10.3.1 危险废物预处理中心和水泥生产企业的危险废物贮存和作业区域的初期雨水以及危险废物贮存、预处理设施和危险废物容器、运输车辆清洗产生的废水收集后按照《水泥窑协同处置固体废物污染控制标准》（GB 30485）的要求进行处理并满足相关水污染物排放标准要求		对照环境影响报告、废物管理制度、运行操作记录等资料现场核查	
		10.3.2 初期雨水和废水处理产生的污泥作为危险废物进行管理和处置			
11. 分析化验与质量控制	11.1 预处理产物质量标准	11.1.1 采用分散联合经营或分散独立经营模式时，危险废物预处理中心和水泥生产企业制定了预处理产物质量标准并在当地质监部门进行了备案		核查预处理产物质量标准和备案证明材料	适用于分散联合经营或分散独立经营模式
		11.1.2 预处理产物质量标准中至少规定了预处理产物的重金属包括汞（Hg）、镉（Cd）、铊（Tl）、砷（As）、镍（Ni）、铅（Pb）、铬（Cr）、锡（Sn）、锑（Sb）、铜（Cu）、锰（Mn）、铍（Be）、锌（Zn）、钒（V）、钴（Co）、钼（Mo）以及硫（S）、氯（Cl）、氟（F）含量限值		核查预处理产物质量标准	适用于分散联合经营或分散独立经营模式
		11.1.3 预处理中心生产的并运送至水泥生产企业进行协同处置的预处理产物满足预处理产物质量标准		核查检测记录	适用于分散联合经营或分散独立经营模式，不适用于新建协同处置单位试生产前申请的情况
	11.2 有害元素分析检测能力	11.2.1 危险废物预处理中心和采用集中经营模式的协同处置单位的实验室具备危险废物、预处理产物、水泥生产常规原料和燃料中重金属、硫（S）、氯（Cl）、氟（F）含量的分析能力		现场核查	适用于危险废物预处理中心和采用集中经营模式的协同处置单位

续表 4

评审项目		评审指标	评审记录	评审方法	备注
11. 分析化验与质量控制	11.2 有害元素分析检测能力	11.2.2 采用分散联合经营或分散独立经营模式的水泥生产企业，经当地环保部门许可后委托其他分析检测机构进行定期送样分析的，送样分析频次不少于每周 1 次，并将预处理产物的送样分析结果与预处理产物质量标准进行比对，评估预处理中心生产的预处理产物的质量可靠性预处理产物连续 2 个月的送样分析结果与预处理质量标准一致时，送样分析频次可减为每月 1 次，若在此期间出现送样分析结果与预处理产物质量标准不一致，则送样分析频次重新调整为每周 1 次		核查检测计划和记录	适用于采用分散联合经营或分散独立经营模式的水泥生产企业
	11.3 其他	协同处置单位分析化验的其他要求应符合《水泥窑协同处置固体废物环境保护技术规范》（HJ 662）中的相关规定		对照核查检测计划和记录现场核查	
12. 性能测试	12.1 新建协同处置单位	12.1.1 试生产期间，按照《水泥窑协同处置固体废物环境保护技术规范》（HJ 662）和本指南的要求对协同处置危险废物的水泥窑设施进行了性能测试		核查性能测试报告	适用于试生产结束后领取危险废物经营许可证的情况；不适用于仅协同处置不含有机质和氰化物的危险废物以及仅向水泥磨投加危险废物的申请单位。
		12.1.2 性能测试结果合格			
	12.2 重新申请领取或换证单位	12.2.1 性能测试结果五年有效期满后，水泥窑协同处置危险废物单位应按《水泥窑协同处置固体废物环境保护技术规范》（HJ 662）和指南的要求重新开展性能测试			不适用于仅协同处置不含有机质和氰化物的危险废物以及仅向水泥磨投加危险废物的申请单位
		12.2.2 性能测试结果合格			
13. 规章制度与事故应急	13.1 应急管理制度	按照《水泥窑协同处置固体废物环境保护技术规范》（HJ 662）的要求建立了应急管理制度		核查应急管理制度，现场核查应急设备	

续表 4

评审项目		评审指标	评审记录	评审方法	备注
13. 规章制度与事故应急	13.2 操作运行记录制度	13.2.1 按照《水泥窑协同处置固体废物环境保护技术规范》（HJ 662）的要求建立了操作运行记录制度		核查操作运行记录制度和操作运行记录	操作运行记录不适用于新建协同处置单位试生产前申请的情况。
		13.2.2 每套投加系统的危险废物小时平均投加速率每小时记录 1 次			
		13.2.3 重金属吨熟料和吨水泥投加量每 8 小时记录 1 次			
	13.3 人员培训制度	按照《水泥窑协同处置固体废物环境保护技术规范》（HJ 662）的要求建立了人员培训制度		核查人员培训制度和人员培训记录	
	13.4 安全管理制度	按照《水泥窑协同处置固体废物环境保护技术规范》（HJ 662）的要求建立了安全管理制度		核查安全管理制度	
	13.5 人员健康管理制度	按照《水泥窑协同处置固体废物环境保护技术规范》（HJ 662）的要求建立了人员健康管理制度		核查人员健康管理制度和相关记录	
	13.6 环境管理制度	按照《水泥窑协同处置固体废物环境保护技术规范》（HJ 662）的要求建立了环境管理制度		核查环境管理制度和相关记录	

注：根据实际情况对每个评审项目进行评审，并在评审记录处写明针对该项的评审结果：符合或不符合；对于无法评审或评审指标不适用的项目应在评审记录处加以说明。

生态环境部关于发布《废铅蓄电池危险废物经营单位审查和许可指南（试行）》的公告

（公告〔2020〕30号）

为贯彻落实《中华人民共和国固体废物污染环境防治法》和《危险废物经营许可证管理办法》，进一步规范废铅蓄电池危险废物经营许可证审批和证后监管工作，提高废铅蓄电池污染防治水平，我部组织制定了《废铅蓄电池危险废物经营单位审查和许可指南（试行）》，现予公布。本指南自公布之日起施行。

特此公告。

附件：废铅蓄电池危险废物经营单位审查和许可指南（试行）

生态环境部

2020年5月19日

附件

废铅蓄电池危险废物
经营单位审查和许可指南（试行）

为贯彻落实《中华人民共和国固体废物污染环境防治法》和《危险废物经营许可证管理办法》，进一步规范废铅蓄电池危险废物经营许可证审批和证后监管工作，提高废铅蓄电池污染防治水平，制定本指南。

一、总体要求

（一）本指南适用于生态环境主管部门对从事废铅蓄电池收集、贮存、利用、处置经营活动的单位申请危险废物经营许可证（包括首次申请、重新申请和换证申请）的审查。

（二）从事废铅蓄电池收集、贮存、利用、处置经营活动的单位应符合《废铅蓄电池处理污染控制技术规范》（HJ 519）有关要求，并依法依规申请领取危险废物经营许可证。

二、废铅蓄电池危险废物经营单位审查和许可要点

（一）技术人员要求

再生铅企业从事废铅蓄电池利用、处置经营活动，应满足下述要求：

1. 有 3 名以上环境工程专业或化工、冶金等相关专业中级以上职称，且具备 3 年以上铅蓄电池生产或废铅蓄电池利用处置工作经验的技术人员。

2. 应设置监控部门，或者应有环境保护相关专业知识和技能的专（兼）职人员，负责检查督促本单位危险废物管理工作。

（二）运输要求

1. 运输废铅蓄电池，必须采取防止污染环境的措施，并遵守国家有关危险货物

运输管理的规定。自行运输的，应具有符合国务院交通运输主管部门有关危险货物运输管理要求的运输工具。

2. 当废铅蓄电池符合交通运输、环境保护相关法规规定的豁免危险货物运输管理要求条件时，按照普通货物运输要求进行管理。豁免危险货物运输资质的运输车辆应当统一涂装标注所属单位名称、服务电话。

3. 制定环境应急预案，配备环境应急装备及个人防护设备。

（三）包装和台账要求

1. 收集、运输、贮存废铅蓄电池的容器或托盘应根据废铅蓄电池的特性而设计，不易破损、变形，其所用材料能有效地防止渗漏、扩散，并耐腐蚀。

2. 通过信息系统如实记录每批次收集、贮存、利用、处置废铅蓄电池的数量、重量、来源、去向等信息。再生铅企业应使用全国固体废物管理信息系统。使用自建废铅蓄电池收集处理信息系统的集中转运点，应实现其与全国固体废物管理信息系统的数据对接。

（四）贮存设施要求

废铅蓄电池集中转运点、再生铅企业的贮存设施应符合《废铅蓄电池处理污染控制技术规范》（HJ519）的有关要求。

（五）利用处置设施及配套设备要求

再生铅企业应能够独立承担法律责任，并满足下述所有要求；从事废铅蓄电池收集经营活动的单位的集中转运点应满足下述第 2 条和第 3 条要求。

1. 项目建设条件和布局

（1）项目应依法进行环境影响评价。

（2）危险废物贮存区、预处理区、生产区应与办公区、生活区分开。

2. 视频监控要求

（1）在厂区出入口、计量称重设备、贮存区域、废酸液收集处理设施所在区域以及贮存设施所在地设区的市级以上生态环境主管部门指定的其他区域，应当设置现场视频监控系统，并确保画面清晰，能连续录下作业情形。有条件的地区，企业视频监控系统可与当地生态环境主管部门危险废物管理信息系统联网，满足远程监控要求。

（2）视频记录保存时间至少为半年。

3. 计量称重设备要求

计量称重设备应经检验部门度量衡检定合格，并与电脑联网，能够自动记录、打印每批次废铅蓄电池的重量。

（六）技术、工艺和装备要求

再生铅企业的工艺装备及相关配套设施应满足下述要求。鼓励企业研发和采用高效洁净的新型再生工艺。无再生铅能力的企业不得拆解废铅蓄电池。

1. 预处理工艺和铅回收工艺应符合《废铅蓄电池处理污染控制技术规范》（HJ 519）的有关要求。

2. 废气、废水、固体废物、噪声污染防治措施应符合《废铅蓄电池处理污染控制技术规范》（HJ 519）的有关要求。

（七）规章制度和环境应急管理要求

再生铅企业应满足下述所有要求；从事废铅蓄电池收集经营活动的单位的集中转运点应满足下述第 3 条、第 4 条和第 5 条要求。

1. 按照有关规定安装污染物在线监测设备，并与设施所在地生态环境主管部门联网。

2. 根据《企业事业单位环境信息公开办法》建立环境信息公开制度，制订自行监测计划，按时发布污染物排放等情况。

3. 依法制定包括危险废物标识、管理计划、申报登记、转移联单、经营许可、应急预案等相关法律法规要求的管理制度。依法建立土壤污染隐患排查制度。

4. 制定废铅蓄电池收集、包装的内部管控制度。应整只收购含酸液的废铅蓄电池，并采取防止废铅蓄电池破损、酸液泄漏的措施。

5. 废铅蓄电池经营单位应依法向社会公布废铅蓄电池收集、贮存、利用、处置设施的名称、地址和单位联系方式以及环境保护制度和污染防治措施落实情况等信息。

生态环境部关于印发《危险废物环境管理指南　陆上石油天然气开采》等七项危险废物环境管理指南的公告

（公告〔2021〕74号）

为贯彻落实《中华人民共和国固体废物污染环境防治法》，加强重点行业危险废物环境管理，指导相关单位提升危险废物规范化环境管理水平，我部组织制定了《危险废物环境管理指南　陆上石油天然气开采》《危险废物环境管理指南　铅锌冶炼》《危险废物环境管理指南　铜冶炼》《危险废物环境管理指南　炼焦》《危险废物环境管理指南　化工废盐》《危险废物环境管理指南　危险废物焚烧处置》《危险废物环境管理指南　钢压延加工》等七项危险废物环境管理指南，现予公布。

特此公告。

附件：1. 危险废物环境管理指南　陆上石油天然气开采
2. 危险废物环境管理指南　铅锌冶炼
3. 危险废物环境管理指南　铜冶炼
4. 危险废物环境管理指南　炼焦
5. 危险废物环境管理指南　化工废盐
6. 危险废物环境管理指南　危险废物焚烧处置
7. 危险废物环境管理指南　钢压延加工

生态环境部

2021年12月21日

附件 1

危险废物环境管理指南　陆上石油天然气开采

1　适用范围

本指南列出了陆上石油天然气开采业危险废物的产生环节和有关环境管理要求。

本指南适用于陆上石油天然气开采企业内部的危险废物环境管理，可作为生态环境主管部门对石油天然气开采企业开展危险废物环境监管的参考。

2　术语和定义

2.1　危险废物

指列入国家危险废物名录或者根据国家规定的危险废物鉴别标准和鉴别方法认定的具有危险特性的固体废物。

2.2　陆上石油天然气开采

指陆上油气田的勘探、钻井、井下作业（包括试油、酸化、压裂、修井等）、采油（气）、油气集输与处理等过程。

2.3　废弃油基钻井泥浆

指石油天然气开采过程中，以矿物油为连续相配制钻井泥浆所产生的废弃钻井泥浆。

2.4　油基岩屑

指石油天然气开采过程中，以矿物油为连续相配制钻井泥浆所产生的钻井岩屑。

2.5　落地油

指石油天然气开采过程中，由于非正常原因导致原油散落于地面形成的油土混合物。

2.6　含油污泥

指原油开采和集输过程中产生的油、水与泥土等混合形成的非均质多相分散体系，包括落地油、联合站沉降罐底泥、含油废水处理过程产生的油泥等，不包括废弃油基钻井泥浆和油基岩屑。

3 危险废物产生环节

3.1 石油开采主要危险废物产生环节

石油开采过程危险废物产生环节有钻井、井下作业、场地清理、采油、集输与处理、危险废物贮存等，产生的危险废物主要为油基岩屑、废弃油基钻井泥浆、落地油等，其主要危险废物产生情况如表1所示。

3.1.1 钻井环节

油基岩屑和废弃油基钻井泥浆（HW08　废矿物油与含矿物油废物）：以矿物油为连续相配制钻井泥浆所产生的钻井岩屑和废弃钻井泥浆，主要含有矿物油等。

3.1.2 井下作业环节

落地油（HW08　废矿物油与含矿物油废物）：井下作业过程由于非正常原因导致原油散落地面形成的油土混合物，主要含有矿物油等。

3.1.3 场地清理环节

废防渗材料（HW08　废矿物油与含矿物油废物）：场地清理时拆除的原防渗区域为防止矿物油等污染土壤和地下水而铺设的防渗材料，主要含有矿物油等。

3.1.4 采油环节

落地油（HW08　废矿物油与含矿物油废物）：井场涉油设施阀门、法兰等的渗漏导致原油散落于地面形成的油土混合物，主要含有矿物油等。

清罐底泥（HW08　废矿物油与含矿物油废物）：对贮存原油、含油废物等的容器或构筑物进行清掏作业所产生的渣泥，主要含有矿物油等。

3.1.5 集输与处理环节

落地油（HW08　废矿物油与含矿物油废物）：集输管线刺穿等原因导致原油散落地面形成的油土混合物，主要含有矿物油。

清管废渣（HW08　废矿物油与含矿物油废物）：集输管线清管作业所产生的废渣，主要含有矿物油等。

浮油、浮渣和污泥（HW08　废矿物油与含矿物油废物）：采出水回注前通过隔油、气浮、混凝沉淀及污泥脱水等处理产生的浮油、浮渣和污泥，主要含有矿物油等。

废过滤吸附介质（HW49　其他废物）：采出水回注前过滤处理单元吸附介质更换产生的废滤料，主要含有矿物油等。

清罐底泥（HW08　废矿物油与含矿物油废物）：对贮存原油、含油废物等的容器或构筑物进行清掏作业所产生的渣泥，主要含有矿物油等。

表 1　石油开采过程中产生的主要危险废物信息

序号	废物名称	产生环节	废物代码	外观形状	特征污染物	产生规律	主要利用处置方式
1	废弃油基钻井泥浆	钻井环节	071-002-08	半固体	废矿物油	连续产生	自行利用处置 / 委托持有危险废物经营许可证的单位利用处置
2	油基岩屑	钻井环节	071-002-08	固体	废矿物油	连续产生	自行利用处置 / 委托持有危险废物经营许可证的单位利用处置
3	落地油	井下作业环节，采油环节，集输与处理环节	071-001-08	半固体、固体	废矿物油	间歇产生	自行利用处置 / 委托持有危险废物经营许可证的单位利用处置
4	清罐底泥	采油环节，集输与处理环节	071-001-08	半固体	废矿物油	间歇产生	自行利用处置 / 委托持有危险废物经营许可证的单位利用处置
5	浮油、浮渣、污泥	集输与处理环节	900-210-08	半固体、固体	废矿物油	连续产生	自行利用处置 / 委托持有危险废物经营许可证的单位利用处置
6	清管废渣	集输与处理环节	251-001-08/071-001-08	固体	废矿物油	间歇产生	自行利用处置 / 委托持有危险废物经营许可证的单位利用处置
7	废过滤吸附介质	集输与处理环节	900-041-49	固体	废矿物油	间歇产生	委托持有危险废物经营许可证的单位利用处置
8	废防渗材料	场地清理环节	900-249-08	固体	废矿物油	间歇产生	委托持有危险废物经营许可证的单位处置

注：由于地质区块、原油黏度、地层胶结出砂程度、开采实际情况、管线腐蚀程度等因素影响，不同油气田的危险废物产生规律和产生量差异较大，因此未列出产废系数。

3.2　常规天然气开采主要危险废物产生环节

常规天然气开采过程危险废物产生环节有钻井、含凝析油的天然气藏开发中的井下作业、场地清理、采气、集输与处理以及危险废物贮存等，产生的危险废物主要为油基岩屑、废弃油基钻井泥浆、落地油等，其主要危险废物产生情况如表2所示。

3.2.1 钻井环节

油基岩屑和废弃油基钻井泥浆（HW08　废矿物油与含矿物油废物）：以矿物油为连续相配制钻井泥浆所产生的钻井岩屑和废弃钻井泥浆，主要含有矿物油等。

3.2.2 井下作业环节

落地油（HW08　废矿物油与含矿物油废物）：含凝析油的天然气藏井下作业过程中由于非正常原因导致原油散落地面形成的油土混合物，主要含有矿物油等。

废防渗材料（HW08　废矿物油与含矿物油废物）：含凝析油的天然气藏井下作业中，废弃的为防止落地油产生而临时铺设的地面防渗材料，主要含有矿物油等。

表2　常规天然气开采过程中产生的主要危险废物信息

序号	废物名称	产生环节	废物代码	外观形状	特征污染物	产生规律	主要利用处置方式
1	废弃油基钻井泥浆	钻井环节	072-001-08	半固体	废矿物油	连续产生	自行利用处置/委托持有危险废物经营许可证的单位利用处置
2	油基岩屑	钻井环节	072-001-08	固体	废矿物油	连续产生	自行利用处置/委托持有危险废物经营许可证的单位利用处置
3	落地油	含凝析油天然气藏的井下作业、采气环节和集输与处理环节	071-001-08	半固体、固体	废矿物油	间歇产生	自行利用处置/委托持有危险废物经营许可证的单位利用处置
4	浮油、浮渣、污泥	含凝析油天然气藏集输与处理环节	900-210-08	半固体、固体	废矿物油	连续产生	自行利用处置/委托持有危险废物经营许可证的单位利用处置
5	清罐底泥	含凝析油天然气藏的采气环节和集输与处理环节	071-001-08	半固体	废矿物油	间歇产生	自行利用处置/委托持有危险废物经营许可证的单位利用处置

续表 2

序号	废物名称	产生环节	废物代码	外观形状	特征污染物	产生规律	主要利用处置方式
6	清管废渣	未经分离的凝析油天然气集输与处理环节	251-001-08	固体	废矿物油	间歇产生	自行利用处置 / 委托持有危险废物经营许可证的单位利用处置
7	废脱汞剂	含汞天然气的集输与处理环节	072-002-29	固体	汞	间歇产生	委托持有危险废物经营许可证的单位利用处置
8	废过滤吸附介质	含凝析油天然气藏集输与处理环节	900-041-49	固体	废矿物油	间歇产生	委托持有危险废物经营许可证的单位利用处置
9	废防渗材料	场地清理环节	900-249-08	固体	废矿物油	间歇产生	委托持有危险废物经营许可证的单位处置

注：由于地质区块、原油黏度、地层胶结出砂程度、开采实际情况、管线腐蚀程度等因素影响，不同油气田的危险废物产生规律和产生量差异较大，因此未列出产废系数。

3.2.3　场地清理环节

废防渗材料（HW08　废矿物油与含矿物油废物）：场地清理时拆除的原防渗区域为防止矿物油等污染土壤和地下水而铺设的防渗材料，主要含有矿物油等。

3.2.4　采气环节

落地油（HW08　废矿物油与含矿物油废物）：含凝析油气井井场涉油设施阀门、法兰等渗漏导致原油散落于地面形成的油土混合物，主要含有矿物油等。

清罐底泥（HW08　废矿物油与含矿物油废物）：对贮存原油、含油废物等的容器或构筑物进行清掏作业所产生的渣泥，主要含有矿物油等。

3.2.5　集输与处理环节

废脱汞剂（HW29　含汞废物）：含汞天然气脱汞净化过程中产生的含汞废物，主要含有汞等。

落地油（HW08　废矿物油与含矿物油废物）：未经分离的凝析油天然气集输管线刺穿等原因导致原油散落地面形成的油土混合物，主要含有矿物油等。

清管废渣（HW08　废矿物油与含矿物油废物）：未经分离的凝析油天然气集输管线的清管作业所产生的废渣，主要含有矿物油等。

浮油、浮渣和污泥（HW08　废矿物油与含矿物油废物）：含凝析油天然气采出水回注前通过隔油、气浮、混凝沉淀及污泥脱水等处理产生的浮油、浮渣和污泥，主要含有矿物油等。

废过滤吸附介质（HW49　其他废物）：含凝析油天然气采出水回注前过滤处理单元吸附介质更换产生的废滤料，主要含有矿物油等。

清罐底泥（HW08　废矿物油与含矿物油废物）：对贮存原油、含油废物等的容器或构筑物进行清掏作业所产生的渣泥，主要含有矿物油等。

3.3　页岩气开采主要危险废物产生环节

页岩气开采过程危险废物产生环节有钻井、场地清理环节、危险废物贮存等，产生的危险废物主要为油基岩屑、废弃油基钻井泥浆、废防渗材料等，其主要危险废物产生情况如表 3 所示。

3.3.1　钻井环节

油基岩屑和废弃油基钻井泥浆（HW08　废矿物油与含矿物油废物）：以矿物油为连续相配制钻井泥浆所产生的钻井岩屑和废弃钻井泥浆，主要含有矿物油等。

3.3.2　场地清理环节

废防渗材料（HW08　废矿物油与含矿物油废物）：场地清理时拆除的原防渗区域为防止矿物油等污染土壤和地下水而铺设的防渗材料，主要含有矿物油等。

表 3　页岩气开采过程中产生的主要危险废物信息

序号	废物名称	产生环节	废物代码	外观形状	特征污染物	产生规律	主要利用处置方式
1	废弃油基钻井泥浆	油基钻井泥浆钻井	072-001-08	半固体	废矿物油	连续产生	自行利用处置 / 委托持有危险废物经营许可证的单位利用处置
2	油基岩屑	油基钻井泥浆钻井	072-001-08	固体	废矿物油	连续产生	自行利用处置 / 委托持有危险废物经营许可证的单位利用处置
3	废防渗材料	场地清理环节	900-249-08	固体	废矿物油	间歇产生	委托持有危险废物经营许可证的单位处置

注：由于地质区块、原油黏度、地层胶结出砂程度、开采实际情况、管线腐蚀程度等因素影响，不同油气田的危险废物产生规律和产生量差异较大，因此未列出产废系数。

3.4 致密气开采主要危险废物产生环节

致密气开采过程危险废物产生环节有钻井、场地清理、集输与处理环节、危险废物贮存等，产生的危险废物主要为油基岩屑、废弃油基钻井泥浆、废防渗材料等，其主要危险废物产生情况如表4所示。

3.4.1 钻井环节

油基岩屑和废弃油基钻井泥浆（HW08　废矿物油与含矿物油废物）：以矿物油为连续相配制钻井泥浆所产生的钻井岩屑和废弃钻井泥浆，主要含有矿物油等。

3.4.2 集输与处理环节

清管废渣（HW08　废矿物油与含矿物油废物）：未经分离的凝析油致密气集输管线的清管作业所产生的废渣，主要含有矿物油等。

浮油、浮渣和污泥（HW08　废矿物油与含矿物油废物）：含凝析油致密气采出水回注前通过隔油、气浮、混凝沉淀及污泥脱水等处理产生的浮油、浮渣和污泥，主要含有矿物油等。

废过滤吸附介质（HW49　其他废物）：含凝析油致密气采出水回注前过滤处理单元吸附介质更换产生的废滤料，主要含有矿物油等。

3.4.3 场地清理环节

废防渗材料（HW08　废矿物油与含矿物油废物）：场地清理时拆除的原防渗区域为防止矿物油等污染土壤和地下水而铺设的防渗材料，主要含有矿物油等。

表4　致密气开采过程中产生的主要危险废物信息

序号	废物名称	产生环节	废物代码	外观形状	特征污染物	产生规律	主要利用处置方式
1	油基岩屑	钻井环节	072-001-08	固体	废矿物油	连续产生	自行利用处置/委托持有危险废物经营许可证的单位利用处置
2	废弃油基钻井泥浆	钻井环节	072-001-08	半固体	废矿物油	连续产生	自行利用处置/委托持有危险废物经营许可证的单位利用处置
3	浮油、浮渣、污泥	含凝析油致密气藏集输与处理环节	900-210-08	半固体、固体	废矿物油	连续产生	自行利用处置/委托持有危险废物经营许可证的单位利用处置

续表 4

4	废过滤吸附介质	含凝析油致密气藏集输与处理环节	900-041-49	固体	废矿物油	间歇产生	委托持有危险废物经营许可证的单位利用处置
5	清管废渣	未经分离的凝析油致密气集输与处理环节	251-001-08	固体	废矿物油	间歇产生	自行利用处置 / 委托持有危险废物经营许可证的单位利用处置
6	废防渗材料	场地清理环节	900-249-08	固体		间歇产生	委托持有危险废物经营许可证的单位处置

注：由于地质区块、原油黏度、地层胶结出砂程度、开采实际情况、管线腐蚀程度等因素影响，不同油气田的危险废物产生规律和产生量差异较大，因此未列出产废系数。

3.5 煤层气开采主要危险废物产生环节

煤层气开采过程不产生行业的特征危险废物。

3.6 页岩油开采主要危险废物产生环节

页岩油开采过程危险废物产生环节有钻井、井下作业、场地清理、采油、集输与处理、危险废物贮存等，产生的危险废物主要为油基岩屑、废弃油基钻井泥浆、落地油等，其主要危险废物产生情况如表 5 所示。

3.6.1 钻井环节

油基岩屑和废弃油基钻井泥浆（HW08 废矿物油与含矿物油废物）：以矿物油为连续相配制钻井泥浆所产生的钻井岩屑和废弃钻井泥浆，主要含有矿物油等。

表 5 页岩油开采过程中产生的主要危险废物信息

序号	废物名称	产生环节	废物代码	外观形状	特征污染物	产生规律	主要利用处置方式
1	废弃油基钻井泥浆	钻井环节	071-002-08	半固体	废矿物油	连续产生	自行利用处置 / 委托持有危险废物经营许可证的单位利用处置
2	油基岩屑	钻井环节	071-002-08	固体	废矿物油	连续产生	自行利用处置 / 委托持有危险废物经营许可证的单位利用处置

续表 5

序号	废物名称	产生环节	废物代码	外观形状	特征污染物	产生规律	主要利用处置方式
3	落地油	井下作业环节，采油环节，集输与处理环节	071-001-08	半固体、固体	废矿物油	间歇产生	自行利用处置 / 委托持有危险废物经营许可证的单位利用处置
4	清罐底泥	采油环节，集输与处理环节	071-001-08	半固体	废矿物油	间歇产生	自行利用处置 / 委托持有危险废物经营许可证的单位利用处置
5	浮油、浮渣、污泥	井下作业环节，集输与处理环节	900-210-08	半固体、固体	废矿物油	连续产生	自行利用处置 / 委托持有危险废物经营许可证的单位利用处置
6	清管废渣	集输与处理环节	251-001-08/071-001-08	固体	废矿物油	间歇产生	自行利用处置 / 委托持有危险废物经营许可证的单位利用处置
7	废防渗材料	场地清理环节	900-249-08	固体	废矿物油	间歇产生	委托持有危险废物经营许可证的单位处置
8	过滤吸附介质	集输与处理环节	900-041-49	固体	废矿物油	间歇产生	委托持有危险废物经营许可证的单位利用处置

注：由于地质区块、原油黏度、地层胶结出砂程度、开采实际情况、管线腐蚀程度等因素影响，不同油气田的危险废物产生规律和产生量差异较大，因此未列出产废系数。

3.6.2　井下作业环节

落地油（HW08　废矿物油与含矿物油废物）：井下作业过程由于非正常原因原油散落地面形成的油土混合物，主要含有矿物油等。

浮油、浮渣和污泥（HW08　废矿物油与含矿物油废物）：压裂返排液回用和回注前通过隔油、气浮、混凝沉淀及污泥脱水等处理产生的浮油、浮渣和污泥，主要含有矿物油等。

3.6.3　场地清理环节

废防渗材料（HW08　废矿物油与含矿物油废物）：场地清理时拆除的原防渗区域为防止矿物油等污染土壤和地下水而铺设的防渗材料，主要含有矿物油等。

3.6.4　采油环节

落地油（HW08　废矿物油与含矿物油废物）：井场涉油设施阀门、法兰等的渗漏导致原油散落于地面形成的油土混合物，主要含有矿物油等。

清罐底泥（HW08　废矿物油与含矿物油废物）：对贮存原油、含油废物等的容器或构筑物进行清掏作业所产生的渣泥，主要含有矿物油等。

3.6.5　集输与处理环节

落地油（HW08　废矿物油与含矿物油废物）：集输管线刺穿等原因导致原油散落地面形成的油土混合物，主要含有矿物油等。

清管废渣（HW08　废矿物油与含矿物油废物）：集输管线清管作业所产生的废渣，主要含有矿物油等。

清罐底泥（HW08　废矿物油与含矿物油废物）：对贮存原油、含油废物等的容器或构筑物进行清掏作业所产生的渣泥，主要含有矿物油等。

浮油、浮渣和污泥（HW08　废矿物油与含矿物油废物）：采出水回用和回注前通过隔油、气浮、混凝沉淀及污泥脱水等处理产生的浮油、浮渣和污泥，主要含有矿物油等。

过滤吸附介质（HW49　其他废物）：采出水回用和回注前过滤处理单元吸附介质更换产生的废滤料，主要含有矿物油等。

3.7　设备检修与维护

设备检修与维护过程中产生的危险废物为废矿物油、废弃的含油抹布和劳保用品等，属于间歇产生，委托持有危险废物经营许可证的单位利用处置或自行利用处置。

3.8　分析监测

分析监测过程中产生的危险废物为实验室废物（HW49　其他废物），委托持有危险废物经营许可证的单位利用处置。

4　危险废物环境管理要求

4.1　落实危险废物鉴别管理制度，对于不排除具有危险特性的固体废物，应根据《国家危险废物名录》《危险废物鉴别标准》（GB 5085.1 ～ 7）《危险废物鉴别技术规范》（HJ 298）等判定是否属于危险废物，属于危险废物的应按危险废物相关要求进行管理。

4.2　落实污染环境防治责任制度，建立健全工业危险废物产生、收集、贮存、运输、利用、处置全过程的污染环境防治责任制度。

4.3　落实危险废物识别标志制度，按照《环境保护图形标志——固体废物贮存（处置）场》（GB 15562.2）等有关规定，对危险废物的容器和包装物以及收集、贮存、运输、利用、处置危险废物的设施、场所设置危险废物识别标志。

4.4　落实危险废物管理计划制度，按照《危险废物产生单位管理计划制定指南》等有关要求制订危险废物管理计划，并报所在地生态环境主管部门备案。

4.5　落实危险废物管理台账及申报制度，建立危险废物管理台账，如实记录有关信息，并通过国家危险废物信息管理系统向所在地生态环境主管部门申报危险废物的种类、产生量、流向、贮存、处置等有关资料。

4.6　落实危险废物经营许可证制度，禁止将危险废物提供或委托给无危险废物经营许可证的单位或者其他生产经营者从事收集、贮存、利用、处置活动。

4.7　落实危险废物转移联单制度，转移危险废物的，应当按照《危险废物转移管理办法》的有关规定填写、运行危险废物转移联单。运输危险废物，应当采取防止污染环境的措施，并遵守国家有关危险货物运输管理的规定。

4.8　产生工业危险废物的单位应当落实排污许可制度；已经取得排污许可证的，执行排污许可管理制度的规定。

4.9　落实环境保护标准制度，按照国家有关规定和环境保护标准要求贮存、利用、处置危险废物，不得将其擅自倾倒处置；禁止混合收集、贮存、运输、处置性质不相容或未经安全性处置的危险废物。

危险废物收集、贮存应当按照其特性分类进行；禁止将危险废物混入非危险废物中贮存。危险废物收集、贮存和运输过程的污染控制执行《危险废物贮存污染控制标准》（GB 18597）《危险废物收集、贮存、运输技术规范》（HJ 2025）等有关规定。

自行利用处置危险废物的，其利用处置过程的污染控制应执行《危险废物焚烧污染控制标准》（GB 18484）《危险废物填埋污染控制标准》（GB 18598）《水泥窑协同处置固体废物环境保护技术规范》（HJ 662）有关要求，不得擅自倾倒、堆放；自行填埋处置危险废物的，还应根据《危险废物填埋污染控制标准》（GB 18598）有关要求开展地下水监测、评估，并根据评估结果采取必要的风险管控措施。

属于《挥发性有机物无组织排放控制标准》（GB 37822）定义的 VOCs 物料的危险废物，其贮存、运输、预处理等环节的挥发性有机物无组织排放控制应符合《挥发性有机物无组织排放控制标准》（GB 37822）的相关规定。

4.10 落实环境影响评价制度及环境保护三同时制度，需要配套建设的危险废物贮存、利用和处置设施应当与主体工程同时设计、同时施工、同时投入使用。

4.11 落实环境应急预案制度，参考《危险废物经营单位编制应急预案指南》有关规定制定意外事故的防范措施和环境应急预案，并向所在地生态环境主管部门和其他负有固体废物污染环境防治监督管理职责的部门备案。

4.12 加强危险废物规范化环境管理，按照《危险废物规范化环境管理评估指标》有关要求，提升危险废物规范化环境管理水平。

4.13 对于列入《国家危险废物名录》附录《危险废物豁免管理清单》中的废弃的含油抹布和劳保用品等危险废物，当满足《危险废物豁免管理清单》中列出的豁免条件时，在所列的豁免环节可不按危险废物管理。

4.14 其他环境管理要求

4.14.1 鼓励石油天然气开采产业基地、大型企业集团根据需要自行配套建设高标准的危险废物利用处置设施。

4.14.2 在钻井过程中，鼓励采用环境友好的钻井泥浆体系，钻井工程宜实施清洁化生产，应用钻井泥浆不落地技术。

油（气）井建设期宜采取措施防止油水落地，及时清理回收落地油。

定期巡检含油污泥或油基岩屑的收集、贮存设施，防止含油污泥或油基岩屑外溢。

4.14.3 产生含油污泥的单位宜按照贮存原油、含油废物等的容器或构筑物的清淤年限，及时清淤并妥善处置。

4.14.4 采用油基钻井液钻井时，井场宜设有危险废物贮存场所，贮存废润滑油、废含油抹布和劳保用品、含有或沾染矿物油的废弃包装物和容器等，设置贮存罐或贮存区用于贮存油基岩屑和废弃油基钻井泥浆。

4.14.5 自行利用处置危险废物环境管理要求

应根据开采过程含油废物的种类、石油烃含量选择含油废物的利用处置方式。石油烃含量可采用《危险废物鉴别标准毒性物质含量鉴别》（GB 5085.6）中“附录O 固体废物 可回收石油烃总量的测定 红外光谱法”分析。

废弃油基钻井泥浆和油基岩屑鼓励优先进行油基钻井泥浆回收利用，或采用化学萃取、热脱附和化学清洗等方式回收矿物油。含油污泥可采用热解、化学清洗等方式回收矿物油。

含油污泥和油基岩屑资源化利用产物应满足国家、地方制定或行业通行的被替代原料生产的产品质量标准，有稳定、合理的市场需求。含油污泥和油基岩屑经资源化利用后的剩余残渣，在满足国家、地方制定的标准条件下，可用于油气田作业区内部铺设通井路、铺垫井场基础材料等。

4.14.6　含油污泥和油基岩屑资源化利用后的残渣，经鉴别不再具有危险特性的，不属于危险废物。属于危险废物的，在环境风险可控的前提下，根据省级生态环境部门确定的方案，可实行危险废物“点对点”定向利用，即可作为另外一家单位环境治理或工业原料生产的替代原料进行使用，利用环节豁免不按危险废物管理。

4.14.7　含油污泥和油基岩屑资源化利用后的残渣，应当遵循减量化、资源化、无害化原则，其处置应符合国家和地方有关固体废物的管理规定。

附件 2

危险废物环境管理指南　铅锌冶炼

1　适用范围

本指南列出了铅锌冶炼业危险废物的产生环节和有关环境管理要求。

本指南适用于以铅精矿、锌精矿或铅锌混合精矿为主要原料的铅锌冶炼企业内部的危险废物环境管理，可作为生态环境主管部门对铅锌冶炼企业开展危险废物环境监管的参考。

本指南不适用于以铅锌再生资源为唯一原料的铅锌冶炼企业，以及生产再生铅、再生锌及铅、锌压延加工产品的企业。

2　术语和定义

2.1　危险废物

指列入国家危险废物名录或者根据国家规定的危险废物鉴别标准和鉴别方法认定的具有危险特性的固体废物。

2.2　铅锌冶炼

指以铅精矿、锌精矿或铅锌混合精矿为主要原料提炼铅、锌的生产过程。

2.3　电解铅

指将粗铅火法精炼（除铜）铸成阳极，同阴极铅铸成的始极片一起放入电解液中电解提纯得到最终产品电解铅的过程。

2.4　烟气制酸

指吸收熔炼炉烟气中高浓度二氧化硫经过净化、转化、干吸等生产硫酸的过程。

2.5　火法炼锌

指以硫化锌精矿或氧化锌物料为原料，采用焙烧、热还原、精炼的火法冶金方法生产金属锌的过程。

2.6 湿法炼锌

指用一定浓度硫酸溶液浸取经过焙烧的锌精矿或直接氧压浸出锌精矿，除去硫酸锌溶液中杂质后进行电解制锌的过程。

2.7 贵金属回收

指将熔炼工序所产生的残渣或将铅电解的阳极泥经火法分离产出的富集渣全部或部分溶解后，从溶液或不溶渣中对其中有价金属进行分离、回收的过程。

3 危险废物产生环节

3.1 铅冶炼主要危险废物产生环节

3.1.1 粗铅冶炼工艺

粗铅冶炼工艺危险废物产生环节有粗铅熔炼、烟气净化、污酸处理和硫酸制备等，产生的主要危险废物为收尘烟灰、废催化剂、酸泥等，其主要危险废物产生情况如表1所示。

3.1.1.1 粗铅熔炼环节

收尘烟灰（HW48 有色金属采选和冶炼废物）：烟气收尘过程中产生的收尘烟灰，包括可返回配料系统需要暂存的烟尘和开路收集的烟尘，主要含有铅、锌、砷、镉等。

3.1.1.2 烟气净化环节

废甘汞（HW29 含汞废物）：烟气净化使用氯化法除汞过程中产生的沉淀物，主要含有汞、铅、锗、锡等。

酸泥（HW29 含汞废物）：烟气净化稀酸洗涤烟气过程中产生的沉淀物，主要含有汞、铅、锗、锡等。

3.1.1.3 污酸处理环节

硫化渣（HW48 有色金属采选和冶炼废物）：铅锌冶炼烟气净化产生的污酸处理过程中产生的硫化渣，主要含有铅、镉、铊、砷等。

废滤布（HW49 其他废物）：硫化渣压滤过程中产生的废弃滤布，主要含有铅、砷等。

3.1.1.4 硫酸制备环节

废催化剂（HW50 废催化剂）：二氧化硫转化为三氧化硫过程中产生的废弃催化剂，主要含有五氧化二钒。

3.1.2 电解铅生产工艺

电解铅生产工艺危险废物产生环节有粗铅精炼、粗铅电解、精铅熔炼铸锭等，产生的危险废物主要为阳极泥、废电解液等，其主要危险废物产生情况如表1所示。

3.1.2.1 粗铅精炼环节

铜浮渣（HW48　有色金属采选和冶炼废物）：在粗铅精炼过程中，由于铅比重大逐渐下沉，而粗铅中的铜等杂质上浮于表面形成铜浮渣，主要含有铅、砷、铜等。

含铅底渣（HW48　有色金属采选和冶炼废物）：在熔铅锅中，粗铅中的铜等杂质上浮于表面，由于铅比重大逐渐下沉，而其他杂质富集在熔铅锅底部产生含铅底渣，主要含有铅、砷、锑、锡等。

3.1.2.2 粗铅电解环节

阳极泥（HW48　有色金属采选和冶炼废物）：在电解液中，阳极铅形成 Pb^{2+} 向阴极析出，阳极逐渐消耗，金、银等贵金属形成阳离子而附着于残极表面成为阳极泥，主要含有铅、砷、金、银、锑、铋等。

废电解液（HW34　废酸）：电解液在使用过程中产生少量含杂质的废电解液，主要含有氟硅酸和氟硅酸铅。

3.1.2.3 精铅熔炼铸锭环节

收尘烟灰（HW48　有色金属采选和冶炼废物）：熔炼环节烟气收尘过程中产生的收尘烟灰。

阴极铅精炼渣（HW48　有色金属采选和冶炼废物）：阴极析出铅装入精炼锅内精炼铸型后产生的精炼氧化渣，主要含有铅、锡等。

3.1.3 设备检修与维护

设备检修与维护过程中产生的危险废物为废矿物油、废弃的含油抹布和劳保用品等，属于间歇产生，委托持有危险废物经营许可证的单位利用处置。

3.1.4 分析监测

分析监测过程中产生的危险废物为实验室废物（HW49　其他废物），委托持有危险废物经营许可证的单位利用处置。

表 1 铅冶炼工艺生产过程中产生的主要危险废物信息

序号	废物名称	产生环节	废物代码	外观性状	特征污染物	产废系数	产生规律	主要利用处置方式
1	收尘烟灰	粗铅熔炼	321–014–48	颗粒物	铅、砷	170.0 ～ 340.0 kg/t 粗铅（富氧熔炼），380.0 ～ 1310.0kg/t 粗铅（富氧闪速熔炼）	连续产生	自行利用处置 / 委托持有危险废物经营许可证的单位利用处置
2	废甘汞	烟气净化	321–103–29	固体	汞、铅	/	连续产生	委托持有危险废物经营许可证的单位利用处置
3	酸泥	烟气净化	321–033–29	具有刺激性气味固液混合物	汞、铅、砷	0.5 ～ 0.6 kg/t 精铅	连续产生	委托持有危险废物经营许可证的单位利用处置
4	硫化渣	污酸处理	321–022–48	具有刺激性气味固液混合物	铅、镉、铊、砷	/	连续产生	委托持有危险废物经营许可证的单位利用处置
5	废滤布	污酸处理	900–041–49	固体	铅、砷	/	间歇产生	委托持有危险废物经营许可证的单位利用处置
6	废催化剂	硫酸制备	261–173–50	固体	钒、钛、铅	0.3 ～ 0.6 kg/t 粗铅（富氧熔炼），0.8 ～ 1.3 kg/t 粗铅（富氧闪速熔炼）	间歇产生	委托持有危险废物经营许可证的单位利用处置
7	铜浮渣	粗铅精炼	321–016–48	固体	铅、砷	100.0 ～ 141.0 kg/t 电解铅	连续产生	委托持有危险废物经营许可证的单位利用处置
8	含铅底渣	粗铅精炼	321–016–48	黑色固体	铅、砷	16.0 ～ 18.0 kg/t 电解铅	连续产生	自行利用处置 / 委托持有危险废物经营许可证的单位利用处置
9	阳极泥	粗铅电解	321–019–48	黏稠状固液混合物	铅、砷	16.0 ～ 36.0 kg/t 电解铅	连续产生	自行利用处置 / 委托持有危险废物经营许可证的单位利用处置
10	废电解液	粗铅电解	900–349–34	液体	铅	/	间歇产生	委托持有危险废物经营许可证的单位利用处置

续表 1

序号	废物名称	产生环节	废物代码	外观性状	特征污染物	产废系数	产生规律	主要利用处置方式
11	收尘烟灰	精铅熔炼铸锭	321-014-48	颗粒物	铅、砷	170.0 ～ 340.0 kg/t 粗铅（富氧熔炼）	连续产生	自行利用处置 / 委托持有危险废物经营许可证的单位利用处置
12	阴极铅精炼渣	精铅熔炼铸锭	321-020-48	黑色固体	铅	5.7 ～ 37.0 kg/t 电解铅	连续产生	自行利用处置 / 委托持有危险废物经营许可证的单位利用处置

注：“/”表示不确定因素影响较大，难以或暂未确定产废系数。

3.2 锌冶炼

3.2.1 火法炼锌

3.2.1.1 密闭鼓风炉炼锌（ISP）工艺

ISP 工艺危险废物产生环节有粗锌熔炼、粗铅电解、烟气净化等，产生的危险废物主要为收尘烟灰、废催化剂等，其主要危险废物产生情况如表 2 所示。

表 2 密闭鼓风炉炼锌工艺生产过程中产生的主要危险废物信息（略）

序号	废物名称	产生环节	废物代码	外观性状	特征污染物	产废系数	产生规律	主要利用处置方式
1	收尘烟灰	粗锌熔炼	321-014-48	颗粒物	铅、砷	12.5 ～ 21.7 kg/t 锌	连续产生	自行利用处置 / 委托持有危险废物经营许可证的单位利用处置
2	锌渣	粗锌熔炼	321-012-48	黑色固体	铁、锌	33.3 ～ 35.6 kg/t 锌	连续产生	自行利用处置 / 委托持有危险废物经营许可证的单位利用处置
3	铜浮渣	粗铅精炼	321-016-48	固体	铅、砷	/	连续产生	委托持有危险废物经营许可证的单位利用处置
4	含铅底渣	粗铅精炼	321-016-48	黑色固体	铅、砷	/	连续产生	自行利用处置 / 委托持有危险废物经营许可证的单位利用处置
5	阳极泥	粗铅电解	321-019-48	黏稠状固液混合物	铅、砷	/	连续产生	自行利用处置 / 委托持有危险废物经营许可证的单位利用处置

续表 2

序号	废物名称	产生环节	废物代码	外观性状	特征污染物	产废系数	产生规律	主要利用处置方式
6	废电解液	粗铅电解	900-349-34	液体	铅	/	间歇产生	委托持有危险废物经营许可证的单位利用处置
7	收尘烟灰	精铅熔炼铸锭	321-014-48	颗粒物	铅、砷	/	连续产生	自行利用处置 / 委托持有危险废物经营许可证的单位利用处置
8	阴极铅精炼渣	精铅熔炼铸锭	321-020-48	黑色固体	铅	/	连续产生	自行利用处置 / 委托持有危险废物经营许可证的单位利用处置
9	废甘汞	烟气净化	321-103-29	固体	汞、铅	/	连续产生	委托持有危险废物经营许可证的单位利用处置
10	酸泥	烟气净化	321-033-29	具有刺激性气味固液混合物	汞、铅	0.5 ～ 0.7 kg/t 锌	连续产生	委托持有危险废物经营许可证的单位利用处置
11	废滤布	烟气净化	900-041-49	固体	铅、砷	/	间歇产生	自行利用处置 / 委托持有危险废物经营许可证的单位利用处置
12	硫化渣	污酸处理	321-022-48	具有刺激性气味固液混合物	铅、镉、铊、砷	/	连续产生	委托持有危险废物经营许可证的单位利用处置
13	废滤布	污酸处理	900-041-49	固体	铅、砷	/	间歇产生	自行利用处置 / 委托持有危险废物经营许可证的单位利用处置
14	废催化剂	硫酸制备	261-173-50	固体	钒、钛、铅	0.8 ～ 1.3 kg/t 锌	间歇产生	委托持有危险废物经营许可证的单位利用处置

注：“/”表示不确定因素影响较大，难以或暂未确定产废系数。

（1）粗锌熔炼环节

收尘烟灰（HW48 有色金属采选和冶炼废物）：烟气收尘过程中产生的收尘烟灰，包括可返回配料系统需要暂存的烟尘和开路收集的烟尘，主要含有铅、锌、砷、镉等。

锌渣（HW48 有色金属采选和冶炼废物）：精锌精炼过程中，含杂质的锌蒸气经冷凝蒸馏，使锌与其所含杂质分离产生的精馏残渣，主要含有锌等。

（2）粗铅生产环节

同 3.1.2 电解铅生产工艺产生的危险废物。

（3）烟气净化环节

废甘汞（HW29 含汞废物）：烟气净化过程中，使用氯化法除汞后产生的沉淀物，主要含有汞、铅、锗、锡等。

酸泥（HW29 含汞废物）：烟气净化过程中，稀酸洗涤烟气后产生的沉淀物，主要含有汞、铅、锗、锡等。

废滤布（HW49 其他废物）：酸泥压滤过程中产生的废弃滤布，主要含有铅、汞等。

（4）污酸处理环节

硫化渣（HW48 有色金属采选和冶炼废物）：铅锌冶炼烟气净化产生的污酸处理过程中产生的硫化渣，主要含有铅、镉、铊、砷等。

废滤布（HW49 其他废物）：硫化渣压滤过程中产生的废弃滤布，主要含有铅、砷等。

（5）硫酸制备环节

废催化剂（HW50 废催化剂）：二氧化硫转化为三氧化硫过程中产生的废弃催化剂，主要含有五氧化二钒。

3.2.1.2 竖罐炼锌工艺

竖罐炼锌工艺危险废物产生环节有焙烧、蒸馏、精馏、煤气制备、烟气净化、污水处理等，产生的危险废物主要为蒸馏残渣、废催化剂、焦油渣、废水处理污泥等，其主要危险废物产生情况如表 3 所示。

（1）焙烧、蒸馏、精馏环节

收尘烟灰（HW48 有色金属采选和冶炼废物）：烟气收尘过程中产生的收尘烟灰，包括可返回配料系统需要暂存的烟尘和开路收集的烟尘，主要含有铅、锌、砷、镉等。

锌渣（HW48 有色金属采选和冶炼废物）：粗锌精炼过程中，含杂质的锌蒸气经蒸馏冷凝分离，使锌与其所含杂质分离，产生的精馏残渣，主要含有锌等。

（2）煤气制备环节

焦油渣（HW11　精（蒸）馏残渣）：煤气车间利用中块煤通过煤气发生炉制备煤气为生产提供用气过程中产生的焦油渣，主要含有苯系物等。

（3）污水处理环节

废水处理污泥（HW48　有色金属采选和冶炼废物）：粗锌精炼过程中，精馏炉排放的烟气经湿法除尘后产生的废水处理污泥，主要含有铅、砷、镉、锌等。

废滤布（HW49　其他废物）：废水处理污泥压滤过程中产生的废弃滤布，主要含有铅、砷等。

（4）烟气净化环节

废甘汞（HW29　含汞废物）：烟气净化过程中，使用氯化法除汞产生的沉淀物，主要含有汞、铅、锗、锡等。

酸泥（HW29　含汞废物）：烟气净化过程中，稀酸洗涤烟气产生的沉淀物，主要含有汞、铅、锗、锡等。

废滤布（HW49　其他废物）：酸泥压滤过程中产生的废弃滤布，主要含有铅、汞等。

（5）污酸处理环节

硫化渣（HW48　有色金属采选和冶炼废物）：铅锌冶炼烟气净化产生的污酸处理过程中产生的硫化渣，主要含有铅、镉、铊、砷等。

废滤布（HW49　其他废物）：硫化渣压滤过程中产生的废弃滤布，主要含有铅、砷等。

（6）硫酸制备环节

废催化剂（HW50　废催化剂）：二氧化硫转化为三氧化硫过程中产生的废弃催化剂，主要含有五氧化二钒。

3.2.1.3　设备检修与维护

设备检修与维护过程中产生的危险废物为废矿物油、废弃的含油抹布和劳保用品等，属于间歇产生，委托持有危险废物经营许可证的单位利用处置。

3.2.1.4　分析监测

分析监测过程中产生的危险废物为实验室废物（HW49　其他废物），委托持有危险废物经营许可证的单位利用处置。

表 3　竖罐炼锌工艺生产过程中产生的主要危险废物信息

序号	废物名称	产生环节	废物代码	外观性状	特征污染物	产废系数	产生规律	主要利用处置方式
1	收尘烟灰	熔炼，精馏	321-014-48	颗粒物	铅、砷	5.0 ~ 6.0 kg/t 锌	连续产生	自行利用处置 / 委托持有危险废物经营许可证的单位利用处置
2	锌渣	熔炼，精馏	321-012-48	黑色固体	铁、锌	/	连续产生	自行利用处置 / 委托持有危险废物经营许可证的单位利用处置
3	焦油渣	煤气制备	451-001-11	具有刺激性气味的黑色黏稠状团块	苯系物、多环芳烃	18.0 ~ 20.2 kg/t 锌	连续产生	委托持有危险废物经营许可证的单位利用处置
4	废滤布	污水处理	900-041-49	固体	铅、砷	/	间歇产生	委托持有危险废物经营许可证的单位利用处置
5	废水处理污泥	污水处理	321-003-48	黑色固体	铅、砷	28.0 ~ 40.0 kg/t 锌	连续产生	委托持有危险废物经营许可证的单位利用处置
6	废甘汞	烟气净化	321-103-29	固体	汞、铅	/	连续产生	委托持有危险废物经营许可证的单位利用处置
7	酸泥	烟气净化	321-033-29	具有刺激性气味固液混合物	汞、铅	/	连续产生	委托持有危险废物经营许可证的单位利用处置
8	废滤布	烟气净化	900-041-49	固体	铅、砷	/	间歇产生	委托持有危险废物经营许可证的单位利用处置
9	硫化渣	污酸处理	321-022-48	具有刺激性气味固液混合物	铅、镉、铊、砷	/	连续产生	委托持有危险废物经营许可证的单位利用处置
10	废滤布	污酸处理	900-041-49	固体	铅、砷	/	间歇产生	委托持有危险废物经营许可证的单位利用处置
11	废催化剂	硫酸制备	261-173-50	固体	钒、钛、铅	0.6 ~ 1.0 kg/t 锌	间歇产生	委托持有危险废物经营许可证的单位利用处置

注：“/”表示不确定因素影响较大，难以或暂未确定产废系数。

3.2.2　湿法炼锌

3.2.2.1　传统湿法炼锌工艺

（1）常规浸出炼锌工艺

常规浸出炼锌工艺危险废物产生环节有焙烧收尘、酸性浸出、净化除杂、氧化锌浸出、熔铸等，产生的危险废物主要为净化渣、浸出渣、熔铸浮渣等，其主要危险废物产生情况如表4所示。

1）焙烧烟气净化收尘环节

收尘烟灰（HW48　有色金属采选和冶炼废物）：烟气收尘过程中产生的收尘烟灰，主要含有铅、锌、砷、镉等。

2）酸性焙烧浸出环节

浸出渣（HW48　有色金属采选和冶炼废物）：中性浓密后，浓密底流经连续酸性浸出，浸出矿浆送酸浸浓密机浓密过程产生酸性浸出渣，主要含有铅、锌、铟等。

3）净化除杂环节

净化渣（HW48　有色金属采选和冶炼废物）：中性浸出产生的上清液经一段净化槽净化过程产生的净化渣，主要含有铜、镉等；经二段净化槽净化过程产生的净化渣，主要含有钴、镍等。

表4　常规浸出炼锌工艺生产过程中产生的主要危险废物信息（略）

序号	废物名称	产生环节	废物代码	外观性状	特征污染物	产废系数	产生规律	主要利用处置方式
1	收尘烟灰	熔炼收尘	321-014-48	颗粒物	铅、砷	219.0～435.0 kg/t电解锌	连续产生	自行利用处置/委托持有危险废物经营许可证的单位利用处置
2	净化渣	净化除杂	321-008-48	固体	镉、镍	11.6～84.2 kg/t电解锌	连续产生	自行利用处置/委托持有危险废物经营许可证的单位利用处置
3	浸出渣	酸性浸出	321-004-48	酸性黏稠固体	铅	588.0～1120.0 kg/t电解锌	连续产生	自行利用处置/委托持有危险废物经营许可证的单位利用处置
4	氧化锌浸出渣	氧化锌浸出	321-010-48	固体	铅、银	/	连续产生	自行利用处置/委托持有危险废物经营许可证的单位利用处置

续表 4

序号	废物名称	产生环节	废物代码	外观性状	特征污染物	产废系数	产生规律	主要利用处置方式
5	熔铸浮渣	熔铸	321-009-48	固体	锌、铅	18.6 ~ 28.9 kg/t 电解锌	连续产生	自行利用处置 / 委托持有危险废物经营许可证的单位利用处置
6	废甘汞	烟气净化	321-103-29	固体	汞、铅	/	连续产生	委托持有危险废物经营许可证的单位利用处置
7	酸泥	烟气净化	321-033-29	具有刺激性气味的固液混合物	汞、铅	/	连续产生	委托持有危险废物经营许可证的单位利用处置
8	废滤布	烟气净化	900-041-49	固体	铅、砷	/	间歇产生	委托持有危险废物经营许可证的单位利用处置
9	硫化渣	污酸处理	321-022-48	具有刺激性气味的固液混合物	铅、镉、铊、砷	/	连续产生	委托持有危险废物经营许可证的单位利用处置
10	废滤布	污酸处理	900-041-49	固体	铅、砷	/	间歇产生	委托持有危险废物经营许可证的单位利用处置
11	废催化剂	硫酸制备	261-173-50	固体	钛、铅	/	间歇产生	委托持有危险废物经营许可证的单位利用处置

注：“/”表示不确定因素影响较大，难以或暂未确定产废系数。

4）氧化锌浸出环节

氧化锌浸出渣（HW48　有色金属采选和冶炼废物）：挥发窑焙烧产生的氧化锌烟尘进行中性浸出，产生的矿浆经浓密机浓密分离后，底流经酸性浸出产生的废渣，主要含有铅、铟等。

5）熔铸环节

熔铸浮渣（HW48　有色金属采选和冶炼废物）：熔铸车间阴极锌板熔铸过程中产生的熔铸浮渣，主要含有锌、铅等。

6）烟气净化环节

废甘汞（HW29 含汞废物）：烟气净化过程中，使用氯化法除汞后产生的沉淀物，主要含有汞、铅、锗、锡等。

酸泥（HW29 含汞废物）：烟气净化过程中，稀酸洗涤烟气后产生的沉淀物，主要含有汞、铅、锗、锡等。

废滤布（HW49 其他废物）：酸泥压滤过程中产生的废弃滤布，主要含有铅、汞等。

7）污酸处理环节

硫化渣（HW48 有色金属采选和冶炼废物）：铅锌冶炼烟气净化产生的污酸处理过程中产生的硫化渣，主要含有铅、镉、铊、砷等。

废滤布（HW49 其他废物）：硫化渣压滤过程中产生的废弃滤布，主要含有铅、砷等。

8）硫酸制备环节

废催化剂（HW50 废催化剂）：二氧化硫转化为三氧化硫过程中产生的废弃催化剂，主要含有五氧化二钒。

（2）高温高酸浸出炼锌工艺

高温高酸浸出炼锌工艺危险废物产生环节有焙烧收尘、净化除杂、热酸浸出、除铁、熔铸、浸出等，产生的危险废物主要为净化渣、浸出渣、铁矾渣、熔铸浮渣等，其主要危险废物产生情况如表 5 所示。

1）焙烧烟气净化收尘环节

收尘烟灰（HW48 有色金属采选和冶炼废物）：锌精矿或浓密底流在干燥、筛分、球磨、焙烧等过程中烟气经除尘器收集产生的粉尘，主要含有锌、铅、砷等。

2）净化除杂环节

净化渣（HW48 有色金属采选和冶炼废物）：中性浸出产生的上清液经一段净化槽净化过程中产生的净化渣，主要含有铜、镉等；经二段净化槽净化过程中产生的净化渣，主要含有钴、镍等。

3）热酸浸出环节

浸出渣（HW48 有色金属采选和冶炼废物）：中性浸出浓密底流在酸性浸出槽内进行连续酸性浸出，浸出矿浆经酸浸浓密机浓密过程中产生的浸出渣，主要含有铅、锌、铟等。

4）除铁环节

铁矾渣（HW48　有色金属采选和冶炼废物）：热酸浸出的上清液使用黄钾铁矾法沉淀铁过程中产生的沉淀渣，主要含有钴等。

针铁矿渣（HW48　有色金属采选和冶炼废物）：热酸浸出的上清液使用针铁矿法沉淀铁过程中产生的沉淀渣，主要含有镉、钴等。

5）熔铸环节

熔铸浮渣（HW48　有色金属采选和冶炼废物）：熔铸车间阴极锌板熔铸过程中产生的熔铸浮渣，主要含有锌、铅等。

6）烟气净化环节

废甘汞（HW29　含汞废物）：烟气净化过程中，使用氯化法除汞过程中产生的沉淀物，主要含有汞、铅、锗、锡等。

酸泥（HW29　含汞废物）：烟气净化过程中，稀酸洗涤烟气过程中产生的沉淀物，主要含有汞、铅、锗、锡等。

废滤布（HW49　其他废物）：酸泥压滤过程中产生的废弃滤布，主要含有铅、汞等。

7）污酸处理环节

硫化渣（HW48　有色金属采选和冶炼废物）：铅锌冶炼烟气净化产生的污酸处理过程中产生的硫化渣，主要含有铅、镉、铊、砷等。

废滤布（HW49　其他废物）：硫化渣压滤过程中产生的废弃滤布，主要含有铅、砷等。

8）硫酸制备环节

废催化剂（HW50　废催化剂）：二氧化硫转化为三氧化硫过程中产生的废弃催化剂，主要含有五氧化二钒。

表 5　高温高酸炼锌工艺生产过程中产生的主要危险废物信息

序号	废物名称	产生环节	废物代码	外观性状	特征污染物	产废系数	产生规律	主要利用处置方式
1	收尘烟灰	熔炼收尘	321-014-48	颗粒物	铅、砷	219.3 ~ 435.0 kg/t 电解锌	连续产生	自行利用处置 / 委托持有危险废物经营许可证的单位利用处置
2	净化渣	净化除杂	321-008-48	固体	镉、镍	11.6 ~ 84.2 kg/t 电解锌	连续产生	自行利用处置 / 委托持有危险废物经营许可证的单位利用处置
3	浸出渣	热酸浸出	321-021-48	酸性黏稠固体	铅	588.0 ~ 1120.0 kg/t 电解锌	连续产生	自行利用处置 / 委托持有危险废物经营许可证的单位利用处置
4	铁矾渣	除铁	321-005-48	黄色固体	钴	/	连续产生	委托持有危险废物经营许可证的单位利用处置
5	针铁矿渣	除铁	321-007-48	黑色固体	镉、钴	/	连续产生	委托持有危险废物经营许可证的单位利用处置
6	熔铸浮渣	熔铸	321-009-48	固体	锌、铅	18.6 ~ 28.9 kg/t 电解锌	连续产生	自行利用处置 / 委托持有危险废物经营许可证的单位利用处置
7	废甘汞	烟气净化	321-103-29	固体	汞、铅	/	连续产生	委托持有危险废物经营许可证的单位利用处置
8	酸泥	烟气净化	321-033-29	具有刺激性气味的固液混合物	汞、铅	/	连续产生	委托持有危险废物经营许可证的单位利用处置
9	废滤布	烟气净化	900-041-49	固体	铅、砷	/	间歇产生	自行利用处置 / 委托持有危险废物经营许可证的单位利用处置
10	硫化渣	污酸处理	321-022-48	具有刺激性气味的固液混合物	铅、镉、铊、砷	/	连续产生	委托持有危险废物经营许可证的单位利用处置

续表 5

序号	废物名称	产生环节	废物代码	外观性状	特征污染物	产废系数	产生规律	主要利用处置方式
11	废滤布	污酸处理	900-041-49	固体	铅、砷	/	间歇产生	委托持有危险废物经营许可证的单位利用处置
12	废催化剂	硫酸制备	261-173-50	固体	钒、钛、铅	/	间歇产生	委托持有危险废物经营许可证的单位利用处置

注："/"表示不确定因素影响较大，难以或暂未确定产废系数。

（3）设备检修与维护

设备检修与维护过程中产生的危险废物为废矿物油、废弃的含油抹布和劳保用品等，属于间歇产生，委托持有危险废物经营许可证的单位利用处置。

（4）分析监测

分析监测过程中产生的危险废物为实验室废物（HW49　其他废物），委托持有危险废物经营许可证的单位利用处置。

3.2.2.2　氧压浸出炼锌工艺

氧压浸出炼锌工艺危险废物产生环节有氧压浸出、中和置换、除铁、净化除杂、阴极锌板熔铸、硫回收、制酸、高银浸出等，产生的危险废物为浸出渣、置换渣等，其主要危险废物产生情况如表 6 所示。

（1）氧压浸出环节

浸出渣（HW48　有色金属采选和冶炼废物）：球磨后的矿浆及废电解液加入压力釜（一段氧压浸出），硫化锌中的硫被氧化为元素硫，底流经二段氧压浸出过程中产生的浸出渣，主要含有硫、铅、银等。

（2）中和置换环节

置换渣（HW48　有色金属采选和冶炼废物）：一段氧压浸出浓密底流经浓密机分离后，上清液加入锌粉置换过滤过程中产生的置换渣，主要含有镓、锗、砷等。

（3）除铁环节

针铁矿渣（HW48　有色金属采选和冶炼废物）：中和置换产生的上清液使用针

铁矿法沉淀铁过程中产生的沉淀渣，主要含有镉、钴等。

（4）净化除杂环节

净化渣（HW48　有色金属采选和冶炼废物）：中性浸出产生的上清液经一段净化槽净化过程中产生的净化渣，主要含有铜、镉等；经二段净化槽净化过程中产生的净化渣，主要含有钴、镍等。

（5）熔铸环节

熔铸浮渣（HW48　有色金属采选和冶炼废物）：熔铸车间阴极锌板熔铸过程中产生的熔铸浮渣，主要含有锌等。

（6）硫回收环节

铅银渣（HW48　有色金属采选和冶炼废物）：浓密底流进行浮选回收硫，浮选尾矿水洗过程中产生的铅银渣，主要含有铅、银等。

硫化物滤饼（HW48　有色金属采选和冶炼废物）：硫精矿送入粗硫池熔融，加热过滤过程中产生的含硫渣（硫化物滤饼），主要含有硫、银等。

（7）制酸焙烧环节

收尘烟灰（HW48　有色金属采选和冶炼废物）：锌精矿和来自硫回收工序且经破碎的硫化物滤饼，经富氧焙烧，焙烧烟气降温收尘过程中产生的收尘烟灰，主要含有铅、汞等。

（8）高银浸出环节

热酸铅银渣（HW48　有色金属冶炼）：硫化物滤饼焙烧后的高银焙砂经一段高银浸出和二段高银浸出后的矿浆送二段浓密机，底流再送压滤机过滤过程中产生的滤渣，主要含有铅、银等。

（9）烟气净化环节

废甘汞（HW29　含汞废物）：烟气净化使用氯化法除汞过程中产生的沉淀物，主要含有汞、铅、锗、锡等。

酸泥（HW29　含汞废物）：烟气净化稀酸洗涤烟气过程中产生的沉淀物，主要含有汞、铅、锗、锡等。

废滤布（HW49　其他废物）：酸泥压滤过程中产生的废弃滤布，主要含有铅、汞等。

表 6　氧压浸出炼锌工艺生产过程中产生的主要危险废物信息（略）

序号	废物名称	产生环节	废物代码	外观性状	特征污染物	产废系数	产生规律	主要利用处置方式
1	浸出渣	氧压浸出	321-006-48	酸性黏稠固体	硫、铅	/	连续产生	自行利用处置 / 委托持有危险废物经营许可证的单位利用处置
2	置换渣	中和置换	321-013-48	固体	镓、锗、砷	/	连续产生	自行利用处置 / 委托持有危险废物经营许可证的单位利用处置
3	针铁矿渣	除铁	321-007-48	黑色固体	镉、钴	/	连续产生	委托持有危险废物经营许可证的单位利用处置
4	净化渣	净化除杂	321-008-48	固体	镉、钴、镍	/	连续产生	自行利用处置 / 委托持有危险废物经营许可证的单位利用处置
5	熔铸浮渣	熔铸	321-009-48	固体	铅	/	连续产生	自行利用处置 / 委托持有危险废物经营许可证单位处置
6	铅银渣	硫回收环节	321-021-48	黑色固体	铅、银	/	连续产生	自行利用处置 / 委托持有危险废物经营许可证的单位利用处置
7	硫化物滤饼	硫回收环节	321-006-48	固体	硫、银	/	连续产生	自行利用处置 / 委托持有危险废物经营许可证的单位利用处置
8	收尘烟灰	制酸焙烧	321-014-48	颗粒物	铅、汞	/	连续产生	自行利用处置 / 委托持有危险废物经营许可证的单位利用处置
9	热酸铅银渣	高银浸出	321-021-48	酸性黑色固体	铅、银	/	连续产生	自行利用处置 / 委托持有危险废物经营许可证的单位利用处置
10	废催化剂	锅炉烟气净化	772-007-50	固体	钛、铅	/	间歇产生	委托持有危险废物经营许可证的单位利用处置
11	废甘汞	烟气净化	321-103-29	固体	汞、铅	/	连续产生	委托持有危险废物经营许可证的单位利用处置
12	酸泥	烟气净化	321-033-29	具有刺激性气味的固液混合物	汞、铅	/	连续产生	委托持有危险废物经营许可证的单位利用处置
13	废滤布	烟气净化	900-041-49	固体	铅、砷	/	间歇产生	委托持有危险废物经营许可证的单位利用处置

续表 6

序号	废物名称	产生环节	废物代码	外观性状	特征污染物	产废系数	产生规律	主要利用处置方式
14	硫化渣	污酸处理	321-022-48	具有刺激性气味的固液混合物	铅、镉、铊、砷	/	连续产生	委托持有危险废物经营许可证的单位利用处置
15	废滤布	污酸处理	900-041-49	固体	铅、砷	/	间歇产生	委托持有危险废物经营许可证的单位利用处置
16	废催化剂	硫酸制备	261-173-50	固体	钒、钛、铅	/	间歇产生	委托持有危险废物经营许可证的单位利用处置

注："/"表示不确定因素影响较大，难以或暂未确定产废系数。

（10）污酸处理环节

硫化渣（HW48　有色金属采选和冶炼废物）：铅锌冶炼烟气净化产生的污酸处理过程中产生的硫化渣，主要含有铅、镉、铊、砷等。

废滤布（HW49　其他废物）：硫化渣压滤过程中产生的废弃滤布，主要含有铅、砷等。

（11）硫酸制备环节

废催化剂（HW50　废催化剂）：二氧化硫转化为三氧化硫过程中产生的废弃催化剂，主要含有五氧化二钒。

（12）设备检修与维护

设备检修与维护过程中产生的危险废物为废矿物油、废弃的含油抹布和劳保用品等，属于间歇产生，委托持有危险废物经营许可证的单位利用处置。

（13）分析监测

分析监测过程中产生的危险废物为实验室废物（HW49　其他废物），委托持有危险废物经营许可证的单位利用处置。

3.2.2.3　常压富氧浸出炼锌

富氧浸出炼锌工艺危险废物产生环节有浸出、中和置换、除铁、净化除杂、阴极锌板熔铸、硫回收、制酸、高银浸出等，产生的危险废物主要为浸出渣、置换渣等，其主要危险废物产生情况如表 7 所示。

（1）浸出工序环节

浸出渣（HW48　有色金属采选和冶炼废物）：球磨后的矿浆及废电解液经低酸浸出和高酸浸出后，过滤过程中产生的浸出渣，主要含有硫、铅、银等。

（2）中和置换环节

置换渣（HW48　有色金属采选和冶炼废物）：一段氧压浸出浓密底流经浓密机分离后，上清液加入锌粉置换过滤过程中产生的置换渣，主要含有镓、锗、砷等。

（3）除铁工序环节

铁矾渣（HW48　有色金属采选和冶炼废物）：中和置换产生的上清液使用黄钾铁矾法沉淀铁过程中产生的沉淀渣，主要含有钴等。

针铁矿渣（HW48　有色金属采选和冶炼废物）：中和置换产生的上清液使用针铁矿法沉淀铁过程中产生的沉淀渣，主要含有镉、钴等。

（4）净化除杂环节

净化渣（HW48　有色金属采选和冶炼废物）：中性浸出产生的上清液经一段净化槽净化过程中产生的净化渣，主要含有铜、镉等；经二段净化槽净化过程中产生的净化渣，主要含有钴、镍等。

（5）阴极锌板熔铸环节

熔铸浮渣（HW48　有色金属采选和冶炼废物）：在熔铸车间阴极锌板熔铸过程中产生的熔铸浮渣，主要含有锌、铅等。

（6）硫回收环节

铅银渣（HW48　有色金属采选和冶炼废物）：浓密底流进行浮选回收硫，浮选尾矿经水洗过程中产生的铅银渣，主要含有铅、银等。

硫化物滤饼（HW48　有色金属采选和冶炼废物）：硫精矿送入粗硫池熔融，加热过滤过程中产生的含硫渣，主要含有硫、银等。

（7）制酸焙烧环节

收尘烟灰（HW48　有色金属采选和冶炼废物）：锌精矿和来自硫回收工序且经破碎的硫化物滤饼，经富氧焙烧，焙烧烟气降温收尘过程中产生的收尘烟灰，主要含有铅、汞等。

表7　富氧浸出炼锌工艺生产过程中产生的主要危险废物信息

序号	废物名称	产生环节	废物代码	外观性状	特征污染物	产废系数	产生规律	主要利用处置方式
1	浸出渣	浸出	321-006-48	酸性黏稠固体	硫、铅	/	连续产生	自行利用处置/委托持有危险废物经营许可证的单位利用处置
2	置换渣	中和置换	321-013-48	固体	镓、锗、砷	/	连续产生	自行利用处置/委托持有危险废物经营许可证的单位利用处置
3	铁矾渣	除铁	321-005-48	黄色固体	钴	/	连续产生	委托持有危险废物经营许可证的单位利用处置
4	针铁矿渣	除铁	321-007-48	黑色固体	镉、钴	/	连续产生	委托持有危险废物经营许可证的单位利用处置
5	净化渣	净化除杂	321-008-48	固体	镉、钴、镍	/	连续产生	自行利用处置/委托持有危险废物经营许可证的单位利用处置
6	熔铸浮渣	熔铸	321-009-48	固体	锌、铅	/	连续产生	自行利用处置/委托持有危险废物经营许可证的单位利用处置
7	铅银渣	硫回收环节	321-021-48	黑色固体	铅、银	/	连续产生	自行利用处置/委托持有危险废物经营许可证的单位利用处置
8	硫化物滤饼	硫回收环节	321-006-48	固体	硫、银	/	连续产生	自行利用处置/委托持有危险废物经营许可证的单位利用处置
9	收尘烟灰	制酸焙烧	321-014-48	颗粒物	铅、汞	/	连续产生	自行利用处置/委托持有危险废物经营许可证的单位利用处置
10	热酸铅银渣	高银浸出	321-021-48	酸性黑色固体	铅、银	/	连续产生	自行利用处置/委托持有危险废物经营许可证的单位利用处置
11	废催化剂	锅炉烟气净化	772-007-50	固体	钛、铅	/	间歇产生	委托持有危险废物经营许可证的单位利用处置
12	废甘汞	烟气净化	321-103-29	固体	汞、铅	/	连续产生	委托持有危险废物经营许可证的单位利用处置
13	酸泥	烟气净化	321-033-29	具有刺激性气味的固液混合物	汞、铅	/	连续产生	委托持有危险废物经营许可证的单位利用处置
14	废滤布	烟气净化	900-041-49	固体	铅、砷	/	间歇产生	委托持有危险废物经营许可证的单位利用处置

续表 7

序号	废物名称	产生环节	废物代码	外观性状	特征污染物	产废系数	产生规律	主要利用处置方式
15	硫化渣	污酸处理	321-022-48	具有刺激性气味的固液混合物	铅、镉、铊、砷	/	连续产生	委托持有危险废物经营许可证的单位利用处置
16	废滤布	污酸处理	900-041-49	固体	铅、砷	/	间歇产生	委托持有危险废物经营许可证的单位利用处置
17	废催化剂	硫酸制备	261-173-50	固体	钛、铅	/	间歇产生	委托持有危险废物经营许可证的单位利用处置

注："/"表示不确定因素影响较大，难以或暂未确定产废系数。

（8）高银浸出环节

热酸铅银渣（HW48　有色金属冶炼）：硫化物滤饼焙烧后的高银焙砂经一段高银浸出和二段高银浸出后的矿浆送二段浓密机，底流再送压滤机过滤过程中产生的滤渣，主要含有铅、银等。

（9）烟气净化环节

废甘汞（HW29　含汞废物）：烟气净化过程中，使用氯化法除汞过程中产生的沉淀物，主要含有汞、铅、锗、锡等。

酸泥（HW29　含汞废物）：烟气净化过程中，稀酸洗涤烟气过程中产生的沉淀物，主要含有汞、铅、锗、锡等。

废滤布（HW49　其他废物）：酸泥压滤过程中产生的废弃滤布，主要含有铅、汞等。

（10）污酸处理环节

硫化渣（HW48　有色金属采选和冶炼废物）：铅锌冶炼烟气净化产生的污酸处理过程中产生的硫化渣，主要含有铅、镉、铊、砷等。

废滤布（HW49　其他废物）：硫化渣压滤过程中产生的废弃滤布，主要含有铅、砷等。

（11）硫酸制备环节

废催化剂（HW50　废催化剂）：二氧化硫转化为三氧化硫过程中产生的废弃催化剂，主要含有五氧化二钒。

（12）设备检修与维护

设备检修与维护过程中产生的危险废物为废矿物油、废弃的含油抹布和劳保用品等，属于间歇产生，委托持有危险废物经营许可证的单位利用处置。

（13）分析监测

分析监测过程中产生的危险废物为实验室废物（HW49　其他废物），委托持有危险废物经营许可证的单位利用处置。

3.3　贵金属回收工艺

贵金属回收工艺危险废物产生环节有贵金属熔炼过程，产生的危险废物主要为收尘烟灰、回收渣等，其主要危险废物产生情况如表 8 所示。

表 8　贵金属回收工艺生产流程中产生的危险废物信息

序号	废物名称	产生环节	废物代码	外观特性	特征污染物	产废系数	产生规律	主要利用处置方式
1	收尘烟灰	贵金属熔炼	321-014-48	颗粒物	铅、砷	/	连续产生	自行利用处置 / 委托持有危险废物经营许可证的单位利用处置
2	回收渣	贵金属熔炼	321-013-48	黑色固体	铅、砷	4.0 ～ 20.0 kg/t 电解铅	连续产生	自行利用处置 / 委托持有危险废物经营许可证的单位利用处置
3	含铅废物	贵金属熔炼	321-019-48	固体	铅、砷	/	连续产生	委托持有危险废物经营许可证的单位利用处置
4	废水处理污泥	贵金属熔炼	321-019-48	黑色固体	铅、砷	/	连续产生	委托持有危险废物经营许可证的单位利用处置

注：“/”表示不确定因素影响较大，难以或暂未确定产废系数。

收尘烟灰（HW48 有色金属采选和冶炼废物）：熔炼炉含有烟尘的烟气由炉顶进入烟气管道，经余热锅炉回收余热和除尘器降温除尘过程中产生的烟灰，主要含有铅、砷等。

回收渣（HW48 有色金属采选和冶炼废物）：熔炼炉排出的渣，主要含有铅、砷、锑、铋等。

含铅废物（HW48 有色金属采选和冶炼废物）：铅电解产生的阳极泥火法处理过程中产生的富集渣，主要含有铅、砷等。

废水处理污泥（HW48 有色金属采选和冶炼废物）：铅电解产生的阳极泥处理过程中产生的废水处理污泥，主要含有铅、砷等。

4 危险废物环境管理要求

4.1 落实危险废物鉴别管理制度，污酸采用废水处理工艺处理过程中产生的中和渣、泥，工业窑炉底渣水淬过程产生的水淬渣，以及其他不排除具有危险特性的固体废物，应根据《国家危险废物名录》、《危险废物鉴别标准》（GB 5085.1 ～ 7）、《危险废物鉴别技术规范》（HJ 298）等判定是否属于危险废物，属于危险废物的应按危险废物相关要求进行管理。

4.2 落实污染环境防治责任制度，建立健全工业危险废物产生、收集、贮存、运输、利用、处置全过程的污染环境防治责任制度。

4.3 落实危险废物识别标志制度，按照《环境保护图形标志——固体废物贮存（处置）场》（GB 15562.2）等有关规定，对危险废物的容器和包装物以及收集、贮存、运输、利用、处置危险废物的设施、场所设置危险废物识别标志。

4.4 落实危险废物管理计划制度，按照《危险废物产生单位管理计划制定指南》等有关要求制订危险废物管理计划，并报所在地生态环境主管部门备案。

4.5 落实危险废物管理台账及申报制度，建立危险废物管理台账，如实记录有关信息，并通过国家危险废物信息管理系统向所在地生态环境主管部门申报危险废物的种类、产生量、流向、贮存、处置等有关资料。

4.6 落实危险废物经营许可证制度，禁止将危险废物提供或委托给无危险废物经营许可证的单位或者其他生产经营者从事收集、贮存、利用、处置活动。

4.7 落实危险废物转移联单制度，转移危险废物的，应当按照《危险废物转移管理办法》的有关规定填写、运行危险废物转移联单。运输危险废物，应当采取防止污染环境的措施，并遵守国家有关危险货物运输管理的规定。

4.8 产生工业危险废物的单位应当落实排污许可制度；已经取得排污许可证的，执行排污许可管理制度的规定。

4.9　落实环境保护标准制度，按照国家有关规定和环境保护标准要求贮存、利用、处置危险废物，不得将其擅自倾倒处置；禁止混合收集、贮存、运输、处置性质不相容而未经安全性处置的危险废物。

危险废物收集、贮存应当按照其特性分类进行；禁止将危险废物混入非危险废物中贮存。危险废物收集、贮存和运输过程的污染控制执行《危险废物贮存污染控制标准》（GB 18597）、《危险废物收集、贮存、运输技术规范》（HJ 2025）有关规定。

自行利用处置危险废物的，其利用处置过程的污染控制应分别执行《危险废物焚烧污染控制标准》（GB 18484）、《危险废物填埋污染控制标准》（GB 18598）《水泥窑协同处置固体废物环境保护技术规范》（HJ 662）有关要求，不得擅自倾倒、堆放；自行填埋处置危险废物的，还应根据《危险废物填埋污染控制标准》、（GB 18598）有关要求开展地下水监测、评估，并根据评估结果采取必要的风险管控措施。

4.10　落实环境影响评价制度及环境保护三同时制度，需要配套建设的危险废物贮存、利用和处置设施应当与主体工程同时设计、同时施工、同时投入使用。

4.11　落实环境应急预案制度，参考《危险废物经营单位编制应急预案指南》有关规定制定意外事故的防范措施和环境应急预案，并向所在地生态环境主管部门和其他负有固体废物污染环境防治监督管理职责的部门备案。

4.12　加强危险废物规范化环境管理，按照《危险废物规范化环境管理评估指标》有关要求，提升危险废物规范化环境管理水平。

4.13　对于列入《国家危险废物名录》附录《危险废物豁免管理清单》中的废弃的含油抹布和劳保用品等危险废物，当满足《危险废物豁免管理清单》中列出的豁免条件时，在所列的豁免环节豁免不按危险废物管理。

附件 3

危险废物环境管理指南　铜冶炼

1　适用范围

本指南列出了铜冶炼业危险废物的产生环节和有关环境管理要求。

本指南适用于以铜精矿为主要原料的火法铜冶炼企业及以铜矿石（主要为氧化铜矿、低品位硫化铜矿等）为主要原料的湿法铜冶炼企业内部的危险废物环境管理，可作为生态环境主管部门对铜冶炼企业开展危险废物环境监管的参考。

本指南不适用于以铜再生资源为唯一原料的铜冶炼企业，以及生产再生铜及铜压延加工产品的企业。

2　术语和定义

2.1　危险废物

指列入国家危险废物名录或者根据国家规定的危险废物鉴别标准和鉴别方法认定的具有危险特性的固体废物。

2.2　铜冶炼

指以铜精矿、铜矿石（主要为氧化铜矿、低品位硫化铜矿等）为主要原料提炼铜的生产过程。

2.3　火法炼铜

指利用高温从硫化铜精矿中提取金属铜的过程。硫化铜精矿火法冶炼生产过程通常包括备料、熔炼、吹炼、火法精炼、电解精炼等工序，最终产品为精炼铜（电解铜）。

2.4　湿法炼铜

指在常温常压或高压下，用溶剂或细菌（主要为自然界的铁硫杆菌）浸出矿石中的铜，浸出液经过萃取或其他溶液净化方法，使铜和杂质分离，然后用电积法，将溶液中的铜提取出来的过程。氧化铜矿通常采用溶剂直接浸出方法，低品位硫化铜矿通常采用细菌浸出方法。

2.5　烟气制酸

指吸收熔炼炉及吹炼炉烟气中高浓度二氧化硫，并经过净化、转化、干吸等工序生产硫酸的过程。

3　危险废物产生环节

3.1　火法炼铜工艺

火法炼铜工艺危险废物产生环节有熔炼炉和吹炼炉电收尘、电解液净化、烟气制酸、污酸处理等，产生的危险废物主要为白烟尘、黑铜粉、酸泥（铅滤饼）、废催化剂、砷渣（砷滤饼）等，其主要危险废物产生情况如表 1 所示。

3.1.1　熔炼炉和吹炼炉电收尘环节

白烟尘（HW48　有色金属采选和冶炼废物）：火法炼铜过程中，熔炼炉和吹炼炉产生的烟气，经过电收尘器进行收尘，收集的部分细烟尘需要进行开路，开路烟尘即为白烟尘，主要含有铅、砷、锌、铜、镉等。

3.1.2　电解液净化环节

电解液净化环节不产生行业的特征危险废物。

3.1.3　烟气制酸环节

酸泥（铅滤饼）（HW48　有色金属采选和冶炼废物）：火法炼铜过程中，铜精矿熔炼及吹炼过程中产生的二氧化硫烟气，经过制酸系统净化工序洗涤后沉淀下的污泥经压滤后得到的酸泥（铅滤饼），主要含有铅、砷、铜、镉等。

废催化剂（HW50　废催化剂）：火法炼铜过程中，铜精矿熔炼及吹炼过程中产生的二氧化硫烟气，在制酸系统转化工序需利用触媒作为催化剂生产硫酸，失效的触媒即为废催化剂，主要含有五氧化二钒。

3.1.4　污酸处理环节

砷渣（砷滤饼）（HW48　有色金属采选和冶炼废物）：火法炼铜过程中，铜精矿熔炼及吹炼过程中产生的二氧化硫烟气，经过制酸系统净化工序洗涤后产生含砷污酸，含砷污酸沉淀压滤后产生砷渣（砷滤饼），主要含有砷、硫、铅、铜、镉等。

3.2　湿法炼铜工艺

目前，湿法炼铜工艺产生的固体废物未列入《国家危险废物名录》。

3.3　设备检修与维护

设备检修与维护过程中产生的危险废物为废矿物油、废弃的含油抹布和劳保用品等，属于间歇产生，委托持有危险废物经营许可证的单位利用处置。

3.4 分析监测

分析监测过程中产生的危险废物为实验室废物（HW49 其他废物），委托持有危险废物经营许可证的单位处置。

表 1 铜冶炼企业生产过程中产生的主要危险废物信息

序号	废物名称	产生环节	废物代码	外观性状	特征污染物	产废系数	产生规律	主要利用处置方式
1	白烟尘	熔炼炉和吹炼炉电收尘环节	321–002–48	颗粒物	铅、砷、锌、铜、镉	< 1.0 kg/t 电解铜（双闪工艺），15.0 ～ 50.0 kg/t 电解铜（其他工艺）	连续产生	自行利用处置 / 委托持有危险废物经营许可证的单位利用处置
2	酸泥（铅滤饼）	烟气制酸环节净化工序	321–031–48	具有刺激性气味的固液混合物	铅、砷、铜、镉	7.0 ～ 20.0 kg/t 电解铜	连续产生	自行利用处置 / 委托持有危险废物经营许可证的单位利用处置
3	废催化剂	烟气制酸环节转化工序	261–173–50	固体	五氧化二钒	0.1 ～ 0.3 kg/t 电解铜	间歇产生	委托持有危险废物经营许可证的单位利用处置
4	砷渣（砷滤饼）	污酸处理环节净化工序	321–032–48	具有刺激性气味的固液混合物	砷、硫、铅、铜、镉	10.0 ～ 30.0 kg/t 电解铜	连续产生	自行利用处置 / 委托持有危险废物经营许可证的单位利用处置

注：1. 危险废物产生量与原料中重金属杂质含量有关，如：砷渣（砷滤饼）、酸泥（铅滤饼）等产生量与原料中砷、铅含量有关。
2. 废催化剂等危险废物的产生具有周期性，其产生量基本等于催化剂（触媒）的使用量。
3. 铜冶炼企业烟气制酸系统的净化工序产生的危险废物主要为酸泥（铅滤饼），根据原辅料来源，西南区域的铜冶炼企业可能出现渣中含汞现象。

4 危险废物环境管理要求

4.1 落实危险废物鉴别管理制度，对于电解液净化环节产生的黑铜粉、湿法炼铜工艺铜电积环节产生的铅泥、火法炼铜工艺污酸及酸性废水处理过程中产生的中和渣、湿法炼铜工艺浸出过程中产生的浸出渣，以及其他不排除具有危险特性的固体废物，应根据《国家危险废物名录》、《危险废物鉴别标准》（GB 5085.1 ～ 7）、《危险废物鉴别技术规范》（HJ 298）等判定是否属于危险废物，属于危险废物的应按危险废物相关要求进行管理。

4.2　落实污染环境防治责任制度，建立健全工业危险废物产生、收集、贮存、运输、利用、处置全过程的污染环境防治责任制度。

4.3　落实危险废物识别标志制度，按照《环境保护图形标志——固体废物贮存（处置）场》（GB 15562.2）等有关规定，对危险废物的容器和包装物以及收集、贮存、运输、利用、处置危险废物的设施、场所设置危险废物识别标志。

4.4　落实危险废物管理计划制度，按照《危险废物产生单位管理计划制定指南》等有关要求制订危险废物管理计划，并报所在地生态环境主管部门备案。

4.5　落实危险废物管理台账及申报制度，建立危险废物管理台账，如实记录有关信息，并通过国家危险废物信息管理系统向所在地生态环境主管部门申报危险废物的种类、产生量、流向、贮存、处置等有关资料。

4.6　落实危险废物经营许可证制度，禁止将危险废物提供或委托给无危险废物经营许可证的单位或者其他生产经营者从事收集、贮存、利用、处置活动。

4.7　落实危险废物转移联单制度，转移危险废物的，应当按照《危险废物转移管理办法》的有关规定填写、运行危险废物转移联单。运输危险废物，应当采取防止污染环境的措施，并遵守国家有关危险货物运输管理的规定。

4.8　产生工业危险废物的单位应当落实排污许可制度；已经取得排污许可证的，执行排污许可管理制度的规定。

4.9　落实环境保护标准制度，按照国家有关规定和环境保护标准要求贮存、利用、处置危险废物，不得将其擅自倾倒处置；禁止混合收集、贮存、运输、处置性质不相容而未经安全性处置的危险废物。

危险废物收集、贮存应当按照其特性分类进行；禁止将危险废物混入非危险废物中贮存，其收集、贮存和运输过程的污染控制执行《危险废物贮存污染控制标准》（GB 18597）《危险废物收集、贮存、运输技术规范》（HJ 2025）有关规定。

自行利用处置危险废物的，其利用处置过程的污染控制应分别执行《危险废物焚烧污染控制标准》（GB 18484）、《危险废物填埋污染控制标准》（GB 18598）《水泥窑协同处置固体废物环境保护技术规范》（HJ 662）有关要求，不得擅自倾倒、堆放；自行填埋处置危险废物的，还应根据《危险废物填埋污染控制标准》（GB 18598）有关要求开展地下水监测、评估，并根据评估结果采取必要的风险管控措施。

4.10 落实环境影响评价制度及环境保护三同时制度，需要配套建设的危险废物贮存、利用和处置设施应当与主体工程同时设计、同时施工、同时投入使用。

4.11 落实环境应急预案制度，参考《危险废物经营单位编制应急预案指南》有关规定制定意外事故的防范措施和环境应急预案，并向所在地生态环境主管部门和其他负有固体废物污染环境防治监督管理职责的部门备案。

4.12 加强危险废物规范化环境管理，按照《危险废物规范化环境管理评估指标》有关要求，提升危险废物规范化环境管理水平。

4.13 对于列入《国家危险废物名录》附录《危险废物豁免管理清单》中的废弃的含油抹布和劳保用品等危险废物，当满足《危险废物豁免管理清单》中列出的豁免条件时，在所列的豁免环节可不按危险废物管理。

4.14 其他环境管理要求

铜冶炼行业火法炼铜工艺铜电解精炼环节产生的满足《铜阳极泥》（YS/T 991）要求的阳极泥，在环境风险可控的前提下，根据省级生态环境部门确定的方案，可实行危险废物“点对点”定向利用，即可作为另外一家单位环境治理或工业原料生产的替代原料进行使用，利用环节豁免不按危险废物管理。

附件 4

危险废物环境管理指南　炼焦

1　适用范围

本指南列出了炼焦业和煤焦油深加工环节危险废物的产生环节和有关环境管理要求。

本指南适用于利用高温干馏常规机焦炉、高温干馏热回收焦炉和中低温干馏三种工艺炼焦企业内部的危险废物环境管理，可作为生态环境主管部门对炼焦企业开展危险废物环境监管的参考。

2　术语和定义

2.1　危险废物

指列入国家危险废物名录或者根据国家规定的危险废物鉴别标准和鉴别方法认定的具有危险特性的固体废物。

2.2　炼焦

指煤在隔绝空气条件下，受热分解生成煤气、焦油、粗苯和焦炭等产物的过程，也称为煤干馏或焦化。按照加热终温的不同，可分为高温干馏和中低温干馏。

2.3　高温干馏

指采用较高的加热终温（900 ℃ ～ 1100 ℃），使煤在隔绝空气条件下，受热分解生成焦炭、高温煤焦油和煤气等产物的过程。

2.4　中低温干馏

指采用较低的加热终温（500 ℃ ～ 900 ℃），使煤在隔绝空气条件下，受热分解生成半焦（兰炭）、中低温煤焦油和煤气等产物的过程。

2.5　常规机焦炉

指炭化室、燃烧室分设，炼焦煤隔绝空气间接加热干馏成焦炭，并设有煤气净化、化学产品回收的生产装置。

2.6 热回收焦炉

指集焦炉炭化室微负压操作、机械化捣固、装煤、出焦、回收利用炼焦燃烧废气余热于一体的生产装置。

2.7 半焦（兰炭）炭化炉

指将不粘煤、弱粘煤、长焰煤等原料进行中低温干馏，以生产半焦（兰炭）为主的生产装置。

3 危险废物产生环节

3.1 高温干馏主要危险废物产生环节

3.1.1 常规机焦炉工艺

常规机焦炉工艺危险废物产生环节有炼焦、煤气净化和高温煤焦油深加工等，产生的主要危险废物为蒸氨塔残渣、高温煤焦油、焦油渣、废水池残渣、废水处理污泥（不包括废水生化处理污泥）、脱硫废液等，其主要危险废物产生情况如表1所示。

3.1.1.1 炼焦环节

蒸氨塔残渣（HW11　精（蒸）馏残渣）：炼焦过程中焦油氨水分离工序蒸氨塔产生的残渣，主要含有多环芳烃和重金属等。

焦油渣（HW11　精（蒸）馏残渣）：炼焦过程中焦油储存设施、焦油中间槽、电捕焦油器产生的残渣，主要含有多环芳烃、苯酚、二甲基苯酚等。

废水处理污泥（不包括废水生化处理污泥）（HW11　精（蒸）馏残渣）：炼焦过程中废水处理（不包括生化处理）产生的污泥，主要含有多环芳烃、苯系物、酚、焦油和轻油类、铵盐、重金属和氰化物等。

3.1.1.2 煤气净化环节

洗油再生残渣（HW11　精（蒸）馏残渣）：荒煤气净化过程中洗苯脱苯工艺洗油再生器产生的残渣，主要含有芴、苯系物、萘和硫化物等。

高温煤焦油（HW11　精（蒸）馏残渣）：荒煤气净化过程中焦油氨水分离设施顶部产生的黏稠液体，主要含有多环芳烃、苯系物、酚类、吡啶和喹啉等。

焦油渣（HW11　精（蒸）馏残渣）：荒煤气净化过程中焦油氨水分离设施底部产生的残渣，主要含有苯系物、多环芳烃、苯酚、二甲基苯酚等。

废水池残渣（HW11　精（蒸）馏残渣）：荒煤气净化过程氨水分离工序废水池

产生的残渣，主要含有多环芳烃和重金属等。

废水处理污泥（不包括废水生化处理污泥）（HW11　精（蒸）馏残渣）：荒煤气净化过程粗苯精制工序废水处理（不包括生化处理）产生的污泥，主要含有多环芳烃、苯系物、酚、焦油和轻油类、铵盐、重金属和氰化物等。

酸焦油（HW11　精（蒸）馏残渣）：荒煤气净化过程硫氨工序溢流槽产生的固液混合物，主要含有苯系物、萘、蒽、酚类和硫化物等。

酸焦油及蒸馏残渣（HW11　精（蒸）馏残渣）：炼焦粗苯酸洗法精制过程中产生的固液混合物及其他精制过程中产生的蒸馏残渣，主要含有苯系物、苯乙烯、其他硫化物和二硫化碳等。

脱硫废液（HW11　精（蒸）馏残渣）：荒煤气净化过程脱硫工序产生的液体，主要含有重金属、铵盐、挥发氨、对苯二酚、硫化物和氰化物等。

3.1.1.3　高温煤焦油深加工环节

焦油渣（HW11　精（蒸）馏残渣）：高温煤焦油深加工过程中焦油储存设施和脱水脱渣工序产生的残渣，主要含有多环芳烃、苯酚、二甲基苯酚等。

萘精制残渣（HW11　精（蒸）馏残渣）：高温煤焦油深加工过程中萘精制工序产生的残渣，主要含有多环芳烃、三甲酚、萘硫酚和甲基氧芴等。

废水池残渣（HW11　精（蒸）馏残渣）：高温煤焦油深加工过程中脱水脱渣工序和蒸馏工序废水池产生的残渣，主要含有多环芳烃和重金属等。

轻油回收废水池残渣（HW11　精（蒸）馏残渣）：高温煤焦油深加工过程中轻油回收工序废水池产生的残渣，主要含有苯系物、芴、吡啶、吡咯和苯硫酚等。

废水处理污泥（不包括废水生化处理污泥）（HW11　精（蒸）馏残渣）：高温煤焦油深加工过程中废水处理（不包括生化处理）产生的污泥，主要含有多环芳烃、苯系物、酚、焦油和轻油类、铵盐、重金属和氰化物等。

闪蒸油（HW11　精（蒸）馏残渣）：高温煤焦油深加工过程中煤沥青改质工序产生的油性物质，主要含有甲基乙基苯、双环戊二烯、甲基乙烯基苯和茚等。

表 1　高温干馏常规机焦炉生产过程中产生的主要危险废物信息

<table>
<tr><th>序号</th><th>废物名称</th><th>产生环节</th><th>废物代码</th><th>外观性状</th><th>特征污染物</th><th>产废系数</th><th>产生规律</th><th>主要利用处置方式</th></tr>
<tr><td>1</td><td>蒸氨塔残渣</td><td>焦油氨水分离工序</td><td>252-001-11</td><td>固体</td><td>多环芳烃、重金属</td><td>/</td><td>间歇产生</td><td>自行利用处置/委托持有危险废物经营许可证的单位利用处置</td></tr>
<tr><td>2</td><td>洗油再生残渣</td><td>荒煤气净化工序</td><td>252-001-11</td><td>固液混合物</td><td>芴、苯系物、萘、硫化物</td><td>0.6～1.0 kg/t 焦炭</td><td>间歇产生</td><td>自行利用处置/委托持有危险废物经营许可证的单位利用处置</td></tr>
<tr><td>3</td><td>高温煤焦油</td><td>荒煤气净化工序</td><td>252-002-11</td><td>液体</td><td>多环芳烃、苯系物、酚类、吡啶、喹啉</td><td>42.0～56.0 kg/t 焦炭</td><td>连续产生</td><td>自行利用处置/委托持有危险废物经营许可证的单位利用处置</td></tr>
<tr><td>4</td><td>焦油渣</td><td>荒煤气净化工序</td><td>252-002-11</td><td>固体</td><td>多环芳烃、苯酚、二甲基苯酚</td><td rowspan="3">0.8～1.0 kg/t 焦炭</td><td rowspan="3">间歇产生</td><td rowspan="3">自行利用处置/委托持有危险废物经营许可证的单位利用处置</td></tr>
<tr><td>5</td><td>焦油渣</td><td>炼焦环节</td><td>252-004-11</td><td>固体</td><td>多环芳烃、苯酚、二甲基苯酚</td></tr>
<tr><td>6</td><td>焦油渣</td><td>高温煤焦油深加工环节脱水脱渣工序</td><td>252-005-11</td><td>固体</td><td>多环芳烃、苯酚、二甲基苯酚</td></tr>
<tr><td>7</td><td>萘精制残渣</td><td>高温煤焦油深加工环节萘精制工序</td><td>252-003-11</td><td>固体</td><td>多环芳烃、三甲酚、萘硫酚、甲基氧芴</td><td>/</td><td>连续产生</td><td>委托持有危险废物经营许可证的单位利用处置</td></tr>
<tr><td>8</td><td>废水池残渣</td><td>高温煤焦油深加工环节脱水脱渣工序和蒸馏工序，荒煤气净化单元氨水分离工序</td><td>252-007-11</td><td>固体</td><td>多环芳烃、重金属</td><td>/</td><td>连续产生</td><td>委托持有危险废物经营许可证的单位利用处置</td></tr>
<tr><td>9</td><td>轻油回收废水池残渣</td><td>高温煤焦油深加工环节轻油回收工序</td><td>252-009-11</td><td>固体</td><td>苯系物、芴、吡啶、吡咯、苯硫酚</td><td>0.06～0.07 kg/t 焦炭</td><td>连续产生</td><td>委托持有危险废物经营许可证的单位利用处置</td></tr>
</table>

续表 1

序号	废物名称	产生环节	废物代码	外观性状	特征污染物	产废系数	产生规律	主要利用处置方式
10	废水处理污泥（不包括废水生化处理污泥）	炼焦、高温煤焦油深加工环节，粗苯精制工序	252-010-11	固体	多环芳烃、苯系物、酚、焦油和轻油类、铵盐、重金属、氰化物	/	连续产生	自行利用处置 / 委托持有危险废物经营许可证的单位利用处置
11	酸焦油	荒煤气净化单元硫氨工序	252-011-11	固液混合物	苯系物、萘、蒽、酚类、硫化物	0.0005 ～ 0.0008 kg/t 焦炭	间歇产生	自行利用处置 / 委托持有危险废物经营许可证的单位利用处置
12	酸焦油及蒸馏残渣	焦化粗苯酸洗法精制工序，其他精制工序	252-012-11	固液混合物	苯系物、苯乙烯、硫化物、二硫化碳	/	间歇产生	自行利用处置 / 委托持有危险废物经营许可证的单位利用处置
13	脱硫废液	荒煤气净化单元脱硫工序	252-013-11	液体	重金属、铵盐、挥发氨、对苯二酚、硫化物、氰化物	2.0 ～ 5.0 kg/t 焦炭	间歇产生	自行利用处置 / 委托持有危险废物经营许可证的单位利用处置
14	闪蒸油	高温煤焦油深加工环节煤沥青改质工序	252-016-11	油性物质	甲基乙基苯、双环戊二烯、甲基乙烯基苯、茚	1.7 kg/t 焦炭	连续产生	自行利用处置 / 委托持有危险废物经营许可证的单位利用处置

注：“/”表示不确定因素影响较大，难以或暂未确定产废系数。

3.1.2　热回收焦炉工艺

炼焦煤经高温干馏生产焦炭，焦炉煤气全部在炉内燃烧，并回收燃烧废气热能；主要包括备煤、炼焦、熄焦、焦处理等生产环节，在高温干馏热回收焦炉工艺生产环节，产生的主要危险废物为废水处理污泥（不包括废水生化处理污泥），其主要危险废物产生情况如表 2 所示。

表 2　高温干馏热回收焦炉生产过程中产生的主要危险废物信息

序号	废物名称	产生环节	废物代码	外观性状	特征污染物	产废系数	产生规律	主要利用处置方式
1	废水处理污泥（不包括废水生化处理污泥）	炼焦过程中湿法熄焦工序	252-010-11	固体	多环芳烃、苯系物、酚、焦油和轻油类、铵盐、重金属、氰化物	/	连续产生	自行利用处置 / 委托持有危险废物经营许可证的单位利用处置

注：“/”表示不确定因素影响较大，难以或暂未确定产废系数。

废水处理污泥（不包括废水生化处理污泥）（HW11　精（蒸）馏残渣）：炼焦过程中湿法熄焦工序废水处理（不包括生化处理）产生的污泥，主要含有多环芳烃、苯系物、酚、焦油和轻油类、铵盐、重金属和氰化物等。

3.2　中低温干馏主要危险废物产生环节

半焦（兰炭）炭化炉工艺危险废物产生环节有炼焦、煤气净化和中低温煤焦油深加工等，产生的主要危险废物为中低温煤焦油、焦油渣、废水池残渣、废水处理污泥（不包括废水生化处理污泥）等，其主要危险废物产生情况如表 3 所示。

表 3　中低温干馏过程中产生的主要危险废物信息

序号	废物名称	产生环节	废物代码	外观性状	特征污染物	产废系数	产生规律	主要利用处置方式
1	中低温煤焦油	荒煤气净化工序	252-002-11	液体	萘、蒽、酚及其同系物等多环芳烃、甲苯和二甲苯等苯系物	60.0～80.0 kg/t 半焦	连续产生	自行利用处置 / 委托持有危险废物经营许可证的单位利用处置
2	焦油渣	荒煤气净化工序	252-002-11	固体	多环芳烃、苯酚、二甲基苯酚	2.0 kg/t 半焦	间歇产生	自行利用处置 / 委托持有危险废物经营许可证的单位利用处置
3	焦油渣	炼焦环节	252-004-11	固体	多环芳烃、苯酚、二甲基苯酚	2.0 kg/t 半焦	间歇产生	自行利用处置 / 委托持有危险废物经营许可证的单位利用处置
4	焦油渣	中温煤焦油深加工环节脱水脱渣工序	252-005-11	固体	多环芳烃、苯酚、二甲基苯酚	2.0 kg/t 半焦	间歇产生	自行利用处置 / 委托持有危险废物经营许可证的单位利用处置

续表 3

序号	废物名称	产生环节	废物代码	外观性状	特征污染物	产废系数	产生规律	主要利用处置方式
5	废水池残渣	中低温煤焦油深加工环节脱水脱渣工序和分馏工序	252-007-11	固体	多环芳烃、重金属	/	间歇产生	委托持有危险废物经营许可证的单位利用处置
6	废水处理污泥（不包括废水生化处理污泥）	炼焦及中低温煤焦油加氢工序	252-010-11	固体	重金属、硫化物、氰化物、多环芳烃、苯系物、石油烃、酚类	3.0 kg/t 半焦	连续产生	自行利用处置 / 委托持有危险废物经营许可证的单位利用处置

注：“/”表示不确定因素影响较大，难以或暂未确定产废系数。

3.2.1 炼焦环节

焦油渣（HW11 精（蒸）馏残渣）：炼焦过程中焦油储存设施、焦油中间槽、电捕焦油器产生的残渣，主要含有多环芳烃、苯酚、二甲基苯酚等。

废水处理污泥（不包括废水生化处理污泥）（HW11 精（蒸）馏残渣）：炼焦过程中废水处理（不包括生化处理）产生的污泥，主要含有重金属、硫化物、氰化物、多环芳烃、苯系物、石油烃和酚类等。

3.2.2 煤气净化环节

中低温煤焦油（HW11 精（蒸）馏残渣）：荒煤气净化过程中焦油氨水分离设施底部产生的黏稠液体，主要含有萘、蒽、酚及其同系物、甲苯和二甲苯等。

焦油渣（HW11 精（蒸）馏残渣）：荒煤气净化过程中焦油氨水分离设施产生的残渣，主要含有多环芳烃、苯酚、二甲基苯酚等。

3.2.3 中低温煤焦油深加工环节

焦油渣（HW11 精（蒸）馏残渣）：中低温煤焦油深加工过程中焦油储存设施和脱水脱渣工序产生的残渣，主要含有多环芳烃、苯酚、二甲基苯酚等。

废水池残渣（HW11 精（蒸）馏残渣）：中低温煤焦油深加工过程中脱水脱渣工序和分馏工序废水池产生的残渣，主要含有多环芳烃和重金属等。

废水处理污泥（不包括废水生化处理污泥）（HW11　精（蒸）馏残渣）：中低温煤焦油深加工过程中废水处理（不包括生化处理）产生的污泥，主要含有重金属、硫化物、氰化物、多环芳烃、苯系物、石油烃和酚类等。

3.3　设备运行与维修

设备检修与维护过程中产生的危险废物为废矿物油、废弃的含油抹布和劳保用品等，属于间歇产生，委托持有危险废物经营许可证的单位利用处置。

3.4　分析监测

分析监测过程中产生的危险废物为实验室废物（HW49　其他废物），委托持有危险废物经营许可证的单位利用处置。

4　危险废物环境管理要求

4.1　落实危险废物鉴别管理制度，对于不排除具有危险特性的固体废物，应根据《国家危险废物名录》、《危险废物鉴别标准》（GB 5085.1 ～ 7）、《危险废物鉴别技术规范》（HJ 298）等判定是否属于危险废物，属于危险废物的应按危险废物相关要求进行管理。

4.2　落实污染环境防治责任制度，建立健全危险废物产生、收集、贮存、运输、利用、处置全过程的污染环境防治责任制度。

4.3　落实危险废物识别标志制度，按照《环境保护图形标志——固体废物贮存（处置）场》（GB 15562.2）等有关规定，对危险废物的容器和包装物以及收集、贮存、运输、利用、处置危险废物的设施、场所设置危险废物识别标志。

4.4　落实危险废物管理计划制度，按照《危险废物产生单位管理计划制定指南》等有关要求制订危险废物管理计划，并报所在地生态环境主管部门备案。

4.5　落实危险废物管理台账及申报制度，建立危险废物管理台账，如实记录有关信息，并通过国家危险废物信息管理系统向所在地生态环境主管部门申报危险废物的种类、产生量、流向、贮存、处置等有关资料。

4.6　落实危险废物经营许可证制度，禁止将危险废物提供或委托给无危险废物经营许可证的单位或者其他生产经营者从事收集、贮存、利用、处置活动。

4.7　落实危险废物转移联单制度，转移危险废物的，应当按照《危险废物转移管理办法》的有关规定填写、运行危险废物转移联单。运输危险废物的，应当采取防止污染环境的措施，并遵守国家有关危险货物运输管理的规定。

4.8　产生工业危险废物的单位应当落实排污许可制度；已经取得排污许可证的，执行排污许可管理制度的规定。

4.9　落实环境保护标准制度，按照国家有关规定和环境保护标准要求贮存、利用、处置危险废物，不得擅自倾倒、堆放；禁止混合收集、贮存、运输、处置性质不相容而未经安全性处置的危险废物。

危险废物收集、贮存应当按照其特性分类进行；禁止将危险废物混入非危险废物中贮存。其收集、贮存和运输过程的污染控制执行《危险废物贮存污染控制标准》（GB 18597）、《危险废物收集、贮存、运输技术规范》（HJ 2025）有关规定。

自行利用和处置危险废物的，其利用和处置过程的污染控制应执行《炼焦化学工业污染物排放标准》（GB 16171）、《危险废物焚烧污染控制标准》（GB 18484）、《危险废物填埋污染控制标准》（GB 18598）、《水泥窑协同处置固体废物环境保护技术规范》（HJ662）有关要求，不得擅自倾倒、堆放；自行填埋处置危险废物的，还应根据《危险废物填埋污染控制标准》（GB 18598）有关要求开展地下水监测、评估，并根据评估结果采取必要的风险管控措施。

属于《挥发性有机物无组织排放控制标准》（GB 37822）定义的 VOCs 物料的危险废物，其贮存、运输、预处理等环节的挥发性有机物无组织排放控制应符合《挥发性有机物无组织排放控制标准》（GB 37822）、《炼焦化学工业污染物排放标准》（GB 16171）的相关规定。

4.10　落实环境影响评价制度及环境保护三同时制度，需要配套建设的危险废物贮存、利用和处置工程的污染环境防治设施应当与主体工程同时设计、同时施工、同时投入使用。

4.11　落实环境应急预案制度，参考《危险废物经营单位编制应急预案指南》有关规定制定意外事故的防范措施和应急预案，并向所在地生态环境主管部门和其他负有固体废物污染环境防治监督管理职责的部门备案。

4.12　加强危险废物规范化环境管理，按照《危险废物规范化环境管理评估指标》有关要求，提升危险废物规范化环境管理水平。

4.13　对于列入《国家危险废物名录》附录《危险废物豁免管理清单》中的高温煤焦油、中低温煤焦油、废弃的含油抹布和劳保用品等危险废物，当满足《危险废物豁免管理清单》中列出的豁免条件时，在所列的豁免环节可不按危险废物管理。

4.14 其他环境管理要求

4.14.1 炼焦危险废物贮存设施应设置气体导出口，且气体导出口排出的气体应满足《大气污染物综合排放标准》（GB 16297）、《恶臭污染物排放标准》（GB 14554）的要求。

4.14.2 自行利用处置环境管理要求

蒸氨塔残渣、酸焦油、焦油渣、废水处理污泥（不包括废水生化处理污泥）、洗油再生残渣等危险废物宜采用《炼焦化学工业污染防治可行技术指南》（HJ 2306）中提出的掺煤炼焦技术进行无害化处置，炼焦过程的污染控制应执行《炼焦化学工业污染物排放标准》（GB 16171）有关要求。

脱硫废液宜采用《炼焦化学工业污染防治可行技术指南》（HJ 2306）中提出的提盐技术和制酸技术进行综合利用，提盐过程产生的废液宜全部回用于脱硫系统。

在满足各项管理规定、严格控制挥发性气体无组织排放并长期稳定运行的前提下，脱硫废液宜采用《炼焦化学工业污染防治可行技术指南》（HJ 2306）中提出的掺煤炼焦技术进行无害化处置，炼焦过程的污染控制应执行《炼焦化学工业污染物排放标准》（GB 16171）有关要求。

4.14.3 炼焦业产生的焦油渣和脱硫废液等危险废物，在环境风险可控的前提下，根据省级生态环境部门确定的方案，可实行危险废物“点对点”定向利用，即可作为另外一家单位环境治理或工业原料生产的替代原料进行使用，利用环节豁免不按危险废物管理。

附件5

危险废物环境管理指南　化工废盐

1　适用范围

本指南列出了主要化工行业化工废盐产生环节和有关环境管理要求。

本指南适用于主要化工行业企业内部经鉴别属于危险废物的化工废盐的环境管理，可作为生态环境主管部门对主要化工行业企业开展环境监管的参考。

2　术语和定义

2.1　主要化工行业

指《国民经济行业分类》（GB/T 4754）中规定的农药、化学药品原料药、染料、橡胶助剂、煤化工及合成树脂等化工废盐产生量较大的制造业。

2.2　化工废盐

指化工生产过程或废水处理过程产生的含有有毒有害成分的含盐废液或固体废盐。

2.3　副产盐

指化工生产过程中与主产品同时产生的或由化工废盐经加工后生产的符合相应产品标准的无机盐产品。

2.4　化工废盐无害化

指通过化学、物理焚烧等方法减少或者消除化工废盐中有毒有害成分的过程。

2.5　化工废盐资源化

指化工废盐生产副产盐或作为工业原料、助剂进行利用的过程。

3　主要化工行业化工废盐产生环节

对于不明确是否具有危险特性的化工废盐，属于固体废物的，应根据《国家危险废物名录》《危险废物鉴别标准》（GB 5085.1 ～ 7）、《危险废物鉴别技术规范》（HJ 298）等判定是否属于危险废物。

3.1　化工废盐产生环节主要有氯化、重氮化、酸化、硝化、氧化、缩合及中和、过滤、蒸发、结晶等化工过程或废水处理过程。以间歇产生为主。产生的化工废盐主要种类有钠盐、钙盐、铵盐、钾盐等。

3.2　杂质含量较少的化工废盐外观主要呈白色，杂质含量较多的化工废盐外观多呈微黄色、青白色，形态呈颗粒状。化工废盐中杂质以残留的反应物为主，主要为有毒有害有机物。

主要化工行业生产过程中产生的化工废盐（是否属于危险废物应进行危险废物属性鉴别）情况如表 1 所示。

表 1　主要化工行业生产过程中产生的化工废盐信息

化工行业类别	主要产品	产生环节	化工废盐类别	产废系数
农药	有机磷类、有机硫类、有机氯类、菊酯类、苯氧羧酸类、氨基甲酸酯类、酰胺类、杂环类、磺酰脲类等产品	氯化、重氮化、酸化、硝化、氧化、酰化、缩合、环合、合成、水洗等过程或废水处理过程	氯化钠、硫酸钠、亚硫酸钠、硝酸钠、碳酸钠、溴化钠、氯化铵、硫酸铵、氯化钾、硫酸钾、氯化钙等	0.2 ～ 2.0（t/t 产品）
化学药品原料药	抗微生物药、抗肿瘤药、免疫抑制及免疫调节剂、抗寄生虫药、中枢神经系统药、呼吸系统药、心血管系统药、消化系统药、血液及造血系统药、泌尿系统药、抗过敏药、内分泌系统药等产品	卤化、中和、缩合、环合、蒸馏、结晶、钙化等过程或废水处理过程	氯化钠、溴化钠、亚硫酸钠、硫酸钠、甲酸钠、醋酸钠、丙酸钠、磺酸钠、氟化钾、氯化铵、硫酸铵、硫酸氢铵等	0.2 ～ 3.0（t/t 产品）
染料	偶氮染料、蒽醌染料、芳甲烷染料、靛族染料、硫化染料、酞菁染料、硝基和亚硝基染料及 H 酸（1-氨基-8-萘酚-3、6-二磺酸）、蒽醌、2-萘酚、6-硝体、DSD 酸等主要中间体	硝化、磺化、卤化、缩合、重氮化、盐析等过程或废水处理过程	氯化钠、硫酸钠、硫酸氢钠、硫酸铵、氯化铵、醋酸铵、氯化钾、氯化钙、硫酸镁、硫酸亚铁等	1.2 ～ 7.0（t/t 产品）
橡胶助剂	硫化促进剂、防老剂、防焦剂等	氧化过程	氯化钠、硫酸钠	0.5 ～ 1.0（t/t 产品）
煤化工	煤直接液化、煤间接液化、煤制气、煤制烯烃、煤制乙二醇等	浓缩分离、蒸发结晶等含盐废水处理过程	氯化钠、硫酸钠及混盐	0.01 ～ 0.06（t/t 产品）

续表 1

化工行业类别	主要产品	产生环节	化工废盐类别	产废系数
合成树脂	环氧树脂	精制洗盐过程	氯化钠	0.4（t/t 产品）
	聚碳酸酯	光气法聚碳酸酯聚合过程或废水处理过程	氯化钠	0.7（t/t 产品）
	异氰酸酯	缩合过程或废水处理过程	氯化钠	0.7（t/t 产品）
	聚苯硫醚	聚合过程或废水处理过程	氯化钠	1.3（t/t 产品）
其他	水合肼	蒸馏过程	氯化钠	2.5（t/t 产品）
	环氧氯丙烷	石灰皂化过程	氯化钙	1.0（t/t 产品）
	氯醇法环氧丙烷	石灰皂化过程	氯化钙	2.0 ～ 4.0（t/t 产品）
	重铬酸钠	硫酸法	含铬芒硝	0.7（t/t 产品）
	铬酸酐	硫酸法	含铬硫酸氢钠	1.2（t/t 产品）

4　化工废盐环境管理要求

4.1　危险废物环境管理要求

主要化工行业生产过程中产生的化工废盐，属于固体废物且不排除是否具有危险特性的，应落实危险废物鉴别管理制度，根据《国家危险废物名录》、《危险废物鉴别标准》（GB 5085.1 ～ 7）、《危险废物鉴别技术规范》（HJ 298）等判定是否属于危险废物，属于危险废物的应按危险废物相关要求进行管理。

4.1.1　落实污染环境防治责任制度，建立健全工业危险废物产生、收集、贮存、运输、利用、处置全过程的污染环境防治责任制度。

4.1.2　落实危险废物识别标志制度，按照《环境保护图形标志——固体废物贮存（处置）场》（GB 15562.2）等有关规定，对危险废物的容器和包装物以及收集、贮存、运输、利用、处置危险废物的设施、场所设置危险废物识别标志。

4.1.3 落实危险废物管理计划制度，按照《危险废物产生单位管理计划制定指南》有关要求制订危险废物管理计划，并报所在地生态环境主管部门备案。

4.1.4 落实危险废物管理台账及申报制度，建立危险废物管理台账，如实记录有关信息，并通过国家危险废物信息管理系统向所在地生态环境主管部门申报危险废物的种类、产生量、流向、贮存、处置等有关资料。

4.1.5 落实危险废物经营许可证制度，禁止将危险废物提供或委托给无许可证的单位或者其他生产经营者从事收集、贮存、利用、处置活动。

4.1.6 落实危险废物转移制度，转移危险废物的，应当按照《危险废物转移管理办法》的有关规定填写、运行电子或者纸质转移联单。运输危险废物，应当采取防止污染环境的措施，并遵守国家有关危险货物运输管理的规定。

4.1.7 产生工业危险废物的单位应当落实排污许可制度；已经取得排污许可证的，执行排污许可管理制度的规定。

4.1.8 执行环境保护标准要求，产生危险废物的单位，应当按照国家有关规定和环境保护标准要求贮存、利用、处置危险废物，不得将其擅自倾倒、处置；禁止混合收集、贮存、运输、处置性质不相容而未经安全性处置的危险废物。

危险废物收集、贮存应当按照其特性分类进行；禁止将危险废物混入非危险废物中贮存。危险废物收集、贮存和运输过程的污染控制执行《危险废物贮存污染控制标准》（GB 18597）和《危险废物收集、贮存、运输技术规范》（HJ 2025）有关规定。

自行利用处置危险废物的，其利用处置过程的污染控制应执行《危险废物焚烧污染控制标准》（GB 18484）、《危险废物填埋污染控制标准》（GB 18598）、《水泥窑协同处置固体废物环境保护技术规范》（HJ 662）、《固体废物再生利用污染防治技术导则》（HJ 1091）有关要求，不得擅自倾倒、堆放；自行填埋处置危险废物的，应根据《危险废物填埋污染控制标准》（GB 18598）有关要求开展地下水监测、评估，并根据评估结果采取必要的风险管控措施。

含有《挥发性有机物无组织排放控制标准》（GB 37822）定义的 VOCs 物料的危险废物，其贮存、运输、预处理等环节的挥发性有机物无组织排放控制应符合《挥发性有机物无组织排放控制标准》（GB 37822）的相关规定。

4.1.9 落实环境影响评价制度及环境保护三同时制度，需要配套建设的危险废物贮存、利用和处置设施应当与主体工程同时设计、同时施工、同时投入使用。

4.1.10 落实环境应急预案，参考《危险废物经营单位编制应急预案指南》有关规定制定意外事故的防范措施和环境应急预案，并向所在地生态环境主管部门和其他负有固体废物污染环境防治监督管理职责的部门备案。

4.1.11 加强危险废物规范化环境管理，按照《危险废物规范化环境管理评估指标》有关要求，提升危险废物规范化环境管理水平。

4.2 坚持减量化、资源化和无害化原则

4.2.1 减量化

4.2.1.1 化工废盐产生单位应采取清洁生产措施，从源头减少化工废盐产生量和危害性。

4.2.1.2 宜采用空冷、软水闭路循环冷却、增加循环水浓缩倍数等方式减少新鲜水及药剂的消耗，减少含盐废液产生。

4.2.1.3 宜采用母液直接循环套用、回收溶剂循环套用等措施减少含盐废液的产生。

4.2.1.4 宜采用自动化、连续化反应替代传统间歇式反应，用微通道反应代替传统釜式反应，提高反应转化率，减少含盐废液的产生。

4.2.1.5 宜采用三氧化硫磺化替代硫酸磺化，加氢还原替代硫化碱还原，双氧水氧化、纯氧氧化替代次氯酸钠氧化，以及溶剂提纯替代酸碱提纯和绿色酶法催化合成等清洁生产工艺从源头上杜绝或减少含盐废液的产生。

4.2.2 资源化

化工废盐经无害化处理后，宜通过精制、分盐等过程生产工业氯化钠、无水硫酸钠、磷酸盐、氯化钾、氯化钙、氯化铵、硫酸铵等工业副产盐。

4.2.3 无害化

4.2.3.1 宜采取萃取、吸附、膜分离、氧化、蒸发结晶、焚烧单一技术或者组合技术或其它先进可行技术去除化工废盐中的有毒有害成分。

4.2.3.2 化工废盐无害化处理后的盐水排海，应满足海洋生态环境、废水排放标准等相关国家政策标准要求并进行风险评估。

4.3 其他环境管理要求

按危险废物进行管理的化工废盐，满足《国家危险废物名录》附录《危险废物豁免管理清单》中列出的豁免条件时，在所列的豁免环节豁免不按危险废物管理。

附件 6

危险废物环境管理指南　危险废物焚烧处置

1　适用范围

本指南列出了危险废物焚烧处置过程危险废物的产生环节和有关环境管理要求。

本指南适用于持有危险废物经营许可证的集中焚烧处置单位和自建危险废物焚烧处置设施单位（以下简称“焚烧处置单位”）的危险废物环境管理，可作为生态环境主管部门对焚烧处置单位开展危险废物环境监管的参考。

本指南不适用于医疗废物焚烧处置单位和危险废物协同处置单位。

2　术语和定义

2.1　危险废物

指列入国家危险废物名录或者根据国家规定的危险废物鉴别标准和鉴别方法认定的具有危险特性的固体废物。

2.2　焚烧

指危险废物在高温条件下发生燃烧等反应，实现无害化和减量化的过程。

2.3　预处理

指对危险废物进行中和、干燥、破碎、分选、混合、搅拌、浓缩、分离等处理（包含配伍和物化）的过程。

2.4　配伍

指焚烧处置单位对危险废物进行组合搭配，以使其热值、主要有害组分含量、可燃氯含量、重金属含量、可燃硫含量、水分和灰分等理化性质稳定、符合焚烧处置设施要求的过程。

3　危险废物产生环节

危险废物焚烧处置过程危险废物产生环节包括贮存、预处理、焚烧、烟气净化、废水处理、设备检修与维护与分析监测等，其主要危险废物产生情况如表 1 所示。

3.1　贮存环节

废活性炭（HW49　其他废物）：危险废物贮存环节废气净化处理过程中产生的废活性炭，主要含有挥发性有机物等。

3.2　预处理环节

废活性炭（HW49　其他废物）：危险废物预处理车间废气净化处理过程中产生的废活性炭，主要含有挥发性有机物等。

废弃包装物（HW49　其他废物）：危险废物预处理过程中产生的废弃包装物，主要含有苯系物和多环芳烃等。

3.3　焚烧环节

炉渣（HW18　焚烧处置残渣）：危险废物焚烧处置过程中产生的底渣，主要含有重金属、二噁英等。

炉渣中的废金属（HW18　焚烧处置残渣）：危险废物焚烧处置产生的炉渣分选过程中产生的废金属，主要含有有机物、二噁英等。

表 1　危险废物焚烧处置过程中产生的主要危险废物信息

序号	废物名称	产生环节	废物代码	外观性状	特征污染物	产废系数	产生规律	主要利用处置方式
1	废活性炭	贮存	900-039-49	黑灰色固体	挥发性有机物	0 ～ 5.0 kg/t 危险废物	间歇产生	自行利用处置
2	废活性炭	预处理	900-039-49	黑灰色固体	挥发性有机物	0 ～ 5.0 kg/t 危险废物	间歇产生	自行利用处置
3	废弃包装物	预处理	900-041-49	固体	苯系物和多环芳烃	0 ～ 10.0 kg/t 危险废物	间歇产生	自行利用处置 / 委托持有危险废物经营许可证的单位利用处置
4	炉渣	焚烧	772-003-18	黑色固体	重金属、二噁英	50.0 ～ 250.0 kg/t 危险废物	连续产生	自行利用处置 / 委托持有危险废物经营许可证的单位利用处置
5	炉渣中的废金属	焚烧	772-003-18	黑色固体	有机物、二噁英	1.0 ～ 10.0 kg/t 危险废物	间歇产生	自行利用处置 / 委托持有危险废物经营许可证的单位利用处置

续表 1

序号	废物名称	产生环节	废物代码	外观性状	特征污染物	产废系数	产生规律	主要利用处置方式
6	飞灰	烟气净化	772-003-18	灰黑色粉体	二噁英、重金属	50.0 ～ 80.0 kg/t 危险废物	连续产生	自行利用处置 / 委托持有危险废物经营许可证的单位利用处置
7	灰渣	烟气净化	772-003-18	固体	重金属、有机物	10.0 ～ 30.0 kg/t 危险废物	连续产生	自行利用处置 / 委托持有危险废物经营许可证的单位利用处置
8	废催化剂	烟气脱硝	772-007-50	固体	重金属	0 ～ 1.0 kg/t 危险废物	间歇产生	委托持有危险废物经营许可证的单位利用处置
9	污泥	废水处理	772-003-18	黑色半固态	重金属、有机物	10.0 ～ 20.0 kg/t 危险废物	连续产生	自行利用处置 / 委托持有危险废物经营许可证的单位利用处置

3.4 烟气净化环节

飞灰（HW18 焚烧处置残渣）：烟气净化环节布袋除尘器收尘过程中产生的飞灰，主要含有二噁英、重金属等。

灰渣（HW18 焚烧处置残渣）：烟气净化环节余热锅炉和急冷塔排灰过程中产生的灰渣，主要含有重金属、有机物等。

废催化剂（HW50 废催化剂）：烟气净化环节脱硝过程中产生的废催化剂，主要含有重金属。

3.5 废水处理环节

污泥（HW18 焚烧处置残渣）：冲洗废水、出渣机废水、脱酸后高盐废水、化验室废水处理过程中产生的废水处理污泥，主要含有重金属、有机物等。

3.6 设备检修与维护

设备检修与维护过程中产生的危险废物为废耐火材料、废保温材料、废金属、废滤袋、废矿物油、废弃的含油抹布和劳保用品等，属于间歇产生，可自行利用处置。

3.7 分析监测

分析监测过程中产生的危险废物为实验室废物（HW49 其他废物），自行利用处置或委托持有危险废物经营许可证的单位利用处置。

4　危险废物环境管理要求

4.1　落实危险废物鉴别管理制度，对于不排除具有危险特性的固体废物，应根据《国家危险废物名录》《危险废物鉴别标准》（GB 5085.1–7）、《危险废物鉴别技术规范》（HJ 298）等判定是否属于危险废物，属于危险废物的应按危险废物相关要求进行管理。

4.2　落实污染环境防治责任制度，建立健全工业危险废物产生、收集、贮存、运输、利用、处置全过程的污染环境防治责任制度。

4.3　落实危险废物识别标志制度，按照《环境保护图形标志——固体废物贮存（处置）场》（GB 15562.2）等有关规定，对危险废物的容器和包装物以及收集、贮存、运输、利用、处置危险废物的设施、场所设置危险废物识别标志。

4.4　落实危险废物管理计划制度，按照《危险废物产生单位管理计划制定指南》等有关要求制订危险废物管理计划，并报所在地生态环境主管部门备案。

4.5　落实危险废物管理台账及申报制度，建立危险废物管理台账，如实记录有关信息，并通过国家危险废物信息管理系统向所在地生态环境主管部门申报危险废物的种类、产生量、流向、贮存、处置等有关资料。

4.6　落实危险废物经营许可证制度，禁止将危险废物提供或委托给无危险废物经营许可证的单位或者其他生产经营者从事收集、贮存、利用、处置活动。持有危险废物经营许可证的焚烧处置单位自行焚烧处置危险废物，相应危险废物类别应属于许可经营范围。

4.7　落实危险废物转移联单制度，转移危险废物的，应当按照《危险废物转移管理办法》的有关规定填写、运行危险废物转移联单。运输危险废物，应当采取防止污染环境的措施，并遵守国家有关危险货物运输管理的规定。

4.8　产生工业危险废物的单位应当落实排污许可制度；已经取得排污许可证的，执行排污许可管理制度的规定。自建危险废物焚烧设施单位除应执行所属行业排污许可证规定外，还应符合《排污许可证申请与核发技术规范　危险废物焚烧》（HJ 1038）有关要求。

4.9　落实环境保护标准制度，按照国家有关规定和环境保护标准要求贮存、利用、处置危险废物，不得将其擅自倾倒处置；禁止混合收集、贮存、运输、处置性质不相容而未经安全性处置的危险废物。

危险废物收集、贮存应当按照其特性分类进行；禁止将危险废物混入非危险废物中贮存。危险废物收集、贮存和运输过程的污染控制执行《危险废物贮存污染控制标准》（GB 18597）、《危险废物收集、贮存、运输技术规范》（HJ 2025）有关规定。

自行利用处置危险废物的，其利用处置过程的污染控制应分别执行《危险废物焚烧污染控制标准》（GB 18484）《危险废物填埋污染控制标准》（GB 18598）等有关要求，不得擅自倾倒、堆放；自行填埋处置危险废物的，还应根据《危险废物填埋污染控制标准》（GB 18598）有关要求开展地下水监测、评估，并根据评估结果采取必要的风险管控措施。

属于《挥发性有机物无组织排放控制标准》（GB 37822）定义的 VOCs 物料的危险废物，其贮存、运输、预处理等环节的挥发性有机物无组织排放控制应符合《挥发性有机物无组织排放控制标准》（GB 37822）的相关规定。

4.10 落实环境影响评价制度及环境保护三同时制度，需要配套建设的危险废物贮存、利用和处置设施应当与主体工程同时设计、同时施工、同时投入使用。

4.11 落实环境应急预案制度，参考《危险废物经营单位编制应急预案指南》有关规定制定意外事故的防范措施和环境应急预案，并向所在地生态环境主管部门和其他负有固体废物污染环境防治监督管理职责的部门备案。

4.12 加强危险废物规范化环境管理，按照《危险废物规范化环境管理评估指标》有关要求，提升危险废物规范化环境管理水平。

4.13 对于列入《国家危险废物名录》附录《危险废物豁免管理清单》中的废金属、废弃的含油抹布和劳保用品等危险废物，当满足《危险废物豁免管理清单》中列出的豁免条件时，在所列的豁免环节可不按危险废物管理。

4.14 其他环境管理要求

4.14.1 炉渣处理系统（包括除渣冷却、输送等设施）和飞灰处理系统（包括飞灰收集、输送等设施）应采用机械化设备。

4.14.2 应依据检测分析对应批次的结果，确定炉渣、飞灰、灰渣、污泥等危险废物的利用、处置方式。

附件 7

危险废物环境管理指南　钢压延加工

1　适用范围

本指南列出了钢压延加工业危险废物的产生环节和有关环境管理要求。

本指南适用于具有热轧、冷轧或锻压工艺的钢压延加工企业内部的危险废物环境管理，可作为生态环境主管部门对钢压延加工企业开展危险废物环境监管的参考。

2　术语和定义

2.1　危险废物

指列入国家危险废物名录或者根据国家规定的危险废物鉴别标准和鉴别方法认定的具有危险特性的固体废物。

2.2　钢压延加工

指用不同的设备、工具对铁金属施加外力，使之产生塑性变形，制成具有预期的尺寸、形状和性能的产品的加工过程。

2.3　热轧

指将钢料加热到再结晶温度以上，用轧机轧制成钢材产品的过程。

2.4　冷轧

指将钢料在再结晶温度以下进行轧制的过程。

2.5　锻压

指利用锻压机械的锤头、砧块、冲头或通过模具对钢料施加压力，使之产生塑性变形的过程。

3　危险废物产生环节

3.1　热轧工艺

热轧工艺危险废物产生的环节主要有热轧浊环水处理、油雾净化，产生的危险废物主要有废矿物油、热轧油泥等，其主要危险废物产生情况如表 1 所示。

3.1.1 热轧浊环水处理环节

废矿物油（HW08 废矿物油与含矿物油废物）：去除热轧浊环水表面浮油时产生的废矿物油，主要含有含硫化合物、石油类。

热轧油泥（HW08 废矿物油与含矿物油废物）：表面附着油膜的细颗粒氧化铁皮与杂质经沉淀后形成的含油废物，主要含有含硫化合物、石油类、重金属。

3.1.2 油雾净化环节

废矿物油（HW08 废矿物油与含矿物油废物）：对轧制过程中产生的油雾进行净化时产生的废矿物油，主要含有含硫化合物、石油类。

废滤网（HW49 其他废物）：油雾过滤净化时，定期更换产生的废弃滤网，主要含有含硫化合物、石油类。

表 1 热轧工艺生产流程中产生的主要危险废物信息

序号	废物名称	产生环节	废物代码	外观性状	特征污染物	产废系数	产生规律	主要利用处置方式
1	废矿物油	热轧浊环水处理	900-210-08	液体	含硫化合物、石油类	0.02 ～ 0.1 kg/t 产品	连续产生	委托持有危险废物经营许可证的单位利用处置
2	热轧油泥	热轧浊环水处理	900-210-08	固体	含硫化合物、石油类、重金属	0 ～ 12.5 kg/t 产品	连续产生	自行利用处置 / 委托持有危险废物经营许可证的单位利用处置
3	废矿物油	油雾净化	900-249-08	液体	含硫化合物、石油类	/	间歇产生	委托持有危险废物经营许可证的单位利用处置
4	废滤网	油雾净化	900-041-49	固体	含硫化合物、石油类	/	间歇产生	自行利用处置 / 委托持有危险废物经营许可证的单位利用处置

注：“/”表示不确定因素影响较大，难以或暂未确定产废系数。

3.2 冷轧工艺

冷轧工艺危险废物产生环节有酸洗、冷轧、乳化液净化除杂、废乳化液处理、金属表面处理、废水处理、油雾净化，产生的危险废物主要为废酸、废乳化液、冷轧油泥、废矿物油、彩涂废液、废水处理污泥等，其主要危险废物产生情况如表 2 所示。

3.2.1　酸洗环节

废酸（HW34　废酸）：冷轧前利用混酸（硝酸和氢氟酸）、盐酸或硫酸去除热轧钢材表面氧化物而产生的废酸性洗液，主要含有重金属、酸。

3.2.2　冷轧环节

废乳化液（HW09　油 / 水、烃 / 水混合物或乳化液）：当乳化液的油浓度、皂化值等指标无法满足轧制要求而更换时产生的废液，主要含有含硫化合物、石油类、重金属。

废矿物油（HW08　废矿物油与含矿物油废物）：使用轧制油、冷却剂及酸进行金属轧制产生的废矿物油，主要含有含硫化合物、石油类、重金属。

3.2.3　乳化液净化除杂环节

冷轧油泥（HW08　废矿物油与含矿物油废物）：乳化液磁性过滤系统分离出的铁粉等杂质，主要含有含硫化合物、石油类、重金属。

3.2.4　废乳化液处理环节

废矿物油（HW08　废矿物油与含矿物油废物）：废乳化液经静置、破乳或油水分离产生的废油，主要含有含硫化合物、石油类。

3.2.5　金属表面处理环节

废油漆（HW12　染料、涂料废物）：彩涂设备更换漆颜色时产生的废油漆，不包括水性漆，主要含有有机物。

废腐蚀液、废槽液、槽渣（HW17　表面处理废物）：钢材表面清洗产生的废碱液、除油槽废槽液和槽渣、磷化槽废槽液和槽渣，主要含有有机物、石油类、重金属。

3.2.6　废水处理环节

含铬污泥（HW21　含铬废物）：镀锌板、硅钢表面钝化产生的含铬废水经处理后产生的污泥，主要含有铬。

废水处理污泥（HW17　表面处理废物）：钢材表面酸洗、碱洗、磷化、脱脂产生的废水经处理后产生的污泥，不包括碳钢酸洗除锈废水处理污泥，主要含有重金属。

表2 冷轧工艺生产流程中产生的主要危险废物信息

序号	废物名称	产生环节	废物代码	外观性状	特征污染物	产废系数	产生规律	主要利用处置方式
1	废酸	酸洗	313-001-34	液体	重金属、酸	0.7 ～ 21.0 kg/t 产品	连续产生	自行利用处置 / 委托持有危险废物经营许可证的单位利用处置
2	废乳化液	冷轧	900-007-09	液体	含硫化合物、石油类、重金属	0.02 ～ 0.1 kg/t 产品	间歇产生	自行利用处置 / 委托持有危险废物经营许可证的单位利用处置
3	废矿物油		900-204-08	液体	含硫化合物、石油类、重金属	/	间歇产生	委托持有危险废物经营许可证的单位利用处置
4	冷轧油泥	乳化液净化除杂	900-200-08	固体	含硫化合物、石油类、重金属	1.4 ～ 8.8 kg/t 产品	连续产生	自行利用处置 / 委托持有危险废物经营许可证的单位利用处置
5	废矿物油	废乳化液处理	900-210-08	液体	含硫化合物、石油类	0.03 ～ 0.1 kg/t 产品	连续产生	委托持有危险废物经营许可证的单位利用处置
6	废油漆（不包括水性漆）	彩涂	900-252-12	液体	有机物	/	间歇产生	委托持有危险废物经营许可证的单位利用处置
7	废腐蚀液、废槽液、槽渣	金属表面处理	336-064-17	液体与固体混合物	有机物、石油类、重金属	/	间歇产生	自行利用处置 / 委托持有危险废物经营许可证的单位利用处置
8	含铬污泥	废水处理	336-100-21	固体	铬	/	间歇产生	自行利用处置 / 委托持有危险废物经营许可证的单位利用处置
9	废水处理污泥		336-064-17	固体	重金属	/	间歇产生	自行利用处置 / 委托持有危险废物经营许可证的单位利用处置
10	废矿物油	油雾净化	900-249-08	液体	含硫化合物、石油类	/	间歇产生	委托持有危险废物经营许可证的单位利用处置
11	废滤网		900-041-49	固体	含硫化合物、石油类	/	间歇产生	自行利用处置 / 委托持有危险废物经营许可证的单位利用处置

注："/"表示不确定因素影响较大，难以或暂未确定产废系数。

3.2.7　油雾净化环节

废矿物油（HW08　废矿物油与含矿物油废物）：对轧制过程中产生的油雾进行净化产生的废矿物油，主要含有含硫化合物、石油类。

废滤网（HW49　其他废物）：油雾过滤净化时，定期更换产生的废弃滤网，主要含有含硫化合物、石油类。

3.3　锻压工艺

锻压工艺危险废物产生环节有金属表面处理、废水处理、机械加工、探伤，产生的危险废物主要为金属表面处理废物、废乳化液、废活性炭等，其主要危险废物产生情况如表3所示。

3.3.1　金属表面处理环节

废腐蚀液、废槽液、槽渣（HW17　表面处理废物）：钢材表面清洗产生的废酸液、除油槽废槽液和槽渣、磷化槽废槽液和槽渣，主要含有有机物、重金属。

3.3.2　废水处理环节

废水处理污泥（HW17　表面处理废物）：钢材表面酸洗废水、除油废水、磷化废水处理产生的污泥，不包括碳钢酸洗除锈废水处理污泥，主要含有重金属。

3.3.3　机械加工环节

废乳化液（HW09　油/水、烃/水混合物或乳化液）：机械加工过程中产生的废乳化液，主要含有含硫化合物、石油类、重金属。

3.3.4　探伤环节

废活性炭（HW49　其他废物）：探伤工段吸附清洗剂、渗透剂等有机废气产生的废活性炭，主要含有有机物。

表3　锻压工艺生产流程中产生的主要危险废物信息

序号	废物名称	产生环节	废物代码	外观性状	特征污染物	产废系数	产生规律	主要利用处置方式
1	废腐蚀液、废槽液、槽渣	金属表面处理	336-064-17	液体与固体混合物	有机物、重金属	/	间歇产生	自行利用处置/委托持有危险废物经营许可证的单位利用处置
2	废水处理污泥	废水处理	336-064-17	固体	重金属	/	间歇产生	自行利用处置/委托持有危险废物经营许可证的单位利用处置

续表 3

序号	废物名称	产生环节	废物代码	外观性状	特征污染物	产废系数	产生规律	主要利用处置方式
3	废乳化液	机械加工	900-006-09	液体	含硫化合物、石油类、重金属	/	间歇产生	委托持有危险废物经营许可证的单位利用处置
4	废活性炭	探伤	900-041-49	固体	有机物	/	间歇产生	委托持有危险废物经营许可证的单位利用处置

注：“/”表示不确定因素影响较大，难以或暂未确定产废系数。

3.4 设备检修与维护

设备检修与维护过程中产生的危险废物为废乳化液、废矿物油、废铅蓄电池，以及废弃的含油抹布、劳保用品、包装物、容器等，属于间歇产生，委托持有危险废物经营许可证的单位利用处置。

3.5 分析监测

分析监测过程中产生的危险废物为实验室废物（HW49 其他废物），委托持有危险废物经营许可证的单位利用处置。

4 危险废物环境管理要求

4.1 落实危险废物鉴别管理制度，对于不排除具有危险特性的固体废物，应根据《国家危险废物名录》、《危险废物鉴别标准》（GB 5085.1–7）、《危险废物鉴别技术规范》（HJ298）等判定是否属于危险废物，属于危险废物的应按危险废物相关要求进行管理。

4.2 落实污染环境防治责任制度，建立健全工业危险废物产生、收集、贮存、运输、利用、处置全过程的污染环境防治责任制度。

4.3 落实危险废物识别标志制度，按照国家关于《环境保护图形标志——固体废物贮存（处置）场》（GB 15562.2）等有关规定，对危险废物的容器和包装物以及收集、贮存、运输、利用、处置危险废物的设施、场所设置危险废物识别标志。

4.4 落实危险废物管理计划制度，按照《危险废物产生单位管理计划制定指南》等有关要求制订危险废物管理计划，并报所在地生态环境主管部门备案。

4.5 落实危险废物管理台账及申报制度，建立危险废物管理台账，如实记录有关信息，并通过国家危险废物信息管理系统向所在地生态环境主管部门申报危险废物的种类、产生量、流向、贮存、处置等有关资料。

4.6　落实危险废物经营许可证制度，禁止将危险废物提供或委托给无危险废物经营许可证的单位或者其他生产经营者从事收集、贮存、利用、处置活动。

4.7　落实危险废物转移联单制度，转移危险废物的，应当按照《危险废物转移管理办法》的有关规定填写、运行危险废物转移联单。运输危险废物，应当采取防止污染环境的措施，并遵守国家有关危险货物运输管理的规定。

4.8　产生工业危险废物的单位应当落实排污许可制度；已经取得排污许可证的，执行排污许可管理制度的规定。

4.9　落实环境保护标准要求，按照国家有关规定和环境保护标准要求贮存、利用、处置危险废物，不得将其擅自倾倒处置；禁止混合收集、贮存、运输、处置性质不相容而未经安全性处置的危险废物。

危险废物收集、贮存应当按照其特性分类进行；禁止将危险废物混入非危险废物中贮存，危险废物收集、贮存和运输过程的污染控制执行《危险废物贮存污染控制标准》（GB 18597）、《危险废物收集、贮存、运输技术规范》（HJ 2025）有关规定。

自行利用处置危险废物的，其利用处置过程的污染控制应分别执行《危险废物焚烧污染控制标准》（GB 18484）《危险废物填埋污染控制标准》（GB 18598）、《水泥窑协同处置固体废物环境保护技术规范》（HJ 662）等有关要求，不得擅自倾倒、堆放；自行填埋处置危险废物的，还应根据《危险废物填埋污染控制标准》（GB 18598）有关要求开展地下水监测、评估，并根据评估结果采取必要的风险管控措施。

属于《挥发性有机物无组织排放控制标准》（GB 37822）定义的 VOCs 物料的危险废物，其贮存、运输、预处理等环节的挥发性有机物无组织排放控制应符合《挥发性有机物无组织排放控制标准》（GB 37822）的相关规定。

4.10　落实环境影响评价制度及环境保护三同时制度，需要配套建设的危险废物贮存、利用和处置设施应当与主体工程同时设计、同时施工、同时投入使用。

4.11　落实环境应急预案制度，参考《危险废物经营单位编制应急预案指南》有关要求制定意外事故的防范措施和环境应急预案，并向所在地生态环境主管部门和其他负有固体废物污染环境防治监督管理职责的部门备案。

4.12 加强危险废物规范化环境管理，按照《危险废物规范化环境管理评估指标》有关要求，提升危险废物规范化环境管理水平。

4.13 对于列入《国家危险废物名录》附录《危险废物豁免管理清单》中的废弃的含油抹布劳保用品等危险废物，当满足《危险废物豁免管理清单》中列出的豁免条件时，在所列的豁免环节豁免不按危险废物管理。

4.14 其他环境管理要求。

4.14.1 废矿物油、废酸、废碱、废乳化液，以及废弃的含油抹布等危险废物必须装入完好无损的容器内贮存、运输，防止污染物无组织排放，含油污泥类危险废物应置于专用包装物或容器内贮存、运输。

4.14.2 废矿物油、废酸、废碱和废乳化液贮存设施须设置泄漏液体收集装置。

4.14.3 自行利用处置环境管理要求

冷轧工艺产生的废酸宜采用《钢铁行业轧钢工艺污染防治最佳可行技术指南（试行）》（HJ–BAT–006）中提出的再生技术进行综合利用。

中华人民共和国国家环境保护标准

HJ 515—2009

危险废物集中焚烧处置设施运行监督管理技术规范（试行）

Technical specifications for the supervision and management to the operation of centralized incineration disposal facilities for hazardous waste（On trial）

2009-12-29 发布　　2010-03-01 实施

环　境　保　护　部　发布

HJ 515—2009

前　言

为贯彻《中华人民共和国环境保护法》《中华人民共和国固体废物污染环境防治法》和《危险废物经营许可证管理办法》，加强对危险废物集中焚烧处置设施运行过程的监督管理，制定本标准。

本标准规定了危险废物集中焚烧处置设施运行的监督管理程序、要求、内容以及监督管理方法等。

本标准附录 A 为规范性附录。

本标准由环境保护部科技标准司组织制定。

本标准主要起草单位：沈阳环境科学研究院、中国科学院高能物理研究所、环境保护部环境保护对外合作中心、国家环境保护危险废物处置工程技术中心。

本标准环境保护部 2009 年 12 月 29 日批准。

本标准自 2010 年 3 月 1 日起实施。

本标准由环境保护部解释。

危险废物集中焚烧处置设施
运行监督管理技术规范（试行）

1　适用范围

本标准规定了危险废物集中焚烧处置设施运行的监督管理程序、要求、内容及监督管理方法等。

本标准适用于对经营性危险废物集中焚烧处置设施运行的监督管理，其他危险废物焚烧处置设施运行期间的监督管理可参照本标准执行。

2　规范性引用文件

本标准内容引用了下列文件中的条款。凡是不注日期的引用文件，其有效版本适用于本标准。

GB 3095　环境空气质量标准

GB 3096　声环境质量标准

GB 3838　地表水环境质量标准

GB 4387　工业企业厂内铁路、道路运输安全规程

GB 5085.1～3　危险废物鉴别标准

GB 8978　污水综合排放标准

GB 12348　工业企业厂界环境噪声排放标准

GB 15562.1　环境保护图形标志　排放口（源）

GB 15562.2　环境保护图形标志　固体废物贮存（处置）场

GB 15618　土壤环境质量标准

GB 18484　危险废物焚烧污染控制标准

GB 18597　危险废物贮存污染控制标准

GB 18598　危险废物填埋污染控制标准

GB 50041　锅炉房设计规范

GB/T 16157　固定污染源排放气中颗粒物测定与气态污染物采样方法

HJ/T 20　工业固体废物采样制样技术规范

HJ/T 176　危险废物集中焚烧处置工程建设技术规范

《危险废物经营许可证管理办法》（中华人民共和国国务院令第408号）

《国家危险废物名录》（环境保护部、国家发展和改革委员会令第1号）

《危险废物转移联单管理办法》（国家环境保护总局令第5号）

《危险废物经营单位编制应急预案指南》（国家环境保护总局2007年第48号公告）

3　术语和定义

下列术语和定义适用于本标准。

3.1　危险废物

指列入《国家危险废物名录》或者根据国家规定的危险废物鉴别标准和鉴别方法认定的具有腐蚀性、毒性、易燃性、反应性和感染性等一种或一种以上危险特性，以及不排除具有以上危险特性的固体废物。

3.2　集中焚烧处置设施

指统筹规划建设并服务于一定区域，采用焚烧方法处置危险废物的设施。

3.3　监督管理

指对危险废物焚烧处置设施运行过程中的监督管理，是地方环境保护行政主管部门为了保护和改善环境，对危险废物设施运行进行监督检查和指导等活动的总称。

3.4　经营性危险废物集中焚烧处置单位

指符合《危险废物经营许可证管理办法》管理范围，从事危险废物集中焚烧处置经营活动的单位。

4　监督管理的程序和要求

4.1　县级以上人民政府环境保护行政主管部门和其他危险废物污染环境防治工作的监督管理部门，有权依据各自的职责对管辖范围内的危险废物集中焚烧处置设施进行监督检查。

4.2　危险废物集中焚烧处置单位应积极配合环境保护行政主管部门和其他危险废物污染环境防治工作监督管理部门的监督管理活动，根据相应的监督管理要求，如实反映情况，提供必要的资料，不得隐瞒、谎报、拒绝、阻挠或延误。

4.3　地方环境保护行政主管部门可通过书面检查、现场核查以及远程监控等方式实施对危险废物集中焚烧处置设施运行的监督管理。

4.4　监督管理包括准备、检查、监测、综合分析、意见反馈、整改和复查七个阶段。地方环境保护行政主管部门可根据工作开展实际和需要，修改调整监督管理的程序并确定相应的实施计划。

4.4.1　准备阶段应包括材料收集和监督管理实施计划编制两部分内容。材料收集内容包括经营许可证、机构设置、人员配置、制度化建设、设施建设和运行情况、污染物总体排放情况、与委托单位签订的经营合同情况等；实施计划应在材料收集的基础上编制，明确监管对象、监管内容、程序、方法以及人员安全防护措施等。

4.4.2　检查阶段应根据实施计划对焚烧的主体设施、各项辅助设施运行和管理情况进行现场核查，审阅相关记录、台账，对发现的问题应进行核实确认。

4.4.3　监测阶段应根据实施计划要求，对设施运行过程中污染物排放情况（废气、废水、废渣、噪声等）进行监测，保证监测质量，保存监测记录。

4.4.4　综合分析阶段应在检查、监测工作的基础上，全面分析、评价危险废物焚烧处置单位的总体情况，形成监督检查结论，对存在的各项问题要逐一列明；需要进行整改的，应提出书面整改内容和整改限期；有违反《中华人民共和国固体废物污染环境防治法》《危险废物经营许可证管理办法》等法律、法规行为的，提出相应的处罚意见。

4.4.5　意见反馈阶段应将监督检查结论、整改通知、处罚通知等按照规定的程序送达危险废物集中焚烧处置单位。

4.4.6　整改阶段应督促危险废物集中焚烧处置单位根据监督检查结果和整改措施进行整改并提交整改报告。

4.4.7　监督管理复查阶段应对危险废物集中焚烧处置单位的整改情况进行复查，仍不符合要求的，应根据《中华人民共和国固体废物污染环境防治法》和《危险废物经营许可证管理办法》对危险废物集中焚烧处置单位进行处罚，如警告、限期整改、罚款、暂扣或吊销经营许可证等。

4.5　监督管理人员在进行现场检查时应遵守以下要求：

4.5.1 监督管理人员在检查过程中应宣传并认真执行国家环境保护的方针、政策和有关的法律、法规和标准。

4.5.2 监督管理人员在进行现场检查时，应有两名以上具有相应行政执法权的人员同时参加，携带并出示相关证件。

4.5.3 监督管理人员在进行现场检查时，可采取询问笔录、现场监测、采集样品、拍照摄像、查阅或者复制有关资料等检查手段，并妥善保管有关资料。

4.5.4 监督管理人员在进行现场检查时应严格执行安全制度，并为被检查单位保守技术业务秘密。

4.5.5 监督管理人员应对检查情况进行客观、规范的记录，并请被检查单位的代表予以确认。检查人员与被检查单位对检查记录的内容有分歧的部分如不能即时解决，应做好记录。

5 监督管理的内容和方法

5.1 监督管理的总体内容

地方环境保护行政主管部门监督管理的内容应包括基本运行条件、焚烧处置设施运行过程、污染防治设施配置及运行效果以及安全生产和劳动保护措施等。地方环境保护行政主管部门可根据实际情况确定监督管理的具体内容，原则上危险废物集中焚烧处置单位基本运行条件检查、焚烧处置设施以及配套设施等硬件配置的监督检查仅在初次监督检查时进行。

5.2 基本运行条件的监督管理

5.2.1 危险废物集中焚烧处置单位的机构设置、人员配置符合相关政策、法律法规及标准情况。

5.2.2 危险废物经营许可证的申领和换证情况。

5.2.3 危险废物焚烧处置技术、工艺及工程验收情况。

5.2.4 危险废物集中焚烧处置单位各项规章制度情况，制度至少应包括：设施运行和管理记录制度、交接班记录制度、危险废物接收管理制度、危险废物分析制度、内部监督管理制度、设施运行操作规程、化验室（实验室）特征污染物检测方案和实施细则、处置设施运行中意外事故应急预案、安全生产及劳动保护管理制度、人员培训制度以及环境监测制度等。

5.2.5 危险废物集中焚烧处置单位事故应急预案情况。应急预案应根据《危险废物经营单位编制应急预案指南》以及地方其他有关规定编写和报批。

5.3　危险废物焚烧处置设施运行的监督管理

5.3.1　危险废物焚烧处置设施运行的监督管理，其内容应至少包括：危险废物的接收、危险废物的分析鉴别、危险废物的厂内贮存和预处理、危险废物焚烧处置设施运行等。

5.3.2　危险废物接收应包括危险废物进场专用通道及标志、危险废物预检验、危险废物转移联单制度执行以及危险废物卸载情况等。

5.3.3　危险废物分析鉴别应包括分析鉴别的基础条件、危险废物的鉴别内容、危险废物特性鉴别后的登记管理、特性鉴别数据的保存、采样和分析以及危险废物的分类管理情况等。

5.3.4　危险废物贮存设施应包括危险废物贮存容器以及危险废物贮存设施情况。

5.3.5　危险废物焚烧处置系统应包括焚烧处置设施配置以及焚烧处置过程操作情况。

5.3.6　危险废物处置附属设施应包括预处理及进料系统、热能利用系统、烟气净化系统、炉渣及飞灰处理系统、自动化控制及在线监测系统，监督管理内容应包括系统配置和操作情况等。

5.4　污染防治设施配置及处理效果的监督管理

5.4.1　焚烧处置设施的性能指标和大气污染物排放控制指标应符合 GB 18484 要求，厂区周边环境空气质量，各项指标应符合 GB 3095 要求。

5.4.2　危险废物焚烧处置过程产生的底渣、飞灰、焚烧过程废气处理产生废活性炭、滤饼等属于危险废物，应送符合 GB 18598 要求的危险废物填埋场进行安全填埋处置。

5.4.3　危险废物集中焚烧处置单位废水排放应符合 GB 8978 要求。

5.4.4　危险废物集中焚烧处置单位噪声排放应符合 GB 12348 要求。

5.5　安全生产和劳动保护的监督管理

5.5.1　危险废物集中焚烧处置单位在安全生产方面应执行 HJ/T 176 以及国家其他关于安全生产的有关规定。

5.5.2　危险废物集中焚烧处置单位在劳动保护方面应执行 HJ/T 176 以及国家其他关于劳动保护的有关规定。

5.6 监测管理要求

5.6.1 环境监测应包括焚烧设施污染物排放监测和危险废物集中焚烧处置单位周边环境监测两部分。污染物排放监测应根据有关标准对烟气、飞灰、炉渣、工艺污水及噪声进行监测。环境监测应根据危险废物集中焚烧处置单位污染物排放情况对周边环境空气、地下水、地表水、土壤以及环境噪声进行监测。

5.6.2 对于由地方环境保护行政主管部门实施的监督性监测活动，由地方环境保护行政主管部门委托有环境监测资质的监测机构进行。危险废物集中焚烧处置单位实施的内部监测，应按国家标准规定的方法和频次，对处置设施运行情况进行监测，危险废物集中焚烧处置单位也可委托有监测资质的单位代为监测。危险废物集中焚烧处置单位应严格执行国家有关监督性监测管理规定配合监测工作，监测取样、检验方法，均应遵循国家有关标准要求。

5.6.3 地方环境保护行政主管部门应要求危险废物集中焚烧处置单位制订集中焚烧处置设施运行内部监测计划，定期对危险废物焚烧处置排放进行监测。当出现监测的某项目指标不合格时，应对设施进行全面检查，找出原因及时解决，确保集中焚烧处置设施在排放达标的条件下运行。

5.6.4 地方环境保护行政主管部门应按照国家有关规定，督促危险废物集中焚烧处置单位建立运行参数和污染物排放的监测记录制度，监测记录应包括：

5.6.4.1 记录每一批次危险废物焚烧的种类和重量。

5.6.4.2 连续监测二燃室烟气二次燃烧段前后的温度。

5.6.4.3 应对集中焚烧处置设施排放的烟尘、CO、SO_2、NO_X实施连续自动监测，并定期辅以采样监测；对于目前尚无法采用自动连续装置监测的烟气黑度、HF、HCl、重金属及其化合物，应按 GB 18484 的监测管理要求进行监测，以上各项指标每季度至少采样监测 1 次。

5.6.4.4 按照 GB 18484 规定，至少每 6 个月监测一次焚烧残渣的热灼减率。

5.6.4.5 对废气排放中的二噁英，应按 GB 18484 监测管理要求，每年至少采样监测 1 次。

5.6.4.6 每年至少对周边环境空气及土壤中二噁英、重金属进行 1 次监测，以了解建设项目对周边环境空气及土壤的污染情况。

5.6.4.7 记录危险废物最终残余物处置情况，包括焚烧残渣与飞灰的数量、处置方式和接收单位。

5.6.5　为确保监测工作的开展，对排污口规范化问题提出如下要求：

5.6.5.1　污染物排放口应按照 GB 15562.1 ～ 2 的规定，设置对应的环境保护图形标志牌。

5.6.5.2　新建集中式危险废物焚烧厂焚烧炉排气筒周围半径 200 m 内有建筑物时，排气筒高度应高出最高建筑物 5 m 以上。

5.6.5.3　对有几个排气源的焚烧厂应集中到一个排气筒排放或采用多筒集合式排放。

5.6.5.4　焚烧炉排气筒应按 GB/T 16157 的要求，留有规范的、便于测量流量、流速的测流段和采样位置，设置永久性采样孔，并安装用于采样和测量的辅助设施。

5.6.6　监督性监测应在工况稳定、生产负荷达到设计的 75% 以上（含 75%）、处置设施运行正常的情况下进行。监测期间应监控各生产环节的主要原材料的消耗量、成品量，并按设计的主要原料、辅料用量和成品产生量核算生产负荷。若生产负荷小于 75%，应停止监测。

5.6.7　危险废物处置单位应定期报告上述监测数据。监测数据保存期为 3 年以上。

5.7　监督检查方法

结合以上监督检查内容，相应的监督管理的内容及方法见附录 A。

6　监督实施

6.1　地方环境保护行政主管部门根据本标准所提出的内容和要求，结合地方危险废物集中焚烧处置设施的实际，制定具体的监督管理实施方案，推进危险废物集中焚烧处置设施监督管理规范化、制度化。

6.2　地方环境保护行政部门根据本标准所提出的关于设施运行的各方面监督管理要求和危险废物经营许可证档案管理制度的基本要求，建立起规范的危险废物集中焚烧处置设施运行监督档案管理制度，将监督检查情况和处理结果及时归档，并指导企业建立相应的监督管理程序和方法，确保危险废物集中焚烧处置设施安全运转。

6.3　地方环境保护行政主管部门可根据《中华人民共和国固体废物污染环境防治法》和《危险废物经营许可证管理办法》等有关法律法规，对危险废物集中焚烧处置单位在危险废物处置过程中的违法行为进行处罚。

附录 A

（规范性附录）

危险废物焚烧处置设施运行监督管理的内容及方法

A.1　基本运行条件监督管理*

审查项目	审查要点	检查指标及依据	监督检查方法
A.1.1 危险废物处置技术、工艺及工程验收情况	（1）危险废物预处理及焚烧处置技术和工艺的适应性说明	危险废物预处理以及焚烧处置技术和工艺的适应性说明，主要设备的名称、规格型号、设计能力、数量、其他技术参数；所能焚烧处置废物的名称、类别、形态和危险特性（HJ/T 176）	检查环境影响报告、工程设计文件或其他证明材料；必要时，现场核查
	（2）系统配置情况	检查系统配置的完整性，应包括预处理及进料系统、焚烧炉、热能利用系统、烟气净化系统、残渣处理系统、自动控制和在线监测系统及其他辅助装置（HJ/T 176）	
		检查系统配置的安全性，整个焚烧系统运行过程中应处于负压状态，避免有害气体逸出（HJ/T 176）	
		检查危险废物处理要求，对于处理氟、氯等元素含量较高的危险废物，是否考虑了耐火材料及设备的防腐问题；对于用来处理含氟较高或含氯大于 5% 的危险废物焚烧系统，不得采用余热锅炉降温，其尾气净化必须选择湿法净化方式（HJ/T 176）	
	（3）主要附属设施情况	工具、中转和临时存放设施、设备以及贮存设施、设备情况（国务院令第 408 号）	
	（4）工程设计及验收情况	项目工程设计及验收有关资料（国务院令第 408 号）	检查工程设计及验收材料
A.1.2 危险废物经营许可证申领和使用情况	（1）处置单位的处置合同业务范围情况	检查危险废物集中焚烧处置单位的处置合同业务范围是否与经营许可证所规定的经营范围一致（国务院令第 408 号）	检查危险废物经营许可证、处置合同等材料；必要时，现场核查
	（2）危险废物经营许可证变更情况	检查危险废物集中焚烧处置单位是否按照规定的申请程序，在发生危险废物经营方式改变，增加处置危险废物类别，新建或者改建、扩建原有危险废物经营设施或者经营危险废物超过原批准年经营规模 20% 以上的设施重新申领了危险废物经营许可证（国务院令第 408 号）	
	（3）焚烧处置计划情况	检查焚烧处置计划是否翔实、明确，焚烧处置计划应分为年度和月份计划	检查危险废物焚烧处置记录等材料
	（4）经营许可证检查情况	检查危险废物经营许可证例行检查情况（国务院令第 408 号）	检查危险废物经营许可证的有关材料

续表

审查项目	审查要点	检查指标及依据	监督检查方法
A.1.3 危险废物集中焚烧处置单位的机构设置、人员配置情况	（1）人员总体配备情况	是否配备了相应的生产人员、辅助生产人员和管理人员（国务院令第408号）	检查单位机构组成及人员职责分工以及个人档案材料等
	（2）专业技术人员配备情况	是否配备了3名以上环境工程专业或者相关专业中级以上职称，并有3年以上固体废物污染治理经历的技术人员（国务院令第408号）	
	（3）人员培训情况	生产和管理人员是否经过国家及内部组织的专业岗位培训并获得国家劳动保障部门或国家环境保护行政主管部门颁发的职业技能培训等级证书，并符合工作需要（HJ/T 176）	
A.1.4 集中焚烧处置单位规章制度情况	（1）设施运行和管理记录制度情况	（1）危险废物转移联单记录；（2）危险废物接收登记记录；（3）危险废物进厂运输车车牌号、来源、重量、进场时间、离场时间等记录；（4）生产设施运行工艺控制参数记录；（5）危险废物焚烧灰渣处理处置情况记录；（6）设备更新情况记录；（7）生产设施维修情况记录；（8）环境监测数据的记录；（9）生产事故及处置情况记录（HJ/T 176）	检查各项制度以及运行记录档案材料
	（2）交接班制度情况	（1）交接班制度的实施记录完整、规范；（2）上述提到的设施运行和管理记录制度在交接班制度中予以落实（HJ/T 176）	
	（3）其他制度情况	（1）危险废物接收管理制度；（2）危险废物分析制度；（3）内部监督管理制度；（4）设施运行操作规程；（5）设施运行过程中污染控制对策和措施；（6）化验室（实验室）特征污染物检测方案和实施细则；（7）设施日常运行记录台账、监测台账和设备更新、检修台账；（8）安全生产及劳动保护管理制度；（9）人员培训制度；（10）环境监测制度（HJ/T 176）	
A.1.5 事故应急预案制定情况	（1）危险废物贮存过程中发生事故时的应急预案	（1）应急预案编制的全面性、规范性和可操作性；（2）应急预案获得环保部门审批情况；（3）实施应急预案的基础条件情况；（4）应急预案执行情况（HJ/T 176）	检查应急预案文本、应急预案审批及应急预案执行情况
	（2）危险废物运送过程中发生事故时的应急预案	（1）应急预案编制的全面性、规范性和可操作性；（2）应急预案获得环保部门审批情况；（3）实施应急预案的基础条件情况；（4）应急预案执行情况（HJ/T 176）	
	（3）焚烧设施发生故障或事故时的应急预案	（1）应急预案编制的全面性、规范性和可操作性；（2）应急预案获得环保部门审批情况；（3）实施应急预案的基础条件情况；（4）应急预案执行情况（HJ/T 176）	
	（4）设施设备能力不能保证危险废物正常处置时的应急预案	（1）应急预案编制的全面性、规范性和可操作性；（2）应急预案获得环保部门审批情况；（3）实施应急预案的基础条件情况；（4）应急预案执行情况（HJ/T 176）	

注："*"表示基本条件检查作为地方环境保护行政主管部门进行监督管理的基本依据，原则上应在初次监督检查时进行，是为考虑到工作的连贯性而进行的检查。

A.2 处置设施运行过程监督管理——接收、分析鉴别、贮存设施

审查项目	审查要点	检查指标及依据	监督检查方法
A.2.1 危险废物接收系统	(1)危险废物转移联单制度执行情况	集中焚烧处置单位是否按照《危险废物转移联单》有关规定办理接收废物有关手续(《危险废物转移联单管理办法》)	检查转移联单档案、废物进场记录等，必要时进行现场检查
	(2)危险废物预检验情况	危险废物进厂前是否接受必要的预检验(HJ/T 176)	
	(3)废物进场专用通道及标志情况	(1)集中焚烧处置单位内是否设置废物进厂专用通道；(2)是否设有醒目的警示标志和路线指示(HJ/T 176)	
	(4)废物卸载情况	办理完接收手续的危险废物是否在卸车区卸载废物(HJ/T 176)	
A.2.2 危险废物分析鉴别系统	(1)分析鉴别基础条件	危险废物特性鉴别与灰渣监测和分析的仪器设备(HJ/T 176)	检查分析鉴别仪器设备材料，并现场核查
		污水常规指标监测和分析的仪器设备(HJ/T 176)	
		化验室所用仪器的规格、数量及化验室的面积(HJ/T 176)	
	(2)危险废物鉴别内容的全面性和代表性	(1)内容包括：物理性质：物理组成、容重、尺寸；(2)工业分析：固定碳、灰分、挥发分、水分、灰熔点、低位热值；(3)元素分析和有害物质含量；(4)特性鉴别(腐蚀性、浸出毒性、急性毒性、易燃易爆性)；(5)反应性；(6)相容性(HJ/T 176)	检查危险废物鉴别记录资料，并现场核查
	(3)废物特性鉴别后的登记管理情况	(1)每一批次废物经特性分析鉴别后得到的数据信息是否进行详细的登记；(2)是否将登记的数据信息与分类分区贮存的废物建立起一一对应的废物特性数据信息库(HJ/T 176)	检查危险废物鉴别登记有关材料，并现场核查
	(4)特性鉴别数据保存情况	废物分析鉴别数据库是否有必要的备份，并及时以光盘、文本等形式保存副本(HJ/T 176)	检查危险废物鉴别数据档案材料，并现场核查
	(5)采样和分析的规范性	(1)危险废物采样是否符合 HJ/T 20；(2)危险废物特性分析是否符合 GB 5085.1 ～ 3 (HJ/T 176)	检查危险废物采样和特性分析有关材料，并现场核查
	(6)废物分类管理情况	对鉴别后的危险废物是否进行了分类(HJ/T 176)	检查危险废物分类有关材料，并现场核查
A.2.3 危险废物贮存系统	(1)危险废物贮存容器情况	应使用符合国家标准的容器盛装危险废物(GB 18597)	现场检查
		贮存容器必须具有耐腐蚀、耐压、密封、不与所贮存的废物发生反应等特性(GB 18597)	
		贮存容器应保证完好无损并具有明显标志(GB 18597)	

续表

审查项目	审查要点	检查指标及依据	监督检查方法
A.2.3 危险废物贮存系统	(2)危险废物贮存设施情况	危险废物贮存场所是否有符合 GB 15562.2 的专用标志(GB 18597)	现场检查
		不相容的危险废物是否分开存放，并设有隔离间隔断(GB 18597)	
		是否建有堵截泄漏的裙角，地面与裙角采用了兼顾防渗的材料建造，建筑材料与危险废物相容(GB 18597)	
		是否配置了泄漏液体收集装置及气体导出口和气体净化装置(GB 18597)	
		是否配置了安全照明和观察窗口，并设有应急防护设施(GB 18597)	
		是否配置了隔离设施、报警装置和防风、防晒、防雨设施以及消防设施(GB 18597)	
		墙面、棚面是否具有防吸附功能，用于存放装载液体、半固体危险废物容器的地方是否配有耐腐蚀的硬化地面且表面无裂隙(GB 18597)	
		库房是否设置了备用通风系统和电视监视装置(GB 18597)	
		贮存库容量的设计是否考虑工艺运行要求并应满足设备大修(一般以 15 d 为宜)和废物配伍焚烧的要求(GB 18597)	
		贮存剧毒危险废物的场所是否实现了专人 24 h 看管(GB 18597)	

A.3 处置设施运行过程监督管理——焚烧处置设施

审查项目	审查要点	检查指标及依据	监督检查方法
危险废物焚烧处置系统	(1)焚烧处置设施配置情况	是否设置二次燃烧室，并保证烟气在二次燃烧室1100℃以上停留时间大于 2 s(HJ/T 176)	检查设计文件，并现场核查
		燃烧室后是否设置紧急排放烟囱，并设置联动装置使其只能在事故或紧急状态时才可启动(HJ/T 176)	
		焚烧炉是否设置防爆门或其他防爆设施(HJ/T 176)	
		是否配备自动控制和监测系统，在线显示运行工况和尾气排放参数，并能够自动反馈，对有关主要工艺参数进行自动调节(HJ/T 176)	
		正常运行条件下，焚烧炉内是否处于负压燃烧状态(HJ/T 176)	
		焚烧炉是否装置紧急进料切断系统(HJ/T 176)	
		投入焚烧炉的废物是否有重量计量装置并实现连续记录(HJ/T 176)	

续表

审查项目	审查要点	检查指标及依据	监督检查方法
危险废物焚烧处置系统	(2)焚烧处置过程操作情况	危险废物的焚烧系统运行是否按工艺流程、运行操作规程和安全操作规程进行(HJ/T 176)	检查设计文件、各项操作规程材料，并现场检查
		危险废物进入焚烧系统的输送方式是否避免了操作人员与废物直接接触(HJ/T 176)	
		危险废物焚烧处置操作人员是否按规程操作，操作人员是否掌握处置计划、操作规程、焚烧系统工艺流程、管线及设备的功能和位置，以及紧急应变情况(HJ/T 176)	
		焚烧系统没有达到工况参数或烟气处理系统没有启动或没有正常运行时，是否严禁向焚烧炉投入废物(HJ/T 176)	
		焚烧炉运行过程中是否保证系统处于负压状态，避免有害气体逸出(HJ/T 176)	

A.4 处置设施运行过程监督管理——配套处置设施

审查项目	审查要点	检查指标及依据	监督检查方法
A.4.1 预处理及进料系统	(1)检查危险废物预处理系统	危险废物入炉前是否根据其成分、热值等参数进行搭配，以保障焚烧炉稳定运行，降低焚烧残渣的热灼减率(HJ/T 176)	现场检查
		废物的搭配是否注意相互间的相容性，避免不相容的危险废物混合后产生不良后果(HJ/T 176)	
		危险废物入炉前是否酌情进行破碎和搅拌处理，使废物混合均匀以利于焚烧炉稳定、安全、高效运行，对于含水率高的废物(如污泥、废液)是否采取了适当脱水处理措施，以降低能耗(HJ/T 176)	
		在设计危险废物混合或加工系统时，是否考虑焚烧废物的性质、破碎方式、液体废物的混合及供料的抽吸和管道系统的布置(HJ/T 176)	
	(2)检查危险废物输送、进料装置	采用自动进料装置，进料口是否配制保持气密性的装置，以保证炉内焚烧工况的稳定(HJ/T 176)	检查设计文件，并现场核查
		进料时是否采取了防止废物堵塞措施，以保持进料畅通(HJ/T 176)	
		进料系统是否处于负压状态，以防止有害气体逸出(HJ/T 176)	
		输送液体废物时是否考虑废液的腐蚀性及废液中的固体颗粒物堵塞喷嘴问题(HJ/T 176)	
A.4.2 热能利用系统	检查热能利用系统配置及操作情况	焚烧处置单位在确保环保达标排放的情况下，是否考虑对其产生的热能以适当形式加以利用(HJ/T 176)	检查设计文件，并现场核查
		利用危险废物焚烧热能的锅炉，是否充分考虑烟气对锅炉的高温和低温腐蚀问题(HJ/T 176)	

续表

审查项目	审查要点	检查指标及依据	监督检查方法
A.4.2 热能利用系统	检查热能利用系统配置及操作情况	危险废物焚烧的热能利用是否避开 200 ℃～ 500 ℃区间（HJ/T 176）	检查设计文件，并现场核查
		利用危险废物热能生产饱和蒸汽或热水时，热力系统中的设备与技术条件，是否符合 GB 50041 的有关规定（HJ/T 176）	
A.4.3 烟气净化系统	（1）检查湿法净化工艺骤冷洗涤器和吸收塔等单元配置情况	（1）是否配备废水处理设施去除重金属和有机物等有害物质；（2）为防止风机带水，是否采取了降低烟气水含量的措施后再经烟囱排放的措施（HJ/T 176）	检查设计文件，并现场核查
	（2）检查半干法净化工艺洗气塔、活性炭喷射、布袋除尘器等处理单元配置情况	（1）反应器内的烟气停留时间是否满足烟气与中和剂充分反应的要求；（2）反应器出口的烟气温度是否在130℃以上，保证在后续管路和设备中的烟气不结露（HJ/T 176）	
	（3）检查干法净化工艺：包括干式洗气塔或干粉投加装置、布袋除尘器等处理单元配置情况	（1）反应器内的烟气停留时间是否满足烟气与药剂进行充分反应的要求；（2）是否考虑收集下来的飞灰、反应物以及未反应物的循环处理问题；（3）反应器出口的烟气温度是否在 130℃以上，保证在后续管路和设备中的烟气不结露（HJ/T 176）	
	（4）检查烟气净化系统配置情况	烟气净化系统的除尘设备是否优先选用袋式除尘器（HJ/T 176）	
		若选择湿式除尘装置，是否配备完整的废水处理设施（HJ/T 176）	
		烟气净化装置是否有可靠的防腐蚀、防磨损和防止飞灰阻塞的措施（HJ/T 176）	
		酸性污染物包括 HCl、HF 和硫氧化物等，是否采用适宜的碱性物质作为中和剂在反应器内进行中和反应（HJ/T 176）	
		在中和反应器和袋式除尘器之间是否采取了喷入活性炭或多孔性吸附剂，或者在布袋除尘器后设置活性炭或多孔性吸附剂吸收塔（床）措施（HJ/T 176）	
		对于含氮量较高的危险废物是否考虑氮氧化物的去除措施；是否优先考虑通过焚烧过程控制，抑制氮氧化物的产生；焚烧烟气中氮氧化物的净化方法，是否采用选择性非催化还原法（HJ/T 176）	
		引风机是否采用变频调速装置（HJ/T 176）	

续表

审查项目	审查要点	检查指标及依据	监督检查方法
A.4.3 烟气净化系统	(5)检查烟气净化系统操作情况	是否严格控制燃烧室烟气的温度、停留时间和流动工况(HJ/T 176)	检查设计文件，并现场核查
		焚烧废物产生的高温烟气是否采取急冷处理，使烟气温度在 1.0 s 内降到 200℃以下，减少烟气在 200℃～500℃的滞留时间(HJ/T 176)	
		检查吸附二噁英的活性炭使用数量以及布袋除尘器的更换情况等是否在设计需求的使用数量范围内	
A.4.4 炉渣及飞灰处理系统	(1)检查炉渣处理系统配置情况	炉渣处理系统是否包括除渣冷却、输送、贮存、碎渣等设施(HJ/T 176)	检查设计文件，并现场核查
		炉渣处理系统是否保持密闭状态(HJ/T 176)	
		与焚烧炉衔接的除渣机是否有可靠的机械性能和保证炉内密封的措施(HJ/T 176)	
	(2)检查飞灰处理系统配置情况	飞灰处理系统是否包括飞灰收集、输送、贮存等设施，保持密闭状态，并配置避免飞灰散落的密封容器(HJ/T 176)	
		烟气净化系统采用半干法方式时，飞灰处理系统是否采取了机械除灰或气力除灰方式，气力除灰系统是否采取了防止空气进入与防止灰分结块的措施(HJ/T 176)	
		采用湿法烟气净化方式时，飞灰处理系统是否采取了有效的脱水措施(HJ/T 176)	
		贮灰罐是否设有料位指示、除尘和防止灰分板结的设施，并在排灰口附近设置增湿设施(HJ/T 176)	
A.4.5 自动化控制及在线监测系统	(1)检查自动控制系统	危险废物集中焚烧处置是否具备较高的自动化水平，能在中央控制室通过分散控制系统实现对危险废物焚烧线、热能利用及辅助系统的集中监视和分散控制(HJ/T 176)	检查设计文件，并现场核查
		燃烧室后是否设置紧急排放烟囱，并设置联动装置使其只能在事故或紧急状态时才可启动(HJ/T 176)	
		对不影响整体控制系统的辅助装置，设就地控制室的，其重要信息是否送至中央控制室(HJ/T 176)	
		对重要参数的报警和显示，是否设光字牌报警器和数字显示仪(HJ/T 176)	
		是否设置独立于分散控制系统的紧急停车系统(HJ/T 176)	
	(2)检查在线监测系统	对贮存库房、物料传输过程以及焚烧线的重要环节，是否设置现场工业电视监视系统(HJ/T 176)	检查设计文件，操作规程材料，并现场核查
		在线自动监测系统是否对焚烧烟气中处理后的烟尘、硫氧化物、氮氧化物、HCl 等污染因子实施在线监测，按要求存入档案并上报地方环境保护行政主管部门(HJ/T 176)	

续表

审查项目	审查要点	检查指标及依据	监督检查方法
A.4.5 自动化控制及在线监测系统	（2）检查在线监测系统	危险废物集中焚烧处置单位的在线自动监测系统是否对氧、CO、CO_2、一燃室和二燃室温度等重要工艺指标实行在线监测（HJ/T 176）	检查设计文件，操作规程材料，并现场核查
		对前面提到的污染控制参数以及工艺指标是否按要求与地方环境保护行政主管部门联网显示，并显示正常（HJ/T 176）	
		系统启动运行时，在线监测装置是否能够同时启动，进行监测、记录并根据需要打印输出（HJ/T 176）	
		焚烧处置过程中的工艺参数，如温度、停留时间等是否显示正常值（HJ/T 176）	

A.5　安全生产和劳动保护的监督管理

审查项目	审查要点	检查指标及依据	监督检查方法
A.5.1 安全生产要求	检查焚烧厂安全生产情况	各工种、岗位是否根据工艺特征和具体要求制定了相应的安全操作规程并严格执行（HJ/T 176）	检查有关安全生产材料，并现场核查
		各岗位操作人员和维修人员是否定期进行岗位培训并持证上岗（HJ/T 176）	
		是否严禁了非本岗位操作管理人员擅自启、闭本岗位设备，严禁了管理人员违章指挥（HJ/T 176）	
		操作人员是否按电工规程进行电器启、闭（HJ/T 176）	
		风机工作时，是否严禁了操作人员贴近联轴器等旋转部件（HJ/T 176）	
		是否建立并严格执行定期和经常的安全检查制度，及时消除事故隐患，严禁违章指挥和违章操作（HJ/T 176）	
		是否对事故隐患或发生的事故进行了调查并采取改进措施，重大事故是否做到了及时向有关部门报告（HJ/T 176）	
		凡从事特种设备的安装、维修人员，是否参加了劳动部门专门培训，并取得特种设备安装、维修人员操作证后上岗（HJ/T 176）	
		厂内及车间内运输管理，是否符合 GB 4387 的有关规定（HJ/T 176）	
		工作区及其他设施是否符合国家有关劳动保护的规定，各种设施及防护用品（如防毒面具）是否由专人维护保养，保证其完好、有效（HJ/T 176）	
		对所有从事生产作业的人员是否进行了定期体检并建立健康档案卡（HJ/T 176）	
		是否定期对车间内的有毒有害气体进行检测，并做到在发生超标的情况下采取相应措施（HJ/T 176）	
		是否做到定期对职工进行职业卫生的教育，加强防范措施（HJ/T 176）	

续表

审查项目	审查要点	检查指标及依据	监督检查方法
A.5.2 劳动保护要求	检查焚烧厂劳动保护情况	废物贮存和焚烧部分处理设备等是否做到了尽量密闭，以减少灰尘和臭气外逸（HJ/T 176）	检查各项与劳动保护有关材料，并现场检查
		是否尽可能采用了噪声小的设备；对于噪声较大的设备，是否采取了减振消音措施，使噪声符合国家规定标准要求（HJ/T 176）	
		接触有毒有害物质的员工是否配备了防毒面具、耐油或耐酸手套、防酸碱工作服（HJ/T 176）	
		焚烧炉、余热锅炉、除尘系统等高温操作间是否配置了降温设施（HJ/T 176）	
		检修人员进入焚烧炉检修前是否先对炉内强制输送新鲜空气并测定炉内含氧量，待含氧量大于19%后方可进入。检修人员在炉内检修时是否做到了佩戴防毒面具，同时炉外有人监护（HJ/T 176）	
		进入高噪声区域人员是否佩戴了性能良好的防噪声护耳器（HJ/T 176）	
		进行有毒、有害物品操作时是否穿戴了相应种类专用防护用品，禁止混用；并严格遵守操作规程，用毕后物归原处，发现破损及时更换（HJ/T 176）	
		有毒、有害岗位操作完毕，是否将防护用品按要求清洁、收管，并做到不随意丢弃，不转借他人；是否对个人安全卫生（洗手、漱口及必要的沐浴）提出了明确的要求（HJ/T 176）	
		是否做到了禁止携带或穿戴使用过的防护用品离开工作区。报废的防护用品是否交专人处理（HJ/T 176）	
		是否配足配齐各作业岗位所需的个人防护用品，并对个人防护用品的购置、发放、回收、报废进行登记。防护用品是否做到由专人管理，并定期检查、更换和处理（HJ/T 176）	

A.6 污染防治设施配置及处理要求*

审查项目	审查要点	审查指标要求			监督检查方法
A.6.1 大气污染物控制排放及周边环境空气质量要求（GB 18484）	不同焚烧容量时的最高允许排放质量浓度限值/（mg/m^3）	≤300（kg/h）	300～2500（kg/h）	≥2500（kg/h）	进行试烧，检查监测报告

续表

审查项目	审查要点	审查指标要求			监督检查方法
A.6.1 大气污染物控制排放及周边环境空气质量要求（GB 18484）	1* 烟气黑度	林格曼 1 级			进行试烧，检查监测报告
	2* 烟尘	100	80	65	
	3* 一氧化碳（CO）	100	80	80	
	4* 二氧化硫（SO_2）	400	300	200	
	5* 氟化氢（HF）	9.0	7.0	5.0	
	6* 氯化氢（HCl）	100	70	60	
	7* 氮氧化物（以 NO_2 计）	500			
	8* 汞及其化合物（以 Hg 计）	0.1			
	9* 镉及其化合物（以 Cd 计）	0.1			
	10* 砷，镍及其化合物（以 As+Ni 计）	1.0			
	11* 铅及其化合物（以 Pb 计）	1.0			
	12* 铬，锡，锑，铜，锰及其化合物	4.0			
	13* 二噁英类（TEQ）	0.5 ng/m^3			
	焚烧厂周围环境空气质量	GB 3095			检查监测报告
A.6.2 焚烧处理性能要求（GB 18484）	（1）焚毁去除率	危险废物≥ 99.99%；多氯联苯≥ 99.9999%；医疗临床废物≥ 99.99%			检查监测报告
	（2）焚烧残渣热灼减率	危险废物、多氯联苯、医疗临床废物 < 5%			
	（3）焚烧炉出口烟气中的氧气含量	应为 6% ～ 10%（干气）			

续表

审查项目	审查要点	审查指标要求	监督检查方法
A.6.3 炉渣及飞灰处理要求（GB 18484、HJ/T 176）	（1）炉渣处理要求	（1）炉渣应进行特性鉴别，经鉴别后属于危险废物，应按照危险废物进行安全处置，不属于危险废物的按一般废物进行处置。（2）炉渣由处置厂进行特性鉴别分析至少 1 次 /d，并保留渣样。由环境管理部门委托监测部门进行抽查鉴别分析 1 次 / 月	检查记录材料，并现场检查
	（2）飞灰处理要求	焚烧飞灰、吸附二噁英和其他有害成分的活性炭等残余物应按照危险废物进行处置，应送危险废物填埋场进行安全填埋处置	
A.6.4 废水排放及周边环境质量要求	污水排放要求	污水综合排放标准（GB 8978）	检查监测报告，并现场考核查
	地表水环境质量要求	GB 3838	检查监测报告
A.6.5 土壤环境质量	周边土壤环境质量要求	GB 15618	检查监测报告
A.6.6 噪声排放及周边环境质量要求	噪声排放要求	危险废物焚烧厂界执行 GB 12348	检查监测报告，并现场核查
	周边噪声环境质量要求	环境噪声执行 GB 3096	检查监测报告
注："*"表示污染防治设施配置及处理要求在相关标准修订时应采用最新版本所确定的标准限值和管理要求。			

A.7 环境监测要求

审查项目	审查要点	检查指标及依据	监督检查方法
A.7.1 排污口规范化	（1）焚烧炉排气筒情况	（1）新建集中式危险废物焚烧厂焚烧炉排气筒周围半径 200 m 内有建筑物时，排气筒高度必须高出最高建筑物 5 m 以上；（2）对有几个排气源的焚烧厂应集中到一个排气筒排放或采用多筒集合式排放；（3）焚烧炉排气筒应设置永久采样孔，并安装用于采样和测量的设施（GB/T 16157、GB 18484）	检查设计文件，并现场核查
	（2）废水排污口情况	有规范的、便于测量流量、流速的测流段和采样点（相关监测技术规范）	
	（3）污染物排放口标志牌情况	污染物排放口必须实行规范化整治，按照 GB 15562.1 ～ 2 的规定，设置与之相适应的环境保护图形标志牌（HJ/T 176）	

续表

审查项目	审查要点	检查指标及依据	监督检查方法
A.7.2 环境监测总体要求	（1）焚烧设施污染物排放监测	炉渣、飞灰、处理后排放的工艺污水、焚烧系统排烟及环境噪声进行检验监测。监测工作必须符合国家相应的监测标准和方法要求（HJ/T 176）	检查监测报告，并现场核查
	（2）处置单位周边环境监测	对周边环境空气、地下水、地表水、土壤以及环境噪声进行监测。监测工作必须符合国家相应的监测标准和方法要求（HJ/T 176）	
	（3）监测频率管理要求	危险废物集中焚烧处置单位应按国家标准规定的方法和频次，对处置设施情况进行监测，不具备监测条件的可委托有监测资质的单位代为监测（相关监测技术规范）	
	（4）监测条件要求	（1）监测数据必须在工况稳定、生产负荷达到设计的75%以上（含75%）、危险废物集中焚烧处置设施运行正常的情况下才有效。（2）监测期间监控各生产环节的主要原材料的消耗量、成品量，并按设计的主要原、辅料用量及成品产生量核算生产负荷；若生产负荷小于75%，应停止监测。（3）具体内容应符合国家相应监测技术标准要求（相关监测技术规范）	
	（5）监测取样和检验方法要求	（1）监测取样、检验的方法，均应遵循国家有关标准要求；（2）监测的数据应纳入档案并上报当地环境管理部门（相关监测技术规范）	
	（6）监测内容要求	记录每一批次危险废物焚烧的种类的重量（相关监测技术规范）	
		二燃室烟气温度：连续监测二燃室烟气二次燃烧段前后温度。烟气停留时间：通过监测烟气排放速率和审查焚烧设计文件、检验产品结构尺寸确定（相关监测技术规范）	
		排气中的二噁英应每年至少采样监测1次（HJ/T 176）	
		周边环境空气及土壤中的二噁英及重金属污染物监测应每年采样监测一次（HJ/T 176）	
		至少每6个月监测一次焚烧残渣的热灼减率（GB 18484）	
		排气中CO、烟尘、SO_2、NO_x连续自动监测，对于目前尚无法采用自动连续装置监测的烟气黑度、HF、HCl、重金属及其化合物，应每季度至少采样监测1次（GB 18484）	
		记录危险废物最终残余物处置情况，包括焚烧残渣与飞灰的数量、处置方式和接收单位（HJ/T 176）	
		废物处置单位应定期报告上述运行参数、处置效果的监测数据。监测数据保存期为3年（HJ/T 176）	

续表

审查项目	审查要点	检查指标及依据	监督检查方法
A.7.3 运行期监测要求	（1）运行单位自行监测要求	（1）运行期间应制订处置单位内部监测计划，定期对危险废物焚烧处置排放进行监测；（2）当出现监测的某项目指标不合格时，应将有关设备系统停机，进行排查，找出原因及时解决。解决后根据情况进行检验监测，确保系统在排放达标的条件下运行（HJ/T 176）	检查监测报告，并现场核查
	（2）运行单位监督性监测要求	运行期间应根据地方环保要求，定期开展环境监测工作（HJ/T 176）	

中华人民共和国国家环境保护标准

HJ 607—2011

废矿物油回收利用污染控制技术规范

Technical specifications for pollution control of used mineral oil recovery, recycle and reuse

2011-02-16 发布　　2011-07-01 实施

环　境　保　护　部　发布

HJ 607—2011

前　言

为贯彻《中华人民共和国环境保护法》《中华人民共和国固体废物污染环境防治法》，规范废矿物油回收利用、处置行为，防治废矿物油对环境的污染，保护环境，保障人体健康，制定本标准。

本标准规定了废矿物油收集、运输、贮存、利用和处置过程中的污染控制技术及环境管理要求。本标准为首次发布。

本标准的附录 A 为资料性附录。

本标准由环境保护部科技标准司组织制定。

本标准主要起草单位：济南市环境保护规划设计研究院、济南市鑫源物资开发利用有限公司。

本标准环境保护部 2011 年 2 月 16 日批准。

本标准自 2011 年 7 月 1 日起实施。

本标准由环境保护部解释。

废矿物油回收利用污染控制技术规范

1　适用范围

本标准规定了废矿物油收集、贮存、运输、利用和处置过程中的污染控制技术及环境管理要求。

本标准适用于废矿物油收集、贮存、运输、利用和处置过程的污染控制，可用于指导废矿物油经营单位建厂选址、工程建设以及建成后工程运营的污染控制工作。

2　规范性引用文件

本标准内容引用了下列文件中的条款。凡不注明日期的引用文件，其有效版本适用于本标准。

GB 8978　污水综合排放标准

GB 12348　工业企业厂界环境噪声排放标准

GB 13015　含多氯联苯废物污染控制标准

GB 13271　锅炉大气污染物排放标准

GB 16297　大气污染物综合排放标准

GB/T 17145　废润滑油回收与再生利用技术导则

GB 18484　危险废物焚烧污染控制标准

GB 18597　危险废物贮存污染控制标准

GB 18598　危险废物填埋污染控制标准

HJ/T 55　大气污染物无组织排放监测技术导则

HJ/T 91　地表水和污水监测技术规范

HJ/T 166　土壤环境监测技术规范

HJ/T 176　危险废物集中焚烧处置工程建设技术规范

HJ/T 373　固定污染源监测质量保证与质量控制技术规范（试行）

HJ/T 397　固定源废气监测技术规范

《道路危险货物运输管理规定》（交通部令 2005 年第 9 号）

《水路危险货物运输规则》（交通部令 1996 年第 10 号）

《铁路危险货物运输管理规则》（铁运〔1995〕104 号）

《危险废物经营许可证管理办法》（国务院令 2004 年第 408 号）

《危险废物转移联单管理办法》（国家环境保护总局令 1999 年第 5 号）

《危险废物污染防治技术政策》（国家环境保护总局文件 2001 年第 199 号）

《危险废物经营单位编制应急预案指南》（国家环境保护总局公告 2007 年第 48 号）

《危险废物经营单位记录和报告经营情况指南》（环境保护部公告 2009 年第 55 号）

3　术语和定义

下列术语和定义适用于本标准。

3.1　废矿物油　used mineral oil

从石油、煤炭、油页岩中提取和精炼，在开采、加工和使用过程中由于外在因素作用导致改变了原有的物理和化学性能，不能继续被使用的矿物油。

3.2　废矿物油产生单位　used mineral oil generator

在生产、经营、科研及其他活动中有废矿物油产生的单位。

3.3　废矿物油经营单位　used mineral oil operator

获得环境保护主管部门核发的危险废物经营许可证，从事废矿物油收集、利用、贮存、处置经营活动的单位。

3.4　收集　collection

指废矿物油经营单位将分散的废矿物油进行集中的活动。

3.5　贮存　storage

指废矿物油经营单位在废矿物油处置前，将其放置在符合环境保护标准的场所或者设施中，以及为了将分散的废矿物油进行集中，在自备的临时设施或者场所置放。

3.6　利用　recycling

指从废矿物油中提取物质作为原材料或者燃料的活动。

3.7　焚烧　inflammation

指焚化燃烧废矿物油使之分解并无害化的过程。

4　总体要求

4.1　废矿物油焚烧、贮存和填埋厂址选择应符合 GB 18484、GB 18597、GB 18598 中的有关规定，并符合当地的大气污染防治、水资源保护和自然生态保护要求。废矿物油再生利用的厂址选择应参照上述规定和要求执行。

4.2　废矿物油产生单位和废矿物油经营单位应按《危险废物污染防治技术政策》中的有关规定从事相关的生产、经营活动。

4.3　废矿物油产生单位和废矿物油经营单位应采取防扬散、防流失、防渗漏及其他防止污染环境的措施。

4.4　废矿物油应按照来源、特性进行分类收集、贮存、利用和处置。

4.5　含多氯联苯废矿物油属于多氯（溴）联苯类废物，其收集、贮存、运输、利用和处置应按 GB 13015 和相关规定执行。

5　废矿物油的分类及标签要求

5.1　废矿物油分类按照《国家危险废物名录》执行，按行业来源分类如下：

——原油和天然气开采；

——精炼石油产品制造；

——涂料、油墨、颜料及相关产品制造；

——专用化学品制造；

——船舶及浮动装置制造；

——非特定行业。

5.2　应在废矿物油包装容器的适当位置粘贴废矿物油标签，标签应清晰易读，不应人为遮盖或污染。标签参考格式见附录 A。

5.3　废柴油、废煤油、废汽油、废分散油、废松香油等闭杯试验闪点等于或低于 60 ℃ 的废矿物油，应标明“易燃”。

6　收集污染控制技术要求

6.1　一般要求

6.1.1　废矿物油收集容器应完好无损，没有腐蚀、污染、损毁或其他能导致其使用效能减弱的缺陷。

6.1.2 废矿物油收集过程产生的废旧容器应按照危险废物进行处置，仍可转作他用的，应经过消除污染的处理。

6.1.3 废矿物油应在产生源收集，不宜在产生源收集的应设置专用设施集中收集。

6.1.4 废矿物油收集过程产生的含油棉、含油毡等含废矿物油废物应一并收集。

6.2 原油和天然气开采

6.2.1 原油和天然气开采作业现场宜采取铺设塑料膜等措施防止废矿物油污染场地。

6.2.2 原油和天然气开采应将开采现场沾染废矿物油的泥、沙、水全部收集。

6.2.3 原油和天然气开采产生的残油、废油、油基泥浆、含油垃圾、清罐油泥等应全部回收，不应排放或弃置。

6.2.4 原油和天然气开采中产生的数量较大的废矿物油，可收集在符合《危险废物污染防治技术政策》和 GB 18597 的自备临时设施或场所，不应随意堆积。

6.3 精炼石油产品制造

6.3.1 精炼石油产品制造作业在生产过程中应在可能产生渗漏的位置设置集油容器，进行废矿物油的收集。

6.3.2 精炼石油产品制造产生的油泥、油渣等应进行有效收集。

6.4 专用化学产品制造

专用化学产品制造产生的具有腐蚀特性的废矿物油，例如废松香油等，宜使用镀锌铁桶等进行防腐处理的容器收集。

6.5 拆船、修船和造船作业

拆船、修船和造船作业应配备或设置拦油装置、废矿物油收集装置，作业中产生的含油物品不应随意堆放或抛入水域。

6.6 机动车维修、机械维修

6.6.1 机动车维修、机械维修行业作业现场应做防渗处理，并建设防晒、防淋措施。

6.6.2 机动车维修、机械维修行业作业现场应配备废矿物油专用收集容器或设施，并应建有地面冲洗污水收集处理设施。

7 贮存污染控制技术要求

7.1 废矿物油贮存污染控制应符合 GB 18597 中的有关规定。

7.2 废矿物油贮存设施的设计、建设除符合危险废物贮存设计原则外，还应符合有关消防和危险品贮存设计规范。

7.3 废矿物油贮存设施应远离火源，并避免高温和阳光直射。

7.4 废矿物油应使用专用设施贮存，贮存前应进行检验，不应与不相容的废物混合，实行分类存放。

7.5 废矿物油贮存设施内地面应作防渗处理，并建设废矿物油收集和导流系统，用于收集不慎泄漏的废矿物油。

7.6 废矿物油容器盛装液体废矿物油时，应留有足够的膨胀余量，预留容积应不少于总容积的 5%。

7.7 已盛装废矿物油的容器应密封，贮油油罐应设置呼吸孔，防止气体膨胀，并安装防护罩，防止杂质落入。

8 运输污染控制技术要求

8.1 废矿物油的运输转移应按《道路危险货物运输管理规定》《铁路危险货物运输管理规则》《水路危险货物运输规则》等的规定执行。

8.2 废矿物油的运输转移过程控制应按《危险废物转移联单管理办法》的规定执行。

8.3 废矿物油转运前应检查危险废物转移联单，核对品名、数量和标志等。

8.4 废矿物油转运前应制定突发环境事件应急预案。

8.5 废矿物油转运前应检查转运设备和盛装容器的稳定性、严密性，确保运输途中不会破裂、倾倒和溢流。

8.6 废矿物油在转运过程中应设专人看护。

9 利用和处置技术要求

9.1 一般要求

9.1.1 废润滑油的再生利用应符合 GB 17145 中的有关规定。

9.1.2 废矿物油不应用作建筑脱模油。

9.1.3 不应使用硫酸 / 白土法再生废矿物油。

9.1.4 废矿物油利用和处置的方式主要有再生利用、焚烧处置和填埋处置，应根据含油率、黏度、倾点(凝点)、闪点、色度等指标合理选择利用和处置方式。

9.1.5 废矿物油的再生利用宜采用沉降、过滤、蒸馏、精制和催化裂解工艺,可根据废矿物油的污染程度和再生产品质量要求进行工艺选择。

9.1.6 废矿物油再生利用产品应进行主要指标的检测,确保再生产品质量。

9.1.7 废矿物油进行焚烧处置,鼓励进行热能综合利用。

9.1.8 无法再生利用或焚烧处置的废矿物油及废矿物油焚烧残余物应进行安全处置。

9.2 原油和天然气开采

9.2.1 含油率大于5%的含油污泥、油泥沙应进行再生利用。

9.2.2 油泥沙经油沙分离后含油率应小于2%。

9.2.3 含油岩屑经油屑分离后含油率应小于5%,分离后的岩屑宜采用焚烧处置。

9.3 精炼石油产品制造

9.3.1 精炼石油产品制造产生的含油浮渣、含油污泥、油渣及其他含油沉积物等应进行资源回收利用。

9.3.2 精炼石油产品制造、废矿物油再生利用产生的含油(油脂)白土宜使用蒸汽提取或焙烧分馏处理。经过焙烧分馏处理后,白土及锅炉灰经鉴别后不再具有危险特性的,可用作建筑材料。

9.4 机械加工

机械切削、珩磨、研磨、打磨等过程中产生的含油金属屑宜进行油屑分离处理,分离后的废矿物油宜进行循环使用。

10 利用和处置污染控制技术要求

10.1 废矿物油经营单位应对废矿物油在利用和处置过程中排放的废气、废水和场地土壤进行定期监测,监测方法、频次等应符合HJ/T 55、HJ/T 397、HJ/T 91、HJ/T 373、HJ/T 166等的相关要求。

10.2 废矿物油利用和处置过程中排放的废水、废气、噪声应符合GB 8978、GB 13271、GB 16297、GB 12348等的相关要求。

10.3 废矿物油的焚烧应符合GB 18484中的有关规定。

10.4 废矿物油焚烧工程的建设应符合HJ/T 176中的有关规定。

10.5　废矿物油的填埋应符合 GB 18598 中的有关规定。

11　管理要求

11.1　废矿物油经营单位应按照《危险废物经营许可证管理办法》的规定执行。

11.2　废矿物油经营单位应按照《危险废物经营单位记录和报告经营情况指南》建立废矿物油经营情况记录和报告制度。

11.3　废矿物油产生单位的产生记录，废矿物油经营单位的经营情况记录，以及污染物排放监测记录应保存 10 年以上，并接受环境保护主管部门的检查。

11.4　废矿物油产生单位和废矿物油经营单位应建立环境保护管理责任制度，设置环境保护部门或者专（兼）职人员，负责监督废矿物油收集、贮存、运输、利用和处置过程中的环境保护及相关管理工作。

11.5　废矿物油经营单位应按照《危险废物经营单位编制应急预案指南》建立污染预防机制和环境污染事故应急预案制度。

附录 A

废矿物油包装容器标签参考格式

<table>
<tr><td colspan="2" align="center">废矿物油（HW 08）</td></tr>
<tr><td>产生单位：________</td><td>地　　址：________</td></tr>
<tr><td>联 系 人：________</td><td>联系电话：________</td></tr>
<tr><td>运输单位：________</td><td>地　　址：________</td></tr>
<tr><td>联 系 人：________</td><td>联系电话：________</td></tr>
<tr><td>利用和处置单位：________</td><td>地　　址：________</td></tr>
<tr><td>联 系 人：________</td><td>联系电话：________</td></tr>
<tr><td>废物代码：________</td><td>数　　量：________</td></tr>
<tr><td>危险特性：有毒　　易燃</td><td>安全措施：</td></tr>
</table>

说明：1. 废物代码按《国家危险废物名录》填写；

2. 标签底色为醒目的橘黄色，文字为黑色，可手工填写；

3. 危险特性用“√”选择，如“有毒√”；

4. 材料：防水、防油、防腐蚀。

中华人民共和国国家环境保护标准

HJ 2025—2012

危险废物收集、贮存、运输技术规范

Technical specifications for collection, storage, transportation of hazardous waste

2012-12-24 发布　　　　2013-03-01 实施

环　　境　　保　　护　　部　发布

HJ 2025—2012

前 言

为贯彻《中华人民共和国环境保护法》和《中华人民共和国固体废物污染环境防治法》规范危险废物收集、贮存、运输过程，保护环境，保障人体健康，制定本标准。

本标准规定了危险废物收集、贮存、运输过程的技术要求。

本标准为指导性标准。

本标准为首次发布。

本标准由环境保护部科技标准司组织制定。

本标准主要起草单位：沈阳环境科学研究院［国家环境保护危险废物处置工程技术（沈阳）中心］、中国科学院高能物理研究所。

本标准环境保护部 2012 年 12 月 24 日批准。

本标准自 2013 年 3 月 1 日起实施。

本标准由环境保护部解释。

危险废物收集、贮存、运输技术规范

1　适用范围

本标准规定了危险废物收集、贮存、运输过程所应遵守的技术要求。

本标准适用于危险废物产生单位及经营单位的危险废物的收集、贮存和运输活动。

2　规范性引用文件

本标准内容引用了下列文件中的条款。凡是不注日期的引用文件，其有效版本适用于本标准。

GB 190　危险货物包装标志

GB 5085.1 ～ 7　危险废物鉴别标准

GB 6944　危险货物分类和品名编号

GB 8978　污水综合排放标准

GB 12463　危险货物运输包装通用技术条件

GB 13015　含多氯联苯废物污染控制标准

GB 13392　道路运输危险货物车辆标志

GB 15603　常用化学危险品贮存通则

GB 15562.2　环境保护图形标志－固体废物贮存（处置）场

GB 16297　大气污染物综合排放标准

GB 18597　危险废物贮存污染控制标准

GB 19217　医疗废物转运车技术要求

GBZ 1　工业企业设计卫生标准

GBZ 2　工作场所有害因素职业接触限值

HJ/T 177　医疗废物集中焚烧处置工程建设技术规范

HJ/T 228　医疗废物化学消毒集中处理工程技术规范

HJ/T 229　医疗废物微波消毒集中处理工程技术规范

HJ/T 276　医疗废物高温蒸汽集中处理工程技术规范

HJ/T 298　危险废物鉴别技术规范

HJ 421　医疗废物专用包装袋、容器和警示标志标准

HJ 519　废铅酸蓄电池处理污染控制技术规范

JT 617　汽车运输危险货物规则

JT 618　汽车运输、装卸危险货物作业规程

《危险化学品安全管理条例》（国务院令 2011 年第 519 号）

《危险废物经营许可证管理办法》（国务院令 2004 年第 408 号）

《危险废物转移联单管理办法》（国家环境保护总局令 1999 年第 5 号）

《医疗废物集中处置技术规范》（环发〔2003〕206 号）

《废弃危险化学品污染环境防治办法》（国家环境保护总局令 2005 年第 27 号）

《环境保护行政主管部门突发环境事件信息报告办法（试行）》（环发〔2006〕50 号）

《危险废物经营单位编制应急预案指南》（国家环境保护总局公告 2007 年第 48 号）

《国家危险废物名录》（中华人民共和国环境保护部、中华人民共和国国家发展和改革委员会令 2008 年第 1 号）

《水路危险货物运输规则》（交通部令〔1996〕10 号）

《道路危险货物运输管理规定》（交通部令〔2005〕9 号）

《铁路危险货物运输管理规则》（铁运〔2006〕79 号）

3　术语和定义

《危险废物经营许可证管理办法》中界定的危险废物、收集、贮存、处置等术语的含义以及下列术语和定义适用于本标准。

3.1　运输　transportation

指使用专用的交通工具，通过水路、铁路或公路转移危险废物的过程。

4　危险废物收集、贮存、运输的一般要求

4.1　从事危险废物收集、贮存、运输经营活动的单位应具有危险废物经营许可

证。在收集、贮存、运输危险废物时，应根据危险废物收集、贮存、处置经营许可证核发的有关规定建立相应的规章制度和污染防治措施，包括危险废物分析管理制度、安全管理制度、污染防治措施等；危险废物产生单位内部自行从事的危险废物收集、贮存、运输活动应遵照国家相关管理规定，建立健全规章制度及操作流程，确保该过程的安全、可靠。

4.2　危险废物转移过程应按《危险废物转移联单管理办法》执行。

4.3　危险废物收集、贮存、运输单位应建立规范的管理和技术人员培训制度，定期针对管理和技术人员进行培训。培训内容至少应包括危险废物鉴别要求、危险废物经营许可证管理、危险废物转移联单管理、危险废物包装和标识、危险废物运输要求、危险废物事故应急方法等。

4.4　危险废物收集、贮存、运输单位应编制应急预案。应急预案编制可参照《危险废物经营单位编制应急预案指南》，涉及运输的相关内容还应符合交通行政主管部门的有关规定。针对危险废物收集、贮存、运输过程中的事故易发环节应定期组织应急演练。

4.5　危险废物收集、贮存、运输过程中一旦发生意外事故，收集、贮存、运输单位及相关部门应根据风险程度采取如下措施：

（1）设立事故警戒线，启动应急预案，并按《环境保护行政主管部门突发环境事件信息报告办法（试行）》（环发〔2006〕50号）要求进行报告。

（2）若造成事故的危险废物具有剧毒性、易燃性、爆炸性或高传染性，应立即疏散人群，并请求环境保护、消防、医疗、公安等相关部门支援。

（3）对事故现场受到污染的土壤和水体等环境介质应进行相应的清理和修复。

（4）清理过程中产生的所有废物均应按危险废物进行管理和处置。

（5）进入现场清理和包装危险废物的人员应受过专业培训，穿着防护服，并佩戴相应的防护用具。

4.6　危险废物收集、贮存、运输时应按腐蚀性、毒性、易燃性、反应性和感染性等危险特性对危险废物进行分类、包装并设置相应的标志及标签。危险废物特性应根据其产生源特性及GB 5085.1～7、HJ/T 298进行鉴别。

4.7　废铅酸蓄电池的收集、贮存和运输应按HJ 519执行。

4.8　医疗废物处置经营单位实施的收集、贮存和运输应按《医疗废物集中处置技术规范》、GB 19217、HJ/T 177、HJ/T 229、HJ/T 276及HJ/T 228执行；医疗机构内部实施的医疗废物收集、贮存和运输应按《医疗废物集中处置技术规范》执行。

5 危险废物的收集

5.1 危险废物产生单位进行的危险废物收集包括两个方面，一是在危险废物产生节点将危险废物集中到适当的包装容器中或运输车辆上的活动；二是将已包装或装到运输车辆上的危险废物集中到危险废物产生单位内部临时贮存设施的内部转运。

5.2 危险废物的收集应根据危险废物产生的工艺特征、排放周期、危险废物特性、废物管理计划等因素制订收集计划。收集计划应包括收集任务概述、收集目标及原则、危险废物特性评估、危险废物收集量估算、收集作业范围和方法、收集设备与包装容器、安全生产与个人防护、工程防护与事故应急、进度安排与组织管理等。

5.3 危险废物的收集应制定详细的操作规程，内容至少应包括适用范围、操作程序和方法、专用设备和工具、转移和交接、安全保障和应急防护等。

5.4 危险废物收集和转运作业人员应根据工作需要配备必要的个人防护装备，如手套、防护镜、防护服、防毒面具或口罩等。

5.5 在危险废物的收集和转运过程中，应采取相应的安全防护和污染防治措施，包括防爆、防火、防中毒、防感染、防泄漏、防飞扬、防雨或其他防止污染环境的措施。

5.6 危险废物收集时应根据危险废物的种类、数量、危险特性、物理形态、运输要求等因素确定包装形式，具体包装应符合如下要求：

（1）包装材质要与危险废物相容，可根据废物特性选择钢、铝、塑料等材质。

（2）性质类似的废物可收集到同一容器中，性质不相容的危险废物不应混合包装。

（3）危险废物包装应能有效隔断危险废物迁移扩散途径，并达到防渗、防漏要求。

（4）包装好的危险废物应设置相应的标签，标签信息应填写完整翔实。

（5）盛装过危险废物的包装袋或包装容器破损后应按危险废物进行管理和处置。

（6）危险废物还应根据 GB 12463 的有关要求进行运输包装。

5.7　含多氯联苯废物的收集除应执行本标准之外，还应符合 GB 13015 的污染控制要求。

5.8　危险废物的收集作业应满足如下要求：

（1）应根据收集设备、转运车辆以及现场人员等实际情况确定相应作业区域，同时要设置作业界限标志和警示牌。

（2）作业区域内应设置危险废物收集专用通道和人员避险通道。

（3）收集时应配备必要的收集工具和包装物，以及必要的应急监测设备及应急装备。

（4）危险废物收集应参照本标准附录 A 填写记录表，并将记录表作为危险废物管理的重要档案妥善保存。

（5）收集结束后应清理和恢复收集作业区域，确保作业区域环境整洁安全。

（6）收集过危险废物的容器、设备、设施、场所及其他物品转作他用时，应消除污染，确保其使用安全。

5.9　危险废物内部转运作业应满足如下要求：

（1）危险废物内部转运应综合考虑厂区的实际情况确定转运路线，尽量避开办公区和生活区。

（2）危险废物内部转运作业应采用专用的工具，危险废物内部转运应参照本标准附录 B 填写《危险废物厂内转运记录表》。

（3）危险废物内部转运结束后，应对转运路线进行检查和清理，确保无危险废物遗失在转运路线上，并对转运工具进行清洗。

5.10　收集不具备运输包装条件的危险废物时，且危险特性不会对环境和操作人员造成重大危害，可在临时包装后进行暂时贮存，但正式运输前应按本标准要求进行包装。

5.11　危险废物收集前应进行放射性检测，如具有放射性则应按《放射性废物管理规定》（GB 14500）进行收集和处置。

6　危险废物的贮存

6.1　危险废物贮存可分为产生单位内部贮存、中转贮存及集中性贮存。所对应的贮存设施分别为：产生危险废物的单位用于暂时贮存的设施；拥有危险废物收集经营许可证的单位用于临时贮存废矿物油、废镍镉电池的设施；以及危险废物经营单位所配置的贮存设施。

6.2 危险废物贮存设施的选址、设计、建设、运行管理应满足 GB 18597、GB Z1 和 GB Z2 的有关要求。

6.3 危险废物贮存设施应配备通信设备、照明设施和消防设施。

6.4 贮存危险废物时应按危险废物的种类和特性进行分区贮存，每个贮存区域之间宜设置挡墙间隔，并应设置防雨、防火、防雷、防扬尘装置。

6.5 贮存易燃易爆危险废物应配置有机气体报警、火灾报警装置和导出静电的接地装置。

6.6 废弃危险化学品贮存应满足 GB 15603、《危险化学品安全管理条例》《废弃危险化学品污染环境防治办法》的要求。贮存废弃剧毒化学品还应充分考虑防盗要求，采用双钥匙封闭式管理，且有专人 24 小时看管。

6.7 危险废物贮存期限应符合《中华人民共和国固体废物污染环境防治法》的有关规定。

6.8 危险废物贮存单位应建立危险废物贮存的台账制度，危险废物出入库交接记录内容应参照本标准附录 C 执行。

6.9 危险废物贮存设施应根据贮存的废物种类和特性按照 GB 18597 附录 A 设置标志。

6.10 危险废物贮存设施的关闭应按照 GB 18597 和《危险废物经营许可证管理办法》的有关规定执行。

7 危险废物的运输

7.1 危险废物运输应由持有危险废物经营许可证的单位按照其许可证的经营范围组织实施，承担危险废物运输的单位应获得交通运输部门颁发的危险货物运输资质。

7.2 危险废物公路运输应按照《道路危险货物运输管理规定》（交通部令〔2005〕9 号）、JT 617 以及 JT 618 执行；危险废物铁路运输应按《铁路危险货物运输管理规则》（铁运〔2006〕9 号）规定执行；危险废物水路运输应按《水路危险货物运输规则》（交通部令〔1996〕10 号）规定执行。

7.3 废弃危险化学品的运输应执行《危险化学品安全管理条例》有关运输的规

定。

7.4　运输单位承运危险废物时，应在危险废物包装上按照 GB 18597 附录 A 设置标志，其中医疗废物包装容器上的标志应按 HJ 421 要求设置。

7.5　危险废物公路运输时，运输车辆应按 GB 13392 设置车辆标志。铁路运输和水路运输危险废物时应在集装箱外按 GB 190 规定悬挂标志。

7.6　危险废物运输时的中转、装卸过程应遵守如下技术要求：

（1）卸载区的工作人员应熟悉废物的危险特性，并配备适当的个人防护装备，装卸剧毒废物应配备特殊的防护装备。

（2）卸载区应配备必要的消防设备和设施，并设置明显的指示标志。

（3）危险废物装卸区应设置隔离设施，液态废物卸载区应设置收集槽和缓冲罐。

8　监督与实施

8.1　地方环境保护行政部门可根据本标准所提出的危险废物收集、贮存、运输要求对管辖区域内的危险废物收集、贮存、运输行为进行监管，确保危险废物收集、贮存、运输过程的环境安全。

8.2　地方环境保护行政主管部门可根据本标准及其他有关管理要求建立地方危险废物收集、贮存、运输管理制度和管理档案。

附录 A

（规范性附录）

危险废物收集记录表

收集地点		收集日期	
危险废物种类		危险废物名称	
危险废物数量		危险废物形态	
包装形式		暂存地点	
责任主体			
通信地址			
联系电话		邮编	
收集单位			
通信地址			
联系电话		邮编	
收集人签字		责任人签字	

附录 B

（规范性附录）

危险废物产生单位内转运记录表

企业名称：

危险废物种类		危险废物名称	
危险废物数量		危险废物形态	
产生地点		收集日期	
包装形式		包装数量	
转移批次		转移日期	
转移人		接收人	
责任主体			
通信地址			
联系电话		邮政编码	

附录 C

（规范性附录）

危险废物出入库交接记录表

贮存库名称：

危险废物种类		危险废物名称	
危险废物来源		危险废物数量	
危险废物特性		包装形式	
入库日期		存放库位	
出库日期		接收单位	
经办人		联系电话	

中华人民共和国国家环境保护标准

HJ 943—2018

黄金行业氰渣污染控制技术规范

Technical specifications for pollution control of

cyanide leaching residue in gold industry

2018-03-01 发布　　2018-03-01 实施

环　境　保　护　部　发布

HJ 943—2018

前 言

为贯彻《中华人民共和国环境保护法》《中华人民共和国固体废物污染环境防治法》等法律法规，加强黄金行业氰渣的环境管理，制定本标准。

本标准规定了黄金行业金矿石氰化、金精矿氰化、氧化堆浸过程产生的氰渣在贮存、运输、脱氰处理、利用和处置过程中的污染控制及监测制度要求。

本标准的附录 A 为资料性附录。本标准为首次发布。

本标准由环境保护部土壤环境管理司和科技标准司组织制定。

本标准主要起草单位：中国黄金协会、中国环境科学研究院、长春黄金研究院有限公司。

本标准由环境保护部 2018 年 3 月 1 日批准。

本标准自 2018 年 3 月 1 日起实施。

本标准由环境保护部解释。

黄金行业氰渣污染控制技术规范

1　适用范围

本标准规定了黄金行业金矿石氰化、金精矿氰化、氰化堆浸过程产生的氰渣在贮存、运输、脱氰处理、利用和处置过程中的污染控制及监测制度要求。

本标准适用于黄金行业氰渣在贮存、运输、脱氰处理、利用和处置过程中的污染控制以及与黄金行业氰渣有关项目的环境影响评价、环境保护设施设计、竣工环境保护验收、排污许可管理、清洁生产审核等。

黄金行业金矿石氰化、金精矿氰化、氰化堆浸工艺产生的废水处理污泥，其贮存、运输、脱氰处理、利用和处置过程的污染控制技术要求参照本标准执行。

2　规范性引用文件

本标准内容引用了下列文件中的条款。凡是不注日期的引用文件，其有效版本适用于本标准。

GB 3838　地表水环境质量标准

GB 8978　污水综合排放标准

GB 16297　大气污染物综合排放标准

GB 18598　危险废物填埋污染控制标准

GB 18599　一般工业固体废物贮存、处置场污染控制标准

GB 30485　水泥窑协同处置固体废物污染控制标准

GB/T 14848　地下水质量标准

GBZ 2.1　工作场所有害因素职业接触限值　第 1 部分：化学有害因素

HJ 484　水质氰化物的测定容量法和分光光度法

HJ 651　矿山生态环境保护与恢复治理技术规范（试行）

HJ 662　水泥窑协同处置固体废物环境保护技术规范

HJ 740　尾矿库环境风险评估技术导则（试行）

HJ 745　土壤氰化物和总氰化物的测定 分光光度法

HJ 819　排污单位自行监测技术指南　总则

HJ/T 299　固体废物浸出毒性浸出方法　硫酸硝酸法

CJJ 113　生活垃圾卫生填埋场防渗系统工程技术规范

CJ/T 234　垃圾填埋场用高密度聚乙烯土工膜

BB/T 0037　双面涂覆聚氯乙烯阻燃防水布和篷布

《尾矿库环境应急预案编制指南》（环办〔2015〕48 号）

3　术语和定义

3.1　氰渣　cyanide leaching residue

含金物料经氰化浸出、固液分离后产生的固体废物，包括金矿石氰化尾渣、金精矿氰化尾渣、堆浸氰化尾渣。

3.2　金矿石氰化尾渣　gold ores cyaniding tailings

以未经选别作业的金矿石或经选别作业金矿石的尾矿为原料，经碎磨、预处理后，采用氰化浸出提取金后的氰渣。

3.3　金精矿氰化尾渣　gold concentrates cyaniding tailings

以经选别作业的金矿石为原料，经再磨、预处理后，采用氰化浸出提取金后的氰渣。

3.4　堆浸氰化尾渣　heap-leaching tailings

以金矿石为原料，经破碎后，采用氰化物渗入矿堆提取金后的氰渣。

3.5　氰化尾矿浆　cyanide-containing tailings pulp

金矿石、金精矿经氰化浸出提取金及其他有价元素后的固液混合物。

3.6　脱氰处理　decyanation treatment

采用物理、化学、生物等方法去除氰渣及氰化尾矿浆中氰化物的过程。

3.7　氰渣回填　cyanide residue backfilling

对氰渣进行脱氰处理后，充填至采空区或回填至露天采坑的活动，包括井下充填和露天回填。

3.8　泌出液　backfilling bleeding water

回填料在输送到回填地点经沉降或凝固形成回填体时析出的液体。

3.9　淋洗　leaching

对堆浸的氰化尾渣进行喷淋清洗和脱氰处理以降低氰化物浓度的活动。

3.10　倒堆作业　heap-leaching tailings transfer

为继续使用堆浸场，对堆浸氰化尾渣进行淋洗处理达到一定标准后，将堆浸氰化尾渣移至符合本标准要求的场地进行处置的活动。

3.11　强化自然降解　enhanced natural degradation

氰化尾矿浆经固液分离后达到特定的含水率和氰化物含量，通过翻堆、晾晒、推平、碾压等操作，在自然条件下强化降解，以降低其中氰化物含量的活动。

3.12　新建氰渣处置场　new disposal site for cyanide leaching residue

本标准实施之日起，环境影响评价文件获批准的新建、改建和扩建的氰渣处置场，包括尾矿库和堆浸场（含处置倒堆后氰化尾渣的场地）。

4　一般技术要求

4.1　氰渣利用和处置技术的选择应考虑金矿石性质、生产工艺特征，利用和处置过程应满足国家和地方环境保护要求。

4.2　金矿石氰化尾渣应优先回填，不具备回填条件的，应按照本标准要求进行处置；堆浸氰化尾渣应优先原位闭堆处置；金精矿氰化尾渣应优先利用，不具备利用条件的，应按照本标准要求进行处置。

4.3　氰渣利用和处置企业的环境管理台账记录应符合国家的相关规定，分别记录设施基本情况、设施运行情况、污染物排放情况、主要药剂添加情况等日常运行信息和污染治理设施的运行维修维护情况。

4.4　氰渣利用和处置前应根据利用和处置方式选择适用技术进行脱氰处理，不同氰渣利用和处置方式的脱氰处理技术选择可参考表 1。脱氰处理车间应采取水泥硬化等防腐、防渗（漏）措施，设防渗（漏）事故池。事故池有效容积应满足相关设计规范要求。脱氰处理过程中产生的废水应优先循环利用。

表 1　氰渣脱氰处理适用技术

序号	利用和处置类别	适用技术[a]
1	金矿石氰化尾渣尾矿库处置	臭氧氧化法、固液分离洗涤法、过氧化氢氧化法、生物法、因科法、降氰沉淀法、强化自然降解法、淋洗—净化处理法
2	金精矿氰化尾渣尾矿库处置	压榨－洗涤－负压净化回收法、固液分离洗涤法、因科法、酸化回收法、硫氰酸盐转化回收法、三废协同净化法、高温水解法、降氰沉淀法、负压净化回收法、淋洗—净化处理法
3	堆浸氰化尾渣处置	过氧化氢氧化法、氯氧化法、因科法、生物法、淋洗—净化处理法
4	氰渣利用	固液分离洗涤法、臭氧氧化法、过氧化氢氧化法、压榨—洗涤—负压净化回收法、因科法、酸化回收法、硫氰酸盐转化回收法、三废协同净化法、高温水解法、降氰沉淀法

注:a 表示氰渣脱氰处理适用技术，说明见附录 A。

4.5　新建氰渣处置场的选址应符合环境保护法律法规和相关法定规划要求，场址的位置及周围人群的距离应依据环境影响评价确定。

4.6　氰渣或氰化尾矿浆排入尾矿库后，其产生的渗滤液或上清液应优先回用于生产。氰渣利用和处置过程中废水的排放应符合 GB 8978 或地方污水排放标准的相关要求，废气的排放应符合 GB 16297 或地方大气污染物排放标准的相关要求。

4.7　氰渣尾矿库、堆浸场处置场闭库时，应按照相关规定进行闭库设计、竣工验收并承担复垦义务。闭库后的生态环境保护与恢复治理应符合 HJ 651 的技术要求。

5　氰渣贮存、运输污染控制技术要求

5.1　金精矿氰渣贮存场所应具有通风、透光等自然降解条件，并具备防扬尘、防雨、防渗（漏）等措施。

5.2　氰化尾矿浆进入脱氰处理车间之前应采用密闭管路方式输送，管路外部应有防漏设施或应急池。应急池可采用明渠方式沿管路输送方向布设，应急池的容量可根据输送管路大小、脱氰处理能力及可能发生事故时的最大渗漏量等因素综合确定。

5.3　采用重型自卸货车、铰接列车、半挂车等汽运方式企业外运输时，氰渣应单独运输，并应符合下列规定：

a）汽车运输过程应采取防扬尘、防雨、防渗（漏）措施。汽车运输可采用聚氯乙烯阻燃防水布等防渗（漏）材料对运输工具车厢进行四周和底部防渗。运输车辆应配备防雨设施，并保证运输过程全程覆盖，避免扬尘，防止雨水淋入。运输车辆离开氰渣场地前应对车身进行清洗，清洗后废水应收集后规范化处置；

b）采用聚氯乙烯阻燃防水布及篷布时，应满足 BB/T 0037 的质量要求；

c）装载的氰渣应低于运输车辆厢体 100 mm；

d）氰渣装卸、转运作业场所的粉尘及空气中氰化物浓度满足 GB Z2.1 的要求，雨天禁止露天装卸；

e）企业外运氰渣时应选择适宜的运输路线，应避开水源地、名胜古迹等敏感点。无法避开的，跨水源地时应选择有雨水收集系统的桥梁。

5.4　企业厂内运输氰渣经过村庄、市政道路时，应按照第 5.3 条的相关要求执行。

6　**氰渣尾矿库处置污染控制技术要求**

6.1　尾矿库必须采用防渗设计，并应符合以下规定：

a）采用黏土防渗时，防渗层渗透系数不低于 1.0×10^{-7}cm/s，且厚度不小于 1.5 m；

b）采用高密度聚乙烯膜复合衬层进行防渗时，高密度聚乙烯膜厚度不小于 1.0 mm，并满足 CJ/T 234 规定的技术指标要求。高密度聚乙烯膜铺设与焊接过程，应满足 CJJ 113 相关技术要求。在施工完毕后，应对高密度聚乙烯膜进行完整性检测。

6.2　当氰渣或氰化尾矿浆中总铜、总铅、总锌、总砷、总汞、总镉、总铬、铬（六价）低于 GB 18598 入场填埋污染控制限值要求，且根据 HJ/T 299 制备的浸出液中氰化物（以 CN^- 计）按照 HJ 484 总氰化物测定方法测得的值不大于 5 mg/L 时，可进入尾矿库处置。

6.3　在近五年年均降雨量平均值小于 300 mm 且蒸发强度大于 1500 mm 的区域，氰渣可在尾矿库内采用强化自然降解法进行处理处置，并应符合以下规定：

a）总铜、总铅、总锌、总砷、总汞、总镉、总铬、铬（六价）应低于 GB 18598 入场填埋污染控制限值要求，且根据 HJ/T 299 制备的浸出液中氰化物（以 CN^- 计）按照 HJ 484 总氰化物测定方法测得的值不大于 10 mg/L；

b）在进行翻堆、碾压、晾晒等日常操作中，应采取防扬尘措施；

c）氰渣含水率不得大于 22%。强化自然降解处置场应分区域分层进行晾晒处置，每层厚度不超过 500 mm，晾晒时间不低于 20 天。

7　堆浸氰化尾渣处置污染控制技术要求

7.1　堆浸场防渗技术要求按照本标准第 6.1 条执行。

7.2　堆浸生产结束前，堆浸尾渣可进行倒堆作业，并应符合以下规定：

a）倒堆前应持续对堆浸体进行淋洗处理；

b）淋洗液中氰化物（以 CN^- 计）根据 HJ484 易释放氰化物测定方法得到的值不大于 0.2 mg/L，并且铜、铅、锌、砷、汞、镉、铬（六价）浓度低于 GB 3838 规定的所在地水域功能类别的相应指标限值时，可停止淋洗，进行倒堆作业；

c）用于处置倒堆后氰化尾渣的场地应符合 GB 18599 中Ⅰ类场的规定。

7.3　堆浸生产结束后，堆浸尾渣可在原位关闭作业。关闭作业后应持续对堆浸尾渣产生的渗滤液进行收集、回用，如需排放应符合本标准第 4.6 条废水排放的要求。

7.4　进入堆浸场进行原位关闭作业的金矿石氰化尾渣、金精矿氰化尾渣需满足本标准第 6.2 条的技术要求。

8　氰渣利用污染控制技术要求

8.1　金矿石氰化尾渣回填污染控制技术要求

8.1.1　回填之前应进行脱氰处理，并符合以下要求：

a）氰化尾矿浆应先采用固液分离洗涤法进行脱氰处理；

b）固液分离洗涤后的滤渣应采用臭氧氧化法、过氧化氢氧化法等不易产生二次污染的方法进行深度脱氰处理；

c）不应采用因科法、氯氧化法和降氰沉淀法对回填氰渣进行脱氰处理。

8.1.2　利用氰渣作为回填骨料的替代原料时，根据 HJ/T 299 制备的浸出液中氰化物（以 CN^- 计）按照 HJ 484 易释放氰化物测定方法得到的值应低于 GB/T 14848 规定的回填所在地地下水质量分类的相应指标限值，并且总铜、总铅、总锌、总砷、总汞、总镉、总铬、铬（六价）浓度应符合 GB 18599 中第Ⅰ类一般工业固体废物要求。

8.1.3　回填作业现场应采取必要的密闭措施，防止回填浆料泄漏到充填区外。

8.1.4　回填作业泌出液应同矿井水一同收集，用于回填作业、生产使用，如需排放应符合本标准第 4.6 条废水排放的要求。

8.1.5　氰渣回填至露天采坑时，应符合氰渣尾矿库处置污染控制技术要求。

8.2　水泥窑协同处置污染控制技术要求

8.2.1　氰渣水泥窑协同处置的投加位置为窑尾烟室/分解炉时，投加氰渣中总氰化物（以 CN^- 计）根据 HJ 745 测得的值不高于 1500 mg/kg，投加氰渣总量占水泥熟料比例应小于 15%。

8.2.2　氰渣水泥窑协同处置的投加位置为生料磨时，入窑生料中总氰化物（以 CN^- 计）根据 HJ 745 测得的值不高于 3 g/t·熟料。

8.2.3　氰渣水泥窑协同处置的其他要求应满足 GB 30485、HJ 662 的相关要求。

8.3　氰渣作为有色金属、稀贵金属、黑色金属冶炼的替代原料时，其总氰化物（以 CN^- 计）根据 HJ 745 测得的值不得高于 1500 mg/kg。

9　监测制度要求

9.1　企业应按照 HJ 819 和有关法律规定，建立企业监测制度，制定监测方案，对污染物排放状况及其对周边环境质量的影响开展自行监测，保存原始监测记录，并按照信息公开管理办法公布监测结果。

9.2　企业应对尾矿库处置及回填利用氰渣的脱氰处理效果进行采样监测。

9.2.1　氰渣尾矿库处置的采样点位应设置在进入尾矿库之前或脱氰处理车间排口；按照 8.1.2 要求进行回填利用的企业，应对回填的氰渣进行采样；按照 8.1.5 要求进行回填利用的企业，采样点位应设置在进入露天采坑之前或脱氰处理车间排口。

9.2.2　氰化物每 8 小时（或一个生产班次）监测一次，每次样品数量应不少于 10 份，每份样品不小于 0.5 kg，混合均匀后进行分析测定：总铜、总铅、总锌、总砷、总汞、总镉、总铬、铬（六价）等其他污染物每月测定一次，固定采样周期，每次采样数量应不少于 10 份，每份样品不小于 0.5 kg，混合均匀后进行分析测定。

9.3　符合 7.2 倒堆要求淋洗液的判定方法应按以下要求执行：

a）24 小时内采集样品数量不少于 10 个，采样时间间隔大于 1 小时；

b）监测指标和分析方法参照 7.2 条 b）款执行；

c）淋洗液样品的超标率不超过 20%，且超标样品监测结果的算术平均值不超过控制指标限值的 120%。

9.4　氰渣尾矿库、堆浸场（含处置倒堆后氰化尾渣的场地）处置的地下水监测。

9.4.1 尾矿库、堆浸场投入使用之前，企业应监测地下水背景值。

9.4.2 尾矿库、堆浸场应根据拟建场地水文地质条件、地下水补径排特点，结合可能的污染影响，以控制地下水水质变化为原则，合理布设地下水监测点，并符合以下要求：

a）本底井，一眼，设在处置场地下水流向上游 30 ～ 50 m 处；

b）污染扩散井，两眼，分别设在垂直处置场地下水走向的两侧各 30 ～ 50 m 处；

c）污染监视井，两眼，分别设在处置场地下水流向下游 30 m、50 m 处。

9.4.3 企业对地下水监测频次需符合以下要求：

a）利用尾矿库、堆浸场（含处置倒堆后氰化尾渣的场地）对氰渣进行处置的第一年，采样频次每月至少取样一次：第一年后，采样频率为每季度至少一次；

b）闭库后，企业应继续监测地下水，采样频次至少每半年一次；

c）发现地下水水质出现异常时，企业应加大监测频次，查出原因后按照本标准 10.1 规定的应急预案要求进行应急处置。

9.4.4 地下水监测因子由运行企业根据矿石中存在对环境可能产生污染的元素确定，特征污染物测定项目至少包括：氰化物、铜、铅、锌、砷、汞、镉、铬（六价），分析方法按照 GB/T 14848 执行。常规测定项目及分析方法按照 GB/T 14848 执行。

10 环境应急与风险防控

10.1 企业应针对氰渣收集、贮存、运输、脱氰处理、利用和处置等全过程进行环境风险评估和应急资源调查，制定突发环境事件的应急预案。利用尾矿库处置氰渣的企业应按照 HJ 740 及《尾矿库环境应急预案编制指南》的要求编制尾矿库应急预案，定期开展培训和演练。

10.2 氰化车间、氰渣脱氰处理车间应设置应急池。

10.3 利用尾矿库、堆浸场对氰渣进行处置时，应在尾矿库、堆浸场地下水流向的下游设置渗滤液收集池及应急处理设施。

附录 A

（资料性附录）

氰渣脱氰处理技术

A.1　臭氧氧化法

利用臭氧氧化去除废水或氰化尾矿浆中所含氰化物等污染物的方法。

A.2　固液分离洗涤法

采用氰化尾矿浆压榨－洗涤一体化工艺，并且将洗涤液净化后循环利用的方法。

A.3　过氧化氢氧化法

在碱性条件下，以过氧化氢为氧化剂、铜离子为催化剂，去除废水或氰化尾矿浆中氰化物的方法。

A.4　生物法

利用微生物或植物去除废水或废渣中氰化物的方法。

A.5　因科法

也称二氧化硫－空气法，在碱性条件下，以二氧化硫和空气的混合物为氧化剂、铜离子为催化剂，去除废水或氰化尾矿浆中氰化物的方法。

A.6　降氰沉淀法

利用化学药剂与废水或氰化尾矿浆中的氰化物反应生成沉淀，使氰化物从液相中去除的方法。

A.7　淋洗－净化处理法

氰渣在尾矿库处置过程中的一种脱氰处理与应急处理的结合技术，在雨季对氰渣渗滤液进行应急处理后达标排放，在旱季对氰渣采用淋洗－净化－淋洗循环工艺进行脱氰处理。

A.8　压榨－洗涤－负压净化回收法

采用氰化尾矿浆压榨－洗涤一体化工艺，洗涤液来自负压净化回收深度处理贫液的净化液，并且净化液经洗涤后回用于原生产系统。

A.9　酸化回收法

在酸性条件下，回收废水或氰化尾矿浆中氰化物的方法。

A.10　硫氰酸盐转化回收法

将废水或氰化尾矿浆中硫氰酸盐转化成氰化物进行回收的方法。

A.11　三废协同净化法

利用含硫金矿石或金精矿预处理工艺产生的烟气或氧化液，对含氰废水或氰化尾矿浆进行脱氰处理，以实现氰渣处理达到相关要求、废水循环使用、烟气达标排放的方法。

A.12　高温水解法

在高温、高压下，使废水或氰化尾矿浆中的氰化物与水反应生成氨和碳酸盐，从而去除氰化物的方法。

A.13　负压净化回收法

在酸性条件下，采用负压吹脱工艺对废水中的氰化物进行净化，将产生的有价物质回收，处理后的废水、废气及废渣再利用的方法。

A.14　氯氧化法

利用氯系氧化剂氧化去除废水或者氰化尾矿浆中氰化物，使其分解成低毒物或无毒物的方法。

中华人民共和国国家环境保护标准

HJ 298—2019

代替 HJ/T 298—2007

危险废物鉴别技术规范

Technical specifications on identification for hazardous waste

2019-11-12 发布　　2020-01-01 实施

生　态　环　境　部　发布

HJ 298—2019

前 言

为贯彻《中华人民共和国环境保护法》《中华人民共和国固体废物污染环境防治法》及相关法律和法规，加强危险废物环境管理，保证危险废物鉴别的科学性，制定本标准。

本标准规定了固体废物的危险特性鉴别中样品的采集和检测，以及检测结果判断等过程的技术要求。

本标准首次发布于 2007 年，本次为第一次修订。

此次修订的主要内容：

——进一步细化了危险废物鉴别的采样对象、份样数、采样方法、样品检测、检测结果判断等技术要求；

——增加了环境事件涉及的固体废物危险特性鉴别的采样、检测、判断等技术要求。

本标准由生态环境部固体废物与化学品司、法规与标准司组织修订。

本标准主要起草单位：中国环境科学研究院。

本标准由生态环境部 2019 年 11 月 12 日批准。

本标准自 2020 年 01 月 01 日起实施。

本标准由生态环境部解释。

危险废物鉴别技术规范

1　适用范围

本标准规定了固体废物的危险特性鉴别中样品的采集和检测，以及检测结果判断等过程的技术要求。

本标准适用于生产、生活和其他活动中产生的固体废物的危险特性鉴别，包括环境事件涉及的固体废物的危险特性鉴别。

本标准适用于液态废物的鉴别。

本标准不适用于放射性废物鉴别。

2　规范性引用文件

本标准内容引用了下列文件中的条款。凡是不注明日期的引用文件，其有效版本适用于本标准。

GB 5085.1　危险废物鉴别标准　腐蚀性鉴别

GB 5085.2　危险废物鉴别标准　急性毒性初筛

GB 5085.3　危险废物鉴别标准　浸出毒性鉴别

GB 5085.4　危险废物鉴别标准　易燃性鉴别

GB 5085.5　危险废物鉴别标准　反应性鉴别

GB 5085.6　危险废物鉴别标准　毒性物质含量鉴别

GB 5085.7　危险废物鉴别标准　通则

GB 34330　固体废物鉴别标准　通则

GB/T 3723　工业用化学产品采样安全通则

HJ/T 20　工业固体废物采样制样技术规范

《突发环境事件应急管理办法》(环境保护部令第 34 号)

《国家危险废物名录》(环境保护部令第 39 号)

3 术语和定义

下列术语和定义适用于本标准。

3.1 份样 the sample

指用采样器一次操作，从一批固体废物的一个点或一个部位按规定质量所采取的固体废物。

3.2 份样量 weight of a sample

指构成一个份样的固体废物的质量。

3.3 份样数 number of samples

指从一批固体废物中所采集的份样个数。

3.4 环境事件涉及的固体废物 solid waste referring to an environmental incident

指固体废物非法转移、倾倒、贮存、利用、处置等环境事件涉及的固体废物，以及突发环境事件及其处理过程中产生的固体废物。

4 样品采集

4.1 采样对象的确定

4.1.1 应根据固体废物的产生源进行分类采样，禁止将不同产生源的固体废物混合。

4.1.2 生产原辅料、工艺路线、产品均相同的两个或两个以上生产线，可以采集单条生产线产生的固体废物代表该类固体废物。

4.1.3 固体废物为 GB 34330 所规定的丧失原有使用价值的物质时，每类物质作为一类固体废物，分别采样鉴别。采样应满足以下要求：

a）如危险特性全部来源于该物质本身，且在使用过程中危险特性不变或降低，应采集该物质未使用前的样品。

b）如危险特性全部或部分来源于使用过程，应在该物质不能继续按照原有设计用途使用时采样。

4.1.4 固体废物为 GB 34330 所规定的生产过程（含固体废物利用、处置过程）中产生的副产物，应根据产生工艺节点确定固体废物类别，每类固体废物分别采样鉴别。采样应满足以下要求：

a）应在该固体废物从正常生产工艺或利用工艺中分离出来的工艺环节采样。

b）应在生产设施、设备、原辅材料和生产负荷稳定的生产期采样。

4.1.5　固体废物为 GB 34330 所规定的环境治理和污染控制过程中产生的物质，应在污染控制设施污染物来源、设施运行负荷和效果稳定的生产期采样；应根据环境治理和污染控制工艺流程，对不同工艺环节产生的固体废物分别进行采样。

4.1.6　堆存状态的固体废物，采样应满足以下要求：

a）如其产生过程尚未终止，应按 4.1.2 ～ 4.1.5 采集原产生工艺样品。

b）如其产生过程已经终止，则采集堆存的固体废物。

c）环境事件涉及的固体废物，按本标准第 8 章相关要求采样。

4.1.7　固体废物为生产和服务设施更换或拆除的固定式容器、反应容器和管道，粉状、半固态、液体产品使用后产生的包装物或容器，以及产品维修或产品类废物拆解过程产生的粉状、半固态、液体物料的盛装容器，采样对象应为容器中的内容物，每类内容物作为一类固体废物，分别采样。

4.1.8　水体环境、污染地块治理与修复过程产生的，需要按固体废物进行处理处置的水体沉积物及污染土壤等环境介质，应尽可能在未发生二次扰动的情况下，根据水体、污染地块污染物的扩散特征和环境调查结果，对不同污染程度的环境介质进行分类采样。

4.1.9　需要开展危险废物鉴别的建筑废物，应尽可能在拆除、清理之前或过程中，根据建筑物的组成和污染特性进行分类，分别采样。

4.2　份样数的确定

4.2.1　危险废物鉴别需根据待鉴别固体废物的质量确定采样份样数（第 4.2.4 条所列情形除外），表 1 为需要采集的固体废物的最小份样数。

表 1　固体废物采集最小份样数

固体废物质量（以 q 表示）（吨）	最小份样数（个）
$q \leqslant 5$	5
$5 < q \leqslant 25$	8
$25 < q \leqslant 50$	13
$50 < q \leqslant 90$	20
$90 < q \leqslant 150$	32
$150 < q \leqslant 500$	50
$500 < q \leqslant 1000$	80
$q > 1000$	100

4.2.2 堆存状态的固体废物，应以堆存的固体废物总量为依据，按照表1确定需要采集的最小份样数。

4.2.3 生产工艺过程中产生的固体废物，以生产设施自试生产以来的实际最大生产负荷时的固体废物产生量为依据，按照表1确定需要采集的最小份样数。满足第4.1.2条规定的固体废物，以固体废物产生量最大的单条生产线最大产生量为依据，按照表1确定需要采集的最小份样数。固体废物产生量根据以下方法确定：

a）连续产生固体废物时，以确定的工艺环节一个月内的固体废物产生量为依据，按照表1确定需要采集的最小份样数。如果连续产生时段小于一个月，则以一个产生时段内的固体废物产生量为依据。

b）间歇产生固体废物时，如固体废物产生的时间间隔小于或等于一个月，应以确定的工艺环节一个月内的固体废物最大产生量为依据，按照表1确定需要采集的最小份样数。如固体废物产生的时间间隔大于一个月，以每次产生的固体废物总量为依据，按照表1确定需要采集的最小份样数。

4.2.4 以下情形固体废物的危险特性鉴别可以不根据固体废物的产生量确定采样份样数：

a）鉴别样品为本标准第4.1.3条a）例所规定的物质，可适当减少采样份样数，份样数不少于2个。固体废物为4.1.7条所规定的废弃包装物、容器时，内容物的采样参照本条执行。

b）固体废物为废水处理污泥，如废水处理设施的废水的来源、类别、排放量、污染物含量稳定，可适当减少采样份样数，份样数不少于5个。

c）固体废物来源于连续生产工艺，且设施长期运行稳定、原辅材料类别和来源固定，可适当减少采样份样数，份样数不少于5个。

d）贮存于贮存池、不可移动大型容器、槽罐车内的液态废物，可适当减少采样份样数。敞口贮存池和不可移动大型容器内液态废物采样份样数不少于5个；封闭式贮存池、不可移动大型容器和槽罐车，如不具备在卸除废物过程中采样，采样份样数不少于2个。

e）贮存于可移动的小型容器（容积≤1000 L）中的固体废物，当容器数量少于根据表1所确定的最小份样数时，可适当减少采样份样数，每个容器采集1个固体废物样品。

f）固体废物非法转移、倾倒、贮存、利用、处置等环境事件涉及固体废物的危险特性鉴别，因环境事件处理或应急处置要求，可适当减少采样份样数，每类固体废物的采样份样数不少于 5 个。

g）水体环境、污染地块治理与修复过程产生的，需要按照固体废物进行处理处置的水体沉积物及污染土壤等环境介质，以及突发环境事件及其处理过程中产生的固体废物，如鉴别过程已经根据污染特征进行分类，可适当减少采样份样数，每类固体废物的采样份样数不少于 5 个。

4.3　份样量的确定

4.3.1　固态废物样品采集的份样量应同时满足下列要求：

a）满足分析操作的需要；

b）依据固态废物的原始颗粒最大粒径，不小于表 2 中规定的质量。

表 2　不同颗粒直径的固态废物的一个份样所需采集的最小份样量

原始颗粒最大粒径（以 d 表示）（厘米）	最小份样量（克）
$d \leqslant 0.50$	500
$0.50 < d \leqslant 1.0$	1000
$d > 1.0$	2000

4.3.2　半固态和液态废物样品采集的份样量应满足分析操作的需要。

4.4　采样的时间和频次

4.4.1　连续产生。样品应分次在一个月（或一个产生时段）内等时间间隔采集；每次采样在设备稳定运行的 8 小时（或一个生产班次）内完成。每采集一次，作为 1 个份样。

4.4.2　间歇产生。根据确定的工艺环节一个月内的固体废物的产生次数进行采样：如固体废物产生的时间间隔大于一个月，仅需要选择一个产生时段采集所需的份样数；如一个月内固体废物的产生次数大于或者等于所需的份样数，遵循等时间间隔原则在固体废物产生时段采样，每次采集 1 个份样；如一个月内固体废物的产生次数小于所需的份样数，将所需的份样数均匀分配到各产生时段采样。

4.5　采样方法

4.5.1　固体废物采样工具、采样程序、采样记录和盛样容器参照 HJ/T 20 的要求进行，固体废物采样安全措施参照 GB/T 3723。

4.5.2 在采样过程中应采取措施防止危害成分的损失、交叉污染和二次污染。

4.5.3 生产工艺过程产生的固体废物应在固体废物排（卸）料口按照下列方法采集：

a）由卸料口排出的固体废物

采样过程应预先清洁卸料口，并适当排出固体废物后再采集样品。采样时，采用合适的容器接住卸料口，根据需要采集的总份样数或该次需要采集的份样数，等时间间隔接取所需份样量的固体废物。每接取一次固体废物，作为 1 个份样。

b）板框压滤机

将压滤机各板框顺序编号，用 HJ/T 20 中的随机数表法抽取与该次需要采集的份样数相同数目的板框作为采样单元采取样品。采样时，在压滤脱水后取下板框，刮下固体废物。每个板框内采取 5 的固体废物，作为 1 个份样。

4.5.4 堆存状态固体废物采样

a）散状堆积固态、半固态废物

对于堆积高度小于或者等于 0.5 m 的散状堆积固态、半固态废物，将固体废物堆平铺为厚度为 10 ～ 15 cm 的矩形，划分为 $5N$ 个（N 为根据第 4.2 条确定的所需采样的总份样数，下同）面积相等的网格，顺序编号；用 HJ/T 20 中的随机数表法抽取 N 个网格作为采样单元，在网格中心位置处用采样铲或锹垂直采取全层厚度的固体废物。每个网格采取的固体废物，作为 1 个份样。

对于堆积高度大于 0.5 m 的散状堆积固态、半固态废物，应分层采取样品；采样层数应不小于 2 层，按照固态、半固态废物堆积高度等间隔布置；每层采取的份样数应相等。分层采样可以用采样钻或者机械钻探的方式进行。

b）敞口贮存池或不可移动大型容器中的固体废物

将容器（包括建筑于地上、地下、半地下的）划分为 5 N 个面积相等的网格，顺序编号。

液态废物，用 HJ/T 20 中的随机数表法抽取 N 个网格作为采样单元采取样品。对于无明显分层的液态废物，采用玻璃采样管或者重瓶采样器进行采样。将玻璃采样管或者重瓶采样器从网格的中心位置处垂直缓慢插入液面至容器底；

待采样管 / 采样器内装满液态废物后，缓缓提出，将样品注入采样容器。对于有明显分层的液态废物，采用玻璃采样管或者重瓶采样器进行分层采样。每采取一次，作为1个份样。

固态、半固态废物，固体废物厚度小于2 m时，用HJ/T 20中的随机数表法抽取N个网格作为采样单元采取样品。采样时，在网格的中心位置处用土壤采样器或长铲式采样器垂直插入固体废物底部，旋转90°后抽出。每采取一次固体废物，作为1个份样。固体废物厚度大于或等于2 m时，用HJ/T 20中的随机数表法抽取$\frac{(N+1)}{3}$（四舍五入取整数）个网格作为采样单元采取样品。采样时，应分为上部（深度为0.3 m处）、中部（1/2深度处）、下部（5/6深度处）三层分别采取样品。每采取一次，作为1个份样。

c）小型可移动袋、桶或其他容器中的固体废物

将各容器顺序编号，用HJ/T 20中的随机数表法抽取N个容器作为采样单元采取样品。根据固体废物性状，分别使用长铲式采样器、套筒式采样器或者探针进行采样。每个采样单元采取1个份样。当容器最大边长或高度大于0.5 m时，应分层采取样品，采样层数应不小于2层，各层样品混合作为1个份样。

如样品为液态废物，将容器内液态废物混匀（含易挥发组分的液态废物除外）后打开容器，将玻璃采样管或者重瓶采样器从容器口中心位置处垂直缓缓插入液面至容器底；待采样管/采样器内装满液体后，缓缓提出，将样品注入采样容器。

d）封闭式贮存池、不可移动大型容器或槽罐车中的固体废物

贮存于封闭式贮存池、不可移动大型容器或槽罐车中的固体废物应尽可能在卸除固体废物过程中按第4.5.3条a）例方法采取样品。如不能在卸除固体废物过程中采样，按第4.5.4条b）方法从贮存池、容6器上部开口采集样品。如存在卸料口，则同时在卸料口按第4.5.3条a）方法采集不少于1个份样。

5　制样、样品的保存和预处理

采集的固体废物样品应按照HJ/T 20中的要求进行制样和样品的保存，并按照GB 5085.1、GB 5085.2、GB 5085.3、GB 5085.4、GB 5085.5和GB 5085.6中分析方法的要求进行样品的预处理。

6　样品检测

6.1　固体废物危险特性鉴别的检测项目应根据固体废物的产生源特性确定，必要时可向与该固体废物危险特性鉴别工作无直接利害关系的行业专家咨询。经综合

分析固体废物产生过程生产工艺、原辅材料、产生环节和主要危害成分，确定不存在的危险特性，不进行检测。固体废物危险特性鉴别使用GB 5085.1、GB 5085.2、GB 5085.3、GB 5085.4、GB 5085.5和GB 5085.6规定的相应方法和指标限值。

6.2 检测过程中，可首先选择可能存在的主要危险特性进行检测。任何一项检测结果按本标准第7章可判定该固体废物具有危险特性时，可不再检测其他危险特性（需要通过进一步检测判断危险废物类别的除外）。

6.3 固体废物利用过程或处置后产生的固体废物的危险特性鉴别，应首先根据被利用或处置的固体废物的危险特性进行判定。

7 检测结果判断

7.1 在对固体废物样品进行检测后，检测结果超过GB 5085.1、GB 5085.2、GB 5085.3、GB 5085.4、GB 5085.5和GB 5085.6中相应标准限值的份样数大于或者等于表3中的超标份样数限值，即可判定该固体废物具有该种危险特性（第7.3条除外）。

表3 检测结果判断方案

份样数	超标份样数限值	份样数	超标份样数限值
5	2	32	8
8	3	50	11
13	4	80	15
20	6	≥ 100	22

7.2 如果采集的固体废物份样数与表3中的份样数不符，按照表3中与实际份样数最接近的较小份样数进行结果的判断。

7.3 根据本标准第4.2.4条采样，采样份样数小于表1规定最小份样数时，检测结果超过GB 5085.1、GB 5085.2、GB 5085.3、GB 5085.4、GB 5085.5和GB 5085.6中相应标准限值的份样数大于或者等于1，即可判定该固体废物具有该种危险特性。

7.4 在进行毒性物质含量危险特性判断时，当同一种毒性成分在一种以上毒性物质中存在时，以分子量最高的物质进行计算和结果判断。

7.5 经鉴别具有危险特性的，应当根据其主要有害成分和危险特性确定所属危险废物类别，并按代码“900-000-××”（××为《国家危险废物名录》中危险废物类别代码）进行归类。

8 环境事件涉及的固体废物的危险特性鉴别技术要求

8.1 应根据所能收集到的环境事件资料和现场状况，尽可能对固体废物的来源进行分析，识别固体废物的组成和种类，分类开展鉴别。

8.1.1 固体废物非法转移、倾倒、贮存、利用、处置等环境事件涉及的固体废物，可根据环境事件现场固体废物的外观形态、有效标识，以及现场可采用的检测手段的检测结果，对固体废物进行分类。

8.1.2 突发环境事件及其处理过程中产生的固体废物，应尽可能在清理之前根据事故过程污染物的扩散特征，或在清理过程中根据固体废物的污染物沾染情况，对固体废物的污染程度进行判断，并根据判断结果对固体废物进行分类。

8.2 产生来源明确的固体废物的鉴别要求

8.2.1 应首先依据 GB 5085.7 第 4.2 条、第 5 章和第 6 章进行判断。

8.2.2 根据第 8.2.1 条不能判断属于危险废物，但可能具有危险特性的，应优先按本标准第 4 章在产生该固体废物的生产工艺节点采样；如生产过程已终止，则采集企业贮存的同类固体废物。采集的样品按本标准第 6 章和第 7 章进行检测和判断。

8.2.3 因环境事件处理或应急处置要求，可采集环境事件现场固体废物或依据《突发环境事件应急管理办法》已应急清理暂存的固体废物作为样品开展鉴别。

8.2.4 应根据固体废物的物质迁移、转化特征，以及环境事件现场的污染现状，综合分析固体废物的危险特性在转移、倾倒、贮存、利用、处置过程中发生的变化，按以下要求开展鉴别：

a）如危险特性未发生变化，或变化不足以对检测结果的判断造成影响，可按本标准第 4 章相关要求采集现场样品，并按本标准第 6 章和第 7 章进行检测和判断。

b）如不排除危险特性发生变化，且对检测结果的判断可能造成影响，应采集现场能够代表固体废物原始危险特性的样品，并按本标准第 6 章和第 7 章进行检测和判断；如现场无法采集到能够代表固体废物原始危险特性的样品，应采集本标准第 8.2.2 条规定样品或可类比工艺项目的固体废物开展鉴别。

8.3 产生来源不明确的固体废物鉴别要求

8.3.1 应采集能够代表固体废物组成特性的样品，通过分析固体废物的主要物质组成和污染特性确定固体废物的产生工艺。

8.3.2　根据产生工艺，按第8.2.1条不能判断属于危险废物，但可能具有危险特性的，应采集环境事件现场固体废物样品或依据《突发环境事件应急管理办法》已应急清理暂存的固体废物，按第8.2.4条开展鉴别。

8.3.3　因环境事件处理或应急处置需要，可根据掌握的信息直接检测该固体废物可能具有的危险特性，根据检测结果依据本标准第7章作出判断。有证据表明该固体废物可能属于《国家危险废物名录》中的危险废物，或固体废物危险特性已发生变化且可能影响检测结果判断的，应按第8.3.1条和第8.3.2条进行鉴别。

9　质量保证与质量控制

9.1　固体废物危险特性鉴别检测项目的确定应以工艺分析为主要手段，综合原辅材料特性、生产工艺、固体废物产生工艺等信息，确定可能具有的危险特性及相应检测项目。

9.2　样品采集应记录必要的信息，包括（但不限于）：样品编号、采样时间、采样地点、企业生产工况。样品的采集、包装、运输和保存应符合相应检测项目的有关要求。

9.3　固体废物危险特性鉴别的检测应符合相应检测方法的质量保证与质量控制要求。

10　实施与监督

本标准由县级以上生态环境主管部门负责监督实施。

中华人民共和国国家环境保护标准

HJ 519—2020
代替 HJ 519—2009

废铅蓄电池处理污染控制技术规范

Technical specification of pollution control for treatment of waste lead-acid battery

2020-03-26 发布　　2020-03-26 实施

生　态　环　境　部　发布

HJ 519—2020

前 言

为贯彻《中华人民共和国环境保护法》和《中华人民共和国固体废物污染环境防治法》等法律法规，防治污染，保护生态环境，规范废铅蓄电池收集、贮存、运输、利用和处置过程的污染控制，制定本标准。

本标准规定了废铅蓄电池收集、贮存、运输、利用和处置过程的污染控制要求。

本标准附录 A ～附录 C 为资料性附录。

本标准首次发布于 2009 年，本次为第一次修订。

本次修订的主要内容：

—— 修改了标准的名称；

—— 调整了标准的适用范围；

—— 调整了废铅蓄电池的收集、运输和贮存要求；

—— 细化了再生铅企业建设及清洁生产要求；

—— 细化了再生铅企业污染控制要求；

—— 细化了再生铅企业运行环境管理要求；

—— 增加了再生铅企业火法冶金工艺和湿法冶金工艺主要污染物排放监测要求；

—— 增加了再生铅企业地下水环境监测要求。

自本标准实施之日起，《废铅酸蓄电池处理污染控制技术规范》（HJ 519—2009）废止。

本标准由生态环境部固体废物与化学品司、法规与标准司组织制定。

本标准主要起草单位：生态环境部固体废物与化学品管理技术中心、北京工业大学。

本标准生态环境部 2020 年 03 月 26 日批准。

本标准自发布之日起实施。

本标准由生态环境部解释。

废铅蓄电池处理污染控制技术规范

1　适用范围

本标准规定了废铅蓄电池收集、贮存、运输、利用和处置过程的污染控制要求。

本标准适用于废铅蓄电池收集、贮存、运输、利用和处置过程的污染控制，并可用于指导再生铅企业建厂选址、工程建设与建成后的污染控制管理工作。

2　规范性引用文件

本标准内容引用了下列文件中的条款。凡是不注日期的引用文件，其有效版本适用于本标准。

GB 190　危险货物包装标志

GB 3095　环境空气质量标准

GB 12348　工业企业厂界环境噪声排放标准

GB 13392　道路运输危险货物车辆标志

GB 15562.2　环境保护图形标志　固体废物贮存(处置)场

GB 15618　土壤环境质量　农用地土壤污染风险管控标准(试行)

GB 18597　危险废物贮存污染控制标准

GB 31574　再生铜、铝、铅、锌工业污染物排放标准

GB/T 14848　地下水质量标准

HJ 863.4　排污许可证申请与核发技术规范　有色金属工业—再生金属

《危险废物经营单位编制应急预案指南》(国家环境保护总局公告 2007 年第 48 号)

《再生铅行业清洁生产评价指标体系》(国家发展和改革委员会公告 2015 年第 36 号)

《产业结构调整指导目录(2019年本)》(中华人民共和国国家发展和改革委员会令第29号)

3 术语和定义

下列术语和定义适用于本标准。

3.1 铅蓄电池 lead-acid battery

指电极主要由铅及其氧化物制成，电解质是硫酸溶液或胶体物质的一种蓄电池。

3.2 废铅蓄电池 waste lead-acid battery

指在生产、生活和其他活动中产生的丧失原有利用价值或者虽未丧失利用价值但被抛弃或者放弃的铅蓄电池，不包括在保质期内返厂故障检测、维修翻新的铅蓄电池。

3.3 电极板 electrode plate

指电池中的正负两极，由铅制成格栅，正极表面涂有二氧化铅，负极表面涂有多孔具有渗透性的金属铅。通常还含有锑、砷、铋、镉、铜、钙和锡等化学物质，以及硫酸钡、炭黑和木质素等膨胀材料。

3.4 电解质 ectrolyte

指以硫酸为主的具有离子导电性的液体或胶体物质。

3.5 收集 collection

指将分散的废铅蓄电池进行集中的活动。

3.6 运输 transport

指使用专用运输工具，将废铅蓄电池送至集中转运点和再生铅企业的过程。

3.7 暂存 temporary storage

指将零散的废铅蓄电池临时置于收集网点的活动。

3.8 贮存 storage

指将集中收集的废铅蓄电池置于集中转运点和再生铅企业的活动。

3.9 收集网点 collect net work

指符合废铅蓄电池暂存设施规定条件的主要用于收集日常生活中产生的废铅蓄电池的场所。

3.10 集中转运点 centralized transport spot

指符合废铅蓄电池贮存设施规定条件的用于贮存一定规模的废铅蓄电池的场

所。

3.11　**铅回收**　lead recovery

指采用各种方法、技术和工艺，把铅从废铅蓄电池中提取出来，以便于利用。

3.12　**铅回收率**　recovery rate of lead

指在一定计量时间内，产品中的含铅量占原料中含铅量的比值。

3.13　**火法冶金**　pyrometallurgy

指在高温下从矿石、精矿或其他物料中提取和精炼金属的科学与技术。

3.14　**湿法冶金**　hydrometallurgy

指将矿石、精矿、焙砂或其他物料中某些金属组分溶解在水溶液中，从中提取金属的科学和技术。

3.15　**再生铅企业**　secondary lead enterprise

指以废铅蓄电池为原料，具备再生铅冶炼能力并持有危险废物经营许可证的企业。

4　废铅蓄电池的收集、运输和贮存要求

4.1　总体要求

4.1.1　从事废铅蓄电池收集、贮存的企业，应依法获得危险废物经营许可证；禁止无经营许可证或者不按照经营许可证规定从事废铅蓄电池收集、贮存经营活动。

4.1.2　收集、运输、贮存废铅蓄电池的容器或托盘，应根据废铅蓄电池的特性设计，不易破损、变形，其所用材料能有效地防止渗漏、扩散，并耐酸腐蚀。装有废铅蓄电池的容器或托盘必须粘贴符合 GB 18597 要求的危险废物标签。

4.1.3　废铅蓄电池收集、贮存企业应建立废铅蓄电池收集处理数据信息管理系统，如实记录收集、贮存、转移废铅蓄电池的重量、来源、去向等信息，并实现与全国固体废物管理信息系统的数据对接。

4.1.4　禁止在收集、运输和贮存过程中擅自拆解、破碎、丢弃废铅蓄电池；禁止倾倒含铅酸性电解质。

4.1.5　废铅蓄电池收集、运输、贮存过程除应满足环境保护相关要求外，还应符合国家安全生产、职业健康、交通运输、消防等法规标准的相关要求。

4.1.6　废铅蓄电池收集企业和运输企业应组织收集人员、运输车辆驾驶员等相关人员参加危险废物环境管理和环境事故应急救援方面的培训。

4.2 收集

4.2.1 铅蓄电池生产企业应采取自主回收、联合回收或委托回收模式，通过企业自有销售渠道或再生铅企业、专业收集企业在消费末端建立的网络收集废铅蓄电池，可采用“销一收一”等方式提高收集率。再生铅企业可通过自建，或者与专业收集企业合作，建设网络收集废铅蓄电池。

4.2.2 收集企业可在收集区域内设置废铅蓄电池收集网点，建设废铅蓄电池集中转运点，以利于中转。

4.2.3 废铅蓄电池收集过程应采取以下防范措施，避免发生环境污染事故：

a）废铅蓄电池应进行合理包装，防止运输过程破损和电解质泄漏。

b）废铅蓄电池有破损或电解质渗漏的，应将废铅蓄电池及其渗漏液贮存于耐酸容器中。

4.3 运输

4.3.1 废铅蓄电池运输企业应执行国家有关危险货物运输管理的规定，具有对危险废物包装发生破裂、泄漏或其他事故进行处理的能力。运输废铅蓄电池应采用符合要求的专用运输工具。公路运输车辆应按 GB 13392 的规定悬挂相应标志；铁路运输和水路运输时，应在集装箱外按 GB 190 的规定悬挂相应标志。满足国家交通运输、环境保护相关规定条件的废铅蓄电池，豁免运输企业资质、专业车辆和从业人员资格等道路危险货物运输管理要求。

4.3.2 废铅蓄电池运输企业应制定详细的运输方案及路线，并制定事故应急预案，配备事故应急及个人防护设备，以保证在收集、运输过程中发生事故时能有效防止对环境的污染。

4.3.3 废铅蓄电池运输时应采取有效的包装措施，破损的废铅蓄电池应放置于耐腐蚀的容器内，并采取必要的防风、防雨、防渗漏、防遗撒措施。

4.4 暂存和贮存

4.4.1 基于废铅蓄电池收集过程的特殊性及其环境风险，分为收集网点暂存和集中转运点贮存两种方式。

4.4.2 收集网点暂存时间应不超过 90 天，重量应不超过 3 吨；集中转运点贮存时间最长不超过 1 年，贮存规模应小于贮存场所的设计容量。

4.4.3　收集网点暂存设施应符合以下要求：

a）应划分出专门存放区域，面积不少于 3 m^2。

b）有防止废铅蓄电池破损和电解质泄漏的措施，硬化地面及有耐腐蚀包装容器。

c）废铅蓄电池应存放于耐腐蚀、具有防渗漏措施的托盘或容器中。

d）在显著位置张贴废铅蓄电池收集提示性信息和警示标志。

4.4.4　废铅蓄电池集中转运点贮存设施应开展环境影响评价，并参照 GB 18597 的有关要求进行建设和管理，符合以下要求：

a）应防雨，必须远离其他水源和热源。

b）面积不少于 30 m^2，有硬化地面和必要的防渗措施。

c）应设有截流槽、导流沟、临时应急池和废液收集系统。

d）应配备通信设备、计量设备、照明设施、视频监控设施。

e）应设立警示标志，只允许收集废铅蓄电池的专门人员进入。

f）应有排风换气系统，保证良好通风。

g）应配备耐腐蚀、不易破损变形的专用容器，用于单独分区存放开口式废铅蓄电池和破损的密闭式免维护废铅蓄电池。

4.4.5　禁止将废铅蓄电池堆放在露天场地，避免废铅蓄电池遭受雨淋水浸。

5　再生铅企业建设及清洁生产要求

5.1　一般要求

5.1.1　再生铅企业建设应经过充分的技术经济论证并通过环境影响评价，包括环境风险评价。

5.1.2　再生铅企业生产规模的确定和详细技术路线的选择，应根据服务区域废铅蓄电池的产生情况、社会经济发展水平、城市总体规划、技术的先进性等合理确定；新、改、扩建再生铅项目规模应符合《产业结构调整指导目录（2019 年）》的要求。

5.1.3　废铅蓄电池利用处置应采用成熟可靠的技术、工艺和设备，做到运行稳定、维修方便、经济合理、保护环境。禁止使用国家产业政策规定立即淘汰的落后装备。

5.1.4　无再生铅能力的企业不得拆解废铅蓄电池。

5.2 选址要求

5.2.1 厂址选择应符合环境保护法律法规及相关法定规划要求。

5.2.2 再生铅企业不应选在国务院和国务院有关主管部门及省、自治区、直辖市人民政府依法划定的生态保护红线区域、永久基本农田集中区域和其他需要特别保护的区域内。

5.2.3 厂址选择还应符合以下条件：

a）应满足工程建设的工程地质条件、水文地质条件和气象条件，不应选在地震断层、滑坡、泥石流、沼泽、流砂、采矿隐落区以及居民区主导风向上风向地区。

b）选址应综合考虑交通、运输距离、土地利用现状、基础设施状况等因素。

c）不应受洪水、潮水或内涝的威胁，或有可靠的防洪、排涝措施。

d）附近应有满足生产、生活的供水水源。

e）附近应保障电力供应。

5.3 设施建设要求

5.3.1 再生铅企业应包括预处理系统、铅冶炼系统、环境保护设施以及相应配套工程和生产管理等设施。

5.3.2 再生铅企业出入口、贮存设施、处置场所等，应按 GB 15562.2 的要求设置警示标志。

5.3.3 应在法定边界设置隔离围护结构，防止无关人员和家禽、宠物进入。

5.3.4 废铅蓄电池贮存库房、车间应采用微负压设计，室内排出的空气必须进行净化处理，达到 GB 31574 的要求后排放。废铅蓄电池贮存时间原则上不得超过 1 年。废铅蓄电池贮存库房贮存能力应不低于利用处置设施 15 日的利用处置量。

5.3.5 再生铅企业铅回收率应大于 98%，具体计算参照《再生铅行业清洁生产评价指标体系》相关规定。

5.3.6 再生铅工艺过程应采用密闭的熔炼设备或湿法冶金工艺设备，并在负压条件下生产，防止废气逸出。

5.3.7 应具有完整的废水和废气处理设施、报警系统和应急处理装置，确保废水、废气达到 GB 31574 的要求后排放。

5.3.8 再生铅企业应依法开展环境监测，主要废气排放口安装颗粒物、二氧化硫、氮氧化物（以 NO_2 计）自动监测设备，有条件的其他排放口宜安装自动监测设备，无法安装的应采用人工监测。

5.3.9　再生铅企业应依法开展环境监测，生产废水总排放口安装流量、pH、化学需氧量、氨氮自动监测设备，有条件的其他排放口宜安装自动监测设备，无法安装的应采用人工监测。

5.4　清洁生产要求

5.4.1　新建和改扩建再生铅企业应严格按照国家清洁生产相关法规、标准和技术规范等确定的生产工艺及设备指标、资源和能源消耗指标、资源综合利用指标、产品特征指标、污染物产生指标（末端处理前）、清洁生产管理指标等进行建设和生产。现有企业应依法实施强制性清洁生产审核，逐步淘汰技术落后、能耗高、资源综合利用率低和环境污染严重的工艺和设备。

5.4.2　再生铅企业应积极推进工艺、技术和设备提升改造，积极推行更先进的清洁生产技术。

6　再生铅企业污染控制要求

6.1　工艺过程污染控制要求

6.1.1　预处理

6.1.1.1　废铅蓄电池的利用处置应先经过预处理，再采用冶金的方法处理铅膏等含铅物料。

6.1.1.2　废铅蓄电池的预处理一般包括破碎、分离等，其过程应符合以下要求：

a）再生铅企业应对带壳废铅蓄电池进行预处理，加强对原料场所无组织排放的控制。

b）预处理过程应采用自动破碎分选设备。

c）废铅蓄电池破碎工艺应保证电池中的铅栅、连接器、电池槽盒和酸性电解质等成分在后续步骤中易被分离。

d）破碎后的铅及其化合物应从其他原料中分离出来。

6.1.1.3　不得对废铅蓄电池进行人工破碎，禁止在露天环境进行破碎作业。

6.1.1.4　拆解过程中产生的废塑料、废铅栅、废铅膏、废隔板、废电解质等固体废物，应分类收集、处理，并对各自的去向有明确的记录。

6.1.1.5　废铅蓄电池中的废电解质应收集处理，不得将其排入下水道或环境中。

6.1.1.6 预处理车间地面必须进行硬化、防腐和防渗漏处理。

6.1.2 铅回收

6.1.2.1 经预处理后的含有金属铅、铅的氧化物、铅的硫酸盐以及其他金属的电池碎片可采取火法冶金工艺或湿法冶金工艺把金属铅从混合物中提取出来。废铅膏与废铅栅应分别熔炼；废铅栅熔炼宜采用低温熔炼技术。

6.1.2.2 铅回收过程应采用技术装备先进、设备能效高、资源综合利用率高、污染防治水平高的先进工艺，不得采用设备能效低、处理能力小、资源综合利用率低、环境污染严重、能耗高的落后工艺。

6.1.2.3 火法冶金

a）利用火法冶金工艺回收铅，其尾气应经净化处理达到 GB 31574 的要求后排放，可对冶炼过程产生的含二氧化硫烟气进行集中收集利用。

b）火法冶金熔炼工序应采用密闭熔炼设备。应严格控制熔炼介质和还原介质的加入量，以保证去除所有的硫和其他杂质并还原所有的铅氧化物。

c）采用火法冶金工艺利用处置废铅蓄电池，其冶炼过程应在负压条件下进行，避免有害气体和粉尘逸出，收集的气体应进行净化处理，达到 GB 31574 的要求后排放。

6.1.2.4 湿法冶金

a）对于预脱硫—电解沉积工艺，宜将废铅膏中的硫酸铅脱硫，并将二氧化铅转化为氧化铅，再将铅转移到富铅电解液中，通过电解沉积得到电解铅产品。

b）对于固相电解还原铅工艺，经过还原处理的铅膏宜填装于阴极框架中，电解时将铅膏中的固相铅物质直接还原为金属铅。

c）宜收集铅的结晶状或海绵状的电解沉积物，并压成纯度高的铅饼，然后送到炉中浇铸成锭，或直接熔铸成锭。

d）采用湿法冶金工艺利用处置废铅蓄电池，排出气体应进行除尘和酸雾净化，达到 GB 31574 的要求后排放。

6.2 末端污染控制要求

6.2.1 大气污染控制

a）再生铅企业所有工序产生的铅烟、铅尘和酸雾，都应经过收集和处理后排放。废气中铅烟、铅尘应采用两级以上处理工艺。收集的粉尘可直接返回再生铅生产系统。

b）二氧化硫应采用先进成熟的脱硫技术和设备收集处理后排放。

c）再生铅企业的废气排放应满足 GB 31574 的要求。

d）再生铅熔炼过程中，应控制原料中氯含量，控制二噁英等污染物的排放。

6.2.2 酸性电解质和溢出液污染控制

a）若采用中和处理，宜将产生的中和渣返回熔炼炉进行处置。

b）再生铅企业应建有废水处理站，用于处理废铅蓄电池拆解产生的酸性电解质、生产废水、雨水、废铅蓄电池贮存设施溢出液等。酸性电解质可进入污水处理系统处理，未经处理的酸性电解质不得直接排放。

c）废水收集输送应雨污分流，生产区内的初期雨水应进行单独收集并处理。生产区地面冲洗水、厂区内洗衣废水和淋浴水应按含重金属（铅、镉、砷等）生产废水处理，收集后汇入含重金属（铅、镉、砷等）生产废水处理设施，不得与生活污水混合处理。

d）含重金属（铅、镉、砷等）生产废水，应在其生产车间或设施内进行分质处理或回用，经处理后达到 GB 31574 的要求后排放；其他污染物在厂区总排放口应当满足 GB 31574 的要求；生产废水宜全部循环利用。

6.2.3 固体废物污染控制

a）应妥善处理废铅蓄电池利用处置过程产生的冶炼残渣、废硫酸盐、废气净化灰渣、废水处理污泥、分选残余物、铅尘、废活性炭、废铅膏、废隔板、含铅废旧劳保用品（废口罩、手套、工作服等）和带铅尘包装物等含铅废物，以及湿法冶金含氟废酸液等固体废物。

b）再生铅熔炼产生的熔炼浮渣、合金配制过程中产生的合金渣宜返回熔炼工序；除尘工艺收集的不含砷、镉的烟（粉）尘宜密闭返回熔炼配料系统或直接采用湿法冶金方式提取有价金属。

6.2.4 噪声污染控制

a）主要噪声设备，如破碎机、泵、风机等应采取基础减震和消声及隔声措施。

b）厂界噪声应符合 GB 12348 的要求。

6.2.5 无组织排放污染控制

a）废铅蓄电池在收集和运输过程中有电解质渗漏的，渗漏液应及时进行回收，采用烧碱、生石灰等碱性物质进行中和，中和后的物质集中收集处理，避免造成环境污染。

b）在工艺设计、工程设计时，应控制无组织排放。生产车间应实行微负压设计，其产生的废气经过分支管道集中到总管道，最终进行净化处理后达到 GB 31574 的要求。

c）再生铅企业废铅蓄电池贮存库应处于微负压状态，产生的硫酸雾和颗粒物应集中净化处理，达到 GB 31574 的要求。

d）废铅蓄电池破碎分选车间应处于微负压状态，产生的硫酸雾和颗粒物应集中净化处理，达到 GB 31574 的要求。

e）定期或不定期进行检查，发现无组织排放及时采取措施，减少无组织排放。

f）在无组织排放现场，采取有效措施，将有害排放物纳入有组织排放系统。

7 再生铅企业运行环境管理要求

7.1 运行基本条件

7.1.1 从事废铅蓄电池利用处置经营活动的再生铅企业，应依法获得危险废物经营许可证后方可运营；禁止无经营许可证或者不按照经营许可证规定从事废铅蓄电池利用处置经营活动。

7.1.2 具有完备的废铅蓄电池利用处置污染控制规章制度。

7.1.3 依法建立土壤污染隐患排查制度。

7.1.4 具备主要污染物监测能力和监测设备。

7.2 人员培训

7.2.1 再生铅企业应对操作人员、技术人员及管理人员进行生态环境保护相关理论知识和操作技能培训。

7.2.2 培训内容应包括以下几个方面：

（1）一般要求

a）废铅蓄电池利用处置相关生态环境法律和规章制度。

b）废铅蓄电池利用处置危险性方面的知识。

c）废铅蓄电池利用处置环境保护的重要意义。

（2）操作人员和技术人员的培训还应包括：

a）废铅蓄电池利用处置过程产生的污染物应达到的排放标准。

b）废铅蓄电池利用处置相关理论知识和设备的基本工作原理。

7.3 废铅蓄电池接收要求

7.3.1 接收废铅蓄电池应严格执行危险废物转移联单制度。

7.3.2 现场交接时应认真核对废铅蓄电池的种类、重量等信息，并核实与危险废物转移联单信息是否相符。

7.3.3 再生铅企业应对接收的废铅蓄电池及时登记。

7.4 运行登记要求

7.4.1 再生铅企业应建立危险废物经营情况记录簿，详细记载每日接收、贮存、利用或处置废铅蓄电池的类别、重量、有无事故或其他异常情况等，并按照危险废物转移联单的有关规定，保管需存档的转移联单。危险废物经营情况记录簿与危险废物转移联单应同期保存。

7.4.2 再生铅企业生产设施运行状况和利用处置生产活动记录应包括以下内容：

a）危险废物转移联单记录。

b）废铅蓄电池接收登记记录。

c）废铅蓄电池进厂运输车辆车牌号、来源、重量、进场时间、离场时间等记录。

d）环境监测数据的记录。

7.5 监测要求

7.5.1 再生铅企业应按照有关法律和排污单位自行监测技术指南等规定，建立企业监测制度，制定监测方案，对污染物排放状况开展自行监测，保存原始监测记录，并公布监测结果。

7.5.2 再生铅企业火法冶金工艺和湿法冶金工艺主要污染物排放监测应符合 HJ 863.4 的相关要求，具体见附录 A 和附录 B，再生铅企业环境监测要求见附录 C。

8 环境应急预案

8.1 废铅蓄电池收集企业、运输企业、再生铅企业应按照《危险废物经营单位编制应急预案指南》的要求制定环境应急预案，并定期开展培训和演练。

8.2 环境应急预案至少应包括以下内容：

a）废铅蓄电池收集过程中发生事故时的环境应急预案。

b）废铅蓄电池贮存过程中发生事故时的环境应急预案。

c）废铅蓄电池运输过程中发生事故时的环境应急预案。

d）废铅蓄电池利用处置设施、设备发生故障、事故时的环境应急预案。

附录 A

（资料性附录）

再生铅企业火法冶金工艺主要污染物排放监测要求

产排污节点	排放口	排放口类型	监测因子	最低监测频次	执行标准
废气有组织排放					
原料预处理系统		一般排放口	颗粒物、硫酸雾	季度	GB 31574
熔炼炉	熔炼炉烟囱	主要排放口	二氧化硫、氮氧化物（以NO_2计）、颗粒物	自动监测	
			砷及其化合物、铅及其化合物、锡及其化合物、锑及其化合物、镉及其化合物、铬及其化合物	月	
			二噁英	年	
熔炼炉环境集烟	环境集烟烟囱	主要排放口	二氧化硫、氮氧化物（以NO_2计）、颗粒物	自动监测	
			砷及其化合物、铅及其化合物、锡及其化合物、锑及其化合物、镉及其化合物、铬及其化合物	月	
			二噁英	年	
精炼锅	尾气烟囱	主要排放口	二氧化硫、氮氧化物（以NO_2计）、颗粒物	自动监测	
			铅及其化合物、锑及其化合物	月	
			砷及其化合物、锡及其化合物、镉及其化合物、铬及其化合物	季度	
电铅锅	尾气烟囱	一般排放口	颗粒物、铅及其化合物	季度	
电解系统	电解车间排气筒	一般排放口	硫酸雾	半年	
废气无组织排放					
排污单位边界			硫酸雾、砷及其化合物、铅及其化合物、锡及其化合物、锑及其化合物、镉及其化合物、铬及其化合物	季度	GB 31574
废水排放					

续表

<table>
<tr><th>产排污节点</th><th>排放口</th><th>排放口类型</th><th>监测因子</th><th>最低监测频次</th><th>执行标准</th></tr>
<tr><td rowspan="5">废水</td><td rowspan="2">废水总排放口</td><td rowspan="2">主要排放口</td><td>单位产品基准排水量、pH 值、化学需氧量、氨氮、石油类、总氮、总磷</td><td>自动监测</td><td rowspan="5">GB 31574</td></tr>
<tr><td>总铜、总锌</td><td>月</td></tr>
<tr><td>废水总排放口</td><td>主要排放口</td><td>悬浮物、硫化物</td><td>季度</td></tr>
<tr><td rowspan="2">车间或生产设施废水排放口</td><td rowspan="2">主要排放口</td><td>总铅、总砷、总镉、总汞</td><td>日</td></tr>
<tr><td>总镍、总锑、总铬</td><td>月</td></tr>
</table>

注：1. 单独排入地表水、海水的生活污水排放口污染物（pH、化学需氧量、五日生化需氧量、悬浮物、氨氮、总氮、总磷）每月至少开展一次监测。

2. 车间或生产设施排放口指含第一类污染物废水（主要包括废酸处理废水、电解质净化废水等）处理的特定处理单元出水口。

3. 雨水排口污染物（化学需氧量、氨氮、悬浮物、总铅）排放期间每日至少开展一次监测。

附录 B

（资料性附录）

再生铅企业湿法冶金工艺主要污染物排放监测要求

<table>
<tr><th>产排污节点</th><th>监测点位</th><th>排放口类型</th><th>监测因子</th><th>最低监测频次</th><th>执行标准</th></tr>
<tr><td colspan="6">废气有组织排放</td></tr>
<tr><td>原料预处理系统</td><td>预处理排气筒</td><td>一般排放口</td><td>颗粒物、硫酸雾</td><td>季度</td><td rowspan="6">GB 31574</td></tr>
<tr><td rowspan="2">焙解炉</td><td rowspan="2">尾气烟囱</td><td rowspan="2">一般排放口</td><td>二氧化硫、氮氧化物（以 NO_2 计）、颗粒物</td><td>自动监测</td></tr>
<tr><td>颗粒物、铅及其化合物</td><td>季度</td></tr>
<tr><td>浸出系统</td><td>浸出车间排气筒</td><td>一般排放口</td><td>硫酸雾</td><td>半年</td></tr>
<tr><td>电解系统</td><td>电解车间排气筒</td><td>一般排放口</td><td>硫酸雾</td><td>半年</td></tr>
<tr><td>电解质净化系统</td><td>净化车间排气筒</td><td>一般排放口</td><td>硫酸雾</td><td>半年</td></tr>
<tr><td colspan="6">废气无组织排放</td></tr>
<tr><td colspan="3">排污单位边界</td><td>硫酸雾、砷及其化合物、铅及其化合物、锡及其化合物、锑及其化合物、镉及其化合物、铬及其化合物</td><td>季度</td><td>GB 31574</td></tr>
<tr><td colspan="6">废水排放</td></tr>
<tr><td rowspan="5">废水</td><td rowspan="3">废水总排放口</td><td rowspan="3">主要排放口</td><td>单位产品基准排水量、pH、化学需氧量、氨氮、总氮、总磷</td><td>自动监测</td><td rowspan="5">GB 31574</td></tr>
<tr><td>总铜、总锌</td><td>月</td></tr>
<tr><td>悬浮物、石油类、硫化物</td><td>季度</td></tr>
<tr><td rowspan="2">车间或生产设施废水排放口</td><td rowspan="2">主要排放口</td><td>总铅、总砷、总镉、总汞</td><td>日</td></tr>
<tr><td>总镍、总锑、总铬</td><td>月</td></tr>
</table>

注：1. 单独排入地表水、海水的生活污水排放口污染物（pH、化学需氧量、五日生化需氧量、悬浮物、氨氮、总氮、总磷）每月至少开展一次监测。

2. 车间或生产设施排放口指含第一类污染物废水（主要包括废酸处理废水、浸出和电解质净化废水等）处理的特定处理单元出水口。

3. 雨水排口污染物（化学需氧量、氨氮、悬浮物、总铅）排放期间每日至少开展一次监测。

附录 C

（资料性附录）

再生铅企业环境监测要求

指标			监测点位	监测频率	执行标准
空气质量	日均值	总悬浮颗粒物	厂界	1～2 期 / 年	GB 3095
		二氧化硫			
	小时均值	二氧化硫			
	季平均	铅			
	年平均	铅			
土壤	浓度	pH	厂界周围土壤	2 期 / 年	GB 15618
		铅			
		砷			
		镉			
		镍			
地下水	浓度	pH	地下水	2 期 / 年	GB/T 14848
		铅			
		硫酸盐			

中华人民共和国国家生态环境标准

HJ 1241—2022

锰渣污染控制技术规范

Technical specification for pollution control of manganese residue

2022-03-27 发布　　　　2022-10-01 实施

生　态　环　境　部　发布

HJ 1241—2022

前　言

为贯彻《中华人民共和国环境保护法》《中华人民共和国固体废物污染环境防治法》等法律法规，防治环境污染，改善生态环境质量，规范和指导锰渣的环境管理，制定本标准。

本标准规定了锰渣在收集、贮存、运输、预处理、利用、充填、回填和填埋过程中的污染控制以及监测和环境管理要求。

本标准为首次发布。

本标准由生态环境部固体废物与化学品司、法规与标准司组织制定。

本标准主要起草单位：生态环境部固体废物与化学品管理技术中心、南方科技大学、中国环境科学研究院。

本标准生态环境部 2022 年 3 月 27 日批准。

本标准自 2022 年 10 月 1 日起实施。

本标准由生态环境部解释。

锰渣污染控制技术规范

1　适用范围

本标准规定了锰渣在收集、贮存、运输、预处理、利用、充填、回填和填埋过程中的污染控制技术要求，以及监测和环境管理要求。

本标准适用于标准实施后新产生的锰渣在收集、贮存、运输、预处理、利用、充填、回填和填埋过程中的污染控制，可作为与锰渣预处理、利用、充填、回填和填埋有关建设项目的环境影响评价、环境保护设施设计、竣工环境保护验收、排污许可管理、清洁生产审核等的技术参考。

本标准实施前堆存锰渣的利用、充填和回填过程中的污染控制适用于本标准。

2　规范性引用文件

本标准引用了下列文件或其中的条款。凡是注明日期的引用文件，仅注日期的版本适用于本标准。凡是未注日期的引用文件，其最新版本（包括所有的修改单）适用于本标准。

GB 8978　污水综合排放标准

GB 9078　工业炉窑大气污染物排放标准

GB 14554　恶臭污染物排放标准

GB 16297　大气污染物综合排放标准

GB 18599　一般工业固体废物贮存和填埋污染控制标准

GB 4915　水泥工业大气污染物排放标准

GB 30485　水泥窑协同处置固体废物污染控制标准

GB 30760　水泥窑协同处置固体废物技术规范

GB/T 30810　水泥胶砂中可浸出重金属的测定方法

GB 34330　固体废物鉴别标准　通则

HJ/T 55　大气污染物无组织排放监测技术导则

HJ 91.1　污水监测技术规范

HJ/T 397　固定源废气监测技术规范

HJ 557　固体废物浸出毒性浸出方法　水平振荡法

HJ 662　水泥窑协同处置固体废物环境保护技术规范

HJ 1091　固体废物再生利用污染防治技术导则

HJ 1209　工业企业土壤和地下水自行监测技术指南（试行）

NY/T 1121.16　土壤检测第 16 部分：土壤水溶性盐总量的测定

TD/T 1036　土地复垦质量控制标准

电解锰行业污染防治技术政策（环发〔2010〕150 号）

电解锰行业污染防治可行技术指南（试行）（原环境保护部公告 2014 年第 81 号）

一般工业固体废物管理台账制定指南（试行）（生态环境部公告 2021 年第 82 号）

3　术语和定义

下列术语和定义适用于本标准。

3.1　锰渣　manganese residue

电解金属锰、电解二氧化锰、高纯硫酸锰生产过程中锰矿粉（通常为碳酸锰矿粉或氧化锰矿粉）经硫酸浸取、固液分离后产生的固体废物，包括电解金属锰锰渣、电解二氧化锰锰渣和高纯硫酸锰锰渣。生产和污染处理过程中产生的电解阳极泥、生产废水处理污泥、含铬污泥等不属于锰渣。

3.2　贮存　storage

将锰渣置于具有临时储存功能的特定设施或者场所中的活动。

3.3　预处理　pre-treatment

通过物理、化学或生物方法，降低或去除锰渣中的重金属、水溶性盐、腐蚀性等污染特性或者抑制其可浸出性或扩散性，使得处理后的锰渣满足利用、充填、回填和填埋要求的活动，主要包括水洗、固化稳定化、高温烧结及高温熔融等预处理方式。

3.4　水洗　water washing

利用清水或低浓度含锰溶液对锰渣进行洗涤，将锰渣中大部分残留浸出液洗出回用的过程。

3.5　固化稳定化　solidification/stabilization

利用物理、化学方法或者两者协同作用，将锰渣中锰及其他重金属转变为稳定形态或将其固定在一定强度的致密包裹体中，以降低锰渣中锰及其他重金属的迁移性，降低或消除锰渣对环境的污染风险的过程。

3.6　高温烧结　high temperature sintering

锰渣通过高温使其部分熔融，冷却后形成烧结体产物的过程。

3.7　高温熔融　high temperature melting

锰渣通过高温使其完全熔融，冷却后形成致密玻璃体产物的过程。

3.8　利用　recycling

将锰渣或其预处理产物直接作为原材料，或者转化为原材料的活动。

3.9　充填　mining with backfilling

为满足采矿工艺需要，以支撑围岩、防止岩石移动、控制地压为目的，利用经预处理的锰渣作为充填材料填充采空区的活动。

3.10　回填　backfilling

以土地复垦为目的，利用经预处理的锰渣替代土、砂、石等生产材料填充地下采空空间、露天开采地表挖掘区、取土场、地下开采塌陷区以及天然坑洼区的活动。

3.11　填埋　landfill

将经过预处理后符合入场要求的锰渣最终置于符合环境保护规定要求的填埋场进行处置的活动。

4　总体要求

4.1　锰渣污染环境防治应坚持减量化、资源化和无害化原则，采取措施减少锰渣产生量，尽可能对锰渣进行综合利用，最大限度降低锰渣的填埋量，控制环境风险。

4.2　锰渣收集、贮存、预处理、利用、充填、回填和填埋过程中产生的废水、废气等各种污染物的排放应符合国家发布的污染物排放标准及限值要求；地方污染物排放标准、环境影响评价批复文件或排污许可证有更严格要求的，从其规定。

4.3　锰渣及其预处理产物作为替代原料生产的产品应符合国家、地方制定或行业通行的产品质量标准。

4.4 锰渣收集、贮存、预处理、利用、充填、回填和填埋过程应满足环境保护相关要求。国家安全生产、职业健康、交通运输、消防等法律法规标准另有规定的，适用其规定。

5. 收集、贮存、运输污染控制技术要求

5.1 锰渣的收集和贮存设施应具有防扬散、防流失、防渗漏等措施。

5.2 锰渣的运输工具（包括传送带，运输车辆等）应具有防雨、防渗漏、防遗撒等措施，防止运输过程对环境造成二次污染。

5.3 锰渣的收集和贮存过程产生的无组织排放废气中氨气应符合 GB 14554 规定的排放限值要求，其他污染物应符合 GB 16297 规定的排放限值要求。

5.4 锰渣不应与阳极泥、含铬污泥及其他可能影响锰渣理化性质的固体废物混合收集、贮存和运输。

6 预处理污染控制技术要求

6.1 一般规定

6.1.1 应根据锰渣利用、充填、回填和填埋方式对污染控制的要求，选择适当的预处理技术降低锰渣的危害性，控制环境风险。

6.1.2 锰渣预处理产物中重金属、氨氮等污染物的含量和浸出浓度，含水率、水溶性盐含量等指标应满足锰渣利用、充填、回填和填埋的要求。

6.1.3 锰渣预处理设施宜具备对进料量、投加速率、处理时间等运行参数的自动控制功能。

6.1.4 锰渣预处理设施应设置不合格处理产物的处理系统或者返料再处理装置。

6.1.5 在锰渣预处理过程中，因装卸、设备故障及检修等原因造成撒落的锰渣应及时收集，并返回锰渣贮存设施或预处理工艺过程。

6.1.6 对锰渣预处理过程排放废气应收集处理，达标排放；对废气中有价值的成分应尽可能进行回收利用。

6.2 水洗、固化稳定化污染控制技术要求

6.2.1 水洗过程产生的废水应尽量返回工艺过程进行循环使用。废水排放应符合 GB 8978 规定的排放限值要求。

6.2.2 水洗、固化稳定化过程排放废气中颗粒物应符合 GB 16297 规定的排放限值要求，氨气应符合 GB 14554 规定的排放限值要求。

6.3　高温烧结或高温熔融污染控制技术要求

6.3.1　对锰渣高温处理过程中产生的废气应配备收集和治理设施，治理后排放的废气中的颗粒物、硫酸雾、氮氧化物、二氧化硫、重金属等大气污染物应符合 GB 16297 规定的排放限值要求，氨气应符合 GB 14554 规定的排放限值要求；其中，涉及工业炉窑的，还应执行工业炉窑相关污染控制要求。

6.3.2　锰渣高温处理过程中烟气净化系统的捕集物以及烟道和烟囱底部沉降的底灰等固体废物宜返回工艺过程处理。对于无法返回工艺过程的，应分类收集、贮存、利用和处置；属于危险废物且需要委托外单位利用处置的，应交由具有相应资质的企业利用处置。

6.3.3　对锰渣高温处理过程中产生的废气进行回收利用时，所产生的废水和废气中污染物排放应分别符合 GB 8978、GB 9078、GB 16297 和 GB 14554 规定的排放限值要求；有所属行业相关污染控制标准或规范要求的，按所属行业的相关标准执行。

7　利用污染控制技术要求

7.1　锰渣及其预处理产物用于水泥生产时，应同时满足以下污染控制技术要求：

a）水泥生产过程的污染控制应满足 GB 30485、GB 4915 和 HJ 662 的要求；

b）应控制锰渣及其预处理产物的投加比例，所生产水泥按照 GB/T 30810 规定的方法测定的可浸出重金属含量应符合 GB 30760 中规定的限值要求；

c）锰渣及其预处理产物中的氯、硫等含量应满足水泥生产工艺控制的要求；

d）锰渣作为生产水泥的混合材预料应满足 HJ 662 有关替代混合材的废物特性要求，不满足要求的锰渣应先进行预处理满足要求。

7.2　锰渣经预处理后的产物才可以作为替代原料用于生产除水泥之外的其他建筑材料产品，所生产的产品除应符合相关产品标准要求外，还应按照 GB/T 30810 规定的方法测定可浸出重金属含量，其含量应符合 GB 30760 中规定的限值要求。同时按照 HJ 557 规定的浸出方法，浸出液 pH 应为 6～9，氨氮浓度应小于 1.0 mg/L。

7.3　锰渣及其预处理产物利用过程的污染防治应符合 HJ 1091 的要求。

7.4　符合 7.3 要求的锰渣利用产物，满足 GB 34330 第 5.2 条规定的条件的，不作为固体废物管理；否则作为一般工业固体废物管理。国家标准另有规定的除外。

8 充填或回填污染控制技术要求

8.1 锰渣应经预处理后才可以用于充填或回填，充填或回填过程的污染控制应按照 GB 18599 相关要求执行。

8.2 在进行充填或回填作业前应开展环境本底调查，并参照相关标准对充填或回填作业实施后可能对地下水、地表水及周边土壤环境造成的风险进行分析、预测和评估，提出预防和减轻环境风险的对策和措施，以及进行跟踪监测的方法与制度，确保环境风险可以接受。

8.3 不应在充填物料中掺加除充填作业所需要的添加剂之外的其他固体废物。

8.4 回填作业结束后应立即实施土地复垦（回填地下的除外）。土地复垦实施过程应满足 TD/T 1036 规定的相关土地复垦质量控制要求。土地复垦后用作建设用地的，应当依法开展土壤污染风险管控和修复；用作农用地的，应当进行土壤污染状况调查，依法进行分类管理。

9 填埋污染控制技术要求

9.1 锰渣应满足 GB 18599 规定的入场要求才可以进行填埋；不满足入场要求的锰渣应先进行预处理满足入场要求。

9.2 填埋场的新建、运行、封场、土地复垦的污染控制和环境管理须符合 GB 18599 的要求。

9.3 锰渣应与其他工业固体废物分区填埋。

9.4 锰渣填埋作业应采取措施防止堆体位移的发生及其对防渗衬层的破坏。不应采用从高处直接倾倒的入场方式。宜分区填埋，采用传送带或吊车等设施，将锰渣直接输送到指定填埋区域，并采取机械摊平和逐层压实的填埋作业方式。

9.5 填埋场运行过程中，应采取措施防止锰渣浸泡。填埋区内产生的渗滤液以及积存的雨水应及时排除处理。达到填埋设计高度的分区应及时采用人工合成材料覆盖，并导排雨水。

10 环境和污染物监测要求

10.1 进行锰渣收集、贮存、预处理、利用、充填、回填和填埋的单位应按照国家有关自行监测的规定及本标准的要求进行环境和污染物监测。相关单位可根据自身条件和能力，进行自行监测，也可委托其他有资质的检（监）测机构代为开展监测。

10.2　锰渣收集、贮存、预处理、利用、充填、回填和填埋过程的监测方法应符合以下要求：

a）锰渣收集、贮存设施排放废气的监测按照 HJ/T 55 规定的方法进行；

b）锰渣预处理过程排放废气中污染物的监测按照 HJ/T 397 规定的方法进行；

c）锰渣及其预处理产物用于水泥生产过程排放废气中污染物的监测按照 GB 30485 规定的方法进行；锰渣其他利用过程排放废气中污染物的监测按照 HJ/T 397 规定的方法进行，排放废水污染物的监测按照 HJ 91.1 规定的方法进行；

d）锰渣预处理产物进行充填、回填或填埋时，按照 GB 18599 规定的方法进行废水、大气、地表水、土壤和地下水污染物的监测；

e）锰渣贮存、预处理、利用设施土壤和地下水环境的监测按照 HJ 1209 规定的方法进行；

f）锰渣及其预处理产物水溶性盐含量的测定按照 NY/T 1121.16 规定的方法进行。

10.3　对锰渣收集、贮存、预处理、利用、充填、回填和填埋过程的污染物监测频次要求如下：

a）对锰渣收集和贮存设施排放废气中氨气等的监测频次为至少每季度 1 次；

b）对锰渣预处理设施排放废气中颗粒物、硫酸雾、氮氧化物、二氧化硫、重金属、氨气等的监测频次为至少每季度 1 次，排放废水污染物的监测频次为至少每季度 1 次；

c）锰渣及其预处理产物用于水泥生产过程排放废气中重金属污染物的监测频次为至少每半年 1 次，颗粒物、氮氧化物、二氧化硫、氨气应按照 GB 4915 的要求执行；锰渣其他利用过程排放废气中颗粒物、硫酸雾、氮氧化物、二氧化硫、重金属、氨气等的监测频次为至少每季度 1 次，排放废水污染物的监测频次为至少每季度 1 次；

d）对锰渣贮存、预处理和利用设施的土壤和地下水的监测频次按照 HJ 1209 的要求执行；

e）锰渣预处理产物进行充填、回填或填埋时，按照 GB 18599 规定的监测频次进行废水、大气、地表水、土壤和地下水的监测。

10.4　应对锰渣利用产物定期进行采样监测，并应符合以下要求：

a）锰渣及其预处理产物用于水泥生产时，对水泥熟料和水泥产品的监测频次应符合 GB 30760 对水泥熟料检测频次的要求；

b）锰渣预处理产物用于生产除水泥外的其他建材产品，当首次进行锰渣利用时，对产品的监测频次应不低于每周 3 次；连续 2 周监测结果均不超出规定限值时，在锰渣来源及投加量稳定的前提下，频次可减为每月 1 次；连续 3 个月监测结果均不超出规定限值，频次可减为每年 2 次。若在此期间监测结果出现超标，或锰渣来源发生变化，或利用活动中断 3 个月以上，则监测频次重新调整为每周 3 次，依次重复。产品中其他特征污染物的监测频次，按照此方法确定。

11 环境管理要求

11.1 进行锰渣收集、贮存、预处理、利用、充填、回填和填埋的单位应确定承担污染防治工作的部门和专职技术人员，负责锰渣收集、贮存、预处理、利用、充填、回填和填埋过程中的环境保护及相关管理工作，并建立完善的管理制度。

11.2 应按照一般工业固体废物环境管理台账制定有关要求建立锰渣环境管理台账。

11.3 应对锰渣收集、贮存、预处理、利用、充填、回填和填埋过程的所有作业人员进行培训，培训内容包括锰渣的危害特性、环境保护要求、环境应急处理等。

11.4 应建立污染预防机制和环境应急管理制度。

11.5 应按工矿用地土壤环境管理办法等相关要求开展与锰渣相关设备或设施泄漏、渗漏等情况的土壤和地下水污染隐患排查。

11.6 应保存包括培训记录、环境管理台账、隐患排查、事故处理、环境监测记录等的资料，保存时间不得少于 5 年，其中锰渣填埋作业相关档案应按 GB 18599 要求整理与归档，并永久保存。

11.7 锰渣跨省转移应执行固体废物跨省转移审批或者备案管理的相关要求。

中华人民共和国国家生态环境标准

HJ 1259—2022

危险废物管理计划和管理台账制定技术导则

Technical guideline for deriving hazardous waste management plans and records

2022-06-20 发布　　2022-10-01 实施

生　态　环　境　部　发布

HJ 1259—2022

前　言

为贯彻《中华人民共和国环境保护法》《中华人民共和国固体废物污染环境防治法》等法律法规，指导和规范产生危险废物的单位制订危险废物管理计划，建立危险废物管理台账和申报危险废物有关资料，加强危险废物规范化环境管理，制定本标准。

本标准规定了产生危险废物的单位制定危险废物管理计划和管理台账、申报危险废物有关资料的总体要求，危险废物管理计划制定要求，危险废物管理台账制定要求和危险废物申报要求。

本标准的附录 A ～附录 C 为资料性附录。

本标准为首次发布。

本标准由生态环境部固体废物与化学品司、法规与标准司组织制定。

本标准主要起草单位：生态环境部固体废物与化学品管理技术中心、广东省固体废物和化学品环境中心、海南省环境科学研究院、山东省固体废物和危险化学品污染防治中心、重庆市固体废物管理中心、河北省固体废物污染防治中心。

本标准生态环境部 2022 年 6 月 20 日批准。

本标准自 2022 年 10 月 1 日起实施。

本标准由生态环境部解释。

危险废物管理计划和管理台账制定技术导则

1　适用范围

本标准规定了产生危险废物的单位制定危险废物管理计划和管理台账、申报危险废物有关资料的总体要求，危险废物管理计划制定要求，危险废物管理台账制定要求和危险废物申报要求。

本标准适用于指导产生危险废物的单位制定危险废物管理计划和管理台账，并通过国家危险废物信息管理系统（含省级自建系统，下同）向所在地生态环境主管部门申报危险废物的种类、产生量、流向、贮存、利用、处置等有关资料。

小微企业危险废物收集单位可参照本标准，提供危险废物管理计划和管理台账制定、危险废物申报等服务。

2　规范性引用文件

本标准引用了下列文件或其中的条款。凡是注明日期的引用文件，仅注日期的版本适用于本标准。凡是未注日期的引用文件，其最新版本（包括所有的修改单）适用于本标准。

GB/T 4754　国民经济行业分类

GB 5085.1　危险废物鉴别标准　腐蚀性鉴别

GB 5085.2　危险废物鉴别标准　急性毒性初筛

GB 5085.3　危险废物鉴别标准　浸出毒性鉴别

GB 5085.4　危险废物鉴别标准　易燃性鉴别

GB 5085.5　危险废物鉴别标准　反应性鉴别

GB 5085.6　危险废物鉴别标准　毒性物质含量鉴别

GB 5085.7　危险废物鉴别标准　通则

GB 18597　危险废物贮存污染控制标准

HJ 298　危险废物鉴别技术规范

HJ 608　排污单位编码规则

HJ 1033　排污许可证申请与核发技术规范　工业固体废物和危险废物治理

《国家危险废物名录》

3　术语和定义

下列术语和定义适用于本标准。

3.1　危险废物　hazardous waste

列入国家危险废物名录或者根据国家规定的危险废物鉴别标准和鉴别方法认定的具有危险特性的固体废物。

3.2　贮存　storage

将固体废物临时置于特定设施或者场所中的活动。

3.3　利用　recycling

从固体废物中提取物质作为原材料或者燃料的活动。

3.4　处置　disposal

将固体废物焚烧和用其他改变固体废物的物理、化学、生物特性的方法，达到减少已产生的固体废物数量、缩小固体废物体积、减少或者消除其危险成分的活动，或者将固体废物最终置于符合环境保护规定要求的填埋场的活动。

4　总体要求

4.1　基本原则

4.1.1　产生危险废物的单位，应当按照本标准 4.3 规定的分类管理要求，制定危险废物管理计划，内容应当包括减少危险废物产生量和降低危险废物危害性的措施以及危险废物贮存、利用、处置措施；建立危险废物管理台账，如实记录危险废物的种类、产生量、流向、贮存、利用、处置等有关信息；通过国家危险废物信息管理系统向所在地生态环境主管部门备案危险废物管理计划，申报危险废物有关资料。

4.1.2　产生危险废物的单位应当按照实际情况填写记录有关内容，并对内容的真实性、准确性和完整性负责。

4.2　分类管理

4.2.1　根据危险废物的产生数量和环境风险等因素，产生危险废物的单位的管理类别按照以下原则分为危险废物环境重点监管单位、危险废物简化管理单位和危险废物登记管理单位。

a）危险废物环境重点监管单位

具备下列条件之一的单位，纳入危险废物环境重点监管单位：

1）同一生产经营场所危险废物年产生量 100 t 及以上的单位。

2）具有危险废物自行利用处置设施的单位。

3）持有危险废物经营许可证的单位。

b）危险废物简化管理单位

同一生产经营场所危险废物年产生量 10 t 及以上且未纳入危险废物环境重点监管单位的单位。

c）危险废物登记管理单位

同一生产经营场所危险废物年产生量 10 t 以下且未纳入危险废物环境重点监管单位的单位。

4.2.2 设区的市级以上地方人民政府生态环境主管部门可以根据国家对危险废物分级分类管理的有关规定，结合本地区实际情况，确定产生危险废物的单位的管理类别。

4.2.3 危险废物年产生量按以下方法确定：投运满 3 年的，其危险废物年产生量按照近 3 年年最大量确定；投运满 1 年但不满 3 年的，危险废物年产生量按投运期间年最大量确定；未投运、投运不满 1 年或间歇产生危险废物周期大于 3 年的，按照环境影响评价文件、排污许可证副本等文件中较大的危险废物核算量确定。

4.3 分类管理要求

4.3.1 危险废物管理计划制定内容应根据产生危险废物的单位的管理类别确定。

4.3.2 危险废物的种类、产生量、流向、贮存、利用、处置等有关资料的申报周期应根据产生危险废物的单位的管理类别确定。

4.3.3 鼓励有条件的地区在危险废物环境重点监管单位推行电子地磅、视频监控、电子标签等集成智能监控手段，如实记录危险废物有关信息，有条件的可与国家危险废物信息管理系统联网。

5　危险废物管理计划制定要求

5.1　制定单位

同一法人单位或者其他组织所属但位于不同生产经营场所的单位，应当以每个生产经营场所为单位，分别制定危险废物管理计划，并通过国家危险废物信息管理系统向生产经营场所所在地生态环境主管部门备案。

5.2　制定形式及时限要求

5.2.1　产生危险废物的单位应当按年度制定危险废物管理计划。

5.2.2　产生危险废物的单位应当于每年 3 月 31 日前通过国家危险废物信息管理系统在线填写并提交当年度的危险废物管理计划，由国家危险废物信息管理系统自动生成备案编号和回执，完成备案。

5.2.3　危险废物管理计划备案内容需要调整的，产生危险废物的单位应当及时变更。

5.3　一般原则

5.3.1　危险废物环境重点监管单位的管理计划制定内容应包括单位基本信息、设施信息、危险废物产生情况信息、危险废物贮存情况信息、危险废物自行利用/处置情况信息、危险废物减量化计划和措施、危险废物转移情况信息。

5.3.2　危险废物简化管理单位的管理计划制定内容应包括单位基本信息、危险废物产生情况信息、危险废物贮存情况信息、危险废物减量化计划和措施、危险废物转移情况信息。

5.3.3　危险废物登记管理单位的管理计划制定内容应包括单位基本信息、危险废物产生情况信息、危险废物转移情况信息。

5.4　单位基本情况填写要求

5.4.1　单位基本信息

单位基本信息填写内容参见附录 A.1，填写应满足以下要求。

a）行业类别：根据 GB/T 4754 中对应的类别和代码填写。

b）管理类别：指危险废物环境重点监管单位、危险废物简化管理单位或者危险废物登记管理单位。

5.4.2　设施信息

设施信息填写内容参见附录 A.2，填写应满足以下要求。

a）主要生产单元、主要工艺、生产设施及设施参数、产品名称、生产能力、原辅材料：与排污许可证副本中载明的内容保持一致。

b）设施编码：填写排污许可证副本中载明的编码。若无编码，则根据 HJ 608 进行编码并填写。

对于产生环节不固定的危险废物，选取其中一个产生该类别危险废物的设施编码填写。

c）污染防治设施参数：指危险废物自行利用设施、自行处置设施和贮存设施的参数。

5.5　危险废物基本情况填写要求

5.5.1　危险废物产生

危险废物产生情况填写内容参见附录 A.3，填写应满足以下要求。

a）危险废物名称、类别、代码和危险特性：依据《国家危险废物名录》或根据 GB 5085.1 ～ 7 和 HJ 298 判定并填写。有行业俗称或单位内部名称的，同时填写行业俗称或单位内部名称。

b）有害成分名称：危险废物中对环境有害的主要污染物名称，如苯系物、氰化物、砷等。

c）产生危险废物设施名称和编码：依据本标准第 5.4.2 部分填写的生产设施名称、生产设施编码填写，可由国家危险废物信息管理系统自动生成。

d）本年度预计产生量：本年度预计产生的危险废物量。

e）计量单位：填写吨。以升、立方米等体积计量的，应折算成重量吨；以个数作为计量单位的，除填写个数外，还应折算成重量吨。

f）内部治理方式及去向：自行利用设施编码、自行处置设施编码和贮存设施编码依据本标准第 5.4.2 部分填写的污染防治设施编码填写，可由国家危险废物信息管理系统自动生成。

5.5.2　危险废物贮存

5.5.2.1　危险废物贮存情况填写内容参见附录 A.4，填写应满足以下要求。

a）危险废物名称、类别、代码、有害成分名称、形态、危险特性：依据本标准第 5.5.1 部分填写的相关信息填写，可由国家危险废物信息管理系统自动生成。

b）贮存设施编码：依据本标准第 5.4.2 部分填写的污染防治设施编码填写，可由国家危险废物信息管理系统自动生成。

c）贮存设施类型：根据 GB 18597 中贮存设施类型填写。

d）包装形式：包括包装容器、材质、规格等。

e）本年度预计剩余贮存量：预计截至本年底贮存设施内危险废物的库存量。

f）计量单位：填写吨。以升、立方米等体积计量的，应折算成重量吨；以个数作为计量单位的，除填写个数外，还应折算成重量吨。

5.5.2.2　危险废物贮存能力应与排污许可证副本中载明的保持一致，或根据产生危险废物的单位环境影响评价文件及审批意见确定。

5.5.3　危险废物自行利用/处置

5.5.3.1　危险废物自行利用/处置情况填写内容参见附录 A.5，填写应满足以下要求。

a）设施类型：指自行利用设施和自行处置设施。

b）危险废物名称、类别、代码、有害成分名称、形态、危险特性：依据本标准第 5.5.1 部分填写的相关信息填写，可由国家危险废物信息管理系统自动生成。

c）自行利用/处置设施编码：依据本标准第 5.4.2 部分填写的污染防治设施编码填写，可由国家危险废物信息管理系统自动生成。

d）自行利用/处置方式代码：根据 HJ 1033 附录 F 填写。

e）本年度预计自行利用/处置量：本年度预计自行利用/处置的危险废物量。

f）计量单位：填写吨。以升、立方米等体积计量的，应折算成重量吨；以个数作为计量单位的，除填写个数外，还应折算成重量吨。

5.5.3.2　危险废物自行利用/处置能力应与排污许可证副本中载明的保持一致，或根据产生危险废物的单位环境影响评价文件及审批意见确定。

5.5.4　危险废物减量化

5.5.4.1　危险废物减量化计划和措施填写内容参见附录 A.6。

5.5.4.2　根据自身产品生产和危险废物产生情况，在借鉴同行业发展水平和经验的基础上，提出减少危险废物产生量和降低危险废物危害性措施的计划，明确改进原料、工艺、技术、管理等。

5.5.5　危险废物转移

危险废物转移情况填写内容参见附录 A.7，填写应满足以下要求。

a）转移类型：指省内转移、跨省转移和境外转移。

b）危险废物名称、类别、代码、有害成分名称、形态、危险特性：依据本标准第 5.5.1 部分填写的相关信息填写，可由国家危险废物信息管理系统自动生成。

c）本年度预计转移量：本年度预计转移的危险废物量。

d）计量单位：填写吨。以升、立方米等体积计量的，应折算成重量吨；以个数作为计量单位的，除填写个数外，还应折算成重量吨。

e）利用 / 处置方式代码：根据 HJ 1033 附录 F 填写。

f）拟接收单位类型：危险废物经营许可证持有单位、危险废物利用处置环节豁免管理单位、中华人民共和国境外的危险废物利用处置单位等。

g）拟接收危险废物经营许可证持有单位名称、经营许可证编号：应当与国家危险废物信息管理系统中登记的危险废物经营许可证持有单位相关信息关联并一致，可由国家危险废物信息管理系统自动生成。

h）危险废物利用处置环节豁免管理单位的相关信息应在国家危险废物信息管理系统中登记。

i）危险废物出口至境外的，应在国家危险废物信息管理系统中填写中华人民共和国境外的危险废物利用处置单位信息。

6　危险废物管理台账制定要求

6.1　一般原则

6.1.1　产生危险废物的单位应建立危险废物管理台账，落实危险废物管理台账记录的责任人，明确工作职责，并对危险废物管理台账的真实性、准确性和完整性负法律责任。

6.1.2　产生危险废物的单位应根据危险废物产生、贮存、利用、处置等环节的动态流向，如实建立各环节的危险废物管理台账，记录内容参见附录 B。

6.1.3　危险废物管理台账分为电子管理台账和纸质管理台账两种形式。产生危险废物的单位可通过国家危险废物信息管理系统、企业自建信息管理系统或第三方平台等方式记录电子管理台账。

6.2　频次要求

产生后盛放至容器和包装物的，应按每个容器和包装物进行记录；产生后采用管道等方式输送至贮存场所的，按日记录；其他特殊情形的，根据危险废物产生规律确定记录频次。

6.3 记录内容

6.3.1 危险废物产生环节，应记录产生批次编码、产生时间、危险废物名称、危险废物类别、危险废物代码、产生量、计量单位、容器/包装编码、容器/包装类型、容器/包装数量、产生危险废物设施编码、产生部门经办人、去向等。

6.3.2 危险废物入库环节，应记录入库批次编码、入库时间、容器/包装编码、容器/包装类型、容器/包装数量、危险废物名称、危险废物类别、危险废物代码、入库量、计量单位、贮存设施编码、贮存设施类型、运送部门经办人、贮存部门经办人、产生批次编码等。

6.3.3 危险废物出库环节，应记录出库批次编码、出库时间、容器/包装编码、容器/包装类型、容器/包装数量、危险废物名称、危险废物类别、危险废物代码、出库量、计量单位、贮存设施编码、贮存设施类型、出库部门经办人、运送部门经办人、入库批次编码、去向等。

6.3.4 危险废物自行利用/处置环节，应记录自行利用/处置批次编码、自行利用/处置时间、容器/包装编码、容器/包装类型、容器/包装数量、危险废物名称、危险废物类别、危险废物代码、自行利用/处置量、计量单位、自行利用/处置设施编码、自行利用/处置方式、自行利用/处置完毕时间、自行利用/处置部门经办人、产生批次编码/出库批次编码等。

6.3.5 危险废物委外利用/处置环节，应记录委外利用/处置批次编码、出厂时间、容器/包装编码、容器/包装类型、容器/包装数量、危险废物名称、危险废物类别、危险废物代码、委外利用/处置量、计量单位、利用/处置方式、接收单位类型、利用/处置单位名称、许可证编码/出口核准通知单编号、产生批次编码/出库批次编码等。

6.4 记录保存

保存时间原则上应存档 5 年以上。

7 危险废物申报要求

7.1 一般原则

7.1.1 产生危险废物的单位应定期通过国家危险废物信息管理系统向所在地生态环境主管部门申报危险废物的种类、产生量、流向、贮存、利用、处置等有关资料。

7.1.2　产生危险废物的单位应根据危险废物管理台账记录归纳总结申报期内危险废物有关情况，保证申报内容的真实性、准确性和完整性，按时在线提交至所在地生态环境主管部门，台账记录留存备查。

7.1.3　产生危险废物的单位可以自行申报，也可以委托危险废物经营许可证持有单位或者经所在地生态环境主管部门同意的第三方单位代为申报。

7.2　申报周期

7.2.1　危险废物环境重点监管单位应当按月度和年度申报危险废物有关资料，且于每月 15 日前和每年 3 月 31 日前分别完成上一月度和上一年度的申报。

7.2.2　危险废物简化管理单位应当按季度和年度申报危险废物有关资料，且于每季度首月 15 日前和每年 3 月 31 日前分别完成上一季度和上一年度的申报。

7.2.3　危险废物登记管理单位应当按年度申报危险废物有关资料，且于每年 3 月 31 日前完成上一年度的申报。

7.3　申报内容

7.3.1　申报内容包括危险废物产生情况、危险废物自行利用 / 处置情况、危险废物委托外单位利用 / 处置情况、贮存情况，申报报告格式参见附录 C。

7.3.2　通过国家危险废物信息管理系统建立危险废物电子管理台账的单位，国家危险废物信息管理系统自动生成危险废物申报报告，经其确认并在线提交后，完成申报。

附录 A

（资料性附录）

危险废物管理计划参考表

表 A.1　单位基本信息表

（危险废物环境重点监管单位、危险废物简化管理单位、危险废物登记管理单位填写）

单位名称		注册地址	
生产经营场所地址		行政区划	
行业类别		行业代码	
生产经营场所中心经度		生产经营场所中心纬度	
统一社会信用代码		管理类别	
法定代表人		联系电话	
危险废物环境管理技术负责人		联系电话	
是否有环境影响评价审批文件		环境影响评价审批文件文号或备案编号	
是否有排污许可证或是否进行排污登记		排污许可证证书编号或排污登记表编号	

表 A.2 设施信息表

（危险废物环境重点监管单位填写）

序号	主要生产单元名称	主要工艺名称	设施名称	设施编码	污染防治设施参数			生产设施生产能力		产品产量						原辅料			
					参数名称	设计值	计量单位	生产能力	计量单位	中间产品名称	中间产品数量	计量单位	最终产品名称	最终产品数量	计量单位	种类	名称	用量	计量单位
1																			
2																			
3																			

表 A.3 危险废物产生情况信息表

（危险废物环境重点监管单位、危险废物简化管理单位、危险废物登记管理单位填写）

序号	产生危险废物设施编码	产生危险废物设施名称	对应产废环节名称	危险废物名称		危险废物类别	危险废物代码	有害成分名称	形态	危险特性	本年度预计产生量	计量单位	内部治理方式及去向					
				行业俗称/单位内部名称	国家危险废物名录名称								自行利用设施编码	自行利用设施设计能力	自行处置设施编码	自行处置设施设计能力	贮存设施编码	贮存设施设计能力
1	自动生成	自动生成											自动生成	自动生成	自动生成	自动生成	自动生成	自动生成
2																		
3																		

表 A.4　危险废物贮存情况信息表

（危险废物环境重点监管单位、危险废物简化管理单位填写）

序号	贮存设施编码	贮存设施类型	危险废物名称		危险废物类别	危险废物代码	有害成分名称	形态	危险特性	包装形式	本年度预计剩余贮存量	计量单位
			行业俗称 / 单位内部名称	国家危险废物名录名称								
1	自动生成		自动生成	自动生成	自动生成	自动生成	自动生成	自动生成	自动生成			
2												
3												

表 A.5　危险废物自行利用 / 处置情况信息表

（危险废物环境重点监管单位填写）

序号	设施类型	设施编码	危险废物名称		危险废物类别	危险废物代码	有害成分名称	形态	危险特性	自行利用 / 处置方式代码	本年度预计自行利用 / 处置量	计量单位
			行业俗称 / 单位内部名称	国家危险废物名录名称								
1		自动生成	自动生成	自动生成	自动生成	自动生成	自动生成	自动生成	自动生成			
2												
3												

表 A.6　危险废物减量化计划和措施

（危险废物环境重点监管单位、危险废物简化管理单位填写）

<table>
<tr><td rowspan="5">减少危险废物产生量的计划</td><td rowspan="2">序号</td><td colspan="2">危险废物名称</td><td rowspan="2">本年度预计产生量</td><td rowspan="2">预计减少量</td><td rowspan="2">计量单位</td></tr>
<tr><td>行业俗称 / 单位内部名称</td><td>国家危险废物名录名称</td></tr>
<tr><td>1</td><td>自动生成</td><td>自动生成</td><td></td><td></td><td></td></tr>
<tr><td>2</td><td></td><td></td><td></td><td></td><td></td></tr>
<tr><td colspan="3">合计</td><td></td><td></td><td></td></tr>
<tr><td>降低危险废物危害性的计划</td><td colspan="6"></td></tr>
<tr><td>减少危险废物产生量和降低危害性的措施</td><td colspan="6">可以包括以下几个方面：改进设计、采用先进的工艺技术和设备、使用清洁的能源和原料、改善管理、危险废物综合利用、提高污染防治水平等。</td></tr>
</table>

表 A.7 危险废物转移情况信息表

（危险废物环境重点监管单位、危险废物简化管理单位、危险废物登记管理单位填写）

序号	转移类型	危险废物名称		危险废物类别	危险废物代码	有害成分名称	形态	危险特性	本年度预计转移量	计量单位	利用/处置方式代码	拟接收单位类型	危险废物经营许可证持有单位		危险废物利用处置环节豁免管理单位	中华人民共和国境外的危险废物利用处置单位
		行业俗称/单位内部名称	国家危险废物名录名称										单位名称	许可证编码	单位名称	单位名称
1		自动生成	自动生成	自动生成	自动生成	自动生成	自动生成	自动生成						自动生成		
2																
3																

附录 B

（资料性附录）

危险废物管理台账参考表

表 B.1　危险废物产生环节记录表

序号	产生批次编码	产生时间	危险废物名称		危险废物类别	危险废物代码	产生量	计量单位	容器/包装编码	容器/包装类型	容器/包装数量	产生危险废物设施编码	产生部门经办人	去向
			行业俗称/单位内部名称	国家危险废物名录名称										
1														
2														
3														

注：产生批次编码，可采用“产生”首字母加年月日再加编号的方式设计，例如“HWCS20211031001”。

表 B.2 危险废物入库环节记录表

序号	入库批次编码	入库时间	容器/包装编码	容器/包装类型	容器/包装数量	危险废物名称		危险废物类别	危险废物代码	入库量	计量单位	贮存设施编码	贮存设施类型	运送部门经办人	贮存部门经办人	产生批次编码
						行业俗称/单位内部名称	国家危险废物名录名称									
1																
2																
3																

注：入库批次编码，可采用“入库”首字母加年月日再加编号的方式设计，例如“HWRK20211031001”。

表 B.3　危险废物出库环节记录表

序号	出库批次编码	出库时间	容器/包装编码	容器/包装类型	容器/包装数量	危险废物名称		危险废物类别	危险废物代码	出库量	计量单位	贮存设施编码	贮存设施类型	出库部门经办人	运送部门经办人	入库批次编码	去向
						行业俗称/单位内部名称	国家危险废物名录名称										
1																	
2																	
3																	

注：出库批次编码，可采用“出库”首字母加年月日再加编号的方式设计，例如“HWCK20211031001”。

表 B.4　危险废物自行利用 / 处置环节记录表

序号	自行利用 / 处置批次编码	自行利用 / 处置时间	容器 / 包装编码	容器 / 包装类型	容器 / 包装数量	危险废物名称		危险废物类别	危险废物代码	自行利用 / 处置量	计量单位	自行利用 / 处置设施编码	自行利用 / 处置方式	自行利用 / 处置完毕时间	自行利用 / 处置部门经办人	产生批次编码 / 出库批次编码
						行业俗称 / 单位内部名称	国家危险废物名录名称									
1																
2																
3																

注：自行利用 / 处置批次编码，可采用“自行利用”或“自行处置”首字母加年月日再加编号的方式设计，例如“HWZXLY20211031001”或“HWZXCZ20211031001”。

表 B.5　危险废物委外利用 / 处置记录表

序号	委外利用 / 处置批次编码	出厂时间	容器 / 包装编码	容器 / 包装类型	容器 / 包装数量	危险废物名称		危险废物类别	危险废物代码	委外利用 / 处置量	计量单位	利用 / 处置方式	接收单位类型	危险废物经营许可证持有单位		危险废物利用处置环节豁免管理单位	中华人民共和国境外的危险废物利用处置单位		产生批次编码 / 出库批次编码
						行业俗称 / 单位内部名称	国家危险废物名录名称							单位名称	许可证编码	单位名称	单位名称	出口核准通知单编号	
1																			
2																			
3																			

注：委外利用 / 处置批次编码，可采用“委外利用”或“委外处置”首字母加年月日再加编号的方式设计，例如“HWWWLY20211031001”或“HWWWCZ20211031001”。

出口利用 / 处置的，可采用“出口利用”或“出口处置”首字母加年月日再加编号的方式设计，例如“HWCKLY20211031001”或“HWCKCZ20211031001”。

附录 C

（资料性附录）

危险废物申报报告参考表

表 C.1 ____年____月危险废物月度申报报告表

序号	产生情况									自行利用 / 处置情况			委托外单位利用 / 处置情况						贮存情况			
	危险废物名称		危险废物类别	危险废物代码	有害成分名称	形态	危险特性	产生量	计量单位	利用 / 处置方式	利用 / 处置量	计量单位	省（区、市）	单位名称	危险废物经营许可证编号 / 利用处置环节豁免管理单位编号 / 出口核准通知单编号	利用 / 处置方式	利用 / 处置量	计量单位	上月底剩余贮存量	计量单位	本月底剩余贮存量	计量单位
	行业俗称 / 单位内部名称	国家危险废物名录名称																				
1																						
2																						
3																						

表 C.2 ____年第____ 季度危险废物季度申报报告表

序号	产生情况									自行利用/处置情况			委托外单位利用/处置情况						贮存情况			
	危险废物名称		危险废物类别	危险废物代码	有害成分名称	形态	危险特性	产生量	计量单位	利用/处置方式	利用/处置量	计量单位	省（区、市）	单位名称	危险废物经营许可证编号/利用处置环节豁免管理单位编号/出口核准通知单编号	利用/处置方式	利用/处置量	计量单位	上季度底剩余贮存量	计量单位	本季度底剩余贮存量	计量单位
	行业俗称/单位内部名称	国家危险废物名录名称																				
1																						
2																						
3																						

表 C.3 ______年危险废物年度申报报告表

序号	产生情况									自行利用/处置情况			委托外单位利用/处置情况						贮存情况			
	危险废物名称		危险废物类别	危险废物代码	有害成分名称	形态	危险特性	产生量	计量单位	利用/处置方式	利用/处置量	计量单位	省（区、市）	单位名称	危险废物经营许可证编号/利用处置环节豁免管理单位编号/出口核准通知单编号	利用/处置方式	利用/处置量	计量单位	上年底剩余贮存量	计量单位	本年底剩余贮存量	计量单位
	行业俗称/单位内部名称	国家危险废物名录名称																				
1																						
2																						
3																						

中华人民共和国国家生态环境标准

HJ 1276—2022

危险废物识别标志设置技术规范

Technical specification for setting identification signs of hazardous waste

2022-12-30 发布　　　　2023-07-01 实施

生　态　环　境　部　发布

HJ 1276—2022

前 言

为贯彻《中华人民共和国环境保护法》《中华人民共和国固体废物污染环境防治法》等法律法规，防治环境污染，改善生态环境质量，规范危险废物识别标志设置，制定本标准。

本标准规定了产生、收集、贮存、利用、处置危险废物单位需设置的危险废物识别标志的分类、内容要求、设置要求和制作方法。

本标准的附录 A 为规范性附录，附录 B 为资料性附录。

本标准为首次发布。

本标准由生态环境部固体废物与化学品司、法规与标准司组织制定。

本标准主要起草单位：中国环境科学研究院、生态环境部固体废物与化学品管理技术中心。

本标准生态环境部 2022 年 12 月 30 日批准。

本标准自 2023 年 7 月 1 日起实施。

本标准由生态环境部解释。

危险废物识别标志设置技术规范

1 适用范围

本标准规定了产生、收集、贮存、利用、处置危险废物单位需设置的危险废物识别标志的分类、内容要求、设置要求和制作方法。

本标准适用于危险废物的容器和包装物，以及收集、贮存、利用、处置危险废物的设施、场所使用的环境保护识别标志的设置。

危险废物运输过程中识别标志设置还应遵守国家有关危险货物运输管理的规定。

医疗废物的识别标志设置按照HJ 421中的规定执行。

2 规范性引用文件

本标准引用了下列文件或其中的条款。凡是注明日期的引用文件，仅注日期的版本适用于本标准。凡是未注日期的引用文件，其最新版本（包括所有的修改单）适用于本标准。

GB 5085（所有部分） 危险废物鉴别标准

GB 15562.2 环境保护图形标志——固体废物贮存（处置）场

GB 18597 危险废物贮存污染控制标准

HJ 298 危险废物鉴别技术规范

HJ 421 医疗废物专用包装袋、容器和警示标志标准

HJ 608 排污单位编码规则

HJ 1259 危险废物管理计划和管理台账制定技术导则

《国家危险废物名录》

3 术语和定义

下列术语和定义适用于本标准。

3.1　**危险废物**　hazardous waste

列入国家危险废物名录或者根据国家规定的危险废物鉴别标准和鉴别方法认定的具有危险特性的固体废物。

3.2　**危险废物识别标志**　identification signs of hazardous waste

由图形、数字和文字等元素组合而成的标志，用于向相关人群传递危险废物的有关规定和信息，以防止危险废物危害生态环境和人体健康。包括危险废物标签，危险废物贮存分区标志，危险废物贮存、利用、处置设施标志。

3.3　**危险废物标签**　hazardous waste label

设置在危险废物容器或包装物上，由文字、编码和图形符号等组合而成，用于向相关人群传递危险废物特定信息，以警示危险废物潜在环境危害的标志。

3.4　**危险废物贮存分区标志**　hazardous waste storage subarea signs

设置在危险废物贮存设施内部，用于显示危险废物贮存设施内贮存分区规划和危险废物贮存情况，以避免潜在环境危害的警告性信息标志。

3.5　**危险废物贮存、利用、处置设施标志**　signs of hazardous waste storage, utilization, disposal facilities

设置在贮存、利用、处置危险废物的设施、场所，用于引起人们对危险废物贮存、利用、处置活动的注意，以避免潜在环境危害的警告性区域信息标志。

3.6　**危险废物贮存设施**　hazardous waste storage facilities

专门用于贮存危险废物的设施，具体类型包括贮存库、贮存场、贮存池和贮存罐区等。

3.7　**危险废物利用设施**　hazardous waste utilization facilities

从事危险废物利用活动的特定设施。

3.8　**危险废物处置设施**　hazardous waste disposal facilities

从事危险废物处置活动的特定设施。

4　总体要求

4.1　危险废物识别标志的设置应具有足够的警示性，以提醒相关人员在从事收集、贮存、利用、处置危险废物经营活动时注意防范危险废物的环境风险。

4.2　危险废物识别标志应设置在醒目的位置，避免被其他固定物体遮挡，并与周边的环境特点相协调。

4.3　危险废物识别标志与其他标志宜保持视觉上的分离。危险废物识别标志与其他标志相近设置时，宜确保危险废物识别标志在视觉上的识别和信息的读取不受其他标志的影响。

4.4　同一场所内，同一种类危险废物识别标志的尺寸、设置位置、设置方式和设置高度等宜保持一致。

4.5　危险废物识别标志的设置除应满足本标准的要求外，还应执行国家安全生产、消防等有关法律、法规和标准的要求。

5　危险废物标签

5.1　危险废物标签的内容要求

5.1.1　危险废物标签应以醒目的字样标注“危险废物”。

5.1.2　危险废物标签应包含废物名称、废物类别、废物代码、废物形态、危险特性、主要成分、有害成分、注意事项、产生/收集单位名称、联系人、联系方式、产生日期、废物重量和备注。

5.1.3　危险废物标签宜设置危险废物数字识别码和二维码。

5.2　危险废物标签的填写要求

5.2.1　废物名称

列入《国家危险废物名录》中的危险废物，应参考《国家危险废物名录》中“危险废物”一栏，填写简化的废物名称或行业内通用的俗称；经 GB 5085（所有部分）和 HJ298 鉴别属于危险废物的，应按照其产生来源和工艺填写废物名称。

5.2.2　废物类别、废物代码

列入《国家危险废物名录》中的危险废物，应参考《国家危险废物名录》中的内容填写；经 GB 5085（所有部分）和 HJ 298 鉴别属于危险废物的，应根据其主要有害成分和危险特性确定所属废物类别，并按代码“900-000-××”（××为危险废物类别代码）填写。

5.2.3　废物形态

应填写容器或包装物内盛装危险废物的物理形态。

5.2.4　危险特性

应根据危险废物的危险特性（包括腐蚀性、毒性、易燃性和反应性），选择附录 A 中对应的危险特性警示图形，印刷在标签上相应位置，或单独打印后粘贴于标签上相应的位置。具有多种危险特性的应设置相应的全部图形。

5.2.5　主要成分

应填写危险废物主要的化学组成或成分，可使用汉字、化学分子式、元素符号或英文缩写等。

示例 1：油基岩屑的主要成分可填写“石油类、岩屑”。

示例 2：废催化剂的主要成分可填写“SiO_2、Al_2O_3”。

5.2.6　有害成分

应填写废物中对生态环境或人体健康有害的主要污染物名称，可使用汉字、化学分子式、元素符号或英文缩写等。

示例：废矿物油的有害成分：石油烃、PAHs 等。

5.2.7　注意事项

应根据危险废物的组成、成分和理化特性，填写收集、贮存、利用、处置时必要的注意事项，可参考附录 B 常见的注意事项用语填写，也可根据废物具体的理化性质填写其他要求。

5.2.8　产生 / 收集单位名称、联系人和联系方式

应填写危险废物产生单位的信息。当从事收集、贮存、利用、处置危险废物经营活动的单位收集危险废物时，在满足国家危险废物相关污染控制标准等规定的条件下，容器内盛装两家及以上单位的危险废物（如废矿物油）时，应填写收集单位的信息。

5.2.9　产生日期

应填写开始盛装危险废物时的日期，可按照年月日的格式填写。当从事收集、贮存、利用和处置危险废物经营活动的单位收集危险废物时，在满足国家危险废物相关污染控制标准等规定的条件下，容器内盛装相同种类但不同初始产生日期的危险废物（如废矿物油）时，应填写收集危险废物时的日期。

5.2.10　废物重量

应填写完成收集后容器或包装物内危险废物的重量（kg 或 t）。

5.2.11　数字识别码和二维码

数字识别码按照本标准第 8 条的要求进行编码，并实现“一物一码”。危险废物标签二维码的编码数据结构中应包含数字识别码的内容，信息服务系统所含信息

宜包含标签中设置的信息。从事收集、贮存、利用、处置危险废物经营活动的单位可利用电子标签等物联网技术对危险废物进行信息化管理。

5.2.12　备注

危险废物标签的设置单位可根据自身实际管理需求或按照县级及以上生态环境主管部门的要求，填写与所盛装危险废物相关的信息。

5.3　危险废物标签的设置要求

5.3.1　危险废物产生单位或收集单位在盛装危险废物时，宜根据容器或包装物的容积按照本标准第 9.1 条中的要求设置合适的标签，并按本标准第 5.2 条中的要求填写完整。

5.3.2　危险废物标签中的二维码部分，可与标签一同制作，也可以单独制作后固定于危险废物标签相应位置。

5.3.3　危险废物标签的设置位置应明显可见且易读，不应被容器、包装物自身的任何部分或其他标签遮挡。危险废物标签在各种包装上的粘贴位置分别为：

a）箱类包装：位于包装端面或侧面；

b）袋类包装：位于包装明显处；

c）桶类包装：位于桶身或桶盖；

d）其他包装：位于明显处。

5.3.4　对于盛装同一类危险废物的组合包装容器，应在组合包装容器的外表面设置危险废物标签。

5.3.5　容积超过 450 L 的容器或包装物，应在相对的两面都设置危险废物标签。

5.3.6　危险废物标签的固定可采用印刷、粘贴、栓挂、钉附等方式，标签的固定应保证在贮存、转移期间不易脱落和损坏。

5.3.7　当危险废物容器或包装物还需同时设置危险货物运输相关标志时，危险废物标签可与其分开设置在不同的面上，也可设在相邻的位置。危险废物标签设置的示意图见图 1。

5.3.8　在贮存池的或贮存设施内堆存的无包装或无容器的危险废物，宜在其附近参照危险废物标签的格式和内容设置柱式标志牌，柱式标志牌设置的示意图见图 2。

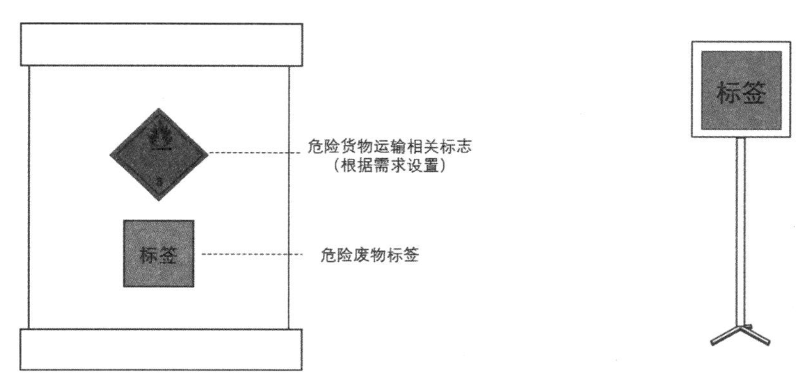

图 1　危险废物标签设置示意图　　图 2　危险废物柱式标志牌设置示意图

6　危险废物贮存分区标志

6.1　危险废物贮存分区标志的内容要求

6.1.1　危险废物贮存分区标志应以醒目的方式标注“危险废物贮存分区标志”字样。

6.1.2　危险废物贮存分区标志应包含但不限于设施内部所有贮存分区的平面分布、各分区存放的危险废物信息、本贮存分区的具体位置、环境应急物资所在位置以及进出口位置和方向。

6.1.3　危险废物贮存单位可根据自身贮存设施建设情况，在危险废物贮存分区标志中添加收集池、导流沟和通道等信息。

6.1.4　危险废物贮存分区标志的信息应随着设施内废物贮存情况的变化及时调整。

6.2　危险废物贮存分区标志的设置要求

6.2.1　危险废物贮存分区的划分应满足 GB 18597 中的有关规定。宜在危险废物贮存设施内的每一个贮存分区处设置危险废物贮存分区标志。

6.2.2　危险废物贮存分区标志宜设置在该贮存分区前的通道位置或墙壁、栏杆等易于观察的位置。

6.2.3　宜根据危险废物贮存分区标志的设置位置和观察距离按照本标准第 9.2 条中的制作要求设置相应的标志。

6.2.4　危险废物贮存分区标志可采用附着式（如钉挂、粘贴等）、悬挂式和柱式（固定于标志杆或支架等物体上）等固定形式，贮存分区标志设置示意图见图 3 和图 4。

6.2.5　危险废物贮存分区标志中各贮存分区存放的危险废物种类信息可采用卡

槽式或附着式（如钉挂、粘贴等）固定方式。

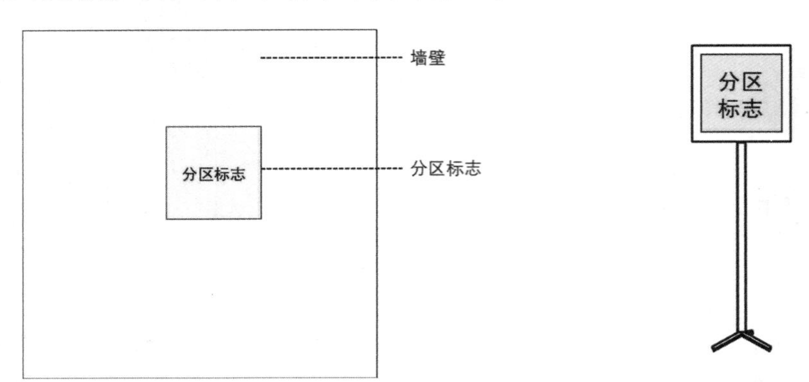

图 3　附着式危险废物贮存分区标志设置示意图

图 4　柱式危险废物贮存分区标志设置示意图

7　危险废物贮存、利用、处置设施标志

7.1　危险废物贮存、利用、处置设施标志的内容要求

7.1.1　危险废物贮存、利用、处置设施标志应包含三角形警告性图形标志和文字性辅助标志，其中三角形警告性图形标志应符合 GB 15562.2 中的要求。

7.1.2　危险废物贮存、利用、处置设施标志应以醒目的文字标注危险废物设施的类型。

7.1.3　危险废物贮存、利用、处置设施标志还应包含危险废物设施所属的单位名称、设施编码、负责人及联系方式。

7.1.4　危险废物贮存、利用、处置设施标志宜设置二维码，对设施使用情况进行信息化管理。

7.2　危险废物贮存、利用、处置设施标志的填写要求

7.2.1　单位名称

应填写贮存、利用、处置危险废物的单位全称。

7.2.2　危险废物贮存、利用、处置设施编码

危险废物贮存、利用、处置设施编码可填写 HJ 1259 中规定的设施编码。

7.2.3　负责人及联系方式

填写本设施相关负责人的姓名和联系方式。

7.2.4　二维码

设施二维码信息服务系统中应包含但不限于该设施场所的单位名称、设施类

型、设施编码、负责人及联系方式，以及该设施场所贮存、利用、处置的危险废物名称和种类等信息。

7.3　危险废物贮存、利用、处置设施标志的设置要求

7.3.1　危险废物相关单位的每一个贮存、利用、处置设施均应在设施附近或场所的入口处设置相应的危险废物贮存设施标志、危险废物利用设施标志、危险废物处置设施标志。

7.3.2　对于有独立场所的危险废物贮存、利用、处置设施，应在场所外入口处的墙壁或栏杆显著位置设置相应的设施标志。

7.3.3　位于建筑物内局部区域的危险废物贮存、利用、处置设施，应在其区域边界或入口处显著位置设置相应的标志。

7.3.4　对于危险废物填埋场等开放式的危险废物相关设施，除了固定的入口处之外，还可根据环境管理需要在相关位置设置更多的标志。

7.3.5　宜根据设施标志的设置位置和观察距离按照本标准第 9.3 条中的制作要求设置相应的标志。

7.3.6　危险废物设施标志可采用附着式和柱式两种固定方式，应优先选择附着式，当无法选择附着式时，可选择柱式，设施标志设置示意图见图 5 和图 6。

7.3.7　附着式标志的设置高度，应尽量与视线高度一致；柱式的标志和支架应牢固地联接在一起，标志牌最上端距地面约 2 m；位于室外的标志牌中，支架固定在地下的，其支架埋深约 0.3 m。

7.3.8　危险废物设施标志应稳固固定，不能产生倾斜、卷翘、摆动等现象。在室外露天设置时，应充分考虑风力的影响。

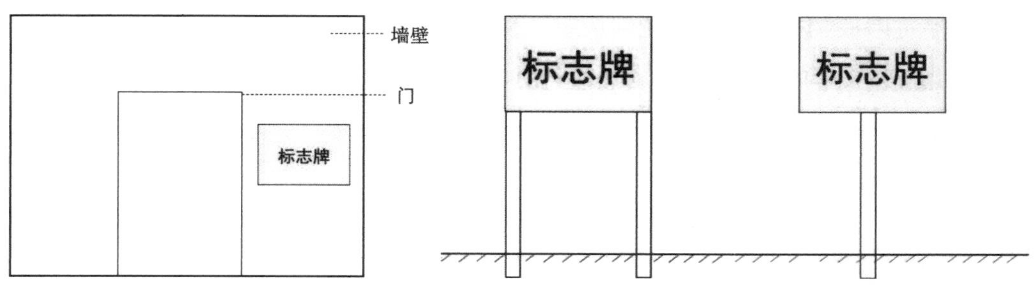

图 5　附着式危险废物设施标志设置示意图

图 6　柱式危险废物设施标志设置示意图

8 数字识别码

8.1 代码结构

危险废物标签中数字识别码由4段37位构成，代码结构见图7。其中：第一段为危险废物产生或收集单位编码，18位；第二段为危险废物代码，8位；第三段为产生或收集日期码，8位；第四段为废物顺序编码，3位。

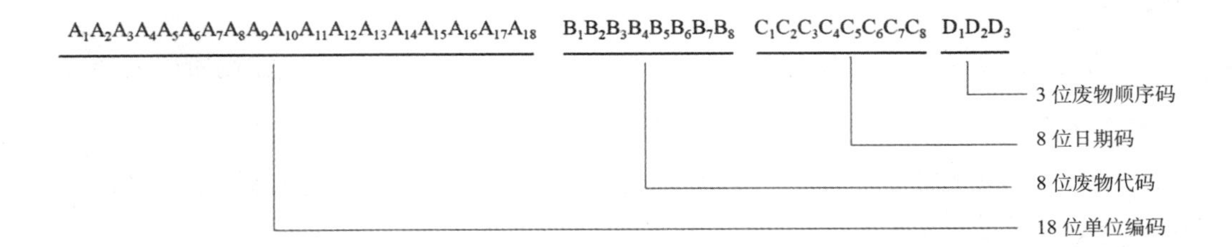

图7 危险废物数字识别码代码结构

8.2 危险废物产生、收集单位编码

危险废物产生、收集单位编码是危险废物来源信息的唯一标识，按照HJ608中的排污单位编码要求编制。对于危险废物产生单位，其单位编码即为该产生单位的排污单位编码。根据5.2.8条要求，需要填写收集危险废物作业单位名称时，其数字识别码中的单位编码为该收集单位的排污单位编码。

8.3 危险废物代码

列入《国家危险废物名录》中的危险废物，采用《国家危险废物名录》中废物代码的数字部分，如90004149。根据5.2.2条要求，经GB 5085（所有部分）和HJ 298鉴别属于危险废物的，其危险废物代码格式也应保持一致。

8.4 产生日期码

对于危险废物产生单位，危险废物产生日期码为危险废物产生日期中的数字部分，采用年月日的格式顺序，如20210101。根据5.2.9条要求，产生日期需要填写收集危险废物的日期时，其产生日期码格式也应保持一致。

8.5 废物顺序码

废物顺序码为危险废物标签设置单位内部自行设置的3位数字编号，按顺序设为001～999。

9　危险废物识别标志的制作

9.1　危险废物标签

9.1.1　危险废物标签的颜色

危险废物标签背景色应采用醒目的橘黄色，RGB 颜色值为（255，150，0）。标签边框和字体颜色为黑色，RGB 颜色值为（0，0，0）。

9.1.2　危险废物标签的字体

危险废物标签字体宜采用黑体字，其中“危险废物”字样应加粗放大。

9.1.3　危险废物标签尺寸

危险废物标签的尺寸宜根据容器或包装物的容积按照表 1 中的要求设置。

表 1　危险废物标签的尺寸要求

序号	容器或包装物容积（L）	标签最小尺寸（mm×mm）	最低文字高度（mm）
1	≤ 50	100×100	3
2	＞ 50 ～≤ 450	150×150	5
3	＞ 450	200×200	6

9.1.4　危险废物标签的材质

危险废物标签所选用的材质宜具有一定的耐用性和防水性。标签可采用不干胶印刷品，或印刷品外加防水塑料袋或塑封等。

9.1.5　危险废物标签的印刷

危险废物标签印刷的油墨应均匀，图案和文字应清晰、完整。危险废物标签的文字边缘宜加黑色边框，边框宽度不小于 1 mm，边框外宜留不小于 3 mm 的空白。

9.1.6　危险废物标签的样式

危险废物标签的制作宜符合图 8 所示样式。

图 8　危险废物标签样式示意图

9.2　危险废物贮存分区标志

9.2.1　危险废物贮存分区标志的颜色

危险废物分区标志背景色应采用黄色，RGB 颜色值为（255，255，0）。废物种类信息应采用醒目的橘黄色，RGB 颜色值为（255，150，0）。字体颜色为黑色，RGB 颜色值为（0，0，0）。

9.2.2　危险废物贮存分区标志的字体

危险废物分区标志的字体宜采用黑体字，其中“危险废物贮存分区标志”字样应加粗放大并居中显示。

9.2.3　危险废物贮存分区标志的尺寸

危险废物贮存分区标志的尺寸宜根据对应的观察距离按照表 2 中的要求设置。

表 2　危险废物贮存 分区标志的尺寸要求

观察距离 L（m）	标志整体外形最小尺寸（mm）	最低文字高度（mm）	
		贮存分区标志	其他文字
0 ＜ L ≤ 25	300×300	20	6
2.5 ＜ L ≤ 4	450×450	30	9
L ＞ 4	600×600	40	12

9.2.4　危险废物贮存分区标志的材质

危险废物贮存分区标志的衬底宜采用坚固耐用的材料，并具有耐用性和防水性。废物贮存种类信息等可采用印刷纸张、不粘胶材质或塑料卡片等，以便固定在衬底上。

9.2.5　危险废物贮存分区标志的印刷

危险废物贮存分区标志的图形和文字应清晰、完整，保证在足够的观察距离条件下不影响阅读。“危险废物贮存分区标志”字样与其他信息宜加黑色分界线区分，分界线的宽度不小于 2 mm。

9.2.6　危险废物贮存分区标志的样式

危险废物贮存分区标志的制作宜符合图 9 所示样式。

9.3　危险废物贮存、利用、处置设施标志

9.3.1　危险废物贮存、利用、处置设施标志的颜色

危险废物设施标志背景颜色为黄色，RGB 颜色值为（255，255，0）。字体和边框颜色为黑色，RGB 颜色值为（0，0，0）。

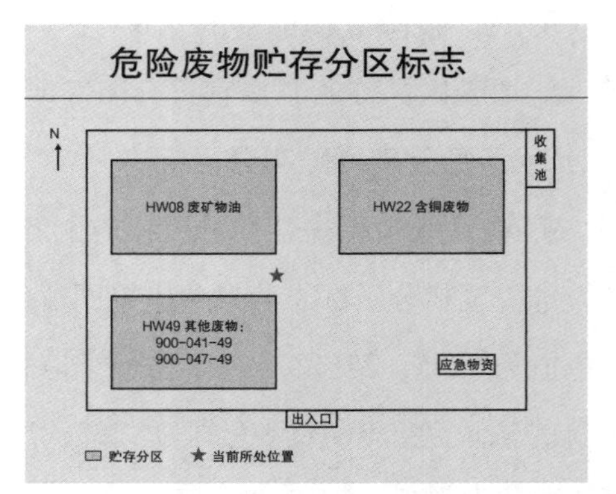

图 9　危险废物贮存分区标志样式示意图

9.3.2 危险废物贮存、利用、处置设施标志的字体

危险废物设施标志字体应采用黑体字，其中危险废物设施类型的字样应加粗放大并居中显示。

9.3.3 危险废物贮存、利用、处置设施标志的尺寸

危险废物贮存、利用、处置设施标志的尺寸宜根据其设置位置和对应的观察距离按照表 3 中的要求设置。

表 3 不同观察距离时危险废物贮存、利用、处置设施标志的尺寸要求

设置位置	观察距离 L（m）	标志牌整体外形最小尺寸（mm）	三角形警告性标志			最低文字高度（mm）	
			三角形外边长 a_1（mm）	三角形内边长 a_2（mm）	边框外角圆弧半径（mm）	设施类型名称	其他文字
露天 / 室外入口	＞ 10	900×558	500	375	30	48	24
室内	4 ＜ L ≤ 10	600×372	300	225	18	32	16
室内	≤ 4	300×186	140	105	8.4	16	8

9.3.4 危险废物贮存、利用、处置设施标志的材质

危险废物贮存、利用、处置设施标志宜采用坚固耐用的材料（如 1.5 mm ～ 2 mm 冷轧钢板），并做搪瓷处理或贴膜处理。一般不宜使用遇水变形、变质或易燃的材料。柱式标志牌的立柱可采用 38×4 无缝钢管或其他坚固耐用的材料，并经过防腐处理。

9.3.5 危险废物贮存、利用、处置设施标志的印刷

危险废物贮存、利用、处置设施标志的图形和文字应清晰、完整，保证在足够的观察距离条件下也不影响阅读。三角形警告性图形与其他信息间宜加黑色分界线区分，分界线的宽度宜不小于 3 mm。

9.3.6 危险废物贮存、利用、处置设施标志的外观质量要求

危险废物贮存、利用、处置设施的标志牌和立柱无明显变形。标志牌表面无气泡，膜或搪瓷无脱落。图案清晰，色泽一致，没有明显缺损。

9.3.7 危险废物贮存、利用、处置设施标志的样式

危险废物贮存、利用、处置设施标志可采用横版或竖版的形式，标志制作宜符合图 10 和图 11 所示的样式。

a）贮存设施标志

b）利用设施标志

c）处置设施标志

图 10　横版危险废物贮存、利用、处置设施标志样式示意图

a）贮存设施标志

b）利用设施标志

c）处置设施标志

图 11　竖版危险废物贮存、利用、处置设施标志样式示意图

10　检查与维护

危险废物识别标志设置单位在日常管理过程中，应定期组织检查危险废物识别标志是否填写完整、有无脱落、破损和脏污等影响信息识别的情形。

附录 A

（规范性附录）

危险特性警示图形

序号	危险特性	警示图形	图形颜色
1	腐蚀性	CORROSIVE 腐蚀性	符号：黑色 底色：上白下黑
2	毒性	TOXIC 毒性	符号：黑色 底色：白色
3	易燃性	FLAMMABLE 易燃	符号：黑色 底色：红色 （RGB:255，0，0）
4	反应性	REACTIVITY 反应性	符号：黑色 底色：黄色 （RGB:255，255，0）

附录 B

（资料性附录）

危险废物标签常用的注意事项用语

序号	推荐用语
1	必须锁紧
2	放在阴凉地方
3	切勿靠近住所
4	容器必须盖紧
5	容器必须保持干燥
6	容器必须放在通风的地方
7	切勿将容器密封
8	切勿靠近食物、饮品及动物饲料
9	切勿靠近　　　（须指定互不相容的物质）
10	切勿受热
11	切勿近火，不准吸烟
12	切勿靠近易燃物质
13	处理及打开容器时，应小心
14	存放温度不超过摄氏　　度
15	以　　　保持湿润
16	只可放在原用的容器内
17	切勿与　　　混合
18	只可放在通风的地方
19	使用时严禁饮食
20	使用时严禁吸烟
21	切勿吸入尘埃
22	切勿吸入气体（烟雾、蒸气、喷雾或其他）
23	避免沾及皮肤
24	避免沾及眼睛
25	切勿倒入水渠
26	切勿加水

续表

序号	推荐用语
27	防止静电发生
28	避免震荡和摩擦
29	穿上适当防护服
30	戴上防护手套
31	如通风不足，则须配戴呼吸器
32	配戴护眼、护面用具
33	使用　　（须予指定）来清理受这种物质污染的地面及物件
34	遇到火警时，使用　　灭火设备，切勿使用
35	如沾及眼睛，立即用大量清水来清洗，并尽快就医诊治
36	所有受污染的衣物应立即脱掉
37	沾及皮肤后，立即用大量（指定液来清洗）
序号	各种注意事项用语的配合使用
38	容器必须锁紧，存在阴凉通风的地方
39	存放在阴凉通风的地方，切勿靠近　　（须指明互不相容的物质）
40	容器必须盖紧，保持干燥
41	只可放在原用的容器内，并放在阴凉通风的地方，切勿靠近（须指明不互不相容的物质）
42	容器必须盖紧，并存放在通风的地方
43	使用时严禁饮食或吸烟
44	避免沾及皮肤和眼睛
45	穿上适当的防护服和戴上适当防护手套
46	穿上适当的防护服，戴上适当防护手套，并戴上护眼、护面用具

注：各项用语中空缺的部分，应根据废物特性，填写补充完整。

中华人民共和国国家生态环境标准

HJ 1275—2022

失活脱硝催化剂再生污染控制技术规范

Technical specifications for pollution control of deactivated denitration catalyst regeneration

2022-12-24 发布　　　　2023-04-01 实施

生　态　环　境　部　发布

HJ 1275—2022

前　言

为贯彻《中华人民共和国环境保护法》《中华人民共和国固体废物污染环境防治法》等法律法规，防治环境污染，改善生态环境质量，规范和指导失活脱硝催化剂再生过程的污染控制，制定本标准。

本标准规定了失活脱硝催化剂再生过程的污染控制及再生运行环境管理要求。

本标准的附录 A 为资料性附录。

本标准为首次发布。

本标准由生态环境部固体废物与化学品司、法规与标准司组织制定。

本标准主要起草单位：生态环境部环境工程评估中心、浙江大学、福建龙净环保股份有限公司、国龙源催化剂江苏有限公司、北京低碳清洁能源研究院、国电环境保护研究院有限公司。

本标准生态环境部 2022 年 12 月 24 日批准。

本标准自 2023 年 4 月 1 日起实施

本标准由生态环境部解释。

失活脱硝催化剂再生污染控制技术规范

1 适用范围

本标准规定了失活脱硝催化剂再生过程的总体要求、再生过程污染控制技术要求、污染物排放控制要求和运行环境管理要求。

本标准适用于火电厂失活脱硝催化剂再生过程的污染控制，可作为失活脱硝催化剂再生建设项目环境影响评价、环境保护设施设计、竣工环境保护设施验收和排污许可证申请与核发的技术参考依据。

其他行业或种类的失活脱硝催化剂再生污染控制可参照本标准执行。

2 规范性引用文件

本标准引用了下列文件或其中的条款。凡是注明日期的引用文件，仅注日期的版本适用于本标准。凡是未注日期的引用文件，其最新版本（包括所有的修改单）适用于本标准。

GB 8978 污水综合排放标准

GB 9078 工业炉窑大气污染物排放标准

GB 12348 工业企业厂界环境噪声排放标准

GB 13271 锅炉大气污染物排放标准

GB 16297 大气污染物综合排放标准

GB 26452 钒工业污染物排放标准

HJ 819 排污单位自行监测技术指南 总则

HJ 944 排污单位环境管理台账及排污许可证执行报告技术规范 总则（试行）

HJ 1033 排污许可证申请与核发技术规范 工业固体废物和危险废物治理

JB/T 12129 燃煤烟气脱硝失活催化剂再生及处理方法

3　术语和定义

下列术语和定义适用于本标准。

3.1　失活脱硝催化剂　deactivated denitration catalyst

由于表面积灰或孔道堵塞、化学中毒、物理结构破损等原因导致性能下降而无法满足脱硝系统设计使用要求的烟气选择性催化还原脱硝催化剂。

3.2　失活脱硝催化剂再生　deactivated denitration catalyst regeneration

采用物理、化学等方法使可再生的失活脱硝催化剂有效恢复活性并达到烟气脱硝系统设计使用要求的过程。

4　总体要求

4.1　失活脱硝催化剂的收集应防止扬尘、遗撒和破碎。转移应采用缠绕膜、包装袋等材料包装，避免脱落扬尘。

4.2　失活脱硝催化剂再生工艺应遵循处理效果最优、二次污染最小原则，选择节水、节能、高效、低污染的技术和设备。

4.3　失活脱硝催化剂典型再生工艺应包括预处理、物理清洗、化学清洗、活性植入、热处理等工序。各工序再生及处理方法、再生后性能要求等应符合 JB/T 12129 的相关规定。

4.4　失活脱硝催化剂再生应采取有效的二次污染防治措施，治理设施的设计、安装、运行维护等应满足相关技术规范和标准要求。可根据各工序产生污染物种类，分类或集中处理。向环境排放的废水、废气、噪声应满足相关污染物排放标准与排污许可证要求，产生的固体废物应按照相关环境保护规定和标准要求妥善贮存、利用处置。

4.5　失活脱硝催化剂再生除应满足环境保护相关要求外，还应执行安全生产、职业健康、交通运输、消防等法规标准的相关要求。

5　再生工艺过程污染控制要求

5.1　预处理

5.1.1　宜采用压缩空气吹扫、真空吸尘、人工清理等方式中的一种或几种，去除失活脱硝催化剂表面及孔道内松散的粉尘。

5.1.2　预处理工序操作场所应设置粉尘收集装置并导入除尘设施。

5.1.3　预处理工序产生的含颗粒物、重金属等污染物的废气，可采用袋式除尘器处理，过滤风速宜小于 1 m/min，漏风率小于 2%。产生的除尘灰等固体废物应妥善收集处理。

5.2　物理清洗

5.2.1　失活脱硝催化剂孔道内难以通过吹扫、抽吸等方式去除的有害附着物（如颗粒物）应采用湿法清洗等物理清洗方式去除，并可采用鼓泡、超声等辅助方式。

5.2.2　物理清洗设施或设备应防渗漏，操作过程中合理控制液位，防止溢洒或喷溅。

5.2.3　物理清洗工序产生的含悬浮物、重金属等污染物的废水，以及废水处理产生的污泥等固体废物均应妥善收集处理。

5.3　化学清洗

5.3.1　吸附在失活脱硝催化剂上的中毒物质应采用酸洗、碱洗、中性络合清洗等化学清洗方式去除。

5.3.2　化学清洗设施或设备应防腐和防渗漏，操作过程中合理控制液位，防止溢洒或喷溅。

5.3.3　化学清洗工序产生的含酸雾等废气应收集后送至喷淋塔、鼓泡塔等设备处理。产生的含悬浮物、重金属、化学需氧量、氨氮等污染物的废水，以及废水处理产生的污泥等固体废物均应妥善收集处理。

5.4　活性植入

5.4.1　活性植入工序宜采用碱性含钒活性再生液浸渍失活脱硝催化剂。

5.4.2　活性植入工序采用的设施或设备应防腐和防渗漏。

5.4.3　活性植入工序产生的含钒及其化合物、氨氮等污染物的废水，以及废水处理产生的污泥等固体废物均应妥善收集处理。

5.5　热处理

5.5.1　热处理工序温度宜控制在 300 ℃～ 650 ℃，热处理时间不宜少于 2 小时。

5.5.2　热处理工序产生的含颗粒物、二氧化硫等污染物的废气宜采用喷淋塔处理，喷淋塔喷淋覆盖率不应低于 200%，产生的喷淋废水应妥善收集处理。

5.5.3　热处理工序采用燃气锅炉加热的，应采用低氮燃烧等技术控制氮氧化物的产生。

6　污染物排放控制要求

6.1　废气污染控制

6.1.1　预处理工序产生的含颗粒物等污染物的废气经除尘处理后，排放应满足 GB 16297 的要求。

6.1.2　化学清洗工序产生的含颗粒物、硫酸雾、有害物质（铅、汞、铍及其化合物）等污染物的废气经处理后，排放应满足 GB 16297 的要求。

6.1.3　热处理工序产生的含烟尘等污染物的废气排放应满足 GB 9078 的要求。

6.1.4　热处理工序采用燃气锅炉加热的，燃气锅炉产生的含氮氧化物、二氧化硫和颗粒物的废气排放应满足 GB 13271 的要求。

6.2　废水污染控制

6.2.1　失活脱硝催化剂再生过程产生的废水应根据污染物种类、特征以及处理后去向选择适用的处理工艺，可采取物理化学法、生物法和深度处理等技术工艺组合处理。

6.2.2　失活脱硝催化剂再生各工序产生的废水原则上应单独收集、单独处理。物理清洗和化学清洗工序产生的废水，在相关污染物满足 GB 8978 第一类污染物限值要求后可混合集中处理。

6.2.3　失活脱硝催化剂再生过程产生的废水直接向环境排放的，pH、化学需氧量、氨氮、悬浮物、有害物质（总铍、总砷、总铬、六价铬、总铅、总汞、总镉等）等应满足 GB 8978 的要求；若排入公共污水处理厂，应满足纳管限值或 GB 8978 的三级标准要求。其他特征污染物的排放控制要求根据有关规定执行。

6.3　固体废物污染控制

收集、运输失活脱硝催化剂过程产生的缠绕膜、包装袋等废弃包装材料，再生预处理工序产生的除尘灰，以及废水处理产生的污泥、废滤料、废活性炭、废滤膜等固体废物，应分类收集、贮存和处置；经鉴别属于危险废物且需要委托外单位利用处置的，应交由具有相应资质的单位利用处置。

6.4　噪声污染控制

6.4.1　失活脱硝催化剂再生过程使用的空压机及其他设备应采用消声器等隔声降噪治理措施，优先采用低噪声设备，并优化噪声设备布局。

6.4.2 厂界噪声应满足 GB 12348 的要求。

7 环境管理要求

7.1 失活脱硝催化剂再生单位应建立环境保护管理责任制度，合理设置专职技术人员，负责失活脱硝催化剂收集、运输和再生过程的环境保护及相关监督管理工作。

7.2 失活脱硝催化剂再生单位宜定期对操作人员、技术人员及管理人员进行环境保护相关法律法规、污染防治技术、环境应急等知识和技能培训。

7.3 失活脱硝催化剂再生单位应依法建立环境管理台账制度，环境管理台账记录应满足 HJ 944、HJ 1033 等相关规范和标准要求。

7.4 失活脱硝催化剂再生单位应按照 HJ 819 等规定，根据再生活动实际排放污染物种类制定监测方案，对再生过程污染物排放情况开展自行监测，保存原始数据，并按照信息公开管理办法公布监测结果。自行监测要求参见附录 A。参照执行的其他行业或种类的失活脱硝催化剂再生过程污染物排放监测指标，需结合行业特征污染因子、排放标准和环境管理要求综合确定。

7.5 失活脱硝催化剂再生单位应加强环境风险管理，落实环境风险隐患的排查治理工作，有效预防环境风险事故的发生。

附录 A

（资料性附录）

失活脱硝催化剂再生单位主要污染物排放自行监测要求

<table>
<tr><td rowspan="2">监测点位</td><td rowspan="2">监测因子</td><td colspan="2">再生期间最低监测频次</td><td rowspan="2">执行排放标准</td></tr>
<tr><td>重点排污单位</td><td>非重点排污单位</td></tr>
<tr><td colspan="5">废气有组织排放</td></tr>
<tr><td rowspan="2">预处理工序废气污染物净化设施排放口</td><td>颗粒物</td><td rowspan="2">月</td><td rowspan="2">半年</td><td rowspan="5">GB 16297</td></tr>
<tr><td>铅及其化合物、汞及其化合物、铍及其化合物</td></tr>
<tr><td rowspan="3">化学清洗工序废气污染物净化设施排放口</td><td>颗粒物</td><td rowspan="5">季</td><td rowspan="5">年</td></tr>
<tr><td>硫酸雾</td></tr>
<tr><td>铅及其化合物、汞及其化合物、铍及其化合物</td></tr>
<tr><td>热处理工序废气污染物净化设施排放口</td><td>烟尘</td><td>GB 9078</td></tr>
<tr><td>热处理工序燃气锅炉排放口</td><td>氮氧化物、二氧化硫、颗粒物</td><td>GB 13271</td></tr>
<tr><td colspan="5">废气无组织排放</td></tr>
<tr><td>厂界周边</td><td>颗粒物</td><td>年</td><td>年</td><td>GB 16297</td></tr>
<tr><td colspan="5">废水排放</td></tr>
<tr><td>废水总排放口</td><td>pH、化学需氧量、氨氮、悬浮物</td><td>月</td><td>半季（直接排放）
季（间接排放）</td><td rowspan="2">GB 8978 或公共污水厂纳管要求</td></tr>
<tr><td rowspan="2">车间或生产设施废水排放口</td><td>总铍、总砷、总铬、六价铬、总铅、总汞、总镉等</td><td rowspan="2">半月</td><td rowspan="2">月</td></tr>
<tr><td>总钒</td><td>GB 26452</td></tr>
<tr><td colspan="5">噪声排放</td></tr>
<tr><td>厂界周边</td><td>等效 A 声级</td><td>季</td><td>季</td><td>GB 12348</td></tr>
</table>

注：1. 不设废水总排放口的（废水不外排）企业，无需对废水污染物（pH、化学需氧量、氨氮、悬浮物）开展监测。

2. 车间或生产设施排放口指含第一类污染物的废水处理特定处理单元出水口。

环境保护部关于发布《危险废物经营单位审查和许可指南》的公告

（公告〔2009〕65 号）

为贯彻落实《中华人民共和国固体废物污染环境防治法》，完善危险废物经营许可制度，指导和规范各级环境保护行政主管部门对申请领取危险废物经营许可证单位的审查和许可工作，我部制定了《危险废物经营单位审查和许可指南》。现予公布，请各级环境保护行政主管部门参照执行。

附件：危险废物经营单位审查和许可指南

环境保护部

2009 年 12 月 10 日

附件

危险废物经营单位审查和许可指南

一、目的和依据

根据《中华人民共和国固体废物污染环境防治法》（以下简称《固体法》）和《危险废物经营许可证管理办法》（国务院令第408号）规定，从事收集、贮存、利用、处置危险废物经营活动的单位，必须向县级以上环境保护行政主管部门（以下简称"环保部门"）申请领取危险废物经营许可证。

为指导和规范环保部门对申请领取危险废物经营许可证单位的审查和许可工作，制定《危险废物经营单位审查和许可指南》（以下简称《指南》）。

二、关于证明材料

申请领取危险废物经营许可证单位可参考本《指南》附一的要求，提交有关符合《危险废物经营许可证管理办法》所规定许可条件的证明材料。

证明材料应当翔实充分并合理组织，利于查阅。

三、关于审批程序及时限

（一）受理（5个工作日内）

负责审批危险废物经营许可证的环保部门（以下简称"审批部门"）收到申请材料（包括证明材料）后应对申请是否属于受理范围、材料的完整性等进行书面审查，作出受理或不受理的决定。

（二）专家评审（40个工作日内）

审批部门应当组织专家对受理的申请材料（包括证明材料）进行评审，并进行现场核查。

专家组应当提交关于申请材料评审和现场核查的意见；并起草危险废物经营许可证草案或不予颁发许可证的文件。

（三）审批（20 个工作日内）

审批部门根据专家评审意见，依法作出审批决定。

对符合条件的申请单位，审批部门依法发布有关给予颁发危险废物经营许可证的公告。

不符合条件的申请单位，审批部门书面通知申请单位并说明理由。

（四）制作颁发许可证（10 个工作日内）

对符合条件的申请单位，审批部门制作并颁发许可证；批准日期以公告日期为准。

四、关于专家评审

（一）专家人数

不少于 3 名，并至少包括 1 名申请单位有关经营设施所在地环保部门推荐的专家。专家评审应当推选 1 名专家任组长。组长应当具有 3 年以上评审危险废物经营单位的经验。

（二）专家的构成

应包括技术专家和管理专家。专家应掌握和熟悉危险废物管理的法律法规和标准规范，具有危险废物设施建设、运行和管理经验，了解危险废物利用处置技术、设备、分析和环境监测等相关知识。

（三）评审要求

专家应当依据《固体法》、《危险废物经营许可证管理办法》、《危险废物焚烧污染控制标准》（GB 18484）、《危险废物贮存污染控制标准》（GB 18597）、《危险废物填埋污染控制标准》（GB 18598）等法律法规和标准的各项要求，将需要评审的内容列出清单（有关危险废物焚烧、填埋设施的评审表可参考附二），逐一评审。对列入《全国危险废物和医疗废物处置设施建设规划》的项目，已经竣工验收的，可适当简化评审内容。

（四）评审方法

1. 书面评审。如审查有关环境监测报告，焚烧设施试焚烧方案及报告，设备性能检测报告，有关消防、建筑质量等的验收报告，竣工验收报告等。

2. 现场核查。如查看有关经营情况记录，现场运行情况，同时，应对照焚烧设施作业区集水池的设计文件进行现场核查等。

（五）评审结论

1. 对照《危险废物经营许可证管理办法》所规定许可条件，逐一说明申请单位是否符合；对不符合的，说明理由。

为尽量减少审查的自由裁量幅度，对监测报告、检测报告、有关验收文件能说明是否符合许可条件的，以验收报告和文件为准；对其他事项，比如需要对照证明材料进行检查的以及需要现场核查的，以现场核查结果为准。

2. 明确给出是否应当颁发危险废物经营许可证的意见。

结合我国危险废物处置利用行业的现状，对危险废物经营单位进行总体评价后给出是否应当颁发危险废物经营许可证的意见；对建议不予颁发许可证的，说明理由。对列入《全国危险废物和医疗废物处置设施建设规划》的项目，未经竣工验收的，不予颁发危险废物经营许可证。

（六）安全要求

现场核查应注意安全，做好安全防护工作。

五、关于焚烧、填埋及利用设施的审查要点

（一）关于危险废物焚烧设施

对从事危险废物焚烧的申请单位，应当通过试焚烧来核查焚烧设施性能和污染物排放是否符合《危险废物焚烧污染控制标准》和地方相关标准。

申请单位应当记录试焚烧运行工况、污染排放等证明焚烧设施符合《危险废物焚烧污染控制标准》和地方相关标准的数据，并向审批部门提交相关报告。试焚烧有关规范和指南另行规定。

（二）关于危险废物填埋设施

对从事危险废物填埋的申请单位，应当通过核查危险废物填埋设施的施工记录、监理记录和施工质量保证书等建设过程的相关文件来判断填埋设施是否符合《危险废物填埋污染控制标准》。

（三）关于危险废物利用设施

对从事危险废物利用的申请单位，应当重点审查是否符合建设项目环境保护有关规定；危险废物贮存容器和设施是否符合《危险废物贮存污染控制标准》；相关危险废物处理设备、设施（如反应罐）是否安全，基础是否牢固，结构是否具有足够强度，相关连接处是否密封，防腐蚀措施是否合理，承压设备是否安全等。废水、废气污染物是否达标排放；固体废物、危险废物是否得到妥善处置等。

六、关于危险废物经营许可证的内容

（一）危险废物经营许可证的内容应包括“危险废物经营许可证正文”和“危险废物经营许可证附件”两部分

危险废物经营许可证可分为正本和副本，正本为一份，副本可为多份。

危险废物经营许可证正本应当保存于危险废物经营设施所在地，以备环保部门检查。危险废物经营许可证副本可供危险废物经营单位与危险废物产生单位签订危险废物收集、贮存、利用和处置合同，以及办理危险废物转移等手续时使用。

（二）危险废物经营许可证正文应至少包括以下主要内容：

1. 危险废物经营许可证的编号。如十位编号：第一、二位数字为危险废物经营设施所在地的省级行政区划代码；第三、四位数字为省辖市级行政区划代码；第五、六位数字为县级政府行政区划代码；其余四位数字为流水号。行政区划代码按照《中华人民共和国行政区划代码》填写（可参见国家统计局网站）。

2. 审批颁发危险废物经营许可证的机关，并加盖公章。

3. 颁发危险废物经营许可证的日期；危险废物经营许可证的有效期限（标注起止日期）；初次颁发危险废物经营许可证的日期。

4. 危险废物经营许可证的法人名称、法定代表人、住所。

5. 核准的危险废物经营方式。主要有：收集；收集、贮存、利用；收集、贮存、处置；收集、贮存、利用、处置。

6. 核准经营的危险废物类别。应根据《国家危险废物名录》将危险废物类别尽可能确定到具体的危险废物，如：从事含汞灯管处置的，其危险废物类别应列明为“含汞灯管（HW29 含汞废物）”，而不是笼统地写“HW29 含汞废物”。

7. 许可经营的危险废物贮存、利用和处置设施的年经营规模。

8. 危险废物贮存、利用、处置设施的地址，并应注明其经度和纬度。可对各设施进行编号以利于规范化管理。

（三）危险废物经营许可证附件应至少包括以下主要内容：

1. 许可条件。将法律法规和标准规范的有关规定以及合理的管理要求作为许可条件。

许可条件至少包括：持证单位应当遵守《固体法》《危险废物经营许可证管理办法》等法律法规的规定，按照许可条件，利用获得许可的设施从事危险废物贮存、利用和处置的经营活动。严格执行危险废物分析、转移联单、经营情况记录簿、意外事故应急预案、人员培训、内部监督管理与检查等制度。贮存、利用、处置危险废物的设施及其烟气、废水和噪声等污染物排放应符合相关标准和技术规范（对暂无排放标准的污染物，可按照最佳可行技术原则确定污染物排放的要求）。在发生违反许可条件的情形时，应当采取合理的步骤和措施减少对环境的排放，防止对人体健康和环境的危害。按照环境监测方案开展环境监测，并定期向许可机关上报环境监测结果。定期向许可机关报告危险废物经营活动情况。所有报告应当由法人签字并加盖公章，等等。

2. 核准经营的危险废物贮存、处置及利用设施、危险废物经营类别及规模明细表。应注明每个核准经营的危险废物贮存、利用和处置设施及其主要参数，年经营规模，所能经营的危险废物类别；并尽可能注明利用和处置设施的运行工况，如：注明焚烧设施的进料速率和进料的化学成分限值（如氯含量小于5%，汞含量小于100 mg/kg 等）。

3. 环境监测方案。即要求危险废物经营单位对污染物排放及环境质量自行监测的方案。环境监测方案应包括监测项目、监测频率和监测点位等。环境监测方案要综合平衡保护环境和人体健康的需要、环境监督管理的需要以及企业的经济承受能力，合理确定；要确保取样及监测数据具有代表性。

七、监督检查

危险废物经营单位所在地环保部门应当加强属地监管。审批部门应当组织对危险废物经营单位每年至少监督性检查一次，监督性监测一次。

八、许可的费用

对申请领取危险废物经营许可证单位的审批经费应当列入审批部门的预算，由本级财政预算予以保障。

附一：有关条件证明材料的说明

附二：危险废物经营许可证评审表（略）

附三：危险废物经营许可证（略）

附一

有关条件证明材料的说明

有关条件证明材料说明如下：

一、有 3 名以上环境工程专业或者相关专业中级以上职称，并有 3 年以上固体废物污染治理经历的技术人员。证明材料主要包括：

1. 环境工程或者化工、冶金、分析测试等相关专业技术人员的学历和学位证书、职称证书复印件。

2. 技术人员具有 3 年以上固体废物污染治理经历的证明材料。

3. 技术人员与申请单位签订的劳动合同等能证明劳动关系的证明材料，如合同聘用文本及聘期、合同期间社保证明等。

4. 其他相关证明材料。

二、有符合国务院交通主管部门有关危险货物运输安全要求的运输工具。证明材料主要包括：

1. 交通主管部门颁发的允许从事危险货物运输的道路运输经营许可证的复印件。

2. 危险废物运输车辆运营证、危险货物运输驾驶员证和押运员证的复印件。

3. 无危险货物运输资质的申请单位应提供与拥有相关危险货物运输资质的单位签订的运输协议（或合同）的复印件，并同时提供上述证明材料。

4. 其他相关证明材料。

三、有符合国家或者地方环境保护标准和安全要求的包装工具，中转和临时存放设施、设备以及经验收合格的贮存设施、设备。证明材料主要包括：

1. 包装工具照片或图样及文字说明。

2. 中转和临时存放设施、设备以及贮存设施、设备的照片、设计文件及文字说明、施工报告等。

3. 贮存设施、设备经环保、卫生、消防安全等部门验收合格的证明文件的复印件。

4. 中转和临时存放设施、设备以及贮存设施的名称、贮存能力、数量、贮存危险废物的种类、其他技术参数。

5. 其他相关证明材料。

四、有符合国家或者省、自治区、直辖市危险废物处置设施建设规划，符合国家或者地方环境保护标准和安全要求的处置设施、设备和配套的污染防治设施。证明材料主要包括：

1.《企业法人营业执照》和《组织机构代码证》复印件。

2. 关于选址符合《危险废物焚烧污染控制标准》《危险废物填埋污染控制标准》等相关标准的材料。

3. 厂区平面布置图（应绘出：设施法定边界；进货和出货装置的地点；各危险废物处置设施、贮存设施、配套污染防治设施以及事故应急池、雨水收集池的位置、排污口位置、地下水监测井的位置等）。

危险废物经营单位应确保有足够道路空间，以保障在紧急状态下，相关的救援人员、消防、泄漏控制、去污设备通行无阻。

4. 处置设施、设备，以及配套污染防治设施的设计文件及文字说明。

对于填埋设施，应当提供有关施工质量保证书、施工和监理情况的报告，以及地下水监测井设计方案的依据（如地下水的流向和速率等）。

5. 环境影响评价文件的复印件；环境保护设施竣工验收意见的复印件。

6. 现有设施最近一年内的监督性监测报告的复印件。提供企业自行监测报告的，应当提供关于其符合相关监测质量要求的证明材料。

7. 现有危险废物焚烧炉，应提供论证其符合《危险废物焚烧污染控制标准》（GB 18484）关于焚烧炉的技术性能指标（包括焚烧炉温度、烟气停留时间、燃烧效率、焚毁去除率、焚烧残渣的热灼减率等）、焚烧炉出口烟气中的氧气含量等的证明材料。

如为证明焚烧炉满足《危险废物焚烧污染控制标准》关于温度大于1100℃要求，应当提供焚烧炉的设计温度、实际运行温度（对已运行设施）、耐火材料的规格（如能够耐受的温度范围），并书面解释焚烧过程如何达到要求的温度。书面解释如何控制氧气浓度使之满足《危险废物焚烧污染控制标准》关于焚烧炉出口烟气中的氧气含量应为6%～10%（干气）的要求。书面解释如何在最大气体流量时达到负压（计算公式），并提供有关抽风机额定流量及压降的数据。

8. 新建危险废物焚烧炉，应提供试焚烧方案及期限（一般不得超过一年）以及试焚烧结果的报告。

9. 分析实验仪器的名称、照片或图纸、文字说明、用途以及所能分析和监测的项目。

10. 有关应急装备、设施和器材的清单，包括种类、名称、数量、存放位置、规格、性能、用途和用法等信息。

11. 经营易燃易爆化学品废物的，须提供消防部门的证明材料。

12. 经营剧毒化学品废物的，须提供公安部门的证明材料。

13. 经营危险化学品废物的，须提供经营安全生产评估报告及备案的证明材料。

14. 建设项目工程质量、消防和安全验收的相关证明材料。

15. 其他相关证明材料。

五、有与所经营的危险废物类别相适应的处置技术和工艺。证明材料主要包括：

1. 详细描述危险废物预处理和处置工艺及操作要求。

2. 危险废物预处理和处置主要设备的名称、规格型号、设计能力、数量、其他技术参数。

3. 危险废物预处理和处置主要设备所能预处理和处置的废物名称、类别、形态和危险特性。

4. 其他相关证明材料。

六、有保证危险废物经营安全的规章制度、污染防治措施和事故应急救援措施。证明材料主要包括：

1. 废物分析方案 / 制度。分析废物的目的是确保持证单位仅接收许可经营的危险废物，从而确保危险废物得到正确的贮存或处置。废物分析方案 / 制度至少应包含以下内容：（1）持证单位如何了解所接收的危险废物与危险废物转移联单所列危险废物相一致；（2）对各危险废物拟分析的参数 / 成分及理由；（3）拟采用的取样方法；（4）拟采用的分析测试方法；（5）重复测试的频率；（6）每批废物的接收标准和拒绝标准。

2. 安保措施。危险废物经营单位应当防止无关人员进入厂区，特别是危险废物利用处置区。比如：控制进入危险废物贮存、处置设施的安全措施。如设置 24 小时监控系统，对进出危险废物贮存、处置设施进行不间断监控；或在危险废物贮存、处置设施周围设置人工或天然的障碍物（如栅栏），控制出入；在设施的入口处设置中英文标示："危险：非授权人员不得进入（Danger: Unauthorized Personnel Keep Out）"，等等。

3. 内部监督管理措施和制度。为及时纠正问题防止危害环境和人体健康，危险废物经营单位应当制定检查方案，针对可能导致危险废物组分泄漏到环境中，以及对人体健康造成威胁的设备故障和老化，操作错误，有意或无意的危险废物溢出、泄漏等情况，以及预防、侦测或应对有关环境或人体健康威胁的重要设施和设备［如监测设备、安全及应急设备、保安设施、操作设备（如泵）等］进行检查。检查方案应当包括拟检查的问题类型及检查频率。如：对危险废物装卸区等易发生泄漏的区域是否存在泄漏，焚烧炉及附属设备（如泵、阀门、传送设施、管道）是否存在泄漏和无组织排放（可肉眼观察）等每天至少检查一次。对防火通道是否畅通，去污设备是否充足等每周至少检查一次等。

4. 意外突发事故应急救援措施及相关设备。可参见《危险废物经营单位编制应急预案指南》（原国家环境保护总局公告 2007 年第 48 号）。

5. 关于易燃性、反应性和不相容废物的特别防范措施。危险废物经营单位应当采取特别措施，防范易燃性、反应性和不相容废物的安全风险。比如：关于确保这些废物远离火源和反应源的措施。在贮存处理易燃、反应性或不相容废物的场所设置"禁止吸烟（No Smoking）"的标识。设置隔离的吸烟区域。防止将彼此或与贮存设施或设备起剧烈反应（如起火，爆炸、释放有毒粉尘、气体或烟气）的不相容废物混合贮存的措施。

6. 有关预防风险的措施（包括相关应对程序和硬件设施）。如：在危险废物装卸操作时预防风险的措施（如特殊的叉车）。防止危险废物处理区域的废水流入其他区域或环境中，以及防止雨水侵入危险废物处理区域的措施（如排水沟或阻水堤）。防止污染水源的措施。降低设备故障或断电影响的措施。防止人体不适当暴露于危险废物的措施（如防护服、呼吸器、防毒面具、防毒口罩、安全帽、防酸碱手套及长筒靴等）。

7. 人员培训制度。危险废物经营单位应当清晰描述涉及危险废物管理的每个岗位的职责，并依此制订各个岗位从业人员的培训计划，培训计划应当包括针对该岗位的危险废物管理程序和应急预案的实施等。培训可分为课堂培训和现场操作培训。

应急培训应当使得受训人员能够有效地应对紧急状态。这要求受训人员熟悉：（1）应急程序、应急设备、应急系统，包括使用、检查、修理和更换设施内应急及监测设备的程序；（2）自动进料切断系统的主要参数；（3）通信联络或警报系统；（4）火灾或爆炸的应对；（5）地表水污染事件的应对等。

8. 环境监测制度。危险废物经营单位应当制定环境监测方案，对废水处理、大气污染物排放、噪声、地下水等定期监测。环境监测方案应确定监测指标和频率。危险废物经营单位自行监测的，还应当制定监测仪器的维护和标定方案，定期维护，标定并记录结果。

9. 新产生危险废物的管理计划。

10. 发生意外突发事件或正常操作下，造成土壤等环境污染时消除污染的保障措施。

七、以填埋方式处置危险废物的，需提交关于依法取得填埋场所的土地使用权。证明材料主要包括：

1. 建设用地规划许可证的复印件。

2. 建设用地厂区用地界限图的复印件。

3. 地方人民政府颁发的土地权利证书的复印件。

4. 其他相关证明材料。

生态环境部关于发布《危险废物排除管理清单（2021年版）》的公告

（公告〔2021〕66号）

为贯彻落实《中华人民共和国固体废物污染环境防治法》，按照《强化危险废物监管和利用处置能力改革实施方案》（国办函〔2021〕47号）有关要求，完善危险废物鉴别制度，推进分级分类管理，我部制定了《危险废物排除管理清单（2021年版）》（见附件），现予公布。

符合本清单要求的固体废物不属于危险废物。本清单根据实际情况实行动态调整。

附件：危险废物排除管理清单（2021年版）

生态环境部

2021年12月2日

附件

危险废物排除管理清单（2021 年版）

序号	固体废物名称	行业来源	固体废物描述
1	废弃水基钻井泥浆及岩屑	石油和天然气开采	以水为连续相配制钻井泥浆用于石油和天然气开采过程中产生的废弃钻井泥浆及岩屑（不包括废弃聚磺体系泥浆及岩屑）
2	脱墨渣	纸浆制造	废纸造浆工段的浮选脱墨工序产生的脱墨渣
3	七类树脂生产过程中造粒工序产生的废料	合成材料制造	聚乙烯（PE）树脂、聚丙烯（PP）树脂、聚苯乙烯（PS）树脂、聚氯乙烯（PVC）树脂、丙烯腈－丁二烯－苯乙烯（ABS）树脂、聚对苯二甲酸乙二醇酯（PET）树脂、聚对苯二甲酸丁二醇酯（PBT）树脂等七类树脂造粒加工生产产品过程中产生的不合格产品、大饼料、落地料、水涝料以及过渡料
4	热浸镀锌浮渣和锌底渣	金属表面处理及热处理加工	金属表面热浸镀锌处理（未加铅且不使用助镀剂）过程中锌锅内产生的锌浮渣；金属表面热浸镀锌处理（未加铅）过程中锌锅内产生的锌底渣
5	铝电极箔生产过程产生的废水处理污泥	金属表面处理及热处理加工	铝电解电容器用铝电极箔生产过程中产生的化学腐蚀废水处理污泥、非硼酸系化成液化成废水处理污泥
6	风电叶片切割边角料废物	风能原动设备制造	风力发电叶片生产过程中产生的废弃玻璃纤维边角料和切边废料

注：1.“固体废物名称”是指固体废物的通用名称。

2.“行业来源”是指固体废物的产生行业。

3.“固体废物描述”是指固体废物的产生工艺和环节等具体描述。

生态环境部办公厅关于坚决遏制固体废物非法转移和倾倒进一步加强危险废物全过程监管的通知

（环办土壤函〔2018〕266号）

各省、自治区、直辖市环境保护厅（局），新疆生产建设兵团环境保护局：

为落实中央领导同志重要批示指示精神，严厉打击固体废物非法转移倾倒违法犯罪行为，坚决遏制固体废物非法转移高发态势，加强危险废物全过程监管，有效防控环境风险，现就有关要求通知如下：

一、深刻认识遏制固体废物非法转移倾倒，加强危险废物全过程监管的重要性

固体废物污染防治是生态环境保护工作的重要领域，是改善生态环境质量的重要环节，是保障人民群众环境权益的重要举措。加强固体废物和垃圾处置是党的十九大要求着力解决的突出环境问题之一，对于决胜全面建成小康社会，打好污染防治攻坚战具有重要意义。当前我国固体废物非法转移、倾倒、处置事件仍呈高发态势，中央领导同志十分重视，社会高度关注。

各级生态环境部门要以习近平新时代中国特色社会主义思想为指导，全面贯彻落实党的十九大精神，提高政治站位，切实增强“四个意识”，深刻认识遏制固体废物非法转移倾倒，加强危险废物全过程监管工作的重要性。按照省级督导、市县落实、严厉打击、强化监管的总体要求，落实市县两级地方人民政府责任及部门监管责任，以有效防控固体废物环境风险为目标，以危险废物污染防治为重点，摸清固体废物特别是危险废物产生、贮存、转移、利用、处置情况；分类科学处置排查发现的各类固体废物违法倾倒问题，依法严厉打击各类固体废物非法转移行为；全面提升危险废物利用处置能力和全过程信息化监管水平，有效防范固体废物特别是危险废物非法转移倾倒引发的突发环境事件。

二、开展固体废物大排查

（一）全面摸排妥善处置非法倾倒固体废物

各省级生态环境部门要督促市县两级地方人民政府以沿江、沿河、沿湖等区域为排查重点，组织开展固体废物非法贮存、倾倒和填埋情况专项排查；对于排查发现的非法倾倒固体废物，督促各地生态环境部门会同相关部门组织开展核查、鉴别和分类等工作，根据环境风险程度确定优先整治清单，做好涉危险废物突发环境事件的防范应对工作；对于危险废物、医疗废物、重量在100吨以上的一般工业固体废物和体积在500立方米以上的生活垃圾，督促各地生态环境部门会同相关部门按职责分工“一点一策”制定整治工作方案。对排查出的固体废物堆放倾倒点，督导市县两级地方人民政府迅速查明来源，落实相关责任，限期完成处置工作；无法查明来源的，应妥善处置；根据需要组织开展环境损害评估工作。

（二）全面调查危险废物和一般工业固体废物产生源及流向

各级生态环境部门要结合第二次全国污染源普查，会同相关部门按职责全面调查危险废物和一般工业固体废物产生情况，筛选产生量大的重点地区、重点行业和重点企业，分行业、种类建立清单；调查危险废物转移联单执行情况和一般工业固体废物的流向，重点掌握跨省转移的主要固体废物类别、转移量及主要的接收地。对于最终处置去向明确的，抽查核实处置方式的合法性；对于最终处置去向不明确的，严格追查去向，依法追究企业主体责任。

（三）调查评估危险废物和一般工业固体废物处置能力

各级生态环境部门要会同相关部门按职责调查危险废物和一般工业固体废物的处置设施建设和运行情况。重点针对固体废物产生量大、处置能力缺乏、非法转移问题突出的地区，调查评估危险废物和一般工业固体废物处置规划制定及实施情况，以及固体废物处置能力与产生量匹配情况。

三、严厉打击固体废物非法转移违法犯罪活动

（一）建立部门和区域联防联控机制

各省级生态环境部门要加强与公安、交通等部门之间沟通协作，建立多部门信

息共享和联动执法机制，及时共享固体废物跨省转移审批情况、危险废物转移联单、危险货物（危险废物）电子运单、危险废物违法转移情报等相关信息，定期通报危险废物转移种类、数量及流向情况。建立区域联防联控机制，加强沟通协调，共同应对固体废物跨界污染事件。

（二）协同相关部门重拳打击固体废物环境违法犯罪活动

地方各级生态环境部门根据本地区产业结构，重点针对本地区内主要危险废物种类，开展危险废物非法转移专项执法行动，处罚一批，移交一批，加大危险废物的环境监管和违法行为的查处力度。

各级生态环境部门要配合公安等部门，以危险废物为重点，持续开展打击固体废物环境违法犯罪活动，对非法收运、转移、倾倒、处置固体废物的企业、中间商、承运人、接收人等，要一追到底，涉嫌犯罪的，依据《中华人民共和国环境保护法》等法律法规及“两高”司法解释有关规定严肃惩处，查处一批，打击一批，对固体废物环境违法犯罪活动形成强有力的震慑，并根据需要开展生态环境损害赔偿工作。

（三）建立健全环保有奖举报制度

各级生态环境部门要对“12369”环保举报热线、信访等渠道涉及固体废物的举报线索逐一排查核实，做到“事事有着落，件件有回音”。鼓励将固体废物非法转移、倾倒、处置等列为重点奖励举报内容，提高公众、社会组织参与积极性，加强对环境违法行为的社会监督；加强舆论引导，提高公众对固体废物污染防治的环境意识；加大对重大案件查处的宣传力度，形成强力震慑，营造良好社会氛围。

四、落实企业和地方责任，强化督察问责

（一）落实产废企业污染防治主体责任

对产生危险废物的，产生一般工业固体废物量大、危害大的，以及垃圾、污水处理等相关行业，各级生态环境部门要会同相关部门要求相关企业，细化管理台账、申报登记，如实申报转移的固体废物实际利用处置途径及最终去向，并依据相关法规要求公开产生固体废物的类别、数量、利用和处置情况等信息。

各省级生态环境部门要鼓励将非法转移、倾倒、处置固体废物企业纳入环境保护领域违法失信名单，实行公开曝光，开展联合惩戒。各级生态环境部门要依法将存在固体废物违法行为的企业相关信息交送税务、证券监管等相关部门。

（二）督促地方保障固体废物集中处置能力

各省级生态环境部门要结合固体废物处置能力调查评估结果，对处置能力建设严重滞后、非法转移问题突出的地区，加大督导、约谈、限批力度，督促市县两级地方人民政府合理规划布局，重点保障危险废物、污泥和生活垃圾等处置设施用地，加快集中处置设施建设，补足处置能力缺口。

（三）持续开展危险废物规范化管理督查考核

各省级生态环境部门应严格组织开展危险废物规范化管理督查考核省级自查，督促企业严格落实危险废物各项法律制度和标准规范；对于抽查发现的问题及时交办市县两级地方人民政府，督促市县两级地方人民政府及时整改，切实落实危险废物环境监管责任。

（四）开展督察问责，压实地方责任链条

各省级生态环境部门要对固体废物大排查工作进行督导和抽查，对抽查发现的问题及时移交市县两级地方人民政府限期解决。对督办问题整改情况进行现场核查，逐一对账销号；对发现问题集中、整改缓慢的地区，进行通报、约谈。

各省级生态环境部门要将危险废物、污泥和生活垃圾等处置能力建设运行情况纳入省级环保督察内容，重点督察相关能力建设严重滞后、非法转移问题突出、发现问题整治不力的地方，对存在失职失责的，依法依规实施移交问责。

五、建立健全监管长效机制

（一）完善源头严防、过程严管、后果严惩监管体系

地方各级生态环境部门要根据本地区产业结构，对照《国家危险废物名录（2016年版）》，对重点建设项目环评报告书（表）中危险废物种类、数量、污染防治措施等开展技术校核，对环评报告书（表）中存在弄虚作假的环评机构及行政审批人员，依法依规予以惩处，并督促相关责任方采取措施予以整改。

各省级生态环境部门要结合排污许可制度改革工作安排，鼓励有条件的地方和行业开展固体废物纳入排污许可管理试点。

各省级生态环境部门要结合省以下环保机构监测监察执法垂直管理制度改革，落实环境执法机构对固体废物日常执法职责，将固体废物纳入环境执法“双随机”计划，加大抽查力度，严厉打击非法转移、倾倒、处置固体废物行为。

（二）加强固体废物监管能力和信息化建设

各省级生态环境部门要着力强化省、市两级固体废物监管能力建设。加强环评、环境执法和固体废物管理机构人员的技术培训与交流。各地要在 2018 年 6 月 30 日之前实现与全国固体废物管理信息系统的互通互联，提升信息化监管能力和水平。全面推进危险废物管理计划电子化备案，工业固体废物、危险废物产生单位要每年 3 月 31 日之前通过全国固体废物管理信息系统报送产废数据。全面推动危险废物电子转移联单工作。

（三）建立健全督察问责长效机制

各省级生态环境部门要建立固体废物污染环境督察问责长效机制，持续开展打击固体废物非法转移倾倒专项行动，按照督查、交办、巡查、约谈、专项督察“五步法”，落实地方党委和政府责任。对固体废物非法转出转入问题突出、造成环境严重污染并产生恶劣影响的地区，开展点穴式、机动式专项督察，对查实的失职失责行为实施问责，切实发挥警示震慑作用。

六、有关要求

（一）各省级生态环境部门要在地方党委和政府的统一领导下，将本通知要求与第二次全国污染源普查、省以下环保机构监测监察执法垂直管理制度改革等生态环境领域各项重点工作和改革任务有机结合，强化与工信、住建、交通、水利、卫生等相关部门的沟通协作，明确职责分工，细化工作任务，制定具体方案，强化督查考核，扎实开展有关工作。

（二）长江经济带 11 省市要按照《关于开展长江经济带固体废物大排查行动的通知》要求，按期完成排查任务并报送排查报告、问题台账和整改方案。

其他省份要在 2018 年 8 月 30 日前，将本地区落实本通知的实施方案报送我部备案；每年年底前将落实本通知的进展情况报告报送我部。

（三）我部将对各地落实本通知的情况进行定期调度督导，分期分批组织开展专项督查，并在全国范围内进行通报。对责任不落实、工作不作为的，将通过中央环境保护督察等机制严肃追责问责。

生态环境部办公厅

2018 年 5 月 10 日

生态环境部办公厅等9部门关于印发《废铅蓄电池污染防治行动方案》的通知

（环办固体〔2019〕3号）

各省、自治区、直辖市、新疆生产建设兵团生态环境（环境保护）厅（局）、发展改革委、工业和信息化主管部门、公安厅（局）、司法厅（局）、财政厅（局）、交通运输厅（局、委）、市场监管局（厅、委），国家税务总局各省、自治区、直辖市和计划单列市税务局：

为加强废铅蓄电池污染防治，全面打好污染防治攻坚战，现将《废铅蓄电池污染防治行动方案》印发给你们，请认真落实要求，加快推进废铅蓄电池污染防治各项工作。

生态环境部办公厅
发展改革委办公厅
工业和信息化部办公厅
公安部办公厅
司法部办公厅
财政部办公厅
交通运输部办公厅
税务总局办公厅
市场监管总局办公厅
2019年1月18日

废铅蓄电池污染防治行动方案

近年来，随着铅蓄电池在汽车、电动自行车和储能等领域的大规模应用，我国铅蓄电池和再生铅行业快速发展。铅蓄电池报废数量大，再生利用具有很高的资源和环境价值，但废铅蓄电池来源广泛且分散，部分非正规企业和个人为牟取非法利益，导致非法收集处理废铅蓄电池污染问题屡禁不绝，严重危害群众身体健康和生态环境安全。按照中共中央、国务院关于全面加强生态环境保护打好污染防治攻坚战的决策部署，为了加强废铅蓄电池污染防治，提高资源综合利用水平，促进铅蓄电池生产和再生铅行业规范有序发展，保护生态环境安全和人民群众身体健康，制定本方案。

一、总体要求

（一）指导思想

全面贯彻党的十九大和十九届二中、三中全会精神，以习近平新时代中国特色社会主义思想为指导，深入落实习近平生态文明思想和全国生态环境保护大会精神，认真落实党中央、国务院决策部署，坚持和贯彻绿色发展理念，将废铅蓄电池污染防治作为打好污染防治攻坚战的重要内容，以有效防控环境风险为目标，以提高废铅蓄电池规范收集处理率为主线，完善源头严防、过程严管、后果严惩的监管体系，严厉打击涉废铅蓄电池违法犯罪行为，建立规范的废铅蓄电池收集处理体系，有效遏制非法收集处理造成的环境污染，维护国家生态环境安全，保护人民群众身体健康。

（二）基本原则

坚持疏堵结合、标本兼治。完善废铅蓄电池收集、贮存、转移、利用处置管理制度，支持铅蓄电池生产企业和再生铅企业建立正规收集处理体系；持续保持高压态势，严厉打击非法收集处理违法犯罪行为。

坚持分类施策、综合治理。根据环境风险、收集处理客观条件等因素，分类合理确定废铅蓄电池收集处理管控要求；综合运用法律、经济、行政手段，开展全生命周期治理，完善联合奖惩机制。

坚持协调配合、狠抓落实。各部门按照职责分工密切配合、齐抓共管，形成工作合力；加强跟踪督查，确保各项任务落地见效；各地切实落实主体责任，做好废铅蓄电池污染整治和收集处理体系建设等工作。

坚持多元参与、全民共治。加强铅蓄电池污染防治宣传教育，引导相关企业、公共机构和公众积极参与废铅蓄电池规范收集处理；强化信息公开，完善公众监督、举报机制。

（三）主要目标

按照国务院《关于印发“十三五”生态环境保护规划的通知》（国发〔2016〕65号）、国务院办公厅《关于印发生产者责任延伸制度推行方案的通知》（国办发〔2016〕99号）的相关任务要求，整治废铅蓄电池非法收集处理环境污染，落实生产者责任延伸制度，提高废铅蓄电池规范收集处理率。到2020年，铅蓄电池生产企业通过落实生产者责任延伸制度实现废铅蓄电池规范收集率达到40%；到2025年，废铅蓄电池规范收集率达到70%；规范收集的废铅蓄电池全部安全利用处置。

二、推动铅蓄电池生产行业绿色发展

（四）建立铅蓄电池相关行业企业清单。分别建立铅蓄电池生产、原生铅和再生铅等重点企业清单，向社会公开并动态更新。［生态环境部以及地方政府相关部门（以下均含地方政府相关部门，不再重复）负责落实，2019年6月底前完成］

（五）严厉打击非法生产销售行为。将铅蓄电池作为重点商品，持续依法打击违法生产、销售假冒伪劣铅蓄电池行为。（市场监管总局负责长期落实）

（六）大力推行清洁生产。对列入铅蓄电池生产、原生铅和再生铅企业清单的企业，依法实施强制性清洁生产审核，两次清洁生产审核的间隔时间不得超过五年。（生态环境部、发展改革委负责长期落实）

（七）推进铅酸蓄电池生产者责任延伸制度。制定发布铅酸蓄电池回收利用管理办法，落实生产者延伸责任。（发展改革委、生态环境部负责落实，2019年底前完成）充分发挥铅酸蓄电池生产和再生铅骨干企业的带动作用，鼓励回收企业依托生产商的营销网络建立逆向回收体系，铅酸蓄电池生产企业、进口商通过自建回收体系或与社会回收体系合作等方式，建立规范的回收利用体系。鼓励铅蓄电池生产企业开展生态设计，加大再生原料的使用比例；鼓励铅蓄电池生产企业与铅冶炼企业优势互补，支持利用现有铅矿冶炼技术和装备处理废铅蓄电池。加强对再生铅企业的管理，促进再生铅企业规模化和清洁化发展。（发展改革委、工业和信息化部、生态环境部按职能分别负责长期落实）

三、完善废铅蓄电池收集体系

（八）完善配套法律制度。修订《中华人民共和国固体废物污染环境防治法》，明确生产者责任延伸制度以及废铅蓄电池收集许可制度；（生态环境部、司法部负责落实）修订《危险废物转移联单管理办法》，完善转移管理要求；（生态环境部、交通运输部负责落实，2019 年底前完成）修订《国家危险废物名录》，在风险可控前提下针对收集、贮存、转移等环节提出豁免管理要求。（生态环境部、发展改革委、公安部、交通运输部负责落实，2019 年底前完成）

（九）开展废铅蓄电池集中收集和跨区域转运制度试点。为探索完善废铅蓄电池收集、转移管理制度，选择有条件的地区，开展废铅蓄电池集中收集和跨区域转运制度试点，对未破损的密封式免维护废铅蓄电池在收集、贮存、转移等环节有条件豁免或简化管理要求，降低成本，提高效率，推动建立规范有序的收集处理体系。（生态环境部、交通运输部负责落实，2020 年底前完成）

（十）加强汽车维修行业废铅蓄电池产生源管理。加强对汽车整车维修企业（一类、二类）等废铅蓄电池产生源的培训和指导，督促其依法依规将废铅蓄电池交送正规收集处理渠道，并纳入相关资质管理或考核评级指标体系。（交通运输部、生态环境部负责长期落实，2019 年启动）

四、强化再生铅行业规范化管理

（十一）严格废铅蓄电池经营许可准入管理。制定并公布废铅蓄电池危险废物经营许可证审查指南，修订《废铅酸蓄电池处理污染控制技术规范》，严格许可条件，禁止无合法再生铅能力的企业拆解废铅蓄电池。（生态环境部负责落实，2019 年底

前完成）

（十二）加强再生铅企业危险废物规范化管理。将再生铅企业作为危险废物规范化管理工作的重点，提升再生铅企业危险废物规范化管理水平。（生态环境部负责长期落实）再生铅企业应依法安装自动监测和视频监控设备（即“装”），在厂区门口树立电子显示屏用于信息公开（即“树”），逐步将实时监控数据与各级生态环境部门联网（即“联”），实现信息化管理。（生态环境部负责落实，2020 年底前完成）

五、严厉打击涉废铅蓄电池违法犯罪行为

（十三）严厉打击和严肃查处涉废铅蓄电池企业违法犯罪行为。严厉打击非法收集拆解废铅蓄电池、非法冶炼再生铅等环境违法犯罪行为。（生态环境部、公安部负责长期落实）加强对铅蓄电池生产企业、原生铅企业和再生铅企业的涉废铅蓄电池违法行为检查，对无危险废物经营许可证接收废铅蓄电池，不按规定执行危险废物转移联单制度，非法处置废酸液，以及非法接收“倒酸”电池、再生粗铅、铅膏铅板等行为依法予以查处。（生态环境部、市场监管总局负责长期落实）

（十四）加强对再生铅企业的税收监管。对再生铅企业税收执行情况进行日常核查和风险评估，对涉嫌偷逃骗税和虚开发票等严重税收违法行为的企业，依法开展税务稽查。（税务总局负责长期落实）

（十五）开展联合惩戒。将涉废铅蓄电池有关违法企业、人员信息纳入生态环境领域违法失信名单，在全国信用信息共享平台、“信用中国”网站和国家企业信用信息公示系统上公示，实行公开曝光，开展联合惩戒。（生态环境部、发展改革委、公安部、交通运输部、税务总局、市场监管总局等负责长期落实，2019 年启动）

六、建立长效保障机制

（十六）实施相关税收优惠政策。贯彻落实好现行资源综合利用增值税优惠政策，对利用废铅蓄电池生产再生铅的企业，可按规定享受税收优惠政策，支持废铅蓄电池处理行业发展。（财政部、税务总局负责长期落实）

（十七）提升信息化管理水平。建立铅蓄电池全生命周期追溯系统，推动实行统一的编码规范。（工业和信息化部、市场监管总局、发展改革委、生态环境部负责落实，2020 年底前完成）建立废铅蓄电池收集处理公共信息服务平台，将废铅蓄电

池规范收集处理信息全部接入平台，并与相关主管部门建立的铅蓄电池生产管理信息系统联网，逐步实现铅蓄电池生产、运输、销售、废弃、收集、贮存、转运、利用处置信息全过程可追溯。（生态环境部、工业和信息化部、市场监管总局负责长期落实）

（十八）建立健全督察问责长效机制。对废铅蓄电池非法收集、非法冶炼再生铅问题突出、群众反映强烈、造成环境严重污染的地区，视情开展点穴式、机动式专项督察，对查实的失职失责行为实施约谈或移交问责。（生态环境部负责长期落实）

（十九）鼓励公众参与。开展废铅蓄电池环境健康危害知识教育和培训，广泛宣传废铅蓄电池收集处理的相关政策，在机动车4S店、汽车整车维修企业（一类、二类）、电动自行车销售维修企业、铅蓄电池销售场所设置规范收集处理提示性信息，促进正规渠道废铅蓄电池收集处理率提升。（生态环境部、交通运输部等分别负责长期落实）鼓励有奖举报，鼓励公众通过电话、信函、电子邮件、政府网站、微信平台等途径，对非法收集、非法冶炼再生铅、偷税漏税、生产假冒伪劣电池等违法犯罪行为进行监督和举报。（生态环境部、公安部、税务总局、市场监管总局等分别负责长期落实）

生态环境部关于提升危险废物环境监管能力、利用处置能力和环境风险防范能力的指导意见

（环固体〔2019〕92号）

各省、自治区、直辖市生态环境厅（局），新疆生产建设兵团生态环境局：

危险废物环境管理是生态文明建设和生态环境保护的重要方面，是打好污染防治攻坚战的重要内容，对于改善环境质量，防范环境风险，维护生态环境安全，保障人体健康具有重要意义。为切实提升危险废物环境监管能力、利用处置能力和环境风险防范能力（以下简称“三个能力”），提出以下意见。

一、总体要求

以习近平新时代中国特色社会主义思想为指导，深入贯彻落实习近平生态文明思想和全国生态环境保护大会精神，以改善环境质量为核心，以有效防范环境风险为目标，以疏堵结合、先行先试、分步实施、联防联控为原则，聚焦重点地区和重点行业，围绕打好污染防治攻坚战，着力提升危险废物“三个能力”，切实维护生态环境安全和人民群众身体健康。

到2025年年底，建立健全“源头严防、过程严管、后果严惩”的危险废物环境监管体系；各省（区、市）危险废物利用处置能力与实际需求基本匹配，全国危险废物利用处置能力与实际需要总体平衡，布局趋于合理；危险废物环境风险防范能力显著提升，危险废物非法转移倾倒案件高发态势得到有效遏制。其中，2020年年底前，长三角地区（包括上海市、江苏省、浙江省）及“无废城市”建设试点城市率先实现；2022年年底前，珠三角、京津冀和长江经济带其他地区提前实现。

二、着力强化危险废物环境监管能力

（一）完善危险废物监管源清单。各级生态环境部门要结合第二次全国污染源普查、环境统计工作分别健全危险废物产生单位清单和拥有危险废物自行利用处置设施的单位清单，在此基础上，结合危险废物经营单位清单，建立危险废物重点监管单位清单。自2020年起，上述清单纳入全国固体废物管理信息系统统一管理。

（二）持续推进危险废物规范化环境管理。地方各级生态环境部门要加强危险废物环境执法检查，督促企业落实相关法律制度和标准规范要求。各省（区、市）应当将危险废物规范化环境管理情况纳入对地方环境保护绩效考核的指标体系中，督促地方政府落实监管责任。推进企业环境信用评价，将违法企业纳入生态环境保护领域违法失信名单，实行公开曝光，开展联合惩戒。依法将危险废物产生单位和危险废物经营单位纳入环境污染强制责任保险投保范围。

（三）强化危险废物全过程环境监管。地方各级生态环境部门要严格危险废物经营许可证审批，不得违反国家法律法规擅自下放审批权限；应建立危险废物经营许可证审批与环境影响评价文件审批的有效衔接机制。新建项目要严格执行《建设项目危险废物环境影响评价指南》及《危险废物处置工程技术导则》；加大涉危险废物重点行业建设项目环境影响评价文件的技术校核抽查比例，长期投运企业的危险废物产生种类、数量以及利用处置方式与原环境影响评价文件严重不一致的，应尽快按现有危险废物法律法规和指南等文件要求整改；构成违法行为的，依法严格处罚到位。结合实施固定污染源排污许可制度，依法将固体废物纳入排污许可管理。将危险废物日常环境监管纳入生态环境执法“双随机、一公开”内容。优化危险废物跨省转移审批手续、明确审批时限、运行电子联单，为危险废物跨区域转移利用提供便利。

（四）加强监管机构和人才队伍建设。强化全国危险废物环境管理培训，鼓励依托条件较好的危险废物产生单位和危险废物经营单位建设危险废物培训实习基地，加强生态环境保护督察、环境影响评价、排污许可、环境执法和固体废物管理机构人员的技术培训与交流。加强危险废物专业机构及人才队伍建设，组建危险废物环境管理专家团队，强化重点难点问题的技术支撑。

（五）提升信息化监管能力和水平。开展危险废物产生单位在线申报登记和管理计划在线备案，全面运行危险废物转移电子联单，2019 年年底前实现全国危险废物信息化管理“一张网”。各地应当保障固体废物管理信息系统运维人员和经费，确保联网运行和网络信息安全。通过信息系统依法公开危险废物相关信息，搭建信息交流平台。鼓励有条件的地区在重点单位的重点环节和关键节点推行应用视频监控、电子标签等集成智能监控手段，实现对危险废物全过程跟踪管理。各地应充分利用“互联网 + 监管”系统，加强事中事后环境监管，归集共享各类相关数据，及时发现和防范苗头性风险。

三、着力强化危险废物利用处置能力

（六）统筹危险废物处置能力建设。推动建立“省域内能力总体匹配、省域间协同合作、特殊类别全国统筹”的危险废物处置体系。

各省级生态环境部门应于 2020 年年底前完成危险废物产生、利用处置能力和设施运行情况评估，科学制定并实施危险废物集中处置设施建设规划，推动地方政府将危险废物集中处置设施纳入当地公共基础设施统筹建设，并针对集中焚烧和填埋处置危险废物在税收、资金投入和建设用地等方面给予政策保障。

长三角、珠三角、京津冀和长江经济带其他地区等应当开展危险废物集中处置区域合作，跨省域协同规划、共享危险废物集中处置能力。鼓励开展区域合作的省份之间，探索以“白名单”方式对危险废物跨省转移审批实行简化许可。探索建立危险废物跨区域转移处置的生态环境保护补偿机制。

对多氯联苯废物等需要特殊处置的危险废物和含汞废物等具有地域分布特征的危险废物，实行全国统筹和相对集中布局，打造专业化利用处置基地。加强废酸、废盐、生活垃圾焚烧飞灰等危险废物利用处置能力建设。

鼓励石油开采、石化、化工、有色等产业基地、大型企业集团根据需要自行配套建设高标准的危险废物利用处置设施。鼓励化工等工业园区配套建设危险废物集中贮存、预处理和处置设施。

（七）促进危险废物源头减量与资源化利用。企业应采取清洁生产等措施，从源头减少危险废物的产生量和危害性，优先实行企业内部资源化利用危险废物。鼓励有条件的地区结合本地实际情况制定危险废物资源化利用污染控制标准或技术规范。鼓励省级生态环境部门在环境风险可控前提下，探索开展危险废物“点对点”定向利用的危险废物经营许可豁免管理试点。

（八）推进危险废物利用处置能力结构优化。鼓励危险废物龙头企业通过兼并重组等方式做大做强，推行危险废物专业化、规模化利用，建设技术先进的大型危险废物焚烧处置设施，控制可焚烧减量的危险废物直接填埋。制定重点类别危险废物经营许可证审查指南，开展危险废物利用处置设施绩效评估。支持大型企业集团跨区域统筹布局，集团内部共享危险废物利用处置设施。

（九）健全危险废物收集体系。鼓励省级生态环境部门选择典型区域、典型企业和典型危险废物类别，组织开展危险废物集中收集贮存试点工作。落实生产者责任延伸制，推动有条件的生产企业依托销售网点回收其产品使用过程产生的危险废物，开展铅蓄电池生产企业集中收集和跨区域转运制度试点工作，依托矿物油生产企业开展废矿物油收集网络建设试点。

（十）推动医疗废物处置设施建设。加强与卫生健康部门配合，制定医疗废物集中处置设施建设规划，2020 年年底前设区市的医疗废物处置能力满足本地区实际需求；2022 年 6 月底前各县（市）具有较为完善的医疗废物收集转运处置体系。不具备集中处置条件的医疗卫生机构，应配套自建符合要求的医疗废物处置设施。鼓励发展移动式医疗废物处置设施，为偏远基层提供就地处置服务。各省（区、市）应建立医疗废物协同应急处置机制，保障突发疫情、处置设施检修等期间医疗废物应急处置能力。

（十一）规范水泥窑及工业炉窑协同处置。适度发展水泥窑协同处置危险废物项目，将其作为危险废物利用处置能力的有益补充。能有效发挥协同处置危险废物功能的水泥窑，在重污染天气预警期间，可根据实际处置能力减免相应减排措施。支持工业炉窑协同处置危险废物技术研发，依托有条件的企业开展钢铁冶炼等工业炉窑协同处置危险废物试点。

四、着力强化危险废物环境风险防范能力

（十二）完善政策法规标准体系。贯彻落实《中华人民共和国固体废物污染环境防治法》，研究修订《危险废物经营许可证管理办法》《危险废物转移联单管理办法》等法规规章。修订危险废物贮存、焚烧以及水泥窑协同处置等污染控制标准。

配合有关部门完善《资源综合利用产品和劳务增值税优惠目录》，推动完善危险废物利用税收优惠政策和处置收费制度。

（十三）着力解决危险废物鉴别难问题。推动危险废物分级分类管理，动态修订《国家危险废物名录》及豁免管理清单，研究建立危险废物排除清单。修订《危险废物鉴别标准》《危险废物鉴别技术规范》等标准规范。研究制定危险废物鉴别单位管理办法，强化企业的危险废物鉴别主体责任，鼓励科研院所、规范化检测机构开展危险废物鉴别。

（十四）建立区域和部门联防联控联治机制。推进长三角等区域编制危险废物联防联治实施方案。地方各级生态环境部门依照有关环境保护法律法规加强危险废物环境监督管理，应与发展改革、卫生健康、交通运输、公安、应急等相关行政主管部门建立合作机制，强化信息共享和协作配合；生态环境执法检查中发现涉嫌危险废物环境违法犯罪的问题，应及时移交公安机关；发现涉及安全、消防等方面的问题，应及时将线索移交相关行政主管部门。

（十五）强化化工园区环境风险防控。深入排查化工园区环境风险隐患，督促落实化工园区环境保护主体责任和“一园一策”危险废物利用处置要求。新建园区要科学评估园区内企业危险废物产生种类和数量，保障危险废物利用处置能力。鼓励有条件的化工园区建立危险废物智能化可追溯管控平台，实现园区内危险废物全程管控。

（十六）提升危险废物环境应急响应能力。深入推进跨区域、跨部门协同应急处置突发环境事件及其处理过程中产生的危险废物，完善现场指挥与协调制度以及信息报告和公开机制。加强突发环境事件及其处理过程中产生的危险废物应急处置的管理队伍、专家队伍建设，将危险废物利用处置龙头企业纳入突发环境事件应急处置工作体系。

（十七）严厉打击固体废物环境违法行为。截至 2020 年 10 月底，聚焦长江经济带，深入开展“清废行动”；会同相关部门，以医疗废物、废酸、废铅蓄电池、废矿物油等危险废物为重点，持续开展打击固体废物环境违法犯罪活动。结合生态环境保护统筹强化监督，分期分批分类开展危险废物经营单位专项检查。

（十八）加强危险废物污染防治科技支撑。建设区域性危险废物和化学品测试分析、环境风险评估与污染控制技术实验室，充分发挥国家环境保护危险废物处置工程技术中心的作用，加强危险废物环境风险评估、污染控制技术等基础研究。鼓励废酸、废盐、生活垃圾焚烧飞灰等难处置危险废物污染防治和利用处置技术研发、应用、示范和推广。开展重点行业危险废物调查，分阶段分步骤制定重点行业、重点类别危险废物污染防治配套政策和标准规范。

五、保障措施

（十九）加强组织实施。各级生态环境部门要充分认识提升危险废物“三个能力”的重要性，细化工作措施，明确任务分工、时间表、路线图、责任人，确保各项任务落实到位。

（二十）压实地方责任。建立健全危险废物污染环境督察问责长效机制，对危险废物环境违法案件频发、处置能力严重不足并造成严重环境污染或恶劣社会影响的地方，视情开展专项督察，并依纪依法实施督察问责。

（二十一）加大投入力度。加强危险废物“三个能力”建设的工作经费保障。各地应结合实际，通过统筹各类专项资金、引导社会资金参与等多种形式建立危险废物“三个能力”建设的资金渠道。

（二十二）强化公众参与。鼓励将举报危险废物非法转移、倾倒、处置等列入重点奖励范围，提高公众、社会组织参与积极性。推进危险废物利用处置设施向公众开放。加强对涉危险废物重大环境案件查处情况的宣传，形成强力震慑，营造良好社会氛围。

生态环境部

2019 年 10 月 15 日

生态环境部办公厅关于推进危险废物环境管理信息化有关工作的通知

（环办固体函〔2020〕733号）

各省、自治区、直辖市生态环境厅（局），新疆生产建设兵团生态环境局：

为贯彻落实《中华人民共和国固体废物污染环境防治法》，进一步推进固体废物管理信息系统应用工作，加快提升危险废物环境管理信息化能力和水平，现将有关事项通知如下。

一、工作目标

全面应用固体废物管理信息系统（包括生态环境部建设运行的全国固体废物管理信息系统和地方生态环境部门建设运行的固体废物管理信息系统）开展危险废物管理计划备案和产生情况申报、危险废物电子转移联单运行和跨省（自治区、直辖市）转移商请、持危险废物许可证单位年报报送、危险废物出口核准等工作，有序推进危险废物产生、收集、贮存、转移、利用、处置等全过程监控和信息化追溯。

二、工作安排

（一）规范危险废物产生单位信息化环境管理。按照分级分类和分阶段、分步骤推进原则，自2021年起，上一年度危险废物实际产生总量达到10吨及以上的单位，应于每年3月31日前依法通过固体废物管理信息系统申报上一年度危险废物种类、产生量、流向、贮存、处置等有关情况，并备案危险废物管理计划。其他危险废物产生单位的危险废物申报和管理计划备案等信息化环境管理要求，由各省级生态环境部门结合本地实际作出规定。

（二）规范危险废物转移信息化环境管理。转移危险废物的单位，应当依法通过固体废物管理信息系统运行危险废物电子转移联单。危险废物跨省（自治区、直辖市）转移商请应在固体废物管理信息系统中开展，实现对危险废物跨省（自治区、直辖市）转移商请全流程追踪。

（三）规范持危险废物许可证单位信息化环境管理。持危险废物许可证的单位，应于每年3月31日前通过固体废物管理信息系统报送上一年度危险废物收集、贮存、利用、处置等有关情况。鼓励有条件的省份和单位实时或按月报送危险废物收集、贮存、利用、处置等有关情况。

（四）规范危险废物出口核准信息化环境管理。申请危险废物出口核准的单位，应通过固体废物管理信息系统在危险废物管理计划和危险废物申报信息中填报危险废物出口相关情况。

三、工作要求

（一）强化企业主体责任。产生、收集、贮存、转移、利用、处置和出口危险废物的相关单位，应在固体废物管理信息系统中如实填报危险废物相关信息，并对填报信息的真实性、准确性和完整性负责。信息系统中填报的危险废物相关信息，作为各级生态环境部门日常环境监管、执法检查、排污许可和环境统计等的依据，并与排污许可管理等做好衔接。

（二）强化信息系统应用与对接。各省级生态环境部门负责统筹推进行政区域内危险废物环境管理信息化有关工作，保障行政区域内信息系统数据互联互通。地方生态环境部门建设运行的固体废物管理信息系统应实现在全国固体废物管理信息系统统一门户登录，实现危险废物电子转移联单信息与全国固体废物管理信息系统实时对接，实现危险废物管理计划、申报、转移和出口等信息填报以及关联和校验，并根据全国固体废物管理信息系统要求及时升级对接。

（三）强化信息化技术支持。生态环境部固体废物与化学品司组织生态环境部信息中心、生态环境部固体废物与化学品管理技术中心等单位负责全国固体废物管理信息系统的建设、运行和维护，编制固体废物信息化管理通则，根据新制修订的相关法律法规及时升级完善全国固体废物管理信息系统，对各地危险废物环境管理信息化有关工作提供技术指导。

生态环境部办公厅

2020年12月29日

国务院办公厅关于印发《强化危险废物监管和利用处置能力改革实施方案》的通知

（国办函〔2021〕47号）

各省、自治区、直辖市人民政府，国务院各部委、各直属机构：

《强化危险废物监管和利用处置能力改革实施方案》已经国务院同意，现印发给你们，请认真组织实施。

国务院办公厅

2021年5月11日

强化危险废物监管和利用处置能力改革实施方案

为深入贯彻党中央、国务院决策部署，落实《中华人民共和国固体废物污染环境防治法》等法律法规规定，提升危险废物监管和利用处置能力，有效防控危险废物环境与安全风险，制定本方案。

一、总体要求

（一）指导思想。以习近平新时代中国特色社会主义思想为指导，全面贯彻党的十九大和十九届二中、三中、四中、五中全会精神，深入落实习近平生态文明思想，按照党中央、国务院决策部署和全国生态环境保护大会要求，坚持精准治污、科学治污、依法治污，以持续改善生态环境质量为核心，以有效防控危险废物环境与安全风险为目标，深化体制机制改革，着力提升危险废物监管和利用处置能力，切实维护人民群众身体健康和生态环境安全。

（二）工作原则。

——坚持改革创新，着力激发活力。全面深化改革，创新方式方法，激发市场活力，鼓励有条件的地区先行先试，切实解决危险废物监管和利用处置方面存在的突出问题。

——坚持依法治理，着力强化监管。完善危险废物相关法律法规和标准规范，明确部门职责分工，建立完善部门联动机制，健全危险废物监管体系。

——坚持统筹安排，着力补齐短板。通过科学评估、合理布局、优化结构，分行业领域、分区域地域补齐医疗废物、危险废物收集处理设施方面短板。

——坚持多元共治，着力防控风险。强化政府引导与支持，压实企业主体责任，充分发挥社会组织和公众监督作用，实行联防联控联治，严守危险废物环境与安全风险底线。

（三）工作目标。到2022年底，危险废物监管体制机制进一步完善，建立安全监管与环境监管联动机制；危险废物非法转移倾倒案件高发态势得到有效遏制。基本补齐医疗废物、危险废物收集处理设施方面短板，县级以上城市建成区医疗废物无害化处置率达到99%以上，各省（自治区、直辖市）危险废物处置能力基本满足本行政区域内的处置需求。

到2025年底，建立健全源头严防、过程严管、后果严惩的危险废物监管体系。危险废物利用处置能力充分保障，技术和运营水平进一步提升。

二、完善危险废物监管体制机制

（四）各地区各部门按分工落实危险废物监管职责。国家统筹制定危险废物治理方针政策，地方各级人民政府对本地区危险废物治理负总责。发展改革、工业和信息化、生态环境、应急管理、公安、交通运输、卫生健康、住房和城乡建设、海关等有关部门要落实在危险废物利用处置、污染环境防治、安全生产、运输安全以及卫生防疫等方面的监管职责。强化部门间协调沟通，形成工作合力。（生态环境部、国家发展改革委、工业和信息化部、公安部、住房和城乡建设部、交通运输部、国家卫生健康委、应急部、海关总署等部门及地方各级人民政府负责落实。以下均需地方各级人民政府负责落实，不再列出）

（五）建立危险废物环境风险区域联防联控机制。2022年底前，京津冀、长三角、珠三角和成渝地区等区域建立完善合作机制，加强危险废物管理信息共享与联动执法，实现危险废物集中处置设施建设和运营管理优势互补。（生态环境部牵头，公安部、交通运输部等参与）

（六）落实企业主体责任。危险废物产生、收集、贮存、运输、利用、处置企业（以下统称危险废物相关企业）的主要负责人（法定代表人、实际控制人）是危险废物污染环境防治和安全生产第一责任人，严格落实危险废物污染环境防治和安全生产法律法规制度。（生态环境部、公安部、交通运输部、应急部等按职责分工负责）危险废物相关企业依法及时公开危险废物污染环境防治信息，依法依规投保环境污染责任保险。（生态环境部、银保监会等按职责分工负责）

（七）完善危险废物环境管理信息化体系。依托生态环境保护信息化工程，完善国家危险废物环境管理信息系统，实现危险废物产生情况在线申报、管理计划在线备案、转移联单在线运行、利用处置情况在线报告和全过程在线监控。开展危险废物收集、运输、利用、处置网上交易平台建设和第三方支付试点。鼓励有条件的地区推行视频监控、电子标签等集成智能监控手段，实现对危险废物全过程跟踪管理，并与相关行政机关、司法机关实现互通共享。（生态环境部牵头，国家发展改革委、财政部等参与）

三、强化危险废物源头管控

（八）完善危险废物鉴别制度。动态修订《国家危险废物名录》，对环境风险小的危险废物类别实行特定环节豁免管理，建立危险废物排除管理清单。2021年底前制定出台危险废物鉴别管理办法，规范危险废物鉴别程序和鉴别单位管理要求。（生态环境部牵头，国家发展改革委、公安部、交通运输部等参与）

（九）严格环境准入。新改扩建项目要依法开展环境影响评价，严格危险废物污染环境防治设施“三同时”管理。依法依规对已批复的重点行业涉危险废物建设项目环境影响评价文件开展复核。依法落实工业危险废物排污许可制度。推进危险废物规范化环境管理。（生态环境部负责）

（十）推动源头减量化。支持研发、推广减少工业危险废物产生量和降低工业危险废物危害性的生产工艺和设备，促进从源头上减少危险废物产生量、降低危害

性。（工业和信息化部牵头，国家发展改革委、生态环境部等参与）

四、强化危险废物收集转运等过程监管

（十一）推动收集转运贮存专业化。深入推进生活垃圾分类，建立有害垃圾收集转运体系。（住房和城乡建设部牵头，相关部门参与）支持危险废物专业收集转运和利用处置单位建设区域性收集网点和贮存设施，开展小微企业、科研机构、学校等产生的危险废物有偿收集转运服务。开展工业园区危险废物集中收集贮存试点。鼓励在有条件的高校集中区域开展实验室危险废物分类收集和预处理示范项目建设。（生态环境部、交通运输部、教育部等按职责分工负责）

（十二）推进转移运输便捷化。建立危险废物和医疗废物运输车辆备案制度，完善“点对点”的常备通行路线，实现危险废物和医疗废物运输车辆规范有序、安全便捷通行。（公安部、生态环境部、交通运输部、国家卫生健康委等按职责分工负责）根据企业环境信用记录和环境风险可控程度等，以“白名单”方式简化危险废物跨省转移审批程序。维护危险废物跨区域转移公平竞争市场秩序，各地不得设置不合理行政壁垒。（生态环境部负责）

（十三）严厉打击涉危险废物违法犯罪行为。强化危险废物环境执法，将其作为生态环境保护综合执法重要内容。严厉打击非法排放、倾倒、收集、贮存、转移、利用、处置危险废物等环境违法犯罪行为，实施生态环境损害赔偿制度，强化行政执法与刑事司法、检察公益诉讼的协调联动。（最高人民法院、最高人民检察院、公安部、生态环境部等按职责分工负责）对自查自纠并及时妥善处置历史遗留危险废物的企业，依法从轻处罚。（最高人民法院、最高人民检察院牵头，生态环境部等参与）

五、强化废弃危险化学品监管

（十四）建立监管联动机制。应急管理部门和生态环境部门以及其他相关部门建立监管协作和联合执法工作机制，密切协调配合，实现信息及时、充分、有效共享，形成工作合力。（生态环境部、应急部等按职责分工负责）

六、提升危险废物集中处置基础保障能力

（十五）强化特殊类别危险废物处置能力。由国家统筹，按特殊类别建设一批对环境和人体健康威胁极大危险废物的利用处置基地，按区域分布建设一批大型危险废物集中焚烧处置基地，按地质特点选择合适地区建设一批危险废物填埋处置基地，实现全国或区域共享处置能力。（各省级人民政府负责，国家发展改革委、财政部、自然资源部、生态环境部、住房和城乡建设部等按职责分工负责）

（十六）推动省域内危险废物处置能力与产废情况总体匹配。各省级人民政府应开展危险废物产生量与处置能力匹配情况评估及设施运行情况评估，科学制定并实施危险废物集中处置设施建设规划。2022年底前，各省（自治区、直辖市）危险废物处置能力与产废情况总体匹配。（各省级人民政府负责，国家发展改革委、财政部、自然资源部、生态环境部、住房和城乡建设部等按职责分工负责）

（十七）提升市域内医疗废物处置能力。各地级以上城市应尽快建成至少一个符合运行要求的医疗废物集中处置设施。2022年6月底前，实现各县（市）都建成医疗废物收集转运处置体系。鼓励发展移动式医疗废物处置设施，为偏远基层提供就地处置服务。加强医疗废物分类管理，做好源头分类，促进规范处置。（各省级人民政府负责，国家发展改革委、生态环境部、国家卫生健康委等按职责分工负责）

七、促进危险废物利用处置产业高质量发展

（十八）促进危险废物利用处置企业规模化发展、专业化运营。设区的市级人民政府生态环境等部门定期发布危险废物相关信息，科学引导危险废物利用处置产业发展。新建危险废物集中焚烧处置设施处置能力原则上应大于3万吨/年，控制可焚烧减量的危险废物直接填埋，适度发展水泥窑协同处置危险废物。落实“放管服”改革要求，鼓励采取多元投资和市场化方式建设规模化危险废物利用设施；鼓励企业通过兼并重组等方式做大做强，开展专业化建设运营服务，努力打造一批国际一流的危险废物利用处置企业。（国家发展改革委、生态环境部等按职责分工负责）

（十九）规范危险废物利用。建立健全固体废物综合利用标准体系，使用固体废物综合利用产物应当符合国家规定的用途和标准。（市场监管总局牵头，国家发展

改革委、工业和信息化部、生态环境部、农业农村部等参与）在环境风险可控的前提下，探索危险废物“点对点”定向利用许可证豁免管理。（生态环境部牵头，相关部门参与）

（二十）健全财政金融政策。完善危险废物和医疗废物处置收费制度，制定处置收费标准并适时调整；在确保危险废物全流程监控、违法违规行为可追溯的前提下，处置收费标准可由双方协商确定。建立危险废物集中处置设施、场所退役费用预提制度，预提费用列入投资概算或者经营成本。落实环境保护税政策。鼓励金融机构加大对危险废物污染环境防治项目的信贷投放。探索建立危险废物跨区域转移处置的生态保护补偿机制。（国家发展改革委、财政部、税务总局、生态环境部、国家卫生健康委等按职责分工负责）

（二十一）加快先进适用技术成果推广应用。重点研究和示范推广废酸、废盐、生活垃圾焚烧飞灰等危险废物利用处置和污染环境防治适用技术。建立完善环境保护技术验证评价体系，加强国家生态环境科技成果转化平台建设，推动危险废物利用处置技术成果共享与转化。鼓励推广应用医疗废物集中处置新技术、新设备。（科技部、工业和信息化部、生态环境部、住房和城乡建设部、国家卫生健康委等按职责分工负责）

八、建立平战结合的医疗废物应急处置体系

（二十二）完善医疗废物和危险废物应急处置机制。县级以上地方人民政府应将医疗废物收集、贮存、运输、处置等工作纳入重大传染病疫情领导指挥体系，强化统筹协调，保障所需的车辆、场地、处置设施和防护物资。（国家卫生健康委、生态环境部、住房和城乡建设部、交通运输部等按职责分工负责）将涉危险废物突发生态环境事件应急处置纳入政府应急响应体系，完善环境应急响应预案，加强危险废物环境应急能力建设，保障危险废物应急处置。（生态环境部牵头，相关部门参与）

（二十三）保障重大疫情医疗废物应急处置能力。统筹新建、在建和现有危险废物焚烧处置设施、协同处置固体废物的水泥窑、生活垃圾焚烧设施等资源，建立协同应急处置设施清单。2021 年底前，各设区的市级人民政府应至少明确一座协同应急处置设施，同时明确该设施应急状态的管理流程和规则。列入协同应急处置设施

清单的设施，根据实际设置医疗废物应急处置备用进料装置。（各省级人民政府负责，国家发展改革委、工业和信息化部、生态环境部、国家卫生健康委、住房和城乡建设部等按职责分工负责）

九、强化危险废物环境风险防控能力

（二十四）加强专业监管队伍建设。建立与防控环境风险需求相匹配的危险废物监管体系，加强国家危险废物监管能力与应急处置技术支撑能力建设，建立健全国家、省、市三级危险废物环境管理技术支撑体系，强化生态环境保护综合执法队伍和能力建设，加强专业人才队伍建设，配齐配强人员力量，切实提升危险废物环境监管和风险防控能力。（生态环境部牵头，中央编办等参与）

（二十五）完善配套法规制度。落实新修订的《中华人民共和国固体废物污染环境防治法》，完善危险废物经营许可证管理和转移管理制度，修订危险废物贮存、焚烧以及鉴别等方面污染控制标准规范。（生态环境部、交通运输部、公安部、司法部等按职责分工负责）

（二十六）提升基础研究能力。加强危险废物风险防控与利用处置科技研发部署，通过现有渠道积极支持相关科研活动。开展危险废物环境风险识别与控制机理研究，加强区域性危险废物和化学品测试分析与环境风险防控技术能力建设，强化危险废物环境风险预警与管理决策支撑。（科技部、生态环境部等按职责分工负责）

十、保障措施

（二十七）压实地方和部门责任。地方各级人民政府加强对强化危险废物监管和利用处置能力的组织领导。县级以上地方人民政府将危险废物污染环境防治情况纳入环境状况和环境保护目标完成情况年度报告，并向本级人民代表大会或者人民代表大会常务委员会报告。各有关部门按照职责分工严格履行危险废物监管责任，加强工作协同联动。对不履行危险废物监管责任或监管不到位的，依法严肃追究责任。（各有关部门按职责分工负责）建立危险废物污染环境防治目标责任制和考核评价制度，将危险废物污染环境防治目标完成情况作为考核评价党政领导班子和有关领导干部的重要参考。（生态环境部牵头，中央组织部等参与）

（二十八）加大督察力度。在中央和省级生态环境保护督察中加大对危险废物污染环境问题的督察力度。对涉危险废物环境违法案件频发、处置能力严重不足并造成环境污染或恶劣社会影响的地方和单位，视情开展专项督察，推动问题整改。对督察中发现的涉嫌违纪或者职务违法、职务犯罪问题线索，按照有关规定移送纪检监察机关；对其他问题，按照有关规定移送被督察对象或有关单位进行处理。（生态环境部牵头，相关部门参与）

（二十九）加强教育培训。加强高校、科研院所的危险废物治理相关学科专业建设。加强危险废物相关从业人员培训，依托具备条件的危险废物相关企业建设培训实习基地。强化《控制危险废物越境转移及其处置巴塞尔公约》履约工作，积极开展国际合作与技术交流。（教育部、生态环境部、外交部等按职责分工负责）

（三十）营造良好氛围。加强对涉危险废物重大环境案件查处情况的宣传，形成强力震慑。推进危险废物利用处置设施向公众开放，努力化解“邻避效应”。建立有奖举报制度，将举报危险废物非法转移、倾倒等列入重点奖励范围。（中央宣传部、生态环境部牵头，国家发展改革委、公安部、财政部等参与）

生态环境部办公厅关于印发《“十四五”全国危险废物规范化环境管理评估工作方案》的通知

（环办固体〔2021〕20号）

各省、自治区、直辖市生态环境厅（局），新疆生产建设兵团生态环境局：

为贯彻落实《中华人民共和国固体废物污染环境防治法》等法律法规，按照《强化危险废物监管和利用处置能力改革实施方案》有关要求，加强危险废物污染防治，巩固和深化危险废物规范化环境管理工作成效，进一步推动各级地方政府和相关部门落实危险废物监管职责，强化危险废物监管和利用处置能力，促进危险废物产生单位和危险废物经营单位落实各项法律制度和相关标准规范，全面提升危险废物规范化环境管理水平，有效防控危险废物环境风险，我部组织制定了《“十四五”全国危险废物规范化环境管理评估工作方案》。现印发给你们，请遵照执行。

生态环境部办公厅

2021年9月1日

“十四五”全国危险废物规范化环境管理评估工作方案

为贯彻落实《中华人民共和国固体废物污染环境防治法》等法律法规，按照《强化危险废物监管和利用处置能力改革实施方案》有关要求，加强危险废物污染防治，巩固和深化危险废物规范化环境管理工作成效，进一步推动各级地方政府和相关部门落实危险废物监管职责，强化危险废物监管和利用处置能力，促进危险废物产生单位（以下简称产废单位）和危险废物经营单位（以下简称经营单位）落实各项法律制度和相关标准规范，全面提升危险废物规范化环境管理水平，有效防控危险废物环境风险，制定本方案。

一、总体要求

（一）落实企业主体责任。强化危险废物规范化环境管理，综合运用法律、行政、经济等多种手段，持续推动企业落实危险废物污染环境防治的主体责任，防范环境风险，保障环境安全。

（二）推动政府和部门落实监管责任。合理设立评估指标，推动各地和相关部门落实危险废物监管和利用处置能力保障等工作的组织领导、方案编制、责任落实、能力建设、工作成效等事项。

（三）建立分级负责评估机制。危险废物规范化环境管理评估以省（区、市）组织开展为主。市级生态环境主管部门抽取产废单位和经营单位进行评估；省级生态环境主管部门对市级生态环境主管部门进行评估，抽取产废单位和经营单位进行评估。生态环境部抽取部分省（区、市）进行评估。

（四）突出评估重点。年度工作方案的制定应按照评估要求，根据危险废物的危害特性、产生数量和环境风险等因素，突出评估危险废物环境重点监管单位，同时通过评估核实其他单位的危险废物环境管理相关情况。

二、评估方式

（一）国家评估。生态环境部每年按照《危险废物规范化环境管理评估指标》（以下简称《评估指标》，见附件1），结合统筹强化监督等，现场评估部分省（区、市）上年度危险废物规范化环境管理情况。

（二）地方评估。省级生态环境主管部门对市级生态环境主管部门的评估，可结合本省（区、市）实际，参照《评估指标》表1执行，具体指标可适当调整。各级地方生态环境主管部门按照《评估指标》表2和表3对产废单位和经营单位进行评估，并填写《被抽查单位评估情况记录表》（见附件2）。固体废物管理、环境执法、环境影响评价与排污许可等部门要对危险废物规范化环境管理评估工作做好必要的政策指导。有条件的地区，可以采取购买第三方服务等方式，为危险废物规范化环境管理评估工作提供技术支撑。

（三）评估安排。各省级生态环境主管部门应于每年1月31日前按照《评估指标》表1进行自评打分，总结上一年度危险废物规范化环境管理评估情况（要求见附件3），制定本年度评估工作方案，并将上述3项材料报送生态环境部，抄送生态环境部固体废物与化学品管理技术中心。

三、评估要求

（一）省级评估。省级评估原则上，优先选取纳入危险废物环境重点监管单位清单的单位开展评估，每年度评估数量要求具体如下：

1. 经营单位：不少于20家，若经营单位总数不足20家时则全部进行评估。“十四五”期间实现对本地区所有经营单位评估全覆盖。

2. 产废单位：危险废物年产生量100吨及以上的或拥有危险废物自行利用处置设施的重点产废单位不少于60家，若总数不足60家时则全部进行评估；其他产废单位不少于20家，若总数不足20家时则全部进行评估。

3. 省级生态环境主管部门评估市级生态环境主管部门时所抽取评估的单位，计入省级评估数量。

4. 评估单位数量不足最低要求的80%，直接判定为《评估指标》评估结果中的C。

（二）市级评估。各省级生态环境主管部门结合各设区市实际情况，在年度评估工作方案中明确市级评估要求。原则上，经营单位、重点产废单位、其他产废单位市级评估数量不得低于省级评估数量要求。

四、评估结果应用

（一）各级生态环境主管部门。国家评估过程中，对推进危险废物规范化环境管理工作取得良好效果的地方生态环境主管部门予以通报表扬，并在安排危险废物相关项目时优先考虑、予以倾斜，提供政策和资金支持；对推进危险废物规范化环境管理工作差的地方生态环境主管部门予以通报批评。

各省级生态环境主管部门应在年度评估工作方案中强化评估结果应用，敦促地方和相关部门落实监管责任。

（二）产废单位和经营单位。鼓励省级生态环境主管部门将危险废物规范化环境管理评估达标、环境管理水平高的企业纳入生态环境监督执法正面清单，适当减少"双随机、一公开"抽查频次。

将评估中发现的涉嫌环境违法问题与环境执法工作相衔接。对在评估中发现的企业违法行为，各级生态环境主管部门要严格依据《中华人民共和国环境保护法》《中华人民共和国固体废物污染环境防治法》等法律法规和《最高人民法院、最高人民检察院关于办理环境污染刑事案件适用法律若干问题的解释》等进行查处，涉嫌环境犯罪的移送公安机关。

附件：1. 危险废物规范化环境管理评估指标（略）

2. 被抽查单位评估情况记录表（略）

3. 危险废物规范化环境管理评估年度工作总结要求（略）

财政部等 3 部门关于印发《重点危险废物集中处置设施、场所退役费用预提和管理办法》的通知

（财资环〔2021〕92 号）

各省、自治区、直辖市、计划单列市财政厅（局）、发展改革委、生态环境厅（局），新疆生产建设兵团财政局、发展改革委、生态环境局：

为了规范和加强重点危险废物集中处置设施、场所退役费用预提、使用和管理，有效防控危险废物污染环境风险，保护生态环境，保障人体健康，我们制定了《重点危险废物集中处置设施、场所退役费用预提和管理办法》，现予印发，请遵照执行。

附件：重点危险废物集中处置设施、场所退役费用预提和管理办法

财政部

发展改革委

生态环境部

2021 年 9 月 3 日

附件

重点危险废物集中处置设施、场所退役费用预提和管理办法

第一章 总 则

第一条 为了规范和加强重点危险废物集中处置设施、场所退役费用预提、使用和管理，有效防控危险废物污染环境风险，保护生态环境，保障人体健康，根据《中华人民共和国固体废物污染环境防治法》《中华人民共和国会计法》等法律法规，制定本办法。

第二条 重点危险废物集中处置设施、场所退役费用是企业自行提取、自行使用，专门用于履行危险废物集中处置设施、场所退役责任和义务的经费。

第三条 本办法主要适用于中华人民共和国境内危险废物填埋场退役费用的预提、使用和管理工作。其他危险废物集中处置设施、场所可以由各省（自治区、直辖市、计划单列市）财政部门、价格主管部门、生态环境主管部门根据本地区实际情况制定退役费用预提、使用和管理规定。

第四条 预提危险废物填埋场退役费用是责任单位的法定责任和义务。退役费用按照“企业预提、政府监管、确保需求、规范使用”的原则进行管理，列入责任单位投资概算或经营成本。

第五条 责任单位应根据本办法规定建立退役费用预提和管理计划，并根据实际经营情况动态调整管理计划，保证退役费用满足实际需求。

第二章　费用预提

第六条　责任单位应当按照满足危险废物填埋场退役后稳定运行的原则，计算退役费用总额，根据企业会计准则相关规定预计弃置费用，一次性计入相关资产原值，在退役前按照固定资产折旧方式进行分年摊销，并计入经营成本。

第七条　根据《危险废物经营许可证管理办法》、《危险废物填埋污染控制标准》（GB 18598）等规定，退役费用最低预提标准分别为：

（一）柔性填埋场。按照超额累退方法计算，总库容量低于20万立方米（含）的，按照200元/立方米标准预提；超过20万立方米小于50万立方米（含），所超部分按照150元/立方米标准预提，超过50万立方米的，所超过部分按照100元/立方米标准预提。

（二）刚性填埋场。按照超额累退方法计算，总库容量低于20万立方米（含）的，按照30元/立方米标准预提；超过20万立方米的，所超过部分按照20元/立方米标准预提。

各省级价格主管部门会同同级财政、生态环境主管部门可根据地方经济发展水平、人工成本、退役工作实际需求等因素，在前述年度退役费用预提最低标准基础上确定本行政区域退役费用预提最低标准，但不得低于国家标准。

责任单位可在上述标准基础上，根据退役工作实际需要，适当提高退役费用提取标准。

第八条　对新建或已建未运行的危险废物填埋场，应从运行当年开始，按照本办法第六条、第七条规定预提、摊销退役费用，直至运行封场。其中，预提退役费总额＝填埋场库容 × 本办法第七条规定的相应标准。

对在本办法实施前已经运行的危险废物填埋场，预提退役费用总额由两部分相加组成，分别是：

（一）已填库容的预提费用＝已填库容量 ×（按照本办法第七条规定的相应费用标准 × 剩余库容量占总库容量的比例）。计提后应摊销的部分，可在本办法实施之日起至封场前分摊完毕。

（二）未填库容的预提费用＝剩余库容量 × 按照本办法第七条规定的相应费用标准。应从本办法实施当年开始根据剩余库容量预提，根据实际填埋量摊销退役费用，直至运行封场。

第九条　危险废物填埋场提前退役或终止运营的，退役费用由责任单位承担，如仍需履行退役责任，则按本办法相关规定执行。

危险废物经营许可证规定的经营单位主体发生变化的或者工业企业自建危险废物填埋场所有权变更的，退役费用及维护责任由变更后的责任单位承担。

第三章　费用管理和使用

第十条　责任单位应当建立退役费用资金专项管理制度，明确退役费用提取、摊销和使用的程序、职责及权限，按规定提取、摊销和使用。

第十一条　退役费用的会计处理，应当符合国家统一的会计制度的规定。

第十二条　退役费用资金使用应专款专用，不得挤占、挪用，只可用于支付封场后履行退役责任所必需的支出，具体包括：

（一）大气、废水、地下水等生态环境监测，渗漏检测层监测和评估，渗滤液水位监测。

（二）地表水、地下水、渗滤液收集处理系统运行。

（三）危险废物污染防治。

（四）与退役有关的其他费用。

第十三条　责任单位应采取措施，确保退役费用资金满足履行退役责任实际需求。所预提退役费用不足的，由责任单位补足。结余部分，由责任单位根据国家有关法律法规调整和使用。

第十四条　责任单位应当及时披露退役费用预提、摊销和使用等情况。

第四章　监督管理

第十五条　责任单位应加强退役费管理，每年 6 月 30 日前将退役费预提、摊销和使用情况按照管理权限报同级财政部门、价格主管部门和生态环境主管部门备案。

第十六条　责任单位提取的退役费用资金属于企业自提自用资金，其他部门和单位不得采取收取、代管等形式对其集中管理和使用，国家法律法规另有规定的除外。

第十七条 地方财政部门、价格主管部门、生态环境主管部门依法对退役费用的预提、使用和管理工作进行监督管理。责任单位未按照本办法预提和使用退役费用的，由地方生态环境主管部门会同同级价格主管部门、财政部门依据相关规定予以处理。

第十八条 各级财政部门、价格主管部门、生态环境主管部门及其工作人员存在违反本办法的行为，以及其他滥用职权、玩忽职守、徇私舞弊等违法违纪行为的，按照《中华人民共和国公务员法》《中华人民共和国监察法》《财政违法行为处罚处分条例》等有关规定追究相应责任。构成犯罪的，依法追究刑事责任。

第五章　附　则

第十九条 本办法所称危险废物是指列入国家危险废物名录或者根据国家规定的危险废物鉴别标准和鉴别方法认定的具有危险特性的固体废物。

责任单位是指持有危险废物经营许可证的危险废物填埋场的法人单位及工业企业自建危险废物填埋场的法人单位。

退役期是指危险废物填埋场封场后，为实现环境无害化的后续维护期。退役费用按填埋场封场后 30 年计算，国家有关法律法规另有规定的，从其规定。

第二十条 本办法由国务院财政部门、价格主管部门和生态环境主管部门负责解释。

第二十一条 本办法自 2022 年 1 月 1 日起施行。

生态环境部办公厅关于
加强危险废物鉴别工作的通知

（环办固体函〔2021〕419号）

各省、自治区、直辖市生态环境厅（局），新疆生产建设兵团生态环境局：

为贯彻落实《中华人民共和国固体废物污染环境防治法》，加强危险废物鉴别环境管理工作，规范危险废物鉴别单位管理，现将有关事项通知如下。

一、依法严格开展危险废物鉴别

（一）产生固体废物的单位应落实危险废物鉴别的主体责任，按本通知的规定主动开展危险废物鉴别。对需要开展危险废物鉴别的固体废物，产生固体废物的单位以及其他相关单位（以下简称鉴别委托方）可委托第三方开展危险废物鉴别，也可自行开展危险废物鉴别。危险废物鉴别单位（包括接受委托开展鉴别的第三方和自行开展鉴别的单位，下同）对鉴别报告内容和鉴别结论负责并承担相应责任。

（二）危险废物鉴别单位应满足《危险废物鉴别单位管理要求》（见附件1），并在全国危险废物鉴别信息公开服务平台（以下简称信息平台，https://gfmh.meescc.cn）注册；注册时应提交单位基本情况、技术力量、开展业务信息、非涉密的鉴别成果及信用信息等。危险废物鉴别单位注册完成后应主动公开基本情况等信息，并声明和承诺对公布内容的真实性、准确性负责，主动接受社会监督。相关注册信息发生变动的，应于10个工作日内在信息平台动态更新。

（三）应开展危险废物鉴别的固体废物包括：

1. 生产及其他活动中产生的可能具有对生态环境和人体健康造成有害影响的毒性、腐蚀性、易燃性、反应性或感染性等危险特性的固体废物。

2. 依据《建设项目危险废物环境影响评价指南》等文件有关规定，开展环境影响评价需要鉴别的可能具有危险特性的固体废物，以及建设项目建成投运后产生的需要鉴别的固体废物。

3. 生态环境主管部门在日常环境监管工作中认为有必要，且有检测数据或工艺描述等相关材料表明可能具有危险特性的固体废物。

4. 突发环境事件涉及的或历史遗留的等无法追溯责任主体的可能具有危险特性的固体废物。

5. 其他根据国家有关规定应进行鉴别的固体废物。

司法案件涉及的危险废物鉴别按照司法鉴定管理规定执行。

二、规范危险废物鉴别流程与鉴别结果应用

（一）开展危险废物鉴别前，鉴别委托方应在信息平台注册并公开拟开展危险废物鉴别情况。鉴别委托方拟委托第三方开展危险废物鉴别的，应在信息平台上选择危险废物鉴别单位，并签订书面委托合同，约定双方权利和义务。

（二）危险废物鉴别单位应严格依据国家危险废物名录和《危险废物鉴别标准》（GB 5085.1 ～ 7）、《危险废物鉴别技术规范》（HJ 298）等国家规定的鉴别标准和鉴别方法开展危险废物鉴别。

（三）鉴别完成后，鉴别委托方应将危险废物鉴别报告和现场踏勘记录等其他相关资料上传至信息平台并向社会公开，同时报告鉴别委托方所在地设区的市级生态环境主管部门。鉴别报告和其他相关资料中涉及商业秘密的内容，可依法不公开，但应上传情况说明。

（四）对信息平台公开的危险废物鉴别报告存在异议的，可向鉴别委托方所在地省级危险废物鉴别专家委员会提出评估申请，并提供相关异议的理由和有关证明材料。省级危险废物鉴别专家委员会完成评估后，鉴别委托方应将评估意见及按照评估意见修改后的危险废物鉴别报告和其他相关资料上传至信息平台，再次向社会公开。

对省级危险废物鉴别专家委员会评估意见存在异议的，可向国家危险废物鉴别专家委员会提出评估申请，并提供相关异议的理由和有关证明材料。国家危险废物鉴别专家委员会完成评估后的意见作为危险废物鉴别的最终评估意见。鉴别委托方应将最终评估意见及修改后的相关资料上传至信息平台并再次向社会公开。

（五）危险废物鉴别报告在信息平台公开后 10 个工作日无异议的，或者按照省

级危险废物鉴别专家委员会评估意见修改并在信息平台公开后10个工作日无异议的，或者按照最终评估意见修改并在信息平台再次公开的，鉴别结论作为鉴别委托方建设项目竣工环境保护验收、排污许可管理以及日常环境监管、执法检查和环境统计等固体废物环境管理工作的依据，同时作为国家危险废物名录动态调整的参考。

危险废物鉴别报告公开满10个工作日后，且未经国家危险废物鉴别专家委员会出具最终评估意见的，任何单位和个人仍可按本通知的规定对有异议的危险废物鉴别报告提出评估申请。

经鉴别属于危险废物的，产生固体废物的单位应严格按照危险废物相关法律制度要求管理。固体废物申报、危险废物管理计划等相关内容与鉴别结论不一致的，产生固体废物的单位应及时根据鉴别结论进行变更；根据鉴别结论，涉及污染物排放种类、排放量增加的，应依法重新申请排污许可证。

鉴别委托方应及时将鉴别结论及根据评估意见修改情况报告鉴别委托方所在地设区的市级生态环境主管部门。

三、强化危险废物鉴别组织管理

（一）生态环境部负责全国危险废物鉴别环境管理工作，组织成立国家危险废物鉴别专家委员会。省级生态环境主管部门负责行政区域内的危险废物鉴别环境管理工作，组织成立省级危险废物鉴别专家委员会。

（二）生态环境部组织建设并运行全国危险废物鉴别信息公开服务平台。信息平台主要为企事业单位、公众和政府有关部门等提供免费的信息公开服务，不对危险废物鉴别单位、鉴别报告等信息进行人工审核、修改等。鉴别委托方和危险废物鉴别单位应按要求通过信息平台及时向社会公开有关信息，并对所公开信息的真实性、准确性、及时性和完整性负责。

（三）生态环境部和省级生态环境主管部门可以组织不定期抽取一定比例的危险废物鉴别单位及鉴别报告开展复核，发现有申报信息不实、鉴别程序不规范、鉴别报告失实或者弄虚作假等行为的，依法依规进行处理，并将相关处理结果在信息平台公开。

（四）生态环境部适时组织对危险废物鉴别单位进行综合评价，评价结果在信息平台公开。

（五）国家和省级危险废物鉴别专家委员会应独立、客观、公正开展工作，并接受社会监督。

附件：1. 危险废物鉴别单位管理要求

2. 危险废物鉴别报告编制要求

生态环境部办公厅

2021 年 9 月 3 日

附件 1

危险废物鉴别单位管理要求

为规范危险废物鉴别单位管理工作，提升对危险废物环境管理的支撑能力，根据《中华人民共和国固体废物污染环境防治法》有关规定，针对中华人民共和国境内开展危险废物鉴别的单位，制定管理要求如下。

一、基本要求

危险废物鉴别单位应当是能够依法独立承担法律责任的单位，坚持客观、公正、科学、诚信的原则，遵守国家有关法律法规和标准规范，对危险废物鉴别报告的真实性、规范性和准确性负责。

二、专业技术能力

危险废物鉴别单位应当具备危险废物鉴别技术能力，配备一定数量具有环境科学与工程、化学及其他相关专业背景中级及以上专业技术职称或同等能力的全职专业技术人员，且其中应具有从事危险废物管理或研究 3 年以上的技术人员；应设置专业技术负责人，对鉴别工作技术和质量管理总体负责，技术负责人应具有相关专业高级以上技术职称和 5 年以上危险废物管理或研究工作经验。

三、检验检测能力

危险废物鉴别单位一般应具有固体废物危险特性相关指标检验检测能力，并取得检验检测机构资质认定等资质。不具备上述检验检测能力和资质的，应委托具备上述检验检测能力和资质的检验检测单位开展鉴别工作中的检验检测工作。同一危险废物的鉴别，委托的第三方检验检测单位数量不宜超过 2 家。

四、组织与管理

危险废物鉴别单位应具有完善的组织结构和健全的管理制度，包括工作程序、质量管理、档案管理和技术管理等，按照《危险废物鉴别报告编制要求》（见附件2）有关规定编制危险废物鉴别方案和鉴别报告，确保编制质量。

五、工作场所

危险废物鉴别单位应具备固定的工作场所，包括必要的办公条件、危险废物鉴别报告等档案资料管理设施及场所。

六、档案管理

危险废物鉴别单位应健全档案管理制度，建立鉴别报告完整档案，档案中应包括但不限于以下内容：工作委托合同、现场踏勘记录和影像资料、鉴别方案、检测报告、鉴别报告，以及专家评审意见等质量审查原始文件。上述档案应及时存档。

附件 2

危险废物鉴别报告编制要求

一、基本要求

危险废物鉴别报告应信息齐全、内容真实、编制规范、结论明确。危险废物鉴别单位和相关人员应当在相应位置加盖公章并签字，对其真实性、规范性和准确性负责。

二、鉴别方案

危险废物鉴别过程需要进行样品采集和危险特性检测工作的，危险废物鉴别单位应在开展鉴别工作前编制鉴别方案，并组织专家对鉴别方案进行技术论证。鉴别方案应包括但不限于以下内容：

1. 前言。包括鉴别委托方概况、鉴别目的和技术路线。

2. 鉴别对象概况。包括鉴别对象产生过程的详细描述、与鉴别对象危险特性相关的生产工艺、原辅材料及特征污染物分析。

3. 固体废物属性判断。包括鉴别对象是否属于固体废物的判断及依据、鉴别对象是否属于国家危险废物名录中废物的判断和依据等。

4. 危险特性识别和筛选。包括鉴别对象危险特性的识别和危险特性鉴别检测项目筛选的判断和依据。

5. 采样工作方案。包括采样技术方案、组织方案和质量控制措施。

6. 检测工作方案。包括检测技术方案、组织方案和质量控制措施。

7. 检测结果的判断标准和判断方法。

三、报告内容

危险废物鉴别报告包括正文和附件。其中，正文应包括但不限于以下内容：

1. 基本情况。包括鉴别委托方概况、鉴别目的和技术路线、鉴别对象概况等。

2. 工作过程。包括鉴别方案简述、鉴别方案论证及修改情况、采样检测过程。

3. 综合分析。包括检测数据分析、检测结果判断和依据。

4. 结论与建议。根据检测结果，依据危险废物鉴别相关标准和规范，对鉴别对象是否属于危险废物作出结论，提出后续环境管理建议。

附件包括鉴别方案、采样记录和检测报告、技术论证意见、检验检测机构相关资质等材料，具体内容根据危险废物鉴别工作情况确定。

四、质量控制

鉴别过程中的样品采集、包装、运输、保存、检测等应遵从检验检测相关的质量管理要求，检验检测应当符合资质认定相关要求，鉴别报告应满足《危险废物鉴别单位管理要求》（见附件 1）所述危险废物鉴别质量管理要求。

生态环境部关于成立第一届国家危险废物鉴别专家委员会的通知

（环办固体函〔2021〕506号）

各有关单位：

为贯彻落实《中华人民共和国固体废物污染环境防治法》，按照《强化危险废物监管和利用处置能力改革实施方案》有关要求，我部印发实施了《关于加强危险废物鉴别工作的通知》（环办固体函〔2021〕419号）。为充分发挥专家在危险废物鉴别环境管理中的作用，我部组织制定了《国家危险废物鉴别专家委员会章程（试行）》（见附件1）和《危险废物鉴别异议评估规程（试行）》（见附件2），按照《章程》有关规定组织遴选并确定了第一届国家危险废物鉴别专家委员会成员名单（见附件3）。现印送给你们，请对国家危险废物鉴别专家委员会的工作给予支持。

附件：1. 国家危险废物鉴别专家委员会章程（试行）

2. 危险废物鉴别异议评估规程（试行）

3. 第一届国家危险废物鉴别专家委员会成员名单

生态环境部办公厅

2021年11月1日

附件 1

国家危险废物鉴别专家委员会章程（试行）

第一条 为规范国家危险废物鉴别专家委员会工作，根据加强危险废物鉴别工作的通知》（环办固体函〔2021〕419 号），制定本章程。

第二条 国家危险废物鉴别专家委员会（以下简称专家委员会）在生态环境部指导下开展工作。

第三条 专家委员会由危险废物鉴别、固体废物环境管理监测等领域研究或技术工作经验丰富、能力突出，并具有正高级职称的专家组成。专家委员会设主任委员 1 名、副主任委员若干名。

第四条 专家委员会成员（以下简称专家委员）由专家委员所在单位推荐或由生态环境部直接提名，并征得专家委员及所在单位同意；生态环境部组织遴选后，对符合要求的，予以聘任。

第五条 专家委员实施动态管理：

（一）专家委员实行聘任制，每届任期三年，可连选连任，任期届满，按照本章程有关要求，重新遴选、聘任。

（二）对违反国家相关法律法规或不遵守本章程的专家委员，生态环境部予以解聘。

（三）专家委员因故不能继续参加专家委员会的工作时，应以书面方式提出辞呈，或由其所在单位出具情况说明、经生态环境部批准后，退出专家委员会。

第六条 专家委员会主要承担以下工作：

（一）为生态环境部危险废物鉴别等环境管理工作提供技术支撑，指导省级危险废物鉴别专家委员会开展危险废物鉴别异议评估等工作。

（二）依据《危险废物鉴别异议评估规程（试行》评估针对省级危险废物鉴别专家委员会评估意见的异议及相关鉴别报告，出具最终评估意见。

（三）受生态环境部委托，不定期对危险废物鉴别单位及鉴别报告开展抽查复核，对危险废物鉴别单位进行综合评价。

（四）承担生态环境部委托的其他危险废物鉴别相关工作。

（五）专家委员会每年向生态环境部提交国家危险废物鉴别专家委员会年度工作报告。

第七条　专家委员在开展专家委员会承担的相关工作中应遵守以下规定：

（一）遵守国家相关法律、法规、规章。

（二）本着独立、客观、公正的态度开展工作，并接受社会监管

（三）遵守工作纪律，不得收受利害关系单位、人的财物或者获取其他利益。

（四）遵守有关保密规定，不得泄露工作中获取的任何国家秘密、技术秘密、商业机密以及工作情况，妥善保管相关资料。

第八条　专家委员会秘书处设在中国环境科学研究院，由中国环境科学研究院固体废物污染控制技术研究所开展秘书处日常工作，在专家委员会领导下，承担以下工作：

（一）专家委员会和生态环境部日常联系、信息通报和相关活动安排。

（二）针对收到的异议评估申请开展形式审查。

（三）协助专家委员会组织针对省级危险废物鉴别专家委员会评估意见的异议及相关危险废物鉴别报告评估、危险废物鉴别单位及鉴别报告复核、危险废物鉴别单位综合评价等工作。

（四）协助专家委员会完成生态环境部委托的其他危险废物鉴别相关工作。

第九条　生态环境部组建危险废物鉴别专家库。专家库由环境、石油、化工、冶金、材料等领域专家组成，专家应当符合以下基本条件：

（一）遵纪守法、坚持原则、作风正派，具有良好的学术道德。

（二）具有良好的相关专业知识、技术能力和实践经验。

（三）从事相关领域研究或技术工作满五年并具有高级职称或同等专业水平。

（四）身体健康，原则上年龄不超过六十五周岁。

（五）在时间和精力上能够保证正常参加专家委员会组织的工作，并能按要求完成任务。

第十条 专家库专家实施动态管理:

(一)专家可通过专家委员推荐或自主申请，征得专家所在单位同意，并经专家委员会遴选后加入专家库。专家委员会每三年集中组织一次入库申请与遴选工作。

(二)对违反国家相关法律法规或不遵守本章程的专家，由专家委员会清退出专家库。

(三)专家因故不能继续参加专家库工作时，应以书面方式提出辞呈，经专家委员会同意后，退出专家库。

第十一条 专家库专家的主要职责包括参加专家委员会组织的异议及相关鉴别报告评估、鉴别单位评价和鉴别报告复核、为专家委员会提供咨询等。

第十二条 专家库专家在开展专家委员会委托相关工作中应遵守以下规定:

(一)依法、规范、科学、公正开展工作，独立、客观提出意见，并对提出的意见负责。

(二)遵守工作纪律，不得收受利害关系单位、人的财物或者获取其他利益。

(三)不得对异议评估相关的单位、个人，复核与评价的鉴别单位、个人透露评估信息或作出与评估工作有关的承诺。

(四)遵守有关保密规定，不得泄露工作中获取的任何国家秘密、技术秘密、商业秘密以及评审工作情况，妥善保管相关资料。

(五)与异议评估的单位、个人，复核与评价的鉴别单位、个人有直接工作关系或利益关系时，应当主动提出回避。

(六)接受专家委员会的监督。

第十三条 本章程自印发之日起实施，由生态环境部负责解释。

附件 2

危险废物鉴别异议评估规程（试行）

一、适用范围

本规程适用于国家危险废物鉴别专家委员会（以下简称专家委员会）在职责范围内，对针对省级危险废物鉴别专家委员会评估意见（以下简称省级评估意见）的异议及相关鉴别报告进行评估的工作。

二、评估程序

危险废物鉴别异议评估程序包括形式审查、技术评估和报告复核，详见图 1。

三、形式审查

专家委员会收到针对省级评估意见的异议评估申请后，首先由专家委员会秘书处开展形式审查，判断是否属于专家委员会异议评估工作范围。不属于异议评估工作范围的，将审查意见反馈异议提出方。属于异议评估工作范围的，开展技术评估。以下情形不属于专家委员会异议评估工作范围：

（一）不属于针对省级评估意见的异议评估申请。

（二）支撑材料不完整的异议评估申请。

（三）其他不属于专家委员会异议评估工作范围的异议。

形式审查应在异议评估申请提出后的 10 个工作日内完成（鉴别报告公开后 10 个工作日内收到的异议评估申请均从第 10 个工作日起计）

四、技术评估

（一）技术评估分为初步评估和专家委员会审议会（以下简称审议会）评估两个

阶段。根据异议内容，鉴别对象错误、鉴别采样不规范等不需要初步评估的，可直接开展审议会评估。需要初步评估的，由专家委员会确定初步评估方式。

（二）初步评估包括专家会议评估和补充调查（检测）评估。需要开展专家会议评估的，由专家委员会根据异议和鉴别报告内容，结合专业需求，选取不少于5名专家（至少有1名专家委员，其余从专家库中选择）组成专家组，开展专家会议评估，形成专家会议评估意见。

需要开展补充调查（检测）评估的，由专家委员会告知鉴别委托方开展补充调查（检测）；如确有必要，专家委员会可以组织开展补充调查（检测）。根据补充调查（检测）结果，形成补充调查（检测）评估意见。

（三）初步评估意见［包括专家会议评估意见和补充调查（检测）评估意见］须经审议会评估。审议会由不少于3名专家委员组成，其中至少包括1名主任委员或副主任委员。审议会对鉴别报告结论是否正确可以直接作出判断的，出具该异议及相关鉴别报告的最终评估意见。

对于鉴别报告结论是否正确无法直接判断的，专家委员会向鉴别委托方反馈。修改完善后的鉴别报告应再次提交专家委员会进行评估。

五、报告复核

最终评估意见反馈给鉴别委托方和异议提出方后，鉴别委托方将鉴别报告和最终评估意见等相关资料上传至全国危险废物鉴别信息公开服务平台，经秘书处复核无误后向社会公开。

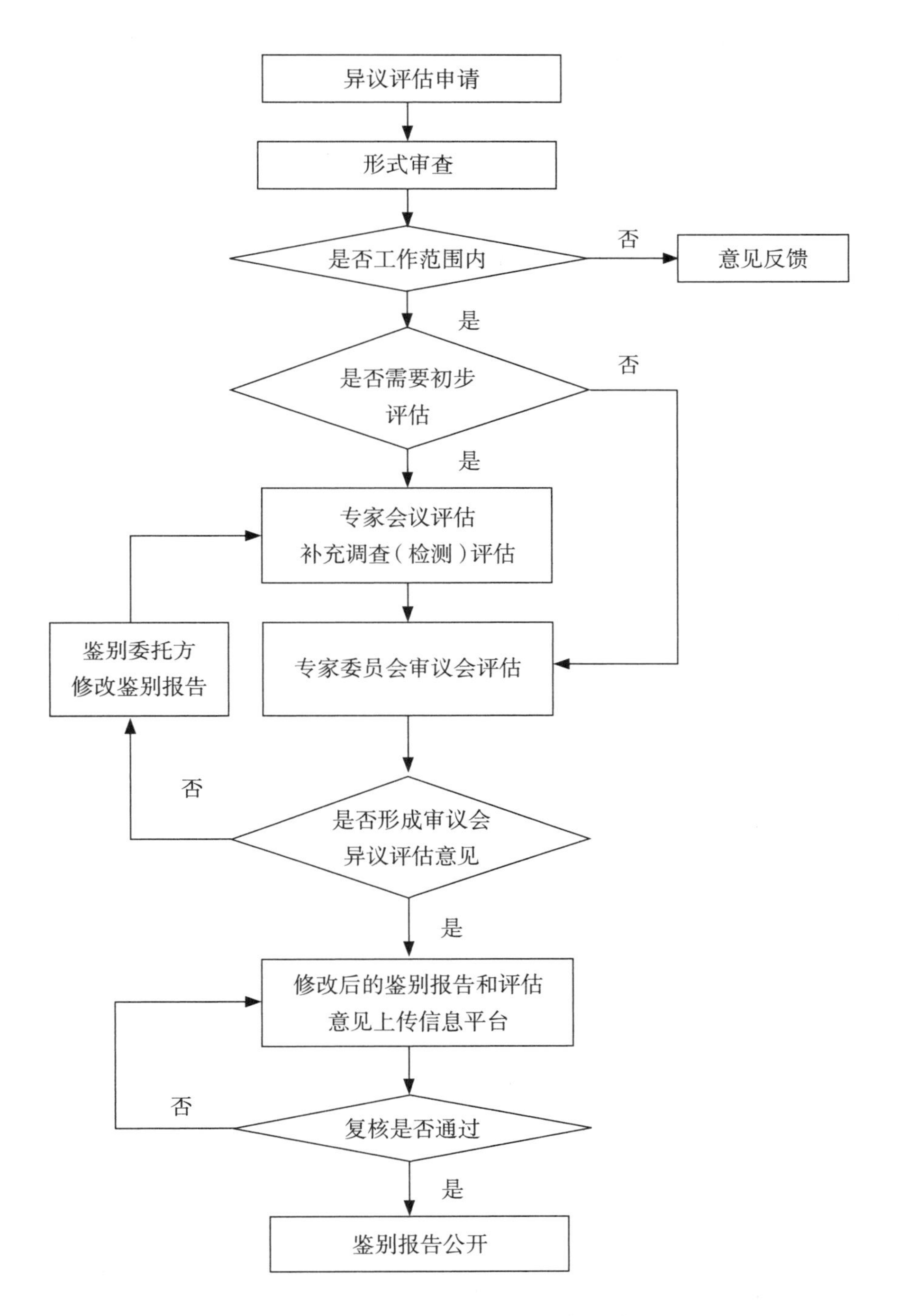

图 1　危险废物鉴别异议评估程序

附件 3

第一届国家危险废物鉴别专家委员会成员名单

序号	姓名	单位	职称
1	刘丽丽	清华大学 / 巴塞尔公约亚太区域中心	研究员
2	杨玉飞	中国环境科学研究院	研究员
3	吴彦瑜	广东省环境保护产业协会	正高级工程师
4	何　艺	生态环境部固体废物与化学品管理技术中心	正高级工程师
5	张后虎	生态环境部南京环境科学研究所	研究员
6	张霖琳	中国环境监测总站	正高级工程师
7	於　方	生态环境部环境规划院	研究员
8	郑　洋	生态环境部固体废物与化学品管理技术中心	正高级工程师
9	黄启飞	中国环境科学研究院	研究员
10	黄泽春	中国环境科学研究院	研究员
11	黄相国	国家环境保护危险废物处置工程技术（沈阳）中心	正高级工程师
12	商照聪	上海化工研究院有限公司	正高级工程师
13	董　亮	国家环境分析测试中心	研究员
14	焦少俊	生态环境部南京环境科学研究所	研究员
15	温　勇	生态环境部华南环培科学研究所	正高级工程师

生态环境部办公厅关于印发危险废物转移联单和危险废物跨省转移申请表样式的通知

（环办固体函〔2021〕577号）

各省、自治区、直辖市生态环境厅（局），新疆生产建设兵团生态环境局：

为贯彻落实《中华人民共和国固体废物污染环境防治法》，根据《危险废物转移管理办法》（生态环境部令第23号），我部制定了危险废物转移联单和危险废物跨省转移申请表的样式，现印发给你们，请结合本地区实际贯彻执行。

附件1：危险废物转移联单

附件2：危险废物跨省转移申请表

生态环境部办公厅

2021年12月10日

附件 1

危险废物转移联单（样式）

联单编号：　　　　　　　　　　　　　　　　　　　　　　　　　　（二维码）

<table>
<tr><td colspan="9">第一部分　危险废物移出信息（由移出人填写）</td></tr>
<tr><td colspan="5">单位名称：</td><td colspan="4">应急联系电话：</td></tr>
<tr><td colspan="9">单位地址：</td></tr>
<tr><td colspan="2">经办人：</td><td colspan="3">联系电话：</td><td colspan="4">交付时间：　年　月　日　时　分</td></tr>
<tr><td>序号</td><td>废物名称</td><td>废物代码</td><td>危险特性</td><td>形态</td><td>有害成分名称</td><td>包装方式</td><td>包装数量</td><td>移出量（吨）</td></tr>
<tr><td></td><td></td><td></td><td></td><td></td><td></td><td></td><td></td><td></td></tr>
<tr><td></td><td></td><td></td><td></td><td></td><td></td><td></td><td></td><td></td></tr>
<tr><td></td><td></td><td></td><td></td><td></td><td></td><td></td><td></td><td></td></tr>
<tr><td colspan="9">第二部分　危险废物运输信息（由承运人填写）</td></tr>
<tr><td colspan="5">单位名称：</td><td colspan="4">营运证件号：</td></tr>
<tr><td colspan="5">单位地址：</td><td colspan="4">联系电话：</td></tr>
<tr><td colspan="5">驾驶员：</td><td colspan="4">联系电话：</td></tr>
<tr><td colspan="5">运输工具：</td><td colspan="4">牌号：</td></tr>
<tr><td colspan="5">运输起点：</td><td colspan="4">实际起运时间：　年　月　日　时　分</td></tr>
<tr><td colspan="9">经由地：</td></tr>
<tr><td colspan="5">运输终点：</td><td colspan="4">实际到达时间：　年　月　日　时　分</td></tr>
<tr><td colspan="9">第三部分　危险废物接受信息（由接受人填写）</td></tr>
<tr><td colspan="5">单位名称：</td><td colspan="4">危险废物经营许可证编号：</td></tr>
<tr><td colspan="9">单位地址：</td></tr>
<tr><td colspan="2">经办人：</td><td colspan="3">联系电话：</td><td colspan="4">接受时间：　年　月　日　时　分</td></tr>
<tr><td>序号</td><td>废物名称</td><td>废物代码</td><td colspan="2">是否存在重大差异</td><td>接受人处理意见</td><td colspan="2">拟利用处置方式</td><td>接受量（吨）</td></tr>
<tr><td></td><td></td><td></td><td colspan="2"></td><td></td><td colspan="2"></td><td></td></tr>
<tr><td></td><td></td><td></td><td colspan="2"></td><td></td><td colspan="2"></td><td></td></tr>
<tr><td></td><td></td><td></td><td colspan="2"></td><td></td><td colspan="2"></td><td></td></tr>
</table>

填写说明：

1　联单编号和二维码

1.1　联单编号由国家危险废物信息管理系统（以下简称信息系统）根据《危险废物转移管理办法》规定的编码规则自动生成。

1.2　二维码由信息系统自动生成，通过扫描二维码可获取联单有关信息。

2　危险废物移出信息填写注意事项

2.1　单位名称、地址、经办人及联系电话根据移出人在信息系统注册信息自动生成。

2.2　应急联系电话是为应对危险废物转移过程突发环境事件需要紧急联系的单位电话，可以是移出人的电话，也可以是受移出人委托提供应急处置服务的机构的电话。

2.3　废物名称、废物代码、危险特性、形态、有害成分名称等危险废物信息可以根据移出人在信息系统中备案的危险废物管理计划点选生成。废物名称、废物代码、危险特性根据《国家危险废物名录》确定；危险废物形态填写固态、半固态、液态、气态、其他（需说明具体形态）；有害成分名称是指危险废物中的主要有害成分名称，每种废物可包含多种有害成分；包装方式填写桶、袋、罐、其他（须说明具体包装方式）；包装数量填写不同包装方式的数量；移出量填写该类危险废物移出的重量（以吨计，精确至小数点后第四位）。

3　危险废物运输信息填写注意事项

3.1　单位名称、营运证件号等信息根据承运人在信息系统中注册信息自动生成。

3.2　驾驶员、联系电话、运输工具及牌号根据承运人在信息系统中注册信息进行点选；运输工具填写汽车、船等交通工具；牌号为交通工具对应的牌照号码。

3.3　运输起点填写危险废物运输起始的地址，应该为移出人生产或经营设施地址；经由地为危险废物运输依次经过的地级市（盟、自治州），由信息系统生成或驾驶员填写；运输终点填写危险废物运输终止的地址，应该为接受人生产或经营设施地址。

3.4　采用联运方式转移危险废物的，可在运输信息部分增加后续承运人相关运输信息。

3.5 实际起运时间、实际到达时间由驾驶员完成信息系统相关操作后生成。

4 危险废物接受信息填写注意事项

4.1 危险废物接受信息中的危险废物序号、废物名称和废物代码由信息系统自动生成，与移出人填写的一致。

4.2 是否存在重大差异在信息系统中进行点选，主要内容为：无、数量存在重大差异、包装存在重大差异、形态存在重大差异、性质存在重大差异、其他方面存在重大差异（需说明哪方面存在重大差异）。

4.3 接受人处理意见在信息系统中进行点选，内容主要为：接受、部分接受、拒收。

4.4 拟利用处置方式在信息系统中进行点选，利用处置方式主要参考《排污许可证申请与核发技术规范 工业固体废物和危险废物治理》（HJ 1033）附录F“危险废物利用、处置方式代码”等；如点选其中的“其他”方式，需说明具体利用处置方式。

4.5 接受量填写接受人实际接受该类危险废物的重量（以吨计，精确至小数点后第四位）。

5 移出人、承运人、接受人应保证本转移联单填写的信息是真实的、准确的。

附件 2

危险废物跨省转移申请表（样式）

<table>
<tr><td colspan="6">一、移出人信息</td></tr>
<tr><td colspan="3">单位名称：（加盖公章）</td><td colspan="3">统一社会信用代码：</td></tr>
<tr><td colspan="6">单位地址：</td></tr>
<tr><td colspan="3">联系人：</td><td colspan="3">联系电话：</td></tr>
<tr><td colspan="6">二、接受人信息</td></tr>
<tr><td colspan="3">单位名称：</td><td colspan="3">统一社会信用代码：</td></tr>
<tr><td colspan="6">单位地址：</td></tr>
<tr><td colspan="3">危险废物经营许可证编号：</td><td colspan="3">许可证有效期：　年　月　日至　年　月　日</td></tr>
<tr><td colspan="3">联系人：</td><td colspan="3">联系电话：</td></tr>
<tr><td colspan="6">三、危险废物信息（涉及多种危险废物的，可增加条目）</td></tr>
<tr><td>废物名称：</td><td colspan="4">废物代码：</td><td>拟移出量（吨）：</td></tr>
<tr><td colspan="6">有害成分名称：</td></tr>
<tr><td colspan="6">形态：固态□　半固态□　液态□　气态□　其他□</td></tr>
<tr><td colspan="6">危险特性：毒性□　腐蚀性□　易燃性□　反应性□　感染性□</td></tr>
<tr><td colspan="6">拟包装方式：桶□　袋□　罐□　其他□</td></tr>
<tr><td colspan="6">拟利用处置方式：贮存□　利用□　处置□　其他□</td></tr>
<tr><td colspan="6">四、转移信息</td></tr>
<tr><td colspan="6">拟转移期限：　年　月　日至　年　月　日（转移期限不超过十二个月）</td></tr>
<tr><td colspan="4">拟运输起点：</td><td colspan="2">拟运输终点：</td></tr>
<tr><td colspan="6">途经省份（按途经顺序列出）：</td></tr>
<tr><td colspan="6">五、提交材料清单</td></tr>
<tr><td colspan="6">随本申请表同时提交下列材料：
（一）危险废物接受人的危险废物经营许可证复印件
（二）接受人提供的贮存、利用或处置危险废物方式的说明
（三）移出人与接受人签订的委托协议、意向或者合同
（四）危险废物移出地的地方性法规规定的其他材料</td></tr>
<tr><td colspan="6">我特此确认，本申请表所填写内容及所附文件和材料均为真实的。我对本单位所提交材料的真实性负责，并承担内容不实之后果。
法定代表人／单位负责人：（签字）　　　　　　日期：　年　月　日</td></tr>
</table>

生态环境部办公厅关于
开展小微企业危险废物收集试点的通知

（环办固体函〔2022〕66号）

各省、自治区、直辖市生态环境厅（局），新疆生产建设兵团生态环境局：

为贯彻落实《中华人民共和国固体废物污染环境防治法》，按照《强化危险废物监管和利用处置能力改革实施方案》（国办函〔2021〕47号）关于开展工业园区危险废物集中收集贮存试点等有关要求，统筹兼顾小微企业危险废物收集，现就开展小微企业危险废物收集试点有关要求通知如下。

一、充分认识试点重要意义

各省级生态环境部门要高度重视，把开展试点作为支持小微企业发展的一项具体环保举措，充分发挥政府部门的引导和政策支持作用，有效打通小微企业危险废物收集“最后一公里”，切实解决小微企业急难愁盼的危险废物收集处理问题。通过开展试点，推动建立规范有序的小微企业危险废物收集体系，探索形成一套可推广的小微企业危险废物收集模式，研究完善危险废物收集单位管理制度，有效防范小微企业危险废物环境风险。

二、因地制宜统筹布局

省级生态环境部门可结合本地实际，自本通知印发之日起至2023年12月31日，通过开展试点推动做好小微企业危险废物收集工作，同时应统筹考虑行政区域内小微企业分布情况及危险废物收集能力，合理确定小微企业危险废物收集试点单位（以下简称收集单位）数量和布局，避免能力过剩。试点区域宜选择行政区域内副省级城市和其他条件较好的地市。鼓励依托小微企业集中的工业园区开展试点。引导和支持具有危险废物收集经验、具备专业技术能力、社会责任感强的单位开展试点。

三、严格审查确定收集单位

省级生态环境部门应依据危险废物相关法规标准，按照高标准、可持续的原则，严格收集单位的审查，及时公开审查确定的收集单位相关信息并主动接受监督。收集单位应具有环境科学与工程、化学等相关专业背景中级及以上专业技术职称的全职技术人员，具有符合国家和地方环境保护标准要求的包装工具、贮存场所和配套的污染防治设施，具有防范危险废物污染环境的管理制度、污染防治措施和环境应急预案等；应具有与所收集的危险废物相适应的分析检测能力，不具备相关分析检测能力的，应委托具备相关能力单位开展分析检测工作；原则上应将行政区域内危险废物年产生总量 10 吨以下的小微企业作为收集服务的重点，同时兼顾机关事业单位、科研机构和学校等单位及社会源。

四、明确收集单位责任

省级生态环境部门和试点地区的市级生态环境部门应指导督促收集单位严格落实危险废物相关环境保护法律法规和标准要求。收集单位应依法制定危险废物管理计划，建立危险废物管理台账，通过全国固体废物管理信息系统如实申报试点过程的危险废物收集、贮存和转移等情况，并运行危险废物电子转移联单；按照规定的服务地域范围和收集废物类别，及时收集转运服务地域范围内小微企业产生的危险废物，分类收集贮存，并按相关规定将所收集的危险废物及时转运至危险废物利用处置单位。鼓励收集单位采用信息化手段记录所收集危险废物的种类、来源、数量、贮存和去向等信息，实现所收集危险废物的信息化追溯。鼓励收集单位为小微企业提供危险废物管理方面的延伸服务，推动小微企业提升危险废物规范化环境管理水平。

五、强化环境监督管理

省级生态环境部门和试点地区的市级生态环境部门应依法加强对收集单位危险废物收集、贮存、转移等过程的环境监管，将收集单位作为危险废物规范化环境管理评估重点，依法严厉打击非法转移、倾倒、处置危险废物等环境违法行为。建立收集单位退出机制，违反试点要求、存在重大环境违法问题或试点期间发生重大环境污染事件的，终止其试点工作。

六、加强技术帮扶和协调沟通

省级生态环境部门和试点地区的市级生态环境部门应对收集单位开展危险废物管理相关培训。鼓励有条件的地方建立技术帮扶组，组织现场学习交流，及时指导或帮助收集单位和小微企业解决危险废物收集相关技术问题。加强与其他相关部门的协调沟通，对收集单位的危险废物转移、贮存等方面给予支持与指导，并告知收集单位自觉接受其他相关部门监管。

七、做好宣传和公众监督

省级生态环境部门和试点地区的市级生态环境部门应加强对试点工作的宣传，充分利用网络、广播、电视、报刊等新闻媒体，广泛宣传危险废物收集试点的相关政策，力争收集地域范围内小微企业全覆盖。通过政府网站公布本行政区域全部收集单位名称、地址、联系方式及每个收集单位服务地域范围等信息，并通报同级相关部门。建立有奖举报机制，鼓励公众对非法收集、处置危险废物等环境违法行为进行监督和举报。

生态环境部将对各地试点进行调研指导、技术帮扶与评估，宣传好的经验做法和典型模式。

生态环境部办公厅

2022 年 2 月 19 日

生态环境部办公厅关于进一步推进危险废物环境管理信息化有关工作的通知

（环办固体函〔2022〕230号）

各省、自治区、直辖市生态环境厅（局），新疆生产建设兵团生态环境局：

为贯彻落实《中华人民共和国固体废物污染环境防治法》《强化危险废物监管和利用处置能力改革实施方案》等有关要求，进一步提升危险废物环境管理信息化水平和能力，为危险废物相关单位提供信息化便利服务，现将有关事项通知如下。

一、持续推进危险废物环境管理信息化工作

（一）规范危险废物有关资料在线申报。产生危险废物的单位应按照国家有关规定通过生态环境部建设运行的全国固体废物管理信息系统（以下简称国家固废信息系统）定期申报危险废物的种类、产生量、流向、贮存、处置等有关资料。使用国家固废信息系统建立危险废物电子管理台账的单位，对自动生成的申报报告确认并在线提交后，完成申报。

（二）实现危险废物电子转移联单统一管理。转移危险废物的单位，应当通过国家固废信息系统填写、运行危险废物电子转移联单。危险废物转移联单由生态环境部通过国家固废信息系统统一编号，联单中危险废物相关信息与在国家固废信息系统中备案的危险废物管理计划关联。危险废物转移轨迹应通过国家固废信息系统记录，并与危险废物电子转移联单关联。

（三）实行危险废物跨省转移商请无纸化运转。危险废物跨省转移的移出地和接受地省级生态环境部门应通过国家固废信息系统交换危险废物跨省转移商请相关材料，严格按照有关时限要求进行商请、函复，实行危险废物跨省转移商请全流程无纸化运转，提高跨省转移审批效率。

（四）规范危险废物集中利用处置情况在线报告。危险废物经营许可证持有单

位应按照国家有关规定通过国家固废信息系统如实报告危险废物利用处置情况。使用国家固废信息系统建立电子管理台账的单位，对自动生成的报告确认并在线提交后，完成报告。

（五）规范危险废物出口相关业务信息化管理。产生危险废物的单位拟出口危险废物的，应通过国家固废信息系统在危险废物管理计划中填报拟出口危险废物相关信息；已出口的危险废物，应通过国家固废信息系统，按照《危险废物出口核准管理办法》等要求，如实申报实际出口情况。

（六）加强医疗废物处置能力情况在线报送。省级及地市级生态环境部门应于每年 12 月 31 日前通过国家固废信息系统报送医疗废物收集转运处置体系建设、协同应急处置能力建设等情况。

二、推动提升危险废物环境监管智能化水平

（一）鼓励开展危险废物物联网环境监管。省级及地市级生态环境部门结合本地实际，可采用电子地磅、视频监控、电子标签等集成智能监控手段，推动实现危险废物全过程监控和信息化追溯。

（二）开展危险废物网上交易平台建设和第三方支付试点。鼓励有条件的地区选择部分废物类别开展危险废物收集、转移、利用、处置网上交易平台建设和第三方支付试点，探索建立危险废物资金流、物流和信息流“三流合一”。

（三）深化废铅蓄电池收集转运试点工作。地方各级生态环境部门应按照《铅蓄电池生产企业集中收集和跨区域转运制度试点工作方案》和《关于继续开展铅蓄电池生产企业集中收集和跨区域转运制度试点工作的通知》有关要求，指导督促相关单位应用国家固废信息系统中的废铅蓄电池收集处理专用信息平台，如实记录有关信息，探索危险废物信息化监管新模式。

三、进一步强化国家固废信息系统对接与应用

地方各级生态环境部门应强化国家固废信息系统的推广与应用，指导督促相关单位通过国家固废信息系统报送相关数据；结合本地实际建设的危险废物环境管理相关信息系统，应严格按照有关要求实现与国家固废信息系统实时对接，确保对接数据的真实性、准确性和完整性，并逐步实现从国家固废信息系统获取基础数据，

加强与企业环境信息依法披露系统等的互联互通。各省级生态环境部门应通过国家固废信息系统汇总分析行政区域内上一年度危险废物产生、转移和利用处置等情况，并于每年4月30日前以书面方式报送生态环境部，同时抄送生态环境部固体废物与化学品管理技术中心（以下简称固管中心）。

地方各级生态环境部门应将国家固废信息系统应用情况作为危险废物规范化环境管理评估的重点；将国家固废信息系统中危险废物相关信息作为日常环境监管、执法检查和环境统计等的主要依据；建立健全部门间信息沟通机制，对日常环境监管等工作中发现的企业虚报、漏报、瞒报危险废物有关信息等违法线索，及时移交并严格依法查处。

生态环境部委托固管中心指导地方生态环境部门危险废物环境管理信息化和监管智能化相关技术工作，与生态环境部信息中心共同建设、运行和维护国家固废信息系统并确保系统稳定运行和网络信息安全。

生态环境部办公厅

2022年6月7日

生态环境部办公厅关于进一步加强危险废物规范化环境管理有关工作的通知

（环办固体〔2023〕17号）

各省、自治区、直辖市生态环境厅（局），新疆生产建设兵团生态环境局：

为贯彻落实《中华人民共和国固体废物污染环境防治法》《中共中央 国务院关于深入打好污染防治攻坚战的意见》和全国生态环境保护大会精神，按照《强化危险废物监管和利用处置能力改革实施方案》等有关要求，深化危险废物规范化环境管理评估（以下简称规范化评估），强化危险废物全过程信息化环境管理，严密防控危险废物环境风险，现就进一步加强危险废物规范化环境管理有关工作通知如下。

一、持续深化危险废物规范化环境管理评估工作

地方各级生态环境部门要将规范化评估作为推动地方政府和相关部门落实危险废物监管职责、压实危险废物相关单位污染防治主体责任、防范危险废物环境风险的重要抓手，严格对照《“十四五”全国危险废物规范化环境管理评估工作方案》开展工作。

（一）突出评估重点，严格指标要求

建立常态化评估机制，通过规范化评估强化危险废物环境风险隐患排查治理，维护生态环境安全。按照“突出重点、覆盖全面”原则，重点评估危险废物环境重点监管单位、重点行业相关单位，兼顾其他危险废物产生单位，确保评估范围覆盖全面。

结合实际细化评估指标，强化评估危险废物相关单位落实产生情况在线申报、管理计划在线备案、转移联单在线运行、利用处置情况在线报告要求，贮存和利用处置设施（特别是自行利用处置设施）污染防治要求，以及新发布实施相关法规标准等情况。

2024 年 1 月 1 日起，应通过全国固体废物管理信息系统（以下简称国家固废系统）危险废物规范化环境管理评估子系统（以下简称规范化评估子系统）开展评估工作。

（二）强化改革创新，完善评估体系

推动强化危险废物监管和利用处置能力改革任务落实，定期发布危险废物利用处置能力建设引导性公告，推动建设区域性特殊危险废物集中处置中心等重大工程项目，推行小微企业危险废物收集等试点工作，开展规范化评估实战比武，推进危险废物全过程信息化管理，规范危险废物行政许可运行等。

加快清理不合法不合理政策规定，不得违规设置行政壁垒限制或禁止合理的危险废物跨省或跨设区的市转移，不得违规增设危险废物管理计划审核，不得违规下放危险废物跨省转移和经营许可审批权限，不得在危险废物经营许可审批过程中违规限定接受工业危险废物的区域范围或比例等。

生态环境部加强规范化评估抽查，将上述情形分别纳入规范化评估的“加分项”和“扣分项”。

（三）加强指导帮扶，提升评估效能

建立指导帮扶机制，发挥危险废物鉴别专家委员会等专业特长，强化固体废物属性鉴别技术帮扶，指导帮扶企业整治规范化评估发现的危险废物环境风险隐患。通过规范化评估子系统建立规范化评估的“一企一档”，记录评估情况、问题清单和整改台账。鼓励危险废物相关单位开展自行评估。

二、运用信息化手段提升危险废物规范化环境管理水平

地方各级生态环境部门要将危险废物环境管理信息化应用情况作为规范化评估重要内容，加快提高危险废物环境管理信息化能力，指导督促危险废物相关单位履行信息化相关制度要求，同时注重提供信息化便利服务，推动提升危险废物规范化环境管理水平。

（四）实行电子标签，规范源头管理

全面统一危险废物电子标签标志二维码。2024 年 1 月 1 日起，危险废物环境重点监管单位应通过国家固废系统生成并领取危险废物电子标签标志二维码；按国家关于制定危险废物电子管理台账的要求，建立与国家固废系统实时对接的电子管理

台账。

鼓励其他危险废物产生单位应用电子标签、电子管理台账等信息化措施。鼓励持有危险废物经营许可证的单位（以下简称持证单位）为危险废物产生单位提供延伸服务，协助其生成并领取电子标签、建立电子管理台账等。

省级生态环境部门应于每年4月底前组织完成国家固废系统相关数据治理，指导督促危险废物相关单位自查自纠，按要求报送上一年度危险废物有关情况；根据《危险废物管理计划和管理台账制定技术导则》分类原则，通过国家固废系统审核确认行政区域内危险废物环境重点监管单位以及简化管理单位、登记管理单位清单。

（五）运行电子联单，规范转移跟踪

全面实行全国统一编号的危险废物电子转移联单。2024年1月1日起，转移危险废物的单位，应使用国家固废系统及其APP等实时记录转移轨迹；采用其他方式的，应确保实时转移轨迹与国家固废系统实时对接。转移的危险废物包装容器具有电子标签的，应与电子转移联单关联。鼓励持证单位在自有危险废物运输车辆安装车载卫星定位、视频监控等设备。

全面实行危险废物跨省转移商请全流程无纸化运转。危险废物跨省转移商请函及相关单位申请材料、复函、审批决定等均应通过国家固废系统运转。

（六）推行电子证照，规范末端管理

全面实行危险废物出口核准通知单电子化。2024年1月1日起，申请出口危险废物的单位可通过生态环境部网站政务服务平台查询、下载使用危险废物出口核准电子通知单。

全面推行危险废物经营许可证电子化，许可证由国家固废系统统一样式、编号等信息。省级生态环境部门应于2023年底前组织完成行政区域内尚在有效期内的危险废物经营许可证电子证照制发工作。

持证单位应按国家关于制定危险废物电子经营情况记录簿的要求，建立与国家固废系统实时对接的电子经营情况记录簿，应用电子地磅、电子标签等加强信息化管理，并分别于每月15日和每年1月底前通过国家固废系统汇总报告上月度和上年度经营情况。鼓励持证单位在危险废物相关重点环节和关键节点应用视频监控。

（七）构建全国“一张网”，强化对接与应用

加快构建以国家固废系统为主体、地方自建系统为补充的全国危险废物环境管理“一张网”。国家固废系统面向全国实现统筹监管，地方自建系统在与国家固废系统有效衔接的基础上，可结合本地实际建设特色功能。

指导督促危险废物相关单位优先使用国家固废系统履行危险废物相关制度要求。确需使用地方自建系统的，应主动做好与国家固废系统实时、准确、完整对接。不得要求危险废物相关单位购买指定的危险废物环境监管产品、设备等。

三、强化危险废物规范化环境管理评估结果应用

地方各级生态环境部门要将规范化评估结果与生态环境领域试点示范、监督执法、行政许可等统筹衔接，促进危险废物相关单位提高规范化环境管理的主动性和自觉性。

（八）加强正向激励，形成工作合力

推动将规范化评估情况纳入地方政府目标管理绩效考核和“无废城市”建设成效评估指标体系等。将规范化环境管理水平高的危险废物相关单位优先纳入相关改革举措先行先试范围。

（九）严格监督管理，推动问题整改

动态跟踪规范化评估发现问题整改情况，将评估中发现的涉嫌环境违法问题与环境执法相衔接，涉嫌安全隐患线索及时移交应急管理等部门；对于不符合原发证条件的持证单位，逾期不整改或者经整改后仍不符合原发证条件的，依法采取暂扣或者吊销危险废物经营许可证措施。

（十）强化示范引领，营造良好氛围

发挥典型示范引领作用，通过各类新闻媒介广泛宣传规范化评估经验做法，提升危险废物相关单位守法意识和能力。鼓励将规范化评估工作情况依法纳入相关单位和人员表彰、奖励范围。认真开展规范化评估工作情况总结和报送工作，不断提高规范化评估工作质量。

生态环境部办公厅

2023 年 11 月 6 日

环境保护部关于污（废）水处理设施产生污泥危险特性鉴别有关意见的函

（环函〔2010〕129号）

各省、自治区、直辖市环境保护厅（局），新疆生产建设兵团环境保护局：

近来，一些地方环保部门和企事业单位向我部询问在公共污水处理设施污泥危险特性鉴别工作中，如何执行国家环境保护标准中的固体废物采样和鉴别相关规定问题。鉴于该问题具有普遍性，现就有关问题解释如下：

一、单纯用于处理城镇生活污水的公共污水处理厂，其产生的污泥通常情况下不具有危险特性，可作为一般固体废物管理。

二、专门处理工业废水（或同时处理少量生活污水）的处理设施产生的污泥，可能具有危险特性，应按《国家危险废物名录》、国家环境保护标准《危险废物鉴别技术规范》（HJ/T 298—2007）和危险废物鉴别标准的规定，对污泥进行危险特性鉴别。

三、以处理生活污水为主要功能的公共污水处理厂，若接收、处理工业废水，且该工业废水在排入公共污水处理系统前能稳定达到国家或地方规定的污染物排放标准的，公共污水处理厂的污泥可按照第一条的规定进行管理。但是，在工业废水排放情况发生重大改变时，应按照第二条的规定进行危险特性鉴别。

四、企业以直接或间接方式向其法定边界外排放工业废水的，出水水质应符合国家或地方污染物排放标准；废水处理过程中产生的污泥，属于正在产生的固体废物，对其进行危险特性鉴别，应按照《危险废物鉴别技术规范》的规定，在废水处理工艺环节采样，并按照污泥产生量确定最小采样数。

环境保护部

2010年4月16日

生态环境部办公厅关于铝灰利用处置问题有关问题的复函

（环办便函〔2021〕481 号）

广东省生态环境厅：

你厅《关于铝灰利用处置有关问题的请示》（粤环报〔2021〕74 号）收悉。经研究，函复如下。

一、铝灰是铝工业生产过程产生的废渣，分为一次铝灰和二次铝灰。除铝含量差异外，两种铝灰物质组成相似，环境危害特性均为反应性，部分铝灰还具有浸出毒性或者遇水释放易燃性气体。鉴于铝灰环境风险较高，2016 年版《国家危险废物名录》已将其纳入，废物代码为 321–024–48 和 321–026–48。新修订的《国家危险废物名录（2021 年版）》（以下简称《名录》）根据铝灰来源进一步明确了铝灰的危险特性和属性，废物代码仍为 321–024–48 和 321–026–48。因此，应严格按照危险废物相关管理要求加强对铝灰的环境监管。

二次铝灰利用过程和处置后产生的固体废物的属性可根据《危险废物鉴别标准通则》（GB 5085.7）中“6 危险废物利用处置后判定规则”相关规定进行判定。

二、目前，铝灰制脱氧剂和铝酸钙、水泥密等工业密炉协同处置铝灰等技术已得到应用。为促进铝灰利用，《名录》明确规定，从铝灰中回收金属铝和根据省级生态环境部门确定的方案实行铝灰“点对点”定向利用的，利用过程中的铝灰可豁免不按照危险废物管理，相关单位无需申领危险废物经营许可证。

三、铝灰利用应当充分考虑其利用过程的环境风险，符合《固体废物鉴别标准通则》（GB 34330）、《固体废物再生利用污染防治技术导则》（HJ 1091）和《水泥窑协同处置固体废物环境保护技术规范》（HJ 662）等相关技术要求。对于确实难以利用的铝灰，要通过填埋等方式进行无害化处置，并符合《危险废物填埋污染控制标准》（GB 18598）等相关技术要求。

特此函复。

生态环境部办公厅

2021 年 10 月 25 日

生态环境部办公厅关于《国家危险废物名录（2021年版）》豁免清单适用范围的复函

（环办法规函〔2021〕586号）

内蒙古自治区生态环境厅：

你厅《关于恳请明确〈国家危险废物名录（2021年版）〉豁免清单适用范围的请示》（内环发〔2021〕162号）收悉。经研究，函复如下：

《中华人民共和国固体废物污染环境防治法》第六章第七十四条规定“危险废物污染环境的防治，适用本章规定；本章未作规定的，适用本法其他有关规定”；《国家危险废物名录（2021年版）》第三条规定“列入本名录附录《危险废物豁免管理清单》中的危险废物，在所列的豁免环节，且满足相应的豁免条件时，可以按照豁免内容的规定实行豁免管理”；《危险废物豁免管理清单》第22项规定，铝灰渣和二次铝灰在回收金属铝的利用过程不按危险废物管理。

根据以上规定，铝灰渣和二次铝灰在回收金属铝的利用过程不按危险废物管理，但仍要遵守《中华人民共和国固体废物污染环境防治法》其他有关规定。

特此函复。

生态环境部办公厅

2021年12月14日

甘肃省人民政府办公厅关于印发甘肃省强化危险废物监管和利用处置能力改革工作方案的通知

（甘政办发〔2022〕55号）

各市、自治州人民政府，兰州新区管委会，省政府各部门，中央在甘各单位：

《甘肃省强化危险废物监管和利用处置能力改革工作方案》已经省政府同意，现印发给你们，请结合实际，认真贯彻落实。

甘肃省人民政府办公厅

2022年4月29日

甘肃省强化危险废物监管和利用处置能力改革工作方案

为进一步提升全省危险废物监管和利用处置能力，有效防控环境与安全风险，根据《国务院办公厅关于印发强化危险废物监管和利用处置能力改革实施方案的通知》（国办函〔2021〕47号）精神，结合我省实际，制定本方案。

一、工作目标

构建危险废物（医疗废物）利用处置设施和监测监管能力于一体的环境基础设施体系，推动省域内危险废物（医疗废物）处置能力与产废情况总体匹配。强化安全监管与环境监管协同联动，建立健全源头严防、过程严管、后果严惩的危险废物监管体系。到2022年底，危险废物非法转移倾倒行为得到有效遏制；县级以上城市建成区医疗废物无害化处置率达到99%以上。到2025年底，危险废物（医疗废物）利用处置能力进一步提升。

二、重点任务

（一）完善危险废物监管体制机制

1. 夯实属地监管责任。各级人民政府对本行政区域危险废物（医疗废物）污染环境防治负总责。县级以上人民政府应当将危险废物污染环境防治工作纳入本地国民经济和社会发展规划、生态环境保护规划统筹推进。在编制国土空间规划和相关专项规划时，应当统筹危险废物（医疗废物）设施建设需求，保障用地，支持危险废物资源化利用和无害化处置，最大限度降低危险废物填埋量。（各市州人民政府，兰州新区管委会负责，以下任务均需各市州人民政府，兰州新区管委会负责落实，不再列出）

2. 落实部门监管责任。生态环境主管部门对危险废物污染环境防治工作实施统一监督管理。发展改革、工业和信息化、自然资源、住房和城乡建设、交通运输、卫生健康、海关等单位在各自职责范围内履行监督管理责任，完善部门间信息共享、沟通协商制度，建立危险废物全过程监管体系。推动省内相邻市州建立联防联控机制。市级生态环境主管部门应当会同相关部门，定期向社会发布危险废物的种类、产生量、处置能力、利用处置状况等信息。2022年底前与周边省份协商建立防范跨区域危险废物环境风险的合作机制。（省生态环境厅、省发展改革委、省工信厅、省自然资源厅、省住建厅、省交通运输厅、省应急厅、省卫生健康委、省公安厅、兰州海关等按职责分工负责）

3. 压实企业主体责任。危险废物产生、收集、贮存、运输、利用、处置企业（以下统称危险废物相关企业）是危险废物污染环境防治和安全生产法定责任主体，危险废物相关企业的主要负责人（法定代表人、实际控制人）是第一责任人。要严格按照国家有关规定和环境保护标准要求贮存、利用、处置危险废物，制定危险废物管理计划，建立危险废物管理台账，如实记录有关信息，并通过危险废物管理信息系统向所在地生态环境主管部门申报危险废物的种类、产生量、流向、贮存、处置等有关资料。依法及时公开固体废物污染环境防治信息，主动接受社会监督。严格执行排污许可管理制度。依法制定意外事故的防范措施和应急预案，并向所在地生态环境主管部门备案，定期组织开展应急演练。危险废物经营单位应当按照国家有关规定申请取得许可证，贮存危险废物不得超过1年。危险废物相关企业，依法依规投保环境污染责任保险。危险废物产生和经营单位定期组织开展涉危险废物环保设施效果和安全评估。严格落实危险废物转移联单管理制度，严禁将危险废物提供或委托给无资质单位进行收集、贮存和利用处置。危险废物相关企业以及各级产业基地、化工园区等工业集聚区应当制定危险废物产生、贮存、利用、处置等管理清单，定期组织摸排危险废物环境风险，明确整改责任及时限，及时消除环境风险隐患。对历史堆存的各类危险废物，要制定工作方案，采取有效措施限期完成清理整治，并向省级生态环境主管部门备案。（省生态环境厅、省公安厅、省交通运输厅、甘肃银保监局、省应急厅、省卫生健康委等部门按职责分工负责）

4. 完善危险废物环境管理信息化体系。危险废物相关企业应依法报送相关信息，并对信息的真实性、准确性和完整性负责，实现危险废物产生情况在线申报、管理计划在线备案、转移联单在线运行、利用处置情况在线报告。推动危险废物管理信息在日常环境监管、执法检查、排污许可和环境统计等环节中的应用。在有条件的地区逐步推行视频监控、电子标签等集成智能监控。（省生态环境厅、省财政厅、省交通运输厅、省卫生健康委等按职责分工负责）

（二）强化危险废物源头管控

5. 加强危险废物鉴别管理。落实危险废物产生单位对危险废物鉴别的主体责任，危险废物鉴别单位对鉴别报告内容和鉴别结论负责并承担相应责任。历史遗留无法查明责任主体的固体废物，由属地县级人民政府负责鉴别和处置。组建省级危险废物鉴别专家委员会，强化危险废物鉴别技术指导，对危险废物鉴别报告开展抽查复核，及时向社会公开鉴别信息。（省生态环境厅负责）

6. 严格环境准入。落实“三线一单”分区管控要求，在生态保护红线区、永久基本农田集中区和其他需要特别保护的区域内，禁止建设危险废物集中贮存、利用处置设施和场所。新建项目要严格执行《建设项目危险废物环境影响评价指南》《危险废物处置工程技术导则》，对危险废物产生量大、低价值、难处理，本省无配套利用处置能力的项目从严审批。加大涉危险废物重点行业建设项目环境影响评价文件抽查复核，建立问题清单和整改措施并推动落实。依法将固体废物纳入排污许可管理。严肃查处“未批先建”、“批建不符”、无证排污、不按证排污等违法行为。

（省生态环境厅负责）

7. 推动源头减量化。支持研发、推广减少危险废物产生量和降低危害性的生产工艺和设备，鼓励产废企业内部资源化利用。加强“双超双有”企业和“两高”项目强制性清洁生产审核，推动危险废物经营单位和年产生量100吨以上的危险废物产生单位开展清洁生产审核。（省工信厅、省科技厅、省生态环境厅等按职责分工负责）

（三）强化危险废物收集转运过程监管

8. 提升收集转运贮存专业化水平。支持危险废物专业收集转运和利用处置单位建设区域性收集网点和贮存设施，开展小微企业、科研机构、学校等产生的危险废物有偿收集转运服务，开展工业园区危险废物集中收集贮存试点。鼓励在有条件的高校集中区域开展实验室危险废物分类收集和预处理示范项目建设。开展铅蓄电池和矿物油生产者责任延伸试点，推进废铅蓄电池收集和跨区域转运试点。建立健全有害垃圾收集转运体系，合理布局有害垃圾集中贮存点。提升乡镇、社区、偏远山区医疗废物收集转运能力。（省生态环境厅、省住建厅、省卫生健康委、省教育厅、省交通运输厅等按职责分工负责）

9. 加强转移运输监管。强化危险废物运输资质管理，落实危险废物（医疗废物）运输车辆、人员及运输路线备案制度。完善“点对点”的常备通行路线，实现危险废物和医疗废物运输安全便捷。推动运输车辆安装卫星定位装置，并与生态环境、公安、交通运输等部门联网。（省公安厅、省生态环境厅、省交通运输厅、省卫生健康委等按职责分工负责）

10. 加强转移审批监管。危险废物转移推行就近原则，加强以焚烧、填埋等方式处置的危险废物跨省转入管理。落实危险废物跨省转移“白名单”制度。维护危险废物跨区域转移公平竞争市场秩序，不得设置不合理行政壁垒。（省生态环境厅负责）

11. 严厉打击涉危险废物违法犯罪行为。强化行政执法与刑事司法、检察公益诉讼的协调联动，加强行刑衔接与公益诉讼检察监督，推动生态环境损害与检察公益诉讼衔接配合，落实生态环境损害赔偿制度。严厉打击非法排放、倾倒、收集、贮存、转移、利用、处置危险废物等环境违法犯罪行为，落实有奖举报制度，鼓励公众参与监督。对未按照许可证规定从事收集、贮存、利用、处置危险废物经营活动的，由生态环境主管部门责令改正，限制生产、停产整治，依法对相关单位和责任人予以处罚，情节严重的，报经有批准权的人民政府批准，责令停业或者关闭。对危险废物不能及时利用处置的生产和经营单位，督促其限期利用处置，对自查自纠并及时妥善处置历史遗留危险废物的单位，依法从轻处罚。（省法院、省检察院、省公安厅、省生态环境厅、省交通运输厅、省水利厅、省卫生健康委等按职责分工负责）

（四）强化废弃危险化学品监管

12. 建立监管协作和联合执法工作机制，建立形成覆盖废弃危险化学品全过程的监管体系。推动重点地区危险化学品生产企业搬迁改造，推进腾退地块风险管控和修复。建立废弃危险化学品领域环境风险和安全风险专家库。（省生态环境厅、省应急厅、省工信厅等按职责分工负责）

（五）提升危险废物集中处置基础保障能力

13. 落实国家特殊类别危险废物处置设施建设规划布局。按照国家统一部署，积极谋划我省特殊类别危险废物焚烧、填埋处置基地建设项目。（省财政厅、省自然资源厅、省生态环境厅、省住建厅等按职责分工负责）

14. 实现省域内危险废物处置能力与产废情况总体匹配。加强危险废物集中利用处置设施建设，推动全省危险废物利用处置能力与产废情况总体匹配。对产能过剩的危险废物利用处置项目，鼓励企业通过兼并重组、产业技术升级改造等方式做大做强，开展规模化、专业化建设运营服务。（省财政厅、省自然资源厅、省生态环境厅、省住建厅等按职责分工负责）

（六）促进危险废物利用处置产业高质量发展

15. 促进危险废物利用处置企业规模化发展、专业化运营。定期发布危险废物相关信息，科学引导危险废物利用处置产业发展。新建危险废物（医疗废物除外）集中焚烧处置设施处置能力原则上应大于 3 万吨 / 年。从严控制危险废物柔性填埋场建设规模，有效降低可焚烧减量的危险废物填埋量。鼓励产业集聚区和年产废量或贮存量大于 1 万吨的企业配套建设危险废物利用处置设施。适度发展水泥窑、工业窑炉协同处置危险废物（医疗废物）。鼓励建设垃圾焚烧飞灰、废盐、大修渣等省内暂无能力的危险废物利用处置设施和项目。（省生态环境厅等按职责分工负责）

16. 规范危险废物利用。综合利用危险废物应当遵守国家相关法律法规，符合危险废物污染环境防治技术标准，使用危险废物综合利用产物应当符合国家规定的用途和标准。探索开展工业企业利用危险废物替代生产原料“点对点”定向利用许可证豁免管理试点。（省生态环境厅、省工信厅、省农业农村厅、省市场监管局等按职责分工负责）

17. 健全财政金融政策。完善危险废物和医疗废物处置收费制度，指导市州制定处置收费标准并适时调整。落实危险废物集中处置设施、场所退役费用预提制度及税收政策。（省发展改革委、省财政厅、省税务局、省生态环境厅、省卫生健康委等按职责分工负责）

18. 加快先进适用技术推广应用。重点研究和示范推广废酸、废盐、生活垃圾焚烧飞灰、大修渣、铝灰、油泥等危险废物利用处置和污染环境防治适用技术，鼓励推广应用医疗废物集中处置新技术、新设备。（省科技厅、省工信厅、省生态环境厅、省住建厅、省卫生健康委等按职责分工负责）

（七）建立平战结合的应急处置体系

19. 完善医疗废物和危险废物应急处置机制。县级以上人民政府应将医疗废物收集、贮存、运输、处置等工作纳入重大传染病疫情领导指挥体系，强化统筹协调，保障所需车辆、场地、处置设施和防护物资。将涉及危险废物突发生态环境事件应急处置纳入政府应急响应体系，制定完善环境应急响应预案，定期开展应急演练。（省卫生健康委、省生态环境厅、省住建厅、省交通运输厅、省公安厅等按职责分工负责）

20. 提升医疗废物处置能力。县级以上人民政府应加强医疗废物集中处置能力建设，各市州应至少具备 1 个符合运行要求的医疗废物集中处置设施。2022 年 6 月底前，各县市、区建成医疗废物收集转运处置体系。鼓励发展移动式医疗废物处置设施，为偏远基层提供就地处置服务。（省生态环境厅、省卫生健康委等按职责分工负责）

21. 保障重大疫情医疗废物应急处置能力。各市州人民政府应至少明确一座协同应急处置设施，同时明确设施应急状态的管理流程和规则。相邻市州应建立医疗废物协同应急处置联动机制。（省工信厅、省生态环境厅、省卫生健康委、省住建厅等按职责分工负责）

（八）强化危险废物环境风险防控能力

22. 加强专业监管和应急队伍建设。建立健全省市两级危险废物环境监管和技术支撑体系，加强综合执法队伍和能力建设，配备必要的危险废物监管人员和技术装备，切实提升危险废物环境监管和风险防控能力。鼓励有条件的地区，采取政府购买服务等方式，引入第三方企业开展危险废物规范化环境管理评估技术服务，为环境监管提供技术支撑。（省生态环境厅、省委编办等按职责分工负责）

23. 落实完善法规制度。落实新修订的《中华人民共和国固体废物污染环境防治法》《甘肃省固体废物污染环境防治条例》，制定出台《甘肃省危险废物经营许可审查评估技术细则》《甘肃省危险废物转移审查管理流程》等制度。鼓励各地结合实际制定完善危险废物（医疗废物）相关管理制度和地方标准。（省生态环境厅、省司法厅、省交通运输厅、省市场监管局等按职责分工负责）

24. 加强重点环保设施安全风险评估论证。针对近年来的事故情况，组织开展企业涉危废环保设施的全面摸排，建立台账。督促企业自行或委托第三方开展安全评估，根据评估结果，形成问题清单，制定防范措施并组织实施。组织开展对评估和治理结果的监督检查，对不落实评估要求和方法措施的，严肃依法查处。（省生态环境厅、省应急厅等按职责分工负责）

25. 提升基础研究能力。加强危险废物环境风险识别与控制机理研究、危险废物风险防控与利用处置等基础研究，推动科研成果转化应用。加强危险废物和化学品测试分析能力、环境风险防控、评估技术和污染控制技术能力建设，提升危险废物环境风险预警与管理决策水平。（省科技厅、省教育厅、省生态环境厅等按职责分工负责）

26. 加强教育培训。依托具备条件的相关企业建设培训实习基地，通过专家授课、现场观摩交流等多种方式，加强技术培训。组建危险废物环境管理专家团队，为危险废物环境管理和污染防治提供技术支撑。（省生态环境厅负责）

三、保障措施

（一）强化组织领导。县级以上人民政府将危险废物污染环境防治情况纳入环境状况和环境保护目标完成情况年度报告，并向本级人民代表大会或者人民代表大会常务委员会报告。各级职能部门按照职责分工严格履行危险废物监管责任，加强工作协同联动。建立危险废物污染环境防治目标责任制和考核评价制度，将危险废物污染环境防治目标完成情况、危险废物规范化环境管理评估情况纳入污染防治攻坚战考核，并作为考核评价党政领导班子和有关领导干部的重要参考。（省生态环境厅和相关部门按职责分工负责）

（二）加大督察力度。对中央生态环保督察发现问题，要建立整改台账，限期整改，完结销号。加大省级督察力度，对涉危险废物环境违法案件频发、处置能力不足并造成环境污染或恶劣社会影响的，开展专项督察。对不履行危险废物监管责任或监管不到位，并造成严重影响的，依法严肃追究责任。（省生态环境厅和相关部门按职责分工负责）

（三）加强宣传引导。强化宣传教育和科学普及，增强公众环境保护意识。发挥各类媒体作用，加大涉危险废物违法案件曝光力度，形成强力震慑。推进危险废物利用处置设施向公众开放，努力化解“邻避效应”。畅通信访举报渠道，努力形成社会参与、齐抓共管、群防群控的良好局面。（省委宣传部、省生态环境厅、省发展改革委、省公安厅、省财政厅等按职责分工负责）

甘肃省生态环境厅关于印发《“十四五”甘肃省危险废物规范化环境管理评估工作方案》的通知

（甘环固体发〔2021〕112号）

各市（州）生态环境局、兰州新区生态环境局、甘肃矿区环境保护局：

为贯彻落实《中华人民共和国固体废物污染环境防治法》《强化危险废物监管和利用处置能力改革实施方案》和生态环境部办公厅《关于印发〈“十四五”全国危险废物规范化环境管理评估工作方案〉的通知》（环办固体〔2021〕20号）等法律法规和文件要求，加强危险废物污染防治，巩固和深化我省危险废物规范化环境管理工作成效，切实做好“十四五”我省危险废物规范化环境管理评估工作，全面提升危险废物规范化环境管理水平，有效防控危险废物环境风险，我厅制定了《“十四五”甘肃省危险废物规范化环境管理评估工作方案》（见附件）。现印发你们，请遵照执行。

附件：“十四五”甘肃省危险废物规范化环境管理评估工作方案

甘肃省生态环境厅

2021年11月15日

附件

“十四五”甘肃省危险废物规范化环境管理评估工作方案

为贯彻落实《中华人民共和国固体废物污染环境防治法》等法律法规，按照《强化危险废物监管和利用处置能力改革实施方案》有关要求，加强危险废物污染防治，巩固和深化危险废物规范化环境管理工作成效，进一步推动各级人民政府和相关部门落实危险废物监管职责，强化危险废物监管和利用处置能力，促进危险废物产生单位（以下简称产废单位）和危险废物经营单位（以下简称经营单位）落实各项法律制度和相关标准规范，全面提升危险废物规范化环境管理水平，有效防控危险废物环境风险，制定本方案。

一、总体要求

（一）落实企业主体责任。强化危险废物规范化环境管理，综合运用法律、行政、经济等多种手段，持续推动企业落实危险废物污染环境防治的主体责任，防范环境风险，保障环境安全。

（二）推动政府和部门落实监管责任。落实评估指标各项要求，推动各地和相关部门落实危险废物监管和利用处置能力保障等工作的组织领导、方案编制、责任落实、能力建设、工作成效等事项。

（三）建立分级负责评估机制。县区生态环境分局对辖区内产废单位和经营单位进行评估；市州生态环境主管部门对县区生态环境分局危险废物规范化环境管理情况进行评估，对产废单位和经营单位进行抽查评估；省级生态环境主管部门对市州生态环境部门危险废物规范化环境管理情况进行评估，抽取产废单位和经营单位进行评估。

（四）突出评估重点。年度工作方案的制定应按照评估要求，根据危险废物的危害特性、产生数量和环境风险等因素，识别重点产废单位和其他产废单位，突出评估危险废物环境重点监管单位，同时通过评估核实其他单位的危险废物环境管理相关情况。

二、评估方式

（一）分级评估。省生态环境厅对市州生态环境局危险废物规范化环境管理情况进行评估，市州生态环境局对县区生态环境分局危险废物规范化环境管理情况进行评估，评估按照《评估指标》表1（见附件1）执行。各级生态环境主管部门按照《评估指标》表2和表3对产废单位和经营单位进行评估，并填写《被抽查单位评估情况记录表》（见附件2）。生态环境系统固体废物管理、环境执法、环境影响评价与排污许可等相关部门要对危险废物规范化环境管理评估工作做好必要的政策指导。有条件的地区，可以采取购买第三方服务等方式，为危险废物规范化环境管理评估工作提供技术支撑。

（二）评估安排。各市州生态环境主管部门应于每年12月31日前按照《评估指标》表1进行自评打分，总结本年度危险废物规范化环境管理评估情况（要求见附件3），制定下年度评估工作方案，并将上述3项材料报送省生态环境厅，抄送省固体废物与化学品中心。

三、评估要求

（一）省级评估。按照《“十四五”全国危险废物规范化环境管理评估工作方案》中省级评估要求执行。

（二）市级评估。原则上，优先选取纳入危险废物环境重点监管单位清单的单位开展评估，每年度评估数量要求具体如下：

1. 经营单位：对辖区内所有危险废物经营单位全部进行评估（包含持危险废物综合经营许可证、收集许可证、医疗废物经营许可证、临时经营许可证等单位和危险废物利用处置环节豁免类经营单位、“点对点”定向利用危险废物单位等）。

2. 产废单位：危险废物年产生或贮存10吨及以上的或拥有危险废物自行利用处置设施等的重点产废单位不少于60家，若总数不足60家时则全部进行评估；其他产废单位不少于20家，若总数不足20家时则全部进行评估。

3. 其他要求：评估结果为不达标或基本达标的产废单位，在下一年度要继续评估（评估中发现的问题，由所在地市州生态环境部门督促企业整改）。产废单位数量较多的地区，对评估结果未达标的产废单位，下一年度适当降低抽查比例。

4. 市级生态环境主管部门评估县区生态环境分局时所抽取评估的单位，计入市级评估数量。

5. 评估单位数量不足最低要求的 80%，直接判定为《评估指标》评估结果中的 C。

（三）产废单位识别。本方案所指重点产废单位包括下列企业或行业中的企业：

1. 企业：年产生或贮存危险废物 10 吨及以上的或拥有危险废物自行利用处置设施的企业；涉危险废物投诉举报多、有严重违法违规记录、涉危险废物环境安全隐患突出的企业；长期贮存不及时利用、处置危险废物的企业。

2. 行业：涉及重金属、三致（致畸致癌致突变）物质、持久性有机污染物及医疗废物等的有色、石化化工、医药等重点行业；区域重点行业；非法转移、倾倒、处置危险废物案件频发的行业；上年度危险废物规范化环境管理评估平均达标率低的行业。

本方案所指其他产废单位主要包括：非工业源危险废物产生单位如医疗机构、实验室、机动车保养维修等单位和危险废物年产生或贮存 10 吨以下的产废单位。

四、评估结果应用

（一）各级生态环境主管部门。省级评估过程中，对推进危险废物规范化环境管理工作取得良好效果、评估评级为 A 或者企业抽查合格率最高的前 5 名市州生态环境主管部门予以通报表扬；对推进危险废物规范化环境管理工作差、年度自评分数高于省级抽查评估结果 30% [（年度市州级自评分数 − 省级评估分数）/ 省级评估分数 ×100%]、省级评估评级为 C、省级评估企业抽查合格率低于 60% 的情况，对该市州予以通报批评。情节严重的，视情况对当地政府进行约谈和开展省级挂牌督办，敦促地方和相关部门落实监管责任。

各市州生态环境主管部门应在年度评估工作方案中强化评估结果应用，鼓励将危险废物规范化环境管理评估纳入对地方生态环境保护绩效考核的指标体系中，并根据评估结果和工作需要，对各县、区进行排名。每年 2 月底前应在部门网站上公开上年度评估结果，接受社会监督。

（二）产废单位和经营单位。鼓励市州生态环境主管部门将危险废物规范化环境管理评估达标、环境管理水平高的企业纳入生态环境监督执法正面清单，适当减少“双随机、一公开”抽查频次。

将评估中发现的涉嫌环境违法问题与环境执法工作相衔接。对在评估中发现的企业违法行为，各级生态环境主管部门要严格依据《中华人民共和国环境保护法》《中华人民共和国固体废物污染环境防治法》等法律法规和《最高人民法院、最高人民检察院关于办理环境污染刑事案件适用法律若干问题的解释》等进行查处，涉嫌环境犯罪的移送公安机关。

附件：1. 危险废物规范化环境管理评估指标

2. 被抽查单位评估情况记录表

3. 危险废物规范化环境管理评估年度工作总结要求

附件 1

危险废物规范化环境管理评估指标

表 1　生态环境主管部门

评估项目	评估主要内容	分值	评估标准	评分要点	评估方法
部门监管工作	工作组织实施情况	10	评估机制建立情况（2 分）	1. 制定了年度评估工作方案，且明确实施评估工作的责任单位和岗位职责、突出评估重点的，得 2 分 2. 制定了年度评估工作方案，但未明确实施评估工作的责任单位和岗位职责、突出评估重点的，得 1 分 3. 未制定年度评估工作方案的，得 0 分	查阅相关资料（方案、评估企业清单、工作小结、总结）
			评估企业数量和质量达到要求（3 分）	A. 按要求建立危险废物环境重点监管单位清单，评估企业数量符合方案要求 B. 按照《危险废物规范化环境管理评估指标（工业危险废物产生单位、危险废物经营单位）》的要求打分，并全部填写《被抽查单位评估情况记录表》 以上每项符合得 1.5 分，共 3 分	
			建立问题清单销号制度（2 分）	1. 针对评估过程中发现的各类问题建立了清单，且有部署、有跟踪、有结果，并按期解决的，得 2 分 2. 针对评估过程中发现的各类问题建立了清单，但未按期解决的，得 1 分 3. 未针对评估过程中发现的各类问题建立清单的，得 0 分	
			惩治违法企业（1 分）	将评估中发现的问题与环境执法工作相衔接得 1 分，否则不得分	
			评估结果排名通报（1 分）	对本市（州）内各县（区）进行评估（嘉峪关、兰州新区、甘肃矿区除外），并排名通报得 1 分，否则不得分	
			工作总结报送情况（1 分）	12 月 31 日前报送本年度规范化环境管理评估情况总结和下年度评估工作方案得 1 分，否则不得分	

续表 1

评估项目	评估主要内容	分值	评估标准	评分要点	评估方法
部门监管工作	环境监管能力建设情况	20	危险废物环境管理信息化应用情况（12 分）	A. 组织相关单位按要求通过甘肃省生态环境监测大数据管理平台——甘肃省固体废物生态环境保护监管完成危险废物申报和管理计划备案。其中，纳入危险废物环境重点监管单位清单内的单位 100% 申报和备案管理计划的，得 2 分;90%（含）至 100% 申报和备案管理计划的，得 1 分;90% 以下申报和备案管理计划的，不得分 B. 组织相关单位依法通过甘肃省生态环境监测大数据管理平台——甘肃省固体废物生态环境保护监管运行电子转移联单，实现危险废物转移全流程追踪。其中，实现联单各环节实时数据上报并有转移轨迹记录功能的，得 2 分；具备实时数据上报和转移轨迹其中 1 项功能的，得 1 分;2 项均不满足的，不得分 C. 及时完成核发的危险废物经营许可证网上备案工作。其中，及时完成备案且备案信息准确的，得 2 分；满足及时完成备案和备案信息准确其中 1 项的，得 1 分；未能够及时完成备案的，不得分 D. 组织相关单位按要求通过甘肃省生态环境监测大数据管理平台——甘肃省固体废物生态环境保护监管完成危险废物经营情况报送。其中，按时填报年报并报送月报的，得 2 分；按时填报年报，但未报送月报的，得 1 分;2 项均不满足的，不得分 E. 组织相关单位按要求通过甘肃省生态环境监测大数据管理平台——甘肃省固体废物生态环境保护监管填报危险废物电子台账。其中，纳入危险废物环境重点监管单位清单内的单位 100% 填报的，得 2 分;90%（含）至 100% 填报的，得 1 分;90% 以下填报的，不得分 F. 市州生态环境主管部门落实信息系统管理人员。其中，有管理人员并熟悉系统使用的，得 2 分；有管理人员但不熟悉系统使用的，得 1 分；无系统管理人员的，不得分	查阅相关资料和信息系统

续表 1

评估项目	评估主要内容	分值	评估标准	评分要点	评估方法
部门监管工作	环境监管能力建设情况	20	源头严防、过程严管、后果严惩监管体系建设情况（6 分）	A. 依法依规对不少于 5 家已批复的重点行业涉危险废物建设项目环境影响评价文件中危险废物种类、数量、贮存、利用处置方式等开展复核得 2 分，否则不得分 B. 按要求开展产生工业固体废物的排污单位排污许可证的核发和证后管理得 2 分，否则不得分 C. 将危险废物日常环境监管纳入生态环境执法“双随机一公开”内容得 2 分，否则不得分	查阅相关资料和信息系统
			加强监管人员和企业人员培训（2 分）	A. 各市州固体废物管理、环境执法、环境影响评价与排污许可等部门工作人员每年接受固体废物管理业务培训的数量达到上述人员编制数量之和的 30% B. 各市州重点产废单位和全部经营单位每年接受固体废物管理政策法规或技术培训的数量达到上述单位总数的 20% 以上每项符合得 1 分，共 2 分	查阅相关资料和信息系统
	利用处置能力保障情况	10	提升危险废物集中处置基础保障能力和水平（6 分）	A. 推动地方政府开展危险废物产生量与处置能力匹配情况评估及设施运行情况评估，严格落实危险废物集中处置设施建设规划要求 B. 市州内危险废物能够及时利用处置，危险废物贮存量较上一年度减少 以上每项符合得 3 分，共 6 分	查阅相关资料和信息系统、现场核查
			保障危险废物和医疗废物应急处置（4 分）	A. 将涉危险废物突发生态环境事件应急处置纳入政府应急响应体系，完善环境应急响应预案，保障危险废物应急处置 B. 推动地方政府建立协同应急处置设施清单，各设区的市级人民政府应至少明确一座协同应急处置设施，同时明确该设施应急状态的管理流程和规则 以上每项符合得 2 分，共 4 分	查阅相关资料和现场核查

续表 1

评估项目	评估主要内容	分值	评估标准	评分要点	评估方法
企业评估合格率	产废单位和经营单位危险废物规范化环境管理情况	60	按照《危险废物规范化环境管理评估指标（工业危险废物产生单位、危险废物经营单位）》执行（60 分）	60×（0.6×产废单位危险废物规范化环境管理评估合格率 +0.4×经营单位危险废物规范化环境管理评估合格率）	查阅相关资料、实地评估
加分项	A. 市级党委或政府印发（包括经市级党委或政府同意印发）固体废物污染防治相关文件，将危险废物规范化环境管理评估情况纳入对地方政府目标管理绩效考核，将危险废物集中处置设施纳入当地公共基础设施统筹建设，针对集中焚烧和填埋处置危险废物在税收、资金投入和建设用地等方面给予政策保障等，每有 1 项得 1 分 B. 市级生态环境主管部门部署开展本地区危险废物污染防治专项工作（如开展危险废物环境风险隐患排查），定期发布危险废物相关信息科学引导危险废物利用处置产业发展，探索开展危险废物“点对点”定向利用的危险废物经营许可豁免管理，建立危险废物跨区域转移处置的生态保护补偿机制，建立危险废物经营许可证审批与环境影响评价文件审批的有效衔接机制，将举报危险废物非法转移、倾倒、处置等列入重点奖励范围，健全危险废物环境管理技术支撑体系，制定本地区或参与制定国家重点行业或类别的危险废物环境管理指南等，每有 1 项得 0.5 分				查阅相关资料和现场核查 查阅相关资料和现场核查
扣分项	A. 擅自下放危险废物经营许可证审批权限的，扣 2 分 B. 未严格按照危险废物许可证管理相关文件规定核发危险废物经营许可证，发现 1 份不按照规定核发的扣 1 分 C. 生态环境部或省级挂牌督办、查办的危险废物环境违法案件，在限期内未解除挂牌督办或未办结的每起案件扣 3 分。限期内未解除挂牌督办或未办结的案件数量达到总案件量 25% 以上的，评估结果直接判定为 C				查阅相关资料、实地评估
评估得分			评估结果：A□　B□　C□		

续表 1

评估项目	评估主要内容	分值	评估标准	评分要点	评估方法
说明：1. 评估内容不适用的，计为 0 分，并将该项分值从满分中扣除后，按比例换算评估结果。 2. 加分项目以当年是否开展为准，往年度已加分的不再重复加分。加分项最多不超过 5 分。扣分项扣完为止。 3. 产废单位危险废物规范化环境管理评估合格率 =（经评估达标的危险废物产废单位数量 +0.7× 经评估基本达标的危险废物产废单位数量）÷ 危险废物产废单位抽取总数量。 4. 经营单位危险废物规范化环境管理评估合格率 =（经评估达标的危险废物经营单位数量 +0.7× 经评估基本达标的危险废物经营单位数量）÷ 危险废物经营单位抽取总数量。 5. 评估方式：评估实行百分制评分，合并加分项、扣分项共同计算评估结果。评估结果分为 3 个等级（以上包括本数，以下不包括本数）：得分 90 分以上为 A；得分 60 分以上 90 分以下为 B；得分 60 分以下为 C。 6. 市州生态环境主管部门对县区生态环境分局的评估工作可结合本市州实际，参照本表执行，具体指标可适当调整。					

表 2 工业危险废物产生单位

评估项目	评估主要内容	分数		评估标准	评分要点	评估方法	备注
		满分	得分				
一、污染环境防治责任制度（《中华人民共和国固体废物污染环境防治法》，以下简称《固废法》，第三十六条）	1. 产生工业固体废物的单位应当建立健全工业固体废物产生、收集、贮存、利用、处置全过程的污染环境防治责任制度，采取防治工业固体废物污染环境的措施	2		建立了涵盖全过程的责任制度，负责人明确，各项责任分解清晰；负责人熟悉危险废物环境管理相关法规、制度、标准、规范；制定的制度得到落实，采取了防治工业固体废物污染环境的措施	1. 建立了涵盖全过程的责任制度，负责人明确，各项责任分解清晰；负责人熟悉危险废物环境管理相关法规、制度、标准、规范；制定的制度得到落实；采取了防治工业固体废物污染环境的措施。得 2 分 2. 建立的责任制度未涵盖全过程，但负责人熟悉危险废物环境管理有关制度和本单位的危险废物环境管理情况，且采取了防治工业固体废物污染环境的措施。得 1 分 3. 未建立责任制度，或负责人不熟悉危险废物环境管理有关制度、不熟悉本单位危险废物环境管理情况，或制定的制度未得到落实、环境管理职责不明确，或未采取防治工业固体废物污染环境的措施、现场管理混乱。得 0 分	查阅相关资料（查看相关管理制度）、现场询问、核查	
		1		执行危险废物污染防治责任信息公开制度，在显著位置张贴危险废物污染防治责任信息	1. 在适当场所的显著位置张贴危险废物污染防治责任信息，且张贴信息能够表明危险废物产生环节、危害特性、去向及责任人等。得 1 分 2. 未张贴危险废物污染防治责任信息，或张贴场所位置不明显，张贴信息未能明确表明危险废物产生环节、危害特性、去向或责任人等。得 0 分	现场核查	

续表 2

评估项目	评估主要内容	分数		评估标准	评分要点	评估方法	备注
		满分	得分				
二、标识制度（《固废法》第七十七条）	2. 危险废物的容器和包装物应当按照规定设置危险废物识别标志	1		依据国家和地方相关标准规范所示标签设置危险废物识别标志	1. 设置了规范的（样式正确、内容填写真实完整）危险废物识别标志。得 1 分 2. 识别标志样式或填写内容有 1 处错误。得 0.5 分 3. 未设置识别标志，或识别标志样式不正确，或填写内容有 2 处及以上错误。得 0 分	现场核查	
	3. 收集、贮存、利用、处置危险废物的设施、场所，应当按照规定设置危险废物识别标志	1		依据国家和地方相关标准规范所示标签和警示标志设置危险废物识别标志	1. 在收集、贮存、利用、处置危险废物的设施、场所均设置了规范（形状、颜色、图案均正确）的危险废物识别标志。得 1 分 2. 上述危险废物环境管理的相关设施、场所识别标志有 1 处错误。得 0.5 分 3. 上述危险废物环境管理的相关设施、场所未设置识别标志或识别标志有 2 处及以上错误。得 0 分	现场核查	
三、管理计划制度（《固废法》第七十八条）	4. 危险废物管理计划包括减少危险废物产生量和降低危险废物危害性的措施，以及危险废物贮存、利用、处置措施	2		制定了危险废物管理计划；内容齐全，危险废物的产生环节、种类、危害特性、产生量、利用处置方式描述清晰	A. 危险废物的产生环节、种类描述清晰 B. 危险废物产生量预测依据充分，且提出了减少产生量的措施 C. 危险废物的危害特性描述准确，且提出了降低危害性的措施 D. 危险废物贮存、利用、处置措施描述清晰 以上每项符合得 0.5 分，共 2 分	1. 查阅相关资料（查看危险废物管理计划） 2. 比对该企业近 3 年管理计划，查阅危险废物产生情况是否有较大变动。如有，请企业提供说明材料	

续表 2

评估项目	评估主要内容	分数		评估标准	评分要点	评估方法	备注
		满分	得分				
三、管理计划制度（《固废法》第七十八条）	5. 报产生危险废物的单位所在地生态环境主管部门备案	1		通过国家危险废物信息管理系统报所在地生态环境主管部门备案；内容发生变更时及时变更相关备案内容	1. 经所在地生态环境主管部门备案，并可提供相关备案证明材料；管理计划内容发生变更时及时变更相关备案内容。得 1 分 2. 未报所在地生态环境主管部门备案，或未能提供相关证明材料，或内容有变更未及时变更相关备案内容。得 0 分	查阅相关资料（由企业提供已经备案的证明材料）	
四、排污许可制度（《固废法》第三十九条）	6. 产生工业固体废物的单位应当取得排污许可证	2		依法取得排污许可证并按证排污	1. 依法取得排污许可证，许可证中按照技术规范对工业固体废物提出明确环境管理要求，对工业固体废物的贮存、自行利用处置和委托外单位利用处置符合许可证要求，按要求及时提交台账记录和执行报告。得 2 分 2. 依法取得排污许可证，对工业固体废物的贮存、自行利用处置和委托外单位利用处置符合许可证要求，但未按要求及时提交台账记录和执行报告。得 1 分 3. 未依法取得排污许可证，或依法取得了排污许可证，但对工业固体废物的贮存、自行利用处置和委托外单位利用处置不符合许可证要求，未及时提交台账记录和执行报告。得 0 分	查阅相关资料、现场核查	

续表 2

评估项目	评估主要内容	分数		评估标准	评分要点	评估方法	备注
		满分	得分				
五、台账和申报制度（《固废法》第七十八条）	7. 按照国家有关规定建立危险废物管理台账，如实记录有关信息	6		如实记录；内容齐全；能提供证明材料，证明所记录数据的真实性和合理性	1. 全面、准确地记录了危险废物产生、入库、出库、自行利用处置等各环节危险废物在企业内部流转情况；且可提供各环节台账记录表等证明材料。得 6 分 2. 记录内容中存在 2 处及以下错误。得 3 分 3. 不记录或虚假记录的，或记录内容中存在 2 处以上错误。得 0 分	1. 核对产生、入库、出库、利用处置等各环节数据的逻辑关系 2. 危险废物管理台账同转移联单、经营单位管理台账进行核对 3. 若不同环节间数据存在因挥发等因素造成的数据偏差，判断是否在合理范围内	

续表 2

评估项目	评估主要内容	分数		评估标准	评分要点	评估方法	备注
		满分	得分				
五、台账和申报制度（《固废法》第七十八条）	8. 通过国家危险废物信息管理系统向所在地生态环境主管部门如实申报危险废物的种类、产生量、流向、贮存、处置等有关资料	4		如实申报；内容齐全；能提供证明材料，证明所申报数据的真实性和合理性	1. 全面、准确地申报了危险废物的种类、产生量、流向、贮存、利用、处置情况；且可提供证明材料（如危险废物管理台账、环评文件、竣工验收文件、危险废物转移联单、危险废物利用处置合同、财务数据等）。得 4 分 2. 申报内容中存在 2 处及以下错误。得 2 分 3. 不报或虚报、漏报、瞒报危险废物的，或申报内容中关于危险废物的种类、产生量、流向、贮存、利用和处置情况存在 2 处以上错误。得 0 分	1. 至少抽选 2 种产生量大的危险废物，核实产生、贮存、转移、利用、处置全过程流向的合规合理性 2. 查阅相关资料（由企业提供已经申报登记的证明材料和相应的其他证明材料） 3. 比对该企业近 3 年申报资料，查阅危险废物产生情况是否有较大变动。如有，请企业提供说明材料	

续表 2

评估项目	评估主要内容	分数		评估标准	评分要点	评估方法	备注
		满分	得分				
六、源头分类制度（《固废法》第八十一条）	9. 按照危险废物特性分类进行收集	2		危险废物按种类分别收集、贮存	A. 所有危险废物产生环节均按种类分别收集 B. 危险废物按种类分别存放，不同废物间有明显间隔。 以上每项符合得 1 分，共 2 分。 注：此条评估企业内部收集时的源头分类	1. 按照生产工艺流程，现场核查所有危险废物产生环节分类收集情况 2. 现场核查厂区内（不仅限于贮存设施）危险废物存放情况	
七、转移制度（《固废法》第三十七条、第八十二条）	10. 产生工业固体废物的单位委托他人运输、利用、处置工业固体废物的，应当对受托方的主体资格和技术能力进行核实，依法签订书面合同，在合同中约定污染防治要求	5		核实受托方的主体资格和技术能力	A. 对受托方的主体资格和技术能力进行核实，且可提供证明材料 B. 及时核对受托方收集、利用或者处置相关危险废物情况，且可提供证明材料 以上每项符合得 2.5 分，共 5 分	1. 查阅相关资料（如受托方危险废物经营许可证及其附件的复印件等） 2. 实地或电话同受托方核实，包括转移联单同产废单位的台账核实；转移联单同经营单位的经营管理台账核实	

续表 2

评估项目	评估主要内容	分数		评估标准	评分要点	评估方法	备注
		满分	得分				
七、转移制度(《固废法》第三十七条、第八十二条)	11. 转移危险废物的，按照危险废物转移有关规定，如实填写、运行转移联单	4		按照实际转移的危险废物，如实填写、运行危险废物转移联单	1. 转移危险废物的，按照危险废物转移有关规定通过国家危险废物信息管理系统如实填写、运行电子联单。得 4 分 2. 联单填写不规范，存在 2 处及以下错填、漏填等情况。得 2 分 3. 未运行联单擅自转移危险废物或联单填写存在错填、漏填在 2 处以上。得 0 分	1. 现场查看转移联单，并结合台账记录、环评文件等材料进行核对 2. 至少抽选 2 种转移量大的危险废物，核实产生、贮存、转移、利用、处置全过程流向的合规合理性	
	12. 跨省、自治区、直辖市转移危险废物的，应当向危险废物移出地省、自治区、直辖市人民政府生态环境主管部门申请	2		向移出地省级生态环境主管部门申请并获得批准	1. 跨省、自治区、直辖市转移危险废物的，在转移危险废物前向移出地省级生态环境主管部门申请并得到批准。得 2 分 2. 未获得省级生态环境主管部门批准，擅自转移危险废物。得 0 分	查阅相关资料(查看批准证明)	

续表 2

评估项目	评估主要内容	分数		评估标准	评分要点	评估方法	备注
		满分	得分				
八、环境应急预案备案制度（《固废法》第八十五条）	13. 依法制定意外事故的环境污染防范措施和应急预案	1		有意外事故应急预案（综合性应急预案有危险废物相关篇章或有危险废物专门应急预案）	A. 应急预案有明确的管理机构及负责人 B. 有意外事故的情形及相应的处理措施 C. 有应急预案中要求配置的应急装备及物资 D. 内部及外部环境发生改变时，及时对应急预案进行修订 1. 制定了环境应急预案且达到以上全部要求。得 1 分 2. 未制定环境应急预案，或制定的环境应急预案不能达到上述 2 项以上要求。得 0 分	查阅相关资料（查看环境应急预案）、现场核查	
	14. 向所在地生态环境主管部门和其他负有固体废物污染环境防治监督管理职责的部门备案	1		在所在地生态环境主管部门和其他负有固体废物污染环境防治监督管理职责的部门备案	1. 环境应急预案报所在地生态环境主管部门和其他负有固体废物污染环境防治监督管理职责的部门备案，有相关证明材料。得 1 分 2. 未备案或无相关证明材料。得 0 分	查阅相关资料（查看备案证明）	
	15. 按照预案要求定期组织应急演练	2		按照预案要求定期组织环境应急演练	对于危险废物年产生量在 10 吨以下的企业： 1. 有图片、文字或视频记录。得 2 分 2. 无任何记载或不能够证明组织了环境应急演练。得 0 分。对于危险废物年产生量 10 吨（含）以上的企业，以下每项要求符合得 0.5 分；未组织环境应急演练的得 0 分 A. 有详细的演练计划 B. 有演练的图片、文字或视频记录 C. 有演练后的总结材料 D. 参加演练人员熟悉意外事故的环境污染防范措施	查阅相关资料（查看环境应急预案演练记录）、现场询问	

续表 2

评估项目	评估主要内容	分数		评估标准	评分要点	评估方法	备注
		满分	得分				
九、贮存设施环境管理（《固废法》第十七条、第十八条、第七十九条）	16. 依法进行环境影响评价，完成“三同时”验收	2		有环评材料，并完成“三同时”验收	1. 环境影响评价文件对全部危险废物贮存设施进行了评价，且完成了“三同时”验收或在验收期限内。得 2 分 2. 环境影响评价文件对全部危险废物贮存设施进行了评价，但未完成“三同时”验收。得 1 分 3. 环境影响评价文件对部分危险废物贮存设施进行了评价，且完成了“三同时”验收或在验收期限内。得 1 分 4. 环境影响评价文件未对危险废物贮存设施进行评价或危险废物实际贮存方式与环境影响评价文件不一致。得 0 分	查阅相关资料（查看环评材料及批复、验收报告等）	
	17. 按照国家有关规定和环境保护标准要求贮存危险废物	10		符合《危险废物贮存污染控制标准》的有关要求	A. 符合《危险废物贮存污染控制标准》一般要求，按照危害特性分类贮存危险废物、未混合贮存性质不相容且未经安全性处置的危险废物、具备防渗漏功能或采取相应措施等 B. 符合《危险废物贮存污染控制标准》贮存容器有关要求，装载危险废物的容器完好无损等 C. 符合《危险废物贮存污染控制标准》污染物排放有关要求，危险废物贮存过程产生的各种污染物满足国家污染物排放（控制）标准等要求 D. 符合《危险废物贮存污染控制标准》监测有关要求，按照有关规定开展自行监测等。以上每项符合得 2.5 分，共 10 分	现场核查厂区内（不仅限于贮存设施）危险废物存放情况，重点核查是否存在随意堆存、与一般工业固体废物掺混等情形	

续表 2

评估项目	评估主要内容	分数		评估标准	评分要点	评估方法	备注
		满分	得分				
十、信息发布（《固废法》第二十九条）	18. 产生固体废物的单位，应当依法及时公开固体废物污染环境防治信息，主动接受社会监督	1		依法及时公开危险废物污染环境防治信息	1. 通过企业网站等途径依法公开当年危险废物污染环境防治信息。得 1 分 2. 未依法公开当年危险废物污染环境防治信息。得 0 分	查阅相关资料	
合计		50					
十一、利用设施环境管理（《固废法》第十七条、第十八条、第十九条、第七十九条）	19. 依法进行环境影响评价，完成“三同时”验收	2		有环评材料，并完成“三同时”验收	1. 环境影响评价文件对全部危险废物利用设施进行了评价，且完成了“三同时”验收或在验收期限内。得 2 分 2. 环境影响评价文件对全部危险废物利用设施进行了评价，但未完成“三同时”验收。得 1 分 3. 环境影响评价文件仅对部分危险废物利用设施进行了评价，且完成了“三同时”验收或在验收期限内。得 1 分 4. 环境影响评价文件未对危险废物利用设施进行评价或危险废物实际利用方式与环境影响评价文件不一致。得 0 分	查阅相关资料（查看环评材料及批复、验收报告等）	

续表 2

评估项目	评估主要内容	分数		评估标准	评分要点	评估方法	备注
		满分	得分				
十一、利用设施环境管理（《固废法》第十七条、第十八条、第十九条、第七十九条）	20. 定期对利用设施污染物排放进行环境监测，并符合相关标准要求	2		监测点位、指标及频次符合要求，有定期环境监测报告，并且污染物排放符合相关标准要求	1. 按照有关法律和排污单位自行监测技术指南等规定，建立企业监测制度，制定监测方案，且近一年内按照监测方案要求的监测点位、监测指标和监测频次对自行利用设施污染物排放情况进行了监测，有环境监测报告，并且污染物排放符合执行标准。得 2 分 2. 近一年内有环境监测报告，并且污染物排放符合执行标准，但监测点位不符合要求或监测指标、频次不足。得 1 分 3. 近一年内未对污染物排放情况进行监测，或污染物超标排放。得 0 分 注：企业可根据自身条件和能力，利用自有人员、场所和设备自行监测；也可委托其他有资质的检（监）测机构代其开展自行监测	查阅相关资料（对照相关标准查看环境监测报告）、现场核查	
	21. 危险废物资源化利用过程符合环境保护要求	6		危险废物资源化产物符合《固体废物鉴别标准通则》相关要求	满足以下条件之一的，得 6 分： A. 危险废物资源化产物生产过程中排放到环境中的有害物质限值和该产物中有害物质的含量限值，符合国家相关污染物排放（控制）标准或技术规范要求，并提供证明材料 B. 当没有国家污染控制标准或技术规范时，危险废物资源化产物中所含有害成分含量不高于利用被替代原料生产的产品中的有害成分含量，并且在该产物生产过程中，排放到环境中的有害物质浓度不高于利用所替代原料生产产品过程中排放到环境中的有害物质浓度，并提供证明材料	查阅相关资料（相关标准或技术规范、污染物排放监测报告、有害物质含量检测报告）	
合计		60					

续表 2

评估项目	评估主要内容	分数		评估标准	评分要点	评估方法	备注
		满分	得分				
十二、处置设施环境管理(《固废法》第十七条、第十八条、第十九条、第七十九条)	22. 依法进行环境影响评价，完成“三同时”验收	2		有环评材料，并完成“三同时”验收	1. 环境影响评价文件对全部危险废物处置设施进行了评价，且完成了“三同时”验收或在验收期限内。得 2 分 2. 环境影响评价文件对全部危险废物处置设施进行了评价，但未完成“三同时”验收。得 1 分 3. 环境影响评价文件仅对部分危险废物处置设施进行了评价，且完成了“三同时”验收或在验收期限内。得 1 分 4. 环境影响评价文件未对危险废物处置设施进行评价或危险废物实际处置方式与环境影响评价文件不一致。得 0 分	查阅相关资料(查看环评材料及批复、验收报告等)	
	23. 符合运行环境管理要求	6		运行要求符合相关标准规范	以焚烧、填埋、水泥窑等方式自行处置危险废物的运行要求符合国家和地方相关标准规范(如《危险废物焚烧污染控制标准》《危险废物填埋污染控制标准》《水泥窑协同处置固体废物污染控制标准》等)。得 6 分。根据实际情况，酌情打分	查阅相关资料、现场核查	

续表 2

评估项目	评估主要内容	分数		评估标准	评分要点	评估方法	备注
		满分	得分				
十二、处置设施环境管理(《固废法》第十七条、第十八条、第十九条、第七十九条)	24. 定期对处置设施污染物排放进行环境监测，并符合相关标准要求	2		监测点位、指标及频次符合要求，有定期环境监测报告，并且污染物排放符合相关标准要求	1. 按照有关法律和排污单位自行监测技术指南等规定，建立企业监测制度，制定监测方案，且近一年内按照监测方案要求的监测点位、监测指标和监测频次对自行处置设施污染物排放情况进行了监测，有环境监测报告，并且污染物排放符合执行标准。得 2 分 2. 近一年内有环境监测报告，并且污染物排放符合执行标准，但监测点位不符合要求或监测指标、频次不足。得 1 分 3. 近一年内未对污染物排放情况进行监测，或污染物超标排放。得 0 分 注：企业可根据自身条件和能力，利用自有人员、场所和设备自行监测；也可委托其他有资质的检（监）测机构代其开展自行监测	查阅相关资料（对照相关标准查看环境监测报告）、现场核查	
合计		70					
加分项	A. 在危险废物相关重点环节和关键节点应用视频监控的，加 0.5 分；在危险废物相关重点环节和关键节点应用电子标签的，加 0.5 分 B. 对管理人员和从事危险废物收集、运输、贮存、利用和处置等工作的人员进行培训的，加 0.5 分；参加培训人员对危险废物管理制度、相应岗位危险废物管理要求等较熟悉的，加 0.5 分 C. 投保环境污染责任保险的，加 1 分					查阅相关资料、现场核查	

续表 2

评估项目	评估主要内容	分数		评估标准	评分要点	评估方法	备注
		满分	得分				
否决项	A. 擅自转移、倾倒、堆放危险废物的 B. 将危险废物（收集 / 利用 / 处置环节豁免的除外）提供或者委托给无许可证的单位或者其他生产经营者从事经营活动的 C. 未运行联单擅自转移危险废物或未经批准擅自跨省（自治区、直辖市）、跨境转移危险废物的 D. 由于危险废物管理不当导致突发环境事件发生的。E. 执行台账和申报制度存在不报或虚报、瞒报危险废物的					现场核查	
评估得分		评估结果：达标□　基本达标□　不达标□					

说明：

1. 工作组应当至少包括 2 名具有环境执法证件的人员，可邀请专家参与检查。
2. 评估人员要做好记录并签字。
3. 对危险废物流向、贮存、利用、处置等信息，要核查原始凭证。
4. 根据评分要点给出得分。
5. 备注栏可对评估情况进行简要记录。
6. 评估内容不适用的，计为 0 分，并将该项分值从满分中扣除后，按比例换算达标、基本达标、不达标界值。
7. 加分项目以当年是否开展为准。
8. 否决项，即该项不得分，则评估结果为不达标。
9. 评估标准:（1）无自行利用或处置设施的产废单位满分为 50 分，40（含）～ 50 分为达标，30（含）～ 40 分为基本达标;30 分以下为不达标。（2）有自行利用或处置设施的产废单位满分为 60 分，48（含）～ 60 分为达标，36（含）～ 48 分为基本达标，36 分以下为不达标。（3）有自行利用和处置设施的产废单位满分为 70 分，56（含）～ 70 分为达标，42（含）～ 56 分为基本达标，42 分以下为不达标。
10. 非工业源危险废物产生单位（医疗机构、实验室、机动车保养维修等单位）规范化环境管理评估指标可以参照本表。

表 3　危险废物经营单位

评估项目	评估主要内容	分数		评估标准	评分要点	评估方法	备注
		满分	得分				
一、经营许可证制度（《固废法》第八十条）	1. 按照危险废物经营许可证规定从事危险废物收集、贮存、利用、处置等经营活动	4		严格按照危险废物经营许可证规定从事经营活动	1. 严格按照危险废物经营许可证规定从事经营活动。得 4 分 2. 未按照危险废物经营许可证规定从事经营活动。得 0 分 注：以下情形均为未按照危险废物经营许可证规定从事经营活动的行为： A. 不遵守许可证中所注明或附加的条件，不依许可证中所规定的种类、性质、方式、数量、经营时限等条件接受危险废物 B. 不依取得许可证时规定的条件和要求建设、配备、使用、管理有关设施、设备和配备、培训人员 C. 在许可证使用期满时，不按规定上缴、注销许可证或申请办理延期手续	查阅相关资料、现场核查（对照所持危险废物经营许可证的相关规定核对是否按要求从事经营活动）	
	2. 危险废物收集许可证持有单位，应当在规定的时限内将收集的危险废物提供或者委托给利用、处置单位进行利用或者处置。（仅适用于持危险废物收集经营许可证的单位）	1		在规定的时限内将危险废物转移给利用、处置单位	1. 在规定的时限内将收集的危险废物转移给具有相应资质的单位处理，能提供相应的合同、危险废物经营许可证及经营管理台账等相关证明材料，超期的提供发证生态环境主管部门同意延期的证明材料。得 1 分 2. 未在规定的时限内将收集的危险废物转移给具有相应资质的单位、且不能提供发证生态环境主管部门同意延期的证明材料，或未提供相应的合同、危险废物经营许可证及经营管理台账等相关证明材料。得 0 分	查阅相关资料（查看接收合同和接收单位的危险废物经营许可证等相关材料；查看经营管理台账）	

续表 3

评估项目	评估主要内容	分数		评估标准	评分要点	评估方法	备注
		满分	得分				
二、标识制度（《固废法》第七十七条）	3. 危险废物的容器和包装物应当按照规定设置危险废物识别标志	1		依据国家和地方相关标准规范所示标签设置危险废物识别标志	1. 设置了规范的（样式正确、内容填写真实完整）危险废物识别标志。得 1 分 2. 识别标志样式或填写内容有 1 处错误。得 0.5 分。 3. 未设置识别标志或识别标志样式不正确、填写内容有 2 处及以上错误。得 0 分	现场核查	
	4. 收集、贮存、利用、处置危险废物的设施、场所，应当按照规定设置危险废物识别标志	1		依据国家和地方相关标准规范所示标签和警示标志设置危险废物识别标志	1. 在收集、贮存、利用、处置危险废物的设施、场所均设置了规范（形状、颜色、图案均正确）的危险废物识别标志。得 1 分 2. 上述危险废物环境管理的相关设施、场所识别标志有 1 处错误。得 0.5 分 3. 上述危险废物环境管理的相关设施、场所未设置识别标志或识别标志有 2 处及以上错误。得 0 分	现场核查	
三、管理计划制度（《固废法》第七十八条）	5. 危险废物管理计划包括减少危险废物产生量和降低危险废物危害性的措施，以及危险废物贮存、利用、处置措施	2		制定了危险废物管理计划；内容齐全，危险废物的产生环节、种类、危害特性、产生量、利用处置方式描述清晰	A. 危险废物的产生环节、种类描述清晰 B. 危险废物产生量预测依据充分，且提出了减少产生量的措施 C. 危险废物的危害特性描述准确，且提出了降低危害性的措施 D. 危险废物贮存、利用、处置措施描述清晰。以上每项符合得 0.5 分，共 2 分	1. 查阅相关资料（查看危险废物管理计划） 2. 比对该企业近 3 年管理计划，查阅危险废物产生情况是否有较大变动。如有，请企业提供说明材料	

续表 3

评估项目	评估主要内容	分数		评估标准	评分要点	评估方法	备注
		满分	得分				
三、管理计划制度（《固废法》第七十八条）	6. 报产生危险废物的单位所在地生态环境主管部门备案	1		通过国家危险废物信息管理系统报所在地生态环境主管部门备案；内容发生变更时及时变更相关备案内容	1. 经所在地生态环境主管部门备案，并可提供相关备案证明材料；管理计划内容发生变更时及时变更相关备案内容。得 1 分 2. 未报所在地生态环境主管部门备案，或未能提供相关证明材料，或内容有变更未及时变更相关备案内容。得 0 分	查阅相关资料（由企业提供已经备案的证明材料）	
四、排污许可制度（《固废法》第三十九条）	7. 产生工业固体废物的单位应当取得排污许可证	2		依法取得排污许可证并按证排污	1. 依法取得排污许可证，许可证中按照技术规范对工业固体废物提出明确环境管理要求，对工业固体废物的贮存、自行利用处置和委托外单位利用处置符合许可证要求，按要求及时提交台账记录和执行报告。得 2 分 2. 依法取得排污许可证，对工业固体废物的贮存、自行利用处置和委托外单位利用处置符合许可证要求，但未按要求及时提交台账记录和执行报告。得 1 分 3. 未依法取得排污许可证，或依法取得了排污许可证，但对工业固体废物的贮存、自行利用处置和委托外单位利用处置不符合许可证要求，未及时提交台账记录和执行报告。得 0 分	查阅相关资料、现场核查	

续表 3

评估项目	评估主要内容	分数		评估标准	评分要点	评估方法	备注
		满分	得分				
五、台账和申报制度（《固废法》第七十八条）	8. 通过国家危险废物信息管理系统向所在地生态环境主管部门如实申报危险废物的种类、产生量、流向、贮存、处置等有关资料	4		通过国家危险废物信息管理系统如实申报；内容齐全；能提供证明材料，证明所申报数据的真实性和合理性	1. 全面、准确地申报了危险废物的种类、产生量、流向、贮存、利用、处置情况；且可提供证明材料（如危险废物管理台账、环评文件、竣工验收文件、危险废物转移联单、危险废物利用处置合同、财务数据等）。得 4 分 2. 申报内容中存在 2 处及以下错误。得 2 分 3. 不报或虚报、漏报、瞒报危险废物的，或申报内容中关于危险废物的种类、产生量、流向、贮存、利用和处置情况存在 2 处以上错误。得 0 分	1. 至少抽选 2 种产生量大的危险废物，核实产生、贮存、转移、利用、处置全过程流向的合规合理性 2. 查阅相关资料（由企业提供已经申报登记的证明材料和相应的其他证明材料） 3. 比对该企业近 3 年申报资料，查阅危险废物产生情况是否有较大变动。如有，请企业提供说明材料	

续表3

评估项目	评估主要内容	分数		评估标准	评分要点	评估方法	备注
		满分	得分				
六、转移制度（《固废法》第三十七条、第八十二条）	9. 接收、转移危险废物的，按照危险废物转移有关规定，如实填写、运行转移联单	4		按照实际接收、转移的危险废物，如实填写、运行危险废物转移联单	1. 接收、转移危险废物的，按照危险废物转移有关规定通过国家危险废物信息管理系统如实填写、运行电子联单。得4分 2. 联单填写不规范，存在2处及以下错填、漏填等情况。得2分 3. 未运行联单擅自转移危险废物，或联单填写存在错填、漏填在2处以上，或错填危险废物代码以符合其经营范围。得0分	查阅相关资料、现场核查（现场查看转移联单，并与经营情况记录等进行核对）	
	10. 利用处置过程新产生危险废物的单位委托他人运输、利用、处置的，应当对受托方的主体资格和技术能力进行核实，依法签订书面合同，在合同中约定污染防治要求	5		利用处置过程新产生危险废物需转移给外单位利用或处置的单位，核定受托方的主体资格和技术能力	A. 对受托方的主体资格和技术能力进行核实，且可提供证明材料 B. 及时核对受托方收集、利用或者处置相关危险废物情况，且可提供证明材料 以上每项符合得2.5分，共5分	1. 查阅相关资料（如受托方危险废物经营许可证及其附件的复印件等） 2. 实地或电话同受托方核实，包括转移联单同产废单位的台账核实；转移联单同经营单位的经营管理台账核实	

续表 3

评估项目	评估主要内容	分数		评估标准	评分要点	评估方法	备注
		满分	得分				
六、转移制度（《固废法》第三十七条、第八十二条）	11. 跨省、自治区、直辖市转移危险废物的，应当向危险废物移出地省、自治区、直辖市人民政府生态环境主管部门申请	2		向移出地省级生态环境主管部门申请并获得批准	1. 跨省、自治区、直辖市转移危险废物的，在转移危险废物前向移出地省级生态环境主管部门申请并得到批准。得 2 分 2. 未获得省级生态环境主管部门批准，擅自转移危险废物。得 0 分	查阅相关资料（查看批准证明）	
七、环境应急预案备案制度（《固废法》第八十五条）	12. 按照危险废物经营单位编制环境应急预案相关标准规范要求，依法制定了意外事故的环境污染防范措施和应急预案	1		有意外事故应急预案（综合性应急预案有危险废物相关篇章或有危险废物专门应急预案）	A. 应急预案有明确的管理机构及负责人 B. 有意外事故的情形及相应的处理措施 C. 有应急预案中要求配置的应急装备及物资 D. 内部及外部环境发生改变时，及时对应急预案进行了修订 1. 制定了环境应急预案且达到以上全部要求。得 1 分 2. 未制定环境应急预案，或制定的环境应急预案不能达到上述 2 项以上要求。得 0 分	查阅相关资料（查看环境应急预案）、现场核查	

续表 3

评估项目	评估主要内容	分数		评估标准	评分要点	评估方法	备注
		满分	得分				
七、环境应急预案备案制度（《固废法》第八十五条）	13. 向所在地生态环境主管部门和其他负有固体废物污染环境防治监督管理职责的部门备案	1		在所在地生态环境主管部门和其他负有固体废物污染环境防治监督管理职责的部门备案	1. 环境应急预案报所在地生态环境主管部门和其他负有固体废物污染环境防治监督管理职责的部门备案，有相关的证明材料。得 1 分 2. 未备案或无相关的证明材料。得 0 分	查阅相关资料（查看备案证明）	
	14. 按照预案要求每年组织应急演练	2		按照预案要求每年组织环境应急演练	A. 有详细的演练计划 B. 有演练的图片、文字或视频记录 C. 有演练后的总结材料 D. 参加演练人员熟悉意外事故的环境污染防范措施 以上每项符合得 0.5 分，共 2 分	查阅相关资料（查看环境应急预案演练记录）、现场询问	
八、贮存设施环境管理（《固废法》第十七条、第十八条、第七十九条、第八十一条）	15. 依法进行环境影响评价，完成“三同时”验收	2		有环评材料，并完成“三同时”验收	1. 环境影响评价文件对全部危险废物贮存设施进行了评价，且完成了“三同时”验收或在验收期限内。得 2 分 2. 环境影响评价文件对全部危险废物贮存设施进行了评价，但未完成“三同时”验收。得 1 分 3. 环境影响评价文件仅对部分危险废物贮存设施进行了评价，且完成了“三同时”验收或在验收期限内。得 1 分 4. 环境影响评价文件未对危险废物贮存设施进行评价或危险废物实际贮存方式与环境影响评价文件不一致。得 0 分	查阅相关资料（查看环评材料及批复、验收报告等）	

续表 3

评估项目	评估主要内容	分数		评估标准	评分要点	评估方法	备注
		满分	得分				
八、贮存设施环境管理(《固废法》第十七条、第十八条、第七十九条、第八十一条)	16. 按照国家有关规定和环境保护标准要求贮存危险废物	4		符合《危险废物贮存污染控制标准》的有关要求	A. 符合《危险废物贮存污染控制标准》一般要求，按照危害特性分类贮存危险废物、未混合贮存性质不相容且未经安全性处置的危险废物、具备防渗漏功能或采取相应措施等 B. 符合《危险废物贮存污染控制标准》贮存容器有关要求，装载危险废物的容器完好无损等 C. 符合《危险废物贮存污染控制标准》污染物排放有关要求，危险废物贮存过程产生的各种污染物满足国家污染物排放（控制）标准等要求 D. 符合《危险废物贮存污染控制标准》监测有关要求，按照有关规定开展自行监测等 以上每项符合得 1 分，共 4 分	现场核查厂区内（不仅限于贮存设施）危险废物存放情况，重点核查是否存在随意堆存、与一般工业固体废物掺混等情形	
	17. 贮存期限不超过一年；确需延长贮存期限的，报经颁发许可证的生态环境主管部门批准	1		危险废物贮存不超过一年；超过一年的报经颁发许可证的生态环境主管部门批准	1. 危险废物贮存不超过一年，超过一年的报经颁发许可证的生态环境主管部门批准，提供相应的证明材料。得 1 分 2. 危险废物贮存超过一年且未获有效批准。得 0 分	查阅相关资料（查看经营管理台账）、现场核查	

续表 3

评估项目	评估主要内容	分数		评估标准	评分要点	评估方法	备注
		满分	得分				
九、利用处置设施环境管理（《固废法》第十七条、第十八条、第十九条、第七十九条、第八十八条）	18. 依法进行环境影响评价，完成“三同时”验收	2		有环评材料，并完成“三同时”验收	1. 环境影响评价文件对全部危险废物利用处置设施进行了评价，且完成了“三同时”验收或在验收期限内。得 2 分 2. 环境影响评价文件对全部危险废物利用处置设施进行了评价，但未完成“三同时”验收。得 1 分 3. 环境影响评价文件仅对部分危险废物利用处置设施进行了评价，且完成了“三同时”验收或在验收期限内。得 1 分 4. 环境影响评价文件未对危险废物利用处置设施进行评价或危险废物实际利用处置方式与环境影响评价文件不一致。得 0 分	查阅相关资料（查看环评材料及批复、验收报告等）	
	19. 符合运行环境管理要求	6		运行要求符合相关标准要求	利用处置危险废物过程符合国家和地方相关标准规范（如《危险废物焚烧污染控制标准》《危险废物填埋污染控制标准》《水泥窑协同处置固体废物污染控制标准》等）。得 6 分。根据实际情况，酌情打分	查阅相关资料（相关标准或技术规范、污染物排放监测报告）	

续表 3

评估项目	评估主要内容	分数		评估标准	评分要点	评估方法	备注
		满分	得分				
九、利用处置设施环境管理(《固废法》第十七条、第十八条、第十九条、第七十九条、第八十八条)	20. 按照有关要求定期对利用处置设施污染物排放进行环境监测，并符合相关标准要求	2		监测点位、指标及频次符合要求，有定期环境监测报告，并且污染物排放符合相关标准要求	1. 按照有关法律和排污单位自行监测技术指南等规定，建立企业监测制度，制定监测方案，且近一年内按照监测方案要求的监测点位、监测指标和监测频次对利用处置设施污染物排放情况进行了监测，有环境监测报告，并且污染物排放符合执行标准。得 2 分 2. 近一年内有环境监测报告，并且污染物排放符合执行标准，但监测点位不符合要求或监测指标、频次不足。得 1 分 3. 近一年内未对污染物排放情况进行监测，或污染物超标排放。得 0 分 注：企业可根据自身条件和能力，利用自有人员、场所和设备自行监测；也可委托其他有资质的检(监)测机构代其开展自行监测	查阅相关资料(对照相关标准查看环境监测报告)、现场核查	
	21. 重点危险废物集中处置设施、场所退役前，运营单位应当按照国家有关规定对设施、场所采取污染防治措施	1		退役费用预提；对封场的填埋场采取封闭措施，设置永久性标记	A. 填埋危险废物的设施退役费用列入投资概算或者生产成本，且按照国家和地方要求按时缴纳 B. 危险废物填埋场服役期届满后，按照有关规定对填埋过危险废物的土地采取封闭措施，并在划定的封闭区域设置永久性标记 以上每项符合得 0.5 分，共 1 分	查阅相关资料、现场核查	

续表3

评估项目	评估主要内容	分数		评估标准	评分要点	评估方法	备注
		满分	得分				
九、利用处置设施环境管理(《固废法》第十七条、第十八条、第十九条、第七十九条、第八十八条)	22.危险废物资源化利用过程符合环境保护要求	6		符合《固体废物鉴别标准通则》相关要求	满足以下条件之一的，得6分： A.危险废物资源化产物生产过程中排放到环境中的有害物质限值和该产物中有害物质的含量限值，符合国家相关污染物排放(控制)标准或技术规范要求，并提供证明材料 B.当没有国家污染控制标准或技术规范时，危险废物资源化产物中所含有害成分含量不高于利用被替代原料生产的产品中的有害成分含量，并且在该产物生产过程中，排放到环境中的有害物质浓度不高于利用所替代原料生产产品过程中排放到环境中的有害物质浓度，并提供证明材料	查阅相关资料(相关标准或技术规范、污染物排放监测报告、有害物质含量检测报告)	
十、运行环境管理要求(《固废法》第十九条)	23.危险废物(医疗废物除外)入厂时进行特性分析。在利用处置前对危险废物相关参数进行分析	4		在入场时对所接收的性质不明确的危险废物进行危险特性分析。在利用处置前对危险废物相关参数进行分析	A.在入场时对所接收的性质不明确的危险废物进行危险特性分析，提供分析报告 B.在利用处置前对危险废物的相关参数进行分析并记录结果(如在焚烧危险废物前，对危险废物的热值、含氯量、含硫量、重金属含量等相关参数进行分析并记录结果) 以上每项符合得2分，共4分 注：对于接受种类单一、来源单一、未有性质不明确危险废物的经营单位，该项可不做评估	查阅相关资料(查看分析报告等)	

续表 3

评估项目	评估主要内容	分数		评估标准	评分要点	评估方法	备注
		满分	得分				
十、运行环境管理要求（《固废法》第十九条）	24. 定期对利用处置设施、监测设备以及运行设备等进行检查，发现破损，应及时采取措施清理更换，应对环境监测和分析仪器进行校正和维护	1		定期对相关设施进行检查和维护，且运行正常	A. 定期对利用处置设施、监测设备和运行设备进行检查和维护，且运行正常 B. 定期对环境监测和分析仪器进行校正和维护，且检测精准 以上每项符合得 0.5 分，共 1 分	查阅相关资料、现场核查（查看检查和维护记录）	
十一、记录和报告经营情况制度（《固废法》第八十条）	25. 按照相关标准规范要求，建立危险废物管理台账，如实记载收集、贮存、利用、处置危险废物的类别、来源去向和有无事故等事项	5		建立了经营管理台账，能如实记载危险废物经营情况	1. 建立了经营管理台账，涵盖了危险废物详细分析记录、接收记录、利用处置记录、新产生危险废物记录（不新产生危险废物的单位除外）、内部检查记录、设施运行及环境监测记录、人员培训记录、事故记录和报告、应急预案演练记录等 9 项内容，且如实记载危险废物经营情况，数据准确。得 5 分 2. 记录簿涵盖的内容每缺失 1 项或数据每错误 1 处，扣 1 分。最多扣 5 分 3. 未建立经营管理台账。得 0 分	查阅相关资料（查看危险废物经营管理台账；依据转移联单抽查若干批危险废物的经营记录情况）	

续表 3

评估项目	评估主要内容	分数		评估标准	评分要点	评估方法	备注
		满分	得分				
十一、记录和报告经营情况制度（《固废法》第八十条）	26. 通过国家危险废物信息管理系统如实申报危险废物收集、贮存、利用、处置活动情况	2		按时通过国家危险废物信息管理系统如实申报危险废物经营情况	1. 按要求通过国家危险废物信息管理系统如实申报危险废物收集、贮存、利用、处置活动情况，数据真实可靠，可提供相应的证明材料。得 2 分 2. 未按时通过国家危险废物信息管理系统如实申报危险废物收集、贮存、利用、处置活动情况，或存在虚报、漏报、瞒报等情况。得 0 分	查阅相关资料（查看近 3 年危险废物经营情况报告）	
	27. 将危险废物管理台账保存 10 年以上，以填埋方式处置危险废物的管理台账应当永久保存	1		符合保存时限要求	1. 危险废物管理台账保存 10 年以上（以填埋方式处置危险废物的永久保存）。得 1 分 2. 危险废物管理台账未保存 10 年以上（以填埋方式处置危险废物的未永久保存）。得 0 分	查阅相关资料（查看每年度的危险废物管理台账）	
十二、信息发布（《固废法》第二十九条）	28. 收集、利用、处置固体废物的单位，应当依法及时公开固体废物污染环境防治信息，主动接受社会监督	1		依法及时公开危险废物污染环境防治信息	1. 通过企业网站等途径依法公开当年危险废物污染环境防治信息或向公众开放设施场所。得 1 分 2. 未依法公开当年危险废物污染环境防治信息。得 0 分	查阅相关资料	

续表 3

评估项目	评估主要内容	分数		评估标准	评分要点	评估方法	备注
		满分	得分				
十三、业务培训（《危险废物经营单位记录和报告经营情况指南》，环境保护部公告2009年第55号）	29. 对本单位工作人员进行培训	1		相关管理人员和从事危险废物收集、运输、贮存、利用和处置等工作的人员掌握国家相关法律法规、规章和有关规范性文件的规定；熟悉本单位制定的危险废物管理规章制度、工作流程和应急预案等各项要求；掌握危险废物分类收集、运输、暂存、利用和处置的正确方法和操作程序	A. 对管理人员和从事危险废物收集、运输、贮存、利用和处置等工作的人员进行了培训 B. 参加培训人员对危险废物管理制度、相应岗位危险废物管理要求等较熟悉 以上每项符合得 0.5 分，共 1 分	资料检查（查看培训相关材料）、现场询问	
合计		70	—				
加分项	A. 在危险废物相关重点环节和关键节点应用视频监控的，加 0.5 分；在危险废物相关重点环节和关键节点应用电子标签的，加 0.5 分 B. 投保环境污染责任保险的，加 1 分					查阅相关资料、现场核查	
否决项	A. 无许可证或者不按照许可证规定超数量、超范围从事危险废物收集、贮存、利用、处置经营活动的 B. 将危险废物（收集 / 利用 / 处置环节豁免的除外）提供或者委托给无许可证的单位或者其他生产经营者从事收集、贮存、利用、处置活动的 C. 由于危险废物管理不当导致突发环境事件发生的 D. 擅自转移、倾倒、堆放危险废物的 E. 执行台账和申报制度存在不报或虚报、瞒报危险废物的					现场核查	

续表 3

评估项目	评估主要内容	分数		评估标准	评分要点	评估方法	备注
		满分	得分				
评估得分		评估结果：达标□　基本达标□　不达标□					

说明：

1. 工作组应当至少包括 2 名具有环境执法证件的人员，可邀请专家参与检查。
2. 评估人员要做好记录并签字。
3. 对危险废物流向、贮存、利用、处置等信息，要核查原始凭证。
4. 根据评分要点给出得分。
5. 备注栏可对评估情况进行简要记录。
6. 评估内容不适用的，计为 0 分，并将该项分值从满分中扣除后，按比例换算达标、基本达标、不达标界值。
7. 加分项目以当年是否开展为准。
8. 否决项，即该项不得分，则评估结果为不达标。
9. 评估结果：满分为 70 分，56（含）～ 70 分为达标，42（含）～ 56 分为基本达标，42 分以下为不达标。

附件 2

被抽查单位评估情况记录表

序号	单位名称	评估时间	单位类型（产废单位或经营单位）	单位基本情况（主要产品产量，简单工艺描述）	危险废物产生情况（危险废物种类和大致产生量）	评估发现的问题	备注	评估人员

附件 3

危险废物规范化环境管理评估
年度工作总结要求

工作总结报告应包括以下内容：

一、工作组织实施情况和自评打分情况，包括评估范围和内容、部门和岗位职责分工、违法企业惩罚情况、主要工作过程、时间进度、完成情况等。

二、危险废物环境监管能力建设情况，包括危险废物环境管理信息化应用情况，源头严防、过程严管、后果严惩监管体系建设情况，加强监管人员和企业人员培训情况等。

三、危险废物利用处置能力保障情况，包括提升危险废物集中处置基础保障能力，保障危险废物和医疗废物应急处置等。

四、产废单位和经营单位危险废物规范化环境管理情况。

五、加分情况和扣分情况（提供相关证明材料）。

六、取得的主要经验和发现的主要问题。

七、推进危险废物规范化环境管理的建议。

八、附件：被抽查单位评估情况记录表（见附件 2），不达标和基本达标企业规范化环境管理评估结果汇总表，不达标企业存在的问题及其处理情况等。

第六篇

化学品环境管理

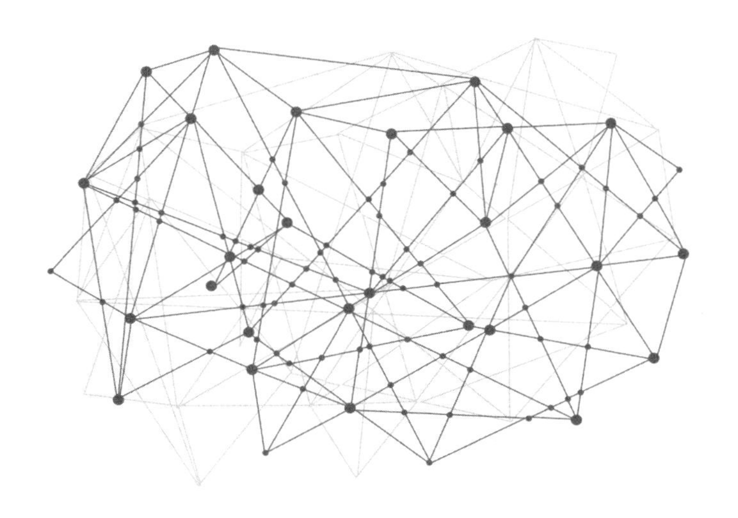

新化学物质环境管理登记办法

（生态环境部令第12号）

第一章　总　则

第一条　为规范新化学物质环境管理登记行为，科学、有效评估和管控新化学物质环境风险，聚焦对环境和健康可能造成较大风险的新化学物质，保护生态环境，保障公众健康，根据有关法律法规以及《国务院对确需保留的行政审批项目设定行政许可的决定》，制定本办法。

第二条　本办法适用于在中华人民共和国境内从事新化学物质研究、生产、进口和加工使用活动的环境管理登记，但进口后在海关特殊监管区内存放且未经任何加工即全部出口的新化学物质除外。

下列产品或者物质不适用本办法：

（一）医药、农药、兽药、化妆品、食品、食品添加剂、饲料、饲料添加剂、肥料等产品，但改变为其他工业用途的，以及作为上述产品的原料和中间体的新化学物质除外；

（二）放射性物质。

设计为常规使用时有意释放出所含新化学物质的物品，所含的新化学物质适用本办法。

第三条　本办法所称新化学物质，是指未列入《中国现有化学物质名录》的化学物质。

已列入《中国现有化学物质名录》的化学物质，按照现有化学物质进行环境管理；但在《中国现有化学物质名录》中规定实施新用途环境管理的化学物质，用于允许用途以外的其他工业用途的，按照新化学物质进行环境管理。

《中国现有化学物质名录》由国务院生态环境主管部门组织制定、调整并公布，包括2003年10月15日前已在中华人民共和国境内生产、销售、加工使用或者进口的化学物质，以及2003年10月15日以后根据新化学物质环境管理有关规定列入的化学物质。

第四条 国家对新化学物质实行环境管理登记制度。

新化学物质环境管理登记分为常规登记、简易登记和备案。新化学物质的生产者或者进口者，应当在生产前或者进口前取得新化学物质环境管理常规登记证或者简易登记证（以下统称登记证）或者办理新化学物质环境管理备案。

第五条 新化学物质环境管理登记，遵循科学、高效、公开、公平、公正和便民的原则，坚持源头准入、风险防范、分类管理，重点管控具有持久性、生物累积性、对环境或者健康危害性大，或者在环境中可能长期存在并可能对环境和健康造成较大风险的新化学物质。

第六条 国务院生态环境主管部门负责组织开展全国新化学物质环境管理登记工作，制定新化学物质环境管理登记相关政策、技术规范和指南等配套文件以及登记评审规则，加强新化学物质环境管理登记信息化建设。

国务院生态环境主管部门组织成立化学物质环境风险评估专家委员会（以下简称专家委员会）。专家委员会由化学、化工、健康、环境、经济等方面的专家组成，为新化学物质环境管理登记评审提供技术支持。

设区的市级以上地方生态环境主管部门负责对本行政区域内研究、生产、进口和加工使用新化学物质的相关企业事业单位落实本办法的情况进行环境监督管理。

国务院生态环境主管部门所属的化学物质环境管理技术机构参与新化学物质环境管理登记评审，承担新化学物质环境管理登记具体工作。

第七条 从事新化学物质研究、生产、进口和加工使用的企业事业单位，应当遵守本办法的规定，采取有效措施，防范和控制新化学物质的环境风险，并对所造成的损害依法承担责任。

第八条 国家鼓励和支持新化学物质环境风险评估及控制技术的科学研究与推广应用，鼓励环境友好型化学物质及相关技术的研究与应用。

第九条 一切单位和个人对违反本办法规定的行为，有权向生态环境主管部门举报。

第二章　基本要求

第十条　新化学物质年生产量或者进口量10吨以上的，应当办理新化学物质环境管理常规登记（以下简称常规登记）。

新化学物质年生产量或者进口量1吨以上不足10吨的，应当办理新化学物质环境管理简易登记（以下简称简易登记）。

符合下列条件之一的，应当办理新化学物质环境管理备案（以下简称备案）：

（一）新化学物质年生产量或者进口量不足1吨的；

（二）新化学物质单体或者反应体含量不超过2%的聚合物或者属于低关注聚合物的。

第十一条　办理新化学物质环境管理登记的申请人，应当为中华人民共和国境内依法登记能够独立承担法律责任的，从事新化学物质生产或者进口的企业事业单位。

拟向中华人民共和国境内出口新化学物质的生产或者贸易企业，也可以作为申请人，但应当指定在中华人民共和国境内依法登记能够独立承担法律责任的企业事业单位作为代理人，共同履行新化学物质环境管理登记及登记后环境管理义务，并依法承担责任。

本办法第二条规定的医药、农药、兽药、化妆品、食品、食品添加剂、饲料、饲料添加剂、肥料等产品属于新化学物质，且拟改变为其他工业用途的，相关产品的生产者、进口者或者加工使用者均可以作为申请人。

已列入《中国现有化学物质名录》且实施新用途环境管理的化学物质，拟用于允许用途以外的其他工业用途的，相关化学物质的生产者、进口者或者加工使用者均可以作为申请人。

第十二条　申请办理新化学物质环境管理登记的，申请人应当向国务院生态环境主管部门提交登记申请或者备案材料，并对登记申请或者备案材料的真实性、完整性、准确性和合法性负责。

国家鼓励申请人共享新化学物质环境管理登记数据。

第十三条 申请人认为其提交的登记申请或者备案材料涉及商业秘密且要求信息保护的，应当在申请登记或者办理备案时提出，并提交申请商业秘密保护的必要性说明材料。对可能对环境、健康公共利益造成重大影响的信息，国务院生态环境主管部门可以依法不予商业秘密保护。对已提出的信息保护要求，申请人可以以书面方式撤回。

新化学物质名称等标识信息的保护期限自首次登记或者备案之日起不超过五年。

从事新化学物质环境管理登记的工作人员和相关专家，不得披露依法应当予以保护的商业秘密。

第十四条 为新化学物质环境管理登记提供测试数据的中华人民共和国境内测试机构，应当依法取得检验检测机构资质认定，严格按照化学物质测试相关标准开展测试工作；健康毒理学、生态毒理学测试机构还应当符合良好实验室管理规范。测试机构应当对其出具的测试结果的真实性和可靠性负责，并依法承担责任。

国务院生态环境主管部门组织对化学物质生态毒理学测试机构的测试情况及条件进行监督抽查。

出具健康毒理学或者生态毒理学测试数据的中华人民共和国境外测试机构应当符合国际通行的良好实验室管理要求。

第三章 常规登记、简易登记和备案

第一节 常规登记和简易登记申请与受理

第十五条 申请办理常规登记的，申请人应当提交以下材料：

（一）常规登记申请表；

（二）新化学物质物理化学性质、健康毒理学和生态毒理学特性测试报告或者资料；

（三）新化学物质环境风险评估报告，包括对拟申请登记的新化学物质可能造成的环境风险的评估，拟采取的环境风险控制措施及其适当性分析，以及是否存在不合理环境风险的评估结论；

（四）落实或者传递环境风险控制措施和环境管理要求的承诺书，承诺书应当由企业事业单位的法定代表人或者其授权人签字，并加盖公章。

前款第二项规定的相关测试报告和资料，应当满足新化学物质环境风险评估的需要；生态毒理学测试报告应当包括使用中华人民共和国的供试生物按照相关标准的规定完成的测试数据。

对属于高危害化学物质的，申请人还应当提交新化学物质活动的社会经济效益分析材料，包括新化学物质在性能、环境友好性等方面是否较相同用途的在用化学物质具有相当或者明显优势的说明，充分论证申请活动的必要性。

除本条前三款规定的申请材料外，申请人还应当一并提交其已经掌握的新化学物质环境与健康危害特性和环境风险的其他信息。

第十六条　申请办理简易登记的，申请人应当提交以下材料：

（一）简易登记申请表；

（二）新化学物质物理化学性质，以及持久性、生物累积性和水生环境毒性等生态毒理学测试报告或者资料；

（三）落实或者传递环境风险控制措施的承诺书，承诺书应当由企业事业单位的法定代表人或者其授权人签字，并加盖公章。

前款第二项规定的生态毒理学测试报告应当包括使用中华人民共和国的供试生物按照相关标准的规定完成的测试数据。

除前款规定的申请材料外，申请人还应当一并提交其已经掌握的新化学物质环境与健康危害特性和环境风险的其他信息。

第十七条　同一申请人对分子结构相似、用途相同或者相近、测试数据相近的多个新化学物质，可以一并申请新化学物质环境管理登记。申请登记量根据每种物质申请登记量的总和确定。

两个以上申请人同时申请相同新化学物质环境管理登记的，可以共同提交申请材料，办理新化学物质环境管理联合登记。申请登记量根据每个申请人申请登记量的总和确定。

第十八条　国务院生态环境主管部门收到新化学物质环境管理登记申请材料后，根据下列情况分别作出处理：

（一）申请材料齐全、符合法定形式，或者申请人按照要求提交全部补正申请材料的，予以受理；

（二）申请材料存在可以当场更正的错误的，允许申请人当场更正；

（三）所申请物质不需要开展新化学物质环境管理登记的，或者申请材料存在法律法规规定不予受理的其他情形的，应当当场或者在五个工作日内作出不予受理的决定；

（四）存在申请人及其代理人不符合本办法规定、申请材料不齐全以及其他不符合法定形式情形的，应当当场或者在五个工作日内一次性告知申请人需要补正的全部内容。逾期不告知的，自收到申请材料之日起即为受理。

第二节　常规登记和简易登记技术评审与决定

第十九条　国务院生态环境主管部门受理常规登记申请后，应当组织专家委员会和所属的化学物质环境管理技术机构进行技术评审。技术评审应当主要围绕以下内容进行：

（一）新化学物质名称和标识；

（二）新化学物质测试报告或者资料的质量；

（三）新化学物质环境和健康危害特性；

（四）新化学物质环境暴露情况和环境风险；

（五）列入《中国现有化学物质名录》时是否实施新用途环境管理；

（六）环境风险控制措施是否适当；

（七）高危害化学物质申请活动的必要性；

（八）商业秘密保护的必要性。

技术评审意见应当包括对前款规定内容的评审结论，以及是否准予登记的建议和有关环境管理要求的建议。

经技术评审认为申请人提交的申请材料不符合要求的，或者不足以对新化学物质的环境风险作出全面评估的，国务院生态环境主管部门可以要求申请人补充提供相关测试报告或者资料。

第二十条　国务院生态环境主管部门受理简易登记申请后，应当组织其所属的化学物质环境管理技术机构进行技术评审。技术评审应当主要围绕以下内容进行：

（一）新化学物质名称和标识；

（二）新化学物质测试报告或者资料的质量；

（三）新化学物质的持久性、生物累积性和毒性；

（四）新化学物质的累积环境风险；

（五）商业秘密保护的必要性。

技术评审意见应当包括对前款规定内容的评审结论，以及是否准予登记的建议。

经技术评审认为申请人提交的申请材料不符合要求的，国务院生态环境主管部门可以要求申请人补充提供相关测试报告或者资料。

第二十一条　国务院生态环境主管部门对常规登记技术评审意见进行审查，根据下列情况分别作出决定：

（一）未发现不合理环境风险的，予以登记，向申请人核发新化学物质环境管理常规登记证（以下简称常规登记证）。对高危害化学物质核发常规登记证，还应当符合申请活动必要性的要求；

（二）发现有不合理环境风险的，或者不符合高危害化学物质申请活动必要性要求的，不予登记，书面通知申请人并说明理由。

第二十二条　国务院生态环境主管部门对简易登记技术评审意见进行审查，根据下列情况分别作出决定：

（一）对未发现同时具有持久性、生物累积性和毒性，且未发现累积环境风险的，予以登记，向申请人核发新化学物质环境管理简易登记证（以下简称简易登记证）；

（二）不符合前项规定登记条件的，不予登记，书面通知申请人并说明理由。

第二十三条　有下列情形之一的，国务院生态环境主管部门不予登记，书面通知申请人并说明理由：

（一）在登记申请过程中使用隐瞒情况或者提供虚假材料等欺骗手段的；

（二）未按照本办法第十九条第三款或者第二十条第三款的要求，拒绝或者未在六个月内补充提供相关测试报告或者资料的；

（三）法律法规规定不予登记的其他情形。

第二十四条　国务院生态环境主管部门作出登记决定前，应当对拟登记的新化学物质名称或者类名、申请人及其代理人、活动类型、新用途环境管理要求等信息进行公示。公示期限不得少于三个工作日。

第二十五条 国务院生态环境主管部门受理新化学物质环境管理登记申请后，应当及时启动技术评审工作。常规登记的技术评审时间不得超过六十日，简易登记的技术评审时间不得超过三十日。国务院生态环境主管部门通知补充提供相关测试报告或者资料的，申请人补充相关材料所需时间不计入技术评审时限。

国务院生态环境主管部门应当自受理申请之日起二十个工作日内，作出是否予以登记的决定。二十个工作日内不能作出决定的，经国务院生态环境主管部门负责人批准，可以延长十个工作日，并将延长期限的理由告知申请人。

技术评审时间不计入本条第二款规定的审批时限。

第二十六条 登记证应当载明下列事项：

（一）登记证类型；

（二）申请人及其代理人名称；

（三）新化学物质中英文名称或者类名等标识信息；

（四）申请用途；

（五）申请登记量；

（六）活动类型；

（七）环境风险控制措施。

对于高危害化学物质以及具有持久性和生物累积性，或者具有持久性和毒性，或者具有生物累积性和毒性的新化学物质，常规登记证还应当载明下列一项或者多项环境管理要求：

（一）限定新化学物质排放量或者排放浓度；

（二）列入《中国现有化学物质名录》时实施新用途环境管理的要求；

（三）提交年度报告；

（四）其他环境管理要求。

第二十七条 新化学物质环境管理登记申请受理后，国务院生态环境主管部门作出决定前，申请人可以依法撤回登记申请。

第二十八条 国务院生态环境主管部门作出新化学物质环境管理登记决定后，应当在二十个工作日内公开新化学物质环境管理登记情况，包括登记的新化学物质名称或者类名、申请人及其代理人、活动类型、新用途环境管理要求等信息。

第三节　常规登记和简易登记变更、撤回与撤销

第二十九条　对已取得常规登记证的新化学物质，在根据本办法第四十四条规定列入《中国现有化学物质名录》前，有下列情形之一的，登记证持有人应当重新申请办理登记：

（一）生产或者进口数量拟超过申请登记量的；

（二）活动类型拟由进口转为生产的；

（三）拟变更新化学物质申请用途的；

（四）拟变更环境风险控制措施的；

（五）导致环境风险增大的其他情形。

重新申请办理登记的，申请人应当提交重新登记申请材料，说明相关事项变更的理由，重新编制并提交环境风险评估报告，重点说明变更后拟采取的环境风险控制措施及其适当性，以及是否存在不合理环境风险。

第三十条　对已取得常规登记证的新化学物质，在根据本办法第四十四条规定列入《中国现有化学物质名录》前，除本办法第二十九条规定的情形外，登记证载明的其他信息发生变化的，登记证持有人应当申请办理登记证变更。

对已取得简易登记证的新化学物质，登记证载明的信息发生变化的，登记证持有人应当申请办理登记证变更。

申请办理登记证变更的，申请人应当提交变更理由及相关证明材料。其中，拟变更新化学物质中英文名称或者化学文摘社编号（CAS）等标识信息的，证明材料中应当充分论证变更前后的化学物质属于同一种化学物质。

国务院生态环境主管部门参照简易登记程序和时限受理并组织技术评审，作出登记证变更决定。其中，对于拟变更新化学物质中英文名称或者化学文摘社编号（CAS）等标识信息的，国务院生态环境主管部门可以组织专家委员会进行技术评审；对于无法判断变更前后化学物质属于同一种化学物质的，不予批准变更。

第三十一条　对根据本办法第四十四条规定列入《中国现有化学物质名录》的下列化学物质，应当实施新用途环境管理：

（一）高危害化学物质；

（二）具有持久性和生物累积性，或者具有持久性和毒性，或者具有生物累积性

和毒性的化学物质。

对高危害化学物质，登记证持有人变更用途的，或者登记证持有人之外的其他人将其用于工业用途的，应当在生产、进口或者加工使用前，向国务院生态环境主管部门申请办理新用途环境管理登记。

对本条第一款第二项所列化学物质，拟用于本办法第四十四条规定的允许用途外其他工业用途的，应当在生产、进口或者加工使用前，向国务院生态环境主管部门申请办理新用途环境管理登记。

第三十二条 申请办理新用途环境管理登记的，申请人应当提交新用途环境管理登记申请表以及该化学物质用于新用途的环境暴露评估报告和环境风险控制措施等材料。对高危害化学物质，还应当提交社会经济效益分析材料，充分论证该物质用于所申请登记用途的必要性。

国务院生态环境主管部门收到申请材料后，按照常规登记程序受理和组织技术评审，根据下列情况分别作出处理，并书面通知申请人：

（一）未发现不合理环境风险的，予以登记。对高危害化学物质，还应当符合申请用途必要性的要求；

（二）发现有不合理环境风险，或者不符合高危害化学物质申请用途必要性要求的，不予登记。

国务院生态环境主管部门作出新用途环境管理登记决定后，应当在二十个工作日内公开予以登记的申请人及其代理人名称、涉及的化学物质名称或者类名、登记的新用途，以及相应的环境风险控制措施和环境管理要求。其中，不属于高危害化学物质的，在《中国现有化学物质名录》中增列该化学物质已登记的允许新用途；属于高危害化学物质的，该化学物质在《中国现有化学物质名录》中的新用途环境管理范围不变。

第三十三条 申请人取得登记证后，可以向国务院生态环境主管部门申请撤销登记证。

第三十四条 有下列情形之一的，为了公共利益的需要，国务院生态环境主管部门可以依照《中华人民共和国行政许可法》的有关规定，变更或者撤回登记证：

（一）根据本办法第四十二条的规定需要变更或者撤回的；

（二）新化学物质环境管理登记内容不符合国家产业政策的；

（三）相关法律、行政法规或者强制性标准发生变动的；

（四）新化学物质环境管理登记内容与中华人民共和国缔结或者参加的国际条约要求相抵触的；

（五）法律法规规定的应当变更或者撤回的其他情形。

第三十五条　有下列情形之一的，国务院生态环境主管部门可以依照《中华人民共和国行政许可法》的有关规定，撤销登记证：

（一）申请人或者其代理人以欺骗、贿赂等不正当手段取得登记证的；

（二）国务院生态环境主管部门工作人员滥用职权、玩忽职守或者违反法定程序核发登记证的；

（三）法律法规规定的应当撤销的其他情形。

第四节　备　案

第三十六条　办理新化学物质环境管理备案的，应当提交备案表和符合本办法第十条第三款规定的相应情形的证明材料，并一并提交其已经掌握的新化学物质环境与健康危害特性和环境风险的其他信息。

第三十七条　国务院生态环境主管部门收到新化学物质环境管理备案材料后，对完整齐全的备案材料存档备查，并发送备案回执。申请人提交备案材料后，即可按照备案内容开展新化学物质相关活动。

新化学物质环境管理备案事项或者相关信息发生变化时，申请人应当及时对备案信息进行变更。

国务院生态环境主管部门应当定期公布新化学物质环境管理备案情况。

第四章　跟踪管理

第三十八条　新化学物质的生产者、进口者、加工使用者应当向下游用户传递下列信息：

（一）登记证号或者备案回执号；

（二）新化学物质申请用途；

（三）新化学物质环境和健康危害特性及环境风险控制措施；

（四）新化学物质环境管理要求。

新化学物质的加工使用者可以要求供应商提供前款规定的新化学物质的相关信息。

第三十九条 新化学物质的研究者、生产者、进口者和加工使用者应当建立新化学物质活动情况记录制度，如实记录新化学物质活动时间、数量、用途，以及落实环境风险控制措施和环境管理要求等情况。

常规登记和简易登记材料以及新化学物质活动情况记录等相关资料应当至少保存十年。备案材料以及新化学物质活动情况记录等相关资料应当至少保存三年。

第四十条 常规登记新化学物质的生产者和加工使用者，应当落实环境风险控制措施和环境管理要求，并通过其官方网站或者其他便于公众知晓的方式公开环境风险控制措施和环境管理要求落实情况。

第四十一条 登记证持有人应当在首次生产之日起六十日内，或者在首次进口并向加工使用者转移之日起六十日内，向国务院生态环境主管部门报告新化学物质首次活动情况。

常规登记证上载明的环境管理要求规定了提交年度报告要求的，登记证持有人应当自登记的次年起，每年 4 月 30 日前向国务院生态环境主管部门报告上一年度获准登记新化学物质的实际生产或者进口情况、向环境排放情况，以及环境风险控制措施和环境管理要求的落实情况。

第四十二条 新化学物质的研究者、生产者、进口者和加工使用者发现新化学物质有新的环境或者健康危害特性或者环境风险的，应当及时向国务院生态环境主管部门报告；可能导致环境风险增加的，应当及时采取措施消除或者降低环境风险。

国务院生态环境主管部门根据全国新化学物质环境管理登记情况、实际生产或者进口情况、向环境排放情况，以及新发现的环境或者健康危害特性等，对环境风险可能持续增加的新化学物质，可以要求相关研究者、生产者、进口者和加工使用者，进一步提交相关环境或者健康危害、环境暴露数据信息。

国务院生态环境主管部门收到相关信息后，应当组织所属的化学物质环境管理技术机构和专家委员会进行技术评审；必要时，可以根据评审结果依法变更或者撤回相应的登记证。

第四十三条 国务院生态环境主管部门应当将新化学物质环境管理登记情况、

环境风险控制措施和环境管理要求、首次活动情况、年度报告等信息通报省级生态环境主管部门；省级生态环境主管部门应当将上述信息通报设区的市级生态环境主管部门。

设区的市级以上生态环境主管部门，应当对新化学物质生产者、进口者和加工使用者是否按要求办理新化学物质环境管理登记、登记事项的真实性、登记证载明事项以及本办法其他相关规定的落实情况进行监督抽查。

新化学物质的研究者、生产者、进口者和加工使用者应当如实提供相关资料，接受生态环境主管部门的监督抽查。

第四十四条 取得常规登记证的新化学物质，自首次登记之日起满五年的，国务院生态环境主管部门应当将其列入《中国现有化学物质名录》，并予以公告。

对具有持久性和生物累积性，或者持久性和毒性，或者生物累积性和毒性的新化学物质，列入《中国现有化学物质名录》时应当注明其允许用途。

对高危害化学物质以及具有持久性和生物累积性，或者持久性和毒性，或者生物累积性和毒性的新化学物质，列入《中国现有化学物质名录》时，应当规定除年度报告之外的环境管理要求。

本条前三款规定适用于依照本办法第三十三条规定申请撤销的常规登记新化学物质。

简易登记和备案的新化学物质，以及依照本办法第三十四条、第三十五条规定被撤回或者撤销的常规登记新化学物质，不列入《中国现有化学物质名录》。

第四十五条 根据《新化学物质环境管理办法》（环境保护部令第 7 号）的规定取得常规申报登记证的新化学物质，尚未列入《中国现有化学物质名录》的，应当自首次生产或者进口活动之日起满五年或者本办法施行之日起满五年，列入《中国现有化学物质名录》。

根据《新化学物质环境管理办法》（国家环境保护总局令第 17 号）的规定，取得正常申报环境管理登记的新化学物质，尚未列入《中国现有化学物质名录》的，应当自本办法施行之日起六个月内，列入《中国现有化学物质名录》。

本办法生效前已列入《中国现有化学物质名录》并实施物质名称等标识信息保护的，标识信息的保护期限最长至 2025 年 12 月 31 日止。

第五章　法律责任

第四十六条　违反本办法规定，以欺骗、贿赂等不正当手段取得新化学物质环境管理登记的，由国务院生态环境主管部门责令改正，处一万元以上三万元以下的罚款，并依法依规开展失信联合惩戒，三年内不再受理其新化学物质环境管理登记申请。

第四十七条　违反本办法规定，有下列行为之一的，由国务院生态环境主管部门责令改正，处一万元以下的罚款；情节严重的，依法依规开展失信联合惩戒，一年内不再受理其新化学物质环境管理登记申请：

（一）未按要求报送新化学物质首次活动情况或者上一年度获准登记新化学物质的实际生产或者进口情况，以及环境风险控制措施和环境管理要求的落实情况的；

（二）未按要求报告新化学物质新的环境或者健康危害特性或者环境风险信息，或者未采取措施消除或者降低环境风险的，或者未提交环境或者健康危害、环境暴露数据信息的。

第四十八条　违反本办法规定，有下列行为之一的，由设区的市级以上地方生态环境主管部门责令改正，处一万元以上三万元以下的罚款；情节严重的，依法依规开展失信联合惩戒，一年内不再受理其新化学物质环境管理登记申请：

（一）未取得登记证生产或者进口新化学物质，或者加工使用未取得登记证的新化学物质的；

（二）未按规定办理重新登记生产或者进口新化学物质的；

（三）将未经国务院生态环境主管部门新用途环境管理登记审查或者审查后未予批准的化学物质，用于允许用途以外的其他工业用途的。

第四十九条　违反本办法规定，有下列行为之一的，由设区的市级以上地方生态环境主管部门责令限期改正，处一万元以上三万元以下的罚款；情节严重的，依法依规开展失信联合惩戒，一年内不再受理其新化学物质环境管理登记申请：

（一）未办理备案，或者未按照备案信息生产或者进口新化学物质，或者加工使用未办理备案的新化学物质的；

（二）未按照登记证的规定生产、进口或者加工使用新化学物质的；

（三）未办理变更登记，或者不按照变更内容生产或者进口新化学物质的；

（四）未落实相关环境风险控制措施或者环境管理要求的，或者未按照规定公开相关信息的；

（五）未向下游用户传递规定信息的，或者拒绝提供新化学物质的相关信息的；

（六）未建立新化学物质活动等情况记录制度的，或者未记录新化学物质活动等情况或者保存相关资料的；

（七）未落实《中国现有化学物质名录》列明的环境管理要求的。

第五十条　专家委员会成员在新化学物质环境管理登记评审中弄虚作假，或者有其他失职行为，造成评审结果严重失实的，由国务院生态环境主管部门取消其专家委员会成员资格，并向社会公开。

第五十一条　为新化学物质申请提供测试数据的测试机构出具虚假报告的，由国务院生态环境主管部门对测试机构处一万元以上三万元以下的罚款，对测试机构直接负责的主管人员和其他直接责任人员处一万元以上三万元以下的罚款，并依法依规开展失信联合惩戒，三年内不接受该测试机构出具的测试报告或者相关责任人员参与出具的测试报告。

第六章　附　则

第五十二条　本办法中下列用语的含义：

（一）环境风险，是指具有环境或者健康危害属性的化学物质在生产、加工使用、废弃及废弃处置过程中进入或者可能进入环境后，对环境和健康造成危害效应的程度和概率，不包括因生产安全事故、交通运输事故等突发事件造成的风险。

（二）高危害化学物质，是指同时具有持久性、生物累积性和毒性的化学物质，同时具有高持久性和高生物累积性的化学物质，或者其他具有同等环境或者健康危害性的化学物质。

（三）新化学物质加工使用，是指利用新化学物质进行分装、配制或者制造等生产经营活动，不包括贸易、仓储、运输等经营活动和使用含有新化学物质的物品的活动。

第五十三条　根据《新化学物质环境管理办法》（环境保护部令第 7 号）和《新化学物质环境管理办法》（国家环境保护总局令第 17 号）的规定已办理新化学物质

环境管理登记的，相关登记在本办法施行后继续有效。

第五十四条 本办法由国务院生态环境主管部门负责解释。

第五十五条 本办法自 2021 年 1 月 1 日起施行，原环境保护部发布的《新化学物质环境管理办法》（环境保护部令第 7 号）同时废止。

中华人民共和国国家生态环境标准

HJ 1229—2021

优先评估化学物质筛选技术导则

Guidelines for screening of priority assessment chemical substances

2021-12-21 发布　　2022-01-01 实施

生　态　环　境　部　发布

HJ 1229—2021

前　言

为贯彻《中华人民共和国环境保护法》，防范化学物质环境风险，规范和指导优先评估化学物质筛选工作，为筛评优先控制化学物质提供支持，制定本标准。

本标准规定了优先评估化学物质筛选的原则、程序和技术要求。

本标准为首次发布。

本标准由生态环境部固体废物与化学品司、法规与标准司组织制定。

本标准主要起草单位：生态环境部固体废物与化学品管理技术中心、生态环境部南京环境科学研究所、生态环境部对外合作与交流中心。

本标准生态环境部 2021 年 12 月 21 日批准。

本标准自 2022 年 1 月 1 日起实施。

本标准由生态环境部解释。

优先评估化学物质筛选技术导则

1　适用范围

本标准规定了优先评估化学物质筛选的原则、程序和技术要求。

本标准适用于化学物质环境风险评估与管控工作中优先评估化学物质的筛选。

本标准可作为各级生态环境主管部门、企事业单位等确定优先评估化学物质的技术依据。

2　规范性引用文件

本标准引用了下列文件或其中的条款。凡是注明日期的引用文件，仅注日期的版本适用于本标准。凡是未注日期的引用文件，其最新版本（包括所有的修改单）适用于本标准。

GB/T 24782　持久性、生物累积性和毒性物质及高持久性和高生物累积性物质的判定方法

GB 30000.22　化学品分类和标签规范　第22部分：生殖细胞致突变性

GB 30000.23　化学品分类和标签规范　第23部分：致癌性

GB 30000.24　化学品分类和标签规范　第24部分：生殖毒性

GB 30000.26　化学品分类和标签规范　第26部分：特异性靶器官毒性　反复接触

GB 30000.28　化学品分类和标签规范　第28部分：对水生环境的危害

3　术语和定义

下列术语和定义适用于本标准。

3.1　化学物质　chemical substances

为商业目的取自大自然，或者经加工生成的单质及化合物。

3.2 优先评估化学物质 priority assessment chemical substances

具有潜在环境风险、需要通过优先开展环境风险评估以判定是否需要进行优先控制的化学物质。

3.3 环境风险 environmental risk

具有环境或者健康危害属性的化学物质在生产、加工使用、废弃及废弃处置过程中进入或者可能进入环境后，对生态环境和人体健康造成危害效应的程度和概率，不包括因生产安全事故、交通运输事故等突发事故造成的风险。

4 筛选原则和程序

4.1 筛选原则

优先评估化学物质筛选应遵循以下原则：

a）基于环境风险并突出重点

基于环境风险理念，综合考虑化学物质环境与健康危害和暴露，筛选优先评估化学物质。重点关注环境中已经存在且具有较大危害的化学物质，包括生产使用过程中进入或可能进入环境的化学物质及其降解产物等。

b）科学性与可行性

科学确定筛选指标与筛选方法，兼顾当前的技术条件，确保切实可行。筛选过程根据技术最新发展，及时采用成熟的新技术与新工具，提升筛选的精准性。

c）动态性与开放性

鉴于化学物质的生产使用、环境暴露情况以及相关信息数据可获得性不断变化，对化学物质危害特性的认识不断深化，环境监测技术不断发展，优先评估化学物质筛选应根据变化情况动态调整。

4.2 筛选程序

4.2.1 优先评估化学物质筛选包括筛选准备、数据收集与评估、优先评估化学物质确定。优先评估化学物质筛选程序见图 1。

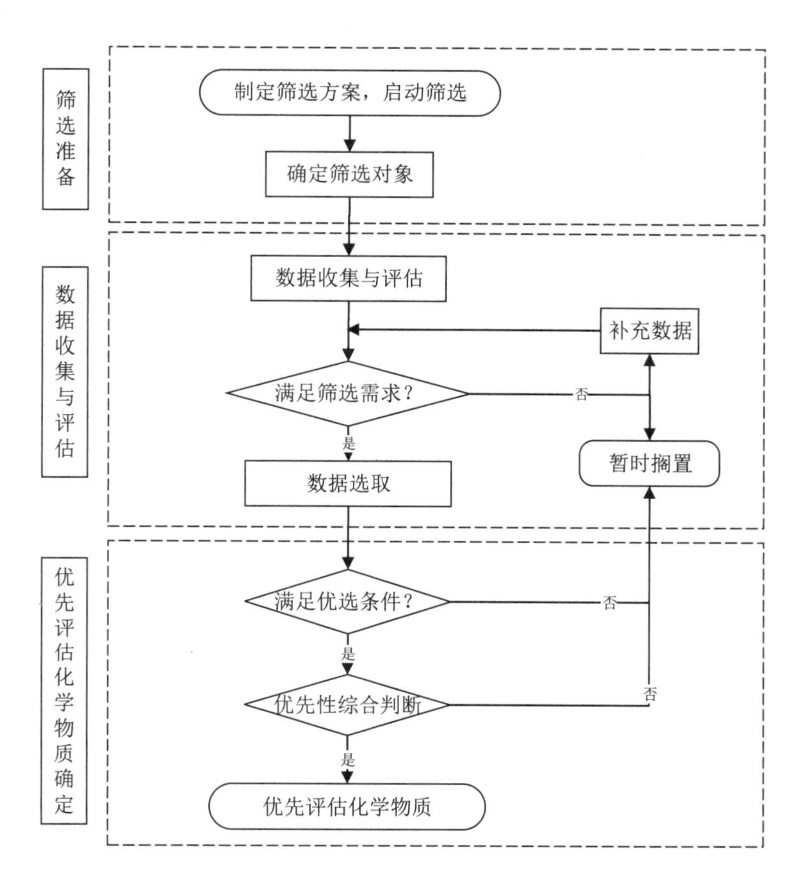

图 1 优先评估化学物质筛选程序示意图

4.2.2 筛选准备阶段，应制定筛选方案，确定筛选的目标和要求，选择优先评估化学物质的筛选对象。

4.2.3 数据收集与评估阶段，应全面收集化学物质的危害、暴露等数据，评估数据的有效性，判断是否满足筛选需求，并确定用于筛选的数据。

4.2.4 优先评估化学物质确定阶段，应依据筛选条件筛选化学物质，并综合考虑评估的优先性，确定优先评估化学物质。

5 筛选技术要求

5.1 筛选准备

5.1.1 应结合管理目标与重点，选择优先评估化学物质的筛选对象。

5.1.2 选择筛选对象时，应优先考虑以下化学物质：

a）依据 GB/T 24782，属于持久性、生物累积性和毒性物质（PBT）或高持久性和高生物累积性物质（vPvB）；

b）具有致癌性、致突变性或生殖毒性的化学物质，重点关注依据 GB 30000.23、GB 30000.22、GB 30000.24 标准，分类为 1A 或 1B 类致癌性、致突变性或生殖毒性的化学物质；

c）同时具有持久性和毒性或同时具有生物累积性和毒性的化学物质，其中毒性重点关注依据 GB 30000.23、GB 30000.22、GB 30000.24、GB 30000.26、GB 30000.28 标准分类为 2 类以上的致癌性、致突变性、生殖毒性、特定靶器官反复接触毒性或长期水生危害；

d）应优先关注的其他危害性高的化学物质，如内分泌干扰物、高度疑似的 PBT 或 vPvB 物质、高度疑似的致癌、致突变或生殖毒性物质、长期水生危害或特定靶器官反复接触毒性分类为 1 类的化学物质等；

e）有证据表明已存在环境暴露的化学物质，如环境介质检出、或生物体内检出且由环境暴露导致等；

f）应优先关注的潜在环境暴露的化学物质，如年生产或使用数量大、广泛分散使用，如在众多分散场地或在公众日常生活中使用等。

5.2 数据收集与评估

5.2.1 对选择的化学物质进行信息整理，使每种化学物质具备规范的中英文名称和唯一标识［例如化学文摘号（CAS 号）、简化分子线性输入规范码（SMILES 码）、国际化合物标识码（InChI 码）等］。

5.2.2 数据收集应满足筛选的需求。数据收集的内容包括：

a）危害数据，包括化学物质不同毒理学和生态毒理学终点数据，主要为致癌性、致突变性、生殖毒性、重复剂量毒性、水生生物毒性等；

b）暴露数据，包括化学物质在环境介质或生物体内的检出数据、排放数据、生产量、使用量、用途、使用领域等；

c）持久性与生物累积性数据，包括生物降解数据、非生物降解数据、生物累积、生物放大等参数或数据等；

d）辅助信息，包括饱和蒸气压、水溶性、分配系数等与化学物质环境暴露相关的理化数据，以及其他辅助支撑危害或暴露判别的相关数据信息、国内外管理信息、科学研究信息等。

5.2.3 化学物质危害数据、持久性、生物累积性数据及相关理化数据可来源于测试数据、国内外官方发布的化学物质环境风险评估报告、权威化学物质数据库、科技文献等，收集的数据应确保可溯源。对于缺少数据的指标，可采用交叉参照（read-across）、（定量）结构—活性关系［（Q）SAR］模型等预测技术进行估算。化学物质暴露数据可来源于环境实测或相关管理部门数据、科研项目数据、科技文献、模型估算等。

5.2.4 应按照国家相关技术规范对收集到的化学物质各项数据的质量进行评估，遵循以下原则：

a）对于测试数据，从试验方法、测试过程、数据描述、测试标准、良好实验室规范等方面进行评估，必要时采用经专家确认的技术方案、依据证据权重判定数据是否可用；

b）对于模型估算数据，分析模型的有效性与应用域，评估模型的适用性。

5.2.5 用于优先评估化学物质筛选的数据应为经过数据评估后的有效数据。开展筛选时应优先采用可信度高的数据；同一可信度水平的数据，应采用最敏感数据或采用统计学、证据权重等方法确定可采用的数据。

5.2.6 数据应以规范的文本格式进行整理、记录，以便后续工作的开展。

5.3 优先评估化学物质确定

5.3.1 应遵循筛选的基本原则、程序和技术要求筛选优先评估化学物质。确定优先评估化学物质应综合考虑化学物质危害、暴露、环境管理需求等多种因素。

5.3.2 仅具有危害或暴露的，通常不作为优先评估化学物质。但对于已有证据表明存在或可能存在潜在环境风险，或已引发环境污染的化学物质等，应作为优先评估化学物质。

5.3.3 开展优先评估化学物质筛选时，对于危害性和环境暴露潜力相对较高的化学物质应给予更高的优先性。

6 报告编制

优先评估化学物质筛选的过程与结果应以报告形式进行记录。报告内容至少应包括筛选目标、筛选对象、数据内容与来源、数据评估依据、数据选取方法、筛选条件及筛选结果说明等，相应的数据资料、参考依据、筛选方案等应以附件形式列出。

重点管控新污染物清单（2023年版）

（2022年12月29日生态环境部、工业和信息化部、农业农村部、商务部、海关总署、国家市场监督管理总局令第28号公布，自2023年3月1日起施行）

第一条 根据《中华人民共和国环境保护法》《中共中央 国务院关于深入打好污染防治攻坚战的意见》以及国务院办公厅印发的《新污染物治理行动方案》等相关法律法规和规范性文件，制定本清单。

第二条 新污染物主要来源于有毒有害化学物质的生产和使用。

本清单根据有毒有害化学物质的环境风险，结合监管实际，经过技术可行性和经济社会影响评估后确定。

第三条 对列入本清单的新污染物，应当按照国家有关规定采取禁止、限制、限排等环境风险管控措施。

第四条 各级生态环境、工业和信息化、农业农村、商务、市场监督管理等部门以及海关，应当按照职责分工依法加强对新污染物的管控、治理。

第五条 本清单根据实际情况实行动态调整。

第六条 本清单自2023年3月1日起施行。

附表

重点管控新污染物清单

编号	新污染物名称	CAS 号	主要环境风险管控措施
一	全氟辛基磺酸及其盐类和全氟辛基磺酰氟(PFOS类)	例如: 1763–23–1 307–35–7 2795–39–3 29457–72–5 29081–56–9 70225–14–8 56773–42–3 251099–16–8	1. 禁止生产。 2. 禁止加工使用(以下用途除外)。 (1)用于生产灭火泡沫药剂(该用途的豁免期至 2023 年 12 月 31 日止)。 3. 将 PFOS 类用于生产灭火泡沫药剂的企业，应当依法实施强制性清洁生产审核。 4. 进口或出口 PFOS 类，应办理有毒化学品进(出)口环境管理放行通知单。自 2024 年 1 月 1 日起，禁止进出口。 5. 已禁止使用的，或者所有者申报废弃的，或者有关部门依法收缴或接收且需要销毁的 PFOS 类，根据国家危险废物名录或者危险废物鉴别标准判定属于危险废物的，应当按照危险废物实施环境管理。 6. 土壤污染重点监管单位中涉及 PFOS 类生产或使用的企业，应当依法建立土壤污染隐患排查制度，保证持续有效防止有毒有害物质渗漏、流失、扬散。

续表

编号	新污染物名称	CAS 号	主要环境风险管控措施
二	全氟辛酸及其盐类和相关化合物[1]（PFOA 类）	—	1. 禁止新建全氟辛酸生产装置。 2. 禁止生产、加工使用（以下用途除外）。 （1）半导体制造中的光刻或蚀刻工艺； （2）用于胶卷的摄影涂料； （3）保护工人免受危险液体造成的健康和安全风险影响的拒油拒水纺织品； （4）侵入性和可植入的医疗装置； （5）使用全氟碘辛烷生产全氟溴辛烷，用于药品生产目的； （6）为生产高性能耐腐蚀气体过滤膜、水过滤膜和医疗用布膜，工业废热交换器设备，以及能防止挥发性有机化合物和 PM2.5 颗粒泄漏的工业密封剂等产品而制造聚四氟乙烯（PTFE）和聚偏氟乙烯（PVDF）； （7）制造用于生产输电用高压电线电缆的聚全氟乙丙烯（FEP）。 3. 将 PFOA 类用于上述用途生产的企业，应当依法实施强制性清洁生产审核。 4. 进口或出口 PFOA 类，被纳入中国严格限制的有毒化学品名录的，应办理有毒化学品进（出）口环境管理放行通知单。 5. 已禁止使用的，或者所有者申报废弃的，或者有关部门依法收缴或接收且需要销毁的 PFOA 类，根据国家危险废物名录或者危险废物鉴别标准判定属于危险废物的，应当按照危险废物实施环境管理。 6. 土壤污染重点监管单位中涉及 PFOA 类生产或使用的企业，应当依法建立土壤污染隐患排查制度，保证持续有效防止有毒有害物质渗漏、流失、扬散。

续表

编号	新污染物名称	CAS 号	主要环境风险管控措施
三	十溴二苯醚	1163-19-5	1. 禁止生产、加工使用（以下用途除外）。 （1）需具备阻燃特点的纺织产品（不包括服装和玩具）； （2）塑料外壳的添加剂及用于家用取暖电器、熨斗、风扇、浸入式加热器的部件，包含或直接接触电器零件，或需要遵守阻燃标准，按该零件重量算密度低于 10%； （3）用于建筑绝缘的聚氨酯泡沫塑料； （4）以上三类用途的豁免期至 2023 年 12 月 31 日止。 2. 将十溴二苯醚用于上述用途生产的企业，应当依法实施强制性清洁生产审核。 3. 进口或出口十溴二苯醚，被纳入中国严格限制的有毒化学品名录的，应办理有毒化学品进（出）口环境管理放行通知单。自 2024 年 1 月 1 日起，禁止进出口。 4. 已禁止使用的，或者所有者申报废弃的，或者有关部门依法收缴或接收且需要销毁的十溴二苯醚，根据国家危险废物名录或者危险废物鉴别标准判定属于危险废物的，应当按照危险废物实施环境管理。 5. 土壤污染重点监管单位中涉及十溴二苯醚生产或使用的企业，应当依法建立土壤污染隐患排查制度，保证持续有效防止有毒有害物质渗漏、流失、扬散。

续表

编号	新污染物名称	CAS 号	主要环境风险管控措施
四	短链氯化石蜡[2]	例如： 85535-84-8 68920-70-7 71011-12-6 85536-22-7 85681-73-8 108171-26-2	1. 禁止生产、加工使用（以下用途除外）。 （1）在天然及合成橡胶工业中生产传送带时使用的添加剂； （2）采矿业和林业使用的橡胶输送带的备件； （3）皮革业，尤其是为皮革加脂； （4）润滑油添加剂，尤其用于汽车、发电机和风能设施的发动机以及油气勘探钻井和生产柴油的炼油厂； （5）户外装饰灯管； （6）防水和阻燃油漆； （7）粘合剂； （8）金属加工； （9）柔性聚氯乙烯的第二增塑剂（但不得用于玩具及儿童产品中的加工使用）； （10）以上九类用途的豁免期至 2023 年 12 月 31 日止。 2. 将短链氯化石蜡用于上述用途生产的企业，应当依法实施强制性清洁生产审核。 3. 进口或出口短链氯化石蜡，应办理有毒化学品进（出）口环境管理放行通知单。自 2024 年 1 月 1 日起，禁止进出口。 4. 已禁止使用的，或者所有者申报废弃的，或者有关部门依法收缴或接收且需要销毁的短链氯化石蜡，根据国家危险废物名录或者危险废物鉴别标准判定属于危险废物的，应当按照危险废物实施环境管理。 5. 土壤污染重点监管单位中涉及短链氯化石蜡生产或使用的企业，应当依法建立土壤污染隐患排查制度，保证持续有效防止有毒有害物质渗漏、流失、扬散。

续表

编号	新污染物名称	CAS 号	主要环境风险管控措施
五	六氯丁二烯	87-68-3	1. 禁止生产、加工使用、进出口。 2. 依据《石油化学工业污染物排放标准》（GB 31571），对涉六氯丁二烯的相关企业，实施达标排放。 3. 已禁止使用的，或者所有者申报废弃的，或者有关部门依法收缴或接收且需要销毁的六氯丁二烯，根据国家危险废物名录或者危险废物鉴别标准判定属于危险废物的，应当按照危险废物实施环境管理。严格落实化工生产过程中含六氯丁二烯的重馏分、高沸点釜底残余物等危险废物管理要求。 4. 土壤污染重点监管单位中涉及六氯丁二烯生产或使用的企业，应当依法建立土壤污染隐患排查制度，保证持续有效防止有毒有害物质渗漏、流失、扬散。
六	五氯苯酚及其盐类和酯类	87-86-5 131-52-2 27735-64-4 3772-94-9 1825-21-4	1. 禁止生产、加工使用、进出口。 2. 已禁止使用的，或者所有者申报废弃的，或者有关部门依法收缴或接收且需要销毁的五氯苯酚及其盐类和酯类，根据国家危险废物名录或者危险废物鉴别标准判定属于危险废物的，应当按照危险废物实施环境管理。 3. 土壤污染重点监管单位中涉及五氯苯酚及其盐类和酯类生产或使用的企业，应当依法建立土壤污染隐患排查制度，保证持续有效防止有毒有害物质渗漏、流失、扬散。
七	三氯杀螨醇	115-32-2 10606-46-9	1. 禁止生产、加工使用、进出口。 2. 已禁止使用的，或者所有者申报废弃的，或者有关部门依法收缴或接收且需要销毁的三氯杀螨醇，根据国家危险废物名录或者危险废物鉴别标准判定属于危险废物的，应当按照危险废物实施环境管理。
八	全氟己基磺酸及其盐类和其相关化合物[3]（PFHxS 类）	—	1. 禁止生产、加工使用、进出口。 2. 已禁止使用的，或者所有者申报废弃的，或者有关部门依法收缴或接收且需要销毁的 PFHxS 类，根据国家危险废物名录或者危险废物鉴别标准判定属于危险废物的，应当按照危险废物实施环境管理。

续表

编号	新污染物名称	CAS 号	主要环境风险管控措施
九	得克隆及其顺式异构体和反式异构体	13560-89-9 135821-03-3 135821-74-8	1. 自 2024 年 1 月 1 日起，禁止生产、加工使用、进出口。 2. 已禁止使用的，或者所有者申报废弃的，或者有关部门依法收缴或接收且需要销毁的得克隆及其顺式异构体和反式异构体，根据国家危险废物名录或者危险废物鉴别标准判定属于危险废物的，应当按照危险废物实施环境管理。
十	二氯甲烷	75-09-2	1. 禁止生产含有二氯甲烷的脱漆剂。 2. 依据化妆品安全技术规范，禁止将二氯甲烷用作化妆品组分。 3. 依据《清洗剂挥发性有机化合物含量限值》（GB 38508），水基清洗剂、半水基清洗剂、有机溶剂清洗剂中二氯甲烷、三氯甲烷、三氯乙烯、四氯乙烯含量总和分别不得超过 0.5%、2%、20%。 4. 依据《石油化学工业污染物排放标准》（GB 31571）、《合成树脂工业污染物排放标准》（GB 31572）、《化学合成类制药工业水污染物排放标准》（GB 21904）等二氯甲烷排放管控要求，实施达标排放。 5. 依据《中华人民共和国大气污染防治法》，相关企业事业单位应当按照国家有关规定建设环境风险预警体系，对排放口和周边环境进行定期监测，评估环境风险，排查环境安全隐患，并采取有效措施防范环境风险。 6. 依据《中华人民共和国水污染防治法》，相关企业事业单位应当对排污口和周边环境进行监测，评估环境风险，排查环境安全隐患，并公开有毒有害水污染物信息，采取有效措施防范环境风险。 7. 土壤污染重点监管单位中涉及二氯甲烷生产或使用的企业，应当依法建立土壤污染隐患排查制度，保证持续有效防止有毒有害物质渗漏、流失、扬散。 8. 严格执行土壤污染风险管控标准，识别和管控有关的土壤环境风险。

续表

编号	新污染物名称	CAS 号	主要环境风险管控措施
十一	三氯甲烷	67-66-3	1. 禁止生产含有三氯甲烷的脱漆剂。 2. 依据《清洗剂挥发性有机化合物含量限值》（GB 38508），水基清洗剂、半水基清洗剂、有机溶剂清洗剂中二氯甲烷、三氯甲烷、三氯乙烯、四氯乙烯含量总和分别不得超过 0.5%、2%、20%。 3. 依据《石油化学工业污染物排放标准》（GB 31571）等三氯甲烷排放管控要求，实施达标排放。 4. 依据《中华人民共和国大气污染防治法》，相关企业事业单位应当按照国家有关规定建设环境风险预警体系，对排放口和周边环境进行定期监测，评估环境风险，排查环境安全隐患，并采取有效措施防范环境风险。 5. 依据《中华人民共和国水污染防治法》，相关企业事业单位应当对排污口和周边环境进行监测，评估环境风险，排查环境安全隐患，并公开有毒有害水污染物信息，采取有效措施防范环境风险。 6. 土壤污染重点监管单位中涉及三氯甲烷生产或使用的企业，应当依法建立土壤污染隐患排查制度，保证持续有效防止有毒有害物质渗漏、流失、扬散。
十二	壬基酚	25154-52-3 84852-15-3	1. 禁止使用壬基酚作为助剂生产农药产品。 2. 禁止使用壬基酚生产壬基酚聚氧乙烯醚。 3. 依据化妆品安全技术规范，禁止将壬基酚用作化妆品组分。
十三	抗生素	—	1. 严格落实零售药店凭处方销售处方药类抗菌药物，推行凭兽医处方销售使用兽用抗菌药物。 2. 抗生素生产过程中产生的抗生素菌渣，根据国家危险废物名录或者危险废物鉴别标准，判定属于危险废物的，应当按 5 险废物实施环境管理。 3. 严格落实《发酵类制药工业水污染物排放标准》（GB 21903）、《化学合成类制药工业水污染物排放标准》（GB 21904）相关排放管控要求。

续表

编号	新污染物名称		CAS 号	主要环境风险管控措施
十四	已淘汰类	六溴环十二烷	25637-99-4 3194-55-6 134237-50-6 134237-51-7 134237-52-8	1. 禁止生产、加工使用、进出口。 2. 已禁止使用的，或者所有者申报废弃的，或者有关部门依法收缴或接收且需要销毁的已淘汰类新污染物，根据国家危险废物名录或者危险废物鉴别标准判定属于危险废物的，应当按照危险废物实施环境管理。 3. 已纳入土壤污染风险管控标准的，严格执行土壤污染风险管控标准，识别和管控有关的土壤环境风险。
		氯丹	57-74-9	
		灭蚁灵	2385-85-5	
		六氯苯	118-74-1	
		滴滴涕	50-29-3	
		α- 六氯环己烷	319-84-6	
		β- 六氯环己烷	319-85-7	
		林丹	58-89-9	
		硫丹原药及其相关异构体	115-29-7 959-98-8 33213-65-9 1031-07-8	
		多氯联苯	—	

注：1.PFOA 类是指：（Ⅰ）全氟辛酸（335-67-1），包括其任何支链异构体；（Ⅱ）全氟辛酸盐类；（Ⅲ）全氟辛酸相关化合物，即会降解为全氟辛酸的任何物质，包括含有直链或支链全氟基团且以其中（C_7F_{15}）C 部分作为结构要素之一的任何物质（包括盐类和聚合物）。下列化合物不列为全氟辛酸相关化合物：（Ⅰ）C_8F_{17}–X，其中 X=F, Cl, Br；（Ⅱ）CF_3（CF_2）$_n$–R' 涵盖的含氟聚合物，其中 R'= 任何基团，n > 16；（Ⅲ）具有≥ 8 个全氟化碳原子的全氟烷基羧酸和磷酸（包括其盐类、脂类、卤化物和酸酐）；（Ⅳ）具有≥ 9 个全氟化碳原子的全氟烷烃磺酸（包括其盐类、脂类、卤化物和酸酐）；（Ⅴ）全氟辛基磺酸及其盐类和全氟辛基磺酰氟。

2. 短链氯化石蜡是指链长 C_{10} 至 C_{13} 的直链氯化碳氢化合物，且氯含量按重量计超过 48%，其在混合物中的浓度按重量计大于或等于 1%。

3.PFHxS 类是指：（Ⅰ）全氟己基磺酸（355–46–4），包括支链异构体；（Ⅱ）全氟己基磺酸盐类；（Ⅲ）全氟己基磺酸相关化合物，是结构成分中含有 $C_6F_{13}SO_2^-$ 且可能降解为全氟己基磺酸的任何物质。

4. 已淘汰类新污染物的定义范围与《关于持久性有机污染物的斯德哥尔摩公约》中相应化学物质的定义范围一致。

5.CAS 号，即化学文摘社（Chemical Abstracts Service，缩写为 CAS）登记号。

6. 用于实验室规模的研究或用作参照标准的化学物质不适用于上述有关禁止或限制生产、加工使用或进出口的要求。除非另有规定，在产品和物品中作为无意痕量污染物出现的化学物质不适用于本清单。

7. 未标注期限的条目为国家已明令执行或立即执行。上述主要环境风险管控措施中未作规定、但国家另有其他要求的，从其规定。

8. 加工使用是指利用化学物质进行的生产经营等活动，不包括贸易、仓储、运输等活动和使用含化学物质的物品的活动。

新污染物治理行动方案

（国办发〔2022〕15号）

有毒有害化学物质的生产和使用是新污染物的主要来源。目前，国内外广泛关注的新污染物主要包括国际公约管控的持久性有机污染物、内分泌干扰物、抗生素等。为深入贯彻落实党中央、国务院决策部署，加强新污染物治理，切实保障生态环境安全和人民健康，制定本行动方案。

一、总体要求

（一）指导思想

以习近平新时代中国特色社会主义思想为指导，全面贯彻党的十九大和十九届历次全会精神，深入贯彻习近平生态文明思想，立足新发展阶段，完整、准确、全面贯彻新发展理念，构建新发展格局，推动高质量发展，以有效防范新污染物环境与健康风险为核心，以精准治污、科学治污、依法治污为工作方针，遵循全生命周期环境风险管理理念，统筹推进新污染物环境风险管理，实施调查评估、分类治理、全过程环境风险管控，加强制度和科技支撑保障，健全新污染物治理体系，促进以更高标准打好蓝天、碧水、净土保卫战，提升美丽中国、健康中国建设水平。

（二）工作原则

——科学评估，精准施策。开展化学物质调查监测，科学评估环境风险，精准识别环境风险较大的新污染物，针对其产生环境风险的主要环节，采取源头禁限、过程减排、末端治理的全过程环境风险管控措施。

——标本兼治，系统推进。“十四五”期间，对一批重点管控新污染物开展专项治理。同时，系统构建新污染物治理长效机制，形成贯穿全过程、涵盖各类别、采取多举措的治理体系，统筹推动大气、水、土壤多环境介质协同治理。

——健全体系，提升能力。建立健全管理制度和技术体系，强化法治保障。建立跨部门协调机制，落实属地责任。强化科技支撑与基础能力建设，加强宣传引导，促进社会共治。

（三）主要目标

到2025年，完成高关注、高产（用）量的化学物质环境风险筛查，完成一批化学物质环境风险评估；动态发布重点管控新污染物清单；对重点管控新污染物实施禁止、限制、限排等环境风险管控措施。有毒有害化学物质环境风险管理法规制度体系和管理机制逐步建立健全，新污染物治理能力明显增强。

二、行动举措

（一）完善法规制度，建立健全新污染物治理体系

1. 加强法律法规制度建设。研究制定有毒有害化学物质环境风险管理条例。建立健全化学物质环境信息调查、环境调查监测、环境风险评估、环境风险管控和新化学物质环境管理登记、有毒化学品进出口环境管理等制度。加强农药、兽药、药品、化妆品管理等相关制度与有毒有害化学物质环境风险管理相关制度的衔接。（生态环境部、农业农村部、市场监管总局、国家药监局等按职责分工负责）

2. 建立完善技术标准体系。建立化学物质环境风险评估与管控技术标准体系，制定修订化学物质环境风险评估、经济社会影响分析、危害特性测试方法等标准。完善新污染物环境监测技术体系。（生态环境部牵头，工业和信息化部、国家卫生健康委、市场监管总局等按职责分工负责）

3. 建立健全新污染物治理管理机制。建立生态环境部门牵头，发展改革、科技、工业和信息化、财政、住房和城乡建设、农业农村、商务、卫生健康、海关、市场监管、药监等部门参加的新污染物治理跨部门协调机制，统筹推进新污染物治理工作。加强部门联合调查、联合执法、信息共享，加强法律、法规、制度、标准的协调衔接。按照国家统筹、省负总责、市县落实的原则，完善新污染物治理的管理机制，全面落实新污染物治理属地责任。成立新污染物治理专家委员会，强化新污染物治理技术支撑。（生态环境部牵头，国家发展改革委、科技部、工业和信息化部、财政部、住房和城乡建设部、农业农村部、商务部、国家卫生健康委、海关总署、市场监管总局、国家药监局等按职责分工负责，地方各级人民政府负责落实。以下均需地方各级人民政府落实，不再列出）

（二）开展调查监测，评估新污染物环境风险状况

4. 建立化学物质环境信息调查制度。开展化学物质基本信息调查，包括重点行业中重点化学物质生产使用的品种、数量、用途等信息。针对列入环境风险优先评估计划的化学物质，进一步开展有关生产、加工使用、环境排放数量及途径、危害特性等详细信息调查。2023 年年底前，完成首轮化学物质基本信息调查和首批环境风险优先评估化学物质详细信息调查。（生态环境部负责）

5. 建立新污染物环境调查监测制度。制定实施新污染物专项环境调查监测工作方案。依托现有生态环境监测网络，在重点地区、重点行业、典型工业园区开展新污染物环境调查监测试点。探索建立地下水新污染物环境调查、监测及健康风险评估技术方法。2025 年年底前，初步建立新污染物环境调查监测体系。（生态环境部负责）

6. 建立化学物质环境风险评估制度。研究制定化学物质环境风险筛查和评估方案，完善评估数据库，以高关注、高产（用）量、高环境检出率、分散式用途的化学物质为重点，开展环境与健康危害测试和风险筛查。动态制定化学物质环境风险优先评估计划和优先控制化学品名录。2022 年年底前，印发第一批化学物质环境风险优先评估计划。（生态环境部、国家卫生健康委等按职责分工负责）

7. 动态发布重点管控新污染物清单。针对列入优先控制化学品名录的化学物质以及抗生素、微塑料等其他重点新污染物，制定“一品一策”管控措施，开展管控措施的技术可行性和经济社会影响评估，识别优先控制化学品的主要环境排放源，适时制定修订相关行业排放标准，动态更新有毒有害大气污染物名录、有毒有害水污染物名录、重点控制的土壤有毒有害物质名录。动态发布重点管控新污染物清单及其禁止、限制、限排等环境风险管控措施。2022 年发布首批重点管控新污染物清单。鼓励有条件的地区在落实国家任务要求的基础上，参照国家标准和指南，先行开展化学物质环境信息调查、环境调查监测和环境风险评估，因地制宜制定本地区重点管控新污染物补充清单和管控方案，建立健全有关地方政策标准等。（生态环境部牵头，工业和信息化部、农业农村部、商务部、国家卫生健康委、海关总署、市场监管总局、国家药监局等按职责分工负责）

（三）严格源头管控，防范新污染物产生

8. 全面落实新化学物质环境管理登记制度。严格执行《新化学物质环境管理登记办法》，落实企业新化学物质环境风险防控主体责任。加强新化学物质环境管理登记监督，建立健全新化学物质登记测试数据质量监管机制，对新化学物质登记测试数据质量进行现场核查并公开核查结果。建立国家和地方联动的监督执法机制，按照“双随机、一公开”原则，将新化学物质环境管理事项纳入环境执法年度工作计划，加大对违法企业的处罚力度。做好新化学物质和现有化学物质环境管理衔接，完善《中国现有化学物质名录》。（生态环境部负责）

9. 严格实施淘汰或限用措施。按照重点管控新污染物清单要求，禁止、限制重点管控新污染物的生产、加工使用和进出口。研究修订《产业结构调整指导目录》，对纳入《产业结构调整指导目录》淘汰类的工业化学品、农药、兽药、药品、化妆品等，未按期淘汰的，依法停止其产品登记或生产许可证核发。强化环境影响评价管理，严格涉新污染物建设项目准入管理。将禁止进出口的化学品纳入禁止进（出）口货物目录，加强进出口管控；将严格限制用途的化学品纳入《中国严格限制的有毒化学品名录》，强化进出口环境管理。依法严厉打击已淘汰持久性有机污染物的非法生产和加工使用。（国家发展改革委、工业和信息化部、生态环境部、农业农村部、商务部、海关总署、市场监管总局、国家药监局等按职责分工负责）

10. 加强产品中重点管控新污染物含量控制。对采取含量控制的重点管控新污染物，将含量控制要求纳入玩具、学生用品等相关产品的强制性国家标准并严格监督落实，减少产品消费过程中造成的新污染物环境排放。将重点管控新污染物限值和禁用要求纳入环境标志产品和绿色产品标准、认证、标识体系。在重要消费品环境标志认证中，对重点管控新污染物进行标识或提示。（工业和信息化部、生态环境部、农业农村部、市场监管总局等按职责分工负责）

（四）强化过程控制，减少新污染物排放

11. 加强清洁生产和绿色制造。对使用有毒有害化学物质进行生产或者在生产过程中排放有毒有害化学物质的企业依法实施强制性清洁生产审核，全面推进清洁生产改造；企业应采取便于公众知晓的方式公布使用有毒有害原料的情况以及排放有毒有害化学物质的名称、浓度和数量等相关信息。推动将有毒有害化学物质的替代和排放控制要求纳入绿色产品、绿色园区、绿色工厂和绿色供应链等绿色制造标准体系。（国家发展改革委、工业和信息化部、生态环境部、住房和城乡建设部、市场监管总局等按职责分工负责）

12. 规范抗生素类药品使用管理。研究抗菌药物环境危害性评估制度，在兽用抗菌药注册登记环节对新品种开展抗菌药物环境危害性评估。加强抗菌药物临床应用管理，严格落实零售药店凭处方销售处方药类抗菌药物。加强兽用抗菌药监督管理，实施兽用抗菌药使用减量化行动，推行凭兽医处方销售使用兽用抗菌药。（生态环境部、农业农村部、国家卫生健康委、国家药监局等按职责分工负责）

13. 强化农药使用管理。加强农药登记管理，健全农药登记后环境风险监测和再评价机制。严格管控具有环境持久性、生物累积性等特性的高毒高风险农药及助剂。2025 年年底前，完成一批高毒高风险农药品种再评价。持续开展农药减量增效行动，鼓励发展高效低风险农药，稳步推进高毒高风险农药淘汰和替代。鼓励使用便于回收的大容量包装物，加强农药包装废弃物回收处理。（生态环境部、农业农村部等按职责分工负责）

（五）深化末端治理，降低新污染物环境风险

14. 加强新污染物多环境介质协同治理。加强有毒有害大气污染物、水污染物环境治理，制定相关污染控制技术规范。排放重点管控新污染物的企事业单位应采取污染控制措施，达到相关污染物排放标准及环境质量目标要求；按照排污许可管理有关要求，依法申领排污许可证或填写排污登记表，并在其中载明执行的污染控制标准要求及采取的污染控制措施。排放重点管控新污染物的企事业单位和其他生产经营者应按照相关法律法规要求，对排放（污）口及其周边环境定期开展环境监测，评估环境风险，排查整治环境安全隐患，依法公开新污染物信息，采取措施防范环境风险。土壤污染重点监管单位应严格控制有毒有害物质排放，建立土壤污染隐患排查制度，防止有毒有害物质渗漏、流失、扬散。生产、加工使用或排放重点管控新污染物清单中所列化学物质的企事业单位应纳入重点排污单位。（生态环境部负责）

15. 强化含特定新污染物废物的收集利用处置。严格落实废药品、废农药以及抗生素生产过程中产生的废母液、废反应基和废培养基等废物的收集利用处置要求。研究制定含特定新污染物废物的检测方法、鉴定技术标准和利用处置污染控制技术规范。（生态环境部、农业农村部等按职责分工负责）

16. 开展新污染物治理试点工程。在长江、黄河等流域和重点饮用水水源地周边，重点河口、重点海湾、重点海水养殖区，京津冀、长三角、珠三角等区域，聚焦石化、涂料、纺织印染、橡胶、农药、医药等行业，选取一批重点企业和工业园区开展新污染物治理试点工程，形成一批有毒有害化学物质绿色替代、新污染物减排以及污水污泥、废液废渣中新污染物治理示范技术。鼓励有条件的地方制定激励政策，推动企业先行先试，减少新污染物的产生和排放。（工业和信息化部、生态环境部等按职责分工负责）

（六）加强能力建设，夯实新污染物治理基础

17. 加大科技支撑力度。在国家科技计划中加强新污染物治理科技攻关，开展有毒有害化学物质环境风险评估与管控关键技术研究；加强新污染物相关新理论和新技术等研究，提升创新能力；加强抗生素、微塑料等生态环境危害机理研究。整合现有资源，重组环境领域全国重点实验室，开展新污染物相关研究。（科技部、生态环境部、国家卫生健康委等按职责分工负责）

18. 加强基础能力建设。加强国家和地方新污染物治理的监督、执法和监测能力建设。加强国家和区域（流域、海域）化学物质环境风险评估和新污染物环境监测技术支撑保障能力。建设国家化学物质环境风险管理信息系统，构建化学物质计算毒理与暴露预测平台。培育一批符合良好实验室规范的化学物质危害测试实验室。加强相关专业人才队伍建设和专项培训。（生态环境部、国家卫生健康委等部门按职责分工负责）

三、保障措施

（一）加强组织领导

坚持党对新污染物治理工作的全面领导。地方各级人民政府要加强对新污染物治理的组织领导，各省级人民政府是组织实施本行动方案的主体，于 2022 年年底前组织制定本地区新污染物治理工作方案，细化分解目标任务，明确部门分工，抓好工作落实。国务院各有关部门要加强分工协作，共同做好新污染物治理工作，2025 年对本行动方案实施情况进行评估。将新污染物治理中存在的突出生态环境问题纳入中央生态环境保护督察。（生态环境部牵头，有关部门按职责分工负责）

（二）强化监管执法

督促企业落实主体责任，严格落实国家和地方新污染物治理要求。加强重点管控新污染物排放执法监测和重点区域环境监测。对涉重点管控新污染物企事业单位依法开展现场检查，加大对未按规定落实环境风险管控措施企业的监督执法力度。加强对禁止或限制类有毒有害化学物质及其相关产品生产、加工使用、进出口的监督执法。（生态环境部、农业农村部、海关总署、市场监管总局等按职责分工负责）

（三）拓宽资金投入渠道

鼓励社会资本进入新污染物治理领域，引导金融机构加大对新污染物治理的信贷支持力度。新污染物治理按规定享受税收优惠政策。（财政部、生态环境部、税务总局、银保监会等按职责分工负责）

（四）加强宣传引导

加强法律法规政策宣传解读。开展新污染物治理科普宣传教育，引导公众科学认识新污染物环境风险，树立绿色消费理念。鼓励公众通过多种渠道举报涉新污染物环境违法犯罪行为，充分发挥社会舆论监督作用。积极参与化学品国际环境公约和国际化学品环境管理行动，在全球环境治理中发挥积极作用。（生态环境部牵头，有关部门按职责分工负责）

环境保护部等17部门《关于汞的水俣公约》生效公告

（公告〔2017〕38号）

2016年4月28日，第十二届全国人民代表大会常务委员会第二十次会议批准《关于汞的水俣公约》（以下简称《汞公约》）。《汞公约》将自2017年8月16日起对我国正式生效。

为贯彻落实《汞公约》，现就有关事项公告如下：

一、自2017年8月16日起，禁止开采新的原生汞矿，各地国土资源主管部门停止颁发新的汞矿勘查许可证和采矿许可证。2032年8月16日起，全面禁止原生汞矿开采。

二、自2017年8月16日起，禁止新建的乙醛、氯乙烯单体、聚氨酯的生产工艺使用汞、汞化合物作为催化剂或使用含汞催化剂；禁止新建的甲醇钠、甲醇钾、乙醇钠、乙醇钾的生产工艺使用汞或汞化合物。2020年氯乙烯单体生产工艺单位产品用汞量较2010年减少50%。

三、禁止使用汞或汞化合物生产氯碱（特指烧碱）。自2019年1月1日起，禁止使用汞或汞化合物作为催化剂生产乙醛。自2027年8月16日起，禁止使用含汞催化剂生产聚氨酯，禁止使用汞或汞化合物生产甲醇钠、甲醇钾、乙醇钠、乙醇钾。

四、禁止生产含汞开关和继电器。自2021年1月1日起，禁止进出口含汞开关和继电器（不包括每个电桥、开关或继电器的最高含汞量为20毫克的极高精确度电容和损耗测量电桥及用于监控仪器的高频射频开关和继电器）。

五、禁止生产汞制剂（高毒农药产品），含汞电池（氧化汞原电池及电池组、锌汞电池、含汞量高于0.0001%的圆柱形碱锰电池、含汞量高于0.0005%的扣式碱锰电池）。自2021年1月1日起，禁止生产和进出口附件中所列含汞产品（含汞体温计和含汞血压计的生产除外）。自2026年1月1日起，禁止生产含汞体温计和含汞血压计。

六、有关含汞产品将由商务部会同有关部门纳入禁止进出口商品目录，并依法公布。

七、自2017年8月16日起，进口、出口汞应符合《汞公约》及我国有毒化学品进出口有关管理要求。

八、各级环境保护、发展改革、工业和信息化、国土资源、住房和城乡建设、农业、商务、卫生计生、海关、质检、安全监管、食品药品监管、能源等部门，应按照国家有关法律法规规定，加强对汞的生产、使用、进出口、排放和释放等的监督管理，并按照《汞公约》履约时间进度要求开展核查，一旦发现违反本公告的行为，将依法查处。

附件：添汞（含汞）产品目录

环境保护部　外交部　发展改革委　科技部
工业和信息化部　财政部　国土资源部
住房和城乡建设部　农业部　商务部
卫生计生委　海关总署　质检总局
安全监管总局　食品药品监管总局
统计局　能源局
2017年8月15日

附件

添汞（含汞）产品目录

一、电池，不包括含汞量低于 2% 的扣式锌氧化银电池以及含汞量低于 2% 的扣式锌空气电池。［氧化汞原电池及电池组、锌汞电池、含汞量高于 0.0001% 的圆柱形碱锰电池、含汞量高于 0.0005% 的扣式碱锰电池按照《产业结构调整指导目录（2011 年本）（2013 年修正）》要求淘汰。］

二、开关和继电器，不包括每个电桥、开关或继电器的最高含汞量为 20 毫克的极高精确度电容和损耗测量电桥及用于监控仪器的高频射频开关和继电器。［按照《产业结构调整指导目录（2011 年本）（2013 年修正）》要求淘汰。］

三、用于普通照明用途的不超过 30 瓦且单支含汞量超过 5 毫克的紧凑型荧光灯。

四、下列用于普通照明用途的直管型荧光灯：

（一）低于 60 瓦且单支含汞量超过 5 毫克的直管形荧光灯（使用三基色荧光粉）；

（二）低于 40 瓦（含 40 瓦）且单支含汞量超过 10 毫克的直管形荧光灯（使用卤磷酸盐荧光粉）。

五、用于普通照明用途的高压汞灯。

六、用于电子显示的冷阴极荧光灯和外置电极荧光灯：

（一）长度较短（≤ 500 毫米）且单支含汞量超过 3.5 毫克；

（二）中等长度（＞ 500 毫米且≤ 1500 毫米）且单支含汞量超过 5 毫克；

（三）长度较长（＞ 1500 毫米）且单支含汞量超过 13 毫克。

七、化妆品（含汞量超过百万分之一），包括亮肤肥皂和乳霜，不包括以汞为防腐剂且无有效安全替代防腐剂的眼部化妆品。

八、农药、生物杀虫剂和局部抗菌剂。（汞制剂（高毒农药产品）按照《产业结构调整指导目录（2011年本）（2013年修正）》和《关于打击违法制售禁限用高毒农药规范农药使用行为的通知》（农农发〔2010〕2号）要求淘汰。）

九、气压计、湿度计、压力表、温度计和血压计等非电子测量仪器，不包括在无法获得适当无汞替代品的情况下，安装在大型设备中或用于高精度测量的非电子测量设备。

注：本目录不涵盖下列产品：

1. 民事保护和军事用途所必需的产品；

2. 用于研究、仪器校准或用于参照标准的产品；

3. 在无法获得可行的无汞替代品的情况下，开关和继电器、用于电子显示的冷阴极荧光灯和外置电极荧光灯以及测量仪器；

4. 传统或宗教所用产品；

5. 以硫柳汞作为防腐剂的疫苗。

环境保护部等3部门关于发布《优先控制化学品名录（第一批）》的公告

（公告〔2017〕83号）

为落实国务院《水污染防治行动计划》（国发〔2015〕17号），环境保护部会同工业和信息化部、卫生计生委制定了《优先控制化学品名录（第一批）》，现予公布。

对列入《优先控制化学品名录（第一批）》的化学品，应当针对其产生环境与健康风险的主要环节，依据相关政策法规，结合经济技术可行性，采取风险管控措施，最大限度降低化学品的生产、使用对人类健康和环境的重大影响。

附件：优先控制化学品名录（第一批）

环境保护部

工业和信息化部

卫生计生委

2017年12月27日

附件

优先控制化学品名录（第一批）

编号	化学品名称	CAS 号
PC001	1，2，4- 三氯苯	120-82-1
PC002	1，3- 丁二烯	106-99-0
PC003	5- 叔丁基 -2，4，6- 三硝基间二甲苯（二甲苯麝香）	81-15-2
PC004	N，N′- 二甲苯基 - 对苯二胺	27417-40-9
PC005	短链氯化石蜡	85535-84-8 68920-70-7 71011-12-6 85536-22-7 85681-73-8 108171-26-2
PC006	二氯甲烷	75-09-2
PC007	镉及镉化合物	7440-43-9（镉）
PC008	汞及汞化合物	7439-97-6（汞）
PC009	甲醛	50-00-0
PC010	六价铬化合物	
PC011	六氯代 -1，3- 环戊二烯	77-47-4
PC012	六溴环十二烷	25637-99-4 3194-55-6 134237-50-6 134237-51-7 134237-52-8
PC013	萘	91-20-3
PC014	铅化合物	
PC015	全氟辛基磺酸及其盐类和全氟辛基磺酰氟	1763-23-1 307-35-7 2795-39-3 29457-72-5 29081-56-9 70225-14-8 56773-42-3 251099-16-8

续表

编号	化学品名称	CAS 号
PC016	壬基酚及壬基酚聚氧乙烯醚	25154-52-3 84852-15-3 9016-45-9
PC017	三氯甲烷	67-66-3
PC018	三氯乙烯	79-01-6
PC019	砷及砷化合物	7440-38-2（砷）
PC020	十溴二苯醚	1163-19-5
PC021	四氯乙烯	127-18-4
PC022	乙醛	75-97-0

附录

优先控制化学品风险管控政策和措施

《优先控制化学品名录》重点识别和关注固有危害属性较大，环境中可能长期存在的并可能对环境和人体健康造成较大风险的化学品。对列入《优先控制化学品名录》的化学品，应当针对其产生环境与健康风险的主要环节，依据相关政策法规，结合经济技术可行性，采取以下一种或几种风险管控措施，最大限度降低化学品的生产、使用对人类健康和环境的重大影响。

一、纳入排污许可制度管理

《中华人民共和国大气污染防治法》：国务院环境保护主管部门应当会同国务院卫生行政部门，公布有毒有害大气污染物名录。排放名录中所列有毒有害大气污染物的企业事业单位，应当取得排污许可证。

《中华人民共和国水污染防治法》：国务院环境保护主管部门应当会同国务院卫生主管部门，公布有毒有害水污染物名录。排放名录中所列有毒有害水污染物的企业事业单位和其他生产经营者，应当对排污口和周边环境进行监测，公开有毒有害水污染物信息，采取有效措施防范环境风险。直接或者间接向水体排放工业废水以及其他按照规定应当取得排污许可证方可排放的废水、污水的企业事业单位，应当取得排污许可证。

二、实行限制措施

（一）限制使用

修订国家有关强制性标准，限制在某些产品中的使用。

（二）鼓励替代

纳入《国家鼓励的有毒有害原料（产品）替代品目录》。

三、实施清洁生产审核及信息公开制度

《中华人民共和国清洁生产促进法》：使用有毒、有害原料进行生产或者在生产中排放有毒、有害物质的企业，应当实施强制性清洁生产审核。

《清洁生产审核办法》：使用有毒有害原料进行生产或者在生产中排放有毒有害物质的企业，应当实施强制性清洁生产审核。实施强制性清洁生产审核的企业，应当采取便于公众知晓的方式公布企业相关信息，包括使用有毒有害原料的名称、数量、用途，排放有毒有害物质的名称、浓度和数量等。

生态环境部等3部门关于发布《优先控制化学品名录（第二批）》的公告

（公告〔2020〕47号）

为贯彻落实《中共中央　国务院关于全面加强生态环境保护坚决打好污染防治攻坚战的意见》，生态环境部会同工业和信息化部、卫生健康委制定了《优先控制化学品名录（第二批）》，现予公布。

对列入《优先控制化学品名录（第二批）》的化学品，应当针对其产生环境与健康风险的主要环节，依据相关政策法规，结合经济技术可行性，采取环境风险管控措施，最大限度降低化学品的生产、使用对人类健康和环境的影响。

附件：优先控制化学品名录（第二批）

生态环境部

工业和信息化部

卫生健康委

2020年10月30日

附件

优先控制化学品名录（第二批）

<table>
<tr><th>编号</th><th>化学品名称</th><th>CAS 号</th></tr>
<tr><td>PC023</td><td>1，1- 二氯乙烯</td><td>75-35-4</td></tr>
<tr><td>PC024</td><td>1，2- 二氯丙烷</td><td>78-87-5</td></tr>
<tr><td>PC025</td><td>2，4- 二硝基甲苯</td><td>121-14-2</td></tr>
<tr><td>PC026</td><td>2，4，6- 三叔丁基苯酚</td><td>732-26-3</td></tr>
<tr><td>PC027</td><td>苯</td><td>71-43-2</td></tr>
<tr><td rowspan="8">PC028</td><td>多环芳烃类物质，包括：</td><td></td></tr>
<tr><td>苯并［a］蒽</td><td>56-55-3</td></tr>
<tr><td>苯并［a］菲</td><td>218-01-9</td></tr>
<tr><td>苯并［a］芘</td><td>50-32-8</td></tr>
<tr><td>苯并［b］荧蒽</td><td>205-99-2</td></tr>
<tr><td>苯并［k］荧蒽</td><td>207-08-9</td></tr>
<tr><td>蒽</td><td>120-12-7</td></tr>
<tr><td>二苯并［a，h］蒽</td><td>53-70-3</td></tr>
<tr><td>PC029</td><td>多氯二苯并对二噁英和多氯二苯并呋喃</td><td>—</td></tr>
<tr><td>PC030</td><td>甲苯</td><td>108-88-3</td></tr>
<tr><td>PC031</td><td>邻甲苯胺</td><td>95-53-4</td></tr>
<tr><td>PC032</td><td>磷酸三（2- 氯乙基）酯</td><td>115-96-8</td></tr>
<tr><td>PC033</td><td>六氯丁二烯</td><td>87-68-3</td></tr>
<tr><td rowspan="3">PC034</td><td>氯苯类物质，包括：</td><td></td></tr>
<tr><td>五氯苯</td><td>608-93-5</td></tr>
<tr><td>六氯苯</td><td>118-74-1</td></tr>
<tr><td>PC035</td><td>全氟辛酸（PFOA）及其盐类和相关化合物</td><td>335-67-1
（全氟辛酸）</td></tr>
<tr><td>PC036</td><td>氰化物 *</td><td>—</td></tr>
<tr><td>PC037</td><td>铊及铊化合物</td><td>7440-28-0
（铊）</td></tr>
<tr><td>PC038</td><td>五氯苯酚及其盐类和酯类</td><td>87-86-5
131-52-2
27735-64-4
3772-94-9
1825-21-4</td></tr>
<tr><td>PC039</td><td>五氯苯硫酚</td><td>133-49-3</td></tr>
<tr><td>PC040</td><td>异丙基苯酚磷酸酯</td><td>68937-41-7</td></tr>
</table>

注：* 指氢氰酸、全部简单氰化物（多为碱金属和碱土金属的氰化物）和锌氰络合物，不包括铁氰络合物、亚铁氰络合物、铜氰络合物、镍氰络合物、钴氰络合物。

附录

优先控制化学品环境风险管控政策和措施

《优先控制化学品名录》重点识别和关注固有危害属性较大，环境中可能长期存在的并可能对环境和人体健康造成较大环境风险的化学品。对列入《优先控制化学品名录》的化学品，应当针对其产生环境与健康风险的主要环节，依据相关政策法规，结合经济技术可行性，采取以下一种或几种环境风险管控措施，最大限度降低化学品的生产、使用对人类健康和环境的影响。

一、纳入相应环境管理名录

纳入有毒有害大气污染物名录、有毒有害水污染物名录、重点控制的土壤有毒有害物质名录等，按照《中华人民共和国大气污染防治法》《中华人民共和国水污染防治法》《中华人民共和国土壤污染防治法》等实施管理。

二、实施清洁生产审核及信息公开制度

（一）《中华人民共和国清洁生产促进法》：使用有毒、有害原料进行生产或者在生产中排放有毒、有害物质的企业，应当实施强制性清洁生产审核。

（二）《清洁生产审核办法》：使用有毒有害原料进行生产或者在生产中排放有毒有害物质的企业，应当实施强制性清洁生产审核。实施强制性清洁生产审核的企业，应当采取便于公众知晓的方式公布企业相关信息，包括使用有毒有害原料的名称、数量、用途，排放有毒有害物质的名称、浓度和数量等。

三、实行限制、替代措施

（一）限制使用

修订国家有关强制性标准，限制在某些产品中的使用。

（二）鼓励替代

实施《国家鼓励的有毒有害原料（产品）替代品目录》，引导企业持续开发、使用低毒低害和无毒无害原料，减少产品中有毒有害物质含量。

生态环境部等3部门关于印发《中国严格限制的有毒化学品名录》（2023年）的公告

（公告〔2023〕32号）

依据《全国人民代表大会常务委员会关于批准〈关于持久性有机污染物的斯德哥尔摩公约〉的决定》（2004年6月25日第十届全国人民代表大会常务委员会第十次会议通过）、《全国人民代表大会常务委员会关于批准〈《关于持久性有机污染物的斯德哥尔摩公约》新增列九种持久性有机污染物修正案〉和〈《关于持久性有机污染物的斯德哥尔摩公约》新增列硫丹修正案〉的决定》（2013年8月30日第十二届全国人民代表大会常务委员会第四次会议通过）、《全国人民代表大会常务委员会关于批准〈《关于持久性有机污染物的斯德哥尔摩公约》列入多氯萘等三种类持久性有机污染物修正案〉和〈《关于持久性有机污染物的斯德哥尔摩公约》列入短链氯化石蜡等三种类持久性有机污染物修正案〉的决定》（2022年12月30日第十三届全国人民代表大会常务委员会第三十八次会议通过）、《全国人民代表大会常务委员会关于批准〈关于汞的水俣公约〉的决定》（2016年4月28日第十二届全国人民代表大会常务委员会第二十次会议通过）、《全国人民代表大会常务委员会关于批准〈关于在国际贸易中对某些危险化学品和农药采用事先知情同意程序的鹿特丹公约〉的决定》（2004年12月29日第十届全国人民代表大会常务委员会第十三次会议通过）、《重点管控新污染物清单（2023年版）》（生态环境部令第28号）及《化学品首次进口及有毒化学品进出口环境管理规定》（环管〔1994〕140号）和国家税则税目、海关商品编号调整情况，现发布《中国严格限制的有毒化学品名录》（2023年）。凡进口或出口上述名录所列有毒化学品的，应按本公告及附件规定向生态环境部申请办理有毒化学品进（出）口环境管理放行通知单，并凭有毒化学品进（出）口环境管理放行通知单向海关办理进出口手续。

本公告自发布之日起实施。《关于印发〈中国严格限制的有毒化学品名录〉

（2020 年）的公告》（生态环境部、商务部和海关总署公告 2019 年第 60 号）同时废止。

附件：

1.《中国严格限制的有毒化学品名录》（2023 年）

2.《有毒化学品进口环境管理放行通知单》办理说明（略）

3.《有毒化学品出口环境管理放行通知单》办理说明（略）

生态环境部

商务部

海关总署

2023 年 10 月 16 日

附件 1

《中国严格限制的有毒化学品名录》(2023 年)

本名录中,《关于持久性有机污染物的斯德哥尔摩公约》简称《斯德哥尔摩公约》,《关于汞的水俣公约》简称《水俣公约》,《关于在国际贸易中对某些危险化学品和农药采用事先知情同意程序的鹿特丹公约》简称《鹿特丹公约》。

序号	化学品名称		CAS 号	海关编码	管控类别	允许用途
1	全氟辛基磺酸及其盐类和全氟辛基磺酰氟(PFOS 类)	全氟辛基磺酸	1763-23-1	2904310000	《斯德哥尔摩公约》《鹿特丹公约》及相关修正案管控的化学品	用于生产灭火泡沫药剂(2023 年 12 月 31 日前)
		全氟辛基磺酸铵	29081-56-9	2904320000		
		全氟辛基磺酰氟	307-35-7	2904360000		
		全氟辛基磺酸钾	2795-39-3	2904340000		
		全氟辛基磺酸锂	29457-72-5	2904330000		
		全氟辛基磺酸二乙醇铵	70225-14-8	2922160000		
		全氟辛基磺酸二癸二甲基铵	251099-16-8	2923400000		
		全氟辛基磺酸四乙基铵	56773-42-3	2923300000		
		N- 乙基全氟辛基磺酰胺	4151-50-2	2935200000		
		N- 甲基全氟辛基磺酰胺	31506-32-8	2935100000		
		N- 乙基 -N-(2- 羟乙基)全氟辛基磺酰胺	1691-99-2	2935300000		
		N-(2- 羟乙基)-N- 甲基全氟辛基磺酰胺	24448-09-7	2935400000		
		其他全氟辛基磺酸盐	—	2904350000		

续表

<table>
<tr><th>序号</th><th colspan="2">化学品名称</th><th>CAS 号</th><th>海关编码</th><th>管控类别</th><th>允许用途</th></tr>
<tr><td>2</td><td colspan="2">汞
（包括汞含量按重量计至少占 95% 的汞与其他物质的混合物，其中包括汞的合金）</td><td>7439-97-6</td><td>汞 2805400000
贵金属汞齐 2843900091
铅汞齐 2853909023
其他汞齐 2853909024
其他按具体产品的成分用途归类</td><td>《水俣公约》管控的化学品</td><td>《〈关于汞的水俣公约〉生效公告》（环境保护部公告 2017 年第 38 号）限定时间内的允许用途</td></tr>
<tr><td>3</td><td colspan="2">四甲基铅</td><td>75-74-1</td><td>2931100000</td><td>《鹿特丹公约》及相关修正案管控的化学品</td><td>工业用途（仅限于航空汽油等车用汽油之外的防爆剂用途）</td></tr>
<tr><td>4</td><td colspan="2">四乙基铅</td><td>78-00-2</td><td>2931100000</td><td>《鹿特丹公约》及相关修正案管控的化学品</td><td>工业用途（仅限于航空汽油等车用汽油之外的防爆剂用途）</td></tr>
<tr><td>5</td><td colspan="2">多氯三联苯（PCT）</td><td>61788-33-8</td><td>2903999030</td><td>《鹿特丹公约》及相关修正案管控的化学品</td><td>工业用途</td></tr>
<tr><td rowspan="7">6</td><td rowspan="7">三丁基锡化合物</td><td>三丁基锡氧化物</td><td>56-35-9</td><td rowspan="7">2931200000</td><td rowspan="7">《鹿特丹公约》及相关修正案管控的化学品</td><td rowspan="7">工业用途（涂料用途除外）</td></tr>
<tr><td>三丁基锡氟化物</td><td>1983-10-4</td></tr>
<tr><td>三丁基锡甲基丙烯酸</td><td>2155-70-6</td></tr>
<tr><td>三丁基锡苯甲酸</td><td>4342-36-3</td></tr>
<tr><td>三丁基锡氯化物</td><td>1461-22-9</td></tr>
<tr><td>三丁基锡亚油酸</td><td>24124-25-2</td></tr>
<tr><td>三丁基锡环烷酸</td><td>85409-17-2</td></tr>
</table>

续表

序号	化学品名称	CAS 号	海关编码	管控类别	允许用途
7	短链氯化石蜡[1]	85535-84-8 68920-70-7 71011-12-6 85536-22-7 85681-73-8 108171-26-2	不具有人造蜡特性 3824999991 3824890001 具有人造蜡特性 3404900010	《斯德哥尔摩公约》《鹿特丹公约》及相关修正案管控的化学品	在特定豁免有效期内（2023 年 12 月 31 日前）仅限于以下用途： （1）在天然及合成橡胶工业中生产传送带时使用的添加剂； （2）采矿业和林业使用的橡胶输送带的备件； （3）皮革业，尤其是为皮革加脂； （4）润滑油添加剂，尤其用于汽车、发电机和风能设施的发动机以及油气勘探钻井和生产柴油的炼油厂； （5）户外装饰灯管； （6）防水和阻燃油漆； （7）黏合剂； （8）金属加工； （9）柔性聚氯乙烯的第二增塑剂（但不得用于玩具及儿童产品中的加工使用）。

续表

序号	化学品名称	CAS 号	海关编码	管控类别	允许用途
8	十溴二苯醚	1163-19-5	2909309018	《斯德哥尔摩公约》《鹿特丹公约》及相关修正案管控的化学品	在特定豁免有效期内（2023 年 12 月 31 日前）仅限于以下用途： （1）需具备阻燃特点的纺织产品（不包括服装和玩具）； （2）塑料外壳的添加剂及用于家用取暖电器、熨斗、风扇、浸入式加热器的部件，包含或直接接触电器零件，或需要遵守阻燃标准，按该零件重量算密度低于 10%； （3）用于建筑绝缘的聚氨酯泡沫塑料。
9	全氟辛酸及其盐类和相关化合物（PFOA 类）[2]	—	全氟辛酸 2915900015 全氟辛酸盐类和相关化合物 2843290020 2843290030 2843900050 2843900092 2903490010 2903780010 2903799030 2905590050 2909199020	《鹿特丹公约》及相关修正案管控的化学品	仅限于以下用途： （1）半导体制造中的光刻或蚀刻工艺； （2）用于胶卷的摄影涂料； （3）保护工人免受危险液体造成的健康和安全风险影响的拒油拒水纺织品； （4）侵入性和可植入的医疗装置； （5）使用全氟碘辛烷生产全氟溴辛烷，用于药品生产目的；

续表

序号	化学品名称	CAS 号	海关编码	管控类别	允许用途
			2909440020 2909499020 2910900030 2913000020 2915390017 2915709010 2915900030 2916129010 2916140020 2916190020 2917190020 2920900030 2922199050 2923900020 2923900030 2924199050 2924210030 2924299070 2929909020 2930909094 2931590080 2931900040		（6）为生产高性能耐腐蚀气体过滤膜、水过滤膜和医疗用布膜，工业废热交换器设备，以及能防止挥发性有机化合物和 PM2.5 颗粒泄露的工业密封剂等产品而制造聚四氟乙烯（PTFE）和聚偏氟乙烯（PVDF）； （7）制造用于生产输电用高压电线电缆的聚全氟乙丙烯（FEP）。

续表

序号	化学品名称	CAS 号	海关编码	管控类别	允许用途
			2933399072 2933599070 2935900038 3824999994 3904690010 3906909010 3907299030 其他按具体产品的成分用途归类		

注：

1. 短链氯化石蜡是指链长 C_{10} 至 C_{13} 的直链氯化碳氢化合物，且氯含量按重量计超过 48%，其在混合物中的浓度按重量计大于或等于 1%。

2. PFOA 类是指：(Ⅰ)全氟辛酸(335-67-1)，包括其任何支链异构体；(Ⅱ)全氟辛酸盐类；(Ⅲ)全氟辛酸相关化合物，即会降解为全氟辛酸的任何物质，包括含有直链或支链全氟基团且以其中(C_7F_{15})C 部分作为结构要素之一的任何物质(包括盐类和聚合物)。下列化合物不列为全氟辛酸相关化合物：(Ⅰ)C_8F_{17}–X，其中 X=F，Cl，Br；(Ⅱ)$CF_3[CF_2]_n$–R' 涵盖的含氟聚合物，其中 R'= 任何基团，n>16；(Ⅲ)具有 ≥ 8 个全氟化碳原子的全氟烷基羧酸和膦酸(包括其盐类、脂类、卤化物和酸酐)；(Ⅳ)具有 ≥ 9 个全氟化碳原子的全氟烷烃磺酸(包括其盐类、脂类、卤化物和酸酐)；(Ⅴ)全氟辛基磺酸及其盐类和全氟辛基磺酰氟。

3. “严格限制的化学品”是指因损害健康和环境而被禁止使用，但经授权在一些特殊情况下仍可使用的化学品。

4. “有毒化学品”是指进入环境后通过环境蓄积、生物累积、生物转化或化学反应等方式损害健康和环境，或者通过接触对人体具有严重危害和具有潜在环境危害的化学品。

5. CAS 号，即化学文摘社(Chemical Abstracts Service，缩写为 CAS)登记号。

6. 商品范围以化学品名称为准，海关商品编号供通关申报参考。

7. 实验室规模的研究或用作参照标准的用途也视为允许用途。

生态环境部关于发布《新化学物质环境管理登记指南》及相关配套表格和填表说明的公告

（公告〔2020〕51号）

为实施《新化学物质环境管理登记办法》（生态环境部令第12号），我部制定了《新化学物质环境管理登记指南》及相关配套表格和填表说明，现予公布。自2021年1月1日起施行。

《关于发布〈新化学物质申报登记指南〉等六项〈新化学物质环境管理办法〉配套文件的通知》（环办〔2010〕124号）和《关于调整〈新化学物质申报登记指南〉数据要求的公告》（环境保护部公告2017年第42号）同时废止。

附件：

1. 新化学物质环境管理登记指南（略）
2. 新化学物质环境管理登记配套表格及填表说明（略）

生态环境部

2020年11月16日

生态环境部办公厅等4部门关于履行《关于持久性有机污染物的斯德哥尔摩公约》禁止六溴环十二烷生产、使用有关工作的通知

（环办固体函〔2021〕237号）

各省、自治区、直辖市生态环境厅（局）、工业和信息化主管部门、住房和城乡建设厅（城市管理委、市容园林委、绿化市容局）、市场监管局（厅、委），新疆生产建设兵团生态环境局、工业和信息化委员会、建设局、市场监管局：

为履行《关于持久性有机污染物的斯德哥尔摩公约》，2016年12月26日，原环境保护部、工业和信息化部、住房和城乡建设部、原质检总局等部门联合印发《关于〈《关于持久性有机污染物的斯德哥尔摩公约》新增列六溴环十二烷修正案〉生效的公告》（公告2016年第84号，以下简称《生效公告》），并于2018年联合编制《关于持久性有机污染物的斯德哥尔摩公约》国家实施计划（增补版），明确自2021年12月26日起，禁止六溴环十二烷的生产、使用和进出口。各地各部门认真落实履约工作要求，各省（区、市）制定了省级履约实施方案，将禁止六溴环十二烷的生产、使用和进出口作为一项重要的履约任务积极推进。为进一步加强六溴环十二烷相关履约工作，确保如期实现履约目标，现就有关工作通知如下：

一、进一步排查六溴环十二烷生产和使用企业。基于前期调查工作基础，进一步排查并动态跟踪行政区域内六溴环十二烷生产和使用企业情况，建立台账，加强动态管理。（生态环境部门）

二、进一步压实企业主体责任。加强政策宣贯，组织开展部门联合调研督导，引导和督促企业切实履行公约义务，提早谋划，合理安排生产计划，确保自2021年12月26日起全面停止六溴环十二烷的生产和使用。（生态环境、工业和信息化、住房和城乡建设部门等依职责分工）

三、加强非法生产、销售六溴环十二烷及含有六溴环十二烷产品的监督管理。各级生态环境、工业和信息化、市场监管部门可以共同确定其重点监管企业。将重点监管企业纳入“双随机、一公开”监管工作，建立信息共享和通报机制。对违反《生效公告》非法生产、销售六溴环十二烷或含有六溴环十二烷产品的，由市场监管部门依据《产品质量法》《产业结构调整指导目录》予以处罚。（生态环境、工业和信息化、市场监管部门等依职责分工）

四、加强六溴环十二烷废弃库存处置环境监督管理。自2021年12月26日起，开展相关企业废弃库存的情况排查，对仍保留的六溴环十二烷库存，应当督促企业，依据《国家危险废物名录（2021年版）》，按照危险废物进行处置。（生态环境部门）

生态环境部将会同工业和信息化部、住房和城乡建设部、市场监管总局等部门，视情开展对相关省（区、市）禁止六溴环十二烷生产、使用有关工作的联合调研和技术帮扶。自2021年12月26日起，县级生态环境部门会同工业和信息化、市场监管部门视情对六溴环十二烷或含有六溴环十二烷产品的生产企业开展联合检查，在联合检查中发现违反《生效公告》非法生产、销售六溴环十二烷或含有六溴环十二烷产品的，属地县级以上市场监管部门依据《产品质量法》《产业结构调整指导目录》予以查处，查处结果通报当地生态环境部门。

各省（区、市）生态环境、工业和信息化、住房和城乡建设、市场监管部门要加强沟通协调，密切协作，共同组织推进相关工作。请各省（区、市）生态环境部门会同同级工业和信息化、住房和城乡建设、市场监管部门，将相关工作情况于2022年3月31日前报送生态环境部，同时抄报工业和信息化部、住房和城乡建设部、市场监管总局。

生态环境部办公厅
工业和信息化部办公厅
住房和城乡建设部办公厅
市场监管总局办公厅
2021年6月4日

甘肃省人民政府办公厅关于印发新污染物治理工作方案的通知

（甘政办发〔2023〕3号）

各市、自治州人民政府，甘肃矿区办事处，兰州新区管委会，省政府有关部门，中央在甘有关单位：

《新污染物治理工作方案》已经省政府同意，现印发给你们，请结合实际，认真抓好贯彻落实。

甘肃省人民政府办公厅

2023年1月6日

新污染物治理工作方案

为贯彻落实《国务院办公厅关于印发新污染物治理行动方案的通知》（国办发〔2022〕15号），加强新污染物治理，提升有毒有害化学物质环境风险防控能力，切实保障生态环境安全和人民健康，结合我省实际，制定本方案。

一、总体要求

（一）指导思想

坚持以习近平新时代中国特色社会主义思想为指导，深入贯彻党的二十大精神，全面落实习近平生态文明思想和习近平总书记对甘肃重要讲话重要指示批示精神，坚持精准治污、科学治污、依法治污，遵循“筛、评、控”和“禁、减、治”的新污染物治理总体思路及全生命周期环境风险管理理念，有效防控新污染物环境与健康风险，以更高标准打好污染防治攻坚战，不断增强人民群众获得感、幸福感和安全感。

（二）主要目标

2023年年底前，完成首轮化学物质基本信息调查和首批优先评估化学物质详细信息调查，开展一批化学物质的环境风险筛查。

2024年年底前，发布《甘肃省重点管控新污染物清单》（第一批）。

到2025年，初步建立甘肃省新污染物环境调查监测体系，完成一批新污染物治理试点示范；初步掌握甘肃省有毒有害化学物质的生产、使用以及环境赋存情况；新污染物治理长效机制逐步形成，新污染物治理能力明显提升。

二、重点任务

（一）建立健全新污染物治理管理机制

1.统筹协调推进新污染治理工作。建立省生态环境厅牵头，省发展改革、科技、工业和信息化、财政、住房与城乡建设、农业农村、乡村振兴、商务、卫生健康、兰州海关、市场监管、药监等部门参加的新污染物治理跨部门协调机制，定期召开会议，加强跨部门沟通协商，统筹推进新污染物治理工作，协调解决新污染物治理过程中的重大问题。加强跨部门沟通协商及部门间相关制度衔接。加强部门联合调查、联合执法、信息共享。按照省负总责、市县落实的原则，完善新污染物治理的管理机制，全面落实新污染物治理属地责任，明确各相关部门职责和任务。成立省、市（州）两级新污染物治理专家委员会，在调查、监测、筛查、风险评估与管控等方面为新污染物治理提供技术支撑。［省生态环境厅牵头，省发展改革委、省科技厅、省工信厅、省财政厅、省住建厅、省农业农村厅、省乡村振兴局、省商务厅、省卫生健康委、兰州海关、省市场监管局、省药监局按职责分工负责，各市（州）政府负责落实。以下均需各市（州）政府落实，不再一一列出］

（二）开展新污染物环境风险状况调查监测和评估

2.开展化学物质环境信息调查。落实国家化学物质环境信息调查工作安排部署，制定甘肃省化学物质环境信息调查工作方案，对国家重点行业及甘肃省化学原料和化学制品制造业，石油、煤炭及其他燃料加工业、医药制造业、化学纤维制造业等重点行业及特色产业的化学物质动态开展生产使用的品种、数量、用途等基本信息调查。结合列入国家环境风险优先评估计划的化学物质清单，确定甘肃省化学物质详细信息调查清单，开展甘肃省化学物质生产、加工使用、环境排放数量及途径、危害特性等详细信息调查。将调查数据纳入甘肃省生态环境监测大数据管理平台。2023年上半年完成甘肃省化学物质环境信息调查工作方案。（省生态环境厅负责）

3. 建立新污染物环境调查监测体系。按照国家新污染物调查监测任务安排，制定并实施甘肃省新污染物环境调查监测试点方案。依托现有生态环境监测网络，以甘肃省黄河流域、内陆河流域以及“一带一路”重点城市为重点，在重点地区、重点行业、典型地表水型集中式饮用水水源地、典型市政污水处理厂、典型工业企业或园区开展持久性有机污染物、内分泌干扰物及抗生素等新污染物环境调查监测试点。探索开展“一企一库”（重点工业企业、尾矿库）和“两场两区”（危险废物处置场、垃圾填埋场、工业园区、矿山开采区）等污染源周边地下水的新污染物环境状况调查、监测和评估，以及地下水环境管理数据和信息共享，探索建立地下水新污染物环境调查、监测及健康风险评估技术方法。2023年上半年，完成甘肃省新污染物调查监测试点方案。（省生态环境厅、省自然资源厅、省水利厅等按职责分工负责）

4. 开展化学物质环境风险筛查评估。结合国家化学物质环境风险评估工作部署和要求，研究制定甘肃省化学物质环境风险筛查和评估方案，以高产（用）量、高环境检出率、分散式用途的化学物质为重点，对甘肃省重点区域的化学物质开展环境与健康危害补充测试和风险筛查，确定甘肃省优先评估化学物质清单，分阶段、分批次开展甘肃省优先评估化学物质的风险评估。2024年年底前，完成甘肃省首批潜在高风险化学物质环境风险评估。（省生态环境厅负责）

5. 动态发布、实施重点管控新污染物清单。全面落实国家重点管控新污染物清单管控要求，适时开展管控措施的技术可行性和经济社会影响评估，识别优先控制化学品的主要环境排放源，动态发布《甘肃省重点管控新污染物清单》。在完成甘肃省管控任务的基础上，鼓励有条件的市（州）研究提出本地区重点管控新污染物补充清单和“一品一策”管控措施。适时制定完善相关地方标准。（省生态环境厅牵头，省工信厅、省农业农村厅、省商务厅、省卫生健康委、兰州海关、省市场监管

局、省药监局等按职责分工负责）

（三）严格新污染物环境风险管控。

6. 严格执行新化学物质环境管理登记制度。严格执行《新化学物质环境管理登记办法》相关要求，对涉及新化学物质登记的企业开展专项监督抽查，督促企业自觉落实新化学物质风险防控的主体责任，加大对违法企业的处罚力度。配合国家联动监督执法，将新化学物质环境管理纳入“双随机、一公开”监管和环境执法年度工作计划，严厉打击涉新化学物质环境违法行为。（省生态环境厅负责）

7. 严格施行淘汰或限用措施。按照重点管控新污染物清单要求，禁止、限制重点管控新污染物的生产、加工使用和进出口。严格落实国家产业结构调整要求，对纳入《产业结构调整指导目录》淘汰类的工业化学品、农药、兽药、药品、化妆品等，未按期淘汰的，依法停止其产品登记或生产许可证核发。严格落实禁止进（出）口货物目录的化学品进出口监管要求。严格执行《中国严格限制的有毒化学品名录》中有毒化学品进出口环境管理登记制度，严格落实进出口监管要求。严格落实国家关于履行化学品国际环境公约和国际化学品环境管理的任务部署。加强联合执法，依法严厉打击已淘汰持久性有机污染物的非法生产和加工使用以及环境污染行为。严把涉新污染物建设项目环境准入关，对已纳入排放标准的新污染物严格管控，在环评中严格落实产业政策有关淘汰、限制措施，对不符合禁止生产或限制使用化学物质管理要求的建设项目，依法不予审批。（省发展改革委、省工信厅、省生态环境厅、省农业农村厅、省商务厅、兰州海关、省市场监管局、省药监局等按职责分工负责）

8. 强化产品中重点管控新污染物含量控制。对采取含量控制且控制要求纳入玩具、洗涤用品、电子电气、纺织品、学生用品等相关产品强制性国家标准的重点管控新污染物，建立动态更新监管产品目录清单，严格监管企业落实相关标准，全面落实国家环境标志产品和绿色产品标准、认证、标识体系中重点管控新污染物限值和禁用要求。将有毒有害化学物质限值和禁用要求纳入环境标志产品和绿色产品质量监督抽查的内容。将在重要消费品环境标志认证中对重点管控新污染物进行标识或提示纳入监督抽查的一项重要内容。（省工信厅、省农业农村厅、省市场监管局等按职责分工负责）

9. 强化清洁生产和绿色制造。严格落实《中华人民共和国清洁生产促进法》《清洁生产审核办法》。对使用有毒有害化学物质进行生产或者在生产过程中排放有毒有害化学物质的企业，特别是涉及优先控制化学品名录、重点管控新污染物清单和甘肃省重点管控新污染物清单中的有毒有害化学物质，依法实施强制性清洁生产审核。省级部门制定有毒有害化学物质强制性清洁生产审核方案，指导各市（州）严格落实。鼓励其他化学物质生产或使用量大的企业，自愿开展清洁生产审核。推进原辅料无毒无害化替代、生产工艺无害化优化等清洁生产改造。围绕企业生产所需原辅材料及最终产品，减少有毒有害物质的使用，促进生产过程中使用低毒低害和无毒无害原料，大力推广低（无）挥发性有机物含量的油墨、涂料、胶黏剂、清洗剂等使用。监督指导实施强制性清洁生产审核。企业依法采取便于公众知晓的方式公开使用有毒有害原料的情况以及排放有毒有害化学物质的名称、浓度和数量等相关信息。对已纳入排放标准的新污染物严格管控，加强事中事后监管。推进在绿色产品、绿色园区、绿色工厂和绿色供应链等认证中，严格落实国家有关有毒有害化学物质的替代和排放控制要求，加强绿色认证监管，强化认证技术支撑和服务保障。加强持久性有机污染物、内分泌干扰物、铅汞铬等有害物质源头管控和绿色原材料采购，推广全生命周期绿色发展理念。（省发展改革委、省工信厅、省生态环境厅、省住建厅、省市场监管局、省药监局等按职责分工负责）

10. 加强抗生素类药品规范使用管理。强化抗菌药物临床应用管理，加强抗菌药物合理应用培训考核和处方权管理，深化“数字药监”。结合年度工作计划，加强药品零售企业监督检查，对零售药店不凭处方销售抗菌类药品的行为依法严肃查处。开展处方合理性抽查工作，对抗菌药物的使用合理性进行专项分析，在行业内通报抽查结果。扎实推进“过期药品回收”。加强安全合理用药宣传，提升百姓合理用药意识。强化兽用抗菌药全链条监管，督促零售药店严格落实凭兽医处方销售使用兽用抗菌药。实施兽药质量监督抽检，开展兽用抗菌药使用减量化行动，到2025年末，全省50%以上的规模养殖场实施养殖减抗行动。（省卫生健康委、省农业农村厅、省药监局等按职责分工负责）

11. 加强农药使用管理。加强农药登记管理，健全农药登记后环境风险监测和再评价机制。严格农药经营许可审批，加强限制使用农药定点经营管理，分期分批做好高毒高风险农药淘汰工作；依托“双随机、一公开”工作，开展农药质量监督抽查，依法打击非法添加和违规销售禁限用农药行为。持续开展农药减量化行动，因地制宜集成推广生态调控、理化诱控、生物农药、科学用药等绿色防控技术和产品，减少化学农药使用量，提高主要农作物绿色防控和粮食作物统防统治水平。加强农药包装废弃物回收处理和监管工作，开展农药包装废弃物回收处理试点，逐步建立农药包装废弃物回收处理体系，鼓励农药生产企业使用便于回收的大容量农药包装物。（省生态环境厅、省农业农村厅按职责分工负责）

12. 强化新污染物多环境介质协同治理。加强有毒有害大气污染物、水污染物环境治理，落实相关污染控制技术规范。建立完善石化、化工、涂装、制药、包装印刷、油品储运销等重点行业源头、过程和末端的挥发性有机物全过程控制体系，实施挥发性有机物排放总量控制，大力推进挥发性有机物含量低（无）的原辅料材料替代挥发性有机物含量高的原辅材料，实施含挥发性有机物物料全方位、全链条、全环节无组织排放管理，不断提升废气收集率、治理设施运行率和挥发性有机物去除率。持续推进省级以下工业园区污水集中处理设施、配套管网建设和自动在线监控装置安装，依法推动园区生产废水应纳尽纳。推进钢铁、水泥、焦化行业及燃煤锅炉超低排放改造。鼓励有条件的园区实施化工企业废水“一企一管、明管输送、实时监测”。持续推进工业企业废水深度处理与循环利用，探索开展新污染物与常规污染物协同治理，开展石化、有色、造纸、印染等高耗水行业工业废水循环利用示范，推进全省工业企业逐步提高废水综合利用率，减少工业废水直接排放。将生产、加工使用或排放重点管控新污染物的企事业单位纳入重点排污单位。监督和指导排放重点管控新污染物的企事业单位采取污染控制措施，达到相关污染物排放标准及环境质量目标要求。监督和指导企业依法申领排污许可证或填写排污登记表，依法依规将新污染物污染控制标准要求及采取的污染控制措施等落实到排污许可中。监督和指导重点排污单位依法对排放（污）口及其周边环境定期开展自行监测，评估环境风险，排查整治环境安全隐患，依法公开新污染物信息，采取措施防范环境风险。贯彻落实《中华人民共和国土壤污染防治法》，每年更新发布土壤污染重点监管单位名单，督促重点单位落实土壤环境自行监测、隐患排查、有毒有害物质使用排放情况报备等工作，不断提高重点工业企业土壤污染防治水平，防止有毒有害物质渗漏、流失、扬散。继续开展固体废物堆存场所和非正规垃圾堆存点排查整治，防止污染土壤和地下水。（省生态环境厅负责）

13. 加强含特定新污染物废物的收集利用处置。督促企业严格落实废药品、废农药以及抗生素生产过程中产生的废母液、废反应基和废培养基等废物的收集利用处置要求。督促企业落实废农药收集利用处置要求。严格落实国家含特定新污染物废物的检测方法、鉴定技术标准和利用处置污染控制技术规范，鼓励研究制定地方相关方法、标准和规范。（省生态环境厅、省农业农村厅等按职责分工负责）

14. 实施新污染物治理试点工程。在黄河流域、内陆河流域、“一带一路”重点城市以及重点饮用水源地周边等区域，聚焦石化、化工、医药、农药等行业，选取典型企业和工业园区，开展新污染物全生命周期管控试点工程，建立有毒有害化学物质筛评控体系，推动形成若干有毒有害化学物质绿色替代、新污染物减排以及治理示范技术。鼓励企业先行先试，减少新污染物的产生和排放。开展新污染物治理信息化平台建设试点项目，集成新污染物环境调查、监测、筛查、评估、管控等信息，纳入甘肃省生态环境监测大数据管理平台，为新污染物管理决策、执法监督、应急指挥、行政审批、政务管理等提供支撑。（省工信厅、省生态环境厅、省农业农村厅等按职责分工负责）

（四）加强新污染物治理能力建设。

15. 加强科技支撑力度。在甘肃省科技计划中加大对新污染物治理相关科研项目立项和支持力度。整合与发挥现有国家和省级重点实验室、技术创新中心等生态环境科技创新与服务平台功能作用，组建有毒有害化学物质环境风险评估省级重点实验室，强化科技支撑保障。围绕“筛、评、控”和“禁、减、治”，推进新污染物相关新理论、新技术研究和核心科技攻关，提升创新能力，推广应用科技成果和先进技术。开展新污染物治理方面的地方标准征集，引导科研院所、企事业单位开展地方相关标准研制工作。（省科技厅、省生态环境厅、省卫生健康委等按职责分工负责）

16. 强化基础能力建设。加强甘肃省新污染物治理的监督、执法和监测能力建设。以甘肃省现有的监测能力为基础，加强新污染物监测仪器设备配置，提升非靶向等监测分析能力。广泛深入开展新污染物治理政策宣传贯彻和业务培训、练兵等，加快补齐业务短板，加强人才队伍建设。高效统筹行政执法资源，优化执法方式，提高执法效能，推进执法装备标准化建设。（省生态环境厅、省卫生健康委等部门按职责分工负责）

三、保障措施

（一）强化组织领导

坚持党对新污染物治理工作的全面领导。省级部门要加强对各市（州）的工作指导，强化部门间分工协作。各市（州）政府要加强对新污染物治理的组织领导，建立跨部门协商机制，强化主体责任，对照甘肃省新污染物治理工作方案要求，制订落实计划，细化分解目标任务，明确部门分工。形成上下联动、横向配合、齐抓共管的工作格局，推动新污染物治理工作落细落实。将新污染物治理工作纳入各市（州）污染防治攻坚战年度成效考核。2025 年对本方案实施情况进行评估。将新污染物治理中存在的突出生态环境问题纳入省级生态环境保护督察。（省生态环境厅牵头，有关部门按职责分工负责）

（二）加强监管执法

各地各有关部门要督促企业落实主体责任，严格落实国家和地方新污染物治理要求。加强重点管控新污染物排放执法监测和重点区域环境监测。依法对涉重点管控新污染物企事业单位开展现场检查，强化对禁止或限制类有毒有害化学物质及其相关产品生产、加工使用、进出口的监督执法。强化信息共享，大力开展联合检查、联合执法，提升监管效能。（省生态环境厅、省农业农村厅、兰州海关、省市场监管局等按职责分工分负责）

（三）拓宽资金渠道

各地各部门要加强新污染物治理工作资金保障，吸引和鼓励社会资本进入新污染物治理领域，引导金融机构为符合条件的企业提供绿色信贷支持、基金支持和融资对接服务，探索新型融资模式在新污染物治理领域的应用。广泛宣传、认真落实新污染物治理按规定享受的税收优惠政策。（省财政厅、省生态环境厅、甘肃银保监局、省税务局、省金融监管局等按职责分工负责）

（四）强化宣传引导

各地各有关部门要有效运用新媒体和传统媒体加强新污染物治理法律法规政策宣传解读和新污染物治理科普宣传教育，引导公众科学认识新污染物环境风险，树立绿色消费理念，推动公众践行绿色生产生活方式。加大对新污染物治理工作先进案例的宣传报道。完善公众监督和有奖举报反馈机制，畅通环保监督渠道，鼓励公众通过多种渠道为新污染物治理建言献策、举报涉新污染物环境违法犯罪行为，充分发挥社会舆论监督作用，强化舆情研判，主动回应社会关切，提升新污染物社会共治水平。（省生态环境厅牵头，有关部门按职责分工）